W0256439

HANDBUCH DER BODENLEHRE

HERAUSGEGEBEN VON

DR. E. BLANCK

O. Ö. PROFESSOR UND DIREKTOR DES AGRIKULTURCHEMISCHEN UND
BODENKUNDLICHEN INSTITUTS DER UNIVERSITÄT GÖTTINGEN

FÜNFTER BAND

BERLIN
VERLAG VON JULIUS SPRINGER
1930

DER BODEN ALS OBERSTE SCHICHT DER ERDOBERFLÄCHE

BEARBEITET VON

DR. F. GIESECKE-GÖTTINGEN · PROFESSOR DR. A. KUMM-
BRAUNSCHWEIG · PROFESSOR DR. S. PASSARGE-HAMBURG
PROFESSOR DR. L. RÜGER-HEIDELBERG
GEHEIMRAT PROFESSOR DR. K. SAPPER-WÜRZBURG
PROFESSOR DR. H. STREMME-DANZIG-LANGFUHR
DR. E. WASMUND-LANGENARGEN ⟨BODENSEE⟩

MIT 103 ABBILDUNGEN

BERLIN
VERLAG VON JULIUS SPRINGER
1930

COPYRIGHT 1930 BY JULIUS SPRINGER IN BERLIN.
Softcover reprint of the hardcover 1st edition 1930

ISBN-13: 978-3-642-47123-0   e-ISBN-13: 978-3-642-47388-3
DOI: 10.1007/978-3-642-47388-3

Vorwort.

Nach Erscheinen des 6. Bandes vor Vierteljahresfrist ist es nunmehr gelungen, den vorliegenden 5. Band des Handbuches der Bodenlehre der Veröffentlichung zu übergeben, ihm werden baldigst die Bände 4 und 7 folgen. Die Schwierigkeiten der Herausgabe waren auch diesmal recht erheblich. Jedoch durch gütige Unterstützung des Verlages und durch tätige Mithilfe der Herren Dr. F. Giesecke und Dr. F. Klander sowie von Fräulein M. Schäfer konnten sie überwunden werden. Ihnen allen gebührt daher aufrichtigster Dank.

Göttingen, Juli 1930.

E. Blanck.

Inhaltsverzeichnis.

Inhaltsverzeichnis. VII

G. Der Boden als oberste Schicht der Erdoberfläche.

1. Das Bodenprofil.

Von **L. RÜGER**, Heidelberg.

Mit 1 Abbildung.

a) Die Terminologie der vertikalen Bodengliederung.

Die Terminologie der vertikalen Bodengliederung hat sich naturgemäß letzten Endes an den Begriff „Boden" anzuschließen. Dies ist im Prinzip bereits durch E. BLANCK im I. Band dieses Handbuches[1] behandelt, so daß es sich hier nur noch darum handelt, rein terminologische Ergänzungen zu geben. Da sich jedoch auch die Bezeichnungsweise der vertikalen Bodengliederung mit der der horizontalen Bodenklassifikation in zahlreichen Punkten berührt, nicht zum geringsten als Widerhall der autonomen Stellung der Bodenlehre gegenüber der Geologie im Verlauf ihrer Entwicklung, so sind einige Wiederholungen unvermeidlich, um zu einem geschlossenen Bild zu gelangen. Wenn man rein systematisierend vorgeht, so wäre zuerst die Gesamtstellung des Bodens gegenüber seiner Unterlage zu erörtern, sodann die Gliederung des Bodens (das Bodenprofil) zu behandeln.

Der Boden und sein Verhältnis zur Unterlage.

Gerade hier berührt sich der Gegenstand z. T. mit Gesichtspunkten der Bodenklassifikation, soweit diese nicht direkt die stoffliche Zusammensetzung, klimatische Position im weitesten Sinne oder Wertschätzung als oberstes Einteilungsprinzip hat.

Die erste Gliederung in der oben charakterisierten Hinsicht dürfte FALLOU[2] gegeben haben mit der Einteilung in Grundschuttgelände = primitive Bodenarten und Flutschuttgelände = alluviale Bodenarten. Jede dieser beiden Klassen wird dann nach hier nicht weiter interessierenden stofflichen Gesichtspunkten gegliedert. Im Prinzip ist es der gleiche Gedanke von v. RICHTHOFEN[3], der den Eluvialböden (autochthone Verwitterungsböden) die Aufschüttungsböden (das Ausgangsmaterial erfährt vorherigen Transport) gegenüberstellt und diese Gesichtspunkte übrigens auch etwas modifiziert für eine regionale Gliederung zugrunde legt[4]. Auch HILGARDS[5] Klassifikation besitzt die gleichen Gesichtspunkte:

---

[1] S. 19ff.

[2] FALLOU, F. A.: Pedologie oder allgemeine und besondere Bodenkunde. Dresden 1862. — Anfangsgründe der Bodenkunde, 2. Aufl. 1865.

[3] RICHTHOFEN, F. v.: Führer für Forschungsreisende, S. 448ff. Hannover 1901 (Neudruck d. Aufl. 1886).

[4] Vgl. dazu K. GLINKA: Die Typen der Bodenbildung, S. 23ff. Berlin: Bornträger 1914.

[5] HILGARD, E. W.: Einfluß des Klimas auf die Bildung und Zusammensetzung des Bodens. Forschgn. Geb. Agrikulturphysik 16, 82 (1893). — Soils, their formation, properties, composition and relations to climate and plant growth. New York 1907.

1. Sedentäre (= sässige) Böden = rückständige (= Verwitterungs-) Böden.
2. Verschleppte = transportierte Böden:
   a) Kolluvialböden, b) Alluvialböden.
3. Äolische Böden.

Kennzeichnung: 1: streng autochthon; 2a: geringer Transport, keine Schichtung und Seigerung durch das transportierende Medium (vorwiegend Produkte der denudativen Abwitterung); 2b: Schichtung, Seigerung, Abhängigkeit von fließenden Gewässern.

Unter den derzeitigen Forschern ist es vor allem R. Lang[1], der diesen (letzten Endes geologischen) Gesichtspunkt vertritt: Eluvialböden = Verwitterungsböden, Kolluvialböden = Aufschüttungsböden. Indem er beide als „Naturböden" zusammengefaßt hat, stellt er sie den „Kulturböden" (durch künstliche Eingriffe geänderte Naturböden) gegenüber. Indessen muß hervorgehoben werden, daß Lang durchaus nicht diese Bezeichnungsweisen nur übernimmt, sondern auch eingehende Begründungen für ihre Aufrechterhaltung gibt, deren Berechtigung an sich teilweise unbestreitbar ist. Aber Blanck[2] hat den Kernpunkt dieser Anschauungen sehr richtig hervorgehoben, denn es ist der Boden zu sehr als Gestein und nicht als „Boden" betrachtet. Bei aller Berücksichtigung des Untergrundes besteht doch nicht die Abhängigkeit, daß dies Verhältnis zu einer Bodenklassifizierung eine zweckmäßige Unterlage geben könnte.

Solche Gesichtspunkte betonen zu stark geologische Momente, wie Glinka[3], Ramann[4] und Blanck (dieses Handbuch Bd. I) mit Recht hervorheben. Jedoch auch von geologisch-petrographischer Seite ist diese Gliederung abgelehnt worden, so durch Milch[5], der das zeitliche Moment für die Einteilung in Eluvial- und Kolluvialböden berücksichtigt: der Geschiebemergel ist offensichtlich kolluvial, sind seine Böden nun als kolluvial oder eluvial zu bezeichnen? Eine junge Sandaufschüttung — kolluvial — besitzt kolluvialen Boden. Besitzt nun eine tertiäre Aufschüttung noch im Sinne der Einteilung kolluviale oder eluviale Böden? Vielleicht geht Milch hierbei insofern etwas zu weit, als sich stillschweigend oder ausgesprochen (was nicht geschah) schließlich eine Abgrenzung aufstellen ließe. Doch viel wichtiger ist die seiner Erörterung implizite enthaltene Anschauung, daß es für den Akt der Bodenbildung durchaus gleichgültig ist, welche Bewegungen das Ausgangsgestein durchmachte. Die Einteilung eluviale und kolluviale Böden wäre nur dann berechtigt, wenn der Boden als solcher mit allen seinen Eigenschaften Ortsbewegungen erleidet. Im kleinen, bei lokal oft großer Bedeutung für besitzrechtliche Fragen, z. B. Bodenversetzung durch Rutschungen usw., kann dies eintreten. Diese sind aber so minimal, daß sie für systematische Zwecke nie in Frage kommen. Alle wichtigen Massentransporte der Oberfläche zerstören gerade zuerst den Boden; die wieder zum Absatz gelangenden Produkte haben im Augenblick ihrer Ortsstellung die Eigenschaften verloren, welche sie vorher als Böden besaßen. Erst nach der Ortsstellung treten sie wieder in den Kräftekreislauf ein, der zur Bodenbildung

---

[1] Lang, R.: Verwitterung und Bodenbildung als Einführung in die Bodenkunde. Stuttgart: Schweizerbart 1920. — Forstliche Standortslehre (in Handb. d. Forstwiss.). Tübingen: Laupp 1927.
[2] Dieses Handbuch 1, S. 21.
[3] Glinka, K.: Die Typen der Bodenbildung, S. 5. Berlin 1914.
[4] Ramann, E.: Bodenkunde, 3. Aufl., S. 3ff. Berlin: Julius Springer. — Bodenbildung. Berlin 1918.
[5] Milch, L.: Die Zusammensetzung der festen Erdrinde als Grundlage der Bodenkunde, 2. Aufl., S. 229. Leipzig: F. Deuticke 1926.

führt[1]. Eine gewisse Mittelstellung nimmt DOKUTSCHAJEW[2] ein, der vor allem auch das Klima zur Grundlage der Bodenklassifikation macht. Jedoch sind auch seine Hauptprinzipien zunächst geologisch-dynamischer Art, wenn er (in der letzten Fassung) drei große Gruppen unterscheidet:

A. Normale Böden (durch keine dynamischen Vorgänge verändert).

B. Übergangsböden (hierher die „durchgeschwemmten" und „teilweise abgelagerten" Böden rechnend).

C. Anormale Böden („abgelagerte" Böden).

Es gelten grundsätzlich die gleichen Einwände, wie sie oben erwähnt wurden. Transportierte und abgelagerte Böden sind aber keine Böden mehr. Was die „Durchschwemmung" anlangt, so wird darüber noch in anderem Zusammenhang zu sprechen sein, da gerade solche „Profiltransporte", d. h. also vornehmlich vertikaler Art, teilweise eine sehr wichtige Rolle spielen.

Anders geht GLINKA[1] vor. Der Boden als Grenzlage der Lithosphäre und Atmosphäre ist nach ihm mehr als viele andere Bausteine der Lithosphäre das Ergebnis eines komplizierten Kräftespiels. Führt man diese zunächst auf ihren Sitz zurück, d. h. ob der Ausgang in der Lithosphäre oder Atmosphäre liegt, so kann dieser Gesichtspunkt eine brauchbare Gliederung abgeben. Auf diese Weise unterscheidet GLINKA endodynamomorphe und ektodynamomorphe Böden. Es ist bei den endodynamomorphen Böden das Ausgangsgestein („Muttergestein") von ausschlaggebender Bedeutung, bei den ektodynamomorphen Böden sind es die äußeren Einflüsse. Unter diesen ist es in erster Linie der Feuchtigkeitsgrad, den GLINKA für die weitere Klassifizierung zugrunde legt. Jedoch tritt gerade hierbei ein neues Moment ein, durch welches die Feuchtigkeit nicht nur allein als der bloße Ausdruck klimatischer Vorgänge (im engeren Sinne Niederschläge) betrachtet wird, sondern es werden für den Wasserhaushalt des Bodens außerdem Einflüsse des Bodenwassers und fließenden Wassers herangezogen. Auch eine gewisse zeitliche Charakteristik drückt die Unterscheidung GLINKAS aus. Er spricht selbst von der „provisorischen Existenz" der endodynamomorphen Böden und von ihrem „unvermeidlichen Übergang" in die ektodynamomorphen Böden, sei es durch Änderung der äußeren oder inneren Bedingungen, welche später noch zu erörtern sind. Mit seiner Einteilung in „Ortsböden" und „klimatische Böden" steht RAMANN diesen Gedankengängen nahe[3].

So darf zusammenfassend zur Frage, ob das Verhältnis von Boden zu seinem Ausgangsmaterial die Unterlage einer Gliederung werden kann, gesagt werden, daß alle solche vom geogenetischen Gesichtspunkt aus gemachten Versuche nicht zweckmäßig sind, da sie der durchaus selbständigen Stellung des Bodens nicht gerecht werden, denn wie MITSCHERLICH sich ausgedrückt hat: „Es ist für unsere Kulturpflanzen ganz gleichgültig, wie der Boden, auf dem sie wachsen, einst geologisch entstand[4]". So sind auch Bezeichnungen wie primäre und sekundäre Böden, Glazialböden, äolische Böden, Efflataböden (für Böden auf vulkanischen Tuffen), fluviatile und marine Böden usw. nicht angebracht.

---

[1] Siehe auch die Ablehnung bei K. GLINKA: Die Typen der Bodenbildung usw., S. 20. Berlin 1914. — Den Versuch, die Bodenbildung im Rahmen der Erosionszyklen zu betrachten, macht S. S. NEUSTRUJEW: Böden und Erosionszyklen. Geogr. Anz., hrsg. v. Geogr. Inst. Leningrad 1, Lief. 2—3. Zit. nach einem Ref. in Pet. Mitt. **72** (1926). Siehe auch Bd. 3 dieses Handbuches, S. 114. Verf. nimmt hierbei gleichbleibendes Klima an.

[2] DOKUTSCHAJEW: Arb. St. Petersburger Naturforscherges. 10 (1879). Zit. nach GLINKA, a. a. O., S. 21.

[3] RAMANN, E.: Bodenbildung und Bodeneinteilung. 1918.

[4] MITSCHERLICH, E. A.: Bodenkunde für Land- und Forstwirte. Berlin 1905. Im Vorwort, desgleichen auch noch in der vierten Auflage 1923.

Will man überhaupt eine solche Gruppierung vornehmen, so bleibt nur die von Glinka bzw. Ramann eingeschlagene Bezeichnungsweise übrig, welche noch Beziehungen zum Ausgangsmaterial ohne eine geogenetische Festlegung ausdrücken.

Allgemeine Angaben über das Bodenprofil.

Immer mehr zeigte es sich im Verlauf der bodenkundlichen Forschung, daß für die Kenntnis der Böden ihre vertikale Gliederung, das Bodenprofil, von größter Bedeutung ist. Die ersten großen systematischen Untersuchungen nach dieser Richtung unternahmen in Deutschland W. Schütze und A. Orth, in Rußland Dokutschajeff, der außerdem der horizontalen Verbreitung der Profilbautypen seine Aufmerksamkeit zuwandte. Daß man auch in anderen Wissenschaften, welche an der Bodenkunde interessiert sind, neuerdings gleichfalls dem Bodenprofil besondere Aufmerksamkeit zuwendet, zeigt Passarge[1], wenn er gerade diese Gebiete ziemlich eingehend bespricht.

Der Begriff „Profil" ist im bodenkundlichen Sinne in mancher Hinsicht anders zu verstehen als in der Geologie. Auf diesen Unterschied sei etwas näher eingegangen, da sich gerade hieran der selbständige Charakter der Böden erörtern läßt, und weiterhin, um hierdurch leicht vermeidbare Mißverständnisse bei Arbeiten in Grenzgebieten aufzudecken.

Der durchgreifende Unterschied liegt zunächst in dem mehr oder weniger labilen Charakter der Böden. Die Ursachen, die dies bedingen, sind es auch, welche zu einer Horizontierung der Böden, also zu einer Herausbildung eines Profils, führen. Das Zeitmaß der Ausgestaltung kann im Bereich kleiner Zeiträume liegen, z. B. in manchen Fällen innerhalb von Stunden, im anderen Falle im Beobachtungsbereich eines menschlichen Lebens, und schließlich darüber hinaus in Zeiträumen, die bereits erdgeschichtlichen Größenordnungen angehören. Die Daten, welche den labilen Charakter des Bodens bedingen, müssen bereits im Bodenprofil zum Ausdruck kommen. Anders stellt sich das geologische Profil dar. Mit Aussagen über den petrographischen Charakter, die Mächtigkeit, Fazies und Fossilführung ist zunächst das Profil charakterisiert. Alle Veränderungen, welche das Profil durch Verwitterungseinflüsse erhält, ändern am Wesen des Profils nichts. Das Einzelprofil ist also unveränderlich, d. h. im Bereich der uns zugänglichen Beobachtungszeiten ändert sich kein Einzelfaktor. Weder der Verlauf der Diagenese oder Metamorphose oder der Tektonik sind im Werdegang unmittelbar am Einzelprofil ablesbar, sondern nur durch Aneinanderreihen verschiedener Lokalitäten (oder je nach der Fragestellung an Profilen verschiedener Zeiten) rekonstruierbar. Von Ausnahmen — man braucht nur an die Vorgänge in Sedimenten zu denken, die sich vor unsern Augen bilden — können wir hier ruhig absehen.

„Man findet in jedem Profil (gemeint ist das Bodenprofil) Eigenheiten, die genau so nirgendwo vorkommen, und sollte sich bei jeder Aufnahme nicht nur mit der Feststellung des Typus begnügen, sondern auch die Individualcharaktere feststellen[2]." Dieser Satz Stremmes involviert das Arbeitsprogramm. Es bedarf also einer sehr subtilen Differentialdiagnose zur Erschließung des Charakters, und dem kann und muß die Aufnahme des Bodenprofils bereits Rechnung tragen, wobei sowohl für die allgemeine wie spezielle Bodenlehre eine Zustellung von Material erfolgt.

---

[1] Passarge, S.: Die Grundlagen der Landschaftskunde 3. Hamburg: L. Friederichsen 1920.

[2] Stremme, H.: Grundzüge der praktischen Bodenkunde, S. 9. Berlin: Gebr. Bornträger 1926.

Das Bodenprofil ist somit nicht zum geringsten der Ausgang für weitere Untersuchungen, die ihrerseits die physikalische, chemische und biologische Natur betreffen und deren Klärung z. T. im Gelände, z. T. im Laboratorium erfolgt. Auch darin liegen ebenfalls einige durchgreifende methodologische Unterschiede gegenüber dem geologischen Profil, die sich auf die Verbindung zwischen den Gelände- und Laboratoriumsuntersuchungen beziehen. Sehen wir bei der geologischen Profilaufnahme von Sonderzwecken ab, nach welchen Probeentnahmen erfolgen, so z. B. Entnahme von Material für allgemein unterrichtende Zwecke, Präparationsmethoden von Fossilien an Ort und Stelle für besondere Zwecke usw., so wird es sich im allgemeinen mehr darum handeln, Belegstücke zu sammeln. Bei der Aufnahme eines Bodenprofiles tritt dagegen weit häufiger die Notwendigkeit ein, eine weitgehende Kontinuität zwischen Gelände und Laboratorium aufrechtzuerhalten. Dies gerade liegt wiederum in dem labilen Charakter der Böden begründet. Die Bereitstellung von dem im Gelände gesammelten Material für Untersuchungen im Laboratorium hat daher unter den Gesichtspunkten zu erfolgen, daß tunlichst alles vermieden wird, was den ursprünglichen Charakter der Probe ändert. Dies ist im einzelnen eine Funktion der Entnahmeart, des Transportes, der Zeit zwischen Entnahme und Untersuchung usw.

Doch damit sind die Unterschiede noch nicht erschöpft, gerade ein ganz wesentlicher Unterschied bleibt noch übrig. Das geologische Profil ist das Ergebnis eines Sedimentationsvorganges, rückschließend kann vom Profil auf die Ursachen der Sedimentation (Klima, Tektonik usw.) geschlossen werden. Jede Schichtbildung deutet einen Wechsel der die Sedimentation bedingenden Ursachen an, jede Schichtoberfläche war zu einer Zeit Lithosphärenoberfläche.

Die Horizontierung eines Bodenprofils ist im allgemeinen nicht das Ergebnis einer Sedimentation. Die Oberflächen tieferer Bodenhorizonte sind zwar auch einmal Lithosphärenoberflächen gewesen, jedoch nicht in dem oben charakterisierten Sinne einer sedimentären Aufschüttung. Es sind die Bodenprofile vielmehr das Ergebnis von Stoffwanderungen (mechanischer und chemischer Natur) in einem gegebenen Rahmen. Nimmt man z. B. das bekannte Ortsteinprofil, so ist die Horizontierung das Ergebnis einer Stoffwanderung und nicht einer Aufschüttung.

Ausnahmen sind natürlich bei beiden Profilarten vorhanden. Ein Bodenprofil mit „begrabenen" Böden ist mit das Ergebnis eines Aufschüttungsvorganges. Als Sedimentation ist weiter beispielsweise die Moorbildung in allen ihren Stadien zu betrachten. Nun kann man im Zweifel sein, ob ein Moor begrifflich zum Boden gehört, dies ist aber gleichgültig, denn sowohl Bodenkunde wie Sedimentpetrographie sind in gleichem Maße daran interessiert. Jede Bodendecke ist das Ergebnis eines Sedimentationsvorganges. Aber dies berührt nicht das oben Gesagte, nämlich, daß die Horizontierung der Böden zur Hauptsache das Ergebnis von auf- oder abwärts gerichteten Stoffwanderungen ist.

Statt von einer „Schichtung" im Boden spricht man daher besser von „Horizonten", da dieses Wort neutral ist. Auch GLINKA[1] schlägt das Wort „Horizont" hierfür vor, jedoch geschieht es aus anderen Gründen.

Die Prädestinierung der hier angedeuteten Stoffwanderungen liegt (neben klimatischen Ursachen) in der Struktur und der Anwesenheit eines Lösungsmittels und im Stoffe selbst. Somit wird gerade diesen Punkten eine erhöhte Beachtung zuzuwenden sein.

Schließlich bleibt für das Bodenprofil noch seine Charakterisierung durch die Milieubedingtheit, ausgedrückt durch seine topische und klimatische

---

[1] GLINKA: a. a. O., S. 9.

bzw. mikroklimatische Stellung übrig. Auch dies ist ein weiterer Unterschied gegenüber dem geologischen Profil, was kaum einer weiteren Erörterung bedarf.

Von der Exposition (Hangrichtung und Hangneigung) ist die Temperatur, der Wassergehalt, die Bodenbeweglichkeit und anderes abhängig, wodurch wiederum z. T. der Profilcharakter bedingt sein kann. Im weitesten Sinne schließlich besteht die Abhängigkeit von der Lage auf dem Erdkörper, wie sich dies in den „zonalen Böden" ausprägt[1].

Die Terminologie des Bodenprofils.

Der Eigenart des Bodenprofils entsprechend entwickelten sich eine Reihe Bezeichnungen, welche zunächst zusammengestellt und definiert sein mögen[2].

Oberboden ist die oberste, durch beigemengten Humus gefärbte Bodenschicht, sie ist der Standort des tierischen und pflanzlichen Lebens, im ganzen aber das Produkt der Verwitterungsvorgänge.

Die Oberkrume ist gleich dem Oberboden.

Die Ackerkrume ist die Zone, die ihren Charakter durch die Bearbeitung des Menschen erhält. In manchen Fällen ist sie identisch mit dem Oberboden, jedoch meist nur mit deren oberstem Teil. Hier handelt es sich also in erster Linie um einen Begriff des Kulturbodens. Ihre Mächtigkeit kann je nach der Art der Bearbeitung wechseln.

Die Bodendecke stellt die alleroberste Lage des Bodens dar, die organischer Natur (Pflanzendecke, Rohhumusdecke) oder anorganischer Natur (Schneedecke, Steindecke) sein kann.

Pflugsohle = Ackersohle ist eine Bildung unter der regelmäßig bearbeiteten Ackerkrume. Die Entstehung der Pflugsohle ist also das Ergebnis der Bearbeitung[3].

Unterboden ist die Zone zwischen dem Oberboden und dem Untergrund. Er ist chemisch dadurch ausgezeichnet, daß sich hier vor allem die Aufschließung und Zersetzung der unlöslichen Mineralien vollzieht. Biologisch ist er untätig, so daß er u. a. auch „Totboden"[4] genannt wird.

Als Untergrund ist die Unterlage des Bodens („Muttergestein") zu verstehen, der in seinem oberen Teil mehr oder weniger starke Einwirkung der Verwitterung zeigt. Ihm gleichbedeutend ist der Rohboden im Sinne dessen, daß es sich hier um das Ausgangssubstrat des Bodens handelt und die aufschließbaren Bestandteile enthält, die beim Bodenbildungsprozeß in den Stoffkreislauf eintreten. Bisweilen wird jedoch unter Rohboden auch der Unterboden verstanden. Als tieferer Untergrund wird bisweilen das völlig unveränderte Ausgangsgestein bezeichnet.

A-B-C-Horizonte: In der russischen Literatur bürgerte sich die Bodenprofilierung in drei Horizonte mit der Bezeichnung von oben nach unten A-B-C ein, wobei A dem Oberboden, B dem Unterboden, C dem Untergrund entspricht. Die Gliederung, die die drei Horizonte oft in sich aufweisen, wird durch Indizes gekennzeichnet, z. B. $A_{1,2}$, $B_{1,2}$ usw. Diese Bezeichnungsweise hat neuerdings auch in der außerrussischen Literatur Eingang gefunden.

Die Bodensohlen sind im rein beschreibenden Sinne dichte, mehr oder weniger undurchlässige Lagen, die über, im oder unter dem Boden auftreten. Für Pflanzenwurzeln sind sie undurchdringlich. Genetisch gehören sie verschiedenen

---

[1] Siehe Bd. 2 u. 3 dieses Handbuches.
[2] Vgl. u. a. E. Blanck: Bodenlehre. Agrikulturchemie, T. 3, S. 37. Berlin 1926.
[3] Ramann, E.: Bodenkunde, S. 115. 1911.
[4] Spirhanzl, J.: Über die Untersuchungsmethode in der Natur bei den agropedologischen Kartierungsarbeiten in Böhmen. Internat. Mitt. Bodenkde. 13 (1923).

Vorgängen an und stellen Zementationszonen, Illuvialhorizonte usw. dar. Je nach dem Charakter wird deskriptiv von Steinsohlen, Eisensohlen usw. gesprochen. Englisch: hardpan; schwedisch: ahl, welch' letztere Bezeichnung Ramann auch für den deutschen Sprachgebrauch in Vorschlag brachte.

Illuvium (illuviale Horizonte, Einspülungshorizonte) ist ein von Wyssotzki an Tschernosomprofilen aufgestellter Begriff, der später auch auf andere Profile übertragen wurde. Es handelt sich um eine Zone der Anreicherung von organischem und anorganischem Material. Illuvialhorizonte treten im Unterboden auf, z. T. deckt sich dies mit dem von Lang aufgestellten Begriff der Zementationszonen in Feuchtgebieten, worüber noch zu sprechen sein wird. Die eluvialen Horizonte (Auswaschungshorizonte) stehen im Gegensatz zum Illuvium. Sie repräsentieren die Zone, aus der mechanisch oder chemisch etwas entfernt ist. Doch hat die Bezeichnung Eluvium noch eine andere Bedeutung, nämlich die im Sinne von Verwitterungsbildungen in situ („eluviale" Böden im Gegensatz zu den „kolluvialen" Böden).

Unter Struktur und Textur werden z. T. recht verschiedene Dinge verstanden. Es ist in der Tat auch nicht ganz einfach, diese beiden aus der Petrographie entnommenen Begriffe auf die Böden anzuwenden. In der Petrographie bedeutet Struktur die Form und gegenseitige Begrenzung der Gesteinskomponenten (Mineralien), Textur ihre räumliche Anordnung und Verteilung wie z. B. „massig, dicht, schiefrig" usw. Ferner sind diese Begriffe an kristallinen Gesteinen aufgestellt, die fest und geeignet für Dünnschliffe sind. Als Ausgang wird das Mineralkorn genommen. Es fragt sich daher: Ist auch hier beim Boden das Mineral als kleinste Gefügeeinheit zu betrachten, die dann zur Grundlage des Struktur- und Texturbegriffes gemacht werden könnte? Z. T. ist dies der Fall, z. T. jedoch zur Zeit noch nicht geklärt, und zwar gilt dies besonders nicht bei Böden mit kolloiddispersem Zerteilungsgrad. Sofern die Bestandteile mittels der mechanischen Bodenanalyse nach ihrer Körnung trennbar sind und ihre Form mikroskopisch fixierbar ist, ist ein solches „Bodenkorn"[1], gleichviel welcher absoluten Dimension, jedoch nicht in kolloiddispersem Bereich, als Gefügeeinheit für den Strukturbegriff verwendbar. So geht auch Ramann vor, wenn er unter Struktur des Bodens die stereometrischen Verhältnisse der Bodenkörner d. h. Form und Lagerung behandelt.

Zugleich aber wird eine Vereinfachung zugrunde gelegt, nämlich daß die Idealform des Bodenkornes eine Kugel ist. Damit entfällt aber die Möglichkeit einer weitgehenden Strukturdifferenzierung wie sie in der Petrographie möglich ist. Sie ist auch für die Böden nicht nötig. So vereinfacht auch Ramann die Bodenstruktur auf zwei Fälle, nämlich Einzelkornstruktur (die einzelnen Bodenkörner sind einheitlich zusammengesetzt) und Krümelstruktur („jedes Korn wird von einer großen Anzahl kleiner Partikel gebildet").

Aber diese Annahme und die daraus gezogenen Konsequenzen gelten strenggenommen nur für die Größenordnungen außerhalb des kolloiddispersen Bereiches, und selbst hier ließen sich z. B. bei der „Krümelstruktur" Einwendungen machen. Gerade die „Krümelstruktur" wäre besser bei der Textur untergebracht. Ganz zweifelhaft erscheint aber die Übertragung auf den kolloiddispersen Bereich. Was für Strukturen hier herrschen oder möglich sind, müssen dahingehende Untersuchungen noch ergeben. Auf die verschiedenen Vorstellungen, die man sich von den Formen in diesen Größenordnungen macht, soll hier aber nicht eingegangen werden. Jedenfalls alles in allem genommen ist die Bezeichnung Struktur auch bei den Böden unbedingt auf die stereometrischen Verhältnisse

---

[1] Ramann, E.: Bodenkunde, S. 295. 1911.

der Gefügeeinheiten, jedoch welcher Art ist noch teilweise unbekannt, zu beschränken

Andere Begriffsfassungen gibt Stremme[1], der sich teilweise auf die Untersuchungen von Nabokich[2] über diesen Gegenstand stützt. Die Begriffsfassungen beider Autoren seien nebeneinandergestellt: Nach Stremme wird unter Struktur die Erscheinung des Zusammenhangs der Bodenteile verstanden, sie entspricht der „Absonderung" der Gesteinsteile in der Gesteinskunde. Bei Nabokich ist Struktur die Zusammenfügung von physikalischen Individuen verschiedener Form und Größe, welche durch ein mehr oder weniger festes Bindemittel verbunden sind. Stremme versteht unter Textur die Auflockerungserscheinungen im Boden, welche teils anorganischer Natur sind, teils auf Organismen zurückgehen, während nach Nabokich Textur der Zerfall der Böden in physikalische Einzelkörper ist. Als weiteren Begriff stellt Stremme[3] den des „Gefüges" auf, er sagt: „Eine Bezeichnung für das ‚Aneinandergefügtsein' der einzelnen Bodenteile, z. B. bindig, locker usw. ist eine Erscheinung der Bodenarten."

Struktur- und Texturbegriff seien nun an Hand einiger von Stremme und Nabokich gegebenen Bezeichnungen betrachtet:

Struktur.		Textur.
körnig-krümelig	schalig	porös
blättrig	pyramidal-prismatisch	schwammig-porös
schichtig	säulenförmig	röhrig
kugelig	schwammig-zellig	röhrig-porös
schuppig	usw.	gitterig-röhrig
		lagenförmig
		usw.

Man ersieht daraus, daß es beiden Forschern darauf ankommt in einem Fall die Vollform (Struktur), im anderen Falle die Hohlformen (Textur) der Böden zu charakterisieren. Dieser Gedanke verdient durchaus Beachtung, da hiermit zweifellos begriffliche Erscheinungen getrennt werden, welche für die physikalischen Eigenschaften der Böden von größter Bedeutung sind. Die andere Frage ist jedoch, ob man diese Bezeichnungen den Begriffen Struktur und Textur unterordnen soll. Dem ist nicht beizustimmen, da hierdurch althergebrachte Bezeichnungsweisen eine Umdeutung erfahren, um so mehr als die Notwendigkeit hierzu nicht besteht. Die aus der Gesteinskunde übernommenen Begriffe Struktur, Textur und Absonderung dürfen sinngemäß auch auf die Böden übertragen werden. Doch mögen noch die Auffassungen weiterer Autoren zu dieser Frage dargelegt werden[4].

Glinka[5] unterscheidet drei „Strukturen", ohne eine Definition von Struktur zu geben, es sind die körnige, lamellenförmige und prismatische Struktur.

Hissink[6] versteht im Anschluß an die amerikanische Nomenklatur unter Struktur „die Art und Weise der Zusammenlagerung", unter Textur „die mechanische Zusammensetzung des Bodens", wie sich letztere aus der mechanischen Bodenanalyse durch fraktioniertes Schlämmen ergibt. Er fährt weiter fort: „Während die Bodenstruktur fortwährend selbst im Laufe eines Tages

---

[1] Stremme, H.: Grundzüge der praktischen Bodenkunde, S. 71. 1926.

[2] Nabokich, A.: Petrologische Arbeiten im Felde. — Mém. sur la cartographie des sols. — Mem. Inst. geol. al Rômânici 2 (1924). Zit. nach Stremme a. a. O., S. 71.

[3] Stremme, H.: Grundzüge der praktischen Bodenkunde, S. 71. 1926.

[4] Eine Arbeit von van Harrefeld-Lake: Die Textur der Zuckerrohrböden Javas (Archief Suikerind. Nederl.-Indie 1916) war dem Verfasser leider nicht zugänglich.

[5] Glinka, K.: Die Typen der Bodenbildung. 1914.

[6] Hissink, J. D.: Die Methoden der mechanischen Bodenanalyse. Internat. Mitt. Bodenkunde 11, S. 1 (1921).

— z. B. nach einem Gußregen — bisweilen sehr großen Änderungen unterliegt, ändert sich die mechanische Zusammensetzung des Bodens, wenigstens in unserem gemäßigten Klima, für den Verlauf eines Menschenlebens kaum merklich." In der Auffassung des Begriffs „Struktur" nähert er sich damit auch RAMANN.

Angesichts der recht verschiedenen Begriffsfassungen fragt es sich, ob nicht eine einheitliche Bezeichnungsweise möglich ist, wobei sich eine solche zunächst an bekannte Begriffe anzuschließen hätte, jedoch dem Wesen der Böden Rechnung tragen müßte. Dies erscheint möglich, wobei man neben den Begriffen Struktur und Textur noch einen weiteren Begriff aus der Petrographie übernimmt, nämlich den der Absonderung, worunter in der Gesteinskunde bekanntlich die Klüftung, Säulung usw. der Gesteine verstanden wird. Man würde zweckmäßig dann folgende Begriffsfassungen wählen:

Struktur ist die Charakterisierung der Form und gegenseitige Begrenzung der Gemengteile.

Textur ist die räumliche Anordnung und Verteilung der Gemengteile.

Absonderung gibt die auf anorganischem Wege erfolgten Zerreißungen, Plattungen, Säulungen oder sonstwie gestalteten Deformationen des Bodens, welche ohne Rücksicht auf die Struktur und Textur erfolgen, wieder. Man könnte also von einer „Dispertur" des Bodens sprechen (von dispertire = zerteilen).

Am wenigsten bekannt ist die Struktur, wobei, wie ja erwähnt, noch einige gedankliche Vereinfachungen gemacht werden. Grundsätzlich ist überhaupt über die Struktur loser Massen und von Sedimenten noch zu wenig bekannt, um zu einer Systematik zu kommen. Was als „Struktur" loser Massen unter der Bezeichnung Wabenstruktur, Flockenstruktur, Einzelkornstruktur zweiter Ordnung, Krümelstruktur usw. läuft, gehört auf Grund der Definition zu den Texturen. Es fragt sich überhaupt, ob der Struktur der Böden eine besonders große Bedeutung zukommt. Denn die physikalischen Eigenschaften der Böden, soweit sie im weitesten Sinne von der Raumfassung abhängen, sind durch die Textur und Absonderung bedingt.

Texturelle Bezeichnungen, bei welchen die Bezeichnungsweisen von STREMME-NABOKICH verwendet werden, waren folgende: körnig-krümelig, schwammig-zellig, porös, schwammig-porös, röhrig (durch Pflanzenwurzeln), röhrig-porös (durch Ausscheidung aus der Grundmasse um Pflanzenwurzeln herum entstanden), gitterig-röhrig und Hohlraumbildung durch Bodenwühler (hierher z. B. die „Krotowinen" der Tschernosomböden).

Absonderungsbezeichnungen sind: prismatisch, säulenförmig, nußförmig[1].

Unsicher einzugliedern sind zur Zeit Bezeichnungen wie: kugelig, plattenförmig, wellig, diagonalblättrig. Hier würde die Genese zu entscheiden haben, ob eine Textur oder Absonderung in obig gegebener Definition vorliegt.

Der Hauptteil aller, und zwar weitaus der wichtigsten Begriffe der Bodenarchitektur entfällt auf die Textur, und es wäre deshalb zu untersuchen, ob hier nicht noch eine weitere Gliederung angebracht wäre. Dies ist möglich z. B. durch eine Unterteilung der Textur nach den sie verursachenden Faktoren, also anorganisch oder organisch bedingt.

Bodenskelett und Feinerde: Mit diesen Bezeichnungen unterscheidet RAMANN die groben und die feinen Bestandteile der Böden. Konventionell wird die Grenze in Deutschland mit 2 mm, in Frankreich mit 1 mm festgelegt[2].

---

[1] Auch die „Strukturen" arktischer Böden — Polygonböden — wären danach besser unter „Absonderung" als „Struktur" zu fassen (siehe dazu auch W. MEINARDUS in Bd. 3 des Handbuches, S. 82).

[2] Es wäre zu überlegen, ob man nicht als Bodenskelett den Anteil der Böden bezeichnen sollte, der die noch nicht aufgeschlossenen d. h. unverwitterten Mineralstoffe enthält.

Begrabene Böden: Unter verschiedenen Bedingungen kann ein Boden bedeckt und mehr oder weniger konserviert werden, und in der Aufschüttung beginnt ein neuer Bodenbildungsprozeß.

Als phreatische Oberfläche bezeichnet Versluys[1] die freie Grundwasseroberfläche, wie sie in künstlichen Einschnitten festgestellt wird. Über dieser Oberfläche ist das unversehrte Gestein bis zu einer gewissen Höhe ebenfalls noch mit Wasser erfüllt; dieses kapillare Wasser besitzt ebenfalls eine Oberfläche.

Urböden, Rohböden, Kulturböden und Nutzböden u. a.: Als Urböden bezeichnet Treitz[2] solche Böden, deren Bildungsbedingungen nur von natürlichen Faktoren abhängen, Rohböden solche, die ohne eigentliche Bodenpflege doch künstlichen Eingriffen wie z. B. Holzabtrieb in Naturwäldern, Streuentnahme, Weidewirtschaft usw. unterliegen. Die Kulturböden sind das Ergebnis systematischer Bearbeitung. Stremme faßt Roh- und Kulturböden als Nutzböden zusammen und unterscheidet zwischen rohen Nutzböden (Rohböden von Treitz) und bebauten Nutzböden (Kulturböden von Treitz).

Auf weitere Bezeichnungsweisen in der Bodenprofilierung wird bei gegebener Gelegenheit zurückzukommen sein, so z. B. bei den Krusten, Gleybildungen, Knick usw.

b) Das Bodenprofil in seinen Einzelheiten.

Die horizontbildenden Faktoren des Bodenprofils und die Klassifikation der Bodenprofile.

Stoffwanderungen.

Wie schon mehrfach betont, sind es in erster Linie Stoffwanderungen, welche die Bodenhorizontierung bedingen. Ihnen gegenüber treten Aufschüttungsvorgänge als bodenhorizontbildender Faktor zurück. Die Stoffwanderungen, die im einzelnen wiederum abhängig von der regionalen Lage und stofflichen Eigenschaften sind, erweisen sich weiterhin mitbedingend für die Struktur, Textur und Absonderung der Böden. Aber es ist dies nicht eine einseitige Abhängigkeit, ebenso sehr besteht das umgekehrte Verhältnis. Die Stofftransporte sind zweierlei, nämlich mechanischer und chemischer Art. Doch ist angesichts der kolloiddispersen Natur eines großen Teils der Bodenbestandteile mit diesen Bezeichnungen eigentlich recht wenig gesagt. Der größte Teil der Stoffwanderungen, soweit sich das Material nicht in gelöstem Zustand befindet, erfolgt im kolloiddispersen Bereich.

Auf die praktische Bedeutung mechanischer Stofftransporte in den Böden machte erstmalig Hazard[3] aufmerksam. Wollny[4] lieferte zu dieser Frage experimentelle Beiträge, ausgeführt mit Bodenproben im Laboratorium, wobei er zwischen Verschlämmen, Abschlämmen und Durchschlämmen der Böden unterschied. In neuerer Zeit waren es vor allem Ramann[5] und Ehrenberg[6], welche diese Erscheinungen unter kolloidchemischem Gesichtspunkte behandelten.

---

[1] Versluys, J.: Die Kapillarität der Böden. Internat. Mitt. Bodenkde. **7**, 117 (1917).

[2] Treitz, P.: Wesen und Bereich der Agrogeologie. C. r. d. l. conférence extraord. Prag **1922**.

[3] Hazard, J.: Landw. Versuchsstat. **24** (1880); Landw. Jb. **29**, 805 (1900).

[4] Wollny, E.: Der Einfluß der atmosphärischen Niederschläge auf die mechanische Beschaffenheit des Bodens. Forschgn. Geb. Agrikult.-Phys. **18**, 180 (1895).

[5] Ramann, E.: Die Einwirkung elektrolytarmer Wässer auf diluviale und alluviale Ablagerungen und Böden. Z. dtsch. geol. Ges. **67**, 275 (1915).

[6] Ehrenberg, P.: Die Bodenkolloide, 2. Aufl. Dresden 1918.

RAMANN unterscheidet bei der mechanischen Wegführung und Umlagerung folgende Fälle:

I. Angriffe durch Oberflächenwasser:
1. Erosion = Abschlämmung,
2. Evorsion = Ausschlämmung.

II. Angriffe durch die im Gestein zirkulierenden Wässer:
1. Durchschlämmung,
2. Umlagerung in Böden.

Die Ausschlämmung = Abschlämmung bei WOLLNY, deren Bezeichnung als „Evorsion" besser auf die erosiven Vorgänge beschränkt bleiben sollte, führt zu einer Kornvergröberung des betroffenen Materials („Enttonung"). Die Beweglichkeit der Mineralteile bei Wasserzutritt ist jedoch von dessen Elektrolytgehalt abhängig. Elektrolytarme Wässer fördern die Ausschlämmung und verlangsamen den Absatz. So weist RAMANN[1] auf die bekannte Erscheinung hin, daß in den diluvialen Moränengebieten die kalkreichen Moränen leichter erhalten und schwächer enttont werden als kalkarme Moränen. Die Ausschlämmung verzögert sich bei gleichbleibenden sonstigen Bedingungen mit der Steigerung der chemischen Verwitterung. Hinderlich ist ferner die Vegetationsdecke. Fördernd sind alle künstlichen Eingriffe im Boden, also besonders die Voraussetzungen, wie sie der regelmäßig bearbeitete Boden bietet, was in der Praxis oft von nicht unerheblicher Bedeutung ist. Starken Einfluß auf die Ausschlämmung besitzt weiter die Exposition[2].

Von dem Abschlämmen (im Sinne WOLLNYs = Ausschlämmen bei RAMANN) trennt WOLLNY das Verschlämmen des Bodens. Das Verschlämmen ist am besten als eine Struktur- und Texturveränderung in situ zu bezeichnen, wie sie vor allem durch starke Gewitterregen infolge der mechanischen Wirkung der schweren Tropfen bewirkt wird. Die ungünstige Auswirkung besteht in einer schlammförmigen Aufweichung, welche nach der Austrocknung eine harte Kruste gibt. Vorwiegend sind tonige und lehmige Böden der Verschlämmung ausgesetzt, und zwar leiden darunter mehr die mit „Krümelstruktur" als die mit „Einzelkornstruktur" ausgestatteten Böden.

Neben diesen sich vorwiegend der Erdoberfläche parallel vollziehenden Stofftransporten mechanischer Art treten in zahlreichen Fällen vertikale Transporte im Boden hinzu. Es ist die Durchschlämmung, welche im Horizont der Ausfällung zur „Vertonung" führen kann. Voraussetzung ist, daß das Raumgefüge des Bodens eine Wanderung zuläßt bzw. den Absatz des transportierten Materials ermöglicht. Noch mehr als bei der Ausschlämmung spielt bei der Durchschlämmung der Elektrolytgehalt des Wassers eine ausschlaggebende Rolle. Elektrolytarme Wässer begünstigen die Durchschlämmung. Eigenartig ist oft das Verhalten bei elektrolytreichen Wässern, hier flocken die feinstkörnigen Teile aus und sind nicht beweglich. Es können jedoch gröbere Anteile zur Wanderung gelangen, soweit ihre Größe nicht zu große Reibungswiderstände bewirkt. Dies wäre also ein rein mechanisches Durchschlämmen ohne Rücksicht auf den Elektrolytgehalt. Im nachfolgenden seien WOLLNYs experimentelle Ergebnisse an verschiedenem Material, welche dieses zeigen, wiedergegeben[3]. Die Versuche wurden in 50 cm hohen, in geeigneter Weise in den Boden eingesetzten Blechröhren ausgeführt, in welche das unsortierte Material gefüllt

---

[1] RAMANN, E.: Die Einwirkung elektrolytarmer Wasser auf diluviale und alluviale Ablagerungen und Böden. Z. dtsch. geol. Ges. **67**, 275 (1915).
[2] Siehe weiter P. EHRENBERG: a. a. O., Bodenkolloide, S. 189.
[3] WOLLNY, E.: a. a. O., S. 180. 1895.

wurde. Nach dreijährigem Belassen des Bodens in den Röhren erfolgte die Korngrößenfeststellung im oberen mittleren und unteren Teil derselben, wobei sich folgende Korngrößenanordnung zeigte:

Große der Bodenteilchen mm	Sandiger Lehm			Lehm			Humoser Kalksand		
	oben	mitten	unten	oben	mitten	unten	oben	mitten	unten
> 5	—	—	—	0,6	0,6	0,6	6,1	7,6	6,6
2,5 —5,0	5,9	5,9	7,1	1,4	1,2	1,4	6,6	5,8	7,6
1,0 —2,5	31,2	20,4	31,5	0,8	1,2	1,6	8,6	12,2	11,6
0,5 —1,0	12,9	23,6	13,2	1,4	1,6	1,0	10,2	6,4	9,6
0,25—0,5	12,4	20,5	26,3	23,8	27,4	29,4	48,4	56,0	56,6
< 0,25	37,6	29,6	21,9	72,0	68,0	66,0	20,0	12,0	8,0

Praktisch tritt die Durchschlämmung der Böden in mancher Hinsicht als wichtige Erscheinung auf, so unter anderem in der Bildung der Pflugsohle, Tonortstein, Lettensohle, Ton- und Sanddeckkultur auf Mooren usw.

Was Ramann in seiner oben angeführten Einteilung der mechanischen Stofftransporte als „Umlagerung" in den Böden bezeichnet, stellt komplexe Erscheinungen dar, an denen zugleich Stoffwanderungen in gelöstem und kolloidalem Zustand beteiligt sind. Da letztere an anderen Stellen des Handbuches eine eingehende Behandlung erfahren[1], genügt hier die Hervorhebung einiger Grundzüge.

Der Bewegungssinn der kolloidalen oder gelösten Stoffe kann je nach den äußeren Bedingungen von oben nach unten oder von unten nach oben gerichtet sein. So läßt sich für aride und humide Verwitterungsprofile etwa folgendes Verhältnis aufstellen:

Arides Profil.

Illuvialhorizont
Eluvialhorizont

Humides Profil.

Eluvialhorizont
Illuvialhorizont

Im ariden Profil erfolgt der Stofftransport durch das kapillar aufsteigende Grundwasser oder wiederaufsteigende Sickerwässer, im humiden Profil durch das absinkende Sickerwasser.

Sehr mit Recht hat R. Lang[2] in verschiedenen Arbeiten zutreffende Vergleiche zwischen den Konzentrationsvorgängen an Lagerstätten und an Verwitterungszonen gezogen. Die Typisierung der Verwitterungsvorgänge ist folgende:

Streng arides Klima
(wiederaufsteigende Sickerwässer und Lösungsverwitterung)

Zementationszone   Oxydationszone
Detritationszone

Grundwasser.
Zone der Diagenese.

Humides Klima
(vorzugsweise absteigende Sickerwässer und Losungsverwitterung).

Mydotische Zone   Zementationszone
Detritationszone   Zone der Diagenese
Oxydationszone

---

[1] Vgl. Bd. 2: Abschnitt über Verwitterung; Bd. 7: Chemische und biologische Beschaffenheit des Bodens.

[2] Lang, R.: Die Verwitterung. Fortschr. Min., Kristallogr. u. Petrogr. **7** (1922). — Verwitterung und Bodenbildung als Einführung in die Bodenkunde. Stuttgart 1920. — Forstliche Standortslehre, Handbuch der Forstwissenschaften, S. 213. Tübingen 1926.

Perhumides Klima
(absteigende Sickerwässer und Solverwitterung).

Rohhumuszone   Ortsteinzone (Zementationszone)
Bleichzone   Zone der Diagenese.

Diese drei Typen umfassen mit Ausnahme des perhumiden Klimas die Tiefenzonengliederung der Verwitterung, also einen Bereich, der zwar auch schon weit außerhalb der hier interessierenden Fragen liegt, jedoch auch für die Horizontierung der Böden von nicht geringem Interesse ist[1]. Das in den Zementationszonen sich anreichernde Material ist verschiedener Art, nämlich Salze, Gips, Kalzit, Brauneisen, Manganverbindungen, Kieselsäure.

Ein anschauliches Bild über die Stoffwanderungen in einigen Profiltypen von Böden geben die nachstehenden Abbildungen (Abb. 1) nach STOCKER[2].

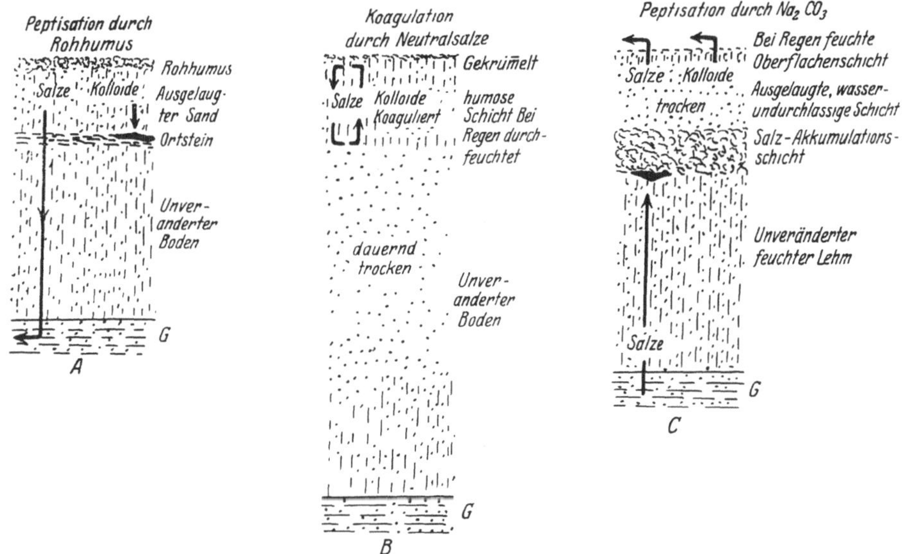

Abb. 1. Schematische Darstellung der Salz- und Kolloidumsetzungen in humiden und ariden Boden. Die wasserfuhrenden Teile der Boden sind durch senkrechte Schraffierung gekennzeichnet. G = Grundwasser. A = Podsolboden. B = Schwarzerde. C = Szikboden. (Nach O. STOCKER: Ungarische Steppenprobleme. Naturwiss. 17, 192 [1929].)

Exposition und Inklination (örtliche Einflüsse).

Schon frühzeitig wurde die Aufmerksamkeit auf die örtlichen Einflüsse, welche der Boden durch seine Lage im Raum erhält, gelenkt. Diese ist bei geneigten Böden ausdrückbar durch die Angaben über die Exposition, also Lage zu den Himmelsrichtungen sowie Hangrichtung und die Inklination d. i. Hangneigung.

Zusammen mit den spezifischen Eigenschaften des betreffenden Bodens, insbesondere mit seinen physikalischen Eigenschaften, ergeben sich eine große Zahl verschiedenartigster direkter und indirekter Wechselwirkungen. Unter den ersteren sind insbesonders die Einwirkungen am nächstliegenden, welche die Temperatur und der Wasserhaushalt des Bodens infolge seiner räumlichen Lage aufweist. Diese beiden Punkte sind es auch vor allem, die Gegenstand zahlreicher Untersuchungen mit Bodenproben im Laboratorium und an natür-

---

[1] Es darf nur nicht dazu fuhren, diese Vergleiche auch den Bezeichnungsweisen der Bodenhorizonte zugrunde zu legen. Siehe darüber S. 45.
[2] STOCKER, O.: Ungarische Steppenprobleme. Naturwiss. 17, 189, 208 (1929).

lichen Beispielen wurden, worüber u. a. Wollny[1], A. Kerner[2], F. Kerner von Marilaun[3], Henne[4] berichten.

Für die klimatologischen Grundlagen, deren Kenntnis für die Beurteilung der hier in Frage kommenden Erscheinungen nötig ist, sei auf die diesbezüglichen Abschnitte des Bd. 2 dieses Handbuches verwiesen, worin das „Makroklima" und das „Mikroklima" eingehend behandelt sind.

Für die Frage der Exposition sind vor allem die Erscheinungen des „Mikroklimas" (= bodennahes Klima) von Bedeutung, einer Stufe in der vertikalen Klimagliederung, deren Einfluß gerade für die Probleme der Bodenlehre von einer großen Bedeutung wurde[5]. Es handelt sich also um die Vorgänge der unmittelbar über dem Boden vorhandenen atmosphärischen Zone, deren vertikale Erstreckung in unseren Breiten bei unbewachsenem Boden auf ca. 1,50 m veranschlagt werden kann, worüber sich das „Menschenklima" befindet, das mehr oder weniger gleich dem Klima der freien Atmosphäre ist, deren Erforschung in erster Linie Gegenstand für die Synthese der Meteorologie und Klimatologie ist und in ihrer Auswirkung zur Grundlage der Bodenzonenlehre dient[6].

Ein Sonderzweig der Mikroklimatologie ist die „orographische Mikroklimatologie". Hierunter will Geiger die Modifizierung des Mikroklimas durch den orographischen Rahmen verstanden wissen. Dies umfaßt aber in erster Linie vor allem auch die Auswirkungen, welche ein Boden durch seine Exposition (im weiteren Sinne: Hangrichtung und Hangneigung) erfährt. Aber die Schwierigkeiten — und hier liegt noch ein großes Arbeitsgebiet vor — beginnen in der Aufklärung der Wechselbeziehungen, welche eben durch die spezifischen Bodeneigenschaften Feuchtigkeit, Struktur, Farbe, Vegetation usw. hervorgerufen werden. In den seltensten Fällen dürfte es möglich sein, ein Gesamtbild in Form einer funktionellen Darstellung aller in Frage kommenden Komponenten zu entwerfen. Ferner ist der größte Teil der Untersuchungen in Gebieten der gemäßigten Zone ausgeführt, so daß auch von dieser Seite zur Zeit noch keine einigermaßen synthetische Darstellung möglich ist.

A. Kerners[7] Ergebnisse an einem Hügel im Inntal zeigten zwischen Exposition und Bodentemperatur folgende Beziehungen:

	N	NO	O	SO	S	SW	W	NW	Mittel
Mittel aus drei Jahren	9,42	10,55	11,25	12,65	12,66	12,71	12,17	10,17	11,45

Danach ordnen sich die Expositionen von den kältesten (N) bis zu den wärmsten wie folgt: N—NW—NE—E—W—SE—S—SW. Gruppiert man die

---

[1] Wollny, E.: Untersuchungen uber den Einfluß der Exposition auf die Erwärmung des Bodens. Forschgn. Geb. Agrikult.-Phys. 1, 263 (1878). — Vom gleichen Autor in derselben Zeitschrift: Untersuchungen über den Einfluß der Exposition des Bodens auf dessen Feuchtigkeitsverhältnisse, 6, 377 (1883); Wasserverdunstung bei verschiedener Inklination und Exposition der Bodenfläche, 7, 97 (1884); Untersuchungen uber die Feuchtigkeits- und Temperaturverhältnisse des Bodens bei verschiedener Neigung des Terrains gegen den Horizont, 9, 1 (1886); Untersuchungen über die Feuchtigkeits- und Temperaturverhältnisse des Bodens bei verschiedener Neigung des Terrains gegen die Himmelsrichtung und gegen den Horizont, 10, 1, 345 (1887).

[2] Kerner, A.: Über Wanderungen des Maximums der Bodentemperatur. Z. österr. Ges. Meteorol. 6, 65 (1871).

[3] Kerner v. Marilaun, F.: Änderungen der täglichen Schwankungen der Bodentemperatur mit der Exposition. Meteorol. Z. 1893, 269. — Die Änderung der Bodentemperatur mit der Exposition. Sitzgsber. Akad.Wiss.Wien, Math.-naturwiss. Kl. C. 1891; Meteorol. Z. 1891, 80.

[4] Henne, A.: Untersuchungen über das Wachstum junger Fichten, Weißtannen und Lärchen auf verschiedenen Bodenarten, Expositionen und Neigungsgraden. Mitt. schweiz. Centralanst. forstl. Versuchswes. 2 (1892).

[5] Eine Einführung in das Wesen des bodennahen Klimas gibt R. Geiger: Das Klima der bodennahen Luftschicht. Braunschweig: Vieweg 1927.

[6] Siehe Bd. 3 dieses Handbuches.   [7] Kerner, A.: a. a. O., S. 65.

Einzelwerte für die Monate, so ist folgende Verschiebung der Bodentemperatur in deren Verlauf vorhanden: Es weisen die Monate Januar bis April die höchste Temperatur auf der SW-Seite auf, die Monate Mai bis August (September) auf der SE-Seite, die Monate September-Oktober auf der S-Seite, die Monate November-Dezember wieder auf der SW-Seite. Über die Hangneigung ist dabei jedoch nichts ausgesagt. Der größte Mittelwert liegt auf der SW-Seite.

WOLLNYS[1] Untersuchungen in München mit im Laboratorium vorbereiteten Böden in einem Versuch an einem aufgeschütteten Kegel mit einem Durchmesser von 2,3 m und einem Gefälle von 15⁰, ein zweiter Versuch an dachförmig aufgeschütteten und orientierten Beeten mit 12⁰ Gefälle führte zu ganz ähnlichen Ergebnissen (höchste Temperatur die S-Exposition, dann SW und SE). In gleichem Sinne erfolgte auch hier die Wanderung der maximalen Temperatur im Verlauf des Jahres von der SW-Seite (April) über die SE-Seite (Mai-August) bis S-Seite (Anfang Herbst) zur SW-Seite (Spätherbst).

Der Zusammenhang zwischen Bodentemperatur und Temperaturschwankung stellt sich nach WOLLNY[2] (Beobachtungen bei München, alle Werte für S-Exposition) wie folgt:

Zusammenstellung der Monatsmittel.

| Monat | Bodentemperatur | | | | Temperaturschwankungen | | | |
| | Ebene | Neigung der Flache | | | Ebene | Neigung der Flache | | |
		16⁰	32⁰	48⁰		16⁰	32⁰	48⁰
1879 April . . .	7,53	7,62	8,18	8,31	6,88	7,75	8,78	8,07
Mai . . .	11,18	11,30	11,76	11,50	6,88	7,88	8,73	8,00
Juni . . .	18,07	18,22	18,40	18,19	9,23	10,15	10,60	9,42
Juli . . .	16,49	16,48	16,69	16,48	8,88	10,28	11,05	10,20
August . .	19,87	20,37	20,70	20,73	8,42	9,48	10,10	9,62
September.	15,44	15,85	16,34	16,69	7,63	8,93	9,97	9,75
Oktober . .	7,99	8,08	8,44	8,89	5,18	6,65	7,78	7,90
November .	1,44	1,01	0,62	0,89	2,37	2,90	3,53	3,83
Dezember .	—4,64	—7,04	—7,78	—8,48	2,58	3,78	3,52	4,77
1880 Januar . .	—4,22	—4,50	—4,59	—4,09	2,63	3,10	3,00	3,02
Februar . .	—2,31	—1,99	—1,60	—1,23	2,27	2,78	3,05	2,47
März . . .	3,72	5,32	6,44	6,85	4,93	5,85	6,85	5,95

Das Maximum der Bodentemperaturen verschiebt sich in folgender Weise mit der Inklination: Bei ebenen Flächen liegt das Maximum im November, Dezember und Januar; größere Neigung in den gleichen Monaten zeigen bedeutend niedere Temperaturen. Die Monate Februar, März, April zeigen ihr Maximum bei 48⁰ Inklination, im Mai, Juni, Juli zeigt die 32⁰-Inklination das Maximum, welches im August, September und Oktober wieder auf der 48⁰ geneigten Fläche auftritt. Die Messungen erfolgten in 10—15 cm Tiefe. Hinweise auf die dadurch bedingte Schneeschmelze, Ausblicke auf einige praktische Fragen führt WOLLNY weiterhin an.

| | Temperaturschwankungen | |
	nach KERNER[3]	nach WOLLNY[4]
S, SW, SO . .	15,87	7,71
O, W	16,30	6,99
NO, NW. . . .	14,00	6,94
N	13,50	6,51

Als Beispiel für Temperaturschwankungen an zwei Orten dienen vorstehende Angaben.

---

[1] WOLLNY: a. a. O., S. 278. 1878.   [2] WOLLNY: a. a. O., S. 37. 1886.
[3] KERNER, A.: a. a. O., S. 65 (Beobachtungen bei Innsbruck). 1871.
[4] WOLLNY: S. 277 (Beobachtungen bei München). 1878.

Schließlich seien noch die Untersuchungsergebnisse von Kerner von Marilaun[1] im Gschnitztal wiedergegeben. Sie sind an einem Hügel in 1340 m Seehöhe mit Temperaturmessungen in 70 cm Tiefe bei dreijähriger Beobachtungsdauer ausgeführt worden. Hier ordnen sich die Expositionen von der kältesten (N) bis zur wärmsten (S, SW):

N—NE—E—NW—W—SE—S—SW.

S und SW haben gleiche Mittel aus drei Jahren. Das jährliche Wandern der Bodentemperatur auf den verschiedenen Hängen stellt sich folgendermaßen, im Winter die SW-Exposition, im Frühling die SE-Exposition, im Sommer die S-Exposition, im Herbst die SW-Exposition. Dies ist also das gleiche Ergebnis, zu dem auch Wollny kam.

Für die Zusammenhänge zwischen Bodentemperatur, Exposition und Inklination führt Wollny[2] eine Reihe Versuchsergebnisse an. Es sei Wollnys eigenen Zusammenfassungen gefolgt: „Die Südhänge sind um so wärmer, die Nordhänge um so kälter, je größer die Neigung des Terrains gegen den Horizont ist. Der Einfluß letzterer auf die Erwärmung der E- und W-Seiten ist vergleichsweise bedeutend geringer und tritt in der Weise in die Erscheinung, daß die E-Seite gemeinhin um so wärmer, die W-Seite um so kälter ist, je stärker geneigt die Lage des Bodens ist. Die Unterschiede in der Erwärmung des Bodens zwischen südlich und nördlich exponiertem Gehänge nehmen in dem Grade zu, als die Flächen eine größere Neigung gegen den Horizont besitzen. Der Böschungswinkel hat auf die Unterschiede der Bodentemperaturen zwischen den E- und W-Seiten vergleichsweise einen geringeren Einfluß. Die W-Seite ist bei flacher Lage (15^0) meist ein wenig wärmer, bei steiler Lage (30^0) etwas kälter als die E-Seite. Die Schwankungen der Bodentemperaturen sind in den südlichen Expositionen am größten und werden um so geringer, je mehr die geneigte Bodenfläche eine nördliche Lage hat. Der Einfluß der Neigung des Terrains auf die Schwankungen der Bodentemperatur macht sich in der Weise geltend, daß die Oszillationen der Temperatur auf südlichen Hängen vergrößert, auf nördlichen Hängen verringert werden, je größer der Böschungswinkel ist. Die Bodentemperatur der E- und W-Seiten sind in dieser Richtung weniger beeinflußt. Erstere verhalten sich wie Südhänge, letztere wie Nordhänge." Wir begnügen uns hier mit der kurzen Wiedergabe der Auswirkungen, ohne auf deren Ursachen einzugehen, da diese in das Gebiet der klimatischen Grundlagen gehören.

Exposition und Feuchtigkeit behandelt ebenfalls Wollny[3]. Auch hierbei handelt es sich um Versuche im Laboratorium. Die Feuchtigkeitsbestimmung erfolgte durch Trocknung bei 105^0. Auch hier seien Wollnys Ergebnisse wörtlich angeführt: „Bei verschiedener Lage des Bodens gegen die Himmelsrichtungen sind die nördlichen Seiten am feuchtesten, dann folgt die W-Seite, hierauf die E-Seite, während die S-Seite die geringsten Wassermengen enthält[4]." „Bei einer Bearbeitung des Ackerlandes in Beeten ist der Unterschied zwischen der Nord- und Südabdachung bedeutend größer als zwischen der E- und W Seite[4]." „Die Unterschiede in den Verdunstungsgrößen zwischen nördlich und südlich (respektive östlich und westlich) exponierten Flächen nehmen in dem Maße zu, als letztere stärker gegen den Horizont geneigt sind, und zwar, weil in entsprechender Weise die Verdunstung auf der südlichen (respektive östlichen Seite) zu , auf der nördlichen (respektive westlichen) da-

---

[1] Kerner v. Marilaun. a. a. O., S. 90. 1891.

[2] Wollny: a. a. O., S. 49. 1887.

[3] Wollny: a a O., S. 1. 1887.

[4] Wollny· a. a. O., S. 383. 1883

gegen abnimmt[1]." „Die Bodenfeuchtigkeit ist in dem ebenen Lande gleichmäßiger verteilt als in dem geneigten, im letzteren nimmt der Wassergehalt
von oben nach unten zu. Diese Differenzen sind um so größer, je geneigter die
Fläche ist[2]." „Die Verminderung der Bodenfeuchtigkeit verschieden exponierter
Gehänge bei Zunahme des Neigungswinkels gegen den Horizont ist hauptsächlich
auf die in gleichem Maße verstärkte oberflächliche Abfuhr des atmosphärischen
Wassers zurückzuführen[3]."

Auch hier muß die Anführung der Beobachtungsergebnisse genügen, ohne
auf die Deutung einzugehen. Neben den für forstwirtschaftliche wie landwirtschaftliche Fragen so wichtigen Folgerungen[4] sind die Exposition und Inklination
von nicht minder wichtiger Bedeutung für das Bodenprofil. Die Abhängigkeiten
erstrecken sich auf viele Eigenschaften: struktur- und texturverändernd, Verhalten gegen Abschlämmen und Durchschlämmen, Mächtigkeitsvergrößerung des
A-Horizontes usw. So sind, wie kaum weiterer Erörterungen bedarf, Art und
Intensität der Schwerkraftsabwitterung von Exposition und Inklination abhängig. Die wechselnde Feuchtigkeit bedingt den Charakter der Vegetation
und greift damit wieder in die Bodenbildung ein. Aber in wenigen Fällen sind
direkte eindeutige Beziehungen festzuhalten, stets sind es eine Reihe modifi-
zierender Faktoren, welche miteinander in Wechselwirkung treten.

Einige allgemeine Beispiele seien kurz angeführt. So behandelt Kossowitsch[5] die Beziehung zwischen dem Tschernosiomprofil und seiner orographischen Bedingtheit, jedoch nur in allgemeinster Art, ohne nähere Angabe über
den Richtungssinn. Das russische Tschernosiomgebiet läßt sich in drei von WSW
nach ENE ziehende Züge gliedern, welche nach Relief unterschieden werden
können, zugleich aber auch klimatisch sowie dem Untergrund nach verschieden
sind. In der ersten (nördlichsten) Zone sind die Tschernosiomböden vorwiegend
an breite, ebene Abhänge gegen die Täler gebunden, den übrigen Hauptteil
der Böden stellen die Grauerdeböden. In der mittleren Zone bildet der Tschernosiom zusammenhängende Flächen, wobei es zu zweierlei Ausbildungen kommt,
nämlich des „Plateautschernosioms", der auf den weiten Wasserscheiden schwere
Tschernosiomböden bildet, und des „Tschernosioms der Hänge", der leichten,
sandigen Tschernosiom hervorbringt. In der südlichsten Zone hält der Tschernosiom die Plateaus ein, während sich an den Hängen Kastanienböden finden.

Wenngleich hier weniger eine Abhängigkeit von der Exposition im engeren Sinne besteht, so ist dies doch von den orographischen Verhältnissen
der Fall, die schließlich, wenn auch ohne Angabe von Richtungssinn und
Richtungsgröße, dazu gehören. Aber zugleich tritt, in welchem Maße ist
zwar nicht bekannt, eine starke Modifizierung durch andere Faktoren hinzu. Weitere Beispiele geben DOKUTSCHAJEW, OKINSCHEWITSCH und BUBER[6].

---

[1] WOLLNY: a. a. O., S. 99. 1884.   [2] WOLLNY: a. a. O., S. 9. 1886.

[3] WOLLNY: a. a. O., S. 8. 1887.

[4] Von der großen Zahl von Arbeiten, welche den Zusammenhang zwischen Exposition,
Bodentemperatur und pflanzengeographischen Verhältnissen behandeln, seien genannt:
BAUMGARTNER: Das Churfirstengebiet in seinen pflanzengeographischen und wirtschaftlichen Verhältnissen. Jber. St. Gall. naturforsch. Ges. 1901. — E. RÜBEL: Pflanzengeographische Monographie des Berninagebietes. Englers bot. Jb. 47 (1912). — J. MAURER: Bodentemperatur und Sonnenstrahlung in den Schweizer Alpen. Meteorol. Z. 1916. — C. SCHROETER:
Das Pflanzenleben der Alpen, 2. Aufl. Zürich 1926. Mit sehr viel Literatur. — A. HENNE:
Untersuchungen über das Wachstum junger Fichten, Weißtannen und Lärchen auf verschiedenen Bodenarten, Expositionen und Neigungsgraden. Mitt. schweiz. Centralanst.
forstl. Versuchswes. 2 (1892).

[5] KOSSOWITSCH, P.: Die Schwarzerde. Internat. Mitt. Bodenkde. 1, 340 (1911).

[6] DOKUTSCHAJEW, W.: Zur Frage über die Wechselbeziehungen zwischen dem Alter
und der Höhe einer Gegend einerseits, dem Charakter und der Verteilung der Tschernosiom-

Stremme[1] gibt mit einer beigegebenen Kartenskizze praktische Beispiele über den Einfluß der Geländeform auf den Oberboden. In neuester Zeit erörtert Harrassowitz[2] interessante Zusammenhänge zwischen Lichtklima und Profilbau und betont, daß nicht allein den Niederschlägen und der Temperatur, sondern auch dem Strahlungsklima als „Verwitterungsfaktor" besondere Aufmerksamkeit geschenkt werden muß. Auf Zusammenhänge zwischen Exposition, Boden, Klima und Wasserführung geht J. Schmid[3] in einer sehr inhaltsreichen Studie ein. Über die großregionale Abhängigkeit der Böden, besonders hinsichtlich ihrer Meereshöhe, siehe Bd. 3 dieses Handbuches[4].

Die Bodentypen und ihre Klassifizierung.
Beispiele von Bodenprofilen.

Die vertikalen Bodenaufnahmen dienen zur Aufstellung der Bodentypen. Die Einteilung nach Bodenarten ist das Ergebnis der flächenhaften bzw. stofflichen Charakterisierung. Die Ergänzung einer Bodenartenkarte ist die geologische Karte, die Ergänzung der Bodentypenkarte die Klima- bzw. pflanzengeographische Karte[5].

Vor allem behandelte H. Stremme die beiden Begriffe Bodentypen und Bodenarten auf das eingehendste in methodischer und praktischer Hinsicht und entwarf erstmalig für Deutschland eine Bodentypenkarte. Seinen Gedankengängen sei zunächst gefolgt. Seine Einteilung der Böden nach der Horizontbildung (unter der Pflanzendecke) besitzt folgendes Aussehen[6]:

1. Ohne Wasserstand an der Pflanzendecke:

a) Horizonte mit Humusbeimengungen (A-Horizonte); darin Besonderheiten durch Salze und andere Grundwasserabsätze. Einhorizontböden der Wüstensteppen, Steppen und steppenähnlicher Gebiete. Ferner Rendzina auf Kalk und Gips (A-C-Böden).

b) Horizonte mit Humusbeimengungen (A) und darunter Zersetzungs- und Illuvialhorizonte (B). Darin Besonderheiten durch Ausscheidungen aus dem Grundwasser. Böden der Waldgebiete. Roterde und Laterit ohne A-Horizont und Pflanzendecke als fossil anzusehen (A-B-C-Böden).

2. Mit Wasserstand an der Pflanzendecke. Nasse Böden. Grundwasserausscheidungen kommen vor:

a) Ohne mineralische Aufschlickung; Vertonung des Untergrundes, anmoorige und Moorböden;

b) mit mineralischer Aufschlickung; Bildung von Sulfiden und Sulfaten im Untergrund. Marschböden.

---

böden, der grauen Böden und der Salzböden andererseits. Bote d. Naturkde. 1891. — Okinschewitsch, N.: Die Wälder Bessarabiens und ihr Verhalten zu dem Relief der Gegend und der Böden. Ann. neuruss. naturforsch. Ges. 32 (1908). — Buber, M.: Die galizischpodolische Schwarzerde. Dissert., Halle 1910.

[1] Stremme, H.: Grundzüge der praktischen Bodenkunde, S. 157. 1926.

[2] Harrassowitz, H.: Studien über mittel- und südeuropäische Verwitterung. Geol. Rdsch. 14a (Steinmann-Festschrift), S. 122 (1926).

[3] Schmid, J.: Klima, Boden und Baumgestalt im beregneten Mittelgebirge. Neudamm: J. Neumann 1925.

[4] Ferner P. Smirnoff: Über die in den Gebirgsgegenden vorkommenden vertikalen Bodenzonen. Internat. Mitt. Bodenkde. 4, 405 (1914) (Untersuchungen im Altai).

[5] Stremme, H.: Grundzüge der praktischen Bodenkunde, S. 25. 1926. Daselbst weitere Literaturverweise für diese Frage. — Ferner Stremme: Über einige Systeme der natürlichen Bodeneinteilung nebst dem Vorschlage einer für Feldpedologen brauchbaren. Verh. 4. Internat. Bodenkongr. Rom. 1924. Zit. nach Stremme.

[6] Stremme, H.: a. a. O., S. 210. 1926.

Von LANGS Gliederung der Verwitterungszonen war auf S. 12 bereits die Rede und diese dargestellt.

Es seien zunächst die leitenden Gesichtspunkte bei den Typisierungen durch beide Forscher betrachtet[1], wobei die polemischen Auseinandersetzungen zwischen STREMME und LANG für die vorliegende Frage eine ganz untergeordnete Rolle spielen. STREMMES Gliederung ist formal beschreibend und betrifft die Böden, LANGS Gliederung ist genetisch beschreibend und betrifft das Tiefenverwitterungsprofil. Das sind, bei manchen Berührungspunkten, recht verschiedene Betrachtungsweisen, und es fragt sich, ob es derzeit schon möglich erscheint, den einen oder anderen Gesichtspunkt zur Grundlage der Bodenprofile zu machen. Nur in allgemeinen Grundzügen läßt sich die Frage beantworten. Die, man könnte sagen „Großtypen" LANGS spiegeln sich zweifellos in einem großen Teil des eigentlichen Bodenprofils wieder. Aber auf der anderen Seite entwickeln sich gleiche Bodentypen (im Sinne STREMMES, also gleiche Horizontfolge) in verschiedenen Zonen unter modifizierenden Bedingungen, insbesondere durch Expositionsbedingungen[2]. Dies macht aber ein rein klimatisches Einteilungsprinzip für die Bodenprofile recht schwer, und es bleibt dann nur der von STREMME eingeschlagene Weg der rein formalen Beschreibung. Besonders tritt in STREMMES Einteilung die starke Bewertung des Grundwassers hervor, dessen Stellung ohne Zweifel für den Stoffhaushalt und damit für die Profilierung von größter Bedeutung ist. Nun ist aber auch dieser recht wechselnd, so z. B. bei den Marschböden, bei denen sich der einstige höhere Grundwasserstand nur durch die Grundwasserabsätze — Knick — kenntlich macht. Die Marschböden treten bei dieser Auffassung zu den Moorböden. Auch bei der Stellung der Laterite zu den *A-B-C*-Böden lassen sich Einwände machen[3]. Aber diese Einzelheiten betreffen nicht das Prinzip, und dieses wird man bei gegebener Zeit auch etwaigen Neueinteilungen zweckmäßig zugrunde legen. Bevor auf die Einzelheiten des Bodenprofiles eingegangen wird, seien zunächst eine Reihe Bodenprofile wiedergegeben, an die sich weitere Erörterungen anschließen sollen[4].

1.

Schema der Rendzina[5].

*A*₁ Ein oberflächiger grauer oder dunkelgrauer, zuweilen fast schwarzer, größere oder kleinere Kalkkarbonatmengen oder Mergeltrümmer enthaltender Horizont. Zuweilen auch trümmerfrei.

*A*₂ Weißlichgrauer, schwach mit Humus gefärbter, zuweilen auch bräunlicher Horizont mit viel Muttergesteinstrümmern.

C Muttergestein (oben verwittert).

2.

Deutscher Rendzinaboden. Auf Kalktuffen des Wippertales bei Kirchworbis[6].

A 30—50 cm, schwarzer, gut gekrümelter, lockerer Boden; trocken; tief dunkelgrau, mit Neigung zu feinkörnigem Zerfall. Überall noch viel Karbonatkalk vorhanden. Im ganzen unteren Teil des Horizontes zahlreiche weiße Kalktupfen; untere Grenze sehr unregelmäßig verlaufend, zahlreiche schwarze Flecken und Zungen greifen in die liegende weiße Schicht über.

---

[1] LANG, R.: Verwitterung und Bodenbildung. Stuttgart 1920. — Die Verwitterung. Fortschr. Min., Krist. u. Petr. **7** (1922). — Über die Bildung von Bodentypen. Geol. Rdsch. **6** (1915). (In allen diesen Arbeiten weitere Literaturangaben.) — STREMME, H.: Zur Kenntnis der Bodentypen. Geol. Rdsch. **7** (1917).

[2] LANG: Geol. Rdsch. **6**, 250ff.   [3] Siehe S. 45.

[4] Hierzu sei in erster Linie auf Bd. 3 dieses Handbuches verwiesen.

[5] Nach K. GLINKA: Die Typen der Bodenbildung, S. 215. 1914.

[6] SEE, K. v.: Beobachtungen an Verwitterungsböden auf Kalkstein, ein Beitrag zur Frage der Rendzinaböden. Internat. Mitt. Bodenkde. **11**, 85 (1921). — Ferner H. STREMME: Grundzüge der praktischen Bodenkunde, S. 97. 1926.

$A-C$ 50—70 cm, erdiger bis fast pulveriger, weißer oder lichtgelblich-weißer Kalk; oft mit einzelnen, seltener lagenweise, noch erhaltenen Tuffknollen. Durchweg keine Reaktion auf Eisen.

C Darunter: zellige, feste Kalktuffe. Grundwasserstand im Sommer 1926: bei 2 m.

3.
Deutscher Rendzinaboden. Plettenberg. Schwäbische Alb[1].

A_1 30—35 cm, schwarzbrauner bis schwarzer, humoser Lehm, krümelig.

A_2 20 cm, Weißjuraschutt mit vielen kleinen Kalkbrocken, dazwischen schwarzer, humoser Lehm.

C Weißjurakalk (Malm β).

4.
Tschernosiom. Allgemeiner Typus des Südens (Dongebiet)[2].

A_1 Hellgrau, schichtig, grobprismatische Absonderung.

A_1 Dunkler, schwach verdichtet, aber porig.

A_2 Bräunliche oder rotbräunliche Grundfarbe, mehr oder weniger verdichtet; dunkle Humuszungen ziehen sich von A_1 hinunter.

A_2 Humusarm, stark verdichtet. Scharf rissig in horizontaler wie vertikaler Richtung, daher prismatische Absonderung. Wände der Absonderungsformen glänzend und dunkler als das Innere. Ausscheidung von Karbonat in schimmelartiger Form, noch tiefer auch Gipsausscheidungen.

C Untergrund.

5.
Tschernosiom. Kogalnitza. Rostow[3].

A_1 0—20 cm, schwarz mit bräunlichgrauer Schattierung; zerfällt in unregelmäßige Klumpen und zerbröckelt leicht zu einer porösen, feinkörnigen Masse. Von 8 cm an Aufbrausen mit Salzsäure.

A_1 35 cm, grauschwarz, zerbröckelt oben zu Körnchen; unten mehr bindig, spaltet sich in kleine Säulen mit hügeliger Oberfläche und nußförmiger Struktur.

A_2 35 cm, allmählicher Übergang zu graubrauner und fleckiger (bunter) Färbung; Struktur grob nußförmig oder klumpig mit feinhügeliger Oberfläche. Viele Tierhöhlen und -gänge. Feine weiße Anflüge von Karbonat längs den Flächen der Strukturelemente.

A_2 15 cm, Verschwinden der dunkelbraunen Gesamtfärbung und flecken- und zungenförmiger Übergang nach unten in braungelbes Tongestein. Mit Tierlöchern überfüllt. Weiße Anflüge und im unteren Teil des Horizontes weiße Augen von Karbonat.

Übergang von A_2 zu C 80 cm, gelbbraunes Tongestein mit Humuszungen. Karbonataugen, bald dicht, bald einzeln.

   55 cm, schwarze Humusstreifen nur noch an Wurzelgängen; Karbonataugen nehmen ab.

C Gelbbraunes Tongestein.

6.
Tschernosiomprofil. Meve. Westpreußen[4].

A_1 15—20 cm, schwarzbraune Schwarzerde. Stark humoser, sandiger Ton. Etwas bindig, reichlich Wurmkrümel.

A_2 35 cm, dunkelbraune Schwarzerde. Bindig, unregelmäßig prismatisch. Die Entkalkungszone reicht bis 50 cm unter Niveau.

C_1 350 cm, schmutziggrauer Tonmergel, zu oberst 60 cm mächtiger weißgrauer Karbonathorizont. Klüfte und Risse noch 100 cm tief mit verhärteten lackartigen Häutchen.

C_2 Gelbbrauner Geschiebemergel.

---

[1] Stremme, H.: Grundzüge der praktischen Bodenkunde, Taf. 2, Abb. 2. 1926.

[2] Glinka, K.: Genesis und Geographie der russischen Böden. Petersburg 1923. Zit. in H. Stremme: Grundzüge der praktischen Bodenkunde, S. 87. 1926.

[3] Nach K. Glinka: Genesis und Geographie der russischen Böden. St. Petersburg 1923.

[4] Hohenstein, V.: Die ostdeutsche Schwarzerde (Tschernosiom) mit kurzen Bemerkungen über die ostdeutsche Braunerde. Internat. Mitt. Bodenkde. **9**, 123 (1919).

7.

Degradierter sandiger Tschernosiom. Gouvernement Woroneje[1].

A_1 — 44—50 cm, sandiger Boden, dunkelgrau, homogen gefärbt, fast schwarz in feuchtem Zustand.

A_1 — 40 cm, desgleichen, jedoch mit einer Reihe dunkler Streifen mit hellen Zwischenräumen.

A_2 — 35 cm, fast weißer Sand.

B_1 — 30—35 cm, zäher, rotbrauner Lehm mit braunen Adern und dunklen Humusflecken; im oberen Teil unregelmäßige Nester Sand mit humusgefärbten Kanten.

B_2 — Horizont der Karbonatanhäufung, konkretionär.

8.

Degradierter Tschernosiom. Gouvernement Woroneje[2].

A_1 — 32 cm, oben strukturlos, tiefer körnige Struktur, dunkelgrau.

A_2 — 20 cm, nußförmige Struktur, hellere Färbung. Die „Nüsse" tragen auf ihrer Oberfläche „Quarzmehl".

B_1 — 38 cm, zäher, illuvialer Horizont, humusgefärbt, prismatische Absonderung.

B_2 — 33 cm, von gelberer Nuance, strukturlos.

B_3 — Kalkhaltiger Horizont.

C — Bräunlicher Ton.

9.

Degradierter Tschernosiom. Gouvernement Woroneje beim Dorf Podgornoe[3].

A_0 — 1—2 cm, Waldstreu.

A_1 — 8 cm, dunkelgefärbter, feuchter, sandiger Horizont; getrocknet grau.

A_2 — 8—9 cm, etwas heller, podsoliert.

A_1 — 32 cm (begrabener Boden), dunkel, einförmig gefarbt.

A_1—A_2 — 68 cm, eine Reihe Humusstreifen und weißer Sand.

B — Gelber Lehm mit braunen Flecken.

10.

Degradierter Tschernosiom. Gouvernement Woroneje beim Dorf Podgornoe[4].

A_1 — 26 cm, feinkörniger, dunkelgrauer, strukturloser Horizont.

A_2 — 13 cm, weißlichgrauer, sandiger Horizont.

A_1 — 38 cm (begrabener Boden), dunkler und dichter.

B und C — Bräunlicher, zaher Lehm.

C — gelber Sand.

11.

Deutsches Schwarzerdeprofil (degradiert). Straße Pyritz—Sabow[5].

A_1 — 20—25 cm, kaffeebraune Schwarzerde, humoser, sandiger Lehm. Krümelig.

A_2 — 25 cm, desgleichen schwarzbraun.

B_1 — 20 cm, humoser, sandiger Lehm, dunkelschmutzigbraun, prismatische Absonderung mit schwarzbraunen bis rotbraunen Häutchen auf Klüften und Rinnen.

B_2 — 20 cm, schmutzigbrauner sandiger Lehm. Bis hierher (85 cm von oben) reicht die Entkalkungszone.

C_1 — 1 m, schmutziggrauer Geschiebemergel, oben mit weißgrauem Karbonathorizont (40 cm), viele kleine Kalkkonkretionen.

C_2 — 3—5 m, gelbgraue Tonmergel.

---

[1] GLINKA, K.: Die Degradation und der podsolige Prozeß. Internat. Mitt. Bodenkde. 14, 41 (1924).

[2] GLINKA, K.: Die Degradation und der podsolige Prozeß. Internat. Mitt. Bodenkde. 14, 46 (1924).

[3] GLINKA, K.: Die Degradation und der podsolige Prozeß. Internat. Mitt. Bodenkde. 14, 43 (1924).

[4] GLINKA, K.: Die Degradation und der podsolige Prozeß. Internat. Mitt. Bodenkde. 14, 42 (1924).

[5] HOHENSTEIN, V.: Die ostdeutsche Schwarzerde. Internat. Mitt. Bodenkde. 9, 18 (1919). — STREMME, H.: Grundzüge der praktischen Bodenkunde, S. 104. 1929. Mit Buchstabenbezeichnung.

12.

Degradierter Rendzinaboden. Langenberg, Ohmgebirge[1].

A_1 8—10 cm, grauer, sehr feinkrümeliger bis fast staubiger magerer Ton mit zahlreichen kleinen Kalkbröckchen.

A_2 12—18 cm, gleichmäßig hellgelber bis weißlichgelber, etwas feinsandiger Ton bzw. Lehm, fast steinfrei, scharf im Profil hervortretend, oben schwach gekrümelt, unten feinbröckelig; völlig entkalkt; brennt gelb bis lichtrötlichgelb.

B 10—16 cm, rostfarbener bis tiefrötlichbrauner, an der Luft feinbröckelig zerfallender Lehm. Stellenweise der Horizont mehr humus- bis schwärzlichbraun, welche Farbe die einzelnen Lehmbröckchen gleichmäßiger durchdringt als die mehr oberflächlichen Eisenfarben. Weiße, noch harte Kalkbröckchen häufig, brennt rötlichgelb bis leuchtend rot.

Überrest   6—15 cm, von B scharf abgehoben. Hellgrauer bis lichtgraugelber Lehmmergel, etwas klumpig.

C Plattiger, wenig zerklüfteter Wellenkalk.

13.

Normalprofil der typischen waldigen Podsolböden Rußlands[2].

A_1 Oberflächlicher, strukturloser Horizont von grauer oder bräunlichgrauer Farbe und geringer Mächtigkeit. Locker, läßt sich leicht graben.

A_2 Aschgrau, in trockenem Zustand beinahe weiß. In tonigen Podsolen bisweilen schichtig mit eiförmigen Poren. Mächtigkeit größer als bei A_1. Locker.

B Braun, in feuchtem Zustand zäh, in trockenem ziemlich hart. Mächtigkeit nicht geringer als A.

C Das wenig veränderte Muttergestein (Ton, Lehm, sandiger Lehm, Sand).

14.

Toniger Podsol. Lugaer Kreis, Gouvernement St. Petersburg[3].

A_1 15—18 cm, weißlichgraue, feinkörnige Schicht.

A_2 9—15 cm, podsoliger Horizont. Feucht, dicht, etwas blättrig, fast weiß; trocken: weiß unter Zerfall in mehliges Pulver.

B 24 cm, dichte tonige Masse mit zahlreichen dunklen und braunen Konkretionen. Die Farbe des Horizontes ist bunt, weißliche Flecken wechseln mit rötlichen und gelblichen Streifen und Adern wenig veränderten Muttergesteins.

C Geschiebeton.

15.

Lößpodsol. Kreis Dorogobush (Smolensk)[4].

A_1 14 cm, hellgrau mit dunkler Nuance, teilt sich beim Zerbröckeln leicht horizontal. Vereinzelte eisenhaltige Konkretionen in runder Gestaltung von 1—2 cm Durchmesser.

A_2 11 cm, weißlicher, geschichteter, poröser Horizont. Dicke der Schichten 1—2 cm. Eiförmige Poren von 1—2 mm Länge und 0,5—0,75 mm Breite. Spärlich eisenhaltige Konkretionen.

B 120 cm, braun mit weißlichen Flecken und Streifen, schichtig. Abnahme der weißen Flecken nach unten. Bei 90 cm erscheinen schwache Rostflecken.

C Lößartiger Lehm mit Rostflecken.

16.

Sandiger Podsol. Lugaer Kreis, Gouvernement St. Petersburg[3].

A_1 12—15 cm, lockere Schicht von grauweißer Farbe.

A_2 30 cm, feiner, weißer Quarzsand.

B 15—30 cm, Ortstein bzw. Ortsand. Geschlossen oder aufgelöst.

C Geschiebesand.

---

[1] Nach K. v. See: Beobachtungen an Verwitterungsböden auf Kalksteinen, ein Beitrag zur Frage der Rendzinaböden. Internat. Mitt. Bodenkde. 11, 95 (1921). — Weitere Deutung siehe bei H. Stremme: Grundzüge der praktischen Bodenkunde, S. 107. 1926.

[2] Glinka, K.: Genesis und Geographie der russischen Böden. St. Petersburg 1923. Zit. in H. Stremme: Praktische Bodenkunde, S. 111.

[3] Nach A. S. Gieorgiewski: Angaben über russische Bodenuntersuchungen 4. 1888. Zit. in Glinka: Die Typen der Bodenbildung, S. 68. 1914.

[4] Nach G. Tumin: Materialien für die Wertschätzung der Böden des Gouvernement Smolensk, Lief. 5. 1909. Zit. in K. Glinka: Die Typen der Bodenbildung, S. 69. 1914.

17.

Podsol auf granitischer Unterlage am Flusse Tungir im Jablonowojgebirge[1].

A_1	Humoser, torfiger Horizont.
A_2	Weißlicher, ununterbrochener Horizont.
B	Bräunlichgelber, feinsandiger Horizont.
C	Granit.

18.

Podsol auf dioritischem Gestein am Flusse Tungir im Jablonowojgebirge[1].

A_1	Humoser, torfiger Horizont.
A_2	Weißlicher, ununterbrochener Horizont.
B	Bräunlicher, feinerdiger Horizont.
C	Dioritisches Gestein.

19.

Podsoliger Boden in der Umgebung von St. Petersburg[2].

A_0	3 cm, Waldstreu mit Gras- und Moosdecke.
A_1	4 cm, grauschwarzer Humushorizont.
A_2	5 cm, aschgrau, strukturlos und locker.
B	11 cm, recht lockerer, dunkelbrauner Ortsteinhorizont.
B_1	27 cm, eisenhaltiger, braungelber Ortsteinhorizont.
C	Diagonal geschichteter, rosa gefärbter Sand.

20.

Deutscher Podsoltypus. Moolbronn. Blatt Baiersbronn, Württemberg[3].

A_0	Rohhumus.
A_2	5—40 cm, Bleichsand.
B	40—60 cm, braunroter, sehr fester Ortstein.
B_2	60—75 cm, gelber, wenig fester Teil der Ortsteinzone.
C	Normaler Untergrund: Hauptgranit.

21.

Deutscher Podsoltypus. Hummelberg-Schulhalde auf Blatt Enzklösterle (württembergischer Schwarzwald)[4].

A_0	0—20 cm, Faserhumus.
A_1	20—35 cm, Moderhumus.
A_2	35—70 cm, Bleichsand.
B_1	70—105 cm, Ortstein, sehr hart, dunkelschwarz.
B_2	105—145 cm, gelbbraun gefärbte, schwach verfestigte Sandschicht.
C	ab 145 cm, Gehängeschutt des mittleren Buntsandsteins.

22.

Deutscher Podsoltypus. Remscheid[5]. Gemischter Laubwald. Nordseite.

A_1	0—20 cm, graubrauner, sandiger Lehm, wurzelreich.
A_2	20—38 cm, weißer oder grauweißer, sandiger Lehm.
B_1	38—54 cm, rostfarbiger, steiniger Lehm, reich an schwarzen Manganflecken.
B_2	54—304 cm, mürbe grobe Schiefertrümmer mit Lehm in den Zwischenräumen. Graubraun, rostfleckig, reich an schwarzen Manganflecken.
B_3	ca. 304—704 cm, verwitterter, oben mürber, nach unten allmählich fester und härter werdender Schiefer, rostfleckig oder durch und durch rostig (steil aufgerichtete Schiefer).
C	blauer devonischer Schiefer.

---

[1] GLINKA, K.: Die Typen der Bodenbildung, S. 77. 1914.

[2] Nach S. SACHAROFF aus K. GLINKA: Typen der Bodenbildung, S. 73. 1914.

[3] Nach M. MÜNST: Ortsteinstudien im oberen Murgtal. Mitt. geol. Abt. statist. Landesamtes, Nr. 8. Stuttgart 1910. — H. STREMME: Die Verbreitung der klimatischen Bodentypen in Deutschland. BRANCA-Festschr., S. 31. 1914

[4] Nach M. MÜNST: Ortsteinstudien im oberen Murgtal. Mitt. geol. Abt. statist. Landesamtes, Nr. 8, Stuttgart 1910. — Ferner H. STREMME: BRANCA-Festschr., S. 31. — Grundzüge der praktischen Bodenkunde, S. 115. 1926.

[5] Nach H. STREMME: Praktische Bodenkunde, S. 115. 1926.

23.

Deutscher Podsoltypus. Remscheid[1]. Grünland, Dauerweide auf einem Westhang

A	20 cm, graubrauner, sehr lockerer, sandiger Lehm, etwas steinig, wurzelreich.
B_1	55 cm, rostbrauner, feuchter, etwas steiniger Lehm.
B_2	60 cm, mürbe, scharfe, grobe Schiefertrümmer mit Feinerde in den Zwischenräumen. Graubraun, rostfleckig oder durch und durch rostig.
B_3	$>$ 135 cm (siehe Anschluß in Profil 22).

24.

Deutsches Podsolprofil. Prenzlau[2].

A_1	15 cm, dunkelgrauer, schwach humoser und schwach lehmiger, kiesiger Sand.
A_2	20 cm, hellgrauer, schwach lehmiger, kiesiger Sand.
B_1	30—40 cm, dunkelrostbrauner Ortstein; eisenhaltige, kiesige Sande, hart, zungenförmig tiefergehend, wellig verlaufend.
B_2	0—65 cm, brauner, rostfarbener Sand mit Eisenstreifen. Entkalkung bis 140 cm unter Niveau.
C_1	3—4 m, rostfleckiger, kalkig-kiesiger Sand.
C_2	4 m, heller, kalkiger Sand mit Kieslinsen.

25.

Schwedischer Podsoltypus. Rokliden, Norbotten[3].

A_1	0—10 cm, Rohhumus.
A_2	10—21 cm, Bleichsand.
B	Ortstein oder Orterde.
C	Moräne.

26.

Podsoliger Boden mit Gleyhorizonten. Umgebung von Nowo Alexandria[4].

A_1	13—14 cm, dunkelgrauer, in feuchtem Zustand schwarzer Horizont.
A_2	2—3 cm, grauer, mit kleinen weißen Flecken versehener Horizont.
A_3	38—39 cm, weißlicher, hauptsächlich im oberen Teil mit braunen Flecken versehener Horizont.
B	25—27 cm, mehr zäher, brauner, aber nicht dichter Horizont.
G	10 cm, schwach grüner, dichter, gleiförmiger Horizont, der im Bodenprofil scharf hervortritt. Seine mit dem Horizont B zusammentreffende Grenze ist sehr deutlich.
G_1	60 cm, eine lockere Masse von derselben Farbe mit zahlreichen Adern gelblichroter Eisenoxydhydrate.
G_2	Geschichteter, mit einzelnen schwach ausgeprägten, gelblichroten Eisenadern versehener Sand.
G_3	Helle, rötlichgelbe Zwischenschicht, in der sich das Grundwasser in einer Tiefe von 230 cm befand.

27.

Podsoliger Boden mit Gleyhorizont. Umgebung von St. Petersburg[5].

A_0	3 cm, eine Gras- und Moosdecke mit abgestorbenen Blättern und Stengeln.
A_1	4 cm, torfiger, schwarzbrauner, lockerer Humushorizont.
A_2	13 cm, aschweißlicher, lockerer Humushorizont.
B	15 cm, humoser, eisen- und ortsteinhaltiger, dunkelbrauner, etwas zementierter und dichter gewordener Horizont.
B_2	15 cm, heller, bräunlichgrauer, schwach zementierter, eisen- und ortsteinhaltiger Horizont.
G	„Gley"-artiger, lehmiger Sand.

---

[1] Nach H. Stremme: a. a. O., S. 115.

[2] Hohenstein, V.: Die ostdeutsche Schwarzerde (Tschernosiom). Internat. Mitt. Bodenkde. **9**, 13 (1919).

[3] Nach O. Tamm: Medd. Stat. skogsförsöksanst. **17**, 299 (1920). Zit. bei H. Stremme: Praktische Bodenkunde, S. 113.

[4] Nach K. Glinka: Typen der Bodenbildung, S. 74. 1914.

[5] Nach S. Sacharoff aus K. Glinka: Die Typen der Bodenbildung, S. 74. 1914

28.

Podsolierter Boden mit Gleyhorizonten. Paimio, Finnland[1].

A_1 0—23 cm, braungrauer, sandiger Mull mit unscharfer Grenze nach unten.

A_2 23—27 cm, grauer, sandiger Ton, übergehend in

A_2 27—35 cm, gelbbrauner, feiner Sand mit ziemlich deutlicher Grenze gegen

B 35—43 cm, ockerbrauner, halbfeuchter, plastischer Ton, ohne Grenze übergehend in

B 45—120 cm, feuchter, grauer Ton, zahlreiche Roströhrchen und braune Klümpchen, die in horizontalen Streifen angeordnet sind. Drei solche Streifen in ca. 45, 50 und 80 cm Tiefe.

G 120—175 cm, grauer, halbnasser Ton mit einzelnen Roströhrchen. Keine deutliche Schichtung, parallelepipedische Absonderung.

G 175—195 cm, an der Unterlage dieser Zone Überzug der Kluftflächen mit rostfarbigen Schichten, deren Grenze nach oben und unten scharf ist.

C 195—230 cm, blauer, nasser Ton, stellenweise tintenschwarz gefärbt. Roströhrchen fehlen, dafür feine, graue Pflanzenwurzeln, die den schwarzen Ton ausgebleicht haben, so daß feine, weiße Streifen entstehen. In trockenem Zustand muschelige Absonderung. Mit Mytilus edulis und Vivianit.

C > 230 cm, desgleichen ohne Mytilus und Vivianit.

29.

Degradierter Tschernosiom mit Gleyhorizont. Zwischen Irxleben und Olversted[2].

A 0,34 m, dunkelgrauer, humoser, entkalkter Boden, locker und porös, mit deutlich erkennbarer Klümpchenstruktur, weiße Anflüge selten.

A_2 0,58 m, schwarzer, humoser Horizont, im trockenen Zustande mit großer Neigung zu vertikal plattiger Ablösung und besonders stark ausgeprägter Klümpchenstruktur, die der ganzen Schicht ein warziges Aussehen gibt. Auf den Kluftflächen häufig weiße karbonatische Anflüge und Überzuge, doch sonst keine CO_2-Reaktion. In diesem wie im folgenden Horizont zahlreiche Tierlöcher, die in A_2 meist mit gelber, in B häufig mit schwarzer Masse dicht angefüllt sind und daher im Profil als scharfe, runde Flecken hervortreten.

B_2 0,32 m, durchweg entkalkter, gelber Lößlehm (oder C gelber Löß mit wenig $CaCO_3$?).

G_1 0,08 m, weiße bis graue, oben etwas fleckige Zone der Kalkanreicherung, die bei Trockenheit fast durch das ganze Profil zu verfolgen ist.

G_2 0,38 m, feuchte, tiefblaugraue (im trockenen Zustand fast weiße), kalkreiche und z. T. deutlich rostfleckige Schicht, von deren ursprünglichem Lößcharakter nichts mehr zu erkennen ist; im Liegenden Neigung zur Bildung feinschichtiger Kalkkonkretionen und eisenschüssiger Streifen von Feinsand. Darunter Grundwasser über Geschiebemergel.

30.

Gleybildung. Lilikovhe, Togo[3].

A und B_1 1 m, unter einer humosen Oberkrume A grobsandiger, graubrauner Lehm mit etwas Bohnerz, das entweder einen Kern von porösem Eisensandstein oder von einem Gneisbrocken aufweist, und dessen Schale stets von Lagen eines dichten Brauneisensteins gebildet wird.

B_2 4 m, sehr sandiger, biotitreicher, grauer Verwitterungsgrus des Gneises.

B_3 5 m, grobsandiger, lichtbräunlicher Verwitterungslehm.

B_4 3 m, lehmiger, graubrauner Verwitterungsgrus.

G 1 m, hellgrauer, kalkiger Verwitterungslehm; der Karbonatgehalt ist Grundwasserabsatz.

C 26 m, vorwiegend klüftiger Biotithornblendegneis mit Grundwasser.

---

[1] FROSTERUS, J.: Beitrag zur Kenntnis der Bodenbildung in Tonen der humiden Gebiete. Internat. Mitt. Bodenkde 3, 99 (1913). Etwas gekürzt.

[2] Nach K. v. SEE: Beitrag zur Kenntnis zweier Schwarzerdevorkommen in Deutschland. Mitt. Bodenkde. 8, 123 (1918). — Ferner H. STREMME: Grundzüge der praktischen Bodenkunde, S. 165. 1926. Hier Horizontdeutung.

[3] Nach W. KOERT: Der Krusteneisenstein in den deutschafrikanischen Schutzgebieten. Beitr. geol. Erforschg dtsch. Schutzgeb. 3 (1916). — Desgleichen siehe H. STREMME: Grundzüge der praktischen Bodenkunde, S. 163. 1926. Hier Horizontdeutung.

31.

Molkenbodenprofil Straße Schlossau—Waldauerbach[1].

A_0 — 5—10 cm, humoser Waldboden.

A_1 — 5—10 cm, erst schwarzer, dann grauer, sandig-toniger Boden, mehr oder weniger stark mit Humusstoffen vermengt. Die Pflanzenwurzeln dringen noch zahlreich in diese Zone ein, seltener oder nicht mehr in die darunter folgenden gebleichten Schichten.

A_2 — 15—20 cm, magerer Ton, lichtstrohgelb bis graugelb, mit zahlreichen, wenige Zentimeter großen Sandsteinbrocken, besonders nach dem Liegenden zu. Beim Anschlag zeigt der Sandstein über einen bis $1/_2$ cm breiten Saum in Flecken, Wolken, oder an allen Stellen eine blauschwarze Farbe, während er an davon freien Stellen tiefbraunrot erscheint. Auch nach dem Innern zu durchziehen blauschwarze Flecke die Brocken.

A_3 — 25—30 cm, etwas sandiger Ton. Der Sandgehalt nimmt nach dem Hangenden zu. An manchen Stellen überwiegt die graue Farbe oder Wolken ziehen hindurch. An anderen Stellen wieder herrschen gelbliche Töne, graue oder ockerfarbene Streifen machen das Aussehen uneinheitlich. Vereinzelt finden sich wenig große Sandsteinbrocken, die beim Durchschlagen unter dünner, grauweißer Rinde eine bis 1 cm breite braune Verfärbungszone zeigen, während der Kern noch die braunrote Farbe der Plattensandsteine behalten hat.

Übergang A_3—C — 20—30 cm, graue, gelbliche, ockerfarbene, gefleckte, sandig-tonige Masse, in der nach unten zu sich immer mehr der rote Farbton einstellt. Nur noch ganz vereinzelt, entlang verwesten Baumwurzeln, dringen weißgrüne Adern ein.

32.

Molkenbodenprofil aus dem Odenwald[1].

A_0 — 10 cm, humoser Waldboden.

A_1 — 10—15 cm, schwarzer, grauer, mit Humusstoffen vermengter sandig-toniger Boden.

A_2 — 20—25 cm, schwach sandiger Ton, lichtgelb bis graugelb, ohne oder nur mit ganz seltenen kleinen Sandsteinbrocken.

A_3 — 25 cm, sandiger Ton, unregelmäßig grau, gelb oder ockerfarben gefärbt, ohne Sandsteinbrocken. Aufschlußende.

33.

Kreßlehm. Profil auf Gneis am Diescheneck, westlich des Kapfenberges nördlich St. Märgen, unter Wald[2].

A — 10 cm, dunkel-kreßgefärbter Humusboden.

B_1 — 20 cm, heller Kreßlehm, übergehend in

B_2 — 20—40 cm, Gelblehm.

über 30 cm, Zersatz von körnigem Gneis.

C — Nicht beobachtbar.

34.

Bodenprofil auf Gneis an den Hängen des Geschwanderdobels[2].

A — 10 cm, humoser Wiesenboden, scharf abgesetzt.

B — 50—100 cm, Schutt, kreßfarben verlehmt.

100—130 cm, bräunlich, nicht verlehmt.

C — Frischer Gneis, oft unregelmäßig aufragend, auf Klüften mit stark kreßfarbenen Absätzen.

35.

Kreßverwitterung auf der Alb[2].

A_1 — 4—7 cm, mullartiger Humusboden.

A_2 — 20—100 cm, Bleichsand, nach unten gelblich und rotbraun.

B — 25—100 cm, rotbrauner Letten.

C—B — Gehängeschutt von Dolomit, mit gelbbraunem Verwitterungslehm durchsetzt.

C — Frankendolomit.

---

[1] Nach W. Hoppe: Über Molkenböden im oberen Buntsandstein des Odenwaldes. Cbl. Min. usw. B, S. 388. 1925.

[2] Nach H. Harrassowitz: Studien über mittel- und südeuropäische Verwitterung. Steinmann-Festschr. Geol. Rdsch. 17a, 156 (1926).

36.

Hauptprofil der Almenregion über rund 2000 m. Undeutliches Podsol-profil über Gelb-Braunerde[1].

A_1 10—15 cm, Rohhumus, undeutlich abgegrenzt.
A_2 10—15 cm, Bleicherde, undeutlich abgegrenzt.
B_1 10—15 cm, Fuchserde, meist nur fleckig, undeutlich abgegrenzt.
B_2 30—40 cm, Gelb- bis Braunerde.
C 30—40 cm, Kalkphyllit.

37.

Braunerdeverwitterung auf Phyllit. Lonza, südwestlich Mallnitz, 2100 m hoch[1].

A_1 und A_2 15 cm, Rohhumus, mit schwachem, unterem Bleichhorizont (A_2).
B_1 10 cm, Braunerde, aus zahlreichen rotbraun verwitterten Schüppchen bestehend.
B_2 15 cm, Braunerde, wie B_1 mit Steinen durchsetzt.
C_1 10 cm, mechanisch aufgelöster Phyllit.
C_2 Frischer Phyllit.

38.

Verwitterungsprofil auf Trapp bei Lauterbach[1].

A 10 cm, rötlichgrauer, lehmiger Humusboden.
B 5—20 cm, trübgelber Lehm, unten kreßfarben (id. 17).
C Blasiger Trapp.

39.

Gelberdeverwitterung Ellwangen[2].

A Ackerkrume mit geringem Humusgehalt, schwarzbraun.
B Fast humusfreier, „roter", toniger Boden.
B—C Braungelbgefärbter Gesteinsschutt.
C Frisches Gestein, auf Klüften und im Innern an einzelnen Punkten schwach gelb oder braun gefärbt.

40.

Gelberdeverwitterung. Maar am Ostrande des Vogelberges[1].

A 10 cm, grauer, humoser Oberboden.
B_1 20 cm, trübkreß gefärbter Lehm.
B_2 30 cm, gelblicher Lehm.
C Dünnplattiger Wellenkalk.

41.

Verwitterungsprofil auf Kalkschutt bei Aldesago am Monte Brè[1].

A_1 10 cm, humose Kreßerde, dunkler, z. T. schwach angegrauter Oberboden.
B_1 50 cm, Kreßerde, wurzeldurchsetzt.
B_2 75 cm, Kreßerde, mehr oder weniger mit Kalkschutt vermischt.
B_3 30 cm, gelberdig verwitterter Kalkschutt, unten mit feinen, flaumartigen Kalk-ausscheidungen.
B_4 75 cm, Kalkschutt mit schwach gelber Verwitterungsrinde auf vielen Stücken und Kalkkrusten.
B_5 50 cm, Kalkschutt frisch, alle Stücke auf der Unterseite mit Kalksinter und Flaum.
C 100 cm, Kalkschutt unverfestigt, leicht geschichtet, feine staubige Rinden. Einige Stücke mit sekundärem Kalkspat.

42.

Verwitterungsprofil auf Niederterrassenschotter bei Feldkirch. Blatt Hartheim—Ehrenstetten. Baden. Ackerboden[1].

A—B_1 20—30 cm, sandig-kiesiger Decklehm mit undeutlichem Humushorizont, entkalkt mit wenig Geröllen.
B_1 30—70 cm, kreßfarbene Lehmzone, Rheinschotter, z. T. arm an Kalkgeröllen, sehr kolloidreich und daher stark schmierig. Zwischen den Geröllen oft reine Gele zu finden. Taschenförmig nach unten greifend.

---

[1] Nach H. Harrassowitz: Studien über mittel- und südeuropäische Verwitterung. Steinmann-Festschr. Geol. Rdsch. **17** a, 152 (1926).

[2] Wolff, E., u. R. Wagner: Der grobsandige Liaskalkstein von Ellwangen und seine Verwitterungsprodukte. Jber. Ver. vaterl. Naturkde., S. 5. 1871. — Zit. und neu behandelt von H. Stremme: Laterit und Terra rossa als illuviale Horizonte humoser Waldböden. Geol. Rdsch. **5**, 496 (1915). — Weitere Neudeutung: H. Harrassowitz: Studien über mittel- und südeuropäische Verwitterung. Steinmann-Festschr. Geol. Rdsch. **17** a, 154 (1926).

28   L. Rüger: Das Bodenprofil.

B_2 20—30 cm, Rheinschotter, schwach gelblich verlehmt, B_1 nach unten um-
          rahmend.
C Rheinschotter frisch, reich an Kalk.

43.
Podsolierter Kreßlehm. Niederterrassenschotter bei Grafengars (Bayern)[1].

A_1 10 cm, Weißmoose und Rohhumus
A_2 0—1 cm, Bleichzone.
B 1—2 cm, braune Ortzone.
Ba_1 30 cm, gelber Lehm, sandig.
Ba_2 40 cm, kreßfarbener Lehm.
C Niederterrassenkies.

44.
Podsolierter Kreßlehm im Bihargebirge[2].

A_1 10 cm, Rohhumus.
A_2 20 cm, bleigrauer Bleichsand.
B 50 cm, Fuchserde.
C Tertiäre quarzitische Sandsteine.

45.
Gelberdeverwitterung. Wald bei Mühltal. Bayern[3].

A_1 Krume aus 5—15 cm Tiefe.
B_1 Geschiebelehm, gelbe Zone aus 27—37 cm.
B_2 Geschiebelehm, rote Zone, aus 55—65 cm Tiefe.
C Moränenkies mit großen Steinen und mergeligem Zwischenmaterial in be-
          ginnender Verlehmung aus 85—100 cm Tiefe.

46.
Braunerde. Emmerleffkliff bei Hoyer in Nordschleswig[4].

A_0 Wiese.
A_1 25—30 cm, graubrauner, humoser, sandiger Lehm, wurzelreich, entkalkt.
B_1 30—35 cm, trockener, graubrauner, humus- und rostfleckiger sandiger Lehm,
          von einzelnen Wurzeln durchzogen, vielfach bräunliche Humusflecken, entkalkt.
B_3 20 cm, einzelne Kalkbröckchen.
B_4 50—100 cm, die rostbraune Masse ist von weißen Kalkflecken durchsetzt und
          braust mit Salzsäure auf. An der Basis von B_4 vielfach feuchte Flecken und an
          einzelnen Stellen Rieselwasser.
C Kalkreicher Geschiebemergel.

47.
Deutsches Braunerdeprofil. Steinbruch westlich Hohensalza[5].

A_1 0—20 cm, braungrauer, schwach humoser, lehmiger Sand, etwas krümelig.
A_2 20—35 cm, rötlichgrauer, lehmiger Sand mit schwach querprismatischer Struktur,
          porig, fest.
B_1 35—60 cm, rotbrauner, sandiger Lehm, oben ausgeprägt querprismatisch, nach
          unten sich verschwächend; rotbrauner Lack auf Klüften und Wurzelröhren,
          sehr fest.
B_2 60—73 cm, brauner, sandiger Lehm, etwas klotzig, schwach rotbrauner, z. T.
          schwärzlicher Anflug auf Klüften. Der Entkalkungshorizont reicht bis hierher.
C_1 4 m, gelbbraune Geschiebemergel, zu oberst kräftiger Karbonathorizont, in den
          oberen 25 cm ist der Kalk sehr fein „schichtig" ausgeschieden.
C_2 Malmkalk.

---

[1] Nach W. Koene: Erläuterungen zur geologischen Spezialkarte von Bayern, N. 675,
Blatt Ampfing, S. 35. — Ferner H. Harrassowitz: Studien über mittel- und südeuropäische Verwitterung. Steinmann-Festschr. Geol. Rdsch. **17**a, 182 (1926).
  [2] Nach H. Harrassowitz: Südeuropäische Roterde. Chem. Erde **4**, 5 (1928).
  [3] Nach E. Blanck: Beiträge zur regionalen Verwitterung der Vorzeit. Mitt. landw.
Inst. Breslau **6**, 657 (1913). — Zit. bei H. Stremme: Die Verbreitung der klimatischen Bodentypen in Deutschland. Branca-Festschr., S. 28. 1914.
  [4] Stremme, H.: Laterit und Terra rossa als illuviale Horizonte humoser Waldböden.
Geol. Rdsch. **5**, 486 (1915).
  [5] Hohenstein, V.: Die ostdeutsche Schwarzerde usw. Internat. Mitt. Bodenkde **9**,
139 (1919).

48.

Grundwasserabsätze. Ebenhausen in Franken[1].

A 30—40 cm, humusbrauner Lehm; obere 10—15 cm mit vereinzelten Geschieben, hart, hell, ausgetrocknet, untere 10 cm deutlich schichtig.

B_1 etwa 115 cm, gut von A abgesetzter, rostbrauner, manganfleckiger, schwerer Lehm bis Ton, unten besonders reich an Eisen- und Manganflecken.

B_2 An anderer Stelle der Lehmgrube, braunschwarzer bis gelber, schichtiger Lehm.

C Gutgeschichtete, harte, graugrüne Keuperletten.

G_1 40 cm, Bohnerzbank in lehmiger Grundmasse; die rostbraunen bis 2 cm großen Bohnen z. T. innen hohl und manganschwarz. Aus der Bohnerzbank treten Quellen aus.

G_2—C Hellgrauer Ton mit einzelnen Eisenrostflecken.

49.

Roterdeprofil auf Liaskalk bei Tivoli[2].

A_1 5 cm, gelblichbrauner Humusboden mit Kalkschutt durchsetzt.

B_1 40 cm, schwach humusgefärbte, trübe Roterde.

B_2 50 cm, dunkle Roterde, stark mit angeätztem Kalkschutt durchsetzt.

C Heller Liaskalk mit Kieselkonkretionen.

50.

Krustenboden. Waldheim. Jesreelebene (Palästina)[3].

A 1. Humose Oberflächenerde.

B 2. Roterde.

K 3. Kalkkruste.

C 4. Kretazeischer Kalkstein.

51.

Javanisches Roterdeprofil. Tji Hideung[4].

A 1 m, braunfarbige Erde mit deutlicher Krümelstruktur.

B_1 1,1 m, stark rotfarbige, lehmige Erde; scharf nach oben, unscharf nach unten abgesetzt

B_2 1,45 m, grau-violett-gelb-rot gefleckte, lehmige Erde. Weiß tritt zurück. Mit gelben Brocken von verwittertem Andesit. Übergehend in

B_2 rotgefleckte weiße Erde. Weiß tritt in den Vordergrund; zeigt ursprüngliche Gesteinsstruktur.

C ?

52.

Marschprofil. Ostemarsch. JARCKS Ziegelei bei Oberndorf[5]

28 cm   Humose, sandige bis sandig-tonige Krume, sehr locker; feucht: tiefbräunlich-schwarz, trocken: dunkelgrau.

12 cm   Schwach humose, sandig-tonige Schicht, mit zahlreichen winzigen Rostpünktchen; feucht: hellgelb bis bräunlich, dichte Struktur; trocken: hellgrau, etwas erhärtend, nicht knickartig.

16 cm   hellgelblicher, lokal etwas rostfleckiger, schwach lehmiger Sand, wenig erhärtend, unvollkommen entkalkt.

ca. 40 cm   Rostfleckiger, hellgrauer bis weißlicher Sand, ungeschichtet; stellenweise mit porösen, fast knickartigen, tonigen Schlieren oder horizontalen Streifen; Entkalkung sehr unvollkommen.

Darunter beginnt grauweißer, kalkiger Sand, zunächst noch ungeschichtet, mit vereinzelten großen Rostflecken; ständiges Grundwasser im September 1916 bei 1,30 m unter Tage.

[1] STREMME, H.: Laterit und Terra rossa als illuviale Horizonte humoser Waldboden Geol. Rdsch. 5, 486 (1915). — Desgleichen (etwas umgedeutet): Grundzüge der praktischen Bodenkunde, S. 168.

[2] Nach H. HARRASSOWITZ: Südeuropäische Roterde. Chem. Erde 4, 2 (1928).

[3] BLANCK, E., S. PASSARGE u. A. RIESER: Über Krustenböden und Krustenbildungen usw. Chem. der Erde 2, 360 (1926).

[4] WHITE, J. D.: Beiträge zur Kenntnis des Bodenprofiles bei Buitenzorg. Meded. landbouwhoogschool daaraan verbonden Inst. 16, 65 (1919). Zit. und gedeutet von H. STREMME: Grundzüge der praktischen Bodenkunde, S. 143. Gekürzt.

[5] Nach K. v. SEE: Über den Profilbau der Marschböden. Internat. Mitt. Bodenkde. 10, 169 (1920).

53.

Marschprofil. Ostemarsch. Jarcks Ziegelei bei Oberndorf[1].

36 cm	Humose, stark sandige, dunkle Krume.
16 cm	Sandige bis stellenweise tonig-sandige, humose Schicht von deutlich hellerer Farbe, wenig scharf von Krume abgesetzt; in den tonreichen Partien mehr knickartig, mit schwachen Anflügen und Pünktchen von Eisenrost.
10 cm	Dunkelgrauer bis schwarzer, humoser toniger Knick, sehr porös, wenig schmutzend.
14 cm	Hellgrauer, rostfleckiger, toniger Knick mit Putzen und Adern von schwarzem Knick, von oben kommend, feucht äußerst zähe und klebend, stellenweise fast weiß („weißer Knick").
45 cm	Schwarzer, humoser, toniger Knick, nach unten und oben ziemlich stark abgesetzt; im oberen Teil sehr eisenschüssig oder rostfleckig; wenig porös, Faserwurzeln selten; schrumpft außerordentlich stark, sehr hart, aber nicht bröckelig zerfallend; lokal mit weißlichen Flecken gesprenkelt, da heller Knick in Schlieren und Klumpen regellos durch die ganze Masse verteilt ist, besonders unten; feucht-frisch: tiefbläulichschwarz, trocken: schwarz bis sehr dunkelgrau.
4—8—10 cm	Hellgrauer, tonig-sandiger Knick, mit sehr viel Eisenschuß von leuchtend roter Farbe („roter" Knick); in einiger Entfernung als rotes Band erscheinend.
14 cm	Sehr sandiger, hellgrauer „Lehm", eisenschüssig; feucht von ganz knickartiger Beschaffenheit (äußerst zähe, klebend); Adern und Klumpen von tonigem, schwarzem Knick in ihm verteilt; Wurzelporen kaum noch vorhanden; Grenze des Wurzelbereiches („verlehmter" Knick).
2—4—6 cm	Sandig toniges, sehr stark rostfleckiges Band („roter" Knick), wenn feucht: knickartig.
30—40 cm	Etwas eisenschüssiger, schon schwach toniger, aber bereits unvollkommen entkalkter, graugelber Feinsand, von mehr lehmiger Beschaffenheit, ungeschichtet.
	Darunter, wohl schon im Bereich des Grundwassers, feinschichtiger, kalkiger Sand von grauer, nicht bläulicher Farbe, trocken: fast weiß.

54.

Marschprofil. Elbmarsch. Oltmanns Ziegelei, Dornbusch bei Drochtersen[1].

15—20 cm	Humose, feinsandig-tonige Krume, dunkelbraun.
10—15 cm	Bräunlichgelber, schwach humoser, zäher, aber poröser Tonboden; tonig-feinsandig; wenn trocken, von Krume wenig abstechend; etwas rostfleckig.
22 cm	Hellgrauer, toniger Knick („weißer" Knick"), im oberen Teil stark eisenschüssig; in den zahlreichen Poren viel lebende Faserwurzeln.
4—6—8 cm	Humoser, toniger, schwarzer Knick („schwarze" Schnur).
8—10 cm	Hellgrauer, toniger Knick („weißer" Knick).
6—8 cm	Tonig-humoses bis fast kohliges, schwarzes Band.
0—6—10 cm	Hellgrauer, eisenschüssiger, tonig-sandiger Knick mit eiseninkrustierten Pflanzenresten.
10—20—30 cm	Humoser, tonig-sandiger, dunkelgrauer Knick, mit großen schwarzen Flecken und einzelnen rein sandigen Putzen. Durch die ganze Schicht viel mit Eisenrost erfüllte Pflanzenreste sowie eine gelblichgraue organische Masse verteilt, porös, mit lebenden Faserwurzeln.
30—40 cm	Hellgraue, sehr sandig bis sandig-tonige, entkalkte Schicht, knickartig; mit viel rosterfüllten oder mulmigen Pflanzenresten (Holzteilchen, Schilfreste), porös, in den Poren noch einzelne Faserwurzeln. Darunter, schon im Bereich des Grundwassers (bei ca. 1,30 m)
50—70 cm	schwach toniger Feinsand, kalkfrei; feucht-frisch: grünlich, grau; trocken: schmutziggrau („Maibolt", Bittererde); fast frei von Pflanzenresten; sehr pflanzenschädlich; unter dem Maibolt folgt gesunde Kuhlerde.

---

[1] Nach K. v. See: Über den Profilbau der Marschböden. Internat. Mitt. Bodenkde. 10, 169 (1920). — Zu 54 siehe auch Stremme, H.: Grundzüge usw., S. 200. 1926.

55.
Marschboden. Elbmarsch bei Bruchhof[1].

A_0 0,14 m, „Bunkerde, Heidehumus", in welchem eine Vegetation von Heidepflanzen (Erika) wurzelt. 7,79 % Asche zu 84,5 % in HCl unlöslich.

A_0 1,68 m, weißer oder Sphagnumtorf, hauptsächlich aus Sphagnumresten bestehend, ungeschichtet, leicht, voluminös. Zuweilen bandartige Einschlüsse von Wollgras. 1,49, 1,22, 1,34 % Asche zu 42,74 bzw. 29,52 bzw. 28,11 % in HCl unlöslich.

A_0 0,42 m, brauner Torf, deutlich von weißem abgesetzt; dunkel, größeres Gewicht, dichter; größtenteils amorphe Masse; die erkennbaren Pflanzenteile anscheinend nur Stengelteile und Wurzeln von Erika. 1,52 und 1,77 % Asche zu 27—28 % in HCl unlöslich. Allmählicher Übergang zu

A_0 0,21 m, schwarzem Torf, dem braunen ähnlich, nur dunkler und schwerer; fortgeschrittenes Stadium der Zersetzung des braunen; 3,03 % Asche zu 14,55 % in HCl unlöslich.

G 1 m, „Darg" in frischem, feuchtem Zustande eine schwere, voluminöse, schmierige, braunschwarze Masse mit starkem Schwefelwasserstoffgeruch, zersetzt sich schnell an der Luft zu sehr leichter, hellgelbbrauner Pflanzenmasse und braunschwarzem Pulver. Gut erhaltene Stengelstücke und dichtes verfilztes Wurzelgewebe von Phragmites. Faulschlamm (Sapropel) als ehemaliger Röhrichtboden und mit Röhrichtresten.

G 0,15 m, Übergang von „Darg" zu „Maibolt", oben dunkel, Geruch nach Schwefelwasserstoff, wird nach unten, besonders in trockenem Zustand, heller.

G 0,90 m, „Maibolt", zäher, toniger Feinsand, zerfällt langsam an der Luft, im trockenen Zustand hart und spröde, geht allmählich über in

C 1,75 m, „Kuhlerde", äußerlich im feuchten Zustand vom Maibolt nicht verschieden, getrocknet von auffallend hellerer Farbe. Darunter wieder „Darg-Maibolt" und „Maibolt".

56.
Solonetzprofil am Dengis-See, Kreis Atbassar (Akmolinsk)[2].

A 8 cm, kastanienbraun, geschichtet.

B_1 10 cm, dunkelbraun, dicht. Prismatische Absonderung, muschelförmiger Bruch. Scharf nach oben, unscharf nach unten abgesetzt.

B_2 47 cm, braun, mit schwacher Humusfärbung, enthält dunklere Zungen und Flecken. Es sind kleine Salzflecken.

C Hellbrauner Lehm mit Salzflecken, z. T. auch kristallin.

57.
Säulenförmiger Solonetz westlich von Tschulak-saj, Kreis Turgaj[3].

A 50 cm, schichtenförmige, im oberen Teil deutliche Struktur, im unteren Teil ist die Schichtung nur bei aufmerksamer Betrachtung zu erkennen; die Farbe ist gelbgrau und wird nach unten zu weißlich. Der weiße Ton wächst nach der Tiefe zu, und bei 20 cm nimmt der beschriebene Horizont aschenähnliche Farbe an; diese aschenfarbige Zwischenschicht geht in ihrem oberen Teil in den gelbgrauen Unterhorizont über und hebt sich von dem ihm folgenden Horizont B scharf ab. Kein Aufbrausen mit Salzsäure. Seine allgemeine Mächtigkeit beträgt: A — 25 cm, A_1 — 20 cm, A_2 — 5 cm.

B_1 15 cm, hat senkrechte Spalten. Dieselben zerteilen ihn in senkrechte Säulen von 3—4 cm Durchmesser und 12—14 cm Länge. Die Säulen sind im oberen Teile voneinander abgelenkt, im unteren vereinigen sie sich und bilden ein Ganzes. Der oberste Teil der Säulen ist rund und mit weißlichem Staube des Horizontes A_2 bedeckt. Beim Abbrechen zerfallen die Säulen in scharfkantige, sehr dauerhafte, mit glänzenden Bruchflächen versehene Klumpen. Die Färbung des Horizontes ist braun (kastanienfarbig). Braust nicht mit Salzsäure.

B_2 20 cm, dicht, zerfällt beim Graben in Klumpen, ein wenig heller als die schon erwähnten Horizonte, bunt von Kalziumkarbonatflecken. Starkes Aufbrausen mit Salzsäure.

C Gelbgrauer Lehm mit gräulicher Nuance. Kalziumkarbonatanhäufungen, die im oberen Teile zahlreicher sind, machen ihn etwas bunt.

---

[1] Nach K. VIRCHOW: Das Kehdinger Moor und seine landwirtschaftliche Meliorierung durch Marschboden. Landw. Jb. **1880**, 999. — Ferner H. STREMME: Grundzüge der praktischen Bodenkunde, S. 202. 1926. Horizontdeutung.

[2] Nach G. TUMIN, zit. in K. GLINKA: Die Typen der Bodenbildung, S. 190. Gekürzt.

[3] GLINKA, K.: Die Typen der Bodenbildung, S. 190. 1914.

58.

Solonetzboden.   Umgebung von Omsk[1].

A   25 cm, schwarzbraun bis schwachbraun. Ziemlich locker, grobkörnig. Der untere Teil des schwachen Horizontes ist durch Quarzsand grau gefärbt. Übergang gegen *B* scharf auf welliger Grenze.

B   30 cm, dicht, dunkelbraun. Färbung ungleichmäßig, besonders im unteren Teil, da die Färbung auf den Absonderungsklüften dunkler als im Anschnitt ist. Vorwiegend krümelig-nußförmige Struktur, daneben auch körnig. Beide gehen ineinander über und bilden hier Klumpen. Außer dem dunkelglänzenden Anflug auf den Absonderungsflächen finden sich im oberen Teil des Horizontes bläuliche Anflüge, welche vom Quarzsand herrühren.

C   Gelbbrauner, sehr dichter Lehm. In ihn reichen bis 80 cm Tiefe zungenförmig gestaltete Humusstreifen. Krümelig-körnige Struktur. Bei 65—80 cm geringe Sulfatmengen. Bei 100 cm Karbonatzone (fleckenförmig) Struktur krümelig-nußförmig. Bei 140 cm eine zweite Karbonatzone, hier tritt das Karbonat in aderförmigen Streifen auf. Die Struktur hier weniger dicht als oben.

59.

Degradierter Solonetz.   Umgebung von Omsk[2].

A_0 2 cm, Streudecke.

A_1 2 cm, grau, locker, schuppenförmig-schichtig.

A_2 10 cm, gräulichweiß. Hart, schuppig-löcherig bis schichtig. Läßt sich leicht zu Staub zerreiben.

B_1 10 cm, säulenförmig, 6 cm hoch. Säulenoberfläche leicht gewölbt und mit einer weißlichgrauen Rinde von $1/2$ cm bedeckt. Auf den Flächen der Säulen weißliche Bestäubung, in Schnitten schmutziggrau. Die Säulen zerfallen in Brocken.

B_2 11 cm, deutlich nußförmige Struktur, dunkelbraun, ungleichmäßig gefärbt, gegen unten schwächere Farbtöne. Seitenflächen der Absonderungsformen leicht glänzend.

C   Gelbbrauner Lehm, in welchen Humuszungen hineinreichen. Bis 5 cm. Außerdem weiße Flecken von Quarzsand. Struktur nußförmig-körnig, darunter auch krümelig. Bei 90 cm Karbonatflecken.

60.

Solontschakboden vom Dengis-See, Akmolinsk[3].

A_1 Oben 1 cm starke hellgraue Salzrinde, die mit HCl stark aufbraust, tiefer ein dunkelgrauer, wenig dichter Horizont braust schwächer auf; kleine Salzflecken. Allmählicher Übergang in

A_2 Braun mit grauen Streifen und Flecken. Struktur ähnlich wie *A*. Aufbrausen schwach. Bis 30 cm sind die nicht aufbrausenden Salzflecken zahlreich und klein, von 30—45 cm sind sie größer, tiefer weniger deutlich und klein.

C   Hellbrauner salziger Lehm mit wenig Sandsteinschotter, braust stark mit HCl. Enthält Flecken und Kristalle von Salzen.

61.

Szikboden.   Karcag, Ungarn[4].

A_1 0—9 cm, grauschwarz.

A_2 9—39 cm, dunkel bis schwarz, dicht und hart.

B   39—59 cm, grau, Gipsabscheidung.

C   59—89 cm, hellgelber Tonmergel.

C   89—189 cm, gelber Tonmergel.

C   189—192 cm, Eisenoxydabscheidung.

192 cm, Ton.

---

[1] Nach K. Gorschenin u. W. Baranow: Zur Kenntnis des Solonetzkomplexes der Tschernosiomzone Westsibiriens. Ber. sib. Inst. Land- u. Forstw. **7**, 22 (1927).

[2] Nach K. Gorschenin u. W. Baranow: Zur Kenntnis des Solonetzkomplexes der Tschernosiomzone Westsibiriens. Ber. sib. Inst. Land- u. Forstw. **7**, 23 (1927).

[3] Nach G. Tumin: Arbeiten der Bodenexpedition zur Erforschung der zu kolonisierenden Regionen des asiatischen Rußlands. Bodenforschg. **10**, 24 (1910). — Zit. in K. Glinka: Typen der Bodenbildung, S. 196. 1914.

[4] Aarnio, B., u. W. Brenner: Zur Kenntnis der Szikböden in Ungarn. Internat. Mitt. Bodenkde. **13**, 177 (1923).

62.

Lateritprofil. Westaustralien[1].

1—2 m   Eisenkruste.

3—10 m   Fleckenzone: weicher Ton mit buntem Gewirr von roten, braunen, gelben, violetten und bläulichen Flecken.

5—15 m   Bleichzone mit unverwitterten Kernen von Grünstein und Gneis. Grünstein oder Gneis.

63.

Ceylonisches Lateritprofil (Mont Lavinia)[2].

  Oberfläche: zelliger eisenreicher Laterit von karminroter und brauner Farbe. Zwischen einem Netzwerk von hartem, eisenschüssigem Material liegt weicher, zerreiblicher Ocker, der vom Regen leicht herausgewaschen wird.

1 m   Dunkelroter, homogener Laterit, mit braunen Eisenrändern auf den Spaltflächen, ziemlich fest.

3 m   Ganz mürbes, eisenreiches Gestein, die Außenzone der Brocken rötlich, der Kern ockergelb.

1 m   Rötliches, konsistenteres Gestein mit gelblichem Bruch.

1 m   Gelbes Gestein mit weißem Bruch.

1 m   Gelbliches Gestein, in dem die Quarze zu bröckeln beginnen. Wenig verwitterter Gneis.

Die Einzelhorizonte des Bodenprofils.

Der Oberboden (A-Horizont).

Die Bezeichnung Oberboden ist in Gebieten mit Bildungsmöglichkeiten humoser Substanzen entstanden, so daß man nur hier strenggenommen von Oberböden sprechen kann[3]. Als oberste Lage ist der Oberboden naturgemäß in erster Linie allen Einwirkungen, welche auf die Erdoberfläche wirken, unterworfen. Die Intensität der Umwandlung ist naturgemäß von allerlei Einzelbedingungen abhängig, nicht zum geringsten aber davon, ob ein Urboden oder Nutzboden (siehe Definition auf S. 10) vorliegt. Bei regelmäßig bearbeitetem Boden (bebaute Nutzböden) ist vom Oberboden (= humose Oberkrume STREMMES) die Ackerkrume (ORTH) — Oberkrume abzutrennen, eben die Lage, in welcher sich der künstliche Eingriff durch Pflügen usw. abspielt.

Der Oberboden in seiner Gesamtheit ist chemisch dadurch charakterisiert, daß die Verwitterungsvorgänge beendet sind (RAMANN). Gegenüber dem B-Horizont ist er meist ärmer an löslichen Bestandteilen (Charakter eines Eluvialhorizontes) und stets ärmer an unlöslichen d. h. noch aufschließbaren Bestandteilen.

Der Oberboden ist zugleich arm an ungesättigten quellbaren Kolloiden. Ihre Entfernung erfolgt auf verschiedene Weise. EHRENBERG[4] behandelt diese Vorgänge in der Ackerkrume ausführlich[5]. Durch Regen, Frostwirkung usw. tritt ein Durchschlämmen (Abfuhr nach der Tiefe) oder ein Abschlämmen (Abfuhr nach der Hangneigung) ein. Die damit verbundenen Struktur- und Texturveränderungen sind oft recht eingreifend für die Praxis. Starke Bodendecken unterbinden oder vermindern solche Auswirkungen.

---

[1] Nach J. WALTHER: Über Laterit in Westaustralien. Z. dtsch. geol. Ges. B. 1915, 113. — Zit. und neue Horizontdeutung durch H. STREMME: Profile tropischer Böden. Geol. Rdsch. 8, 83 (1917).

[2] Nach J. WALTHER: Einleitung in die Geologie als historische Wissenschaft, S. 895. 1893. — Zit. und horizontgedeutet von H. STREMME: Profile tropischer Böden. Geol. Rdsch. 8, 82 (1917).

[3] So sind denn auch in dem vorliegenden Abschnitt die reinen Verwitterungsbildungen der extrem klimatischen Bodenarten (Wüsten, arktische Gebiete) nicht weiter berücksichtigt. Ihre Besprechung siehe Bd. 3 dieses Handbuches.

[4] EHRENBERG, P.: Die Bodenkolloide, S. 172ff. Dresden 1918.

[5] Siehe auch Bd. 7 dieses Handbuches.

Hier darf der entgegengesetzte Vorgang nicht vergessen werden, nämlich die periodische Zufuhr von Kolloiden. Hierher gehören die Überschwemmungsregionen im Unterlauf der Flüsse (Nil, Weser usw.), wo ohne künstliche Nährstoffzufuhr eine dauernde Regenerierung des Oberbodens stattfindet.

Es seien nun die Teilhorizonte des Oberbodens im einzelnen betrachtet. Hier sind zunächst die Bodendecken zu nennen, die aus einem Material bestehen, das dem kontinuierlichen Bodenprofil als Fremdkörper gegenübersteht. Sie können anorganischer oder organischer Art sein. Zu ersteren gehört der Schnee, die Steindecken, Sanddecken und manche Inkrustate, aber nur solche, die durch fremde Zufuhr bedingt sind. Zu den organischen Bodendecken gehören die in ihren Auswirkungen je nach dem floristischen Charakter sehr verschiedenen Pflanzendecken.

Die große Bedeutung der Schneedecke[1] für den Wärmehaushalt des Bodens ist bekannt, dazu kommt ihre Wirkung für die Lichtverhältnisse, als Staubfänger („Schneedünger") und als Transportmittel sowohl im günstigen als ungünstigen Sinne. Die Rolle der Schneedecke als schlechter Wärmeleiter zeigen Messungen von Woeïkoff an einer 52 cm starken Schneedecke bei St. Petersburg:

<pre>
Lufttemperatur — 17°   Schneeoberfläche — 15°
   in   5 cm Tiefe . . . .   —11,3°
   ,, 12 ,,   ,, ...   — 9,2°
   ,, 23 ,,   ,, ...   — 8,4°
   ,, 42 ,,   ,, ...   — 3,0°
   ,, 52 ,,   ,, ...   — 1,6°
</pre>

Hjeltström[2] stellt das Wärmeleitungsvermögen des Schnees auf 0,0304 fest, d. h. es ist etwa siebenmal kleiner als das des feuchten Lehms mit 0,225. Ein langsames Tauen im Frühling bedingt eine Schmelzung von unten her („Unterschmelzung"), was für das Frühlingswachstum der Pflanzen von größter Bedeutung ist, so z. B. das Auftreten blühender Pflanzen unter dem Schnee, die Anlage weit vorgeschrittener Blütenknospen und keimender Samen usw. und die spezielle Anpassung von „Schneeschützlingen" zur Folge hat. Über das Auftauen des Bodens von unten nach oben unter dem Einfluß der Schneedecke unterrichten folgende Zahlen von Woeïkoff:

| | der Luft | des Bodens | | | |
| Datum | Mittlere Temperatur | | | | |
1884	der Luft Grad	Oberfläche Grad	25 cm Tiefe Grad	50 cm Tiefe Grad	75 cm Tiefe Grad
19. März . . .	—3,3	—2,7	—1,4	—1,2	—0,4
21. März . . .	—2,5	—4,7	—0,9	—0,7	—0,3
23. März . . .	—1,9	—2,0	—0,9	—0,6	—0,1
25. März . . .	—1,7	—2,6	—0,8	—0,5	—0,1
27. März . . .	—2,9	—2,4	—0,9	—0,4	—0,0
29. März . . .	—1,2	—0,7	—0,8	—0,4	+0,1
31. März . . .	—2,3	—4,7	—0,6	—0,4	+0,1
2. April . . .	—4,8	—4,7	—0,4	—0,3	+0,2
4. April . . .	+0,5	+0,5	—0,3	—0,2	+0,2
6. April . . .	+1,1	+0,3	—0,3	—0,1	+0,2
8. April . . .	+0,3	—1,4	—0,2	—0,1	+0,3
9. April . . .	+3,0	—1,1	+0,1	—0,0	+0,3

[1] Woeïkoff, A.: Der Einfluß einer Schneedecke auf Boden, Klima und Wetter. Geogr. Abh. (herausgegeben von A. Penck, Wien) 3 (1889). — Bodentemperatur unter Schnee und ohne Schnee in Katharinenburg am Ural. Met. Ztg 1890, 381. — Schroeter, C.: Das Pflanzenleben der Alpen. Zürich 1926. Hier neue Literatur! — Einige wichtige Daten (Schneedauer) sind auch in E. Hebner: Die Dauer der Schneedecke in Deutschland (Forschgn. dtsch. Landes- u. Volkskde. 26, 1928) zu finden. — Bd. 3 dieses Handbuches, S. 30.
[2] Hjeltström, S. A.: Über die Wärmeleitung des Schnees. Meteorol. Z. 1890; Ofversigt kgl. Vitensk.-Ak. Förh. (Stockholm) 1889, Nr. 10.

Als Wärmeschutz wirkt die Schneedecke desto besser, je lockerer sie ist, Umwandlung zu Schnee-Eis und Firn-Eis wirkt infolge Verringerung der die Luft enthaltenden Hohlräume ungünstig. Sehr eigenartig ist in manchen Fällen auch die Wirkung der Schneedecke als Staubfänger, wobei das äolisch zugeführte Material bis zu 65 % aus organischen Bestandteilen bestehen kann. Es bedingt dies unter Umständen eine Begünstigung der schneebedeckten Teile gegenüber den schneefreien Stellen[1]. Auf die Abhängigkeit und Beziehungen der Schneedecke von der Exposition und Vegetation (besonders am Walde) sei nur kurz hingewiesen, desgleichen auf die Rolle des Schnees in nivalen Gebieten im Rahmen der dort herrschenden Verwitterungsvorgänge.

Zu den Bodendecken wird auch eine größere Anteilnahme von Steinen im Oberboden gerechnet, durch welche der Boden in seinem Wärmehaushalt beeinflußt wird. Durch die gute Wärmeleitung der Steine, welche auch von der Farbe abhängig ist, denn man denke z. B. an das Auftragen dunkler Basalte in manchen Weinbaugebieten, erweist sich ein steinbedeckter Boden in der wärmeren Jahreszeit wärmer als ein steinfreier Boden, in kalter Jahreszeit durch die stärkere Wärmeabgabe kühler. Auch der Wasserhaushalt scheint hiervon abhängig zu sein, jedoch genaue quantitative Untersuchungen über das Verhältnis von Steingröße und -menge sowie von Feinerde zum Wärmehaushalt fehlen bisher noch[2].

Über die künstlich aufgetragenen Sanddecken in der Moor- und Forstkultur siehe Bd. 10 dieses Handbuches. Auch die Einwirkungen der organischen Bodendecken sind Gegenstand der Besprechung an anderer Stelle (Bd. 7).

Bevor auf die Ausbildung des Oberbodens in den verschiedenen Bodentypen eingegangen wird, seien die durch künstliche Eingriffe geschaffenen Horizonte, die Ackerkrume und die Pflugsohle, kurz behandelt. Innerhalb des Oberbodens stellt die regelmäßig bearbeitete Ackerkrume den exponiertesten Teil dar. Der aufgelockerte Boden ist der Durchschlämmung viel stärker ausgesetzt, und dies um so mehr, je geringer die Aufschwemmungen kolloiddisperser Teile zusammengeballt sind bzw. ein „Toteggen" durch fehlerhafte Bearbeitung stattfand oder die Pflugarbeit vorwiegend lockernd, aber nicht wendend erfolgte. Die feinsten Teile finden damit eine günstigere Gelegenheit zur Durchschlämmung und Anreicherung in tieferen Lagen, eben zur Bildung der Pflugsohle, die also ein dichtes, undurchlässiges Niveau bildet. Eine begünstigende, wenn auch nach EHRENBERG untergeordnete, Wirkung auf die Bildung der Pflugsohle spielt auch die Druckwirkung durch das Ackergerät und durch Mensch und Tier. Nach der Lage der Dinge sind naturgemäß tonige Böden der Pflugsohlbildung vor allem ausgesetzt. Nach einer Bemerkung von RAMANN[3] könnte auch Verkittung durch organische Stoffe eine Rolle bei der Pflugsohlbildung spielen, desgleichen ist eine Abhängigkeit von der Art der Düngung wahrscheinlich[4].

Die Besprechung des Oberbodens sei an Hand der Gliederung der A—C-Böden (Profile 1—6), und zwar hierin mit den Rendzinen begonnen, die zugleich dem Typus der endodynamomorphen Böden im Sinne GLINKAS angehören. Die humosen Karbonatböden (= Rendzinen) sind durch die mangelnde Abfuhr der Karbonate aus A gekennzeichnet. Eine Wanderung der Sesquioxyde findet nicht aus A statt. Dies tritt erst ein, wenn der Kalk völlig ausgelaugt ist, die weitere

---

[1] SCHROETER, C.: a. a. O., S. 107.

[2] Zur pflanzenphysiologischen Bedeutung von steinigen Böden siehe auch W. v. LEININGEN: Die Humusbildungen im Gebiete der Zentralalpen. Naturwiss. Z. Forst- u. Landw. 10, 45 (1912). — Ferner H. v. FEILITZEN: Über die Einwirkung der Besandung des Moorbodens auf die Bodentemperatur. Internat. Mitt. Bodenkde. 2 (1912).

[3] RAMANN, E.: Bodenkunde, S. 501. 1911.

[4] Siehe auch EHRENBERG: Die Bodenkolloide, S. 538.

Entwicklung geht dann in Richtung zum Podsoltypus weiter, also führt zur Herausbildung eines Illuvialhorizontes[1].

Als Typus einer russischen Rendzina gibt Glinka das Profil 1. Als typisch für deutsche Rendzina kann 2 und 3 gelten. Immerhin sind diese sehr ausgewählt (2 ist von Stremme, 3 von v. See als Rendzina bezeichnet). Genaue chemische Profile, die über etwaige Stoffwanderungen Aufschluß geben, fehlen jedoch[2]. v. See[3] verneint für A_2 den Charakter einer Bleicherdebildung und fügt hinzu, daß die Bezeichnung A_2 nicht angebracht sei, „weil damit in Analogie zu den echten Podsolböden leicht die Vorstellung des Verlustes von Sesquioxyden verknüpft sei, was bei Rendzinaböden aber erst mit dem Einsetzen des Endstadiums eintritt". Damit hat v. See zweifellos recht, denn gerade die Bezeichnung A_2 ist für die Charakterisierung von Horizonten in Podsolböden mit weitgehender Stoffabfuhr vorbehalten.

Zu den Rendzinen sind auch die Borowinaböden (Rußland) und Alvarböden (Baltikum) zu stellen.

Der Karbonatgehalt aus dem Humus bedingt gute Krümelung, in trockenem Zustand grau, zerfällt A in Staub und wird vom Winde verweht. Im Gouvernement Saratow wird er Aschenboden = popylucha genannt. Außer Kalkkarbonat als Ausgangsgestein tritt auch Dolomit oder Gips auf.

Als Typus der A—C-Böden stellt Stremme auch den Tschernosiom: Profil 4, 5, 6 auf. In chemischer Hinsicht sind die Profile durch geringen Stofftransport ausgezeichnet, größere Verschiebungen zeigt nur der Kalkkarbonatgehalt[4].

Gerade das Tschernosiomprofil gab Veranlassung zur Aufstellung des Begriffes Illuvialhorizont durch Wyssotzki[5], wobei jedoch der strittige Horizont später durch Botsch eine Umdeutung als „begrabener Boden" erhielt, d. h. zu einem Horizont, dessen Bildung mit dem Bildungsprozesse der darüberliegenden Schichten in keinem Zusammenhang steht, sondern einer früheren Zeit angehört, wurde. Die Profile 9 und 10 zeigen solche „begrabene Böden" in degradierten Tschernosiomprofilen. Daß es sich wirklich um begrabene Böden handelt, begründet Kossowitsch[6] unter anderem 1. in der Anwesenheit von Maulwurfsgängen („Krotowinen") im „Humushorizont" = begrabener Boden und darunter, wobei diese in Tiefen auftreten, wohin die Gänge von der heutigen Oberfläche nicht hinabführen, 2. in der starken Auslaugung des Humushorizontes inmitten von Schichten mit Anreicherung von Karbonaten und 3., daß Humushorizonte nur in Tschernosomen auftreten, welche als Unterlage lößartige Gesteine besitzen, dagegen nicht in Granitpodsolen usw., wobei Kossowitsch offensichtlich die leichtere Beweglichkeit des Materials zur Erklärung begrabener Böden heranzieht, 4. schließlich, daß häufig illuviale Horizonte unter dem Humushorizont

---

[1] Stremme, H.: Laterit und Terra rossa als illuviale Horizonte humoser Waldböden. Geol. Rdsch. 5, 495 (1915).

[2] Über den Chemismus der Rendzina ist überhaupt noch wenig bekannt. So läßt sich daher auch kein Bild machen, welche Bedeutung die sehr verschiedenartigen Kalksteine für die Rendzinabildung haben (Hinweise finden sich bei einigen Autoren, z. B. bei Stremme). Es ist naheliegend, daran zu denken, daß der tonige Anteil der Kalke hierbei eine große Rolle spielt [vgl. dazu D. J. Hissink: Beitrag zur Kenntnis der Adsorptionsvorgänge im Boden. Internat. Mitt. Bodenkde. 12, 81 (1922)].

[3] See, K. v.: siehe Zitat bei Profil 2.

[4] Bis zu einem gewissen Grade nahestehend sind die mährischen Hannaböden. Siehe V. Novák: Ein Beitrag zur Charakteristik der Hannaböden. Internat. Mitt. Bodenkde. 14, 86 (1924).

[5] Wyssotzki, G.: Das Steppenilluvium und die Struktur der Steppenböden. Bodenkde. (russ.) 1901, Nr 2—4; 1902, Nr 2.

[6] Kossowitsch, P.: Die Schwarzerde. Internat. Mitt. Bodenkde. 1, bes. S. 294 (1911). Daselbst reiche Literaturangaben.

auftreten. Morphologisch bilden solche Humushorizonte Zonen gleichmäßig dunkler Farbe, wobei nach dem Hangenden ein allmählicher Übergang unter Hellerwerden stattfindet und nach unten dunkle Streifen oder Zungen in das Liegende eindringen.

Den Chemismus einer Humusschicht und eines Liegenden sowie Hangenden zeigen WYSSOTZKIS[1] Untersuchungen:

Analytische Daten für schichtenweise Bodenproben der „Humus"-Schicht und der höher und tieferliegenden Schichten vom Teplowschen Apanagengute aus dem Gouvernement Samara.

10proz. salzsaurer Auszug.

Schichten	Über der Humusschicht liegend, an $CaCO_3$ angereichert	Über der Humusschicht liegend, mit humosen, verschwommenen Zungen	Humusschicht	Unter der Humusschicht liegend
Tiefe	1,2—1,3 m	2,7—2,8 m	3,2—3,4 m	4,05—4,15 m
	%	%	%	%
Hygroskopisches Wasser	1,93	4,14	4,57	3,84
Humus (nach KNOP)	0,19	0,40	0,49	0,19
Chemisch gebundenes Wasser. .	3,06	4,82	5,36	5,00
Tonerde	2,22	5,59	6,61	5,22
Eisenoxyd	3,41	4,27	4,97	4,25
Kalk	9,13	6,66	6,71	11,06
Magnesia.	1,39	1,48	1,38	1,86
CO_2	6,98	4,60	4,18	8,32
SO_3	0,025	0,042	0,037	0,069
SiO_2, entzogen durch Alkali . .	9,13	18,56	22,52	19,72

Als Illuvialhorizonte scheiden diese Humushorizonte also aus. Es mag übrigens bemerkt werden, daß im Profil 4 die erste Schicht A_2 und im Profil 5 die zweite Schicht (?) A_2 wahrscheinlich auch solche begrabene Böden darstellen.

In reinster Form ist das bloße Auftreten von A und C in dem Tschernosiom nicht allzu häufig, doch würde sich ein großer Teil der in der Literatur beschriebenen Profile mit der Deutung als A- und C-Horizonte bei Kenntnis des chemischen Profils wohl als A—B—C-Böden erweisen. Der Übergang von A—C- zu A—B—C-Böden und damit zum „geschlossenen Profil" ist von allgemeinster Bedeutung und tritt bei außerordentlich vielen Bodentypen auf. Es ist der Vorgang, der von den russischen Bodenkundlern als „Degradation" bezeichnet wurde. Auch dieser Begriff wurde ursprünglich an den Tschernosiomböden aufgestellt, bei denen sich zeigte, daß in Waldgebieten der Tschernosiomregion kein Tschernosiomprofil, sondern das mit ihm durch mancherlei Übergänge verbundene Grauerdeprofil zu finden ist. Aus der Minderung des Bodenwertes bei diesem Übergang stammt das Wort Degradation[2], welches also den Übergang von reicheren zu ärmeren Böden wiedergeben soll, d. h. in allgemeiner Fassung auch den Übergang eines A—C-Bodens in einen A—B—C-Boden zum Ausdruck bringt. Auch der umgekehrte Vorgang, den GLINKA 1914 nur theoretisch zugab, ist möglich, wie dies STREMME an Übergängen von Podsolböden zu Tschernosiomböden zeigt[3].

---

[1] WYSSOTZKI, G.: Über die Waldwuchsbedingungen des Rayons des Samarschen Apanagenbezirks. 1, S. 204. Nach KOSSOWITSCH: a. a. O. **1911**, 274.

[2] Systematisch von DOKUTSCHAJEW (Der russische Tschernosiom) 1883 untersucht, wobei bereits früher dieser Erscheinung Aufmerksamkeit zugewendet wurde. — Weiter siehe Bd. 3 des Handbuches, S. 505.

[3] STREMME, H.: a. a. O., S. 105.

Das Wesen des Übergangs vom A—C- zum A—B—C-Horizont besteht im klarsten Falle darin, daß ein ausgesprochener Illuvialhorizont B eine Teilung von A dergestalt bedingt, daß sich hier ein ebenso deutlicher Eluvialhorizont, z. B. Bleichsand, herausbildet. Sind die Extreme leicht faßbar, so ist man dagegen bei den Übergängen vielfach im Zweifel. Meist ist es dabei derartig, daß die Anbahnung eines Eluvialhorizontes oft schon profilmäßig früher erkennbar wird als die Existenz eines ausgesprochenen Illuvialhorizontes. Daß auch hier verschiedene Deutungsmöglichkeiten vorliegen, zeigen die Tschernosiomprofile. So will Kossowitsch[1] die grobkörnige bis prismatische Zone der Tschernosiomprofile als B-Horizont bezeichnen, was sich jedoch chemisch nicht rechtfertigen läßt. Bei dem „Tschernosiom der Vertiefungen" im Gebiet der russischen trockenen Steppen und der Kastanienböden mögen diese Verhältnisse wohl zu Recht bestehen, jedoch fehlt auch hier noch der Beweis[2].

Als Beispiel von degradiertem Tschernosiom mit der Tendenz zu podsoligen Grauerdeböden dienen die Profile 7, 8, 9, 10, 11[3]. Glinka hat sich neuerdings mit den hier in Rede stehenden Vorgängen beschäftigt. Der Beginn der Degradation macht sich in der Auflösung der durch Humus gleichgefärbten Horizonte in humusgefärbte Streifen und Bänder geltend (7, 9). Glinka deutet dies als den Ausdruck zunehmender Beweglichkeit des Humus unter gleichzeitiger Wanderung der anorganischen Bestandteile, zunächst besonders des Eisens. Als Schlämmrückstand wird von Glinka (in 8) das „Quarzmehl" betrachtet.

Als Beispiel einer deutschen degradierten Schwarzerde dient Profil 11. Es ist dies, wie Hohenstein selbst hervorhebt[4], als der erste schwache Beginn einer Degradation zu betrachten, welcher weniger in A als durch Herausbildung eines B-Horizontes (Lehme) sich geltend macht. Es liegt der Beginn einer Gleybildung vor, von welcher bei der Besprechung des Unterbodens noch die Rede sein wird.

Ein besonders schönes Beispiel für einen umgewandelten Rendzinaboden gibt Profil 12, worin es (in A_2) bis zu einer Bleicherdebildung kam und B illuvialen Charakter zeigt. Die ganzen Horizonte über C entsprechen dem früheren A der Rendzina, welcher podsoliert wurde.

Es seien nun die ausgesprochenen Podsole behandelt, deren Hauptmerkmal unter anderem in der Differenzierung des Oberbodens besteht, wobei ein Teil meist weiße oder aschgraue Farbe infolge der Abfuhr des Eisens zeigt, daher Ascheböden = podsol. Der Grad der Podsolierung kann verschieden sein. Podsolig wird der Boden genannt, wenn der Eluvialhorizont A_2 nur entfärbte Flecken und Adern zeigt, aber als Horizont sich noch im Profil abhebt. Ist letzteres nicht der Fall, so spricht man wohl nach Glinka auch von schwach podsoligen Böden.

Stremme betont, daß die mehr oder mindere Ausbildung von A_2 eine bodenmorphologische Eigenschaft sei, die Ausbildung von B dagegen klimatisch bedingt erscheine. Die Abhängigkeit von A_2 vom „Mikrorelief" zeigen Tumin[5] und Sacharoff[6] in sehr instruktiver Weise.

Das Ausgangsmaterial für podsolige Böden kann verschiedenster Art sein, so unter anderem Sande, Tone, Erstarrungsgesteine usw.

———

[1] Kossowitsch, P.: a. a. O., S. 282.   [2] Siehe P. Kossowitsch: S. 348.

[3] Glinka, K.: Die Degradation und der podsolige Prozeß. Internat. Mitt. Bodenkde. 14, 40 (1924).

[4] Hohenstein, V.: a. a. O., S. 162.

[5] Tumin, G.: Materialien für die Wertschätzung der Böden des Gouvernements Smolensk. V. Kreis Dorogobush. Smolensk 1909.

[6] Sacharoff, S.: Bodenkde. (russ.) 1910, Nr. 4.

Das Schema eines russischen Podsols bietet Profil 13. Die Profile 14—19 zeigen russische Podsole auf verschiedenen Gesteinen, 20—24 deutsche Podsoltypen auf verschiedener Unterlage und 25 ein schwedisches Podsolprofil.

Von den sehr zahlreichen Arbeiten, welche sich von den verschiedensten Gesichtspunkten mit den Podsolböden befassen, denn gehören sie doch zu den am besten durchforschten Böden, seien STREMME[1], MÜNST[2], EHRENBERG[3], GLINKA[4], RAMANN[5], LANG[6], NOVÁK und ZVORYKIN[7], WIEGNER[8], TAMM[9], HARRASSOWITZ[10], VON LEININGEN[11], BLANCK[12] genannt.

Einige Analysenergebnisse seien zur Charakterisierung angeführt:

Analyse des Profiles 17.

	A_1	A_2	B	C
SiO$_2$	66,68	74,01	63,60	74,87
Al$_2$O$_3$ . . .	13,38	13,78	17,10	13,8z
Fe$_2$O$_3$ . . .	1,71	1,95	4,50	1,9z
Mn$_3$O$_4$ . . .	0,04	0,04	0,08	0,04
CaO	1,38	0,92	0,69	0,63
MgO	0,14	0,13	0,45	0,40
K$_2$O	2,63	2,28	4,18	3,96
Na$_2$O . . .	1,56	1,75	3,46	2,62
Humus . .	10,94	1,25	2,29	—
H$_2$O bei 100⁰	3,06	1,69	4,10	0,98
Glühverlust.	12,78	5,02	6,00	1,21
Summe:	100,26	99,89	100,05	99,50

Analyse des Profiles 18.

	A_1	A_2	B	C
SiO$_2$	—	69,55	62,22	54,74
Al$_2$O$_3$ . . .	—	14,96	17,93	21,28
Fe$_2$O$_3$ . . .	—	3,08	4,58	2,46
FeO	—	—	1,85	6,38
Mn$_3$O$_4$ . . .	—	Spuren	0,31	0,43
CaO	—	1,62	2,08	5,63
K$_2$O	—	2,15	2,04	0,74
Na$_2$O . . .	—	2,57	2,81	2,75
P$_2$O$_5$	—	0,07	0,08	0,31
Humus . .	—	2,80	1,65	—
H$_2$O bei 100⁰	7,55	2,58	1,65	—
Glühverlust.	29,45	4,19	4,74	3,37
Summe:	—	99,10	99,91	99,77

Profil vom Moolbronnen im Schwarzwald (Profil 20).
Die Totalanlaysen nach Umrechnung auf glühverlustfreie Substanz.

	A_2	B_1	C
SiO$_2$ . . .	81,46	62,83	69,61
Al$_2$O$_3$ . .	10,22	18,56	15,24
Fe$_2$O$_3$ . .	1,38	4,80	2,33
MnO . .	0,11	4,14	1,12
CaO . . .	0,17	0,78	0,97
MgO . . .	0,57	0,63	0,69
K$_2$O . . .	3,90	4,48	5,20
Na$_2$O . .	3,64	4,63	5,47
P$_2$O$_5$ . . .	0,29	0,89	0,58
SO$_3$ . . .	—	—	—
Summe:	101,74	101,73	101,21

[1] STREMME, H.: Grundzüge der praktischen Bodenkunde. 1926. — Die Umlagerung der Sesquioxyde in den Waldböden (Entstehung von Ortstein und Laterit). Kolloid-Z. 20 (1917).

[2] MÜNST, M.: Ortsteinstudien im oberen Murgtal (Schwarzwald). Mitt. geol. Abt. statist. Landesamtes, Stuttgart 1910, Nr. 8 S. 30.

[3] EHRENBERG, P.. Die Bodenkolloide. 1918.

[4] GLINKA, K.: Die Typen der Bodenbildung. 1914.

[5] RAMANN, E.: Der Ortstein und ähnliche Sekundärbildungen in den Diluvial- und Alluvialsanden. Abh. preuß. geol. Landesanstalt, Berlin 1885. — Bodenkunde. 1911.

[6] LANG, R.: Verwitterung und Bodenbildung als Einführung in die Bodenkunde. Stuttgart 1920.

[7] NOVÁK, V., u. J. ZVORYKIN: Untersuchung der Böden von Adamov, dem Waldbesitz der Forsthochschule in Brünn. Sborn. vysoké skoly zemědělské v Brno. 1927 (in tschech. Sprache).

[8] WIEGNER, G.: Boden und Bodenbildung in kolloidchemischer Betrachtung. Dresden 1918.

[9] TAMM, O.: Beiträge zur Kenntnis der Verwitterung in Podsolböden aus dem mittleren Norrland. Bull. geol. Inst. Upsala 13, 183 (1915).

[10] HARRASSOWITZ, H.: Laterit. Fortschr. Geol. u. Paläontol. 4, H. 14 (1926). — Vgl. auch Studien über mittel- und südeuropäische Verwitterung. STEINMANN-Festschr. Geol. Rdsch. 17a, 122 (1926).

[11] LEININGEN, W. Graf zu: Bleichsand und Ortstein. Abh. naturhist. Ges. Nürnberg 19, 1 (1911—17).

[12] BLANCK, E.: Über die petrographischen und Bodenverhältnisse der Buntsandsteinformation Deutschlands. Jb. Ver. vaterl. Naturkde. Württ. 1910.

Harrassowitz[1] charakterisiert die Stoffwanderung bezüglich der Bleicherde (Syn. Bleisand, Grausand) durch zumeist stattfindende Zunahme der Kieselsäure, Abnahme der Tonerde, Auslaugung der Basen, Verminderung von Eisen, Mangan und Phosphorsäure. Reine Tonböden, basische Gesteine, kalkreiche Gesteine neigen wenig oder gar nicht zur Bleicherdebildung. Besonders bevorzugt sind kieselsäurereiche Gesteine.

In Profil 26 taucht ein als A_3 bezeichneter Podsolhorizont unter B auf (nach Glinka). Indessen ist dieses Profil nicht ganz klar. Ein typisches podsoliges Profil ist ferner 27, welches außerdem (wie 26) die später zu besprechende Gleyhorizonte enthält. Deutliche Podsolierung läßt auch 28 erkennen. Die Profile 29 und 30 interessieren hier zunächst nicht.

Stremme[2] bemerkt, daß in Ackerböden die typische weiße Farbe des podsoligen A_2-Horizontes oft verschwindet und braunen Farben Platz macht. Darunter folgt dann B.

Gerade an Podsolprofilen wurden eine Reihe sehr instruktiver Untersuchungen über die Profilbeeinflussung durch die orographische Position gemacht[3], so u. a. von Frosterus[4], Aarnio[5]. Ein sehr schönes Beispiel für diese Beziehungen zeigt die folgende Tabelle nach den Untersuchungen von Sacharoff aus der Petersburger Gegend[6]. Sie bedarf kaum einer weiteren Erörterung.

Zu den Podsolen werden — jedoch nicht unbestritten — die Missen- oder Molkenböden gestellt, die eine strenge Abhängigkeit vom Untergrund zeigen, und zwar derart, daß sie stets nur auf undurchlässigen Tonen, in Deutschland z. B. auf Buntsandsteinen, auftreten. Hoppe[7], v. Falckenstein[8], Grupe[9], v. Linstow[10], Hornberger[11] berichteten in neuerer Zeit über diese Bildungen und haben hierbei teilweise sehr verschiedene Ansichten bezüglich der Abhängigkeit vom Untergrund ausgesprochen. Profil 31 und 32 geben Profile, wobei die vom Verfasser eingesetzten Buntsandsteinbezeichnungen jedoch nur als vorläufig betrachtet werden sollen. Ein Bleichhorizont (A_2, A_3) ist vorhanden, indessen fehlt, wie Grupe als Unterschied gegenüber den Bleicherdeprofilen hervorhebt, ein so ausgesprochener Illuvialhorizont (ortsteinähnliche Bildung), also eine Ansammlung der aus den Eluvialhorizonten abgeführten Stoffe. Somit hätte man also nur einen Boden vom $A—C$-Typus vor sich. Auf Grund der Analyse charakterisiert Grupe die Stoffwanderung wie folgt: Es findet eine Abnahme von Eisen und Tonerde in Molkenböden statt, jedoch im Gegensatz zu den Bleichsandbildungen keine wesentliche Änderung im Gehalt an Alkalien und Erdalkalien. Geringe Absätze von Eisen kommen vor, so als Wurzelumkleidung, ohne daß es aber zur Bildung eines ausgesprochenen Illuvialhorizontes kommt.

[1] Harrassowitz, H.: a. a. O., S. 311.

[2] Stremme, H.: Praktische Bodenkunde, S. 116. Berlin 1926.

[3] Tumin, G. u. S. Sacharoff: a. a. O.

[4] Frosterus, B.: Zur Frage der Einteilung der Böden in Nordwesteuropas Moränengebiet. Geol. Komm. i Finland, geotekn. medd. 14 (1914).

[5] Aarnio, B.: Om Sjömalmona. Ebenda 20 (1918).

[6] Stremme, H.: Grundzüge der praktischen Bodenkunde, S. 152. — Glinka, K.: Typen der Bodenbildung, S. 72.

[7] Hoppe, W.: Über Molkenböden im oberen Buntsandstein. Cbl. Min. usw. B. 1925, 384.

[8] Vogel v. Falckenstein, A.: Die Molkenböden des Bram- und Reinhardwaldes im Buntsandsteingebiet der Oberweser. Internat. Mitt. Bodenkde. 4, 105 (1914).

[9] Grupe, O.: Zur Entstehung des Molkenbodens. Internat. Mitt. Bodenkde. 13, 99 (1923).

[10] Linstow, O. v.: Zur Herkunft des Molkenbodens. Internat. Mitt. Bodenkde. 12, 173 (1922). — Romberg, v.: Ebenda 5, 77 (1915).

[11] Hornberger, R.: Molkenboden. Internat. Mitt. Bodenkde. 3, 353 (1913).

	Profil auf einer Anhohe	Profil am Beginn des Abhanges	Profil tiefer am Hang	Profil am Rand einer Senke	Profil in einer Senke
A_0	halbverweste Pflanzenreste	2,5 cm Waldstreu	3 cm Waldstreu mit Gras- und Moosdecke	3 cm Gras- u. Moosdecke mit abgestorbenen Stengeln und Blättern	20 cm humoser, torfiger, schwarzer, strukturloser Horizont
A_1	schwach entwikkelter Humushorizont, trokken, dunkelgrau (3 cm)	1,5 cm Humushorizont, dicht und etwas torfig	4 cm grauschwarzer Humushorizont	4 cm torfiger, schwarzbrauner, lockerer Humushorizont	
A_2	hier und da weißliche Zwischenschichten	1 cm aschgrau, locker, strukturlos	5 cm aschgrau, locker, strukturlos	13 cm aschweißlicher, lockerer Humushorizont	
B_1	12 cm bräunlichgraue Masse mit grauen Flecken von verwesten Substanzen	12 cm graubraun, locker	11 cm recht lokkerer, dunkelbrauner Ortsteinhorizont	15 cm humoser, eisen- und ortsteinhaltiger, dunkelbrauner, etwas zementierter und dichter gewordener Horizont	10 cm graubrauner, humoser, ortsteinhaltiger Horizont
B_2	gelber Sand mit zahlreichen rostfarbigen Flecken	23 cm rostgelbe, schotterig-grandige Masse	27 cm eisenhaltiger, braungelber Ortsteinhorizont	15 cm heller, bräunlichgrauer, schwach zementierter, eisen- und orsteinhaltiger Horizont	
G	—	—	—	lehmiger Sand mit Grundwasserabsatz	bläulichweißer Grundwasserabsatz mit rostfarbigen, horizontal aber nicht ganz deutlich geschichteten Adern. Dicht
C	—	rosagraue, schotterig-grandige Ablagerung	diagonal geschichteter rosa gefärbter Sand	—	—

Die nächstfolgenden Profile 33—45 entstammen den interessanten Studien von HARRASSOWITZ über die mittel- und südeuropäische Verwitterung. Dieser Forscher knüpft an den nicht scharf umrissenen Begriff der Braunerde an, ein Name, der von der Farbe des Oberbodens herrührt. Unter dieser Bezeichnung sind recht verschiedene Bodentypen verborgen. HARRASSOWITZ erkannte einen sehr weit verbreiteten und profilmäßig sehr ausgeprägten Typus, den er vorläufig als „Gelblehme" bezeichnete und dessen generelles Profil folgendes Aussehen besitzt:

A: Humushorizont mit mehr oder weniger starker Ausbleichung und Entfärbung.

B: Kolloidreicher Horizont, farbiger Lehm.

C: Frisches Gestein.

Also wie beim Podsoltypus ein Eluvial- und darunter ein Illuvialhorizont, was auch dazu führte, daß manche der von HARRASSOWITZ neu gedeuteten Profile früher als podsolige Böden angesprochen wurden. Doch ist diese Gelberdeverwitterung von der eigentlichen Podsolverwitterung zu trennen, wofür HARRASSO-

42 L. Rüger: Das Bodenprofil.

witz[1] eingehende Begründungen gibt. Einer der Hauptbeweise liegt unter anderem darin, daß sich über den Kreßlehmen podsolierte Zonen (Profil 35, 36, 37, 44), bisweilen sogar dreiteilige Podsolprofile entwickeln (Profil 43). Auf die weiteren Hinweise von Harrassowitz über die Profilabhängigkeit von Höhenlage, Lichtklima, festem oder lockerem Untergrund, Altersdeutung der Kreßlehme (sie werden im Gegensatz zu Blanck[2], der sie als fossile Bildungen betrachtete, vorwiegend als rezente Bildungen aufgefaßt) sei nur andeutungsweise verwiesen.

Als Beispiele für „Braunerden" seien die Profile 46 und 47 wiedergegeben (nähere Charakteristik unbekannt). Auch 48 dürfte zu diesem Typus gehören und ist wegen seiner Gleybildung von Interesse.

Als Beispiele für Roterden, d. h. echte Roterde, dienen Profile 49 und 50. Blanck[3], dessen eingehende Studien über das Roterdeproblem eine so große Vertiefung dieser, nach seinen eigenen Worten noch heute nicht abgeschlossenen Frage brachte, betont, daß es in erster Linie die Wanderung der Sesquioxyde, vornehmlich des Eisens ist, die den Roterdeprozeß bedingt. Wir folgen am besten E. Blancks Ausführungen, wie er sie[4] in seiner Zusammenfassung gibt: „Den Oberböden wird allmählich ihr Eisen durch schwach humose Bodenlösung entzogen. Sobald die Lösungen auf kalkigen Untergrund kommen, gelangt das Eisen zur Ausscheidung und bildet einen Roterdehorizont (Illuvialhorizont). Bei zunehmender Verwitterungsdauer wächst dieser Illuvialhorizont von unten nach oben und verdrängt schließlich die hangenden Verwitterungsschichten, was so weit gehen kann, daß die Roterde nun selbst eine Oberflächenbildung darstellt."

Ein angebliches „Roterdeprofil" soll 51 sein, viel wahrscheinlicher ist es, aber, daß es sich hier eher um eine Gelblehmverwitterung im Sinne von Harrassowitz handelt. A ist als deutlicher Eluvialhorizont entwickelt.

Eine Sonderstellung in mancher Hinsicht nehmen die Profile der Marschböden ein (Profil 52—55), die wahrscheinlich später noch eine weitergehende Typisierung im Profilbau gestatten werden als es nach derzeitiger Einsicht möglich ist. Wesentlich ist das Auftreten der „Gleyhorizonte", von denen bei der Besprechung des Unterbodens die Rede sein wird. Hier interessiert zunächst nur der Oberboden. v. See, dessen Arbeit die Profile 51—53 entnommen sind, fügt die von ihm untersuchten Marschböden den „gleypodsoligen" Böden an. Stremme[5], der den Chemismus der Marschböden untersucht, schreibt, daß die vielen Abweichungen, die das Marschprofil zeigt, wohl auf primäre Ablagerungsverschiedenheiten zurückzuführen sind.

Die Profile 56—60 geben einige Profile der Salzböden. Die russischen Bodenkundler unterscheiden zwischen den Struktursalzböden (= Solonetz, Säulensolonetz) und den strukturlosen Salzböden (= Solontschak = Salzsümpfe mancher

---

[1] Harrassowitz, H.: a. a. O. in der Steinmann-Festschrift, S. 196.

[2] Blanck, E.: Beiträge zur regionalen Verwitterung in der Vorzeit. Mitt. landw. Inst. Univ. Breslau 6 (1913). (Ausführliche petrographische und chemische Beschreibung im Gebiet des bayrischen Vorlandes.)

[3] Blanck, E.: Kritische Beiträge zur Entstehung der Mediterran-Roterden. Landw. Versuchsstat. 1915, 251. — Vorläufiger Bericht über die Ergebnisse einer bodenkundlichen Studienreise usw. Chem. Erde 2, 175 (1926). — Blanck, E., u. F. Giesecke: Über die Entstehung der Roterde usw. Chem. Erde 3, 44 (1927). — Blanck, E., S. Passarge u. A. Rieser: Über Krustenböden und -bildungen wie auch Roterden usw. Chem. Erde 2, 348 (1926). — Reifenberg, A.: Die Entstehung der Mediterran-Roterde (Terra rossa). Kolloidchem. Beih., herausgegeben von W. Ostwald. Leipzig: Th. Steinkopff 1929. — Siehe auch zur Roterdefrage vor allem Bd. 3 S. 194 dieses Handbuches.

[4] Blanck, E.: Chem. Erde 2, 206. (1926).

[5] Stremme, H.: Praktische Bodenkunde, S. 204.

russischen Autoren[1]). Sowohl Solonetz als auch Solontschak können sich aus verschiedenen Böden entwickeln (Tschernosiomsolonetz, Tschernosiomsolontschak usw.). Ob ein Solonetz oder Solontschak entsteht, ist von den Grundwasserverhältnissen abhängig. Hohe Grundwasserstände mit gelösten Salzen versalzen den Ausgangsboden, z. B. Tschernosiom, und verwandeln ihn zu einem Solontschak. Durch ein Sinken des Grundwassers kann ein Solontschak in einen Solonetz verwandelt werden. Podsolartige Degradation wird vielfach beobachtet (Profil 59, A_2).

In reinem Typus bildet das Solontschakprofil einen A—C-Boden, wobei Bildung von Salzkrusten an der Oberfläche häufig sind. Das Solonetzprofil zeigt durchwegs den A—B—C-Typus, wobei B die typische säulenförmig-prismatische Absonderung zeigt, dessen Bildungsbedingungen bisher unbekannt sind, vielleicht handelt es sich um Schwundbildung, ähnlich wie bei den Tschernosiomprofilen.

Grundsätzlich ähnlich sind die ungarischen Szikböden (Profil 61), über die eingehende Untersuchungen von TREITZ[2], von v. 'SIGMOND[3], von AARNIO und BRENNER[4] vorliegen. Generell zeigt das Profil (siehe auch Abb. 1, S. 13) einen Auslaugungshorizont, darunter einen salzangereicherten Horizont („Akkumulationsschicht"). Eine oberflächige Anreicherung von Salzen bei Austrocknung ist häufig, außerdem intensive Verschlämmung von A, wodurch die für die Kultur so schwer durchdringbaren harten Krusten entstehen. Als Ausgangsgesteine kommen nur Lehme in Betracht. Über Salzböden auf Tonen in humiden Gebieten berichtet AARNIO[5].

Schließlich sei noch auf einige Lateritprofile hingewiesen, wobei vor allem an die eingehenden Untersuchungen von HARRASSOWITZ[6] erinnert sein möge. Die bekanntgewordenen vollständigen Profile von J. WALTHER[7], A. LACROIX[8] u. a sind durch die Untersuchungen von HARRASSOWITZ chemisch weitgehend geklärt worden. Das vollständige „Normalprofil" hat folgendes Aussehen (von oben nach unten):

> Eisenkruste,
> Fleckenzone,
> Zersatzzone oder Bleichzone,
> Ausgangsgestein.

Die Profile 62 und 63 zeigen diese Anordnung.

Das Gemeinsame mit den vorher beschriebenen Salzböden ist die Bildung einer oberflächigen Zementationszone, deren Stellung im Verwitterungsprofil be-

---

[1] GLINKA, K.: Die Typen der Bodenbildung, S. 177ff. 1914. — GORSCHENIN, K., u. W. BARANOW: Zur Kenntnis des Solonetzkomplexes der Tschernosiomzone Westsibiriens. Ber. sib. Inst. Land- u. Forstw., Omsk 7 (1927). Hierin die neueste russische Literatur.

[2] TREITZ, P.: Alkaliböden des ungarischen großen Alföld. Földtani Közlöny 1908.

[3] 'SIGMOND, A. v.: Über die Szikbodenarten des ungarischen Alföld. Földtani Közlöny 1916. — Erfahrungen über die Verbesserungen der Alkaliböden. Internat. Mitt. Bodenkde. 1 (1911); Handbuch der Bodenlehre 3, 314.

[4] AARNIO, B., u. W. BRENNER: Zur Kenntnis der Szikböden in Ungarn. Internat Mitt. Bodenkde. 13, 177 (1923). Siehe auch O. STOCKER: Ungarische Steppenprobleme. Naturwiss. 17 (1929).

[5] AARNIO, B.: Über Salzböden (Alaunböden) des humiden Klimas in Finnland. Internat. Mitt. Bodenkde. 12, 180 (1912). — Siehe unter H. STREMME: Grundzüge der praktischen Bodenkunde, S. 188. 1926.

[6] HARRASSOWITZ, H.: Laterit. Fortschr. Geol. u. Paläontol. 4 (1926). Siehe auch Bd. 3 dieses Handbuches, S. 387.

[7] WALTHER, J.: Einleitung in die Geologie als historische Wissenschaft, S. 805. Jena 1893. — Laterit in Westaustralien. Z. dtsch. geol. Ges. Berlin B. 1915, 113.

[8] LACROIX, A.: Les laterites de Guineé. Nouv. Arch. Mus. d'hist. nat. 5, 255 (1913).

sonders Lang[1] große Aufmerksamkeit schenkte. Neuerdings wurde die Frage der Krustenbildung (und Rindenbildung im kleinen) vornehmlich durch Blanck, Passarge und Rieser[2] behandelt. Harrassowitz und die andern genannten Autoren erörtern zugleich die Ähnlichkeiten und Verschiedenheiten mit Anreicherungszonen der humiden Gebiete, vor allem der Ortbildungen. Nicht zum geringsten davon hängt es ab, welche Horizontbezeichnung man diesen Schichten geben will. Stremme[3] sieht den ganzen Lateritkomplex als B an. Dann müßte, da es sich in dieser Deutung ja um einen Illuvialhorizont handelt, den Stremme direkt bezüglich seiner Profilstellung mit den Ortbildungen humider Gebiete vergleicht, der eluviale Horizont darüber liegen. Auch bezüglich der Stoffwanderungen nimmt Stremme das gleiche wie bei den Ortbildungen an, nämlich einen Transport von oben nach unten und stellt sich damit in Gegensatz zu J. Walther, R. Lang u. a. Harrassowitz widerlegte unter eingehenden chemischen Belegen diese Annahme, zugleich mit dem wichtigen Hinweis (S. 366ff.), daß bei echten Lateritprofilen dann merkwürdigerweise immer der doch notwendige Eluvialhorizont über der Eisenkruste fehlt. Die Bezeichnung B in den Lateritprofilen ist daher nicht angängig. Aber auf der andern Seite die Eisenkruste als Illuvialhorizont im gleichen Sinne wie bei Böden humider Gebiete anzusprechen und ihm die Bezeichnung B zu geben, hat auch Bedenken. Zum Teil sind sie ja oberflächig, haben also ihrer Position nach den Charakter einer Bodendecke. Aber auch dieser Name darf, da er für andere Erscheinungen vergeben ist, nicht verwendet werden. Es fehlt also eine einheitliche Bezeichnung, welche für Zwecke der Bodenprofilangaben verwendet werden kann. Jedoch können einige eindeutige Begriffe, die schon bestehen, hierfür eingeführt werden, wobei vor allem an die Ausführungen von Passarge, dessen Untersuchungen über die Rindenbildung in ariden Gebieten so viel wichtiges Material zu verdanken ist, und an die Untersuchungen von Harrassowitz, anzuschließen ist.

Passarge[4] faßt das Wort „Rinden" in erweiterter Form: a) Rindenbildung durch chemische Zersetzung von außen nach innen (hierher die Verwitterungsrinden im Sinne der Böden), b) Rindenbildung durch Ausblühen (Salz-Gips-Kalkrinden an der Oberfläche durch Ansteigen von salzbeladenem Wasser), c) Auflagerungsrinden (hierher — Passarge läßt es offen — wahrscheinlich die Schutzrinden der Wüsten, dann die Mangan-Eisenrinden tropischer Flußbetten[5]). Hier interessieren nur die Gruppen b) und c). Wenngleich Passarge selbst in vorsichtiger Abwägung der Entstehungsmöglichkeiten gerade der Abtrennung der dritten Gruppe einen mehr theoretischen Wert beimißt, so charakterisiert er doch mit der Trennung zwischen den Gruppen b) und c) sehr treffend einen wichtigen Unterschied. Bis zu einem gewissen Grade deckt sich dies mit Anschauungen von Harrassowitz[6]. Er unterscheidet zwischen „Nahfällung", denn die „Ausbauprodukte" werden nach ihm im Bereich desselben Verwitterungsvorganges, durch den sie frei wurden, abgesetzt, und „Fernfällung" ist nach ihm Absatz nach größerem Transport. Aber für Passarges „Rindenbildung durch Auflagerung" ist ja gerade Stoffzufuhr notwendig, also das, was Harrassowitz

---

[1] Lang, R.: Verwitterung und Bodenbildung als Einführung in die Bodenkunde, S. 40. Stuttgart 1920.

[2] Blanck, E., S. Passarge u. A. Rieser: Über Krustenböden und Krustenbildungen wie auch Roterden, insbesondere ein Beitrag zur Kenntnis der Bodenbildungen Palästinas. Chem. Erde 2, 348 (1926). — Blank, E., u. S. Passarge: Die chemische Verwitterung in der ägyptischen Wüste. Hamburg. Univ. Abh. Geb. Auslandskde. 17 (1925).

[3] Stremme, H.: Profile tropischer Böden. Geol. Rdsch. 8, 80 (1917).

[4] Passarge, S.: Die Grundlagen der Landschaftskunde 3, S. 139ff. 1920.

[5] Vgl. hierzu die Ausführungen G. Lincks im Handbuch der Bodenlehre 3.

[6] Harrassowitz, H.: Laterit. S. 266. 1926; vgl. auch Handbuch der Bodenlehre 3, S. 387.

,,Fernfällung" nennt. Zur Vermeidung von Mißverständnissen sei nachdrücklich betont, daß die Begriffe durchaus nicht völlig identisch sind, denn PASSARGE bezeichnet mit ,,Rinden" nur oberflächige Gebilde, während zu der Fernfällung auch die Raseneisenerze gehören. Aber auch die teilweise bestehende Übereinstimmung läßt sich für die weitere Erörterung verwenden, welche darauf herausgehen soll, eindeutige Ausdrücke für die Bodenprofilierung zu verwenden.

Zu den ,,Ausbleichungsrinden" im Sinne PASSARGEs gehört auch die Eisenkruste des Laterites. Es fragt sich nun, ob man von Rinden oder Krusten sprechen will. Dies hängt davon ab, wieweit man Vergleiche in genetischer Hinsicht mit anderen Erscheinungen ziehen will, was gerade hier notwendig ist. Der Name ,,Rinde" soll — so tut es PASSARGE — für oberflächige Gebilde ausschließlich reserviert sein. Das Wort ,,Kruste" wird auch vielfach für oberflächige Verhärtungen gebraucht, ist aber nicht in dieser Hinsicht festgelegt. Dagegen sollte das Wort zunächst zum Zwecke der Bodenprofilierung nur für solche Bildungen verwendet werden, die mehr oder weniger reine Zementate darstellen, dagegen nicht, wenn es sich nur um Illuvialhorizonte handelt. Das Wort Illuvialhorizont sagt aus, daß es sich um eine Stoffwanderung in ein vorhandenes Material handelt, in dem das eingewanderte Material vorwiegend die intergranulären Räume einnimmt. Ganz selbstverständlich ist, daß gerade oberflächige Krusten und Illuvialhorizonte ineinander übergehen: erst Imprägnate, dann darüber folgend Krustenbildung. In dieser Weise verwenden auch BLANCK und PASSARGE[1] das Wort Kruste, und man sollte dieses Wort nur im gleichen Sinne gebrauchen.

Nun gilt es, zwischen zwei Gesichtspunkten zu entscheiden: darf man das Tiefenverwitterungsprofil, wie es LANG für die verschiedenen Klimate aufstellte, auf S. 12 war die Rede davon, für die Bodenprofilierung verwenden? Dies ist, womit aber den anschaulichen Ausführungen LANGs durchaus kein Abbruch geschehen soll, zu verneinen, und zwar aus dem Grunde, weil die Tiefenzonengliederung der Verwitterung und Bodengliederung nicht identische vertikale Größenordnungen umfassen[2]. Für terminologische Zwecke sollen daher nicht die Bezeichnungen ohne weiteres übertragen werden.

Nehmen wir als Beispiel gerade das Lateritprofil unter Einsetzung der Buchstaben für die Bodenprofilierung. Generell hatte es folgendes Aussehen:

K = Kruste (Ergebnis der Nahfällung),

A = Auslaugungshorizont = Fleckenzone (mit weiterer Einteilung durch Indizes).

C = Zersatzzone; im einzelnen weitere Einteilung mit Charakterisierung bis zum unveränderten Gestein.

Über K kann noch eine Bodendecke folgen (A_0). Das Lateritprofil ist also zu den A—C-Böden zu rechnen. Selbst wenn die Kruste mit einer Illuvialbildung beginnt, soll die Bezeichnung B vermieden sein[3].

Grundsätzlich das gleiche liegt bei den Salzböden vor, sofern sie eine oberflächige Salzkruste haben, also bei Profil 60 wäre A_1 als K zu bezeichnen. Auch der Solontschakboden ist ein A—C-Boden, wie es ja GLINKA selbst darstellt.

---

[1] BLANCK, E., S. PASSARGE u. A. RIESER: Über Krustenböden und Krustenbildungen wie auch Roterde, insbesondere ein Beitrag zur Kenntnis der Bodenbildungen Palästinas. Chem Erde **2**, 348 (1926).

[2] Siehe dazu auch die grundsätzliche Stellungnahme von BLANCK in Bd. 1 dieses Handbuches, S. 24 ff.

[3] Zur Vermeidung von Mißverständnissen sei folgendes hervorgehoben: Wenn STREMME die Bezeichnung B verwendet, so gelangt er ja dazu aus ganz anderen Gründen, nämlich in der Annahme, daß noch ein Eluvialhorizont darüber folgt und der Stofftransport von oben nach unten gerichtet ist.

Auch unter den Szikböden gibt es Typen, die oberflächige Krustenbildung zeigen; eine genauere Trennung zwischen K, A, C und A, B, C ist damit aber noch nicht möglich.

Schließlich sei unter diesem Gesichtspunkte nochmals Profil 50 unter Verweis auf weitere Profile, die BLANCK, PASSARGE und RIESER in der dort zitierten Arbeit behandeln, betrachtet, wo eine Krustenbildung im Untergrund auftritt. Es handelt sich aber hierbei — PASSARGE führt den Nachweis— um einen fossilen Horizont. Da es sich vermutlich um eine zur Zeit der Bildung oberflächige Krume handelt, so käme ihr auch die Bezeichnung K zu (besser K_f = fossile K).

Der Unterboden (B).

Eine Reihe Daten wurden für die besondere Stellung des Unterbodens schon beigebracht, so daß es nur noch einiger ergänzender Bemerkungen bedarf.

Wann man einen Unterboden im Profil ausscheidet, darüber herrscht keine Übereinstimmung, auch der Versuch zu einer Einigung ist, wie man der Literatur entnehmen kann, nicht gemacht worden. Stillschweigend wird vor allem die Wanderung und Anreicherung der Sesquioxyde zugrunde gelegt. Wo vorwiegend der Kalk wandert und sich wieder ausscheidet, wird manchmal ein B-Horizont ausgeschieden. So z. B. Tschernosiomprofil, wo die „Weißäugleinschicht" („Bieloglaska", Anreicherungsflecke von Karbonaten in rundlicher Form) bisweilen als B ausgeschieden wird; manchmal werden auch die mehr dunkelbraunen Horizonte (A_2 in den Profilen 4—6) als B bezeichnet. Andere Forscher wieder unterscheiden beim Tschernosiomprofil nur A—C, eben wegen der kaum merklichen Wanderung der Sesquioxyde.

Es sei zunächst der Prototyp der illuvialen Horizonte, der Ortstein der podsoligen Böden, entsprechend den Untersuchungen von HELBIG[1], NABOKICH[2], AARNIO[3], SCHUCHT[4], NIKLAS[5], EMEIS[6], erwähnt[7]. Die Ausbildung des Orthorizontes kann recht verschieden sein, worauf sich auch Gliederungen solcher Bildungen gründeten[8]. So unterscheidet RAMANN zwischen der Branderde (Orterde anderer Autoren) und dem Ortstein, je nachdem ob eine schwache oder starke Verkittung eingetreten ist. Entsprechend dem zugeführten Material schwankt auch der Farbton (braun bis braunschwarz[9]).

Als „Tonortstein" werden verhärtete Bodenschichten in Wald- und Heidegebieten bezeichnet, die direkt unter der humosen Oberkrume liegen. Sie sind das Ergebnis von Ausschlämmungen aus den hangenden Teilen und entsprechen bis zu einem gewissen Grade der Pflugsohle in bearbeiteten Nutzböden. Die

---

[1] HELBIG, M.: Zur Entstehung des Ortsteins. Z. Forst- u. Landw. **1909**; Verh. Ges. dtsch. Naturforsch. u. Ärzte, Karlsruhe **1911**.

[2] NABOKICH, A.: Zusammensetzung und Ursprung verschiedener Horizonte einiger Böden im Süden Rußlands. Internat. Mitt. Bodenkde. **4**, 203 (1914).

[3] AARNIO, B.: Experimentelle Untersuchungen zur Frage der Ausfällung des Eisens in Podsolböden. Internat. Mitt. Bodenkde. **3**, 131 (1913).

[4] SCHUCHT, F.: Über das Vorkommen von Bleicherde und Ortstein in den Schlickböden der Nordseemarschen. Internat. Mitt. Bodenkde. **3**, 404 (1913).

[5] NIKLAS, H.: Untersuchungen über Bleichsand und Orterdebildungen in Waldböden. Internat. Mitt. Bodenkde. **14**, 50 (1924).

[6] EMEIS, C.: Die Ursachen der Ortsteinbildung und ihr Einfluß auf die Landkultur in Schleswig-Holstein. Vereinsbl. Heidekult.-Ver. Schleswig, Wilster **1908**.

[7] Literatur siehe auf S. 39, 40.

[8] RAMANN, E.: Der Ortstein und ähnliche Sekundärbildungen in den Diluvial- und Alluvialsanden. Abh. preuß. geol. Landesanst. Berlin **1885**. — MÜLLER, P. E.: Studien über die natürlichen Humusformen und deren Einwirkung auf Vegetation und Böden. Berlin **1887**.

[9] Den Farben der B-Horizonte überhaupt widmet STREMME (Grundzüge der praktischen Bodenkunde S. 136) längere Ausführungen.

Misseböden werden — jedoch nicht zu Recht — bisweilen mit dem Tonortstein verglichen.

Eine große Rolle im tieferen Unterboden und Untergrund spielen Absätze an der Grenze gegen den Grundwasserhorizont bzw. in dem durchfeuchteten Teil darüber, wobei die Stoffe entweder von oben nach unten wandern und am Grundwasserspiegel zur Ruhe und Ausscheidung gelangen oder aber von unten nach oben wandern. Solche Grundwasserabsätze[1] können aus verschiedenem Material bestehen, so unter anderem tonige Bildungen, Kalk-, Gips-, Salz-, Brauneisenausscheidungen sein. Stremme[2] behandelte solche Grundwasserabsätze ausführlich[3]. Die Profile 26, 27, 28, 29, 30, 48, 53, 54, 55 geben Beispiele für solche Grundwasserbildungen, ferner die Tabelle über die Podsolprofile auf S. 41. Grundwasserabsätze vorwiegend toniger Natur sind die Gley- (Glei-, Klei-) Bildungen und die ihnen verwandten Knickbildungen[4].

Knickbildung (Syn. Darg, Dwog, Stört) ist eine Alterungserscheinung der Marschen. Sie fehlen dementsprechend in jungen Marschen und stellen sich (in der Regel) in alten Marschen erst ein, nachdem eine tiefgehende Entkalkung voranging, wodurch eine Durchschlämmung feinster Teile nach unten begünstigt wird. Findet nur eine solche statt, so werden solche Bildungen als „Tweierde" bezeichnet[5], nebenbei findet meist auch noch eine Verhärtung der vertonten Zone durch Eisen statt („Eisenschuß").

Gewinnen Eisenverbindungen ein größeres Ausmaß, so bezeichnet man die meist schmutzigbraunen lehmigen Bildungen als „Gley". Hierbei kann das Material auch aus dem Grundwasser kommen, also von unten nach oben aufsteigen, wie dies Wyssotzski bei der Aufstellung und ersten Beschreibung der Gleyhorizonte auch annahm[6].

Gleybildungen können unter verschiedenen Klimaten und in verschiedenen Profiltypen auftreten, sofern die Grundwasserverhältnisse dies zulassen[7].

2. Das Wasser als Bestandteil des obersten Teils der Erdkruste, insbesondere des Bodens, und seine Herkunft.

Von A. Kumm, Braunschweig.

Mit 8 Abbildungen.

Das Auftreten des Wassers in der Erdkruste ist mannigfacher Art. Wir finden es einmal als Bestandteil der Gesteinsmassen ohne Zusammenhang mit deren Bildungsgeschichte als einen später hinzugetretenen Fremdkörper, dann finden wir es als einen Rest desjenigen Wassers, das bei der Bildung des betreffenden Gesteins mitgewirkt hat, und schließlich begegnet es uns als der wichtigste Faktor bei der Zerstörung der Gesteine, bei der Bodenbildung. Im ersteren Falle füllt es mehr oder minder die vorhandenen Hohlräume zwischen

---

[1] Glinka, K.: Über die sog. Braunerde. Pédologie (russ.) 1911, 23.

[2] Stremme, H.: Grundzüge der praktischen Bodenkunde, S. 161. 1926.

[3] Auf die Grundwasserabsätze, konkretionären Bildungen usw. außerhalb des eigentlichen Bodens (also auch in C) wird hier nicht eingegangen.

[4] Siehe hierzu P. Ehrenberg: Die Bodenkolloide, S. 406. 1918. — Ferner K. v. See: Über den Profilbau der Marschböden. Internat. Mitt. Bodenkde. 10, 169 (1920).

[5] Gruner, H.: Die Marschbildungen der deutschen Nordseeküste. Berlin: P. Parey 1913.

[6] Frosterus, B.: Beitrag zur Kenntnis der Bodenbildung in Tonen der humiden Gebiete. Internat. Mitt. Bodenkde. 3, 99 (1913).

[7] Ballenegger, R.: Skizze der agrogeologischen Verhältnisse des Komitates Arver. Jber. kgl. ungar. geol. Reichsanst. 1916 (Budapest 1920).

den Mineral- oder Gesteinskörnern oder den Gesteinsquadern aus, während es im zweiten Falle meist in chemischer Bindung in die unter seiner Mitwirkung entstandenen Minerale eingegangen, oft aber auch als solches in fester Lösung oder in freier Form als Einschluß vorhanden ist. Im dritten Falle kann es ebenso in mehr oder minder veränderter Beschaffenheit noch als flüssiges, festes oder dampfförmiges Wasser anwesend sein oder als gebundenes Wasser in Erscheinung treten.

Kurze zusammenfassende Übersichten über das Auftreten von Wasser in der Lithosphäre finden sich in fast allen Lehrbüchern der Petrographie, Geologie, der Lagerstättenlehre und der physikalischen Geographie[1]. Teilgebiete der Hydrologie des Lithosphärenwassers werden ausführlicher in den zusammenfassenden Werken der Vulkankunde sowie der Grundwasser- und Quellenkunde[2] behandelt. Auch die Lehr- und Handbücher der Ingenieurwissenschaften und der Bodenkunde enthalten meist besondere Kapitel über die Geologie des Grundwassers[3].

Wenn wir die Bedeutung des Wassers in der Erdkruste erfassen wollen, müssen wir sowohl seine erdgeschichtliche Wirksamkeit als auch seine gegenwärtigen Erscheinungsformen berücksichtigen[4], dürfen jedoch nicht außer acht lassen, daß die Tätigkeit des Wassers während des größten Teils der Erdgeschichte stets die gleiche geblieben sein wird. Oft werden wir erst aus den erdgeschichtlichen Wirkungen auf das ehemalige Vorhandensein des Wassers schließen können.

Die Wirkungsweise des Wassers ist abhängig von seinen physikalischen und chemischen Eigenschaften. Unter den ersteren sind vor allen der Dissoziationsgrad sowie der Aggregatzustand, die von der Temperatur abhängig sind, zu nennen, während die chemischen Eigenschaften von der chemischen Zusammensetzung der Wässer bedingt sind, haben wir es doch auf der Erde

---

[1] Lapparent, A. de: Traité de Geologie. 4. Aufl. Paris 1900. — Chamberlin, T. C., u. R. D. Salisbury: Geology 1. 2. Aufl. New York 1909. — Haug E.: Traité de Géologie 1. 2. Aufl. Paris. 1911. — Lindgren, W.: Mineral deposits. 2. Aufl. New York und London 1919. — Grabau, A. W.: Geology 1. London 1920. — Kayser, E.: Lehrbuch der Geologie. I. Allgemeine Geologie. 6. Aufl. Stuttgart 1921. — Salomon, W.: Grundzüge der Geologie. 1, Teil 2, S. 535. Stuttgart 1924. — Boeke, H. E., u. W. Eitel: Grundlagen der physikalisch-chemischen Petrographie. 2. Aufl. Berlin 1923. — Erdmannsdörfer, O. H.: Grundlagen der Petrographie. Stuttgart 1924. — Behrend, F., u. G. Berg: Chemische Geologie. Stuttgart 1927. — Ries, H.: Economic Geology. 6. Aufl. New York und London 1930. — Supan, A., u. E. Obst: Grundzüge der physischen Erdkunde. 7. Aufl., 1. Berlin und Leipzig 1927.

[2] Wolff, F. v.: Der Vulkanismus 1. Stuttgart 1914. — Sapper, K.: Vulkankunde. Stuttgart 1927. — Haas, H.: Quellenkunde. Leipzig 1895. — Keilhack, K.: Lehrbuch der Grundwasser- und Quellenkunde. 2. Aufl. Berlin 1917. — Koehne, W.: Grundwasserkunde. Stuttgart 1928. — Prinz, E.: Handbuch der Hydrologie. 2. Aufl. Berlin 1923. — Höfer v. Heimhalt, H.: Grundwasser und Quellen. 2. Aufl. Braunschweig 1920.

[3] Gerhardt, P.: Im Handbuch der Ingenieurwissenschaften, Teil 3, 1. 5. Aufl. Leipzig 1923. — Heise, F., u. F. Herbst: Lehrbuch der Bergbaukunde 2. Berlin 1923. — Weyrauch, R.: Die Wasserversorgung der Städte 1. 2. Aufl. Leipzig 1914. — Stiny, J.: Technische Geologie. Stuttgart 1922. — Launay, L. de: Traité de Géologie et de Minéralogie appliquées à l'art de l'ingénieur. Paris 1922. — Ries, H., u. T. L. Watson: Engineering Geology. 3. Aufl., S. 305. New York und London 1925. — Gross, E.: Handbuch der Wasserversorgung. München und Berlin 1928. — Redlich, K. A., K. v. Terzaghi u. R. Kampe: Ingenieurgeologie. Wien und Berlin 1929. — Vollbrecht, W., u. Sternberg-Raasch: Trink- und Nutzwasser in der deutschen Wirtschaft. Berlin 1929. — Ramann, E.: Bodenkunde. 2. Aufl. Berlin 1905.

[4] Die einzige umfassende Darstellung der Art, des Auftretens und der geologischen Wirksamkeit des unterirdischen Wassers wurde von A. Daubrée versucht: Les eaux souterraines à l'époque actuelle, leur régime, leur température, leur composition au point de vue du rôle qui leur revient dans l'économie de l'écorce terrestre 1, 2. Paris 1887. — Les eaux souterraines aux époques anciennes. Paris 1887.

nicht mit eigentlichem Wasser (mit reinem Wasser, wie man sagt) zu tun, sondern stets nur mit wäßrigen Lösungen, die wir nur aus Gewohnheit als Wasser schlechthin zu bezeichnen pflegen. Physikalischer Zustand und chemische Beschaffenheit sind veränderliche Größen, doch läßt sich durch gewisse Eigenschaften die Zusammengehörigkeit gewisser Wassergruppen erkennen. So entstammen Wässer mit hoher Temperatur stets dem Erdinnern, die bodenbildenden Wässer entweder aus der Atmosphäre oder Hydrosphäre, und der Wassergehalt der aquatischen Sedimente, auf den wir ihre Versteinung, die diagenetischen Vorgänge, zurückführen, rührt meist von dem Wasser her, in dem die Sedimentation stattgefunden hat. Auf Grund dieser nur grob angedeuteten Unterscheidungsmöglichkeiten ist es uns gegeben, die Entstehungsweise bzw. die Herkunft der verschiedenen Wässer zu untersuchen und danach auch eine genetische Gliederung zu versuchen. Von den drei verschiedenen Erscheinungsorten von Wasser, der Atmosphäre, der Hydrosphäre und der Lithosphäre, soll uns hier nur das in der letzteren auftretende, das Lithosphärenwasser[1] und seine Herkunft beschäftigen.

Das unterhalb der Erdoberfläche auftretende Wasser wurde bisher unter den Bezeichnungen Bodenwasser, Untergrundwasser, Grundwasser in weiterem Sinne oder unterirdisches Wasser zusammengefaßt. Doch haben sich vor allem gegen ersteren Ausdruck wichtige Bedenken geltend gemacht, insofern als er zu leicht zu einer Verwechselung mit dem Wasser im „Boden“ im Sinne der Bodenkunde Veranlassung geben kann. Außerdem hat man auch darauf aufmerksam gemacht, daß auch die Gewässerkunde vom Wasser am Boden der Meere, Seen und Flüsse als Bodenwasser spricht. Von JOH. WALTHER[2] stammt schließlich der Ausdruck Lithose als Bezeichnung für dasjenige Wasser, dessen Herkunft weder aus dem Erdinnern („Eruptose“), noch von der Erdoberfläche („Vadose“) zweifelsfrei erscheint. Die ältesten auf wissenschaftlichen Beobachtungen gegründeten Auffassungen über die Herkunft des Wassers in der Erde gingen wohl dahin, daß es sämtlich von den Niederschlägen hergeleitet wurde. Mit den Veröffentlichungen der Vorträge von VOLGER machte sich die Reaktion gegen die alleinherrschende Ansicht geltend, und das ganze unterirdische Wasser wurde als Kondensationsprodukt des Wasserdampfes der Bodenluft erklärt.

a) Endogenes Wasser (magmatisches, pneumatolytisches und hydrothermales Wasser).

ED. SUESS[3] stellte in Karlsbad dem von POŠEPNY aufgestellten Begriff des vadosen Wassers das juvenile gegenüber, nachdem schon früher zur Erklärung gewisser Eigenschaften der Magmen, Laven und Erzlagerstätten die Anwesenheit von Wasser im Magma für notwendig erachtet wurde. Hatte man zunächst auch dieses Verflüssigungsmittel noch im Gegensatz zu SCROPE ausschließlich aus dem Meere in die Vulkanherde eindringen lassen, so tauchte doch bald die Notwendigkeit auf, das Wasser als einen primären Bestandteil des Magmas anzusehen.

Auch das Atmosphären- und Hydrosphärenwasser muß ursprünglich aus dem Magma der Erde hervorgegangen sein, denn wenn die Erde je einmal eine Oberflächentemperatur von mehr als 3000° hatte, so kann ihre Atmosphäre

---

[1] Es sei hier bemerkt, daß CHAMBERLIN und SALISBURY sowie W. GRABAU in ihren oben (Anmerkung 1 auf S. 48) genannten Lehrbüchern das gesamte Wasser innerhalb der Erdkruste zur Hydrosphäre rechnen.

[2] WALTHER, JOH.: Gesetz der Wüstenbildung, 2. Aufl., S. 46. Leipzig 1912.

[3] SUESS, E.: Über heiße Quellen. Verh Ges dtsch. Naturforsch u Ärzte, 74 Vers, 1903, 134.

keinen Wasserdampf enthalten haben, weil bei dieser Temperatur die Sekundengeschwindigkeit der Gasmoleküle derartig groß ist, daß sie die Anziehungskraft der Erde überwindet[1]. Nach LINCKS Darstellung sprechen aber auch noch andere Gründe gegen das Vorhandensein einer Wasserdampfatmosphäre während des Sternzeitalters der Erde. „Die großen Mengen gediegenen Eisens, die höchstwahrscheinlich im Erdinnern vorhanden sind, und ebenso die großen Mengen von Eisenoxydul, welche alle Gesteine enthalten, würden das Wasser zur Bildung von Eisenoxydul aus dem gediegenen Eisen und zur Bildung von Eisenoxyd aus dem Oxydul zersetzen. Ja sogar die wasserfreien Silikate würden sich nach MARC[2] so umsetzen, daß sich mit dem Wasser bei so hoher Temperatur Kieselsäurehydrat und Metallhydrate bilden würden." Es ergibt sich daraus der zwingende und bedeutungsvolle Schluß, daß das Wasser auf der Erde erst dann auftrat, als sie ihre heißeste Periode hinter sich hatte, und daß die gewaltigen Wassermengen ursprünglich alle aus dem Erdinnern hervorgegangen sind. Ob diese Entbindung von Wasserdampf aus dem Magma aber auch heute noch vor sich geht, oder ob sie mit der Bildung der festen Erdkruste bereits zum Abschluß gelangt war, ist eine Frage, die ein Jahrzehnt hindurch heftig umstritten gewesen ist und heute wohl allgemein als gegen BRUN[3] entschieden betrachtet werden kann.

Es handelt sich dabei einmal um die Frage nach der Rolle des Wasserdampfes bei den Vulkaneruptionen und zum andern um die Mitwirkung von Wasser bei der Kristallisation der plutonischen Magmen und ihrer Nachfolge, der Pegmatite, der kontaktpneumatolytischen Infiltrationen, der Quarz- und Erzgänge. B. SIMMERSBACH[4] hat die historische Entwicklung unserer Auffassung über den magmatischen Ursprung einzelner Pegmatite und gewisser Quarzgänge zusammengestellt, woraus der Anteil, den man dem Wasser bei ihrer Bildung stets zugeschrieben hat, hervorgeht. Allerdings wurden die Lösungen zunächst nicht aus dem Magma selbst abgeleitet, sondern aus dem im Nebengestein zirkulierenden Wasser. Dieses trotz recht hoher Temperatur in einem flüssigen Zustande erhaltene Wasser sollte befähigt sein, tropfenweise unter enormem Druck in das Gestein einzudringen und die gelösten Mineralbestandteile auf den Sekretionsgängen oder -spalten abzuscheiden[5], und ST. HUNT[6] wandte dann die sog. Lateralsekretionstheorie auf die kanadischen Pegmatite und Erzgänge an. Auch H. CREDNER[7] glaubte noch, aus der Mitwirkung wäßriger Lösungen bei der Bildung der pegmatitischen Gänge des sächsischen Granitgebirges schließen zu müssen, daß das Material dieser granitischen Gänge nicht von unten zugeführt sein könne, sondern aus Sickerwasser stamme, welches teilweise das Nebengestein zersetzte und auslaugte und die pegmatitischen Mineralien schuf. KALKOWSKY[8] und LEHMANN[9] besonders traten dieser Anschauung von der hydrochemischen Entstehung der Pegmatit- und Granitgänge

---

[1] LINCK, G.: Kreislauf der Stoffe in der anorganischen Natur. Jena 1910. — Handwörterbuch der Naturwissenschaften 5, 1052. Jena 1914.

[2] MARC, R.: Vorlesungen über die chemische Gleichgewichtslehre. Jena 1911.

[3] BRUN, A.: Recherches sur l'exhalaison volcanique. Genf 1911.

[4] SIMMERSBACH, B.: Über den magmatischen Ursprung einzelner Pegmatite und gewisser Quarzgänge. Geol. Rdsch. 10, 158 (1920).

[5] Vgl. TH. SCHEERER: Kalkstein in Gneis und Schiefer Norwegens. Quart. J. geol. Soc. London 9 II, 4 (1846/47).

[6] HUNT, ST.: Notes on granitic rocks. Canad. Pegmatites 1863.

[7] CREDNER, H.: Die granitischen Gänge des sächsischen Granulitgebirges. Z. dtsch. geol. Ges. 27, 104—223 (1875).

[8] KALKOWSKY, E.: Über den Ursprung der granitischen Gänge im Granulit in Sachsen. Z. dtsch. geol. Ges. 33, 629 (1881).

[9] LEHMANN, J.: Die Entstehung der altkristallinischen Schiefergesteine. Bonn 1884.

entgegen und brachten sie mit der Erstarrung des granitischen Magmas in Verbindung, und auch die Quarzgänge, welche mit den Pegmatiten vergesellschaftet auftreten, wurden als eine Phase der Magmaerstarrung bezeichnet. Von Howitt[1] wurden die pegmatitischen und quarzigen Gangbildungen mit dem plutonischen Gestein zu einer Intrusion zusammengehörig betrachtet und als Bildungen verschiedener aufeinanderfolgender Altersklassen aufgefaßt, wobei die Gänge mit Quarz oder Quarz und Turmalin als die letzten Bestandteile des noch flüssigen unkristallisierten Magmas auftreten.

Von größter Bedeutung für die Erzlagerstättenlehre und für die Frage nach der Herkunft des bei der Bildung der Erzgänge beteiligten Wassers waren die Untersuchungen E. de Beaumonts[2], der die Erzausscheidungen nicht mehr für reine Sublimate hielt, sondern auch dem Wasserdampf als Oxydationsmittel der aus dem Magmagestein stammenden Schwefel-, Arsen-, Chlor- und Fluorverbindungen eine gewisse Rolle zuwies. Die Kontakterzlagerstätten und die pneumatolytische Zinnerzformation sind durch die Verdampfung gebildet worden. Die Thermalquellen sind die letzten Spuren der Emanationstätigkeit.

Für die an Quarz- und Fluorverbindungen reichen Zinnerzlagerstätten hatte auch Daubrée[3] die Bedeutung der leichtflüchtigen Mineralisatoren hervorgehoben, zu denen auch das Wasser gehört, unter dessen Einfluß die leichtflüchtigen Chloride und Fluoride des Siliziums, Zinns u. a. zersetzt wurden zu SiO_2 bzw. SnO_2 und Chlor- oder Fluorwasserstoff. Das Wasser sollte aber auf kapillarem Wege von der Oberfläche bis zum Magma vorgedrungen sein. 1890 hat dann Brögger[4] die Beziehungen der südnorwegischen Pegmatite zu den ersten eruptiven Ganggesteinen einwandfrei wieder dargelegt und die außergewöhnlich starke Wirkung mineralisierender Agenzien hervorgehoben. Als wichtigstes Agens betrachtet er dabei das Wasser, daneben Fluor, Borsäure und andere, auch zeigt er, wie die letzte Ausfüllung der Gänge nach Abschluß der pneumatolytischen Periode in der Thermalperiode der Gesteinsbildung erfolgte.

Diese Grundanschauungen, deren Richtigkeit in der Folge oft bestätigt wurde, erfreuen sich bis heute der allgemeinen Anerkennung. Während über die Mitbeteiligung des Wassers bei der Kristallisation der Magmen, sei es im Pluton, in den Ganggesteinen, sowie in den pegmatitischen und pneumatolytischen Mineral- und Erzgängen kaum noch eine Meinungsverschiedenheit besteht, herrschen doch noch große Abweichungen in den Ansichten über die Herkunft und über den Grad der Beteiligung des Wassers. van Hise[5] schreibt dieses Wasser nicht eigentlich dem Magma zu, sondern dem Untergrundwasser überhaupt, und nimmt an, daß bei genügendem Druck und genügender Temperatur Magma und Wasser in allen Verhältnismengen miteinander mischbar seien. Einige Jahre später stellte er fest, daß das am Prozeß der Pegmatitbildung beteiligte Wasser in manchen Fällen zu einem ansehnlichen Teile aus dem Magma selbst stammen müsse. Die Möglichkeit der Wasseraufnahme wird auch von W. O. Crosby und M. L. Fuller[6] anerkannt, wenn sie neben der Entstehung

---

[1] Howitt, A. W.: Notes on certain metamorphic and plutonic rocks at Omeo. Trans. roy. Soc. Victoria 24 II, 100 (1888).

[2] Beaumont, E. de: Note sur les émanations volcaniques et metallifères. Bull. Soc. géol. France II. sér. 4, 1249 (1847).

[3] Daubrée, A.: Synthetische Studien zur Experimentalgeologie, deutsche Ausgabe von A. Gurlt, S. 23. Braunschweig 1880.

[4] Brögger, W. C.: Die Mineralien der Syenitpegmatitgänge der südnorwegischen Augit- und Nephelinsyenite. Z. f. Krist. 16 (1890).

[5] Hise, C. R. van: A Treatise on metamorphism. Monogr. U. S. geol. Surv. 47, 720 (1904).

[6] Crosby, W. O., u. M. L. Fuller: Origin of Pegmatite. Amer. Geologist 19, Nr 3, 145 (1897).

der Pegmatite durch normale intramagmatische Differentiation und Intrusion die Bildung aus Apophysen normalen granitischen Magmas annehmen. Die Apophysen seien in hoch erhitzte wasserhaltige Gesteine eingedrungen, wodurch ihre Magmen selbst hydratisiert wurden und pegmatische Struktur erhielten. C. Doelter[1] lehnt jedoch die Möglichkeit, daß vadoses Wasser beim Aufdringen des Magmas aus tieferen Schichten eine Rolle spiele, ab.

In neuerer Zeit hat sich besonders P. Niggli[2] mit der Frage der Anwesenheit der leichtflüchtigen Bestandteile, den gasförmigen Mineralisatoren, ihrem Nachweis und ihrem Wirkungsgrad, in mehreren experimentellen und zusammenfassenden Arbeiten befaßt. Niggli stellt die drei Wege, auf denen wir Einblick in das Wesen und die Natur der Gase erlangen können, einander gegenüber. Diese Möglichkeiten bieten uns: 1. die vulkanischen Exhalationen, 2. die in Eruptivgesteinen okkludierten Gase, und 3. die unter besonderer Mitwirkung der Gase entstandenen Mineralien.

Die Hauptrolle der leichtflüchtigen Bestandteile im Magma ist nach Niggli im wesentlichen in der großen Abhängigkeit der Kristallisations- und der Bewegungsvorgänge im Magma von den äußeren Bedingungen der Druck- und der Temperaturveränderungen gegeben. Bei der Hauptkristallisation der abyssisch intrusiven Magmen, die unter hohem Drucke und unter langsam abfallender Temperatur vor sich geht, kann nach dem Gesetz der Massenwirkung, wenn viel H_2O bzw. $H + OH$ im Magma enthalten ist, Wasser bzw. Hydroxyl in die Frühausscheidungen eintreten (Biotit und Hornblende). Mit fortschreitender Kristallisation scheidet sich der Hauptteil der schwerlöslichen Komponenten aus unter Anreicherung der leichtflüchtigen Bestandteile, die unter hohem Druck nicht als echte Gase oder Gasgemische auftreten können, sondern als fluide Phase oder fluide Lösung die Innenspannung, den Dampfdruck, beträchtlich erhöhen. „Je größer der Druck, um so mehr erhält die gasförmige Phase die Eigenschaft einer Dampflösung, in der auch an sich schwerflüchtige Bestandteile unter Umständen in erheblicher Quantität vorkommen können[3]." Erst bei kleineren Drucken und hoher Temperatur wird die Gasphase nur in kleinen Mengen in die Schmelzlösungen eingehen und auch nur aus leichtflüchtigen Stoffen bestehen können. Sie gelangen als Gas- und Flüssigkeitseinschlüsse in die Mineralien, vor allen Dingen in den Quarz. Schon 1822 wurden Flüssigkeitseinschlüsse von Davy[4] und 1826 von Brewster[5] beschrieben, während die grundlegenden Untersuchungen von H. C. Sorby[6] und P. J. Butler 1869 veröffentlicht wurden. Ein Teil dieser Einschlüsse wird als aus Wasser bestehend angesehen, was aber nach O. Stutzer[7] wohl nur selten erwiesen sein soll. Die allmähliche Erstarrung wird von einem Siedevorgang begleitet, der an Stellen geringeren Druckes eine raschere Entgasung herbeiführt. Solche Verdampfungsstellen können als Karbonatgesteine oder als Spalten im Deckgebirge gegeben sein. Die gasreichen Restlösungen können ins Nebengestein intrudieren. Die

[1] Doelter, C.: Petrogenesis, S. 14. Braunschweig 1906.

[2] Niggli, P.: Die Gase im Magma. Cbl. Min. 1912, 321. — Die gasförmigen Mineralisatoren im Magma. Geol. Rdsch. 1912, 472. — Die physikalisch-chemische Bedeutung der Gesteinsmetamorphose. Ber. Verh. kgl. sächs. Ges. Wiss. Leipzig 67, 223 (1915). — Forschungen im Gebiete der physikalisch-chemischen Eruptivgesteinskunde. Naturwiss. 1916. — Die leichtflüchtigen Bestandteile im Magma. Preisschr. fürstl. Jablonowskischen Ges. zu Leipzig 1920. — Lehrbuch der Mineralogie, S. 508. Berlin 1920. — Versuch einer natürlichen Klassifikation der im weiteren Sinne magmatischen Erzlagerstätten. Abh. Bergwirtschaftslehre (Halle a. S.) 1 (1925).

[3] Niggli, P.: Die leichtflüchtigen Bestandteile im Magma, S. 117.

[4] Davy, H.: Phil. Trans. 1822 II, 367.

[5] Brewster, D.: Trans. roy. Soc. Edinburgh 10, 1—41 (1826).

[6] Sorby, H. C., u. P. J. Butler: Proc. roy. Soc. 17, 291 (1869).

[7] Stutzer, O.: Juvenile Quellen. Internat. Kongr. Düsseldorf IV 1910, Nr. 21.

Erfüllung feinster Spalten spricht für ihre geringe Viskosität. Ihre Fluidität bewirkt auch das grobe Korn der Pegmatite. Nach ERDMANNSDÖRFER[1] schätzt VOGT[2] den Gehalt an H_2O in Granitmagmen auf sicherlich weniger als 4% im Maximum, in vielen Fällen erheblich niedriger, und KOENIGSBERGER[3] hält Pegmatitbildung für möglich, wenn der Gehalt des Magmas an freiem H_2O den normaler Granite etwa dreimal übertrifft. NIGGLI[4] hält es sehr wohl für möglich, „daß die chloridischen und fluoridischen Exhalationsperioden der Tiefenmagmen einer primären Anreicherung von H_2O in den Restschmelzen ihre Auslösung verdanken". Auf dem Wege durch das Nebengestein treten die gelösten Substanzen in Reaktion sowohl miteinander als auch mit den Erstausscheidungen und dem Nebengestein, in das sie hineindiffundieren. Die schwerlöslichen Reaktionsprodukte scheiden sich aus, und eine Anreicherung des Wassers muß die Folge sein. „Je weiter aber die Lösungen vom Intrusionsherde wegwandern, um so größer ist die Wahrscheinlichkeit der Vermischung mit anderen zirkulierenden Lösungen." Wir erhalten dann hydrothermale Lösungen von gemischt endogenem und exogenem Charakter. „Mit der Annäherung der Magmen an die Erdoberfläche vermindert sich der Außendruck", und die Gasabgabe kann stürmisch, explosiv oder langsam erfolgen.

Als Hauptbestandteil der bei der vulkanischen Tätigkeit auftretenden Aushauchungen wurde während des ganzen 19. Jahrhunderts von der überwiegenden Mehrzahl der Vulkanologen der Wasserdampf angesehen. Eine speziell auf diesen Faktor gerichtete Zusammenfassung hat K. SAPPER in seiner Vulkankunde (1927) gebracht, worin ganz besonders die Gasuntersuchungen von GAUTIER, CHAMBERLIN, BRUN, DAY und SHEPHERD sowie JAGGAR und ALLEN diskutiert werden. Die beiden ersteren wandten sich der Untersuchung der Gase in Gesteinen verschiedensten Alters und verschiedenster Entstehung zu, die gepulvert im Vakuum bei Rotglut entgast wurden. Sämtliche Proben ergaben Wasser, das aber kein Imbibitionswasser ist, was schon zwischen 150 und 200° entwich, sondern vielmehr Konstitutionswasser, das erst über 450° fortging. A. GAUTIER[5] erhielt aus 1 kg Magmagestein je nach Art 7,35—17,8 g Wasser neben einem Gas von dem vielfachen Volumen des Gesteins und von ähnlicher Zusammensetzung wie die vulkanischen Gase. GAUTIER hat nun berechnet, daß ein Kubikkilometer Granit bei Rotglut 25—30 Millionen Tonnen Wasser liefern könne, und er schließt daraus, daß ein Zutritt von oberirdischem Wasser zur Erklärung vulkanischer Explosionen nicht nötig sei. Die gasbildenden Substanzen sind nun aber nicht von Anfang an in den Gesteinen vorhanden gewesen, sondern sie müssen sich im Laufe der Erdgeschichte neu gebildet haben, wie eine Ordnung der Analysenresultate nach dem geologischen Alter der Gesteine durch v. WOLFF[6] ergeben hat. „Der Gasgehalt der rezenten Laven ist klein, 0,6 cm³ auf den Kubikzentimeter Gestein, die tertiären Laven liefern bereits das 1,98fache ihres Volumens an Gas, die während des Paläozoikums und Präkambriums emporgedrungenen Eruptivgesteine im Mittel den 4,47fachen Betrag, die Eruptivgesteine des Präkambriums für sich den 5,31-, die archäischen Gesteine sogar den 11,89fachen Wert." Der höhere Grad der Verwitterung allein könne den Alterseinfluß nicht hervorrufen, denn dadurch würde nur CO_2

[1] ERDMANNSDÖRFER, O. H.: Grundlagen der Petrographie, S. 160. Stuttgart 1924.
[2] VOGT, L.: J. of Geol. **30**, 659 (1922).
[3] KOENIGSBERGER, J., u. J. MÜLLER: Neues Jb. Min. usw., Beilgbd. **44**, 446 (1921).
[4] NIGGLI, P.: Die leichtflüchtigen Bestandteile im Magma, S. 118. Leipzig 1920.
[5] GAUTIER, A.: C. r. T. 131, 132, 136, 142, 143. — Théorie des Volcans. Bull. Soc. belge Géol. **17**, 555ff. (1903).
[6] WOLFF, F. v.: Der Vulkanismus 1, 80. Stuttgart 1914.

und H_2O beeinflußt, nicht aber der Wasserstoffgehalt. Die Ursache ist noch völlig ungeklärt. v. Wolff vermutet eine Mitwirkung der beim Zerfall radioaktiver Substanzen entstehenden Gasemanationen. Vermutlich stammen die höheren Gasmengen noch aus der Zeit, als sich die ältesten Gesteine noch in größerer Tiefe befanden. Gautiers Anschauungen wurden noch in neuester Zeit von I. Weszelsky[1] und F. Paval Vajna[2] in bezug auf die Thermalwässer Ungarns vertreten.

Um die magmatischen Gase in möglichst unveränderter Form untersuchen zu können, wandte sich Brun[3] den natürlichen Gesteinsgläsern zu, insbesondere den jungen und rezenten Obsidianen. Die Analysen ergaben, daß der größte Teil des Wassers bereits unter 500⁰ und ein kleiner Rest zwischen 500 und 800⁰ entweicht, bevor jedoch die Explosionstemperatur erreicht ist. Wenn also Wasserdampf den gasförmigen Explosionsprodukten vollständig fehlt, so muß er auch den vulkanischen Ausbrüchen fehlen. „Die Dampfwolken, die ein Vulkan bei seinem Ausbruch ausstößt, die nach der herrschenden Anschauung der Hauptsache nach aus Wasserdampf bestehen sollen, sind, das ist die notwendige Schlußfolgerung, wasserfrei und bestehen aus Asche, Gasen, Salmiakdämpfen und anderen flüchtigen Chloriden, besonders der Alkalien[4]." Als Beweise werden angeführt, daß die direkte Bestimmung in den Exhalationen des Kraters während eines Ausbruches weniger Wasserdampf als in der normalen Atmosphäre aufwies, daß in der Auffangleitung keine Feuchtigkeit vorhanden war, daß frische Asche hygroskopisch ist und daß deren Eisenoxydulverbindungen nicht oxydiert sind. Ferner schließt die Sublimation stark hygroskopischer Salze und das Auftreten von Cl die Anwesenheit von H_2O völlig aus. Der bis zu 15% betragende Wassergehalt der Pechsteine soll sekundärer Entstehung sein, eine Ansicht, die O. Stutzer[5] zu begründen sucht.

Die Ergebnisse der Untersuchungen Bruns werden durch v. Wolff folgendermaßen gewürdigt[6]: „Der Nachweis, daß die gasförmigen Exhalationen eines Vulkans im Augenblick der Eruption wasserfrei sind, kann als wohl gelungen gelten. Darum kann Brun das Verdienst für sich beanspruchen, mit einer weit verbreiteten irrtümlichen Anschauung der Wissenschaft aufgeräumt zu haben, und so bedeuten seine Untersuchungen einen großen Fortschritt. Eine andere Frage aber ist es, ob man die weitgehenden Konsequenzen, die Brun aus seinen Untersuchungen zieht, wird annehmen können. Nach ihm ist das Magma vollständig anhydrisch, und alle hydroxylhaltigen Mineralien, wie z. B. der Glimmer der Granite, sind erst durch nachträgliche Hydratisierung entstanden. Eine so weitgehende Schlußfolgerung ist nicht richtig. Wenn auch freier Wasserdampf im Moment des Ausbruches dem Magma fehlt, so sind doch seine Bestandteile Wasserstoff und Sauerstoff anwesend, und es hängt lediglich von der Lage der Gleichgewichte und der Konzentrationen ab,ob unter gegebenen Verhältnissen eine Bindung von Sauerstoff und Wasserstoff eintritt." Die hauptsächlich in Betracht kommenden Reaktionen sind:

$$H_2 + CO_2 \rightleftharpoons H_2O + CO$$
$$2\,H_2 + SO_2 \rightleftharpoons 2\,H_2O + S$$
$$2\,H_2 + SiO_2 \rightleftharpoons 2\,H_2O + Si$$

Schon F. Rinne[7] hatte sich ausdrücklich dahin ausgesprochen, daß keine physikalischen Bedenken beständen gegen die Anwesenheit von H_2O als eine feurig-

[1] Weszelsky, J.: Über die juvenilen Wässer. Z. Hydrol., Budapest 4—6 (1924—26).
[2] Vajna, F. P.: Die Thermalwässer von Ungarn. Ebenda 7—8 (1927—28).
[3] Brun, A.: a. a. O., 1911.   [4] Wolff, F. v.: a. a. O., S. 86.
[5] Stutzer, O.: Juvenile Quellen. Internat. Kongr. 4. Düsseldorf 1910.
[6] Wolff, F. v.: a. a. O., S. 92.   [7] Rinne, F.: Fortschr. Min. usw. 1, 204. (1911).

flüssige Komponente, ganz wie die übrigen mit ihm zur Schmelze verbundenen Stoffe, denn nach Messungen von NERNST und VON WARTENBERG[1] sind bei 1207^0 und Atmosphärendruck nur $0,0189\%$ und bei 1288^0 ca. $0,034\%$ des Wasserdampfes dissoziiert. Da Drucksteigerung dem Zerfall entgegenwirkt, könnte also Wasser in nicht dissoziiertem Zustande im Magma zugegen sein. Auch BOEKE und EITEL[2] sind überzeugt davon, daß auch im Magma selbst H_2 und O zu Wasser verbunden vorkommen, was durch die wäßrigen Einschlüsse in magmatischen Mineralien, insbesondere im Quarz, bewiesen sei, während sie jedoch dem Wassergehalt von Mineralien, wie Glimmer und Hornblende, nicht die Bedeutung eines direkten Beweises zusprechen können. Beweiskräftiger beurteilt W. EITEL[3] das Auftreten von magmatisch entstandenem Analzim neben Nephelin in manchen Basalten. EITEL schließt sogar aus dem Auftreten eines Zeolithen als magmatisch wie auch als hydrothermal gebildetes Mineral, daß der stetige Übergang zwischen den Magmen und den heißen wäßrigen Lösungen der Natur durchaus gesichert sei. Die Glasbasis der sog. Sonnenbrennerbasalte zerfällt leicht durch Entglasung zu zeolithartigen Substanzen mit $5,83\%$ H_2O[4].

NIGGLI[5] sucht die auffallenden Ergebnisse BRUNS mit den petrographischen Befunden und den notwendigen Annahmen der Minerallagerstättenlehre in Einklang zu bringen, indem er darauf hinweist, daß die Gasproben nicht während eigentlicher paroxysmaler Tätigkeit der Vulkane entnommen wurden, sondern höchstens Kraterfumarolen bei gemäßigter Tätigkeit mit ganz kleinen Zuckungen sekundärer Art entstammen. „Diese kleinen Ausbrüche können sehr wohl von explosionsartigen Zersetzungen älterer Gesteine im Krater begleitet sein, die bei erneutem Ansteigen der Geoisothermen langsam zur Schmelztemperatur erhitzt wurden und daher bei der sog. Explosionstemperatur nur mehr wenig oder kein H_2O enthalten." Vor allen Dingen waren DAY und SHEPHERD[6] zu dem Ergebnis gekommen, daß keine der von BRUN ins Feld geführten Beobachtungstatsachen geeignet ist, zu beweisen, daß tatsächlich die großen Ausbrüche, bzw. die Entgasung des Lavasees vom Kilauea, nicht von Wasserdampfexhalationen begleitet sind. Trotzdem auch in ihren Proben die Gegenwart von atmosphärischem Sauerstoff nicht geleugnet werden kann, sind die amerikanischen Forscher doch überzeugt, daß die Wassermenge viel zu groß sei, um allein durch die Atmosphäre und durch Oxydation von Wasserstoff durch Luftsauerstoff in der oberflächennahen Lava entstanden zu sein. Wasserstoff müßte bei 1100^0 sowohl mit SO_2 als auch mit CO_2 unter Bildung von S und CO Wasser ergeben. Auch später wiederholt geglückte Probenentnahmen durch SHEPHERD und JAGGAR jun.[7] bestätigten die Anwesenheit überragender Quantitäten Wassers, jedoch zeigten sie auch, wie außerordentlich großen Schwankungen die Zusammensetzung der Gase trotz aller Konvektionsströmungen unterworfen ist. Der Stickstoffgehalt genügte nicht, um den Wassergehalt als außermagmatisch zu erklären. Auf Grund von etwa 25 Analysen von Gas-

---

[1] Nach F. v. WOLFF: a. a. O., S. 115.

[2] BOEKE, H. E., u. W. EITEL: Grundlagen der physikalisch-chemischen Petrographie, 2 Aufl., S. 309. Berlin 1923.

[3] EITEL, W.: Physikalische Chemie der Silikate, S. 406. Leipzig 1929

[4] HOLLER, K.: Zeolith in Eruptivgesteinen, ein Beitrag zum Problem des Sonnenbrandes. Z. prakt. Geol. 38, 17—32 (1930).

[5] NIGGLI, P.: Die leichtflüchtigen Bestandteile in Magma, S. 224. 1920.

[6] DAY, A. L., u. E. S. SHEPHERD: Water and volcanic activity. Bull. geol. Soc. amer 24, 573 (1913).

[7] SHEPHERD, E. S.: Bull. Haw. Volc. Observatory 7 (Juli 1919); 8 (Mai 1920); 9 (Mai 1921).

proben aus dem Kilauea konnte Shepherd somit nachweisen, daß die **Haupt-emanation Wasser** ist mit durchschnittlich 70%, danach folgen CO_2, SO_2 und spärlich auch S, während die von Lavakrusten gewonnenen Proben meist mehr H_2 und CO enthielten. „In allen Fällen kommt das Gas aber fast verbrannt zur Oberfläche. **Das Wasser mag z. T. durch Oxydation von Wasserstoff entstehen, aber diese muß innerhalb des Lavasees vor sich gehen**[1].“ Die großen Schwankungen hinsichtlich der flüchtigen Bestandteile eines Magmas findet Allen ganz natürlich, da sie auch bei den nichtflüchtigen vorkommen. Allein „das Eisen im Magma beeinflußt unmittelbar die Mengenverhältnisse von H_2O und H_2, und die Eisenmenge schwankt selbst in verschiedenen Laven desselben Kraters"[2]. Um welche Wassermengen es sich bei den vulkanischen Exhalationen unter Umständen handeln kann, geht aus einer Mitteilung von I. Friedländer[3] hervor, der die im Jahre 1928 dem Eruptionskegel im Hauptkrater des Vesuvs in der Sekunde entströmende Wasserdampfmenge auf $500\ m^3$ oder $300\ kg$ schätzte.

Alle Autoren stimmen darin überein, daß die Frage nach der Zusammensetzung der heißesten Fumarolen sowie der paroxysmalen Exhalationen noch der sorgfältigsten Untersuchungen bedarf. „Was aber auch das Ergebnis sein wird — sagt P. Niggli[4] —, davon, daß das Magma, und insbesondere das Tiefenmagma, kurzweg als anhyder zu bezeichnen sei, kann keine Rede sein. **Der wäßrige Charakter der tiefenmagmatischen, pneumatolytischen und pegmatitischen Lösungen, deren direkte Differentiation aus dem Magma zweifellos ist, ist zu offensichtlich.** Was den Streit um die primäre oder sekundäre Natur des Wassers in Exhalationen anbetrifft, so ist er vom physikalisch-chemischen Standpunkte aus gegenstandslos, solange es sich um wirkliche Abspaltung aus dem Magma handelt. Wieviel von den Bestandteilen der zu unserer Beobachtung gelangenden Magmen erst während der Aufwärtsbewegung aufgenommen wurde, wissen wir ja überhaupt nicht, so daß es müßig erscheint, für eine Komponente eine derartige Trennung vornehmen zu wollen. Die Diskussion der Frage hat aber natürlich da ihre Berechtigung, wo es sich nicht um direkte magmatische Exhalationen handelt, sondern um Fumarolen in gewisser Entfernung vom Eruptionszentrum, und wenn man zu entscheiden sucht, welcher Anteil an den ausströmenden Gasen dem Magma, welcher dem erhitzten Nebengestein entstammt. Leider ist eine Unterscheidung dieser Art meistens unmöglich.“ Eine Unterscheidung der verschiedenen Wässer nach ihrer Entstehungsweise kann daher nur eine theoretische sein, und man kann mit Daly[5] für das Wasser die gleiche Herkunft annehmen, wie für die leichtflüchtigen Bestandteile überhaupt, die bei den vulkanischen Vorgängen eine Rolle spielen: I. Vadose oder phreatische Bestandteile, die von der Oberfläche der Erde zur Tiefe gelangen und dort mit dem Magma in Berührung kommen. II. Magmatische Bestandteile, unter denen zwischen juvenil magmatischen, d. h. den primären Bestandteilen, die aus der Tiefe zum ersten Male an den Tag treten, sei es, daß sie vom Magma selbst ausgehen oder von aus dem Magma erstarrten Gesteinen abgegeben werden, und resurgenten Bestandteilen unterschieden wird. Letztere sind vadose oder „connate"

---

[1] Sapper, K.: Vulkankunde. Bibl. geogr. Handbüch., S. 47, 48. Stuttgart 1927. — Die Frage nach dem Wassergehalt des vulkanischen Magmas. Naturwiss. **6**, 469 (1918).

[2] Sapper, K.: Vulkankunde, S. 54.

[3] Friedländer, I.: Die Tätigkeit des Vesuvs in der zweiten Hälfte des Jahres 1928. Z. Vulkanol. **12**, 47—52 (1929).

[4] Niggli, P.: Die leichtflüchtigen Bestandteile im Magma, S. 225. Leipzig 1920.

[5] Nach F. v. Wolff: Der Vulkanismus, S. 118. Stuttgart 1914.

Fluida, die bei der Einschmelzung fester Gesteine vom Magma oder durch Absorption aus ihnen aufgenommen werden, ursprünglich von der Oberfläche stammen und nun ein zweites Mal mit dem Magma zu ihr zurückkehren.

Neuere Autoren fassen auch das resurgente Wasser mit unter das juvenile, wohl hauptsächlich wegen der Schwierigkeit der Unterscheidung. DALY hält jedoch die Unterscheidung 1917 noch aufrecht. Andere[1] nennen es Hydratwasser oder „eaux de déshydratation"[2]. Berücksichtigt man bei Aufstellung einer genetischen Systematik des Wassers die geologischen Wirkungen des Wassers in der Erdrinde mehr als das an der Erdoberfläche erscheinende Wasser selbst, so wird es möglich sein, eine weitgehende Gliederung aufzustellen, bei der das Wasser als ein gesteinsbildendes Mineral oder als mineralbildender Faktor aufgefaßt wird. Wir können also danach mit G. BERG[3] die Gruppe des magmatischen Wassers von den übrigen, später zu besprechenden, unterscheiden. ED. SUESS hatte, wie oben schon erwähnt, dieses Wasser als juveniles bezeichnet und dieses sämtlichen übrigen Wässern mit anderer Herkunft gegenübergestellt, für die, unter Erweiterung der ursprünglichen Definition, der POŠEPNYsche Ausdruck vados gebraucht wird. Vados ist nach SUESS nicht nur das in geringer Tiefe unter der Erdoberfläche zirkulierende Wasser, das Sickerwasser und das Grundwasser, sondern auch das in größerer Tiefe im Gestein befindliche, das Wasser der profunden Zirkulation POŠEPNYS[4], und nicht nur das, sondern auch das Wasser der Hydrosphäre, also der Ozeane und Flüsse, ja sogar auch das der Atmosphäre wird dazu gerechnet. Diese Zusammenfassung geht zweifellos zu weit, denn im Grunde müßten wir ja sämtliches Wasser der Erde als magmatogen bezeichnen, wenn die Auffassung, die auch von SUESS vertreten wird, richtig ist, daß das gesamte Wasser seit Beginn der Erstarrung der Erdkruste von dem Magma abgeschieden wurde[5]. Ob dieses Wasser nun gerade zum ersten Male oder bereits zu wiederholtem Male an der Erdoberfläche erscheint, ist schließlich grundsätzlich ein Faktum von untergeordneter Bedeutung, denn das Wasser erhält seine Beschaffenheit von seinem letzten Aufenthaltsorte.

Ganz abgesehen davon, daß das Wasser der Atmosphäre sowie der Hydrosphäre gänzlich anderen physikalischen Bedingungen als das Lithosphärenwasser unterworfen ist und größtenteils in anderen Erscheinungsformen auftritt und anderen Gesetzen folgt, sodaß die wissenschaftliche Beschäftigung mit ihm zur Ausbildung besonderer Zweige der Wasserkunde geführt hat, ist es für die Art der Einwirkung auf die Erdkruste, also für seine geologische und bodenkundliche Wirkung, durchaus nicht gleichgültig, ob das Wasser aus der Hydrosphäre, aus der Atmosphäre oder aus dem Magma in die starre Lithosphäre eindringt. Zwischen den drei Orten des Vorkommens von Wasser bestehen dauernde Wechselbeziehungen, einer empfängt Wasser vom anderen und gibt es wieder ab, und nur ein Produzent ist tätig, das Magma. „Daß aber Wasser durch Versickerung am Meeresboden dem Kreislauf verlorengehe, somit gleichsam in den juvenilen Zustand zurückkehre, und dieser Verlust durch Wasser kosmischer Herkunft ersetzt werde, ist eine durchaus unbeweisbare und im höchsten

---

[1] BERG, G.: Über die Begriffe „vados" und „juvenil" und ihre Bedeutung für die Lagerstättenlehre. Z. prakt. Geol. **26**, 28 (1918).

[2] GIRMOUNSKY, A., u. A. KOZYREW: Sur la classification des eaux souterraines. Com. géol., Matér. pour la géol. génér. et appliquée, sér. de l'hydrogéol., Nr 4, S. 1—18. — B. LITCHKOV: Ebenda S. 19—34. Ref. Geol. Zbl. **40**, 210.

[3] BERG, G.: a. a. O., S. 28.

[4] POŠEPNY, F.: The Genesis of ore deposits. Trans. amer. Inst. Min. Engin. **22**, 149 (1893); Berg- u. Hüttenm. Jb. **43**, 35 (1895).

[5] Vgl. diesen Band S. 49/50.

Grade unwahrscheinliche Voraussetzung des als Glazialkosmogonie zu unverdienter Verbreitung gelangten Hypothesengebäudes[1]." Für uns ist es letzten Endes nicht so wichtig, festzustellen, wo das Wasser ursprünglich entstanden ist, das bei seinem Eintritt in den uns zugänglichen Teil der Lithosphäre eine bestimmte Wirkung hervorgerufen hat oder dort noch selbst vorhanden ist, als zu wissen, von wo das Wasser zuletzt hergekommen ist, denn davon allein hängen seine Eigenschaften und seine Wirkungsweise auf gegebene Mineralaggregate ab.

Wir haben gesehen, daß die Mehrzahl der Petrographen, Geologen und Lagerstättenforscher ohne die Annahme der Anwesenheit von Wasser oder zumindest seiner Elemente im Magma nicht auskommen kann. Die wasser- bzw. hydroxylhaltigen Mineralien, die Flüssigkeitseinschlüsse im Quarz mancher Tiefengesteine und Ergußgesteine, der genetische Zusammenhang zwischen den Magmagesteinen, den pegmatitischen und den pneumatolytischen Bildungen mit ihrem flüssigkeitseinschlußreichen Quarz und den aus der Reaktion mit Wasserdampf entstandenen Oxyden, ferner die wiederum mit diesen aufs engste verbundenen hydrothermalen Absätze mit ihrem Reichtum an wasserhaltigen Silikaten, den Zeolithen, und schließlich die vulkanischen Exhalationen selbst mit ihrem teilweise sehr hohen Wassergehalt sind die Gründe für die Annahme der Existenz des magmatischen Wassers. Dazu kommen noch die hydrothermalen Umwandlungen des Nebengesteins der hydrothermalen Mineralgänge, die in erster Linie in der Chloritisierung der Glimmer, Feldspäte und des Turmalins, in zweiter Linie in der Kaolinisierung der Feldspäte und in der Pseudomorphisierung von Topas in Glimmer bestehen, wodurch in beträchtlichem Ausmaß neben anderen Oxyden auch H_2O zugeführt wird[2]. Die Serpentinisierung, die ebenfalls große Mengen Wasser verbraucht, wird von verschiedenen Forschern auf Wasser verschiedener Herkunft zurückgeführt. Die einen leiten das Wasser aus den Entgasungsprodukten des Magmas ab und rechnen den Serpentin der hydrothermalen Phase zu, während andere ihn für ein Produkt des profunden Grundwassers halten.

Je mehr die hydrothermalen Lösungen sich der Erdoberfläche nähern, um so mehr bietet sich ihnen, wie oben bereits erwähnt, die Gelegenheit, sich mit deszendierendem Wasser zu vermischen. Aber auch heiße dampfförmige Lösungen, die Fumarolen, können in der Nähe der Erdoberfläche in Thermen umgewandelt werden, wenn die Gase in die mit Grundwasser angefüllte Zone gelangen, und wenn ihr Dampfdruck groß genug ist, um das Gewicht der Wassersäule zu überwinden. Je nach der Höhe der Wassersäule, der Temperatur der Gase sowie des Wassers ergeben sich dauernd tätige nasse Fumarolen, periodische Springquellen (Geyser) oder ständig fließende Quellen verschiedenster Temperaturen. K. Schneider[3] unterscheidet demnach: 1. heiße Quellen, Thermen im engeren Sinne, Temperatur 50—100⁰; 2. warme Thermen, Temperatur 20 bis 50⁰; 3. kalte Thermen, Temperatur bis 20⁰. Im Gegensatz zu E. Suess hält es Schneider für erwiesen, daß nicht nur das Wasser der Karlsbader Thermen, sondern auch das der isländischen und süditalienischen Vulkangebiete und mancher Säuerlinge von den Niederschlägen herrühre bzw. vom Meere aus infiltriert wurde[4]. Grundwasserspiegelschwankungen sowie Ebbe und

---

[1] Machatschek, F.: Das Wasser des Festlandes. In A. Supan: Grundzüge der physischen Erdkunde, 7. Aufl. von E. Obst, S. 348. Berlin und Leipzig 1927.

[2] Cissarz, A.: Übergangslagerstätten innerhalb der intrusiv-magmatischen Abfolge. Teil I: Zinn-, Wolfram- und Molybdänformationen. Neues Jb. Min. usw. A 56, Beilgbd., 114 (1928).

[3] Schneider, K.: Beitrag zur Theorie der heißen Quellen. Geol. Rdsch. 4, 65 (1913).

[4] Auch E. H. L. Schwarz (Hot Springs, Geol. Magaz. V, 1, 1904) hatte sich gegen die Suesssche Theorie ausgesprochen und das Wasser der Thermen für vados erklärt.

Flut bei den küstennahen Thermen machten sich sofort in der Auswurftätigkeit bemerkbar. Durch diese Abhängigkeit ist jedoch noch keineswegs erwiesen, daß die Exhalationen keinen primären Wassergehalt enthielten, ehe sie mit dem Grundwasser in Berührung kamen. Sogar das Grundwasser selbst könnte in fumarolenreichen Gebieten zu einem Teil Kondensationswasser aus dem Erdinnern sein. Die Unsicherheit wird solange bestehen bleiben, bis es nicht gelingt, die Gase in völlig abgedichteten Bohrlöchern in großer Tiefe abzufangen.

Während A. GAUTIER[1] noch 1910 die unterscheidenden Merkmale zwischen Quellwässern meteorischer Herkunft und solchen aus dem Erdinnern präzisiert hatte, vertraten BEYSCHLAG, KRUSCH, VOGT[2] im gleichen Jahre den Standpunkt, daß „jedenfalls ein scharfer Unterschied zwischen vadosen und juvenilen Quellen in der Natur nicht besteht und daß Übergänge und Mischungen, besonders bei den Kreuzungsstellen verschiedener Spaltensysteme, vorhanden sind". Einige der Punkte, die nach GAUTIER für die magmatische oder profunde Herkunft des Thermalwassers sprechen sollen, wie die Unabhängigkeit der Schüttung und der Temperatur von den Jahreszeiten sowie die Erscheinung des rhythmischen Auftretens der Schüttung konnte SCHNEIDER nicht bestätigt finden. Der Temperatur hatte schon R. DELKESKAMP[3] mit Recht wenig Wert beigemessen. Eine Stetigkeit in Wassermenge und Temperatur gibt es nach SCHNEIDER bei Thermen nicht, sobald genaue Beobachtungen vorgenommen werden; die Schwankungen hängen mit dem Grundwasserstande zusammen. Diese Auffassung scheint sich auch durch die neueren Beobachtungen des Einflusses einer Grundwasserabsenkung am Mühlteich des St.-Lukas-Bades in Budapest durch L. MÁDAI jun.[4] zu bestätigen. Je niedriger der Wasserstand im Teiche, um so geringer war die Schüttung der in den Teich mündenden Quellen sowie der St.-Stefan-Quelle und um so höher ihre Temperatur. Die Möglichkeit der Beeinflussung der genannten Faktoren durch Oberflächenwasser hatte GAUTIER aber übrigens selbst schon in Erwägung gezogen, während sein wichtigstes Merkmal zur Unterscheidung der Quellenwässer von oberflächlicher Herkunft oder der meteorischen bzw. Infiltrationswässer, wie er sie auch nennt, von den Wässern zentraler oder eruptiver Herkunft, auch als jungfräuliche oder neue Wässer bezeichnet, nicht herangezogen wurde. GAUTIER[5] schreibt: „Was die jungfräulichen Wässer hauptsächlich charakterisiert, das ist ihr Gehalt an den typischen Elementen der Erzgänge bildenden oder der vulkanischen Emanationen, wie Fluor, Bor, Arsen, Phosphor, Brom, Jod, Schwefel als Natriumsulfid, Natriumbikarbonat, Kieselsäure und Alkalisilikate, Eisen, Kupfer usw., Ammoniak, freier Stickstoff, Argon, Neon, Helium, manchmal ein wenig Wasserstoff und selbst Methan und endlich radioaktive Emanation. Die meisten dieser Stoffe charakterisieren eine magmatische Herkunft. Die Erdalkalikarbonate, wie die des Kalziums oder des Magnesiums, kommen nicht in den jungfräulichen Wässern vor, und die anderen Salze (Chloride, Sulfate usw.) derselben Basen sind nur sehr akzessorisch, so wie z. B. die Nitrate (azotates) und freier Sauerstoff, die eine Mischung mit Oberflächenwasser beweisen würden." Dem steht jedoch die Aussage LINDGRENS[6] gegenüber, daß es kein physikalisches oder chemisches

<hr>

[1] GAUTIER, A.: Caractères différentiels des eaux de sources d'origine superficielle ou météorique et des eaux d'origine centrale ou ignée. C. r. **150**, 436 (1910).

[2] BEYSCHLAG, F., R. KRUSCH u. L. VOGT: Die Lagerstätten der nutzbaren Mineralien und Gesteine, S. 124. Stuttgart 1910; 2. Aufl. 1914.

[3] DELKESKAMP, R.: Juvenile und vadose Quellen. Balneol. Ztg **16**, Nr 5, 15 (1905).

[4] MÁDAI, L., jun.: Internat. Mineralquellenztg. **31**, 8, Wien (1930).

[5] GAUTIER, A.: a. a. O., 439, 1910.

[6] LINDGREN, W.: Mineral Deposits, S. 86, 89. New York und London 1919.

Merkmal gäbe, mit Hilfe dessen der Ursprung eines gegebenen Wassers bestimmt werden könnte. Ein reines Wasser aus dem Inneren könne während seines Aufstieges Salze aufnehmen, ein Oberflächenwasser mit magmatischen Stoffen beladen sein. Wenn es aber trotzdem möglich wäre, zwischen endogenen und exogenen Wässern zu unterscheiden, so könne das je nach den Umständen nur durch geologische und physiographische Tatsachen (geologische Struktur, Erstarrungsverlauf eines Magmas, Niederschläge und Entwässerungsgebiete) geschehen. Es sei zweifelhaft, ob jahreszeitliche Schwankungen der Temperatur, des Salzgehaltes und der Wassermenge bzw. die Konstanz dieser Eigenschaften als ausreichende Kriterien zu betrachten seien. Viele Untersuchungen seien noch nötig, um die Entscheidung über die Herkunft eines Quellenwassers treffen zu können. Wahrscheinlich juvenil seien die natriumkarbonat- und die natriumchlorid-kieselsäure-haltigen heißen Quellen. Wenn die Wässer die geförderten Minerale aus dem Nebengestein entnommen hätten, müßten entsprechende Hohlräume entstanden sein[1]. Doch ist zu bedenken, daß die gelösten Substanzen durch Neubildungen metasomatisch ersetzt worden sein können.

Daß es tatsächlich Thermen mit sehr konstanter Schüttung und dementsprechend gleichbleibender Konzentration gibt, zeigen die neuen Befunde an den Baden-Badener Thermen, die K. Bauer[2] mitteilt. Die seit 80 Jahren oft wiederholten Analysen der 68° heißen Thermen haben immer nahezu dieselben Werte ergeben. Auch die Ergebnisse der 17 Monate hindurch täglich vorgenommenen Untersuchungen zeigen in dem Verlauf der Kurven keinerlei Andeutungen, die auf einen Einfluß von Grundwasser, Niederschlägen, Wetter, Luftdruck und Jahreszeiten schließen lassen. Zu sehr interessanten Ergebnissen haben auch die Untersuchungen von K. Hummel[3] über die Beziehungen der Mineralquellen zum jungen Vulkanismus in Deutschland geführt. Bei den erdigen und einfachen Säuerlingen sei nur die Kohlensäure juvenil, während bei den alkalischen Quellen, die normalerweise Thermen sind und daher in größerer Tiefe wurzeln, zum mindesten die Möglichkeit vorläge, daß auch Wasser und Salz z. T. unmittelbar aus dem Magma stammen. „Die Ursache der Quellbildung ist in der Regel die juvenile Kohlensäure, der Quelltypus wird jedoch durch andere Faktoren bestimmt. Mischt sich die Kohlensäure erst in oberen Teufen mit Wasser, so entstehen kalte, einfache oder erdige Säuerlinge. Mischt sich die CO_2 schon in größerer Tiefe mit warmem Wasser, so entstehen durch Zersetzung von Feldspäten usw. alkalische Quellen; diese bilden im Rheinischen Schiefergebirge einen Kranz um das jüngste Vulkangebiet des Laacher Sees.“

Aus diesem verschiedenen Verhalten der Thermen geht hervor, daß ihr Charakter ganz davon abhängt, ob sich die Austrittsstellen in einem Gebiete mit mehr oder minder reichlichem oder fehlendem Grundwasser befinden. Manche von ihnen stellen jedenfalls ein Verbindungsglied zwischen endogenem und exogenem Wasser dar.

Aus einem Vortrage von Alb. Heim[4] ist zu entnehmen, daß auch Infiltrationswasserquellen, wie die 21 heißen Quellen von Baden an der Limmat, nicht nur verhältnismäßig hohe Temperaturen (51° C), sondern auch einen sehr konstanten

---

[1] Lindgren, W.: a. a. O., S. 91 u. E. Suess: a. a. O., S. 147 (der Karlsbader Sprudel fördert jährlich 5,88 Mill. kg fester Bestandteile).

[2] Bauer, K.: Internat. Mineralquellenztg. **31**, 6 Wien (1930).

[3] Hummel, K.: Beziehungen der Mineralquellen Deutschlands zum jungen Vulkanismus. Z. prakt. Geol. **38**, 1, 20 (1930).

[4] Heim, Alb.: Die Quellen. Öff. Vortr. **8**, Heft 9, S. 28 (1885).

Ertrag aufweisen können, sobald das Wasser tiefgemuldete Gesteinsschichten von größerer Ausdehnung durchflossen hat.

Über die Einwirkungen der endogenen Wässer auf die obersten Teile der Erdkruste in der weiteren Umgebung ihrer Austrittsstellen, wenigstens soweit nicht ihre ablagernde oder aufbauende Tätigkeit in Frage kommt, scheinen noch keine Untersuchungen bekannt zu sein. Verkittung durch Kieselsäure (Hornstein) oder Kalziumkarbonat und Sinterbildungen an der Oberfläche sowie starke Zersetzung vulkanischen Gesteins zu salzreichem Schlamm spielen hier eine Rolle. Die Zahl der durch die teils neutralen, teils alkalischen Fumarolen bzw. durch die sauren Solfataren und Mofetten in der Umgebung neugebildeten Minerale ist sehr groß[1]. Durch einsickerndes Niederschlagswasser können die Salze in Lösung gebracht und dem Grundwasser zugeführt werden, wodurch ihnen eine weite Verbreitung ermöglicht wird. Daß durch das Grundwasser auch endogene Erzlösungen sich ausbreiten und Verkittungen, Hohlraumausfüllungen oder metasomatische Verdrängungen nahe der Erdoberfläche hervorgerufen werden können, zeigen uns die sulfidischen Knottenerze des Buntsandsteins oder Erznester in Kalksteinen usw. Bei der Bildung von Lagerstätten letzterer Art hat das Grundwasser nicht immer allein für die horizontale Wanderung der Erzlösungen gesorgt, sondern z. T. auch durch die Bildung von Hohlräumen dem Erzabsatz vorgearbeitet oder auch bei der metasomatischen Ersetzung des Kalksteins mitgewirkt.

b) Exogenes Wasser.

„So wichtig auch immer die aszendierenden Wasser magmatischen Ursprungs für die Bildung gewisser Arten von Minerallagerstätten sein mögen, der Menge nach sind sie unbedeutend, verglichen mit der großen Masse des Wassers atmosphärischer Herkunft, das in den Gesteinen enthalten ist[2]." Auch dieses exogene Wasser treffen wir als freies, als absorbiertes oder als chemisch gebundenes an. Das erstere hält sich in den Hohlräumen der Gesteine auf, die man in superkapillare, kapillare und subkapillare gliedern kann. Der Durchmesser der ersteren ist größer als 0,508 mm und bei Spalten > 0,254 mm, während die letztgenannten weniger als 0,0002 mm Öffnung besitzen, ein Wert, der unterhalb der Größe der Molekularattraktion liegt. Die Größen der kapillaren Hohlräume liegen dann zwischen 0,0002 mm und 0,508 mm Durchmesser. Freies Wasser kann nur so tief in die Erde eindringen, als die kapillaren und superkapillaren Spalten hinunterreichen. Die Tiefe, bis zu der dieses möglich ist, ist früher, besonders von den Verteidigern der DAUBRÉEschen Ansicht von dem Einfluß des kapillaren Wassers auf das Tiefenmagma, wie wir später sehen werden, zweifellos überschätzt worden. Aber nichts desto weniger kann Wasser der Oberfläche auf dem katogenen Aste des Kreislaufes, wie H. ERDMANNSDÖRFER sagt[3], bis in die größten Absinktiefen gelangen, wenn es als Bestandteil des absinkenden Gesteins mit diesem in die Tiefe wandert. Das in fester Lösung oder als chemisch gebundenes, als Hydratwasser vorhandene Wasser kann dabei auch die Tiefe, bis zu der Hohlräume existieren können, weit überschreiten, wenn es dann auch nur als überkritischer Wasserdampf aufzutreten vermag.

---

[1] Es sei nur auf die Aufzählung in P NIGGLIS Lehrbuch der Mineralogie S. 539, 540, 1920 hingewiesen.

[2] LINDGREN, W.: Mineral Deposits, S. 30. New York und London 1919.

[3] ERDMANNSDÖRFER, O. H.: Grundlagen der Petrographie, S. 10. Stuttgart 1924. - Juveniles Wasser gehört dem anogenen Aste an, während epigene Massen, die nach Durchlaufen des katogenen Astes wieder zutage treten, resurgent genannt werden (G LINCK. Kreislaufvorgänge in der Erdgeschichte Jena 1910.)

Zu dieser Art Wasser gehört sowohl das in der Nähe der Erdoberfläche von Magma-, Sediment- oder Metamorphosegesteinen aufgenommene exogene infiltrierte Wasser als auch das primäre Wasser der Sedimentgesteine. Wenn derartiges Wasser durch emporsteigendes Magma mit dem umschließenden Gestein resorbiert wird und mit magmatischen Stoffen wieder an die Erdoberfläche bzw. in die äußere Lithosphäre zurückgelangt, spricht Daly[1] von resurgentem Wasser. Nach G. Berg[2] könnte man das durch Kontaktmetamorphose wieder befreite ehemals chemisch gebundene Wasser in gewissem Sinne auch als juvenil bezeichnen, da es aber nach der Definition von Suess zu dem vadosen Wasser gerechnet werden müsse und die Hydratbildung früher mehr durch Oberflächenwasser entstanden sei, wählt Berg dafür die besondere Bezeichnung Hydratwasser. Dieses ist jedoch nicht mit dem resurgenten Wasser Dalys identisch.

Sedimentationswasser.

Für das mit den Sedimentpartikeln im Sediment und im Sedimentgestein eingeschlossene „fossile" oder „begrabene" Wasser prägte Lane[3] den Ausdruck „connate water", der auch durch v. Wolff[4] in die deutsche Literatur eingeführt wurde, aber hier noch wenig Anklang gefunden hat. Daly, Ries[5], Lindgren[6] und Meinzer[7] haben ihn gleichfalls übernommen, während A. Kumm[8] an dessen Stelle die Bezeichnung Sedimentationswasser wählte. In seiner Klassifikation des Untergrundwassers stellt Lane das „buried" oder „connate" Wasser, das je nach seiner Herkunft aus marinem oder süßem Wasser verschiedener Zusammensetzung sein muß, als Unterabteilung seiner meteorischen Gruppe auf, bezeichnet aber auch die magmatischen Wässer im gewissen Sinne als „connate", soweit sie sich im Magma befinden. Der Ausdruck paßt deshalb nicht recht zur Definition. Ries stellt es als gleichwertige Gruppe neben das meteorische und das juvenile Wasser und rechnet tatsächlich die primären Wasserresiduen der Magmagesteine, auf die möglicherweise chemische Veränderungen, die das Gestein nach der Verfestigung erlitten hat, zurückzuführen seien, zu jener Gruppe. Auch das von submarinen Lavaströmen aufgenommene Wasser gehöre dazu. Vielleicht spricht man aber hierbei besser von Infiltrationswasser.

Das Haupterkennungsmerkmal des „connate" bzw. Sedimentationswassers soll der relativ hohe Gehalt an Kalziumchlorid in tiefgelegenen Sedimentgesteinen sein, und Lane meint, es schiene erwiesen zu sein, daß das Meerwasser früherer Perioden relativ mehr Kalziumchlorid enthalten habe als das gegenwärtige. Das Wasser hätte sich in den Sedimentgesteinen erhalten können, weil die emporsteigenden Lösungen durch den Druck- und Wärmeverlust Salze abschieden und sich damit die Zirkulationsbahnen verstopften. Kalziumchlorid kann sich aber unter Umständen auch neugebildet haben, allerdings würde das

<hr>

[1] Daly, R. A.: Amer. J. Sci. **26**, 48 (1908); Bull. geol. Soc. amer. **21**, 113 (1910).

[2] Berg, G.: Über die Begriffe „vados" und „juvenil" und ihre Bedeutung für die Lagerstättenlehre. Z. prakt. Geol. **26**, 28 (1918).

[3] Lane, A. C.: Mine waters and their field assay. Bull. geol. Soc. amer. **19**, 502, 507 (1908).

[4] Wolff, F. v.: Der Vulkanismus, S. 118. Stuttgart 1914. — Vgl. auch S. 56 dieses Bandes.

[5] Ries, H.: Economic Geology, S. 437, 439, 440. New York und London 1916.

[6] Lindgren, W.: Mineral Deposits, S. 93. 1919.

[7] Meinzer, O. E.: Outline of Groundt-Water-Hydrology with definitions. U. S. geol. Surv., Water-Supply Paper **494**, 31 (1923).

[8] Kumm, A.: Zur Klassifikation und Terminologie der Sphärite. Z. dtsch. geol. Ges. **78**, 10, Anm. 4 (1926). — Diagenetische und metagenetische Veränderungen an Ceratiten. Jber. niedersächs. geol. Ver. Hannover 17, 1927.

wohl das Verhältnis von Na : Cl nicht verändern. LANE führt als Beispiele folgende vier Analysen von Grubenwässern an:

	$1^{[1]}$	$2^{[2]}$	$3^{[3]}$	$4^{[4]}$
Cl	176027	702	25360	12
Br	2200	—	—	—
Ca	86478	91	7902	110
Na	15188	414	7290	11
K_2	411	—	—	—
SO_4	110	75	1045	7
SiO_2	20	35	—	12
$(FeAl)_2O_3$ . .	10	30	700	$19 NO_3$
NH_3	4	—	Mn, Fe, Spuren	12 Org.
Cu	16	—	nicht bestimmt	—
Ni	6	—	,, ,,	—
Sr	Spuren	—	,, ,,	—
Ba, Li . . .	o	—	,, ,,	—
Mg	20	—	566	—
B	Spuren	—	nicht bestimmt	—
CO_2	o	—	,, ,,	156
Summe . . .	280490	1347	42863	338
Total solids .	280500	1350	45590	351 (lmg)

In den Kupferminen am Lake Superior überwiegt oben NaCl und unten $CaCl_2$. Bemerkenswert ist das Auftreten eines $CaCl_2$-Gehaltes von 1,9 % und das Fehlen des Sulfat-Ions in der Radiumsoltherme von Heidelberg, deren chemischer Bestand nach W. SALOMON[5] sehr wahrscheinlich einer Erdölsole entstammt.

Die Sole in den Sandsteinen und Sanden des Unterkarbons und anderer Formationen soll nach RIES ein Beispiel für Sedimentationswasser darstellen. Auch für die aus den Steinkohlenzechen des rheinisch-westfälischen Industriegebietes geförderten Salzwässer ist vielfach die Ansicht vertreten worden, daß es sich um das in den marinen Ablagerungen der Kreideformation ursprünglich vorhandene Meerwasser handele. TH. WEGNER[6] tritt dem jedoch entgegen mit dem Hinweis, daß der Salzgehalt der Sole mit 9—12 % wesentlich höher sei als der des Meerwassers, daß sie sehr viel CO_2 enthielte, und daß ferner der schon seit dem Präglazial andauernde Ausfluß aus zahlreichen Quellen und die schon seit 50 Jahren durch den Bergbau erfolgte Förderung gewaltiger Mengen den ursprünglichen Wasservorrat längst erschöpft haben müßte. „Die Solen können nur von Salzlagern durch Auflösung derselben herrühren", ihr Ursprung dürfte, wenigstens für den mittleren und östlichen Teil der Solevorkommen, in dem nördlich gelegenen Gebiet, vor allem im Osning, zu suchen sein. Infolge von Hebung der Sole dringt oft Süßwasser nach. Sole und Süßwassergebiete greifen in der Nähe des Südrandes der undurchlässigen Emscherüberdeckung fingerförmig ineinander und wechseln unter Umständen auch in vertikaler Richtung miteinander ab. Das Einzugsgebiet des Süßwassers liegt ohne Zweifel in den südlich der Emschergrenze ansteigenden Höhen des Haarstranges und seiner Fortsetzung. Erwähnt sei ferner, daß H. BORNMÜLLER[7] aus den Gaulttonen von

---

[1] Quincy mine, 55. Sohle. Proc. Lake Sup. Mining Inst. **1908**, 48.
[2] South Kearsarge mine, 9. Sohle. Ebenda S. 54.
[3] Republic mine. Ebenda S. 10.   [4] Watford bei London.
[5] SALOMON, W.: Die Erbohrung der Heidelberger Radiumsoltherme und ihre geologischen Verhältnisse. Abh. Heidelb. Akad. Wiss. **1927**, S. 77.
[6] WEGNER, TH.: Studien über den Zusammenhang der Plänergrundwasser im rheinisch-westfälischen Industriebezirk. Z. prakt. Geol. **30**, 107 (1922) und briefl. Mitteilung.
[7] BORNMÜLLER, H.: Chemisch-petrographische Studien über Geoden. 16. Jber. niedersächs. geol. Ver. Hannover **1923**, 37, 46, 53.

Algermissen nördlich Hildesheim Toneisensteingeoden erwähnt, die auf den inneren Schwundrissen oft „Wasser aus dem Meere der Kreidezeit" enthalten sollen. Dieses Wasser enthielt etwa 0,31% gelöste Substanz, die sich zusammensetzte aus: NaCl 77,34%, Na_2SO_4 6,52%, Na_2CO_3 3,56%, $CaCO_3$ 5,48%, $MgCO_3$ 2,92%, CO_2 4,18%. Der Alkalikarbonatgehalt wird wegen der Wasserundurchlässigkeit der Tone als ursprünglich angesehen, während Diffusionsvorgänge die Konzentration stark herabsetzen. Beträchtlicher Alkalikarbonatgehalt ist übrigens schon mehrfach im Wasser aus marinen Tonen der Unterkreide in der Umgebung von Braunschweig nachgewiesen worden[1]. H. Matthes und G. Wallrabe[2] haben über ihre eigenen Untersuchungen derartiger Wässer von Königsberg i. Pr. und über die wenigen in der Literatur bekanntgegebenen Vorkommen zusammenfassend berichtet. Die Königsberger Wässer „zeigen ein auffallend hohes Bikarbonatkohlensäureäquivalent (bis 1,06 g Natriumbikarbonat in einem Liter), während Kalzium und Magnesium nur in relativ geringen Mengen vorhanden waren". Der Chloridgehalt kann sehr verschieden sein. Schon A. Tornquist[3] hatte die im Sande bzw. Sandstein der Jura- und der Kreideformation im nördlichen Ostpreußen auftretenden Solen für Überreste des Meerwassers jener Zeiten gehalten, da keine Salzlagerstätten in diesen Formationen vorhanden sind und auch Zechsteinsalz nicht in Frage kommt. Diese Ansicht hat nun durch die Untersuchungen von Matthes und Wallrabe eine wertvolle Bestätigung erfahren, insofern als sie sich ebenfalls gezwungen sahen, die ostpreußischen alkalischen, chloridreichen Wässer, deren Jodgehalt oft erhebliche Werte annimmt, auf Meere früherer Zeitepochen zurückzuführen. Der Ursprung des Natriumbikarbonates sei vielleicht in den Seepflanzen, besonders in den Tangen, zu suchen, deren Asche reich an Natriumkarbonat und Jodiden ist. Für die Solen der sandigen Schichten des Alttertiär im Niederelbegebiet und für die Kreideschichten in ganz Norddeutschland nimmt E. Koch[4] an, daß „deren Salze nur zu einem Teil von älteren Salzlagern herrühren, zum anderen Teil aber den Meeren entstammen, in denen diese Schichten sich bildeten". Für einen Teil des Wassers hätte dann dasselbe zu gelten. Die sole- und z. T. auch erdgasführenden älteren Schichten werden durch den Septarienton gegen die hangenden Schichten mit Süßwasser abgetrennt. In den Jura- und Kreidesedimenten bei Braunschweig[5] scheint jedoch meist Infiltration von den nahen Salzstöcken angenommen werden zu müssen, wogegen aber das artesisch ausfließende Wasser einer kohlensäurehaltigen Thermalsolebohrung in der Nachbarschaft eines Erdölvorkommens[6] durch seinen Jodgehalt den Zusammenhang mit dem Erdöl und damit auch seine primäre Natur als Sedimentationswasser verrät. Der Salzgehalt ist übrigens noch in gleicher Menge (3,44%, davon 3,29% NaCl) wie beim Meerwasser vorhanden.

Fast in allen Erdölgebieten ist Salzwasser, manchmal auch Süßwasser, ein ständiger Begleiter des Öls oder des Erdgases. Die ausfließenden Wasser-

---

[1] Nach mündlicher Mitteilung von Prof. Dr. O. Lüning, Braunschweig.

[2] Matthes, H., u. G. Wallrabe: Über natriumbikarbonathaltige und besonders jodreiche Wässer in Ostpreußen. Pharmazeut. Zentralhalle **71**, Nr. 18, 273—276 (1930). — Schr. phys. ökon. Ges. Königsberg i. Pr. **66**, H. 2 (1927).

[3] Tornquist, A.: Geologie von Ostpreußen, S. 230. Berlin 1910

[4] Koch, E.: Die Grundwasserträger des Niederelbgebietes. Gas- u. Wasserfach **71**, 6 (1928).

[5] Kumm, A., u. F. Kirchhoff: Die geologischen und hydrologischen Verhältnisse im Untergrunde Braunschweigs. I Die Geologie der Umgebung von A. Kumm. II. Die Grundwasserverhältnisse im Stadtgebiete von F. Kirchhoff u. A Kumm 21. Jber. Ver. Naturwiss Braunschweig **1930**, 107—109.

[6] Stolley, E.: Die Ergebnisse zweier Tiefbohrungen in der Umgebung Braunschweigs. 14 Jber. Ver. Naturwiss. Braunschweig **1906**, 61.

mengen sind, wie BLUMER[1] nach A. B. THOMPSON anführt, oft gewaltig. So förderte ein großer mexikanischer Brunnen täglich nach dem Versiegen des Erdöls $1^1/_2$—2 Mill. hl Sole von 71°. Von einem anderen Brunnen berichtet BLUMER, daß „nahezu 2 Mill. t Schlamm und Sand durch die Wucht des Öl- und Gasausflusses ausgeblasen wurden. Um die Bohrstelle hatte sich ein mit heißem Salzwasser (bis 74° C) angefüllter Krater von nahezu 120000 m² Fläche gebildet". Salzquellen sowie Durchtränkung der obersten Bodenschichten mit Salzwasser unter Bildung von Salzschlamm in Begleitung von Schlammsprudeln oder Salsen und von Salzausblühungen an der Oberfläche in regenarmen Gegenden sind in manchen Ölfeldern häufige Erscheinungen. Die Ausbrüche von Schlammströmen und der Salzgehalt erschweren die Ansiedlung von Pflanzen. Scharfkantige, kleinere und größere Trümmer festerer Gesteinsbänke, Fossilien, die häufig von Faserkalk umkrustet sind, oder plattige Bruchstücke von Faserkalzit und Pyritknollen werden oft massenhaft mit an die Erdoberfläche gebracht.

Der Salzgehalt des aus natürlichen oder künstlichen Quellen unter dem Gasdruck austretenden Wassers schwankt ebenso stark oder noch stärker als der des heutigen Meerwassers, auf Apscheron z. B. von 2—14%, wobei in der Nähe der Erdoberfläche Vermischung mit Infiltrationswasser die Verdünnung hervorruft. Oft führen die tonigen Begleitgesteine der Öllagerstätten festes Steinsalz, dessen Ausscheidung aus dem Sedimentationswasser wohl nur durch die Verdunstung infolge der Einwirkung höherer Temperatur in größerer Rindentiefe, also durch die thermische Diagenese[2], zu erklären ist. Der Salzgehalt kann aber schon beim frischen Sediment beträchtlich größer sein als im Meerwasser.

K. ANDRÉE[3] vermutet, daß dieser Unterschied auf Adsorption durch den Schlamm zurückzuführen sei. Möglicherweise wird auch während der subaquatischen, halmyrolytischen Diagenese[2] noch ein Teil der bisher nicht oder nicht völlig hydratisierten klastischen Sedimentpartikel durch Bindung von Wasser weiter umgewandelt, während ein anderer Teil verdampft. Durch das Miteinandervorkommen von Sedimentationswasser und Erdöl in der Erde, getrennt nach dem verschiedenen spez. Gewicht (Abb. 2), oder als

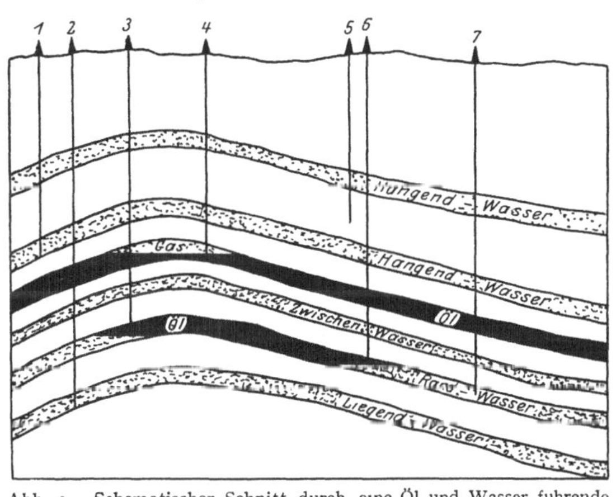

Abb. 2. Schematischer Schnitt durch eine Öl und Wasser führende Schichtenfolge mit Bezeichnung der verschiedenen Wasserarten. (Nach W. KAUENHOWEN.)

Emulsion in innigster Vermischung möglicherweise primärer Natur, ist es möglich, daß das Sedimentationswasser durch den Druck der Erdölgase wieder an die Erdoberfläche und damit in den Kreislauf zurückgelangt. K. KREJCI-GRAF[4] hält das Salzwasser der Erdöllagerstätten für ein Nebenprodukt der Ölbildung. Der Man-

---

[1] BLUMER, E.: Die Erdöllagerstätten und übrigen Kohlenwasserstoffvorkommen der Erdrinde, S. 144. Stuttgart 1922.

[2] KUMM, A.: Was ist Diagenese? Z. dtsch. geol. Ges. 79, (1927); Mon. Ber. S. 266

[3] ANDRÉE, K.: Geol. Rdsch. 3, 355 (1912).

[4] KREJCI-GRAF, K.: Die rumänischen Erdöllagerstätten Schr. aus d. Geb. d. Brennstoffgeol. 1929.

gel an Sulfaten ist nach H. Höfer[1] ein sehr wesentliches Kennzeichen der Erdölwässer. Er wird durch die reduzierende Wirkung der Kohlenwasserstoffe erklärt. Über die Zusammensetzung einiger Salzwasservorkommen in hannoverschen Erdölfeldern geben die Analysen von W. Kauenhowen[2] Auskunft.

Für die aus älteren Sedimentgesteinen ausfließenden oder geförderten, oft hochgradigen Solen bestehen demnach die gleichen Schwierigkeiten bei der Beurteilung der Herkunft des Wassers sowie der darin gelöst enthaltenen Substanzen wie bei den sog. magmatogenen Wässern. So hat K. Glinz[3] vor kurzem erst darauf hingewiesen, daß es eine dankenswerte Aufgabe sei, „durch viele Wasseranalysen Klarheit zu schaffen über die Beziehungen zwischen fossilem Meerwasser, Erdöllagerstätten und Salzstock".

Eine gewisse Sicherheit kommt der Bestimmung als Sedimentationswasser nur dann zu, wenn es sich um Vorkommen in ringsum durch undurchlässiges Gestein vollkommen abgeschlossenen Räumen handelt, wie es bei dem Wasser in den Septarienrissen von Geoden oder in gasreichen, sandigen Erdöllagerstätten der Fall ist. Müssen wir doch annehmen, daß zu den Gesteinen, aus denen Erdgas oder das unter Gasdruck stehende Erdöl bzw. Wasser nicht oder nicht völlig hat entweichen können, auch kein Wasser aus oberflächlichen Bodenschichten oder von der Erdoberfläche gelangen konnte. Bei klüftereichen Gesteinen kommt es darauf an, wann die Klüfte und Risse entstanden sind. Die sehr frühzeitig während der Diagenese durch Kristallisation sich bildenden Schrumpfungsrisse in wasserdurchtränkten Toneisenstein- oder Kalksteingeoden saugen die Feuchtigkeit durch das entstehende Vakuum aus den kapillaren Poren heraus. Auch für in gleicher Weise gebildete Schrumpfungsrisse in Kalksteinbänken mag das zutreffen, jedoch nicht für tektonische Klüfte, die erst nach der Verfestigung des Sediments gebildet wurden, und auch nicht für Verwitterungsspalten. In solchen Gesteinen dürfen wir nur noch sog. Bergfeuchtigkeit oder Haftwasser erwarten, das nun von sich aus nicht imstande ist, das Gestein zu verlassen und die Klüfte zu füllen. Nur von oben oder aus der Tiefe stammendes Wasser kann hier eindringen. Während die Schrumpfungsrisse fast immer endosekretionäre Mineralausscheidungen aufweisen, treffen wir solche bei den tektogenetischen Klüften nur ausnahmsweise als Ausscheidungen aszendierender Lösungen oder in der Zementationszone deszendierender Wässer.

Den geologischen Wirkungen ehemals vorhanden gewesenen Sedimentationswassers begegnen wir bei älteren Sedimentgesteinen auf Schritt und Tritt. Ihm sind die meisten diagenetischen Prozesse zuzuschreiben, speziell diejenigen, die als thololytische und halmyrolytische Diagenese die chemischen und strukturellen Veränderungen hervorrufen. Aber auch die Veränderungen in größerer Tiefe (subterrane Diagenese) sind meist ohne Anwesenheit von Sedimentationswasser nicht möglich. Nur wenige Beispiele können hier kurz berührt werden. Die Auflösung der Fossilienschalen und Auslaugung von Skelettresten, die endosekretionäre Ausfüllung primärer oder sekundärer Hohlräume, Konkretionsbildung, Paramorphosenbildung, Inkohlung und Fortschreiten der Hydratisierung sind auf das Sedimentationswasser zurückzuführen. Die Zusammenpressung toniger und organischer Sedimente erfolgt unter Auswanderung des Sedimentationswassers. Vom Meerwasser ausgeschiedene Salze — Kalium-Magnesium-Chloride und

---

[1] Höfer, H.: Geologie des Erdöls usw. II. In C. Engler u. H. Höfer: Das Erdöl, S. 29. Leipzig 1909. — Kauenhowen, W.: Die Verwässerung von Erdölfeldern, ihre Ursachen und Bekämpfung, S. 16, 17. Berlin 1928.
[2] Kauenhowen, W.: Über die Ergebnisse einiger Salzwasseranalysen aus hannoverschen Erdölfeldern. Zbl. Min. B **1927**, 55.
[3] Glinz, K.: Die Aufgaben wissenschaftlicher Aufklärungsarbeit für Tiefbohrungen, insbesondere Erdölbohrungen. Internat. Bergwirtschaft u. Bergtechnik **23**, 33 (1930).

-Sulfate und der Gips, Hydroxyde (Limonit) und Hydrosilikate (Glaukonit) —
bewahren große Mengen Sedimentationswasser und nehmen es mit in größere
Tiefen, bis es durch die Einwirkung der höheren Temperatur (thermische Diagenese und Metamorphose) wieder entweicht und evtl. zur Erdoberfläche zu-
rückkehrt.

Im Kalibergbau unterscheidet man zwischen Laugen, die innerhalb der
Lagerstätte selbst gebildet wurden, und solchen, die durch von außen zutretendes
Wasser entstanden sind. Die ersteren werden von B. BAUMERT[1] eingeteilt in:
1. Urlaugen, a) Mutterlaugenreste, b) Primärlaugen und 2. Restlaugen,
a) Preßlaugen, b) Umschmelzungslaugen. Urlaugen sind bisher jedoch noch
nicht einwandfrei als solche zu erkennen gewesen. Von zahlreichen Geologen
und Chemikern wird ihre Erhaltung in den Salzlagerstätten für unmöglich
erklärt. Vermutlich gehören aber Flüssigkeitseinschlüsse in den Kalisalzen
hierher[2]. Die meisten Laugen, die für primäres Sedimentationswasser gehalten
wurden, sind nach FULDA[3], STILLE[4] und JAENECKE[5] als Schmelzlaugen aufzufassen, die beim Emporquellen der plastischen Salzmassen in den Salzstöcken
mit emporgepreßt werden und entweder in den klüftigen Anhydrit, wo sie z. T.
gegen die Tageswasser geschützt waren, oder in die Grundwasser führenden
Deckschichten gelangten, aus denen sie unter Umständen als Solquellen zutage
treten. Derartige in den Gruben angetroffene Wässer sind meist gesättigte
Chlormagnesiumlaugen.

Viele von den Wässern, die heute noch allgemein unter den Begriff
Grundwasser fallen, dürften zum Sedimentationswasser gehören und unter
gewissen Bedingungen als Sedimentationsgrundwasser zu bezeichnen sein. Oft
spricht man von einem marinen Grundwasser in Sedimenten jeder Art, obgleich es sich in feinkörnigen Ablagerungen nur um Haftwasser handeln
kann, obgleich ferner kein Grundwasserspiegel vorhanden ist, und obgleich vor
allem dieses Wasser nicht durch Infiltration von der Erdoberfläche aus in den
Boden hineingelangte, da ja die Sättigung mit Sedimentationswasser das Sediment
für Infiltrationswasser unzugänglich machte. Das gleiche trifft naturgemäß
auch für die aquatischen Ablagerungen des Strandes zu. Auch hier wird das
eingeschlossene Sedimentationsmedium oft eine andere Zusammensetzung besitzen als das aus den Niederschlägen direkt, ohne Umweg über die Hydrosphäre, in den Erdboden versickernde Wasser. Das Wasser in schwerdurchlässigen oder undurchlässigen Fluß- und Seeablagerungen oder das Wasser in
gröberen Bildungen, sobald sie von undurchlässigen Schichten abgedeckt werden,
oder das Wasser in beckenförmigen Eintiefungen von Glazialtälern kann hierher
gerechnet werden. Letztere nur dann, wenn im Untergrunde kein Zutritt von
Infiltrationswasser aus den Talflanken stattfindet und die Wässer überhaupt
nicht an der Grundwasserzirkulation teilnehmen. Es würde dieses Wasser demnach häufig mit dem Grundwasser der statischen oder neutralen Zone identisch sein. Ihnen verdanken subaquatische Rutschungen und subterrane Einbrüche von Sand- und Schottermassen in manchen Bergwerken und Tunnel-
bauten ihr Vorkommen.

---

[1] BAUMERT, B.: Über Laugen- und Wasserzuflüsse im deutschen Kalibergbau.
Dissert., Aachen 1927, S. 8. Hildesheim 1928,

[2] ERDMANN, E.: Die Chemie und Industrie der Kalisalze. In Deutschlands Kaliindustrie, S. 27. 1907.

[3] FULDA, E.: Bericht über die 3. Besprechung bergtechnischer Fragen der Kaliindustrie
im Juni 1923 in Halberstadt, S. 108—113.

[4] STILLE, H.: Ebenda S. 108—113.

[5] JAENECKE, E.: Die Entstehung der deutschen Kalisalzlager. Die Wissenschaft 59,
2. Aufl., S. 83. Braunschweig 1923.

Kondensationswasser.

In bezug auf die Herkunft der übrigen unterirdischen Wassermengen stehen sich zwei Ansichten gegenüber, die K. Keilhack[1] als Infiltrationstheorie und Kondensationstheorie bezeichnet. Die erstere, von Markus Vitruvius Pollio (um 40 v. Chr.), Palissy (1650) und Vossius (1656) begründet, konnte seit Mariotte (1686) und vor allem seit de la Metherie (1797) als die allgemein anerkannte betrachtet werden. Ihr erstand in Keferstein (1821) und neben anderen hauptsächlich in O. Volger (1877)[2] ein viel beachteter Gegner. Da die Volgerschen Ansichten von der ausschließlichen Entstehung des Grundwassers, wenn auch in mannigfacher Abänderung, viele Anhänger besonders in Ingenieurkreisen besitzen, so müssen wir näher darauf eingehen.

Volger unterscheidet Tagewasser, das von oben her eindringt, und Quellwasser, welches im Schoße der Erde erzeugt wird. Ein Teil des Quellwassers ist aber Tagewasser und vom Quellwasser zu trennen. Volger verfährt nun so, daß er das offenbar von der Erdoberfläche her infiltrierte Wasser ausschließt und nun behauptet: ,,Kein Wasser des Erdbodens rührt her vom Regenwasser.'' Er sagt, man könne sich im Garten davon überzeugen, daß das Regenwasser, selbst wenn der Boden vollständig überschwemmt gewesen wäre oder nach achttägigem Regen im Boden in $1/_2$ m Tiefe nicht die geringste Spur von eingedrungenem Wasser hinterlasse. Eingegrabene Gefäße und Drainröhren bewiesen das gleiche. Wenn der Boden durchlässig wäre, müßten Flüsse, Seen und das Meerwasser versickern und man könnte keine Dämme aus Erdreich aufschütten. Diese Begründung ist durchaus ungeologisch gedacht, insofern als Volger stets nur von Erdreich spricht, ohne zu berücksichtigen, daß sich die verschiedenen an der Erdoberfläche anstehenden Gesteine und Böden in bezug auf die Wasserdurchläßligkeit ungeheuer verschieden verhalten. Niemandem würde es z. B. einfallen, einen Fluß- oder Kanaldamm aus Sand oder gar aus Kies oder Blöcken aufzuschütten. Der Gedanke, daß Fluß- und Seewasser normalerweise nicht versickern kann, weil der Grundwasserspiegel in der Umgebung höher liegt und infolgedessen Grundwasser in die Hydrosphäre übertritt, ist Volger nicht gekommen, und daß in zahllosen Fällen Bach- und Flußwasser usw. tatsächlich vor unseren Augen versinkt, wird ebenfalls nicht bedacht. Der wesentlichste Mangel der Volgerschen Untersuchungen, wenn man von Untersuchungen überhaupt reden darf, beruht aber auf der Meinung, daß die Niederschläge da einsickern müßten, wo sie niederfallen, daß also überall das Grundwasser sein Wasser von dem über ihm liegenden Stück Erdoberfläche erhalten hätte. Daß das Grundwasser sich von den Nährgebieten aus im Boden auch unter undurchlässigen Böden und Gesteinsschichten ausbreitet, daß das Grundwasser fließt, ist eine so allgemein bekannte Tatsache, daß nicht darauf eingegangen zu werden braucht. Merkwürdig ist nur, daß Volger, der diese mehr oder minder horizontal gerichtete Bewegung des Grundwassers nicht bestreitet, dem Wasser rundweg die Möglichkeit abspricht, auch nur mehr als einen halben Meter in vertikaler Richtung zurückzulegen. Das durch Kondensation im Boden gebildete Wasser jedoch ,,sickert in die Tiefe, vereinigt sich

---

[1] Keilhack, K. Lehrbuch der Grundwasser- und Quellenkunde, S. 85, 92 ff. Berlin 1912.

[2] Volger, O.: Die wissenschaftliche Lösung der Wasser-, insbesondere der Quellenfrage. Vortr. 18. Hauptvers. Ver. dtsch. Ing. 21. 480 (1877). — Über die geschichtliche Entwicklung der Lehre von der Entstehung des Wassers in der Erde vgl. K. Keilhack a. a. O.. S. 74 ff. — K. v. Zittel: Geschichte der Geologie und Palaontologie, S. 300. München und Leipzig 1899. — W. Salomon: Der Wasserhaushalt der Erde. Verlag der Internat. Z. Wasserversorgung 1917.

mit dem Grundwasser und fließt nach den Austrittsstellen, den Quellen". Mit diesem Widerspruch schlägt sich VOLGER abermals selbst. Einen weiteren wichtigen Beleg für seine Ansicht sah VOLGER in den Berechnungen SCHÜBLERS, der gefunden hatte, daß mehr Wasser auf der Erde verdunstet als zugeführt wird. Spätere Untersuchungen haben aber ergeben, daß nur etwa vier Fünftel der Niederschläge verdunsten[1]. Verdunstungsmessungen an offenen Wasserflächen dürften zur Beurteilung der durch Verdunstung dem Boden verlorengehenden Wassermengen nicht herangezogen werden, da die obersten Bodenschichten nur gelegentlich mit Wasser gesättigt sind, und das noch meist nur bei oder nach Regenwetter, wenn das Sättigungsdefizit der Luft sehr niedrig ist. Ein Teil des in den Boden einsickernden Wassers ist damit der Verdunstung entzogen. VOLGER stützt sich also nur auf eine rein negative Beweisführung, ohne einen einzigen positiven Beweis dafür zu erbringen, und wiederholt somit die schon von SENECA und ARISTOTELES geäußerten Anschauungen.

Eine ganze Reihe von wesentlichen Fehlern widerlegte HANN[2]. Gerade schwächere, aber langandauernde Niederschläge der kühleren Jahreszeit dringen in den Boden ein. Eine Kondensation des atmosphärischen Wasserdampfes kann nur in jener Periode stattfinden, in welcher der Boden kälter ist als die Luft. ,,Um eine Wasserhöhe von 2 mm, das ist pro Quadratmeter Fläche 2 kg Wasser, zu liefern, müssen demnach 1000 m³ Luft in 24 Stunden durch jeden Quadratmeter Bodenquerschnitt passieren", wodurch 1200 Wärmeeinheiten an den Boden abgegeben würden. Dies müßte genügen, um die Temperatur des Bodens bis in 30 m Tiefe um 2,4° C zu erhöhen, sodaß also sehr bald keine Kondensation mehr erfolgen könnte. Eine derartige Luftzirkulation, wie sie die Kondensationstheorie voraussetzen müsse, sei nicht anzunehmen. Die kalte Winterluft im Boden verwehre der wärmeren Sommerluft den Eintritt in den Boden. Gerade nach jener Zeit, wo die unterirdische Kondensation am lebhaftesten tätig sein müßte, zeige sich eine Wasserabnahme der Quellen und Flüsse, und ferner sei der tatsächliche Parallelismus zwischen Niederschlag und der Höhe des Grundwasserstandes sowie die Ergiebigkeit der Bäche und Quellen und das Fehlen der Quellen und Wasserläufe in Gegenden mit sehr feuchter Luft, aber wenig atmosphärischem Niederschlage, nicht zu erklären. Während es regnet und das Wasser in den Boden eindringt, verdunste wenig oder nichts, und das einmal im Boden befindliche Wasser sei gegen die Verdunstung fast völlig geschützt. Dazu ist noch zu bemerken, daß durch eine etwa erfolgte Kondensation der Porenraum ständig verringert wird und daß bei Regenwetter die kapillare Wasserschicht dicht unter der Oberfläche jedes Eindringen der Luft von außen unterbindet. Und selbst dann, wenn auch nur ein kleiner Teil des Niederschlagwassers an bevorzugten Stellen tiefer in den Boden einzudringen vermochte, und selbst wenn ein großer Teil des eingedrungenen Wassers durch die Verdunstung und durch die Vegetation wieder entfernt würde, so ist es gar nicht erforderlich, daß der verbleibende Rest nun tatsächlich bis zum Grundwasserspiegel wandern muß. Was die Sickerwassermenge eines Jahres tat-

---

¹ KEILHACK, K.: a. a. O., S. 88, 89. Die aus Niederschlagsmenge und Ablauf der Flüsse von KEILHACK berechnete Verdunstung schwankt zwischen 37,3 % (Rhone) und 97,3 % (Nil). Da die Abflußmengen an den Strommündungen bestimmt wurden, so ist in der Verdunstungsmenge das von der freien Wasseroberfläche verdunstende und das darauf niederfallende Wasser mit darin enthalten. Für Flüsse in niederschlagsarmen Gebieten würde demnach die Abflußmenge zu niedrig und damit die Verdunstung des Niederschlagswassers vom Boden zu hoch ausfallen. Für niederschlagsreiche Gegenden dürfte das Umgekehrte zutreffen.

² HANN, J.: Über eine neue Quellentheorie auf meteorologischer Basis. Z. österr. Ges. Meteorol. **15**, 482 (1880).

sächlich nicht erreicht, kann aber durch die Summierung dieser Mengen im Laufe mehrerer Jahre erreicht werden. Köhler[1] hat die den Niederschlägen eines Jahres entsprechende Wassermenge (2000 cm³), allerdings auf einmal, auf den in einem Rohre eingestampften Sand aufgebracht und nach sieben Monaten Sickertiefen bis zu 1,47 m erzielt. Nach Aufbringen von weiteren 1000 cm³ war das Wasser viereinhalb Monate später bei 2,20 m Tiefe angekommen. In seiner 1887 erschienenen Erwiderung[2] weist Volger darauf hin, daß niemand das Verbindungsglied von der benetzten Erdoberfläche bis zum Grundwasser beobachtet habe, das auch durchaus nicht vorhanden sei. Aber trotzdem finden wir Pflanzenwurzeln in allen Tiefen bis zum Grundwasser, abgesehen davon, daß der Grundwasserspiegel an vielen Orten dicht unter der Erdoberfläche liegt. Der Einwand, daß Geschiebefelder, klüftige Felsgebiete usw. vorhanden wären, um den Regen einzulassen, wird von Volger als Ausrede beiseite getan, und doch sind unsere weiten Geschiebesandgebiete, Kalkstein- und Sandsteingebiete höchst durchlässig, wie Versickerungsversuche mit Farb- oder Salzlösungen einwandfrei ergeben haben. Der Durchlässigkeit in horizontaler Richtung, die Volger anerkannt, entspricht die gleiche in vertikaler Richtung, wenn diese auch oft durch die Bodenkrume behindert erscheint. Daß aber auch der Ackerboden kein Hindernis bedeutet, geht aus dem häufig erfolgten Nachweis von Düngerstoffen im Grundwasser hervor. Im übrigen braucht nur an die künstliche Vermehrung von Grundwasser durch Versickerung von Flußwasser und an die Sickergruben und Sickerschächte erinnert zu werden. Über die Abhängigkeit des Grundwassers von den Niederschlägen liegen unter anderen Untersuchungen von Geinitz[3] und Keilhack[4] vor. Stärkere, während des Winters, also in einer Zeit, in der keine Kondensation im Boden stattfindet, gefallene Niederschläge machen sich in klüftigem Gestein schon nach wenigen Tagen durch vermehrten Zulauf in den Brunnen bemerkbar.

Das Vorhandensein von Grundwasser in ariden Gebieten spräche, wie Volger meint, für die Kondensation. Das Für und Wider wird eingehend von K. Keilhack[5] und von H. Höfer von Heimhalt[6] besprochen. Positive und einwandfreie Beobachtungen, die die Kondensation von Wasserdampf im Boden bestätigen, sind erst nach Volger mehrfach veröffentlicht worden. Meydenbauer[7] glaubte der von Hann aufgezeigten Schwierigkeit, daß die bei der Kondensation auftretende Wärme die Kondensation sistiert, durch die Annahme zu überwinden, daß die Kondensation des Wasserdampfes schon über dem Erdboden erfolge. Die dabei entstehenden Dunstbälle dringen in die Poren des Bodens ein und schlagen sich durch Adhäsion auf der Oberfläche der Bodenteilchen nieder, wenn deren Wandungen sich so weit nähern, daß die dünnen Wasserfilme zusammenfließen und sich zu flüssigem Wasser vereinigen können. Das Eindringen der Dunstbälle in den Boden würde jedoch von dem Luftaustausch zwischen Boden und Atmosphäre abhängen und gerade in feinporigen

---

[1] Köhler, E. J.: Über einige physikalische Eigenschaften des Sandes und die Methoden zu deren Bestimmung. Dissert., Karlsruhe 1900.

[2] Volger, O.: Über eine neue Quellentheorie auf meteorologischer Basis. Meteorol.Z. 4, 388 (1887).

[3] Geinitz, E.: Die Abhängigkeit des Grundwassers von den Niederschlägen. Internat. Z. Wasserversorgg. 3 (1916). — Die Grundwasserverhältnisse in Mecklenburg 1912. Landw. Ann. 1912, Nr. 26.

[4] Keilhack, K.: Grundwasserstudien. V. Der Einfluß des trockenen Sommers 1911 auf die Grundwasserbewegung in den Jahren 1911 und 1912. Z. prakt. Geol. 21, 29 (1913).

[5] Keilhack, K.: Lehrbuch der Grundwasser- und Quellenkunde, S. 94, 95. 1912.

[6] Höfer v. Heimhalt, H.: Grundwasser und Quellen, S. 43. Braunschweig 1912.

[7] Meydenbauer, A.: Die Entstehung des Grundwassers. Z. Verb. dtsch. Archit.- u. Ing.-Ver. 1, 41 (1912). — Zur Grundwasser- und Quellentheorie. Gaea 19, 606 (1883).

Ablagerungen, wo der Niederschlag der Dunstbälle besonders leicht vor sich gehen würde, nicht tief genug eindringen können, um der Verdunstung wenigstens z. T. zu entgehen. In sehr grobporigen und klüftigen Gesteinen könnte dagegen wohl eine ausgiebige Kondensation aus der zirkulierenden Bodenluft bzw. Wasserbildung durch Anheften der Dunstbälle stattfinden. Das beste Beispiel bieten die bekannten Eishöhlen[1], deren Eiswachstum ja ganz und gar auf diesem Vorgang beruht. Auf dem Prinzip der Kondensation des Wasserdampfes aus durchstreichender Luft beruhen die Wassergewinnungsanlagen an der Nordküste des Schwarzen Meeres bei Feodosia, von denen REICHLE[2] berichtet hat. Der Südwind streicht durch große Steinhaufen, die über einer undurchlässigen Betonplatte errichtet sind, auf der das Kondensationswasser aufgefangen wird. Anwendung von künstlicher Kühlung würde hier sicherlich günstigere Ergebnisse liefern. Analoge Erscheinungen kann man auch in Bergwerken beobachten, wenn im Sommer die künstlich in die Stollen geleitete Luft wärmer ist als die Grubenwände. Im Winter tritt dann das Umgekehrte ein, es erfolgt Austrocknung und Rißbildung, die vermehrten Steinschlag zur Folge hat[3]. MEZGER[4] vertrat die für poröse Böden und Gesteine zweifellos richtige Anschauung, daß das Vordringen des Wasserdampfes nichts mit der Luftzirkulation im Boden zu tun habe, sondern allein von der Differenz der Wasserdampfspannung zwischen der Atmosphäre und der Bodenluft bedingt würde. Das Vordringen kann sogar entgegen der Luftströmung vor sich gehen. Auf demselben Standpunkt stehen auch HENLE[5] und R. WEYRAUCH[6], der wohl am ausführlichsten die VOLGERsche Kondensationstheorie und ihre Kritik geschildert und besonders die Untersuchungen von KRÜGER[7] und von MEZGER[8] hervorgehoben hat. WEYRAUCH wendet sich vor allem, ebenso wie auch bereits KEILHACK im Jahre 1912, gegen die von den Anhängern der Kondensationstheorie beanspruchte Allgemeingültigkeit der aufgestellten Behauptungen, wonach eine Versickerung überhaupt nicht oder nur in ganz untergeordneter Weise in Betracht käme. Das Ergebnis der bisherigen Entwickelung unserer Anschauungen ist nach WEYRAUCH in folgende Sätze zu fassen: 1. Die alleinige Gültigkeit der Infiltrationstheorie hat sich namentlich durch die zunehmenden, wenn auch noch ungenauen Resultate von Verdunstungsmessungen als irrig erwiesen. 2. Die Lehre von der Grundwasserbildung durch Kondensation des von der Luft in den Untergrund getragenen Wasserdampfes vermag wegen des zu geringen Luftwechsels im Boden die Menge des Grundwassers nicht befriedigend zu erklären. 3. Die von MEZGER behauptete Selbständigkeit der Wasserdampfströmungen von den Luftströmungen würde diese Schwierigkeit beseitigen. 4. Daneben behält die Erscheinung der Versickerung eine, wenn auch gegen früher verminderte Bedeutung." Eine weitere Klärung im Sinne der MEZGERschen Auffassung brachten die Untersuchungen von LEBEDEFF, der, ebenso wie MEZGER[8] in seinen letzten Veröffentlichungen, der Infiltration einen Anteil an der Grundwasserbildung beläßt.

<hr>

[1] KEILHACK, K.: a. a. O.. S. 99. 1912. — HANN, J.: a. a. O., vgl. S. 69, Anmerkg. 2. — BOCK, H., G. LAHNER u. G. GAUNERSDORFER: Eishöhlen des Dachstein. Graz 1913.

[2] REICHLE, K.: Kondensationsanlagen zur Gewinnung von Wasser aus der Luftfeuchtigkeit. Wasser u. Gas 12, 38 (1921/22).

[3] VIRGIN: Humidity, its effect on mine roofs. Coal Mining 1928, 258.

[4] MEZGER, CHR.: Die Dampfkraft als Ursache der Grundwasserbildung. Gesdh.Ing. 1906, 36, 569; 1908, 241, 501; 1909, 237, 317; J. Gasbel. u. Wasserversorgg, 52, 476, 497 (1909).

[5] HENLE, H.: J. Gasbel. u. Wasserversorgg. 57, 749 (1914).

[6] WEYRAUCH, R.: Die Wasserversorgung der Städte, 2. Aufl., 1, 318—329. Leipzig 1914.

[7] KRÜGER: Gesdh.Ing. 1909, 469. — Näheres darüber in Bd. 6 dieses Handbuches. S. 201.

[8] MEZGER, CHR.: Die jährliche Wasserlieferung der Quellen und die atmosphärischen Niederschläge. Wasser u. Gas 16, Nr. 12 (1926). — Grundwasserbildung und Quellenspeisung nach den neuesten Forschungsergebnissen. Gesdh.Ing. 50, 501—514 (1927).

Der Betrag der täglichen Kondensation hält sich aber nach Mezger innerhalb enger Grenzen, komme wohl nie einem Regen von mittlerer Stärke gleich, und zum großen Teile verdunstet dieses Wasser wieder. Zu dem gleichen Ergebnis war auch I. Versluys[1] gekommen: „Die Kondensationstheorie kann mit besseren Gründen verteidigt werden, als Volger und seine Nachfolger getan haben. Aber damit kann nicht bestritten werden, daß dennoch die Kondensation in sehr geringem Maßstabe zur Bildung des Grundwassers beiträgt." Dagegen hielten E. Hesselink und I. Hudig[2] den Kondensationsertrag in den obersten Bodenschichten auf Grund ihrer Kastenversuche für ziemlich bedeutsam in bezug auf die Grundwasserbildung. Sie fanden in der Zeit vom 8.—11. Mai 1922 eine Kondensationswassermenge in Höhe von 3,1 mm pro Quadratmeter. Auch W. Koehne[3], der zuletzt die Frage der Bedeutung der Kondensation für die Grundwasserbildung zusammenfassend skizziert hat, ist der Ansicht, „daß das etwa im Untergrund kondensierte Wasser alsbald wieder durch Pflanzenverbrauch und Verdunstung aufgezehrt wird. Zur Speisung des Grundwassers vermag es in irgendwie nennenswertem Maße nur in Ausnahmefällen, wenn etwa Luft durch Klüfte und Höhlen eines Berges oder durch ein Haufwerk von Blöcken streicht, beizutragen. Auch bei der zahlenmäßigen Betrachtung von Niederschlag, Abfluß, Verdunstung und Rücklage oder Aufbrauch hat sich kein Bedürfnis herausgestellt, der unterirdischen Kondensation im Wasserhaushalt eine irgendwie wesentliche Rolle zuzuschreiben". Die von K. Keilhack[4] angeführten Beispiele von ständig und reichlich fließenden Quellen an Berggipfeln seien noch nicht hinreichend untersucht, und Fälle von rapide steigendem Grundwasser, wofür weder die Niederschläge, noch aus weiterer Entfernung heranströmendes Grundwasser herangezogen werden könne, sollen nach Koehne[5] auch ohne unterirdische Kondensation leicht eintreten können, wenn Regen und Schneeschmelze zusammenträfen oder wenn zusammengewehte Schneemassen bzw. zusammengelaufenes Wasser versickere. Auch läge der Verdacht nahe, daß es sich um eine bloße Druckübertragung von einem offenen Wasserlauf her und nicht um eine wirkliche Hebung des Grundwasserspiegels im Gestein, also um eine Hebung durch Anstauung ohne Infiltration von oben her, handele. Den Einfluß des Spannungsgefälles hat Koehne nicht weiter berührt.

Von größtem Wert sind in dieser Hinsicht die Angaben von A. F. Lebedeff[6] über Messungen der Dampfspannung in der Atmosphäre und in verschiedenen Tiefen eines in Kisten gefüllten Bodens (Odessaer Schwarzerde). Es hat sich gezeigt, daß im April 7 Uhr morgens die Wasserdampfspannung bis zur Tiefe von 3,20 m noch größer ist als die der Atmosphäre. Das gleiche war auch im September 9 Uhr abends der Fall, während im Juni 1 Uhr mittags schon von 2,50 m Tiefe ab ein geringerer Dampfdruck beobachtet wurde. Lebedeff schließt daraus, „daß sich während des ganzen Jahres im Boden und in den oberen Schichten des Untergrundes eine Zwischenschicht von mehr oder weniger großer Stärke vorfindet, wo die Spannung des Wasserdampfes größer ist als in der Atmosphäre. Dieser Umstand genügt als Beweis dafür, daß die Theorie Volgers von der Bildung des Grundwassers auf dem Wege der Kondensation

---

[1] Versluys, I.: Dissert., Delft 1916.

[2] Hesselink, E., u. I. Hudig: Hat die Kondensation der Luftfeuchtigkeit im Boden Bedeutung für die Bildung des Grundwassers? Meteorol. Z. **40**, 182 (1923).

[3] Koehne, W.: Grundwasserkunde, S. 73—78. Stuttgart 1928.

[4] Keilhack, K.: Lehrbuch, S. 97, 98. 1912.   [5] Koehne, W.: a. a. O., S. 76, 77.

[6] Lebedeff, A. F.: Die Rolle des dampfförmigen Wassers im Bereich der Boden- und Untergrundwässer. Arb. landw. Meteorol. **1913**, 125. — Die Wasserbewegung im Boden und Untergrund. Mitt. donischen landw. Inst. **3**, 220 (1918). — Die Bewegung des Wassers im Boden und im Untergrund. Z. Pflanzenernährg. usw. A, **10**, 1—36 (1927/28).

von atmosphärischem Wasserdampf in tiefen Schichten des Untergrundes unbegründet ist". Nun müßte man aber aus der ständigen Abnahme der Dampfspannung mit der Tiefe folgern, daß eine Bewegung des Wasserdampfes von den höheren Bodenschichten nach den tieferen zu stattfinden würde, wie dies LEBEDEFF auch selbst ausspricht. In den allerobersten Schichten bis zu einer Tiefe von 0,5—1,0 cm ist allerdings nachts die Wasserdampfspannung häufig geringer als die absolute Feuchtigkeit der Atmosphäre. Unter diesen Umständen muß der atmosphärische Wasserdampf in den Boden eindringen und sich hier kondensieren. Von 36 Nächten von April bis Oktober wiesen 6 keine Kondensation auf, in den übrigen 30 reicherte sich der Boden im Mittel um 0,36 mm pro Nacht an. Dem Odessaer Boden wird durch diesen Vorgang an 200 Tagen gegen 73 mm im Jahr zugeführt bei einer Niederschlagsmenge von 400 bis 450 mm. Die isolierende Wirkung der in den Boden eingegrabenen gläsernen Behälter ist bei diesen Versuchen jedoch nicht mit in Rechnung gestellt worden. Seine hydrologische Bedeutung erlangt diese oberste Bodenschicht jedoch nur durch die starke Austrocknung unter das Maß der maximalen Hygroskopizität am Tage, während der sich die Feuchtigkeit auch den tieferen Schichten mitteilt. Je nach der verschiedenen Temperatur in verschiedenen Tiefen zu verschiedenen Tageszeiten tritt ein Spannungsgefälle nach unten oder nach oben oder auch in beiden Richtungen auf. Aus der Oberflächenschicht wandert der Wasserdampf bei der Erwärmung um die Mittagszeit sowohl in die Atmosphäre als auch in die Tiefe, wo Kondensation erfolgt. „Kühle Sommerwitterung, die nicht von Regen begleitet ist, kann einer energischeren Austrocknung der tieferliegenden Bodenschichten Vorschub leisten." In stärkerem Grade wird aber die Dampfwanderung von unten nach oben im Winter beobachtet, wobei der Dampfdruck um so größer ist, je tiefer der Boden liegt. Im Januar 7 Uhr morgens betrug die Temperatur der Erdoberfläche —9,8° C und der Dampfdruck 2,1 mm, in 3,20 m Tiefe aber +12,1° C und der Dampfdruck 10,5 mm. Es tritt also im Winter in den oberen Schichten eine Anreicherung von Wasser durch Kondensation von Wasserdampf aus der Tiefe ein. Zwischen der Summe der Zunahme der Bodenfeuchtigkeit und der errechneten verdunsteten Wassermenge = 235,7 mm auf der einen Seite und den Niederschlägen auf der anderen mit 169,5 mm bekam LEBEDEFF für die Zeit vom 26. Oktober 1914 bis 1. März 1915 eine Differenz von 66,2 mm Wasser in einer 2 m mächtigen Bodenschicht. Dieses Wasser konnte demnach nur als Wasserdampf von unten her zugeführt worden sein. Beobachtungen in anderen Gebieten haben das Auftreten der LEBEDEFFschen Wasserdampfzirkulation und -kondensation bestätigt. Die Anreicherung von Kondensationswasser in dieser für die Pflanzenernährung besonders wichtigen Zone könnte nun zweifellos auch auf die Sommermonate ausgedehnt werden, wenn die Schichten nach dem Vorschlage des Verfassers[1] durch ein Röhrensystem künstlich gekühlt würden.

Daß durch die Erwärmung der Bodenoberfläche von außen her tatsächlich eine Kondensation im Boden stattfindet, haben eigene, 1924 angestellte, aber noch nicht beschriebene Verdunstungs- und Wärmeleitfähigkeitsversuche mit Sanden verschiedener Korngrößen ergeben. Der lufttrockene Sand wurde oben durch einen eingegrabenen zylindrischen elektrischen Heizkörper auf 300—315° C erhitzt. In allen Fällen bildete sich unter der Erhitzungszone ein an der Glaswand deutlich zu erkennender feuchter Ring von verschiedener Breite (0,5—5,8 cm), der zunächst schneller und dann langsamer nach unten wanderte. Nach 70 Minuten war die Oberkante der Kondensationszone z. B. etwa 5 cm weit gewandert. Dieser Vorgang ist jedoch nicht mit Wasser-

---

[1] Angeführt in H. KELLER: Wassergewinnung in heißen Ländern, S. 92. Berlin 1929.

gewinn, sondern mit Wasserverlust verbunden, wie einige Wägungen gezeigt haben. Befand sich nämlich am Boden des Gefäßes eine wassergesättigte Zone, so wurde der Wasserspiegel, der sich bei den Versuchen mit gröberen, lufttrockenen Sanden und Kiesen 15,2 cm und 16,2 cm tief befand, durch 28 stündiges Erhitzen nicht verändert, trotzdem ein Gewichtsverlust von 2,5 g bzw. 1,8 g eingetreten war. Bei einem Versuch mit sehr feinkörnigem, getrocknetem Boden (4900 Maschen) befand sich die obere Grenze der nassen Zone 10,2 cm unter der Oberfläche, nach $31^1/_2$ stündigem Erhitzen war die Wassergrenze um 6 mm gestiegen und trotzdem eine Gewichtsabnahme von 1,4 g festzustellen. Erst 65 Stunden dauernde Erhitzung ergab eine Absenkung um 20 mm bei einer Abnahme von 4,8 g; allerdings befand sich der Wasserspiegel diesmal nur 7,1 cm vom oberen Rande des gefüllten Glaszylinders entfernt. Diese Versuche bestätigten die Erfahrung, daß trockener Boden die Verdunstung des Grundwassers ungemein erschwert. Sie zeigen ferner, daß ein Teil des hygroskopischen Wassers nach außen verdampft, während ein nicht unbeträchtlicher Teil in den tieferen Schichten des Sandes kondensiert wird und nach unten wandert, bis es sich mit dem Grundwasser vereinigt. Bei der geringen und nur kurze Zeit dauernden Erwärmung der Bodenoberfläche in der Natur kann die Feuchtigkeitswanderung nur außerordentlich geringe Beträge annehmen.

Im weiteren untersuchte Lebedeff[1] die Rolle des Wasserdampfes bei der Bildung des Grundwassers. Da während der Sommerperiode der Dampfdruck sowohl von oben als auch von unten her nach der Zone der konstanten Bodentemperatur zu abnimmt, muß in dieser Zone eine lebhafte Kondensation vonstatten gehen, die den Anfang zur Bildung des ersten Grundwasserhorizontes ergäbe. Da der Horizont der konstanten Jahrestemperatur von der Form der Oberfläche abhängig sei, wiederholte auch der erste Grundwasserhorizont in einer etwas gemilderten Form das Relief der Örtlichkeit. In durchlässigen Böden sinkt das Grundwasser ab, so daß seine Lage nicht mehr mit dem Orte seiner Entstehung zusammenfällt. Unter diesem ersten Horizonte können noch weitere · Grundwasserhorizonte in den Bodenzonen entstehen, wo eine intensive Bewegung des Dampfes in eine weniger intensive übergeht, wo also Schichten mit kleinerem thermischen Gradienten von Schichten mit größerem Gradienten überlagert werden. Unter dem Frostboden bildet sich Grundwasser auf diese Weise. Süßwasserhorizonte, die bei horizontaler Schichtenlagerung zwischen Salzwasserhorizonten auftreten, wie z. B. im Tertiär des Akmolinskischen Gebietes in Turkestan, seien ein augenscheinlicher Beweis für die Entstehung der ersteren durch Kondensation des aus der Tiefe aufgestiegenen Wasserdampfes. Hygroskopisches Wasser vermag sich nur als Dampf zu bewegen; überschreitet die Feuchtigkeit die maximale Hygroskopizität, so kann das Wasser auch in flüssiger Form von einem Wasserfilm zum andern wandern. Wenn auch Lebedeff glaubt, daß die Bewegung des Wasserdampfes genüge, um Grundwasser zu bilden, wäre es seines Erachtens doch falsch, anzunehmen, „daß die flüssige Form bei der Bildung des Grundwassers nicht mitwirkt". Ein wichtiges Argument der Anhänger der Volgerschen Theorie bildete die Auffindung einer Untergrundschicht in der Steppenebene durch Wyssotzky[2], in der im allgemeinen konstante Feuchtigkeit von 13—16% herrscht, und in die kein Wasser aus der höheren, gelegentlich durchfeuchteten Zone einsickert. Auch Otozky[3] hatte festgestellt, daß diese

[1] Lebedeff, A. F.: a. a. O., S. 33. 1927/28.
[2] Wyssotzky: Hydrologische und geo-biologische Beobachtungen im Weliko-Anadol. Bodenkde. 1899, 39.
[3] Otozky: Gegenwärtige Probleme der wissenschaftlichen Hydrologie. Hydrol. Bote 1915, Nr. 1.

Zone beinahe das ganze Jahr hindurch äußerst trocken war. ISMAILSKY und WYSSOTZKY meinten nun, daß das Niederschlagwasser diese trockene Region nur an wenigen Stellen der Steppen, wie kleinen Senkungen, Schluchten usw. durchsickere und das Grundwasser speise. Auf Grund seiner Sickerversuche erklärt LEBEDEFF[1] das Phänomen der ständig trockenen oder „toten" Zone folgendermaßen: Die Veränderungen des Feuchtigkeitsgehaltes durch das hindurchfließende Sickerwasser sind geringer als die sich aus der „Probenindividualität" ergebenden Schwankungen in parallelen Feuchtigkeitsbestimmungen. Der Wassergehalt der Zone mit konstanter molekularer Feuchtigkeit blieb bei den Sickerversuchen mit 3 m langen Rohren tatsächlich unverändert. Es braucht also keine Sättigung dieses Horizontes aufzutreten, auch wenn sich über ihnen durch die Niederschläge eine gesättigte Zone mit hängendem Wasser gebildet hat. LEBEDEFF gelangt zu dem Schluß: „Der Kondensationsprozeß ist ein universaler und findet in allen Breiten und bei jeder Struktur des Bodens statt. Der Prozeß der Infiltration fehlt in der Zone des ewigen Eises, in tonigen Wüsten und, wahrscheinlich, nicht selten in Halbwüsten. In den mittleren Breiten kombinieren sich Kondensationsprozeß und Infiltration, wobei je nach den klimatischen und geologischen Bedingungen bald der eine, bald der andere vorwiegt." Wenn LEBEDEFF somit der Kondensation eine wesentliche Bedeutung für die Bildung des Wassers in der Lithosphäre einräumt, so ist doch zu sagen, daß die Begründung dieser Auffassung und die Vorstellung über die Art und Weise, wie die Kondensation erfolgt, nichts mehr mit der VOLGERschen Theorie gemein hat. Ein Luftaustausch zwischen Boden und Atmosphäre ist, wie HÄDICKE[2] und MEZGER[3] schon festgestellt hatten, nicht erforderlich. Das durch Temperaturdifferenzen hervorgerufene Dampfspannungsgefälle allein reicht aus, um Kondensation im Boden hervorzurufen. Ob dadurch aber tatsächlich eine Vermehrung des Wassergehaltes des Bodens erzielt wird, muß bezweifelt werden. Die durch die Auskühlung des Bodens während der Nacht kondensierte Wassermenge ist so gering und so wenig tief in den Boden eingedrungen, daß sie am Tage durch die Verdunstung wieder verlorengeht. Im übrigen wird nur Wasser verdampft und wieder kondensiert, das sich bereits im Boden befindet, wodurch die Bilanz des flüssigen Wassers im Boden in keiner Weise beeinflußt werden dürfte. Besonders bemerkenswert ist jedoch der Nachweis von der Größe der Wassermenge, die sich in Odessa in der ersten Winterhälfte durch Kondensation des vom Kapillarsaum des Grundwassers aufsteigenden Wasserdampfes in der Nähe der Erdoberfläche bildet. Falls diese Erscheinung auch in extrem ariden Gebieten eine Rolle spielen sollte, könnte die künstliche Erzeugung von Grundwasser durch Versickerung von Meerwasser[4] einen gewissen Wert bekommen.

Erwähnt sei noch, daß sich vor kurzem O. STUTZER[5] für die Entstehung des Grundwassers im Kalkstein am Cabo de Vela und in den Dünen der Halbinsel Goajira (Kolumbien), eines Trockengebietes also, durch Kondensation ausgesprochen hat, wie ja auch R. WEYRAUCH[6] die Meeresinseln und die in der Nähe des Meeres gelegenen Dünen wegen der hohen relativen Luftfeuchtigkeit und der stets lebhaften Luftströmungen hinsichtlich der Kondensation für besonders geeignet hält. H. KELLER[7] führt diesbezügliche Beobachtungen von

---

[1] LEBEDEFF, A. F.: a. a. O., S. 34. 1927/28.
[2] HÄDICKE, H.: Die Entstehung des Grundwassers. Bayer. Ind.- u. Gewerbebl. 1907, 445.
[3] MEZGER, CHR.: a. a. O., vgl. Anmerkg. 8 auf S. 71. 1906.
[4] KELLER, H.: a. a. O., S. 67.
[5] STUTZER, O.: Zur Geologie der Goajira-Halbinsel. Neues Jb. Min. usw., Beilgbd. 59, Abt. B, 2, S. 325, 1928.
[6] WEYRAUCH, R.: a. a. O., S. 330.   [7] KELLER, H.: a. a. O., S. 91, 92. 1929.

Hädicke[1], Ebermayer und Stappenbeck an. Es darf jedoch nicht unbeachtet bleiben, daß I. M. K. Pennink[2] 1904 als Direktor des Amsterdamer Dünenwasserwerkes erklärte, daß nach den technischen Untersuchungen nicht daran zu zweifeln sei, daß das Grundwasser in den Dünen ausschließlich durch infiltriertes Regenwasser entstehe.

Infiltrationswasser.

Als letzte und bedeutsamste Gruppe von eigener Entstehungsweise verbleibt uns noch das Infiltrationswasser zu besprechen. Unter Infiltrationswasser verstehen wir jedes Wasser, das von der Erdoberfläche her in die Erdkruste eingedrungen ist. Die ursprüngliche Entstehungsweise dieses Wassers ist dabei gleichgültig. Es kann sowohl magmatischer Herkunft sein, also etwa versickertes Thermalquellwasser, oder es kann aus dem Boden ausgetretenes Grundwasser sein, das als Quellwasser nach unbedeutendem oberirdischen Lauf wieder im Boden verschwindet und demnach schon der Hydrosphäre angehört hat. Bachwasser, Flußwasser und schließlich auch das Meerwasser sind imstande, an geeigneten Stellen in den Boden einzudringen. Sie sind als nicht unwesentliche Bestandteile desselben zu betrachten. Von der größten Bedeutung für den Wasserhaushalt der Erdkruste ist aber das infiltrierte Atmosphärenwasser. Die Bezeichnung „meteorisches Wasser" für diese Gruppe, die sich in der amerikanischen Literatur[3] häufig findet, im Gegensatz zum „connate" und zum magmatischen Wasser, könnte wohl für das aus der Atmosphäre stammende Wasser, nicht aber für die Gesamtheit des Infiltrationswassers angenommen werden. E. Kayser[4] und R. Kampe[5] nennen so das Wasser der Atmosphäre, während E. Kaiser[6] unter Meteorwasser sowohl das auf die Erde gelangende als auch das eindringende Niederschlagswasser versteht. O. E. Meinzer[7] hat jenen Ausdruck als unbrauchbar für eine spez. Definition in bezug auf unterirdisches Wasser abgelehnt.

Die Anwesenheit von Infiltrationswasser überhaupt sowie seine Menge sind naturgemäß von zwei Vorbedingungen abhängig: Das zur Versickerung gelangende Wasser muß zur Verfügung stehen, und der Boden muß Eigenschaften besitzen, die ihn zur Aufnahme des Wassers befähigen können. Beide Bedingungen müssen zusammentreffen. Die erstere kann man als die klimatische oder geographische, die letztere als die petrographische oder geologische bezeichnen. Während jene, die besonders durch die geographische Lage eines Gebietes, dessen Oberflächenformen, seine Niederschläge, Verdunstung und Vegetation gekennzeichnet ist, bereits in mehreren Kapiteln dieses Handbuches ausführlichst behandelt worden ist, haben wir uns hier nur mit den geologischen Grundlagen der Infiltration zu beschäftigen.

Die Gesteine und Böden sind in mehr oder minder hohem Grade porös. Unter Porosität verstehen wir die Anwesenheit von Hohlräumen jeder Art. Sie wird ausgedrückt in Prozenten des Gesamtvolumens des Gesteins oder Bodens. Im kleinsten Maße begegnen wir den Poren in den Mineralien und zwischen den

---

[1] Hädicke, H.: Die Gewinnung von Wasser in trockenen Gegenden. Gesdh.Ing. **30**, Nr. 31, 501, (1907).

[2] Pennink, I. M. K.: Z. kgl. Inst. Ing. Niederlanden **1903/04**. Ref. J. Gasbel. u. Wasserversorgg. **47**, 347 (1904).

[3] Z. B. H. Ries: Economic Geology, S. 437. 1916. — W. Lindgren: Mineral deposits, S. 86.

[4] Kayser, E.: Lehrbuch der Geologie **1**, S. 350, 354. Stuttgart 1921.

[5] Kampe, R.: Das Wasser. In Redlich, Terzaghi u. Kampe: Ingenieurgeologie, S. 559. Berlin 1929.

[6] Kaiser, E.: Meteorwasser, Handwörterbuch der Naturwissenschaften **6**, 862. Jena 1912.

[7] Meinzer, O. E.: Outline of ground-water hydrology, with definitions. U. S. geol. Surv., Water-Supply Paper **494**, 31 (1923).

Mineralkörnern, in größerem Maße zwischen den klastischen Komponenten der Trümmergesteine und Böden sowie in den Rissen, Klüften, Spalten und Höhlen kompakter Gesteine, vornehmlich im Bereich ihrer Verwitterungszone, im felsigen Boden. Es ist vor allem MEINZER[1], der der Gewohnheit, nur die kleinen Hohlräume als Poren zu bezeichnen, entgegentritt, denn im Vergleich zur Größe der Erde seien auch die größten Öffnungen nichts weiter als Poren. Sämtliche vier Porenarten können in den Sedimentgesteinen miteinander auftreten. Wegen ihrer verschiedenen Größe ist ihr Verhalten gegenüber dem Wasser und ihr Einfluß auf die Bodenbildung sehr verschieden. Der Wasserinhalt der Mineralporen und der Poren zwischen den Mineralien wurde bislang unter der Bezeichnung Gebirgs- oder Bergfeuchtigkeit (auch Bergschweiß)[2] zusammengefaßt, wobei auch häufig ein geringer Wassergehalt der Poren zwischen den sedimentierten Gesteinstrümmern mit einbegriffen wurde. E. KAISER und W. BEETZ[3] nannten das in Sandwehen kapillar zurückgehaltene Wasser im Anschluß an S. PASSARGE[4] Grundfeuchtigkeit. In neuerer Zeit pflegt man, abgesehen vom chemisch gebundenen Konstitutionswasser, das Einschlußwasser vom Haft- und Füllwasser zu unterscheiden[5]. Innerhalb der Bodenzone unterscheidet ZUNKER das osmotische Wasser, das hygroskopische Wasser, das Kapillarwasser, das Haftwasser, das Sickerwasser und das Grundwasser und schließlich den Wasserdampf und das Eis. Bezüglich der Definition und des physikalischen Verhaltens dieser Bodenwasserarten sei auf den angegebenen Beitrag von F. ZUNKER[5] verwiesen. LEBEDEFF[6] unterscheidet: Wasser im dampfförmigen Zustande, hygroskopisches Wasser, Filmwasser, Gravitationswasser, dazu gehörend das kapillare und das hängende Wasser, sowie das „Gravitationswasser", welches sich im Zustande des Fallens befindet, ferner das Wasser im festen Zustande, das Kristallisationswasser und endlich das chemisch gebundene Konstitutionswasser. Auffallend ist, daß das Grundwasser als besondere Gruppe des Gravitationswassers[6] nicht genannt wird. Von O. E. MEINZER[7] wurde auch eine Gliederung nach genetischen Gesichtspunkten neben einer solchen nach der Art des Auftretens versucht. Er führt das „interstitial water" externer und interner Herkunft an, wobei ersteres weiter gegliedert wird in: absorbed water, connate water, water of dehydration (z. T.) und Wasser, das vom Magma von außen aufgenommen wurde. Das absorbierte Wasser würde mit unserem Infiltrationswasser identisch sein. In bezug auf das Auftreten wird von oben nach unten unterschieden:

A. Suspendiertes oder vadoses Wasser.
   a) Bodenwasser:
      1. erreichbar für Pflanzen,
      2. nicht erreichbar.
         α) Wasser, das durch Verdunstung entfernt werden kann.
         β) Wasser, das durch Verdunstung nicht entfernt werden kann = hygroskopisches Wasser.

---

[1] MEINZER, O. E.: The occurrence of ground-water in the United States, with a discussion of principles. U. S. geol. Surv., Water-Supply Paper **489**, 2 (1923).

[2] KEILHACK, K.: a. a. O., S. 99, 101. — HEIM, A.: Die Quellen. 1885. — STREMME, H.: Quellen. Handwörterbuch der Naturwissenschaften **8**. Jena 1913. HAAS, H.: Quellenkunde, S. 15. 1895. — SUPAN, A.: Grundzüge der physischen Erdkunde, S. 350. 1927. — WEYRAUCH und viele andere.

[3] KAISER, E., u. W. BEETZ: Die Wassererschließung in der südlichen Namib Südwestafrikas. Z. prakt. Geol. **27**, 171 (1919). — KAISER, E.: Die Diamantenwüste Südwestafrikas **2**, 178. Berlin 1926.

[4] PASSARGE, S.: Die Kalahari, S. 573, 674. Berlin 1904.

[5] ZUNKER, F.: Das Verhalten des Bodens zum Wasser. Bd. 6 dieses Handbuches, S. 66. Berlin 1930,

[6] LEBEDEFF, A. F.: Die Bewegung des Wassers im Boden und im Untergrund. a. a. O., S. 24.

[7] MEINZER, O. E.: Outline of ground-water hydrology, 32, 29, Washington 1923.

b) Vadoses Zwischenzonenwasser.
c) Kapillarsaumwasser.

B. Grundwasser oder phreatisches Wasser.
a) Gravitationsgrundwasser.
b) Von der Gravitation nicht beeinflußtes Grundwasser.

C. Unterirdisches Eis.

Die Zone, in der sich das Grundwasser befindet, wird Sättigungszone genannt, während die übrigen Wasserarten zur Durchlüftungszone oder lufthaltigen Zone (zone of aeration[1]) gehören und als „suspended water" oder „vadose water" zusammengefaßt werden. Meinzer versucht hier nach dem Vorgange von Daly[2] den Ausdruck „vadoses Wasser" im alten Sinne der Pošepny-schen Definition[3] wieder einzuführen, nachdem dieser Ausdruck von E. Suess[4] in allzu umfassenden Sinne verwendet und von späteren Autoren nur auf eingedrungenes Oberflächenwasser bezogen oder gar überhaupt nicht gebraucht worden war. Diese vielseitige Anwendung des Begriffes ist zweifellos darauf zurückzuführen, daß F. Pošepny[5] ihn selbst in zwiefachem Sinne verwendet, für das deszendierende Wasser über dem Grundwasserspiegel und für das bewegte Grundwasser in leicht löslichen Gesteinen. Vor allem aber spricht Pošepny ausschließlich nur von vadoser und profunder Zirkulation, so daß die Übertragung auf das Wasser selbst, besonders in Meinzers Art, strenggenommen nicht gerechtfertigt wäre. Wir würden am besten von einer Sickerwasserzone sprechen, in der neben dem Haftwasser zeitweilig auch sich nach unten bewegendes kapillares und Gravitationssickerwasser auftreten können. Die verschiedenen Zonen und Wasserarten hat Meinzer in obenstehendem Diagramm dargestellt (Abb. 3). Es ist leicht zu verstehen, daß diese Zonengliederung nicht in allen Gesteinen der Erde klar durchzuführen ist, ganz abgesehen davon, daß die Abgrenzung der „Bodenwasserzone" abhängig ist von der Definition des Begriffes „Boden". Ganz gewiß gilt sie nicht für die Gebiete, in denen Hydrosphärenwasser zur Versickerung gelangt, und ebenfalls nicht für die kapillarporösen Gesteine, wie wir später sehen werden.

Wie eingangs schon hervorgehoben wurde, findet sich in der Literatur mehrfach die Bezeichnung „Bodenwasser" als Zusammenfassung für sämtliches in der Lithosphäre anwesendes Wasser, die jedoch keinesfalls auf das endogene und

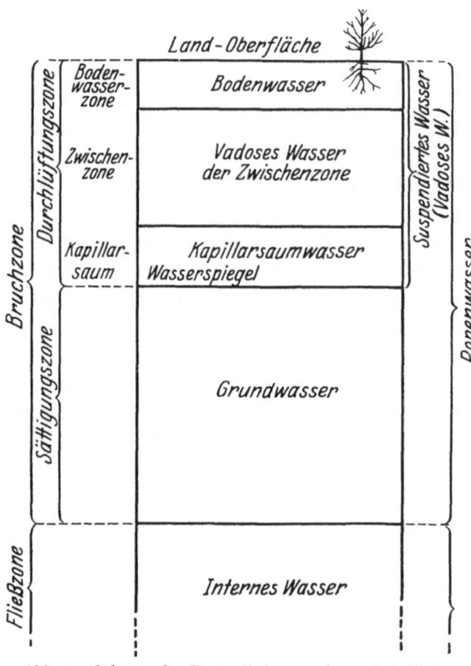

Abb. 3. Schema der Zonengliederung des unterirdischen Wassers. (Nach O. E. Meinzer.)

---

[1] Finch, J. W.: „Gathering zone or zone of percolation", darunter das „saturated belt". Nach W. Lindgren: a. a. O., S. 32.
[2] Meinzer, O. E.: Water-Supply P. **489**, 39 (1923).
[3] Vgl. S. 85.   [4] Vgl. S. 57, 49.
[5] Pošepny, F.: a. a. O., S. 24, 26—31, 1895.

das Sedimentationswasser der Tiefe anwendbar ist[1]. Versteht man aber unter Boden nur „die oberste belebte Zone der Erdrinde, die in der Regel über dem Wasserspiegel, also über dem Grundwasser liegt"[2], so dürfte die MEINZERsche Benennung zutreffen. Nach den neueren Auffassungen reicht aber das Gebiet der Bodenlehre wesentlich weiter in die Tiefe, wie aus der von E. BLANCK[3] gegebenen Definition einwandfrei hervorgeht. Man kann danach kurz sagen: Boden ist der durch exogene Einflüsse veränderte Teil der Lithosphäre, so daß also nicht nur die sog. Detritations- bzw. Oxydationszone dazu gehören würde, sondern auch die Zementationszone, die A. KUMM[4] als Zone der Metagenese zusammengefaßt hat. In diesem Sinne wäre demnach auch die Sättigungszone noch mit zum Boden zu rechnen, und die Bezeichnung Bodenwasser für das exogene Wasser der Lithosphäre, mit Ausnahme des Sedimentationswassers, dürfte damit zu Recht bestehen. Weniger begründet wäre damit die Beschränkung des Begriffes Bodenwasser = Bodenfeuchtigkeit allein auf das im Boden festgehaltene Wasser, wie sie sich in RAMANNs Bodenkunde findet[5].

In der sog. Zwischenzone, die nur dort vorkommt, wo das Grundwasser so tief liegt, daß die Pflanzenwurzeln dieses bzw. den Kapillarsaum nicht zu erreichen vermögen, tritt eine Sättigung mit Wasser nicht ein, wie das in der Bodenzone MEINZERS zeitweilig als Folge starker Niederschläge möglich ist. Auf den kapillaren Hohlräumen dringt das Wasser im Zwischenstreifen weiter in die Tiefe und preßt hier unter Umständen die Luft zusammen, so daß, nach MEZGERS[6] Auffassung, hierdurch ein verstärktes Abfließen des Grundwassers in den Quellen und dementsprechend auch ein Steigen des Wasserspiegels in den Brunnen zustande kommt. Sind im Boden und in der Zwischenzone überkapillare Zwischenräume vorhanden, so sinkt auf ihnen das Wasser der Schwerkraft folgend zumeist in recht gewundenen Einzelfäden zuerst schneller, dann immer langsamer[7] in die Tiefe, bis es auf die obere Grenze des Kapillarsaumes trifft. Der in der deutschen Literatur vielfach gebrauchte Ausdruck Sickerwasser (oder auch der weniger gebräuchliche Senkwasser) dürfte für dieses nach unten wandernde Wasser durchaus angebracht sein, nur dürfte er dann nicht zugleich auch für das aus dem Boden hervorsickernde Grundwasser verwendet werden. Als Kapillarsaum bezeichnet man die Zone, in der das Wasser aus der Sättigungszone in die kapillaren Hohlräume aufsteigt, während die überkapillaren Räume Luft enthalten. Erhöhung des Druckes durch hinzutretendes Sickerwasser pflanzt sich in ihm hydrostatisch fort, so daß die größeren Poren teilweise sofort gefüllt werden und eine dem Zulauf entsprechende Wassermenge fast plötzlich an das Grundwasser abgegeben wird.

Vermöge seines Zusammenhanges mit dem Grundwasser wird dieses durch Wasserentzug an der Oberfläche des Kapillarsaumes durch Pflanzen oder Verdunstung vermindert, was bei suspendiertem oder Haftwasser nicht möglich ist. „Schwebendes Wasser steigt nicht in Kapillaren hoch", sagt LEBEDEFF[8]. Es dürfte daher wohl als gänzlich ausgeschlossen zu betrachten sein, daß in ariden Gebieten, wo eine Zwischenzone zwischen Kapillarsaum und Bodenzone vorhanden ist, wo also der Kapillarsaum selbst nicht bis an oder dicht unter die Erdoberfläche heranreicht, ein Ersatz des verdunsteten Wassers durch Aufstieg

---

[1] KAMPE, R.: a. a. O., S. 564 gibt z. B. für die Entstehung und Ergänzung des „Bodenwassers" folgende drei Möglichkeiten an: Die Versickerung, die Kondensation und das Aufsteigen von Wasser aus dem Erdinnern.

[2] KOEHNE, W.: Grundwasserkunde, S. 14. 1928.

[3] Siehe dieses Handbuch 1, S. 19—28.   [4] KUMM, A.: a. a. O. 1926, 1927, 1928.

[5] RAMANN, E.: Bodenkunde, 2. Aufl., S. 265, 1905.

[6] MEZGER, CHR.: a. a. O. 1927.   [7] KOEHLER, E. J.: a. a. O. (siehe S. 70).

[8] LEBEDEFF, A. F.: a. a. O., S. 29. 1927/28.

aus dem Grundwasser erfolgt und daß die Bodensalze oder gar die Bodenkrusten aus dem Grundwasser stammen. Derartige Ausscheidungen können nur dort stattfinden, wo auf der Erdoberfläche zusammengelaufenes Niederschlagswasser wieder verdunstet, oder wo das Sickerwasser nicht tief genug in den Boden eingedrungen ist, oder wo schließlich Grundwasseraustritte vorhanden sind und den Boden in größerem Umkreise von unten her durchfeuchten[1]. Durch Austrocknung kann ebensowenig auch die obere Grenze des Kapillarsaumes höhergelegt werden, auch dann nicht, wenn durch Salzausscheidung das Volumen der kapillaren Poren noch verkleinert würde. Es ist fernerhin auch ein Irrtum, daß in humiden Gebieten keine Ausblühungen vorkämen. Fast in jedem Tonaufschluß, besonders in Jura-, Kreide- und Tertiärtonen kann man winzige Halbsphärite von Gips beobachten, die bei trockenem Wetter die der Luft ausgesetzten Oberflächen wie mit Reif überzogen erscheinen lassen. Diese Ausscheidungen sind eine Folge der ständig wechselnden Durchfeuchtung und Abtrocknung von außen her, wobei nur eine Salzwanderung durch Diffusion während der Durchfeuchtungszeit in Frage kommt. Aufstieg während der Abtrocknung ist unmöglich. Deshalb kann durch Bewässerung in ariden Gebieten auch eine Vermehrung der Ausblühungen erzeugt werden, ohne daß der evtl. erhöhte Grundwasserspiegel dabei beteiligt wäre, wie Ramann annimmt.

Das Wasser der Sättigungszone heißt Grundwasser. Seine Grenze gegen die lufthaltigen Schichten ist der Grundwasserspiegel, der naturgemäß nur durch die Oberflächenstücke in den überkapillaren Poren gebildet wird. Praktisch wird er durch die Verbindung der Wasserspiegel der künstlichen Aufschlüsse, unter Umständen auch der Quellen und Seen (Grundwasserseen) dargestellt. In der Sättigungs- oder Grundwasserzone wird der Raum jedes herausgenommenen Gesteins- oder Bodenteilchens sofort durch Wasser eingenommen, was in der Sickerwasserzone nicht der Fall ist. Grundwasser ist also zapfbar, während die übrigen Wässer nur durch Erhitzung, evtl. durch Auspressen oder Zentrifugieren, gewonnen werden können. Gesteine bzw. Gesteinshorizonte, in denen sich Grundwasser befindet, wurden früher meist als Grundwasserträger und diejenigen, auf denen das Grundwasser ruhte, als Grundwasserstauer bezeichnet. Da die letzteren aber ebensogut die Bezeichnung Grundwasserträger verdienen, zieht man es heute vor, von wasserführenden Gesteinen oder Schichten (aquifer)[2] zu sprechen. Die wasserstauenden nennt man undurchlässig; und die Bezeichnung „durchlässig" gilt sowohl für die grundwasserführenden als auch für die sickerwasserführenden Gesteine und Böden. In bezug auf die Anwendung des Begriffes Grundwasser scheint neuerdings erfreulicherweise mehr Übereinstimmung zu herrschen, während früher, wohl auf H. Haas[3] zurückgehend, mehrfach Abweichungen von dieser Definition aufgetreten sind. H. Haas beschränkte den Begriff Grundwasser allein auf „Wasseransammlungen in lockeren und losen Gesteinen". Haas ist sich jedoch bewußt, daß ein scharfer Unterschied zwischen dem Wasser in lockeren und festen Ablagerungen häufig nicht besteht. Konglomerate und Sandsteine können derartig grobporig sein, daß das Wasser in ihnen das gleiche Verhalten zeigt, wie in den nichtverkitteten Ablagerungen. Mit geringen Ausnahmen im Tertiär und älteren Formationen könne Grundwasser nur in quartären Sedimenten auftreten. Sickerwasser, fließendes und austretendes Grundwasser vermögen aber die festen Sandsteine

---

[1] Kaiser, E., u. W. Beetz: a. a. O., S. 193, 194. — Kaiser, E.: Die Diamantenwüste 2, 205. 1926.

[2] Norton, W. H.: Artesian wells of Iowa. Iowa geol. Surv. 6, 130 (1897). — Meinzer, O. E.: a. a. O., Water-Supply P. 489, 52 (1923).

[3] Haas, H.: Quellenkunde, S. 165. 1895.

und Konglomerate in der Nähe des Ausgehenden durch Auslaugung des Binde-
mittels wieder in Lockerprodukte zurückzuverwandeln, die unter günstigen
Denudationsverhältnissen an Ort und Stelle verbleiben können, so daß hierdurch
ebenfalls Übergänge zwischen dem Wasser in festen und losen Gesteinen gegeben sind. HAAS hat nun keineswegs das Auftreten des Wassers in festen
Gesteinen, dem doch in bezug auf die Ausgestaltung der Oberflächenformen des
Landes durch die Versorgung der Quellen im Gebirgs- und Hügellande und damit
indirekt auch auf die Bodenbildung eine viel größere Rolle zuzuschreiben ist als
dem Grundwasser des Flachlandes, vernachlässigt, sondern hat nur verabsäumt,
ihm einen besonderen Namen zu geben. A. STEUER[1] übernimmt die Definition
des Grundwassers von HAAS, unterscheidet daneben aber noch: 1. das Sickerwasser, das von der Erdoberfläche her eingedrungen ist, aber noch nicht die
chemischen und bakteriologischen Eigenschaften des Grundwassers oder des
Schichtwassers besitzt, 2. das Schichtwasser, welches durch seine Schwere
oder die Kapillarität die Poren fester Gesteine erfüllt und durchzieht und die
Schichtquellen speist, 3. das Spaltenwasser auf Verwerfungen und 4. das
Kluftwasser als dasjenige Bodenwasser, das sich in den sekundär entstandenen
Klüften der festen und dichten Gesteine sammelt und weiterbewegt. Letzteres
hatte GÄRTNER[2] 1902 als Quellwasser vom Grundwasser in lockeren Sedimenten
getrennt, was vom hygienischen Standpunkte aus trotz der vorhandenen Übergänge gerechtfertigt erscheint. Nicht auf das Grundwasser allein, sondern auf
Sickerwasser und Grundwasser paßt die folgende von E. RAMANN[3] gegebene
Definition des letzteren: „Den Teil des Wassers, welcher in die Tiefe ab-
sickert, bis er eine undurchlässige Schicht erreicht, auf der er sich ansammelt,
nennt man Grundwasser." H. HÖFER VON HEIMHALT[4] unterschied neben seinem
Grundwasser noch das artesisch gespannte Bodenwasser und das Felswasser,
das sich aus Spaltenwasser, Höhlenwasser und Porenwasser zusammensetzt, sagt aber selbst, daß das Verhalten dieser Wässer häufig mit dem von ihm
so genannten Grundwasser übereinstimmt. KEILHACK[5] setzt in seiner Definition
Grundwasser gleich Untergrundwasser, schließt aber das künstlich zur Versickerung gebrachte Wasser aus. In der Anwendung wird der Ausdruck Grundwasser tatsächlich jedoch nur auf das Wasser der Sättigungszone bezogen.
KEILHACK[6] wie auch WEYRAUCH[7] lehnen den Gliederungsversuch STEUERS ab,
sowohl wegen der Beschränkung des Grundwassers auf lockere Sedimentgesteine
bestimmten geologischen Alters als auch wegen der Hineinbeziehung der Tiefe
und der Qualität. Die Bezeichnung Bodenwasser gleich „Grundwasser im allgemeinen" läßt WEYRAUCH gelten, während Grundwasser im Sinne MEINZERS
und KOEHNES von WEYRAUCH[8] „Grundwasser im speziellen" genannt wird,
wobei das in lockeren Ablagerungen auftretende den Namen „Geschiebegrund-
wasser" erhält. Auch PRINZ[9] kam 1919 noch nicht zu einer annehmbaren Gliederung des „unterirdischen Wassers". Er unterschied zwischen „Grundwasser",

---

[1] STEUER, A.: Die Entstehung des Grundwassers im hessischen Ried. Festschr.
A. v. KOENEN, S. 147. Stuttgart 1907.
[2] GÄRTNER, T.: Die Quellen in ihren Beziehungen zum Grundwasser und zum Typhus.
Jena 1902. — Die Hygiene des Wassers, S. 271—274. Braunschweig 1915.
[3] RAMANN, E.: Bodenkunde, 2. Aufl., S. 265. Berlin 1905.
[4] HÖFER V. HEIMHALT, H.: Grundwasser und Quellen, S. 84—88. Braunschweig 1912.
[5] KEILHACK, K.: Grundwasser und Quellenkunde, S. 67. 1914. Noch weiter gefaßt
ist die Auffassung LUEGERS im Lexikon der gesamten Technik (zit. bei R. WEYRAUCH:
a. a. O., S. 291).
[6] KEILHACK, K.: a. a. O., S. 68. Berlin 1912.
[7] WEYRAUCH, R.: a. a. O., S. 292. Leipzig 1914.
[8] WEYRAUCH, R.: a. a. O., S. 293.
[9] PRINZ, E.: Handbuch der Hydrologie, 1. Aufl., S. 2. Berlin 1919.

das die Hohlräume loser Gesteinstrümmer erfüllt, und „unterirdischen Wasser-
läufen" in Rissen, Spalten, Fugen, Klüften und Höhlen fester Gesteine. E. Gross[1]
und R. Kampe[2] folgen ihm darin. Daß die Wasserbewegung in derartigen Hohlräumen unter Umständen schneller ist als in lockeren Ablagerungen, und daß
die Qualität beider Wasserarten verschieden sein kann, was aber nicht unbedingt der Fall zu sein braucht, dürfte kein Grund dafür sein, derartig extreme
Bezeichnungen heranzuziehen. Der zweifellos oft vorhandene Unterschied des
hydraulischen Verhaltens und die gleiche Genese dürften wohl genügend dadurch zum Ausdruck gebracht werden, daß man von Spalten-, Kluft- oder
Höhlengrundwasser spricht. Die Bezeichnung „hängendes Grundwasser"
für Sickerwasser sollte vermieden werden, wogegen sie aber nach Meinzers
Definition der Sättigungszone für die gelegentlich durch Niederschläge oder
Kondensation[3] gesättigten höheren Bodenschichten, sobald diese nur kapillare
Poren enthalten, zutreffen müßte. Meinzer[4] selbst verwendet sie aber nur für
die über dem Hauptgrundwasserspiegel gelegenen Sättigungszonen, die eine
eigene undurchlässige Sohle besitzen, denn jedes durch Molekularattraktion und
nicht durch hydrostatischen Druck in den Poren gehaltene Wasser scheidet
Meinzer[5] im Gegensatz zu Lebedeff[6] aus dem Grundwasser aus.

H. Stremme[7] hat wiederum etwas abweichende Begriffsbestimmungen getroffen. Zur Bergfeuchte rechnet er das unbewegte, physikalisch und z. T. chemisch gebundene Bodenwasser. Bewegt und nicht gebunden sind die Sickerwässer, die a) aus Grundwasser in lockeren und losen, aus Schichtwasser in
festen durchlässigen Gesteinen bestehen und als Grundwasser im weiteren Sinne
zusammengefaßt werden, und b) aus Schichtfugen-, Kluft- und Spaltenwasser
auf Schichtfugen und Spalten in Komplexen undurchlässiger Gesteine, die zusammen kurz als Fugenwasser zu bezeichnen seien. Unter Sickerwasser wird
auch hier, ähnlich wie bei Steuer[8], nicht das noch auf dem Sickerwege befindliche Wasser verstanden, sondern dasjenige, das schon in der Grundwasserzone
angestaut ist und seine Herkunft von der Erdoberfläche verrät. Es deckt sich
diese Auffassung mit unserem Infiltrationswasser, wobei aber das Wasser der
lufthaltigen Zone nicht berücksichtigt wird. Betreffs des Schichtfugenwassers
ist zu bemerken, daß Schichtflächen normalerweise keine Fugen sind und infolgedessen auch kein Wasser enthalten können. Erst durch Verwitterung und Ausspülung besonders bei steilstehenden Schichten, oder wenn durch tektonische
Beanspruchung Schicht- oder Bankflächen zu Kluftflächen werden, können
Spalten entstehen, die mit den Schichtungs- oder Bankungsebenen unter Umständen zusammenfallen.

Nicht zu empfehlen ist die Verwendung des Ausdrucks „Bodenwasserspiegel"
statt Grundwasserspiegel, die Philippson[9], der im übrigen die Einteilung von
Steuer übernimmt, vorschlägt, da ja zum Bodenwasser auch die Bergfeuchtigkeit und die vorübergehende Feuchtigkeit in der „Zone der vertikalen Durch-
sickerung" gehören.

---

[1] Gross, E.: Handbuch der Wasserversorgung, S. 17. München u. Berlin 1928.

[2] Kampe, R., in Redlich, Terzaghi u. Kampe: Ingenieurgeologie, S. 563. Wien
u. Berlin 1929.

[3] Lebedeff, A. F.: a. a. O., S. 11. 1927/28.

[4] Meinzer, O. E.: a. a. O., Water-Supply P. **494**, 41 (1923).

[5] Meinzer, O. E.: a. a. O., S. 22.   [6] Lebedeff, A. F.: a. a. O., S. 11. 1927/28.

[7] Stremme, H.: Grundwasser. Handwörterbuch der Naturwissenschaften 5, 123. Jena
1914.

[8] Steuer, A.: a. a. O., S. 146, 147. 1907.

[9] Philippson, A.: Grundzüge der Allgemeinen Geographie 2, 2. Hälfte, S. 51—53.
Leipzig 1924.

Gegenüber allen diesen Gliederungs- und Definitionsversuchen bedeuteten die Ausführungen MEINZERS, der vor allen Dingen das amerikanische Schrifttum zu Rate zieht, und denen sich auch KOEHNE[1] größtenteils angeschlossen hat, der in erster Linie neuere deutschsprachige Literatur anführt, in der Klarheit der Definition und in ihrem umfassenden Inhalt zweifellos einen Fortschritt, obgleich beide Autoren auf das Wasser endogener Herkunft fast gar nicht oder nur wenig Bezug nehmen. Auch die Bezeichnungsweise von ZUNKER[2] und von KOHLSCHÜTTER[3] stimmt gut mit der der vorgenannten überein. „Grundwasser heißt das die Bodenhohlräume voll ausfüllende unter Einwirkung eines Gefälles ins Fließen kommende unterirdische Wasser." Abweichend von allen genannten Fassungen erweitert H. KELLER[4] den Begriff Grundwasser dadurch, daß er auch das aus abfallenden Quellen herrührende Wasser, das Quellwasser, als besondere Gruppe des Grundwassers aufstellt. Die Frage nach dem Anteil des endogenen, oder des vermutlich endogenen Wassers am Infiltrationswasser oder speziell am Grundwasser ist anscheinend überhaupt noch völlig ungeklärt[3]. Zu bemerken ist jedoch, daß GREGORY[5] im Gegensatz zu anderen Auffassungen die Meinung vertritt, daß das artesische Wasser des großaustralischen Beckens plutonischer Herkunft sei und aus früheren Zeitaltern stamme.

Da das Grundwasser sicherlich auch heute noch in manchen Gegenden einen Zustrom von endogenem Wasser erhält — vielfach wird das auf Erzgängen in der Tiefe einbrechende Wasser, das gänzlich andere Zusammensetzung als das Grundwasser im Nebengestein besitzt, für identisch mit dem Erzbringer gehalten —, ist diese Bezeichnung streng genommen keine genetische. Solange aber keine Möglichkeit besteht, die Wässer verschiedener Herkunft von einander zu trennen bzw. für sich getrennt aufzufinden, rechnen wir alles Grundwasser zum Infiltrationswasser. Andernfalls wäre man genötigt, sowohl von Infiltrationsgrundwasser als auch von Sedimentationsgrundwasser, Kondensationsgrundwasser und von magmatogenem Grundwasser zu sprechen. In bezug auf die geologischen Wirkungen in der Vergangenheit wird sich diese Unterscheidung jedenfalls leichter durchführen lassen als in bezug auf das gegenwärtige Wasser unter der Landoberfläche selbst.

Vielfach findet sich in der Literatur eine genetische Erklärung des Grundwassers, deren Ausdrucksweise nicht einwandfrei ist. Es wird gesagt, daß das Sickerwasser so lange in die Tiefe sickere, bis es auf eine undurchlässige Schicht[6] träfe, wo es sich als Grundwasser ansammle. Da die meisten Sedimentgesteine der heutigen Festländer unter Wasser gebildet wurden, müssen sie von Anfang an mit Wasser erfüllt gewesen sein und durch die Heraushebung aus dem Ablagerungsmedium an Wasserinhalt eingebüßt haben. Aber selbst wenn alles Sedimentationswasser längst durch Infiltrationswasser ersetzt ist, so dringt das Sickerwasser doch nur bis zum Grundwasserspiegel, und nur durch Diffusion gelangen die gelösten Bestandteile des ursprünglichen Sickerwassers weiter in die Tiefe, denn sonst müßte die Verwitterung in viel stärkerem Maße bis zur un-

---

[1] KOEHNE, W.: a. a. O., S. 13. 1928.

[2] ZUNKER, F.: Neue Einblicke in die Wasserführung des Bodens. Kulturtechniker **29**, 148 (1926).

[3] KOHLSCHÜTTER, R.: Grundwasser als Rohwasser. In W. VOLLBRECHT u. R. STERNBERG-RAASCH: Trink- und Nutzwasser in der deutschen Wirtschaft. Berlin 1930.

[4] KELLER, H.: Gespannte Wässer, S. 13. Halle (Saale) 1928.

[5] GREGORY: The dead heart of Australia. London 1906. Nach H. KELLER: Gespannte Wässer S. 17. 1928.

[6] Es ist unter allen Umständen richtiger, von undurchlässigem Gestein zu sprechen, als von einer undurchlässigen Schicht, da einerseits nicht nur Sedimentgesteine in Frage kommen, und da es sich andererseits bei diesen stets um eine Mehrheit von Schichten handelt.

durchlässigen Sohle dringen. Anders verhalten sich die dichten Gesteine, deren nach der Verfestigung gebildete Klüfte durch das kapillare Gesteinswasser nicht gefüllt werden können. Sie erfahren ihre erste Füllung durch Infiltrations-wasser, und zwar stets vom Lande her, da hier die Gesteine durch die Abtra gung meist erst dem Wasser zugänglich gemacht werden müssen. Durch Aus-laugung des Gesteins wird dann dieses Wasser unter Umständen salzig. Tauchen alte Landoberflächen mit durchlässigen Gesteinen wieder unter das Meer, so kann das Süßwasser durch das schwerere Salzwasser verdrängt werden. Die Schwierigkeit, primäres Meerwasser von infiltriertem zu unterscheiden, wird da-durch wesentlich erhöht. Von den Einwirkungen derartigen Meereswassers ist in der Geologie noch nichts bekannt. Vermutlich würden sie auch durch das später nach der erneuten Heraushebung wieder eindringende Süßwasser ent-fernt worden sein.

Über die Tiefe, bis zu der Grundwasser einzudringen vermag, gehen die Meinungen noch auseinander. Einige, wie van Hise[1], glauben, daß es so tief ein-dringt als Hohlräume existieren, also bis zur unteren Grenze der Bruchzone. Nach Hoskins[2] etwa bis 10000 m, nach Adams[3] und King[4] allerdings noch tiefer, in Granit über 15 Meilen. Es ist jedoch zweifelhaft, ob Oberflächenwasser tatsäch-lich so tief einzudringen vermag, da die Beobachtung in tiefen Bergwerken lehrt, daß die Wassermenge mit der Tiefe abnimmt und daß einige der tieferen Berg-werke auf dem Grunde staubtrocken sind[5]. In 12 km Tiefe, wo die kritische Tem-peratur des Wassers erreicht ist, dürfte nur noch Wasser in gasförmigem Zustande auftreten. ,,Eine allgemeine Durchtränkung der Gesteine mit Wasser bis zu Tie-fen von vielen Kilometern ist nach allen Erfahrungen ausgeschlossen, ebenso wie das Vorhandensein offener Klüfte in solchen Tiefen nichts weniger als wahr-scheinlich ist[6].'' Bemerkenswert ist auch die Angabe von Lindgren[7], daß die letzten 1500 Fuß der 4262 Fuß tiefen Bohrung von Wheeling, Westvirginia, in absolut trockenem Gestein standen, während dagegen der Dakota-Sandstein bis 3000 Fuß Tiefe Wasser führt. Das Wasser der oben schon erwähnten 51° warmen Quellen von Baden an der Limmat dürfte nach Heim[8] wohl 2000 m tief unter der Oberfläche des schweizerischen Molasselandes hindurchgegangen sein. Nach de Launay[9] wurden beim Bau des Simplontunnels insgesamt nur 237 ,,Quellen'' angetroffen, die aus Brüchen, Verwerfungen und Kontaktflächen von Gesteinen ungleicher Durchlässigkeit hervortraten. Letztere waren am häufigsten, und die aus löslichem Gestein die wasserreichsten. Alle Wässer enthielten etwa 1 g Gips im Liter gelöst. Die Schüttung betrug bei einer Quelle 1200 l/sek. Im mittleren Teile, sicherlich mehr als 1000 m unter der Erdoberfläche, traf man auf einer Spalte kaltes Wasser, das von oben herabstürzte, und zugleich warmes Wasser, das von unten emporquoll. Daß die Wassermassen tatsächlich von der Erdoberfläche aus genährt wurden, geht aus der Abhängigkeit von der Schnee-

<hr>

[1] Hise, C. R. van: Principles of North American pre-Cambrian geology. U. S. geol. Surv. **16**. Ann. Rept., T. 1, 593 (1896).

[2] Hoskins, L. M.: Flow and fracture of rocks as related to structure. U. S. geol. Surv. **16**. Ann. Rept., T. 1, 845—875 (1896).

[3] Adams, F. D.: An experimental contribution to the question on the depth of the zone of flow in the earth's crust. J. of Geol. **20**, 97—118 (1912).

[4] King, L. V.: On the limiting strength of rocks under conditions of stress existing in the earth's interior. J. of Geol. **20**, 119—138 (1912).

[5] Nach H. Ries: Economic Geology, S. 438. 1916. — O. E. Meinzer: Water-Supply P. **489**, 40—42 (1923).

[6] Weinschenk, E.: Grundzüge der Gesteinskunde 1, S. 115. Freiburg 1902.

[7] Lindgren, W.: a. a. O., S. 34, 37—39.   [8] Heim, A.: a. a. O., S. 28. 1885.

[9] Launay, L. de: Traité de Géologie et de Minéralogie appliquées à l'art de l'ingénieur, S. 326—328. Paris 1922.

schmelze hervor, die sich nach Verlauf eines Monats in erhöhter Schüttung bemerkbar machte.

Es geht aus diesen Beispielen hervor, daß die Zahl der Klüfte wohl nach der Tiefe zu mehr und mehr abnimmt bis schließlich nur einige wenige Hauptstörungen bestehen bleiben, und daß aber die Klüftigkeit hauptsächlich von der Gesteinsbeschaffenheit, der Plastizität und dem Grade der dynamischen Metamorphose abhängt. Gleichmäßig und sanft gefaltete jüngere Gesteine vermögen infiltriertes Wasser weit tiefer hinunterzuleiten als ältere, stark zerstückelte und in Schiefern eingebettete Bänke. Auch in den lockeren sowie in den klüftigen Sedimentgesteinen junger Grabenzonen, wie z. B. im Oberrheintalgraben, ist Infiltrationsgrundwasser sicherlich bis weit über 1000 m hinunter anzutreffen[1]. Trotzdem sind aber zahlreiche Bohrungen bekannt geworden, die in größeren Tiefen stark poröses Gestein antrafen, das aber völlig wasserfrei war. Falls die Beobachtungen über die Gesteinsbeschaffenheit tatsächlich zuträfen, wäre die Ursache der Trockenheit schwer zu erklären[2].

Den ganzen Bereich des Grundwassers hat man nun seinerseits wieder in zwei Zonen gegliedert. Es wurde schon erwähnt, daß Pošepny[3] von einer vadosen und profunden Wasserzirkulation spricht. Berg[4] hat diese Unterscheidung beibehalten, indem er „Tiefenwasser in den unteren Teilen des Grundwasserozeans‘‘ vom Wasser der tieferen Grundwasserströme und vom „Oberflächenwasser‘‘ trennt. Besser ist die Benennung „Obergrundwasser‘‘ für das letztere bei Keller[5]. Ferner bezeichnet Finch[6] den unter dem Niveau des tiefsten Grundwasseraustritts gelegenen Teil als die statische Zone, deren untere Grenze unter Umständen nicht tiefer als 450 m liegen soll. In ihr findet nur durch den Wärmeausgleich eine Strömung statt. Darüber befindet sich die Zone des Fließens (zone of discharge), in der eine seitliche Bewegung des Wassers herrscht. Vielfach hat man auch bei dem tieferen Grundwasser von Grundwasserstau oder Grundwasserbecken gesprochen. Das Beispiel der Badener Thermen hat aber gezeigt, daß Tiefe und Bewegung sich keinesfalls gegenseitig auszuschließen brauchen.

Bei mehreren übereinander liegenden Grundwasserhorizonten oder -stockwerken hat man auch den tieferen und infolgedessen ausgedehnteren Horizont als das Hauptgrundwasser den höheren gegenübergestellt. Eine Unterscheidung von Grundwasserhorizonten I., II., III. usw. Ordnung wäre angebracht.

Die Poren der Gesteine des Untergrundes und des Bodens sind mit Wasser bis zum Schnitt des Grundwasserspiegels mit der Erdoberfläche angefüllt. Die allgemeine Vorflut aller Lithosphärenwässer des Landes ist der Meeresboden in der Nähe der Küste. Abgesehen von niederschlagsarmen oder künstlich entwässerten Senken, liegt der Grundwasserspiegel auf dem Lande höher als der Meeresspiegel, so daß Grundwasser unter mehr oder minder hohem Druck an das Meer abgegeben wird. Kluftwasser aus geschlossener Rinne kann so noch in mehreren hundert Metern Entfernung von der Küste und in größerer Tiefe zum Ausfluß gelangen. Doch können die Wasserhorizonte auch in größerer Tiefe unter dem Meeresboden liegen und gegen diesen völlig oder auch ganz abgedichtet sein[7].

---

[1] Vgl. W. Salomon: Die Erbohrung der Heidelberger Radiumsoltherme usw. Abh. Heidelb. Akad. Wiss. 1927, 14. Abh. S. 67.

[2] Vgl. O. E. Meinzer: a. a. O., Water-Supply P. 489, 42—50 (1923).

[3] Pošepny, F.: a. a. O., S. 24, 35.   [4] Berg, G.: a. a. O., S. 28. 1918.

[5] Keller, H.: Gespannte Wässer, S. 13. 1928.

[6] Nach W. Lindgren: a. a. O., S. 32.

[7] Olshausen, J.: Flut und Ebbe in artesischen Tiefbrunnen in Hamburg. J. Gasbel. u. Wasserversorgg. 47, 381 (siehe auch S. 88) (1904).

Durch den mannigfaltigen Wechsel der petrographischen Beschaffenheit, d. h. in diesem Falle der effektiven Porosität, in der Aufeinanderfolge der Gesteine, durch die Mannigfaltigkeit der durch Faltungen und Störungen bedingten Lagerungsverhältnisse und durch die Zerrissenheit der Oberfläche werden auf dem Lande selbst zahllose Vorfluter geschaffen, als die in erster Linie die Flußrinnen und die Berghänge in Frage kommen. Fast jeder klüftige und zutage ausgehende Gesteinshorizont besitzt sein eigenes Grundwasser und seine eigene Sickerwasserzone, und die Verschiedenartigkeit der Wässer in physikalischer und chemischer Hinsicht ist so groß wie die Verschiedenheit des Gefäßes. Eine eingehende geologische Schilderung aller wasserführenden Gebiete der Erde wäre erforderlich, um ein Bild von dem vielfachen Wechsel der Vorkommen bieten zu können. Die Fülle der interessanten Erscheinungen zwingt geradezu zum Schematismus, und doch ist die schematische Behandlungsweise für die Erkennung der tatsächlichen Wasserverhältnisse des Bodens von großem Nachteil. „Allgemeine Regeln und Rezepte lassen wie Aberglaube und Wünschelrute im Stiche, denn die Bodenverhältnisse sind selten an zwei Stellen ganz gleich" (Heim).

Die Grundwasserhorizonte und die Grundwasserspiegel sind zerrissen in einzelne Teilstücke, die nur das eine gemeinsam haben, daß sie nach ihrem tiefsten Punkte hin entwässern. Die Folge dieser Entwässerung und der Infiltration von oben ist der gekrümmte Wasserspiegel, von dem allgemein gesagt wird, daß er in gemilderter Form das Relief der Erdoberfläche nachbilde. Keineswegs aber ist der größere Weg, den das Sickerwasser unter Erhöhungen bis zum Grundwasser zurückzulegen hat, eine der Ursachen der Spiegelkrümmung, wie Ramann[1] meinte, denn dadurch würde unter Umständen geradezu eine Abflachung erzielt werden. Die Neigung des Grundwasserspiegels, sein Gefälle, ist zweifellos abhängig von dem Grade der Durchlässigkeit des Gesteins. Das Kluftwasser und seine Spielarten werden nur dann einen zusammenhängenden und gekrümmten spiegel aufweisen, wenn das Gestein von sehr vielen zusammenhängenden Spältchen und Haarrissen durchsetzt wird. Dies wird im allgemeinen nur in der Nähe der Erdoberfläche oder in ungemein sprödem, unlöslichem Gestein, wie z. B. dem Kieselschiefer, oder in weicheren Kreidekalken (Abb. 4), oder wenn gröbere Spalten oder Höhlen mit durchlässigem Lockermaterial erfüllt sind, möglich sein. Je größer der

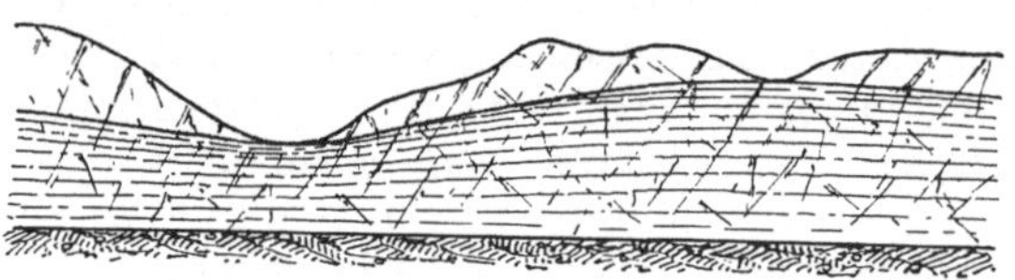

Abb. 4. Grundwasser in engklüftigem, weichem Kreidekalkstein der Champagne mit zusammenhängendem Grundwasserspiegel.
(Aus E. Prinz.)

Energieverlust durch Reibungswiderstände und je größer die spez. Kapazität des Bodens sind, um so mehr vermag der Boden unter Erhebungen aufgefüllt zu werden, um so mehr gleicht sich die Gefällskurve der Gehängeneigung an. Die Strömungsrichtung des Grundwassers folgt dann der Neigung der Erdoberfläche. In gut durchlässigen Schichten besteht zwischen beiden keine gesetzmäßige Abhängigkeit, sondern nur eine zufällige. Hier stellt sich oft eine Übereinstimmung der Spiegeloberfläche mit der undurchlässigen Sohle heraus. Wechselnde Durchlässigkeit sowie Einschnürung oder Erweiterung des Durchflußquerschnittes bewirken Gefällsänderungen, starke Wasserzufuhr erhöht das Gefälle und damit die Strömungsgeschwindigkeit und die Schüttung der Quellen. Bei fehlendem Zufluß und Abfluß geht das Wasser in „ruhendes Grundwasser" über.

---

[1] Ramann, E.: Bodenkunde, S. 270. 1905.

In durchlässigen Flußauen besitzt das Grundwasser von den erhöhten Hängen her ein Gefälle nach dem Flusse zu, die Höhenkurven des Grundwasserspiegels laufen dann spitzwinklig zum Flußlauf[1] und sind flußaufwärts gekrümmt (vgl. Abb. 8a auf S. 94). Im Flußbett selbst sind dann Grundwasser und Flußwasser eins, das Grundwasser besitzt das gleiche Gefälle wie der Fluß. Auf die entgegengesetzten Beziehungen zwischen Fluß- und Grundwasser wird später noch zurückzukommen sein.

Wenn ein durchlässiger und geneigter Gesteinskomplex im Hangenden von weniger durchlässigen Gesteinen begrenzt wird und das Wasser den ganzen Querschnitt füllt, so übt dieses Wasser auf jeden Punkt der Deckschicht je nach der vertikalen Tiefenlage dieses Punktes unter dem „freien" Grundwasserspiegel unter dem Ausgehenden des durchlässigen Horizontes einen hydrostatischen Druck aus. Derartiges Wasser nennt man artesisches Wasser[2]. Es stellt eine besondere Gruppe der gespannten Wässer dar, deren Spannung außer durch eine hohe Wassersäule (Wasserbelastung) auch durch wasserstauende Einlagerungen im Grundwasserstrom, durch sich ausdehnende unterirdische Gasmassen oder auch durch den Druck überlagernder oder umgebender Gesteinsmassen hervorgerufen werden kann. TORNQUIST[3] führte für die artesischen Brunnen in der Juraformation Ostpreußens, deren Wasserauftrieb durch den Druck des wasserundurchlässigen Hangenden bedingt sein soll, die Bezeichnung „Schichtdruckquellen" ein. Gegen diese Möglichkeit der Entstehung artesischen Druckes sind schwerwiegende Bedenken geltend gemacht worden, besonders soweit sie von RUSSELL[4] als alleinige Ursache der artesischen Spannung des Wassers im Dakotabecken, dessen wasserführender Sandstein in Form abgeschlossener Linsen vorkommen soll, angenommen war.

Ist in einer Quelle, einer Bohrung, im Brunnenschacht oder Bergwerk der Widerstand der Deckschicht verringert oder sogar aufgehoben worden, so steigt das Wasser nach dem Gesetze der kommunizierenden Röhren in die Öffnung. Es würde im Schacht oder Bohrloch bis zum Niveau des freien Grundwasserspiegels des betreffenden Horizontes steigen, wenn der Horizont an seinem tieferen Ende keinen Auslauf besitzt und wenn nicht durch die Überwindung des Reibungswiderstandes kinetische Energie verbraucht würde. Je nach dem Grade der Durchlässigkeit kommt das aufsteigende Wasser mehr oder minder nahe an die Verbindungslinie zwischen freiem Grundwasserspiegel und dem unteren Auslauf heran. Die Verbindungsfläche der Oberflächen in den verschiedenen Steigrohren bezeichnet man als das „piezometrische Niveau" oder auch als „Druckfläche" oder „Druckebene". Die Druckhöhe kann in derselben Weise wie beim freien Spiegel durch Hydroisohypsen durch „Linien gleichen Druckes" dargestellt werden; sie wird meist in Atmosphären gemessen. Liegt nun die Erdoberfläche höher als diese Druckfläche, so spricht man von unterflurgespanntem Wasser, an Stellen, wo sich die Erdoberfläche unter das piezometrische Niveau senkt, steigt das Wasser im Rohr um die Höhendifferenz über Gelände = überflurgespanntes Wasser oder Springwasser. Letzteres wurde auch als „positiv" und ersteres als „negativ" bezeichnet, wie in Abb. 5 dargestellt.

---

[1] FLIEGEL, G.: Die Fließrichtung des Grundwassers in großen Tälern. Jb. preuß. geol. Landesanst. 47, 458 (1926).

[2] KELLER, H.: Gespannte Wässer, S. 13, 14. Halle 1928. — KEILHACK, K.: Grundwasser- und Quellenkunde, S. 246. Berlin 1912.

[3] TORNQUIST, A.: Geologie von Ostpreußen, S. 231. Berlin 1910.

[4] RUSSELL, W. L.: The origin of artesian pressure. Economic Geology 23, 132 (1928) und Diskussion von A. M. PIPER: ebenda S. 683, K. TERZAGHI, ebenda 24, 94 (1929), W. L. RUSSELL: ebenda, S. 542, D. G. THOMPSON: ebenda S. 758.

Gespanntem Grundwasser begegnen wir in Gesteinen jeglicher Art und jeden Alters, seltener dem überflurgespannten artesischen Wasser, das für manche wasserarmen Gegenden von der größten wirtschaftlichen Bedeutung ist, und zwar meist nur in Gebieten mit mulden- oder schüsselförmiger Lagerung oder mit einseitigen Schichtenaufbiegungen sedimentärer Gesteine, deren Einzugsgebiet hoch im Gebirge oder am Gebirgsrande gelegen ist. Auskeilen der durchlässigen Schichten sowie deren Abschneiden an Verwerfungsflächen oder an Gangbildungen bringen das Wasser häufig zum Stauen und zwingen es, an vorhandenen Spalten aufzusteigen und etwa auszufließen.

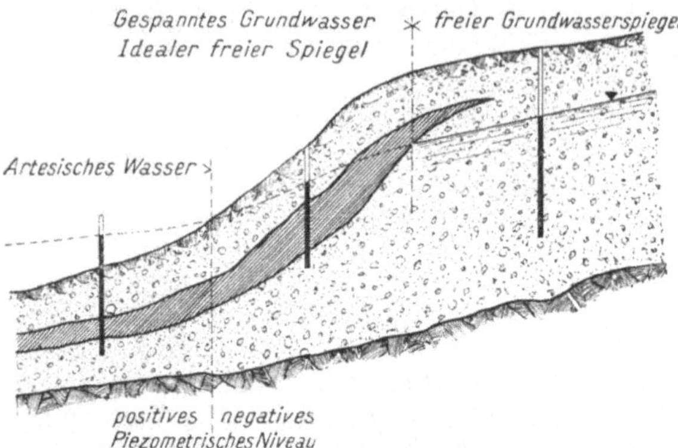

Abb. 5. Freier und gespannter Grundwasserspiegel. (Nach R. Kampe.)

Stehendes Druckwasser geht so in ein fließendes über. Durch weniger gut abdichtende Deckschichten hindurch kann hydraulische Verbindung mit einem höheren Grundwasserhorizont bestehen, so daß Druckverminderung im tieferen Horizont, Spiegelabsenkung und Verminderung der Quellenschüttung im höheren verursacht. Es sind auch Fälle bekannt, bei denen das Druckniveau eines tieferen Horizontes unter demjenigen des höheren oder unter dem freien Grundwasserspiegel des obersten Horizontes liegt. Der erstere vermag daher Wasser aus den oberen Horizonten und von der Erdoberfläche aufzunehmen, ohne daß dieses verschluckte Wasser wieder an der Oberfläche erschiene. Daß in gefüllten und geneigten Höhlen der verkarsteten Gebiete das Wasser unter Überdruck steht, ist später noch zu erwähnen. Charakteristisch für artesische Wässer aus größeren Tiefen ist ihre über dem Jahresmittel liegende Temperatur (Südaustralien bis zu 59^0 C), ihr meist hoher Mineralgehalt und ihre verhältnismäßig große und bis zu einer gewissen Grenze konstante Wasserlieferung. Die San Marcos-Quelle bei San Antonio in Texas lieferte z. B. 260000 m³, die Comel-Quelle über 1 Mill. m³ täglich, hier und in Dakota mit ca. 15000 Brunnen sowie in Wisconsin herrscht wegen zu großer Wasserentnahme stetiger Ergiebigkeitsrückgang, während ein Brunnen in Lillers im Artois seit Jahrhunderten und zahlreiche in Algerien seit mehr als 30 Jahren konstant geblieben sind.

Über einen Fall von Druckübertragung auf artesisches Grundwasser durch elastische Deckschichten berichtete J. Olshausen[1]. In einer Reihe von z. T. mehr als 300 m tiefen Bohrlöchern an der Elbe in Hamburg stimmten die Druckspiegelschwankungen auf die Minute mit den Gezeitenschwankungen des Elbespiegels überein. Eine Erklärung dieses Phänomens durch Wasserzutritt vom Meere oder von der Elbe aus ist nicht möglich. Die Beobachtungen und Untersuchungen über die Einwirkungen des Hangenddruckes auf artesische Grundwasserhorizonte hat neuerdings O. E. Meinzer[2] zusammengefaßt.

---

[1] Olshausen, J.: Flut und Ebbe in artesischen Tiefbrunnen in Hamburg. J. Gasbel. u. Wasserversorgg. **47**, 381 (1904). — Vgl. auch H. Keller: Gespannte Wässer, S. 55. Halle (Saale) 1928.

[2] Meinzer, O. E.: Compressibility and elasticity of artesian aquifers. Economic Geology **23**, 263 (1928).

Im Gebirgs- und Hügellande geht das Spalten- bzw. das Kluftgrundwasser in das Porengrundwasser des Verwitterungsschuttes oder diskordant auflagernder, lockerer Sedimentgesteine über, ohne daß es vorher als Quelle oder Quellenhorizont in die Erscheinung tritt. A. STEUER[1] und F. RÖHRER[2] haben vor allem darauf hingewiesen, daß die Übergänge von Kluftwasser in die Aufschüttungen der Ebenen sich besonders dort einzustellen pflegen, wo „senkrecht zum Gebirgsrande stehende Zonen stärkerer Zerklüftung oder auch Verwerfungen den Gebirgsrand erreichen"[2]. Die aus dem Gebirge unterirdisch austretenden „Wassermassen breiten sich dann allseitig in den Lockermassen aus und erzeugen infolge des immer größer werdenden Querschnittes kegelförmige Grundwasserkörper"[2]. Selbstverständlich breitet sich auch das aus den Schottern der Gebirgstäler in die Ebene übertretende Wasser fächer- oder kegelartig aus, so daß hierdurch ebenfalls sowohl die Grundwasserstände als auch die chemische Zusammensetzung beeinflußt werden, ja es können dadurch, nach STEUER, sogar Überlagerungen verschiedenartiger Grundwasserströme hervorgerufen werden. Auf Grund seiner Untersuchungen im nördlichen Oberrheintalgraben gelangte STEUER zu der Überzeugung, „daß auch in anderen Grundwassergebieten unterirdische Speisung durch Spaltenwasser einen viel größeren Anteil hat, als bisher angenommen worden ist", und daß es ganz ausgeschlossen sei, allein nach meteorologischen Gesichtspunkten Bodenwassermengen zu erklären und zu berechnen. Reicht die Durchlässigkeit der Gehängeschuttmassen nicht aus, um alles zusitzende Wasser abführen zu können, dann treten Spaltenquellen bzw. Schuttquellen auf. Im Gebiete der durchlässigen Kulmgrauwacken des Oberharzes befinden sich an den Hängen der Taleinschnitte fast an jeder Verwerfung zahlreiche Quellen[3]. Daß sich auch im Hochgebirge vor allem die Sedimentgesteine, häufig aber auch die kristallinen Schiefer und die Magmagesteine, durch die zahlreichen Störungen und Klüfte vorwiegend durchlässig verhalten, geht aus dem oben mitgeteilten Beispiele des Simplontunnels hervor. A. HEIM[4] berichtet von vielen mächtigen Quellen, die stets am Fuße der Bergmassen in den Tälern zutage treten, wo besonders gut durchlässige Schichtkomplexe angeschnitten sind.

Die Wasserzirkulation in löslichen Gesteinen verdient vom Gesichtspunkte der Bodenkunde aus eine besondere Berücksichtigung. Als lösliche Gesteine kommen in erster Linie die Salzgesteine, der Gips bzw. Anhydrit und der Kalkstein in Frage. 100—300 m tief sehen wir hier die bodenbildende Wirkung des Grundwassers hinunterreichen und erkennen, daß der Einfluß der „Zone des Fließens" tatsächlich noch weit unter das Niveau des tiefsten Grundwasseraustritts hinunterreicht. Gewaltige Mengen von Steinsalz, Kali- und Magnesiasalzen, von Anhydrit bzw. Gips sind seit dem Ende der Juraformation von den Salzköpfen der norddeutschen Salzstöcke und von dem Ausgehenden der mitteldeutschen Salzlager der Zechsteinformation entfernt worden. Die meisten Laugeneinbrüche auf salzbauenden Bergwerken und Schächten haben uns den Zusammenhang mit dem Infiltrationsgrundwasser durch das klüftige Nebengestein und das Hangende hindurch in gefährlichster Weise vor Augen geführt[5]. Diese zusitzenden „Tageslaugen" können daher im Laufe der Zeit aus starken Magnesium- und Natriumchloridlösungen mit geringerem Gehalt an KCl, $MgSO_4$, $CaCl_2$ und $CaSO_4$ u. a. in Süßwasser übergehen und in ihrer Schüt-

---

[1] STEUER, A.: a. a. O., S. 161.

[2] RÖHRER, F.: Das Untergrundwasser, seine Bildungsweise und seine Erscheinungsformen. Gas- u. Wasserfach; **72**, 204 (1929).

[3] Z. B. auf Blatt Lutter a. Barenberge der geologischen Karte 1 : 25000.

[4] HEIM, A.: a. a. O., S. 15.

[5] Siehe B. BAUMERT: a. a. O., Dissert., Aachen, S. 21. 1927.

tung eine Abhängigkeit von den Niederschlägen und von der Schneeschmelze verraten. Die Auslaugung in der Tiefe äußert sich an der Erdoberfläche durch langgestreckte Einsenkungen und Einbrüche des Hangenden. Satteltäler, wie z. B. ein Teil des Leinetales sowie des Allertales, Wabetales und vieler anderer, oder Gebirgsrandsenken, wie der nördlich von Salzungen parallel zum Thüringer Wald-Rande verlaufende Moorgrund bei Möhra[1] oder die breiten Täler in der Nähe des Kyffhäusers, sind große Geländeeinsenkungen infolge der Zerstörung der Salzlager nahe am Ausgehenden der Zechsteinformation. Sie unterscheiden sich von der Nachbarschaft oft durch die größere Mächtigkeit der Tertiär- und Diluvialablagerungen[2]. Auch in der Asse bei Wolfenbüttel in Braunschweig haben sich in den Depressionen über dem Gipshut Quellmoore mit Salzausblühungen und Halophyten herausgebildet, wo das salzige Grundwasser bis an die Erdoberfläche reicht[3]. Daß derartige Salzlösungen sich auch bis zu großen Entfernungen im klüftigen Nebengestein ausbreiten können, ist selbstverständlich. Vermutlich kann sogar mittels Querverwerfungen durch undurchlässige Schichtenkomplexe hindurch eine Versalzung weit abseits gelegener Grundwasserträger hervorgerufen werden, und selbst in fetten Tonen vermögen in der Nachbarschaft der Salzstöcke ebenfalls geringe Wassermengen mit großer Chloridhärte aufzutreten[4]. Die Bedeutung des mit Salzlagern in Verbindung stehenden Grundwassers für den rheinisch-westfälischen Industriebezirk wurde besonders durch die Studien Th. Wegners klargestellt, worauf schon näher eingegangen wurde[5]. Über die Menge des in die Steinkohlengruben eindringenden Wassers gibt das Lehrbuch von F. Heise und F. Herbst[6] nähere Auskunft. Im Ruhrbezirk wird im allgemeinen viel mehr Wasser als Kohle gefördert. Absenkungen des Grundwasserspiegels und Trockenlegung weiter Landstrecken mit klüftigem Untergrund sind unvermeidliche Folgen des Bergbaus. Die Sickerwasserzone wird dadurch nach der Tiefe zu immer ausgedehnter, und intensivere chemische Verwitterung greift Platz. Beiläufig sei bemerkt, daß diese Verwitterung in Braunkohlengebieten mit schwefelkiesreichen Schichten besonders kräftig auftritt, und daß nach Wiederherstellung des alten Grundwasserstandes große Eisensulfatmengen in die oberen Bodenschichten oder an die Erdoberfläche gelangen, wo Eisenoxydhydrat ausgeflockt wird. Ganz allgemein kann man sagen, daß der Bergbau die entsalzende Wirkung der natürlichen Grundwasserzirkulation in hohem Maße unterstützt, den Salzgehalt des Hydrosphärenwassers auf dem Lande aber wesentlich erhöht. Auch die weniger mächtigen Salzeinlagerungen in anderen Formationen äußern sich infolge der Einwirkungen des Infiltrationswassers an der Erdoberfläche in ähnlicher Weise, wenn auch in abgeschwächter Form. In besonderem Maße ist dies beim mittleren Muschelkalk, stellenweise auch im Röt und im mittleren Keuper in Deutschland der Fall. Ein charakteristisches Gebiet des Muschelkalks hat E. Kaiser[7] untersucht. Am Nordostabhange des Hainich treten im nach Osten geneigt liegenden oberen Muschelkalk und im Keuper bei Mühlhausen i. Thür.

---

[1] Beyschlag, F., in H. Everding: Zur Geologie der deutschen Zechsteinsalze. Deutschlands Kalibergbau 1907, 15.

[2] Fulda, E.: Die Oberflächengestaltung in der Umgebung des Kyffhäusers als Folge der Auslaugung der Zechsteinsalze. Z. prakt. Geol. 17, 25 (1919). — Salzspiegel und Salzhang. Z. dtsch. geol. Ges. 75, 12 (1923).

[3] Hoehne, E.: Stratigraphie und Tektonik der Asse. Jb. preuß. geol. Landesanst. 32, 25, 74 (1911).

[4] Vgl.: Die geologischen und hydrologischen Verhältnisse des Untergrundes von Braunschweig. Teil 2 von F. Kirchhoff u. A. Kumm: a. a. O., S. 107.

[5] Siehe S. 63.

[6] Heise, F., u. F. Herbst: Bergbaukunde 2. Berlin 1923.

[7] Kaiser, E.: Die hydrologischen Verhältnisse am Nordostabhang des Hainich im nordwestlichen Thüringen. Jb. preuß. geol. Landesanst. 23, 323 (1902).

und Langensalza zahlreiche Erdfälle und Erdfallquellen auf, deren Wasser mächtige Kalktuffabsätze hervorgebracht hat. Die Quellen weisen nicht nur quantitative, sondern auch qualitative Unterschiede auf, wie folgende Tabelle lehrt:

1mg	Popperöder Quelle	Sanders-Gartenquelle	Thomasquelle	Obere Golke b. Langensalza
NaCl	Spuren	1060	2121	43
Na$_2$SO$_4$	85	158	53	82
CaSO$_4$	85	542	1433	257
CaCO$_3$	250	177	89	230
MgCO$_3$	111	164	231	126
Summe:	531	2101	3927	788
Tägliche Schüttung . . . . . . m^3	2500—4000	ca. 5000	0—8200	—
Entfernung v. d. Popperöder Quelle	0 m	360 m	900 m	—

Trotzdem die Quellen wie die Erdfälle eine reihenförmige Anordnung zeigen, sind die einzelnen Spalten nicht als kommunizierende Röhren aufzufassen. Diese Beobachtung stimmt auch mit der von H. STILLE[1] überein, der am Deister festgestellt hatte, daß die Niveauhöhe des Grundwassers in den einzelnen Teilen eines Spaltensystems recht verschieden sein kann. Von den Quellen bei Mühlhausen besitzt nur die jüngste, die Thomasquelle, einen hohen Kochsalz- und Gipsgehalt. Ihre Schüttung erreichte ihr Maximum 1901 im Mai und 1902 Mitte Juni, während im November beider Jahre kein Abfluß stattfand. Nach Tieferlegung des Abflußrohres lieferte sie täglich 21600 m^3. Gegenüber dem Maximum der Niederschläge läge eine Sickerverzögerung um 11 Monate vor, möglicherweise hängt das Schüttungsmaximum aber mit der Schneeschmelze auf dem Hainich zusammen. Die unterirdischen Auslaugungshöhlen brechen allmählich durch Einsturz der Decke an Kluftflächen nach oben durch, bis auch der letzte Rest der Decke in die Erdfallhöhle stürzt und auf der Oberfläche eine schachtförmige Öffnung erscheinen läßt, deren oberer Rand sich mehr und mehr zu einer trichterförmigen Senke abflacht. Durch diese Einstürze gelangt verwittertes Gestein und lockerer Boden in größere Tiefen hinunter, wo sie unter Umständen vom Grundwasser noch weiter ausgelaugt werden, und eine große Durchlässigkeit ist die Folge der Einbrüche. Die in ihrer Mächtigkeit häufig stark reduzierten Schichten sind daher fast überall sehr quellenreich. Während die Auflösung der Salz- und Gipsschichten dem Einfallen der Schichten entsprechend immer weiter hangabwärts wandert, dringt immer mehr Süßwasser nach. Der Einsturzschutt kann zunächst durch Kalzitausscheidung auf den Spalten zu einer Breccie verkittet werden, die nach der später erfolgenden Auslaugung der Gesteinsbruchstücke den sog. Zellenkalk ergibt[2]. Die durch die undurchlässige Keuperdecke ausfließenden Wässer sind gespannt.

Aufs engste verwandt mit der Salzauslaugung im Muschelkalk sind die Karsterscheinungen im reinen Kalksteingebirge[3]. Schon im Muschelkalk können wir beobachten, daß die Klüfte durch Auflösung erweitert worden sind,

---

[1] STILLE, H.: Über den Gebirgsbau und die Quellenverhältnisse bei Bad Nenndorf am Deister. Jb. preuß. geol. Landesanst, **22**, 360 (1901).

[2] Vgl. auch C. GENSER: Zur Stratigraphie und Chemie des mittleren Muschelkalks in Franken. 2. Zur Hydrologie des mittleren Muschelkalks. Geol. u. Paläontol. Abh. **17**, H. 4, 60 (1930). — Ferner H. WEBER: Geomorphologische Studien in Westthüringen. Forschgn. dtsch. Landes- u. Volkskde. Stuttgart **27**, H. 3 (1929). — Zur Systematik der Auslaugung. Z. dtsch. geol. Ges. **82**, 179 (1930). — W. DEECKE: Geologie von Baden 3, 109. Berlin 1918.

[3] KNEBEL, W. v.: Höhlenkunde mit Berücksichtigung der Karstphänomene. Die Wissenschaft, H. 15. Braunschweig 1906. —GRUND, A.: Die Karsthydrographie. Leipzig 1903. — SUPAN, A.: a. a. O. S., 355—359. — KATZER, F.: Karst und Karsthydrographie. 1909.

und daß manche Kalksteinbänke eine erhöhte Löslichkeit und infolgedessen kanalartige Erweiterungen der Spalten hervorrufen. Folgende Abbildung einer Kluft aus dem Trochitenkalk (oberer Muschelkalk) des „Blendelagers" bei Wiesloch in Baden zeigt das unterschiedliche Verhalten der verschiedenartigen Bänke.

Abb. 6. Durch Auflösung ungleichmäßig erweiterte Kluft im oberen Muschelkalk von Wiesloch in Baden.

Die Auflösung vermag schließlich in hinreichend mächtigen, reinen und gleichmäßigen Kalksteinen, den sog. massigen Kalken, und im Dolomit höhlenartige Weitungen riesigen Ausmaßes zu schaffen. Ebenso wie im Gips des Zechsteins können sich auch die Wasser der Klüfte im Kalkgebirge zu unterirdischen Bächen und Flüssen sammeln. In den Kesseltälern, Poljen genannt, tritt vielfach das auf der Karsthochfläche versickerte Niederschlagswasser in Gestalt von Flüssen zutage, um am Ende der Täler entweder wieder in eine Höhle einzutreten oder auf einzelnen Felsspalten, den Ponoren, zu versinken. Als „Riesenquellen", oder auch „Vauclusequellen" genannt, erscheinen derartige Wassermassen meist wieder an der Erdoberfläche, ohne daß in allen Fällen eine direkte Verbindung zwischen Ponor und Quelle zu bestehen braucht. Wegen der enormen Durchlässigkeit der verkarsteten Gesteine sind die Karstländer trocken und arm an Verwitterungskrume und infolgedessen in hohem Maße unfruchtbar. Eine Ausnahme bilden nur die Kesseltäler. Auch im Karst finden wir Einsturztrichter über den Höhlen, die hier als Dolinen bezeichnet werden, und die zu mehreren dicht beieinander Täler bilden.

Die Fließgeschwindigkeit der Karstwässer ist bedeutend gegenüber derjenigen in Sand und Kies, Wasserfälle verringern aber die Geschwindigkeit. Die Schüttung der Karstquellen ist deshalb aufs engste mit den Niederschlägen verbunden und schwankt ganz beträchtlich und demgemäß auch die Wasserführung der Karstflüsse. Bei der Reka im Triester Karst betragen die Schwankungen zwischen 5000 und 600000 m³, bei der Vaucluse bei Avignon von 691 200 m³ bis 10 368 000 m³ am Tage. Bei erhöhtem Zufluß muß sich das Wasser in den Höhlen an den Verengerungen, den Siphonen, (bis zu 80 m und mehr) anstauen. Das Karstwasser verhält sich dann wie echtes Grundwasser in engklüftigem Gestein oder großporigem Schotter. In den vollen, geneigten Kanälen ist der Wasserspiegel gespannt. v. Knebel, Katzer und Keilhack treten jedoch der Ansicht von A. Grund, daß es sich im Karst um Grundwasser handele, entgegen, weil der Grundwasserspiegel oft tiefer läge als das Höhlenflußwasser, und weil ziemlich gleich hoch und nahe beieinander gelegene Quellen auf Niederschläge ganz verschieden reagieren u. a. m. Eine Auffüllung der Hohlräume tritt wohl nur deshalb nicht ein, weil das Gefälle der Rinnen zu groß und die undurchlässige Unterlage, der an und für sich undurchlässige Kalkstein selbst, verschieden tief eingerissen ist. Erst ihre Tieferlegung bis in die Nähe des Meeresspiegels, oder Ansteigen des letzteren, wird ein allgemeines Wasserniveau entstehen lassen. Man kann daher das Karstwasser als Infiltrationsgrundwasser auffassen, das in einzelne in verschiedener Höhe liegende Rinnen aufgelöst ist. Cvijić[1] gelangte 1918 zur Aufstellung dreier hydrographischer Stockwerke, einer

<hr>

[1] Cvijić, J.: Hydrographie souterraine usw. Grenoble 1918. Nach A. Supan: S. 359. 1927.

oberen, fast trockenen Zone mit großen Höhlen, einer mittleren Übergangszone mit beständiger Wasserversickerung und gelegentlich zusammenhängenden Gerinnen und einer unteren ständig von Wasser durchflossenen Zone mit nur seltenen Höhlen unterhalb der Karstdepressionen und mit hydrostatisch nach den Poljen oder untermeerisch aufsteigenden Wassergerinnen. Daß das Wasser geschlossener Rinnen oder Röhren unter dem Meeresspiegel ausmündet, ist an der Küste der Karstgebiete eine häufige Erscheinung, eine Quelle beim Kap St. Martin bricht z. B. 700 m unter dem Meeresspiegel hervor[1]. Karstgerinne finden sich in Deutschland in den devonischen Massenkalken in Westfalen und dem Rheinland, im mittleren Harz, im Weißjurakalkstein der fränkischen und schwäbischen Alb und im Plänerkalk der Paderborner Hochfläche[2] (Abb. 7), in deren Zerklüftungszonen sich auch Grundwasserströme bewegen. Je milder die Beschaffenheit des Kalksteins ist, um so schneller schließen sich offenbar die durch Sickerwasser und Grundwasser erweiterten Klüfte und Spalten wieder. Es bilden sich dann trotz hoher Durchlässigkeit keine unterirdischen Gerinne aus, sondern zusammenhängende Grundwasser, deren Spiegel sich nach den Ausflußstellen absenken, wie das in der Champagne und im Sommegebiet der Fall ist (vgl. Abb. 4 S. 86). Wo die undurchlässige Sohle tiefer als der Tal

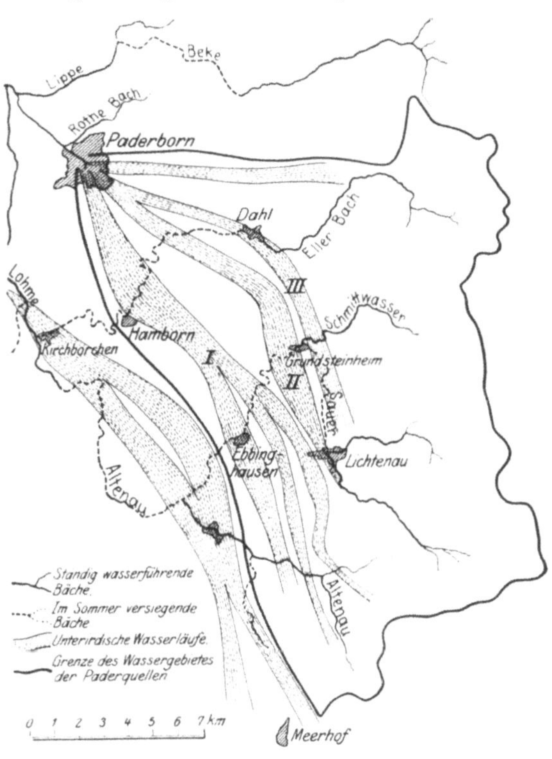

Abb. 7. Unterirdische Wasserläufe in der Kreide oberhalb von Paderborn. (Nach H. STILLE.)

boden liegt, haben sich ausgedehnte Moore gebildet, im anderen Falle entstanden oft starke Spaltenquellen[3]. Bezüglich der außerordentlich großen Wasserdurchlässigkeit junger vulkanischer Gebilde jeder Art sei auf die Vulkankunde von K. SAPPER[4] verwiesen.

Das Hydrosphärenwasser kommt überall dort als Lieferant des Lithosphärenwassers in Frage, wo es mit durchlässigen Gesteinen in Berührung tritt, deren Poren und Spalten nicht bereits mit Wasser gefüllt sind. Abgesehen vom Sedimentationswasser, das sich in den Fluß- und Seenablagerungen befindet, dringt Kapillarwasser vom Oberflächenwasser aus in den feinporigen Boden ein. Eine Kapillarwasserzone (evaporation area)[5] umgibt die Fluß- und Seeufer, während unter ihrem Boden in der Sickerwasserzone in sandigem Boden

[1] KEILHACK, K.: a. a. O., S. 241. 1912.
[2] STILLE, H.: Geologisch-hydrologische Verhältnisse im Ursprungsgebiet der Paderquellen zu Paderborn. Abh. preuß. geol. Landesanst., N. F. H. 38 (1903).
[3] DAUBRÉE, A.: a. a. O., I, 147.   [4] Siehe Anm. 2 auf S. 48.
[5] MEINZER, O. E.: Outline usw., S. 57. 1923.

eine Verbindung mit dem Kapillarsaum des Grundwassers besteht. Flüsse verlieren oft sichtbar an Wasserinhalt, wenn sie aus Gebieten mit undurchlässigem Untergrund in solche mit durchlässigem übergehen. In hügeligen Diluvialgebieten kann man Quellenaustritte des obersten Grundwasserhorizontes beobachten, deren Wasser nach kurzem Laufe in der Sickerwasserzone des tieferen Horizontes verschwindet. Wasserläufe, die aus dem Gebirge kommen, verlieren einen Teil ihres Wassers beim Übergang über die Schutthalden oder die vorgelagerten höheren Terrassen des Haupttales, wie z. B. Steuer[1] von einigen Odenwaldbächen berichtet. W. Koehne[2] nennt dieses absickernde Wasser „Seihwasser“. Da Hochwasser in den Flüssen und Seen stets schneller eintritt als im Grundwasser, kann selbst bei Flüssen, die bei normalem Wasserstande Zufluß aus dem Grundwasser erhalten, das Umgekehrte eintreten. Flußwasser tritt in den Untergrund über, vor allem bei Überschwemmungen, so daß dadurch

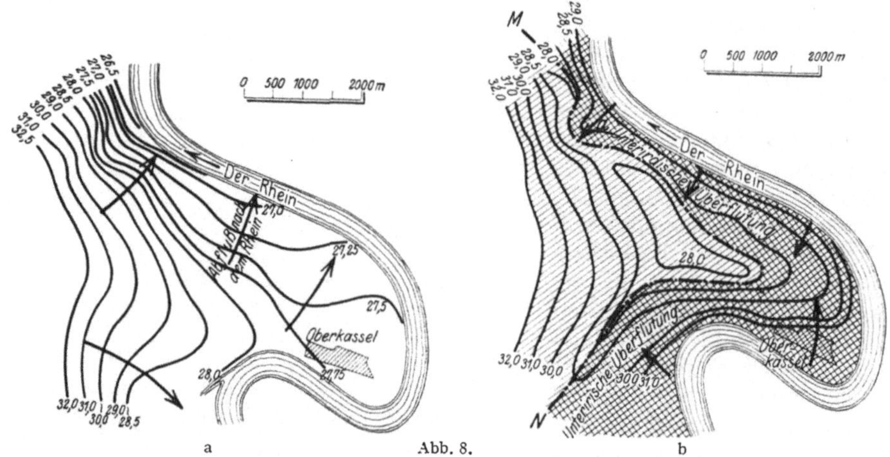

a   Abb. 8.   b

a Höhenschichtenplan des Grundwasserspiegels bei tiefem Rheinstand und b bei Rheinhochwasser.
(Nach A. Lang aus E. Prinz.)

auch ein Rückstau des von den Talhängen zufließenden Grundwassers bewirkt wird. A. Lang hat diese Verhältnisse vom Rhein bei Düsseldorf anschaulich beschrieben[3] (vgl. Abb. 8a und b). Das trifft auch dann zu, wenn ein Fluß sein Bett dammartig über dem Niveau des Talbodens aufgeschüttet hat.

Weit auffallender sind die Flußversinkungen in klüftigen und löslichen Gesteinen, unter denen vor allem wieder die in den bereits genannten Gebieten des Zechsteingipses und der verkarsteten Kalkhochflächen die Hauptrolle spielen. Am westlichen Harzrande bei Herrhausen verschwindet ein kleiner Bach in einem Erdfall, und am südlichen Harzrande versickert das Wasser der Oder und der Sieber zu einem großen Teile in den Schottern über den Erdfällen im Zechsteingips, um in 3—7 km Entfernung in der Rhume, einer der größten Quellen Deutschlands, wieder aufzutauchen[4]. Eins der bekanntesten Beispiele für Flußversinkung im Kalkstein ist die Donauversickerung zwischen Immendingen und Tuttlingen, die v. Knebel[5] ausführlich beschreibt und die von

[1] Steuer, A.: a. a. O., S. 159.
[2] Koehne, W.: Grundwasserkunde, S. 284, Stuttgart 1928.
[3] Lang, A.: Hydrologische Vorarbeiten für ein linksrheinisches Wasserwerk der Stadt Düsseldorf. J. Gasbel. u. Wasserversorgg. 55, 817, 840 (1912).
[4] Koehne, W.: a. a. O., S. 66—68.
[5] Knebel, W. v.: Höhlenkunde, S. 57. Braunschweig 1906.

Berz[1] neuerdings eingehend untersucht wurde. Auf einer großen Anzahl von
Sauglöchern strudelt das Wasser im Weißjurakalkstein in die Tiefe, um nach
60 Stunden in dem 12,5 km entfernt und 170 m tiefer gelegenen Quelltopfe der
Aach vollständig wieder zu erscheinen. Das Wasser verliert sich nicht nur nicht
im Grundwasser zahlreicher Klüfte, sondern nimmt sogar zu den 4000 l/sek
versickerten Donauwassermassen noch 3000 l/sek aus unterirdischen Nebenrinnen
auf. Die trotz des großen Gefälles von 13,6 m pro Kilometer geringe Geschwindigkeit führt v. Knebel auf zahlreiche Wasserfälle mit Wasserstrudeln zurück.
Berz[1] kommt dagegen zu der Annahme, daß „kein direkt flußartiger Zusammenhang zwischen den Hauptversinkungsstellen und dem Aachtopf besteht". Am
häufigsten ist die Flußversinkung naturgemäß im ausgedehnten nackten dinari-
schen Karst, wo z. B. die Reka in Istrien bald nach dem Übergang aus dem
Flysch in das Kalkgebiet verschwindet. Desgleichen tritt die Poik bei Adels-
berg in eine Höhle ein; ähnlich verhalten sich mehrere andere Flüsse[2]. Dasselbe
gilt für die Wasserläufe der Paderborner Hochfläche[3], für das Kalkgebiet nördlich der Vaucluse[4] und für die aus den Black Hills kommenden Flüsse, die nach
der Überquerung des Ausgehenden des sog. Dakotasandsteins einen deutlich
bemerkbaren Wasserverlust erlitten haben. Ein Beispiel unterirdischer Seen-
entwässerung im Kalkstein führt Daubrée[5] an. Daß wir auch bei den erstarrten
vulkanischen Laven die Erscheinung der Flußversickerung sehr häufig antreffen,
ist bei der bereits angeführten großen Durchlässigkeit nicht verwunderlich.
Keilhack[6] gibt eine anschauliche Schilderung von dem Verschwinden der Gewässer, die auf Island von den Randgebieten kommen und in das Lavafeld südlich von Reykjavik eintreten.

Beim Meerwasser, das in die Lithosphäre eindringt, unterscheiden wir:
das Spritzwasser, das durch die Brandungswelle und durch den Wind auf das
Land gelangt und hier z. T. versickert. Im klüftigen Felsgestade kann hierdurch
eine gründliche Durchwaschung des Gesteins mit Salzwasser unter Ausspülung
lockerer Verwitterungsprodukte stattfinden. Daß hierdurch auch Salzlager, Gips
und Kalkstein aufgelöst werden können, wurde schon in Bd. 2 dieses Handbuches erwähnt[7]. Ferner ist zu unterscheiden das Wasser, das bei Sturmfluten
oder Hochwasser in den Boden eindringt, und dasjenige Wasser, welches beständig
den durchlässigen Untergrund der Insel- und Festlandsküsten füllt. Handelt
es sich um Inseln, die aus dem Meere aufgetaucht sind, so müssen wir von
Sedimentationswasser sprechen, trifft aber das Entgegengesetzte zu, sind also
die Inseln Überreste versunkenen Landes, dann ist jenes Wasser als marines
Infiltrationswasser zu bezeichnen. Bei manchen Inseln, die durch Aufschüttung an einem alten Landkern entstanden sind, sind beide Wasserarten
vertreten, die sich in chemischer Hinsicht aber kaum voneinander unterscheiden werden. Auf die chemische Beeinflussung des Meeresbodens und des
Küstenlandes durch Seewasser (Halmyrolyse Hummels[8]) insbesondere auf die
Theorien der Dolomitisierung organogener Kalksteine kann hier nicht eingegangen werden.

---

[1] Berz, K. C.: Die Grundwasserverhältnisse im Versinkungsgebiet der oberen Donau,
ein Beitrag zum Problem der Karsthydrographie. Mitt. geol. Abt. württ. statist. Landesamtes, Stuttgart 1928, Nr 11, 65.

[2] Vgl. auch F. Giesecke: Bodenkundliche Beobachtungen in Anatolien und Ostthrazien. Chem. d. Erde 4, 552 (1930).

[3] Vgl. H. Stille: a. a. O., Abh. preuß. geol. Landesanst. 1903.

[4] Daubrée, A.: I, 325.　　[5] Daubrée, A.: I, 307.

[6] Keilhack, K.: Z. dtsch. geol. Ges. 77, 165 (1925).　　[7] S. 157.

[8] Hummel, K.: Die Entstehung eisenreicher Gesteine durch Halmyrolyse. Geol. Rdsch.
13, 41, 97 (1922).

Literatur über Meerwasser als Grundwasser scheint nur wenig vorhanden zu sein. Die Hauptrolle spielen die Veröffentlichungen über die Vorarbeiten zu den Wasserversorgungsanlagen der holländischen Küstenstädte sowie einiger ostfriesischer Inseln. Während A. Daubrée[1] nur ein Profil Verstraetens durch die Dünen der Umgebung Ostendes wiedergibt, geht Keilhack[2] ausführlichst auf die Grundwasserverhältnisse der Insel Norderney und des holländischen Dünengebietes ein. Stets findet sich unter dem Süßwasser, das von den Niederschlägen und von der Kondensation herrührt, Salzwasser (Abb. 9). Beide Horizonte gehen in einer Mischzone ineinander über, unter den Inseln, d. h. unter dem Kamm des konvexen Grundwasserspiegels, liegt die Grenzfläche zwischen beiden Wässern am tiefsten, letztere ist also konkav gekrümmt. Auf Norderney wurde sie 50—60 m tief unter dem Meeresspiegel angetroffen, wogegen die Süßwasseroberfläche $1—1^{1}/_{2}$ m über ihm liegt.

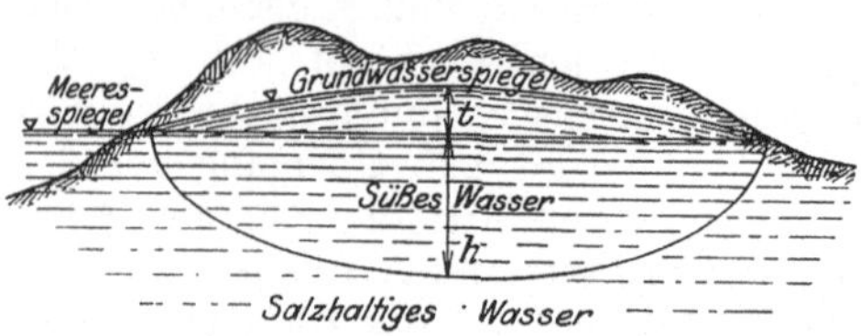

Abb. 9. Süßes Dünengrundwasser über salzhaltigem Wasser. (Nach A. Herzberg aus E. Prinz.)

Druckentlastung durch Entnahme von Süßwasser in einer Menge, die größer ist als die Menge des Wasserabflusses oder, was dasselbe ist, des Zuflusses durch die Infiltration, führt eine Hebung der Grenzfläche herbei. An der Festlandsküste wird dieser Aufstieg verhindert durch zwischengelagerte, schlecht durchlässige Tonschichten. Die Salzwassergrenze fällt hier nach den Berechnungen von Wintgens[3] von 35,45 m an der Küste bis 119,60 m in 8800 m Entfernung von der Küste ab. Daß dieses Wasser mit dem Meere in hydraulischer Verbindung steht, wird durch die mit den Gezeiten unter mehr oder weniger großer Verzögerung parallellaufenden Schwankungen des Grundwasserspiegels bis auf große Entfernungen erwiesen. Nach I. Olshausen u. a. zeigte ein Brunnen im Militärhospital in Lille in 62,6 km Entfernung von der Küste die Gezeitenschwankungen mit achtstündiger Verspätung. Auf Island macht sich der Einfluß von Ebbe und Flut durch Fortpflanzung des hydrostatischen Druckes noch auf 1 km an den Thermen bemerkbar[4]. Über ein Beispiel von der Ostsee berichtet H. Stremme[5] aus dem Gebiete der Freien Stadt Danzig, wo im nordöstlichen Delta sowohl in der Kreide als auch in den jungen Aufschüttungen in geringer Tiefe infiltriertes Salzwasser auftritt. Nach der Auffassung von Herzberg[6] schwimmt das Süßwasser auf dem infiltrierten Meerwasser. Dem widerspricht jedoch Weyrauch[7]. Durch Diffusion würde bald eine Versalzung des oberen Wassers eintreten, wenn nicht dauernd ein Nachschub des Süßwassers von oben her erfolge, wodurch das Seewasser ständig verdrängt (oder verdünnt) würde. Auch in den Koralleninseln tritt nach Dana[8] ein Süßwasserhorizont auf, dessen Druck genügt, um die Infiltration des Meerwassers zu verhüten. Nach der Ansicht von Dégoutin und Fulda[9] soll der 160 m unter dem Meeresspiegel und 15 km von der Küste des Somalilandes

[1] Daubrée, A.: Les eaux souterraines à l'époque actuelle 1, 55. Paris 1887.

[2] Keilhack, K.: a. a. O., S. 151.

[3] Wintgens, P.: Beitrag zur Hydrologie von Nordholland, S. 12. Dissert., Freiberg i. S. 1911.

[4] Schneider, K.: a. a. O., S. 81.

[5] Stremme, H.: Geologie und Wasserversorgung im Gebiet der Freien Stadt Danzig. Gas- u. Wasserfach, 69, 437 (1926).

[6] Herzberg, A.: Die Wasserversorgung einiger Nordseebäder. Gesdh.Ing. 24, 359 (1901).

[7] Weyrauch, R.: a. a. O., S. 331.   [8] Daubrée, A.: a. a. O., S. 57.

[9] Fulda, E.: Der Assalsee in Somaliland und seine Bedeutung für die Erklärung der Entstehung mächtiger Salzlager. Z. dtsch. geol. Ges., Monatsber. 79, 70 (1927). Nach Dégoutin: Ann. Mines 2, 5 (1922).

entfernt gelegene Assalsee sein Wasser durch unterirdischen Zufluß aus dem Meere erhalten und durch Verdunstung wieder verlieren. Ferner ist auf der Goajirahalbinsel nicht nur das Grundwasser in den jungen marinen Schichten salzig, sondern das Salzwasser des Meeres dringt an der Küste stellenweise auch in das Grundwasser älterer Gesteine ein[1]. Erwähnt sei kurz noch das Karstphänomen der „Meeresschwinden"[2], bei denen das Meerwasser durch die Saugwirkung des unter Überdruck stehenden und untermeerisch ausfließenden süßen Karstwassers in den unterirdischen Kanal gezogen wird.

3. Lakustrische Unterwasserböden.
(Seeablagerungen der nördlichen humiden Breiten.)

Von **E. Wasmund**, Langenargen am Bodensee.

Mit 33 Abbildungen.

Einleitung. (Begriffsbestimmung.)

Die hydrosphärischen Bodenbildungsbedingungen sind den atmosphärischen Bedingungen der Erdoberfläche in einem Maß entzogen, daß es fraglich erscheint, ob man die Ablagerungen der Flüsse, Binnenseen und Meere überhaupt noch als Böden im bodenkundlichen Sinn gelten lassen soll. Theoretisch gesehen, spielen die beiden primären Faktoren der Bodenbildung, Klima und Muttergestein, unter Wasser nur sehr indirekt eine Rolle, und vom praktischen Agrarstandpunkt aus kommen nur schmale Übergangsstreifen der wasserbedeckten Flächen oder verlandete Gebiete als landwirtschaftlich verwertbare Flächen in Betracht.

Die Unterwasserböden als Ortsböden der nordischen Braun- und Bleicherdezonen aufzufassen, wie es Ramann[3] tat, geht aus zwei Gründen nicht an. Wir kennen einerseits überhaupt nur die Seeböden der gemäßigten Breiten und auch nur mehr oder weniger lückenhaft diejenigen Mittel-, Nord- und Osteuropas nebst einigen Proben aus Nordamerika; die unter anderem Hydroklima stehenden Binnengewässer der Subtropen, Tropen und der Südhemisphäre und der Arktis sind nicht nur in dieser, sondern auch anderer Hinsicht bisher so gut wie unbekannt. Also ist es gar nicht sicher, ob die Unterwasserböden anderer Klimate nicht folgerichtig einen anderen Ortsbodentyp darstellen. Was aber von lakustren Sedimenten gilt, ist noch weit mehr von fluviatilen und marinen zu sagen. Fließende Gewässer unterscheiden sich bei ihrer überwiegend mechanischen Gesteinsaufbereitung in ihrer bodenbildenden Arbeit je nach ihrer klimatischen Lage mehr quantitativ denn qualitativ, und die Ozeane entwickeln ihre physikalisch-chemische Sedimentumformung weitgehend unabhängig vom Klima der sie überlagernden Lufthülle. Andererseits läßt sich aber auch besonders bei den Seeböden nicht von Ortsböden im Sinne einer besonderen Verwitterungsform des zutage gehenden Gesteins reden, denn wenn wir auch als „Mutterformation" statt des Seeuntergrundes das ganze Einzuggebiet ansehen, so wechselt doch die Rolle dieser Unterlage für die Akkumulationsprozesse unter Wasser bedeutend und sinkt gar nicht selten fast auf Null gegenüber den limnischen autochthonen Sedimentationsprozessen herab. Andererseits bestehen wieder engste Zusammen-

---

[1] Stutzer, O.: a. a. O., Neues Jb. Min., Abt. B, Beilgbd. **59**, 324 (1928).
[2] Knebel, W. v.: a. a. O., S. 107.
[3] Ramann, E.: Bodenbildung und Bodeneinteilung (System der Böden), S. 67. Berlin 1918.

hänge, so decken sich die lakustren Dyböden und die terrestren nordischen Podsolböden in ihrer Verbreitung, oder Ortsteinbildung an Land und Seeerzbildung unter Wasser hängen regional eng zusammen. Da Ramann selbst die organogenen Böden abseits der regionalen Klassifikation stellte, und diese den Großteil der Seeböden ausmachen und das Endprodukt aller Seebödensukzessionen darstellen (einschließlich der Humusböden), so erhellt daraus unsere Einstellung, den lakustren Sedimenten eine Sonderstellung im System zuzuweisen.

Trotzdem lernen wir von Glinka und Ramann die überragende Bedeutung der ektodynamomorphen, nur zonal variierenden klimatischen Bodentypen neben endodynamomorphen, petrographischen Sonderbildungen mit nur faziell veränderten Bodentypen kennen. Nun hat aber außer den Genannten niemand den Versuch gemacht, die Unterwasserböden unter solchen allgemeinen geographischen und geophysikalischen Gesichtspunkten zu beschreiben und zu klassifizieren, wozu uns erst die moderne Limnologie eine Handhabe gibt.

Es entspräche der bodenkundlichen Betrachtungsweise, wenn es uns gelänge, sublakustrische Bodentypen aufzustellen, die sich zu bestimmten hydrosphärischen Klimatypen so verhalten, wie die subaerischen Böden zu dem sie weitgehend formenden atmosphärischen Klima. Die Lehre von den Seetypen zeigt, daß es in Binnengewässern ganz verschiedener erdgeschichtlicher und geographischer Lage immer wiederkehrende Klimatypen gibt, d. h. ökologisch ausgedrückt, typische Milieuspektren, allgemein gesagt, Durchschnitte des chemisch-physikalischen Zustandes. Es ist zu untersuchen, wieweit die Zuordnung der bekannten Binnengewässer regionale Züge aufweist, also letzten Endes, ob ein Zusammenhang mit dem atmosphärischen Klima besteht. Damit hätten wir die Frage nach der Existenz „hydroklimatischer" Unterwasserböden aufzuwerfen und sehen von vornherein, daß sie nicht in einer Reihe mit anderen Klimaböden stehen, also auch nicht als Ortsböden gelten können, und zwar schon nicht wegen der oben angeführten Gründe einer vorwiegend limnischen, autochthonen Sedimentation. Das führt zu weiteren Erörterungen. Ramann hat nicht umsonst die organogenen Böden als Sonderklasse neben den klimatischen Bodenzonen und ihren einzelnen Ortsbodenfazies bestehen lassen, unter Wasser spielen diese aber eine sehr große, oft alleinige Rolle, und das Auftreten und Mengenverhältnis von organogenen und anorganogenen Unterwasserböden in einem Binnensee hängt ganz und gar nicht von der örtlichen Gesteinsunterlage oder der lokalen Lufthülle ab, sondern in allererster Linie vom chemisch-physikalischen Zustand der sie überlagernden Hydrosphäre. Es bleibt uns also nach allem nichts übrig, als eine neue Klassifizierung auf natürlichen typisierenden Grundlagen zu suchen und dann erst nach regional-geographischen, in der Folge klimatischen Beziehungen zu forschen. Das Klima, als primärer bodenkundlicher Begriff, ist auf die Unterwasserböden, wenn überhaupt, dann nur im Sinne der regionalen Limnologie anwendbar, diese hat ihre historische Entwicklung von der lithosphärischen Seite her genommen und steht erst im Anfang der Beschäftigung mit der Atmosphäre.

Da sich nun zeigt, daß man als Boden nur die Ausgleichsgrenzschicht zwischen den lokalfaziellen und lokalklimatischen Durchschnittszuständen der Lithosphäre und Atmosphäre ansieht, so scheinen doch damit die subaquatischen Grenzschichten auszuscheiden. Praktisch denkt man ja nicht daran, z. B. die roten Tiefseetone oder Korallenriffe zu den Böden zu rechnen. Ebenfalls praktisch gesehen pflegt man aber doch sublakustrisch gebildetes Deltaschwemmland, über Wasser getauchte Quellkalktuffe, vermoorte Glazialseebecken zu den Bodenbildungen zu rechnen, auch wenn sie rein sublimnisch gebildet und z. B. bei künstlicher Seespiegelabsenkung noch gar nicht nennenswert den Atmosphärilien ausgesetzt waren. Ein theoretischer Gesichtspunkt, der zu einer bodenkundlichen Betrachtungsweise der limnischen Sedimente berechtigt, ist der, daß man die Süßwasserbedeckung relativ kleiner Einzelteile der Erdoberfläche in geologischem Sinne nur als Episode auffaßt. Jede wassererfüllte Hohlform der Erdoberfläche außer den Ozeanen ist vom Augenblick ihrer Entstehung an dem Tod geweiht, der Zeitpunkt ihres Endes aber ist abhängig von den klimatisch-hydrologischen Bedingungen ihrer Umgebung und von ihrer eigenen organischen Produktion. Die Auffüllung und Trockenlegung hängt ab von der Akkumulation vom Einlauf her, von der biotischen und chemischen Sedimentation oder Wassermenge und von der Erosion des Auslaufs. Die Verlandung kennzeichnet also die Unterwasserböden als nur zeitweilig der Atmosphäre entrückt, als Bildungen unter zeitweise hydrosphärischen Bedingungen, die in geologisch absehbarer Zeit noch vor ihrer diagenetischen Reife wieder subaerisch sein werden. Das Episodenhafte der Binnengewässer ist vom Gesichtspunkt ihres Stoffwechselkreislaufs und damit auch in Hinsicht auf ihre Böden als Ausscheidungsprodukte von hoher Wichtigkeit: die Kurzfristigkeit verhindert die langsame Anreicherung von Salzen, wie es im Meer der Fall ist, sie bedingt also überhaupt erst die Tatsache, daß es Süßwasser gibt, und ist somit Ausgangspunkt für zahllose biologische Perspektiven. Der brackische Charakter gewisser an Binnengewässern reicher Erdperioden wie des mittel- und osteuropäischen Tertiärs erklärt sich vielleicht auch aus diesem Gesichtspunkt. Man ist also berechtigt, die Seeböden bodenkundlich zu betrachten, ja verpflichtet, wenn man bedenkt, daß $2^{1}/_{2}$ Mill. km^2 der Erde von Binnengewässern bedeckt sind, d. h. also 1,8% des Festlandes, und zwar nur als Wasserfläche gerechnet. Über 2% der Böden sind also Seeböden, ohne die Verlandungen, die sicher ein Mehrfaches dieser Zahl an Bodenareal ausmachen.

In der Auffassung von der hydrosphärischen Episode bestärkt uns die landläufige Tatsache, daß wir allenthalben auf ehemalige Süßwasserböden stoßen, so in den Flußmarschen des Tieflandes, den Schotterfluren der Alpenflüsse, den Tonebenen und Mooren der Glazialstauseen, und daß das Wasser weiteste Flächen im Alluvium schuf und freigab, mancher See erst in historischer Zeit schrumpfte, ja gestern verschwand, so wie wir heute und morgen ein Tal unter Stauseefluten oder vom Bergsturz abgedämmt ertrinken sehen. Nicht unwichtig für uns ist der geologische Befund, daß die meisten Seen der Erde glazialen oder pluvialen Ursprungs, also diluvial sind, und nur in einem kleinen Teil die Relikte den tertiären Ursprung nachweisen. Gerade so verhält es sich mit den limnischen Sedimenten, einem quartären Großteil stehen beträchtliche Mächtigkeiten und Flächen tertiärer Binnengewässergesteine von fluviatiler bis brackischer Fazies gegenüber, aus älteren Zeiten ist auf uns so wenig überkommen, daß es für bodenkundliche Betrachtungen nicht ins Gewicht fällt. Für die aktualistische Methode der Geologie ist es von Belang, daß die rezenten Seeablagerungen entsprechend der verschiedenen Seeentstehung sich vom limnischen Durchschnitt der erdgeschichtlichen Vergangenheit ziemlich unterscheiden, mutet doch z. B. das Kaspische Meer wie ein paläogeographisches Relikt des tertiären Seentypus an.

Erst das mit den Jahreszeiten sich wandelnde Wetter, der Witterungsgesamtzustand eines Orts, macht das Klima aus, erst diese Gesamtwirkung schafft den Bodentypus. Auch dieser phänologische Wechsel fehlt dem Salzwasser, den Ozeanen, weitgehend, er ist aber wie dem übrigen Festland auch den süßen Binnengewässern eigen, wenn auch mehr oder weniger modifiziert. Je nach Breitenlage, Größe und Tiefe, nach Zuflüssen und Lebewelt steht ein Binnensee unter phänologisch ebenso wechselnden Faktoren, wie die bodennahen Luftschichten, wie Temperatur, Gasgehalt, Strahlungsmenge. Ja wir haben sogar im Gegensatz zu den terrestrischen Böden am Seegrund einen klaren Ausdruck des jahreszeitlichen Wechsels in den Jahresschichten, die seit den Zeiten der limnoglazialen Bändertonwarven bis zu dcn heutigen kulturell bedingten Faulschlammbändern des Züricher Sees reichen und auch schon in Tertiärseen bekannt sind. Allerdings werden zum Unterschied gewisse in der Atmosphäre konstante Faktoren variabel, wie der Druck, andere erst in der Hydrosphäre konstant, wie die Feuchtigkeit. Der grundlegende Unterschied aber ist wohl der des Verhältnisses der abtragenden und aufbauenden Faktoren. An Land sind Erosionsvorgänge charakteristisch, am Strand halten sich Abrasion und Verlandung etwa die Waage, unter Wasser spielt die Akkumulation die erste Rolle. Schon aus diesem Grunde ist die subaquatische Sedimentation unbedingt der bodenbildende Vorgang unter Wasser, eine Überlegung, die für subaerische Verhältnisse berechtigten Zweifeln begegnet. Die Prozesse zersetzender und umbildender Art, die der festländischen Verwitterung entsprechen, kommen unter Wasser erst sekundär in Betracht, wenn auch Oxydation, Fäulnis, Lösung usw. wichtige und häufige Vorgänge sind. Jedoch tritt bei der ungleich wichtigeren bodenbildenden Rolle der Organismen unter Wasser etwas den terrestren Böden in diesem Umfange ziemlich Unbekanntes auf, nämlich die Bodensukzession. Der gebildete Seeboden wirkt als solcher oder auf dem Wege über die Lebewesen auf sein Medium, das Wasser, zurück, und dessen Zustandsveränderungen bringen veränderte Sedimentationsbedingungen zuwege.

Ein weiterer, nicht minder wichtiger theoretischer Gesichtspunkt der Zusammengehörigkeit von terrestrer und limnischer Bodenlehre ist aber der, daß zwischen Seeböden und Landböden direkte Beziehungen bestehen, die enger sind, als die mit der allgemeinen geologischen Formung der betreffenden Landschaft. Da alles seenerfüllende Wasser zuvor die umgebenden Landböden ausgelaugt hat, ist es klar, daß die Nährstoffverhältnisse und folglich die Produktion an Organismen und im Enderfolg die Sedimentation eine direkte Funktion des Nährstoffgehalts der Böden der umgebenden Landschaft sind. Heute schon kann man aus der stratigraphischen Übereinanderfolge der Seeböden auf die verschiedenen Stadien und den jetzigen Stand schließen, in denen der Landboden an Kalk, Eisen, Humus ausgelaugt worden ist, der sich im Seeboden wieder anreichert. Das Studium dieser Zusammenhänge hat noch eine große Zukunft und kann nur durch engere Zusammenarbeit zwischen Bodenlehre und Limnologie gefördert werden, denn sicher sind die Sätze berechtigt, die Rylow[1] kürzlich aussprach: „Die geologischen Fakta sind die Basis, auf der sich prinzipiell der Begriff der Trophie eines Gewässers aufbaut. Ich finde jedoch, daß die regionale Limnologie bis jetzt die geologischen Fakta in zu verallgemeinerter Form benutzt hat, während hier eine viel mehr vertiefte und detaillierte Forschung vonnöten ist, und zwar in der Richtung der Probleme, die von der Hydrogeologie studiert werden, mit einer allseitigen Ausnutzung der Ergebnisse der Bodenkunde und Klimatologie. Es scheint mir, daß einfache Hinweise auf den allgemeinen Charakter der geologischen Landschaft noch ungenügend sind. Das Studium der Frage des primären Trophiestandards verlangt einen engen Kontakt der Limnobiologie mit der Hydrogeologie und Bodenkunde."

Die Ursachen für die bisherige mangelhafte Erkenntnis der Zusammenhänge zwischen See- und Landböden liegen z. T. wohl darin, daß Daten über das chemisch-physikalische Verhalten der Böden in geologischen Spezialarbeiten nur selten zu finden sind, ferner in dem Mangel an regionalen bodenkundlichen Karten. Allerdings ist bis heute auch der Versuch, geologisches und bodenkund-

---

[1] Rylow, W. M.: Einige Bemerkungen betreffs des regional-limnologischen Studiums Verh. internat. Ver. Limnol. Rom 4 (1929).

iches Kartenmaterial zu regional-limnogeologischen Studien heranzuziehen, kaum gemacht worden.

Wenn RAMANN von seiten der Bodenkunde bisher der einzige war, der den Seeböden ausführliche Beachtung geschenkt hat, so hat neuerdings NAUMANN (1930) begonnen, von der Limnologie her Verbindungen anzuknüpfen. Er fand z. B., daß auch die limnologische Bodenlehre den Begriff der Bodentätigkeit RAMANNs anwenden könne. Stark tätige Böden (im Sinne des Einflusses der Bodeneigenschaf;en auf die Verwesung) finden sich in den elektrolytreichen Gewässern, träge Seeböden wären die elektrolytarmen Dyböden. Auch die angewandte Bodenkunde (Bodenkraft, Bonitierung) hat ihren limnologischen Zweig. Wenn allerdings die Fruchtbarkeit des Festlandbodens durch die Pflanzendecke indiziert wird, so kann die Bodenkraft der Unterwasserböden wenigstens außerhalb des Litorals nur an der Tierproduktion abgelesen werden, wozu wir schon ausgezeichnete quantitative Unterlagen besitzen. So hat die Bodenlehre nicht nur ihre Bedeutung für die Landwirtschaft, sondern auch für die Wasserwirtschaft, in erster Linie für die Fischerei.

Setzen wir somit die Grenzen der Untersuchung fest, so scheiden zunächst alle marinen Sedimente aus, die Gründe sind oben mit dargelegt, limnische Bildungen sind trotz allem festländisch, haben auf jeden Fall mehr oder weniger starken terrigenen Einschlag und immer terrigenen Ausgang. Die Meeressedimentation hat im allgemeinen mit der Atmosphäre so gut wie nichts, mit der Hydrosphäre alles, und menschlich gesprochen, für immer (d. h. mindestens für geologische Epochen) zu tun. Die Beschränkung hat Nachteile, denn auch hier kommen der Bodenbildung analoge Prozesse vor, ein Mineralabbau findet statt, unter Neubildung meist gelartiger Mineralien. Die von HUMMEL[1] als Halmyrolyse beschriebene Zersetzung der submarinen Sedimentoberfläche entspricht der subaerischen und der sublakustren Verwitterung, für welch letztere W. WETZEL[2] den Namen Thlolyse geprägt hat. Doch würde die Durchführung des Vergleiches mit der limnischen und terrestrischen Bodenbildung zu viel Raum beanspruchen, wir müssen uns selbst versagen, auf die litoralen Randbildungen des Meeres einzugehen, die als Dünen, Watten, Marschen wohl für die Bodenkunde oder die Agrikultur und Pflanzenphysiologie als den Nutznießer in Frage kommen können und verweisen hier auf den betreffenden Abschnitt dieses Handbuches[3].

Zu den Unterwasserböden rechnen wir ferner nicht alle jene gesteinsbildenden oder umwandelnden Prozesse, die nur unter Beteiligung von Wasser stattfinden, denn dann gehörte ja fast die ganze Bodenlehre hierher, und auch dann nicht, wenn es als Bergfeuchtigkeit, vadoses Wasser oder Sickerwasser eine größere Rolle spielte. Bodenbildungen, wie Höhlenlehm, Gehängemoore, Raseneisenerz usw. kommen also für uns höchstens als Grenzfälle in Betracht. Wir befassen uns nur mit der Umwandlung der Erdoberfläche unter dem Einfluß der Hydrosphäre in Form geschlossener oberflächlicher binnenländischer Wasseransammlungen. Mit dieser Abgrenzung befinden wir uns in Übereinstimmung mit RAMANN[4], der den Namen ,,Unterwasserböden" zuerst brauchte und unter anderem darüber folgendes sagt: ,,Die Abgrenzung zwischen Gesteinsablagerungen, welche man als geologische Bildungen betrachtet, und Böden ist fließend;

---

[1] HUMMEL, K.: Die Entstehung eisenreicher Gesteine durch Halmyrolyse (= submarine Gesteinszersetzung). Geol. Rdsch. 13 (1922). — Vgl. auch dieses Handbuch 1, 246.

[2] WETZEL, W.: Sedimentpetrographie. Fortschr. Min., Krist. u. Petr. 8 (Jena 1923).

[3] RÜGER, L.: Die Tätigkeit des Meeres und der Brandungswelle. E. BLANCKs Handbuch der Bodenlehre 1, 242. 1928. — ANDRÉE, K.: Geologie des Meeresbodens 2. Leipzig 1920.

[4] RAMANN, E.: Bodenbildung und Bodeneinteilung (System der Böden), S. 67. Berlin 1918.

man setzt sie am zweckmäßigsten, indem man die häufig zu Trockenland werdenden Bildungen den Böden zuweist, und jene Ablagerungen, welche nur durch starke Änderung der Höhenlage Festland werden können, der Geologie zuspricht."

Es bleiben somit als Binnengewässer Flußgewässer mit Quellen und Binnenseen übrig. Die Ablagerungen der Quellen, Bäche, Flüsse, Ströme streifen wir nur gelegentlich, sie sind jedem bekannt und außer in vielen geographischen und technischen Handbüchern auch in diesen Bänden behandelt. Eine Literaturauswahl sei angeführt[1]. Anders steht es mit den Seeböden. Eine umfassende Darstellung unter Berücksichtigung aller limnologischen, geologischen und geographischen Momente steht noch aus. Methoden und regionale Einzelbeschreibungen sind im allgemeinen erst eine Frucht der letzten Jahre und ihre Ergebnisse weiteren naturkundlichen Kreisen noch wenig bekannt. Wir beschränken uns also in der Darstellung der limnischen Ablagerungen im weiteren Sinne auf die lakustren, d. h. eulimnischen Sedimente.

Methoden.

Überleitend sei ein kurzes Wort über die historische Entwicklung gestattet, die zur heutigen Kenntnis über die Seeböden geführt hat. Die anzuwendende Methodik und Untersuchungstechnik brachte es mit sich, daß die Hauptanregungen von limnologischer Seite kamen oder von stark hydrobiologisch eingestellten Geologen, an führender Stelle steht die Quartärgeologie Schwedens. Von der geographischen Seite der Seenkunde wie von zünftigen Geologen kommen auch vereinzelte Beiträge, meist sind sie beiläufig in morphometrischen Arbeiten niedergelegt. Nur die limnologischen Zusammenfassungen, die uns größtenteils erst die Nachkriegszeit gebracht haben, enthalten gelegentlich allgemeinere Gesichtspunkte oder Einzelkapitel über lakustre Sedimente oder die damit zusammenhängenden Stoffwechselfragen. Für die nähere Einarbeitung in diese Dinge ist Beschäftigung mit der Limnologie unerläßlich, deren Hauptwerke deshalb hier angeführt seien. Als erstes ist das noch immer lehrreiche, durchdachte und bisher unersetzbare Handbuch der Seenkunde von Forel[2] zu nennen, dessen große Monographie über den Genfer See[3] als klassisches Werk der Limnologie auch wertvolle Stücke für uns enthält. Ihm stand vor dem Kriege nur das Lampertsche[4], rein hydrobiologische Sammelwerk zur Seite, das einen auch die marine Hydrobiologie hinzuziehenden kleineren Nachfolger in Hentschels Lehrbuch[5] gefunden hat, dem schließlich dem heutigen Stand entsprechend das recht ansprechende kleine Lehrbuch von Lenz[6] folgte. Auf der physiographischen Seite erschienen nach dem Kriege die zu Vergleichs- und Auskunftszwecken unentbehrlichen Darstellungen von Halbfass[7], neben welchen diejenigen von Ule[8] und

---

[1] Rüger, L.: Die Tätigkeit des fließenden Wassers. Handbuch der Bodenlehre 1, 230. Berlin 1929. — Machatschek, F.: Das Wasser des Festlandes. Grundzüge der physikalischen Erdkunde, hrsg. von A. Supan u. E. Obst, 1. Berlin 1927. — Penck, A.: Morphologie 1. Stuttgart 1894. — Gravelius, H.: Grundriß der gesamten Gewässerkunde. I. Flußkunde. Berlin 1914. — Bubendey, I. F., u. a.: Die Gewässerkunde, Handbuch der Ingenieurwissenschaften 3, 1. Leipzig 1912. — Bryan, K.: Silt studies on American rivers. Rep. Com. Sedim. Nr 92, Nat. Res. Counc. Washington 1930. — Trowbridge, A. C.: Investigations of fluvial deposits. Ebenda 1930.

[2] Forel, F. A.: Handbuch der Seenkunde. Allgemeine Limnologie. Stuttgart 1901.

[3] Forel, F. A.: Le Léman. Lausanne 1892—1904.

[4] Lampert, K.: Das Leben der Binnengewässer. Leipzig 1925.

[5] Hentschel, E.: Grundzüge der Hydrobiologie. Jena 1923.

[6] Lenz, F.: Biologie der Süßwasserseen. Berlin 1928.

[7] Halbfass, W.: Grundzüge einer vergleichenden Seenkunde. Berlin 1923. — Die Seen der Erde. Pet. geogr. Mitt., Erg.-H. 185.

[8] Ule, W.: Physiogeographie des Süßwassers. Enzyklopädie der Erdkunde. Leipzig u. Wien 1925.

MACHATSCHEK[1] zu nennen sind. Wirklich den modernen synthetischen Ambitionen der Limnologie zu entsprechen scheint erst die ihre verschiedensten Seiten monographisch behandelnde Sammlung „Die Binnengewässer", deren Herausgeber, A. THIENEMANN, die Reihe mit einer die physikalisch-chemische wie biologische Seite umfassenden regionalen Darstellung[2] eröffnet hat, auf die als ständiges Ausgangswerk verwiesen sei. Wenn man von POTONIÉS[3] heute überholtem, aber sehr verdienstvollem Werk absieht, so kommen heute als größere limnologische Werke mit ausgesprochen hydrogeologischer Tendenz nur drei in Betracht: LUNDQVISTS[2] hervorragende stratigraphische Darstellung, neben einigen älteren Arbeiten[4], das mehr geographische Buch von COLLET[5] und die Einführung von EINAR NAUMANN[6]. Die Titel sind insofern irreführend, als man im allgemeinen nur die speziellen Verhältnisse der Heimat der Schweden und des Schweizers mit gründlicher Kenntnis, doch gelegentlich mit unzulässigen Verallgemeinerungen verwertet findet. Auch methodisch verfolgen die Autoren nur ganz bestimmte Ziele. Bei diesen sehr verschiedenartigen literarischen Grundlagen hielt sich Verfasser bei dem zu verfolgenden regionalen Ziel für berechtigt, die größtenteils bisher unveröffentlichten Erfahrungen eigner Untersuchungen in verschiedenen Alpengebieten mit zu verwenden; in Norddeutschland hat er früher gearbeitet und sich im übrigen auf die große Erfahrung von LUNDBECK[7] gestützt, während für Skandinavien außer LUNDQVISTS Arbeiten die die Hydrogeologie begründenden Arbeiten von WESENBERG-LUND[8] und EINAR NAUMANN[9] als Unterlage dienten. Noch vor diesen grundlegenden Arbeiten erschien ein auch schon nordische ältere Literatur berücksichtigendes Sammelreferat von GAMS[10]. Etwa in gleicher Richtung haben sich schon früher die Spezialarbeiten von E. RAMANN[11] durch die Einführung der im Norden gewonnenen Erkenntnisse in die deutsche Literatur Verdienste erworben. Es sei schließlich auf ein in Vorbereitung befindliches, in der Sammlung „Die Binnengewässer" als Bd. 9

---

[1] MACHATSCHEK, F.: a. a. O. 1927 (vgl. S. 102, Fußnote 1).

[2] THIENEMANN, A.: Die Binnengewässer Mitteleuropas. Die Binnengewässer 1. Stuttgart 1926.

[3] POTONIÉ, H.: Die rezenten Kaustobiolithe und ihre Lagerstätten. I. Die Sapropelite. Abh. kgl. preuß. geol. Landesanst., N. F. 1908, H. 55. — Eine kurze Zusammenfassung, heute noch wichtig für Terminologie und Synonymik: Klassifikation und Terminologie der rezenten und brennbaren Biolithe und ihrer Lagerstätten. Abh. kgl. preuß. geol. Landesanst., Berlin 1906.

[4] LUNDQVIST, G.: Bodenablagerungen und Entwicklungstypen der Seen. Die Binnengewässer 2. Stuttgart 1927. — Sedimentationstyper i Insjöarna. Geol. For. Forh., Stockholm 1924.

[5] COLLET, L. W.: Les Lacs. Eléments d'hydrogéologie. Paris 1925.

[6] NAUMANN, E.: Die Bodenablagerungen der Seen. Verh. internat. Ver.igg. Limnol. Rom (1929).

[7] LUNDBECK, J.: Die Bodentierwelt norddeutscher Seen. Arch. f. Hydrobiol. Suppl.-Bd. 7 (1926).

[8] WESENBERG-LUND, C.: Studier øver Søkalk, Bønnemalm og Søgyttje i Danske Indsøer. Medd. Dansk. Geol. Føren. 7 (1901). — Furesøstudier. K. Dansk. Vid. Selsk. Skrift. N.-M.-Afd. 8, R. III, 1 (1917).

[9] NAUMANN, E.: Die Bodenablagerungen des Süßwassers. Arch. f. Hydrobiol. 13 (1922). — Einige Gesichtspunkte zur Terminologie der limnischen Ablagerungen. Sver. geol. Unters. Årsb. 1920. — Undersökningar över fytoplankton och den pelagiska regionen försiggående gyttje- och dybildningar inom vissa syd- och mellansvenska Urbergsvatten. K. Sv. Vet. Akad. Handl. 56 (1917).

[10] GAMS, H.: Übersicht über die organogenen Sedimente nach biologischen Gesichtspunkten. Naturwiss. Wschr. 1921.

[11] RAMANN, E.: Die H. v. POSTschen Arbeiten über Schlamm, Moor, Torf und Humus. Landw. Jb. 1888. — Organogene Ablagerungen der Jetztzeit. Neues Jb. Min. usw., Beilgbd. 10 (1895). — Einteilung und Benennung der Schlammablagerungen. Z. dtsch. geol. Ges. 58 (1906).

erscheinendes Werk von E. Naumann[1] über Bodenablagerungen hingewiesen, das ein beim IV. Internationalen Limnologenkongreß in Rom 1927 gehaltenes erweitertes Vortragsreferat[2] darstellt. Beide Arbeiten erschienen während der Drucklegung und konnten daher nicht mehr näher benutzt werden, dagegen die zugrunde liegenden früheren Arbeiten Naumanns.

Die limnische Bodenkartierung steht noch sehr im Anfang. Wir besitzen bisher nur Karten der rezenten Seeböden vom Lunzer Ober- und Untersee (Götzinger) in den niederösterreichischen Kalkalpen, vom Vättern in Südschweden (S. Ekman), vom Strandsee Etang de Thau in Südfrankreich (L. Sudry), dem McKay Lake in Kanada (Whittaker) und von einem Teil des Lake Ontario an der Nordgrenze der U. S. A. (Kindle). In Deutschland sind nur eine größere Anzahl von Seen des Herzogtums Lauenburg und der Uckermark durch Bärtling und Passarge kartiert, aber nach heute nur teilweise brauchbaren Prinzipien. Wir besitzen heute weit bessere technische Mittel und Methoden, wie sich in folgendem zeigen wird, als vor dem Kriege, und nur in manchen Fällen, wie besonders bei größeren Seebecken lohnt eine teilweise Monotonie der Sedimente die Kartierung auf großem Raum nicht, wie z. B. in vielen der großen Seen Nordamerikas oder des Alpenrandes.

Die Methoden der Hydrogeologie haben sich mit ihren Zielen und mit denen der Nachbarwissenschaften entwickelt. Erst die modernen Arbeitsergebnisse lassen sich für die Erkenntnis des Seegrundes als Bodentypus verwerten, ihm gegenüber steht die ältere Methode der mineralogischen Untersuchung von „Bodenproben" an Wert zurück. Da die mineralogische Zusammensetzung der Proben ohnehin eine Funktion der Gesteine des Einzuggebietes ist, und man bei meist ungenügender Lokalisierung der Bodenproben und fehlender eigner Anschauung usw. selten zu sedimentpetrographischem Verständnis vordrang, d. h. die Rolle der Sedimentationsfaktoren (Transport, Verwitterung usw.) nicht kannte, so gab diese Arbeitsweise nur ein sehr fragmentarisches Bild der unterseeischen Bodenverhältnisse. Die praktische Arbeit an Bord, die Technik der Laboratoriumsmethoden und die Apparatur (Rohrlote, Bodengreifer, Bohrer usw.) sind schon recht vielfältig und sehr entwickelt. Alles hierher Gehörige, wie die Literatur, findet sich bei Naumann[1].

Die neuere Hydrogeologie arbeitet, vielleicht unter etwas zu weitgehender Vernachlässigung der mineralogischen Untersuchung, unter zwei verschiedenen Gesichtspunkten. Die fazielle Verteilung der sublakustrischen Oberflächensedimente hat die alte punktuelle Methode in eine horizontal-flächenhafte verwandelt, während die teilweise hierauf fußende chronologische Erforschung der Seebodensukzessionen vertikal-linienhaft arbeitet. Beide Arbeitsziele ergänzen sich methodisch und technisch weitgehend. Die Chronologie stützt sich vornehmlich auf die Pollenanalyse und Diatomeen- bzw. Mikrofossilienanalyse, die in diesem Handbuch bereits behandelt wurden[3], ihre Ergebnisse interessieren für unser Thema nur mittelbar, es sei deshalb auf die in genannten Beiträgen zitierte Literatur verwiesen. Die Strukturanalyse wurde zuerst von Lundqvist ausgebildet. Abb. 10 gibt ein Beispiel eines derartig untersuchten Seebodenprofils. Der

---

[1] Naumann, E.: Einführung in die Bodenkunde der Seen. Die Binnengewässer 9. Stuttgart 1930.

[2] Naumann, E.: Die Bodenablagerungen der Seen. Verh. internat. Ver.igg. Limnol. Rom (1929).

[3] Wasmund, E.: Klimaschwankungen in jüngerer geologischer Zeit. Dieses Handbuch der Bodenlehre 2, 97, 99. 1929. — Schellenberg, G.: Die Pollenanalyse, ein Hilfsmittel zum Nachweis der Klimaverhältnisse der jüngsten Vorzeit und des Alters der Humuslagerungen. Ebenda 2, 139. 1929.

Lage der Dinge nach werden mit der bisherigen Technik in heutigen Seen nur die postglazialen Schichten bis in eiszeitliche Lagen hinein erschlossen, während an fossilen, aber trockenliegenden Aufschlüssen vorwiegend tertiäre limnische Sedimente unsere Kenntnisse erweitern. Die limnische Fazieslehre hingegen stellt in erster Linie die rezenten Sedimente dar, sie erforscht die physikalischen, chemischen und biologischen Sedimentationsfaktoren von der Zufuhr zur Ablagerung bis zu den mehrfachen Umlagerungen und Umwandlungen, die die Seeböden erleiden können. Das führt zur Aufstellung von Sedimentgruppen und -typen, zur Erklärung ihrer Abhängigkeit von der Gesamtstoffwechselphysiologie der Seetypen, zur Darstellung der zonalen Faziesverteilung in den verschiedenen Seetiefen und der geographischen Verteilung der Fazies in regional-limnologischer Beziehung. So hat die fazielle Richtung der limnischen Hydrologie ihren Wert in sich, unabhängig, doch nicht ohne Beziehungen, von der stratigraphisch-chronologischen, und in der gleichen Richtung liegt auch das, was die Bodenlehre braucht. Neben ihr liegt aber eine ihrer vornehmsten Aufgaben darin, der Hydrobiologie und Limnologie als Lieferant ökologischer Grundlagen zu dienen und andererseits der Geologie und Paläontologie nach dem Aktualitätsprinzip rezente Vergleichswerte zu geben. Als Medium der Bodentierwelt, als Substrat der submersen Pflanzenwelt, als Endprodukt des Stoffwechselkreislaufes, als Erneuerer im Umlauf der chemischen Stoffe sieht der Limnologe den Seeboden an; die Fragen der Sedimentierung, der Fossilerhaltung im re-

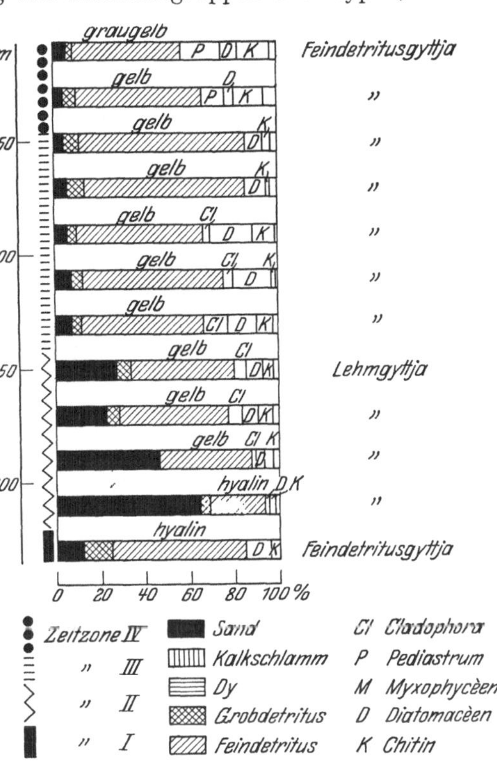

Abb. 10. Strukturdiagramm aus dem schwedischen See Bergundasjön. Die Analysen mit Ausnahme derer für die zwei obersten Proben sind als typisch für schwedische Urgebirgssedimente, unter anderm wegen des hohen mineralischen Gehalts anzusehen. Erklärung der Zeitfolgen usw. vgl. Abb. 35. (Nach Lundqvist.)

zenten Süßwasser interessieren den Erdgeschichtsforscher, und die Molassegeologie[1], die Quartärpaläobiologie[2] kann im aktualistischen, biosoziologischen und biostratonomischen Sinn viel von den rezenten Binnengewässern und ihrer Sedimentation vergleichend lernen. Gleiches gilt für aktuopaläontologische Untersuchungen[3].

[1] Wasmund, E.: Obermiozäne Entstehungs- und diluviale Entwicklungsgeschichte des Tischberghärtlings am Starnberger See (Ein paläolimnologischer Versuch). Jb. geol. Bundesanst. Wien 1929.

[2] Lundqvist, G., u. H. Thomasson: Diatomacéekologien och kvartärgeologien. Geol. For. Forh., Stockholm 45 (1923). — Wasmund, E.: Limnologische Beiträge zur Glazialgeologie. Geol. Rdsch. 16, 4 (1925). — Wesenberg-Lund, C.: Om Limnologiens Betydning for Quartärgeologien. Geol. For. Forh., Stockholm 31.

[3] Wasmund, E.: Rieselfelder und Blattfächerabdrücke am rezenten und fossilen Süßwasserstrand. Senckenbergiana 12, 2 (1930).

Ein noch braches Feld, das sich der Untersuchung der lakustren Sedimente bietet, ist die phänologische Beobachtung der Äfja, d. h. der jüngsten noch in Zersetzung begriffenen Wasser-Seeboden-Kontaktschicht. Fragen, wie die nach der Einwirkung der Planktonmaxima auf die Sedimentierung, der Temperaturen in einzelnen Jahreszeiten auf die Schichtungsfärbungen, den Pollenregen, der Erhaltungsdauer zeitlich festlegbarer Sedimentsuspensionen usw. stehen der Erforschung offen.

Sedimentgruppen.

Für Sedimentgruppen ließe sich auch ebensogut Seebodengruppen setzen, womit die große Schwierigkeit der Darstellung schon angedeutet ist. Die fazielle Verteilung der Bodentypen im See, ihr regionales Auftreten über geologisch-geographische, einheitliche Gebiete, ihre verschiedene Genese mit gemeinsamen Endprodukten, die chemischen, mechanischen, bakteriellen und koprogenen Umwandlungen — das alles kann nicht ohne Beschreibung der Elemente besprochen werden, andererseits ist die Kenntnis der dynamischen, morphometrischen, biologischen und physiologischen Sedimentationsfaktoren eigentlich unentbehrlich für das Verständnis der Entstehung der Unterwasserböden. Wir beschränken uns infolgedessen zunächst auf die Haupttypen der lakustren Sedimente, wie sie genetisch am klarsten von H. v. Post, L. v. Post[1], G. Lundqvist u. a. erfaßt wurden, um dann in die Terminologie und Formenkenntnis, mehr deskriptiv wie genetisch, einzuführen. Diese sind: 1. Minerogener Seeboden, 2. Kalkseeboden, 3. Erzseeboden, 4. Dyseeboden, 5. Gyttjaseeboden, 6. Faulschlammseeboden.

Minerogene, also anorganogene, größtenteils klastische Seeböden, verdanken ihre Entstehung nicht den Lebewesen, allerdings steht ihre bodenkundlich-diagenetische Umwandlung vielfach unter Mitwirkung phytogener Atmungs- und zoogener Verdauungsprozesse. Die Mineralböden können anstehendes Gestein sein, das der Korrosion und Erosion unterliegt, und dabei kommen natürlich alle Arten von Eruptiva und Sedimentärgesteinen in Frage. Entsprechend der Entstehung der Mehrzahl der Seebecken ist eine Einbettung in lockeren glazialen Ablagerungen mit gelegentlichem Ausstreichen der liegenden Tertiärschichten der häufigste Fall, daneben kommen mesozoische und paläozoische kristalline, sedimentäre und vulkanische Unterlagen im Gebirge usw. vor. Die zutage tretende Gesteinsunterlage der Seebecken und der einmündenden Gewässer ist, soweit sie in Lösung geht, für den Stoffwechselhaushalt des Gewässers, von „grundlegender" Bedeutung, worauf im Abschnitt „Regionale Limnogeologie" zurückzukommen sein wird. Den überwiegenden Teil der minerogenen Seeböden bilden aber die fluviatil-erosiv und litoral-abrasiv unter Wasser transportierten Sedimente. Man mag nach Korngrößen: Blöcke, Geröll, Kies, Grieß, Grand, Schluff, Sand und Ton unterscheiden, entsprechend der Herkunft seien als fazielle Unterschiede Deltaschotter, Ufergeröll, Sturzblöcke, Sande des Strandes, der Uferbank, Tone und Mergel vom Delta bis zum tiefen Schweb genannt. An fossilen Analoga seien die Nagelfluhen der alpinen Molasse, die Deckenschotter, Schmelzwasserkiese, Sande, Stauseemergel, Beckentone usw. der eiszeitlichen fluvio-limnischen Bildungsstätten aufgezählt, die bei ihrer heutigen Oberflächenverbreitung wichtig sind. Die Korngrößen nehmen naturgemäß seewärts schnell ab; der Kalkgehalt, der aus der feinen Suspension des bewegten Wassers niedergeschlagene Ton und Mergel nimmt erfahrungsgemäß in den meisten tiefen Seen nach der Tiefe (im allgemeinen

---

[1] Post, L. v.: Das genetische System der organogenen Bildungen Schwedens. Comm. internat. Pédol. 4, Comm. Nr. 22; Internat. bodenkdl. Konf. Rom 4 Bd. 3, S. 495 (1924).

Seemitte) hin ab. JENTZSCH[1] glaubt eine Kornvergröberung in den Ufersanden vom Liegenden zum Hangenden feststellen zu können. Übergänge zu Gyttja oder kalkigen Gesteinen sind häufig, und nicht immer ist mit bloßem Auge eine Seekreide vom Seemergel zu unterscheiden. Die konventionellen Grenzen sind auch noch vielfach unscharf. Der häufige Sandgehalt organogener Böden wird erst bei Frequenzen von 50—60% der Grundmasse dem unbewaffneten Auge sichtbar, doch ist er taktil früher feststellbar, abgesehen von nachträglichen Möglichkeiten der Messung durch Schlämmung. Natürliche Aufbereitung und Saigerung findet am Sandstrand größerer Seen wie am Meere statt, so entstehen kleine Seifen von Granat, Magneteisen, Quarz, organischen Beimengungen usw. Für die Terminologie der Korngrößen gibt es noch keine Übereinkommen für die quantitativen Grenzen, die Amerikaner gebrauchen eine andere Unterteilung als die deutschen Forscher.

Die mineralische Zusammensetzung aller Tone, Mergel und Lehme in Süßwassersedimenten ist nicht genau bekannt, jedenfalls ist die Grundmasse ein auch mikroskopisch und chemisch schwer erfaßbares, amorphes, kolloidales, wasserhaltiges Tonerdesilikat. Wie Detritate heute größtenteils durch die Flußtrübe (besonders zur Zeit der Schneeschmelze) in die als Klärbecken wirkenden großen Seen eingeschwemmt werden, so war es auch bei den großen tertiären Binnengewässern der Fall, von wo die entsprechenden Produkte uns als Ton, Tegel, Schlier, Flinz, Rupelton in mannigfacher Form überkommen sind. Als allgemeine Namen für Unterwassertone fluviatiler, limnischer oder mariner Entstehung mit ziemlich starkem organischen Einschlag sind Schlamm = Unterwasserboden, Schlick = aufgetauchter feuchter Boden, Ton als getrocknetes Sediment gangbar. Der Terminus Schlick wird nach Herkunft und Übereinkunft besser für marine Böden reserviert. Je nach dem Gehalt an kolloidalen Verbindungen schwankt die Skala der volkstümlichen und im Wissenschaftsgebrauch üblichen Fachwörter vom fetten Ton bis zum mageren Letten. So nennt man z. B. am Bodensee die profundalen Mergel und unterscheidet sie treffend nach ihrer Konsistenz in Milchlette (= Lauflette) und Schlegellette. Bei den lakustrischen Tonen handelt es sich aber durchweg nicht um Tone im eigentlichen mineralogischen Sinn, sondern um Ton als Gesteinsgemenge, als Pelit, als Niederschlag der Flußtrübe, als Gletschermilch und Uferabtrag. Sie scheiden sich als Alphitite (Gesteinsmehl) von den Tonen im engeren Sinn. Mergel ist ein Ton mit beträchtlichen Mengen von kohlensaurem Kalk (oder seltener Dolomit), wodurch seine Konsistenz eine merkbare Auflockerung erhält, er wird leicht bröckelig, blätterig und in der Farbe zu hellgrauen Tönen aufgehellt. Lehm ist durch die Zirkulation des Grundwassers und Regenwassers entkalkter Ton oder Mergel, leicht erscheinen dadurch Sand oder Brauneisen angereichert, die Farbe ist entsprechend braunrot. Daraus ersieht man, daß Lehm unter Wasser kaum vorkommen kann, am ehesten noch in der Fazies des „Sumpflöß", und es muß bei dieser Gelegenheit der bei verschiedenen schwedischen Autoren öfter vorkommende Irrtum richtiggestellt werden (Abb. 10 und 11). Lehm, Lehmgyttja, die durch einen Gehalt an tonigen und sandigen Substanzen charakterisiert werden, sind in Wirklichkeit meist Tongyttja. Die in großen Gebirgsrandseen, in vielen nährstoffarmen Gewässern, in den großen Becken der Urgebirgsgegenden, im Liegenden der postglazialen Lagerfolgen als Tone bzw. Bändertone auftretenden Gesteine sind durchweg Alphitite, in der Mehrzahl alphititische Mergel.

---

[1] JENTZSCH, A.: Das Profil der Ufersande in Seen. Beitr. Seenkde. 5; Abh. preuß. geol. Landesanst., N. F. 1918, 78.

Neben den mechanischen klastischen Sedimenten gibt es auch anorganogene Unterwasserböden chemischen Ursprungs, wobei nur derer ohne organische Beimengung gedacht werden soll (abgesehen von den ungenügend bekannten bakteriellen Vorgängen). Im Süßwasser kommen als Produkte symphysiologischer Übersättigung, der Ausfällung aus Überkonzentration in erster Linie Salze (Kochsalz, Natron), Kalke und Kieselgur in Betracht. Es sind aber durchweg in unseren Breiten anormale Bedingungen, die Kieselsinter in Thermalquellen, die als Diatomeentripel chemisch umkristallisiert als verbandsfeste Limnoquarzite auftreten können, oder Kalksinter in Krusten, an Grundwasseraustritte

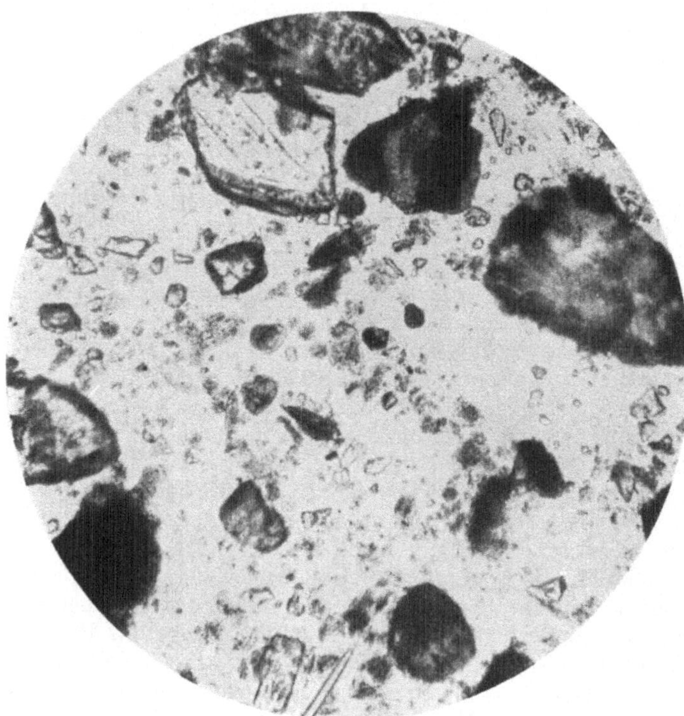

gebundene Kalkabscheidungen (Alm), bei gewissen thermischen Wasserzuständen ausgefälltes, aber wieder lösbares $CaCO_3$ ausscheiden lassen. In ariden Zonen erlangen diese „ariden chemischen Seeböden" eine hohe Bedeutung (Lake Eyre, Australien; Großer Salzsee, U.S. A.; Tsadsee, Afrika), doch für die lakustrischen Ortsböden des Bleicherdegebietes ist bei der ständigen Wasserbedeckung der rezenten Seeböden das Fehlen dieser Art Sedimente bezeichnend, die ja besonders in pluvialzeitlichen Riesenseen[1] eine große Rolle gespielt haben und heute teilweise als diagenetisch umge-

Abb. 11. Tongyttja aus dem See Bergundasjön in Schweden. Zusammensetzung: Sand und Lehm 44,8%, Grobdetritus 2,5% Feindetritus 41,5%, Diatomeen 4,2%, *Cladophora* 1,5%, Pollen 1,3%, Spongiennadeln 0,3%, Chitin 3,8%. Detritusfarbe hyalin. Die flockigen, unkonturierten Partien sind Feindetritus, die schärfer konturierten Ton, Quarzkörner und Fossilien. Vergr. 100 ×. (Nach Lundqvist.)

wandelte fossile Seeböden im Großen Becken Nordamerikas noch spielen.

Die Kalkseeböden sind naturgemäß nur dort vertreten, wo Kalziumkarbonat in überschüssiger Menge durch Einflüsse, Quellen oder dem Seewasser zugänglich liegende Schichten frei wird und der sedimentierte Verbrauch ersetzt wird. Neben den schon erwähnten rein chemischen Niederschlägen kommen in

---

[1] Russell, I. C.: Geological History of Lake Lahontan, a quarternary Lake of Northwestern Nevada. Monogr. U. S. geol. Surv. 2 (1885). — Lakes of North America. Bull. U. S. geol. Surv. 108 (1897). — Present and extinct Lakes of Nevada. Monogr. Nat. geogr. Soc. 1 (1895). — Gilbert, G. R.: Lake Bonneville. Monogr. U. S. geol. Surv. 1 (1890). — Jones, J. C.: The geologic history of Lake Lahontan. Publ. Carnegie Inst. Washington 352 (Washington 1925). — Blackwelder, E.: Lake deposits in the Basin and Range Province. Rep. Com. Sedim. 92, Nat. Res. Counc. Washington 1930.

überwiegendem Maße phytogene und zoogene Kalke vor. „Quellkalktuffe" der Quellen[1], Alm der Grundwasseraustritte, Wiesenmergel usw.[2], die nicht direkt an Binnenseen, sondern an Grundwasser gebunden sind, können hier nur erwähnt werden, wenn auch im See ähnliche Ausscheidungsprozesse zu konvergenten Produkten führen können oder manche[3] der heute festländischen Lager einst postglazial unter voller Wasserbedeckung gebildet wurden. Da die Entstehungsweise der limnischen Kalke später behandelt wird, sei hier nur eine kurze Beschreibung der Struktur und Textur[4] gegeben. Die Übergänge zwischen den einzelnen Typen der Gruppen sind durchaus fließend, da die verschiedenen Kalkbildner in demselben Raum oder nahe benachbart wirken und Wasserbewegungen sie noch weiter durchmischen können. Alle Seekalke sind von weißlichen Farbtönen, im allgemeinen amorpher Textur, je nach Herkunft mit Schalenresten, Algenfäden und anderen organischen Gerüstteilen durchsetzt. Der Kalkgehalt schwankt, ist aber bei den meisten bodenkundlich und technisch wichtigen Seekreiden und Wiesenmergeln hoch, er beträgt nämlich ca. 70—90%.

Seekreide (Søblege, Sjöblecke), Kalkmudde (C. A. WEBER) ist der Prototyp der limnischen Kalksedimente, bei über 80% $CaCO_3$ ist er von dichter Textur, strukturell einförmig, mit gelegentlicher Röhrchenstruktur (*Chara*reste) und ist für kleinere Gewässer für alle Zonen typisch, in größeren erreicht sie im Sublitoral bedeutende Mächtigkeiten. Der Übergang zu den tonigen Böden wird durch die Seemergel gebildet von ca. 20—80% $CaCO_3$; ein guter Teil der Alphitite könnte auch so genannt werden, man wird sich nach der autochthonen oder allochthonen Herkunft für die erste oder zweite Bezeichnung zu entscheiden haben. Wiesenmergel, Wiesenkreide, Weißerde, Seeziger (Schweiz) ist im allgemeinen nur die durch Wasserstandsveränderungen landfest gewordene Form der seekreidigen Böden. Besonders in vermoorten Seen tritt er in abbauwürdigen Mengen unter der Torfdecke auf; die norddeutsche, oberbayerische und schweizerische Literatur weist viel auf solche Vorkommen hin[5].

Der Molluskenkalk ist ein wohldefinierter Typus, der regional in bedeutender Entwicklung auftreten kann. Die Schalenstreifen und -girlanden der

---

[1] SCHUSTER, O.: Postglaziale Quellkalke Schleswig-Holsteins und ihre Molluskenfauna in Beziehung zu den Veränderungen des Klimas und der Gewässer. Arch. f. Hydrobiol. **16**.

[2] NORDHAGEN, R.: Kalktuffstudier i Gudbrandsdalen. Kristiania 1921. — PETERSEN, G.: Hydrogeologische Studien auf Jasmund (Rügen). Arch. f. Hydrobiol. **16**, 3 (1926).

[3] THUNMARK, S.: Bidrag till kännedomen om recenta kalktuffer. Geol. For. Forh. November/Dezember, Stockholm **1926**. — SERNANDER, R.: Svenska Kalktuffer. Geol. För. Förh., Stockholm **1916**.

[4] Im Sinne von K. ANDRÉE: Geologie in Tabellen I, 1921: Struktur = Größe und Gestalt der Gemengteile, Textur = räumliche Anordnung der Gemengteile.

[5] FRÜH, J., u. C. SCHRÖTER: Die Moore der Schweiz. Beitr. z. geol. Karte d. Schweiz, geotechn. Ser. III, 1904. — GAMS, H., u. R. NORDHAGEN: Postglaziale Klimaänderungen und Erdkrustenbewegungen in Mitteleuropa. Landeskdl. Forschgn. geogr. Ges. München **25** (1923). — SOMMERMEIER, L.: Das Wiesenkalk- oder Seekreidelager des Turloffer Sees. Arch. Ver. f. Naturgesch. Mecklenburg **65** (1911). — GEINITZ, F. E.: Kalk- und Mergellager in Mecklenburg. Landw. Ann. 8 (1893). — Die mecklenburgischen Kalklager. Landw. Ann. **5/6** (1896). — FIEDELKORN: Über ein Wiesenkalklager bei Ravensbrück in Mecklenburg. Z. prakt. Geol. **3**, 3 (1895). — H. HESS v. WICHDORF: Zur Kenntnis der alluvialen Kalklager in den Mooren Preußens. Z. prakt. Geol. **16**, 8 (1908). — PASSARGE, S.: Die Kalkschlammablagerungen in den Seen von Lychen, Uckermark. Jb. kgl. preuß. geol. Landesanst. **1901**, **1904**. — WESENBERG-LUND, C.: Furesöstudier. Kopenhagen 1917. — STEUSLOFF, U.: Torf- und Wiesenkalkablagerungen im Rederang- und Moorseebecken. Arch. Ver. Naturgesch. Mecklenburg 59 (Güstrow 1905). — BLATCHELY, W. S., u. G. H. ASHLEY: The Lakes of Northern Indiana and their associated marl deposits. Ind. Dep. Geol. a. Nat. Res. **25**, Rept. 1900 (1901). — DAVIS, C. A.: A contribution to the natural history of marl. J. of Geol. 8 (1900). — A remarkable marl lake. J. of Geol. 8 (1900). — ELLS, R. W.: Marl deposits of Ontario. Ottawa Nat. col. **16** (1902).

telmatischen und litoralen Zone sind meist leicht vergänglich und von den korrodierten Schalen der strandnahen Molluskenbiotope aufgebaut (*Sphaerium, Valvata, Bithynia, Limnaea, Unio, Anodonta*), während die „Schalenzone" des Sublitorals in größerer Mächtigkeit (im Stettiner Haff 50 cm nach BRANDT[1]) bis zu schätzungsweise 1 m auftreten kann (Abb. 12). Die Erhaltungsfähigkeit der Art spielt eine große Rolle für die Zusammensetzung; in denjenigen Gewässern, in welchen die im letzten Jahrhundertende eingewanderte *Dreissensia polymorpha* schon vorhanden ist (d. s. alle russischen, fast alle norddeutschen und dänischen), ist sie der Hauptbildner dieser Lager. Je nach den biocönotischen und physiographischen Bedingungen treten örtlich daneben oder überwiegend *Unio* und *Neritina* (Dänemark), *Valvata, Bythinia, Paludina* bestandbildend auf. Der

Abb. 12. Schalenkalk aus dem Alpsee bei Füssen, 35 m Tiefe, bestehend aus einer Grundmasse von Kalkkonkretionen mit ganzen und korrodierten Schalen (Valvaten, Planorben, Limnäen). *Dreissensia* fehlt im Alpengebiet, daher ist die Schalenzone meist schwach ausgebildet oder fehlt ganz. Phot. LUNDBECK.

Molluskenkalk, die Schalen der Muscheln an sich sind durchweg gut erhalten, nur die Cuticula ist abgelöst, die Schnecken reichern sich in teilweise fazettierten Spindeln an, sie sind von Kalkalgen leicht zerfressen, die Mantelsäume, Gehäuse und Spitzen zerbrochen oder korrodiert. Der ganze Bodengreifer füllt sich in den Lagern, eine seekreidige Zerfallsgrundmasse steht an Menge hinter den Schalen meist zurück[2]. In fossilen Süßwassersedimenten treten ähnliche Gesteine als Schalenbreccien, Lumachellen in analoger massiger Verbreitung auf; dem

<hr>

[1] BRANDT, K.: Über das Stettiner Haff. Wiss. Meeresunters., N. F. 1 (Kiel 1896).

[2] Vgl. J. LUNDBECK: Die Bodentierwelt der norddeutschen Seen. Arch. f. Hydrobiol. Suppl.-Bd. 7 (1926). — Die „Schalenzone" der norddeutschen Seen. Jb. preuß. geol. Landesanst. 49 (1928). — S. PASSARGE: Die Kalkschlammablagerungen in den Seen von Lychen, Uckermark. Jb. kgl. preuß. geol. Landesanst. 22, 1 (1901/02). — E. WASMUND: Biocoenose und Thanatocoenose. Arch. f. Hydrobiol. 17 (1926). — C. WESENBERG-LUND: Studier over søkalk, bønnemalm og søgytja i danske indsøer. Medd. Dansk Geol. For. 1901, Nr. 7. — A. C. JOHANNSEN: Om aflejringen af molluskernes skaller i indsjöer og i Havet. Vid. Med. Nat. For. Kjøbenhavn 1901.

Vorgang der Flachmeergeologie folgend werden wir den Molluskenkalk strukturell in Schill (ganzschalig) und Bruchschill (mechanisch und koprogen zerkleinert) zu scheiden haben. Seekreiden und Seemergel mit reichlichem Schalengehalt sind besonders in größeren Seen nicht selten und treten z. B. auf der Halde der Alpenrandseen in Vertretung der infolge Materialmangels fehlenden Schillkreiden auf. Schalengyttja beschreibt LUNDQVIST als Grenzfälle der Kalkgyttja mit grüner oder braungrüner Grundmasse.

Der Characeenkalk findet sich in allen Erhaltungsstadien schon in den tertiären mitteleuropäischen Binnenseen (Mainzer Becken) und bildet sich heute überall, wo die unterseeischen Wiesen der Armleuchteralgen ihre assimilierende, kalkausscheidende Tätigkeit entfalten. C. A. DAVIS[1] hat seine Entstehung im Nordosten amerikanischer Seen beschrieben. Im Lake Michigan erreicht er 6—7 m Mächtigkeit. Die Textur der rezenten und subfossilen Characeenkalke geht von Röhrchenstruktur zu pulverisierten Massen über, *Characeae* und *Nitellae* sind in den hochprozentigen Kalken erhalten. Daneben spielten als blattinkrustierende Makrophyten auch die Laichkräuter, Tausendblätter, Hornkräuter eine große, gelegentlich, die überwiegende Rolle[2]. Hier aber gehen die phytogenen Unterwasserkalke schon in die verschiedenen Formen der Gyttja

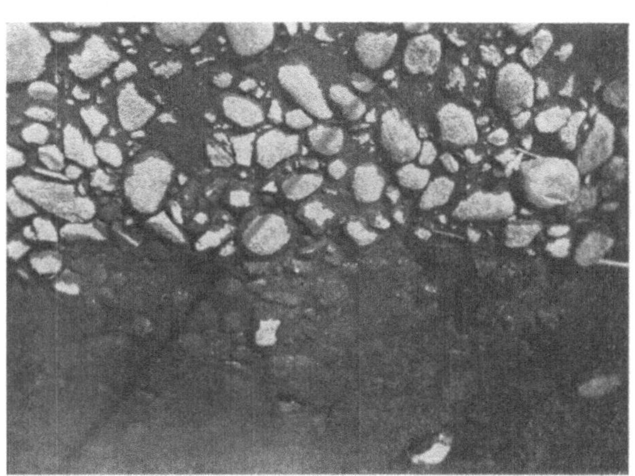

Abb. 13. Kalkalgenkrusten auf in Lette fest eingebettetem Ufergeröll, teilweise unter Wasser untertauchend. Spritzzone des Bodensees bei Wasserburg. Senkrechtaufnahme. Phot. WASMUND.

über, da der Detritus beim herbstlichen Zerfall der litoralen Pflanzenbestände in das Sediment umformend eingreift.

Quellkreide[3] ist wohl der einzige anorganogene Übersättigungskalk, der in Seen mit normalem Chemismus auftritt, wo sonst, wie erwähnt, solche Fällungskalke fehlen. Es sind schneeweiße, durch den Temperaturgegensatz am unterseeischen Quellhorizont phänologisch ausgefällte, detritusfreie Kalknester, die LENZ[3] im Großen Plöner See an fünf Stellen im Litoral festgestellt hat, und die Verfasser im Ostersee[4] (Oberbayern) an vielen Stellen kalkbildend fand. Schalen kaltstenothermer Diatomeen sind für solche Sedimente bezeichnend. Der oberbayerische „Alm", von SENDTNER[5] 1854 so genannt und beschrieben, stellt eine analoge Bildung dar. Inkrustationskalksedimente finden sich in mannigfacher Form, die biogenen Anreicherungsvorgänge kommen gelegentlich gemeinsam mit korrodierenden Auslaugungsprozessen vor (Abb. 13). Blaugrüne Algen

---

[1] DAVIS, C. A.: J. of Geolog. 8 (1900).

[2] PRINGSHEIM, N.: Über die Entstehung der Kalkinkrustationen der Süßwasserpflanzen. Pringsheims Jb. 19 (1888).

[3] LENZ, FR.: Quellkreide im Großen Plöner See. Verh. internat. Ver. Limnol. 2, Innsbruck 1924.

[4] WASMUND, E.: Zur Postglazialgeschichte des Würmseegebietes. Verh. internat. Ver. Limnol. 3 (Moskau), Stuttgart 1927.

[5] SENDTNER, O.: Die Vegetationsverhältnisse Südbayerns. München 1854.

(*Schizothrix, Rivularia* u. a.) auf Steinen und feinem Untergrund scheiden Kalkmäntel aus, während im Gegensatz zu den Cyanophyceen gewisse Chlorophyceen kalkzerstörend und durch Auflockerung fester Kalkunterlagen sedimentbildend wirken. Die wulstartigen Teppiche werden leicht mechanisch zerstört und umgelagert. Die Bildung der Schnegglisande (Abb. 14), fremdkörperhaltiger Kalkoolithen in inselbildenden Massen, ist vom Untersee öfter beschrieben worden[1]. Vom Überlinger See sind unterseeische Kalksinter bekannt[2].

Nicht bekannt war, daß die so bröckelig-schaligen Kalkgerölle außer an der Oberfläche angereichert, auch in der Tiefe der Seekreide des Gnadensees (Untersee) einzeln, aber massig eingelagert als echte Konkretionen vorkommen. Auch an lebenden Schneckengehäusen wurde die Bildung von „Schneckenmumien"[3] unter Beteiligung von Blaualgen beobachtet. Im Tertiär des Mainzer Beckens hat Verfasser, in der oberschwäbischen Molasse K. C. Berz[4] Schnegglisande bankbildend gesehen. Die Bildung der Furchensteine[5] ist ein nicht

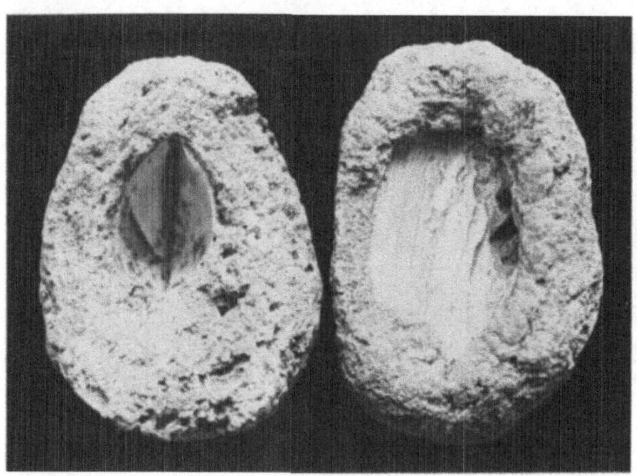

Abb. 14. „Schnegglisand"-Konkretion um eine Schale oder Doppelschale von *Anodonta*. Bodensee.

völlig gelöstes Problem, Verfasser wird demnächst an Hand eines Materials von Uferfelsrinnenpartien (Thuner See, Walchensee, Wallensee, Lüner See) und Furchengeröllen aus größeren Tiefen die überwiegende Rolle der anorganischen Säuren als korrodierendes Lösungsmittel gegenüber den angenommenen zoogenen Faktoren zeigen.

Den erwähnten Fällen anorganogener Kalkübersättigung bei normalen thermischen Verhältnissen steht die organisch bestimmte Überkonzentration gegenüber. Die physiologische Fällung unter assimilatorischer Beteiligung des Phytoplanktons im Epilimnion wird im nächsten, die

[1] Baumann, E.: Die Vegetation des Untersees (Bodensee). Arch. f. Hydrobiol. Suppl.-Bd. 1 (1911). — Früh, J., u. C. Schröter: Die Moore der Schweiz. Zürich 1904. Schmidle, W.: Postglaziale Ablagerungen im nordwestlichen Bodenseegebiet. Neues Jb. Min. usw. 2 (1910). — Schröter, C., u. O. Kirchner: Die Vegetation des Bodensees. Lindau i. B. 1896 u. 1902.

[2] Lauterborn, R.: Die Kalksinterbildungen an den unterseeischen Felswänden des Bodensees und ihre Biologie. Mitt. bad. Landesver. Naturkde., N. F. 1 (1922).

[3] Haas, F.: Die Bildung von Schneckenmumien. Paläontol. Z. 5, 3 (1923).

[4] Berz, K. C.: Petrographisch-stratigraphische Studien im oberschwäbischen Molassegebiete. Jh. Ver. vaterl. Naturkde. 71 (1915).

[5] Forel, F. A.: Le Léman 3. 1904. — Roux, M. de: Recherches biologiques sur le lac d'Annecy. Ann. Biol. lacustre 1907, T. 2. — Chodat, R.: Etudes de biologie lacustre. Bull. de l'herbier Boissier 6, Nr. 6 (1898). — Müller, G.: Furchensteine aus Masuren. Z. dtsch. geol. Ges. 1897. — Blanckenhorn, M.: Zur Erklärung der Rillensteine des Niltals. Z. dtsch. geol. Ges. 58, 1—3 (1916). — Reis, M. O.: Über Furchenfelsen am Walchenseeufer. Geognost. Jh. 39 (1926). — Salomon, W.: Über die Entstehung von „Rillensteinen". Z. dtsch. geol. Ges. 68, 1— 3,(1916). — Weltner, W.: Über den Tiefenschlamm, das See-Erz und über Kalksteinaushöhlungen im Madüsee. Arch. Naturgesch. 71, Bd, 1, H. 3 (1905). — Jensen, P. B.: Über Steinkorrosion am Ufer des Furesees. Internat. Rev. d. Hydrobiol. u. Hydrogr. 1909.

dynamischen Vorgänge behandelnden Kapitel dargestellt werden. Die Menge der hier im Epilimnion zur Sommerzeit ausgefällten Kalkkriställchen ist recht groß, doch ist es fraglich, wieviel davon den Boden erreicht. Daneben können auch geringe Mengen als Verwesungsfällungskalk frei werden, doch wird das meiste im Vollzuge der Fäulnisvorgänge wieder von den Säuren gelöst werden. Die Frage der Beteiligung von Bakterien an der Kalzitfällung ist für Süßwasser noch ungelöst[1].

See-Erz tritt vorwiegend in Form des Limonits, Manganmalms, Melnikowits und Pyrits auf (Abb. 15). Übergänge zeitlicher und struktureller Arten sind die Okkerbildungen. Regional sehr verschieden verteilt, in vielen Gegenden ganz fehlend, ist das See-Erz doch durch seine besonders in Fennoskandia wirtschaftlich hohe Bedeutung wichtig geworden und vielleicht anderswo der Auffindung entgangen. Das Eisenerz kommt in der mineralogischen Form von Brauneisenerz vor; neben anorganischer Fällung sind auch Myxophyceen und Bakterien, unter anderem side-

rophile Organismen, an der Fällung beteiligt, wie besonders PERFILIEW[2] und vor ihm HARDER[3], MOLISCH[4] und NAUMANN[5] nachgewiesen haben. Wir verzichten auf Zitierung der umfangreichen Literatur, die sich sämtlich, außer den neuen russischen Arbeiten, in der Monographie von NAUMANN angeführt findet. Die Strukturformen der See-Eisenerze sind durchweg sphärolithisch. Die Bezeichnung der alten Erzfischer: Schießpulver-, Schrot-, Erb-

Abb. 15. See-Erzablagerung aus dem Madüsee in Pommern, mit Schalen der in Norddeutschland vorwiegend die Schalenzone bildenden Dreiecksmuschel *Dreissensia polymorpha*. (Nach LENZ.)

senerz haben sich auch in die wissenschaftliche Sprache eingebürgert. In Scheibenform tritt „Gelderz" auf, daneben Schilderz, als kleinere Form des Kuchenerzes. Bohnenformen, Spulformen, Rohre, Rinnen, Pfeifenerz usw. sind nicht selten; *nostoc*artige Typen, die an bestimmte Myxophyceenwuchsformen gebunden

---

[1] DREW, G. H.: On the precipitation of Calcium Carbonate in the Sea by marine bacteria, and on the action of denitrifying bacteria in tropical and temperate seas. Pap. fr. Tortugas Labor. Carnegie Inst. Washington 5, Publ. 182 (1914). — GEE, A. H., u. E. G. MOBERG: Calcium carbonate in sea water. Rep. Com. Sedim. 12, Nat. Res. Counc. Washington 1930. — G. A. NADSON, Arch. Hydrobiol 19 1928 — Die Mikroorganismen als geolog. Faktoren I. (russ.) St. Petersburg 1903.

[2] PERFILIEW, B. W.: Die Rolle der Mikroben in der Erzbildung. Verh. internat. Ver. theoret. u. angew. Limnol. 3 (1927).

[3] HARDER, E. C.: Iron-depositing Bacteria and their geologic relations. U. S. geol. Surv., Prof. pap. 113 (Washington 1919).

[4] MOLISCH, H.: Die Eisenbakterien. Jena 1910.

[5] NAUMANN, E.: Södra och mellersta sveriges Sjö- och myrmalmer, deras bildninghistoria, utbredning och praktiska betydelse. Sver. geol. Unders., Ser. C 1922, Nr. 297. Mit ausführlichem Literaturverzeichnis. — Die eisenspeichernden Bakterien. Zbl. Bakter. II 78 (1929). — Om järnets förkomstsätt i limniska avlagringer. Sver. geol. Unders., Ser. C 289 (1918).

sind, sind nicht häufig, Kantenerz ist eine Modifikation aller angeführten Typen. Alle Formen sind für Eisen- und Manganausscheidungen gemeinsam, während die sog. Rußkugeln von Manganerzen allein gebildet werden. Daneben treten Konglomerate von Eisenerzerbsen, durch Manganoxyd verkittet, auf, weiter Eisentuff (Skragg, dem Ortstein an Land genetisch entsprechend). Zusammenwachsen der Einzelteile, flächenhafte Fällung und Konglomeratbankbildung gehen ineinander über. Das Initialmaterial für die Eisenerze kann organisch und anorganisch sein und vor allem koprogenes Material enthalten, während das Manganerz auch sekundär ausgebildet ist. See-Erze und Sumpferze (Wiesenerze) sind zwei Fazies des gleichen Prozesses, der Enteisenung des eisenschüssigen Grundwassers, sie sind auch in geochemisch gleichen Gebieten verbreitet. Das Stadium des Eisenockers geht in beiden Fällen der Erzbildung voran. Die durchschnittliche Quantität des See-Erzes ist ca. 50 kg/m² und steigt bis über 200 kg/m², gelegentlich sind bedeutende Areale bedeckt. Das Mn-reiche Eisenoxyd ist chemisch von der zweiten Form, dem relativ Fe-armen, dabei SiO_2-reichen Manganoxyd zu unterscheiden. Der Eisengehalt kann bis zu 75 % ansteigen, durchschnittlich bis 40 % Fe, der Mangangehalt hält sich auch in den extremen Typen etwas niedriger, durchschnittlich zirka 20 %. Die Eisenerzbildungen sind bräunlich, die Manganerze mehr schwärzlich. Diatomeenocker[1] stellt in seiner typischen und häufigen Form eine Zwischenform zwischen reinem Eisenocker und reinem Diatomeenpelit (Kieselgur) dar (Abb. 16). Je nach dem Eisengehalt kommen gelbe, rote, braune, sogar blaue Farben vor. Siderophile Diatomeen stellen die Mikrofossilien. Die auch in terrigenen Böden oft beschriebenen Rostwurzelröhren[2] treten auch im Süßwasser auf. Ob Weißeisenerz im Süßwasser

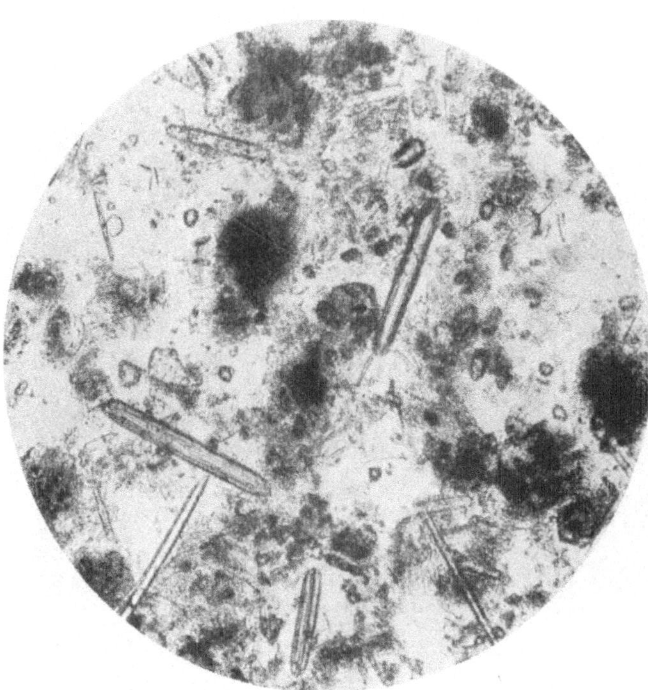

Abb. 16. Diatomeenocker aus dem See Lekvattnet, Schweden. Zusammensetzung: Sand und Ton 16%, Eisen 1,6% Grobdetritus 0,1%, Feindetritus 31,3%, Diatomeen 37,7%, Pollen 0,2%, Sporen 1,3%, Spongiennadeln 11,9%, Chitin 0,1%. Detritusfarbe gelb. Ein großer Teil der undeutlichen Grundmasse ist von Diatomeenfragmenten gebildet. Die dunkelsten Klümpchen sind vereisenender Feindetritus. Vergr. 100 fach. (Nach Lundqvist.)

<hr>

[1] Chronqvist, A. V.: Om ockerlager vid Stråsjö i Josefsjö och Färila sockner i Helsingland. Geol. For. Forh., Stockholm 1886, 5. — Lundqvist, G.: Limnisk diatoméockra och dess bildningsbetingelser. Sver. geol. Unders. Årsb. 17 (1923).

[2] Lundqvist, G.: Om roströr hos Batrachospermum och dessas forhållande till slamavlagringarna. Bot. Not. Lund 1923. — Naumann, E.: Om roströr och vissa därmed jämförliga bildningar. Sver. geol. Unders. 14. Stockholm 1921.

vorkommt, das sich unter Abschluß von O_2 am Grunde eutropher Seen sehr wohl bilden könnte — als Eisenoxydulkarbonatgel bei Mitwirkung von Humussäure und Kohlensäure —, ist bei der leichten Oxydierbarkeit des erst neuerdings bekannt gewordenen Erzes nicht bekannt.

Schwefeleisen (FeS), das in Markasit und die weniger häufige mineralogische Form des Pyrit (beide FeS_2) mit der Zwischenform Melnikowit[1] übergeht, sind in Seeböden mit organogener Komponente häufige Erscheinungen. Doch sind die Formen chemisch äußerst unbeständig, was man auch an den schnellen Farbveränderungen der an die Luft heraufgeholten oxydierenden Proben sieht. Zuweilen verdichten sich die drei Formen zu kleinen schwarzen Kügelchen, die lose in Gyttja, in Tonen, in Zellkörpern stecken können. Im allgemeinen erreicht der Pyrit keine höheren Werte als $1\,^0/_0$, doch muß man die Gesamtmengen der bei starker Eiweißfäulnis entstehenden Schwefeleisenverbindungen nicht unterschätzen, die sich durch Blauschwarzfärbung, besonders der Sedimente, unter der direkt mit der Wasserunterfläche in Verbindung stehenden Kontaktschicht bemerkbar machen. Eigentlicher Faulschlamm = Sapropel, dem die Gyttjatypen im allgemeinen nicht angehören, ist ohne Schwefelverbindungen nicht zu denken[2]. Das tritt sogar bei den minerogenen Sedimenten nach Beobachtungen des Verfassers lokal in größerem Umfang auf, wie bei organogener Gyttja, was vielleicht dort auf die höhere Frequenz des bodentransportierenden Benthos zurückzuführen ist.

Andere Erze wie Eisenphosphat = Vivianit $[Fe_3(PO_4)_2\,8H_2O]$ und Eisenspat = Eisenkarbonat $(FeCO_3)$ sind in eigentlichen Binnenseen zu erwarten, aber bisher nur in niederländischen Moorablagerungen bekannt geworden.

Dy ist die Allgemeinbezeichnung für den sedentären Prototyp der stark humushaltigen Gewässer und als schwedischer Vulgärausdruck schon vom Altmeister der Seebodenkunde HAMPUS V. POST[3] eingeführt. Der Lebertorf, Torfschlamm mancher Gegenden, entspricht etwa der gleichen Gruppe. Er besteht überwiegend aus Humusausflockungen. Die Farbe ist schwarzbraun, er ist von feiner amorph-bröckeliger oder faseriger Struktur. Während Kalk und Dy sich schon aus regionalen Gründen ausschließen, sind Übergänge dieses allochthonen Seebodens zu autochthoner Gyttja, bzw. Dygyttja, nicht selten. Die Mikrofossilbestände sind einförmig. Schwammnadeln, Sporen, Pollen treten hervor. Chitin und Koprolithe sind hingegen ein quantitativ bedeutendes Charakteristikum der Dyböden. Humifizierte Pflanzenreste wie im Torf fehlen, der Dy ist eine ausgesprochene allochthone Bildung von Humuskolloiden, durch Tributärgewässer dem See zugeführt oder aus vertorfenden Ufern gelöst. Die mineralogische Reinsubstanz der Humuskolloide tritt nicht selten in der Form des Dopplerits von amorpher Struktur, gallertartiger muschelbrüchiger Textur, lichtdurchlässig wie schwärzliches Glas auf, „gestocktes Blut" nennt ihn der schweizer Torfstecher. Laubdy ist die Dybildung von Kleingewässern mit stark bewaldeten Ufern, wenn der Laubfall die gesamte übrige autochthone und allochthone Sedimentproduktion übersteigt, sie ist typisch für Buchenwaldseen im baltischen Moränengebiet. RAMANN hat Dy mit „Moor" oder „Moorboden" im Gegensatz zu Torf übersetzt, nicht alles seinerzeit darunter Zusammengefaßte läßt sich mehr unter Dy verstehen, so daß die schwedische Bezeichnung als eindeutig vorzuziehen ist. Synonyme sind Tyrfopel (NAUMANN), Torfmudde (C. A. WEBER), Helopel (GAMS), limnischer Torf (FRÜH und SCHRÖTER). Eine litorale, gröbere

---

[1] Doss, B.: Melnikowit, ein neues Eisenbisulfid. Z. prakt. Geol. **20** (1912).
[2] Doss, B.: Das Vorkommen von freiem Schwefel in Sapropelen. Zbl. Min. **1913**.
[3] Post, H. v.: Studier öfver nutidens koprogena jordbildningar, gyttja, dy och mull. R. Sv. Vet. Ak. Handl. **4** (1862).

Fazies ist der Stranddy, dem Strandmull aus vertrocknenden pflanzlichen angespülten Resten nahestehend. Schwemmtorf ist ein schon völlig telmatischer Boden aus zerbröckeltem Torf, Schilfteilen, besonders vielen Früchten, Kernen (Eicheln, Bucheckern, Kastanien usw.), aus Koniferenzapfen, Schneckenschalen, Drifthölzern, Harzteilen usw. bestehend. Das Sediment spiegelt deutlich die lange Schwimmfähigkeit seiner Bestandteile wieder, die aus weit entlegenen Biocönosen stammend eine gemeinsame Thanatocönose bilden[1].

Die bodenkundliche Parallelisierung hat bereits H. v. Post angebahnt und Ramann weitergeführt: Gyttja und Dy bestehen aus niederen Pflanzen und überwiegend tierischen Endprodukten, Torf und Mull aus höheren Pflanzen und überwiegend pflanzlichen Endprodukten. Abschließend ist hervorzuheben, daß die Anwesenheit von Humussäuren für die Bodenbildung an Land und unter Wasser von gleicher Bedeutung ist, so daß sich auch im folgenden der Dyboden als in einen eigenen Seetyp im scharfen Gegensatz zu den übrigen Seetypen eingeordnet erweisen wird. Die Verwesung, die bei Zutritt von Sauerstoff und starker Beteiligung von Organismen, z. B. Regenwürmern bzw. Tubificiden, auf dem Trocknen bzw. unter Wasser vor sich geht und einerseits zu Schwarzerde usw., andererseits zu Gyttja und Sapropel führen kann, macht bei den Humusböden beider

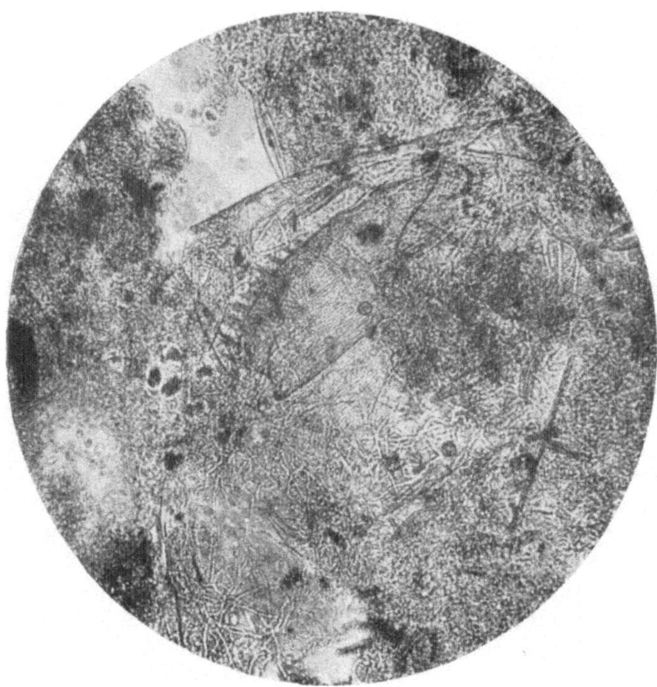

Abb. 17. Algengyttja von *Lyngbya* aus dem See Lyan in Schweden. Zusammensetzung: Grobdetritus 6,4%, Feindetritus 29,6%, Chlorophyceen 0,7%, *Lyngbya* 50%. Diatomeen 6,7%, Pollen 6,6%, Sporen 0,7%, Chitin 5,3%. Detritusfarbe hyalin. Die fadenähnlichen Massen sind Scheiden der Blaualge *Lyngbya*, mitten im Bild chitinöser Hinterkörper der Cladocere *Lynceus*. Vergr. 100 fach. (Nach Lundqvist.)

Medien einer langsamen Zersetzung unter Hervortreten von Reduktionsprozessen Platz mit dem Endprodukt Rohhumus, Ortstein einerseits, Dy, See-Erz andererseits.

Gyttja ist in erster Linie planktogen und als solches der bezeichnendste Typ der Unterwasserböden, der übliche Untergrund des eutrophen, gereiften, in seinem Stoffwechsel mit organischen Überschüssen arbeitenden Seetyps, aber auch in Abarten in Seen anderer Typen vorkommend, also von größter Verbreitung. Der schwedische Ausdruck ist 1862 von H. v. Post[2] in die hydrogeologische

---

[1] Potonié, H.: Über rezente allochthone Humusbildungen. Sitzgsber. preuß. Akad. Wiss. 1 (1908).

[2] Post, H. v.: Nutidens koprogena jordbildningar, Gyttja, Torf och Mylla. K. Sv. Vet. Akad. Handl., N. F. 4 (1861/62).

Terminologie eingeführt und auch von Trybom[1] gebraucht worden. Ramann hat das Verdienst, diese frühen skandinavischen Bemühungen um die Erforschung der anorganogenen und koprogenen Sedimente der deutschen Literatur zugänglich gemacht zu haben. H. Potonié[2] hat den Ausdruck Sapropel für älteren, schon gallertig-verfestigten Faulschlamm, Saprokoll, für etwa dieselben Seeböden eingeführt mit weitgehender Auswirkung in der Literatur. Verfasser sieht sich abweichend von Naumann[3], gezwungen, dieses Synonym aufzugeben, erstens aus Prioritätsgrundsätzen, denn Lauterborn[4] hat diesen Namen in engerem und klar definiertem Sinn bereits drei Jahre früher geprägt, zweitens, weil diese Beschränkung auf Böden mit typischer Fäulnis unter völligem Sauerstoffschwund unter Bildung von Schwefelwasserstoff auch sachlich berechtigt ist[5]. Natürlich sind die Übergänge zwischen Gyttja und eigentlichem Faulschlammsapropel zeitlich und räumlich oft genug fließend.

Die ausgefaulten planktogenen Skelettteile aller Gyttjatypen bestehen aus Kieselgehäusen der Diatomeen, aus Chitin der Crustaceen (wobei eigentümlicherweise Copepoden sehr schlechte, Cladoceren äußerst gute Erhaltungsfähigkeit allenthalben zeigen), Rotiferen und den Kiefern der Chironomidenlarven, Kalziumkarbonat der Rhizopodenskelette, abgesehen von dem beigemengten physiologischen Fällungskalk.

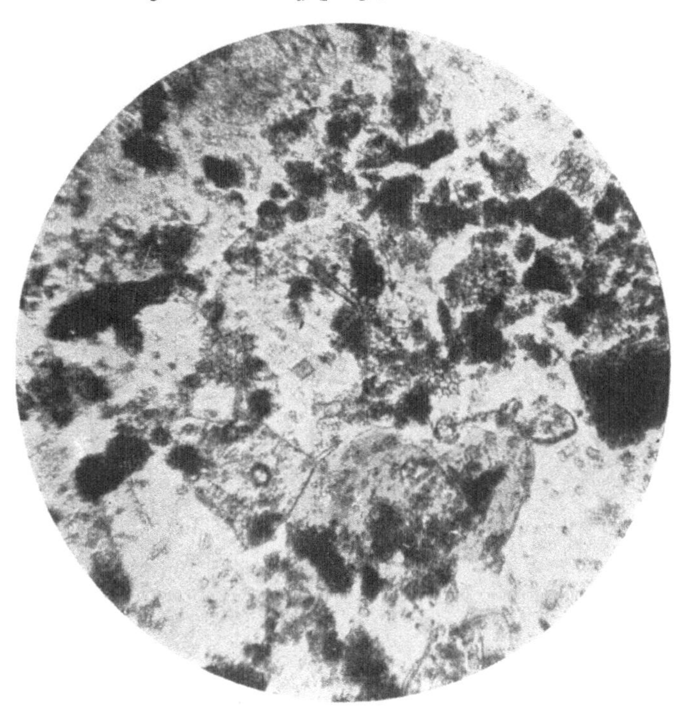

Abb. 18. Feindetritusgyttja mit *Pediastrum* aus dem See Bergundasjön, Schweden. Zusammensetzung: Sand und Ton 5,3%, Pyrit 0,1%, Grobdetritus 2,7%, Feindetritus 48%, *Pediastrum* 18%, Myxophyceen 0,4%, Diatomeen 7,7%, Pollen 0,2%, Sporen 0,3%, Spongiennadeln 0,9%, Chitin 15,6%. Detritusfarbe graugelb. Im Gesichtsfeld überwiegen Feindetritus, Reste der Grünalge *Pediastrum* (hauptsächlich *P. boryanum*) und Cladocerenschalen. Vergr. 100 fach. (Nach Lundqvist.)

Von den zahllosen Zellulosefragmenten kommen besonders Zellwände der Grünalgen der Peridineen, Kutin der Blaualgen, Kalk der Schalen von Mollusken und Ostrakoden von pelagischen Formen in Frage, ein Großteil wird von Fragmenten der litoralen Makrophyten geliefert. Die Struktur der

---

[1] Trybom, F.: Bottenprof från svenska insjöar. Geol. För. Förh., Stockholm 10, 7 (1888). — A collection of bottom-samples from Swedish lakes in different parts of the Country. App. Spec. Katal. Int. Fish. Exhib. London 1883, Stockholm 1883.

[2] Potonié, H.: Über Faulschlamm (Sapropel). Sitzgsber. Ges. naturforsch. Freunde Berlin 1904.

[3] Naumann, E.: Einige Bemerkungen zur Terminologie des Sapropels. Arch. f. Hydrobiol. 20 (1929).

[4] Lauterborn, R.: Die sapropelische Lebewelt. Zool. Anz. 24 (1901).

[5] Wasmund, E.: Bitumen, Sapropel und Gyttja. Geol. För. Förh. 52. Stockholm 1930.

Gyttjagruppe ist je nach Alter und Herkunft flüssig bis elastisch, immer äußerst wasserhaltig, daher beim Trocknen schrumpfend, die Textur krümelig, typisch koprogen, die Farben wechseln stark, sie sind im allgemeinen dunkel. Man kann die Gruppe in zoogene und phytogene Typen scheiden, wobei die letzteren die überwiegende Masse darstellen. Die Algengyttja tritt in Form von Diatomeengyttja, Cyanophyceengyttja und Chlorophyceengyttja auf (Abb. 17). Besonders der Kieselalgenschlamm ist für die Tiere nährstoffreicher Seen typisch und geht bis zu reiner Kieselgur[1] über, die schon in alter Zeit bekannt war[2]. Natürlich sind Übergänge zu den Blaualgen- und Grünalgenschlammen vorhanden, Vaucheriagyttja als grünschwarzer sublitoraler Schlamm zeichnet sich durch Fehlen von Kalk aus. Die Farbe der Algengyttja wechselt in Grün, Rot, Gelb, Braunschwarz, minerogene Bestandteile fehlen fast ganz, ebenso humose, hingegen ist Kalkgehalt und ziemlich hoher Ölgehalt im allgemeinen ebenso bezeichnend wie die besonders in der Tiefe stark entwickelten reduktiven Prozesse unter Entwicklung von FeS und FeS_2. Ziemlich nahe steht dieser Gruppe die Feindetritusgyttja, in der makrophytischer Grobdetritus neben Diatomeen oder Grünalgen und besonders völlig zersetzten und zerfaserten Pflanzenfragmenten eine Rolle spielen (Abb. 18). Die Pollengyttja oder den Fimmenit, der gelegentlich rein vorkommt, möchte Verfasser als Abart rechnen[3]. Der Typus leitet über zur Grobdetritusgyttja, bei der die gelben und grünen Farben wie die feine Struktur aufhören und durch braune Farben, mineralische Beimengungen und grobe Phanerogamenfetzen ersetzt werden (Abb. 19). Es ist der am meisten mechanisch bedingte Typus der Gyttja und tritt daher an exponierten Stellen bedingt durch die Strombewegungen oder im Flach-

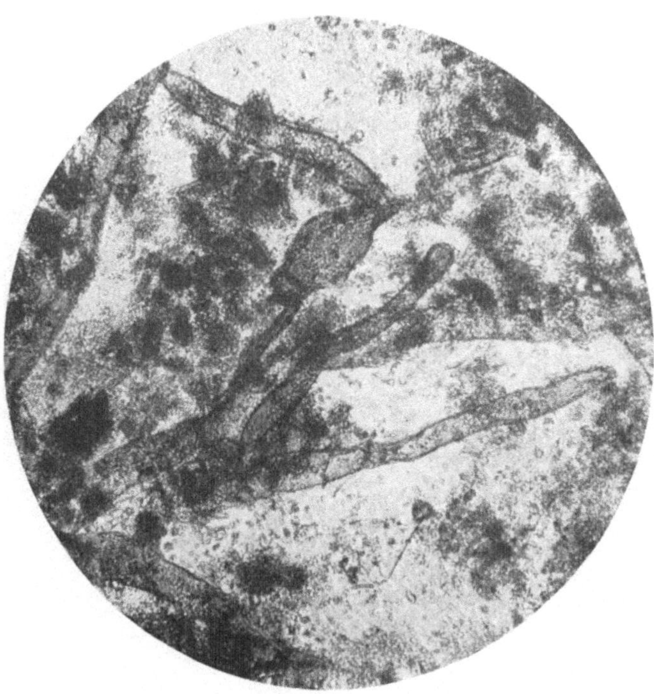

Abb. 19. Grobdetritusgyttja (*Cladophoragyttja*) aus dem schwedischen Landsjön. Zusammensetzung: Sand und Ton 5,2%, Grobdetritus 6,2%, Feindetritus 43,4%, *Cladophora* 39,8%, Myxophyceen 0,2%, Diatomeen 0,9%, Pollen 0,1%, Sporen 0,1%, Chitin 3,2%. Detritusfarbe gelb. Im Gesichtsfeld herrschen vollständig die Fadenreste der Chlorophycee *Cladophora* (*Aegagropila*) neben Feindetritus vor, die auch einen Großteil der bekannten organisch gewachsenen Seebälle bilden. Vergr. 100 fach. (Nach Lundqvist.)

[1] Hustedt, Fr.: Über rezente Diatomeenablagerungen in Deutschland. Mikrobiol. Mh. 12, H. 1 (1922/23). — Halden, B.: Till frågan om Kiselgurens genesis. Geol. För. Förh., Stockholm 44 (1922).
[2] Ehrenberg, A.: Mikrogeologie. Leipzig 1854—76.
[3] Wasmund, E.: Pollenregen-Seeblüte am Bodensee im Luftbild. Paläontol. Z. 12, 2 (1930).

wasser auf. Grenzfälle sind also Ufergyttja (zu der *Phragmites* und *Fontinalis* die erhaltungsfähigsten Teile stellen) und Litoraldy, weiter der schon halbtrockne Schwemmtorf. Der Teichschlamm (Dammgyttja) steht dem Typus ebenfalls nahe, eng hierher gehören Krauthumusschlamm[1] der kleinen völlig durchwachsenen Flachseen und schließlich Laubgyttja als Grenzfall der schon genannten Laubdy. Von tierischen planktogenen und benthogenen Sedimenten wurde die Schalengyttja aus Molluskenresten bereits erwähnt, die Chitingyttja tritt rein besonders da auf, wo die phytogene Sedimentation zurücktritt, also in nährstoffarmen Seen, während Ostrakodengyttja nur selten gefunden wurde, obwohl im Mesozoikum und Känozoikum Süßwasserostrakodenkalke in mächtigen Bankbildungen bekannt sind. So sehr die tierischen Sekrete auf bestimmte Zonen und einzelne regionale Fälle beschränkt sind und Weichteile, Knochen und Knorpel im Süßwasser aller Gewässertypen außerordentlich selten sind, vielleicht Säugerknochen und Fischschuppen ausgenommen, so allverbreitet sind die Exkrete der Weichtiere bis zu denen der Kleinkrebse, Insektenlarven und Würmer. Die mit Kotballen durchsetzten Gyttja wie Dy sind bei Humuszufuhr besonders erhaltungsfähig, d. i. ein Grund vielleicht auch dafür, warum sie in marinen Sedimenten keine solche Rolle spielen. Von allochthoner, terrigen-zoogener Sedimentzufuhr sind nur Käferhornteile und Landschneckengehäuse erwähnenswert. Auf die wichtige Rolle der Bodentiere als Sedimenttransporteure und Sedimentdestrukteure, die der der Regenwürmer in trockenen Böden gleicht, wird noch zurückzukommen sein.

Sapropel oder Faulschlamm in dem ursprünglich von LAUTERBORN geschaffenen Sinne ist nicht identisch mit dem, was man seit POTONIÉ darunter versteht, der ohne Kenntnis seines Vorgängers den Begriff weniger in der Definition als in der feldmäßigen Anwendung weiterfaßte und große Teile der Gyttjagruppe dazu rechnete. Das entschiedene Verdienst dieser Begriffsklärung war die Unterscheidung der Sapropele, bei denen Fette als Urmaterial eine große Rolle spielen, von den Humusbildungen, deren wesentliche Grundstoffe Zellulose, Kohlehydrate sind. Dadurch wurde der Unterschied zwischen Inkohlung und Bituminierung, von der Verwesung bzw. Vertorfung bis zur Fäulnis klar gefaßt, und in diesem Sinne ist die starke Wirkung der POTONIÉschen Anschauung in geologischen und bodenkundlichen Kreisen auch heute noch zu begrüßen. Doch war die Unterscheidung in erster Linie von brennstofftechnischen Gesichtspunkten aus erfolgt, während eine rein chemische und hydrobiologische Kennzeichnung uns theoretisch einwandfreier erscheint. Dabei ist nicht zu verhehlen, daß auf diese von LAUTERBORN[2] begonnene und von A. WETZEL[3] in gründlicher Arbeit fortgeführte Weise eine Sedimentgruppe vorwiegend chemisch und ökologisch definiert wird, während die in Frage stehende Gyttjagruppe hauptsächlich genetisch gekennzeichnet wurde. Verfasser schließt sich, wenn auch anfänglich anderer Meinung[4], doch den beiden Biologen an, da die Kennzeichnung der Sedimentgruppen unseres Erachtens nicht nur von chemischen und genetischen, sondern ebenso von regional-faziellen und von strukturell-

---

[1] KOPPE, F.: Die Schlammflora der ostholsteinischen See und des Bodensees. Arch. f. Hydrobiol. 14 (1924).

[2] LAUTERBORN, R.: Die „sapropelische" Lebewelt. Zool. Anz. 24 (1901). — Zur Kenntnis der sapropelischen Flora. Allg. bot. Z. 1906. — Zur Kenntnis einiger sapropelischer Schizomyzeten. Allg. bot. Z. 19 (1913). — Die sapropelische Lebewelt, ein Beitrag zur Biologie des Faulschlammes natürlicher Gewässer. Naturhist. med. Ver. Heidelberg, N. F. 13, H. 2 (1915).

[3] WETZEL, A.: Der Faulschlamm und seine ziliaten Leitformen. Z. Morph. u. Ökol. Tiere 13, H. 1/2 (1928).

[4] WASMUND, E.: a. a. O. 1926, 29ff.

texturellen Gesichtspunkten aus nötig erscheint, und da lassen sich Sapropel-ablagerungen im engeren Sinne und eigentliche Faulschlammgewässer ganz klar ausscheiden[1] (Abb. 20). Erwähnt wird aber, daß manche Typen der Gyttja, besonders die Algengyttja, zeitweilig oder dauernd zu Sapropel werden können. Demgegenüber ist wichtig, daß unter bestimmten und eben typischen Bedingungen sich limnischer oder mariner Sapropel ohne Vorstadium sofort bilden kann und sich diagenetisch nur zu Sapropeliten, bituminösen Gesteinen, umwandelt.

Sapropel oder Faulschlamm ist ein meist tiefschwarzer, selten gebräunter Unterwasserbodentyp echt stagnierender Gewässer von lockerer, flockiger, gelegentlich fettiger Textur, in welchem hochmolekulare Stoffe überwiegend pflanzlicher, weniger tierischer Herkunft unter völligem Fehlen von Sauerstoff bei starker Mitwirkung anaerober Bakterien und bei Entstehung von Schwefelwasserstoff als entscheidendes Kriterium derart zersetzt werden, daß diese Zellulosegärung zu völliger Destruktion der organischen Gestalt führt. Stinkender Geruch, Anwesenheit von kreßfarbigen, meist rötlichen Schwefelbakterienflocken, Fehlen von Koprolithen und koprogener Struktur, Anwesenheit einer

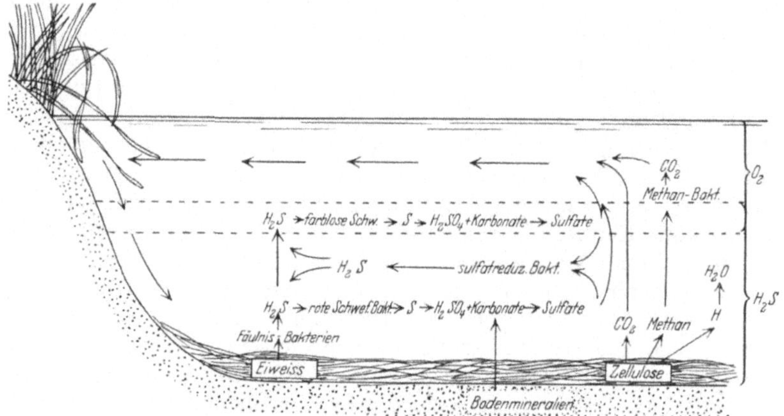

Abb. 20. Schema des Stoffkreislaufs im echten Faulschlammgewässer. (Nach A. WETZEL.)

bestimmten saprobionten Leitfauna sind Merkmale, die echten Sapropel deutlich von normaler Gyttja trennen. Die biocönotische Mutterformation der organischen Bestandteile ist also relativ gleichgültig, ebenso ist die Quantität der minerogenen Beimengungen nur indirekt von gewisser Bedeutung, bezeichnend ist die völlige nekrobiotische Zersetzung[2] der organischen Gestalt oder der morphologischen Einzelformen der die Thanatocönose zusammensetzenden ursprünglichen Biocoenose.

Die Kennzeichen der einzelnen Sedimenttypen, die die Bildung von Unterwasserböden führen, waren in erster Linie nach makroskopischen, strukturelltexturellen Gesichtspunkten erfolgt. Dabei ließ es sich nicht vermeiden, daß einmal das genetische Prinzip (z. B. Gyttja), einmal das chemische (Seerz) bevorzugt wurde, obwohl natürlich alle Seeböden von beiden Bildungsprozessen beherrscht werden, zu denen noch physikalische Faktoren kommen, die als sekundäre erst im nächsten Abschnitt zur Behandlung stehen. Doch würde eine gleichmäßige Berücksichtigung aller zur Sedimentbildung notwendigen oder in Einzelfällen nur hinreichenden Faktoren zu einer derartig unübersichlichen Unter-

---

[1] WASMUND, E.: Bitumen, Sapropel und Gyttja. Geol. För. Förh. 52. Stockholm 1930.
[2] WASMUND, E.: Die Verwendung biosoziologischer Begriffe in der Biostratonomie. Verh. naturhist. med. Ver. Heidelberg 16 (1929).

teilung der Gruppen in Einzeltypen führen, wie sie der wahren Lage in der Natur gar nicht entspricht, wo ja auch im allgemeinen ein Faktor der ausschlaggebende ist. Dabei darf man nicht vergessen, daß verschiedene Bildungsfaktoren zu gleichem Endprodukt führen können (limnische Kalke), oder daß gleiches Ausgangsmaterial zu verschiedenen Zwischenbildungen und Endsedimenten führen kann. Je nach der Verfrachtung der Urmaterialien einer bestimmten Seezone gestalten sich die bodenbildenden Bedingungen wesentlich unterschiedlicher als an Land, wo die physikalisch-chemischen Außenfaktoren nicht so schroff wechseln wie unter Wasser vom Strand bis zur Tiefe. Diese Betrachtung muß ebenfalls erst in einem späteren Abschnitt Platz greifen, und sie entspricht ja eigentlich dem natürlichen Vorkommen der Seeböden. Wir haben nur so die Deskription und genetischen Voraussetzungen zum Verständnis der zonal bedingten Seebodenfazies bereits gewonnen. Die lakustren Sedimente, z. B. der telmatischen Zone, die, amphibisch zwischen Hoch- und Niederwassergrenze, der Luft und dem Wasser wechselnd ausgesetzt sind, fehlen in unserer Gruppenübersicht so gut wie ganz, da sie sich durchweg als Grenzfälle der geschilderten Typen darstellen, ihre rein deskriptive Schilderung wäre aber ohne ein Eingehen auf die Bildungsfaktoren des Thanatops, wie es bisher geschah, nicht gut möglich gewesen.

Sedimentationsfaktoren.

An der Bildung der Seeablagerungen haben eine Unzahl Faktoren Anteil. Die geochemische Zusammensetzung des Einzugsgebietes, der Chemismus des Gewässers selbst, seine biochemische Physiologie wirken aufbauend, die Bewegungsformen des Wassers, nutrifizierende und bakterielle wie chemische Vorgänge tragen in mannigfacher Verflechtung zur weiteren Umbildung bei. Bestimmte Sedimentationsfaktoren spielen nur in gewissen Tiefenzonen eine Rolle oder verhalten sich zoniert verschieden, sie geben dem See als Raumgebilde jenen eigentümlich geschichteten Aufbau, der von den Wasserkörpern auf die angrenzenden Seebodenteile hinübergreift und einen scharfen zonalen Unterschied in Formenwelt und innerem Aufbau hervorruft, deren Beschreibung das Ziel des nächsten Abschnittes ist. Diese Vorgänge und Auswirkungen finden sich in einem Gesamtbilde, schematisiert, zusammen, das als „Seetypen und Seebodentypen" den Gegenstand eines weiteren Kapitels bilden soll, wo die jetzt zu beschreibenden Einzelfaktoren und die dadurch hervorgebrachten Bodenbildungen in der Beschreibung des gesamten Stoffwechselkreislaufes als Kausalzusammenhänge erscheinen. Wir gehen jetzt von den zur Sedimentation zur Verfügung stehenden Rohstoffmengen aus, beschreiben ihre Zufuhr zum Seeboden, verfolgen den Aufbau des eigentlichen Seebodens unter bestimmten chemischphysikalischen Bedingungen im Boden selbst und beschreiben schließlich die chemischen, biogenen, tektonischen, hydrodynamischen Ursachen eines teilweisen Abbaues und der zahlreichen Umbildungs- und Umlagerungsvorgänge. Man unterscheidet hierbei Umsedimentierung der unkonsolidierten Sedimente und Umlagerung der konsolidierten Seeböden. Wir beschäftigen uns also im folgenden nur mit den zur Sedimentbildung führenden Prozessen.

Die sedimentären Urstoffe lassen sich in allochthone und autochthone einteilen, was ungefähr auch einer Zweiteilung in mineralogische und in organische Substanzen entspricht. Das minerogene Urmaterial stammt in erster Linie von den Zuflüssen, ferner von der erodierenden, abradierenden und korrodierenden Tätigkeit des Seewassers, dann von unterseeischen Quellen und schließlich von direkter chemischer Fällung im See. Das organische Urmaterial stammt zum allergrößten Teil aus dem See selber und wird von Plankton und Benthos, in geringen Mengen von Nekton, Pleuston und Neuston gestellt, allochthone Einschwemmung ist außer bei Grenzfällen wie Laubförna kaum von Belang. Wir werden sehen, daß die verschiedenen Seetypen in bestimmter regionaler Verbreitung jeweils der einen oder anderen Art der Sedimentzufuhr überwiegend zugeordnet sind, und können jetzt schon sagen, daß in kalkarmen Humusseen die allochthone Dyzufuhr fast allein in Frage kommt, daß kleine flache Gewässer mit hoher vegetabilischer Produktion eine vorwiegend autochthonische organische Sedimentation besitzen, und daß große, tiefe Gewässer mit umfangreichen, an organischem Inhalt armen Wasserkörpern sowie solche mit zahlreichen oder sie in der Wasserführung gar übertreffenden Zuflüssen, schließlich auch solche mit Zuflüssen starken Gefälles, also kräftiger Erosion, sich in erster Linie anorganisch anhäufen. Aber Akkumulation herrscht überall vor, im großen Gewässer geht der terrigene Zuwachs so lange vor sich, bis die organische Ausfällung bei einem gewissen Reifestadium die erste Rolle übernimmt.

Wenden wir uns den quantitativen Verhältnissen zu. Die Zuflüsse transportieren, mechanisch betrachtet, große Schotter, Sand und feine, meist kolloidale Flußtrübe. Die groben Bestandteile werden sofort an der Mündung in Deltas abgesetzt, die feine Suspension verteilt sich langsam in die Seeweite. Die Schlammführung hängt sehr von der Gesteinsbeschaffenheit, wie auch von der Niederschlagshöhe, Jahreszeit usw. ab. Die bekannt gewordenen Zahlenangaben und Messungen sind noch ziemlich widerspruchsvoll. Die im Zuflußlauf suspendiert transportierten Schlammengen sind besonders in den Alpenländern genau gemessen worden, die Annahme ist berechtigt, daß diese Mengen

Wasserlauf	Suspendierte Stoffe pro Jahr und km²
Rhein (Bodensee)	545 m³
Rhône (Genfer See)	568 ,,
Arve (Savoyen)	502 ,,
,, ,,	1214 ,,
Dixence (Wallis)	648 ,,
Massa (Aletschgletscher)	499 ,,
Drance (Wallis)	846 ,,

die tieferen Teile der Seewanne auskleiden. Die Hauptschwemmstofführung liegt zur Zeit der Schneeschmelze im Gebirge im Frühsommer, ein zweites Maximum liegt gelegentlich im Herbst. Die täglichen und jährlichen Schwankungen der Wasserführung laufen der der Schwemmstofführung parallel. Aus jahrzehntelangen Serien ergaben sich gute Durchschnitte.

Seit Forels Zahlen (2 800 000 m³ pro Jahr = 32 000 Jahre Lebensdauer) sind die Ziffern für die Alluvionenzufuhr im Genfer See genauer[1] geworden, und Collet kommt zu dem Resultat[2]:

$$\begin{aligned}
\text{Rhône} & \quad 2\,965\,000 \text{ m}^3 \text{ pro Jahr} \\
\text{Übrige Zuflüsse} & \quad \underline{\quad 235\,000 \text{ ,, \quad ,, \quad ,,}} \\
& \quad 4\,200\,000 \text{ m}^3 \text{ pro Jahr im Genfer See}
\end{aligned}$$

Bei einem Volumen von 89 000 Mill. m³ des Genfer Sees bedeutet das eine Auffüllung in 21 000 Jahren. Die Lebensdauer des Vierwaldstätter Sees wird auf 23 000 Jahre berechnet, der Rhein wird bei gleichbleibender Akkumulation den Bodensee in 12 500 Jahren aufgefüllt haben. Es handelt sich also um gewaltige Mengen von Sinkstoffen, doch sind die Zahlen der Voraussage mit Vorsicht zu betrachten, da heute durch Aufforstung, Wildbachverbauungen, Auffangen der Schlammtrübe in Vorländern, Buhnenfeldern usw. die Sinkstofführung der Alpenflüsse doch wesentlich verändert sind (Abb. 21). Der Gesamtflächenabtrag

---

[1] Utrecht, E.: Die Ablation der Rhône in ihrem Walliser Einzugsgebiet im Jahre 1904/05. Dissert., Bern 1906.
[2] Collet, L. W.: Les Lacs, S. 230. Paris 1925.

auf der Nordabdachung der Alpen wurde von Collet auf 1 m in 17 000 Jahren berechnet. Im Mittelgebirge und erst recht im Flachland sinkt dieser Betrag und mit ihm auch die Schwemmstofführung der Flüsse erheblich, so daß die minerogene Materialzufuhr für die Seen dieser Gebiete geringe Bedeutung hat.

Die Geschiebeführung, d. h. von Sand und Geröll auf dem Boden der Fließgewässer, ist nicht minder beträchtlich. Ihr Zuwachs ist im Delta leichter meßbar. Natürlich lagern sich in Deltasedimenten, wie z. B. beim Rheindelta im Bodensee, auch feinere Korngrößen ab, doch wird ein größerer, vorläufig schwer

Abb. 21. Lago Maggiore mit Locarno (Mittelgrund rechts). Hintergrund Tessiner Alpen mit dem Mte. Gridone dall'Or (2800 m), die italienische Grenze schneidet den See am linken Bildrand. Ausgedehnte Deltabildungen: Vordergrund links Delta des kanalisierten Tessin, mit zahllosen verlandeten Altwasserläufen, Vordergrund rechts Wildbach aus dem Val Verzasca mit Mündungstrichter, im Mittelgrund rechts riesiges Delta der Maggia mit starken Hochwasserzuflüssen aus dem Val Maggia und den Centovalli. Die ganze Alluviallandschaft: Piano di Magadino. Luftbild. Phot. Ad Astra Aero.

erfaßbarer Teil in den freien See hinausgetragen. Die Tabelle möge in Kürze die Mengenverhältnisse zeigen[1]:

[1] Collet, L. W.: Le charriage des alluvions dans certains cours d'eau de la Suisse. Ann. suiss. hydrogr. 2 (Bern 1916) — Wey: Die Umgestaltung der Ausmündung des Rheins und der Begrenzer Aach in den Bodensee während der letzten 20 bzw. 24 Jahre. Schweiz. Bauztg. 1887. — Stumpf, W.: Rheindelta im Bodensee. Aufnahme im Frühling 1921. Mitt. Amt Wasserw. 15 (Bern 1923). — Krapf, Ph.: Die Schwemmstofführung des Rheins und anderer Gewässer. Österr. Wschr. öff. Baudienst 48/50 (Wien 1919). — Stumpf, W.: Vom Rhein verursachte Strömungen im Bodensee und ihre Auswirkungen auf den Seegrund in früherer und heutiger Zeit. Die Rheinquellen 24 (Basel 1929). — Kurzmann: Beobachtungen über Geschiebeführung. München 1919. — Radischiew, W. P.: Die Schlammführung der Wolga bei Saratow. Internat. Rev. f. Hydrobiol. u. Hydrogr. 17 (1927). — Schürmann, E.: Die chemisch-geologische Tätigkeit des Neckars. Jh. Ver. vaterl. Naturkde. Württ. 74 (1918).

Deltazuwachs pro Jahr im:

See	Zufluß	Aus Periode	m³ pro Jahr
Bodensee	Rhein	1863—1883	47 100
,, ...	,,	1911—1921	2 790 000
,, ...	Bregenzer Aach	1861—1885	87 410
Bieler See	Aar	1878—1897	335 400
,, ,, ...	,,	1897—1913	156 000
Wallensee	Linth	1860—1910	74 000
Vierwaldstätter See . . .	Reuß	1851—1878	146 000
Thuner See	Kander	1714—1866	376 427
Chiemsee	Tiroler Aach	1876—1913	82 000

Materialzufuhr durch Grundwasser und Quellen findet in bestimmtem, aber kleinem Ausmaß statt, wir denken an Humusstoffe, die aus angrenzenden Mooren austreten und z. B. beim „Seelaufen" des Chiemsees die Süduferpartien braunrot färben. Quellkalklager sind vom Großen Plöner See und von den Osterseen auch unter Wasser bekannt geworden, Quellkalktuffe sind im allgemeinen vegetativ durch Moose ausgeschieden, ihre Mengen sind relativ gering.

Der Salzgehalt der Seen, der jährlich wenig schwankt, doch geschichtet auftreten kann, hängt vom (meist schon zugedeckten) Untergrund und von der Lithologie der Umgebung ab. Die elektrolytische Leitfähigkeit ist ein proportionaler Indikator der Lösungsmenge, auch die Interferometerwerte erschließen die saline Schichtung. So wichtig diese Werte und die damit zusammenhängende Reaktion für die biologischen Vorgänge sind, so relativ wenig einflußreich sind sie im allgemeinen für die Sedimentation. Indirekt, auch auf dem Wege über die Organismentätigkeit, müssen sie allerdings hoch gewertet werden, aber ein direkter Lösungsniederschlag kommt im Süßwasser nur in abnormen Fällen in Frage. Auch ein direkter Zusammenhang zwischen Lösungskonzentration und organischer Substanzmenge ist nicht eindeutig feststellbar, denn das zeitliche und regionale Auftreten z. B. der Mollusken oder der Diatomeen wird nur vom Gesetz des Minimums, hier von Kalk und Kieselsäure, regiert, und die Mengenentwicklungen gehen nicht parallel (vgl. die Armut an Molluskenmuscheln in den ungewöhnlich kalkreichen Alpenrandseen). Für die Wiederauflösung der organischen Substanz gelten schon engere Zusammenhänge, besonders zum Gasgehalt. Über die indirekte hydrolytische Lösungswirkung, die zwar ungeheuer langsam, aber unter Wasser unter chemischer Massenwirkung vor sich gehen muß, ist nichts Genaues bekannt, doch können wir die Umwandlung der silikatischen (Quarz) und aluminiumhaltigen (Feldspäte, Glimmer) Gesteine in die typischen profundalen Seetone auf dieses Konto schreiben. Über den Siliziumhaushalt in einem japanischen See sind wir neuerdings unterrichtet worden[1]. Die Düngung durch Altwässer, Wasservögel und Vieh sei nur erwähnt, sie kann völlige Umstellung der Sedimentation auslösen. Der Kürze halber sei auf die Zusammenstellung bei Thienemann (1925) und die große Auswahl von Analysen bei Halbfass (1923) verwiesen, und es sei hier nur eine kleine Auswahl von Werten, die die regionale, von geologischen und biologischen Faktoren abhängige Zusammensetzung der Seesalze zeigen soll, gebracht. Alle solche Angaben müssen mit Vorsicht betrachtet werden, da der Chemismus des Gewässers mit der Tiefe und der Jahreszeit mehr oder weniger starken Wandlungen unterworfen ist.

Direkte chemische Ausfällung mineralischer Stoffe im See scheint es so gut wie gar nicht zu geben. Die See-Erze sind zweifellos unter bakterieller Mithilfe

---

[1] Yoshimura, S.: Seasonal variation of silica in Takassika-Numa Saitama. Japan. J. Geol. and Geogr. **7**. 3, 4. (1930.)

eisenoxydierender Mikroben ausgeschieden, sie fallen also weg, und der Vorgang bei der Ausscheidung des sog. „physiologischen Fällungskalkes" ist auch so zu denken, daß das Phytoplankton in den oben belichteten Wasserschichten die Kohlensäure dem Wasser entzieht und die Entkalkung nach sich zieht. Ein Teil wird in den Schichten des Metalimnions und Hypolimnions bei zunehmendem CO_2-Gehalt aufgelöst, der größte Teil aber fällt als feine Kriställchen auf den Seeboden. Diese „biogene Entkalkung" des Wassers, die MINDER[1] im Züricher See und WESENBERG-LUND im Fureso nachgewiesen haben, hat kalkübersättigtes Wasser und hohe Phytoplanktonmengen zur Voraussetzung. Die Kalksedimentierung tritt im Züricher See auch nachweislich[2] erst seit den neunziger Jahren in Sommerschichten, verursacht durch die dichte Uferbesiedelung am Boden, auf.

Rein physikalische Kalkfällung kommt im Sommer im Pelagial durch einfache Erwärmung gesättigter oder übersättigter Kalkwässer vor — die Tabelle zeigt die Alpenrandseen als hierfür geeignet —, wobei dann die von der Oberfläche absinkenden Kalkkriställchen die darunter liegenden übersättigten Schichten durch Impfung zu entkalken vermögen. Hoher Kalkgehalt der geologischen Umgebung und kein zu hoher Kohlensäuregehalt des über dem Seeboden stehenden Wassers sind Bedingung für endgültige Sedimentation. Im Litoral sind ähnliche Vorgänge möglich. Die vorhandenen Bikarbonate können vom Wasser nicht mehr in Lösung gehalten werden, wenn die Kohlensäureübersättigung aufhört, und CO_2 wird dem Wasser physikalisch bei der Brandung und dem Wellenüberbrechen (außer durch Vegetation) entzogen. Auf diese Weise ist also auch physikalische Fällung von Uferseekreiden möglich.

Eine anorganische Fällung von Kieselsäure im normalen Binnensee scheint, wie gelegentlich behauptet, unmöglich zu sein. Die geringen, durch Flüsse zugeführten Mengen werden von den Diatomeen verbraucht und gehen größtenteils durch Sedimentation verloren. Das Notwendigste bleibt im Kreislauf, die Bedingungen zur Überkonzentration scheinen also nicht gegeben, und zu einer Ausflockung reicht der geringe Salz-, d. h. Elektrolytgehalt des Süßwassers, nicht aus[3].

Das organische Urmaterial zur Sedimentation stellt der See in ganz überwiegendem Maß selbst. Es sind in den Bodentieren (Benthos), den Fischen und anderen freischwimmenden Tieren (Nekton), den treibenden pflanzlichen und tierischen Lebewesen (Plankton) und schließlich in den an die Wasseroberfläche gebundenen Organismen (Neuston und Pleuston) ganz ungeheure Mengen Substanz enthalten, die allerdings im Tod absinken, aber zum größten Teil nicht endgültig dem Seeboden einverleibt werden, sondern irgendwie gelöst wieder dem Stoffwechselkreislauf des Wassers zurückgeführt werden. Doch seien einige Zahlen für die zur Sedimentation zur Verfügung stehenden biogenen Produktionen zunächst für das Plankton genannt: NAUMANN berechnete nach KOLKWITZ[4], daß der Lietzensee bei Berlin in einer Vegetationsperiode allein an der

---

[1] FEHLMANN, W., u. L. MINDER: Beitrag zum Problem der Sedimentbildung und Besiedelung im Zürichsee. Festschr. f. ZSCHOKKE, Nr. 11. 1920. — MINDER, L.: Über biogene Entkalkung im Zürichsee. Verh. internat. Verg. Limnol., Kiel 1 (Stuttgart 1922). — Biologisch-chemische Untersuchungen im Zürichsee. Z. Hydrol. 3, H. 3/4 (Aarau 1920).

[2] NIPKOW, F.: Vorläufige Mitteilungen über Untersuchungen des Schlammabsatzes im Zürichsee. Z. Hydrol. 3, H. 3/4 (Aarau 1920).

[3] SCHWARZ, A.: Die Natur des kulmischen Kieselschiefers. Abh. senckenberg. naturforsch. Ges. 41, Lief. 4 (1928). — KLÄHN, H.: Senone Kreide mit und ohne Feuerstein. Eine geochemische Studie. Neues Jb. Min., Beilgbd. 2, B (1925). — Die Genese lakustrer Dolomite und Kieselausscheidungen (Fall Garbenteich bei Gießen) und ihre Übertragung auf die Entstehung mariner Dolomite und Kieselausscheidungen. Ebenda 61, B (1928).

[4] KOLKWITZ, R.: Über die Ursachen der Planktonentwicklung im Lietzensee. Ber. bot. Ges. 32 (1914).

Chemische Zusammensetzung der
Beispiele: Alpenseen, norddeutsche Strand-

	Bodensee	Würmsee	Kochelsee	Walchensee	Baadersee	Eibsee	Königssee	Chiemsee	Schliersee	Tegernsee	Genfer See	Pulvermaar	Weinfelder Maar
Gesamtrückstand . .	171	148	188	140	159	126	98	179	188	208	171	75	53
Kalk (CaO), Karbonat-härte (dsch. Gr.) in Klammern	63	52	79	50	61	48	42	57	72	76	63	13	8
Magnesia (MgO) . . .	11	21	15	18	16	15	5	22	19	24	11	8	4
Schwefelsäure (SO_3) .	22	8	26	8	12	8	5	17	18	29	41	3	4
Chlor (Cl)	0,4	2	3	3	2	3	0,6	3	1	1	1	7	5
Lösliche Kieselsäure (SiO_2)	2,0	5	1,5	1,3	1,3	1,2	1,2	1,8	3,1	1,8	1,2	4,0	2,5
Alkalien (NaCl + KCl)	—	—	—	—	—	—	—	—	—	—	—	30	14
Natron (Na_2O)	—	—	—	—	—	—	—	—	—	—	—	—	—
Kali (K_2O)	—	—	—	—	—	—	—	—	—	—	—	—	—
Eisen (Fe_2O_3)	—	—	—	—	—	—	—	—	—	—	—	—	—
Eisenoxydul (FeO) . .	—	0,2	0,1	0,5	0,9	0,8	0,1	0,1	0,1	0,1	—	—	—
Tonerde (Al_2O_3) . . .	—	1,0	0,9	2,1	1,8	17	3,1	1,2	3,0	1,8	—	—	—

Blaualge *Oscillatoria Agardhii* mindestens 2800 kg Trockengewicht je Hektar entwickelt. Nach Utermöhl[1] waren am 18. März 1922 in den Diatomeen des nur 16 ha großen und durchschnittlich 2 m tiefen Heidensees bei Plön rund 4000 kg reine Kieselsäure (SiO_2) enthalten. Schröter schilderte die Gesamtstoffmenge des Plankton anschaulich. Um das getrocknete Plankton des inneren Beckens des Züricher Sees am 12. Mai 1896 wegzuschaffen, hätte es eines Güterzuges von 7 Wagen bedurft, die Kieselsubstanz allein hätte einen Quarzblock von 2,25 m im Geviert dargestellt. — Die Rolle des Planktons im Stoffwechsel sei später gestreift.

Für das Benthos liegen Vergleiche und Durchschnittsberechnungen von Lundbeck[2] vor, aus denen sich ergibt, daß für Binnenseen in Mittel- und Nordeuropa ungefähr gleiche Gewichtsmengen in der Flächeneinheit vorhanden sind, in brackischen Strandseen nimmt die Menge zu und ist im Meer ungleich höher. Der Mittelwert aus 57 norddeutschen Seen ist 798,5 kg/ha, der Höchstwert 4000 kg/ha. Die Kalkschalen machen von diesem Mittelwert allein 515,8 kg/ha aus, sie kommen zum größten Teil der Sedimentation direkt zugute. Für den Großen Plöner See hat Lundbeck 12 Mill. kg Schalenablagerungen berechnet. Die Rolle der Benthosmengen für die Sedimentation ist quantitativ dahin zu charakterisieren, daß sie einen großen Teil des pflanzlichen Detritus verzehren und andererseits selbst wieder als Fischnahrung dienen. Nur ein geringer Prozentsatz an Eiweißstoffen wird also dem Seeboden direkt zugeführt. Die Bedeutung für die Genesis des Bodens wird später beleuchtet.

Die litorale Pflanzenwelt stellt im Zerfall einen weiteren beachtlichen Sedimentationsfaktor dar. Für die Ufervegetation besitzen wir die Angaben von Rickett[3], er fand im eutrophen Lake Mendota 18000 kg feuchte, 2100 kg trockene

[1] Utermöhl, H.: Limnologische Phytoplanktonstudien. Arch. f. Hydrobiol. Suppl.-Bd. 5 (1925).
[2] Lundbeck, J.: vgl. Tab. 51, S. 282. 1926.
[3] Rickett, H. W.: A quantitative survey of the larges aquatic plants of Lake Mendota. Tr. Acad. Sci. Wisconsin 20 (1922). — A quantitative survey of the larges aquatic plants of Greenlake. Tr. Acad. Sci. Wisconsin 21 (1924).

Süßwasserseen (nach Thienemann 1926).
und Binnenseen, schwedische Humusseen.

Gmündener Maar	Schalkenmehrener Maar	Holzmaar	Meerfelder Maar	Laacher See	Schloonsee (Usedom)	Wesseker See (Holstein)	Gruber See (Holstein)	Gr. Plöner See	Schulensee bei Kiel	Schrimmersee (Posen)	Wadongsee (Ostpreußen)	Roschsee (Ostpreußen)	Mauersee (Ostpreußen)	Geserichsee (Westpreußen)	Nedre Hytt-tjärn	Väkka-Lampa	Oxögat	Hemtjäm	Paska-Lampa	Lekvattnet (Wärmland)
43	213	168	223	384	—	497	1040	208	368	—	204	160	166	164	80	68	49	40	82	79
3	30	13	26	65	13	—	—	63	93	5	59	46	51	49	[0,20°]	[0,20°]	[0,20°]	[0,15°]	—	4,3
4	29	6	25	51	—	—	—	—	8	0,5	2	2	13	8	10	5	—	—	—	—
6	9	7	7	46	27	64	132	14	14	1	21	13	22	13	3	5	—	4	5	—
7	7	7	24	17	253	114	362	29	15	1	6	7	8	7	6	5	—	4	5	—
4,5	4,0	5,5	14	7	—	—	—	—	—	—	—	—	—	—	—	—	—	—	—	7,6
7	81	32	110	165	—	—	—	—	—	—	—	—	—	—	—	—	—	—	—	—
—	33	—	46	62	—	—	—	—	—	—	—	—	—	—	—	—	—	—	—	—
—	12	—	14	31	—	—	—	—	—	—	—	—	—	—	—	—	—	—	—	—
—	—	—	—	—	—	0,2	0,1	—	—	—	—	—	—	—	0,9	2,2	0,3	0,2	0,5	—
—	—	—	—	—	—	—	—	—	—	—	—	—	—	—	—	—	—	—	—	—
—	—	—	—	—	—	—	—	—	—	—	—	—	—	—	—	—	—	—	—	—

Pflanzensubstanz pro Hektar, im oligotrophen Greenlake, ebenfalls in Wisconsin, 15000 kg : 1900 kg/ha. Doch spielen die Tuffmoose, die Characeen, die Laichkräuter, fast alle Pflanzen der unterseeischen Wiesen, jedoch nicht die des Röhricht- und Seggengürtels, eine große Rolle in der Kalkproduktion, die intra- und extrazellular durch die Assimilationstätigkeit analog dem Phytoplankton als unlöslicher kohlensaurer Kalk ausgeschieden wird und durch die Wasserbewegung in dicken Krusten abblättert. Die Ablagerung ist an distale Seeteile im Windschutz und an die CO_2-arme Epilimnionschicht gebunden, der anderswo abtransportierte Kalk wird größtenteils aufgelöst. Der Schilfgürtel wirkt nur indirekt als Detritusfänger, er ist erst recht nur im Windschutz und Stromschutz entwickelt, Sapropelbildung ist darin nicht selten. Die algenbewachsenen, geröllproduzierenden Kalkinkrustationen, die der Wellenschlag abschlägt, tragen gleichfalls zur Kalksedimentation bei. Alle übrigen tierischen und pflanzlichen Substanzen, eine so große Rolle sie im Leben des Sees auch spielen mögen, kommen quantitativ nur indirekt als Stoffwechselfaktoren, nicht als Ausscheidungsprodukte in Betracht und müssen hier vernachlässigt werden.

Die Sichttiefe des Sees ist kein Faktor der Produktion, aber größtenteils eine Funktion des lebenden und in absinkendem Zustand befindlichen Sestons, d. h. des leblosen Triptons und des lebendigen Planktons. Insofern weisen die Sichttiefen der Alpenseen (5—15m) und die niederen der baltischen Seen (2—5 m) auf den Unterschied in der organischen Produktion hin, allerdings trüben sich die oligotrophen Mineralseen in Regen- und Schmelzwasserzeiten so stark wie die eutrophen zur Zeit der Planktonmaxima.

Wenden wir uns nunmehr dem Aufbau des Seebodens, wie er sich nach Absenkung des produzierten Materials abspielt, zu. Ein nicht geringer Teil der Suspension erreicht den Seeboden überhaupt nicht, entweder weil er während des Absinkens zerstört und restlos gelöst wird, oder weil er in die Oberflächenhaut gerät. Der letzte Gesichtspunkt wurde bisher wenig berücksichtigt, doch ist zu bemerken, daß z. B. Pollenkörner, planktische Cladoceren, Wasserblüten usw. an sich, wenn auch langsam, absinken, doch wenn sie in die Oberflächenspannung geraten, dort durch die Kohäsion, auch in lebendem Zustand, unrettbar festgehalten werden und so einerseits der Zerstörung durch die Atmosphärilien, andererseits dem Abtransport durch die Winddrift ausgesetzt sind. Beim Absinken auf den Boden spielen sich weiter chemische, von der thermischen Stratifikation indirekt abhängige Vorgänge ab, organische Bestandteile werden durch den Sauerstoff oxydiert und durch freischwebende Bakterien angegriffen, Kalkbestandteile werden durch den Kohlensäuregehalt aufgelöst. Je nachdem, wie tief der See überhaupt ist, ob Sauerstoff und Kohlensäure bis zum Grund in Sättigung vorhanden sind, oder ob sie sich antagonistisch entsprechen, oder ob sie sich in den oberen und unteren Wasserschichten gegenseitig ausschließen, ist die sedimentierende Suspension nacheinander verschiedenen oxydierenden und reduzierenden bakteriogenen Einwirkungen ausgesetzt.

Am Boden angelangt, stehen die Sedimente nun unter besonderen physikalischen Verhältnissen, und in bezug auf den Gashaushalt sind sie aus dem Bereich der Makroschichtung[1], der durch biologische Prozesse mitbestimmt wird, in den der Mikroschichtung[2], die durch die nekrotischen und nekrobiotischen Vorgänge mitbedingt ist, gelangt. Je nach der Tiefe stehen die Seeböden unter außerordentlich verschiedenen Drucken, was sie von den Landböden wesentlich unterscheidet. Ein Atmosphärendruck entspricht bei 0^0 C und 760 mm einer Wassersäule von $10,33$ m; die Seeböden des „Tiefen Schwebs“ im Bodensee bei 250 m stehen also unter einem Druck von $24,2$ Atmosphären. Festigkeit, Temperaturen, Gasentwicklung, Lösung usw. verändern den Boden dann gewiß in anderem Tempo, worauf bisher noch zu wenig geachtet wurde. Das Umgekehrte gilt in bezug auf Drucke für Hochgebirgsseen. Kohlensäure hat z. B. unter erhöhten Drucken größere Lösungsfähigkeit.

Das Absinken wird ferner durch die je nach Jahreszeit und Wassertiefe wechselnde Viskosität entscheidend mit beeinflußt. Die Zähigkeit des Wassers sei bei $0^0 = 100$, dann ist sie bei $10^0 = 73$, bei $20^0 = 56,2$, bei $30^0 = 44,9$. Die Austauschgröße vermindert sich also mit der Tiefe, und mit abnehmender Turbulenz nehmen auch die Stromgeschwindigkeiten ab. Die sich gegenseitig bedingende Viskosität und Turbulenz können sich in der Wirkung auf die Sedimentation aufheben. Bei genügend geringer, oberflächlicher Viskosität fällt der Sedimentkörper schneller ab, wird aber durch die hohe Turbulenz weit horizontal fortgetragen, in der Tiefe ist es umgekehrt. Kindle[3] hat die Zonierung der Seekreiden unter solchen phänologisch wechselnden Gesichtspunkten betrachtet. Auch wenn alle Seeböden nur die senkrechte Projektion des gleichmäßig mit Leben erfüllten und mit Fremdstoffen belieferten Wassers wären, würden sie durch den in der Tiefenlage gesonderten Chemismus und durch die Zonierung der Bodentierwelt zu schärfsten Unterschieden umgeformt. Solches macht sich nicht nur im Kalkgehalt, sondern selbst im Kieselsäuregehalt von Sedimenten gleicher Herkunft bemerkbar.

Als Grenzfall zonierter Sedimentationsbedingungen kann man schließlich die amphibisch-telmatischen Sedimente auffassen, entweder kommt dem See autochthones Material als „Angespül“ dauernd unter Luftzersetzungsbedingungen zu, oder es ordnet sich allochthone Substanz dem See teilweise vom Ufer her an. Es sind dies die Verlandungsbestände. Da ihre Physiognomie in erster Linie

---

[1] Thienemann, A.: Der Sauerstoff im eutrophen und oligotrophen See. Die Binnengewässer **4**. Stuttgart 1928.

[2] Alsterberg, G.: Die Sauerstoffschichtung der Seen. Botaniska Notiser **1927** (Lund 1927). — Neue Beiträge zur Sauerstoffschichtung der Seen. Lund 1928. — Rossolimo, L. L.: Zur Frage der Sauerstoffschichtung der Seen. Arch. f. Hydrobiol. **19**.

[3] Kindle, E. M.: The rôle of thermal stratification in lacustrine sedimentation. Trans. roy. Soc. Canada, Sect. IV, Ser. III **21** (1927).

von dynamischen Faktoren beherrscht ist, wenden wir uns ihnen erst im folgenden zu.

Die Temperaturen, denen der Seeboden ausgesetzt ist, sind uns ziemlich gut bekannt[1]. Das Bodenwasser macht, falls es oberhalb der Sprungschicht liegt, einen gegenüber der Luft und auch dem freien Wasser in den Amplituden abgeschwächten Jahreszyklus von verschwindender Veränderlichkeit mit, unter der Sprungschicht erwärmt es sich in unseren Breiten kaum bis 10^0, geht aber nur in Vereisungszeiten unter 4^0 C herunter, während es kaum den Gefrierpunkt erreicht. In größeren Tiefen, etwa von 50 m ab, liegt die Temperatur ziemlich konstant um das Dichtemaximum von ca. 4^0. Die Temperaturen im Boden selbst sind im Lake Mendota (N. Y.) Jahre hindurch ober- und unterhalb der Thermokline bis zu 5 m Tiefe gemessen worden. Die jährliche Sinusschwingung wird von Meter zu Meter schwächer mitgemacht, die Maxima und Minima verspäten sich gegen die des freien Wassers, je wassertiefer die Meßlinie angesetzt und je bodentiefer der Meßpunkt liegt. Die Temperaturwelle dringt also langsam und sich abschwächend in den Boden ein; während der Vereisung, also bei gesperrter Ausstrahlung, gibt der oberste Teil des Seebodens soviel Wärme ab, daß sich der ganze See erwärmt und unter Umständen die Eisdecke von unten abschmilzt[2].

Über die Adsorption von Sauerstoff durch eutrophe Seeböden sind wir durch die Experimente von GRESE und LÖNNERBLAD[3] unterrichtet. Jahresschwankungen der organischen Bodenbeimengungen und Temperatur wirken regulierend, im Sommer adsorbiert 1 m² graue Profundalgyttja in 24 Stunden 231 cm³ O_2, litoraler brauner Grobdetritus 235 cm³, im Winter die Gyttja 148 cm³ O_2, der Makrophytenschlamm 180 cm³. Dy benötigte zu vollkommener Reduktion des Versuchswassers 12 Stunden, Dygyttja für die gleiche Menge 60 Stunden und mehr.

Neben den räumlich hervorgerufenen Verschiedenheiten gibt es phänologische Unterschiede, die bis zu einem regelrechten Sedimentationsrhythmus gehen können, der in der primären Schichtung erhaltungsfähig ist. Der Ursachen sind zweierlei. Die thermische Schichtung und alle damit verbundenen Vorgänge treten nur im Sommerhalbjahr auf. Andererseits hat die Eisdecke die Ausschaltung fast aller dynamischer Faktoren und gleichzeitig auch Sauerstoffschwund usw. im Winterhalbjahr zur Folge. (Die weitere, gelegentliche, indirekte „polare" Schichtung ist sedimentär belanglos.) Die pflanzliche Produktion ist auf den Sommer beschränkt, der Detritus fällt also im Herbst und Winter nieder. Damit ist auch eine vorwiegende terrigene Zufuhr im Frühjahr und Sommer, eine organische Fremdsuspension im Herbst verbunden. Im Züricher See und Bodensee wurde eine sommerlich minimale, winterlich maximale Bakterienproduktion festgestellt, die mit der Detrituszersetzung zusammenhängen dürfte. Die Jahreszeiten bringen also einen für die Sedimentation bedeutsamen Rhythmus im hydrographischen Aufbau und in der vegetativen Beschickung des Süßwassers hervor. Im Frühsommer wird SiO_2 in Form von Quarz und Kieselgur, im Sommer Kalk ausgeschieden, das ergibt eine im allgemeinen halbe Schicht, im Herbst fällt das Cutin der Blaualgen nieder, die Blattreste der Laubbäume und Unter-

---

[1] BIRGE, E. A., C. JUDAY u. H. W. MARCH: The temperature of the bottom of Lake Mendota. Trans. Acad. Sci. Wisconsin 23 (1928).

[2] Vgl. auch die Simultantemperaturmessungen von Boden und Wasser im Lunzer See durch W. SCHMIDT. Meteorol. Z. 1927, November.

[3] GRESE, B. S.: Einige Befunde über die Adsorption von Sauerstoff durch den Grund des Sees Glubokoje. Arb. hydrobiol. Stat. am See Glubokoje 6, H. 1, Murom 1923 (russ. d. R.). — LÖNNERBLAD, G.: Über die Sauerstoffabsorption des Bodensubstrats in einigen Seentypen. Bot. Notiser, Lund 1930.

wasserpflanzen folgen gegen den Winter zu. Im Humussee wirkt sich das nicht so aus, anders in anderen Seetypen. Schichtzerstörend können Kohlensäurereichtum in der Tiefe und die Bodentierwelt wirken. Schichtung kann außerdem auch rein chemisch, durch kolloidale rhythmische Fällung oder durch Bakterienstratifikation im Süßwasser hervorgerufen werden, die echte phänologische Textur ist aber gut erkennbar. Je nach dem Vorhandensein und Zusammenwirken aller Faktoren kann sie auftreten, im eutrophen See ist ihr Vorhandensein eher zu erwarten. Nipkow[1] hat das klassische Beispiel der seit etwa 1896 auftretenden Jahresschichtung im Züricher See und Baldegger See des schweizerischen Mittellandes bekannt gemacht. Lenz[2] und Wesenberg-Lund haben ihr bisheriges Fehlen in norddeutschen und dänischen Binnenseen auf die Zerstörung durch das wühlende Pedon zurückgeführt, Steusloff[3] hingegen beschrieb schon 1905 Jahresschichtung in der subfossilen Seekreide des mecklenburgischen Müritzbeckens. Im Profundalton des Bodensees fand Verfasser sie erst an zwei Stellen der Tiefe, ebenso im selben Sediment des Brienzer Sees, Coit und Paréjas[4] entsprechend im Genfer See, in Kanada in eutrophen Kalkseen und im Lake Ontario ist sie mehrfach bekannt geworden[5], ebenfalls auch im schwedischen Vätternsee[6]. Paréjas fand in profundalen Bohrproben des Genfer Sees überall Jahresschichten, an ihrer mittleren Mächtigkeit ließ sich der unterseeische Verlauf der Rhône erkennen. Chemische Sedimentation im Sommer, Wechsel von Planktonmaxima, Reduktion der Bodenfauna durch Sauerstoffschwund oder hohe Zuflußsuspension sind die allgemeinen Bedingungen für die

Abb. 22. Bodenseestrand bei Langenargen mit Blick auf die Schussenmündung im Sommer (2. September 1928). Über einen frisch gebildeten scharfgekanteten Sandstrandwall spülen die Wellen, dahinter kleine Lagunen mit Driftlage bildend. Im Wasser Baumstubben angeschwemmt. Am Baumkranz der Strandkrone der sommerliche Hochwasserstand, auf dem schon trockengefallenen schmalen Strandstreifen Rückzugsdriftgirlanden. Phot. Wasmund.

Schichtung, deshalb fand Kindle sie auf das Litoral, Nipkow seine Gyttjaschichtung auf das Profundal beschränkt. Whittaker[7] macht die gewaltige Fimmenit-

---

[1] Nipkow, F.: Vorläufige Mitteilungen über Untersuchungen des Schlammabsatzes im Zürichsee. Z. Hydrol. 1920. — Über das Verhalten der Skelette planktischer Kieselalgen im geschichteten Tiefenschlamm des Züricher und Baldegger Sees. Dissert. Zürich, Aarau 1927.

[2] Lenz, F.: Schlammschichtung in Binnenseen. Naturwiss. 9, 18 (1929).

[3] Steusloff, U.: Arch. Ver. Naturgesch. Mecklenburg 1905, S. 14 ff.

[4] Coit, G. F.: Nouvelles recherches sur la sédimentation dans le lac de Genève. C. r. Congr. Géogr. Kairo 1925. — Paréjas, E.: L'épaisseur des varves dans le Haut Lac de Genève. III. Congr. du Rhône, Genève 1929.

[5] Kindle, E. M.: A comparative study of different types of thermal stratification in lakes and their influence an the formation of marl. J. of Geol. 37, 2 (1929). — Johnston, W. A.: Sedimentation in Lake Louise. Amer. J. Sci. 4, 22 (1922).

[6] Ståhlberg, N.: Några undersökningar över Vättergyttjans beskaffenhet. Skrift. Södr. Sver. Fiskariför. Lund 1923.

[7] Whittaker, E. J.: Bottom deposits of McKay-Lake. Trans. roy. Soc. Canada 16, 3 (1922).

produktion im Frühsommer Kanadas (*Pinus*pollen) für die Schichtung des Bodens in McKay-Lake verantwortlich. Die in den See vorgebauten Deltakegel weisen im allgemeinen die bekannte Kreuzschichtung auf, doch kann unter bestimmten geographisch-klimatischen Umständen auch hier eine regelrechte Jahresschichtung auftreten. Hierher gehört einerseits heute wie ehedem die limnoglaziale Sedimentation der Bändertone, bei welcher sich im Sommer während der Eisschmelze die gröberen sandigen Bestandteile niederschlagen und sich im Winter erst die feine Suspension absetzt. Wir können das an den Stauseeböden der diluvialen Eishaltestadien am Alpenrand, in Norddeutschland und Skandinavien verfolgen, haben aber auch rezente Beispiele dafür, wie z. B. im Lake Louise im kanadischen Felsengebirge nahe dem Viktoriagletscher[1]. Andere Beispiele für Jahresschichtung in Deltas stammen ebenfalls aus Nordamerika. Das Delta des Fraser erstreckt sich einerseits in die Georgiastraße des Pazifik, andererseits in den Pitt-Lake[2]. Der marine Anteil zeigt wohl eine durch

Strömung bedingte wirre Kreuzschichtung im Schlick oder Sand, aber keine regelmäßige Streifung wegen der gleichzeitigen Ausflockung[1] von grobem und feinem Material im Seewasser, während im Pittsee bei Hochwasser grobes, bei Niederwasser feines Material schichtweise sedimentiert wird, und sich zudem sommerliche vegetabilische Streifen ablagern. Ähnlich hat sich auch SAURAMO[3] für marine und limnische Sedimente im spätglazialen Ostseegebiet ausgesprochen, SCHWARZ[4] hat die Deutung abgelehnt. Vergleichbar sind die alternierenden Lagen von Sand und Klei im Mississippidelta, wo in der ersten Jahreshälfte grobes, nachher feines Material abgesetzt wird[5]. Augenscheinlich eutrophe fossile Beispiele sind erst jüngst in tertiären (planktogenen?) Öllagerstätten bekannt geworden; der Schweizer ARNOLD HEIM[6] hat die Bildungen eines schwach brackischen unteroligozänen Sees bei Alais, Dep.

Abb. 23. Bodenseestrand bei Langenargen (Mauerhof) im Herbst (8. November 1929). Der sich zurückziehende See hat mehrere Sandstrandwälle, eine Driftgirlande als Zeugen der vergangenen Brandungslagen und zwei sterile Kiesstreifen als Reste ehemaliger Brecherzonen freigelegt. Eine dritte Kieszone taucht auf. An der Kimm Sandbagger vor der Schussenmündung. Phot. WASMUND.

---

[1] JOHNSTON, W. A.: Sedimentation in Lake Louise, Canada. Amer. J. Sci. 4, 22 (1922).

[2] JOHNSTON, W. A.: The character of the stratification of the sediments in the recent delta of Fraser-River, British Columbia, Canada. J. of Geol. 30, 2 (1922).

[3] SAURAMO: Studies on the quarternary varve sediments of Southern Finland. Com. geol. Finl. 60 (1923).

[4] Vgl. dagegen A. SCHWARZ: Schlickfall und Gezeitenschichtung. Senckenbergiana 11 (1929).

[5] SHAW, E. W.: The mud lumps at the mouth of the Mississippi. U. S. geol. Surv. Prof. pap. 85 B (Washington 1913).

[6] HEIM, ARNOLD: Die Entstehung des Asphaltes im Département du Gard. Eclog. geol. Helvet. 17, 5 (1923).

du Gard (Südfrankreich) untersucht und Profile von verblüffender Ähnlichkeit mit den rezenten publiziert. Schwarze Asphaltkalkschichten mit viel Chararesten wechseln mit Bändern von chemisch-petrographischem Typus der Seekreide ab, selbst die dicken Störungslagen, die Uferrutschungen anzeigen, sind vorhanden. Genau das gleiche fanden die Elsässer Geologen Haas und Hoffmann[1] im Pechelbronner Ölbecken ihrer Heimat in den limnischen Asphatlkalken von Lobsann, in denen gleichzeitig Mineralquellen Pisolithe im oligozänen See hervorbrachten, wie zur selben Zeit auch in den lakustren Sedimenten der Green River Formation (Wyoming)[2] der westlichen Vereinigten Staaten, später dort in den Pluvialseen des Großen Beckens und heute im Ore Lake, Mich., und im Pyramid Lake, Nev., Oolithe und Pisolithe gebildet werden. Die bekannteste aller fossilen Jahresschichtung in Binnenseen ist die der limniglazialen Bändertone, die man heute aus allen Weltteilen kennt[3]. Eng mit der Jahresschichtung zusammen hängt die sog. Mikrozonenschichtung, die wir bei Darstellung der biochemischen Umwandlung im Boden besprechen werden.

Abb. 24. Bodenseestrand bei Langenargen (Mauerhof) im Winter (2. Februar 1929). Der Strand ist über 100 m weit trockengefallen, und weithin mit der nur von wenigen dem Wasser bedeckten Wysse unter einheitlicher Schnee-Eisdecke begraben, nur der offene See friert nicht. Der Seeboden am Strand ist etwa $^1/_4$—$^1/_2$ m gefroren. Phot. Wasmund.

Die Jahreszeiten sind teilweise Ursache für einen weiteren meteorologischen Bildungsfaktor der Seeböden, die aber noch wirksamer, durch klimatische Bedingungen verursacht, in längeren Epochen auftreten, es sind die Seespiegelschwankungen. Sie sind abhängig vom Niederschlag des Einzugsgebietes, von der Verdunstung und den Abflußfaktoren des Sees. Die jahreszeitliche Amplitude beträgt bei den kleinen Flachlandseen wenige Zentimeter, bei den großen Gebirgsrandseen ca. 2—4 m. Auch bei großen Flachlandgewässern wie dem Peipussee spielen Jahresschwankungen für die Küstengestaltung eine erhebliche Rolle[4]. Die Abb. 22—25 veranschaulichen die Wirkung der jahreszeitlichen Umgestaltung auf dem gleichen Strandabschnitt. Bei den säkularen Wasserstandsveränderungen haben gewisse Hypothesen nur die ersten und nicht die letzten Faktoren bedacht, man hat sie im Alpengebiet überschätzt, während die hoch übereinanderliegenden Ufermarken der westamerikanischen Pluvialseen klassische Bilder sind. Bedeutsam ist, daß das unter Luft zersetzte Herbstangespül im Frühjahr dem See zugute kommt, während der thermisch bevorzugte Sommergürtel

---

[1] Haas, J. O., u. C. R. Hoffmann: Le gisement de calcaire asphaltique de Lobsann et son origine. Bull. Serv. Carte géol. d'Alsace et Lorraine 3, T. 1 (1928).

[2] Bradley, W. H.: Shore phases of the Green River Formation in Northwestern Sweetwater County, Wy. U. S. geol. Surv. P. Pap. 140 D (Washington 1926).

[3] Wasmund, E.: Klimaschwankungen in jüngerer geologischer Zeit. Handbuch der Bodenlehre 2, 96, 1929.

[4] Mieler, A.: Ein Beitrag zur Frage des Vorrückens des Peipus an der Embachmündung und auf der Peipusinsel Pirisaar in dem Zeitraum von 1682—1900. Publ. Inst. Univ. Dorpat. Geogr. 11 (Dorpat 1926).

oft trocken fällt. Gewisse Verlandungstypen werden gefördert, so die winterlichen Sanddünen im Schilf, Nehrungsbildungen usw., wogegen andere, wie z. B. Schwingrasenbildungen, verhindert werden.

Wachstum und Sedimentationsgeschwindigkeit der Seeböden ist regional, faziell und zonal äußerst verschieden, und nicht immer bieten sich sichere Berechnungsgrundlagen. Entweder mißt man direkt am Boden, oder man erschließt aus der Gesamtmächtigkeit deduktiv für abgrenzbare Zeiträume, oder man mißt die Jahresschichtdicke. Wenigstens die Größenordnung ist etwa übereinstimmend, deshalb folgen trotz großer Fehlerquellen einige Zahlen: Im Züricher See ist die litorale Seekreide 9 m mächtig, im Lake Mendota (U. S. A.) reicht die profundale Gyttja 10 m tief, beide Male folgt darunter glazigener Ton. Der Niedersonthofener See wurde als erster im Profundal durchbohrt, mit 21,5 m Postglazialschichten[1].

Nimmt man, was in der Form nur heuristisch erlaubt ist, 15000 Jahre konstanter Bildungsbedingungen der Postglazialzeit an, so ergeben sich 0,6 mm Zuwachs im Jahr. Die Wiesenkalkjahresschichten der Müritz sind nach STEUSLOFF 2,5 cm mächtig. GÖTZINGER[2] fand durch Messung in Schlammkästen einen Jahresabsatz von durchschnittlich 1 mm im heutigen Lunzer Untersee, GAMS[3] bei der Untersuchung der Postglazialsedimente im gleichen Gewässer für die Präborealzeit[4] 0,15—0,5 mm, für das Boreal 0,5—1 mm

Abb. 25. Bodenseestrand bei Langenargen (Mauerhof) im Frühjahr (28. April 1930). Vordergrund rechts die im Herbst gerade auftauchende breite Schotterfläche, im Winter unter Luft bzw. Eis und Schnee alle organischen Reste zerstört. Der Querstreifen eine künstlich bepflanzte Bootsgleitbahn. Der schon wieder steigende See (Zeit der Schneeschmelze im Gebirge) schafft draußen in Sturmzeiten mächtige Sandriffe, die er im Bild links bei ruhig und schnell steigendem Wasser lagunenbildend überflutet. Massen von Angespül kommen mit und überdecken die Kiesflächen. Im Sommer sind diese unter Äfja und Förna bedeckt, die im Herbst mit zurückdriftet, bzw. dem Winter wieder zum Opfer fällt. Phot. WASMUND.

und seit der Würmzeit 1—2 mm. Im Niedersonthofener See war die Größenordnung cm/Jahr. Weitere Messungen folgen in umstehender Tabelle[5].

Bei diesen Zahlen aus den Alpenländern handelt es sich um rohe Durchschnittswerte bei hohem mittleren Fehler der Meßtechnik und um vorwiegend fluviatile Zufuhr. Die Wachstumsgeschwindigkeit in organogenen, eutrophen

---

[1] REISSINGER, A.: Untersuchungen über den Niedersonthofener See im bayerischen Allgäu. Wiss. Veröff. dtsch.-österr. Alpenver., Innsbruck 6 (1930).

[2] GÖTZINGER, G.: Geomorphologie der Lunzer Seen und ihres Gebietes. Internat. Rev. d. Hydrobiol. 1912. — GÖTZINGER, G.: Die Sedimentierung der Lunzer Seen. Verh. k. k. geol. Reichsanst. 8 (1911).

[3] GAMS, H.: Die Geschichte der Lunzer Seen, Moore und Wälder. Internat. Rev. d. Hydrobiol. 18, H. 5/6 (1927).

[4] WASMUND, E.: a. a. O. dieses Handb. 2, 127 ff. 1929.

[5] Genauere Werte vgl. COLLETS Zusammenstellung a. a. O. 1925. — HEIM, ALB.: Der Schlammabsatz am Grunde der Seen. Vjschr. naturforsch. Ges. Zürich 45 (1900). — ZSCHOKKE, F.: Bericht der hydrologischen Kommission für das Jahr 1908/09. Verh. schweiz. naturforsch. Ges., 92. Jahresvers. 1909; dasselbe 1909/10. Ebenda 93. Jahresvers. 1910; dasselbe 1910/11. Ebenda 94. Jahresvers. 1911.

Vierwaldstätter See, Uribecken   1898 . . . . .   15,1 mm im Jahr
       ,,   ,,   Muotabecken 1898   79,9   ,,   ,,   ,,
       ,,   ,,   ,,   1899   10,4   ,,   ,,   ,,
       ,,   ,,   ,,   1901   56,1   ,,   ,,   ,,
Wallensee . . . . 1912   11,3   ,,   ,,   ,,
Brienzer See . . . . 1908   31,7   ,,   ,,   ,,
Öschinensee . . . . . .1901 und 1904   15,9   ,,   ,,   ,,
Lunzer Untersee (Gesamtdurchschnitt)   2,5   ,,   ,,   ,,
Genfer See, vor der Rhônemündung   17,9   ,,   ,,   ,,
       ,,   ,,   (Minimum, außer Rhônegebiet)   2,9   ,,   ,,   ,,

oder dystrophen Böden ist ganz ungenügend bekannt. Osvald[1] bestimmte die rezente Gyttjasedimentation in mittelschwedisch-eutrophen Seen auf 1—2 mm pro Jahr, der Zuwachs an allochthonem Torfdetritus im dystrophen See Olof Jons Damm erreicht 5,3 mm im Jahr. Bei den minerogenen Böden steht plötzliche Zunahme im Frühjahr fast fehlendem Absatz im Winter überall in den Alpenländern gegenüber, was übrigens auch in kanadischen Seen festgestellt wurde, wo die durch Whittaker ausgesetzten Schlammkästen im Winter leer blieben. Selbst einmalige Gewitterhochwässer, aber auch Bodenrutschungen haben in den Seen des Alpengebiets nachweislich hohen Einfluß auf die Wachstumskurve und können die Jahresgesamtmenge vielfach übertreffen. Aber die Verteilung der terrigenen Zufuhr im Becken, d. h. im Profundal, weist auf die hohe Rolle der sommerlichen Turbulenz und teilweise auch

Abb. 26. Diatomeenäfja aus der Tiefe des Großen Plöner Sees. Koprogene Reste mit Skeletten der Kieselalgen *Melosira*, *Stephanodiscus* und *Cyclotella*. Nach Lenz.

auf die die ganze Wassermasse durchziehenden Konvektionsströme im Frühjahr hin. Die Sedimentation am Auslaufende des Lunzer Untersees ist kaum geringer als bei dem mehrere Kilometer entfernten Einlauf oder im Schweb. In großen Gewässern wie dem Bodensee und Genfer See ist hingegen der Sedimentzuwachs in Flußnähe wesentlich höher. Je nach der Zonenlage wächst aber ein Sediment verschieden, ganz abgesehen von dem für jede Fazies unterschiedlichen Belieferungsmengen. Und schließlich verlaufen alle diese in Raum und Zeit statischen Vorgänge nicht ungestört, schon im Aufbau des Bodens macht sich neben dem Chemismus ein dynamisches Moment stark geltend, nämlich die Schlammfauna. Die mechanische und chemische Tätigkeit der Bodentierwelt ist für die Bodenbildung unter Wasser von enormer Bedeutung und übertrifft an Intensität und Extensität bei weitem die analoge ,,tierische Verwitterung'' im Meer, die dem Süßwasser wie Bohrwürmer, -muscheln, -schwämme fehlt. Beispiele für Gesteinskorrosion

---

[1] Osvald, H.: Till gyttjornas genetik. Sver. geol. Unders. Årsb. 15 (1921), 1922, Nr. 4.

durch Algen haben wir auch im Binnensee. Damit gehen wir zu den dynamischen Faktoren über, die während des Bodenaufbaus umbildend eingreifen.

Nach dem Vorschlag von W. Wetzel und dem Vorbild Hummels (Halmyrolyse = submarine Gesteinszersetzung) nennen wir die Gesamtheit der prädiagenetischen der terrestrischen Verwitterung analogen Vorgänge Thololyse. (Nach θόλος = organisch verunreinigtes Wasser.) Organische Substanzen gehen in den in bezug auf den Seehaushalt latenten „Totenhaushalt" über, anorganische Stoffe passen sich durch Formveränderung und Stoffumsatz den neuen chemisch-physikalischen Bedingungen an. Die meisten rezenten Seeablagerungen haben ein charakteristisches Bodenprofil.

Die „Äfja" nach einem von Sernander[1] 1918 literaturfähig gemachten Ausdruck, aber schon von Trybom 1888 wissenschaftlich gebrauchten schwedischen Vulgärausdruck, entspricht der „Kontaktzone" der Hydrobiologen. Es ist die Schicht noch kaum zersetzten Materials, in dem organische Form und Gestalt, vorwiegend der Algen, noch erhalten sind, der Sauerstoff des Bodenwassers wirkt oxydierend, aerobe Bakterien sind beteiligt (Abb. 26). Die „Förna", der Niederschlag der phanerogamen Vegetation, entspricht mit noch senkrechter Elementstruktur an Land (= Waldstreu) dieser Bodenzone mehr im Litoral (Abb. 27). Die Äfja fehlt in Dyablagerungen völlig und ist in oligotrophen Seen mit Tonböden vielfach durch einen blasigen Rasen von Diatomeen, Cyanophyceen, von Forel nach seinen Erfahrungen im Genfer See „organischer Pilz" genannt, ersetzt. Naumann unterscheidet, von litoraler zu profundaler Bildung übergehend, Fallförna, Bodenschichtförna, Wurzelförna, Aufwuchsäfja, Bodenalgenäfja, Planktonäfja. Die Angabe von Gams, daß Förna auf Land, Äfja auf Wasser beschränkt sei, entspricht nicht dem von Sernander geprägten Sinn und auch nicht dem seitherigen Sprachgebrauch.

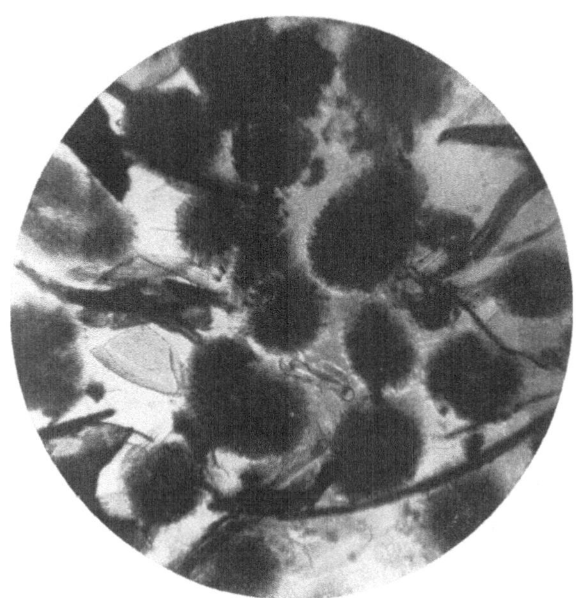

Abb. 27. Förna und Grobdetritusäfja aus einem kleinen mesohumosen holsteinischen Waldsee. Kontaktschicht aus Lage mit Kolonien der Spaltalge *Gloiotrichia echinulata* bestehend, vielleicht abgesunkene Wasserblüte. Nach Lenz.

Darunter folgt die nutrifizierende, vom Sauerstoff des Wassers abgeschlossene Oberflächenschicht, die infolgedessen überwiegend reduzierend wirkt und im allgemeinen mit starker Fäulnis und anaeroben Bakterien versehen und selbst in Sanden nicht selten schwarz bis graugelb gefärbt ist. Die Unterschicht stellt das „fertige" Sediment dar, sie ist von aufgehellter Farbe, chemisch relativ ausgeglichen, und die organische Komponente tritt stärker zurück. Man bezeichnet auch die obere in statu nascendi befindliche Schicht als unkonsolidiertes, die liegende Schicht als konsolidiertes Sediment. Darunter folgen in verschiedenen Mächtigkeiten, ge-

---

[1] Sernander, R.: Förna och äfja. Geol. För. Forh. Stockholm 40 (1918).

legentlich mit schroffem Schichtwechsel, andere ältere Seeböden, die unter ganz anderen limnologischen Bedingungen gebildet sein und eine Lagerfolge über das Postglazial bis ins Quartär widerspiegeln können, und schließlich das Anstehende in Form von losen diluvialen oder tertiären oder auch felsigen mesozoischen Gesteinen.

Die biologischen und chemischen Bodenbildungsvorgänge am Grunde des Sees sind eng miteinander verbunden. Die Bodentierwelt ist für die Umbildung von größter Wichtigkeit und spielt eine weitaus größere Rolle als die wühlende und bodenfressende Fauna (Regenwürmer) an Land. Doch ist sie ungleichmäßig verteilt, ihre Anwesenheit, Zusammensetzung und Menge wird von nutritiven, chemisch-physikalischen und biocönotischen Faktoren reguliert, in der bathymetrischen Massenverteilung ist ein vielartiges Litoralmaximum und ein von

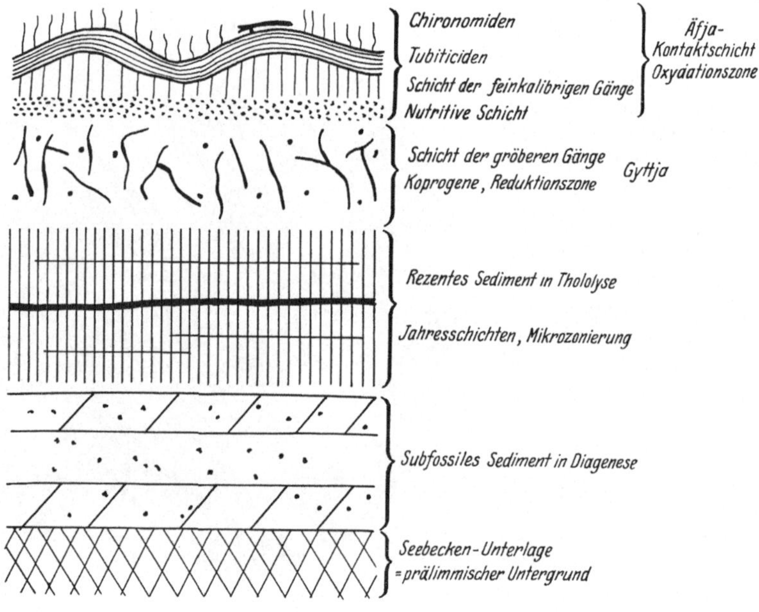

Abb. 28. Schema eines eutrophen Seebodenprofils.

wenigen Arten, aber dicht besiedeltes Profundalmaximum zu erkennen. In den tiefsten Profundalgebieten der eutrophen und der oligotrophen Seen wird dann das Benthos auch zahlenmäßig sehr arm, und damit verschwinden Koprolithe, koprogene Struktur und dadurch bedingte Bodenzonen. Die Ausbildung der Kontaktschicht in der Tiefe ist mangelhafter, doch hat selbst alphititischer Mergel durch den Algenfilz noch eine blasige Oberflächenstruktur. Organische Nährstoffe, also organogene Böden, werden stark durchpflügt, in Humusböden wird die Besiedlung wie in Mineralböden schwach. Sauerstoffschwund macht auch der regulären Fauna das Leben unmöglich, während einem Überhandnehmen durch Raumnot, Nahrungskonkurrenz und durch eine bestimmte Fischfraßzone gesteuert wird. In der Tiefe spielen Tubifiziden und Chironomiden die erste Rolle, im Litoral kommen besonders schlammfressende Mollusken hinzu. Bei der Verdauung wird die Zellulose völlig abgebaut, während Chitinschalen und Kieselsäureschalen im gut erhaltenen Zustande den Darmkanal passieren. Die roten Chironomuslarven der artenreichen Zuckmückenfamilie sind auf das Auffangen und Konzentrieren des von oben kommenden Planktonregens besonders eingerichtet. Ein Großteil des nekrotischen Sediments wird also zunächst schon zu Koprolithen umgearbeitet, doch in Zeiten der Planktonmaxima, der Wasserblüte, würde die Produktion die Konsumtion ungeheuer übersteigen.

Die Destruktion führt dann an der Oberfläche gyttjahaltiger Seeböden durch aerobe Bakterientätigkeit zu starker Zerstörung, während im Innern anaerobe Bakterien sich an Verwesungs- oder Fäulnisvorgängen beteiligen. Doch hier spielen im Gegensatz zu den Sedimentdestrukteuren der *Chironomidae* ALSTER-BERGS[1] die kleinen roten Borstenwürmer (*Tubifex*) als Sedimenttransporteure eine große Rolle. Indem sie den Hinterleib zur Bodenoberfläche ins freie Wasser hinausstrecken und die Kotballen dort abladen, befördern sie dauernd Unterschichtmaterial an die Oberfläche und führen auf diese Weise große Mengen wieder zurück, die oxydiert als Nährsalze dem Stoffwechselkreislauf zurückgegeben werden. Schwefelwasserstoff wird zu Schwefeltrioxyd, Ammoniak zu Nitriten und Nitraten usw. Spaltpilze leisten in dieser ,,organischen Kläranlage" eine Hauptarbeit. Jede Tubificide transportiert nach Experimenten von ALSTERBERG in 24 Stunden viermal ihr Eigengewicht an Detritus (in Trockensubstanz) und pro Jahr und Quadratmeter 6—12 kg Schlamm in den nährstoffreichen eutrophen holsteinischen Seen. Durch das Zuwachsen des Seebodens kommt evtl. noch nährstoffhaltige Äfja mehrmals in die nutritive Schicht, so daß hier am Seeboden gewaltige biochemische Umsetzungen vor sich gehen, die in terrigenen Böden in diesem Ausmaß unbekannt sind.

Neben den phänologisch-mechanischen Ablagerungsschichten gibt es die von PERFILIEV[2] nachgewiesenen ,,Umwandlungsmikrozonen", die ebenfalls den Charakter von einfachen oder komplizierten Jahresschichten annehmen können, und da sie biochemischer Natur sind, in oligotrophen wie eutrophen Seen weit verbreitet sind, wenn sie auch nicht immer makroskopisch sichtbar sind und erst bei bestimmter Behandlung zutage treten. Diese bisher unbekannte vielblättrige Feinschichtung von gelegentlich nur Bruchteilen von Millimetern Mächtigkeit erscheint als Folge der scharfen Gegensätze zwischen den Reduktionsgärungen in der Tiefe und den Oxydationsprozessen näher der Oberfläche. Die benachbarten Schichten beeinflussen sich gegenseitig kolloidchemisch, und die starken chemischen Vertikalunterschiede rufen eine ebenfalls schichtweise Verteilung der Mikroorganismen hervor, wobei die mikrobiologische Entwicklung eines Horizonts die der Nachbarmikrozonen bedingt. Als Puffermikrozonen bezeichnet der Verfasser schützende Zwischenzonen, z. B. wenn eine Mikrozone von farblosen Schwefelbakterien eine hangende Zone von Eisenoxydhydrat mit Eisenbakterien einerseits vor den liegenden Reduktionszonen mit starker Schwefelwasserstoffentwicklung schützt, andererseits jene die Schwefelbakterien wieder vor dem hangenden Sauerstoffüberschuß bewahrt (Abb. 29). Man könnte hier auch von Sedimentsymbiose sprechen. Der chemisch-physikalische Mechanismus, soweit er von den mikrobiologischen Vorgängen abtrennbar ist, ist als mobiles Gleichgewicht zwischen zwei entgegengesetzt laufenden Diffusionsströmungen aufzufassen, wobei die nach oben gerichtete Diffusion der Reduktionsgärungsprodukte, wie Schwefelwasserstoff, Methan, Eisenoxydul durch die von schwerlöslichen Gasbläschen gebildeten ,,Kanülen" begünstigt wird, und andererseits das abwärts gerichtete

---

[1] ALSTERBERG, G.: Die respiratorischen Mechanismen der Tubificiden. Lunds Univ. Arskr., N. F., Avd. 2 **18**, Nr. 1 (1922). — Die Nahrungszirkulation einiger Binnenseetypen. Arch. f. Hydrobiol. **15** (1925).

[2] PERFILIEV: A contribution to the question on biological types of basins. Russ. Hydrobiol. Z. **1923**, Nr. 5—7. — Zur Methodik der Erforschung von Schlammablagerungen. Ber. biol. Borodinstat. (russ.) **1927**. — Zur Mikrobiologie der Bodenablagerungen. Verh. internat. Ver. Limnol., Rom **4** (1929).

Eindringen des Sauerstoffs durch das Gangsystem der Insektenlarven und Würmer gefördert wird. Eigentümlicherweise haben unabhängig davon mikropetrographische Untersuchungen[1] an bituminösen Mergeln die gleiche mikrozonale Schichtung erkennen lassen. Andersen[2] beschreibt aus dänischen Bändertonen ähnliche Mikrozonen, doch ist seine Deutung als Tagesschichten sicher zugunsten der Auffassung Perfilievs aufzugeben.

Trotz der Umwandlung der symphysiologischen Sekrete in tierische Exkrete, trotz des Transportes der mineralischen und organischen Komponente, trotz biogener Destruktion und chemischer Rücklösung wächst der Seeboden. Der See reift und altert, und damit wird sein Boden landfest. Die Angliederung von Schicht um Schicht geht nicht ohne Störungen vor sich, aber da der See ein geschlossenes Ganzes ist, geht ihm nichts verloren, ob nun vom vertikal zuwachsenden Seeboden der Tiefe Gase oder Grundeis etwas hochreißen, ob Teile der Uferbank abrutschen oder ob das horizontal anwachsende Verlandungsufer abbricht und abtreibt. In der Lokalisierung des Wachstums macht sich ein meteorologisches Element, der Wind, und damit ein Klimafaktor, die regionale Windrichtung und -stärke, ungemein bemerkbar. Allerdings nur auf dem Umweg in seiner biologischen und hydrodynamischen Auswirkung. Die „Exposition" bedingt schon die ganz verschiedenen Lebensgemeinschaften des Brandungsufers und des Windschattenufers, sie stellt aber auch durch die Wellenwirkung die Geröllstrandbildungen und Abbaukliffs den Schilfhorsten und Aufschlämmwiesen entgegen und legt schließlich durch Strömungen die Sedimentationsgrenze tiefer oder driftet Lager zusammen, fegt unterseeische Kuppen rein oder baut Inseln auf. Für unsere Breiten, der Nordhemisphäre, mit dem vorherrschenden „Westwetter" ist die wirksame Windrichtung ganz überwiegend

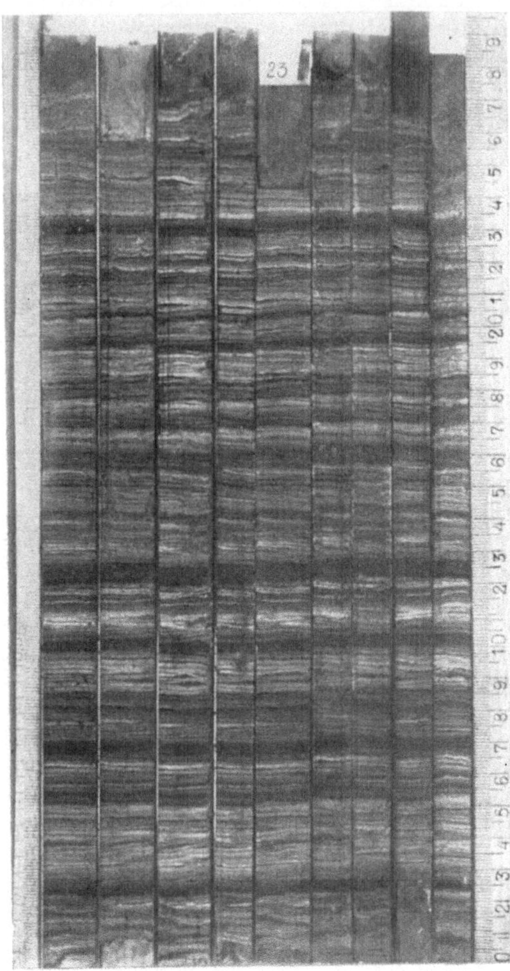

Abb. 29. Mikroschichtung im Schlammsediment eines Sees, dargestellt durch nebeneinandergereihte Längsschnitte durch einen Ausstich. Phot. Perfiliev, nach F. Lenz 1928.

---

[1] Sander, B.: Über bituminöse Mergel. Jb. österr. geol. Staatsanst. 71 (1921). — Über bituminöse und kohlige Gesteine. Mitt. geol. Ges. Wien 1922.
[2] Andersen, S. A.: De Danske Varv. Geol. För. Förh. Stockholm 50 (1928).

Südwest, und schon KLINGE[1] wies die Verlandungsufer als südwestlich lokalisiert nach, während im Nordosten Brandung und Ströme abbauend formen. Lokalklimatische Einflüsse wie Föhn, Brise, Talwinde oder auch die Einflüsse und die Topographie modifizieren gelegentlich. Die Intensität der Umlagerung nimmt mit der Größe und Tiefe des Gewässers zu, denn nicht nur die indirekte hydrodynamische Windwirkung wird stärker, auch die terrigene Zufuhr, das Einzugsgebiet wächst im allgemeinen mit der Uferlänge, während die Verlandung im engeren Sinne in kleinen Flachgewässern rasches Tempo annimmt und gleichzeitig die phytogene Sedimentation zunimmt. Bei gewissen morphologischen Grenzschwellenwerten geht nicht nur der oligotrophe Seetyp in den eutrophen über, und die mineralogische Sedimentation wird organogen, sondern auch die Rolle der Wasserbewegungsformen wird bedeutungslos, und es beginnt die Verlandung von Land aus. Damit ist das Schicksal des Sees besiegelt.

Die Verlandungsvorgänge (vgl. Abb. 42) sind oft beschrieben worden, wir fassen uns also kurz und verweisen auf POTONIÉ[2] und FRÜH und SCHRÖTER[3]. Wir unterscheiden Verlandung (vegetativ) und Anlandung (mechanisch) vom Rand, Auflandung vom Boden des Gewässers aus, im Gegensatz zur kulturellen Entlandung[4]. Die Kalkbildung durch Unterwasserwiesen an geschützten Uferteilen wurde schon genannt. Das Vortreiben der Rhizome und Leghalme des Schilfs ist bekannt und ebenso die rein mechanisch abfangende Auffangwirkung von Schilf und Röhricht. Außer Wind und Wellen kann auch das Vieh die Verlandung durch Uferpflanzenfraß hintanhalten, doch wird es dann dieselbe indirekt durch Düngung fördern; die Wasserweide ist ein ursprüngliches Lebensbedürfnis des Rindes, heute noch leben im Titicaca-See Herden davon, wie die Büffel in Indien und Afrika und wie das Hausrind in manchen Ostseegegenden. Die limnische Akkumulation in Schilf und Rohr und Laichkrautwiesen ist für den See dasselbe, was Mangrove und Tang für die Meeresufer darstellt. In Kleingewässern entwickeln sich nacheinander Schilfgürtel, und zwar seewärts die Ufermakrophyten, denen die Armleuchteralgenwiesen folgen. In großen Gewässern bilden sie unter Umständen die Charen allein bis ans Ufer, und Schilfhorste sind dafür in kilometerbreiten Streifen Buchten und Deltas vorgesetzt. Die Schilfverlandung kann auch selbst am Brandungsufer im Flachwasser rasch fortschreiten, so hat das Land zwischen Langenargen und Friedrichshafen am Bodensee seit 1824 bis zum Jahre 1893[5] um 120 m gewonnen. Nicht weit davon finden sich aber Kliffs in Geschiebelehm und wandernde Kiesstrandbildungen im Küstenversatz. Am selben Ufer hat der Wind am winterlichen Trockenstrand eine Düne aufgeweht, die sich während der Sommer durch Weiden und Schilf verfestigte und im Begriff ist, sich von der Insel zur Halbinsel zu wandeln. Eine solche direkte Windwirkung ist in Mittelasien in Seen arider Gebiete weit häufiger als bei uns die Staubeinwehung im Einzelfall. Am Federsee in Oberschwaben ist das je nach dem Klima der verschiedenen Postglazialstadien verschiedene Tempo der Verlandung besonders studiert worden[6].

<hr>

[1] KLINGE, J.: Über den Einfluß der mittleren Windrichtung auf das Verwachsen der Gewässer. Englers Bot. Jb. 11 (1890).

[2] POTONIÉ: a. a. O., Die rezenten Kaustobiolithe usw. Berlin 1911.

[3] FRÜH, J. und C. SCHRÖTER: Die Moore der Schweiz. 1904.

[4] WASMUND, E.: Wirtschaftliche Bedeutung der Seeböden. Dieses Handbuch 10.

[5] ZEPPELIN, E. Graf: Geographische Verhältnisse des Bodensees. Schr. Bodensee-Geschichts-Ver. Lindau 22 (1893).

[6] STAUDACHER, F.: Die Verlandungsstadien des oberschwäbischen Federsees. Der Werdegang eines Diluvialsees. N. Jahrb. Min. 1924. — BERTSCH, K.: Blütenstaubuntersuchungen im Federseegebiet. Veröff. Staatl. Stelle f. Natursch. Württ. Landesamt f. Denkmalpfl. 4, 1928. — Der Egelsee bei Gornhofen. Ebenda 1928. — Die Entwicklung der oberschwäbischen Seen. Aus d. Heimat 43, 6, 1930. — MESSIKOMER, E.: Naturf. Ges. Zürich 73, 1928.

Neben dem Schilf bilden besonders Seggen und Schneidgräser, und zwar zuerst *Carex stricta*, isolierte erhöhte Grasbüschel, indem sie, das Gelände versumpfend, vordringen. Diese ausgesprochen sauren Gebiete leiten zu regelrechter Moorverlandung, bei der der „Schwingrasen" den Grenzfall bildet, über. L. von Post[1] wies öfters darauf hin, daß aber auch (z. B. im Subboreal) landfester Bruchwald direkt auf Gyttja folgt, daß also die *Phragmiteta, Cariceta, Cladieta* nicht unbedingt erforderliches Zwischenglied sein müssen. Gams[2] hat am Grenzfall der Schwingrasen (= Wampen, schwingende Böden aus Schilf oder Moosen, *Sphagnetum*) gezeigt, daß die Verlandungsbestände sowohl Vorhut als auch Nachhut sein können, die nicht alle durch langsames Überwachsen offnen Wassers entstanden sind, sondern auch durch nachträgliche Abhebung von einer zeitweise „trocknen" Unterlage hervorgehen können. Eng damit zusammen hängen die „schwimmenden Inseln", die durch Erosion, Eisgang, Wasserstandsschwankungen, Seebodenfließen gebildet werden. Es sind zahlreiche Fälle[3] aus Skandinavien, Rußland, Japan beschrieben worden, und nur aus Mitteleuropa seien solche Driftinseln aus dem Hautsee bei Eisenach, Barchetsee im Thurgau, Nonnmattweiher im Schwarzwald, Arnibergsee im Reußtal, das „schwimmende Land von Waakhusen" bei Bremen, Lunzer Obersee in Niederösterreich, Lützelsee bei Zürich, Drausensee bei Elbing angeführt.

Die Rolle der Seeböden bei Versumpfungen kann nur gestreift werden. Abdichtung der infiltrierten, glazigenen Wannenränder durch Gyttja und Dy erschweren den Abfluß ebenso, wie Aufhöhung profundaler und litoraler Sedimente die Paßpunkte verstopfen, auch durch Bildung von Strandwällen und Eisdriftdünen verwandeln sich trockene Überschwemmungsböden durch das stagnierende Lagunenwasser in saure und anmoorige Böden. Die Vermoorung ist das Endstadium. Der natürliche Antagonist der Sukzedanverlandung ist die Wasserbewegung, doch wirkt die limnische Erosion letzten Endes ebenso wie die oben beschriebene fluviatile Erosion akkumulierend und lagert die Seeböden nur um.

Neben der Erosion der Flüsse steht die Erosion des Sees selbst an seinen Ufern, deren Produkte gleichzeitig mit den durch Abrasion und Korrosion abgetragenen Teilen seewärts akkumuliert werden. Es handelt sich hier wie im Meer[4] um chemische und mechanische Vorgänge. Die chemische Korrosion greift besonders den Kalk an, und zwar scheint die Lösungskraft der im Wasser enthaltenen Kohlensäure zuzunehmen, wenn die Wasserbedeckung nur zeitweise herrscht. Wie in der Adria gibt es im Wallensee, Walchensee, Brienzer See, Lüner See karrenartige Felssteinlöcher, und die bekannten Furchensteingerölle kommen im Anfang in Lette eingebettet, d. h. nicht abrollbar, mehr oder weniger vergesellschaftet in der zur Winterszeit trockenen telmatischen Zone der Seen des kalkalpinen Einzugsgebietes vor. Beide Formen der bis fingertiefen Rillung haben zweifellos gemeinsame Ursachen. Auch in der Tiefe, wo ja der CO_2-Gehalt zunimmt, geht eine Kalklösung vor sich, in allen kalksedimentierenden Seen hört die phytogene Sedimentation überhaupt in der Höhe der Sprungschicht auf, und auch die fluviatilen und physiologischen Seekalke nehmen wie im Bodensee mit der Tiefe im Kalkgehalt stark ab. Natürlich spielt auch bei organogenen Sedi-

---

[1] Post, L. v.: Stratigraphische Studien über einige Torfmoore in Närke. Geol. Förh. Stockholm **31** (1909).

[2] Gams: a. a. O., Int. Rev. d. Hydrobiolog. **18**, H. 5/6. 1927.

[3] Potonie: Die rezenten Kaustobiolithe und ihre Lagerstätten. Bd. 2. Die Humusbildungen, T. 1. Berlin 1911. (Ältere Angaben.) — Böhme, H.: Schwimmende Inseln. Pet. Mitt. **1926**. — Halbfass, W.: Schwimmende Inseln in einem japanischen See. Pet. Mitt. **1927**. — Frü̈h, J.: Schwimmende Inseln. Geogr. Z. 2. 1896.

[4] Rüger, L.: Die Tätigkeit des Meeres und der Brandungswelle. Dieses Handbuch der Bodenlehre **1**, 249. 1929.

menten direkte Lösung durch das Wasser eine Rolle, doch ist hierüber nur wenig bekannt.

Der mechanische Angriff des Sees auf die Seeböden erfolgt durch Wellen und Ströme. Die Verhältnisse entsprechen im allgemeinen denen des Meeres, es kann also wegen der Theorie der Wasserwellen auf den RÜGERschen[1] Beitrag, für die lakustrischen Besonderheiten auf WASMUND[2] verwiesen werden.

Die zerstörende Kraft des Binnenseegangs hängt in erster Linie von der Größe der Wasserfläche ab, dann auch von topographischen Windschattenlagen und vom lokalen Windklima, und schließlich vom morphologischen Entwicklungsstadium und von der petrographischen Beschaffenheit des angegriffenen Ufers. Brandungsfelsufer mit Hohlkehlen usw. sind selten, Felsufer kommen im allgemeinen als Steilabsturzpartien mit totaler Reflexion des Seegangs vor. Die Brandungsufer unverfestigter Gesteine, wie Moränen, Deltaschotter usw. führen zum Kliff, das in norddeutschen wie in süddeutschen Seen nicht selten meterhoch ist. Am größten mecklenburgischen See, der Müritz[3], sind Kliffs im Geschiebemergel von 10—19 m nicht selten, was bei Weiterentwicklung zur Ausbildung einer Uferbank führt. Diese erleidet mannigfache Veränderungen, weitere Erosion führt ihr durch den am Boden rücklaufenden Sogstrom Akkumulationsmaterial zu, Zuflüsse und Küstenversetzungen vermehren den Materialabsatz, und die litorale Vegetation sorgt für Entstehung von Seekalken und Grobdetritusgyttja. Der bei schief auflaufendem Seegang einsetzende Küstenversatzstrom erreicht nach unseren Messungen mit dem hydrometrischen Flügel am Bodensee bei Seegang 5—6, 10 cm Meßtiefe, 5 m Uferdistanz im Durchschnitt 0,34 m/sec. Landwärts von der Strandwasserlinie wird an den sich derartig immer mehr entwickelnden Flachstrandbildungen akkumuliert, es entstehen Strandwälle oder bei Spiegelschwankungen Strandwälle mit Driftgirlanden. Daneben kommen feinere Formen zustande, wie die ,,Seebälle‘‘[4] und ,,Wickel‘‘[5] aus faserigen organischen Substanzen und die aus konsistentem Mineralboden sofort entstehenden Scheingerölle. Seewärts entstehen entsprechend der Lage der Hauptbrandungswellen sterile Erosionsstreifen, dazwischen findet die Vegetation und darin der Detritus streifenweise Platz. Man nennt solche embryonalen Strandwälle in der Ostsee ,,Schaar‘‘ oder Sandriffe, und es scheint, als ob die norddeutsche Fischerbezeichnung Schar, Scharbank = Uferbank auf diese der Limnologie noch wenig geläufige streifige Aufbauform des Litorals gemeinsam zurückgeht. Verfasser wurde auch erst durch Flugzeugbeobachtung auf diese häufige Erscheinung in Binnenseen aufmerksam, die man sowohl am Bodensee[6] wie über norddeutschen Seen[7] feststellen kann. So wirken schließlich die über die Abrasionsterrasse hinrollenden Wogen akkumulierend, landwärts transportierend, verlandend, wenn Zuflüsse, Küstenströme oder Vegetation genügend Material liefern. Wieweit der Sogstrom reicht, und in welcher Stärke er entwickelt ist, bedarf dringend der Untersuchung. Sicher ist, daß an lakustrischen Abrasionsterrassen eine Tendenz zum Transport gröberer Teile landwärts, feinerer

---

[1] RÜGER, L.: dieses Handbuch I, 246. 1929.

[2] WASMUND, E.: Thermische und dynamische Wellen an Grenzflächen in Luft und Wasser. Arch. f. Hydrobiol. **20** (1929). — Die meteorologischen Bedingungen des Grundgewells im Bodensee. Pet. geogr. Mitt. **1927**, 9/10.

[3] HENNING, G.: Beiträge zur Morphologie der Müritz und ihrer Ufer. Z. Ges. Erdkde. Berlin **1925**.

[4] WASMUND, E.: Seebälle als Scheingerölle. Naturwiss. **17**, H. 39 (1929).

[5] GEYER, D.: Die Mollusken des Bodenseestrandes. Zool. Jb. **58** (1929)

[6] WASMUND, E.: Luftfahrzeuge auf limnologischer Erkundung. Arktis **1929**, H. 2.

[7] WASMUND, E.: Flugbeobachtungen über mittel- und osteuropäischen Gewässern. Geogr. Ztschr. **36** (1930).

zur Halde seewärts besteht. Die Verhältnisse aber wechseln von Ort zu Ort, wir können hier nur andeuten, daß die seit Forel bestehende Vorstellung von der Entstehung der Halde (= dem Abfall von der Uferbank = Abrasionsterrasse) zur Seetiefe als Aufschüttungshalde nur eingeschränkt gilt. Von der morphologischen Wirkung der Seewellen läßt sich sagen, daß Abbau und Aufbau sich ungefähr die Waage halten, und bei großen Seen die Zuflüsse, bei kleinen die Vegetation die primären Ursachen der Verlandung und Auflandung sind.

Die Tiefenwirkung der Windwellen reicht höchstens 4—5 m, entsprechend der Tiefe der bekannten Uferbänke. In den baltischen Gewässern ist die durch den Seegang bedingte Breite der Abrasionsbank im allgemeinen nur wenige Meter breit, in den Alpenrandseen kann sie dank der terrigenen Materialzufuhr hunderte von Metern erreichen. Über die Uferbank hinaus haben die fortschreitenden Wellen keine Bedeutung für die Gestaltung des Seebodens, hingegen treten hier die stehenden Wellen, die Seiches, in Erscheinung. Sie können als Schaukelbewegungen der gesamten geschlossenen Wassermasse auftreten und entwickeln dann beachtliche horizontale Stromgeschwindigkeiten am Boden, besonders bei See-Engen, wo sie, wie am Plattensee oder Peipussee, analog den „Gezeitenkolken" Krümmels direkt erodierend wirken können, oder sie treten an thermischen Grenzflächen als Teilschwankungen einzelner Wasserkörper, als Temperaturseiches, auf. Diesen zwar wenig kräftigen, aber konstanten Bewegungen in Binnengewässern hat man die Einebnung der profundalen Seeböden wohl zuzuschreiben. Besonders in größeren Gewässern ist die völlig ebene Gestalt des „Schwebs", der „plafond" der planierenden Verteilung durch die die absinkende Suspension hin- und rückflutenden stehenden Wellen zuzuschreiben. So nur ist es erklärlich, daß z. B. die Seetiefe im Genfer See von einer jeder Unebenheit baren Fläche von 6o km² eingenommen wird.

Der Akkumulation vor den Deltas steht die Ablagerung der durch die Küstenerosion des Sees selbst freigewordenen Massen zur Seite, doch lassen sich Zahlen hierfür schwer angeben, sie fallen auch gegenüber der fluviatilen Zufuhr weniger ins Gewicht. Ablagerung und Umlagerung gehen derart Hand in Hand, daß wir die Vorgänge besser gemeinsam mit den übrigen hydrodynamischen Prozessen betrachten.

Die Strömungen der Binnenseen spielen gleichfalls eine große, aber noch im Anfang der Untersuchung stehende Rolle in der Seebodenbildung. Windstauströme kommen dabei in erster Linie in Betracht, andere Ursachen wie Durchflüsse, Luftdruckschwankungen usw. kommen erst in zweiter Linie in Frage. Im Winter bei gleichmäßiger Durchmischung greifen die Ströme auf das ganze Becken über, erreichen aber wegen der hohen Viskosität geringere Stärken, im Sommer wirkt die thermische Schichtung als Dichtesperre. Wir unterscheiden Liegewalzen mit horizontaler Drehachse, die auf die Teilzirkulation im Epilimnion beschränkt sind und antreibend auf umgekehrt rotierende schwächere Walzen im Profundal wirken, ferner Standwalzen = Kreisströme, die ihre größte Intensität und Konstanz im oberen Metalimnion über der eigentlichen Sprungschicht erreichen und deren Umfang durch die Ufermorphologie (Vorsprünge, Inseln, Haken usw.) bedingt sind (Abb. 30). Die Liegewalzen sind in schottischen Seen[1], die Standwalzen in den großen nordamerikanischen Seen[2], im Boden-

---

[1] Wedderburn, E. M., u. Watson: Observations with a current meter in Loch Ness. Proc. roy. Soc. Edinburgh 29 (1909). — Shaw, N.: Resilience, cross currents and convection. Quart. J. R. meteorol. Soc. London 50 (1924). — Durst, C. S.: The relationship between current and wind. Ebenda.

[2] Harrington, M. W.: Currents of the Great Lakes. U. S. Dep. Agricult., Weather Bur. Bul. B., Washington 1894. — Kindle, E. M.: Note on bottom currents in Lake Ontario. Amer. J. Sci. 1915, 39.

see[1], im Kaspisee[2] und im Frischen Haff[3] mit auffallend gleicher Gesetzmäßigkeit festgestellt worden. Die bisherigen Kenntnisse sind bis auf neue Arbeiten von Wasmund zusammengestellt[1–5]. Es ergibt sich, daß der wichtigste Einfluß auf die Sedimentation der Suspensionstransport ist, man kann sagen, daß die Möglichkeit für jedes absinkende, schwebende Detrituspartikelchen besteht, fast an jeder Stelle des ganzen Sees abgesetzt zu werden, denn mit der Seebodenfläche wächst auch Stromstärke und Turbulenz. Strömungen und unterseeischer Formenschatz bedingen sich gegenseitig, da aber das Sedimentwachstum besonders in lokalen Auflandungen fortschreitet, so ist eine Kette fortschreitender gegenseitiger Veränderungen etwa nach folgendem Schema gegeben:

Topographie (Ufer und Unterwasser)

Sedimentation ← ———————— Strömungen

Die Liegewalzen bewirken am Windstauufer in erster Linie die Schaffung und Tieferlegung der litoralen Sedimentgrenze, der eine sedimentationsfreie Zone folgt, die zu einer telmatischen Aufschüttungsfläche mit landwärtigem Trans-

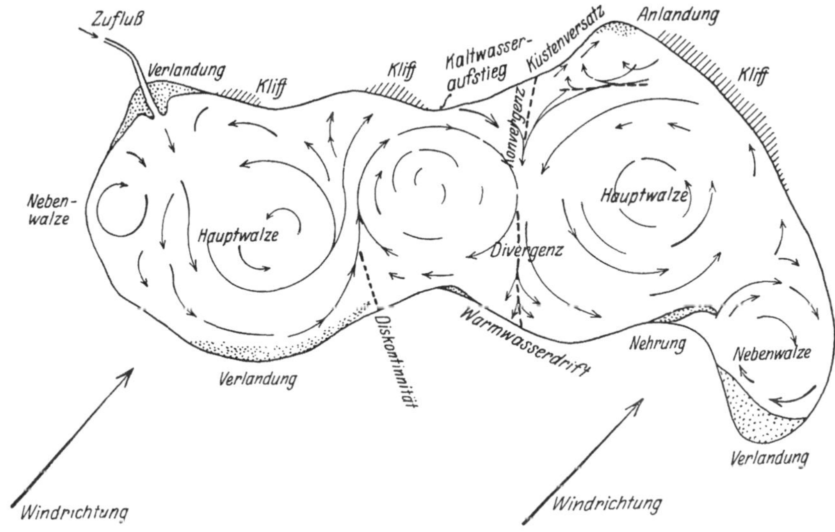

Abb. 30. Schema der Standwalzen im Binnensee.
(Strömungen unter bzw. in der Oberflächenschicht und ihre morphologische Wirkung.)

[1] Wasmund, E.: Die Strömungen im Bodensee, verglichen mit bisher in Binnenseen bekannten Strömen. Internat. Rev. d. Hydrobiol. 18, 19 (1927/28). — Auerbach, M., u. J. Schmalz: Die Oberflächen- und Tiefenströme des Bodensees. Schr. Bodensee-Geschichts-Ver. 1928, H. 55.

[2] Knipowitsch: Hydrobiologische Untersuchungen im Kaspischen Meer I. Internat. Rev. d. Hydrobiol. und Hydrogr. 10 (1922).

[3] Lundbeck, J.: Die Strömungen und ihre Beziehungen zu Wasserhaushalt und Wasserbeschaffenheit im Frischen Haff. Schr. phys. ökon. Ges. Königsberg i. Pr. 65, H. 3/4. (1928).

[4] Ekman, S.: Sedimentering, omsedimentering och vattenströmningar i Vättern Ymer. 1924.

[5] Jentzsch, A.: Über umgestaltende Vorgänge in Binnenseen. Z. dtsch. geol. Ges. 1905. — Über rechts- und linksläufige Seen. Beitr. Seenkde. Abh. preuß. geol. Landesanst. Berlin, N. F. 1919, H. 83.

port überführt. In seichten Gewässern oberhalb 4 m Wassertiefe ist es umgekehrt, dort wird gerade telmatisch und an exponierten Stellen sedimentiert. Wellenförmige Formung macht sich in der streifenweisen, den Schaarriffen der Ostsee analogen Freilegung von Uferbankflächen geltend, wie sie die Flugsicht an norddeutschen und subalpinen Seen zeigt, desgleichen auch in dem dünenähnlichen Profil, das nach Lundqvist manche Sedimentbänke aufweisen. Am Windschattenufer ist das Sedimentwachstum wesentlich stärker, die obere Grenze kann fast den Wasserspiegel erreichen, am Brandungsufer liegt sie 5—10 m darunter (Abb. 31). Die Standwalzen können direkt oder als Nebenwalzen die Ufer angreifen oder solche aufbauen. Lundqvist glaubt, direkt ausgefahrene Stromgeleise bei seewärtiger Erhöhung der Sedimentation am Uferabfall feststellen zu können. Am Bodensee muß bei Kreßbronn der unter dem Küstenversatzstrom wandernde Grobkiesstrand durch Faschinenbau aufgehalten werden, für Sande ist die Hakenbildung von kürzerer oder längerer Dauer an vielen Seen unserer Breiten bekannt[1]. Allerdings sind sie durchweg die Folge von Küstennehrströmen, die schief auf Land auftreffen, und nicht Grund der Kreisströmungen, wie Jentzsch annahm, denn diese werden nur durch größere tektonisch oder glazial vorgebildete Ufervorsprünge von der Küste abgelenkt, es ist hier Ursache mit Wirkung verwechselt worden. Längs dem profundalen oder abyssalen Seeboden

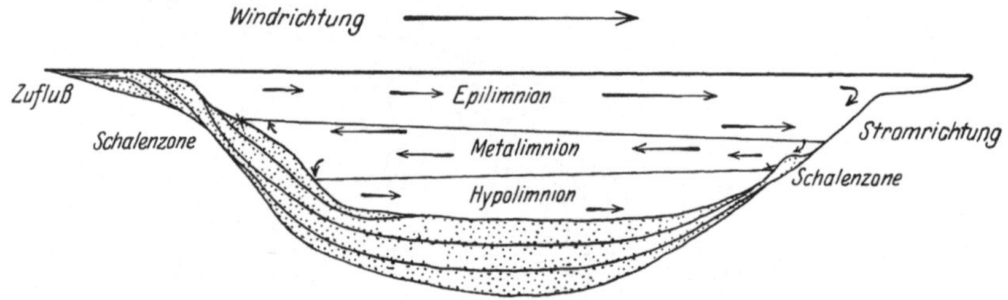

Abb. 31. Schema der Liegewalzen im thermisch geschichteten Binnensee und ihrer hydrogeologischen Wirkung.

kann ein Materialtransport gegen die Seemitte zu stattfinden, Kindle hat solche Bodenströme im Ontario nachgewiesen, Auerbach hat sie im Bodensee gemessen, und Wasmund hat sie an der überaus kräftigen Abdriftwirkung auf bodenverankerte Netze auch in größeren Tiefen im Bodensee erkannt. Daneben kommt auch thermisch bedingtes Abfließen des unter Eis durch den Boden erwärmten Tiefenwassers, das bis 4° schwerer wird, in Betracht[2]. Zu den bodenbewegenden sind auch die großen, im See weiter verlaufenden Zuflüsse zu rechnen, die zu gewissen Zeiten schwerer als Seewasser am Seeboden weiterfließen und dort Rinnsale von mehreren Kilometer Länge und einigen hundert Meter Breite bilden. Es ist die Frage, ob die Seitendämme nur aufgeworfen oder die Rinnen eingeschürft sind, eigentümlicherweise kennen wir solche Seebodenflußtäler nur vom Bodensee, Genfer See, Baikalsee und einigen französischen Strandseen.

Auch das Wasser in gefrorenem Zustand ist ein Sedimentationsfaktor. Von aufsteigendem Grundeis weiß man wenig, um so mehr von den gewaltigen Ufer-

---

[1] Gilbert, G. K.: The topographic features on Lake shores. V. Ann. Rep. U. S. geol. Surv. Washington 1885. — Jentzsch, A.: Über die Bildung der preußischen Seen. Z. dtsch. geol. Ges. 1884. — Über umgestaltende Vorgänge in Binnenseen. Ebenda 1905. — Das Profil der Ufersande in Seen. Abh. preuß. geol. Landesanst. 1918, H. 78. — Eine Seebrücke in Westpreußen. Ebenda 1912, H. 51. — Lundbeck, J.: Ein Uferhaken im Großen Plöner See. Arch. f. Hydrobiol. 18 (1926). — Wasmund, E.: Biocönose und Thanatocönose. Ebenda 1926, S. 62.

[2] Birge, E. A., C. Juday u. H. W. March: The Temperatures of the bottomdeposits of Lake Mendota. Trans. Acad. Sci. Wisconsin 23 (1928).

wirkungen, die das bei Wärmeschwankungen sich ausdehnende Eis ausübt[1]. Am Kurischen Haff dringt das Eis mit mächtigen Sedimentschollen über die dagegen aufgebauten Deiche, und in Finnland schafft es eine regelrechte Blockpackung als telmatische Fazies (Eissteingürtel, finn. = palle). Die passive Eiswirkung liegt in der monatelangen Ausschaltung der andern Küstenkräfte. Bei lockerer Uferbeschaffenheit wird das Material zu mehreren hohen Wällen zusammengeschoben und zu Strandwällen bleibend aufgetürmt, doch ist ein solches Ausmaß im allgemeinen auf die kontinentalen Seengebiete Osteuropas und Nordamerikas beschränkt. Am Bodensee konnte Verfasser einen litoralen Grobdetritustransport durch zu Schnee-Eis gefrierende Wellen beobachten, die dicht mit Detritus beladen als $1/_2$ m hohe Wälle nach dem Abschmelzen zurückgeblieben waren. Die Beobachungen werden noch veröffentlicht werden (Abb. 32).

Solche Bodenbewegungen, wie sie das Eis in der Tiefe und am Ufer zustande bringt, treten aber in weit stärkerem Ausmaß im natürlichen Verlauf der Sedimentation eines Seebeckens durch biologische, nekrotische und tektonische Vorgänge ein. Die erwähnten schwimmenden Inseln gehören dazu, und die Moorausbrüche, die auch einen See in starke Mitleidenschaft ziehen können, seien als Grenzfall erwähnt. Plötzliche Inselentstehung kommt nicht nur durch Erosion der Schwingrasen zuwege, sie können auch auftauchen. Ein Beispiel aus früherer Zeit sind die mehrfach im Cleveezer See in Holstein auftauchenden Inseln[2]. Hierher gehören

Abb. 32. Stranddünensaum barchanartiger Bastionen aus Grobdetritusgyttja und Eisgischt, in der Brandung des Winters 1928/29 am Bodensee (bei Langenargen) entstanden. Phot. WASMUND.

auch die eigenartigen, zeitweise hochtreibenden „mud-lumps" im Mississippidelta, wo Sedimentdruck und Gasdruck die Ursache bilden[3].

Das Beispiel der beiden Inseln im Ögelsee[4] (Brandenburg) ist mehrfach beschrieben. Hier hat Flußsand den Seesapropel überdeckt, dessen Fäulnisgase nicht mehr entweichen konnten und so unter Druck die Insel hochhoben. Es wird LIESEGANG[5] beizustimmen sein, daß es sich in solchen Fällen nicht um kompakte Gasblasen, sondern um Auftrieb durch unzählige kapillar anhaftende

---

[1] HELLAAKOSKI, A.: Suursaimaa. Fennia, Helsinki 43, Nr 4 (1922). (Finn. dtsch. Ref.) — HAMBERG, O.: Observations on the movement of lake ice in Lake Sommen 1918 and remarks on the geographical distribution of similar phenomena. Bull. geol. Inst. Uppsala 17 (1919). — BUCKLEY: Ice ramparts. Trans. Acad. Sci. Wisconsin 13, 1. — BRAUN, G.: Eiswirkung an Seeufern. Schr. phys. ökon. Ges. Königsberg i. Pr. 47 (1906). — QUEDNAU: Das eiszeitliche und das heutige Mauerseebecken. Heimatf. ostpreuß. Mauerseegeb. 2. 1927. — CHOLNOKY, E. v.: (Plattensee.) Das Eis des Balatonsees. Res. Wiss. Unters. Balaton 1, 7. 5, Sekt. 4. 1909.

[2] Z. dtsch. geol. Ges. 4 (1852).   [3] SHAW, E. W.: a. a. O. 1913.

[4] POTONIÉ, H.: Eine im Ögelsee (Brandenburg) plötzlich neu entstandene Insel. Jb. preuß. geol. Landesanst. 32 (1911). — RECK, H.: Zur Geologie des Ögelsees und seiner Sapropelitinsel. Ebenda 33 (1913).

[5] LIESEGANG, R. E.: Beobachtungen bei der Kapillaranalyse der Verbandwatte. Kolloid-Z. 16, 1 (1915).

Bläschen handelt. Solche Lagerfolgen von schroff wechselnder Konsistenz gaben Anlaß zu den Volkssagen von grundlosen Seen, in denen das Lot durch eine feste Bodenschicht in die stark wasserhaltige Gyttja weitersinkt, oder zu denen von den Seen „mit doppeltem Boden", die Halden[1] auf sandige, grusige oder torfige Zwischenschichten in Ton, Gyttja oder Dy zurückführt, und die nach ihm im schwedischen kleinkupierten Gelände unterhalb der marinen Grenze ein ausgeprägter Typus sind.

Neben Fäulnisgasen kommt auch Sauerstoff als Auftriebmittel vor, Osvald[2], Sernander und Lundqvist u. a. beschrieben ein Auftauchen mächtiger Boden-äfjamassen durch die Sauerstoffentwicklung der Algen aus dem Sjäbysjön (Uppland), wo in manchen Jahren der Wind diese Form der „Flytäfja" = Schwimmäfja (besser übersetzt als Fließäfja) in Watten bis zu 60 cm mächtig in 1000-m²-Flächen zusammentreibt und die am Strand austrocknen. Auch autochthone Aufwuchsäfja kann telmatisch (Diatomeen und Cyanophyceen am Bodensee) zu filzigen Decken und Trockenkrusten ausgetrocknet vom steigenden See ergriffen und wie ein Teppich gewellt und aufgerollt an Land geworfen werden. Wislouch[3] beobachtete in der Krim telmatische, ebenfalls *Chroococcus*-Flytäfja, und Wasmund[4] beschrieb auch seewärts erfolgenden Sedimenttransport durch aufschwimmende *Cyclotella*-Teppiche, die als Flytäfja-schollen von *Oscillatoria* überwuchert abtrieben.

Ausfließen und Abrutschen von litoralen Seeböden aller Gruppen ist eine häufige Erscheinung, die Ursachen liegen in der Überlastung durch eigene hangende Sedimente, durch Verlandungsformationen oder Gebäude oder im Fortfall des Wasserdruckes bei Seespiegelabsenkungen[5]. Nach Nipkows[6] Statistik kommt solches in der Seekreide des Züricher Sees durchschnittlich alle 3 Jahre vor, vom Genfer See, Thuner See, Bieler See, Lungernsee, Langensee sind zahlreiche Fälle in der Literatur bekannt geworden. Am Zuger See kommen verhängnisvolle Rutschungen seit dem Mittelalter vor. Der letzte Schlammstrom reichte 1020 m weit, bei einer mittleren Böschung von nur 4,4 %. In Horgen am

---

[1] Halden, B.: Om tvebottnade sjöar. Geol. För. Förh.,Stockholm **42** (1920).

[2] Osvald, H.: Till gyttjornas genetik. Svensk. geol. Unders. Årsb. **15** (1921) 1922. — Lundqvist, G.: a. a. O. 1927. — Cleve, A., u. Euler: Om diatomacévegetationen och dess förändringar i Sjäbysjön, Uppland, samt några dämda sjöar i Salatrakten. Sven. geol. Unders. Årsb. **1922**. — Sernander, R.: Förna och åfja. Geol. För. Förh. **40** (1918).

[3] Wislouch: Bemerkungen über das Sapropel des salzigen Sees Moinak. Nachr. Sapropel-Kommiss. **1** (1923).

[4] Wasmund, E.: Algenteppiche und Flytäfja am Bodensee. Internat. Rev. d. Hydrobiol. **24**, 5/6 (1930).

[5] Heim, Alb.: Bericht und Expertengutachten über die im September 1875 in Horgen (Züricher See) vorgekommenen Rutschungen. Zürich 1876. — Heim, Alb., R. Moser u. a.: Die Katastrophe von Zug, 5. Juli 1887. Gutachten auf Veranlassung der Behörden von Zug. Zürich 1888. — Heim, Alb.: Geologische Nachlese. Vjschr. naturforsch. Ges. Zürich **45/46** (1900/01). — Heim, Arn.: Über rezente und fossile subaquatische Rutschungen und deren lithologische Bedeutung. Neues Jb. Min. usw. **2** (1908). — Über submarine Denudation und chemische Sedimente. Geol. Rdsch. **15** (1924). — Heim, Ar.: Die Absenkung des Walchensees und ihre Auswirkungen. Mitt. dtsch.-österr. Alpenver. **1925**. — Schardt, H.: L'effrondement du quai du trait de Baye à Montreux survenu le 19. Mai 1891. Bull. Sci. Vaud. ingén. arch. **1893**. — Notice sur l'effrondement du quai du Trait etc. Bull. Soc., Vaud. Sci. Nat. **28**, Nr. 109 (1892). — Nathorst, A. G.: Om jordskredet vid Zug 1887 samt meddelanden om några jordkred inom Sverige. Ymer **1890**. — Pollack: Über Seeuferbewegung. Österr. Wschr. öff. Baudienst **19**, 35 (1913). — Brückner, E.: Gutachten betr. die Folgen, die die Ausführung der Millstätter Kraftanlage für den See voraussichtlich haben wird. Wien. 1908. — Salmojraghi, Fr.: L'avalamento di tavezuola sul Lago d'Iseo. Soc. Ital. Sci. Nat. **46**. Milano. 1907.

[6] Nipkow, H. F.: Über das Verhalten der Skelette planktischer Kieselalgen im geschichteten Tiefseeschlamm des Zürich- und Baldeggersees. Diss. Zürich **1927**.

Züricher See trieb der Schlamm samt Pfählen von der Einbruchsnische weg und am gegenüberliegenden Ufer wieder hoch, wie bei Bergstürzen und Lawinen die Schuttbrandung auf die andere Talseite hinaufreicht. Auch Einbrüche im Seeboden durch Auslaugungsvorgänge im anstehenden glazialen Untergrund sind vorgekommen, in Gipsgängen und Karstgewässern sind sie selbstredend häufig[1], wir sahen abgerutschte Geschiebemergelbänke im Alpnacher See. Schließlich sackt auch anstehendes Felsufer in tektonisch labilen Gebieten in den See, wie die Molassesandsteinwände bei Meersburg am Bodensee im Jahre 1906. Im Untersee hatten 1911 Erdbeben mächtige Bewegungen unter Wasser unter Trübung im Gefolge[2], und am Überlinger See konnte Verfasser sogar Grabenbildung mit Sprunghöhen von mehreren Dezimetern in der Kalklette der Wysse in Fortsetzung einer landeinwärts gerichteten Verwerfungslinie ohne Außenanstoß erkennen. Am Baikalsee ist 1861 eine 21 km breite und 15 km lange Bucht während eines Erdbebens durch Einsturz entstanden[3]. Rutschungen an der Deltastirn sind nicht selten und von der neuen Kandermündung bei Thun beschrieben. Aber auch Riesenkatastrophen mit Zerstörung und Abtransport großer Teile des gesamten Seebodens kommen vor, wenn die natürlichen oder künstlichen Staudämme brechen oder der Abfluß sich überraschend eintieft. Beispiele sind der Märjelensee[4] im Wallis und besonders gut untersuchte Fälle der Örträsket und Arpojaure in Nordschweden[5].

Zonale Fazies.

Rein statisch betrachtet sind die Seeböden in ihrer Bildung bedingt durch die Vertikalprojektion des Sestons, Nektons und Benthos (= Pedons) und durch die Horizontalprojektion der chemisch-physikalischen Schichtung des Wassers. Die Zonation des Wassers ist durch die thermische Schichtung verursacht, die eine gewisse chemische Schichtung für Gas- und Salzgehalt nach sich zieht, und welche in weiterer Folge durch die Dichtesperren und Grenzflächen auch hydrodynamisch in verschiedene Stockwerke zerfällt.

In unseren Breiten ist die Wasserschichtung deutlich nur im Sommer entwickelt, im Winter bringt die Tendenz zur Homothermie bei gleicher Viskosität und Turbulenz eine Durchmischung in jeder Hinsicht hervor. Die Namen der pelagischen Schichtung stammen von nordamerikanischen Limnologen[6], Verfasser[7] hat die Definitionen unter Berücksichtigung der dynamischen Vorgänge etwas modifiziert. Das Epilimnion ist die Zone täglicher Störung durch Konvektion, Strahlung und Seegang mit Homothermietendenz. Diese hydrosphärische Schicht entspricht ganz der ,,Störungszone" der Aerologie, wo die angrenzende Bodenunterlage starken Einfluß hat, es ist die ,,Brandungszone

---

[1] Bülow, K. v.: Der Erdfall am Großen Pielburgsee im Kreise Neustettin in Hinterpommern am 1. Februar 1925. Z. prakt. Geol. 1925. — Der Erdfall im Großen Pielburgsee im Kreis Neustettin 1925. Abh. Ber. pomm. naturforsch. Ges. 1925.

[2] Rüetschi, G.: Vorläufige Mitteilung über die Veränderungen des Unterseebeckens (Bodensee) durch das Erdbeben vom 16. November 1911. Oberrhein. geol. Ver. 1911. — Lauterborn, R.: Wirkungen des Erdbebens vom 16. November 1911 unter dem Spiegel des Bodensees. Jb. u. Mitt. oberrhein. geol. Ver. 2, 1 (1912).

[3] Johansen, H.: Der Baikalsee. Mitt. geogr. Ges. München 18, 1 (1925).

[4] Lütschg, O.: Der Märjelensee und seine Abflußverhältnisse. Ann. schweiz. Landeshydr. 1 (1915).

[5] Lundqvist, G.: Örträsket och dess tappningskatastrofer. Serv. geol. Unders. Årsb. 20 (1926), 1927. — Caldenius, C. C. Geolog. För. Förh. 44, 6/7. 1922.

[6] Birge, E. A. u. Ch. Juday: A limnological study of the Finger-Lakes of New York. Bull. Bur. Fish. Doc. 791 (1916). — Birge, E. A.: The work of the wind in warming a lake. Trans. Acad. Sci. Wisconsin 18, 2 (1922).

[7] Wasmund, E.: Thermische und dynamische Wellen an Grenzflächen in Luft und Wasser. Arch. f. Hydrobiol. 19 (1929).

der Atmosphäre", wie auch die Ozeanographie die gleiche Störungszone kennt. Darüber folgt die Sprungschichtthermokline. Sie entsteht durch den mit der Tiefe abnehmenden, jahreszeitlich sich summierenden Wärmeüberschuß der täglichen Einstrahlung durch die nächtliche Ausstrahlung und liegt außerhalb der konvektiven Störungszone. Sie entspricht also der Troposphäre der Aerologie und Ozeanographie mit kräftiger Temperaturabnahme nach oben bzw. unten. Da gerade oberhalb der Sprungschicht ein horizontales Zirkulationssystem außerhalb der Strömungslinie sich im See ausbildet, so ist das Metalimnion durch seine außerhalb gelegene Strömungszone gekennzeichnet und kann je nach seiner Raumentwicklung Sitz der Standwalze und der Thermokline sein. Darunter folgt schließlich das Hypolimnion, der atmosphärischen Stratosphäre gleichend, in seiner relativen ruhigen Lagerung, mit geringer Turbulenz infolge hoher Viskosität und isothermer Struktur.

In Ufernähe, besonders über der Uferbank, ist die Strömungszone extremer an die atmosphärischen Vorgänge angepaßt, der tägliche Temperaturgang folgt der Luft mit wachsender Breite und Isolierung der flachen Uferbank immer stärker. Tägliche hohe Einstrahlung wird aber restlos durch nächtlich hohe Ausstrahlung kompensiert[1]. Es ist wahrscheinlich daraus zu schließen, daß ein beträchtlicher Teil der übersättigten Ausfällungen, besonders an Kalk, wieder gelöst wird. Auch die Horizontalverteilung der Gase ist nicht gleichmäßig, wie russische Arbeiten gezeigt haben[2], was für die Zersetzungsvorgänge am Boden von Bedeutung ist.

Epilimnion, Metalimnion und Hypolimnion stehen in engen Beziehungen zu den Bodenzonen von Litoral bis zum Profundal. Doch herrscht hier eine arge Verwirrung in der Terminologie, je nachdem die der Limnographie, der zoologischen Hydrobiologie oder der Marinbotanik gebraucht wird. Lenz[3] hat neuerdings eingehende Kompromißvorschläge gemacht. Der Verfasser ist der Meinung, daß die morphologische sinngemäße Einteilung primär ist, und die Limnologie Prioritäten der Meereskunde nicht zu berücksichtigen braucht. Die Topographie schafft erst die Bedingungen, sowohl für das pflanzliche und tierische Leben, und so behalten wir eine größtenteils Forel wie Thienemann folgende Zonation bei, die wir in den Zeichnungen wiedergeben (vgl. S. 149).

Auf nur ein Schema lassen sich die vielgestaltigen Zonen nicht bringen, und es ist ein unmöglicher Zustand, daß Forels nur für die Deltaregion der Alpenrandseen geltendes Schema heute noch in zahlreichen Zusammenfassungen wiederkehrt, obwohl es nur einseitig die subalpinen limnologischen Verhältnisse berücksichtigen konnte, also für Skandinavien als auch für Norddeutschland keinerlei Geltung hat. Aber auch die Zweiteilung der Wysse in „beine d'érosion" und „beine d'accumulation" entspricht nur selten und grob den Tatsachen, und die Halde als Schüttung erklären zu wollen, müssen wir unseres Erachtens aufgeben. Wir kennen fossile Beispiele von Schüttung[4] in „Binnengewässern" rings um anstehende Felsinseln, ähnlich denjenigen aus den amerikanischen Pluvialseen, aber der geringe Sandgehalt des Sublitorals der Alpenrandseen außerhalb der

---

[1] Wasmund, E.: Hydrographisch-meteorologische Untersuchungen von Bodenseeufergewässern. Z. angew. Meteorol. Das Wetter 46 (1929). — Wesenberg-Lund, C.: Über einige eigentümliche Temperaturverhältnisse in der Litoralregion der baltischen Seen und deren Bedeutung. Internat. Rev. d. Hydrobiol. und Hydrogr. 5 (1912).

[2] Werestschagin, G., N. Anitschkowa, H. Predmetschenskij, W. Tolmaschow u. T. Form: Versuch einer hydrographischen Aufnahme der Seen Lassi-Lampi, Gouvernement Leningrad, Bezirk Toskowskij. (russ.), September 1928 (o. J.).

[3] Lenz, Fr.: Zur Terminologie der limnischen Zonation. Arch. f. Hydrobiol. 19.

[4] Jüngst, H.: Zur Sedimentation des Meeressandes im Mainzer Becken. Cbl. Min. usw. B 1929, Nr. 3.

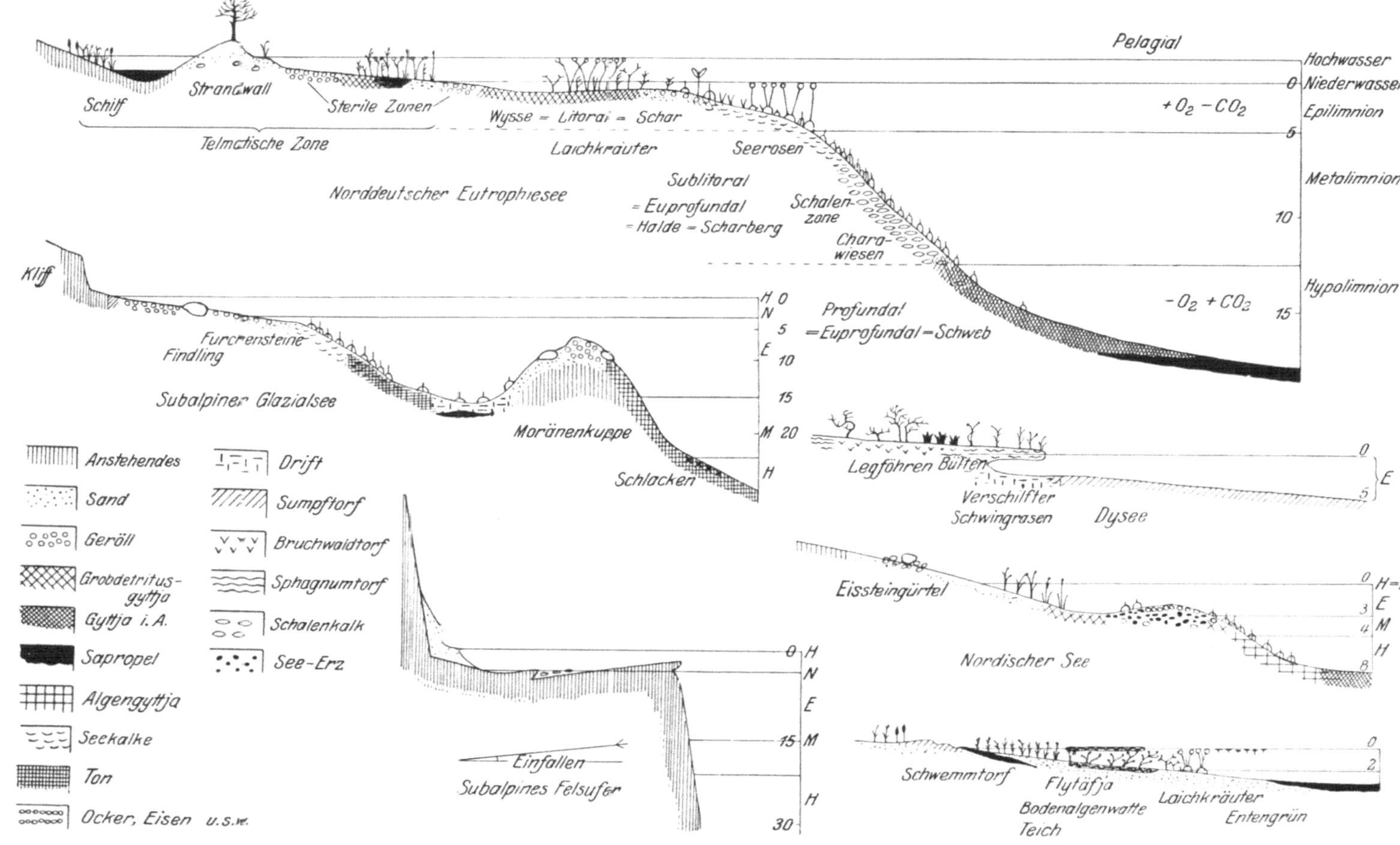

Abb. 33. Profilschemata durch Binnenseezonen. (Morphologische, hydrographische, phytosoziologische und hydrogeologische Zonation.)

Deltas zeigt, daß dem nicht so ist, und die Alphitite stammen vom See, nicht vom Land. Selbst die Schalenzone der baltischen Seen ist nicht nur, wie Lundbeck und Wasmund annahmen, durch Schüttung tiefer gelegt, sondern durch Brandungsstrom und Jahreszeiten bedingte Wanderungen der Schaltiere bedingt. Kürzer als Worte versuchen die folgende Tabelle und die als Schemata aufzufassenden Profilskizzen die Auswirkung der limnischen Zonation zu zeigen.

Zone	Seetyp Herkunft	Oligotroph autochthon	Oligotroph allochthon	Eutroph autochthon	Eutroph allochthon	Dystroph autochthon	Dystroph allochthon
Telmat-Strand	terrigen pleustogen neustogen planktogen benthogen glazigen makrophyto- gen	Sand Geröll Grobdetritus Furchen- steine Kiesel- algen ⎫ Blau- ⎬ Pappe algen ⎭ Seebälle Seewickel (-walzen) Schalen- kränze Kalkkrusten Schneggeli- sande	Pollenregen Sand Geröll Schwemm- torf Furchenfelsen Grobdrift Felsschutt Deltakiese Eisstein- gürtel	Flytäfja Grobdetritus Schalen- kränze	Fimmenit Quelltuffe Schwemmtorf Sand Geröll Landschnek- kendrift	Grobde- tritus Litoraldy Rohrde- tritus Förna	Pollen- seeblüte Laubdy Kraut-Dy Bruch- waldtorf Moostorf
Litoral-Wysse	fluviogen makrophyto- gen planktogen benthogen bakteriogen limnogen terrigen	Pflanzen- Seekreide Diatomeen- sand Sapropsam- mit	Geröll Fels erratische Blöcke Sand Deltaschotter	Algengyttja Feindetritus- gyttja Eisenerz Manganerz Koprolithe Diatomeen- ocker Kalkgyttja Seekreide Algengyttja	Quellkalk	Dygyttja Kopro- lithe	Laubdy Makro- phyten- Dy
Sublitoral-Halde	benthogen fluviogen phytogen	Sapropel, (lokal) Tongyttja Ton	Flußtrübe Laubgyttja Laubförna Schlacken Deltasande	Mollusken- kalk Charakalk Koprolithe Ocker Kalkgyttja	—	Dy Kotballen	Dopplerit
Profundal-Schweb	planktogen fluviogen limnogen benthogen	Fällungskalk Chitingyttja See-Erz (selten) Diatomeen- tongyttja	Ton (Alphitit) Flußtrübe	biogener Fäl- lungskalk Gyttja Sapropel Myxophy- zeengyttja Diatomeen- gyttja	—	Dy Tyrfopel = Kopro- lithe	Torf- schlamm Dopplerit

Der telmatischen Region mit einer bestimmten amphibischen Pflanzenwelt, auf die gelegentlich kalkinkrustierende Algen übergreifen, und mit typischer Driftsedimention (Schwemmtorf, Meteorpapier [Ehrenberg], Girlanden, Hölzer usw.), folgt die vegetationslose Sandzone oder die außerhalb der polierenden Brandung mit Moosen, Fadenalgen und Kalkalgen bedeckte Geröllzone. Die Hochwassergrenze (H. L.) wird besonders auf steinigem Untergrund oft deutlich durch

eine „Flechtenlinie", auf lockeren Böden durch eine „Keimgirlande" markiert,
denn zahllose Samen, besonders Bäumchen, keimen aus dem höchsten kompostieren-
den organischen Strandwall aus. Ihr folgt schon vom Trockenufer an ins offene
Wasser hinaus der Gürtel von Schilf (*Phragmites communis*) und Rohr (*Scirpus lacuster*), denen gelegentlich die Rohrkolben (*Typha*) beigemischt sind.
Diese Zone, die an sedimentierender Organismensubstanz nur die Kalkkrusten der
Steine, das abfallende Röhricht und einige Schnecken und Muscheln besitzt,
kann wegen der Undurchdringlichkeit mancher Schilfwälder leicht schlecht durch-
lüftet sein, die vom See hereingewellten Grobdetritusmengen faulen, es bilden sich
lokale Sapropelherde (Abb. 34). Auf die Region der bis 2 m tief reichenden auftauchenden emersen Wasserpflanzen folgt der noch völlig auf der Uferbank auf-

Abb. 34. Telmatischer Schwemmtorf bei Schwedi am schwäbischen Bodenseeufer. Die Hauptmasse besteht aus Laubförna und Feindetritusgyttja, daneben Massen von Holzdrift und Samen aller Art, sogar subfossiles Harz. (Bernstein
in statu nascendi.) Die Terrassen zeigen den ruckweisen Rückzug des Sees im Sommer und Herbst an. Phot. E. WAGLER.

lagernde Gürtel der unterseeischen Laichkräuter (das Potamion). Ihnen sind andere
submerse Wasserpflanzen beigesellt. Sie sind durch eine reiche Aufwuchsflora und
-fauna sowie durch intensive Kalkinkrustierung ausgezeichnet. Der Gürtel liefert
also einen beträchtlichen Teil der Seekreide, Feindetritusgyttja, Diatomeenocker
und geht in den nährstoffreicheren lichtärmeren Seen etwa bis 4 m, in den klaren
oligotrophen Seen noch etwas tiefer herunter. Die Region der unterseeischen Wiesen
aus Tausendblättern, Hornkraut, Wasserpest, Wassermoosen, Gallertkolonien,
dann auf dem Uferbankabfall Armleuchteralgen wie *Chara*, *Nitella* folgend,
leitet in die Algendecken der lichtarmen, tieferen Zonen über. Auch diese Gliederung ist ein Schema, die Characeen können allein Halde und Wysse bedecken;
ihre Bedeutung als Kalklieferanten wurde mehrfach erwähnt. Wo der *Pota-
mogeton*-Gürtel breit und vorherrschend entwickelt ist, liefert er bei den Herbst-
stürmen das Material zu telmatischen Strandgirlanden, bastionsartigen Schwemm-
torfen, Wickeln und Seebällen.

Zu den telmatischen Sedimenten gehört die schon beschriebene Flytäfja. Gelegentlich können am Ufer mächtige organogene Strandwälle benthischer oder pleustischer Herkunft entstehen, die im ariden Gebiet durch Austrocknung erhaltungsfähig sind und Bedeutung erlangen. So wird *Botryococcus Braunii* KG. als Bildner harzartiger Trockenkrusten vom Balchaschsee als Balchaschit beschrieben (Zalessky[1]), nach ihm sind die von südaustralischen Salzsümpfen beschriebenen „Coorongit-Krusten" von *Elaeophyton coreongiana* Thiessen[2] auch artlich damit identisch. Ein fossiles Analogon scheinen die Algen *Pila* und *Reinschia* zu sein, die als Stabilprotobitumen die Bogheadkohlen bilden.

Hinsichtlich der Größenverhältnisse ist zu sagen, daß die litorale Uferbank in den Seen des norddeutschen Glazials im allgemeinen nur wenige Meter breit ist, in den nordamerikanischen Großen Seen ist sie durch die dort besonders verbreiteten Nehrströme stellenweise wesentlich verbreitert, um die Alpen herum fehlt sie an Felsgehängen ganz und kann im Deltagebiet mehrere Kilometer breit werden; im Baikalsee ist sie durchschnittlich 1—5 km breit. Tektonische Anzeichen für sie gibt es oft. So besteht die Uferbank am Überlinger See aus anstehendem Fels, ohne Halde; im Bodensee folgt auf den Haldenabfall mit Schwebplatte noch eine zweite Halde mit „Tiefem Schweb", so daß auch für die oberen Halden tektonische Verhältnisse in Anspruch genommen werden können. Im übrigen ist die Halde einfach die

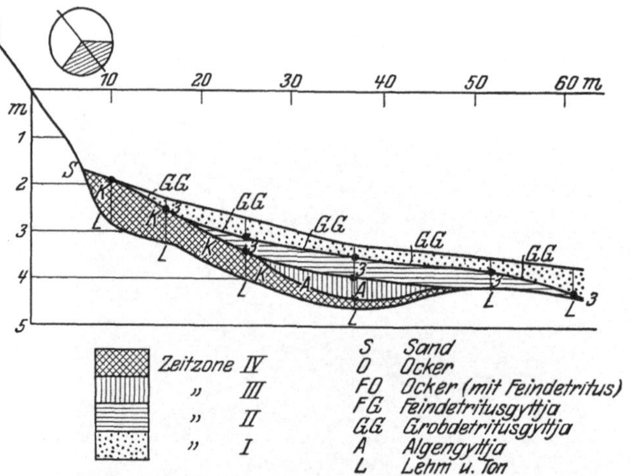

Abb. 35. Linienbohrprofil aus dem See Uddebosjön in Schweden. Exponierte Lage im Kalksee, Windrose zeigt die Exposition des Uferteils gegenüber der vorherrschenden Windrichtung. Der größere Teil der Lagerfolge wird von den ausgesprochen litoralen ältesten Lagern in Zone I gebildet, die proximal fast ganz unbedeckt liegt. Die Zeitzonen werden durch drei Niveaus getrennt: X_1 ca. 6000 v. Chr. (höchster Stand des Ancylussees), X_2 ca. 4500 v. Chr. (nach Maximalstand des Litorinameers), X_3 ca. 500 v. Chr. (Klimaumschlag im Norden). Zeitzone *I* = arktische und subarktische Postglazialperiode, *II* = Boreal und Anfang der atlantischen Zeit, *III* = Ende atlantische und subboreale Zeit, *IV* = subboreale Zeit. Nach Lundqvist.

ursprüngliche Seewand vor der Abrasion, und sie verflacht eher durch Sedimentwachstum (Auflandung) als von oben herab (Verlandung).

Die Vegetationszonen, die für die Einteilung der Uferzonen wichtig sind, tragen wir, soweit sie für unsere Zwecke von Bedeutung sind, unter Verwendung der gebräuchlichsten Zeichen ein, wobei wir der Anschaulichkeit halber die bei Gams[3] angegebenen Symbole denen von Nordqvist[4] vorziehen. Es wird im übrigen auf die Profile verwiesen, die bei Gams, Lenz, Pauly[5], Thienemann u. a.

---

[1] Zalessky, M. D.: Über die Natur der *Pila*, der gelben Körperchen der Bogheadkohle und über den Sapropel der Alakul-Bucht am Balchaschsee. Bull. Com. géol. 33. — Über einen durch eine Cyanalge gebildeten Sapropel silurischen Alters (Kuckersit). C. Bl. Min. 5/6, 1920.

[2] Thiessen, R.: Origin of the boghead coals. U. S. geol. Surv., Washington 1925.

[3] Gams, H.: Die höhere Wasservegetation. In Abderhalden: Handbuch der biologischen Arbeitsmethoden. Süßwasserbiologie 1 (1925).

[4] Nordqvist: Medd. fr. k. Lantbrukstyrelse Fiskerib. 1 (1915).

[5] Pauly, M.: Zur Frühjahrswanderung der Uferfauna im großen Müggelsee. Z. f. Fisch. N. F. 3 (1918).

wiedergegeben sind. Die hier gebrachten Profile sind für unsere Zwecke neu gezeichnet, sie sollen schematisch die räumliche Verteilung der Sedimentgruppen und Sedimentationsfaktoren zeigen, nicht die zeitliche Folge, die ja ein Abbild der wandelbaren Stoffwechselvorgänge und hydrographischen Änderungen im See sind. Hierfür verweisen wir auf die zahlreichen in schwedischen Seen abgebohrten Profile bei Lundqvist, von denen ein Beispiel wiedergegeben sei (Abb. 35).

In der Tabelle fällt vor allem die Armut der Humusseen an Sedimenttypen auf, und zwar sowohl an minerogenen, planktogenen, wie kalkigen Substanzen. Die Korngröße, das ist ein allgemein für alle Seetypen geltendes Gesetz, nimmt mit Landnähe und Flachheit in allen Sedimentgruppen zu. Das, was in den Seebodenzonen nebeneinander liegt, folgt im Profil von Seeablagerungen oder Torfmooren, durch den natürlichen Verlandungsvorgang verursacht, übereinander. Die außerordentlich scharfen horizontalen Facieswechsel, die jeder Bucht ein neues sedimentäres Aussehen geben können, rühren einerseits von gradueller hydrographischer Isolierung mit allen Folgen für Thermik und Chemismus, andererseits von den Vegetationsunterschieden und Einflüssen her. Kindle hat das für kanadische Seen betont. Verfasser fand das gleiche am Bodensee sehr ausgeprägt, wo trotz der oligotrophen Einförmigkeit der Unterwasserböden rein tonige Buchten mit solchen von Muschelsand, voll von Sapropsammit oder voll von Laubdy nebeneinander liegen können. In der Tiefenverteilung der Sedimente üben zwei Faktoren einen sich überkreuzenden Einfluß aus, einmal das mechanische, nach Formwiderstand und spez. Gewicht sich richtende Moment und daneben die biotischen Faktoren. Z. B. kann Grobdetritus in der litoralen Vegetationszone, also ufernah, unter geringer Wasserbedeckung liegen, aber auch mit Sandbeimischung kann er an exponierten Stellen aller Tiefen auftreten.

Seetypen und Seebodentypen.

Die moderne, synthetisch arbeitende Limnologie faßt den See als eine morphologisch und physiologisch geschlossene Einheit, als einen „Organismus höherer Ordnung" auf. Wie beim pflanzlichen und tierischen Organismus Körperform und Stoffwechsel in engstem funktionellen Zusammenhang stehen, so ist es auch hier beim limnischen Organismus der Fall. Unsere Hauptaufgabe wird sein, die vielfältige Rolle der Seeböden im lakustrischen Seekreislauf zu betrachten. Die geschlossene Seewanne ist ein selten schönes Beispiel, für das die Bodenlehre an Land kein Gegenbild hinsichtlich des Bodens in seiner hin- und rückverwobenen Stellung als Milieu wie als Produkt sowohl des Lebens als auch dessen Umweltsfaktoren bietet. Wir werden sehen, daß bestimmte Kreisläufe typisch für große Gruppen von Seen sind, normierend faßt man solche physiologische Homologien und Analogien als Seetypen zusammen. Man gelangt zu dieser Typisierung durch rein geographischen Vergleich. Das Ziel ist schon weitgehend in der Feststellung bestimmter morphometrischer Grenzwerte für die Typen erreicht. Es wird als zweiter Punkt unserer Darstellung zu untersuchen sein, inwieweit bestimmte Seetypen auch bestimmte Seeböden oder Sedimentgruppen aufweisen oder solche umgekehrt gar ein Indikator sind. Durch Intensivierung des geographischen Vergleichs kommt man zur synökologischen Fragestellung nach der geologisch-pedologisch-klimatischen Bedingtheit der Verteilung der Seetypen auf der Erdoberfläche.

Der Stoffkreislauf im See ist als eine Wechselwirkung zwischen Biotop, Biocönose und Thanatocönose aufzufassen. Rylov[1] hat betont, daß das Plankton

---

[1] Rylov, W. M.: Einige Gesichtspunkte zur Biodynamik des Limnoplanktons. Verh. internat. Ver. Limnol. 3, 2 (Moskau 1925), Stuttgart 1927.

nicht nur in lebendem, sondern auch in abgestorbenem Zustand erheblich auf den Stoffwechsel des Sees einwirkt und hat die biotische und nekrotische Aktivität verglichen. Wasmund[1] hat allgemein ausgeführt, welche eigenartige latente Rolle noch die Totengesellschaften im Totenhaushalt spielen, nämlich, daß sie dank der einmal erfolgten Organisation doch noch lange, wenn auch schattenhaft, fortleben. Unter Berücksichtigung dieser Umstände, die sich im See besonders deutlich in oft entscheidendem Einfluß des organogenen Seebodens auf Nährsalzproduktion und Gashaushalt dokumentieren, können wir im limnophysiologischen Kreislauf zwei Hauptabschnitte unterscheiden: Die Organisation und die Mineralisation. Wenn wir, wie es vielfach allzu schematisch geschieht, den Seeboden als Urzeuger der Nährstoffe betrachten, so könnte durch die aufbauende Tätigkeit der Pflanzen und Tiere die abbauende Tätigkeit der Bakterien, sowie durch chemische Prozesse, wie Fäulnis, Lösung,. Diffusion usw., ein ununterbrochener Kreislauf, ein ewiges Auf und Nieder vom Leben zum Tode und zur Auferstehung bestehen. Bis zu gewissem, allerdings je nach dem Seetyp verschiedenem Grade ist das auch der Fall, aber die Tatsache, daß sedimentiert wird, zeigt ja, daß auf jeden Fall Stoffe ausscheiden, abgesehen davon, ob Ersatz von außen kommt oder nicht (Abb. 36).

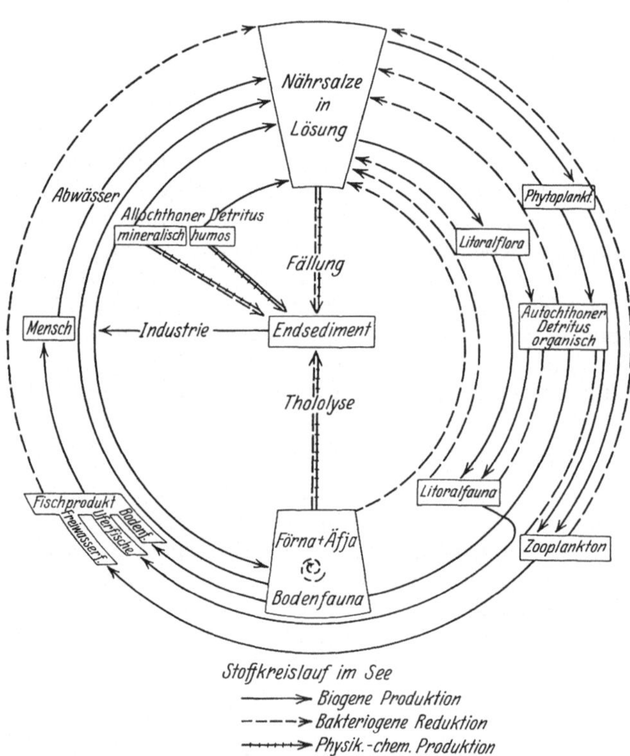

Abb. 36. Schema des Stoffwechselkreislaufs im Binnensee.

Kürzer als Worte zeigt das beigegebene Schema das allgemeine Bild des limnischen Stoffkreislaufs. Allerdings finden darin in erster Linie die Nährstoffe, nicht aber die mehr oder weniger hemmenden oder abseitigen terrigenen Suspensionen ihre Darstellung. Ebensowenig ergibt sich daraus ein Bild der physiographischen Bedingungen des Stoffwechsels, und schließlich hat jeder See außer dem Nährsalzhaushalt auch weitere Haushaltsreihen, wie Gashaushalt, Lichtgenuß, Wärmemenge usw., die alle bei der Aufstellung der Seetypen berücksichtigt werden müssen. Immerhin ergibt sich aus dem Schema ein Bild, wie die Nährstoffe in der ersten Stufe von fossiler Flora und Phytoplankton in organische Substanz, auf der sich die tierischen Stoffe aufbauen, umgewandelt werden. Die Boden-

[1] Wasmund, E.: Die Verwendung biosoziologischer Begriffe in der Biostratonomie. Verh. naturhist. med. Ver. Heidelberg 14 (1929).

tierwelt nimmt eine Mittelstellung im Stoffkreislauf ein, insofern, als erstens von ihrer Anwesenheit, Zusammensetzung und Verteilung die Scheidung des absinkenden Sestons zur Mineralisation oder Organisation abhängt oder angezeigt wird, zweitens insofern, als die benthischen Faunen einerseits Konsument aller abfallenden pflanzlichen und tierischen Stoffe, ja indirekt sogar z. T. der Humusstoffe, und andererseits Produzent als Fischnahrung sind. Von dieser vierten Stufe, wie von jeder vorigen, führt ein direkter Weg der Reduktion durch die Bakterien des freien Wassers und des Seebodens zur Nährlösung zurück, und was der Mensch an Substanz in Form von Fischen oder dergleichen dem Seekreislauf entzieht, führt er, sei es durch Düngung der landwirtschaftlich kultivierten Umgegend, durch Waldbau oder durch Industrieabwässer reichlich wieder zu.

Damit ist der Kreislauf geschlossen. Von außen bringen Zuflüsse, Grundwasser und Quellen Nährstoffe, aber auch humosen Detritus herbei, und wenn wir keinen See kennen, in dem sich kein Seeboden bildet, so kann daraus geschlossen werden, daß entweder der Süßwassersee mit organischen oder anorganischen Überschüssen arbeitet, oder daß eine Rückfuhr von Nährstoffen aus dem Sediment nicht restlos möglich ist und die Nährlösung verdünnt oder verschlechtert, d. h. verarmt wird. Tatsächlich kommen alle diese Fälle vor. In gewissen oligotrophen oder mesotrophen Seen wird mehr Ton durch Flüsse eingeführt, Kalk aus der Wannenfassung gelöst als verbraucht wird, in den eutrophen Seen steht fast die ganze Wassermasse unter optimalen Konzentrationsbedingungen und ein Teil kann ausfallen, im dystrophen See halten die ausgeflockten Humus- und Eisenstoffe gewisse biotische und chemische Rückführungsprozesse zurück, so daß das Becken an Licht und Sauerstoff, an Nährstoff und Leben verödet.

Damit wären wir bereits bei der Typisierung angelangt. Ein noch weiteres Eingehen auf die damit verbundenen Fragen verbietet der Zweck dieser Zeilen, man findet die Probleme unter anderem ausführlich diskutiert in den allgemeinen Werken von Lenz[1], Thienemann[2] und Naumann[3].

Die Aufstellung von Seetypen war, wie jede Klassifikation seit Bestehen einer Wissenschaft, hier der Seenkunde, ein unter wechselnden Ansichten sich entwickelndes Bestreben. Noch haben die Versuche nicht alle ein klares Verhältnis zueinander gefunden, doch wird sich zeigen, daß gerade die Seeböden geeignet sind, klärende und vermittelnde Erkenntnis für manche Zusammenhänge zu schaffen. Auf geographischer Seite hat man die Seen in physiographischer und morphogenetischer Weise eingeteilt, wenn man von endogenen oder exogenen, von Dammseen oder Kraterseen sprach; Forel hat die Binnenseen hydrothermisch in tropische, polare und gemäßigte Seen, je nach der im Winter bleibenden oder umkehrenden Wasserschichtung, unterschieden. Von fischereitechnischer Seite hat man[4] zuerst praktisch Begriffe wie etwa Bleiseen, Zanderseen usw. aufgestellt und schließlich auch die morphologischen und biologischen Milieus zur Charakterisierung benutzt. Ökologische Systeme kann man solche nennen, die die Minimalansprüche der Organismen als Einteilungsprinzip wählten; so kennt man ein Saprobiensystem, ein Oxybiontensystem,

<hr>

[1] Lenz, Fr.: Einführung in die Biologie der Süßwasserseen. Berlin 1928.

[2] Thienemann, A.: Die Binnengewässer Mitteleuropas. Die Binnengewässer 1. Stuttgart 1926. — Seetypen. Naturwiss. 9, H. 18 (1921). — Lebensgemeinschaft und Lebensraum. Naturwiss. Wschr., N. F. 17 (1918).

[3] Naumann, E.: Einführung in die Bodenkunde der Seen. Die Binnengewässer 9. 1930.

[4] Wundsch, H. H.: Die Arbeitsmethoden der Fischereibiologie. In Abderhalden: Handbuch der biologischen Arbeitsmethoden IX, 2, 1. 1927. Weitere Literatur ebenda.

ein Aziditätssystem, wie es bei amerikanischen und verschiedenen europäischen Autoren im Gebrauch war. Rein biologisch hat man die Entdeckung gewisser immer wiederkehrender Vergesellschaftungen der Schwebpflanzen zur Aufstellung einer mit dem bezeichnenden Phytoplankton benannten Seenklassifikation benutzt.

Genetische und morphologische, biologische und physiologische, ja sogar toxikologische und ökonomische Verhältnisse des Sees dienten auf diese Weise als Unterlage zur Typisierung und mußten unter einem Gesichtspunkt aus betrachtet werden. Bahnbrechend waren hier die Arbeiten E. Naumanns[1] und A. Thienemanns. Während der schwedische Forscher ursprünglich vom Phytoplankton ausging und von pflanzenphysiologischen Gesichtspunkten ihrer Ernährung zur produktionsbiologischen Fragestellung kam, griff er in weiterer Konsequenz schon zu den Urelementen jeder Seengliederung, d. h. den Nährsalzen und den organogenen Bodenablagerungen zurück. Ebenso kam der deutsche Führer der Limnologie von der Erkenntnis der funktionellen Beziehung der Bodenfaunen zu gewissen Arten der Sauerstoffschichtung und damit zur Synthese der wichtigsten biologischen und hydrographischen Faktoren, also zur Produktionsphysiologie. Da Nährstoffhaushalt, Sauerstoffhaushalt, Bodentierwelt und Planktonbesiedelung in den Kreislauftypen in eindeutigem Zusammenhang stehen, erwies es sich bald, daß der nährstoffreiche = „eutrophe", wie der nährstoffarme = „oligotrophe" Gewässertyp Naumanns dem gleichzeitig aufgestellten „baltischen" und „subalpinen" Seetyp Thienemanns ziemlich genau entsprechen. Die weitere Forschung bewegte sich vornehmlich in ökologischbodenfaunistischer Bahn. Decksbach, Lenz, Lundbeck nehmen in erster Linie daran teil, indem sie die drei Seetypen, den oligotrophen, eutrophen und dystrophen See, aufstellten, mit welchen praktisch bis heute zu rechnen ist, und mit denen die Seebodenkunde noch gut auskommt. Schon im aufgegebenen „subalpinen" und „baltischen" Typus klangen aber regionale Tendenzen an, die weiter zu verfolgen, besonders für die Seebodenkunde, wichtig sind.

Besonders Naumann und Lundbeck haben eine ins einzelne gehende Unterteilung angestrebt, der eine, indem er versuchte, sämtliche in Frage kommenden produktionsbiologischen Faktoren zu gruppieren, der andere, um das Auftreten und die Verbreitung der Bodenfauna zu erklären. Daneben finden sich bei ihnen Angaben über die dazugehörigen Seeböden, die Lundbeck weiter ergänzte. Während dessen kam Thienemann[2] zu entscheidenden Feststellungen, nachdem schon unter anderen Huitfeld-Kaas, Seligo und Lundbeck das Verhältnis der Uferbankfläche zur übrigen Bodenfläche oder des Wasservolumens oberhalb 10 m zu den Wassermassen als ernährungsphysiologisch wichtig ansahen. Typusbestimmend ist der morphologische Wert eines Sees, d. h. die mittlere Tiefe (= Oberfläche : Volumen). Das Resultat einer genauen Durchrechnung der morphologischen Werte und der Sauerstoffverhältnisse ergab, daß Seen unserer Breiten mit einer mittleren Tiefe vom Teich bis zu 16,4 m eutroph sind, Seen von 18,5 m an dagegen oligotroph. Die typische Eigenart des Sauerstoffgefälles ist durch die Hochsommerverhältnisse gekennzeichnet, beim oligotrophen See ist das Sauerstoffgefälle von der Oberfläche bis zur größten Tiefe gleichmäßig und nimmt kaum ab, beim eutrophen See nimmt es im Metalimnion, entsprechend der thermischen Sprungschicht, plötzlich stark zu, und es kann in der Tiefe

---

[1] Naumann, E.: Undersökningar över fytoplankton och under den pelagiska regionen försiggående gyttje — och dybildningar in om vissa syd — och mellensvenska Urbergsvatten. K. Sv. Vet. Akad. Handl. 56 (Stockholm 1917).

[2] Thienemann, A.: Der Sauerstoff im eutrophen und oligotrophen See. Die Binnengewässer 4. Stuttgart 1928.

Sauerstoffschwund eintreten. Beim echten oligotrophen See ist die Wassermasse und der Gesamtsauerstoffgehalt der 0—10-m-Schicht kleiner, beim echten eutrophen See sind beide Werte von 10 m bis zum Seegrund größer. Übergänge, Reifungsvorgänge, kulturelle Ausnahmen kommen vor. Die Regel ist für die gemäßigten Breiten Gesetz, und da wir bestimmte Sedimentgruppen als Seebodentypen bestimmten Seetypen zuordnen können, haben wir schon nach einigen Lotungen die Möglichkeit einer allgemeinen Prognose für die rezente Sedimentationsfazies. (Vgl. Tabelle auf S. 150.)

Die Hauptdaten der gebräuchlichen drei Seetypen übermittelt nachstehende Tabelle, und zwar in Anlehnung an THIENEMANN, aber für vorliegende Bedürfnisse gekürzt und erweitert:

	Oligotropher Typus	Eutropher Typus	Dystropher Typus
Verbreitung	Hochgebirgsränder (Alpen), tektonische Tiefseen, Norddeutschland hinter den „Baltischen" Jungendmoränen. Nordamerikanische „Große Seen"	Flachland um die Ostsee, auch im Alpenvorland, nordamerikanisches Glazialgebiet	Fennoskandisches Urgebirge, wohl auch in Vogesen, Schwarzwald, Böhmer Wald, entsprechend nordrussische Moorgebiete
Morphologie	mittlere Tiefe über 18 m. Im allgemeinen große absolute Tiefen, Wassermasse des Hypolimnions überwiegt stark die des Epilimnions. Typus a) (autochthon) schmale Uferbank, b) allochthon-fluviatil) mit lokal besonders breiter Wysse	mittlere Tiefe unter 18 m, im allgemeinen Flachseen, Epilimnion-Volumen übersteigt Hypolimnion-Volumen. Breite Scharbank	im allgemeinen kleinere Seen, tiefer oder flacher, oft vermoort, mit kleinem Einzugsgebiet, meist im reifen Verlandungsstadium. In versumpften Hochmooren die Flarkkomplexe, teilweise die Blänkenseen
Farbe	blau bis grün	gelblich, gelbgrün	bräunlich
Sichttiefen	groß, oft über 10 m	klein, zeitlich wenige Meter und darunter	wie eutroph, im allgemeinen etwas klarer
Chemismus (vgl. genauer d. Schema von NAUMANN usw.)	arm an Pflanzennährstoffen: a) kalkarm, b) gelegentlich ziemlich kalkreich (Kalkalpen)	reich an Pflanzennährstoffen, wie oligotroph fehlen Humusstoffe fast ganz, im allgemeinen kalkreich	kalkarm, arm an Elektrolyten, reich an Humusstoffen
Detritussuspension	a) minimal b) reiche Tonsuspension	an Seston, resp. Tripton reich	an allochthonen Humuskolloiden reich
Sedimentgruppen	vorwiegend minerogen, Sapropel fehlt, Gyttja selten, Litoral- und Algengyttja lokal, Alphitite, Tongyttja, Kalkgyttja teilweise	Gyttja typisch, Sapropel in der Tiefe besonders, Feindetritusgyttja, Schalenkalk, Seekreide häufig	Dy typisch, mit litoralen Abarten, in gewissen Fazies Diatomeenocker und See-Erz. In schwach dystrophen Seen Dygyttja, Laubdy, Krauthumus usw.

	Oligotropher Typus	Eutropher Typus	Dystropher Typus
Sauerstoffverhältnisse bzw. Oxydation und Reduktion	Sauerstoffgefälle im Sommer durch alle Zonen gleichmäßig, O_2-Sättigung des Tiefenwassers bis 70% herabgehend. Kaum Fäulnis im Seeboden. Im Winter unter Eis gleich. Oxydation stark, Reduktion schwach	O_2-Gefälle im Metalimnion stark zunehmend im Sommer, O_2-Sättigung des Hypolimnions von 40—0 %. Starke Fäulnis im Seeboden. Im Winter unter Eis O_2-Zehrung. O_2-Schwund im Sommer, bedingt durch Plankton und Äfja, im Winter durch Äfja. Reduktion typisch	O_2-Gefälle wie eutroph, in der Tiefe bis 0 % O_2, O_2-Schwund durch die allochthone, suspendierte und sedimentierte Dy. Reduktion typisch
Litorale Pflanzenproduktion	gering, nur lokal auf Deltauferteilen, dementsprechend Litoralgyttja	reich, dementsprechend viel Grobdetritusgyttja	gering
Plankton	quantitativ arm, bis ins Profundal verteilt, Chlorophyzeen vorherrschend	reich, im Sommer besonders Epilimnion, Schizophyzeen vorherrschend, Wasserblüte bezeichnend	arm, Desmidiazeen, Peridinen usw., bezeichnend
Bodenfauna (vgl. Lundbeck-Schema)	artenreich, stenooxybiont, quantitativ relativ reich, Mollusken in kleinen Seen reich, in Alpenrandseen im allgemeinen arm	artenarm, euryoxybiont, Mollusken sehr reich	arm, Mollusken fehlen fast ganz
Glazialrelikte	Coregonen, *Mysis relicta*, kaltstenotherme Plankter usw. häufig vorhanden	nur ausnahmsweise vorhanden	fehlen
Reifungstendenz	nach eutroph-dystroph, gelegentlich direkt dystroph, wie im russischen Podsolgebiet	nach dystroph, oder Weiher, Sumpf, Wiesenmoor usw.	Torf, Hochmoor

Die Seetypen sind also gegründet auf Seen mit gleichartigem Stoffwechsel, also auch auf gleiche oder vikariierende Biocönosen. Lundbeck hat für solche bei geographisch weit voneinander entfernten Seen zu erwartende Fälle den Ausdruck Seetypenfazies im ökologischen Sinne vorgeschlagen; Verfasser möchte ihn lieber den innerhalb der großen Seetypen zu unterscheidenden Gruppen vorbehalten, wobei dann Fazies vornehmlich durch den spezifischen Seeboden als Endprodukt und die Bodentierwelt als Schlüssel zu kennzeichnen wäre, womit beiden Auffassungen gedient ist. Es scheint, als könnten wir heute schon solche Fazies genauer umreißen, wie im folgenden gezeigt wird. Die Voraussetzung aller Seetypisierung ist ein Milieu von Konstanz (wie das oligotrophe) oder von regelmäßigem phänologischen Turnus (wie der eutrophe Typ), das wir als eustatisch bezeichnen. Seen von astatischem Milieu[1] sind auch mit anormalem Chemismus viele Kleingewässer, Tümpel, periodisch gefüllte Seebecken, wie im Karst oder in ariden Zonen usw. Sie kommen in unseren Breiten

---

[1] Decksbach, N. K.: Zur Klassifikation der Gewässer vom astatischen Typus. Arch. f. Hydrobiol. **20** (1929).

nur wenig in Betracht. In gewissen fossilen Fällen Nordamerikas scheinen die Vorkommen häufiger gewesen zu sein.

Wenn man den Seetyp vollständig nach Kreislauf und Substanzökonomie charakterisieren, d. h. das sog. „Milieuspektrum" erfassen will, so sind zunächst ganze Reihen von Grundfaktoren zu berücksichtigen.

Grundlegend ist neben der mittleren Tiefe der quantitativ davon abhängige Nährsalzhaushalt, etwa CaO, Fe_2O_3, K_2O, MgO, P_2O_5, N_2O_5, SO_3 und die Humussäuren umfassend. Im Gashaushalt sind die Sauerstoffverhältnisse für alles Leben und für die Thololyse der Sedimente entscheidend, aber eine Endfunktion des Stoffumsatzes. Die Kohlensäure ist symphysiologisch bis jetzt noch schwierig faßbar. Daneben unterscheidet NAUMANN noch den Detritushaushalt, der bei ihm etwa gleich Humidität gefaßt ist, als gegensätzlichen Faktor gegenüber den Nährsalzen. Der fluviatile Detritus, der in den Alpenseen eine so große Rolle spielt, ist noch wenig beachtet worden, man könnte ihn nur teilweise zum Nährsalzhaushalt rechnen. Temperaturhaushalt und Lichthaushalt sowie die Wasserreaktion sind für unsere Fragen weniger bedeutsam, z. T. auch wenig exakt bekannt. Für die regionale Hydrogeologie der Gewässertypen dürften sie eine größere Rolle spielen. Bei den Seetypen unserer Breiten fügen sich die Typenunterschiede zwanglos dem mitgeteilten Schema ein.

Die Reifung, das Altern der Seen, erfolgt durch Übergang von einem Seetyp zum anderen, erste Bedingung ist ein Überwechseln über die morphometrische Grenzschwelle. So haben wir heute die verschiedenen Seebodentypen und Sedimentgruppen regional rezent in räumlichem Nebeneinander, aber auch in stratigraphischem Übereinander der Lagerfolgen. Durch kulturelle Abwässer kann der Prozeß beschleunigt, das Gesetz vom morphometrischen Grenzschwellenwert von 18 m durchbrochen werden.

Die Reifung hängt eng mit der Landwerdung des Sees zusammen. Im oligotrophen See ist der Kreislauf noch so gut wie reversibel, kaum scheidet sich autochthone Substanz aus, aber es läuft um so mehr Substanz ein. Verlandung tritt bei den meist großen Gewässern mit Felsufern oder Abbruchküsten weniger als Anlandung durch die stark entwickelten Kräfte der Wasserbewegung ein. Auflandung erfolgt anorganogen durch fluviatile, tonige Substanzen, Seekalke usw. Mit dem Überschreiten des morphometrischen Grenzschwellenwertes tritt progressive Steigerung des Auflandungsprozesses und der Verlandungsvorgänge auf, die Anlandung tritt zurück, die Versumpfung beginnt schon stellenweise. Im eutrophen See zehren Gyttja und erst recht Sapropel den Sauerstoffgehalt des kleiner gewordenen Hypolimnions während des Sommers und unter Eis auf, es verarmen damit die Bodenfaunen in der Tiefe und beschleunigen die ohnehin starke organogene Sedimentation, während gleichzeitig ein großräumigeres und nährstoffreicheres stabileres Epilimnion hochgezüchtet wird. Auf nährstoffarmem Untergrund kann auch der Übergang vom oligotrophen Klarwassersee direkt zum dystrophen Braunwassersee erfolgen, wie ein aus mehreren russischen Seen beschriebener Fall lehrt[1]. Der Übergang vom eutrophen zum Humussee ist auch stratigraphisch in Schweden durch Abnahme der Kalk-, Zunahme der Eisenproduktion mit Dy gekennzeichnet. Daraus ist zu ersehen, daß die Kalkauslaugung aus dem Untergrund zeitlich der Eisenzufuhr und Ausscheidung im See vorangeht, was mit der gesteigerten Humosität zusammenhängen dürfte, d. i. aber ein für die allgemeine Bodenlehre wichtiges Ergebnis.

---

[1] DECKSBACH, N. K.: Über verschiedene Typenfolgen der Seen. Arch. f. Hydrobiol. **20** (1929).

Abb. 37. Übersichtskarte über die regionale Limnologie von Süd- und Mittelschweden. (Untergrundsverhältnisse, Verbreitung der Seeerze. Vgl. auf Abb. 38 die Verbreitung der limnischen Tonböden und hier die Verbreitung der postglazialen Ostseetransgression, den Zusammenhang der Kalkböden und Kalksedimente usw.) Nach Naumann.

Regionale Limnogeologie.

Die regionale Limnogeologie ist ein Teilgebiet der regionalen Limnologie, die von E. NAUMANN[1] 1921 zum erstenmal umschrieben und seither mehrfach

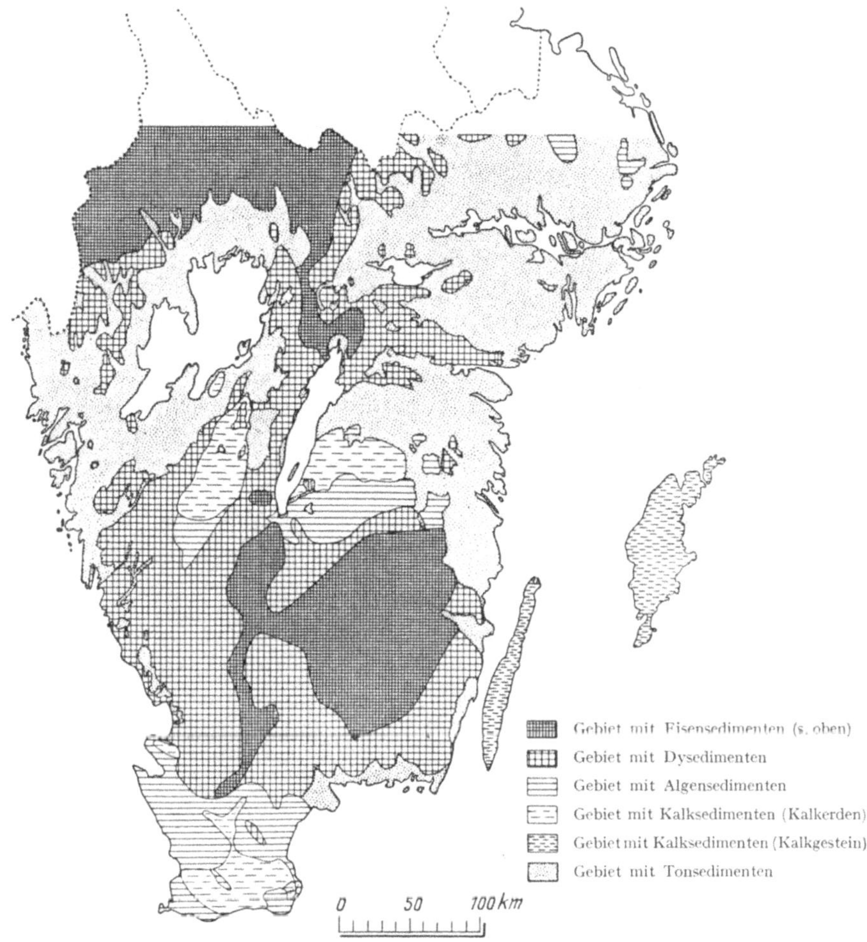

Abb. 38. Die limnischen Sedimentgebiete von Südschweden. Vgl. dazu die vorige Karte nach NAUMANN. (Nach LUNDQVIST.)

behandelt wurde. Sie umfaßt nach seiner Definition „das kausale Studium der Verbreitung der Gewässertypen im allgemeinen mit ihrer speziellen Organismen-

<hr>

[1] NAUMANN, EINAR: Einige Grundlinien der regionalen Limnologie. Lunds Univ. Arsskr., N. F. **2**, 17 (1921). — Einige Grundzüge der regionalen Limnologie Süd- und Mittelschwedens. I. V. L. **1** (Stuttgart 1923). — Einige allgemeine Gesichtspunkte betreffs des Studiums der regionalen Limnologie. I. V. L. **2** (Stuttgart 1924). — Några huvudproblem vid studiet av södra och mellersta Sveriges regionala limnologi. För. 17, skand. naturforskaremöt, Göteborg **1923** Göteborg 1924. — Die Arbeitsmethoden der regionalen Limnologie. In ABDERHALDEN: Handbuch der biologischen Arbeitsmethoden, Süßwasserbiologie I. 1925. — Ziel und Hauptprobleme der regionalen Limnologie. Bot. Notiser, Lund **1927**. — Die regionale Gliederung von Süd- und Mittelschweden in pflanzengeographischer bzw. limnologischer Hinsicht. Ebenda **1928**. — The scope and chief problems of regional limnology. Internat. Rev. d. Hydrobiol. und Hydrogr. **22**, H. 5/6 (1929).

welt auf der Erde". Es handelt sich also um eine geographische wie ökologische Fragestellung. Bei der Bedeutung der organischen Komponente der Seeböden ist letzteres nicht ganz zu vernachlässigen, doch werden wir uns in erster Linie mit der geographischen Seite des Problems zu befassen haben. Die anzuwendenden Prinzipien sind in den Arbeiten Naumanns mehrfach angegeben und von ihm für Süd- und Mittelschweden soweit durchgeführt worden, daß er und Lundqvist zu einer regionallimnologischen Kartierung der Seeböden jener Landstriche kamen. Anderwärts aber fehlt es weitgehend an dieser Synthese. Die Gründe sind mannigfacher Natur. So müßte u. a. in seearmen Gebieten eine Kartierung zu stark übertreiben (Abb. 37, 38).

Die Abhängigkeit der verschiedenen Seebodentypen vom Seetypus wurde dargelegt, doch stellte sich heraus, daß für die Sedimententwicklung des Sees neben der geologischen Entwicklung des Untergrundes in erster Linie der morphologische Mittelwert des Sees typusbestimmend ist, und „daher ist es auch so schwierig und nur unter besonderen geographischen Verhältnissen möglich, die Verbreitung der Seetypen im Sinne der regionalen Limnologie zu behandeln" (Thienemann). Tatsächlich ist es leicht denkbar, daß tiefe und flache Seen zahllos über die Erdoberfläche verstreut sind und alle sekundären Abhängigkeiten der Trophie von Geologie, Klima und Bodenentwicklung einer Erkenntnis der geographischen Zusammenhänge nichts nützen, und daß auch die Humuszufuhr und damit dystrophe Seeböden in wirrer Zerstreutheit sich einer einheitlichen kausalen Erkenntnis ihrer Verbreitung widersetzen.

Erinnern wir uns deshalb daran, daß die Seetypen nach dem Vorbild der ebenfalls trophisch graduierten Moortypen aufgestellt wurden, und daß sich die Typenforschung auch in der Pflanzengeographie (z. B. Waldtypen) durchzusetzen beginnt. Jene sind aber in starkem Maß durch Nährunterlage und Klima bestimmt regional einheitlich, wobei der klimatische oder Ortsbodentyp wichtiger als das Muttergestein ist und zudem historisch-geologische Faktoren hineinspielen. Hier gewinnen wir wieder den im ersten Abschnitt gesuchten Anschluß der scheinbar aklimatischen Seeböden an die klimatisch und petrographisch bestimmten Landböden, in der engen Verflechtung von lokal einheitlich die Seeböden typenformendem Klima, lithologischer Unterlage, regionalem Landbodentypus und der Morphogenie der Landschaft. Damit stellt sich die regionale Limnogeologie als echtes geographisches Problem dar: Eine bestimmte Landschaft weist einheitliche Züge auf bis in die Seeböden hinein, 1. die Erdgeschichte wirkt limnologisch fort a) in dem zur Verfügung stehenden Gesteinsmaterial, b) in der tektonisch-morphologischen Formung der Seewanne, c) im Alter, was sich in den Auslaugungs- bzw. Anreicherungsprozessen der Landböden und im zeitlich bedingten Reifeprozeß der Seen geltend macht; 2. im Klima, das a) den Bodentypus, b) die Humosität, c) die Thermik und Hydrodynamik und damit Stoffwechselumsatz der Seen bestimmt. Da das Hydrobios weit geringer als die terrestrische Lebewelt biogeographisch differenziert ist und die Klimaunterschiede noch dazu im Wasser abgeschwächt sind, dürfen wir für die organogenen Seeböden eine weitere und einförmigere Verbreitung als für die Landböden erwarten. Der Verfasser vertritt also die Meinung, daß die den Seetypus bestimmenden Hauptfaktoren, Nährsalzurproduktion, Morphometrie und Humosität in landschaftlichen Einheiten auftreten und damit eine regionale Limnologie und Hydrogeologie möglich ist. Es sei hier nur angedeutet, daß oligotrophe Seeböden sich vorzugsweise in tektonisch oder vulkanisch agilen, eutrophe Typen in morphologisch ausgeglichenen Landschaften mit verwitterungsfähigen Böden finden, während die dystrophen und astatischen Böden an Land und unter Wasser klimatisch bestimmt sind.

Eine der Grundfragen der regionalen Limnologie ist die Rolle des „Untergrundes". Es muß gegenüber der oft gebrauchten Vorstellung von der Bedeutung des Gewässerbodens für die Nährstoffurproduktion entschieden betont werden, daß die petrographische Beschaffenheit der Seewanne selbst so gut wie bedeutungslos ist. Die Bedeutung des Untergrundes für die Typusbeschaffenheit des Sees liegt in der Entwicklung der Böden des Einzugsgebietes, in zweiter Linie in der petrographisch-lithologischen Struktur dieses „Untergrundes" im weiteren Sinn des Sammelgebiets der Seezuflüsse, seien sie auch nur temporär oder unterseeisch. In diesem Sinn ist die Forderung nach der Prüfung der geologischen Voraussetzungen, die heute wie früher von Limnologen[1] erhoben wird, zu verstehen. Der eigentliche prälimnische „Untergrund" des Seebodens mag ursprünglich dem Stoffkreislauf eine Kennzeichnung mit auf den Weg gegeben haben, aber heute ist er ja durchweg von vielen Sedimenten bedeckt, streicht selten und ufernah zutage aus, und selbst dann ist die Menge der auszulaugenden, diffundierenden Stoffe als beschränkt anzusetzen. Die Vorgänge selbst sind zudem ganz unbekannt.

Die Abhängigkeit des Sees vom Untergrund (Einzugsgebiet) macht sich in der chemischen Zusammensetzung des Seewassers wie des Seebodens geltend. Da der Seeboden im allgemeinen als ein Ausscheidungsprodukt physiologisch schwer verwertbarer Stoffe zu gelten hat, so werden Unterschiede im Chemismus des Wassers und der Gesteine des Einzugsgebietes nicht verwundern. Die bisher bekannten Analysen von Seeböden sind beinahe alle in einer Tabelle von HALBFASS (1923, S. 90/91) angeführt. Sie sind insofern weniger wichtig, als sie sich fast nur auf einige Seen der Alpen, des Balkans und Ostfrankreichs beziehen, und weil man in der Tiefenentnahme etwas unkritisch vorging, was auch für die genannte Darstellung gilt. Z. B. sind die zonalen Differenzen des Karbonatgehaltes doch gesetzmäßig und nicht „merkwürdig". Als allgemeine Grundzüge[2] lassen sich aber herausschälen, daß der Glührückstand über den Gehalt an organischer Substanz im allgemeinen aufzuklären vermag, er ist ein Anzeichen für die Quantität der Böden des Einzugsgebietes; so haben z. B. der Königssee im nackten Felsgebiet des Dachsteinkalkes und der Walchensee im Hauptdolomit nur wenig mehr als die Hälfte des Trockenrückstands des Kochelssees oder Tegernsees, die aber auch Zuflüsse besitzen. In der Schweiz haben die Seen in den Kalkalpen desgleichen etwa die doppelte Höhe an Trockenrückstand wie die der silikatischen Zentralalpen. SiO_2 wird immer angereichert, es ist naturgemäß mehr Quarz am Boden der Seen als in deren Untergrund vorhanden, sei dieser nun kalzitisch oder silikatisch. Im Urgebirge steht er an erster Stelle,

---

[1] BOURCART, F. E.: Les lacs alpins suisses, étude chimique et physique. Genève 1906. — Vgl. A. MONTI: Sul valore dell'esame geologico nel giudizo igienico delle sorgente die aqua potabile. Atti Soc. ital. Progr. Sci. 1, Parma 1909, Roma 1908. — RYLOW, W.: Einige Bemerkungen betreffs des regional-limnologischen Studiums. Verh. internat. Ver. Limnol., Rom 4 (1929).
[2] Vgl. DELEBECQUE: Les Lacs francais. — DUPARC: Le lac d'Annecy. Arch. Sci. phys. nat., 3. sér. 31 (1894). — ZENDER, L.: Sur la composition chimique de l'eau et des vases des grands lacs de la Suisse. Dissert., Genf 1908. — BÄRTLING: a. a. O., S. 58. 1923. — PASSARGE: a. a. O., S. 101 f. 1901/02. — GEBBING: Bayerische Seen. Dissert., München 1902. — LIECHTI bei COLLET: a. a. O., S. 262. 1925. — K. DÜHRING: Untersuchung einiger Grundproben aus dalmatinisch-istrischen Seen. Chem. Erde 1, 1 (1915). — A. SCHWAGER: Hydrochemische Untersuchung oberbayerischer Seen. Geognost. Jh. 10 (1898). — BAUER u. VOGEL: Mitteilungen über die Untersuchung von Wasser- und Grundproben aus dem Bodensee. Schr. Bodensee-Geschichts-Ver. Lindau 23 (1894). — G. MULLEY: Analysen des Schlammes der Lunzer Seen. Internat. Rev. d. Hydrobiol. u. Hydrogr. 5. Hydrogr. Suppl. 3 (1914). — BLACK, CH. S.: Chemical Analyses of Lake Deposits. Trans. Wisc. Ac. Sci. 24 (1929).

anderswo dagegen im allgemeinen nicht, doch verdecken die vom Litoral zum Profundal überall abnehmenden Karbonate die Vergleichbarkeit der Zahlenergebnisse. Der Gehalt an Fe_2O_3 und Al_2O_3 und an MgO ist im allgemeinen unbedeutend, er erreicht nur höhere Werte in einer besonders zu behandelnden Toneisenfazies in den Alpen und Schottland.

Der Glühverlust, ein Kriterium der organischen Substanz, beträgt in den meisten Seen der Alpenländer mit Ton- und Kalksedimenten etwa 20—30%. Die Glühverluste der norddeutschen eutrophen Seeböden liegen zwischen 20 bis 40%, doch werden die hohen Zahlen nur bei (seltenem) Mangel an Kalk- und Tonsubstanz erreicht. Prozentuale Angaben eignen sich also wenig zum Vergleich.

Wir ersehen daraus, wenigstens beim heutigen Stand der Kenntnisse, die geringe Eignung der Seebodenchemie zur Erklärung regionaler Verschiedenheiten und Einheiten. Den Weg weist uns die Entwicklung der verwandten Moortypenlehre, die, sachlich verwandt, doch ziemlich unabhängig von der Seetypenlehre ihre Entwicklung genommen hat. Ursprünglich unterschied man auch die Moore nach den verschiedensten Gesichtspunkten, z. B. morphologisch, wie Potonié (Flach-, Zwischen-, Hochmoor), biologisch (Sphagnum-, Heidemoore), genetisch, hydrologisch oder petrographisch (Verlandungs-, Versumpfungs-, Gehänge-, Quellmoore), schließlich auch klimatisch (Küsten-, Landklimamoore), bis einerseits Koppe[1] zur physiologischen Einteilung vordrang (oligo-, meso-, eutrophe Moore) und v. Post[2] eine regionale Kartierung der südschwedischen Moore auf geographisch-klimatischer Grundlage begann, der die übrigen genannten Einzelfaktoren unterzuordnen waren. Auf Grund dieser Einteilung in ombrogene, soligene und topogene Moore stellte v. Bülow[3] die deutschen Moorprovinzen auf, wobei gewisse gut umgrenzbare Gebiete sich als einheitlich erwiesen, deren Moore eine gleichartige Physiognomie durch die Verflechtung geologisch-historischer, klimatisch-hydrologischer und morphologisch-biotischer Faktoren erhalten. Wir versuchen in ähnlicher Weise Seebodenprovinzen aufzustellen, indem wir für jeden Seetyp besonders die regional umgrenzbaren Gebiete von Seenassoziationen untersuchen, die sich auch als ganz einheitlich mit einer für die Region „endemischen" Seetypusfazies erweisen werden. Die Grenzen werden dabei je nach den regional typusbildenden Hauptfaktoren mit morphologischen oder lithologischen, mit geologischen, bodenkundlichen und biogeographischen und klimatischen Grenzen zusammenfallen. Für eine kartierende Darstellung, die zu erstreben ist, halten wir die Zeit noch nicht gekommen.

Die überwiegende Masse der Seen ist in Europa und Nordamerika mit außerordentlicher Klarheit an das Gebiet der jüngsten Würmeiszeit gebunden. „Im nordeuropäischen Glazialgebiet ist es das Brandenburger Stadium, im alpinen Gebiet der äußere Jungendmoränenkranz, die die absolute äußere Grenze der offenen Seeflächen bilden[4]." Vor den ältesten Würmendmoränen liegt ein so gut wie seenfreies Gebiet, ein bemerkenswertes Analogon ist die an die gleiche Grenze am Alpenrand und in Norddeutschland (mit Ausnahme des klimatisch

---

[1] Koppe, F.: Die biologischen Moortypen Norddeutschlands. Ber. dtsch. bot. Ges. 44, H. 9 (1926).

[2] Post, L. v.: Einige Aufgaben der regionalen Moorforschung. Sver. geol. Unders. Arsb., Stockholm 19 (1926).

[3] Bülow, K. v.: Die deutschen Moorprovinzen. Jb. preuß. geol. Landesanst. 49 (1928).

[4] Woldstedt, P.: Die Parallelisierung des nordeuropäischen Diliviums mit dem anderer Vereisungsgebiete. Z. Gletscherkde. 16, H. 3/4 (1928). — Die großen Endmoränenzüge Norddeutschlands. Z. dtsch. geol. Ges. 77, Abh. 2 (1925).

moorbildenden Nordwestens) gebundene Verbreitung der Hochmoore[1]. In den Vereinigten Staaten liegt die Südgrenze der Glazialseen an derselben Linie und ist, wie in Rußland, nicht zufällig auch klimatisch bestimmt, wo auch wieder die Verbreitung der Sphagnummoore in dasselbe Gebiet fällt[2].

Das Zusammenfallen der glazial-chronologischen und limnologischen Verhältnisse erkannte und erklärte WOLDSTEDT[3] in der Art, daß „in dem Aussehen der Seenflächen innerhalb des Baltischen Stadiums (im Sinne Eiszeit IVa—c) heute ein Altersunterschied zwischen den nördlichen und südlichen Gebieten nicht zu erkennen ist. Die Verlandung bei der zur Brandenburgischen Phase gehörigen Seen ist nicht merklich weiter fortgeschritten als bei den Seen des Baltischen Höhenrückens." Demgegenüber betonte Verfasser[4], daß man vor der „Baltischen Endmoräne", der „morphologischen Grenze" GRIPPS, d. h. dem „Pommerschen Stadium", nur gereifte, eutrophe Seen antreffe, und alle Seen im oligotrophen Jugendstadium in Norddeutschland hinter dieser Eisrandlage IVc (Würm 3) liegen. Genau das gleiche gilt für die alpinen Würmgrenzen, die tiefen oligotrophen Randseen liegen zeitlich entsprechend hinter der inneren Würmendmoräne, d. h. dem Singener Stadium (Rheingletscher) oder Züricher Stadium (Limmatgletscher). Es sind die als Stammbecken und Zweigbecken ausgebildeten Randseen, und ganz entsprechend ist auch die Lage der nordamerikanischen Großen Seen.

Die Verbreitung der limnischen Glazialrelikte, vor allem gewisser Kleinkrebse und der Coregonen, die ökologisch an oligotrophe Gewässer gebunden sind, stimmt mit dieser Sachlage überein, und THIENEMANN[5] stimmt der Bedeutung des letzten großen peripheren Würmstadiums als einem den Seetypus trennenden Agens zu. Die große Maräne kommt in Norddeutschland nur hinter der Pommerschen Endmoräne vor, desgleichen in Polen[6]. In Nordamerika[7] sind die erwähnten relikten Krebse ebenso verbreitet, und die Coregonen an die Großen Seen gebunden[8], wie sie am Alpennordrand auf die oligotrophen Seen beschränkt sind und überall in den periglazialen Zwischengebieten fehlen.

Die Ursachen für diese regionale Beschränkung der oligotrophen Seen sind zeitlicher, glazialmorphologischer und tektonischer Natur. Augenscheinlich hat die Zeit seit dem Eisrückzug von den älteren Eislagen durchweg zur Reifung oder völligen Verlandung gereicht, während das innerhalb der genannten Phase nicht der Fall war. Dann begünstigt aber auch die Morphologie der inneren Teile der kuppigen Grundmoränlandschaft mit abflußlosen Senken im Würmglazialgebiet eine gewisse konservative Erhaltung. Die Glazialerosion mit ihren mannigfachen Mitteln hat im Norden die zahlreichen tiefen Rinnenseen und stammbeckenartige Formen geschaffen, am Alpenrand sind ebenfalls die Zungenbecken die Behälter großer Wassermassen. Ferner hat man am Alpenrand, nach

---

[1] Vgl. die Karte von S. 3 bei H. PAUL u. S. RUOFF: Pollenstatistische und stratigraphische Mooruntersuchungen im südlichen Bayern. I. Teil: Moore im außeralpinen Gebiet der diluvialen Salzach-, Chiemsee- und Inngletscher. Ber. bayer. bot. Ges. 19 (1927).

[2] DOKTUROWSKY, W. S.: Über die Grenzen der Sphagnummoore und über Moorgebiete in USSR. (Rußland). Bot. Notiser, Lund 1928.

[3] WOLDSTEDT, P.: Probleme der Seenbildung in Norddeutschland. Z. Ges. Erdkde. 1926.

[4] WASMUND, E.: Limnologische Beiträge zur Glazialgeologie. Geol. Rdsch. 16, 4 (1925).

[5] THIENEMANN, A.: Die Reliktenkrebse *Mysis relicta, Pontoporeia affinis, Pallasea duarispinosa* und die von ihnen bewohnten norddeutschen Seen. Arch. f. Hydrobiol. 19, (1928).

[6] KULMATYCKI, W.: Studien an Coregonen Polens. Arch. d'Hydrobiol. et Ichthyol. 1926/27.

[7] JUDAY, CH., u. E. A. BIRGE: Pontoporeia and Mysis in Wisconsin Lakes. Ecology 8, Nr. 4 (1927).

[8] KOELZ, W.: Coregonid fishes of the Great Lakes. Bull. Bur. Fish. 43, 2 (1927).

den Anschauungen der Schweizer Geologen, mit einer vertieften Rücksenkung der randlichen Talausgänge zu rechnen, während an der Peripherie des Inlandeises gewisse isostatische Abwärtsbewegungen die durch die Glazialerosion geschaffenen Depressionen tief unter den Grundwasserspiegel gesenkt haben, ja sogar im Lauf des Postglazials z. B. die Föhrdenseen bis heute unter Meeresspiegel absenkten.

Als Prototyp oligotropher Seeböden gelten die des Genfer Sees und des Bodensees. Es liegen über die Sedimente des ersteren die Angaben von Forel[1], Coit[2], Favre[3] und Paréjas[4] vor, über den Bodensee außer eignen Studien dagegen solche von v. John[5] und Hummel[6]. Es stellt sich dabei heraus, daß eine für das Alpengebiet typische Fazies der oligotrophen Seen eine durch starke fluviatile Beeinflussung und hohen Kalkgehalt charakterisierte eigne Provinz des kalkalpinen Einzugsgebiets bildet, denen als analoge Provinzen unter anderen die nordamerikanischen Großen Seen und die großen südschwedischen Seen mit etwas geringerer Kalkzufuhr aus dem Glazialtongebiet ihrer Umgebung zur Seite stehen. Obwohl diese Alpenseen im tertiären Molassevorland liegen, sind sie sedimentär weitgehend unabhängig von deren Trümmergesteinen und erhalten den für sie typischen Alphititmergel durch Rhein oder Rhône aus den Kalkalpen, wobei ein Teil der Suspension auch noch weiter her aus den Zentralalpen stammt. Dem entspricht die mineralogische Zusammensetzung des Tiefenschlammes. Die Hauptbestandteile aller Proben sind Karbonate in Körner- und Tonerdesilikate in Schüppchenstruktur. Allzu groß kann der Unterschied nicht sein, denn schließlich sind die Kalkalpen auch nur durch Verwitterung und Transport aus dem kristallinen Gebirge entstanden. Damit stimmen die Mineralbestimmungen der mineralogisch am besten bekannten Seeböden aus dem Vierwaldstätter[7] und dem Comer See[8] überein. Quarz und Kalzit sind die häufigsten Mineralien, weit weniger Glimmer, Hornblende, Chalzedon usw. Die fluviatil bestimmte, an ein Kalkeinzugsgebiet angeschlossene Alphititmergelfazies der oligotrophen Seeböden ist nicht nur allen großen Alpenrandseen gemeinsam, auch die großen schwedischen Seen, die nordamerikanischen großen Seen und die Grabenseen sowie der Baikal und ein Teil der schottischen Seen scheinen derselben Fazies anzugehören[9].

Im Litoral sind in ihnen gemeinsam organogene Kalke, Seekreiden, Furchensteine usw. weit verbreitet, daneben kommen Deltasande und -kiese vor. Im Profundal liegt ein im allgemeinen grauer Alphititmergel mit nach der Tiefe abnehmendem Kalkgehalt und feinerer Korngröße. Organogene Sedimente sind

---

[1] Forel, F. A.: Le Léman i. Lausanne 1892.

[2] Coit, G. F.: Nouvelles recherches sur la sédimentation dans le lac de Genève. C. r. Congr. Géogr. Kairo 1925.

[3] Favre: Les mollusques postglaciaires et actuels du bassin de Genève. Mém. Soc. phys. hist. nat. Genève 40, 3f. (1927).

[4] Paréjas, Ed.: L'épaisseur des varves dans le Haut Lac de Genève. 3. Congr. du Rhône, Genf 1929.

[5] John, v.: Bericht über die Untersuchung von Bodenseegrundproben. Schr. Bodensee-Geschichts-Ver. Lindau 22 (1893).

[6] Hummel, K.: Über Sedimentbildung im Bodensee. Geol. Arch. 2, 1 (1923).

[7] Heim, A.: Der Schlammabsatz des Vierwaldstätter Sees. Vjschr. naturf. Geol. Zürich 45. 1900.

[8] Artini, E.: I sedimenti attuali del lago di Como. R. Istit. Lomb. Sci. Rendic., Milano, 3. Ser. 36 (1903).

[9] Ekman, Sv.: Sedimentering, omsedimentering och vattenströmningar i Vättern. Ymer, Stockholm 1914. — Hülsen, K.: Materialien zur Untersuchung des Baikalseegrundes (russ.). Isw. russ. geogr. Ges. B. 51, H. 3 (1915). — Caspari, W. A.: The deposits of the Scottish Fresh-Water-Lochs. Bathymetr. Surv. 1910; Scot. Fresh. W. L., Rep. Sci. Res., Edinburgh 1. — Lee, G. W., u. L. W. Collet: Notes on the deposits of Loch Ness. Ebenda 2.

nur ganz lokal entwickelt, überall sind die Beimengungen schwach. Grob-
detrituslager und Förna vor Deltas kommen vor (Abb. 39).

Uferkalke, Seekreiden usw. sind aus dem Bodensee (besonders Untersee),
Genfer See, Vierwaldstätter See, Walchensee, Lunzer Untersee und Lake Ontario
bekannt. Die Litoralkalke sind im allgemeinen ihrer Genesis nach Charakalk und
zerriebene Schalengyttja. Die höheren Ufertemperaturen, die litorale Besiede-
lungsdichte, der Lichtreichtum und die Kohlensäurearmut befördern die Ausscheidung. Im Lake Ontario[1] hat die Seekreide 74 % $CaCO_3$, im Genfer See fand sich
auf der Uferbank ein Schalenreichtum bis 85 %. Bei den mesotrophen, im Über-
gangsstadium befindlichen Alpenseen ist die litorale Kalksedimentation besonders typisch und daher auch stärker bei den kleineren Seen entwickelt. Wie

Abb. 39. Neuenburger See. Typus des oligotrophen Kalksees. Im Hintergrund der Kettenjura, am Ufer Neuchâtel,
mit Chaumont und dem Val de Ruz. Morphologisch einfache Wannenform, Tiefe 153 m, Fläche 218 km². Vordergrund
die helle kalkreiche Wysse (Uferbank) deutlich unter Wasser, davor junger, durch Juragewasserkorrektion (1875) frei-
gelegter Flachstrand, heute noch unausgeglichen. Phot. Ad Astra Aero.

sehr aber auch die phytogene Kalkausscheidung vom kalkhaltigem Wasser
abhängig ist, zeigte WHITTAKER im McKay-Lake.

Die einigermaßen an kalkhaltiges Wasser gebundene litorale Furchenstein-
bildung zeigt auch eine eigenartige Verbreitung. Sie ist von einer Anzahl Alpenseen bekannt, kommt aber auch in schon eutrophierten Seen, wie dem Greifensee
bei Zürich, vor und ist andererseits in kalten Gewässern wie dem hochalpinen Lüner
See und im spätglazialen Bodensee gefunden worden (Abb. 40). Außerhalb dieses
Gebietes sind nur wenige subfossile Funde in masurischen Seen und Holstein
bekannt, so daß jene als Anzeichen früherer Oligotrophie gedeutet werden können.
Neuerdings hat NAUMANN auf Funde aus Schweden (See Tåkern) aufmerksam
gemacht, zu denen sich solche aus dem auf der Wende von Oligotrophie zur

---

[1] KINDLE, E. M.: The bottom depostits of Lake Ontario. Trans. roy. Soc. Canada,
3. Ser. 19 (1925).

Eutrophie stehenden dänischen Furesø gesellen. Sandriffe, Kliffs, Strand-wälle, Nehrungen sind bei der Größe der Seen stark entwickelt.

Die tonig-alphitischen Mergel sind wenig kalk- und stark silikathaltig. Der Kieselsäureprozentsatz liegt in der Regel um 50 %. Diatomeen als einzige beträchtliche organische Beimengung, manchmal direkte Diatomeentongyttja, sind von dem Ontario, Baikal, Teilen des Vierwaldstätter Sees und Tegernsees[1], von den schottischen tiefen Lochs beschrieben worden. Neben ihnen erscheinen ebenso erhaltungsfähig und örtlich angereichert Chitingyttja (von *Bosmina core-goni*, im Vättern-, Bodensee, Hochalpen). Die Kalkarmut der Tiefe rührt nicht nur von dem Mangel an biotischen Produzenten her, sondern auch der absinkende Fällungskalk, die Schalen usw. werden durch die profundale hohe Kohlensäure-sättigung wieder gelöst, was neuerdings wieder in Nordamerika[2] untersucht wurde, aber früher schon bei uns bekannt war[3].

Abb. 40. Napfformige Kalkkorrosion, im Gegensatz zu den Windungsformen der eigentlichen Furchensteine. Strand bei Reutenen am bayerischen Bodenseeufer. Phot. Wasmund.

Von Bedeutung ist die Tiefenwirkung der Wasserbewegung in den großen oligotrophen Binnenseen. Grobe Korngrößen, Sande, Geröll usw. sind im allgemeinen ufernah und etwa bis 15—20 m Tiefe entwickelt. Im Vättern-See wurde Sand lokal in 96 m Tiefe, im Genfer See in 111 m, im Wallensee bis 73 m gefunden, und im Lake Ontario wurden größere Areale mit anstehendem Fels auch im Profundal entdeckt. Schließlich wurde die Freilegung von Sedimenten aus den frühen Postglazialperioden durch die Wirkungen der Tiefenströmungen in großen Gewässern beschrieben. Besonders grobkörnig scheint der tiefere Baikalboden zu sein. Die am Glimmergehalt nachweisbaren Rhônesedimente des Genfer Sees erstrecken sich noch 23 km weit von der Mündung in den See, was etwa der

---

[1] Breu, G.: Der Tegernsee. Landeskdl. Forschg. Geogr. Ges. Munchen 1907, H. 2.
[2] Kindle, E. M.: Limestone solution on the bottom of Lake Ontario. Amer. J. Sci., 4. Ser. 31 (1915).
[3] Fuchs, Th.: Weiche Conchyliengehäuse im Alt-Ausseer See. Verh. k. k geol. Reichs-anst. 1879.

Ausdehnung der Rheintrübebahn im Bodensee zur Zeit der Schneeschmelze entspricht. Nur in Hochwasserzeiten und nicht ohne Strömungsmitwirkung kann die Flußsuspension so weit fortgetragen werden. Ins Urner Becken des Vierwaldstätter Sees führt die Reuß solche Mengen groben Schwemmstoffs, daß Verfasser in 57 m Tiefe noch Kies und groben Sand bis über 100 m fand. Das Delta der Maggia im Lago Maggiore ließ sich sowohl an der allochthonen Gyttjabildung als auch an der reichlichen Glimmerführung bis 70 m Tiefe verfolgen. Wenn, wie im Bodensee, die Konsistenz des Tons etwa dem Alter entspricht, und man demgemäß in der Nähe der Flußmündung noch flockig-milchige Mergel bis ins Litoral hinauf findet, so deutet ein Wechsel von harten (älteren) und weichen Letten, wie im Vättern- und Bodensee, ebenfalls auf dynamische Störungen. Im Bodensee und Würmsee konnte Verfasser aber als Regel weiche Mergel im Litoral, harte im Profundal feststellen. Ähnliche Unterschiede fand AUER[1] im Vanajavesi.

Hohe litorale, geringe profundale Faziesfrequenz ist nach dem Dargelegten bezeichnend für den polychalkitisch-fluviatilen oligotrophen Seebodentypus. Selbst Sande und Mergel können in besiedelter Ufernähe unterhalb der Kontaktschicht schwärzlich reduziert sein, sogar dyartige Laubgyttja findet sich in Mulmlagern vor Einmündungen besonders der Alpenvorlandwasserläufe. Die Gewalt des Föhns treibt Laub manchmal kilometerweit über den See, so daß man gering mazerierte Blätter auch in größten Tiefen findet, die nur bei plötzlicher (z. B. Hochwasser-) Sedimentation fossiliert werden. Innerhalb der Becken sind die petrographischen Gegensätze des Einzugsgebiets vereinfacht, wenn auch nicht immer eine so gleichmäßige Durchmischung eintritt, wie sie ALBERT HEIM am Vierwaldstätter See schildert. Im Luganer See ebenso wie im Comer See fanden sich größere mineralische Faziesfrequenzen.

Die Farbe der Seeböden der oligotrophen Fazies kalkreicher Flußsuspension ist blaugrau, von hellem bis zu dunklem Grau, je nach organischem oder Kalzitgehalt wechselnd; grünliche Schimmer können von reichlicher Hornblende, Amphibol usw. herstammen, gelblichrötliche dagegen im allgemeinen von Eisen. Das typische Blaugrau zeigen unter anderen aber, besonders in der Tiefe, Bodensee, Genfer See, Wallensee, Brienzer, Thuner See, die inneralpinen Teile des Vierwaldstätter Sees, die tiefen schottischen und nordamerikanischen Gewässer, in welch letzteren organische Beimengungen eine dunkelfärbende Rolle zu spielen scheinen. Das Grau der schottischen Lochseeböden geht aber öfter in die Farbe rötlicher Ockertone über, Eisenhumate verraten wegen primären Nährstoffmangels im Silikatuntergrund bei hoher klimatisch bedingter Humidität Übergang von Oligotrophie zu Dystrophie. Diese Seen stellen schon einen Übergang unserer Fazies dar. Doch innerhalb der kalkalpinen Seeprovinz läßt sich noch eine weitere Abart ausscheiden, nämlich die Seen mit Toneisenböden.

Rötliche und bräunliche Bodenfarben kennzeichnen die Toneisenböden, als deren Prototypen wir Lunzer Obersee und Langensee ansehen. Es handelt sich noch um Gewässer im Kalkalpengebiet mit hauptsächlich toniger Sedimentation; allerdings ist der Obersee stark humos, was die Eisenfällung begünstigt. Während wir im allgemeinen in den Seen unseres Typus einen Eisengehalt um 5 % haben, steigt er im Lunzer Obersee auf 23, was einen ziegelroten Ton erzeugt. Im Langensee ist der Prozentsatz 23—25, im Luganer See 31,6. Demgemäß fand Verfasser im Lago Maggiore die Seebodenfarbe vor Locarno und vor Brissago dunkelbraun und im Luganer See horizontal und vertikal sehr wechselnde

---

[1] AUER, V.: Die postglaziale Geschichte des Vanajavesi-Sees. Bull. Com. géol. Finl. **69** (1924).

Gelb- und Rotfärbungen der pelagischen Tongyttja, die in beiden Tessiner Seen auftritt. Ähnlich wie hier ist auch der Boden des Comer Sees beschaffen. Die Tessiner Seen liegen teilweise im Urgestein, teilweise im Jura, beide sind eisenführend. Die Lunzer Seen beziehen ihr Eisen ebenfalls aus gewissen rötlichen Jurakalken. In dieselbe Toneisengruppe gehört der bräunliche Alphitit, der sich im Petit Lac des Genfer Sees niederschlägt, und der der Tonfazies des vorderen Vierwaldstätter Sees am Kreuztisch bei Luzern ähnelt, und ein rotbrauner Ton, den Verfasser lokal vor dem Pfänder im Bodensee fand. Der Zusammenhang mit den von Blanck[1] nachgewiesenen rezenten roten und gelben Verwitterungserden des kalkreichen, schwach eisenschüssigen Nagelfluh-Bindemittels ist naheliegend. In beiden Fällen hat augenscheinlich der Seeboden seine gelbrote Farbe mit den Oberflächenfarben der direkt im See ausstreichenden und uferbildenden Molasse gemein. Rote Seeböden können allerdings auch ohne Fe-Fällung, einfach als sekundäre umgelagerte Gesteine oder Böden, im See entwickelt sein. So fand Verfasser im Wallensee einen tonig-sandigen, intensiv dunkelroten Grus flächenförmig am steilen Südufer bis über 66 m Tiefe entwickelt. Das Gestein ließ sich unschwer mit den anstehenden triadischen Quartenschiefern identifizieren, obwohl der oberflächliche Abfluß gering war[2].

Eine in erster Linie durch litorale wie profundale Kalkablagerungen, scheinbar zwischen Oligotrophie und Eutrophie stehende alkalitrophe Kalkseebodenprovinz umfaßt gewisse kleinere Seen der Kalkgebirge, sie sind in den Alpen, Schottland und Südschweden mit den Ostseeinseln vertreten. Die norddeutschen, dort oligotroph genannten Seen stehen der Provinz zweifellos nahe, und sie unterscheiden sich vielleicht nur durch die primär höhere Kalkzufuhr und die Humusfreiheit. Die regionale Nährstoffzunahme macht sich in den Alpen zuerst durch eine gewisse Verselbständigung des Kreislaufs im Epilimnion bemerkbar, was sich besonders durch hohe organogene Kalkabscheidung im Litoral ausdrückt. Litorale Seekreiden sind z. B. entwickelt im Walchensee, Ammersee, Züricher See, Tegernsee, Lunzer Untersee, Seen der Traungruppe. In flacheren Seen geht der Seeboden in Kalkgyttja über, so in den Alpen oder in Schottland (Lismore.)

Verwandt mit dieser Gruppe ist die südbaltische Oligotrophie-Seebodenprovinz, die die tieferen Seen hinter der großen baltischen Endmoräne umfaßt, und also von der Cimbrischen Halbinsel bis nach Rußland hinein reicht und zu der auch die Gewässer Schwedens unterhalb der marinen Grenze gehören. Die Oligotrophie ist hier eine Funktion der Morphometrie und der erdgeschichtlich jugendlichen Lage. Es sind die Seen mit der *Tanytarsus*-Bodenfauna, der großen Maräne und der *Mysis relicta* alle von einer mittleren Tiefe > 18 m. Näher bekannt davon sind in Norddeutschland der Schaalsee (M. T. 18,8 m) an der Grenze von Schleswig-Holstein und Mecklenburg, der Breite Luzin (M. T. 25,4 m) in Mecklenburg, der Madüsee (M.T. 20 m) und der Dratzigsee in Pommern (M.T. 26,9 m). In Ostpreußen gehören einige Moränenseen wohl hierher, der Mauersee[3] noch als Grenzfall, in Polen der Wigrysee bei Suwalki (M. T. 25 m), dann folgen die großen Seen des Baltikums (Onega, Ladoga[4] usw.), hingegen nicht der flache Peipus, dessen Böden aus Ton- und Sandgyttja bestehen. Die

---

[1] Blanck, E., u. F. Scheffer: Über rotgefärbte Verwitterungsböden der miozänen Nagelfluh von Bregenz am Bodensee. Chem. Erde 2, 141 (1925).

[2] Heim, Alb., u. P. Arbenz: Das Walenseetal. Ber. 40. Vers. oberrhein. geol. Ver. 1907.

[3] Quednau, A.: Das eiszeitliche und das heutige Mauerseebecken. Heimatforsch. ostpreuß. Mauerseegeb., 2 (1927) Langensalza.

[4] Jaeskeläinen, V.: Über die Fische und die Fischerei im Ladogasee. Verh. internat. Ver. Limnol., Rom 4 (1930).

ganze Gruppe steht schon im Übergang, und sie liegt in einem jungen, unausgelaugten nährstoff- und kalkreichen Moränengebiet. Demzufolge treffen wir einerseits kaum Sapropel, auch in der Tiefe nicht, aber auch nirgends derart reine, von organogenen Detritus freie Böden wie in den vorigen Gruppen an. Überall ist eine Tongyttja mit Kotballen von grauer, graugrüner oder graubrauner Farbe, nur in den größten Tiefen dunkle Gyttja oder nur schwarze Äfja mit ausgefaulter, heller Unterschicht vorhanden. Manche Anzeichen deuten darauf hin, daß auch die profundalen Seeböden der nordamerikanischen Seen ähnlich beschaffen sind und dem norddeutschen Oligotrophietypus trotz ihrer großen Tiefe näher stehen als dem reinen subalpinen, was vielleicht an der Flachlandslage mit geringer allochthoner Flußschwemmstoffzufuhr liegt. Auch Wasserfarbe und Sicht haben in der Skala nach diesen Tönen gewechselt. Seekreide ist im Litoral neben Sanden gut entwickelt. Die mineralische Komponente ist, im Gegensatz zur erdrückenden Mehrzahl aller norddeutschen Seen, beträchtlich. Die Dreissensia-Schalenzone ist durchweg kräftig entwickelt; im Profundal des Madüsees, des „pommerschen Meeres", sind 60—75 % $CaCO_3$ nachgewiesen worden, während die Tiefengyttja der eutrophen norddeutschen Seen meist weit unter 50 % Kalkgehalt führt. Der hohe Kalkgehalt läßt die Gruppe mit der vorigen auf Kalkunterlage verwandt erscheinen, denn der Geschiebemergel des jüngeren Würmstadiums ist noch sehr kalkreich, unterliegt er doch erst seit etwa 20000 Jahren der Verwitterung. Das Fehlen eigentlicher Dyseen in der gleichen geographischen Region ist aus dem gleichen Grunde zu erklären, während Humus- und Ortsteinbildung an Land wie Dy unter Wasser vor der geologischen Typusgrenze verbreiteter ist. Laubgyttja, „Krauthumus", ist nur lokal. Zu vereinigen scheinen sich aber mit der Gruppe die Seen der fruchtbaren südschwedischen Tonebenen. Reiche Tonsuspension, schwankende Stellung im Phytoplanktongehalt, profundale Gyttjatone und Tongyttja, litorale Seekalke und Algengyttja sind bezeichnend für diesen Teil der südbaltischen Seenprovinz. Auch hier ist, wie in Norddeutschland, eine alte geologische Grenzlinie, die „obere marine Grenze", ehemaligen Ostseebodens; sie ist gleichzeitig die Grenze zwischen oligotrophem Seetyp einerseits und eutrophen bzw. schon dystrophen Seeböden andererseits. Ebenso gehören z. T. die kalkreichen Gewässer an der Ostküste Kanadas und der Vereinigten Staaten hierher, die ebenso in die gehobenen marinen Transgressionstonebenen der Champlainsea eingebettet sind.

Der Dratzigsee scheint der typusreinste zu sein. Leider fehlen direkte Angaben über den Seeboden. Der Schaalsee weist schon ziemlich typische Gyttja auf[1]. Bei ihm ist eine dem ganzen deutschen Teil der Fazies eigentümliche Erscheinung am deutlichsten ausgebildet. Die Seitenseen und abgesetzten Buchten stehen auf einer höheren Trophiestufe, besitzen hohe Planktonmengen und Gyttjaböden und liefern Bio- und Nekroseston ins Hauptbecken. Wenn er aber auch schon Gyttjaböden hat, so zeigen doch die litoral und profundal verbreiteten Sande und Kiese, sowie die noch unbedeckten Findlinge und ausgedehnten technisch verwerteten Uferseekreiden seinen Übergangscharakter. Die Zunahme der Oligotrophie und die der entsprechenden Seeböden von W nach F hängt einerseits mit morphologischen Gründen — Rinnenseen mehr in der Stoßrichtung als in der Flanke des Inlandeises —, andererseits mit deren Übergang vom Seeklima zur Kontinentalität — längere Vereisung, kürzere Vegetationsperiode — zusammen. Weiter östlich verursacht die fortgeschrittene Bodenauswaschung im Podsolgebiet das Fehlen eutropher Seeböden und bewirkt direkte

---

[1] KOPPE, F.: Die Schlammflora der ostholsteinischen Seen und des Bodensees. Arch. f. Hydrobiol. **14** (1924).

Übergänge von nährstoffarmen Sedimenten zu Dybböden. Eine gewisse regionale Rolle spielt sicher auch die Tornquistsche Linie.

An dieser Stelle scheiden wir eine weitere Gruppe von Seeböden ab, die auf primär nährstoffarmem Boden liegen und trotz relativ geringer mittlerer Tiefe einen von der Nachbarschaft stark unterschiedenen Seeboden entwickeln. Es sind die Seen auf fluvioglazialem Sandboden, außerhalb und innerhalb der „morphologischen" Hauptgrenze Norddeutschlands, die bei der vergleichsmäßigen Geringfügigkeit der Geschiebe- und Wasserführung und der anderen Aufbereitungsverhältnisse in der zirkumalpinen Glaziallandschaft ohne Analogon sind. Wir finden also diese mesotrophen Sandrseeböden mit primärer Oligotrophie in den den Endmoränenlagen vorgelagerten Entwässerungsgebieten Nordamerikas, Norddeutschlands und Rußlands, während dieser Besonderheit gegenüber ja auch das alpine Diluvialvorland durch seinen faziell größten Kalkreichtum einen eigenen, noch heute limnogeologisch wirksamen Zug aufweist. In diesen Fällen greift also der Untergrund besonders stark typusbestimmend ein, die morphometrische Grundbewertung wird verschoben, die säkulare Reifung verzögert. Der Suhrer See und der Große Madebrökensee in Holstein besitzen neben Laubgyttja noch starke Sandbeimengungen und beträchtliche Chitinanhäufungen, die immer ein Zeichen von relativ ärmlicher Nährstoffzuführung und organischer Ausscheidung sind. Der Mauersee gehört mit wenigstens stellenweiser nährstoffärmerer Gyttja in diese von Lundbeck bodenfaunistisch als Bathophilusseen ausgeschiedene Gruppe zwischen Tanytarsusee und Plumosussee. Die beiden genannten holsteinischen Seen liegen in einem lokalen Fluvioglazialgebiet benachbart. Ähnliches gilt für den Salemer See in Lauenburg und den Haussee in Mecklenburg, die beide eine auffällig geringe Sedimentation organischer Detritusstoffe und stark sandige Böden, trotz relativer Flachheit, zeigen. Da in den umgebenden Landböden Kalkgehalt zur Neutralisierung fehlt, tritt leicht eine Humifizierung des Seebodens und damit Sauerstoffmangel und erst recht Nährstoffarmut ein. Deshalb ist auch hier Übergang von der primären Oligo- bzw. Mesotrophie zur Dystrophie vorhanden. Die schwedischen Urgebirgsseen des Flachlandes, ebenso auch die Urgebirgsseen der Gebirge, wie der Vogesen oder Pyrenäen, deren Untergrund mineralogisch dieser Gruppe äußerst nahe steht, sind bei im allgemeinen höherem Alter schon dystrophiert. In Rußland treffen wir noch häufiger Übergangsstadien der primär armen Sandrseen (Meschtscheraniederung). In Nordamerika haben Birge und Juday[1] uns mit einigen kleinen Klarwasserseen im NE-Wisconsin auf sandigem Untergrund bekannt gemacht. Auch sei die Armut an höherer Vegetation entsprechend den Zügen der ganzen Gruppe bemerkt.

Die letzte ausgesprochene Fazies des Oligotrophietypus bezeichnen wir als die der oligotrophen Bergseeböden. Ihr erstes Charakteristikum ist hydrologischer Natur, nämlich ein geringes Einzugsgebiet. Dieses Kennzeichen teilen sie mit den vulkanischen Kraterseen, den Maaren und ähnlichen Gebilden. Kristalliner Untergrund ist ebenfalls beiden in der Mehrzahl gemeinsam. Die Verwitterungs- und Erosionsformen des Hochgebirges und des höheren Mittelgebirges, wo solche Seen als Kar-, Rundhöcker-, Grundwasser-, Moränenstau-, Quellseen usw. auftreten, bedingen es, daß wir es im allgemeinen nur mit kleineren Gewässern zu tun haben, deren größte Tiefe selten die „kritische" mittlere Tiefe erreicht. Geringe Uferentwicklung und kleines Einzugsgebiet haben meist weitgehende hydrologische und sedimentäre Unabhängigkeit zur Folge, wenn

---

[1] Birge, E. A., u. Ch. Juday: The organic content of the water of small lakes. Proc. amer. phil. Soc. 66 (1927).

auch besonders Gletscherbäche oder Schneeschmelzrinnen zeitweise reichliche Tonsuspension und Grobschutt einführen. Doch ist die unmittelbare Umgebung direkter als anderswo beteiligt, Muren und Verwitterungsschuttströme, Lawinenmaterial und Bergstürze bedingen einen grobklastischen Seeboden, der lithologisch ganz mit der Umgebung übereinstimmt (Beispiele vgl. O. PESTA[1]). Ein Beispiel aus tieferen Lagen (975 m ü. M.) ist der Plansee in Tirol, der durch zahlreiche riesige Muren schnell zugeschüttet wird, während er kaum Schlammzufuhr erhält, da die im Dolomitschutt versickernden Zuflüsse alle feinen Absätze vorher filtrieren. Bei der hohen Feuchtigkeit und niederen Temperatur ist Humusbildung neben der intensiven mechanischen Verwitterung nicht selten, daher ist heute wohl eine große Zahl der bekannten Hochgebirgsseen dystrophiert. Was infolge großer Tiefe oder aus anderen Gründen noch nicht die für die Mehrzahl der Bergseen bezeichnende Siderodystrophie aufweist, ist am ehesten als ultraoligotroph zu bezeichnen und das ohne Geltung des morphometrischen Schwellenwertes. Denn es kommen ja den Stoffkreislauf bestimmend die starke Abtragung des Verwitterungsbodens an Land in schlecht löslichem Zustand, die Dürftigkeit der Pflanzendecke und dementsprechend unter Wasser Armut der submersen Vegetation hinzu. Entscheidend aber für die Nichtgeltung der morphometrischen Werte ist der wasserklimatische Haushalt, d. h. niedere Temperaturen, Fehlen eines Epilimnions und demgemäß auch der Kalkausscheidung, Vereisung über $1/2$ bis $1/4$ Jahr. Es ist infolgedessen nicht verwunderlich, wenn LENZ[2] norwegische Hochgebirgsseen auf Grund der Angaben OLSTADS[3] in nur ca. 1000 m Höhenlage mit geringen Tiefen schildert, die trotzdem stark minerogene Seeböden und oligo-mesotrophe Chironomusfauna aufweisen.

Wir sehen also auch noch in dieser geringen Höhenstufe, allerdings im Norden, im Boden die minerogen-oligotrophen Züge, mehr noch negativ durch Fehlen der Gyttja und die beginnenden Übergänge zur Dysedimentation ausgebildet. Das ist nun schon bei der Mehrzahl der Bergseen der Fall, gilt auch für die Urgebirgsseen flacherer Gegenden (Skandinavien) und geht mit starker Eisenanreicherung einher. Die Gruppe der Quelltrichter und seeartigen Grundwasseraustritte, die ja vorwiegend an Gebirge gebunden sind, gehört ebenfalls hierher. Ihre Sedimentierung, oder besser ihren Sedimentationstransport, hat GÖTZINGER[4] für einen See in typischem Kalkgebiet beschrieben. Die schöne Klarheit der chemischen Eigenfarbe des Wassers, die noch durch keinerlei Stoffwechselvorgänge gefärbt ist, findet ihren Ausdruck in manchen bezeichnenden volkstümlichen Namen.

Die in Vulkangebieten gelegenen Seen bilden keine Seebodenfazies für sich, da die morphometrischen Werte bei Kraterseen zu sehr schwanken. Wir sind darüber durch die grundlegende Untersuchung THIENEMANNS[5] unterrichtet und kennen außerdem einiges von den Seen der Auvergne wie von der Geschichte fossiler Vulkangewässer. Es zeigt sich aber allerdings, daß vulkanische Landböden, in erster Linie aus Silikaten usw. von weit geringerer Salzlöslichkeit als Glazialböden zusammengesetzt sind, besonders in jüngeren vulkanischen Gesteinen, wie den postglazialen der Eifel. Dazu kommt, daß die

---

[1] PESTA, O.: Der Hochgebirgssee der Alpen. Die Binnengewässer 8. 1929.

[2] LENZ, FR.: Chironomiden aus norwegischen Hochgebirgsseen. Zugleich ein Beitrag zur Seetypenfrage. N. Mag. f. Naturvid. (Oslo) B 66 (1927).

[3] OLSTAD, O.: Ørretvand i Gudbrandsdalen. Ebenda 1925.

[4] GÖTZINGER, G.: Der Lunzer Mittersee, ein Grundwassersee in den niederösterreichischen Kalkalpen. Internat. Rev. d. Hydrobiol. u. Hydrogr. 1908.

[5] THIENEMANN, A.: Physikalische und chemische Untersuchungen in den Maaren der Eifel. I, II. Verh. nat. Ver. Rheinl.-Westf., Bonn 70, 71 (1914, 1915).

randliche Aschenentwicklung auch schon die Wasserscheide bildet und weiter der Morphogenie entsprechend die Uferbank schwach entwickelt ist. Das Weinfelder „Totenmaar" z. B. ist von kahlem, sterilem Gelände umgeben und hat einen an organischen Bestandteilen minimalen Schlamm. Der Einfluß von Kohlensäure-Mofetten unter Wasser auf die Seeböden, wie z. B. im Laacher See, ist noch zu untersuchen[1]. Die trockengelegten Strandebenen dieses Eifelsees bestehen „aus tonigen Ablagerungen des Sees selbst, welche die Schalen von Süßwassermollusken enthalten". Die flacheren Maare der Hocheifel, die von in Kultur genommenem Wiesengelände umgeben werden, sind eutrophiert, und dem entspricht auch ihr Seeboden (Gyttja). Außerhalb unserer Breiten besitzen wir in dieser Seengruppe eine agrikulturtechnischen Zwecken gewidmete Untersuchung des Trasimenischen Sees in Mittelitalien[2] und einige Angaben über die Seebodenbeschaffenheit kamerunischer Kraterseen und Maare[3]. Der Trasimeno und der afrikanische Rickardssee sind trotz ziemlicher Größe sehr flach (ca. 6 m, ca. 3,8 m M. T.), Grobdetritusgyttja von weicher, lockerer Konsistenz ist demgemäß ihr Boden. Bei dem italienischen pliozänen Reliktensee ist die Verlandung und emerse Verwachsung schon so weit fortgeschritten, daß die Menge organischen Materials in den Seeböden die der sandig-tonigen Komponenten so stark übersteigt, daß wir besser von einem Teichboden als von einem Seeboden reden. Auch bei dem einzigen der flachen nordafrikanischen Maare, dem Rickardssee, spricht Hassert von „üppiger Ufervegetation" und „schwarzbraunem oder ganz schwarzem Schlamm von flockiger, feiner, weicher Beschaffenheit ..., in den das Ruder tief einsinkt", das sind aber Eigenschaften, die er von den Bodenproben der tiefen Maare nie erwähnt. Von den übrigen Seen mit mittlerer Tiefe zwischen 30 bis mehr als 100 m lauten die Angaben von den höher (1000—2000 m) gelegenen wie folgt, das Ufer ist sandig und steinig, der Grund braun oder grauschwarz gefärbt, zuweilen auch in der Tiefe felsig. Soweit die Angaben verwertbar sind, scheint die Sedimentation mit zunehmender Tiefenlage der rundlichen litoralarmen Gewässer zuzunehmen, es werden schwarzbraune und schwarze Schlammbildungen erwähnt.

Wir haben damit schon einen Exkurs in die warmen Zonen unternommen, auf die wir gesondert zu sprechen kommen. Doch sind die Vulkanseen bei der morphometrischen Ähnlichkeit ihrer Gestalt zum geographischen Vergleich geeignet. Trotz der Spärlichkeit der Angaben scheint es, als ob auch die tiefen, sicher primär nicht nährstoffreichen Seen des Kameruntieflandes fäulnisfähige Böden aufweisen, die nur in großen Höhen mehr minerogenen Böden weichen. Wir möchten aus diesen und anderen Anzeichen das vor der Hand noch hypothetische Gesetz ableiten, daß der morphometrische Grenzschwellenwert von 18 m nur für die gemäßigten Breiten gilt, daß der Schwellenwert nach Norden und in großen Meereshöhen herabgesetzt und nach Süden, den Tropen zu, heraufgesetzt wird. Ausschlaggebend für die Sestonproduktion ist dabei das Fehlen des Epilimnions im Norden bzw. die jahreszeitliche, weniger veränderliche und sehr mächtige Warmwasserschicht der Roßbreiten. Komplizierend kommt der dystrophe Einschlag hinzu, der in den beiden ariden Gürteln zweifellos fehlt, während wir ihn sowohl in den kühlen als auch tropischen humiden Zonen zu erwarten haben. Die fossilen Fälle von Vulkanseeböden, deren wir eine ganze Anzahl kennen, sollen am Schluß des Abschnitts behandelt werden, da sie alle zu

---

[1] Philippson, A.: Der Laacher See. Verh. nat. Ver. Rheinl.-Westf. **83** (1926).
[2] Vecchi, A.: I sedimenti del Trasimeno e la pedologia. Act. **4**, Conf. Int. Péd. Rom 1926.
[3] Hassert, K.: Seenstudien in Nordkamerun. Z. Ges. Erdkde. Berlin **1912**.

Seeböden warmer Zonen zu rechnen sind. Hier sollte nur ein Grundgesetz der regionalen Limnogeologie angedeutet werden, das wir in ähnlicher Form bei der Verbreitung der Kalksedimentgruppe des eutrophen Seebodentyps wiederfinden werden, dem wir uns jetzt zuwenden.

Der eutrophe Seebodentypus ist hydrographisch-biologisch genugsam geschildert; da er auch morphologisch ein Reifestadium darstellt, sind die zu unterscheidenden Fazies weniger zahlreich, die regionalen Unterschiede ausgeglichener. Relative Flachheit, nämlich mittlere Tiefe < 18 m, breite Uferbank oder Verlandung, starke Gyttjasedimentation in allen Spielarten, „lokale Sapropelisierung" sind allen gemeinsam. In Norddeutschland ist der Typus allgemein (Abb. 41).

Die Übergänge vom oligotrophen Seetyp fangen bei großen Gewässern mit kulturellem Düngungseinfluß an. In der Planktonproduktion und dem-

Abb. 41. Eutrophe Seen der nährstoffreichen verwitterungsfähigen Glaziallandschaft der Holsteinischen Schweiz, im Vordergrund Plön mit Gr. Plöner See. Luftbild. (Nach LENZ).

gemäß lokal nährstoffreicheren Seeböden machen sich gelegentlich schon Vogelnistschwärme, Viehweiden, Wintereiswege bemerkbar, besonders aber dichtere Besiedelung oder Landbodendüngung. Mit der Hochproduktion an Plankton wandelt sich zuerst der Seeboden, und mit dem Eintreten der Sauerstoffbildung wird auch zuletzt die Bodenfauna verwandelt, die ihrerseits wieder dem Seeboden ihr Gepräge gibt. Der Nachweis für Gyttjasedimentation in kulturell-eutrophierten Seen konnte besonders im schweizerischen Mittelland geführt werden, als klassisch wurde schon mehrfach der untere Züricher See berührt. Weiter gehören, ausgezeichnet durch plötzlichen Sedimentsumschlag in den letzten Jahren, hierhin Baldegger See, Halwiler See; in Norddeutschland ein Teil der baltischen Oligotrophiefazies, wie der Schaalsee in Mecklenburg, der Löwentinsee in Ostpreußen[1]. Im Traungebiet hat HAEMPEL[2] den Mondsee als Übergangstypus namhaft

---

[1] WILLER, A.: Die Verbreitung von Coregonus albula L. und die Frage der Seetypen in Ostpreußen. Verh. internat. Ver. Limnol., Innsbruck 2 (Stuttgart 1924).

[2] HAEMPEL, O.: Vergleichende Biologie des Atter-, Mond- und Irrsees und die Errichtung einer fischereibiologischen Versuchsanstalt. Österr. Fischerei-Z. 15 (1928).

gemacht, gegenüber dem noch reinen Attersee und dem vor der Abraumsedimentierung durch eine Ammoniaksodafabrik ähnlichen Traunsee[1]. Morton[2] wies für den Hallstätter See an Hand der Veränderung der chemischen Wasseranalysen von 1897—1928 die dauernde Zunahme des organischen Gehalts nach. Bei der intensiven Umgestaltung der Kulturlandschaft im industriellen Zeitalter macht sich also ein, vielleicht in den Seeböden stärker sichtbarer Umschwung bemerkbar, als er an Land auch trotz intensiveren Landbaus überhaupt möglich ist, und bald werden wir auch in den entlegensten Gebieten infolge der Elektrifizierung orthooligotrophe Seeböden kaum mehr kennen. Für Schweden, wo die eutrophen Seeböden in den Moränengebieten und Tonebenen heimisch sind, ist ein gutes Beispiel der Mälarsee[3]. Starke Ufergliederung befördert auch hier die Eutrophierung.

Das Alpengebiet weicht gegenüber den übrigen Seeregionen unserer Breiten im Eutrophietypus außer der hohen Kalkkomponente kaum irgendwie ab. Greifensee und Pfäffikoner See — Grundmoränenseen im Kanton Zürich — besitzen z. B. weißlichgraue bis graugrüne, stellenweise tonige Kalkgyttja. Der Sarner See in Unterwalden, zwischen Jura und Molasse, hat in der Tiefe von 25 m ab den schon bekannten tonig-rötlichen Toneisenseeboden, im Litoral und Sublitoral hat er bereits durch schwärzliche Reduktionsfarben gekennzeichnete Gyttjatone. Das Profundal mag durch den Durchfluß etwas beeinflußt sein. Talseen überhaupt dürften wegen ihrer hydrologischen Lage im allgemeinen übermäßig argillotroph sein. Als Beweis gelte die auch bei kleineren Seen der Alpenländer weitverbreitete Schwebbildung. Eine ganze Anzahl Beispiele bieten die Tiefenkarten der Seen im Iller-Lech-Alpengebiet[4]. Im Tegernseeboden[5] (M.T. 42,9 m) ist der für den echten Oligotrophietypus bezeichnende Mergel durch Diatomeengyttja grünlich gefärbt. Seen des Alpenvorlandes, die eine eigentümliche Mischung von hohem Kalkniederschlag am Alpenrand und Vermoorung zeigen, sind z. B. Kochelsee[6] und Staffelsee im kleinen, Chiemsee im großen. Für die inneralpinen Seen des eutrophen Seebodentypus, der sich ja nur in den beiden Kalkalpengürteln findet und in den Zentralalpen fehlt, ist also gemeinsam die Dominanz der Kalkgyttja gegenüber Algengyttja hervorzuheben; auch Seen mit starker Schalengyttja bis in die Tiefe, wie der Alpsee bei Immenstadt, der Weißensee bei Füssen (vgl. Abb. 12) und einige andere der Allgäuer Molasse, kommen vor. Im Alpsee mit Nagelfluhunterlage fand der Verfasser ebenso wie im Pfäffikoner See aus Deckenschotterunterlage ein eigenartiges Sediment in Gestalt von Kalkalgenkonkretionen verbreitet. Vaucheria-Algengyttja fand Verfasser mit Lundbeck im Pfäffikoner See. Die Schalenzone wird zweifellos aus Mangel an Schalenmassen nicht gebildet, lokal soll sie im Würmsee und Ammersee nach Gaschott[7] entwickelt sein, auch Surbeck[8] erwähnt kleine Stellen im Vierwaldstätter See. Doch wird sie kulturfaziell durch ein mechanisch sich ähnlich

---

[1] Neresheimer, E., und F. Ruttner: Eine fischereibiologische Untersuchung am Traunsee. Z. f. Fischerei **26**, 4 (1928).

[2] Morton, F.: Über den Chemismus des Hallstätter Sees. Arch. f. Hydrobiol. **20** (1929).

[3] Alm, G.: Undersökningar över Mälarens Bottenfauna. Medd. K. Lantbrukstyr. **1927**, Nr. 263.

[4] Fels, F.: Der Plansee. Landeskdl. Forschgn. geogr. Ges. München **20** (1913). — Reissinger, A.: Die Seen des Illergebiets. Ebenda.

[5] Breu, G.: Der Tegernsee. Landeskdl. Forschgn. München **2** (1907).

[6] Breu, G.: Der Kochelsee. Ber. naturwiss. Ver. Regensburg **10** (1906).

[7] Gaschott, O.: Die Mollusken des Litorals der Alpen- und Vorlandsseen im Gebiete der Ostalpen. Internat. Rev. d. Hydrobiol. **17** (1927).

[8] Surbeck, G.: Die Molluskenfauna des Vierwaldstätter Sees. Rev. suisse Zool. **6** (1899).

verhaltendes Sediment, die Schlackenzone, ersetzt, wofür Untersuchungen im Schwarzen Meer sprechen, die in einer Schlackenzone an der Grenze der sublitoralen Schalenbänke ein Analogon zeigen.

Die zahllosen kleinen mehr oder weniger verlandeten Seen der Vorlandsmoränen unterscheiden sich in der Sedimentation im ganzen von den norddeutschen Becken entsprechender Lage nicht. Die norddeutschen Gyttjaseeböden, wie sie JENTZSCH[1] bereits genetisch ziemlich klar beschrieben hat, sind regional wenig unterschieden. Auf höheren Reichtum von Fetten, Ölen, Kohlehydraten deutet vielleicht die Beobachtung, daß man in Norddeutschland oft noch lange nach Stürmen einen Schaumwall in der telmatischen Zone sieht, der im Alpengebiet nur recht selten vorkommt. v. z. MÜHLEN hat den Schaum des eutrophen Wirzjerw-See[2] in Livland analysieren lassen. In einem vollständig gefüllten Eimer von 5000 cm³ Inhalt hatte dieser Schaum ein Gewicht von 420 g. Davon waren:

$$
\begin{array}{ll}
\text{Trockensubstanz} & 3{,}83\,\% \\
\text{Organische Bestandteile} & 1{,}78\,\% \\
\text{Ätherextraktstoffe:} & \\
\quad \text{Fett und Chlorophyll} & 0{,}05\,\% \\
\quad \text{Eiweiß} & 0{,}30\,\% \\
\text{Rohasche} & 2{,}05\,\% \\
\quad \text{Davon Sand und SiO}_2 & 1{,}35\,\% \\
\text{Pflanzenasche} & 0{,}70\,\%
\end{array}
$$

Es handelt sich hier um ein telmatisch-nekrobiotisches Driftsediment wohl von rein planktogener Herkunft. Im Litoral ist Seekreidefazies das übliche, bei den tieferen Seen etwa unter 35 m ist in isolierten Kesseln Sapropel, d. h. koprolithfreier, amorph-nekrobiotischer Detritus mit Schwefeleisen und starkem H_2S-Gehalt vorhanden.

Die eigentlichen Sapropelböden können als besondere eutrophe Fazies aufgefaßt werden, doch läßt sich kein einheitlicher Verbreitungsgrund nennen. Sie sind einerseits für die großen Tiefen der reifen Seen, andererseits für ganz kleine oligohumose eutrophe Gewässer, wie Altwässer (Altrhein), Almtümpel, „Blutseen der Almen", Seen mit überstarker Abwasserzufuhr (Rotsee bei Luzern), abgeschnürte Lagunen, für Seen mit Gipsuntergrund (Ritomsee im Tessin), Alatsee im Allgäu in den Raibler Schichten und besonders Strandseen mit Salzwasser-H_2S-Unterschicht (Hemmelsdorfer See, Limane, Haffe, Lagunen usw.) bezeichnend, d. h. überall, wo der Sauerstoff zur Oxydation des unverhältnismäßig massenhaften allochthonen und eutochthonen organischen Detritus nicht ausreicht, oder wo (Gips, Meerwasser) Schwefelwasserstoff zugeführt wird. Stinkender, völlig reduzierter, verfaulter und zersetzter, schwarzer, schleimiger Schlamm bildet hier einen ganz extremen, wenig geeigneten Lebensbezirk[3].

Die Verbreitungsgrenzen des eutrophen Typs sind noch unbekannt. Auf jeden Fall geht die Gyttjagruppe viel weiter nach Norden als die Kalkgruppe, da jene an die Verbreitung des Planktons, dieses aber an Kalkuntergrund klimatisch gebunden ist. Die mesotrophe Kalkbodenfazies, die wir als bezeichnend für die heutigen nährstoffärmeren Tiefenbecken Norddeutschlands ansehen, und die auch für die kleineren Alpenvorlandseen den Übergang zur Gyttjafazies bildet, scheint allen heute ganz eutrophen Gewässern vorangegangen zu sein.

---

[1] JENTZSCH, A.: Untergrund norddeutscher Binnenseen. Z. dtsch. geol. Ges. **54**, 3 (1902).

[2] MÜHLEN, L. v. z.: Zur Geologie und Hydrologie des Wirzjerw-Sees. Abh. preuß. geol. Landesanst., N. F. **1918**, H. 63.

[3] WASMUND, E.: Bitumen, Sapropel und Gyttja. Geol. For. Förh. Stockholm **1930**.

Überall in den kleinen, noch offenen Becken der süddeutschen Drumlinseen findet das Rohrlot Seekreide im Liegenden und in den Mooraufschlüssen der erblindeten Seeaugen trifft der Bohrer durchweg unter Mudde auf Seekreide. Dasselbe gilt für die norddeutschen Seen, ob aber dort auch immer Ton die organischen Sedimente unterteuft, wie im ganzen Voralpengebiet, ist noch eine offene Frage. Weiter östlich finden wir nach Norden zu den gleichen Typ des tiefgründigen Gyttjabodens gereifter Seen. Nicht umsonst tragen in Norddeutschland gerade die kleinen, fast verlandeten und schwer zugänglichen hocheutrophen Gewässer oft den Namen „Grundloser See", und der gleiche Name kehrt auch in Rußland wieder. Solche tiefgründigen Gyttjaböden sind schwer abzuloten.

Im Seengebiet des nördlichen Rußlands hat die Nachkriegszeit zahlreiche Arbeiten über die Bodenentwicklung gebracht[1].

Bis hinauf nach Livland (Wisjärw, Peipus) und Ingermanland (Bjeloje-See) sind dunkelgrüne, nicht faulende Gyttjaböden verbreitet.

Die ganze übrige zentralrussische Gruppe, die regional mit der nordrussischen Waldregion, der Podsolzone und der diluvialen Inlandeisverbreitung übereinstimmt, läßt sich als russische kalkarme Dygyttjafazies als Teil einer eigenen Dygyttjaprovinz ausscheiden. Über die Seeböden sind wir durch eine

---

[1] Hulsen: Untersuchung der Grundproben des Sees Glubokoje. Arb. hydrobiol. Stat. Glub. **6**, 2/3 (Soc. Nat. Moskau 1925). — Phytobiologische Untersuchungen der Grundproben des Glubokoje-Sees. Ebenda 1913. — Über mikrobiologische Untersuchungen von Grundproben des Sees Glubokoje. Russ. hydrobiol. Z. (Saratow) **1** (1922). — Untersuchung der Grundproben des Bologoje-Sees. Ber. biol. Sußwasserstat. kais. naturforsch. Ges. Petersburg (Dorpat) **1911**. — Untersuchungen des Grundes der Teiche der Fischzuchtanstalt Nikolsk im Nowgorodschen Gouvernement. Isw. Nik. Ryb. Sew. Petersburg **1911**. — Der Boden des Timinskoje-Sees. Sap. Simbirsk. Geb. Nat. Mus. **1914**, Lief. 2. — Majewskij: Sapropel des Kudinowski-Sees. Naphtha- u. Brennwirtsch. **1921**, Nr 1—4. — Busow u. Popowa: Über den Sapropel des Bjeloje-Sees. Nachr. Sapropel-Kommiss., Bull. **1** (1923). — Decksbach, N. K.: Der Boden der Seen zu Kossino, als Milieu und seine Bewohner. Arb. biol. Stat. Kossino **1925**, Lief. 3. — Kudrjaschow, W. W.: Die Geschichte der Seen bei dem Dorfe Kossino. Ebenda **1924**, 1. — Zur Geschichte der Seen in postglazialer Zeit. Verh. internat. Ver. Limnol., Moskau **3** (Stuttgart 1927). — Oserow: Über die Frage der chemischen Bestimmung der Seeproduktion. Arb. wiss. Fisch.-Inst. **1924**. — Taganzeff: Sapropelprobleme. Naphtha- u. Brennstoffwirtsch. **1920**, Nr 4—8. — Solowiew: Drei Versuche uber das Saprogen des Bjeloje-Sees. Nachr. Sapropel-Kommiss., Bull. **1** (1923). — Rylow, W. M.: Die sapropelischen Reste des Tolpolowsk-Sumpfes. Isw. Sapropel-Kommiss. **1923**. — Arnold, W. J., u. Alabieff: Die Seen der Kurgalowschen Halbinsel. Internat. Ver. Limnol. **3** (1927). — Die Seen Segosero und Wygosero nach den Forschungen der wissenschaftlichen Olonetz-Expedition. Ebenda **1927**. — Nikolajewa, E. J., u. A. F. Sulima: Zur Frage über die Mikroflora und die biochemischen Prozesse im Schlamme des Grundes des Glubokoje-Sees. Arb. hydrobiol. Stat. Glubokoje **5**, Lief. 1 (Moskau 1913). — Williams: Die Bodenkunde (russ.). **1919**. — Wislouch: Bemerkung über Bakteriensapropel. Russ. hydrobiol. Z. **1** (1922). — Bemerkung über das Sapropel des salzigen Sees Moinak. Nachr. Sapropel-Kommiss. **1** (1923). — Rossolimo, L.: Morphometrie der Seen zu Kossino. Arb. biol. Stat. Kossino, Lief. 2 (Moskau 1925). — Atlas tierischer Überreste in Torf und Sapropel. Zentr. Torfstation, Volkskom. f. Landw. d. R. S. F. S. R. Moskau **1927**. — Perfiliev, B.: Zur Mikroflora des Sapropels. Nachr. Sapropel-Kommiss. **1** (1922). — Zur Frage über die rationelle Heilschlammwirtschaft. Kurortnoje Delo **1925**. — Omeljansky, W.: Bakteriologische Untersuchungen des Schlammes aus den Seen Bjeloje und Kolomno. J. Mikrobiol. **4** (1917). — Rylow, W. M.: Über die Schlammablagerungen des Ilmensees. Arch. l. Hydrobiol. **18** (1927). — Einige Beobachtungen über den Einfluß der Schwefelwasserstoffgärung in den Schlammsedimenten kleiner Gewässer auf die Produktion und die vertikale Verteilung des Zooplanktons. Verh. internat. Ver. Limnol. **2** (1924). — Issatchenko, B.: Études microbiologiques de bone de lacs. Mém. Com. géol., N. Sér., Lief. **148**. — Neustadt, M. J.: Die Entwicklungsgeschichte des Sees Somino. Versuch der Synchronisation der Seeablagerungen. Arch. Hydrobiol. **1927**. — Wertebnaja, P. J.: Über eine relikte Algenflora in den Seeablagerungen Mittelrußlands. Ebenda 1929. Vgl. auch S. 113, 137 u. 186 dieser Abhandlung.

ganze Anzahl von Arbeiten und Notizen unterrichtet (Gouvernements Moskwa, Wladimir, Twer, Leningrad, Nowgorod, Simbirsk). Schwarze Juratone und paläozoische Gesteine, uralte durchgewitterte Landoberflächen mit dünner Altmoränendecke bilden die Unterlage einer dünnen glazialen Deckschicht, die nur selten aus glazigenen Tonen oder Lehm, meist aus fluvioglazigenem Sand besteht. Die bestuntersuchten Seen von Kossino, südöstlich von Moskau, mögen als Beispiel gelten. Alle Seen sind relativ klein und wenig tief, die Auflandung ist ziemlich stark, ca. 15 m mächtig und die Verlandung nur bei den polyhumosen enorm. Bezeichnenderweise enthält der „Weiße See" Gyttja, der „Schwarze See" Dygyttja, nur er ist besonders verlandet; in der atlantischen Zeit entwickelte er als einziger bei höherem Wasserstand einen Kalkgyttjaboden. Der „Heilige See" hat nur Dyboden. Sonst haben wir keine Nachrichten von einer alkalitrophen Seebodenentwicklung in Rußland. Heute scheinen Kalkböden kaum mehr vorzukommen, hingegen sind auch die eutrophen Gewässer mindestens mesohumos, wie die zahlreichen Analysen der Böden aller Gouvernements zeigen.

Unter analogen Klimabedingungen und ähnlicher geohistorischer Lage gehören die in der Präwürmlandschaft unter entsprechender humider Seeklimawirkung gelegenen nordwestdeutschen Moorheideseen zur gleichen Dygyttjaprovinz. Sie ist rein sedimentär einfacher zu charakterisieren als symphysiologisch, denn ihr Wasser ist oft eutroph-mesohumos. So wie der Tschernojesee ist auch das Steinhuder Meer bei Hannover nach WUNDSCH[1] mit Dygyttja entwickelt. Der Boden der flachen Gewässer färbte die von STRUCKMANN[2] beschriebenen subfossilen Knochen- und Geweihreste dunkelbraun bis schwarz. Auch vom Dümmer wird „Moorboden" angegeben, was unserer heutigen Dy entspricht. Die bakteriellen Prozesse erfolgen am Dyboden infolge seiner sauren Reaktion im verminderten Grade, und die Sedimentationsvorgänge werden deshalb bei steigender Dystrophie immer resistenter, was die Fossilisation von Makrowie Mikrofossilien begünstigt. Weiter gehören hierher die auch physiognomischmorphologisch ähnlichen Heideseen in der holländisch-niederrheinischen Binnendünengrenzlandschaft[3] und die flachen „Meere" Ostfrieslands, Westfalens und Oldenburgs. Es sind durchweg humusbraune, dabei nicht klare Gewässer mit reichen Verlandungsbeständen und Heide und Moorufern[4]. Der Kalkgehalt schwankt in der ganzen Gruppe, allzu hoch wird er natürlich nirgends. *Holopedium gibberum*, ein kalkfeindlicher humussteter Krebs, soll im Großen Sager Meer vorkommen[5].

Bevor wir endgültig zum dystrophen Seetypus übergehen, sei noch die Frage der Verbreitungsgrenzen der Kalkseeböden gestreift. Wir trafen die oligotrophen primär kalkreichen Gebiete in allen Tiefenzonen und fanden sie für die Übergangsseen oligo-mesotropher Natur hinsichtlich der Litorale typisch und auch noch im eutrophen See vorhanden, nur oft von der planktogenen Massenproduktion überdeckt. KINDLE[6] hat nun versucht, aus dem zweifellosen Zu-

---

[1] WUNDSCH, H. H.: Die quantitative Untersuchung der Bodenfauna und -flora in ihrer Bedeutung für die theoretische und angewandte Limnologie. Verh. internat. Ver. Limnol., Innsbruck **2** (Stuttgart 1923).

[2] STRUCKMANN, C.: Über die im Schlamm des Dümmer in der Provinz Hannover aufgefundenen Reste von Säugetieren, o. J., ca. 1890.

[3] STEEGER, A.: Die Seen und Teiche des unteren Niederrheingebietes. Arch. f. Hydrobiol. **15** (1925).

[4] HALBFASS, W.: Der Große und der Kleine Bullensee in der Lüneburger Heide. Abh. nat. Ver. Bremen **25**, 3 (1923).

[5] NOLTMANN, R.: Nordwestdeutsche Seen. Naturforscher **1928/29**, H. 9.

[6] KINDLE, E. M.: A comporative study of differents types of thermal stratification in lakes and their influence on the formation of marl. J. geol. **37**, 2 (1929).

sammenhang der Seekreideproduktion mit einem für Ufervegetation und Phytoplankton genügend entwickelten Epilimnion die geographische Begrenzung festzulegen. Es ist klar, daß das Epilimnion einerseits in großen tiefen Seen durch Strom und Wind unbeständiger und weniger warm ist als in kleinen Flachseen gleicher geographischer Lage und andererseits auch mit zunehmender Meereshöhe und Polhöhe. Er hat die Oberflächentemperatur verschieden gelegener Binnenseen synoptisch zu erfassen versucht, was in ähnlichen Ansätzen auch Halbfass[1] für zwei Alpenseen in simultanen Temperaturmessungen versuchte. Damit wird das Vorkommen oder Fehlen phytogener Seekreiden auch zum Indikator fossiler, postglazialer Klimaschwankungen.

Nach Kindle finden die rezenten Seekreideunterwasserböden in Nordamerika bei ca. 1100 m Höhe (Alberta-Felsengebirge) ihre Höchstgrenze, und ihre Nordgrenze deckt sich im seenreichen Kanada ungefähr mit der Waldgrenze auf 55° nördlicher Breite. Er bemerkt richtig, daß auch heute in Finnland, das gerade nördlich dieser Breite liegt, ebenfalls keine Seekreiden gebildet werden. Wichtig scheint uns, daß hier zwei limnogeographische Grenzen ungefähr zusammenfallen. Die Polargrenze der Seekreideböden deckt sich ungefähr mit der Äquatorgrenze der telmatisch ernstlich wirksamen alljährlichen Eiswirkung. In Deutschland hat das Wintereis erst in Ostpreußen bedeutenden Einfluß auf die Gestaltung des Litorals und Ufers; dasselbe gilt natürlich für die baltischen Provinzen, und im Norden scheint die Grenze durch Mittelschweden hindurchzuziehen. Nordschweden scheint aber wieder von Kalkgyttja, wie auch Finnland, frei zu sein. Das hat klimatische, nicht lithologische Gründe, denn in kanadischen Urgesteinsgebieten (Ontario, Ottawa) sind Seekreiden entwickelt.

Die Polargrenze zieht sich wie viele klimatische Arealgrenzen im Innern des Kontinents stark nach Süden, das gilt auch für die limnische Eisufergrenze. Eine eutrophe Polargrenze wird weiter polwärts folgen.

Der dystrophe Seetypus kann, wie wir sehen, als Verlandungsstadium des eutrophen und bei Ca-oligospektraler Oligotrophie als Sekundärstadium direkt folgen. Wir könnten die Dystrophie, also die Dyböden, demgemäß in erdgeschichtlich alten Landoberflächen und in lithologisch kalkarmen, d. h. kristallinen Gebieten finden. Es wird sich aber zeigen, daß der dystrophe Seetypus räumlich als engster mit den regionalen Moortypen verbunden ist, also beide gemeinsam an hochhumide Klimabedingungen gebunden sind. Es zeigt sich auch hier wieder engste Beziehung zu den Landböden.

Der dystrophe See läßt sich leicht an seiner telmatischen Physiognomie, seinem tiefbraunen und doch klaren und sichttiefen Wasser erkennen. Die Prüfung für jeden der hier angeführten Fälle ergibt, daß die Volksethymologie ganz bezeichnende Seenamen schon für die ausgesprochenen Humusseen wählt. Sind humusärmere eutrophe Gyttjaseen oder oligotrophe Mineralseen benachbart, so wird der hydrographische Gegensatz klar getroffen, indem von weißen und schwarzen Seen gesprochen wird. „Teufelsseen", „heilige" und „wilde" Seen sind überall lebensarme Dyseen. Demgemäß finden wir die Dyseen in Urgebirgsgegenden, in feuchten Höhenlagen und in Gegenden der echten Seeklimahochmoore vorwiegend entwickelt. Nach allem lassen sich zwei Gruppen von Seeböden unterscheiden, die dem dystrophen Gewässertypus Thienemanns und dem siderotrophen Naumanns entsprechen. Die Humusseen sind genau nur in Skandinavien bekannt, in Norddeutschland scheinen sie bei der allgemeinen Diluvialbedeckung selten zu sein, doch können wir nach vielen biologi-

---

[1] Halbfass, W.: Einfluß der geographischen Lage auf die Wärmeverhältnisse von Seen. Pet. Mitt. 59 (1913).

schen und hydrographischen Kriterien noch manche süddeutschen und andere Gewässer dazu rechnen[1]. Völliges Fehlen von Mollusken und von Fischen ist im allgemeinen auch ein Kriterium für nährstoffarme oder gar lebenhindernde saure Dyböden.

Die eigentlichen Erzseen sind nur aus Fennoskandia bekannt, ihre Auffindung ist in solcher Dichte und Mächtigkeit anderswo kaum mehr zu erwarten. Doch gibt die Verbreitung einzelner See-Erzfunde oder auffallenden Eisengehaltes des Seebodens eigenartige Probleme auf, und sicher geht der Erzseeboden mit Dystrophie überall Hand in Hand; es handelt sich vielleicht nur manchmal um eine Vorstufe. In manchen silikatischen Mittelgebirgen oder den Zentralalpen wäre auch noch verstreutes See-Erz zu erwarten.

Die Dybodengegend Südschwedens (vgl. Abb. 37 u. 38) ist demgemäß räumlich mit der Eisenseebodenfazies eng verknüpft, und man erkennt im Süden deutlich die Samländischen Urgebirgsinseln inmitten der postglazialen Transgressionszone. In Mittelschweden wiederholen beiderseits des Vänern die Dyseebodenareale die Grenzen des Kristianiagranits und des Dalarner nach Süden ziehenden Gebirgsstreifens. Dasselbe zeigt sich in Mitteleuropa in den Eruptivkernen des Variskischen Gebirges[2]. Im Schwarzwald konnte Verfasser in einer Bodenprobe Dygyttja mit *Aphanotece* feststellen (Titisee), ähnlich im oberschwäbischen Schleinsee. Die kristalline Unterlage der Seengruppe im Feldbergmassiv ist ebenso nährstoffarm wie humusreich wie die der Buntsandsteinplatte mit dem Mummelsee, Wildsee[3] usw. Im kristallinen Böhmer Wald[4] finden wir die gleiche Erscheinung. Die Biologie bestätigt die Nachrichten von Seeböden[5]. Anstehender Fels unter Wasser und reichliche Glimmerschüppchensedimentation verraten den Glimmerschieferuntergrund, Detritus und Schwingrasen die Verlandung, wie z. B. im „Schwarzen See, Teufelssee" (!). Abermals wiederholen sich zweifellose Dyseen in den von Sphagnum umgebenen Teichen des inneren Böhmens und schließlich auch bei den zentralalpinen Paßseen am Gotthard, Grimsel (Totensee!) usw. (vgl. Abb. 42).

Wir sehen, daß die Überzahl der Seen unserer Breiten mehrfach eine Sukzession von kalkreichen zu humusreichen und eisenreichen Böden aufweisen, eine Tendenz, die ja im umgekehrten Verhältnis zum Nährstoffwandel vom Mineralboden zum Gyttjaboden steht, die man in ihren Ursachen mit den bodenverbessernden Pflanzensukzessionen von der Flechte bis zur Waldstreu vergleichen kann. Es hat sich ergeben, daß aus dieser seebodenkundlichen Sukzession auf ein zeitliches Voraneilen der Entkalkung an Land gegenüber der Eisen- und Humusauslaugung geschlossen werden kann. Daneben hat aber besonders NAUMANN[6] auf die Rolle der Siderobakterien bei der Ausfällung des

[1] THIENEMANN, A.: *Holopedium gibberum* in Holstein. Z. Morph. u. Ökol. Tiere **5**, 4 (1926).

[2] HERGESELL, H., u. E. RUDOLPH: Unsere Vogesenseen. Festschr. d. Protestant. Gymnasium Straßburg 1888. — HERGESELL, H., und R. LANGENBECK: Die Seen der Südvogesen. Geogr. Abh. v. Elsaß-Lothringen **1**, 1892.

[3] HALBFASS, W.: Die Seen des Schwarzwaldes. Mbl. bad. Schwarzwaldver. **2**, 8 (1899). — Zur Kenntnis der Seen des Schwarzwaldes. Pet. Mitt. **1898**. — MÜLLER, K.: Das Wildseemoor bei Kaltenbronn. Karlsruhe 1924. — FEUCHT, O.: Das Banngebiet am Wilden See beim Ruhstein. Veröff. staatl. Stelle Natursch. württ. Landesamt f. Denkmalpflege **1928**, H. 4.

[4] WAGNER, P.: Die Seen des Böhmer Waldes. Dissert., Leipzig 1897. — REISSINGER, A.: Der Schwarze See im Böhmerwald. Die ostbayr. Grenzmarken 3. Passau 1930.

[5] FRIC, A., u. V. VAVRA: Untersuchung zweier Böhmer-Wald-Seen, des Schwarzen Sees und des Teufelsees. Arch. naturwiss. Landesforsch. v. Böhmen, Prag **10**, 3 (1897).

[6] NAUMANN, E.: Über morphologisch bzw. physiologisch bestimmbare Eisenbakterien. Ber. dtsch. bot. Ges. **47**, 4 (1929).

182   E. Wasmund: Lakustrische Unterwasserböden.

Eisens aus dem freien Wasser der Seen eisenreicher Gebiete hingewiesen, und
dieses Enteisenen der Seen kalkarmen Urgebietsuntergrundes stellt eine interessante, wenn auch im einzelnen noch wenig bekannte Parallelerscheinung zum
Entkalken in Seen mit Kalkgesteineinzugsgebiet dar.

Die schon behandelte Gruppe der Toneisenseen stellte sich als Fazies der
polychalkitischen Oligotrophiegruppe dar. In den nördlichen Kalkalpen, wie
am oberitalienischen Südalpenrand läßt sich die rötliche Eisenfärbung der
Seen auf jurassische Gesteine mit hohem Fe-Gehalt oder auf Verwitterungs-
rückstände der tertiären Nagelfluh zurückführen. Von Humus war dabei im
allgemeinen keine Rede, trat er allerdings hinzu, so zeigte sich die Eisenausfällung
gleich sehr verstärkt, wie das Beispiel des oligohumosen Lunzer Untersees mit

Abb. 42. Wielandssee in Oberschwaben. Vordergrund der dystrophe See als verlandender Restsee mit Schwingrasen
im vermoorten alten Seeboden. Typus des Sees des glazialen Alpenvorlands, mit Gyttja- und in diesem Fall Dybböden
Mittelgrund Drumlinlandschaft mit eingeschnittenem Argental, Hintergrund Bodensee. Luftbild. (Phot. Wasmund.)

dem polyhumosen Obersee zeigt, die beide den gleichen Untergrund haben.
Demgemäß werden wir in Urgebirgsgegenden mit dystrophen Seen eisenschüssige
bis erzhaltige Seen zu erwarten haben. Das ist in weitem Ausmaß der Fall,
nur muß einschränkend bemerkt werden, daß sicher viele mitteleuropäische
Gewässer, von deren Böden wir bisher nur chemisch den Fe-Nachweis führen
können, bei näherer Untersuchung auch erzfündig sein werden. Bei der Kleinheit
dieser Bergseen kann allerdings keine Hoffnung auf Auffindung von Erz die
Rede sein. Der normale Prozentsatz $Al_2O_3 + Fe_2O_3$ der Seeböden bewegt sich
zwischen 1—5, in den Toneisenseen wurden Werte über 20 erreicht, die sich
auch durch Rotfärbung anzeigten. Im allgemeinen besteht auch die Spektral-
funktion Ca $\geq$ Fe. Im Lac de Gérardmer auf der französischen Vogesenabdachung
verhält sich aber Ca : Fe = 0,06 : 10,0 bei einem Kieselsäuregehalt von 68%.
Das ist bezeichnend für Urgebirgsseen. Und in einigen Seen der kristallinen
Pyrenäen schwankt der Kalkgehalt zwischen 0,1 und 0,6%, während der

Eisenwert zwischen 33 und 38 % liegt. Die eigentlichen Erzseen sind bisher nur aus Fennoskandia und Rußland neben einigen dänischen und deutschen Vorkommen bekannt geworden[1]. In Schweden sind sie gänzlich auf den Urgebirgsgrund beschränkt. ALMS[2] Darstellung besonders der größeren bewirtschafteten Seen dieser Gegend betont, daß sie sämtlich in der Oligotrophiereihe mit allen Stufen der Humidität stehen und bezeichnet die „Bodenmassen als sehr wechselnd, Steine, Sand, Lehm, Gyttja, seltener dyartig, und in diesem Fall nicht bräunlich, sondern dunkelgrau". Nur die meso-polyhumosen Seen, also die dystrophen, meist alle kleineren des kristallinen Grundes führen Erz. Besonders diabasische Gesteine scheinen heute wie auch bei fossilen Erzkonkretionslagerstätten die Bildung zu begünstigen.

See-Erz ist im nordischen kristallinen Gebiet der Alten und wohl auch der Neuen Welt von Neufundland bis in die russische Tundra und nach Südschweden hinab verbreitet[3].

Es ist bemerkenswert, daß besonders für die am besten bekannten schwedischen Vorkommen die ausschließliche Lokalisierung auf das Litoral betont wird. Die einzige Ausnahme scheint der nordrussische Segsee zu sein, wenn auch allerdings hier wie im benachbarten Wigsee die Hauptkonkretionsschicht ($^1/_2$ m mächtig!) auf die Uferbank beschränkt ist. Alle anderen bekannten Vorkommen sind sämtlich in Mitteleuropa gelegen, sie verteilen sich einerseits auf die baltische Seenplatte, andererseits auf das Alpengebiet. Im Baltikum sind es in Dänemark der Furesee und der Tjustrupsee, in Pommern der Madüsee (vgl. Abb. 15), wo überall die bohnerzartigen Bildungen auf das Sublitoral (Schalenmaterial als Initial) beschränkt sind. Neben diesen dem baltischen Oligotrophietypus angehörenden Seen muß der Enzigsee in Pommern erwähnt werden, der in 35 m Tiefe durch Eisen gelbrot gefärbte Chironomidenröhren aufweist, also auch hier Beginn der Eisenfällung in meso-dystrophen Sandr-Seen.

In der seenarmen Zone südlich der baltischen Endmoräne hat NAUMANN[4] See-Erz aus der Spree beschrieben. Das Schroterz ist aber mehr durch kulturelle Maßnahmen bedingt (Abwässer, Schlacken als Initiale) und durch Grundwasser des eigenschüssigen Geschiebesandes gespeist und braucht regional nicht berücksichtigt zu werden.

Im Alpengebiet sind vier Vorkommen bekannt. Im Starnberger See[5] tritt Erz als 1—3 mm großes Kugelerz im tiefen Schweb, also im Profundal, auf. Dem gesellen sich „in geringen Mengen Schlick kleine Eisenkügelchen im Tegernsee, wie wir sie auch massenhaft im Kochelsee gefunden haben", zu (BREU). Also überall im Voralpengebiet Beschränkung auf das Profundal und geringe Produktivität. Die See-Erzbildung wandert nach Süden tiefer und klingt gleichzeitig aus, geht dann in die geschilderten Tonwiesenböden über. Ein viertes Beispiel ist der Millstätter See in Kärnten. Er steht unter den großen Alpenseen mit seiner vollkommen kristallinen Umgebung einzig da, die „häufigen Glimmerblättchen im grauen Schwebschlamm" konnten nur hier festgestellt werden.

---

[1] Vgl. hierzu Handbuch der Bodenlehre 10.

[2] ALM, G.: Bottenfaunan och fiskens biologi i Yxtasjöen samt jämforande studier över bottenfauna och fiskavkastning i vara sjöer. Medd. K. Lantbrukstyr., Stockholm 1922, Nr. 236.

[3] HAYES, H. J.: Wabana iron ore of Newfoundland. Mem. geol. Surv. Canada, Ottawa 78 (1915). — GAEWSKY, P. M.: Eisenerze des Olonischen Gebiets und ihre Ausnutzung. Die produzierende Kraft der Murmaneisenbahn. Leningrad 1923.

[4] NAUMANN, E.: Über die See-Erzbildung der Spree in der Nähe von Berlin. Arch. f. Hydrobiol. 13 (1921/22).

[5] ULE, W.: Der Würmsee in Oberbayern. Wiss. Veröff. Ver. Erdkde. Leipzig 5 (1901).

Neresheimer und Ruttner[1] fiel auch auf, was bezeichnend für die regionale Stellung, aber selten in den Alpen ist, daß die litoralen Seekreidebänke fehlen. Am Seegrund ist Diatomeenocker (offensichtlich nach Schilderung), Röhrenerz und Skragg gefunden worden. Gewiß findet beim Einmünden der wenigen alkalischen Abwässerzuflüsse Eisenfällung statt, die abnorme Enteisenung des Wassers höherer Schichten — das mit hohen p_H-Werten nur wenig Fe in Lösung enthalten kann — ist darauf zurückzuführen, aber Ruttner[1] stimmt uns in der Auffassung bei, daß die Eisenerze des Profundals außerdem ursprünglich sein können. Wir haben ja in einem anderen Urgesteinsgebiet, aus dem bisher keine eigentlichen See-Erze bekannt sind, genau dasselbe. Braune, auf Diatomeenschalen niedergeschlagene Eisenmassen kommen in den tieferen schottischen Lochseen im kalkarmen kristallinen und kaledonischen Paläozoikum vor. Klimatisch ist das Gebiet durch hohe Niederschläge, geringe Verdunstung, starke Humusbodenbildung an Land gekennzeichnet. Lee und Collet konnten im limonitischen roten Seeton des Loch Ness $34{,}5\%$ Fe_2O_3 feststellen, und Caspari gelang im Loch Assynt bei fehlendem Ca ein Nachweis von $55{,}49\%$ Fe_2O_3!

Aus dem geographisch gruppierten Tatsachenmaterial ergeben sich zweierlei Schlüsse: 1. die boreale Gruppe von Erzseen hat nur litorale Vererzung und fällt regional mit dem Urgebirge und dem dystrophen Ca-oligotypischen Seen zusammen; 2. die dänisch-norddeutsche Gruppe entwickelt schwächere Vererzung nur im Sublitoral und ist an oligotrophe, im allgemeinen schwach humose Ca-mesotypische Seen gebunden; 3. die alpine Gruppe weist nur profundale schwächste Vererzung auf und tritt in oligo-mesotrophen Ca-polytypischen, scheinbar humusarmen Seen auf. — Erzseen sind im Norden außerordentlich häufig, südlich der Ostsee zählen sie zu großen Seltenheiten, anderswo sind sie unbekannt. Humidität des Klimas und des Bodens im Doppelsinn des Wortes scheinen also optimale Faktoren zu sein. Naumanns Auffassung ist folgende:

Die Verbreitung der See-Erze korreliert in Südschweden

positiv mit a) der Hauptentwicklung der Silikatgesteine,
     b) ,,   ,,   ,, Kiesablagerungen,
     c) ,,   ,,   ,, elektrolytarmen Humusgewässer.

In Kalkgebirgen fehlen sie ganz.

Negativ mit a) der Hauptentwicklung der Kalkgesteine,
     b) ,,   ,,   ,, Tongesteine,
     c) ,,   ,,   ,, elektrolytreichen Klargewässer.

Die negativen Beziehungen scheinen nun südlich der Ostsee teilweise erfüllt zu sein! Ramann hat schon 1895, was nicht genügend berücksichtigt wurde, auf den Zusammenhang der Rohhumusverbreitung mit der Quantität des Raseneisensteins aufmerksam gemacht. Der Norden, sowohl der kristallinische als auch der Fehaltige diluviale, ist stark humid und zur Rohhumusbildung in Wäldern geneigt; Humussäuren wirken lösend auf das sonst als Verwitterungsrest zurückbleibende Eisen, daher die große Bedeutung der See-Erze in Fennoskandia und Nordrußland und ihre starke Abnahme nach Süden. Die deutschen und die dänischen Vorkommen sprechen aber gerade in ihrer Isolierung für die notwendige Anwesenheit von Humussäuren, bei deren Oxydation das mitgeführte Eisen als Ion frei wird.

---

[1] Neresheimer, E., u. F. Ruttner: Der Einfluß der Abwässer des Magnesitwerks in Radentheim auf den Chemismus, die Biologie und die Fischerei des Millstätter Sees in Kärnten. Z. f. Fischerei **27**, 1 (1929).

Der Transport wird durch AARNIO[1] als eine durch Humus als Schutzkolloid bedingte Lösung von kolloidem Fe_2O_3 erklärt; ähnlich äußern sich ODÉN[2], ASCHAN[3] u. a. Auch widersprechen die diffusionschemischen Prozesse der besonders durch PERFILIEW nachgewiesenen Beteiligung von Eisenbakterien nicht. Die zonale Tieferlegung des Erzgürtels aber läßt sich so erklären, daß die wenigen südbaltischen Seen mit etwas See-Erz keineswegs frei von Humusbelieferung sind, ja es ist eine direkte Zufuhr von Eisenhumat anzunehmen. Nur sinkt das beladene, in den See eintretende Grundwasser etwas ab, und in der warmen Epilimnionschicht des norddeutschen bezw. dänischen Litorals neutralisiert die Kalkproduktion den Humus, so daß die Erzbildung auf das Sublitoral beschränkt wird. Im Alpenvorland werden diese Verhältnisse ganz deutlich. Der Würmsee ist hydrologisch ganz ungewöhnlich isoliert und auf allen Seiten von mächtigen „Filzen" und Mösern umgeben; Verfasser konnte nachweisen[4], daß seine Hauptwasserzufuhr oberirdisch aus einem großen Moorbach, unterseeisch aus Abflüssen der im Lagg des Hochmoores liegenden Osterseen besteht. Nicht umsonst hat er eine braune Wasserfarbe, und nur der allgemeine hohe Kalkgehalt eines Alpensees, der erst im Profundal stärker abnimmt, verweist die Erzbildung auf das Profundal, wohin das kühle Zuflußwasser absinkt, wie es auch beim Millstöker See und Tegernsee der Fall ist. Beim Kochelsee liegen die Dinge trotz des bekannt hohen Kalkgehalts des Seebodens ähnlich, hat doch keiner der deutschen bekannten Alpenseen außer dem Chiemsee derart weit ausgedehnte Moorufer! Die limnische Erzbildung wandert also mit zunehmender südlicher Lage vom Litoral ins Sublitoral zum Profundal, die anwachsende Einstrahlung verstärkt das Epilimnion, je weiter im Süden, desto stärker die Kalkfällung und Humusneutralisation in oberflächlichen Schichten, die Erzlagerstätten wandern folglich in die Tiefe. Die Klärung der See-Erzverbreitung ist eine der interessantesten Fragen und für das regionale Verständnis der Dystrophie der Seeböden ein gutes Beispiel.

Wir können also abschließend nach Schilderung der drei Seebodentypen unserer Breiten mit allen Übergängen und den lithologischen, landschaftlichen, klimatischen und bodenkundlichen Fazies folgendes allgemeine Schema für die Reifungssukzession der Seeböden aufstellen, das aber nur bei Annahme einer klimatisch-hydrologisch gleichsinnigen Entwicklungsgeschichte gilt. In vielen Gegenden haben die postglazialen Klimaschwankungen tief eingegriffen und Stagnation und Rückschläge in der Typenfolge gebracht, doch hat das Schema trotzdem Geltung, da ja die Entwicklung heute noch so vor sich geht und vor unseren Augen durch kulturellen Einfluß angeregt und überall in räumlichem Nebeneinander veranschaulicht wird.

Seebodenphase I: Allochthone Phase. Oligotropher Stoffhaushalt, es ist horizontal und vertikal starke Faziesfrequenz entwickelt. Eine hohe Uferentwicklung, verändert sich regional stark, Bodenprofil fehlt bei Andeutung von Äfja.

Seebodenphase II: Autochthone Phase. Eutropher Haushalt und Reifung verursachen alle morphologischen und faziellen Unterchiede, eine Über-

---

[1] AARNIO, B.: Über die Ausfällung des Eisenoxyds und der Tonerde in finnländischen Sand- und Grusböden. Geol. Kommiss. i Finnland, Geotekn. Medd. 16. Även Dissert., Helsingfors 1915.

[2] ODÉN, S.: Die Huminsäuren. Dresden 1919.

[3] ASCHAN, O.: Die Bedeutung der wasserlöslichen Humusstoffe (Humussole) für die Bildung der See- und Sumpferze. Z. prakt. Geol. 1907. — Humussämnena i de nordiska inlandsvattnen och deras betydelse, särskilt vid sjömalmernes daning. Helsingfors 1906.

[4] WASMUND, E.: Zur Postglazialgeschichte des Würmseegebiets. Verh. internat. Ver. Limnol., Moskau 3 (Stuttgart 1927).

schußproduktion von organischem Salz beherrscht die Außeneinflüsse, daher ist ein regional monotones Bodenprofil stark entwickelt.

Seebodenphase III: Allochthone Phase. Dystropher Haushalt und Erblindungszustände verursachen Bodenfazies und Ufer- wie Tiefenformen aufs höchste, terrigene Einflüsse nehmen wieder überhand, sie sind auch stärker phytogeographisch und klimatisch bestimmt, d. h. verändern wieder mehr regional, ein Bodenprofil fehlt völlig.

Im Anhang streifen wir wenigstens noch drei Seebodenprovinzen, die größtenteils außerhalb unserer Breiten liegen, und die sich mehr geographisch-klimatisch und weniger ihrem inneren physiologischen Getriebe nach auffassen lassen. Doch sind die Ablagerungen für uns von hoher Wichtigkeit, weil gerade die fossilen Seeablagerungen Mitteleuropas größtenteils unter solchen Bedingungen gestanden haben müssen. Es sind einerseits die Strandseen, andererseits die von Forel schon thermisch als „polare“ und „tropische“ Gewässer ausgeschiedenen Binnenseen, die wir als stenopolare und stenoaride Seebodenprovinzen übernehmen wollen. Über die Tropenbinnenseen reicht unsere Kenntnis trotz mancher Nachricht in keiner Weise zu einer modernen limnologischen Auffassung hin.

In Deutschland sind die Böden der Strandseen mehrfach erwähnt worden; Lütjenburger Binnensee von Lundbeck und Wasmund, das Stettiner Haff von Brandt, der Lebasee in Hinterpommern[1], das Frische Haff von Seligo[2]. Gyttja wird überall in großen Mengen gebildet, der Grobdetritus spielt keine geringe Rolle, die Windstärken von der Flachküste machen sich in der Umformung der Sedimente bemerkbar. Der Nährstoffhaushalt und damit der Sestonniederschlag übersteigt den der echten Süßwasserseen erheblich, mit den Schwankungen im Salzgehalt, den Seewasser- und Brackwassereinbrüchen sind aber Massensterben der Fauna, H_2S-Bildung und als Endprodukt der Fäulnis typischer Sapropel für die Strandseen bezeichnend. Sapropel in typischer schwarzer, nach Schwefelwasserstoff riechender Ausbildung finden wir ferner in den Strandseen Kurlands und im „heilsamen Meeresschlamm“, wie in den Limanen der rezenten pontischen Vortiefe[3]. Im Kujalnik-Liman folgen auf den fluviatil-limnischen Untergrund 16 m marine-brackische Gyttja und im Bug-Liman über 30 m Sapropel. Das Sediment besteht aus Resten von Grünalgen, Ostrakoden und dem stenohalinen Krebs *Artemia salina*, der auch im ariden Seegebiet sedimentbildend auftritt. Hier, wie auch im Lütjenburger Binnensee, folgt Salzwassersapropel über limnischer Gyttja, also die umgekehrte Lagerfolge wie in den schwedischen Binnenseen unterhalb der marinen Grenze, die ja auch ehemals Strandseen waren. Die zahlreichen südfranzösischen Strandseen der Atlantikküste sind durch die Monographie von L. Sudry[4] limnogeologisch beschrieben worden. Soweit man bei der Zurückstellung biogeologischer Betrachtungsweise sehen kann, ist die minerogene Komponente vorherrschend, doch wird die Bildung von Schalen-

---

[1] Bülow, K. v.: Aus der Geschichte des Lebasees, eines hinterpommerschen Strandsees. Jb. preuß. geol. Landesanst. **48** (1927).

[2] Seligo, A.: Änderungen in der Zusammensetzung der Tierwelt des Frischen Haffes. Verh. internat. Ver. theoret. u. angew. Limnol. **3**, T. 2 (1927).

[3] Sokolow, N.: Über die Entstehung der Limane Südrußlands. (Russ., deutsche Zus.) Mém. Com. Géol., St. Petersburg **10**. — M. Kendrowsky: Untersuchung der Limane des Bug, des Dnjepr und anderer. Mem. Naturforsch. Ges. Univ. Charkow **18** (1885). — Wasmund, E.: Biostratonomisch-malakologische Beobachtungen zur Quartärgeschichte der sudrussisch-pontischen Saumtiefe. Geol. Rdsch. **20**, H. 4/5 (1929). — Iwanow, P.: Der Heilschlamm und seine Mikroorganismen. Russ. Arzt (russ.) 1909. — Wislouch: Beiträge zur Biologie und Entstehung von Heilschlamm der Salinen der Krim (poln.). Act. Soc. bot. Pol. **2** (1924).

[4] Sudry, L.: L'étang de Thau. Dissert., Nancy. Monaco 1910.

bänken und *Serpula*-Riffen erwähnt, und ganz in unsere Vorstellung paßt der Gehalt an Phosphaten und Schwefeleisen.

Von den Strandseen zu den **stenopolaren Seen** leiten die Gezeitenseen auf Labrador[1] über. Das limnogeologische Bild ähnelt dem der aus der finnischen postglazialen Seengeschichte bekannten Sanduferbänken. Unter Mitwirkung der Gezeiten, Steinbarrikaden und unter Bewegung des Ufereises findet man sie dort rezent wie in Finnland im gehobenen Gelände. Wir können wohl vorläufig arktische und hochalpine Seen in eine Reihe stellen, solange die Kenntnisse über die Bodenentwicklung noch so gering sind. Sicher ist der Temperaturhaushalt hier ein primärer Faktor, überwiegende Eisbedeckung tritt vereint mit umgekehrter Temperaturschichtung auf, die mit der Bodenwärme zusammen die Bildung von Grundeis verhindern wird. Von den Riesenseen in Nordkanada, auf Grönland, Spitzbergen, Island, Nowoja Semlja wissen wir nur wenig Hydrobiologisches aus Berichten russischer und schweizerischer Expeditionen[2]. Entsprechend den vorwiegend mechanischen Verwitterungsvorgängen an Land spielt in dieser Seengruppe auch die minerogene Komponente die erste Rolle. Es ließe sich bei der Massenentwicklung der Diatomeen in polaren Meeren eine entsprechende Bildung von Diatomeengyttja auch in diesen physikalisch so ganz anders gearteten Seen denken, doch scheint dem nicht so zu sein. Wie das Leben überhaupt in den Binnengewässern der Arktis und im Hochgebirge sich nicht durch Sonderformen, sondern durch stufenweises Zurückbleiben auszeichnet, so auch hier. Chlorophyceen und Cyanophyceen treten zurück und Desmidiaceen spielen in Arktis und Hochalpen eine große Rolle, was klar auf erhöhte Humosität weist, die wir ja auch auf Gesteine, Niederschlagsmenge und Vegetationsmangel zurückführen können. In dieser Richtung haben wir uns die Zusammensetzung dieser Seebodengruppe vorzustellen. Im Lüner See im Rhätikon (1943 ü. d. M.) traf Verfasser in einem abgesenktem See im steinigen Sublitoral tief korrodierte Gesteine, und SCHARDT und AARNI[3] beschrieben von dort durch die Abnahme des CO_2-Druckes gebildete Strandschuttverkittungen. W. SALOMON[4] faßt, indem er Arktis und Alpen miteinander vergleicht, die „Pflasterböden" am Ufer als solifluktionsähnliche Folgen der Wasserdurchtränkung in Tauzeiten auf. Sicher haben wir auf diesem Gebiet noch manche Entdeckung zu erwarten. Reine Korngrößenjahresschichtung, wie wir sie im hohen kanadischen Felsengebirge kennen, entsprechen ganz den Bändertonen der diluvialen Eisstauseen unserer Breiten, auch sie werden sich rezent in Europa in Seen wie dem beschriebenen Märjelensee noch finden lassen. Nicht unwichtig ist für uns die Festlegung der Nordgrenze organogener oder eutropher Gyttjaböden, insofern nämlich als die pollenanalytische Durchforschung lakustriner Sedimente nur direkte Sukzession von Tundratorf auf minerogene Anfangsböden im Murmangebiet und auf Nowoja Semlja ergeben haben[5].

Die an die gemäßigten Breiten äquatorwärts anschließenden beiden Trockengürtel der Erde beherbergen eine fast ununterbrochene Kette von Seen, die wir als **stenoaride** ausscheiden. Der Begriff der ariden Zone, wie ihn A. PENCK,

---

[1] KINDLE, E. M.: Geography and geology of Lake Melville district, Labrador Peninsula. Mem. geol. Surv. Canada, Ottawa 141 (1924).

[2] BACHMANN, H.: Das Phytoplankton der Piora-Seen nebst einigen Beiträgen zur Kenntnis des Phytoplanktons schweizerischer Alpenseen. Z. Hydrol. 4, H. 3 (1928).

[3] SCHARDT, H., u. P. AARNI: Über die Entstehung des Lüner Sees im Rätikon. Vjschr. naturforsch. Ges. Zürich 71 (1926).

[4] SALOMON, W.: Arktische Bodenformen in den Alpen. Sitzsber. Heidelberg. Akad. Wiss., Math.-naturwiss. Kl. 5 (1929).

[5] KUDRJASCHOW, W. W.: Torfmoore der Beluschij-Halbinsel. Ber. wiss. Meeresinst., Moskau 1925, Lief. 12.

Woeikoff u. a. geprägt haben, enthält eigentlich schon die Ursache für das selbständige Auftreten einer universalen Seebodenprovinz von dem von uns gewohnten weit abweichenden Charakter des physikalisch-chemischen Haushaltes. Die Folge der die Niederschläge übersteigenden Verdunstung sind Konzentration der Salze in abflußlosen Becken. Die bodenchemischen Prozesse an Land und unter Wasser verlaufen hier wohl so gleichsinnig wie nirgends sonst auf der Erde, und zwar wohl nicht zum wenigsten deshalb, weil die organische Komponente in beiden Medien äußerst zurücktritt. Es ist unmöglich, hier ausführlicher auf die Bodengestaltung und die chemisch-mineralogischen Verschiedenheiten der Salzseeböden einzugehen. Es sei nur, um kein allzu einseitiges Bild entstehen zu lassen, erwähnt, daß wir auch im ariden Gürtel, besonders in Seen oberhalb des allgemeinen Grundwasserspiegels, eutrophe Züge kennen. Verlandung durch Makrophyten, Wasserblüte, Verwesungserscheinungen unter H_2S-Bildung ist auch hier bekannt. Von großer Wichtigkeit im Gesamtaufbau der stenoariden Seeböden sind die anemogenen Sedimente der Staub- und Sandstürme, die wir in rezenter und fossiler Ausbildung genau untersucht durch Decksbach in den Kirgisensteppen und durch Treitz im einzigen europäischen Steppensee, dem Plattensee, kennen. Neben reinen Salzböden sind Salztone sehr verbreitet, wie sie z. B. Trinkler[1] schildert. Begnügen wir uns im übrigen mit der Aufzählung der Schotts in Marokko, der Salzsümpfe in der Sahara, der Salzpfannen in Südafrika, dann der großen Salzseen, die Asien durchziehen, vom Toten Meer zum Kaspimeer und Aralsee, vom Urmia- und Vanbecken in Hocharmenien bis zu den Permotriadischen Salzaugen des Baskuntschak und Elton in der Kirgisensteppe und den Salzseen in der Turgaisteppe, die sich bis zu den indischen Salzmorästen und den zahllosen, abflußlosen großen Salzseen im Tarimbecken, in Hochtibet usw. fortsetzen. Dieselben Salzseen treffen wir in den Pampas Argentiniens und den hochandinen Salaren der Atacamawüste wieder an, im trockenen Westen Nordamerikas stoßen wir auf den berühmten großen Salzsee in Utah und seine vielen Genossen im Great-Bassin, in Kalifornien und Mexiko. Schließlich erwähnen wir noch den Lake Eyre in Australien. Salzseen treten also überall da auf, wo Salzböden, Solontschakböden usw. verbreitet sind, Sodaseen liegen im ungarischen Sodabödengebiet. Diese europäischen stenoariden Gewässer gleichen sich insofern immerhin der üblichen Ausbildung in unseren Breiten an, als sie einen Gehalt von 40 % $CaCO_3$ besitzen, und im Plattensee schlägt sich sogar ein mit 50—70 % Kalkgehalt und hohen Flugstaubmengen beladener alphititischer Mergel nieder[2].

---

[1] Trinkler, E.: Die Lobwüste und das Lobnor-Problem auf Grund der neuesten Forschungen. Z. dtsch. Ges. Erdkde. Berlin 1929.

[2] Macddougal, D. T.: The Salton Sea. A study of the geography, the geology, the floristics, and the ecology of a desert basin. Carnegie Inst. Washington 193 (1914). — Bogatschoff, V. V.: The Urmia and the Van Lakes. Ann. Lenin Univ. Aserbeidschan, Sect. Nat. Hist., Baku 7 (1928). — Freyberg, B. v.: Der Salzsee Mar Chiquita in der Provinz Cordoba. Naturwiss. 13 (1927). — Leguizamon: Las Salinas de Especuen. Tesis Univ. Buenos Aires 1908. — Reichert, F.: Los Yacimientos de Boratos y otros productos minerales del Territorio de los Andes. Ann. Min. agricult., Buenos Aires 2, 2 (1907). — Blanckenhorn, M.: Der marine Ursprung des Toten Meeres und seine Salze. Z. dtsch. geol. Ges. 81, 3/4 (1929). — Halbfass, W.: Der Manasarovar nach Sven Hedin. Mitt. geogr. Ges. Jena 35/36 (1918). — Decksbach, N. K.: Seen und Flüsse des Turgaigebiets (Kirgisensteppe). Verh. internat. Ver. Limnol., Innsbruck 2 (1924). — Melczer, V. G.: Über die Sande des Balaton-Bodens. Res. wiss. Erforschg. Balaton-See, Wien 1, T. 1 (1911). — Treitz, P.: Der Grund des Balaton-Sees, seine mechanische und chemische Zusammensetzung. Ebenda 1911. — Emszt, K.: Die chemische Zusammensetzung des Schlammes und des Untergrundes vom Balaton-See-Boden. Ebenda 1911. — Giesecke, F.: Bodenkundl. Beobachtungen in Anatolien. Chem. d. Erde 4. 569—573. 1930. — Wasmund, E.: Aerolimnologische Erforschung des Lake Eyre in Südaustralien. Peterm. Geogr. Mitt. 1930.

Die meisten uns besser bekannten fossilen Seeböden von einiger Ausdehnung unterstanden subtropischen — im Diluvium pluvialen — Klimabedingungen. Wir dürfen sie also nicht direkt mit den Seeböden unserer Tage und Landschaft vergleichen. Andererseits bestehen sie überwiegend nicht aus Salzböden (die vielfach weggelaugt sein mögen), sondern immerhin aus vorwiegend chemischen, kalkigen und anderen Absätzen. FOREL führte die·ihm schon bekannten Seeböden der nordamerikanischen Pluvialseen einfach auf Konzentration beim Eindampfen in der Postglazialzeit zurück, doch entspricht dies keineswegs den Tatsachen. Derartige Riesenanhäufungen von Kalkalgentuffen und anorganogenen Präzipitaten kalkiger und dolomitischer Natur haben wir heute nur in tropischen Breiten, manches allerdings, wie Ostrakodenkalke, Algengyttjen, Oolithe, Laubanhäufungen, Larvengehäuse, finden wir in mannigfacher qualitativer und quantitativer Umwandlung auch bei uns wieder. Die Literatur über die großen quartären Binnenseen wurde schon angeführt. Im nordamerikanischen Limnotertiär sind besonders instruktiv die frühtertiären, weitverbreiteten Sedimente der Green-River-Formation[1]. BRADLEY und WINCHESTER führen den Vergleich mit rezenten heimischen Unterwasserböden besonders unter dem Gesichtspunkt der Erdölbildung durch. Bei uns zulande gibt es über die limnischen Phasen und Fazies des Tertiärs eine reiche Literatur, die teilweise auch unter direkt limnologischen Gesichtspunkten arbeitet[2]. Wir erwähnen hier das Mainzer Becken, das Pechelbronner Ölgebiet, dann die Darstellungen über die Thermal- und Sintergesteine der süd- und mitteldeutschen Maarseen, die im Miozän im Vogelsberg, im Nördlinger Ries und im Steinheimer Becken reiche, auch organogene Absätze zeitigten. Gleichzeitig fand am Vortiefenrand der sich bildenden Alpen eine fluviatil-limnische Sedimentation statt, die der heutigen in den großen Quertälern und den anschließenden Vorlandseen sehr nahe steht. Im Hessischen hat, wie die Profilfolgen zeigen, die Trappdecke gelegentlich die uns schon bekannten Reifungsstadien eines oligo-eutrophen fossilen Sees vor Abtragung geschützt. Die Kieselgur fehlt in einigen Lagerstätten des Vogelsbergs, dort geht also die Entwicklung unter Überspringen des eutrophen Stadiums augenscheinlich vom oligotypischen direkt ins Dystrophe über.

Die regionale Limnologie ist, wie zu zeigen versucht wurde, am meisten berufen, Brücken zu den Nachbarwissenschaften mit geographischer Raumanschauung und -verknüpfung zu schaffen. Sie ist auf Geologie, Bodenlehre, Klimatologie usw. ebenso angewiesen, wie diese Wissenschaften einst ihre Ergebnisse verwerten müssen. Noch sind aber große Lücken zu schließen, wenn auch schon das Gerippe sichtbar wird. Ein Versuch wie der vorliegende ist notwendig noch fragmentarisch, doch die Richtung ist gewiesen. Der geographischen Seenkunde, wenn sie sich nicht auf Kartographie beschränken will, ist bessere limnologische Schulung zu wünschen, dem Hydrobiologen geographisches Raumgefühl. Ohne die Hilfe aller in der freien Natur arbeitenden Forscher wird die Einheit der Böden an Land und unter Wasser in ihrer Bedeutung für das Bild der Erdoberfläche nie klar im Einzelnen gesetzlich zu erfassen sein.

[1] BRADLEY, W. II.. Shore Phases of the Green River Formation in Northern Sweetwater County, Wyoming. U. S. geol. Surv., Prof. pap. D 140 (1926). — WINCHESTER, D. E.: Oil-shale in the United States. Econ. Geol. 12 (1917).

[2] ENGELHARDT, H., u. W. SCHOTTLER: Die tertiäre Kieselgur von Altenschlirf im Vogelsberg. Abh. hess. geol. Landesamtes 5, 4 (1914). — HUMMEL, K.: Hessische Öllagerstätten. Petroleum 23 (1927). — KLÄHN, H.: Vergleichende paläolimnologische, sedimentpetrographische und tektonische Untersuchungen an miozänen Seen der Schwäbischen Alb. Neues Jb. Min. B 1927. — SEEMANN, R.: Geologische Untersuchungen in einigen Maaren der Albhochfläche. Jh. Ver. vaterl. Naturkde. Württ. 1926. — WASMUND, E.: Obermiozäne Entstehungs- und diluviale Entwicklungsgeschichte des Tischberghärtlings am Starnberger See. Ein paläolimnologischer Versuch. Jb. geol. Bundesanst. 79, 3/4 (1929).

4. Bodenbeurteilung und Probenahme an Ort und Stelle sowie die hierfür in Frage kommenden Untersuchungsgeräte.

Von **F. Giesecke**, Göttingen.

Mit 26 Abbildungen.

Bodenbeurteilung an Ort und Stelle.

Beobachtungsmomente in ihrer Bedeutung für die Bodenbeurteilung. Die Bodenbeurteilung an Ort und Stelle kann aus den verschiedensten Gründen angestellt werden, so in Hinblick auf die Bodenentstehung und Bodeneinteilung, auf die landwirtschaftliche und forstwirtschaftliche Nutzungsfähigkeit oder auch in Hinsicht auf die technische Verwendungsmöglichkeit der Böden. Die direkte Beobachtung in der Natur ist für die Bodenforschung immer von der allergrößten Bedeutung. Sie vermittelt nicht nur die Übersicht über die gegebenen Verhältnisse, sondern ermöglicht auch in erster Linie Zusammenhänge zu ermitteln, die bei der späteren Untersuchung der Böden im Laboratorium und bei der Interpretation der Untersuchungsergebnisse von Wert sein dürften.

In bezug auf Fragen der Bodenbildung hat die Besichtigung an Ort und Stelle geradezu als Grundlage der exakten Forschungsmethodik zu gelten, doch ist auch die Kenntnis der morphologischen Eigenschaften der Böden in rein praktischer Richtung wichtig, insofern, als sie zur Beurteilung der Nutzungsfähigkeit erforderlich ist. Hierbei wird sich die Beobachtung hauptsächlich auf den physikalisch-chemischen Zustand (Ton, Sand, Lehm, Moor usw.), auf die Tiefe und Art der Ackerkrume, den Untergrund, die Terraingestaltung und die Grundwasserverhältnisse, wie aber auch auf die Horizontausbildung, den Stand der Kulturgewächse oder den der wildwachsenden Flora erstrecken müssen. Die Kenntnis des Klimas dient hierbei weniger der Bodenforschung als vielmehr landwirtschaftlich-praktischen Anbaufragen. Ähnlich liegen die Verhältnisse in der Forstwirtschaft, denn nach Auffassung der Forstwirtschaftler ist der Boden als Standort der Pflanze zu betrachten oder, um mit den Worten H. Vaters[1] zu reden, ,,das Wesen der Standortslehre wird durch die Aufgabe gekennzeichnet, die Standortsbeschreibung derart zu vervollkommnen, daß aus den Eigenschaften eines Standorts sein Einfluß auf den Pflanzenwuchs hergeleitet werden kann". Diese Betrachtungsweise deckt sich ganz mit derjenigen der Anhänger der ,,pflanzenphysiologischen Bodenkunde"[2].

Gemäß der Eingruppierung dieses Beitrages in den Rahmen des Handbuches muß es sich in erster Linie darum handeln, die für die Bodenbildung wichtigen Beurteilungsmomente zu besprechen, wobei natürlich auch die für praktische Fragen wichtigen Erkennungsmerkmale der Böden nicht außer acht gelassen werden dürfen.

Unbedingt erforderlich erscheint naturgemäß die Beurteilung an Ort und Stelle für Kartierungsarbeiten, wie auch die Beschreibung der morphologischen Kennzeichen der Böden als Grundlage der modernen Bodenforschung zu dienen hat. Die Tatsache, daß die Bodenlehre eine junge Wissenschaft ist, bringt es mit sich, daß wir nur wenige Werke besitzen, die die eminente Bedeutung der

---

[1] Vater, H.: Die Beschreibung des Standorts als Grundlage zur Beurteilung seines Einflusses auf den Pflanzenwuchs. Internat. Mitt. Bodenkde. **6**, 159—160 (1916).

[2] Mitscherlich, E. A.: Bodenkunde für Land- und Forstwirte, 3. Aufl., S. 8. Berlin 1920.

Bodenbeurteilung an Ort und Stelle mit der ihr zukommenden Bedeutung behandeln, und die gleichzeitig die Einführung in den praktischen Teil, d. h. die Feldarbeit, erleichtern, Hinweise auf Problemstellung geben und das nötige praktische Werkzeug für die Arbeit im Felde beschreiben. GLINKA[1] in Rußland, HILGARD[2] in Amerika und STREMME[3] in Deutschland haben, der Wichtigkeit dieses Fragenkomplexes gemäß, zusammenfassende Arbeiten hierüber gebracht, wobei natürlich der grundlegenden Werke und Arbeiten von DOKUTSCHAJEFF, RAMANN u. a. m. gedacht werden muß. Geologie und Geographie verfügen schon seit langem über Werke, die zur Beobachtung anleiten. Ein Teil derselben bietet auch dem Bodenkundler Richtlinien, welche Dinge zu beobachten sind, und welche dem Beobachter Anleitung zur Forschung geben[4]. Die zur Beurteilung landwirtschaftlich genutzter Flächen wichtigen Beobachtungsmomente sind zwar schon verschiedentlich zusammengestellt worden[5], doch die Wichtigkeit der morphologischen Eigenschaften der Böden unter gleichzeitiger Würdigung klimatischer Bedingungen in bezug auf bodengenetische Fragen ist erst in neuerer Zeit hervorgehoben, daher sind die bisherigen Erkenntnisse in dieser Richtung noch recht lückenhaft. Es bedeutet dieses nicht eine Herabminderung der Leistungen der sich auf diesem Gebiete betätigenden Forscher, im Gegenteil wird jeder Bodenkundler die grundlegende Bedeutung der Arbeiten von DOKUTSCHAJEW, RAMANN, HILGARD, ORTH, GLINKA u. a. m., wie auch diejenigen anderer Forschungsdisziplinen, die die Ergebnisse dieser Forschungen zur Klärung eigener Untersuchungen heranziehen, anerkennen. Besonders gilt dieses auch für die Landschaftskunde, denn der Boden in all seinen Verschiedenarten beherrscht das Landschaftsbild.

Der Grund für die noch lückenhafte Kenntnis sowohl über die Bodenentstehung als auch über die regionale Verteilung, über Einzelheiten der ständigen Geschehnisse im Boden in den verschiedenen Klimagebieten und über das Ineinandergreifen all der Faktoren, die die Verwitterung bedingen, liegt in zwei Ursachen begründet, erstens ist die Bodenlehre, wie schon einmal angedeutet, eine noch junge Wissenschaft, zum zweiten aber wird die Bodenbildung in ihrer Gesamtheit und ihren letzten Zusammenhängen nur durch planmäßige, weitgehendste Beobachtung und umfassende Untersuchungen chemischer, physikalischer und biologischer Art zu erfassen sein, was aber lange Zeit in Anspruch nimmt. Die Grundlage bildet die Beobachtung, und so soll dieser Beitrag gewisse Richtlinien geben, was zur Beurteilung der Böden herangezogen werden kann, um daran anschließend die notwendigen Gerätschaften und Apparate zu besprechen, die die Beobachtungsergebnisse an Ort und Stelle, evtl. experimentell, erhärten und solche, die der Probenahme dienen, wobei auch die für die forst- und landwirtschaftliche Praxis wichtigen, im Felde auszuführenden Untersuchungsmethoden eine kurze Behandlung erfahren sollen.

---

[1] Vgl. K. GLINKA: Die Typen der Bodenbildung, ihre Klassifikation und geographische Verbreitung. Berlin: Gebr. Bornträger 1914.

[2] HILGARD, E. W.: Soils, their formation, properties, composition and relations to climate and plant growth in the humid and arid regions. New York 1906.

[3] Vgl. H. STREMME: Grundzüge der praktischen Bodenkunde. Berlin: Gebr. Bornträger 1926, wie desgleichen in früheren Arbeiten.

[4] Vgl. FERD. Freiherr v. RICHTHOFEN: Führer für Forschungsreisende. Berlin: R. Oppenheim 1886. — G. NEUMAYER: Anleitung zu wissenschaftlichen Beobachtungen auf Reisen. (In Gemeinschaft mit einer Anzahl von Forschern herausgegeben.) 2. Aufl., 1 u. 2. Berlin: R. Oppenheim 1888. — K. KEILHACK: Lehrbuch der praktischen Geologie, 4. Aufl., 1, 1921; 2, 1922. Stuttgart: Ferd. Enke. — S. PASSARGE: Die Grundlagen der Landschaftskunde, 1 u. 2, 1919; 3, 1920. Hamburg: L. Friederichsen & Co. — O. STUTZER: Tropisches Buschleben. Berlin: D. Reimer 1927.

[5] Vgl. hierzu diesen Beitrag, S. 199, Anm. 1, und S. 205, Anm. 1.

Vorweg sei schon der Hinweis gegeben, daß tunlichst der Beobachtung an Ort und Stelle eine Probenahme jedes Bodenhorizontes und möglichst des angewitterten wie anstehenden Gesteins zu folgen hat, um durch Laboratoriumsuntersuchungen die tatsächlichen Verhältnisse sowohl in bezug auf Verwitterungserscheinungen als auch in Hinsicht auf Nährstoff- und biologische Verhältnisse die Eignung als Pflanzenstandort usw. zu klären. Nur diese Arbeitsweise, die schon seit langem von verschiedenen Bodenkundlern durchgeführt wird[1], gewährleistet einen wirklichen Einblick in die bodengenetischen Beziehungen.

Maßgebend für die Beurteilung der Böden ist das Klima in all seinen Einzelerscheinungen und seiner Wirkung auf Gestein, Boden, Pflanze und Tierwelt. Jeder Ort hat natürlich seine eigenen klimatischen Verhältnisse, weshalb in erster Linie die Ortslage des Bodens, dessen Untersuchung angestrebt wird, festgelegt sein muß. Für viele Gebiete, besonders für die Kulturländer, dienen die topographischen Karten als Unterlage. Werden Gebiete bereist, von denen solches Material nicht vorhanden ist, so müssen andere Hilfsmittel zur Festlegung der Ortslage anstatt der Einzeichnung des Untersuchungsortes und der Stelle der Probenahme treten, wie z. B. Skizzierung des Geländes, Abstandmessung von charakteristischen Punkten (Felsen, Hügeln mit der Angabe der Richtung, Höhenunterschieden usw.), astronomische Ortsbestimmung und Höhenmessung[2]. Mit ganz besonderem Nachdruck muß gefordert werden, daß bei Standortsbeschreibungen nur genaue Angaben gemacht werden. Erst kürzlich konnte der Verfasser feststellen, daß dieser Forderung nicht immer genügt wird. Es muß die Beschreibung in der Weise erfolgen, daß der Leser imstande ist, den Fundort od. dgl. leicht aufzufinden.

Nachdem auf irgendeine Art der Ort festgelegt ist, ist das Augenmerk auf die geologischen und bodenkundlichen Verhältnisse zu richten, es sind Profilstudien

---

[1] Hierzu vgl. die zahlreichen Literaturangaben in Bd. 3 des Handbuchs, ferner W. Graf zu Leiningen: Internat. Mitt. Bodenkde. **7**, 192 (1917). — E. Blanck, F. Kunz u. F. Preiss: Über mährische Roterden. Landw. Versuchsstat. **1923**, 246. — E. Blanck u. W. Geilmann: Chemische Untersuchungen über Verwitterungserscheinungen im Buntsandstein, insbesondere über die Natur der im Gestein wandernden Lösungen und deren Ausscheidungen. Tharandter Forstl. Jb. **75**, 89 (1924). — E. Blanck u. H. Petersen: Über die Verwitterung des Granits am Wurmberge bei Braunlage im Harz. J. Landw. **1924**, 181. — E. Blanck u. F. Scheffer: Rote Erden im Gebiet des Gardasees. Chem. Erde **2**, 149 (1925). — E. Blanck: Vorläufiger Bericht über die Ergebnisse einer bodenkundlichen Studienreise im Gebiet der südlichen Etschbucht und des Gardasees **2**, 175 (1925). — F. Klander: Über die im Buntsandstein wandernden Verwitterungslösungen in ihrer Abhängigkeit von äußeren Einflüssen. Inaug.-Dissert., Göttingen 1925. — E. Blanck, F. Alten u. F. Heide: Über rotgefärbte Bodenbildungen und Verwitterungsprodukte im Gebiet des Harzes, ein Beitrag zur Verwitterung der Culm-Grauwacke. Chem. Erde **2**, 115 (1925). — E. Blanck u. F. Scheffer: Über rotgefärbte Verwitterungsböden der miozänen Nagelfluh von Bregenz am Bodensee. Chem. Erde **2**, 141 (1925). — H. Jenny: Die alpinen Böden. Denkschr. schweiz. naturforsch. Ges. Zürich **63**, (1926). — L. Zapff: Über Tiefenverwitterungserscheinungen im mittleren Buntsandstein des Reinhardswaldes. Inaug.-Dissert., Göttingen 1926. — E. Blanck u. F. Giesecke, unter Mitwirkung von A. Rieser u. F. Scheffer: Über die Entstehung der Roterde im nördlichsten Verbreitungsgebiet ihres Vorkommens. Chem. Erde **3**, 44 (1927). — A. A. J. von 'Sigmond: Hungarian Soils. Berkeley 1927. — H. H. Bennet u. R. V. Allison: The Soils of Cuba. Washington 1928. — E. Blanck u. A. Rieser, mit einem Beitrag von H. Mortensen: Die wissenschaftlichen Ergebnisse einer bodenkundlichen Forschungsreise nach Spitzbergen. Chem. Erde **3**, 588 (1928). — E. Blanck, F. Giesecke u. H. Keese: Beiträge zur chemischen Verwitterung auf Hindö, Vesteraalen, Nordnorwegen. Chem. Erde **4**, 76 (1928). — F. Giesecke: Bodenkundliche Beobachtungen in Anatolien und Ostthrazien unter Berücksichtigung geologischer, klimatischer und landwirtschaftlicher Verhältnisse. Chem. Erde **4**, 551. 1930.

[2] Vgl. hierzu S. Passarge: Geologische Beobachtungen in den Tropen und Subtropen, in K. Keilhack: Lehrbuch der praktischen Geologie **1**, a. a. O., S. 253f. — A. Rotpletz: Geologische Beobachtungen im Hochgebirge, ebenda S. 247.

anzustellen[1]. Die Profilforschung mit Untersuchung des Muttergesteins ist nicht für Fragen der Bodenbildung allein, sondern auch für Studien über die landwirtschaftliche Nutzung des Bodens erforderlich. Für die Profilstudien, die für die regionale Bodenkunde und für landwirtschaftliche und forstwirtschaftliche Fragen von so überragender Bedeutung und von den verschiedensten Autoren[2] schon hinlänglich als in den Vordergrund der Betrachtungsweise bei Arbeiten über die Bodenbildung zu stellen erkannt sind, ist die Kenntnis des Muttergesteins notwendig. Neben der Art und der Zusammensetzung derselben ist das Augenmerk auf die besonderen Kennzeichen in bezug auf Struktur, Lagerung, Streichen, Fallen, Schichtung und Faltung zu richten[3]. Diese Eigenschaften sind zur Erkennung bzw. Erklärung für die mehr oder minder schnelle Angreifbarkeit des Gesteins, für die Erosionserscheinungen u. a. m. wichtig.

Unter anderem weist PASSARGE[4] in anschaulicher Weise auf diese Verhältnisse hin. Sowohl physikalische als auch chemische Vorgänge wirken sich je nach Gesteinsart und der Lagerungsform auf den Zerfall der Gesteine verschieden aus. Das Aussehen des Bruches, die Härte (Anritzen des Gesteins), evtl. auch das Gefühl und der Geruch[5] sind zur Erkennung und Identifizierung des Gesteins heranzuziehen, wie auch die Farbe der Gesteine[6] und die Beziehungen zwischen Gesteinsfarbe und Bodenfarbe zur Klärung bodengenetischer Zusammenhänge u. U. herangezogen werden können[7].

Für manche bodenkundlichen Erkenntnisse ist das Alter des Gesteins wissenswert, das häufig durch Identifizierung evtl. vorkommender Fossilien und bei Eruptivgesteinen durch Feststellung der durchbrochenen Schichten zu ermitteln ist. Beim Studium der Entstehung der Torfmoore können pflanzenpaläontologische Untersuchungen die Arbeit unterstützen. Auch Gletscherschrammen können Hinweise auf das Alter und somit vielleicht Fingerzeige über genetische Fragen geben. Besonders beachtlich ist auch die Feststellung von

---

[1] Vgl. hierzu diesen Band, S. 1 ff.

[2] Vgl. hierzu u. a. K. GLINKA: a. a. O., S. 9 f. — H. STREMME: a. a. O., S. 4. — A. ORTH: Die geologischen Verhältnisse des norddeutschen Schwemmlandes. Habilitationsschrift, Halle 1870. — E. RAMANN: (Bodenkunde, 3. Aufl., S. 501. Berlin: Julius Springer 1911) weist auch darauf hin, daß Hinweise über die Wichtigkeit des Bodenprofils von W. SCHUTZE veröffentlicht wurden, der 1875 in Wien eine größere Anzahl von typischen Bodenprofilen des norddeutschen Flachlandes ausstellte. — D. VILENSKY: Die Einteilung der Böden auf Grund analoger Reihen in der Bodenbildung. Internat. Agricult. Wiss. Rdsch., N. F. 1, 1140 f. (1925). — S. SACHAROW: Bodenmorphologie und Agronomie. Pédologie (russ.) 1924, Nr. 1 u. 2. E. BLANCK: Vorläufiger Bericht über die Ergebnisse einer bodenkundlichen Studienreise im Gebiete der südlichen Etschbucht und des Gardasees. Chem. Erde 2, 175 (1925); dazu die Ergebnisse der Laboratoriumsuntersuchungen zu den an Ort und Stelle gemachten Beobachtungen bei E. BLANCK u. F. GIESECKE: Über die Entstehung der Roterde im nördlichsten Verbreitungsgebiet ihres Vorkommens. Chem. Erde 3, 44 f. (1927). — E. BLANCK u. A. RIESER, mit einem Beitrag von H. MORTENSEN: Die wissenschaftlichen Ergebnisse einer bodenkundlichen Forschungsreise nach Spitzbergen im Sommer 1926. Chem. Erde 3, 588 (1928). — H. HARRASSOWITZ: Studien über mittel- und sudeuropäische Verwitterung. STEINMANN-Festschr., S. 124. Berlin 1926. — R. LANG: Über die Bildung von Roterde und Laterit. Verh. 4. Internat. Konf. Bodenkde. Rom 1926, I. Komm., S. 9. — A. v. NOSTITZ: Bodenprofilfragen. Fortschr. Landw. 3, 399 (1928).

[3] Siehe hierzu K. KEILHACK: Lehrbuch der praktischen Geologie 1, 52 f. Stuttgart 1916.

[4] PASSARGE, S.: Landschaftskunde 3, a. a. O., S. 132 ff.

[5] Daneben können auch gewisse, dem Gestein im allgemeinen nicht eigene Verbindungen durch den Geruch festgestellt werden; so berichtet z. B. N. SCHADLUN (Bull. Acad. St. Petersbourg 1916, 417), daß der Dolomit von Marjelan beim Verreiben Schwefelwasserstoff abgibt.

[6] Vgl. H. HARRASSOWITZ: Die Anwendung der Farbnormen OSTWALDS in der Geologie. Z. prakt. Geol. 30, 93 (1922).

[7] Vgl. E. BLANCK u. F. GIESECKE, unter Mitwirkung von A. RIESER u. F. SCHEFFER: Über die Entstehung der Roterde im nördlichsten Verbreitungsgebiete ihres Vorkommens. Chem. Erde 3, 53 (1927).

Spalten- und Karrenbildung und Verwitterungsrinde, wie auch die der Zerklüftung des Gesteinsuntergrundes.

Zum Studium der Verwitterungserscheinungen ist die Kenntnis des Klimas erforderlich. Auch zur Beurteilung der Bodenumbildung und der Bodeneigenschaften hat das Klima als Grundlage zu gelten. Wenngleich die Kulturländer von einem mehr oder minder dichten Netz von meteorologischen Stationen durchzogen sind, so sind an Ort und Stelle gemachte Einzelbeobachtungen für alle Bodenfragen von nicht zu verkennender Bedeutung. Es wird auf Expeditionen in manchen Gebieten nicht immer leicht sein, sich ein Urteil über die tatsächlichen Klimaverhältnisse zu machen, und es ist ja auch hinlänglich bekannt, daß die Zeit, d. h. die Wirkungsdauer der Atmosphärilien, auf das Gestein und den Boden einen einschneidenden Einfluß haben. Trotzdem trägt aber die Zusammentragung der Einzelbeobachtungen und die Mitteilung von Besonderheiten zur Klärung der klimatischen Grundlagen in ihrer Beziehung zur Bodenbildung und -umbildung bei. Die möglichst genaue Auswertung der Klimadaten[1] gibt im Verein mit nachfolgenden Profiluntersuchungen[2] ein Bild der einzelnen Stufen des Verwitterungsvorganges, erklärt die physikalischen und chemischen Zusammenhänge und gibt letzten Endes Aufschluß über das Tier- und Pflanzenleben. Dies Zusammenwirken aller Faktoren aber ist maßgebend für die Kulturweise, so daß man auch umgekehrt mit gewissen Einschränkungen von den Siedlungen, der Häufigkeit und Lage ihres Auftretens und der Art ihrer Anlage auf den Boden schließen kann. So erhielt Stremme[3] recht interessante Ergebnisse beim Vergleich von Untersuchungen von Steppenböden des Rheinlandes (es handelt sich um Steppeninseln in Rheinhessen und am Kaiserstuhl) und der Siedlungskarte von O. Schlüter, aus denen hervorgeht, daß die Steppenböden und die alten Siedlungen zusammenfallen. Dieses Beispiel ist angeführt, um zu zeigen, daß dieses Zusammentreffen ebensowenig zufällig ist wie das der Böden mit Klima und Pflanzenwelt.

Neben Temperatur-, Niederschlag- und Windverhältnissen sind nach Möglichkeit die Daten des Bodenklimas zu ermitteln. Auch Einzelbeobachtungen über Dünenbildung, Sand- und Staubwinde, deren Richtung, über die Wirkung der Schlagkraft der Regenfälle sowie alle Feststellungen, die zur Vervollständigung der Kenntnisse über die Wirkungsweise der Transportkräfte dienen, sind anzustreben.

Auch Terraingestaltung und Formenbild stehen in Beziehung zum Klima. Das Bodenklima und die durch Exposition und Inklination hervorgerufenen Veränderungen sind ebenfalls nach Möglichkeit festzustellende Beobachtungs-

---

[1] Vgl. u. a. E. Ramann: Bodenkunde, 3. Aufl. Berlin: Julius Springer 1911. — K. Glinka: a. a. O., S. 37 ff. — R. Lang: Verwitterung und Bodenbildung als Einführung in die Bodenkunde. Stuttgart 1920. — G. Wiegner: Boden und Bodenbildung, 3 Aufl., S. 46 f. Dresden u. Leipzig: Th. Steinkopff 1924. — A. Meyer: Über einige Zusammenhänge zwischen Klima und Boden in Europa. Chem. Erde 3, 210 (1927). — H. Harrassowitz: Laterit, Material und Versuche erdgeschichtlicher Auswertung. Fortschr. Geol. u. Paläontol. (Berlin) 1926, 377. — A. Reifenberg: Die Entstehung der Mediterranroterde, S. 5 f. Dresden u. Leipzig: Th. Steinkopff 1929. — F. Giesecke: Bodenkundliche Beobachtungen in Anatolien usw. Chem. Erde 4, 551 (1930).

[2] Als Beispiel sei angegeben: E. Blanck, A. Rieser u. H. Mortensen: Die wissenschaftlichen Ergebnisse einer bodenkundlichen Forschungsreise nach Spitzbergen im Sommer 1926. Chem. Erde 3, 588 (1928). Hier werden die Verwitterungserscheinungen unter Zugrundelegung der klimatischen Verhältnisse eines kleinen Teilgebiets und an Hand der an Ort und Stelle gemachten Beobachtungen auf Grund der im Laboratorium durchgeführten Untersuchungen vollständiger Profile studiert.

[3] Stremme, H., mit Beiträgen von K. Schlacht: Über Steppenböden des Rheinlandes. Chem. Erde 3, 28 (1927).

momente. Das Klima in seiner Gesamtheit ist maßgebend für die Ausbildung des Bodenprofils, dessen Bedeutung zur Beurteilung der Geschehnisse für Theorie und Praxis in diesem Handbuche[1] schon vielfach gewürdigt wurde, so daß von einer Besprechung dieser Fragen hier Abstand genommen werden kann. Nur soviel sei gesagt, die Feststellung der Tiefe, der Struktur, der Textur und des Gefüges der einzelnen Horizonte des Bodens bildet bei Beurteilung an Ort und Stelle ein äußerst wertvolles Hilfsmittel zur Erkennung bodengenetischer Zusammenhänge. Diese Ermittlungen sind mit als Grundlage der modernen Bodenforschung zu betrachten[2]. Vorhandensein von Geröllmaterial, Konkretionen und die Form der Gesteinsbruchstücke (Ecken, Kanten oder abgerundet) geben sehr häufig wichtige Hinweise auf die Entstehung oder Umbildung der Böden, wie auch die Beschaffenheit der Mineralsplitter in ihnen unter anderem gewisse Anhaltspunkte übermitteln[3]. Bodenschrumpfung, Bodenrisse, Salzausblühungen, Krustenbildung, Krustendicke und polygonale Bodenbildung bilden zu beachtende Beobachtungsmomente. Auch auf Bodenrutschungen ist zu achten[4].

Bei der Untersuchung ist auch die Einheitlichkeit des Profils in einem gewissen Abschnitt zu ermitteln, d. h. ob das Profil einheitlich oder ungleichförmig ist, ganz besonders hat sich die Beobachtung auch darauf zu erstrecken, ob ein Boden überdeckt ist. Ein meist gutes Mittel zur Erkennung der einzelnen Horizonte bietet die Farbe. Hierzu ist zu erwähnen, daß die Farbe der Böden in ihrer natürlichen Lagerung festzustellen ist, denn in der Zeit zwischen Probenahme und Untersuchungen im Laboratorium verändert sich die Farbe des Bodens, was nur z. T. auf den Feuchtigkeitsverlust zurückzuführen ist, denn selbst bei Proben in luftdicht abgeschlossenen Gläsern bzw. Dosen konnten z. T. in kürzester Zeit Farbänderungen festgestellt werden. So berichtet E. BLANCK[5] bei Roterden von der merkwürdigen Erscheinung, daß sie die rote Farbe, mag sie auch noch so intensiv an Ort und Stelle erschienen sein, schon nach kurzer Aufbewahrung in unserer Heimat eingebüßt hatten. Beim Auspacken der Proben fiel diese Umwandlung noch nicht besonders stark auf, wohl aber waren die roten Farbtöne nach einem mehrtägigen Trocknen derselben an der Luft im Laboratorium mehr und mehr verschwunden, und es hatten sich dafür gelbe oder gelbbraune Farbtöne eingestellt. Ähnliche Beobachtungen über Veränderungen der Farbe beim Transport mit palästinensischen und ungarischen Roterden machten HARRASSOWITZ[6] und REIFENBERG[7], mit Lateritproben J. WALTHER[8]. Die Farbe verändert sich auch durch Düngung und Bearbeitung[9]. Ferner spielt bei der Beurteilung der Farben die Intensität des Sonnenlichtes und die Gewöhnung an eine bestimmte Farbnuance eine Rolle, so erscheint z. B. in Steppengebieten mit grauen Böden — einem Landschaftsbild in Grau — ein plötzlich auftretender roter Horizont viel dunkler als er es in Wirklichkeit ist. Bei Gesteinen wird man eine Farbänderung dagegen nur selten zu befürchten haben.

Die Beurteilung der Bodenfarbe darf aber nicht dazu führen, die Farbe allein als Bestimmungsmerkmal zu verwenden, wie dies z. B. beim Laterit[10] ge-

---

[1] Vgl. Bd. 3 dieses Handbuches und L. RÜGERS Beitrag über: „Das Bodenprofil" in diesem Bande. [2] Vgl. H. STREMME: dieses Handbuch 3, 120 (1930)

[3] LEINIGEN, W. Graf zu: Mitt. geol. Ges. Wien 3/4, 157 (1915); desgl. dieses Handbuch 3, 201, 202 (1930).

[4] Vgl. u. v. a. ARTUR WINKLER: Die Bodenbeweglichkeit und ihre Bedeutung für die Landwirtschaft. Fortschr. Landw. 2, 255 (1927).

[5] BLANCK, E.: Vorlaufiger Bericht uber die Ergebnisse einer bodenkundlichen Studienreise im Gebiet der sudlichen Etschbucht und des Gardasees. Chem. Erde 2, 186 (1925).

[6] Nach Zitat von A. REIFENBERG: Die Bodenbildung im sudlichen Palästina in ihrer Beziehung zu den klimatischen Faktoren des Landes. Chem. Erde 3, 18 (1927).

[7] Ebenda S. 18.   [8] Ebenda S. 18.   [9] Ebenda S. 19.

[10] HARRASSOWITZ, H.: Laterit, a. a. O., S. 320, betont dieses ebenfalls.

schehen ist, und wie es der immer wieder hervorgehobene Unterschied zwischen Roterde und roten Erden besonders deutlich dartut[1]. Das fleckenhafte Auftreten anderer Farbtöne ist zum Gegenstand der Untersuchung zu machen. Die Feuchtigkeit gibt häufig Veranlassung zu Täuschungen insofern, als der nasse Boden dunklere Farbtönungen aufweist als der trockenere[2]. Auch die Grau- und Schwarzfärbung durch Humusstoffe darf nur unter ganz bestimmten gleichmäßigen Bodenverhältnissen zur Schätzung des Humusgehaltes herangezogen werden, denn sowohl der Wassergehalt wie aber auch die Beschaffenheit des humusführenden Bodens, d. h. ob Sand, Ton oder Lehm, lassen die Farbtöne bei gleichem Humusgehalt dunkler oder heller erscheinen[3], was auch auf die roten, gelben und braunen Farben übertragbar ist. Es erscheint aus denselben Gründen unmöglich, auch aus den Humusfarben die Bodeneinteilung zu begründen, worauf H. Stremme[4] besonders hinweist, und wie auch schon Fallou[5] berichtet hat, nämlich daß die Farbe keinen Anhaltspunkt für den Ursprung des Bodens abgibt. Es sollte die Schätzung des Humusgehaltes auf Grund der Farbnuancen nur mit äußerster Vorsicht vorgenommen werden, die Laboratoriumsbestimmung sollte nach Möglichkeit immer durchgeführt werden. Wenngleich also die Farben weder ein brauchbarer Maßstab für die Art und Güte eines Bodens[6] sind, und sie auch Veränderungen im besonderen durch Feuchtigkeit erleiden, so ist es doch zur Beurteilung notwendig, die Farben nach Ton und Stärke möglichst genau zu bestimmen. Um die bei der Beobachtung und vielleicht nach kürzerer oder längerer Lagerung sich ergebenden Farbänderungen derselben Probe festzustellen, bedient man sich der später noch zu besprechenden Methoden, wie auch feldmäßig verwendbarer, transportabler Apparate zur Bestimmung des Wassergehalts, der ja bei jenen eine große Rolle zu spielen scheint.

Als orientierende Mittel zur Erkennung der Bodenbestandteile können noch Gefühl und Geruch herangezogen werden. Durch Zerreiben des Bodens in der inneren Handfläche oder zwischen den Fingerspitzen läßt sich bis zu einem gewissen Grade ermitteln, ob der Boden tonig, sandig oder lehmig ist, und ob scharfkantige Mineralbruchstücke oder abgerundete Teilchen in ihm enthalten sind. Besonders zu empfehlen ist das Anfeuchten der Probe, weil dann der mechanische Aufbau noch besser „gefühlt" werden kann, und weil in sehr trockenen Böden die Bodenteilchen so fest verkittet sind, daß unter Umständen der Anschein einer bedeutend sandigeren oder körnigeren Beschaffenheit erweckt wird. Beim Anschlämmen mit ein wenig Wasser in der Handfläche und bei leichtem Reiben zerfallen die fest zusammengebackten Teilchen, wodurch die wirkliche Zusammensetzung besser zu erkennen ist. Der Geruch spielt insofern eine gewisse Rolle, als das Vorhandensein von größeren oder kleineren Mengen Ton im Boden durch Anhauchen der Probe gemutmaßt werden kann. Ferner kommt der Geruch bei der Ermittelung einiger Bodengase, wie Schwefelwasserstoff, Methan u. a. evtl. in Frage. Aufbrausen der Bodenprobe mit verdünnter Salzsäure deutet auf das Vorhandensein von Karbonaten — meist Kalziumkarbonat — hin.

---

[1] Vgl. hierzu E. Blanck u. F. Giesecke: Über die Entstehung der Roterde usw., a. a. O., S. 84 f.

[2] Vgl. u. a. A. v. Nostitz: Anleitung zur praktischen Bodenuntersuchung und Bodenbeurteilung, S. 47. Berlin: Paul Parey 1929. — van Baren: Medd. van de Landbouwhoogeschool Wageningen 16, 10 (1919), nach H. Harrassowitz: Z. prakt. Geol. 30, 91 (1922).

[3] Ramann, E.: Bodenkunde, a. a. O., S. 318.

[4] Stremme, H.: Grundzuge der praktischen Bodenkunde, a. a. O., S. 54, 137.

[5] Fallou, F. A.: Pedologie oder allgemeine und besondere Bodenkunde, S. 85, Anm. Dresden: C. A. Werner 1862.

[6] Vgl. H. Puchner: Bodenkunde für Landwirte, 2. Aufl., S. 338. Stuttgart: Ferd. Enke 1926.

Ganz besonders wichtig sind neben der natürlichen Lage (Ebene, Abhang usw.) die Feststellungen über den Pflanzenbestand (vegetationslos, Gras-, Strauch-, Baumvegetation, dicht oder licht), die zur Beurteilung der chemisch-physikalischen Zusammensetzung und des Reaktionszustandes des Bodens dienen können. So gibt es typische Salz-, Gips-, Kalk-, Sandpflanzen usw., auch solche, die Auskunft über Trockenheit oder stauende Nässe im Boden usw. geben, deren Feststellung von vornherein einen Hinweis über die Art des Bodens geben können, d. h. es handelt sich um die Feststellung der Leitpflanzen. Schon TROMMER berichtet über die Bodenstetigkeit der Pflanzen[1] und beschreibt die spezielle Flora des Sand-, Ton-, Torf-, Salzbodens wie die der humosen Bodenarten und gibt eine Aufzählung der für nasse und trockene Böden charakteristischen Pflanzen[2].

Es bestehen zweifelsohne auch deutliche Zusammenhänge zwischen Bodentypen und den Pflanzen[3], doch kann die große Literatur über bodenanzeigende Pflanzen[4] hier nicht angeführt werden, nur soviel sei gesagt, daß es nicht immer möglich ist, den Boden nach dem Pflanzenbestand allein beurteilen zu wollen, denn schon VON LINSTOW[5] weist darauf hin, daß nicht selten Arten derselben Gattung — gelegentlich sogar dieselben Arten — „oder nahe verwandte Formen auf durchaus verschiedenem Untergrund wachsen". STREMME[6] glaubt, daß bei Studien über die Abhängigkeit der Pflanzenarten von den Bodenarten häufig der Bodentypus als unbekannter und unberücksichtigter Faktor auftritt. „Wenn es gelingen wird, diesen auszuschalten, indem man ihn überall sorgsam feststellt, wird man auch mit größerer Sicherheit die Abhängigkeit der Pflanze von den Bodenarten erkennen."

Die Kalkfeindlichkeit gewisser Pflanzen ist besonders von landwirtschaftlicher Seite aus Gegenstand der Untersuchung gewesen[7]. Mit diesen Untersuchungen im engsten Zusammenhange stehen diejenigen über die Bedeutung der Bodenreaktion für die Verbreitung der Pflanzen in der Natur[8], deren Ergebnisse zeigen, daß das Auftreten gewisser Pflanzen von dem Reaktionszustand abhängt. Aber auch in anderer Richtung ist der Pflanzenbestand als Indikator des Bodens wichtig, so z. B. für die Durchlüftung. CANNON und FREE[9] stellten z. B. fest, daß die Zonierung gewisser Pflanzengenossenschaften in amerikanischen Wüsten

---

[1] TROMMER, C.: Die Bodenkunde, S. 444. Berlin: G. Bosselmann 1857.

[2] TROMMER, C.: Ebenda S. 446—537.

[3] STREMME, H.: Praktische Bodenkunde, a. a. O., S. 52, 73.

[4] Vgl Handbuch d. Bodenl. Bd. 8., ferner seien erwähnt: O. v. LINSTOW: Bodenanzeigende Pflanzen, 2. Aufl. 1929, gibt unter Hinweis auf die äußerst umfangreiche Literatur eine Zusammenstellung derjenigen Pflanzen, „die mehr oder weniger auf einen Boden von bestimmter chemischer Zusammensetzung angewiesen sind". — Vgl. ferner E. J. RUSSEL: Boden und Pflanze, bearbeitet von H. BREHM, S. 163f. Dresden u. Leipzig: Th. Steinkopff 1914. — F. E. CLEMETS: Plant indicators. Carnegie Inst. Washington 1920. — E. RAMANN: a. a. O., S. 460. — E. RÜBEL: Geobotanische Untersuchungsmethoden, S. 167. Berlin: Gebr. Bornträger 1922. — A. v. NOSTITZ: a. a. O., S. 33f. — H. LUNDEGARDH: Klima und Boden, S. 196f. Jena: Gustav Fischer 1925. — H. STREMME: a. a. O., S. 73. — H. KAPPEN: Die Bodenazidität, S. 220f. Berlin: Julius Springer 1929. — W. KUBIENA: Boden und Bodenbildung glazialer Moränen und Schottergebirge. Fortschr. Landw. 3, 734 (1928). — K. KEILHACK: a. a. O. 1, 153f.

[5] LINSTOW, O. v.: a. a. O., S. 178.   [6] STREMME, H.: a. a. O., S. 73.

[7] Vgl. N. C. NIELSEN, nach Angabe von A. EICHINGER: Die Unkrautpflanzen des kalkarmen Bodens, S. 48. Berlin 1927. — H. HOFFMANN: Über Kalk- und Salzpflanzen. Landw. Versuchsstat. 13, 269 (1870). — H. J. LANGELOH: Landw. Jb. 66, 943 (1927). — H. KAPPEN: a. a. O., S. 224 u. v. a. m. — O. ARRHENIUS: Kalkfrage, Bodenreaktion usw. Leipzig 1926.

[8] Vgl. besonders H. KAPPEN, a. a. O., S. 220. — M. TRÉNEL: Z. Pflanzenernährg. usw. B 5, 169 (1926).

[9] CANNON, W. A., u. E. E. FREE: Sci. N. S. 45, 178 (1917); nach L. G. ROMELL: Medd. Stat. Skogsforsokanst. Stockholm 1922, 345.

durch verschiedene Bodendurchlüftung bedingt sei. Die Angaben über die typischen Pflanzenvereine der Böden sind im allgemeinen in der Literatur sehr verstreut. Neuere zusammenfassende Beiträge[1] über diese Frage bringen unter anderem Ramann[2], Stremme[3], Glinka[4], Kotilainen[5], Shantz und Marbut[6] bei. Nicht nur Pflanzenart und -gattung, sondern auch die Wurzelverbreitung, der Stand der Kulturgewächse und ähnliches lassen gewisse Rückschlüsse auf den Boden und den Untergrund zu.

Das Eindringen der Pflanzenwurzeln und ihre Verzweigung im Boden[7] wie im Gestein dienen ebenso wie die Ermittlungen über das Vorkommen von Flechten, Moosen usw. zur Kenntnisbereicherung. In vielen Fällen sind auch Feststellungen über das Tierleben wie über die Art der Tiere, die den Boden beleben, wichtig. Es gehören in erster Linie die Regenwürmer, Wühlmäuse, Maulwürfe u. a. m. zu den zu beobachtenden Tieren, da aus ihrer Anwesenheit evtl. auf die Bodenart und auf gewisse Bodeneigenschaften geschlossen werden kann. Aber auch Herdentiere und Karawanen sind in manchen Klimagebieten für gewisse Erscheinungen der Bodenumbildung mit heranzuziehen, denn durch die Lockerung des Bodens wird in trockenen Gebieten der Wind eine leichtere Handhabe zur Fortfuhr und zum Transport haben, als dieses bei festen oder sogar verkrusteten Böden der Fall wäre[8].

Darüber hinaus ist das Studium der hydrologischen Verhältnisse für die Erkenntnis bodenkundlicher Zusammenhänge von Bedeutung, nicht nur in bezug auf die Landschaftsformen, sondern auch für die Bodenbildung und Umbildung als solche. Es wird sich daher die Beobachtung außer auf die Farbe der Wässer auch darauf zu erstrecken haben, ob Fluß, Bach od. dgl. Gewässer ständig fließend sind oder aber nur zu gewissen Jahreszeiten Wasser führen. Die Tiefe des Grundwassers ist besonders wichtig für rein praktische Beurteilung, sie spielt natürlich aber auch für die Ausbildung des Bodenprofils eine bedeutsame Rolle. Beobachtungen über die Tiefe des Eindringens der Niederschläge unter Festhalten der Feuchtigkeit in den verschiedenen Profilschichten sollten nach Möglichkeit angestellt werden.

Der Wichtigkeit der Bodenbeurteilung an Ort und Stelle entsprechend sollten die Beobachtungen sofort schriftlich fixiert und nach Möglichkeit durch Skizzen oder photographische Aufnahmen festgehalten werden, denn allzu oft kommt es vor, daß besonders in bisher vom Beobachter nicht besuchten Gebieten und speziell auf längeren Reisen, auf denen sehr viele Profile besichtigt und aufgenommen werden, die Zusammenhänge infolge der zahlreichen neuen Eindrücke sich verwischen. Trotz der schriftlichen Aufzeichnung kann die Skizze oder die Photographie das Gedächtnis unterstützen, wie auch das Bildmaterial sehr häufig zur Erläuterung der Publikationen und als Anschauungsmaterial Verwendung finden kann. Um die Tiefenwirkung z. B. in Spalten, Karren u. a. m. sichtbar zu machen, wird auch die Stereophotographie als Hilfsmittel in Frage kommen, wie es uns Beispiele aus anderen Fachdisziplinen lehren[9].

---

[1] Über die wichtigsten Pflanzen der Moore vgl. K. Keilhack: a. a. O. 1, 353, 354.

[2] Ramann, E.: a. a. O., S. 460f.

[3] Vgl. H. Stremme: dieses Handbuch, 3. Bd., S. 139, 270.

[4] Glinka, K.: a. a. O., S. 238—263, 280, 302, 330f.

[5] Kotilainen, M. J.: Untersuchungen über die Beziehungen zwischen der Pflanzendecke der Moore und der Beschaffenheit, besonders der Reaktion des Torfbodens (in deutscher Sprache). Wiss. Veröff. d. Finnischen Moorkulturvereins, Nr. 7, 1—219. Helsinki 1927.

[6] Shantz, H. L., u. C. F. Marbut: The vegetation and soils of Africa. New York 1923.

[7] Vgl. hierzu die Literaturangaben bei Max Trommer: Fortschr. Landw. 1, 218 (1926).

[8] Vgl. F. Giesecke: Bodenkundl. Beobachtungen in Anatolien, a. a. O., S. 558.

[9] Vgl. G Hess: Die Stereophotographie, ein Hilfsmittel für den pflanzenbaulichen Versuchsansteller und den Pflanzenzuchter. Fortschr. Landw. 5, 166 (1930).

Vielfach wird es natürlich bei den Arbeiten im Felde auf Fragen ganz spezieller Natur ankommen, sodaß sich die Untersuchung und die Beobachtungen an Ort und Stelle auf diejenigen Dinge zu richten haben, die auf das gesteckte Ziel unmittelbar hinweisen. Unter Umständen kann es auch vorkommen, daß gewisse Vorproben qualitativer Natur im Felde zu machen sind, um die Eignung einer bestimmten Bodenstelle zur Probenahme festzustellen, wie es auch möglich ist, direkt Untersuchungen an Ort und Stelle durchzuführen[1]. Es gehören insonderheit die Prüfung auf gewisse physikalische Eigenschaften des Bodens wie Volumenbestimmung, Ermittlung der Wasserführung desselben, ferner Reaktionsuntersuchungen und solche über die elektrische Leitfähigkeit u. dgl. hierher.

Zusammenstellung der Beobachtungsmomente. Es gibt eine Reihe von Anleitungen und Aufnahmeregeln, die auf diejenigen Beobachtungsmomente hinweisen, die zur Kennzeichnung und Untersuchung bestimmter Fragen notwendig sind. Ein großer Teil dieser Anleitungen ist zur Erleichterung der Feldarbeit in übersichtlicher Form zusammengestellt. Es gibt eine ganze Anzahl solcher Zusammenstellungen, die der Beurteilung für landwirtschaftlich praktische Verhältnisse[2] dienen und solche, die zur Beurteilung bodengenetischer Zusammenhänge[3] anleiten sollen. Insonderheit wird man sich aber für Bodenkartierungsarbeiten[4] auf die örtlich angestellten Beobachtungen stützen müssen, sodaß sich aus diesem Grunde auch für diese Zwecke geeignete Aufnahmevorschriften in der Literatur vorfinden. Schon GRANDEAU[5] gibt eine Aufstellung der an Ort und Stelle zu sammelnden Angaben. Er führt 14 Punkte auf, die zeigen, daß schon zu jener Zeit die hauptsächlichsten Beobachtungsmomente richtig erkannt wurden, denn nicht nur die geologische Natur des Bodens (einschließlich Fossilien), sondern auch die Beschaffenheit des Bodens sowie des Wassers und die Feststellung der meteorologischen Daten sollen nach ihm neben vielem anderen zur Beurteilung herangezogen werden.

Zur Beurteilung der Moorböden ist nach W. BERSCH[6] eine Begehung des Geländes notwendig, bei der auf „die natürliche Beschaffenheit der Oberfläche, die Vegetation, die Lage des Moores im Gelände, ob z. B. am Flußlaufe oder dem Rande eines Sees, am Hange eines Berges oder in der Ebene gelegen, Rücksicht zu nehmen ist". Ermittlungen der Mächtigkeit, der Beschaffenheit des Untergrunds, der im Moor vorkommenden Pflanzenreste und darüber, ob es sich um Hoch- oder Niedermoore handelt, sind anzustellen. Weitere Angaben hierüber finden sich bei WAHNSCHAFFE-SCHUCHT[7], KEILHACK[8] und insonderheit bei B. TACKE[9].

---

[1] Vgl. F. GIESECKE: Chemie d. Erde **4**, 573 (1930).

[2] GRANDEAU, L.: Handbuch für agrikulturchemische Analysen, S. 100—102. Berlin 1879. — WIEGNER, G.: Anleitung zum quantitativen agrikultur-chemischen Praktikum, S. 119f. Berlin: Gebr. Bornträger 1926. — HEINE, E.: Die praktische Bodenuntersuchung, 2. Aufl., S. 27. Berlin: Gebr. Bornträger 1928. — NOSTITZ, A. Freiherr v.: Anleitung zur praktischen Bodenuntersuchung und Bodenbeurteilung, S. 2ff. Berlin: Paul Parey 1929. — HILGARD, E. W.: Soils, S. 553. New York 1906. — KÖNIG, J.: Untersuchung landwirtschaftlich wichtiger Stoffe, a. a. O., S. 5, 6.

[3] GLINKA, K.: Die Typen der Bodenbildung, S. 9f. Berlin: Gebr. Bornträger 1914. — STREMME, H.: Grundzüge der praktischen Bodenkunde. S. 3f. Berlin: Gebr. Bornträger 1926.

[4] STREMME, H.: a. a. O., S. 3. — B. RAMSAUER: Bodenkartierung im Lande Salzburg. Fortschr. Landw. **4**, 423f. (1929). — GEIKIE, A.: Anleitung zu geologischen Aufnahmen. Deutsch von K. v. TERZAGHI. Leipzig u. Wien: Fr. Deuticke 1906. — BERG, A.: Einführung in die Beschäftigung mit der Geologie. Jena: G. Fischer 1909.

[5] GRANDEAU, L.: a. a. O., S. 100.

[6] BERSCH, W.: Handbuch der Moorkultur, S. 53f. Wien u. Leipzig: W. Frick 1909.

[7] WAHNSCHAFFE, F., u. F. SCHUCHT: Anleitung zur wissenschaftlichen Bodenuntersuchung, 4. Aufl., S. 109. Berlin: Paul Parey 1924.   [8] KEILHACK, K.: a. a. O., S. 346f.

[9] TACKE, B.: Untersuchung von Moorböden. In J. KÖNIG: Untersuchung landwirtschaftlich wichtiger Stoffe, 5. Aufl., **1**, 150. Berlin: Paul Parey 1923.

Für geobotanische Untersuchungen und für die zur Beurteilung der Beziehungen zwischen Standort und Pflanze notwendigen Faktoren sind Hinweise aus den Arbeiten von E. Warming und M. Vahl[1], Lundegardh[2], Rübel[3], Markgraf[4] u. a. heranzuziehen. Ferner werden zur Beurteilung spezieller Fragen, wie Rauchschäden, Eignung der Böden als Baumaterial und Baugrund, zur Verwendung in der Industrie usw. besonders dem Zwecke der Untersuchung dienende Momente herangezogen werden müssen, auf die hier nicht näher eingegangen werden soll.

Zusammenfassend seien die bei der Beurteilung in erster Linie in Frage kommenden Einzelbeobachtungen zusammengestellt. Die Beobachtungsergebnisse werden in ein Taschenbuch eingetragen. Findet die Aufnahme durch mehrere Beobachter statt, so sollten zur Sicherheit mindestens zwei Niederschriften vorgenommen werden, die aber von zwei verschiedenen Personen aufbewahrt werden. Die Notizen allgemeiner Art sollten sich erstrecken auf:

1. Datum der Beobachtung mit Stundenangabe.

2. Festlegung des Aufnahmeortes (Karte, in unbekannten Gegenden Skizze mit Ortsbestimmung und Abstandsmessungen von markanten Punkten). Höhenangabe, evtl. Messung. Möglichst photographische Aufnahme des Geländes und der Probenahmestelle. Bei landwirtschaftlich oder forstwirtschaftlich genutzten Böden: Angabe des Schlages oder Grundstückes, Fruchtfolgen, evtl. Name des Besitzers.

3. Terraingestaltung. Ebene, Tal, Hügel usw. Neigungsmessung. Lage zur Himmelsrichtung.

4. Hydrologische Verhältnisse. Bäche, Flüsse, Grundwasser, ausgetrocknete Runsen usw., Farbe der Wässer, Tiefe des Eindringens des Regenwassers.

5. Botanische Merkmale. Natürliche Pflanzendecke oder Angabe der Kulturpflanzen, evtl. auch der abgeernteten. Bei der natürlichen Pflanzendecke Feststellung, was vorherrschend, was zurücktretend. Pflanzenproben nehmen, falls an Ort und Stelle nicht bestimmbar.

6. Klimatische Verhältnisse, auch nach Möglichkeit Feststellung der Witterungsverhältnisse während der Zeit vor der Probenahme. In Gegenden mit fehlendem meteorologischen Stationsnetz: Temperaturmessung (Luft und Boden zu möglichst verschiedenen Tageszeiten, Windrichtung, Schätzung der Windstärke, evtl. Messung der Niederschläge, der Luftfeuchtigkeit, Schneemessungen, Nebelbeobachtungen, Schlagkraft der Regentropfen usw.).

Die Beobachtungen über die Bodenverhältnisse haben sich auf die Ausbildung des Bodenprofils auszudehnen, und zwar im einzelnen auf:

1. Art des Aufschlusses, natürlicher Aufschluß oder Probegrube, Einheitlichkeit des Profils, Feststellung, ob Profil überdeckt ist, ob Boden gerutscht ist.

2. Lage des Aufschlusses. Ortsangabe, Himmelsrichtung, Beleuchtung, allgemeiner Eindruck.

3. Feststellung des anstehenden Gesteins, Art, Struktur, Lagerung, Streichen, Altersbestimmung, Fossilien, Ritzproben, Farbe, Geruch, evtl. Salzsäureprobe.

4. Aussehen der angewitterten Schichten, Zerklüftung des Gesteins, Verwitterungsrinde, Karrenbildung.

---

[1] Warming, E., u. M. Vahl: Öcology of plants. Kopenhagen 1909.

[2] Lundegardh, H.: Klima und Boden in ihrer Wirkung auf das Pflanzenleben. Jena: G. Fischer 1925.

[3] Rübel, E.: Geobotanische Untersuchungsmethoden. Berlin: Gebr. Bornträger 1922.

[4] Markgraf, F.: Kleines Praktikum der Vegetationskunde. Berlin: Julius Springer 1926.

5. Ausgestaltung der Bodenhorizontausbildung, Mächtigkeit der einzelnen Horizonte, Feststellung der Struktur und Textur, ob scharfe Abgrenzung oder allmählicher Übergang der einzelnen Horizonte. Farbe (gleichmäßig, fleckig usw.). Salzsäureprobe, Verreiben mit Wasser zwischen den Fingerspitzen, Feststellung oder Schätzung des Feuchtigkeitsgehaltes der einzelnen Horizonte.

6. Vorhandensein von Geröllmaterial, Konkretionen, Steinen, Muschel- und Schalenresten, Form und Art der Gesteinsbruchstücke und Mineralsplitter, Knochen, Scherben.

7. Eindringen der Pflanzenwurzel in die verschiedenen Horizonte, Verzweigungssystem.

8. Vorhandensein von Maulwurfsgängen, Tierhöhlen, Wurmlöchern usw.

9. Besondere Beschaffenheit des Humushorizontes. Art des Auflagehumus.

10. Spezielle Feststellung der auf den Profilen vorkommenden Pflanzen (Schätzung oder Zählung, Pflanzenproben mitnehmen!).

11. Krusten-, Schutzrindenbildung, Salzausblühungen, polygonale Bodenbildung, Spalten- und Rißbildung.

Die einzelnen Beobachtungen sollen notiert werden, das Bodenprofil ist in seiner Gesamtheit nach Möglichkeit zu photographieren. Immer ist aber eine Skizze anzufertigen, selbst wenn eine photographische Aufnahme genommen ist. In die Skizze werden zweckmäßigerweise die Numerierungen der genommenen Profilproben eingetragen. Eine möglichst getreue Wiedergabe der Farben der einzelnen Horizonte in der Skizze ist anzustreben.

Zur Klärung landwirtschaftlicher Fragen ist es meistens noch wichtig, folgendes zu wissen:

1. Art der Fruchtfolge, Erträge.

2. Menge und Art der Düngung, auch der Vorjahre.

3. Bisherige Einschätzung des Bodens.

4. Auftreten von Fehlstellen.

5. Drainage oder Bewässerung, Zeitdauer dieser Meliorationsmaßnahmen.

6. Bearbeitung des Bodens, Art und Zeit, auch der in früheren Jahren durchgeführten.

7. Lage des Feldes und der einzelnen Schläge in bezug auf die Himmelsrichtung. Hauptsächlichste Windrichtung, Feststellung des natürlichen Gefälles.

8. Angaben über Besonderheiten (Schädlinge usw.).

Das Studium anderer Fragen, z. B. geobotanischer, kulturtechnischer, technischer und speziell moorkundlicher Natur, sowie solche zur Beurteilung der Unterwasserböden setzt natürlich noch andere Beobachtungsmomente voraus, die hier aber übergangen werden können.

Hilfsmittel zur Beurteilung der Böden. Hierher gehören nicht nur jene Geräte, die zur direkten Feststellung von Bodeneigenschaften dienen, sondern auch diejenigen, die zur Bestimmung des Ortes, des Klimas usw. notwendig sind[1].

Beim Vorhandensein von Meßtischblättern, topographischen und geologischen Karten, sowie Flurkarten ist die Bestimmung der Ortslage und die Einzeichnung der Fundstelle nicht mit Schwierigkeiten verknüpft. Ein Kompaß erleichtert die Feststellung der Himmelsrichtung. Evtl. ist es erforderlich, genaue Abstandsmessungen von gewissen, dominierenden und festgelegten Punkten zur genauen Kennzeichnung anzustreben. Da die Mitnahme von Meßlatten oder Theodoliten meist zu umständlich ist, so wird meistens ein Bandmaß, am

---

[1] Vgl. hierzu auch die Ausführungen K. Keilhacks über die Ausrüstung der Geologen, a. a. O. I, 1 f.

besten aus Stahlband, für Ermittelung der Abstandsmessung ausreichen müssen. Der Kompaß ist ferner zur Ermittelung der Richtung des Verlaufs und der Neigung geeignet, wie auch die Anbringung einer Azimuthvorrichtung und eines Klinometers es ermöglicht, die Richtung nach einem entfernten Punkt und die Neigung einer Fläche gegen den Horizont festzustellen. Ein Zirkel und ein Meßrädchen gestatten die genaue Einzeichnung in die Karte. Ein Schrittzähler ist zur Kontrolle auch evtl. brauchbar. Zur Feststellung der Höhe ist unter Umständen ein Aneroidbarometer erforderlich.

Für die Entnahme der Gesteinsproben ist ein Hammer, für die der Bodenproben ein Spaten oder eine kleine Schaufel in Form der Pflanzenschaufeln mitzunehmen. Zur Erkennung der Gesteine bedient man sich u. a. der Lupe, der Salzsäureprobe und evtl. der Härteprobe. Die Salzsäure zur Prüfung auf Karbonate wird in einem Tropffläschchen von 20 cm^3 Inhalt, das mit einem genau passenden Zylinder aus Hartgummi, der zugleich als Deckel dient, umschlossen ist, mitgenommen. Das Taschenmesser kann zur Bestimmung der Härte der Gesteine und Mineralien dienen. Zur Feststellung der Farbe des Gesteins und der einzelnen Bodenhorizonte ist die Mitnahme der Ostwaldschen Farbenfibel zu empfehlen, wie auch die genaue Bestimmung derselben nach dem von ihm vorgeschlagenen Verfahren zu erfolgen hat. Da sich die Farbe häufig mit dem Wassergehalt ändert, so erscheint die Ermittelung der Feuchtigkeit an Ort und Stelle häufig ratsam. Schon Whitney, Briggs und Gardner[1] beschreiben eine elektrische Methode zur Bestimmung des Feuchtigkeitsgehaltes des Bodens mittels tragbaren elektrischen Geräts. Auch Görz[2] hat neuerdings einen tragbaren Apparat konstruiert und beschrieben, doch sind die Versuche mit diesem Verfahren noch nicht abgeschlossen. Nach den ersten guten Ergebnissen, besonders bei Sandböden, haben sich gewisse Schwierigkeiten herausgestellt, die erst noch behoben werden müssen, um das Verfahren als abgeschlossen zu betrachten[3]. Nitzsch[4] wendet bei seiner Schnellmethode das folgende Verfahren zur Ermittelung des Wassergehaltes der Böden an, das auch schon in ähnlicher Weise von Dojarenko[5] benutzt wurde: „Eine bestimmte Menge Boden wird der zu untersuchenden Erdschicht entnommen und in weithalsigen Erlenmeyerkolben gefüllt, dort mit Spiritus versetzt und gründlich geschüttelt, bis die Krümel zerfallen und die Bodensubstanz sich löst. Diese Aufschlämmung wird dann in lange Röhren gefüllt und stehengelassen. Die Bodensubstanz fällt aus, sinkt nach unten, und über ihr bildet sich eine Schicht von klarem verdünnten Spiritus. Dessen Konzentration wird mit dem Thermoalkoholometer gemessen und daraus die Wassermenge, die der Bodensubstanz entzogen wurde, berechnet.“ Diese Methode gibt nach Mütterlein[6] bei verschiedenen Böden nicht immer vergleichbare Werte. Auch erweist sich dies Verfahren für größere bodenkundliche Forschungsreisen oder Exkursionen infolge der Zerbrechlichkeit der Meßröhren, des Alkoholometers und der Erlenmeyerkolben nicht gut verwertbar.

Für die Ermittelung der Reaktion des Bodens kommen in erster Linie die kolorimetrischen Verfahren in Frage. Gute Dienste leistet schon Lackmuspapier, das angefeuchtet auf den Boden gelegt den Reaktionszustand angibt. Bessere

---

[1] Whitney, M., F. D. Gardner u. L. J. Briggs: Exp. Stat. Rec. 9, 535 (1898). — Ferner L. J. Briggs: Bull. U. S. A. Dep. Agricult. Washington 15 (1899).

[2] Görz, G.: Über ein tragbares Gerät zur elektrischen Bestimmung der Bodenfeuchtigkeit im Felde. Internat. Mitt. Bodenkde. 14, 35 (1924).

[3] Nach frdl. schriftlicher Mitteilung von Dr. G. Görz.

[4] Nitzsch, W.: Fortschr. Landw. 2, 283 (1927).

[5] Dojarenko: J. landw. Wiss. 1, 1—5 (1924).

[6] Mütterlein: Untersuchungen über Bodenbearbeitung, S. 14. Halle: H. John 1929.

Dienste leisten die Methode nach Wherry und die Arbeit mit einem Universal-indikator[1]. Es gibt aber auch tragbare elektrometrische Apparate zur Bestimmung der Wasserstoffionenkonzentration, so liegt eine Konstruktion von Trénel[2] vor (Abb. 43)[3]. A. Uhl[4] konstruierte ebenfalls einen einfachen Apparat zur p_H-Bestimmung des Bodens direkt auf dem Felde. Der Apparat wiegt etwas über 3 kg, die Größenmaße sind 21 × 20 × 16 cm. Zur Erkennung des Pflanzenbestandes ist die Mitnahme eines Pflanzenbestimmungsbuches zu empfehlen. Ferner kommen als notwendige Gerätschaften sowohl Luft- als auch Bodenthermometer in Frage. Hier gibt es eine große Auswahl von verschiedenen Fabrikaten. Man sollte sich auf alle Fälle solcher Instrumente bedienen, die so hergestellt sind, daß sie eine leichte Transportfähigkeit bei gleichzeitiger Garantie einer gewissen Haltbarkeit gewährleisten. Buxtone[5], der bei Studien über das Tierleben in der Wüste unter anderem auch Messungen der Bodentemperatur durchführte, weist darauf hin, daß solche in weichen Böden sehr leicht durchzuführen sind, sich aber andererseits unmittelbar in Böden mit harter Oberfläche recht schwierig gestalten. Buxtone hat diese Schwierigkeit der direkten Messung dadurch umgangen, daß er anstatt eines Thermometers eine Skala von Wachsarten verschiedenen Schmelzpunktes als Maßstab verwandte.

Für Untersuchungen geobotanischer Natur sind naturgemäß andere Hilfsmittel erforderlich, es sei hier nur auf E. Rübel[6] verwiesen, der das Wissenswerte in seinem diesbezüglichen Werke zusammengestellt hat. Hinsichtlich der Hilfsmittel, die bei der Beurteilung spezieller Fragen solcher Art in der Land- und Forstwirtschaft erforderlich

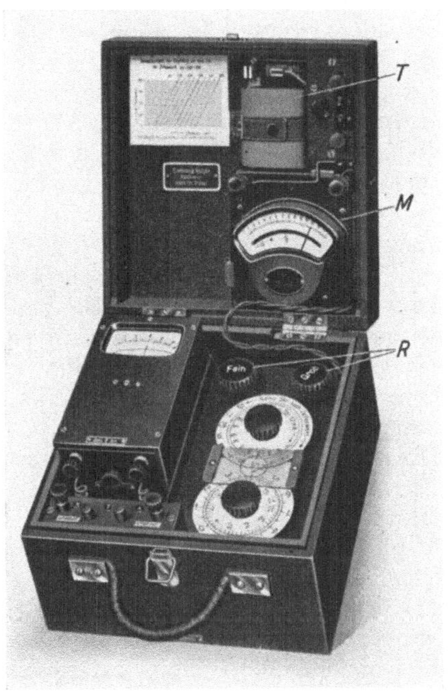

T = Taschenlampenbatterie, M = Strommesser,
R = Meßstromregler

Abb. 43.   Azidimeter nach Dr. Trénel.

sind, sowie derjenigen, welche zur Durchführung physikalischer Untersuchungen des Bodens sich eignen, sei auf das auf S. 221—227 Gesagte verwiesen.

Ein sehr wichtiges Gerät bei bodenkundlichen Arbeiten ist der photographische Apparat und unter Umständen zur Herstellung von plastischen Aufnahmen der Stereoapparat. Die Auswahl unter den Photoapparaten ist bekanntlich sehr groß, doch kommen für bodenkundliche Zwecke und zur Mit-

---

[1] Vgl. H. Kappen: Die Bodenazidität, S. 54. Berlin: Julius Springer 1929.

[2] Trénel, M : Ein tragbares Gerat zur elektrometrischen Bestimmung der Bodenazidität. Internat. Mitt Bodenkde. **14**, 27 (1924). — Vgl. hierzu A. Uhl: Über eine neue Zelle zum Azidimeter von Trénel. Fortschr. Landw. **2**, 516 (1927). — E. Tornow: Eine Vorrichtung zum Ersatz der Tonzelle des Trénelschen Azidimeters. Ebenda **3**, 544 (1928).

[3] Diese Abbildung stellt den Trénelschen Apparat neuester Konstruktion dar.

[4] Uhl, A.: Ein neuer, einfacher Apparat zur p_H-Messung. Fortschr. Landw. **3**, 973 (1928).

[5] Buxtone, P. A.: The temperature of the surface of deserts. J. of Geol. **12**, Nr. 1 (1924).

[6] Rübel, E.: Geobotanische Untersuchungsmethoden. Berlin: Gebr. Bornträger 1922.

nahme auf Reisen nur eine kleine Anzahl in Frage. Es sind in erster Linie zu nennen: 1. die Leikakamera, 2. die Tropen-Adoro[1]. Die erstere ist eine Kleinkamera mit Schlitzverschluß von vielseitiger Verwendbarkeit. Die Kamera kann mit 36 Aufnahmen geladen werden und hat dann ein Gewicht von nur 475 g. Gerade für größere Reisen kommt diese Kamera in Frage, zumal das Einlegen der Filme mit Tageslichtspulen auch im Freien erfolgen kann. Vergrößerungsapparate treten erst nach Rückkehr in Tätigkeit. Der zweitgenannte Apparat ist besonders für Arbeiten in den Tropen geeignet. Er wird in drei Größen hergestellt, hat ein Gehäuse von Teakholz und vernickelte Beschläge, so daß die Klimaeinflüsse kein Verquellen, Verziehen usw. eintreten lassen. Besondere Sorgfalt ist auch vor der Reise auf die Auswahl geeigneter Platten und Filme zu legen. Am bequemsten ist natürlich das Arbeiten mit Rollfilmen. Für die Entwicklung der Platten oder Filme bei größeren Expeditionen, bei denen es häufig sehr wichtig ist, sofort zu wissen, ob die Aufnahmen gelungen sind, eignet sich beim Fehlen von Verdunkelungseinrichtungen ein Entwickelungssack. Für den unter 2 genannten Apparat ist oft ein Stativ nötig.

Geräte zur Entnahme von Bodenproben.

Entnahme von Proben auf land- und forstwirtschaftlich genutzten Mineralböden. Bei der Entnahme der Bodenproben ist der Zweck der geplanten Bodenuntersuchung entscheidend, so daß auch die zu verwendenden Gerätschaften sich nach ihm zu richten haben werden. Immer aber ist dieser Manipulation größte Aufmerksamkeit zu schenken, denn die gesamte spätere Untersuchung im Laboratorium ist von der Sorgfalt der Probenahme abhängig, d. h. sie muß auf Grund der gesteckten Ziele und nach Maßgabe der sich aus den an Ort und Stelle ergebenden Beobachtungen durchgeführt werden[2]. Am häufigsten beschrieben sind die Probenahmen auf Kulturland. Die vielfach angewandte Methode, von vielen Stellen des Ackers eine große „Misch"probe herzustellen, ist meistens nicht angebracht[3], da selbst der sehr ausgeglichen erscheinende Boden durchaus nicht gleichmäßig ist, wie dieses O. Haehnel experimentell nachweisen konnte. In vielleicht noch höherem Maße ist dies für die vom Landwirt als „Untergrund" bezeichneten Teile der Verwitterungsschicht unstatthaft. Ramann[4] hält die Ermittelung der durchschnittlichen Zusammensetzung des Bodens auf Grund der Untersuchung von Mischproben nur dann von Wert, wenn es sich um einen sehr einheitlichen Boden handelt. E. A. Mitscherlich[5] unterzog sich der Aufgabe, zu ermitteln, „mit wieviel gleichmäßig über die Fläche hin verteilten Proben wir auskommen können", und kommt zu dem Ergebnis, daß 50 Entnahmestellen pro Hektar im Quadratverband genügen, um einen „sicheren Mittelwert zu erhalten". Auch R. Floess[6] kommt zu dem gleichen Resultat. Als Maßstab diente bei den Untersuchungen beider die Hygroskopizitätsbestimmung. Besondere Maßregeln bei der Probe-

<hr>

[1] Aufnahmen, die mit diesen Apparaten gemacht wurden, finden sich in diesem Handbuche verschiedentlich; mit der Tropen-Adoro von H. Mortensen u. F. Giesecke in Bd. 3, Abb. 3 mit dem Leika-Apparat von F. Giesecke: Bd. 2, Abb. 23 u. Bd. 3, Abb. 35.

[2] Auch A. D. Hall u. E. J. Russel (Bodenübersicht und Bodenanalyse, Ref. Biederm. Zbl. 42, 148 [1913]) weisen auf die Wichtigkeit der Sorgfalt der Probenahme hin.

[3] Vgl. K. Maiwald u. E. Ungerer: Agrikulturchemische Übungen, S. 54. Dresden u. Leipzig 1926. — A. v. Nostitz: Anleitung zur praktischen Bodenuntersuchung und Bodenbeurteilung, S. 58ff. Berlin 1929.

[4] Ramann, E.: Bodenkunde, 3. Aufl., S. 265. Berlin: Julius Springer 1911.

[5] Mitscherlich, E. A.: Bodenkunde, a. a. O., S. 290.

[6] Floess, R.: Die Hygroskopizitätsbestimmung, ein Maßstab zur Bonitierung des Ackerbodens. Landw. Jb. 42, 255 (1912). — Vgl. auch H. Wiessmann: Agrikulturchemisches Praktikum, S. 219. Berlin 1926.

nahme auf Kulturflächen finden sich in der diesbezüglichen Literatur[1], die z. T. auf der vom Verbande der Landwirtschaftlichen Versuchsstationen des Deutschen Reiches herausgegebenen Anleitung fußen[2]. MITSCHERLICH[3] weist darauf hin, daß die angegebene Zahl von 50 Teilproben beliebig vergrößert werden kann, und daß zu seinen Versuchen von jeder Probenahmestelle die gleiche Menge Boden mittels des in Abb. 44 wiedergegebenen, von ihm konstruierten Spatens entnommen wurde. Dieser Spaten gestattet die Herausnahme von Bodenproben von gleichem Durchmesser (6,5 cm) und gleicher Tiefe (25 cm).

Für viele Fälle, z. B. für die Aufnahme von Bodenprofilen, ist es nötig, andere als die MITSCHERLICHsche Methode zu wählen, und zwar wird das Gelände mittels Bohrern, Bohrstöcken oder Bodensonden untersucht. Es gibt eine große Anzahl von Bohrerkonstruktionen, von denen die wichtigsten hier besprochen seien. Zweifelsohne weist die Vielseitigkeit der Konstruktionen darauf hin, daß die den verschiedensten Zwecken dienenden Apparate und Gerätschaften nicht immer zur Zufriedenheit arbeiten, was immerwährende Verbesserungen an schon bestehenden Fabrikaten oder aber Neukonstruktionen zur Folge hat. Man hat zwischen zwei Arten von Bohrern zu unterscheiden: Bohrer, die die Probenahme nur bei gleichzeitiger Zerstörung der Bodenstruktur gestatten oder solche, die zur Entnahme mit unverletzter Struktur befähigt sind. Die letztgenannte Gruppe wird später besprochen werden.

Das einfachste Gerät ist der Bohrstock, der in den verschiedensten Ausführungen — wie die Abb. 45a—f zeigt — hergestellt wird.

Diese Bohrstöcke sollen für Reisen am zweckmäßigsten in einer zur Körpergröße passenden, etwa als Spazierstock zu benutzenden Länge gewählt werden, natürlich gibt es auch Bohrstöcke von größerer Länge. Im allgemeinen wird sich die Stärke der Bohrer nach dem Boden zu richten haben, weshalb für Reisen die Mitnahme stärkerer Stöcke zu empfehlen sein wird, wenngleich sie etwas schwerer

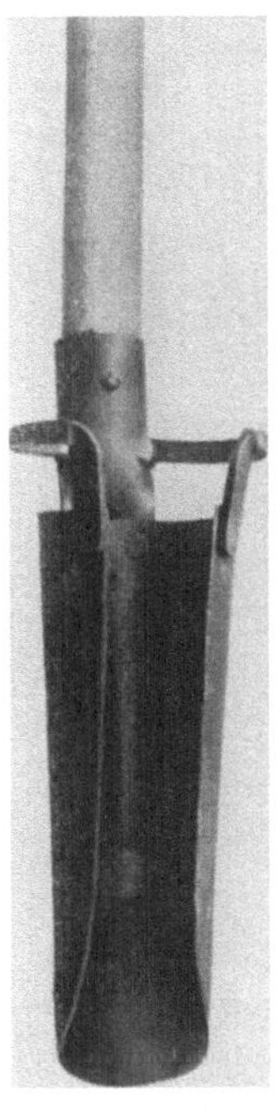

Abb. 44. Bodenspaten.
(Nach MITSCHERLICH.)

sind. Am häufigsten bestehen sie aus Stahl, sind zur Erleichterung der Arbeit am unteren Ende zugespitzt, besitzen oberhalb der Spitze eine Auskehlung und sind mit einer Dezimetereinteilung versehen. Durch Eintreiben in den Boden und langsames Drehen füllt sich die Hohlkehlung mit dem Boden, der Stock wird herausgezogen, und man hat das Bodenprofil in der der Bohrtiefe entsprechenden Länge vor sich. NOSTITZ[4] weist darauf hin, daß sich schon beim Eintreiben

---

[1] WAHNSCHAFFE, F., u. F. SCHUCHT: Anleitung zur wissenschaftlichen Bodenuntersuchung, S. 13—15. Berlin 1924. — MAIWALD, K. u. E. UNGERER: a. a. O., S. 54—56. — WIEGNER, G.: Anleitung zum quantitativen, agrikulturchemischen Praktikum, S. 120, 121. Berlin 1926. — WIESSMANN, H.: a. a. O., S. 219 221. STREMME, H.: Grundzüge der praktischen Bodenkunde, a. a. O., S. 15ff. — HEINE, E.: Die praktische Bodenuntersuchung, 2. Aufl., S. 37ff. Berlin: Gebr. Borntrager 1928. — NOSTITZ, A. v.: a. a. O., S. 58f. — KRISCHE, P.: Die Untersuchung und Begutachtung von Düngemitteln, Futtermitteln, Saatwaren und Bodenproben, 2. Aufl., S. 362. Berlin 1929. — MITSCHERLICH, E. A.: Die Bestimmung des Düngebedürfnisses des Bodens, S. 62—64. Berlin: Paul Parey 1930. — HILGARD, E. W. (Soils, S. 553. New York 1906) gibt eine Vorschrift für die Bodenprobenahme.

[2] Landw. Versuchsstat. 38, 290—293 (1891).

[3] MITSCHERLICH, E. A.: Die Bestimmung des Düngebedürfnisses des Bodens, a. a. O., S. 62, 63.   [4] NOSTITZ, A. v.: a. a. O., S. 53.

des Bohrstockes gewisse Anhaltspunkte auf die mechanische Zusammensetzung (Steine, Kies usw.) ergeben. Ist der Boden zu fest, so daß das einfache Hineinbohren des Bohrstockes nicht möglich ist, so bediene man sich eines Schlegels besonderer Konstruktion zum Eintreiben.

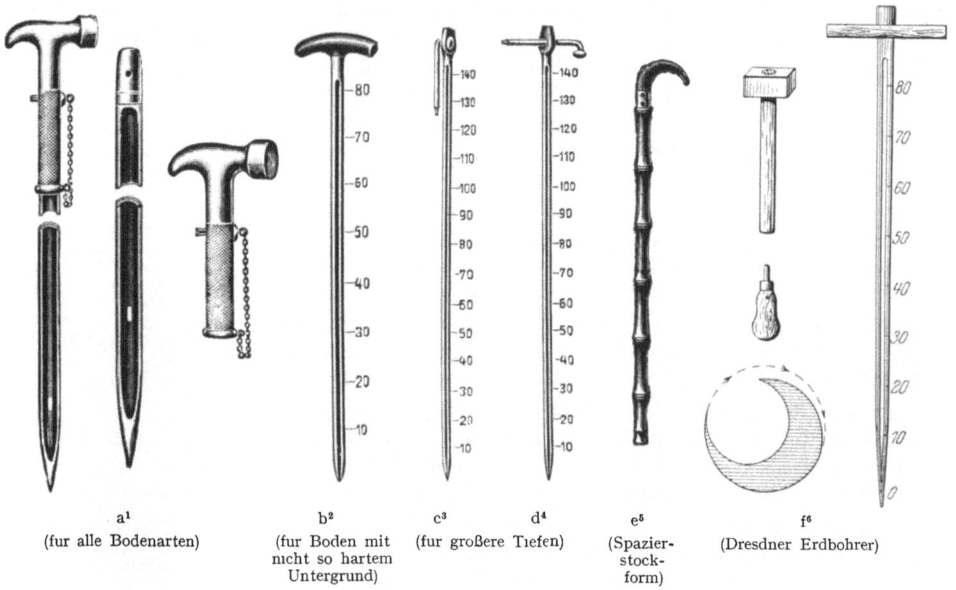

a[1]
(für alle Bodenarten)

b[2]
(für Boden mit nicht so hartem Untergrund)

c[3]
(für größere Tiefen)

d[4]

e[5]
(Spazierstockform)

f[6]
(Dresdner Erdbohrer)

Abb. 45 a—f. Bohrstöcke.

Keilhack[7] beschreibt den Schlegel wie folgt: „Ein parallelepipedisches Stück vollkommen trockenen, zähen Holzes von etwa $7 \times 7 \times 18$ cm Seitenlänge trägt in einer ganz hindurchgehenden Bohrung einen Stiel, der aus dem Schlagklotz etwa 30 cm hervorragt. Der Klotz trägt an seinen beiden Enden heiß aufgelegte eiserne Reifen, die, wenn richtig aufgelegt, einer besonderen Befestigung nicht bedürfen und ein Zersplittern des Holzes durch die zahllosen Schläge auf den verhältnismäßig kleinen Amboß des Bohrers verhindern." Manche Bohrstockkonstruktionen (vgl. Abb. 45a) sind so eingerichtet, daß die abnehmbare Krücke aus einer besonderen Legierung hergestellt ist, die den Schlegel vertritt, weshalb für größere Exkursionen dieses System wohl den Vorrang verdient.

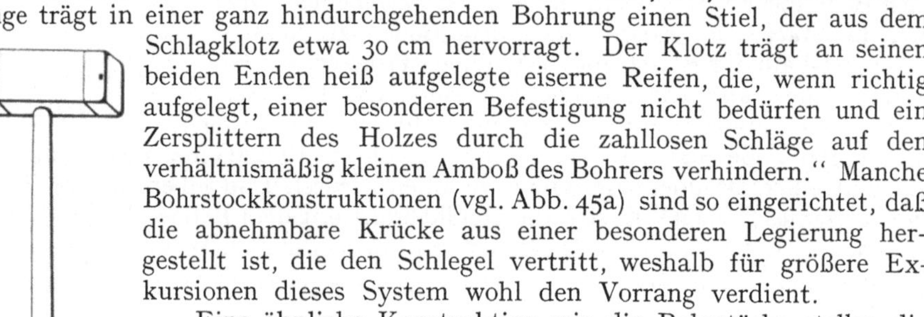

Eine ähnliche Konstruktion wie die Bohrstöcke stellen die sog. Löffelbohrer dar, der Unterschied besteht darin, daß der Bohrstock auf die ganze Länge, der Bohrlöffel gewöhnlich nur auf 25—30 cm Länge am unteren Ende ausgekehlt ist (Abb. 47).

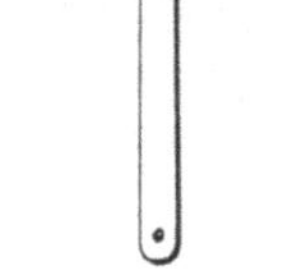

Abb. 46. Schlegel zum Eintreiben[8].

---

[1] Aus A. v. Nostitz: Praktische Bodenuntersuchung und Bodenbeurteilung, S. 54. Abb. 21. Berlin: Paul Parey 1929.

[2] Aus der Liste 360, S. 41 der Fa. P. Funke & Co., Berlin N 4.

[3] Ebenda.   [4] Ebenda.   [5] Ebenda.

[6] Dresdner Erdbohrer, beschrieben von E. Rubel: Geobotanische Untersuchungsmethoden, S. 110, Abb. 42. Berlin: Gebr. Bornträger 1922.

[7] Keilhack, K.: a. a. O., S. 6.

[8] Aus K. Keilhack: a. a. O., S. 6, Abb. 5. Stuttgart: Ferd. Enke 1929.

Die Arbeitsweise mit dem Bohrlöffel ist daher eine etwas andere. KEILHACK[1] beschreibt sie wie folgt: „Diese Bohrer benutzt man in der Weise, daß man zunächst den 1-m-Bohrer durch gleichmäßigen Druck senkrecht bis etwa oberhalb des Löffels hineintreibt. Dann wird der Bohrer einmal herumgedreht und herausgezogen und mit einem Hölzchen oder mit einem Bleistiftende der Inhalt aus dem Löffel entfernt. Hierauf wird der Bohrer in dasselbe Loch auf zwei Drittel seiner Länge hineingedrückt und beim dritten Male ganz. Verfährt man dann ebenso mit dem 2- und 3-m-Bohrer, so hat man in den sechs oder neun herausgehobenen Proben ein vollständiges Profil bis zur Tiefe von 2 oder 3 m.“

Zum Herauskratzen des Bodens wird die Krücke auch evtl. so eingerichtet, daß sie herausnehmbar ist und dann als Kratzer dient (Abb. 45c, d), während zum Sammeln der Proben aus Bohrstock oder Bohrlöffel das „STEYERsche Bodenkännchen“ dient (Abb. 48).

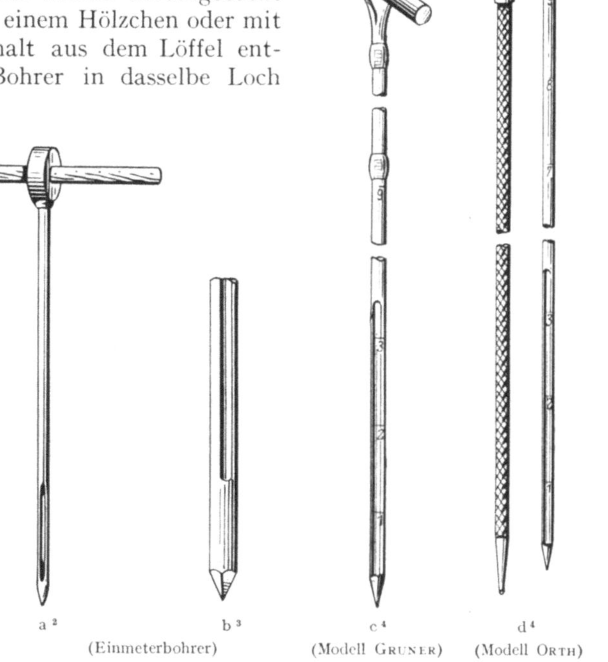

Abb. 47 a—d. Bohrlöffel.

Den Vorteil, einige andere Manipulationen vornehmen zu können, bietet der WÖLFERsche Feldstock (Abb. 49a und b). Bei ihm ist u. a. ein Thermometer in die Hohlräume einzusetzen, so daß mit ihm Bodentemperaturen bis ca. 80 cm Tiefe festgestellt werden können. Diese Vorrichtung ist besonders auch für große Expeditionen von Vorteil zu benutzen.

Bei schwer durchdringbaren Böden muß auch hier der schon erwähnte Schlegel in Tätigkeit treten. ROTMISTROFF[6] erwähnt noch die Löffelbohrer mit einem Längsspalt von 10—15 cm, die von WOISLOFF und BLISUM konstruiert wurden, die aber für die Untersuchungen auf Feuchtigkeit sich nicht eignen, denn ROTMISTROFF glaubt, daß sich die Erde in dem Löffel in stark zusammengedrücktem, verdichtetem Zustand befindet, so daß bei hohen

Abb. 48[5].

---

[1] KEILHACK, K.: a. a. O., S. 5.

[2] Aus K. KEILHACK: a. a. O., S. 6, Abb. 4. Stuttgart: Ferd. Enke 1921.

[3] Aus E. HEINE: Die praktische Bodenuntersuchung, S. 39, Abb. 6b. Berlin: Gebr. Bornträger 1928.

[4] Aus F. WAHNSCHAFFE u. F. SCHUCHT: Anleitung zur wissenschaftlichen Bodenuntersuchung, 4. Aufl, S. 13, Abb. 2, 3. Berlin: Paul Parey 1924.

[5] Aus Katalog Nr. 360, S. 41 der Fa. P. Funke & Co., Berlin N 4.

[6] ROTMISTROFF, W. G.: Das Wesen der Dürre, ihre Ursache und Verhütung. Übersetzt von ERNST V. RIESEN, S. 16, 17. Dresden u. Leipzig 1926.

Feuchtigkeitsgehalten das Wasser infolge der Kompression des Bodens hinausgedrückt wird. Ferner glaubt der genannte Autor, daß die durch Reibung erzeugte Erwärmung 60—70° betragen kann, wodurch ebenfalls Wasserverluste einrteten können, wie er auch die Durchmischung der einzelnen Schichten beim Einbohren und Herausholen der Probe für wahrscheinlich hält. Aus diesem Grunde konstruierte er[1] einen Bohrer, bei dem diese Mängel nicht auftreten sollen. G. Blohm[2] verwendete bei seinen Arbeiten einen Löffelbohrer mit Verschlußkappe. Nach E. Ramann[3] geben die Bohrstöcke bei der Probenahme „weniger zuverlässige Daten als die Tellerbohrer, mit denen man, wenn man die Erde zwischen den Gewinden, d. h. unter dem oberen großen und tieferen kleineren nimmt, tadellose Proben gewinnen kann"[4]. Abb. 50 veranschaulicht derartige Tellerbohrer.

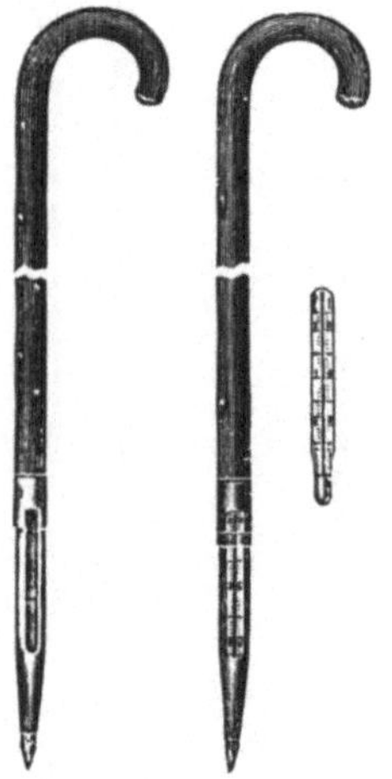

Abb. 49 a und b[5].
Wolferscher Feldstock.

a[6]

Am

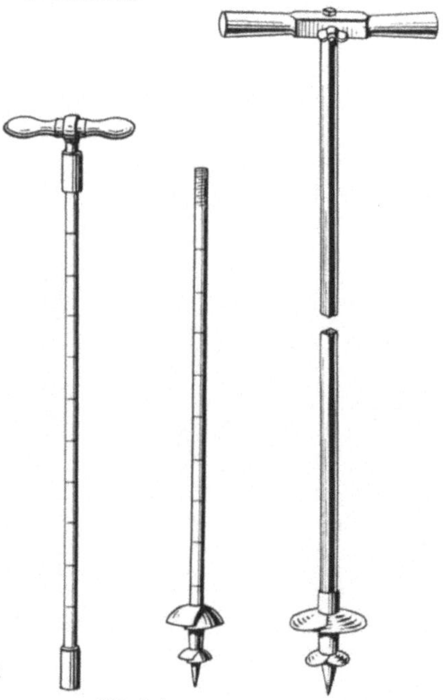

Abb. 50 a—c. Tellerbohrer.

Scheligowsky[9] beschreibt eine ähnliche Neukonstruktion, die sich aber im wesentlichen dadurch unterscheidet, daß der Bohrer durch Anbringung von Trittleisten und einer festen Führung seitlich nicht zu verschieben ist, wodurch die genaue senkrechte Einbringung gewährleistet ist. Bei diesen Bohrern ist,

[1] Rotmistroff, W. G.: a. a. O., S. 18.

[2] Blohm, G.: Einfluß der Bodenbearbeitung auf die Wasserführung des Bodens. Kühn-Arch. 12, 359 (1926).

[3] Ramann, E.: Bodenkunde, 3. Aufl., S. 451. Berlin: Julius Springer 1911.

[4] Vgl. hierzu auch J. Kopecky: Die Bodenuntersuchung zum Zwecke der Drainagearbeiten, S. 6, 7. Prag 1901.

[5] Aus Katalog Nr. 360, S. 42 der Fa. P. Funke & Co., Berlin N 4.

[6] Aus E. Heine: a. a. O., S. 39, Abb. 6a.

[7] Aus K. Keilhack: Lehrbuch der praktischen Geologie 2, 194, Abb. 87. Stuttgart: Ferd. Enke 1922.

[8] Aus F. Wahnschaffe u. F. Schucht: Anleitung zur wissenschaftlichen Bodenuntersuchung, 4. Aufl., S. 14, Abb. 5. Berlin: Paul Parey 1924.

[9] Scheligowsky, W. A.: J. landw. Wiss. (russ.) 2, 203 (1925).

wenn auch nicht in so hohem Maße wie bei den gewöhnlichen Bohrstöcken und Löffelbohrern, die Gefahr vorhanden, daß an Bodenproben aus einer tieferen Profilschicht Teilchen der oberen Lagen anhaften. Um diesen Mangel zu beheben, kann man zwei Wege beschreiten, entweder werden Gruben ausgeworfen, um dann in die Lage versetzt zu werden, aus jeder Schicht einwandfreie Proben mit geeigneten Geräten herauszunehmen, oder aber man muß sich sog. Kammerbohrer bedienen.

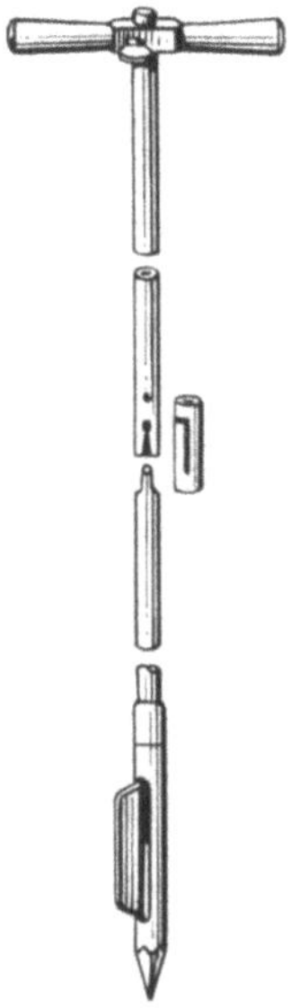

Eine kleinere Konstruktion, die sicherlich auch für größere Exkursionen geeignet ist, stellt der FRÄNKELsche Erdbohrer dar (Abb. 51). Mit diesem Bohrer ist es möglich, Bodenproben aus der gewünschten Tiefe nehmen zu können, ohne eine Mischung mit Bodenteilchen aus den oberen Schichten befürchten zu müssen. Auf gleichem Prinzip beruht der von G. BLOHM verwendete Apparat[1]. Wie wichtig die Beachtung der Forderung, die einzelnen Horizonte eines Profils nicht miteinander zu vermischen, ist, geht unter anderem aus Untersuchungen von VON NOSTITZ[2], hervor, der in einem ziemlich einheitlich aussehenden Profil folgende Mengen $CaCO_3$ in Prozenten fand:

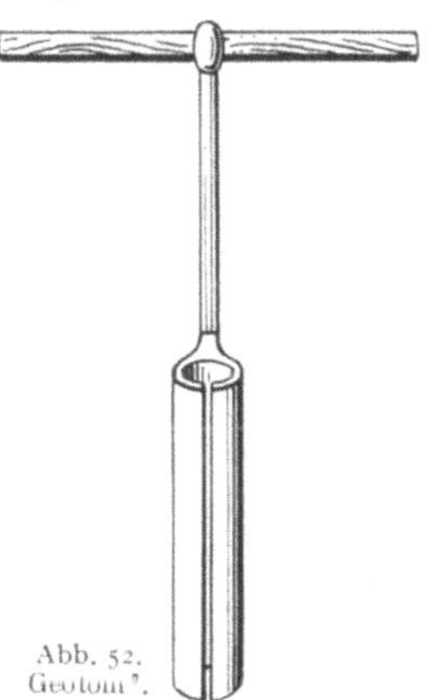

Abb. 51.
Erdbohrer
nach FRANKEL[4].

in   0—30 cm Tiefe . . . . .   0,1—0,2 %
,, 30—60 ,,   ,, ...   0,8—1,5 %
,, 60—90 ,,   ,, ...   3,0 % und mehr

Auch die zahlreichen Analysen[3] vollständiger Profile lassen erkennen, daß die Durchmischung der einzelnen Horizonte unter allen Umständen vermieden werden muß, denn die später mit den gezogenen Proben durchgeführten Untersuchungen sind natürlich illusorisch, wenn nicht von vornherein das Ausgangsmaterial einwandfrei ist.

Eine ähnliche Konstruktion wie die FRÄNKELsche stellt der Bohrer von P. A. NEKRASOV[5] dar, der sich durch seine Festigkeit, sein geringes Gewicht, einfache Arbeitsweise sowie gute Transportfähigkeit auszeichnen soll. Dieser Bohrer besteht aus 3 Teilen: 1. der Bodenbüchse, dem eigentlichen Entnahmeapparat, der die Herausnahme der gewünschten Schicht gestattet, ohne daß Teilchen aus oberen Schichten die Probe verunreinigen, 2. einer Hauptstange mit einem Handhabeaufsatz und 3. einer Hilfsstange zur Gewinnung von Proben aus tieferen Schichten. Der Bohrer wird durch Drehen mit der Hand in den Boden eingebracht, die Probe herausgenommen und dann wird der Bohrer in dieselbe Öffnung eingesetzt, um die nächsttiefere Schicht zu erhalten.

Für geobotanische Untersuchungen wird zur Entnahme von Bodenproben von E. RÜBEL[6] ein Geotom beschrieben (Abb. 52). Dies Instrument besteht aus einem Stahlrohr von 5 cm Durchmesser und 30 cm Länge,

Abb. 52.
Geotom[7].

---

[1] BLOHM, G.: a. a. O., S. 359.   [2] NOSTITZ, A. v.: a. a. O., S. 60.
[3] Vgl. hierzu die zahlreichen Profilanalysen in Bd. 3 dieses Handbuches.
[4] Aus Sonderliste Nr. 125, Abb. 125/3 der Fa. C. Gerhardt, Bonn a. Rh.
[5] NEKRASOV, P. A.: Ein Bohrer zur Entnahme von Bodenproben. (Russ. mit dtsch. Zusammenfassung.) J. wiss. Landw. 4, 134 (1927).
[6] RÜBEL, E.: Geobotanische Untersuchungsmethoden, a. a. O., S. 109.
[7] Aus E. RÜBEL: Geobotanische Untersuchungsmethoden, S. 109, Abb. 41. Berlin: Gebr. Bornträger 1922.

„dessen Wandung durch eine 2 cm weite, längsverlaufende Aussparung durchbrochen ist".

Sehr häufig werden auch die durch die bisher besprochenen Gerätschaften geförderten Bodenmengen zur Untersuchung im Laboratorium nicht ausreichen. Allein schon aus diesem Grunde ist das Ausheben von Probegruben oft nicht zu umgehen, die zugleich auch eine bessere Übersicht über das Profil ergeben, wie sie auch die horizontale Entnahme der Proben einzelner, auch schmalster Horizonte gestattet. Nach Keilhack[1] sollen die Gruben die Form eines Rechtecks von $^1/_2$—$^1/_3$ m Breite und 1—1$^1/_3$ m Länge haben und von einer 2 m wohl selten überschreitenden Tiefe sein. „Die Wände müssen mit dem Spaten senkrecht abgestochen werden, in geneigtem Gelände stellt man die längere Seite des Rechtecks parallel dem Gefälle, um ein schnelles Nachfallen der Wände zu verhüten." Von jedem Horizont wird eine Mischprobe hergestellt. Ramann[2], Heine[3] und nach ihnen neben anderen von Nostitz[4] empfehlen die Anlage einer Probegrube, auch Bodeneinschlag genannt, wie sie Abb. 53 zeigt. Die Grube muß selbst in der Tiefe solche Dimensionen haben, daß sowohl Messungen

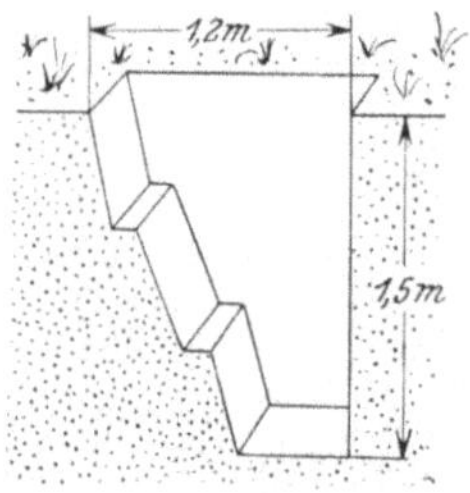
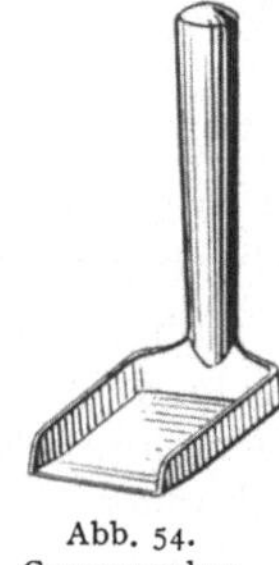

wie Probenahme bequem durchzuführen sind. Zur Herausnahme der einzelnen Horizontproben eignen sich kleine Schaufeln oder aber der Görbingsche Löffel (Abb. 54). Da die Anlage von Probegruben verhältnismäßig kostspielig ist, so geht man wohl selten über eine Tiefe von 2 m hinaus, aber durch die Verwendung eines der vorher erwähnten Bohrer ist es nun möglich, auf dem Grunde der Grube noch weitere Bohrungen in die Tiefe vorzunehmen.

Abb. 53 Probegrube (Bodeneinschlag)[5].

Abb. 54. Görbingscher Löffel[6].

Unter Umständen wird aber das Ausheben von tieferen Gruben anzuraten sein, wie auch der Einschlag bei Verwitterungsböden tunlichst bis zum anstehenden Gestein gehen soll[7]. Bei tiefgründigen Böden wird man über 3 m Tiefe wohl nicht hinausgehen. Nowacki[8] gibt folgende Maße als zweckmäßig an:

Tiefe	Breite	Lange
1 m	0,40 m	1,20 m
2 ,,	0,60 ,,	1,60 ,,
3 ,,	0,90 ,,	2,00 ,,

Die Frage, wieviel Gruben gegraben werden sollen, hängt von der Beschaffenheit und Gleichmäßigkeit des Bodens ab, über die man sich durch Bohrungen und evtl. qualitative Vorproben (z. B. auf Karbonatgehalt) überzeugen kann. Der letztgenannte Autor hält 5 oder 6 Probegruben je Hektar für gewöhnlich als ausreichend. Auf alle Fälle ist es anzuraten, auch bei tiefgründigen Böden und scheinbar gleichmäßigen Schichten möglichst viele untereinanderliegende Proben zu nehmen, um auch kleinere Abweichungen in der Zusammensetzung experimentell ermitteln zu können.

[1] Keilhack, K.: a. a. O. 2, 193.   [2] Ramann, E.: Bodenkunde, a. a. O., S. 264.
[3] Heine, E.: a. a. O., S. 37.   [4] Nostitz, A. v.: a. a. O., S. 52.
[5] Nach A. v. Nostitz: Anleitung zur praktischen Bodenuntersuchung und Bodenbeurteilung, S. 52, Abb. 20. Berlin: Paul Parey 1929 umgezeichnet. Die vorliegende Zeichnung bringt das Räumliche der ausgehobenen Grube besser zur Darstellung.
[6] Aus F. Wahnschaffe u. F. Schucht: a. a. O., S. 14, Abb. 4.
[7] Ramann, E.: Bodenkunde, a. a. O., S. 264.
[8] Nowacki, A.: Praktische Bodenkunde, 7. Aufl., S. 61. Berlin: Paul Parey 1920.

Die gewonnenen Proben werden an Ort und Stelle so gemischt, daß größere Mengen ein und derselben Schicht auf einem Tuche gemischt werden, und von dieser Mischung wird eine zum Zwecke der Untersuchung ausreichende Mischprobe genommen. Die Einzelprobe dürfte am besten 2—3 kg schwer sein. Es ist nun aber die Frage, ob die Steine an Ort und Stelle ausgelesen und schätzungsweise bestimmt werden, wie dies RAMANN[1] vorschlägt, oder ob es nicht ratsam erscheint, eine größere Probe zu nehmen, um die Menge gewichtsmäßig zu erfassen, denn man überschätzt den prozentischen Anteil sehr leicht. Der letztere Weg verbürgt einen gewissen Anhalt, trotzdem natürlich die genaue Ermittelung infolge der schwierigen Probenahme auch so nicht exakt erfolgen kann. Bei grobkiesigen Böden sollte auf alle Fälle die Probe ohne vorheriges Aussieben genommen werden. Größere Steine und gröbere Wurzelreste können entfernt werden, doch ist dies in die Notizen aufzunehmen.

Bezüglich der Entnahme von Bodenproben zwecks später durchzuführender bakteriologischer Untersuchung sei auf die Ausführungen von F. LÖHNIS[2] verwiesen. Die durch Mischen mittels Spatels, Bohrers u. ä. entnommenen Durchschnittsproben geben nicht die guten Ergebnisse, wie die Entnahme von Proben aus derselben Bodenschicht[3]. Zu diesem Zweck ist eine kleine Probegrube auszugraben, und aus der seitlich anstehenden Schicht wird mit einem sauberen Löffel die Probe entnommen. LÖHNIS[4] erwähnt nachdrücklichst die Notwendigkeit der Verwendung naturfrischer Proben zu den Untersuchungen, so daß der Transport und die Aufbewahrung in festschließenden sterilisierten Gefäßen zu erfolgen hat und die nachfolgende Verarbeitung möglichst rasch stattfinden soll, denn es können durch Trocknen die Befunde im Umsetzungsversuch Änderungen gegenüber den natürlichen Verhältnissen erleiden.

Entnahme von Moor- und Torfböden. Für die Untersuchung der Moore und die Probenahme der Moorböden gelten besondere Vorschriften[5], wie auch spezielle Gerätschaften für die Entnahme erforderlich sind. Das einfachste Gerät ist auch wieder eine Art Löffelbohrer mit verschiebbarer Hülse, der zugleich als Peilstange zur Ermittelung der Mächtigkeit des Moores dienen kann (Abb. 55), während zur allgemeinen Orientierung die sog. Moorsonde und zur Ermittelung der Tiefe flachgründiger Moore der Bohrstock benutzt werden kann. Die Peilstangenbohrer können durch Aufsetzen von Einzelstangen beliebig verlängert werden. Bei

Abb. 55[6].

---

[1] RAMANN, E.: a. a. O., S. 265.

[2] LÖHNIS, F.: Handbuch der landwirtschaftlichen Bakteriologie, S. 717. Berlin: Gebr. Bornträger 1910. Hier ist die über diesen Fragenkomplex wichtige Literatur zusammengestellt, auf die verwiesen sein möge.

[3] LÖHNIS, F.: a. a. O., S. 717.   [4] LÖHNIS, F.: a. a. O., S. 717.

[5] KEILHACK, K.: a. a. O. 1, 346ff. — TACKE, B.: in J. KÖNIG: Untersuchung landwirtschaftlicher und landwirtschaftlich gewerblich wichtiger Stoffe, 5. Aufl., 1, 150f. Berlin: Paul Parey 1923. — Vgl. auch M. FLEISCHER: Die Bodenkunde auf chemisch-physikalischer Grundlage, in CH. A. VOGLER: Grundlehren der Kulturtechnik, 4. Aufl, 1, T. 1, 195. Berlin: Paul Parey 1909. — W. BERSCH: Handbuch der Moorkultur, S. 53. Wien u. Leipzig: W. Frick 1909.   [6] Aus K. KEILHACK, a. a. O. 1, Abb. 184, S. 347.

gewissen Mooren, z. B. lockeren Moosmooren, kann die Probenahme dadurch erschwert werden, daß die lockeren oder häufig auch sehr nassen Proben aus dem Löffel herausfallen oder -fließen, was durch die Vorrichtung einer sich beim Heben über den Löffel schiebenden Hülse in gewisser Weise eingeschränkt wird (s. Abb. 55). Bei Torfmooren bieten meistens die Torfstiche die beste Gelegenheit, Aufschluß über das Profil zu erhalten; ist die Anlage eines solchen nicht möglich, so bedient man sich eines Tellerbohrers zur Entnahme der Proben. Hoering[1] weist auf die Geeignetheit der von W. Bersch zur Entnahme von Torf- und Moorproben empfohlenen Blechformen mit scharfem Blechrand hin. Diese Blechkästen werden vorher gewogen und dann in den Boden eingetrieben. Nach dem Füllen werden die Proben abermals gewogen und die Kästen mit zwei passenden Deckeln verschlossen (vgl. Abb. 65).

Zur Entnahme der von Proben bis zu einer Tiefe von 50 cm dient der von B. Tacke konstruierte Probestecher (Abb. 56). Er wird von ihm wie folgt beschrieben: „Derselbe besteht in der Hauptsache aus einer hohlen, unten messerscharfen Pyramide aus Eisenblech von quadratischem Querschnitt, die mittels des Handgriffs, wenn nötig unter Benutzung der seitlichen Trittleisten, bis zur gewünschten Tiefe eingetrieben wird. Einige seitliche Drehungen des Probestechers lösen die ausgestochene Moorsäule vom Untergrund ab. Nach dem Beiseiteschlagen des beweglichen Griffes wird die Probe durch die obere Öffnung über den tischartigen Ansatz hinweg mittels des kleinen Brettchens am Handgriffe, das in das untere Ende des Probestechers eingeführt wird, hinausgeschoben, wobei eine scharfe Trennung der einzelnen Schichten leicht möglich ist.“ Die Probenahme aus tieferen und bestimmten Schichten wird ohne eine Vermischung derselben herbeizuführen, durch den von B. Tacke abgeänderten Blyttschen Kammerbohrer gewährleistet (Abb. 57). „Der zur Probenahme dienende, an einem Gestänge von genügender Länge befestigte Teil ist eine Messinghülse von 50—60 mm Lichtweite und 300—400 mm Länge, der unten eine rechtsgängige Schraube trägt. Das Messingrohr ist auf etwa ein Fünftel seines Umfangs der Länge nach ausgeschnitten. Über diesem Ausschnitt bewegt sich ein Schieber mit schräg aufgebogenem Rand von 30 mm Breite. Der Schieber ist frei beweglich um die Hülse und wird durch zwei, dieselbe lose umfassende Ringe geführt. Anschlagstifte begrenzen die Beweglichkeit des Schiebers in der Art, daß der geschlossene Schieber den Schlitz der Hülse gerade deckt und bei geöffnetem Schieber der schräg ansteigende Schieberrand gerade über der Schlitzkante stehen bleibt. Das Gestänge C besteht aus Mannesmannröhren und ist mit Maßstab versehen.

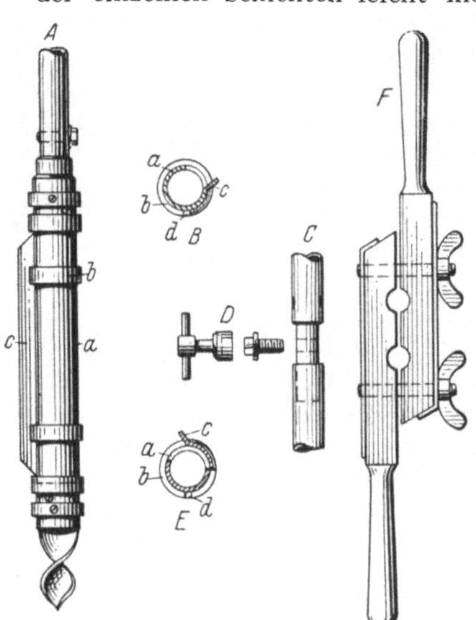

Abb. 56.
Probestecher
nach Tacke[2].

Abb. 57. Blyttscher Kammerbohrer fur Moorboden, abgeandert von B. Tacke[3].

[1] Hoering, P : Moornutzung und Torfverwertung, S. 179. Berlin: Julius Springer 1915.
[2] Aus J. König: a. a. O., S. 153, Abb. 26.   [3] Aus J. König: a. a. O., S. 153, Abb. 27.

Zum Einbohren dient eine aus Holz gefertigte Handhabe F. Der Bohrer wird mit geschlossenem Schieber unter Rechtsdrehung in das Moor eingebohrt, wenn nötig, das Einbohren in feste Schichten dadurch erleichtert, daß sich ein Arbeiter auf die Handhabe stellt. In der gewünschten Tiefe wird der Bohrer nach links gedreht, der Schieber öffnet sich infolge des Widerstandes, den der Rand desselben am Boden findet, der schabend auf den angrenzenden Boden wirkt und die Hülse füllt. Einige Rechtsdrehungen schließen den Schieber wieder und unter Rechtsdrehung wird der Bohrer hochgezogen und entleert."

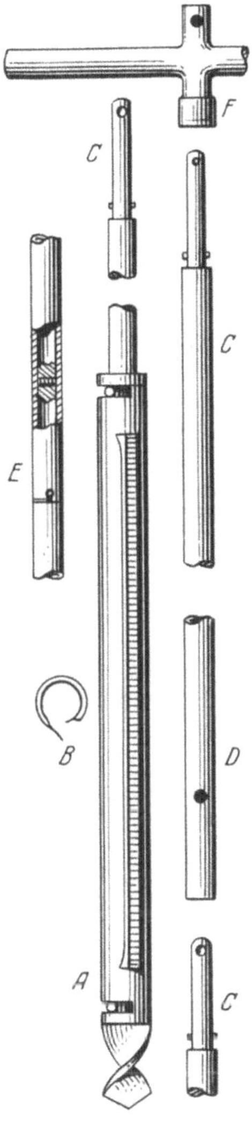

Zur Entnahme in Torfböden dient der dem BLYTT-TACKEschen Apparat im Prinzip ähnelnde HILLERsche Torfbohrer (Abb. 58). Der Hauptteil „ist die Bohrkanne (A), die aus einem 30 cm langen äußeren und einem gleich langen inneren Stahlmantel besteht, welche umeinander drehbar sind (B). In dem Inneren ist eine Öffnung, die durch die Drehung des äußeren Mantels geöffnet oder geschlossen werden kann. Genauer genommen ist es die innere Hülse, die gedreht wird, denn diese ist mit den Bohrgelenken ($C—F$), durch die die Probeentnahme reguliert wird, fest verbunden.

Die Probeentnahme geht so vor sich, daß der Bohrer in die gewünschte Tiefe hinabgeführt und durch das Drehen der Gelenke geöffnet wird. Eine an dem äußeren Mantel angebrachte Klappe (A, B) schneidet dann direkt die Probe heraus und führt sie in die Bohrkanne ein, die man danach durch eine der früheren entgegengesetzte Drehung schließt[1]." Ebenfalls nach ähnlichem Prinzip arbeitet der ZAILERsche Kammerbohrer (Abb. 59).

TACKE[2] beschreibt einen einfachen Erdbohrer, mit dem man sich über die Beschaffenheit des Moorbodens schnell unterrichten kann. Dieser als Torpedobohrer bezeichnete Apparat gestattet auch die Gewinnung von Bohrkernen tieferer Schichten. Die Abb. 60 zeigt den Apparat, der auch für mineralische Bodenarten verwendet werden kann.

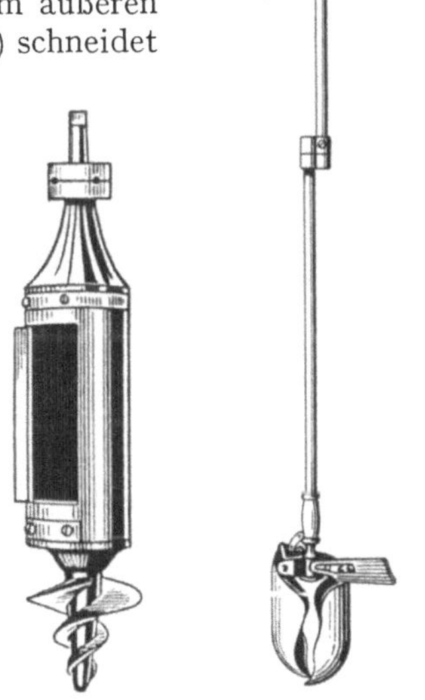

Abb. 58. HILLERsche Torfbohrer[1].

Abb. 59. Kammerbohrer nach ZAILER[3].

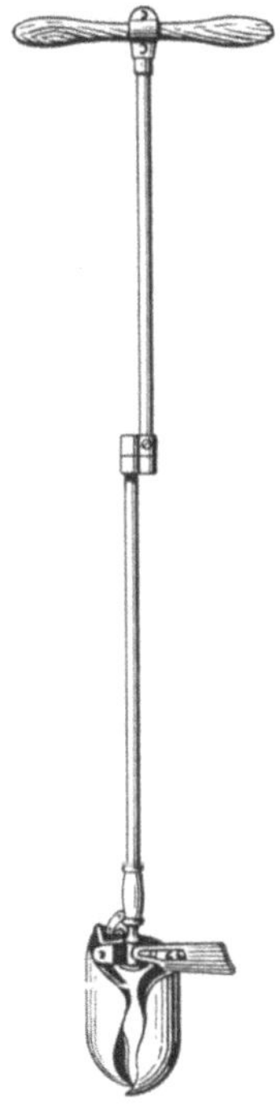

Abb. 60. Torpedobohrer nach TACKE[4].

---

[1] Aus G. LUNDQUIST: Bodenablagerungen und Entwicklungstypen der Seen, S. 7, Abb. 3. Stuttgart: E. Schweizerbart 1927.
[2] TACKE, BR.: Ein für Moorbodenuntersuchungen geeigneter Erdbohrer. Mitt. Ver. Fördg. Moorkultur i. Dtsch. Reich **34**, 277, 278 (1916).
[3] Aus H. PUCHNER: Bodenkunde. 2. Aufl., S. 536, Abb. 157 (rechts). Stuttgart: Ferd. Enke 1926.
[4] Aus Mitt. Ver. Fördg. Moorkultur i. Dtsch. Reich **34**, 278 (1916).

Unter gewissen Umständen können auch die Apparate von Kopecky und Krauss[1] zur Entnahme von Moor- bzw. Torfböden dienen.

Entnahme von Bodenproben zur Untersuchung vollständiger Bodenprofile. Die beste Gelegenheit zur Entnahme von Profilen bieten die Flußufer, Grabenwände, Steinbrüche, Schluchten, Ton-, Kies-, Sand- und Mergelgruben, Bahn- und Wegeeinschnitte, Brunnen und Schächte[2], wie dieses schon kurz skizziert wurde. An diesen Stellen kann die Probenahme mit einfachen Geräten, wie kleinen Schaufeln oder Spaten, vorgenommen werden. Zu beachten ist, daß die Bodenproben aus den einzelnen Profilen nicht direkt von der Oberfläche, an der herabrieselnde Teilchen höhergelagerter Schichten haften können, zu nehmen sind, sondern es ist zweckmäßig, die nach außen gerichtete Schicht abzukratzen und erst dann die zur Untersuchung benötigte Menge mit einer Schaufel herauszuholen. Besondere Sorgfalt erfordert die Probenahme des anstehenden Gesteins, das häufig auf der Oberfläche mehr oder weniger tief angewittert ist. Diese angewitterte Schicht ist zweifelsohne im Verfolg von Verwitterungsstudien von größter Bedeutung, es müssen daher von dieser ausreichende Mengen gesammelt und sorgfältig verpackt werden. Schwieriger ist oft die Gewinnung völlig unverwitterter Gesteinsstücke, die aber zur exakten Beurteilung meistens unbedingt erforderlich ist. Man wird daher zuweilen die angewitterten Gesteinsschichten hinwegräumen müssen, um zum unverwitterten Gestein zu gelangen, oder aber, falls dieses unmöglich ist, man wird den Ausweg, das eventuell frische Gesteinsinnere durch Abschlagen oder späteres Abschleifen der Verwitterungsschicht oder -rinde zu erhalten, einschlagen müssen. Nach Möglichkeit ist bei Sedimentgesteinen auf die Gewinnung solcher Stücke Wert zu legen, die Fossilien führen. Zur Ausführung dieser Manipulationen und zur Gesteinsbestimmung dient der Geologenhammer. Die Form und Größe der Hämmer hat sich eigentlich nach der Art der Gesteine zu richten, doch wird der Bodenkundler sich mit der Mitnahme eines Hammers begnügen[3]. Für Reisen wird im allgemeinen der schon von Richthofen[2] empfohlene Hammer zweckmäßig sein. Er soll von bestem Stahl und von großer Härte sein, sein Stiel aus möglichst zähem Holz (wilder Birnbaum oder Hickoryholz) sein und eine Länge von ca. 40 cm besitzen. Nähere Angaben finden sich bei Richthofen[4], Keilhack[5] u. a. m. Für bodenkundliche Arbeiten erweist sich der obenstehende Hammer deshalb sehr gut, weil die flach ausgezogene, gebogene Schneide das leichte Herausholen von Boden aus Karren und Spalten gestattet. Der Stiel ist 40 cm lang, der Hammer selbst hat eine Länge von 16 cm (Abb. 61).

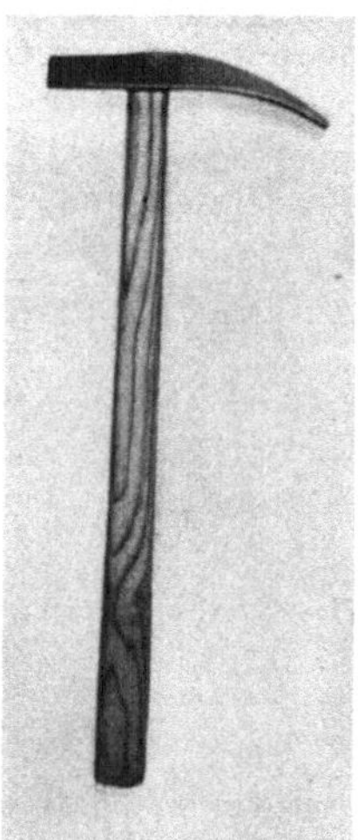

Abb. 61. Hammer für bodenkundliche Arbeiten[6].

[1] Siehe diesen Beitrag S. 223.

[2] Vgl. u. a. G. Wiegner: Anleitung zum quantitativen, agrikulturchemischen Praktikum, S. 119. Berlin: Gebr. Bornträger 1926.

[3] Keilhack, K.: a. a. O. 1, 2; 2, 533. — Hummel, K.: Einiges über die Feldausrüstung der Geologen. Der Geologe 1929, Nr. 45, 1278.

[4] Richthofen, Ferd. Freiherr v.: a. a. O., S. 15, Abb. 1. — Vgl. auch K. Keilhack: a. a. O. 1, 2.

[5] Keilhack, K. (a. a. O. 1, 2) beschreibt auch die bequemste Tragweise des Hammers; vgl. auch hierzu die Abb. 3 auf S. 5 seiner Abhandlung und diese Abhandlung S. 220, Abb. 66.

[6] Aus dem Agrikulturchem. u. Bodenkdl. Institut d. Univ. Göttingen (phot. F. Giesecke).

Nicht immer wird sich die Gelegenheit bieten, daß man derartig einfache Verhältnisse zur Gewinnung der Proben eines vollständigen Profils vorfindet, es müssen dann die schon im vorigen Kapitel erwähnten und beschriebenen Bohrstöcke und Bohrer angewandt werden, um Profilstudien durchführen zu können. Für größere Exkursionen und Expeditionen empfiehlt sich im allgemeinen, im Hinblick auf die Schwere des Gepäcks, das durch die zunehmenden Proben weiterhin vergrößert wird, die Mitnahme von Bohrstöcken in Form von Spazierstöcken, doch wird in gewissen Fällen, besonders wenn Lastträger oder Tragtiere zur Verfügung stehen, an die Verwendung solcher Bohrgeräte zu denken sein, mit denen man durch Verlängerungsgestänge größere Tiefen erreichen kann. Meistens werden die durch einfache Bohrer erhaltenen Mengen zur vollständigen Untersuchung nicht ausreichend sein, weshalb zur Anlage einer Probegrube zu schreiten ist. Bei nur dünner Bodendecke genügen oft wenige Dezimeter tiefe Einschläge. Noch ein anderer Grund läßt die Probegrube als das beste Mittel zur Gewinnung einwandfreierer Proben erscheinen, nämlich die Unzulänglichkeit der einfachen Bohrer. Allzu häufig haften den Bodenteilchen tieferer Schichten solche der oberen an. In dieser Hinsicht ist der FRÄNKELsche Erdbohrer am besten, doch seine Länge von 2 m erschwert seine Verwendung auf Reisen. Eine Zerlegung in zwei Teile und Anbringung einer Aufschraubvorrichtung würde diesen Mangel beheben können. Der von G. BLOHM [1] angewandte Bohrer ist als Löffelbohrer mit Verschlußklappe ohne nähere Angaben bezeichnet. Ganz allgemein können die Bohrgeräte aber nur zur Orientierung dienen, denn wie dies auch GLINKA [2] hervorhebt, ist die exakte Bestimmung der Morphologie der Bodenprofile durch Bohrung unmöglich. Zur Gewinnung von Bodenmonolithen, die das Vorhandensein natürlicher Aufschlüsse oder einer Probegrube voraussetzt, ist der Apparat von RISPOLESHENSKI geeignet (Abb. 62).

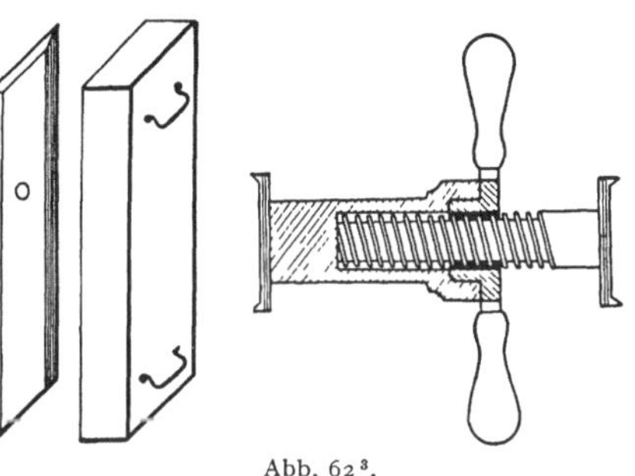

Abb. 62 [3].

Hierzu sind Kästen erforderlich, die von verschiedener Länge, Breite und Tiefe, je nach Größe des gewünschten Monoliths, sein können. GLINKA [4] hält eiserne, kurze, flache Kästen von 4—5 cm Tiefe und 20 cm Breite für zweckmäßig, während STREMME [5] solche aus verzinktem Eisenblech von 1 mm Stärke bei einer Länge von 35 cm, 10 cm Breite und 5 cm Tiefe oder auch Holzkästen (38 : 14 : 5,5) aus Tannenholz verwendet. Bei dem RISPOLSHENSKI-schen Apparat wird der Kasten mit seiner offenen Seite an die senkrechte Wand einer ausgehobenen Grube und an die gegenüberliegende Wand ein Holzbrett als Stütze für die Schraube gelegt. Durch Drehen der Presse wird der Kasten in seiner ganzen Tiefe in den Boden hineingepreßt, nunmehr wird ein scharfkantiger Deckel an der vorderen Seite des Kastens eingetrieben. Um ein ganzes Profil zu erhalten, werden nacheinander Proben auf die gleiche Weise entnommen. Im Prinzip auf dieselbe, doch einfachere Weise entnehmen GLINKA [6] und STREMME [7] auf folgende Art und Weise Monolithe. Die äußeren Umrisse des Kastens werden mit einem Messer in den Boden geritzt, der Kasten wird dann ohne Benutzung

[1] BLOHM, G.: Kühn-Archiv 12, 359 (1926).
[2] GLINKA, K.: Die Typen der Bodenbildung, S. 13. Berlin: Gebr. Bornträger 1914.
[3] Aus K. GLINKA: Typen der Bodenbildung, S. 11, Abb. 1. Berlin: Gebr. Bornträger 1914.
[4] GLINKA, K.: a. a. O., S. 12.
[5] STREMME, H.: Grundzüge der praktischen Bodenkunde, a. a. O., S. 16, 17.
[6] GLINKA, K.: a. a. O., S. 13.   [7] STREMME, H.: a. a. O., S. 17.

einer Schraubvorrichtung direkt mit einem Hammer in seiner ganzen Tiefe in die vorgezeichnete Stelle eingetrieben. Mit einem Spaten wird der Boden herausgestochen und der Holzkasten darauf mit einem Brett, der Blechkasten mit einer mit umgeschlagenen Rändern versehenen Blechplatte verschlossen. Beide Autoren halten die Gewinnung solcher Monolithe für erstrebenswert, da sie den Boden in seiner natürlichen Lagerung zeigen, lange brauchbar sind und „ein vortreffliches Bild des Bodentypus"[1] geben. Gewisse Schwierigkeiten ergeben sich bei z. B. zu feuchten Böden und lockeren Sandböden, wie auch eventuell Farbänderungen beim Transport und der Lagerung stattfinden können. Die nachstehende Abbildung zeigt die Arbeitsweise nach der vereinfachten Methode.

Die besagten Mängel bei der Gewinnung und der Erhaltung der Monolithe sollen durch eine von K. Schlacht[2] vorgeschlagene Methode behoben werden. Diese Methode gestattet die Entnahme der Monolithe, ihre Vervielfältigung und Haltbarkeit sowie leichte Handhabung. Die Konservierung geht auf folgende Weise vor sich: „Man bestreicht eine ca. 2 mm starke Platte aus Zelluloid, Pappe oder Karton usw. in gewünschter Profilgröße mit einer Harnstofflacklösung, läßt den Lack ca. 2 Min. einwirken und drückt die bestrichene Seite der Platte gegen eine mit einem Spaten senkrecht glatt gestochene und mit einem Messer sorgfältig

Abb. 63. Herausnahme der Monolithe. Phot. J. Tomaschewski[3].

geebnete Profilwand. Nach 5—10 Minuten Andrücken ist der Lack genügend mit dem Boden abgebunden, und die Platte wird mit dem im wesentlichen — abgesehen von der Nachtrocknung — fertig zur Ausstellung konservierten Monolithen abgehoben[4]." Auf diese Weise wird ein Profil von 1—3 mm Stärke erhalten, sämtliche Eigenschaften des Bodens struktureller Art kommen deutlich zum Ausdruck (Poren, Hohlräume, Pflanzenabdrücke usw.). Ein besonderer Vorteil liegt noch in der leichten und sicheren Transportfähigkeit und dem

<hr>

[1] Stremme, H.: a. a. O., S. 17.

[2] Schlacht, K.: Eine neue Methode zur Konservierung von Bodenprofilen. Z. Pflanzenernährg. usw. A 13, 426 (1929). — Schlacht erwähnt noch andere Versuche zum Erhalt gut transportabler Monolithen und zitiert: D. Vilensky: Pedologie (russ.), S. 59. Moskau 1927 und J. Spirhanzl: Die Bodenmonolithen. Stoklasa-Festschr., S. 381. Berlin 1928.

[3] Aus K. Glinka: Typen der Bodenbildung, Abb. 2. Berlin: Gebr. Bornträger 1914.

[4] Schlacht, K.: a. a. O., S. 428.

leichten Gewicht. Monolithen von der Größe 60 × 20 cm wiegen ca. 500 g. Es lassen sich durch Abgüsse mit Paraffin „Negative" herstellen, aus denen sich Gipspositive herstellen lassen, die dann ein naturgetreues Bild der Strukturverhältnisse des Bodens wiedergeben. Bei sehr steinigen und zähen tonigen Böden ist es nötig, dickere Monolithe herzustellen. Hierzu werden flache Holzkästen von ca. 1 cm Tiefe benutzt, der Boden wird mit der erwähnten Lösung bestrichen, und dann erfolgt in üblicher Weise die Entnahme. Nachdem wird der Monolith mit der Lösung vollständig durchtränkt. Nach dem Austrocknen (1—2 Tage) ist der Monolith verfestigt. Ein Hauptvorteil dieses Verfahrens, das in erster Linie dazu dient, ein dauerhaftes, naturgetreues Anschauungsmaterial zu erhalten, liegt neben den schon angeführten Eigenschaften in der Erhaltung der Farben. Überdies ist es möglich, durch Behandlung mit der Lösung auch ausgehobene Probegruben und Profilwände für einige Wochen haltbar zu machen und die Schauflächen für diese Zeit vor der Beeinflussung durch klimatische Faktoren zu schützen.

Verpackung und Transport der Proben[1]. Die vorschriftsmäßig genommenen Proben des anstehenden Gesteins werden zweckmäßigerweise in Zeitungspapier eingewickelt, und zwar so, daß der Zettel (beschriftete Seite nach innen zusammenfalten!), auf dem Fundort, Bezeichnungsweise und etwaige Besonderheiten notiert sind, der Probe beiliegt. K. HUMMEL[2] verwendet vorgedruckte Etikettenhefte mit fortlaufend numerierten Etiketten. An den 50 jeweils zu einem Heft zusammengehefteten Etiketten befinden sich an der Außenseite kräftig gedruckte Nummern, die an der Durchlochung leicht abgerissen werden

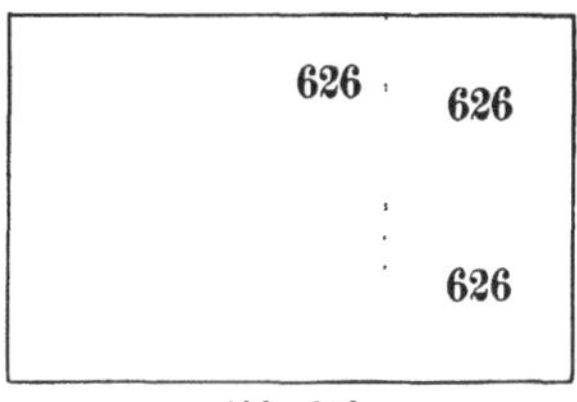

Abb. 64[3].

können. Auch das im Heft verbleibende Etikettenteil ist mit der gleichen Nummer wie die abzureißenden und den genommenen Proben beizulegenden Nummernzettel versehen und ist außerdem so groß, daß Notizen über Fundort und nähere Angaben auf ihm niedergeschrieben werden können. Die Nummern sind so kräftig gedruckt, daß eine Verwischung oder ein Unleserlichwerden nicht zu befürchten ist (Abb. 64). In Leinenbeuteln oder besonders präparierten Tüten werden die Proben zum Versand gebracht. Die Beutel erweisen sich häufig als nicht so praktisch wie aus Leinenpapier hergestellte Tüten, die mit wasserunlöslichem Leim geklebt sind. Sie sowohl als das Zeitungspapier sind recht hygroskopisch und saugen daher beim Durchnaßtwerden große Wassermengen auf. Zur Vorsicht verwende man zur Beschriftung der Zettel Ölstifte. Die Beutel oder die rechteckigen Tüten sind ebenfalls mit einem Zettel zu versehen. Sind größere Mengen von Gesteinen zu verpacken, so wähle man starkwandige Kisten und stelle die einzelnen Stücke aufrecht so nebeneinander, daß sie keine Möglichkeit haben, sich zu bewegen.

---

[1] Vgl. hierzu A. v. NOSTITZ: Anleitung zur praktischen Bodenuntersuchung und Bodenbeurteilung, S. 61. Berlin: P. Parey 1929. G. THOMS: Zur Wertschätzung der Ackererden auf naturwissenschaftlich-statistischer Grundlage. J. Landw. **42**, 30 (1894). — G. WIEGNER: Anleitung zum quantitativen agrikultur-chemischen Praktikum, S. 119, Berlin: Gebr. Bornträger 1926. — K. KEILHACK: Lehrbuch der praktischen Geologie. 4. Aufl., 1, 230. Stuttgart. Ferd. Enke 1921. — K. GLINKA: Die Typen der Bodenbildung, S. 13. Berlin: Gebr. Bornträger 1914. — Für Moorbodenuntersuchungen: W. BERSCH: Handbuch der Moorkultur, S. 58. Wien u. Leipzig: W. Frick 1909. — Für geobotanische Untersuchungen: E. RÜBEL: Geobotanische Untersuchungsmethoden, S. 179f. Berlin: Gebr. Bornträger 1922.

[2] HUMMEL, K.: Einiges über die Feldausrüstung des Geologen. Der Geologe **45**, 1277/78 (1929). [3] Aus K. HUMMEL: a. a. O., S. 1277.

Zwischen die einzelnen Proben wird Papier oder Stroh gesteckt, um jedwede Möglichkeit der Bewegung auszuschalten. Besondere Sorgfalt ist auf die Verpackung weicherer Gesteine, Gesteinsrinden und solcher Proben, die Einschlüsse enthalten, zu verwenden. Eventuell sind solche Stücke, in Watte oder Seidenpapier gehüllt, vorsichtig in Fläschchen oder kleinen Kisten aufzubewahren. Fossilien, Konkretionen usw. sind nach Möglichkeit für sich zu verpacken, und zwar auch so fest, daß beim Transport keine Schädigungen durch Aneinanderschlagen und Reiben zu befürchten sind.

Die Bodenproben werden meistenteils in Beuteln zum Transport gebracht. Bei feuchten Proben ist bei dieser Verpackungsart sobald als nur irgend möglich dafür zu sorgen, daß sie an der Luft getrocknet werden, damit beim weiteren Transport keine Veränderungen durch bakterielle Umsetzungen eintreten. Bei dieser Vortrocknung soll jede Probe mit der schon am Ort der Probenahme gegebenen Bezeichnung nochmals versehen werden, denn die durch die Feuchtigkeit zu befürchtende Verwischung der Beschriftung auf den Zetteln muß verhütet werden. Auf keinen Fall darf daher zur Beschriftung der Zettel Tinte oder Tintenstift verwendet werden. Die Beutel müssen aus einem dichten Gewebe bestehen und beim nachherigen Transport nach ihrer Füllung noch in Zeitungs- oder Packpapier eingeschlagen werden. Neben Leinen- oder Nesselbeuteln verwendet man auch dichte, starke Papiersäckchen. Diese letzteren eignen sich aber wenig zum Transport von feuchten Bodenproben. Wie schon erwähnt, hängen mit dem Feuchtigkeitsverlust verschiedene Änderungen der Bodeneigenschaften zusammen, wie z. B. Farbe und Reaktion. Aus diesem Grunde sollte man nach Möglichkeit die vorerwähnte Verpackungsart vermeiden. Thoms[1] verwendet Zinkbüchsen von 500 cm³ Inhalt oder solche von 1000 cm³ (10 × 10 × 10 cm), die in einer besonderen, von ihm als Enquêtekasten bezeichneten Kiste aus leichtem, aber starkem Holze verpackt werden. Die einzelnen Büchsen passen genau aufeinander und kommen in dem genau dimensionierten Kasten zum Transport, ohne daß irgendwelche Beschädigungen eintreten können, zumal durch metallische Beschläge Vorkehrung zum sicheren Transport gegeben ist. Thoms[2] hält diese Verpackungsart für besser als diejenige in schweren Glasflachen oder Papierbeuteln. Die nach letzterer Art verpackten Böden gestatten nicht mehr die genaue Feststellung des Wassergehalts, auch kann bei ihr der Boden leichter verschüttet werden. Die in Zinkbüchsen verpackten Proben werden hermetisch abgeschlossen. Zu diesem Zwecke wird am besten die Büchse in geschmolzenes Paraffin getaucht oder der Verschlußrand wird mit Leukoplast verklebt. Es ist allerdings die Frage, ob sich solche Metallbüchsen für die Aufbewahrung und den Transport aller Böden eignen, denn unter Umständen kann bei feuchteren Böden eine Umsetzung des Metalles durch etwaige Säuren eintreten. Durch solche Vorgänge können aber Verwischungen der wahren Zusammenhänge eintreten, auch erscheint für bakteriologische Untersuchungen diese Verpackungsart nicht geeignet. Für derartige Zwecke sollte man immer einige Glasflaschen mit großer Öffnung und eingeschliffenem Stöpsel auf Exkursionen oder Forschungsreisen mitnehmen. Der Stöpselrand kann durch Zuparaffinieren weiterhin abgeschlossen werden. Um einen sicheren Transport der Glasflaschen zu gewährleisten, kann man dieselben in einen genau passenden Zinkkasten stellen. Bei größeren Exkursionen wird infolge des zu großen Gewichtes der Glasflaschen zu empfehlen sein, Metallbüchsen zu verwenden und diese innen mit Eisenlack auszustreichen. Die

---

[1] Thoms, G.: Zur Wertschätzung der Ackererden, 3. Mitt., S. 112, 113. Riga: N. Kymmel 1900.

[2] Thoms, G.: Zur Wertschätzung der Ackererden, 2. Mitt., S. 114. Riga 1893.

Bezeichnung hat in der Weise zu erfolgen, daß an der äußeren Wandung am besten zweimal eine Nummer (mit Eisenlack) angebracht wird. Es ist dann natürlich bei der Probenahme und den schriftlichen Aufzeichnungen Rücksicht auf die Nummer des Behälters zu nehmen.

Hat man eine größere Anzahl von Bodenproben genommen und diese in Beutel oder Büchsen verpackt, so ist für den weiteren Transport darauf zu achten, daß dieselben so gelagert sind, daß keine Beschädigungen eintreten können. Zu diesem Zwecke füllt man die einzelnen Hohlräume zwischen den Proben mit Stroh oder Papier aus. Ist für die Versendung der Metallbüchsen kein genau passender Versandkasten vorhanden, so sind die Büchsen so zu lagern, daß durch Reibung der Wände keine Beschädigung entstehen kann.

Für Moorproben gelten etwas andere Regeln. Für manche Zwecke kommt allerdings die Verpackung in Beuteln oder Säckchen zur Verwendung, doch empfiehlt sich, die in folgender Abbildung gezeigten Blechbüchsen zu gebrauchen, zumal sie das Entnehmen der Proben in natürlicher Lagerung gestatten (Abb. 65)[1].

Der Transport der Bodenmonolithe ist in verkehrsreichen Gebieten verhältnismäßig einfach, da die gewonnenen Muster in ihrer natürlichen Lagerung verbleiben. Die zur Probenahme verwendeten Kasten werden lediglich mit einem Deckel versehen und so zum Transport gebracht. Die Mitnahme der zur Entnahme erforderlichen Kästen ist meistenteils auf größeren Reisen kaum möglich, zumal auch die Monolithe selbst ein Gewicht von 10 bis 20 kg haben.

Abb. 65. Kiste zur Entnahme und Einsendung von Moorproben.

Für den Transport der Pflanzenproben wird auf E. Rübel[2] verwiesen, für den der Wasserproben auf K. Keilhack[3].

Bemerkungen zur Ausrüstungsfrage.

Die Ausrüstung des Bodenkundlers wird sich ganz nach dem Zwecke der anzustellenden Untersuchungen zu richten haben. Sie hängt auch davon ab, in welchem Gebiete die Beobachtungen durchgeführt werden sollen und von der Länge der Reise. Im allgemeinen besteht die Ausrüstung aus folgenden Gegenständen:

1. Topographische Karten, Meßtischblätter usw.,
2. Notizbuch,
3. Blei- und Buntstifte,
4. Beutel, eventuell Büchsen (Paraffin),
5. Spaten,
6. Pflanzenschaufel,
7. Hammer,
8. Bohrer,
9. Lupe,
10. Etiketten (Bindfaden),
11. Messer,
12. Rucksack,
13. Meßband und Schrittzähler,
14. Ostwalds Farbenfibel,
15. Lackmuspapier (od. andere Indikatoren),
16. Skizzenblock,
17. Salzsäurefläschchen,
18. Photoapparat,
19. Fernglas
20. Bestimmungsbuch für Pflanzen.

---

[1] Aus W. Bersch: Handbuch der Moorkultur, S. 58, Abb. 5. 1909.
[2] Rübel, E.: a. a. O., S. 180.   [3] Keilhack, K.: a. a. O. 2, 154f.

Der Hammer ist am zweckmäßigsten mit der Karten- und Notizentasche so zu tragen, wie es die Abb. 66 zeigt, evtl. kann auch die Schaufel am Gurt angebracht werden. Die deutschen Meßtischblätter[1] sind zweckmäßigerweise bei den 100 000 teiligen in 8 Teile (vgl. Abb. 67), bei den 200 000 teiligen in 6 Teile zu falten. Für bestimmte Fälle, hauptsächlich für Reisen im weniger bekannten Ausland, sind ferner wichtig Aneroidbarometer, Horizontalglas, Höhenmesser, außerdem kommen als weitere Ausrüstungsgegenstände in Frage:

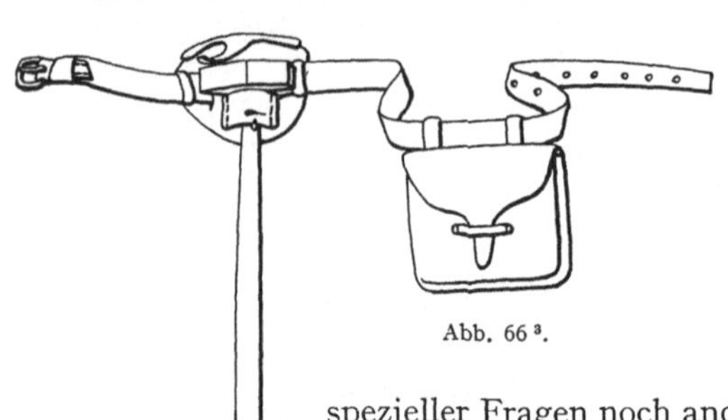

Abb. 66[3].

kleiner Aquarellkasten[2] mit Farben nach den Farbnormen,
Luft- und Bodenthermometer,
Nivellierinstrumente,
Zirkel und Meßrädchen,
tragbare Geräte für Bestimmung der Bodenreaktion
tragbare Geräte für Bestimmung des Wassers,
Gefäße für Wasserproben,
Kompaß, Klinometer.

Natürlich kommen zur Untersuchung spezieller Fragen noch andere Ausrüstungsgegenstände hinzu. Im allgemeinen soll gerade für größere Forschungsreisen natürlich die Belastung durch das Gepäck nicht allzu groß sein, doch muß davor gewarnt werden, sich nur mangelhaft auszurüsten. Unter Umständen ist es sogar angebracht, sich ein kleines Feldlaboratorium in einer Kiste verpackbar zusammenzustellen. So konnte der Verfasser auf einer beschwerlichen Reise durch die lykaonische Salzsteppe Untersuchungen über die Bodensalze auf Grund kolorimetrischer Bestimmungen an Ort und Stelle anstellen[4]. Die Kiste, in

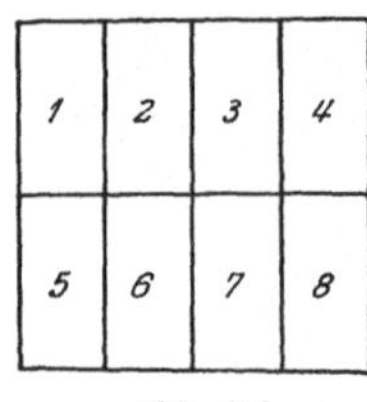

Abb. 67[5].

der die notwendigen Apparaturen und Glassachen, Filter, destilliertes Wasser (5 l), Kolorimeter, Schaufeln, Bohrer, Tüten usw. enthalten waren, hatte ein Gewicht von ca. 15 kg. Es ist natürlich, daß bei Reisen mit mehreren Teilnehmern die Ausrüstung vielgestaltiger sein kann, oder man wird sich, wo angängig, Träger oder Lasttiere mieten müssen. Für Untersuchungen gewisser Bodeneigenschaften im natürlich gelagerten Boden hat Kopecky[6] ein Feldlaboratorium zusammengestellt. Es enthält nach ihm

1. den Kopeckyschen Bohrer mit Zubehörteilen für die Wasserkapazitätsbestimmung,
2. einen zusammenlegbaren Trockenschrank mit Spiritusbrenner und Thermometer,
3. einen Exsikkator in Form einer Glasglocke,
4. eine Flasche mit Chlorkalk,
5. eine zusammenlegbare Waage mit einem Gewichtssatz,
6. ein Pyknometer von 100 cm³ Inhalt,
7. eine kleine Abdampfschale und eine kleine Spritzflasche.

Die persönliche Ausrüstung richtet sich in erster Linie nach den Klimaverhältnissen der zu bereisenden Gebiete. Natürlich ist es unmöglich, an dieser Stelle Kleidung, Nahrungsmittel und persönliche Bedarfsartikel im einzelnen anzuführen, doch muß nachdrücklichst darauf hingewiesen werden, daß zur Reisevorbereitung das angelegentliche Studium gerade dieser Fragen gehört, ja der

[1] Keilhack, K.: Lehrbuch der prakt. Geologie, 4. Aufl., Stuttgart: Ferd. Enke 1921. 1, 9.
[2] Vgl. H. Harrassowitz: Z. prakt. Geologie 30, 88 (1922).
[3] Aus K. Keilhack: a. a. O., S. 5, Abb. 3.
[4] Giesecke, F.: Bodenkundliche Beobachtungen in Anatolien. Chem. d. Erde 4, 551 (130).
[5] Aus K. Keilhack: Lehrbuch der prakt. Geologie, 4. Aufl., S. 9, Abb. 8. Stuttgart: Ferd. Enke 1921.
[6] Kopecky, J.: Die physikalischen Eigenschaften des Bodens. Internat. Mitt. Bodenkde. 4, 180 (1914).

Erfolg der Reise kann unter Umständen von diesen Dingen abhängen. An dieser Stelle sei noch darauf verwiesen, daß die planmäßige Untersuchung eines Teilgebiets sehr erleichtert wird, wenn man sich eines Autos bedient. Es bietet sich auf diese Weise die Möglichkeit, schnell zu dem Bestimmungsort zu gelangen und die Aufschlüsse zu finden, ferner die Proben gut und sicher zu transportieren. Wie wir feststellen konnten, ist die Kombination Auto-Motorrad ganz besonders gut. Das Motorrad kann auf für das Auto nicht befahrbaren Wegen nach geeigneten Probenahmestellen suchen und so zur Beschleunigung der Untersuchung an Ort und Stelle beitragen.

Hilfsmittel zur Untersuchung der Böden in natürlicher Lagerung.

Die bisher beschriebenen Bohrer gestatten nur die Gewinnung von Bodenproben, die entweder beim Bohren selbst oder aber beim Herausnehmen der Probe in der natürlichen Lagerungsweise zerstört sind. Wichtig aber muß der Erhalt solcher Proben sein, die die wirkliche Struktur erkennen lassen. Geräte zur Entnahme von Bodenproben im gewachsenen Boden dienen in erster Linie dazu, Untersuchungen physikalischer Natur durchzuführen; man könnte sie allgemein als Volumbohrer bezeichnen. Ein großer Teil der physikalischen Untersuchungen sollte nur in natürlicher Lagerung durchgeführt werden, denn die Eigenschaften, auf die es für die Erkennung der Zusammenhänge ankommt, um daraus die praktischen Folgerungen ableiten zu können, werden durch Herausnahme des Bodens aus seinem Verbande zerstört. Die Lagerung der Bodenteilchen ist für Pflanzenwachstum, Bakterienleben und anderes mehr entscheidend, Wasser- und Luftverhältnisse werden durch Änderung der Struktur stark beeinflußt, so daß die Zerstörung der natürlichen Lagerungsweise ohne weiteres gerade das, was wir erkennen wollen, verändert, wodurch die Untersuchung für viele Fälle illusorisch wird. Hinzu kommt noch, daß die meisten Laboratoriumsarbeiten das Absieben der größeren Bodenteilchen verlangen, wodurch eine völlige Lockerung des natürlichen Verbandes eintritt. Andererseits sollte aber den mit „künstlichen“, d. h. veränderten Böden durchgeführten Arbeiten[1] nicht der Wert abgesprochen werden, daß durch sie die Vorgänge, wie sie sich im natürlich gelagerten Boden abspielen, der Tendenz nach erfaßt werden können[2]. Nach Angabe von BURGER[3] hat schon 1864 SCHUMACHER[4] darauf hingewiesen, daß bestimmte physikalische Eigenschaften, wie z. B. Wasserkapazität, Volumengewicht, nur in natürlicher Lagerung des Bodens vorgenommen werden sollten. Zu diesem Zwecke hielt er 1000 cm³ fassende Stechzylinder für brauchbar. RAMANN[5] empfiehlt zur Volumbestimmung die Verwendung eines zylindrischen Gefäßes, das mit der Hand oder unter Zuhilfenahme eines hölzernen Schlegels in den Boden eingetrieben wird. Der Zylinder ist am unteren Ende zur Vermeidung der Pressung der Bodenschicht um 1 mm verjüngt. Die Zylinder[6] sind 10 cm lang und 10 cm breit, sie sind unten angeschärft. Voraussetzung zur Erlangung einwandfreier Resultate ist die gerade Einbohrung in den Boden und ein gleichmäßiges Schlagen. Sobald der Zylinder völlig ein-

---

[1] Hierher gehören in erster Linie die Arbeiten E. WOLLNYs, die zum größten Teil in den Forschgn. Geb. Agrikult.-Phys. niedergelegt sind und auf denen zahlreiche Forscher aufgebaut haben.

[2] Vgl. hierzu F. GIESECKE: Z. Pflanzenernährg. u. Düng. usw. A **8**. 222f. (1926/27).

[3] BURGER, H.: Physikalische Eigenschaften der Wald- und Freilandböden. Mitt. schweiz. Zentralanst. forstl. Vereinswes. **13**, H. 1, 5 (1922).

[4] SCHUMACHER, W.: Die Physik des Bodens. Berlin 1864.

[5] RAMANN, E.: Untersuchungen über Waldböden. 1. Abh. Forschgn Geb. Agrikult.-Phys. **11**, 300 (1888).

[6] RAMANN, E.: Bodenkunde, a. a. O., S. 308; Z. Forst- u. Jagdwes. **1898**, 451.

getrieben ist, wird die obere Öffnung durch einen Deckel verschlossen und die Bodenschicht mittels eines untergeschobenen Bleches herausgehoben. Selbst sehr lockere Bodenarten sollen genug Zusammenhang haben, um auf diese Weise gut übereinstimmende Werte in den Ergebnissen der Volumbestimmung zu zeitigen. Diese schwach konischen Zylinder werden in verschiedener Ausführung bzw. Größe je nach Bodenart verwandt[1]. Auch Lyon, Fippin und Buckmann[2] haben das Volumgewicht im gewachsenen Boden nach Angabe von Zimmermann[3] auf die Weise bestimmt, daß sie eine mittels eines in die Erde getriebenen breiten Zylinders gewonnene Bodenprobe trockneten, das spez. Gewicht ermittelten und daraus das Volumgewicht errechneten. In der Forstwirtschaft wird auch vielfach mit dem von Schermbeekschen Probestecher gearbeitet[4]. Dieser besteht aus einer genau gearbeiteten Röhre von meist 10 cm Länge. Mit der genommenen Probe werden sowohl Volumen- als auch Wasserkapazitätsbestimmungen durchgeführt[5], wie dies schon früher von R. Heinrich[6] und Ramann[7] in ähnlicher Weise vorgeschlagen worden war. So arbeitete King[8] auch wie Ramann, d. h. er bestimmte die Wasserkapazität in den mittels Stechzylindern herausgehobenen Proben durch Absättigung mit Wasser. Das Verfahren von R. Heinrich arbeitet allerdings nicht mit den herausgehobenen Bodenproben, sondern der Boden wird in seiner natürlichen Lage mit Wasser gesättigt. Runde Zylinder von 20 cm Durchmesser und 40 cm Höhe werden mittels Trittleiste in den Boden hineingetreten. Nachdem der Zylinder fest eingetreten ist, wird er mit Wasser ganz vollgefüllt. Das Wasser wird in den Boden hineinziehen. Nach Verlauf von 18—24 Stunden wird der Zylinder herausgehoben und aus dem mittleren Teil eine Probe entnommen, mit der dann die Untersuchung im Laboratorium stattfindet[9].

Selbst auf steinigem oder stark durchwurzeltem Boden kann die Probenahme bei einiger Übung mittels der Zylinder stattfinden, so daß man sich in der Folgezeit häufig dieser Methoden bediente[10]. Mit meist nur geringen Abänderungen ist diese Art der Gewinnung von Böden in ihrer natürlichen Lagerung (Ramann, Schumacher, Heinrich) auch zu anderen physikalischen Bestimmungen verwandt, so benutzten Engler[11] und Burger[12] 11,4 cm hohe Stahlzylinder von einem Durchmesser von 10,6 bei einer Wandstärke von 2,5 mm zu Wasserkapazitäts-, Volum- und Luftkapazitätsbestimmungen, wie Burger auch die Einsickerungsgeschwindigkeit mit Zylindern von 100 cm² Querschnitt

---

[1] Vgl. G. Krauss: Internat. Mitt. Bodenkde. **13**, 158 (1923).

[2] Lyon, F. L., E. O. Fippin u. H. O. Buckmann: Soils, their properties and management, S. 114. New York 1924.

[3] Zimmermann, Fr.: Der Einfluß verschiedenen Porenvolumens (verschiedener Struktur) auf die größte und kleinste Wasserkapazität verschiedenartig zusammengesetzter Böden, S. 23. Inaug.-Dissert., Halle 1928.

[4] Leistner, K.: Die Standortsuntersuchung beim forstlichen Versuchswesen. Allg. Forst- u. Jagdztg. **1912**, H. 1 u. 2.

[5] Vgl. H. Burger: Physikalische Eigenschaften der Wald- und Freilandböden. Mitt. schweiz. Zentralanst. forstl. Versuchswes. **13**, H. 1, 16 (1922).

[6] Heinrich, R.: Grundlagen zur Beurteilung der Ackerkrume, S. 218f. Wismar 1882.

[7] Ramann, E.: Forschgn. Geb. Agrikult.-Phys. **11**, 300 (1888). Diese Methode wurde nachher nicht nur zur Volumbestimmung, sondern auch zur Ermittelung der Wasserkapazität verwandt.

[8] King, F. H.: Wisconsin Rep. **6**, Rep. **196**, nach Angabe von G. Blohm: Kühn-Arch. **12**, 334 (1926).

[9] Vgl. hierzu F. Wahnschaffe u. F. Schucht: Anleitung zur wissenschaftlichen Bodenuntersuchung, 4. Aufl., S. 165, 166. Berlin: P. Parey 1924. — K. Keilhack: Lehrbuch der praktischen Geologie, 4. Aufl., **2**, 238. Stuttgart: Ferd. Enke 1922.

[10] Albert, R.: Z. Forst- u. Jagdwes. **1912**, 2f, 655f.; **1913**, 221.

[11] Engler, A.: Mitt. schweiz. Zentralanst. forstl. Versuchswes. **12** (1919).

[12] Burger, H.: a. a. O., S. 17; vgl. hierzu Bd. 6 dieses Handbuches, S. 129.

und 10 cm Höhe durchführte[1]. Diese BURGERschen Zylinder lassen sich durch Anbringen von Aufsatzrohren auch für tiefere Bodenschichten (ca. 15—25 cm) verwenden. Außen an dem Rohr angebrachte Marken gestatten, die beim Eintreiben erreichten Tiefen festzustellen[2]. W. NITZSCH[3] bediente sich ebenfalls dieser Methodik, verwandte Stechzylinder aus 2—3 m starkem Stahlrohr mit einem Durchmesser von 11,28 cm und einer Höhe von 10 cm. Er ermittelte mit den gewonnenen Proben in einem Arbeitsgang: Bodenvolumen, absolutes und relatives Porenvolumen, Luft- und Wasserkapazität bei gleichzeitiger Bestimmung des Feuchtigkeitsgehalts und des spez. Gewichts.

Die BURGER-NITZSCHsche Methode ist auch von HOLLDACK[4] beschrieben, nach ihm ermöglicht das genannte Verfahren[5], die Verteilung von Boden, Wasser und Luft im Boden festzustellen. BLOHM[6] verwandte in Anlehnung an den BURGERschen Zylinder einen solchen von nur 4,7 cm Höhe und 11,6 cm Durchmesser bei einem Rauminhalt von 500 cm³. P. ANDRIANOW[7] gebraucht einen der Länge nach in zwei Hälften geschnittenen Zylinder, an dessen unterem Ende eine ringförmige gehärtete Stahlschneide aufgeschraubt ist; der Bohrer wird durch Drehen oder Einschlagen in den Boden eingetrieben.

Auf das Eintreiben der Zylinder ist bei all diesen Methoden besondere Sorgfalt zu verwenden, um ein starkes Rütteln zu vermeiden, und um das gerade Einschlagen zu gewährleisten. Besondere Hilfsmittel hierzu werden von KRAUSS[8] und PIEPER[9] u. a. beschrieben. Auch DOJARENKO[10] beschreibt ein Gerät, mit dem er die Untersuchung der Böden in natürlichen Verhältnissen mit ungestörter Struktur vornimmt.

Die Konstruktionen von KOPECKY[11] und KRAUSS[12], die ebenfalls die Entnahme von volummäßigen Proben gestatten, sind in diesem Handbuche

---

[1] BURGER, H.: a. a. O., S. 59.

[2] DEUTSCHLÄNDER, W.: Untersuchung der Wirkung verschiedener Walzen, S. 10. Inaug.-Dissert., Halle 1926.

[3] NITZSCH, W.: Eine Methode zur physikalischen Untersuchung von Ackerböden in natürlicher Lagerung. Pflanzenbau 2, 245 (1926). — Vgl. ferner W. NITZSCH: Eine vereinfachte Methode zur Untersuchung der Bodenstruktur an großen und sehr großen Bodenproben ohne Abhängigkeit vom Laboratorium. Fortschr. Landw. 5, 4 (1930). — HOLLDACK u. W. NITZSCH: Die Beurteilung des Bearbeitungserfolges auf Ackerböden durch physikalische Bodenuntersuchungen. Fortschr. Landw. 5, 13 (1930). — GADE: Einfluß von Fräse und Pflug auf Bodenzustand und Ertrag, S. 93. Inaug.-Dissert., Halle 1929.

[4] HOLLDACK: Neue Anschauungen in der Bodenbearbeitung. Mitt. dtsch. Landw.-Ges. Stück 9, 791 (1929).

[5] Vgl. hierzu W. NITZSCH: Fortschritte auf dem Gebiete der landwirtschaftlichen Bodenbearbeitung. Dtsch. landw. Presse, Sonderabdr. aus Nr. 9, 1 f., 1926.

[6] BLOHM, G.: Der Einfluß der Bodenstruktur auf die physikalischen Eigenschaften des Bodens. Landw. Jb. 66, 151, 152 (1927). — Vgl. auch E. G. MANGELSDORFF: Experimentelle Beiträge zur Bodenbearbeitung. Landw. Jb. 69, 511 (1929).

[7] ANDRIANOW, P.: Ein Bohrer zur Gewinnung von Bodenproben mit natürlicher Lagerung. J. wiss. Landw. (russ. mit dtsch. Zusammenfassung) 2, 198 (1925).

[8] KRAUSS, G.: Internat. Mitt. Bodenkde. 13, 159 (1923).

[9] PIEPER, G.: Der Einfluß der Lockerung auf die Wasserführung und Durchlüftung verschiedener Böden, S. 167. Inaug.-Dissert., Halle 1929.

[10] DOJARENKO, A. G.: Die Struktur des Bodens, ihre Bestimmung als Verhältnis von kapillarer Porosität, ihre Bedeutung als Fruchtbarkeitsfaktor (russ. mit dtsch. Zusammenfassung). Journ. Landw. Wiss. 1, 450 (1924).

[11] KOPECKY, J.: Die physikalischen Eigenschaften des Bodens. Internat. Mitt. Bodenkde. 4, 150 (1914). — J. SPIRHANZL [Über die Untersuchungsmethoden in der Natur bei den agropedologischen Kartographierungsarbeiten in Böhmen. Internat. Mitt. Bodenkde. 13, 183, 191 (1923)] berichtet, daß die J. KOPECKYsche Methode bei der Durchführung der Kartierungsarbeiten benutzt wird. — B. TACKE u. TH. ARND [Physikalische und chemische Studien an schweren Tonböden. Internat. Mitt. Bodenkde. 13, 7, 10, 11 (1923)] weisen darauf hin, daß bei ihren Versuchen infolge starker Quellung des Bodens derselbe aus dem Ring des KOPECKYschen Apparates herausdrang, wodurch Ungenauigkeiten in den Ergebnissen entstanden.

[12] KRAUSS, G.: Ergänzender Bericht über eine dem Prager bodenkundlichen Kongreß

schon beschrieben worden[1], das gleiche[2] gilt für den Apparat von Janert[3], der für Untersuchungen in größeren Tiefen eingerichtet ist, ohne, daß trotz der Tiefe besondere Gruben ausgehoben zu werden brauchen. Die praktische Durchführung und die nachfolgenden physikalischen Untersuchungsmethoden sind ebenfalls schon Gegenstand der Erörterung gewesen[4]. Die Brauchbarkeit der neueren Methoden wird durch weitere vergleichende Untersuchungen noch geklärt werden müssen[5], doch ist zweifelsohne die Klärung einer Reihe von physikalischen Bodeneigenschaften nur durch Arbeiten im gewachsenen Boden zu erreichen.

Zur Beurteilung der Bodenstruktur hält Puchner[6] seine von ihm als Schollenanalyse bezeichnete Arbeitsweise für geeignet. Die Methode besteht darin, daß er mit Hilfe von Stechschuhen (Abb. 68) verschiedener Länge von etwas konischer Form Erdsäulen gewinnt. Nach einem besonderen Verfahren mit einem Zerteilungsapparat bestimmt er die einzelnen Größenordnungen und errechnet dann die Zusammensetzung des Bodens und glaubt auf diese Weise „ein unzweifelhaftes Bild der Bodenstruktur" zu erhalten.

Abb. 68.
Stechschuh zum Ausheben von Erdsaulen fur die Schollenanalyse nach Puchner[8].

Ohne die verschiedenen physikalischen Untersuchungen hier im einzelnen durchzusprechen, sei nur erwähnt, daß die verschiedenen Methoden sowie die Art der dazu erforderlichen Volumenbohrer auf ihre Brauchbarkeit z. T. durch vergleichende Untersuchungen geprüft worden sind. So hat Burger[7] den Einfluß der Bodenausdehnung auf die Ergebnisse der Wasserkapazitätsbestimmung der drei folgenden Methoden geprüft: 1. die Heinrich-Kopeckysche Methode, wobei die durch Zylinder gewonnenen Proben vor dem Ausheben an Ort und Stelle mit Wasser gesättigt wurden; 2. die Ramannsche Methode, nach der die Proben erst nach der Entnahme aus dem Boden mit Wasser gesättigt wurden, und zwar so, daß die Ergebnisse ohne Rücksicht auf die erfolgte Ausdehnung bezogen wurden, 3. die abgeänderte Ramannsche Methode, bei der die Probe wie unter 2. behandelt wurde, doch mit dem Unterschied, daß der nach der Sättigung sich über den Zylinderrand ausdehnende Teil mit einem scharfen Messer entfernt wurde, so daß nunmehr ein bestimmtes Volumen (1000 cm^3) wassergesättigten Bodens zur weiteren Untersuchung gelangte. Die Ergebnisse lassen nach Burger die Methoden 1 und 3 als gleichwertig erscheinen, während die Methode 2 für Wasserkapazitätsbestimmungen als nicht geeignet erscheint. Mütterleins[9] Untersuchungen zeigen dagegen, „daß recht erhebliche Fehler entstehen können, wenn nach dem Vorgehen von Burger der beim Sättigen übergequollene Boden entfernt wird, ohne daß er in Rechnung gestellt wird",

---

vorgetragene neue Methode der mechanischen Bodenanalyse, sowie ein einfaches graphisches Verfahren zur Bestimmung der Kornoberfläche, ferner praktisches Gerät zur Probeentnahme zwecks Ermittelung der Lagerungsweise. Internat. Mitt. Bodenkde. **13**, 158 (1923).

[1] Dieses Handbuch **6**, 45, 46, 128, 129.   [2] Dieses Handbuch **6**, 47.

[3] Janert, H. : Neue Methoden zur Bestimmung der wichtigsten physikalischen Grundkonstanten des Bodens. Landw. Jb. **66**, 427f. (1927).   [4] Vgl. Bd. 6 dieses Handbuches.

[5] Vgl. hierzu W. Nitzsch Eine Methode zur physikalischen Untersuchung von Ackerböden in natürlicher Lagerung. Pflanzenbau **2**, 245 (1926). — Eine Schnellmethode zur Bestimmung des Wassergehalts und zur Messung physikalischer Eigenschaften des natürlich gelagerten Bodens. Fortschr. Landw. **2**, 283 (1927). — Holldack u. W. Nitzsch: Die Beurteilung des Bearbeitungserfolges auf Ackerböden durch physikalische Bodenuntersuchungen. Fortschr. Landw. **4**, 356 (1929). — G. Blohm: Fortschr. Landw. **4**, 516 (1929). — H. Janert: Fortschr. Landw. **4**, 517 (1929).

[6] Puchner, H.: Bodenkunde für Landwirte, 2. Aufl., S. 554f. Stuttgart: Ferd. Enke 1926. — Vgl. ferner E. G. Mangelsdorff: Experimentelle Beiträge zur Bodenbearbeitung. Landw. Jb. **69**, 490 (1929).   [7] Burger, H.: a. a. O., S. 16, 17, 23.

[8] Aus Puchner, H.: Bodenkunde, 2. Aufl., Abb. 164, S. 555. Stuttgart: Ferd. Enke 1926.

[9] Mütterlein: Untersuchungen über Bodenbearbeitung, S. 19. Halle: H. John 1929.

so daß nach ihm unrichtige Werte für Wassergehalt und Porenvolumen erhalten werden müssen.

Ferner kann die Bestimmung der Wasserkapazität nach der „Absaugemethode" ZUNKERS[1] „an mit einem Stahlzylinder aus dem gewachsenen Boden ausgestochenen Bodensäulen oder an mit Paraffin gefestigten Bodenschollen, bei der das Paraffin nachträglich oben und unten in geringem Umfang wieder entfernt ist, vorgenommen werden".

Die Methodik der Bodenuntersuchung im gewachsenen Boden hat auch dazu geführt, daß solche mit einem Volumbohrer entnommenen Proben zur Bestimmung der Wasserdurchlässigkeit des Bodens herangezogen wurden, d. h. man bestimmte die Einsickerungsgeschwindigkeit. Als erster hat wohl KOPECKY Untersuchungen in dieser Richtung vorgenommen[2], die von BERKMANN[3] — allerdings in veränderter Form — auf verschiedene Bodenarten ausgedehnt wurden. Eine große Anzahl von Sickerversuchen in natürlich gelagerten Böden sind von ENGLER[4] durchgeführt worden. BURGER, der ebenfalls eine Reihe von Untersuchungen durchführte, verwandte Stahlzylinder von 100 cm² Querschnitt und 10 cm Höhe und sättigte durch einen Aufsatz den Boden mit 4 l Wasser. Die ZUNKERsche „Absaugmethode" ermöglicht ebenfalls durch kleine apparative Änderungen die Messung der Wasserdurchlässigkeit im natürlich gelagerten Boden[5]. SPIRHANZL[6] verfährt folgendermaßen: Man nimmt mit Hilfe eines Stahlzylinders auf dem Felde eine Bodenprobe und läßt dann unter konstantem hydrostatischen Druck Wasser durch die genommene Bodensäule von 10 cm Höhe dringen. Eine ähnliche Methode wie die vorgenannten ist auch mit der von DOJARENKO[7] eingeführten einfachen Apparatur durchführbar. Auch hier wird durch Eindringen einer Wassersäule von bestimmter Höhe und bestimmtem Durchmesser die Wasserdurchlässigkeit bestimmt. Einen anderen Weg zur Ermittelung dieser Größe schlug POWELL[8] ein, der einen neuen Probenehmer beschreibt, der ein unzerstörtes Muster auch aus tieferen Schichten entnehmen kann. Der Apparat besteht in der Hauptsache aus zwei genau ineinander passenden Zylindern, von denen der äußere schneidende Ränder hat. Die gewonnenen Bodenproben, die auch zur Bestimmung des Volumens dienen können, werden in Paraffin getaucht. Zur Wasserdurchlässigkeitsbestimmung wird die Paraffinschicht an den beiden Enden entfernt und nunmehr die Untersuchung durchgeführt. FRECKMANN und JANERT[9] verwandten ein durchlochtes Rohr, das in den Boden gelassen wurde. Aus der Zeit, nach welcher der Wasserspiegel um ein bestimmtes Maß absinkt, wird auf die Wasserdurchlässigkeit geschlossen. ZUNKER[10] hält dieses Verfahren aber nicht für die Durchlässigkeitsbestimmung

---

[1] ZUNKER, F.: Das Verhalten des Bodens zum Wasser. Dieses Handbuch 6, 137.

[2] KOPECKY, J.: Die physikalischen Eigenschaften des Bodens. Internat. Mitt. Bodenkde. 4, 178f. 1914, wie desgl. in früheren Arbeiten.

[3] BERKMANN, M.: Untersuchungen über den Einfluß der Pflanzenwurzeln auf die Struktur des Bodens. Internat. Mitt. Bodenkde. 3, 1 (1913).

[4] ENGLER, A.: Untersuchungen über den Einfluß des Waldes auf den Stand der Gewässer. Mitt. schweiz. Zentralanst. forstl. Versuchswes. Zürich 12 (1919).

[5] ZUNKER, F.: Das Verhalten des Bodens gegen Wasser. Dieses Handbuch 6, 137.

[6] SPIRHANZL, J.: Nouvel Appareil à determiner la permeabilité du sol. Prag 1924; nach Ref. Internat. Agricult. Wiss. Rdsch. (Rom), N. F. 1, Nr. 3 (1925).

[7] DOJARENKO, A. G.: Die Durchlässigkeit des Bodens und des Untergrunds und ihr Einfluß auf die Fruchtbarkeit der Felder. Internat. Agricult. Wiss. Rdsch., N. F. 1, 883 (1925). — E. PETROV [Untersuchungen über Wasserdurchlässigkeit der Böden. J. landw. Wiss. 4, 235f. (1927)] erachtet die DOJARENKOsche Methode für gut.

[8] POWELL, E. B. A. A.: New Soil Core Sampler (Missouri Agricult. Exp. Stat.). Soil Sci. 21, 53 (1926).

[9] FRECKMANN, W., u. H. JANERT: Kulturtechniker 27, 116 (1924); 31, 40, 75 (1928).

[10] ZUNKER, F.: Das Verhalten des Bodens gegen Wasser. Dieses Handbuch 6, 173.

anwendbar, denn nach ihm ist die Geschwindigkeit des Einsickerns weniger von der Durchlässigkeit als von der kapillaren Saugkraft des Bodens abhängig.

Sowohl bei den Wasserkapazitätsbestimmungen als auch bei den Durchlässigkeitsuntersuchungen erscheint es erforderlich, einheitliche Methoden sowohl für die Probenahme, d. h. in bezug auf Größe des Entnahmezylinders und die Art der Gewinnungsweise, als auch gerade für die Untersuchungsmethoden selbst auszuarbeiten. Die genannten Bodeneigenschaften und alle mit ihnen im Zusammenhang stehenden Fragen können nur dann zu vergleichsfähigen Resultaten führen, wenn die erforderliche Einheitlichkeit gewahrt wird. Es ist natürlich ein Unterschied, ob man verschieden dimensionierte Versuchsgeräte verwendet, und ob die anderen Versuchsbedingungen variieren oder gleichgestellt sind, und so stellt die Aufgabe, wie sie von Burger folgerichtig angefaßt worden ist, eine dankbare wissenschaftliche Arbeit dar. Es müßten also die verschiedenen Geräte und Untersuchungsmethoden durch vergleichende Untersuchungen geprüft werden, um dann die beste Methode allgemein zur Durchführung zu bringen.

Zur Erleichterung der Skizzierung der Verhältnisse im Boden dient ein von K. von Meyenburg[1] konstruierter Stechapparat, der aus einer Holzscheibe besteht, auf der 15—20 Stahlnadeln von je 30 cm Länge befestigt sind. Die Nadeln werden durch ein Führungsbrett in paralleler Richtung gehalten, um dann durch die Scheibe in den Boden gedrückt zu werden. Die Apparatur wird dann mit einem Spaten und Unterlegung eines Blechs herausgehoben. Nunmehr kann man die strukturelle Lage der Böden betrachten und, wenn wünschenswert, durch Paraffin dauerhaft machen.

Zum Schluß dieser Ausführungen sei noch auf einen anderen Weg hingewiesen, auf dem versucht worden ist, physikalische Eigenschaften des Bodens im natürlich gelagerten Zustande zu ermitteln. R. Trnka[2] wählte in Gemeinschaft mit A. Slavik für die Bestimmung des Volumgewichts eine Erdscholle. Der genannte Autor glaubt nämlich, sich gegen die Methode Kopeckys wendend, daß eine Reihe von Fehlern bei der Durchführung der Entnahme mit den Volumbohrern die nachfolgenden physikalischen Bestimmungen beeinflussen. Er führt unter anderem aus, daß der Boden beim Einschlagen der Zylinder nach der Mitte zu gedrückt würde, wie auch das Einschlagen eine Erschütterung zur Folge hätte, wodurch der sich im Zylinder befindende Boden eine bedeutende Änderung seiner Lagerung erführe. Als weiterer Fehler gibt er an, daß bei einem nicht lotrechten Eintreiben der Zylinder das Resultat der Bestimmungen mangelhaft sei, wie auch die Reibung innerhalb der Zylinder eine Fehlerquelle darstelle. Auf Grund dieser Mängel gibt Trnka[3] eine von ihm als exakte und schneller durchführbar bezeichnete Methode an und beschreibt sie, wie folgt: „Einen Beweggrund zur Einrichtung der Methode gab die Bodenstruktur, welche sich besonders beim Graben am besten zeigt; es sind nämlich die Erdschollen von verschiedener Qualität. Diese Schollen waren dann der Ausgangspunkt zum Bestimmen des Volumgewichts. Ihre Struktur können wir mit vollem Recht für eine unveränderte betrachten, indem wir das zur Prüfung bestimmte Schöllchen aus der Mitte der größeren Scholle abbrechen. Diese Erdscholle (Krümel) erleidet beim Graben mittels des Abtrennens vom übrigen Boden nur eine sehr unbedeutende Veränderung in ihrer Struktur. Alsdann bestimmen wir die Größe des Volumens der Scholle, welche bei 100°—103° C getrocknet worden ist. Durch eine geometrische Berechnung kann man hier nicht zum Ziele kommen, da das Schöllchen total unregelmäßig ist, aber es

---

[1] Meyenburg, K. v.: Struktureninspektor. Internat. Mitt. Bodenkde. **13**, 202 (1923).
[2] Trnka, R.: Eine Studie über einige physikalische Bodeneigenschaften des Bodens. Internat. Mitt. Bodenkde. **4**, 363f. 1914.   [3] Trnka, R.: a. a. O., S. 371.

läßt sich dessen Oberfläche auf die Weise sehr leicht bestimmen, daß man es ins Wasser taucht und alsdann das so verdrängte Wasservolumen mißt. Dazu ist es wohl notwendig, das Schöllchen zu präparieren, daß in dasselbe das Wasser nicht eindringe, sonst würde die Bestimmung ihre Bedeutung verlieren. Deswegen tauchen wir das ausgetrocknete und bis auf 40⁰—50⁰ C erwärmte Schöllchen in zerschmolzenes Paraffin, welches die ganze Oberfläche der Scholle mit einem dünnen Häutchen überzieht. Dasselbe verhindert das Eindringen des Wassers in die Scholle. Selbstverständlich dringt auch Paraffin in die Scholle ein, aber dies ist nicht zu berücksichtigen, da man das Volumen des verdrängten Wassers berechnet, ferner ist die Schicht Paraffin zu dünn, als daß sie auf die Größe des Volumens und folglich auch auf die Verminderung des Volumgewichts des Bodens einen, und sei es auch nur ganz geringen Einfluß hätte."

Die weitere Arbeitsweise ist in diesem Handbuche[1] schon beschrieben worden, wie auch darauf verwiesen wurde, daß zur Bestimmung der Kapillarität im gewachsenen Boden der Saugkraftmesser von KORNEFF dient[2]. Ebenso ist das Verfahren und die Methodik der Radioaktivität's-Messung schon von V. F. HESS[3] behandelt worden. Auch die Messung der elektrischen Leitfähigkeit im gewachsenen Boden ist an Hand der Methode von O. H. GISH und W. J. ROONEY von dem gleichen Autor[4] in diesem Handbuche dargelegt worden.

Zum Schluß muß eine von ZUNKER[5] erwähnte, von ROTMISTROFF[6] durchgeführte Methode zur gewichtsmäßigen Entnahme von Bodenproben aus größeren Tiefen genannt werden, wie auch darauf hingewiesen werden muß, daß SITNIKOW[7] einen von Tw. MICHELSON konstruierten Apparat zur Bestimmung der Wärmedurchlässigkeit des Bodens in natürlicher Lagerung auf elektrischem Wege beschreibt. Inwieweit die letztgenannte Apparatur den Anforderungen genügt, muß noch durch weitere Untersuchungen festgestellt werden.

Zur Bestimmung der Kohäsions- und Adhäsionskräfte im gewachsenen Boden sind Apparate von VÖLKER, ZANDER, DELILLE und VON MEYENBURG konstruiert worden[8]. Die Ermittelung der Feuchtigkeit, die für die physikalischen Eigenschaften des Bodens von großer Bedeutung ist, kann unter Umständen auch auf dem Felde durchgeführt werden[9].

Für die Bestimmung des Luftgehalts der Moorböden konstruierte VAGELER[10] eine sinnreiche Apparatur. Ein sich nach unten schwach verjüngender Stahlblechkasten von beliebiger Größe, aber bekanntem Inhalt wird nach Entfernung der oberen Bodendecke völlig in den Boden getrieben und dann mit Boden gefüllt herausgehoben. Ein sich im Deckel befindender Tubus wird mit einer mit Wasser gefüllten Bürette verbunden, der Kasten in eine Schale mit 96proz. Alkohol gestellt. Bei Innehaltung gewisser Vorsichtsmaßregeln wird dann die Luft, die der Alkohol praktisch fast völlig verdrängt, in die Bürette gesogen, bis der Alkohol eine vorher im gläsernen Teil des Tubus angebrachte Marke erreicht. In diesem Augenblick wird die Zuleitung unterbrochen und die Menge der Bodenluft in der Bürette abgelesen. Ferner kann auch nach verschiedenen Verfahren die Menge der sich im Boden befindenden Kohlensäure und die Intensität der Bodenatmung in natürlich gelagerten Böden quantitativ ermittelt werden[11].

---

[1] Vgl. Bd. 6, S. 48 dieses Handbuches. [2] Dieses Handbuch, Bd. 6, S. 102—104.

[3] Dieses Handbuch 6, Abschnitt: Radioaktivität der Bodenluft.

[4] HESS, V. F.: dieses Handbuch 6, 377. [5] Dieses Handbuch 6, 128.

[6] ROTMITSTROFF, W. G.: Die Wasserbewegung im Boden. Odessa 1906.

[7] SITNIKOW, K.: J. landw. Wiss., Moskau (russ.) 4, 321 (1927).

[8] Vgl. dieses Handbuch 6, 39, 40. [9] Siehe diesen Beitrag, S. 202.

[10] VAGELER, P.: Über Bodentemperaturen und über die Bodenluft in verschiedenen Moorformen. Mitt. bayer. Moorkulturanst. 1907, H. 1, 21, 22.

[11] LUNDEGARDH, H.: Der Kreislauf der Kohlensäure. Jena: G. Fischer 1924.

5. Das Landschaftsbild in seiner Abhängigkeit vom Boden (Landschaftsformen).

Von **K. SAPPER**, Würzburg.

Mit 25 Abbildungen.

a) Allgemeiner Teil.

Unter Landschaftsbild[1] verstehen wir die Summe der sinnlichen Eindrücke, die der Mensch von einem Gebiete gewinnen kann. Unter den sinnlichen Eindrücken pflegen in den allermeisten Fällen die des Gesichts zu überwiegen, und das Wort „Bild" deutet schon unmittelbar darauf hin. Für den Maler oder Zeichner kommen bei der Einseitigkeit seiner Darstellungsmittel, des Pinsels und des Zeichenstifts, ausschließlich die Gesichtseindrücke in Betracht, womit sein „Bild" gegenüber dem des Wortschilderers an Mannigfaltigkeit zurücksteht; und noch mehr ist das der Fall aus dem Grunde, weil der Künstler nur von einem bestimmten Standpunkt aus und zu einer bestimmten Zeit eine Landschaft zur Darstellung bringen kann. Er ist deshalb auch auf den engen Bereich seines physischen Gesichtsfeldes beschränkt, während der Wortschilderer weit über dieses hinausgreifen kann und in einem einzigen Wortgemälde ein ganzes Land zu schildern vermag, indem er es von den verschiedensten Standpunkten aus betrachtet und zugleich sich auch frei hält von den Fesseln der Zeit, da er dank seiner Darstellungsart, die nicht nebeneinander wie im Bild, sondern nacheinander die Dinge behandelt, imstande ist, auch dem Wandel der Jahreszeiten und sonstigen zeitlichen Veränderungen gerecht zu werden.

Dazu kommt noch ein Weiteres! Der Künstler schafft mit Pinsel und Stift ein Momentbild, in dem ihm die Wiedergabe des Schönen oder auch des charakteristischen Form- und Stimmungsgehalts als Aufgabe vorschwebt. Dabei fühlt er sich berechtigt, das tatsächlich Sichtbare seines Gesichtsfeldes durch Weglassung oder durch Hinzufügung von Dingen zu verändern, wenn das seinem Hauptziele, der Schönheit oder der besonderen Stimmung, vorteilhaft ist. Auch der Dichter, der eine Landschaft schildert, darf sich diese Freiheit nehmen, während der wissenschaftliche Wortschilderer nichts Wesentliches weglassen oder hinzutun darf, denn ihm muß die Wahrheit das erste Ziel seiner Darstellung sein. Deshalb muß er auch das Häßliche mit gleicher Anschaulichkeit zu schildern suchen, wie das Schöne, wenn es ein charakteristischer Bestandteil der Landschaft ist. Freilich kann er die unendliche Mannigfaltigkeit der Gegenstände, die eine Landschaft bietet, niemals mit der annähernden Vollständigkeit schildern, wie es der Maler auf dem immerhin beschränkten Raum seiner Leinwand tut, sondern er muß mit Oberbegriffen, mit zusammenfassenden Bezeichnungen arbeiten, um eine ungefähr richtige Vorstellung zu übermitteln. Aber wenn damit bei Darstellung eines und desselben Landschaftsabschnitts der Maler im Vorteil ist — ein Vorteil, der durch die viel unmittelbarer wirkende sinnliche Form- und Farbenwiedergabe noch verstärkt wird —, so besitzt dagegen der Wortschilderer die Möglichkeit, auch jene Sinneseindrücke zur Geltung zu bringen, die neben den Gesichtsreizen sich geltend machen und oft höchst bezeichnend für die Eigenart bestimmter Landschaften sind: Reize des Gehörs, Geruchs, Geschmacks oder Gefühls. Wohl werden im allgemeinen die Gesichtseindrücke immer das Wesentlichste der Landschaftsschilderungen bleiben müssen, aber für den Wortschilderer ist es auch möglich, derselben zu entraten und ganz lichtlose Landschaften, die dem Maler völlig unzugänglich sind, wenigstens an-

---

[1] SAPPER, K.: Geologisches Bau- und Landschaftsbild. 2. Aufl., S. 1 ff. Braunschweig 1922.

deutungsweise wiederzugeben. So steht der Reisende während eines dichten Aschenregens in vollständiger Finsternis, die auch Fackeln nur für die nächste Umgebung zu erleuchten vermöchten, und doch hat er durch die machtvollen Explosionen der Tiefe, das charakteristische Rauschen der kochenden Lava, das Erzittern des Bodens infolge des Anpralls der flüssigen Lava an das feste Erdreich eine Summe tiefwirkender Eindrücke der vulkanischen Landschaft. Andererseits wird der Höhlenforscher, dem das Licht unversehens erloschen ist, zwar keine Eindrücke mehr auf die Netzhaut des Auges bekommen, aber er hört das Aufschlagen von Wassertropfen auf den Boden oder auf Wasseransammlungen der Tiefe, vernimmt den Flügelschlag von Fledermäusen, verspürt die schlüpfrige Beschaffenheit des Höhlenlehms und erlebt damit gewissermaßen diese lichtlose Landschaft, von der er hernach unter Umständen eine erschütternde Schilderung zu geben vermag.

Sehen wir aber von solchen Sonderfällen ab, die doch nur selten Wirklichkeit werden, sehen wir ferner ab von den wechselnden Einflüssen der Belichtung und von den Veränderungen der Landschaft, die aus dem Wechsel der Jahreszeiten sich ergeben oder auch aus dem rhythmischen Vordringen und Zurückweichen des Meeres vermöge der Gezeiten, so bemerken wir, daß ein Landschaftsbild einmal aus belebten Elementen der pflanzlichen und tierischen wie der Menschenwelt besteht, andernteils aber aus unbelebten, in der Hauptsache unorganischen Elementen: Luft, Wasser, Boden und Fels.

Verwitterungsböden.

Die Mannigfaltigkeit der Oberflächengestaltung einer Landschaft ist in den Grundzügen durch geologische Vorgänge geschaffen worden, die gewisse Felsmassen in erhöhte oder vertiefte Lage versetzt haben und so die großen Niveauunterschiede der Erde schufen. Die Verwitterung der oberflächlichsten Gesteinslagen brachte gewaltige Ansammlungen mechanisch zerkleinerter oder chemisch veränderter Gesteinsmassen hervor, zu denen vielfach noch Reste von Pflanzen und Tieren getreten sind: es entstand der Boden, wie ihn RAMANNs[1] Definition umschreibt. Mit ihm allein haben wir in dieser Darstellung als Landschaftselement zu tun.

Die Bildung der Verwitterungsböden geht langsam und meist in aller Stille vor sich, so daß sie sich der unmittelbaren menschlichen Wahrnehmung entzieht. Nur bei der mechanischen Verwitterung kommt es auch wohl zu auffälligen Klangwirkungen. Das bekannteste Beispiel dieser Art ist das Erklingen der Memnonssäulen in der Wüste, wenn sich unter dem Einfluß von Temperaturschwankungen Splitter loslösen — ein Vorgang, der im Altertum so großes Aufsehen machte, daß man vielfach Ausflüge dorthin unternahm und tagelang wartete, bis man selbst Zeuge des Erklingens geworden war! Häufig kann man bei Hochwasser hören, wie die aneinander sich reibenden Rollsteine gegenseitig ihre Oberfläche unter Schaffung lockeren Gesteinsmehls abnützen u. a. m.

Die Verwitterungsprodukte der oberflächlichen Gesteinsmassen verbleiben an ihrem Orte nur, wenn die betreffende Stelle ebenflächig oder sehr wenig geneigt ist oder auch wohl reichliche Vegetation trägt, die die Verwitterungsstoffe zurückhält. Wo diese Bedingungen nicht erfüllt sind, da treten die losgelösten Gesteinsbruchstücke unter dem Einfluß der Schwerkraft und getragen von verschiedenen Verfrachtungsmitteln den Weg nach den großen Vertiefungen der Erdoberfläche an, seien es nun abflußlose Becken oder aber die großen Eintiefungen der Meere. Die Fortbewegung geht vielfach ganz außer-

---

[1] RAMANN, E.: Bodenbildung und Bodeneinteilung, S. 1. Berlin 1918.

ordentlich langsam und daher für das Auge nicht unmittelbar bemerkbar vor
sich (z. B. Gekriech), oft aber auch zeitweise mit starkem Ruck und weitreichen-
der Verfrachtung (z. B. Bergstürze), worauf wieder langdauernde Ruhepausen
vor der Weiterwanderung entstehen. Wo aber der Wind als Verfrachter auftritt, da kann sich streckenweise sogar rückläufige Bewegung einstellen.

Durch den Vorgang der Schuttwanderungen entstehen auf zweiter Lagerstätte stellenweise mächtige Absätze von Aufschüttungsböden, und die Vorgänge, die dazu führen, sind vielfach landschaftlich wieder höchst bedeutungs-
voll. Sie sind oft nicht nur für das Auge, sondern auch für Ohr und Gefühl
bemerkbar, wie denn der Wüstensturm, das Hochwasser, die schräg auflaufende
Brandung, der Steinschlag, der Bergsturz mit starken Gehör- und Gefühls-

Abb. 69. Bimssteinabsatze des Santa Maria-Ausbruchs von 1902 bei Quezaltenango (Guatemala).
Um 1914 aufgenommen von G. Hurter. 2400 m u. M.

empfindungen für den Beobachter verknüpft sind; nur der Gletscher verrichtet
lautlos seine Arbeit.

An dieser Stelle sollen alle lockeren Absätze verwitterten Gesteins, gleichviel ob organische Massen beigemengt sind oder nicht, oder ob sie wirtschaftlich
ausnutzbar sind, also die gesamten geologischen Deckgebilde der Erde in
morphologischem Sinne als „Böden" angesprochen werden, wennschon sie
bei solcher Begriffsbestimmung stellenweise gewaltige Mächtigkeiten erreichen.
Als Böden gelten hier daher auch die frisch gefallenen vulkanischen Aschen,
Sande und Lapilli, obgleich erst nach ihrer Ablagerung der Verwitterungsvorgang einsetzt, und sie daher erst nach einer Reihe von Jahren zur Ansiedlung
und Ernährung von Pflanzen befähigt sind, wie wir aus den Erfahrungen vieler
Vulkanausbrüche, so des Krakatau 1883 und des Santa Maria 1902, wissen.

Da der Boden durch die Verwitterung des anstehenden Gesteins entsteht,
so würde er also als eine zusammenhängende Decke, deren Mächtigkeit allerdings je nach der Stärke der Verwitterung in den verschiedenen Gegenden sehr
stark schwanken würde, die Felsoberfläche an den nicht vom Wasser in seinen

verschiedenen Formen bedeckten Teilen der Erde überziehen, wenn nicht durch die oben erwähnten und andere Verfrachtungsfaktoren erhebliche Umlagerungen erfolgt wären. Es genügt in vegetationsfreiem Gebiet an steil geneigten Hängen und Erhebungen oft schon die Schwerkraft, um die durch physikalische Verwitterung losgelösten Felsbruchstücke zum Abrutschen oder Abrieseln zu bringen, und zwar oft so vollständig, daß an solchen Stellen das kahle Gestein zutage tritt. Dasselbe gilt von vegetationslosen Wüstengebieten, und es versteht sich, daß neben der Schwerkraft auch die verschiedensten anderen Verfrachtungskräfte denselben Erfolg gehabt haben können.

Anders liegt es schon bei chemischer Verwitterung, denn diese setzt ein gewisses Maß von Feuchtigkeit voraus, die einen festeren Halt der Verwitterungs-

Abb. 70. Bimssteinabsätze des Santa Maria-Ausbruchs 1902. 1924 aufgenommen von G. Hurter. 2900 m u. M.

stoffe am Ursprungsgestein hervorrufen kann, so daß in feuchten Gebieten die Verwitterungsdecke an Hängen, wo die mechanisch losgetrennten Lockermassen längst abverfrachtet worden wären, noch an Ort und Stelle verbleiben kann, soweit nicht einsetzende Trockenzeiten die Bedingungen trockener Klimate für längere oder kürzere Zeit hervorrufen und damit diese Verwitterungsreste der Verfrachtung überantworten. Wenn aber kräftige Vegetation den Untergrund am Austrocknen oder am Abwandern hindert, bleiben selbst an sehr steilen Hängen die Verwitterungsdecken an der Oberfläche erhalten, und die Weiterverwitterung des anstehenden Gesteins erfolgt dann tief unter der Pflanzenschwarte der Oberfläche. Es tritt also auch in morphologischer Hinsicht der Gegensatz der Böden trockener und feuchter Gebiete schon in gewissem Sinn hervor, der in anderer Hinsicht, vor allem hinsichtlich seiner anthropogeographischen Bedeutung, so wichtig ist.

Wo die chemische Verwitterung sehr stark ist, wie in den feuchten Tropen, können selbst an steilen Hängen noch mächtige Bodendecken unter dem Schutz der hier ebenfalls außerordentlich üppigen Vegetation erhalten bleiben, während in minder begünstigten Gegenden die Hänge meist seichte Bodendecken tragen, oder fast ganz davon entblößt sind, indessen sich in Tälern und auf manchen Ebenen (dank ausgiebiger Verfrachtung anderwärts entstandener Bodenpartikelchen) sehr mächtige Ablagerungen bilden können. Wir sehen so, daß der Bodenmantel, der die Erde großenteils umzieht, an verschiedenen Stellen und in verschiedenen Gebieten sehr verschiedene Mächtigkeit besitzt. Aber auf alle Fälle wirkt dieser Mantel mildernd auf die Formen der Erdoberfläche ein, während die ganz bodenfreien Gebiete sich häufig durch große Schroffheit der Formen auszeichnen, vor allem in den Gipfel- und Kammregionen der Gebirge.

Wenn die geschilderten Verhältnisse dazu beitragen, starke Niveauunterschiede einigermaßen auszugleichen und zu verwischen, so werden durch leichte Bodenbewegungen, wie Bodenabrücken (Kriechen), Verschwemmungen oder Verwehungen auch die kleinen Vertiefungen der Oberfläche ausgefüllt und so der Mantel ausgeebnet, ganz ähnlich wie man es bei einer Schneedecke beobachtet. Dem Schneeabsatz am ähnlichsten wird die Auflagerung des Bodens auf der Erdoberfläche in den Fällen, wo lockere Gesteins- oder Verwitterungsteilchen vom Wind verfrachtet werden, wie das bei dem Absatz vulkanischer Sande oder wüsten- bzw. steppenentstammenden Staubs geschieht. Man kann in solchen Fällen auch eine Sonderheit beobachten, die bei anderen Bodenarten nicht in gleichem Maße vorkommt, daß nämlich die Hänge, die dem verfrachtenden Winde entgegengesetzt sind, weit stärkere Absätze erhalten, als die abgewendeten, wie Verfasser das bei dem Santa-Maria-Ausbruch in Guatemala 1902 unmittelbar beobachtet hat. Es entsteht damit eine Asymmetrie der beiden Abdachungen, die sonst wohl höchstens noch einigermaßen ähnlich wiederkehrt bei Bergzügen, deren eine Seite den regenbringenden Winden die Feuchtigkeit raubt, während die Leeseite derselben entbehrt und darum eine viel weniger tiefgehende chemische Verwitterung erfuhr, also eine seichtere Bodendecke trägt.

Wir ersehen aus dem Gesagten, daß der Boden im Landschaftsbild eine außerordentlich wichtige Rolle insofern spielt, als er im größeren Teil der Erdoberfläche den Gesteinsuntergrund völlig verhüllt und damit sich selbst und seine Eigenschaften für das menschliche Auge in den Vordergrund schiebt; aber er schmiegt sich dem Felsgerüst an und verzichtet damit auf eine selbständige Formbetätigung, soweit nicht besonders mächtige Bodenabsätze vorliegen, die durch Eigenformen der Aufschüttung oder Abtragung das Landschaftsbild stellenweise beherrschen können.

Zu den landschaftlich wirksamen Eigenschaften der Böden gehört ihre Eigenfarbe, die naturgemäß außerordentlich wandelbar von Ort zu Ort ist, wie die Bodenbeschaffenheit selbst, denn so sehr auch der Einfluß des Klimas sich auf breiten Gürteln der Erde gleichartig zur Geltung bringt, so setzen sich daneben doch vielfach auch örtliche Sonderheiten entscheidend durch, vor allem bei den Verwitterungsböden der Einfluß der verschiedenen Ursprungsgesteine, der sich manchmal vermöge besonders intensiver Färbung über das allgemeine Schema der Farbenskala des betreffenden Klimagürtels hinwegsetzt. Ebenso hat die Art und Menge der Vegetation bzw. ihrer Zersetzungsreste oft eine erhebliche Bedeutung für die Farbgestaltung einzelner Böden, vor allem in Gegenden der Trockenheit oder niederer Temperatur, wo der Humusabbau verlangsamt ist, und wo teilweise auch die sauer reagierenden Humusstoffe ihre Einflüsse geltend machen. So finden wir in nordischen Gebieten nach Ramann einen breiten Gürtel von Bleicherden, die wegen Auslaugung des Eisens weißlich oder bei Humusbeimengung grau aussehen und der Landschaft dann leicht einen etwas schwermütigen Charakter verleihen. Schwarz sind die humusreichen Böden

vieler Trockengebiete, so in Südrußland, in den Prärien, in Ostindien (Regur).
Kastanienbraune Böden finden sich in wärmeren ariden Landstrichen. Salzausblühungen schaffen in manchen Wüsten- und Steppengegenden ausgesprochen
weiße Flächen. In feuchten Gegenden der gemäßigten Gürtel herrschen Braunerden vor, gefärbt durch Eisenhydroxyd, während humusarme Gelberden in
Südafrika und Marokko weithin vorkommen. In den heißen Ländern überwiegen
rote Bodenarten, so Laterit, der sich durch zelligen Bau, oft auch durch Eisenkonkretionen auszeichnet, Roterden und Rotlehme. Zuweilen treten an Stelle
der tiefroten Farben auch gelbe und sonstige helle Schattierungen.

Aber alle diese regionalen, wie auch die nur örtlich auftretenden Eigenfarben
der Böden kommen landschaftlich nur bei mangelnder oder dürftiger, den Boden
nicht voll bedeckender Pflanzenwelt unmittelbar zur Wirkung, und selbst dann,
wenn die Vegetation entfernt ist, kann man häufig zunächst die wahre Bodenfarbe nicht deutlich erkennen, weil sie durch mehr oder weniger starke Humus-
beimischung verändert und vielfach geradezu verdeckt ist. So kommt es, daß
man häufig die Eigenfarbe der Böden nur an solchen Stellen deutlich und landschaftlich bestimmend beobachtet, wo nicht nur die Vegetation, sondern auch
die stark humushaltige oberste Bodenschicht entfernt ist, wie bei Wegebauten
und anderen künstlichen Eingriffen oder aber bei Rutschungen, bei erosiver
Verletzung der Bachufer, bei Schlammfluß oder andern natürlichen Vorgängen.
In afrikanischen Reisebeschreibungen liest man immer wieder von der roten
Farbe der Savannenwege und Urwaldpfade und hört, daß das Rot weithin in
die Landschaft hinausleuchtet. Ähnliches hat Verfasser in Brasilien oder Ceylon
an natürlichen Aufschlüssen und Bahneinschnitten gesehen. Rot sind auch viele
Residualtonböden Mittelamerikas, vor allem in der Trockenzeit, während sie
in der Regenzeit deutlich dunklere, ins Braune gehende Farbtöne annehmen.

Die verschiedenen Böden treten nicht nur unmittelbar durch ihre Eigenfarben und bei genügender Mächtigkeit auch wohl durch ihre Eigenformen landschaftlich bedeutsam hervor, sondern auch mittelbar durch ihren Einfluß auf
die Wasserfärbung, insofern oft gewisse fließende und stehende Gewässer
durch Bodenlösungen oder mechanische Trübung bestimmte Färbungen annehmen. So ist im Gebiet der Bleicherden, aber auch in zahlreichen tropischen
Urwaldgegenden das Flußwasser durch humose Stoffe vielfach schwarz oder
wenigstens dunkel, auch wohl oliv oder gelb gefärbt, während die mechanische
Trübung gelegentlich von Hochwassern, oft aber selbst bei niederem Wasserstand den Flüssen und den anschließenden See- und Meeresteilen weit-
hinaus (Mündung des Kongo, des Amazonas, Orinoko, Magdalenenstroms,
Kaiserin-Augusta-Stroms usw.) eine ausgesprochene Farbe verleihen, die landschaftlich außerordentlich stark hervortreten kann. Viele Flüsse und Seen sind
geradezu nach dieser Färbung benannt: Schwarzer See in den Vogesen, Gelber
Fluß (Hoangho) in China, Rio Negro (sehr häufig in Iberoamerika) usw. Die
Standfestigkeit der feinverteilten Trübungsstoffe ist manchmal so groß, daß auch
längerer Ruhezustand das Wasser noch nicht von den Bodenteilchen befreit,
sondern daß die Schwebstoffe scheinbar unbegrenzt lang suspendiert gehalten
werden. Wenn man z. B. beim Managuasee in Nicaragua noch annehmen kann,
daß durch gelegentlich vorkommende Stürme die gelben Schwebeteilchen immer
wieder vom Boden aufgewirbelt und den seichten Wassermassen einverleibt
werden, so muß man für die als „Rio de la Plata" bekannte Meeresbucht
doch zugeben, daß die Schwebeteilchen ausdauern, da sie auch in den ge-
schütztesten Verästelungen derselben, so im Hafen der Stadt La Plata, nicht
völlig ausfallen, obgleich im allgemeinen das Salzwasser der Ausfällung von Trü-
bungen günstig ist.

Die großen Überschwemmungen, die regelmäßig bei Beginn der Regenzeiten in den Tropen weite Flächen mit schlammigem Wasser überdecken, geben dadurch während Wochen und Monaten diesen Flächen die charakteristische Farbe der Bodenarten des Einzugsgebiets, obgleich zuweilen zuzugeben ist, daß mancherorts erweichte und fortgeschwemmte Massen anstehender Tone oder Mergel ebenfalls einen Teil der Trübungsstoffe beigesteuert haben können. In den gemäßigten und kalten Zonen sind die Überschwemmungen meist weder so regelmäßig noch so ausgedehnt, wie in den Tropen, weshalb auch ihr landschaftlicher Einfluß weniger hervortritt. Soweit die Überschwemmungen sich unter dem Blätterdach der Wälder abspielen, wie so oft in den tropischen Waldgebieten des Amazonas, Kongo u. a., bleiben sie dem forschenden Blick verborgen, soweit der Reisende nicht im Flugzeug in geringer Höhe über den Baumkronen dahinfliegt und so zwischen den Kronen hindurch die dunklen Wasser erblickt, wie Verfasser bei einem Flug im Magdalenental feststellen konnte. Aber sobald die Überschwemmungen sich über offenes Gelände ausbreiten, wie z. B. in den Hochgrasfluren von Tabasco oder in den Llanos von Venezuela, da beherrscht die Farbe dieser zeitlichen, teils ruhenden, teils in langsamer Bewegung befindlichen Wasserflächen die Landschaft in weitgehendem Maße und gibt ihr ein vom gewöhnlichen Zustand völlig abweichendes Ansehen.

Salzgehalt von Seen kündigt sich landschaftlich in normalen Zeiten nicht an; aber bei niedrigem Wasserstand verraten ihn mehr oder minder breite Ufersäume weißer Salzabsätze.

Die Bodenart wirkt sich landschaftlich mittelbar auch durch die Pflanzenwelt aus, sei es nun durch die natürliche Vegetation oder durch die Anpflanzung bestimmter Kulturgewächse. Wohl hängt beides in der Hauptsache vom Klima ab, aber die chemischen wie die physikalischen Eigenschaften der Böden tragen doch zur besonderen landschaftlichen Ausstattung stellenweise noch bedeutsame Züge bei. So geben Salzpflanzen in manchen Gegenden durch ihre besondere Erscheinung (z. B. Mangroven) oder Blattfärbung (Salzbüsche Australiens) den betreffenden Landschaften eine besondere Note, während allerdings Kalk- oder Kieselpflanzen nur das Kleinbild der Vegetation sichtbar beeinflussen. Von viel größerer landschaftlicher Bedeutung sind die physikalischen Eigenschaften der Böden, vor allem der Grad der Wasserdurchlässigkeit. Denn sobald dieser sehr groß wird, so eignet sich der Boden nicht mehr für Baumwuchs, handle es sich nun um feinkörnige Lößabsätze, gröberkörnige Sandablagerungen oder grobe Schutt- und Blockablagerungen, denn in all diesen Bodenarten sickert das Regenwasser zu rasch in die Tiefe, als daß Baumwurzeln sich davon genügend Feuchtigkeit nehmen könnten, weshalb Baumwachstum unterbleibt, wenn nicht hochliegendes Grundwasser oder künstliche Bewässerung genügende Wasserversorgung gewährleisten. Örtliches Vorkommen von Sandlagern in Britisch-Honduras oder der Moskitoküste ist landschaftlich schon von weitem erkennbar an dem plötzlichen Auftreten von Grasfluren mit eingestreuten Kiefern (Pineridges), und manche kleine Lapillivulkänchen in Mittelamerika tragen zuweilen nur Grasfluren, obgleich in beiden Fällen die ganze Umgebung mit regenfeuchtem Urwald bestanden ist.

Von größter mittelbarer Bedeutung für die landschaftliche Rolle der Böden ist ihr Gehalt an Wasser, denn davon hängt es in erster Linie ab, ob dichte Wälder, lichte Haine, ob Savannen oder Steppen, oder auch ob Wüsten sich über die betreffenden Gebiete ausbreiten. Es kommt aber dabei keineswegs allein auf den Regenfall an, denn die Wasserversorgung kann auch von unten her durch das Grundwasser in genügendem Maß erfolgen, wie so vielfach in Steppengebieten in der Nähe von Seen oder Flüssen: die dadurch bedingten

Galeriewälder bekunden schon aus weitester Ferne den Wassergehalt des Untergrundes. Wo aber innerhalb der Urwälder der Tropen in Vertiefungen des Geländes das Grundwasser zeitenweise die Erdoberfläche bedeckt und auch in der Trockenheit so hoch steht, daß die Baumwurzeln ständig in wasserübersättigtem Boden stehen, da kann die große Mehrzahl der Urwaldbäume nicht mehr gedeihen, sondern nur wenige Baum- und Unterholzarten sind diesen besonderen Lebensbedingungen noch gewachsen, so daß der kundige Wanderer sofort an der landschaftlichen Erscheinung solcher Stellen die Eigenart des Bodens und seiner Wasserdurchtränkung erkennt (so z. B. in Mittelamerika an dem Auftreten von Blauholz, das hier fast reine Bestände bildet: ,,Tintales''). Innerhalb des Strauchsteppengebiets der Halbinsel Yucatan (und sicherlich auch anderwärts bei gleichartigen Bedingungen) sind die während der Regenzeit mit zeitweiligen Seen (,,Ak'alché'') bedachten Vertiefungen des Geländes oft nicht mehr mit Sträuchern, sondern nur mehr mit Gras bestanden, weil erstere die langdauernde Unterwassersetzung nicht ertragen. Auch diese Wasserverhältnisse des Bodens heben sich also landschaftlich deutlich von der Umgebung ab. In kühleren Ländern verrät ebenso Sumpfvegetation die Moorböden wie die Häufigkeit von Zyperazeen oder Wollgräsern saure Wiesen.

E. W. HILGARD hat, ausgehend von den Verhältnissen der Vereinigten Staaten zuerst die Böden in Trocken- und Feuchtböden, aride und humide Böden unterschieden und damit eine Einteilung geschaffen, die sich hauptsächlich auf die Beziehungen des Bodens zum verfügbaren Wasser stützt. Als Trockenböden bezeichnete er die Bodenarten der Trockengebiete und fand, daß bei ihnen die Sickerwässer stark zurücktreten und darum viele lösliche Verwitterungsstoffe erhalten geblieben sind; die Salzverteilung ist hauptsächlich durch den aufsteigenden Wasserstrom bedingt; die Krümelung des Bodens ist gut. Andererseits bezeichnete er als Feuchtböden Bodenarten mit viel Sickerwasser, das im Lauf der Zeit die löslichen Verwitterungsprodukte meist ausgewaschen hat; es sind tonige Böden, in denen nur der obere, von Pflanzen und Tieren durchdrungene Teil gekrümelt ist. Trockenböden sind bei gleichen Bedingungen unter dem Einfluß genügender Wasserzufuhr wesentlich fruchtbarer, was aber landschaftlich nicht unmittelbar in die Augen springt, da die üppigste Vegetationsformation der Erde, der regenfeuchte Urwald, den Eindruck erweckt, als ob er auf besonders günstigem Boden stünde, während er nach RAMANN tatsächlich mit niederem Nährstoffkapital bei raschem Umsatz arbeitet und nur Überfluß an Feuchtigkeit zur Verfügung hat. Aber bei genauerer Betrachtung treten in der Landschaft doch kennzeichnende Züge im einzelnen hervor, sobald man Gebiete beider Hauptbodenarten miteinander vergleicht. Selbst in der menschlichen Wirtschaft fallen die Unterschiede im Stand der Felder landschaftlich auf, wie denn auch bei sonst gleichen Bedingungen der Ertrag in den Trockenböden wesentlich höher ist als in den Feuchtböden; gibt doch HILGARD an, daß einer Familie im Bewässerungsgebiet Kaliforniens 4—6 ha Land zur Ernährung genügen, während dazu im östlichen Waldgebiet 12—20 nötig sind!

Wenn aber in den ehemaligen Waldböden Mittel- und Westeuropas jetzt erstaunlich hohe Erträge dem ursprünglichen Waldboden abgerungen werden, und darum auch landschaftlich die darauf stehenden Felder einen hervorragend günstigen Eindruck machen, so dankt man das dem Umstand, daß der Mensch den Waldboden nicht in seiner ursprünglichen Beschaffenheit gelassen hat, sondern vielmehr ihn durch immer aufs Neue wiederholte mechanische Bearbeitung und Durchlüftung, wie durch organische und mineralische Düngung wesentlich verbessert hat, so daß er geradezu als etwas Neues dasteht: der Kulturboden, der bei fortgesetzter Weiterbearbeitung in genannten Richtungen auch dauernd hohe Erträge wird geben können, indes sowohl Feucht- wie Trockenböden schließlich verarmen müssen, wenn ihnen nicht natürlich (durch Überschwemmungsschlamm oder vulkanische Aschen) oder künstlich (durch Düngung und nötigenfalls Bewässerung) die notwendige Stoffergänzung gegeben wird.

Aufschüttungsböden.

Haben wir bisher nur von Verwitterungsböden gesprochen, so müssen wir nunmehr aber auch der Aufschüttungs- oder Wanderböden gedenken, die ihren Ursprung nicht unmittelbar im Anstehenden haben, sondern (mit Ausnahme äolisch-vulkanischer Absätze) aus weiter verfrachteten Teilchen verwitterter Gesteinsmassen, also aus Partikeln anderer, schon vorher vorhandener oder sich erst bildender Böden bestehen. Die Kräfte, die zur Bildung solcher Böden führen, sind sehr verschiedenartig, nämlich Schwerkraft, Wind, spülendes und fließendes Wasser, Gletscher, Gezeiten, Küstenversetzung und Meeresströmungen.

1. Die Schwerkraft allein schafft am Fuß von Steinschlagrinnen oder ganzer Felshänge Schutthalden, die wirtschaftlich meist wertlos, aber morphologisch doch als Böden zu bewerten sind.

2. Spülendes und fließendes Wasser verfrachten sowohl Bodenteilchen wie unzersetzte Gesteinsstücke verschiedenster Größe, wobei in den Flußläufen sich eine strenge Seigerung zwischen dem am Boden hingerollten und -geschobenen Gesteins- und dem im Wasser schwebenden Bodenmaterial herausbildet. Flüsse, die aus Gebieten vorherrschender mechanischer

Abb. 71. Wasserleitungstal bei Longyearbyen (Spitzbergen). Phot. F. Giesecke.

Verwitterung stammen, haben, soweit ihr Einzugsgebiet nicht ausschließlich aus leicht zerreiblichen Gesteinen besteht, meist viel Geröll- und Geschiebetransport (Abb. 71), während die tropischen Urwaldflüsse nur wenig Gerölle (in diesem Fall meistens Verwitterungskerne) führen, aber große Mengen von Sand und Schlamm abwärts verfrachten. Diese Tatsachen treten landschaftlich bei Niedrigwasser sehr auffällig zutage, indem in solcher Zeit in ersteren Kies-, in letzteren Sand- und Schlammbänke weithin sichtbar sind. Diese Tatsache gibt zugleich eine Vorstellung von den Bodenarten, die zu den Seiten der Flüsse bei Überschwemmungen entstehen: in ersterem Fall grobe Kies- und Schuttböden, welche die betroffenen Felder für lange Zeit verwüsten, in letzterem Fall häufig feinschlammige Absätze, die geradezu als natürliche Düngung für Felder dienen, während allerdings Weideplätze durch sie eine Zeitlang für den Weidebetrieb unbrauchbar werden, weil das Gras erst nach gründlicher Abwaschung durch ausgiebige Regen wieder bekömmlich wird. Wo freilich Flüsse der ersten Klasse ins Tiefland gelangen und damit ihre Strömungsgeschwindigkeit herabgesetzt haben, da führen sie schließlich ebenfalls nur noch Sand und Schlamm und können unter günstigen Bedingungen bei Gelegenheit von Überschwemmungen weithin

Abb. 72. Lößlandschaft. Houang-Tou-Chai. China[1]. Phot. Bailey Willis.

Schlickböden hinterlassen. Wenn man sich überlegt, daß die Flußtrübung bei Hochwässern neben Zerreibseln der Geschiebe großenteils aus guter Ackererde bestehen, so sieht man mit großem Bedauern die gelben und roten Fluten dem Meere zustreben, und man fragt sich, ob nicht später einmal eine Methode gefunden werden könnte, durch die wenigstens ein Teil dieses wertvollen Gutes für unsere Wirtschaft zu retten wäre?

3. Die Gletscher führen den auf ihren Rücken gefallenen Gebirgsschutt ohne Veränderung zu Tal, so daß er am Unterende und den Rändern als Schuttwall zur Ablagerung gelangt (End- und Seitenmoräne) und erst nach eingetretener Verwitterung eine bescheidene Nutzung als Wald- oder Weideboden gewährt. Wo aber der Gletscher sich am Boden entlangschiebt, zerreibt er mit-

---

[1] Aus J. Sion, La Chine in P. Vidal de la Blache et L. Gallois, Géographie universelle. Bd. 9, Teil 1, Tafel 13. Paris 1928.

geführtes und anstehendes Gesteinsmaterial zu Grundmoräne, die später als „Geschiebelehm" oft treffliche Ackerböden abgibt.

4. Der Wind entführt zersetzte wie unzersetzte mineralische Stoffe mäßigen bis feinen Korns auf größere und geringere Entfernung, wobei eine Seigerung in der Hinsicht erfolgt, daß, je weiter vom Ursprungsort entfernt, desto feinere Partikelchen verfrachtet werden, bis schließlich nur noch Staub befördert wird. So entstehen mit wachsender Entfernung erst Grand-, dann Sand- und schließlich Lößabsätze. Dabei ist zu bemerken, daß durch diese Seigerung der zurückbleibende Sandboden oft unfruchtbar geworden ist, da die nährstoffreichen Stäubchen aus ihm größtenteils herausgeblasen wurden, während der aus letz-

Abb. 73. Loßlandschaft. Im Hintergrund der „Gelbe Fluß" in der Ebene[1]. Phot. J. Lartique.

terem sich absetzende Löß häufig bei genügender Wasserzufuhr sich als vortrefflicher Fruchtboden bewährt.

5. Das Meer, das durch das Bombardement der von der Brandung in Bewegung gesetzten Steine den durch das Salzwasser schon angegriffenen Fels zertrümmert und durch die auflaufende und zurückschlurfende Welle auf flachem Strand die Zerkleinerung gröberer Gerölle besorgt, verfrachtet grobe und feine Gesteinsmaterialien in seinem Bereich durch Küstenversetzung und Strömungen, Sandhaken und ähnliche Bildungen erzeugend. Andererseits aber setzt die Flut beim Kentern an Flachküsten vielfach feinsten Schlick ab und schafft durch immer neue Absätze dieser Art den Marschboden, der nach genügender Entsalzung gewöhnlich große Fruchtbarkeit entfaltet.

Die morphologische Rolle der Bodenarten.

Wenn man die verschiedenen Bodenarten auf ihr morphologisches Verhalten prüft, so findet man, daß sie je nach der Korngröße der Einzelteile recht verschiedene Gebilde hervorbringen.

Grober Schutt hat eine starke Standfestigkeit auf geneigter Fläche, vor allem, wenn die Einzelstücke kantig sind, während gerollte Steine schon bei geringerer Böschung nicht mehr Stand halten, weshalb die Oberflächengebilde solcher minder steil sind. Die Böschungswinkel der erwähnten Ablagerungen sind gesetzmäßig und auf weiten Höhenabstand hinab gleichförmig, um dann nahe dem Unterende abzuflachen. Dazu gehören die Schutt- und Geröllhalden

---

[1] Aus J. Sion in P. Vidal de la Blache et L. Gallois, Géographie universelle. Bd. 9, Teil 1, Tafel 20. Paris 1928.

unserer Kalkalpen, aber auch vieler Vulkane, die breiten Schuttbänder am Unter-
rand von Felshängen, die steilen Schuttkegel am Fuß von Steinschlagrinnen oder
Schuttdurchlässen, wie sie z. B. am Tempel- oder Kapitolberg in Spitzbergen[1] so
schön entwickelt sind (von E. v. CHOLNOKY als „Schuttmühlen" bezeichnet) und
sich seltener auch als Moränen zeigen. Mit Ausnahme der letzteren, die oft
schon auf flaches Gelände vorgeschoben sind, lehnen sich alle jene Gebilde
an die Berghänge selbst an und sind daher in ihrer Neigungsrichtung von diesen
abhängig. Ihre Mächtigkeit, am Hang selbst häufig gering, nimmt gewöhnlich
gegen das untere Ende des Hangs erheblich zu, keilt aber oft auch am Hang
selber aus. Ihre Hauptverbreitung liegt im vegetationslosen Gebiete der schneefreien Hochgebirge und der Wüsten. Sie reichen aber häufig aus ersterem auch
noch ins bewachsene Gebiet hinab.

Abb. 74. Rasenschädigung durch Wind am Skardsfjall (Südwestisland).
Aufnahme von NIELS NIELSEN.

Ganz gesetzmäßig gebaute Abrollfiguren lockeren Materials entstehen oft
bei vulkanischen Ausbrüchen durch Aufschüttung von Lockervulkän-
chen[2]. Solange dies Material noch unzersetzt ist, kann es noch nicht als Unterlage der Pflanzenwelt dienen, und wenn die Zersetzung weit genug vorgeschritten
ist, so beschränkt sich die Bewachsung in warmen und mäßig warmen Gegenden
zumeist anfänglich auf schüttere Grasfluren, da die Durchlässigkeit so groß
ist, daß Baumwuchs erst nach allmählicher, durch Einwehung oder weitgehende
Verwitterung erzeugter Verstopfung der Poren Fuß fassen kann.

Wo Sandböden nicht durch ausreichende Bewachsung gegen den Wind geschützt sind, da treibt dieser den oberflächlichen Sand häufig vor sich her und
lagert ihn oft in Form von gesetzmäßig gebauten Sicheldünen oder nicht mehr
regelmäßigen Wällen wie auch wohl als Decken an entgegenstehenden Berghängen ab. Solange die Winde immer wieder den Sand aufwirbeln, sind der-

<hr>

[1] Vgl. hierzu die Abbildung auf Seite 179 in Band 2 dieses Handbuches.
[2] LINCK, G.: Im Festband des Neuen Jb. Min., Geol. u. Paläontol. 1907, 91 ff.

artige Ablagerungen durchaus vegetationsfeindlich, was landschaftlich sehr auffällig zutage tritt. Nur wenige tiefwurzelnde Gewächse vermögen darin zu gedeihen, vor allem, wenn man durch Faschinenverbauung die Düne stellenweise zur Ruhe gebracht hat. Auch kann durch den Wind die Rasendecke
ständig unterhöhlt und vernichtet werden[1]. Um den Schaden zu beheben,
werden 1—2 m hohe Wälle oder Mauern (Abb. 74) aus Lavablöcken aufgebaut,
um die denudierenden Sandmassen aufzuhalten. Es handelt sich in der vorliegenden Abbildung um eine Lavaebene, die von feinkörnigem äolischen Material überlagert ist. In ganz neuer Zeit wird diese Decke, die mit Rasen be-
kleidet ist, in der besagten Weise fortgeführt[2].

Die Verwitterungsböden der verschiedensten Art haben alle das Gemeinsame, daß sie als Decken ihrem Ursprungsgestein aufsitzen, soweit Ge-
ländebeschaffenheit, Bündigkeit des Bodens oder Pflanzenschutz ein Verbleiben
am Ort der Entstehung zulassen, was auf ungeheuren Flächen der verschiedensten
Erdgürtel der Fall ist. Die Mächtigkeit dieser Decke, die sich in ihrer Form
natürlich aufs engste an die Unterlage anschließt, ist außerordentlich verschieden.
Erreicht sie häufig nur wenige Millimeter Dicke, so kann sie andererseits in
den regenfeuchten Tropen Dutzende von Metern betragen. Freilich sind solche
Mächtigkeiten ganz ungewöhnlich, und meistens finden sich auch in den feuchten
Tropen nur wenige Meter Bodenmächtigkeit vor. Je geringer die Dicke des
Bodens ist, desto geringer ist auch die morphologische Eigenrolle desselben.
Bei ganz geringer Mächtigkeit vermag schon ein ganz geringfügiger Eingriff
von außen her die Decke zu zerreißen und damit den Zusammenhang derselben
zu unterbrechen, während in den feuchten Tropen die Mächtigkeit selbst an
Berghängen meist so groß ist, daß sogar größere Eingriffe, wie Bergschlipfe
und Rutschungen, sich innerhalb der Bodendecke abspielen. Damit entstehen
in dieser weithin sichtbare Wunden, die tiefeingreifende Nischen und weit
hinabreichende Rutschstreifen im Gelände erkennen lassen, wobei die Eigenfarbe des Bodens, in diesem Falle meist rot, sich scharf von dem Grün des Waldes
abhebt. Selbst nach längerer Zeit, wenn die Wunde wieder vernarbt ist, erkennt
man noch Lage und Ausdehnung der Nische und Rutschbahn an dem landschaftlichen Gegensatz des darauf aufgeschossenen Sekundärwaldes gegenüber dem
dunkleren und viel baumartenreicheren Urwald daneben. Unter Umständen
können solche innerhalb der Bodendecke sich abspielende Vorgänge so große
Ausmaße annehmen, daß landschaftliche und selbst allgemein morphologische
Wirkungen größeren Stils entstehen. So erfolgte ein starkes, aber auf ganz
enge räumliche Grenzen beschränktes Erdbeben[3] am 6. Juni 1912 auf der
Höhe des Hauptgebirgskamms des nördlichen Costa Rica mit dem Erfolg, daß
ganze Berghänge samt den daraufstehenden Urwäldern ins Rutschen gerieten
und erst im Tal wieder zur Ruhe kamen, wo sie die dort fließenden Flüsse Sarchí
und Anono aufstauten. Es bildete sich dadurch je ein zeitweiliger See, dessen
Wassermassen allmählich einen so starken Druck ausübten, daß der Damm
schließlich brach und ungeheure Schlammfluten in etwa 10 m hoher Front die
beiden Täler der pazifischen (Sarchi) und der atlantischen Seite (Anono) hinab-
brausten. Dabei wurden Bäume, Häuser und Brücken hinweggefegt und
das ganze Bereich der Überflutung mit dicker, stinkender Schlammschicht
überdeckt. In der Kammregion hatten sich an einzelnen Stellen die gegen-
ständigen Rutschungen geschnitten und dadurch den Bergrücken zum Grat
zugeschärft. Auf den Rutschhängen aber hatten sich in kürzester Zeit bereits

---

[1] Nach Mitteilung von Niels Nielsen, Kopenhagen, dem der Verfasser auch die
Abbildung 74 verdankt, und eigener Beobachtung: „Aus der Natur" V, 1909.
[2] Vgl. diesen Beitrag S. 250.   [3] Sapper, K.: Pet. Mitt. 1912 II, 340f., Taf. 56.

Abb. 75. Tufflandschaft am Rio Seco segundo im Hochland von Quezaltenango (Guatemala).
Aufn. von G. HURTER.

Abb. 76. Frische Aschenabsätze der Soufrière von St. Vincent 1902. Richmond Estade.   Aufn. von J. C. WILSON.

kleine Systeme von Abflußrinnen herausgebildet; doch ist dem Verfasser nicht
bekannt, ob vielleicht die größeren derselben sich als dauernde oberflächliche
Bäche haben halten können, als die Vegetation wieder Besitz von den Flächen
ergriff, oder ob sich auch hier wie sonst ein großer Teil der abwärtsgerichteten
Wasserbewegung wieder unterhalb der Vegetationsdecke abspielte. Als Verfasser
zwölf Jahre nach dem Ereignis in etwa 5 km Entfernung von dem Schauplatz
vorbeikam, war der Wald wieder vollständig nachgewachsen.

Die Aufschüttungsböden haben ebenso wie die Verwitterungsböden in den verschiedenen Gegenden sehr verschiedene Mächtigkeit. Nimmt bei den fluviatilen Böden die Mächtigkeit im allgemeinen mit nachlassendem Gefäll zu, so sind bei äolischen Böden, wie schon erwähnt, oft die Luvseiten der Hänge und Gebirge stark begünstigt, und vielfach breiten sich vulkanische und äolische Bodendecken über weite Strecken in beträchtlicher Mächtigkeit aus. Am meisten aber sind doch die Geländevertiefungen begünstigt, weil die nachträglichen Wanderungen des ursprünglich abgesetzten Materials

Abb. 77. Bahneinschnitt durch junge vulkanische Absatze zwischen San Felipe
und Quezaltenango (Guatemala). Aufn. von G. Hurter.

stets größere Mengen desselben nach den tieferen Regionen des Geländes verfrachten. Bedeutende Mächtigkeit weisen auch häufig glaziale Aufschüttungen
auf, ebenso Sanddünen.

Wo immer eine beträchtliche Mächtigkeit des Bodens vorhanden ist, ist
die Möglichkeit zur Herausbildung von Eigenformen des Bodens gegeben,
wobei freilich das Maß der Wasserdurchlässigkeit oft eine entscheidende Bedeutung besitzt. So pflegen Dünen wegen der außerordentlichen Wasserdurchlässigkeit mäßigen Regenfällen gegenüber gänzlich unversehrt zu bleiben, während

in wasserschwerdurchlässigen Absätzen das abfließende Regenwasser alsbald Spülrinnen und andere Oberflächenformen entstehen läßt, fortgesetzte Eingriffe dieser Art in Moränen und anderen geeigneten Böden auch wohl zur Herausbildung von Erdpyramiden Veranlassung geben.

In den oft in größter Mächtigkeit vorliegenden fluviatilen und äolischen Bodenansammlungen großer Geländevertiefungen, die von rückwärts ein-

schneidenden Flüssen und Bächen angeschnitten worden sind, haben die Wasserläufe oft ganze Systeme tief eingeschnittener Kerbtäler herausgearbeitet, die mit steilen Wänden gegen die ebene Oberfläche der Aufschüttungsfläche abgesetzt sind und jählings zum tief unten fließenden Wasserlauf hinabgleiten. Weiteres Rückwärtseinschneiden zwingt die Wege der Hochfläche zu immer weiteren Umwegen, und schließlich, wenn die ganze Aufschüttungsebene durchbrochen ist, zum Überqueren der tiefen Talschlucht in kostspieligen Kunstbauten. Gleich nördlich der Stadt Guatemala ist es auch vorgekommen, daß die Hochfläche durch seitliche Abrutschungen nach benachbarten Tä-

Abb. 78. Quellerosion und Barrancobildung im Tuff des Hochlandes von Quezaltenango (Guatemala). Aufn. von G. Hurter.

lern hin bis auf ein schmales Geländeband abgetragen worden war, und als nun in kolonialer Zeit zwei neue Rutschungen von beiden Seiten her das Band unterbrachen, da wußte man den über das Geländeband führenden Weg nur mehr in der Weise zu retten, daß man eine Steinbrücke über die neuentstandene Scharte erbaute.

Löß und vulkanische Sand-, Lapilli- und Aschenaufschüttungen stehen sich in ihren morphologischen Eigenschaften sehr nahe, so daß, von ferne gesehen, die Landschaftsgestaltung sich vielfach deckt. Besonders auffällig ist die Neigung zur Bildung senkrechter Wände, die ebenso die Flüsse beiderseits begleiten wie die menschlichen Wege, da diese durch die menschliche und tierische Erosion mit nachfolgender Verfrachtung der losgelösten Stoffe durch den Wind sich immer tiefer einschneiden. Die Formenwelt des Löß ist durch F. von Richthofen[1] u. a., die der vulkanischen Lockermassen durch J. Lentz[2] eingehend studiert und beschrieben worden, so daß es sich erübrigt, im einzelnen darauf zurückzukommen. Aber in einer Hinsicht unterscheiden sich viele vulkanisch-äolische Massen doch wesentlich vom Löß. Während dieser stets bis auf den fremden Untergrund hinab wasserdurchlässig bleibt, schieben sich in letzteren zuweilen als Absätze neuer Ausbrüche oder auch wohl als Folge von Veränderungen im damaligen Ausbruchscharakter feinkörnige Aschenlagen zwischen die durchlässigen Lapillilagen ein. Indem nun diese sich zersetzen, bilden sie wasserundurchlässige Horizonte, auf denen das Sickerwasser sich ansammelt und dann am Hang austritt, wobei zuweilen die Quellenerosion ansehnliche Höhlen bildet, so bei Cantel in Guatemala (Abb. 78). Manchmal erweichen diese feinerdigen Zwischenlagen auch während der Regenzeiten in dem Maße, daß sie fließfähig werden und breitschuppig, ja geradezu teigähnlich in breiten Lappen zwischen den durchlässigen Lapillibänken hervorquellen (Bild bei Lentz, S. 11 Abb. 79).

Abb. 79. Erdfließen und festere Fließen in Bimssandlagern. (Nach Lentz.)

Aber auch ganz frischgefallene vulkanische Asche kann nach Durchtränkung mit Regenwasser wasserundurchlässig werden und dann selbst in dünner Lage bedeutsame morphologische Wirkungen zeitigen. Als Verfasser unmittelbar nach dem großen Santa-Maria-Ausbruch 1902 und bald nach den schweren Ausbrüchen der Soufrière von St. Vincent (kleine Antillen) 1902 das Gelände besichtigte, boten sich demselben ganz eigentümliche Landschaftsbilder dar: bald war das Gelände weiß wie Schnee infolge von Bimssteinauflagerung, die bei ihrer großen Wasserdurchlässigkeit noch lange unverändert liegen blieb und so auch fernerhin den Anschein einer nordischen Winterlandschaft vortäuschte; bald waren auch riesige Flächen von grauer Asche überzogen, in der Millionen von Spülrinnen hangabwärts zogen, sich zu größeren Kanälen vereinigten und ungeheure Mengen von Auswurfsmaterial mit sich nach abwärts führten. Mit dessen Hilfe durchsägten sie bald die dünne Aschendecke und begannen nun in den darunterliegenden lockeren Lapillilagen gewaltige Massen des leichten Materials hinwegzuschwemmen, so daß die Erosion tiefer und tiefer, auch bald in die Breite griff und eine außerordentlich energische Verfrachtung der Ausbruchsstoffe bewirkte, so sehr, daß die sich bildenden Hauptkanäle sich viele Meter tief in

---

[1] Richthofen, F. v.: China. Berlin 1877—83
[2] Lentz, J.: Die Abtragungsvorgänge in den vulkanischen Lockermassen der Republik Guatemala. Mitt. geogr. Ges. Würzburg 1925, Nr. 1.

die neuen Absätze einfraßen und die Flüsse mit ihren Schwemmstoffen in dem
Maße erfüllten, daß ihr Wasser einer dicken, schwarzen Suppe glich, die selbst
von Pferden nur filtriert genossen werden konnte. Die Flußläufe wurden mit
den eingeschwemmten Stoffen so überlastet, daß ihr Lauf zu „pulsieren" begann,
da das Übermaß von mitgerissenen Stoffen nicht mehr fortlaufenden Abfluß
gestattete, sondern in kurzen Fristen immer wieder Dämme bildete, die erst
unter dem Druck reichlicher nachfolgender Wassermassen wieder durchbrochen
werden konnten. Vielfach trat das Wasser auch über die Ufer aus, da diese
so große Massen nicht zu fassen vermochten, und überschwemmten weite Flächen,
während in den von Lapillis bedeckten Gebieten nur ganz vereinzelt am Grund
alter Täler auch wohl einmal die Wasserdurchtränkung so stark wurde, daß
die Masse als Brei abfloß[1].

b) Besonderer Teil.

Polares Gebiet.

In polaren Gebieten spielt das Gletscherphänomen eine außerordentlich
große Rolle, weshalb vielerorts der Anblick aperer oder noch häufiger schnee-
bedeckter Eisflächen das Gesichtsfeld völlig beherrscht. Wo aber die Gletscher-
welt an das schneefreie Gelände stößt, da findet man nicht selten auf Schnee- und
Eiserhebungen kleinen Ausmaßes äolisch herbeigetragene Gesteinstrümmer kleinen
Korns, Sand, Staub als dünne Decke; nicht selten sind auch solche Zuwehungen
in tiefe, durch die Erwärmung ihrer selbst an der Sonne entstandene Löcher ein-
gelassen. Es sind das Bodenbildungen, die biologisch bedeutungslos, aber landschaftlich recht auffällig sind und sich oft schon aus weiter Ferne erkennen lassen.

An den im Sommer schneefrei werdenden Hängen der Gebirge begünstigter
Polarländer, wie Spitzbergen, sieht man Verwitterungsformen, die landschaftlich durchaus manchen Wüstenformen ähneln, was der vorherrschenden
mechanischen Verwitterung zu verdanken ist. Der Spaltenfrost ist hier
allenthalben tätig und zersprengt das Gestein vielfach mit mächtigen Kern-
sprüngen — wobei man annehmen muß, daß das manchmal mit erheblichen
Klangwirkungen verbunden sein wird —, oder löst wohl auch andere Gesteinsbrocken in Gesteinsmehl auf. Wo das Gelände in solchen Gegenden steil abbricht, wie etwa am Kapitol- oder Tempelberg auf Spitzbergen[2], da bilden sich
gewaltige Schuttfächer und -halden heraus, die vorzugsweise aus grobem Blockschutt bestehen und durch die Regelmäßigkeit der gesetzmäßig sich heraus-
bildenden Neigungswinkel der Halden und die Gleichartigkeit der Entwicklung
und des gegenseitigen Abstands der Schuttmühlen landschaftlich äußerst wir-
kungsvoll hervortreten. Sie wetteifern an architektonischer Schönheit mit ähnlichen Bildungen des Gran Cañon von Arizona. Auch in tiefen Lagen der Polarländer sind Blockfelder sehr verbreitet. Feines Bodenmaterial fehlt darin
gewöhnlich, weil es vom Wind oder von den Schneeschmelzwässern verfrachtet
worden ist.

Im Gegensatz zu den schroffen Formen vieler Hänge steht die breitausladende
Flachheit der übrigen einigermaßen geneigten Talböden, in denen die viel-
verzweigten Gletscher- und Schneeabwässer zwischen Blockanhäufungen und
feinem Gesteinsmaterial, das stellenweise bis zur Schlickbeschaffenheit verkleinert ist, dahinfließt (Abb. 80).

Wennschon die mechanische Verwitterung bei weitem überwiegt, so tritt
doch auch die chemische, vorwiegend in Form von Lösung, in ihr Recht, und

---

[1] SAPPER, K.: In den Vulkangebieten Mittelamerikas und Westindiens, S. 136ff. Stuttgart 1905. Vgl. ferner diesen Beitrag Abb. 93, S. 269.

[2] Vgl. die Abb. auf S. 179 in Band II dieses Handbuches.

selbst organische Stoffe mischen sich bei, was angesichts der stellenweise recht üppigen Tundrenvegetation nicht zu verwundern ist[1].

Wenn wir von dem oberflächlichen Abfluß der Schmelzwasser sprechen, so dürfen wir aber nicht vergessen, daß daneben auch innerhalb der feinerdigen, aber oft mit groben Gesteinsstücken gespickten, oberen Bodenlagen auch eine Abwärtsbewegung des Wassers stattfindet. Trotz der verhältnismäßig geringen Gesamtniederschläge Spitzbergens ist die Menge des im Frühsommer sich bildenden Schmelzwassers recht groß, da es sich um die während drei Vierteljahren angesammelten Schneemassen handelt; die Schmelzwasser können wegen des in der Tiefe liegenden Bodeneises nicht in große Tiefen eindringen, sondern fließen entweder oberflächlich ab oder aber durchtränken den im Auf-

Abb. 8o. Longyeartal (Spitzbergen) mit den beiden Gletschern. Das Schmelzwasser bringt große Mengen Gesteinsmaterial ins Tal. Phot. H. Mortensen und F. Giesecke.

tauen begriffenen oberflächlichen Boden, in dem sich häufig eine ganz eigentümliche Verteilung der groben Steinbrocken in Gestalt der Strukturböden einstellt.

Es handelt sich dabei um kreisförmige oder vieleckige, von Erdwällen oder Steinmauern umgebene Erdflächen verschiedener Größe, die manchmal weite Strecken in dichter Drängung bedecken, wobei sogleich zu erkennen ist, daß kreisförmige Bildungen dieser Art zu Vielecken (am häufigsten Sechsecken) werden, wenn sie enge aneinandergerückt sind, da dann die Aktionsbereiche einander beengen und daher die Kreisform an den betreffenden Stellen eingedrückt wird, indes bei weiterer Streuung der Gebilde oder bei nur vereinzeltem Vorkommen inmitten von Blockfeldern die Kreisform in den meisten Fällen gut ausgeprägt ist, soweit der Boden ebenflächig ist. Sobald aber die Gebilde auf geneigter Fläche auftreten, bemerkt man, daß sie in der Richtung des Gefälls gestreckt sind, und zwar um so mehr, je stärker das Gefäll ist. Gar nicht selten treten an die Stelle sehr langgestreckter Vielecke oder Ovale schmale Bodenstreifen, die beiderseits von Steinmauern eingefaßt sind. Zuweilen kann man die regelmäßigen Vieleckbildungen auch an verhärtetem Schlamm von offenbar

---

[1] Vgl. E. Blanck, A. Rieser und H. Mortensen, Chem. der Erde 1928, 3, 588 ff.

geringer Mächtigkeit beobachten, diesmal nicht von Erd- oder Steinwällen umgeben[1].

Die Strukturböden sind in den arktischen Gebieten außerordentlich verbreitet und oft schon aus der Ferne deutlich erkennbar, in welchem Fall sie das größte Interesse schon beim ersten Anblick hervorrufen. Sie sind häufig so regelmäßig in Kreis- oder Vieleckform ausgebildet, daß man über ein solches Maß geometrischer Formgebung anfänglich ganz überrascht ist, ja daß einmal sogar schon die Ansicht geäußert worden ist, daß es künstliche Gebilde sein dürften!

Der Struktur- (Vieleck-, Polygon-, Karree-) Boden, Rutmark usw. ist am auffälligsten, wenn die kahlen oder nur wenig mit Gesteinsresten, nicht selten auch von Blumen bedeckten rundlichen oder eckigen Erdflächen inmitten von Schuttablagerungen sich befinden und dort einen ungewöhnlich freundlichen Gegensatz zu der herrschenden Oberflächenbedeckung bilden. Seltener und weit weniger auffallend sind Brodelherde in bewachsenem Gelände, vor allem dann, wenn auch die sonst meist kahle Innenfläche ebenfalls bewachsen ist, um so mehr, als die stellenweise 10—20 cm hohen Ringwälle an anderen Stellen fehlen. Solche Erdinselchen inmitten der Tundra haben oft nur 10—100 cm Durchmesser und treten auch wegen dieser geringen Ausmaße landschaftlich nicht so sehr hervor, wie die in Steinringe und Steinnetze eingeschlossenen, oft wesentlich größeren, vielfach mehrere Quadratmeter Fläche einnehmenden Brodelherde im unbewachsenen Gelände, wo aber zuweilen doch vereinzelte Anemonen und andere Blumen erscheinen und dann den von TARNUZZER für die Alpen vorgeschlagenen Namen eines „Steingärtchens" zur Wirklichkeit machen.

Wenn auch eine gewisse Regellosigkeit der Anordnung der Gebilde am häufigsten zu beobachten ist, so hat SAPPER[2] doch auch ausgesprochen linienhafte Anordnung von Vielecken feststellen können, ohne daß damit aber ein Übergang zu den von GRIPP[3] beschriebenen Streifen sich eingestellt hätte, weil immer wieder Quersteinmauern eine Gliederung hervorbrachten oder aber stufenförmige Absätze zu erkennen waren.

Wo an geneigten Hängen kein Gesteinsschutz vorhanden ist, da kann sich natürlich kein Streifenboden ausbilden, vielmehr kommt der ganze Hang in breiter Front in Fließbewegung, da ja in solchen Fällen das Schmelzwasser, das durch den Frostboden an tieferem Einsickern verhindert wird, eine flächenhafte Durchtränkung des Auftaubodens bewirkt. Man erkennt die Fließbewegung schon an der morphologischen Ausgestaltung derartiger Hänge, sowie an gelegentlichen mechanischen Wirkungen, wie denn 1910 auf Spitzbergen eine Feldbahnlinie durch Weitervorrücken des Hangs stellenweise um etwa einen halben Meter verschoben gewesen ist. Aus weiter Ferne kann man dagegen die Fließhänge als solche erkennen, wenn sie kleine Vegetationsinselchen tragen, da die Anordnung dieser die Massenbewegung deutlich hervorhebt. Das Weiche der Formentwicklung solcher Fließhänge steht oft in einem ganz auffälligen Gegensatz zu den schroffen Frostverwitterungsfelsen benachbarter Gebiete.

Wer seine mitteleuropäischen Erfahrungen mit denen vergleicht, die in dem hochnordischen, aber allerdings durch den Golfstrom sehr begünstigten Spitzbergen zu beobachten sind, der wird über manche Dinge überrascht sein.

---

[1] Vgl. K. SAPPER: Z. Ges. Erdkde. Berlin 1912, Abb. 11 und Abbildungen auf Seite 84, 85, 88 und 89 in Band 3 dieses Handbuches.

[2] SAPPER, K.: Abb. 11, ebenda S. 266.

[3] GRIPP, K., Beiträge zur Geologie von Spitzbergen (Abh. Naturw. Verein Hamburg XXI, Heft 3) S. 9 ff.

So fällt die ganz gleichartige Boden- und Vegetationsentwicklung an Nord- und Südhängen, die beide im Hochsommer im niederschlagsärmeren östlichen Schollenland südlich des Eisfjords bis 1000 m ü. M. schneefrei werden können und vielfach noch in 500 m prächtig blühende Anemonen aufweisen, dem Europäer im Sommer stark auf; aber ein einziger Tag der Beobachtung zeigt ihm, daß eben ·die Sonne auf ihrem Rundgang um das Firmament alle Hänge fast gleichmäßig mit ihren Strahlen bedenkt, und daß diese an den Hängen die stärkste Erwärmung hervorrufen, während die in unseren Breiten begünstigten Ebenen dagegen in dieser Hinsicht recht benachteiligt sind.

Am dichtesten ist die Vegetation in den tieferen Teilen des regenreicheren Westgebirges, wo stellenweise eine zusammenhängende Decke zu beobachten ist, aus der an vielen Orten niedrige, etwa $1—1^1/_2$ Fuß Höhe erreichende, ebenfalls bewachsene Hügelchen regellos aufragen. Die Ursache dafür beruht wohl in der Ausdehnung gefrierenden Wassers an Stellen, wo es reichlicher im Boden enthalten ist als in der Nachbarschaft (Frosthügelchen).

In eben den genannten vegetationsreichen Westgebieten Spitzbergens konnte Verfasser auch an steilen, bewachsenen Berghalden die Beobachtung machen, daß nicht selten unter und zwischen den Pflanzenbüscheln kleine Schlammströmchen hervorgetreten waren, die Rasenschollen vor sich herschoben oder sogar ganz überrollten. Diese Erscheinung zeigt, daß auch in diesen Gegenden der arktischen Insel der Auftauboden sehr stark durchtränkt ist; aber die Frage, warum an solchen Stellen der flüssige Boden zutage tritt, ist noch nicht gelöst, wie denn überhaupt die Polarwelt hinsichtlich der Ursachen der eigenartigen Bodenentwicklung und ihrer morphologischen Bedeutung noch viele Rätsel bietet.

Subpolarer Gürtel.

Der subpolare Gürtel weist in vieler Hinsicht noch Anklänge an die Verhältnisse der Polarkappen auf. Vor allem beherrschen noch oft ungeheure Gletscherbildungen weithin die Landschaft. Wie riesenhafte weiße Schildkröten ruhen sie z. B. auf Island mit sanfter Wölbung auf der Erde, deren Erhebungen sie souverän unterjocht haben, so zwar, daß nur dann und wann einmal noch eine vereinzelte Spitze aus dem weißen Eismeer hervorlugt. Auch hier sind Halden grober Blöcke an vielen Hängen noch stark verbreitet, und am Fuß der Gletscher dringen gewaltige Schmelzwasserströme hervor, die an schönen Tagen in regelmäßigem Rhythmus im Anschluß an den jeweiligen Sonnenstand auf- und abschwellen. Weithin verteilen sich die Schmelzwasserströme über breite Geländeflächen und überfluten sie bei gelegentlichen Überschwemmungen mit all dem Gereibsel, das die Gletschermassen bei ihrer Bewegung am Grund geschaffen haben; sie erhöhen damit das Niveau dieser in Island als Sandur bezeichneten Flächen, auf deren Rücken neben Sand und kleinen Gesteinstrümmern auch wohl gröbere Blöcke sich finden. Wieder und wieder verändert sich das Netzwerk der Flußteilungen, und in der Tiefe rinnen langsam die Grundwasser dahin, so daß Roß und Reiter sich nicht lange auf derselben Stelle aufhalten können, wenn sie nicht allmählich in die Tiefe sinken wollen: so sehr ist hier der Untergrund vom Wasser durchtränkt! Es ist ein ganz eigenartiger Boden, und noch eigenartiger empfinden Roß und Reiter die häufigen Quicksandflächen in den Flüssen, die unter dem Huf des Menschen oder Pferdes erzittern, wenn sie nicht ganz nachgeben und den Unvorsichtigen tief hinabsinken lassen. Ohne Nutzung bleibt der Boden der Sandur, weil er nicht einmal Weide bietet, so wenig wie so viele der grün überflogenen Berghänge, auf deren Felsen und dürftigsten Bodenansätzen nur spärliches Moos gedeiht, so daß Pferd und Mensch, die das trügerische Grün vielleicht als Anzeichen eines Weideplatzes angesehen hatten, enttäuscht vorüberziehen.

Günstiger liegen die Dinge an Stellen, wo das Grundwasser inmitten der Felder vulkanischer Sande und Lapilli zutage tritt oder wenigstens in große Nähe der Oberfläche gelangt, denn an solchen Stellen sprießt das Gras, und aus weiter Ferne kommen im Sommer Schafherden herbei, um diese Oasen auszunützen.

Das ganze Innere der gewaltigen Insel Island ist eine Wüste von Laven und vulkanischen Sanden. Zur Dämmerung sinkt das Tageslicht herab, wenn scharfe Winde über diese Flächen hinweg in die bewohnten Gebiete wehen, und wer im Wüstensturm selbst reitet, dem bombardieren fliegende Steine bescheidener Größe mit großer Kraft den Kopf, wie Verfasser aus eigener Erfahrung weiß, eine wertvolle Erfahrung, da sie ihm zeigte, daß zweifellos ein solches Bombardement bei häufiger Wiederholung auch recht harte Gesteine angreifen muß. Leicht erkennt man zugleich, daß die in der Luft verfrachteten Sand- und Staubmassen bei ihrem Absatz ein treffliches Bodenmaterial abgeben müssen. Und daß es sich dabei um gewaltige Mengen handelt, zeigte eine Besteigung der Hekla am Tag nach dem Wüstensturm. Noch immer wehte heftiger Wind, und es konnte festgestellt werden, daß die Staub- und Sandwolke in der Luft noch immer eine Mächtigkeit von 1000 m besaß, wie aus der klaren Aussicht in den entsprechenden Höhen nach den benachbarten Schneebergen hinüber deutlich wurde, während die Tiefe für das Auge des Reisenden vom Gipfel des Berges aus noch völlig schwarz erschien! Zweifellos ist ein großer Teil der Böden Islands äolischer Entstehung; es konnten gelegentlich ganz frische Lavaströme unter einer äolischen Sand- und Lapillidecke von 1—2 m Mächtigkeit beobachtet werden. Wenn man sich nun vergegenwärtigt, daß der eine Sturm, den ich miterlebt hatte, stellenweise schon ganz ansehnliche Absätze hinterlassen hatte, und wenn man in Betracht zieht, daß Stürme auf dieser Insel häufig vorkommen, so kommt man zu der Überzeugung, daß diese Schicht äolischen Bodens in verhältnismäßig kurzer Zeit entstanden sein kann. Da das reichlich und hoch an den Bergen hinauf noch gedeihende Gras gierig die fallenden Bodenelemente zurückhält, so muß ja das Wachstum rasch sein. Dazu kommt, daß Island ein Land besonders starker Betätigung des modernen Vulkanismus ist, so daß doch dann und wann einmal ein Aschenregen über die betreffende Gegend niedergeht und den Boden mehrt; sie stellt zugleich eine natürliche Düngung dar, welche die Beschaffenheit der Böden in allen vulkannahen Ländern von Zeit zu Zeit verbessern hilft. Wenn schwache Ausbrüche auch nur ein kleines Gebiet mit ihren Aschen und Sanden bedenken können, so treten doch gerade auf Island nicht selten auch schwere Ausbrüche ein, die die ganze Insel mit ihren Ausbruchsprodukten überdecken. Das geschah in besonders starkem Maße durch den noch immer unvergessenen großen Ausbruch des Laki vom Jahre 1783, bei dem nach THORODDSENS Schätzung 3 km³ Lockermassen über die Insel und ihre Umgebung ausgestreut worden sind. Aber freilich zeigte dieselbe furchtbare Katastrophe auch, daß die Vulkane nicht nur Mehrer, sondern auch Zehrer des Bodens sein können, sind doch damals über 12 km³ Lava hervorgequollen und haben dabei 565 km² Bodenfläche überdeckt und damit menschlicher Nutzung entzogen[1], denn die Verwitterung arbeitet in dem kühlen Klima langsam, so daß jene Lavafelder noch gänzlich unzersetzt daliegen, soweit nicht örtlich durch Fumarolen Zersetzung erfolgt ist. Äolischer Boden überzieht den größten Teil der Insel bis hoch hinauf an den Bergen und gibt einer lebhaften Schaf- und Rinderzucht die Unterlage.

---

[1] THORODDSEN, TH.: Pet. Mitt. (Gotha) 1905, Erg.-H. 152, S. 115.

Aber gleich dem Vulkanismus ist auch der Wind nicht nur eine gebende, sondern auch eine nehmende Naturkraft, denn an vielen Stellen der Insel sieht man mit Bedauern, daß der Wind an Stellen, wo einst die Rasennarbe zerstört worden war, den Rasen unterwühlt, so daß die Pflanzen vertrocknen und die den Halt damit verlierenden Erdschollen abbrechen, worauf der Vorgang sich erneuert und Schritt für Schritt die Rasenfläche und der unter ihr befindliche Boden zurückgedrängt, also auch die Weidefläche vermindert wird, da der nun zutage tretende nackte Fels noch sehr lange unfruchtbar bleiben wird. Ein Schutz des Bodens wäre wohl durch Faschinenbauten erreichbar, aber bei dem Mangel an Buschwerk und der Spärlichkeit der Bevölkerung kann an irgendwelche derartige Verbauung nicht gedacht werden, soweit nicht eine Verbauung mit groben Steinen hilft, wie sie jetzt im Heklagebiet mit Erfolg versucht wird[1].

Glatt verläuft die Oberfläche des Rasens in den höheren Lagen, parallel der Oberfläche des in geringer Tiefe verlaufenden Gesteins. Aber in den tieferen Lagen, wo die Vegetation bereits üppiger und dank der größeren Wärme auch die chemische Verwitterung wirksamer geworden ist, sind die Rasenflächen (wie in Westspitzbergen) oft ganz überzogen von kleinen Frosthügelchen („thufa"). Auch die grünen, weil gedüngten Wiesenflächen der unmittelbaren Nachbarschaft der Hofgebäude zeigen diese Erscheinung, und wenn man die Hügelchen künstlich einebnet, weil sie die Mahd erschweren, so erscheinen sie später allmählich wieder.

Außer den fluvioglazialen und äolischen Böden des Innern sind auch rein fluviatile Flußaufschüttungsböden in den Unterläufen der Täler in ansehnlicher Ausdehnung vorhanden. Sie bilden dort kleine Ebenen. Da aber ihr Material von einem durchaus vulkanischen Gebiet stammt, so unterscheiden sich diese Böden eigentlich nur vermöge der anderen Art der Struktur und des feineren Korns nennenswert von den fluvioglazialen Böden, während andererseits die Absätze der Gletscherläufe („jökullhlaup") wieder ein außerordentlich grobes Korn aufweisen: wenn nämlich Vulkane in Tätigkeit treten, die unter Gletschereis begraben sind, wie häufig auf Island, so schmilzt der anliegende Teil des Gletschers und ungeheure Fluten bringen dann gewaltige Eisblöcke und das verschiedenartigste unterwegs angetroffene, vulkanische und glaziale Material mit sich ins Tiefland.

Wo auf den namentlich im Südwesten der Insel häufigen Ebenheiten das Wasser steht oder schwachen Abfluß hat, da bilden sich ausgedehnte Flächen mit Moorböden heraus, die zur charakteristischen Ausgestaltung der Landschaft erheblich beitragen. Moose und Flechten sind auch auf trockenem Gelände sehr verbreitet, und im feuchten Südwesten bilden sie stellenweise fußdicke Polster, die manchen Oberflächengebilden, wie den zahlreichen Schlackenvulkänchen des Ögmundarrhaun, einen außerordentlich wirksamen Abtragungsschutz gewähren.

Zu den besonderen Eigentümlichkeiten der isländischen Landschaft gehören auch die Fumarolen, heißen Quellen und Geysire. Überall sieht man Dampf an bestimmten Stellen aufsteigen. Die heißen Wassermassen tragen zur schnelleren Verwitterung der Gesteine und des Bodens bei, noch mehr aber zersetzen die verschiedenen vulkanischen Gase der Fumarolen das benachbarte Gestein und Erdreich und schaffen so stellenweise besondere Tonböden allerdings geringer Ausdehnung, die aber vielleicht einmal technische Verwendung für Töpferei finden können[2].

Wenden wir uns von der vulkanischen Insel ostwärts dem eurasiatischen Festland zu, so kommen wir in den subpolaren Breiten in den großen Nadelwald-

---

[1] Vgl. diesen Beitrag S. 239/240.
[2] So bei Krisuvik auf der Halbinsel Reykjanes (Südwestisland).

gürtel der nördlichen gemäßigten Zone. Wohl liegt auch Island den Wärme-
verhältnissen nach noch im Gebiet dieser Wälder, aber die heftigen und häufigen
Winde lassen dort nur in windgeschützten Tälern Baumwuchs zu, weshalb
schon zur Zeit der Besiedelung die Insel sehr waldarm gewesen ist, welches
Übel sich hernach noch wesentlich durch den Menschen gesteigert hat.

Wohl ist in diesen Breiten in Eurasien das Pflanzenwachstum, wenn man von
dem durch den Golfstrom so stark begünstigten norwegischen Küstensaum absieht,
verhältnismäßig dürftig, aber es dehnen sich doch Wälder von Nadelhölzern und
Birken über das ganze Gebiet hin aus (Abb. 81), und niederwüchsige Pflanzen,
vor allem Moose und Flechten, gedeihen in großer Zahl. Ist die regelmäßig
alljährlich erzeugte Pflanzenmasse an sich auch wenig beträchtlich, so ist andererseits die Zersetzung noch langsamer als die Assimilation, woraus sich eine starke

Abb. 81. An der „Lapplandbahn", Nordschweden. Nadelhölzer und Birken, noch dürftig.
Phot. F. Giesecke.

Anhäufung von Humusstoffen ergibt, die in Hochmooren ihren auffälligsten
landschaftlichen Ausdruck finden, so in Skandinavien, Finnland, Nordrußland
und Nordsibirien.

In weiter Ausdehnung finden sich Podsol- (Aschen-) Böden in diesen
Gebieten. Wo humose Stoffe in einiger Tiefe unter der Oberfläche die im Oberboden kolloid gelösten Stoffe ausfällen, da entsteht Ortstein, der vielfach
für Wasser wie Pflanzenwurzeln undurchlässig, oft sogar sandsteinartig fest ist.
An solchen Standorten verkümmern daher die Fichten und sonstigen Waldbäume und sterben schließlich ab, während Moose sich ansiedeln und die Bildung
von Hochmooren anbahnen, die demnach an Ausdehnung immer mehr zunehmen,
soweit nicht neuerdings der Mensch mit Dampfpflügen den Ortstein aufreißt[1] und
damit wieder dem Wald oder Feld erträgliche Bedingungen schafft. Der Reisende,
der mit der Bahn durch Lappland (Abb. 81), mit dem Auto durch Nordfinnland
fährt, ist meist erstaunt über die dürftige Entwicklung und den schütteren

---

[1] Passarge, S.: Die Erde und ihr Wirtschaftsleben I, 207. Hamburg 1926.

Stand der Waldbäume und ist wohl geneigt, diese Erscheinung ausschließlich auf die Rechnung des kühlen Klimas zu setzen, aber es ist kein Zweifel, daß der geringe Nährstoffgehalt der Bleicherde und das ausgedehnte Vorkommen von Ortstein nicht minder daran beteiligt sind. Es macht sich also die ungünstige Beschaffenheit der Böden damit landschaftlich bemerkbar, nicht minder aber auch wirtschaftlich, da die dünnen, wenig hohen Stämme für die meisten Bauzwecke bereits unbrauchbar sind und darum diese Wälder erst einen höheren Wert bekamen, als man Holzschleifereien zu errichten begann.

Weitverbreitet sind Torfmoorböden im Gebiet des nördlichen Nadelwaldgürtels, und Torfstiche sind landschaftliche Kennzeichen des Vorkommens von Torfmoorböden hier wie in anderen Klimaten, wobei freilich zuzugeben ist, daß manche Torflager aus einer älteren Klimaperiode stammen.

Unterwasserböden, wie Faulschlamm unter Süß- oder Brakwasser, treten landschaftlich nur durch die Farbe, die sie dem betreffenden Wasser erteilen, und durch die auf ihnen wurzelnden, den Wasserspiegel überragenden Gewächse hervor.

Soweit die Bleicherden auf wagerechtem oder wenig geneigtem Boden auftreten, sind sie landschaftlich meist nur mittelbar an der Art der Vegetation zu erkennen, wenn nicht frischgepflügtes Ackerland die Eigenfarbe zur Schau trägt. Wie sich's bei gebirgiger Beschaffenheit des Geländes verhält, kann Verfasser nicht beurteilen, da derselbe solches im nördlichen Nadelwaldgürtel nicht aus eigener Anschauung kennt und in der Literatur nicht genügende Anhaltspunkte fand. Daher ist es ihm auch unbekannt, ob in den Gebirgen dieses Gürtels etwa Steinströme und andere Fließerdeerscheinungen vorkommen, wie sie G. Andersson von den klimatisch einigermaßen ähnlichen Falklandinseln beschreibt. Dagegen haben wir ausgezeichnete Schilderungen und Abbildungen aus Alaska[1], die uns zeigen, daß dort gewaltige Fließerdeerscheinungen zu beobachten sind, und daß sie vielfach ganz flache Neigungswinkel aufweisen, womit sie sich stark von den steiler geneigten spitzbergischen Fließerden unterscheiden. Auch Fließerdeterrassen kommen auf Alaska vor, getrennt durch Abfälle sehr grober, kantiger Steine, die frei von Wasser und Boden sind, also an der Fließbewegung keinen Teil haben.

Gebiete der gemäßigten Gürtel.

In den feuchten Gebieten der gemäßigten Gürtel, denen klimatisch auch die besser befeuchteten kühlen Gebirgserhebungen der winterfeuchten Etesienlandschaft zugehören, ist die Wasserführung der Böden beträchtlich, der Grundwasserstand hoch. Ausscheidungen von Eisenhydroxyd geben den Böden braune oder gelbe Farbtöne: Braunerden. Sie besitzen meist mäßigen Humusgehalt. Landschaftlich treten sie schon durch ihre Farbe, am meisten an Wegeinschnitten oder frischgepflügten Feldern hervor. Da in ihnen die Lösungsvorgänge nicht so kräftig wirken wie in Podsolböden, so schlägt bei den eluvialen Böden der Charakter des Ursprungsgesteins auch viel stärker durch als dort, und es gehört zu den reizvollsten Beobachtungen des Reisenden, festzustellen, wie oft schon an der Färbung der Ackerböden ein Schluß auf das darunterliegende Gestein möglich ist. So lassen rote Farbtöne oft ganz deutlich die unterliegenden Keuperletten oder Buntsandsteine erkennen, und der Alpenwanderer, der in dunkelgraue, erweichte Tone tief einsinkt, bemerkt an Farbe und Gefühl sofort die Grenze von Kössener oder Raibler Schichten, während er aus der Ferne oft ihre Verbreitung an dem saftigen Grün ihrer Weide-

---

[1] Eakin, H. M: The Yukon-Koyukuk region Alaska. U. S. Geol. Survey Bull. 613, (1916). 76ff.

flächen inmitten der Wälder benachbarter Kalk- oder Dolomitformationen feststellen kann. Und wo auf Schwarzwald- oder Vogesenkuppen Moore sich ausbreiten und die sonst so prächtig gedeihenden Fichten und Tannen fehlen

Abb. 82. Hofbuhl bei Metzingen. Aufn. von F. PLIENINGER. Rechts die scharfe Grenze zwischen Weißjura α und β.

oder krüppelhaften Kümmerwuchs zeigen, da darf man in geringer Tiefe Ortstein vermuten. Hellgrau leuchten kahle Flächen im Impressaton der schwäbischen Alb und aus weiter Ferne schon erkennt man seine obere Grenze, da damit gewöhn-

Abb. 83. Der Vulkanembryo. Floriansberg bei Metzingen. Aufn. von F. PLIENINGER.

lich das wenig geneigte, offene Wiesenland ein Ende nimmt und der mit Schutzwald bestandene Albabfall der Weißjurakalke beginnt[1] (Abb. 82). Die teilweise

---

[1] An manchen Stellen unterbricht den Steinabfall wieder eine Abflachung von Weißjurakalk mit Wiesenfläche, so im Honauer Tal (Württemberg).

vulkanischen Böden der schwäbischen Vulkanembryonen aber erkennt man auf ansehnliche Entfernung aus der Kegelgestalt jener geologischen Gebilde und noch schärfer oft an der aus dieser Oberflächenform folgenden radialen Feldereinteilung, die selbst bei diesiger Luft noch sichtbar bleibt, wenn die Hügel selbst sich nicht mehr abheben (Abb. 83). Ein erfahrener Landwirt aber kann sogar schon bei der Bahnfahrt in norddeutschen Landstrichen, die klimatisch noch den Anbau von Weizen gestatten würden, an dem Überhandnehmen des Roggenbaus den Beginn sandigerer und leichterer Böden ersehen. Auch sonst läßt das Vorkommen gewisser Kulturen in manchen Gegenden auf bestimmte Bodenarten schließen, so Zuckerrübenbau in der Magdeburger Gegend auf Schwarzerde. Wald aber zeigt in unseren Kulturländern mit ihrer rationellen Ausnützung aller Möglichkeiten dürftige, meist sandige oder kiesige Böden an, wie denn ein Vergleich der geologischen Karte mit der Waldkarte in Südwestdeutschland eine überraschend große Übereinstimmung zwischen den Arealen des Buntsandsteins und der großen Waldkomplexe zeigt. Ja, wenn wir uns vergegenwärtigen, daß diese Waldverteilung bei uns in der Hauptsache schon am Ende des Mittelalters erreicht war, so erfüllt uns aufrichtige Hochachtung vor dem praktischen Bodenwissen der damaligen Bauern. Freilich wissen wir nicht, in wie vielen Fällen erst ackerbauliche Mißerfolge dazu geführt haben, das betreffende Gelände dem Wald zurückzugeben.

Die Böden der mittel- und westeuropäischen Kulturländer sind sehr verschiedener Herkunft, denn neben ortsständigen Verwitterungsböden stehen fluviatile und marine Aufschüttungsböden der Gegenwart, zu denen als Böden vorzeitlicher Aufschüttung Löß, Moränenschutt und Grundmoräne treten. Während der Moränenschutt durch seine morphologische Ausgestaltung als Hügel und Wälle schon aus der Ferne sich kenntlich macht, vielfach auch, wie in Oberschwaben, durch Bewaldung mittelbar hervortritt, passen sich Löß und Grundmoräne (Geschiebelehm) der allgemeinen Oberflächengestaltung an, treten also landschaftlich höchstens mittelbar durch ihren Einfluß auf die Kultur bestimmter Gewächse oder durch größere oder geringere Fruchtbarkeit sichtbar zutage.

Daß die sichtbaren Unterschiede nicht größer sind, verdankt man in den Kulturländern in erster Linie der Arbeit des Menschen, der immer wieder und wieder durchgeführten Durchlüftung und Lockerung des Bodens beim Pflügen, der künstlichen Regulierung des Wassergehalts (Entwässerung von Mooren oder allzu wasserreichen Böden, Zufuhr von Wasser in der Wiesenkultur) und der Düngung (anfänglich nur mit Stalldünger, später auch mit mineralischen Düngemitteln), wodurch eine verhältnismäßig große Ausgleichung der Eigenschaften der Kulturböden verschiedener Herkunft erreicht werden konnte.

Da die Böden jeder Art dem geologischen Grundgerüst unmittelbar auflagern, so bilden sie in den Kulturländern weit zusammenhängende Flächen gleicher Grundbeschaffenheit und schaffen damit einen großen einheitlichen Zug der Landschaft. Im einzelnen freilich heben sich die Ackerflächen gleicher Frucht nahe der Reifezeit in der Farbe oft sehr scharf von anderen der Nachbarschaft ab, wodurch eine sehr erfreuliche Belebung des Landschaftsbildes bewirkt wird, aber meist nur dank dem Willen oder Wirtschaftsplan der Landwirte, nicht wegen Verschiedenheit der Bodenarten.

Wenn in dicht bevölkerten Kulturländern weiträumige zusammenhängende Landschaftsteile in ihrer ganzen Ausdehnung angebaut und ihr Boden durch ständigen Gebrauch und Verbesserung in Kulturboden umgewandelt worden ist, und zwar nicht nur in Europa, sondern auch in den ostasiatischen Monsunländern und den entwickelteren europäischen Kolonialgebieten älterer Ordnung, so wird der Boden in dünner bevölkerten und landwirtschaftlich noch zurückgebliebenen

Ländern häufig nur vorübergehend und nur auf kleinen, oft weit auseinander-
liegenden Flächen in Arbeit genommen, also auch seine Beschaffenheit in viel
geringerer Ausdehnung verbessert, wenn man von Bewässerungsböden absieht, die
trotz der verschiedenartigen Behandlung ebenfalls als Kulturboden angesprochen
zu werden verdienen. Die zeitweise benutzten Böden aber fallen im Lauf der
Nichtbenutzung allmählich wieder in ihre frühere Beschaffenheit zurück, soweit
sie sich von der Aussaugung einer düngungslosen Landwirtschaft überhaupt
wieder erholen. Infolgedessen ist in solchen Landstrichen der Boden viel weniger
bedeutsam im Landschaftsbild als in den Kulturländern, und zwar sowohl
dem Raum wie der Beschaffenheit nach.

Soweit Viehzucht systematisch betrieben wird, werden auch die Weiden
durch den Weidegang an sich allein schon und durch Düngung ertragreicher.
Zugleich werden aber damit auch die entsprechenden Böden verbessert, was in
dem ganz anderen Aussehen der Wiesen und Weiden sich landschaftlich ausdrückt.
Den geringsten Eingriff in die Bodenbeschaffenheit tut bei uns der Forstmann,
aber auch er gibt durch seine Politik und seinen Wirtschaftsplan den betreffenden
Flächen ihr besonderes Antlitz und weiß auch Schädigungen des Bodens durch
Anbau besonderer Baumarten und Bekämpfung pflanzlicher und tierischer Schädlinge wieder auszuschalten und damit mittelbar den günstigen landschaftlichen
Eindruck der Wälder wieder zu heben. Er sucht auch neuerdings in den Vereinigten Staaten und Kanada durch Fliegerüberwachung und Forstschutz-
organisationen die Waldbrände zu verhindern, die die betroffenen Böden so sehr
schädigen, ja oft auf lange Zeit unbrauchbar machen würden. Soweit die Forst-
verwaltungen den Sonderheiten der vorhandenen Böden wirklich Rechenschaft
tragen, gestattet auch die Art der Baumwahl bis zu einem gewissen Grade einen
Rückschluß auf die Bodenbeschaffenheit.

Wenig oder gar nicht künstlich beeinflußte Böden finden sich in den Kulturländern fast nur noch in Moorgebieten, Heiden oder Gebirgen. Man
strebt dahin, auch diese Gebiete durch sachgemäße Bodenverbesserung zu
höherer wirtschaftlicher Ertragsfähigkeit heranbilden zu können, und man hat
in Moor- und Heideflächen schon viele schöne Erfolge errungen. Aber die dürf-
tigen Schafweiden unserer Mittelgebirge werden wegen der außerordentlichen
Seichtheit der Böden kaum bessere Nutzung zulassen als die gegenwärtige, die
sich in manchen Gegenden, z. B. auf der schwäbischen Alb, landschaftlich schon
von weitem durch die Dürftigkeit der Grasnarbe und die steilkegelförmig zu-
gefressenen Wacholderbüsche verrät (Abb. 84). In den Alpen zeigen die während
des Sommers allein beziehbaren Almen dank dem Weidegang des Viehs schon
gewisse Verbesserungen des Bodens durch ihr üppiges Grün und das Zurücktreten
von Büschen und Sträuchern an, während die kahlen Geröll- und Schutthalden
unserer Kalkalpen natürlich jeglicher Nutzung trotzen und dies schon durch
ihren Pflanzenmangel anzeigen. Aber sie sind landschaftlich durch die Ruhe
ihrer Profillinien inmitten des Formengewirrs starrer Kalk- oder Dolomitfelsen
von hohem ästhetischem Wert.

Wenn in regenfeuchten Teilen der kühlgemäßigten Gürtel auf ebenem oder
gar eingetieftem Gelände vielfach Moorbildung sich einstellt, so bringt starke
Wasserdurchtränkung die Böden, z. T. unter dem Einfluß von Temperaturschwankungen, auf geneigtem Gelände auch in langsames Abwärtsrücken (Gekriech), eine Erscheinung, die sich auch landschaftlich verhältnismäßig deutlich
ausspricht, wenn man den Befund verschiedener Zeitpunkte miteinander vergleicht. Beträchtliche örtliche Durchtränkung erzeugt aber auch in diesen
Gegenden nicht selten Rutschungen, Bergstürze und Muhrausbrüche,
welch letztere im Hochgebirge nicht selten sind. Alle diese Vorgänge hinterlassen

wieder besondere Bodenabsätze, die oft lange Zeit die betreffende Landschaft kennzeichnen, und selbst die von Lawinen mitgerissenen Boden- und Steinmassen häufen sich am Fuß gewisser regelmäßiger Lawinengänge zuweilen deutlich an. Selten nur ist die Durchtränkung des Bodens mit Wasser so stark, daß in kleinem Maßstab Erdfluß entsteht, der manchmal auf kahlen Halden kleinkörnigen Schutts in unseren Alpen schmale, weithin sichtbare Bahnen zieht, die seitlich und vorn von kleinen, aber freilich rasch vergänglichen Wällen eingefaßt sind.

In den regenreichen nördlichen Grenzgebieten des Klimagürtels kommt es zuweilen zu schweren Moorausbrüchen (Schottland, Irland), ohne daß jedoch dadurch nennenswerte Bodenabsätze entstünden. Wohl aber sind die Vorgänge selbst, wie auch für kurze Zeit ihre Bahn, landschaftlich höchst auffällige Er-

Abb. 84. Schafweide mit Wacholderbüschen auf der Schwäbischen Alb. Aufn. von F. Plieninger.

scheinungen, die der Art des Ursprungsbodens einen charakteristischen äußerlichen Ausdruck verleiht. Aber alle die letztgenannten Dinge sind örtliche Seltenheiten. Der wesentlichste landschaftliche Charakterzug aber beruht in dem Kulturboden, der, weiträumig wie ein Mantel, das Anstehende verdeckt und dank der Feldereinteilung und Bebauung oft einen herrlichen, reich gemusterten und bunten Anblick gewährt.

Subtropisches Gebiet.

In den Subtropen liegen, soweit halbjährlicher Windwechsel und damit auch der Wechsel ausgesprochen trockener und feuchter Jahreszeiten auftritt, ganz andere Bedingungen für Bodenbildung und -leben vor als in den Waldgürteln gemäßigten Klimas, wo die Niederschläge, wenn auch ungleich, sich übers ganze Jahr verteilen. Die Temperaturen sind wesentlich höher als dort und erreichen in den sommerdürren Etesiengebieten vielfach eine Höhe, wie sie selbst den Tropen fremd ist, während in den winterdürren Monsunländern die Wintertemperaturen zeitweise recht tief sinken. Charakteristisch für die Subtropen ist die Tatsache, daß im Sommer tropische einjährige Gewächse dank der hohen Temperaturen angebaut werden können, weshalb der englische Sprachgebrauch sie richtiger als Halbtropen bezeichnet. Die Böden sind weithin noch nicht genügend untersucht, lassen aber ebenfalls bereits z. T. Anklänge an tropische Verhältnisse erkennen, so die Roterden (Terra rossa) der Kalkgebirge des Mittelmeergebiets (Abb. 85), die daselbst landschaftlich oft stark hervortreten, und die Gelberden Marokkos.

Dieser halbjährige Wechsel von Feuchtigkeit und Trockenheit hat im Wasserregime der Böden einen charakteristischen Ausdruck. Die in der Regenzeit befeuchteten Böden trocknen in der Trockenzeit tief hinein aus, vor allem im Etesiengebiet, wo die hohe Sommerwärme die Verdunstung stark anregt. Der Umstand, daß die Feuchtigkeit in der Trockenzeit des Bodens immer tiefersinkt, ist in den Monsunländern ohne nennenswerte landschaftliche Wirkung, da die Vegetation dort im Winter wegen der niederen Temperaturen doch ruht und die blattwerfenden Büsche und Bäume dann sowieso kahl dastehen würden. Anders liegt es aber in den Etesiengebieten, wo die Gras- und Krautvegetation im Sommer als der Trockenzeit verdorrt und die tiefgrünen Gestalten der sukkulenten Gewächse und Hartlaubbäume, die durch besondere Einrichtungen gegen

Abb. 85. Roterde-Landschaft bei Castel nuovo (am Südende des Gardasees). Phot. F. GIESECKE.

die sommerliche Trockenheit geschützt sind, noch das Grün in der Naturlandschaft repräsentieren, während durch den Einfluß des wirtschaftenden Menschen in solchen Gegenden allerdings oft kleinere Flächen des weithin leuchtenden Grüns von Bewässerungsfeldern (Zuckerrohr, Bananen) sich einstellen und wirksame Farbengegensätze schaffen. Andererseits ist eine wirtschaftliche Folge der Sommerdürre auch die häufige Anpflanzung von Nutzbäumen und die starke Pflege der Rebenkultur, insofern deren tiefreichende Wurzeln noch lange oder selbst dauernd von der immer tiefer sinkenden Bodenfeuchtigkeit Nutzen zu ziehen vermögen. Sonst aber ist die Landschaft im Sommer dürr und verbrannt, weil auch das Getreide schon frühzeitig geschnitten worden ist. Eine weitere landschaftlich wichtige Folge der Sommertrockenheit und des dadurch bedingten Tiefersinkens des Grundwassers ist das Versiegen vieler Wasserläufe, deren kahle Geröllstreifen dann öde in der dürren Landschaft liegen. Aber das Grundwasser dauert unter der Gerölldecke aus, weshalb sich die Siedelungen, wo nicht noch stärkere Gründe, wie Bedürfnis der Sicherheit in früheren Zeiten, Abweichungen verursachten, großenteils ängstlich an die Nähe der Wasserläufe zu halten pflegen. Stellenweise beobachtet man aber auch, daß auf Inseln mit Bächen spärlicher Wasserführung die Siedelungen sich in die Nähe ihrer Quellen hinaufziehen, da im Unterlauf das Wasser bereits fehlt (Kos). Eine Sonderstellung nehmen die Gebiete und Inseln jungen vulkanischen Bodens ein, weil dieser sich durch besonders große Wasserdurchlässigkeit auszeichnet, also Quellen oder Grundwasser in erreichbarer Nähe weithin überhaupt nicht vorkommen. In solchen Gegenden muß daher die Wasserversorgung durch Zisternen erfolgen, und da dies überall möglich ist, so beobachtet man oft ziemlich gleichmäßige Anordnung der Siedlungen und Einzelhöfe über das ganze Gelände hin. Auf Nisyros sind sogar mehrere Dörfer geradezu auf den Kamm des alten Hauptkraters hinauf verzogen. In solchen Fällen macht sich also die extreme Wasserdurchlässigkeit des Bodens landschaftlich sehr deutlich durch die Siedlungsweise der Bewohner bemerkbar[1].

Wenn in den Monsunländern der kalte Winter bei seiner Trockenheit dem Pflanzenleben feindlich ist, gestatten in den Etesiengebieten die milden Wintertemperaturen unter Mitwirkung der Feuchtigkeit bereits ein gewisses Pflanzenleben, wie denn in Italien im Januar die Mandeln blühen. Und stellenweise ist die Durchtränkung des Bodens und mergeliger Gesteine im Winter so groß, daß örtliche Bodenflüsse und Rutschungen („Frane") eintreten.

Im stärksten Gegensatz zu der sommerdürren Landschaft der Mittelmeer- und anderer Etesiengebiete auf den Westseiten der Erdteile steht die Monsunlandschaft der Ostseiten unserer Nordkontinente, denn diese glücklichen Gebiete erhalten ja ihren Regen gerade in der Zeit, wenn die Landwirtschaft ihn benötigt. Gerade dann sind also die Böden feuchtigkeitsgetränkt und geeignet, das Pflanzenwachstum dank der hohen Wärme aufs äußerste zu fördern. Es ist daher kein Wunder, daß in den altweltlichen Monsunländern ein so außerordentlich großer Prozentsatz der Menschheit seit alters angesiedelt ist, und daß hier weithin eine ähnlich ausgeprägte Kulturlandschaft mit jahrtausendelang gepflegten Kulturböden sich befindet, wie in dem noch dichter bevölkerten mittel- und westeuropäischen Gebiete, dem der Osten der Vereinigten Staaten neuerdings nacheifert. In Süd- und Ostasien hat auch die glückliche zeitliche Verteilung der Regen zu einer besonderen landschaftlich ungemein vorstechenden Kulturform geführt, nämlich dem nassen Reisbau (Sawahkultur). Dieser beherrscht landschaftlich zur Zeit der Unterwasserpflügung vielfach ganze Landschaften der südlichen Monsungebiete und der benachbarten südlich anschließenden Tropen, wobei die Eigenfarbe der Böden mit ihren gelben und roten Tönen, besonders in der Farbe der Wasserflächen und des Überlaufs von den höheren zu den niedrigeren Terrassen höchst eindrucksvoll zur Geltung kommt.

Wüsten- und Steppengebiete.

Wüsten- und dürftige Steppengebiete schließen sich äquatorwärts an die Etesienlandschaften an. Sie bleiben in Südamerika auf einen vergleichsweise schmalen Landstreifen beschränkt, greifen aber sonst noch tief in die betreffenden Erdteile hinein. In Nordafrika durchziehen sie sogar den ganzen Erdteil und setzen sich in Asien fort, wo sie an die wüstenhaften Hochländer Innerasiens Anschluß gewinnen. Auch abseits der erwähnten Gebiete stellen sich da und dort Wüsten oder Steppen ein, die in ihrem Verhalten jenen nahestehen.

Alle genannten Gegenden sind durch außerordentliche Kürze der Regenzeit oder durch Unregelmäßigkeit, stellenweise auch jahrelangen Mangel des Regenfalls ausgezeichnet. Eine sehr starke Verdunstung führt im Untergrund zu aufsteigender Wasserbewegung von unten nach oben, wobei es in der Höhe oder an der Oberfläche selbst zur Ausblühung von Salzen oder zur Ausfällung von Krusten, nicht selten auch zur Bildung von braunen oder sonst gefärbten, sehr

---

[1] Sapper, K.: Geogr. Z. **12**, 42.

dünnen Schutzrinden kommt. Der Besitz wasserundurchlässiger Kalkkrusten erlaubt in vielen Gegenden auf geneigtem Gelände flächenhaften Ablauf etwaiger Regengüsse (Schichtfluten), womit oft gewaltige Mengen lockeren Verwitterungsmaterials in die Tiefe geführt und dort flächenhaft ausgebreitet, bei Vorhandensein feinkörniger Tonpartikeln auch wohl Tonflächen geschaffen werden.

Die Vegetation ist schon in den Steppen so dürftig, daß zwischen den einzelnen Grasbüscheln oder graugrünen Stauden immer wieder die Eigenfarbe des Bodens hervortritt, in vielen Fällen grau, anderwärts — in Westaustralien[1] — rot und damit das Landschaftsbild aufs stärkste beeinflußt. In den Wüsten ist die Pflanzenwelt noch spärlicher vertreten, so daß oft nur mehr vereinzelte Gewächse da und dort grüne oder fast farblose Flecken in das Gelände hineinmalen: häufig Gewächse von oberflächlich sehr geringer Ausdehnung, aber mit

Abb. 86. Die Dunenwuste ostlich von Wargla. (Nach S. Passarge. Die Trockengebiete Algeriens. Geologische Charakterbilder, herausgeg. von H. Stille, H. 17.)

außerordentlich tiefgreifenden Wurzeln, die aus den Tiefenlagen des Bodens doch noch einige Feuchtigkeit zu ziehen verstehen (Abb. 86). Nur hohe eingestreute Gebirgsstöcke, die bei ihrer Höhe den Winden eher Regen entlocken können, sind besser mit Vegetation versehen, weshalb man sie häufig als Weideplätze verwendet, auch wohl etwa Ackerbau darauf treibt. Aber nur da, wo in den Wüsten das Grundwasser in Vertiefungen des Geländes nahe an die Oberfläche herantritt oder sie noch schneidet, sind die Bedingungen zu intensivem Ackerbau und Baumzucht gegeben („Oasen", deren Zahl ja durch Brunnengrabungen und Erbohrungen künstlich stark vermehrt werden konnte). In ihnen erfreut frisches Grün der Felder und ein prächtiger Stand der Baumkulturen das Auge und weist damit auf die ausgezeichnete chemische und physikalische Beschaffenheit des Bodens hin, während die auf natürliche Benetzung durch Regen angewiesenen Gerstenfelder mancher Eingeborenen der Sahara in schwerem Kampf gegen Salzgehalt des Bodens und Sandüberwehung stehen und daher oft sehr dürftig aussehen.

---

[1] Walther, Joh.: Mber. Z. dtsch. geol. Ges. 1915, 4, 5.

Die Farbe vieler Wüsten ist gelb bis braun, wie das aus J. Walthers[1] anschaulichen Schilderungen hervorgeht, und nicht selten verdecken gleichfarbige Schutzrinden sogar die sonst in der Wüste so bedeutsam hervortretenden Eigenfarben der Gesteine ganz oder teilweise. In anderen Fällen stellen sich weißliche Farbtöne ein, und in wieder anderen herrscht helles bis dunkles Grau in außerordentlich weiter Ausdehnung, so in der völlig pflanzenleeren Kernwüste des nördlichen Chile, die weithin von einer Staubhaut dieser Farbe überzogen ist[2].

Die Verwitterung ist in den Wüstengebieten vornehmlich mechanisch, wobei Besonnung und Temperaturschwankungen (besonders jähe Abkühlung gelegentlich der seltenen Platzregen) neben Sprengung durch Salzauskristallisierung ebenso eine Rolle spielen, wie der Anprall von Gesteinsstücken und Sand gegen anstehendes Gestein, das besonders bei geringer Widerstandskraft stark

Abb. 87. Hammada auf dem Msabplateau zwischen Wargla nnd Ghardaia.
(Nach S. Passarge Die Tropengebiete Algeriens. Geologische Charakterbilder, herausgeg. von H. Stille, Heft 17.)

abgenutzt wird und jene wunderbaren Oberflächenformen im großen wie im kleinen entstehen läßt, die an vielen Stellen das Entzücken des Reisenden hervorruft.

Von den sandfreien Wüsten östlich des Niltals berichtet Passarge[3], daß sowohl Wollsäcke als grober bis feiner Schutt, Plättchen und Grus je nach dem Gestein entstehen (Wollsäcke und Felsen vielfach durch Kernsprünge gespalten). Der Gesteinsschutt ist durch eine ganz dünne, salzverkittete Rinde zusammengebacken (Abb. 87). Unter ihr findet man oft feinkörniges, lockeres, staubiges Material, da tief hinab das Gestein zersetzt ist. (Man könnte also hier geradezu von einem verdeckten Boden reden, der aber natürlich keinen unmittelbaren Einfluß auf die Landschaft hat.) Weithin sind unter dünner Schuttschicht Salzstaubböden in 10—25 cm Mächtigkeit, oder auch Gipskrusten, vorhanden; auch Eisen- und Kalkrinden treten auf, erstere schwarzbraun, letztere weiß. „Auf den Hamadaflächen zieht sich die braune Schuttdecke im allgemeinen ununterbrochen

---

[1] Walther, Joh.: Gesetz der Wüstenbildung, 2. Aufl., S. 142. Leipzig 1912.
[2] Mortensen, H.: Der Formenschatz der nordchilenischen Wüste. Berlin 1927
[3] Passarge, S.: Düsseldorfer geogr. Vorträge 3, 54ff. (Breslau 1927).

hin, nur in Wasserrissen, die leicht eingemuldet sind, kommt mit helleren Tönen der ... Salzstaubboden zum Vorschein." An Berghängen sind vielfach Wundstellen in den braunen Schuttpanzer eingerissen. Bei starken Regengüssen kann der Salzstaub zu halbflüssigem Brei werden, der unter dem Hamadapflaster abfließt. Die dünne Salzverkittungsrinde hält den Wind davon ab, den Salz- staub zu entführen. Trockenes Fließen von Schutt findet nicht statt, da die Rinde ihn selbst an steilen Hängen festlegt.

Ähnlich konnte der Verfasser bei der salzverkitteten[1] nordchilenischen Kern- wüste beobachten, daß auch Windstärken von 7—8 keinerlei Staub aufzuwirbeln vermochten, wenn nicht etwa die Hufe von Pferden oder die Räder von Autos die oberste Rinde durchbrachen.

Abb. 88[2]. Wanderdunen in der Wuste von Buchara. (Aus „Deutsches Kolonialblatt", Bd. 24.) Phot. BESSEY.

Ganz anders liegen die Dinge nach PASSARGE bei sandhaltigen Wüsten, denn in diesen zerstört der Sand die schützende Rinde, worauf der Wind den Staub herausholen kann. Infolge des Sandschliffs sind darum auch Schutt- und Sandböschungen bewegungsfähig.

In Algerien fand PASSARGE sandhaltige Wüsten vor, die des Salzstaubs ent- behren, aber den Sandschliff in voller Wirksamkeit beobachten lassen.

ERICH KAISER[3] weist darauf hin, daß der Sand in einzelnen Wüsten stellen- weise in solchen Massen vorkomme, daß sie geradezu Wanderdünenmeere bilden. Wenn die einzelne Wanderdüne ein systematisch und gesetzmäßig gebautes Gebilde ist, so finden sich in Wanderdünenmeeren zuweilen mehrere sich kreu- zende Systeme solcher Barchane[4], und bei vielfacher Überholung einzelner Wanderdünen durch andere entstehen ganze Dünenzüge von recht unregel-

---

[1] WETZEL, W.: Salzbildungen der chilenischen Wuste. Chem. der Erde 1928, 3, 375 ff.
[2] Vgl. S. PASSARGE: Die Grundlagen der Landschaftskunde 3, Tafel 4. Hamburg 1924.
[3] KAISER, ERICH: Dusseldorfer geogr. Vorträge 3, 68 ff.
[4] MACHATSCHEK: Ebenda S. 85 nach S. HEDIN.

mäßiger Gesamtform (Abb. 88). Immer aber handelt es sich um flächenhafte Bedeckung größerer Gebiete durch einen Sandboden, der sich trotz örtlicher Sondererhebungen doch als eine Decke über das Gelände breitet und sich ihm in der Hauptsache anschmiegt. Aber die Decke dauert nur in ihren unteren Teilen aus, während die oberen unter dem Einfluß des Windes in häufiger Umlagerung begriffen sind, erst in kleinem Maßstab durch Sandtreiben, das J. Walther[1]

sehr anschaulich schildert, bei steigender Windstärke aber durch Aufheben großer Sandmassen, die weithin durch die Luft verfrachtet werden können. Natürlich werden auch feine Tonteilchen und andere Staubkörnchen vom Sturm erfaßt und in die Höhe und Ferne vertragen, wobei die Materialien oft weit über den Bereich der Wüste selbst hinausgeführt werden, wie denn im März 1901 ein Sturm der nördlichen Sahara Hunderttausende von Tonnen Flugsand und Staub in Mitteleuropa zum Absatz gebracht hat!

Da die chemische Verwitterung, wie E. Blanck[2] und E. Kaiser[3] gezeigt haben, auch in der Wüste oberflächlich wirksam ist, so kann man begreifen, daß der Wind gelockertes Material entführen kann, und so z. B. in der Namib abflußlose Wannen schuf an Stellen, wo Mulden eines leicht verwitternden Gesteins einem schwer verwitterbaren eingefaltet sind. Und wie hier, so kann auch anderwärts Windabhebung Hohlformen erzeugen, in deren Grund

Abb. 89. Staubwindloch auf der Strecke Angora—Stambul kurz hinter Angora (Anatolien). Phot. F. Giesecke.

dann vielfach die groben Verwitterungsprodukte als Steinpflaster zurückbleiben.

Eine wichtige Rolle in der Bildung und Verteilung von Wüstenböden kommt den episodischen Regen solcher Trockengebiete zu. Nicht nur, daß sie Erosionsrillen an vielen Stellen in die Hänge hineinerodieren und damit größere oder kleinere Schuttmengen zu Tal schaffen, sondern die Wasser erfüllen, wie so oft in der chilenischen Wüste, auch breite Wasserbetten oft bis oben hin mit Schutt („Rios secos", d. i. „trockene Flüsse", in Nordchile), sondern sie tragen auch häufig zur Ausfüllung von Geländevertiefungen mit gröberen Steinen oder Ton bei. In großem Maßstab geschieht derselbe Vorgang beim Niedergehen von Wadifluten der Sahara oder Corrientes der südamerikanischen Wüsten,

---

[1] Walther, J.: a. a. O., S. 264.
[2] Blanck, E., u. S. Passarge: Die chemische Verwitterung in der ägyptischen Wüste. Hamburg 1925.
[3] Kaiser, E.: Düsseldorfer geogr. Vorträge 3, 74, Ztschr. f. Krist. 58, 125—146 u. Diamantenwüste, Berlin 1926. 2, 284 u. f., 386, 397.

wie sie in ihrem Vorgang und der Art des Absatzes von J. Walther[1] bzw. W. Penck[2] so anschaulich geschildert worden sind. (Einige Autoren, u. a. Machatschek[3], haben diese Art von Absätzen bzw. Bodenbildung als fluvio-arid bezeichnet.) Gleichartig, wenn auch flächenhaft, erfolgt Transport und Absatz von festen Stoffen durch die schon oben erwähnte Flächenspülung. Es entstehen also auf diese Weise flächenhafte Bodenarten, denen morphologisch trotz der Größe der Einzelelemente auch die oberflächlichen Lager firnisglänzender Kiesstücke der Serir zugezählt werden darf. Daneben nehmen die Schutthalden nur mäßige Räume ein. Da ihre Einzelelemente aber oft die Eigenfarben der Ursprungsgesteine auffallend zur Schau tragen, so stellen sie doch manchmal landschaftlich sehr wirkungsvolle Einzelheiten im Wüstenbilde dar. Und wo in Tafellandwüsten der Wind allen lockeren Verwitterungsschutt von den offenen Flächen weggetragen hat, da haben sich gelegentlich doch in Spalten kleine Ansammlungen von Bodenverwitterungsstoffen erhalten, die sich zuweilen durch besondere Eigenfarben landschaftlich noch auswirken, oder dadurch, daß eingewehte Pflanzensamen gelegentlich eines Regenfalls zum Leben erweckt werden, sich dem Auge erkennbar machen.

Überblicken wir die Steppen- und Wüstengebiete in betreff ihrer Böden, so müssen wir zugeben, daß ihre landschaftliche Rolle ebenso wie die Frage der Entstehung vielfach noch ungeklärt ist und weiterer Studien harrt.

Wo die Sonne an den Berghängen Zutritt zum Anstehenden während der Trockenzeit erhält, treten Insolationswirkungen in Kraft, und häufig läßt sich der Zerfall von Granit und anderen grobkristallinen Gesteinen beobachten. In solchen Fällen kann der Wind, der ja wegen des herabgesetzten Vegetationsschutzes ebenfalls Zutritt hat, feine Verwitterungsreste entführen, gröbere soweit in Bewegung setzen, daß sie abwärts rieseln oder rollen, wie man oft Gelegenheit hat zu beobachten. Wenn aber dennoch lockere Verwitterungsreste an Ort und Stelle verbleiben konnten, so entführt sie auf geneigtem Gelände sicher der erste Platzregen der beginnenden Regenzeit. Dichte Gesteine, wie etwa Basalt oder Andesit, erfahren kein so augenscheinlich verfolgbares Schicksal, aber in der Hauptsache ist der Erfolg doch ähnlich, während Kalke und Dolomite sich ganz verschieden verhalten und lediglich durch Anreicherung der durch die Lösung nicht betroffenen Verunreinigungen Boden bilden. So fallen denn auch diese Gesteine (ebenso wie im dauerfeuchten Gebiet) aus dem allgemeinen Schema der chemischen Verwitterung und der Formbildung heraus. Die physikalische Verwitterung durch Besonnung und — im Hochland — auch durch Spaltenfrost schafft aber auch groben Schutt, der, in die Flüsse geschwemmt, schließlich die zahlreichen Kiesbänke der aus diesen Gebieten stammenden Flüsse bildet, von denen oben die Rede gewesen ist. Soweit die physikalische Verwitterung bedeutsam ist, sind die morphologischen Eigentümlichkeiten der Gesteine ebenso deutlich nachweisbar wie in der gemäßigten Zone, daher auch die gleiche Gliederung der Oberflächenformen, die gleiche Seichtheit der Hangböden, in manchen Gegenden auch dieselben Schutthalden. Wohl tritt in der Regenzeit die chemische Verwitterung auf der ganzen Linie in Tätigkeit, aber an steilen Hängen ist oft der Boden so seicht, daß das Regenwasser nach Regenende rasch wieder verdunstet, während der größte Teil des Wassers abgeflossen ist, so daß also die chemische Verwitterung ihre Hauptwirksamkeit nur auf minder stark geneigtem Gelände mit tiefergründigem Boden entfalten kann. Vor allem gilt dies für die Niederungen, in die die Verwitterungserde der benachbarten Hänge hinabverfrachtet ist. Dort kann die chemische Verwitterung besonders

[1] Walther, J.: a. a. O., S. 34.
[2] Penck, W.: Der Südrand der Puna de Atacama, S. 53f. Leipzig 1920.
[3] Machatschek, F.: Düsseldorfer geogr. Vorträge 3, 84.

intensiv arbeiten, weil die Regenwasser sich hier anreichern und Sümpfe hervorrufen, die nur langsam in der Trockenzeit austrocknen. In der Trockenzeit bilden sich tiefe Trockenrisse aus, in die pflanzliche Stoffe hineinfallen und sich dem Boden beimischen, der damit oft stark humos wird. Entsprechend der verschiedenen Entstehungsweise ist auch oft der Hangboden ganz verschieden von den Böden der Niederungen, wie denn Vageler[1] von der Ugogosteppe berichtet, daß die Hänge Roterden, die Ebenen Bleicherden führen.

Wenn die rote Farbe der Roterden und Laterite den größten Teil des tropischen Afrika beherrscht, so ist in anderen Tropengegenden deren Verbreitung keineswegs so allgemein, wie denn in Mittelamerika im Wechselklimagebiet Roterden — abgesehen vom Kalkbereich — selten so hervortreten, daß sie landschaftlich durch die Eigenfarbe des Bodens zum Ausdruck kämen. Hat schon Hayes[2] festgestellt, daß in den offenen Landstrichen westlich des Nikaraguasees rote Tone fast vollständig fehlen und durch bläulich- oder bräunlichgraue bis schwarze Tone ersetzt sind, so kann der Verfasser aus eigenen Beobachtungen hinzufügen, daß in anderen Teilen der mittelamerikanischen Landbrücke im Gebiet des Wechselklimas solche graue Böden ebenfalls noch vorwiegen, daß aber daneben doch auch häufig braune, rote und andere Farbtöne vertreten sind, und zwar sind in den lichten Eichen- und Kiefernwäldern wesentlich häufiger rote Erden vorhanden als in den Grassteppen.

Tropengebiet.

Innerhalb der Tropen sind die hohen Temperaturen bei Anwesenheit genügender Feuchtigkeit der chemischen Verwitterung außerordentlich günstig, so daß diese bei dauernder starker Befeuchtung, wie sie in den regenfeuchten Tropenwäldern stattfindet, ungemein tief hinabreichen kann. Freilich werden Zahlen, wie sie aus den äquatorialen Gegenden Brasiliens berichtet werden, in größerer Entfernung vom Äquator nicht mehr erreicht, wie denn in Mittelamerika, wo C. W. Hayes gelegentlich der Vorarbeiten für einen Nikaraguakanal eine Reihe von Bohrungen in ca. 11° nördlicher Breite auf der atlantischen Seite im San-Juan-Tal niedergebracht und eingehend diskutiert hat[3], feststellen konnte, daß die Tiefe der Verwitterung an nahe benachbarten Stellen oft recht verschieden ist und im höchsten Fall 32 m, im geringsten 11,2 m betrug. Dabei reichte roter Ton 3—10 m tief, blauer, dessen Farbe auf das Fehlen oxydierender Stoffe zurückgeführt wird, etwas mehr, worauf eine Übergangszone weichen Gesteins zum harten überleitet. Diese Angaben stammen aber aus wenig geneigtem Gelände, während an steilen Hängen zweifellos sehr viel geringere Mächtigkeiten vorliegen werden. Immerhin kann man in vielen Fällen gelegentlich starker Rutschungen feststellen, daß bei Tiefen von mehreren Metern, wie sie an Ausbruchnischen erkennbar sind, oft das Anstehende noch nicht erreicht ist.

In den Gebieten, die einen Wechsel von Regen- und Trockenzeit zeigen, sind nur erstere Zeiten der chemischen Verwitterung noch ebenso günstig, während in der Trockenzeit vielfach die physikalische Verwitterung in ihr Recht tritt, aber freilich an der Oberfläche erst, wenn die Vegetation keinen ergiebigen Schutz gegen Sonnenstrahlen mehr bieten kann, und andererseits, wenn der vorhandene Boden ausgetrocknet ist, — das sind Dinge, die zur wesentlichen Verlängerung der Dauer der chemischen Verwitterung beitragen. Praktisch ist

---

[1] Vageler, P.: Ugogo, Vorbedingungen für die wirtschaftliche Erschließung der Landschaft Ugogo in Deutsch-Ostafrika. Beihefte zum Tropenpflanzer 13, Nr. 1/2 (1912).
[2] Hayes, C. W.: „Report of the Nicaragua Canal Commission 1897—1899". Baltimore 1899.
[3] Ebenda, S. 363—382.

physikalische Verwitterung in vielen Gegenden nur bei sehr seichten Böden wichtig. Spaltenfrost beginnt erst oberhalb 1800—2000 m für kürzere oder längere Zeit einzugreifen, ist also nur aufs Hochland beschränkt. Salzverwitterung kommt nur in den tropischen Wüsten vor; ihre Verhältnisse sind aber denen der subtropischen so ähnlich, daß sie hier nicht mehr gesondert behandelt zu werden brauchen.

Unsere Aufgabe vereinfacht sich also dahin, die Verhältnisse der dauernd befeuchteten und der wechselfeuchten Tropen nebeneinander zu betrachten.

In den durch eine lange Trockenzeit ausgezeichneten Gebieten ist der Vegetationsschutz gegen Sonne, Wind und Regen während dieser Zeit stark herabgesetzt, manchmal fast ganz ausgeschaltet, so daß in gewisser Hinsicht einige Ähnlichkeit mit den Verhältnissen der gemäßigten Gürtel besteht, nur daß dort

Abb. 90. Wechsel der Absatzlagen eines Ausbruchs (St. Vincent 1902). Aufnahme von E. Howe.

Mangel an Wärme, hier Mangel an Feuchtigkeit den erwähnten Einfluß auf die Pflanzenwelt ausübt.

Charakteristisch scheint für Wechselklimagebiete zu sein, daß die Hangböden sehr seicht, die Talböden sehr tiefgründig sind, was sich auch darin landschaftlich ausdrückt, daß die meisten Felder und Siedlungen auf die Gebiete tiefgründiger Böden beschränkt sind. Man darf übrigens annehmen, daß stellenweise die Tiefgründigkeit so weit geht, daß die Böden am Grund nie austrocknen, und daß darum dort auch während der Trockenzeit die chemische Verwitterung weitergeht.

Bemerkenswert ist, daß der Gesteinscharakter sich nicht nur in der morphologischen Ausgestaltung, sondern auch in der Farbe der Verwitterungsböden dieser Gebiete noch deutlich auszuprechen pflegt, und daß zuweilen sogar recht eigenartige Bodenfarben dabei sich zeigen, wie denn über Rhyoliten in Honduras nicht selten weiße Böden entwickelt sind.

Neben den eluvialen Böden sind Aufschüttungsböden verbreitet. Die wichtigsten Aufschüttungsböden vieler wechseltrockener Tropengebiete sind die vulkanischen Lockerböden, die sich landschaftlich nicht nur durch ihre hellen, oft weißlichen Farben, sondern auch vermöge ihrer meist großen Fruchtbarkeit durch besonders reichliche Bebauung und dichte Bevölkerung herausheben; nicht selten kommen auch (ebenso wie im Lößgebiet) Hohlwege durch animalische Erosion zustande und lassen damit schon von weitem die besondere Bodenart erkennen. Bei starken Ausbrüchen werden auch nichtvulkanische Gegenden oft mit Aschen und Lapillis bedacht, womit die betreffenden Böden einen Sondercharakter erhalten und gedüngt werden. Das erfolgt natürlich nur in derRichtung der gerade herrschenden Winde. Aber in Monsun- oder Passatgebieten sind ja die Windrichtungen so regelmäßig, daß man die begünstigten Geländestreifen ohne weiteres berechnen kann. Sind diese bei Monsunlandstrichen zweiseitig, so sind sie im Passatgebiet meist einseitig, es sei denn der Fall, daß die Ausbrüche so gewaltig wären, daß die Aschensäule über die Passatregion hinaus-

greift und vom Antipassat erfaßt wird, wie denn Barbados sowohl 1812 als 1902 von einer ansehnlichen Decke von Aschen der Soufrière von St. Vincent bedeckt worden ist. Außerdem werden aber vulkanische Stoffe häufig in großen Mengen von Flüssen oder Küstenströmungen verschleppt und verbessern dann die betreffenden Böden, während große Bimssteininseln monate-, selbst jahrelang auf dem Meere umhertreiben, bis ihre Elemente oft an ganz fernen Küsten stranden und sich den dortigen Böden einverleiben. Vielfach läßt dann die helle Farbe der Lapilli, die weiße der Bimssteine, die schwarze von Magnetitsanden die Eigenart solcher Böden erkennen. Manche vulkanischen Lockerabsätze werden durch Kieselsäure, die aus ihnen gelöst worden war, zu einer lockeren Art Sandstein (,,Talpetate" in Mittelamerika) verkittet und verleihen so dem Gebilde größere Festigkeit, die in stärkerem morphologischen Hervortreten sich äußerlich offenbart.

Abb. 91. Urwald mit Baumfarren am Kilimandscharo. (Aus Mitt. a. d. Dtsch. Schutzgebieten 1909.) Phot. Jager[1].

Gewöhnliche Fluß- und Meerabsätze erfolgen überall in den Tropen, ebenso wie in der gemäßigten Zone, und ihre landschaftliche Rolle ist dieselbe wie dort. Nur die Mangroven mit ihrem dunklen Laub und ihrer einförmigen Bestockung verraten schon von weitem die Eigenart brakischen Sumpfbodens. Allenthalben aber bringen die regelmäßigen Überschwemmungen großer Flüsse Erhöhungen des Alluvialbodens, oft in erheblichem Maße verwüstend oder düngend, je nach der Art der Überschüttung, mit sich. Im Savannen- und Steppenland aber verrät der Galeriewald weithin die Anwesenheit hochstehenden Grundwassers im Boden. Torfmoore fehlen auch in den Tropen nicht.

In den offenen Landschaften der Tropen sind während der Regenzeit in abgeschwächtem Maße dieselben Vorgänge zu beobachten wie im regenfeuchten Urwaldgebiet, also Erdfließen, gelegentliche kleine Schlammausflüsse, Rutschungen und dergleichen, aber sie treten wegen ihres bescheidenen Maßes weniger stark

---

[1] Vgl. auch S Passarge: Die Grundlagen der Landschaftskunde 2, Tafel 5. Hamburg 1919.

hervor und werden daher oft übersehen. Der wesentlichste äußere Unterschied gegenüber den Böden des Urwaldes beruht in der viel ungleichförmigeren Mächtigkeit des Bodenmantels, der ja, wie wir oben gehört haben, auch im dauerfeuchten Gebiet erhebliche Schwankungen der Dicke erleidet, aber doch nie an Hängen an die Seichtigkeit der Böden des Wechselklimas in gleicher Lage heranreicht.

Die Hauptursache für diesen Unterschied ist im ganzen Aufbau des Urwaldes zu suchen[1], dessen gewaltiges Blätterdach das Innere des Waldes machtvoll zusammenhält (Abb. 91), es gegen den unmittelbaren Anprall der schweren Regentropfen wie gegen Sonnenstrahlen und Wind schützt und dadurch bewirkt, daß innerhalb des Waldraums ständig sehr hohe Luftfeuchtigkeit, also auch geringe Verdunstung, herrscht, so daß der Boden selbst beim Eintreten einer kurzen Trockenzeit nie austrocknet, sondern immer feucht bleibt, höchstens daß die obersten Bodenflächen etwas aufkrümeln und standfest werden. Die Temperaturschwankungen sind im Innern des Waldes stets geringfügig, so daß keinerlei physikalische Verwitterung durch sie erzeugt wird, und solche höchstens dann und wann durch die mechanischen Einflüsse wachsender Wurzeln hervorgebracht werden kann. Alle Einrichtungen der Pflanzenwelt im inneren Waldraum laufen darauf hinaus, den Ablauf des Regenwassers zu verlangsamen und seine Wucht zu schwächen. In diesem Sinn arbeiten einerseits die Lianen und Luftwurzeln, die treppenhaft übereinander an schrägen Baumstämmen ausladenden Blätter von Klettergewächsen und sonstigen Pflanzen, andererseits das oft massenhaft auftretende Unterholz, ferner Moos und die ebenfalls reichliche Bodenstreu, während Zisternepiphyten und andere wassersammelnde Organe der Pflanzenwelt einen Teil de- Niederschlags überhaupt aus der unmittelbaren Zirkulation ausschalten und zudem durch die Verdunstung dieser offenen, wenn auch kleinen Wasserflächen, die Luftfeuchtigkeit immer hochzuhalten vermögen.

Die außerordentliche Gleichförmigkeit des Waldbinnenklimas bewirkt, daß alle der komplizierten chemischen Verwitterung unterliegenden Gesteine eine ungewöhnlich tiefgründige Verwitterung erfahren. Der Erfolg derselben ist ein Verwitterungsmantel ganz gleichförmiger Art bei verschiedenster Gesteinsunterlage, obgleich natürlich der erfahrene Kenner an gewissen Einzelheiten doch manchmal Rückschlüsse auf das Muttergestein machen kann, besonders, wenn er die herrschende Pflanzenwelt kennt und weiß, welche Palme — um zuerst eine besonders empfindliche Familie zu nennen — oder sonstige Pflanze als leitend für gewisse Böden zu gelten hat. Immerhin gibt es auch Gesteine, die wegen ihres abweichenden chemischen Verhaltens dieser Regel nicht gehorchen, sondern, wie in der Ausgestaltung der Landschaftsformen so auch in der des Bodens ihre eigenen Wege gehen, so der Kalkstein und Dolomit, deren Lösungsrückstände die Böden bilden, oder der fast unlösliche Quarzit, der aber schließlich doch mechanisch zerfällt.

Der Besitz eines mächtigen Verwitterungsmantels bewirkt, daß die Abtragung nur verwittertes Bodenmaterial zu erfassen vermag, indes in den offenen Tropengegenden oft noch frische Gesteinsmaterialien von den Hängen ins Tal verfrachtet werden und dort erst vollends verwittern. Er bewirkt aber auch weiter, daß der Verwitterungsvorgang ständig gleichmäßig weitergeht, da die Mächtigkeit des Bodenmantels so groß ist, daß die jahreszeitlichen Wärmeschwankungen, die in den Tropen ja sowieso gering sind, nicht hinabreichen. Er bewirkt aber auch, daß sehr bedeutende Wassermengen in ihm aufgespeichert werden können, wodurch wiederum das oberflächliche Austrocknen des Bodens erschwert wird. Der Wassergehalt des Bodens kann schließlich so groß werden, daß der Boden breiartig erweicht und zugleich an Volumen zunimmt und damit

---

[1] SAPPER, K.: Über die geologische Bedeutung der tropischen Vegetationsformationen. Habilitationsschrift, Leipzig 1900.

einen Druck gegen den die Erdmasse oben zusammenhaltenden Wurzelfilz ausübt. Wenn nun durch ein Erdbeben oder durch den inneren Überdruck ein
Riß im Wurzelfilz des Waldes entsteht, so quillt entweder die dünnflüssige Erdmasse heraus und fließt oberflächlich über die vorhandene Vegetation hinweg
bergabwärts, wonach häufig die Wege so lange gesperrt bleiben, bis die dünn-
breiige Masse mechanisch wieder weggeschaufelt oder vom Regen weggeschwemmt
worden ist. Oder aber es bricht ein breites, ziemlich tiefgreifendes Stück des
Bodenmantels aus und die Masse setzt sich hangabwärts in Bewegung, wobei
aus der Nachbarschaft vielfach noch Nachschub kommt. Jedoch hat es der
Verfasser nie gesehen, daß bei solchen Rutschungen Erdflüsse erfolgt wären,
weshalb er glaubt, daß die tropischen Erdflüsse nur an Stellen ganz besonderer
Wasserdurchtränkung auftreten, ja es erscheint ihm sogar möglich, daß sie z. T.

Abb. 92. Durch Bodenfluß bedingtes treppenartiges Absetzen von Rasenstellen
(Guatemala, Ruckengebirge, ca. 3000 m). Aufnahme von Le Grand.

an Stellen subsilviner Wasserläufe auftreten, denn als er 1899 an der Bahnlinie
Puerto Limon - San José in Costarica an einem Bahneinschnitt das Abwärts-
fließen des Schlamms mit eigenen Augen beobachtete, da erfolgte es nur auf
einem schmalen Streifen so stark, daß man die Weiterbewegung unmittelbar feststellen konnte, und es war zu sehen, daß hier der Schlamm in solcher Menge unter
dem Wurzelfilz des Waldes hervorgekommen war, daß dieser auf kurze Entfernung
sich herabgesenkt hatte, da er nun nicht mehr von unten her gestützt war.

Im Gebiet des regenfeuchten Tropenwaldes erfolgt die Abtragung größeren
Stils lediglich im Bereich des Verwitterungsmantels, was zur Folge hat, daß
bis zu einem gewissen Grad selbst die Oberflächenform des Geländes
durch die Gestaltung der Bodendecke bedingt wird, wie wir an dem
früher erwähnten Beispiel der Zuschärfung eines Bergrückens zum Grat durch
gegenständige Rutschungen gesehen haben. Ja, der Verfasser glaubt, daß die im
Urwaldgebiet so häufigen Rückenformen großenteils dadurch ihre Form erhalten,
daß bei der Verwitterung eben die Kanten des unterliegenden Gesteins durch die
Verwitterung gerundet worden sind. Freilich meint Behrmann[1], daß die Run-

---

[1] Behrmann: Dusseldorfer geogr. Vorträge 3, 6.

dung der Kämme in solchen Gebieten vielfach nur durch die Vegetation vor-
getäuscht würde; aber so gewiß das vorkommen kann, so gewiß ist auch in manchen
Gegenden nicht die scharfe Zuschärfung die Regel, wie sie BEHRMANN so anschaulich aus Neuguinea beschrieben hat, sondern gerundete Kämme, schmale
Rücken. Die Ursache für solche Verschiedenheiten sieht der Verfasser in den
Beziehungen zwischen dem Flußnetz und der Höhe der die einzelnen Täler
scheidenden Bergzüge gegeben, insofern die Rutschungen sich schneiden und
scharfe Gräte erzeugen müssen, wenn die Flußläufe sehr nahe beieinanderliegen
und tief eingeschnitten sind.

Abb. 93 [1]. St. Vincent. 4 Tage nach dem Ausbruch.

Rutschungen innerhalb des Bodenmantels sind nach schweren Unwettern
so häufig, daß man manchmal eine ansehnliche Zahl enge beisammen beobachten
kann und daraus schließen darf, daß sie in vielen Fällen die Gleichmäßigkeit
der Hangböschungen bewirken, die uns in den feuchten Tropen so auffallen.
Freilich kommen daneben auch Bergstürze vor, die das Anstehende in Mitleidenschaft ziehen, wie andererseits durch MACDONNALDS [2] Studien am Panamal-
kanal festgestellt worden ist, daß auch erweichte anstehende Mergel und Tuffe
Rutschungen und selbst Aufquellungen von unten her erfahren können. Aber
die Hauptabtragung erfolgt doch innerhalb des Bodenmantels. Daneben hat
aber die oberflächliche Abtragung durch Abspülung ebenfalls bedeutende Erfolge. Das bemerkt jeder Reisende, der bei starkem Platzregen im Urwald
wandert, denn in wenigen Minuten ist der Fußpfad auf geneigtem Gelände zum
Wildbach geworden, dessen braune oder rote Fluten große Mengen Erdreichs

---

[1] Zu S. 245, 1. Absatz.   [2] Besprochen von LUTZ, O.: Pet. Mitt. 1916.

mit sich führen. Daß die Menge des abgespülten Erdreichs bedeutend sein muß, erkennt man an der großen Zahl bloßliegender Wurzeln, an den Stelzwurzeln der Bäume mancher Gebiete, an dem Sinkstoffreichtum der rasch anschwellenden Bäche und Flüsse. Die Menge von Sinkstoffen, die bei schweren Regen in Bewegung gesetzt werden und die nun dem Meere zustreben, ist so groß, daß Guppy[1] von den Salomonen berichtet, daß nach einem Platzregen das Meer bis auf eine Entfernung von einer halben Meile rings um die Insel trüb geworden war.

Trotz dieser Tatsachen kann man annehmen, daß das Bodenkapital der regenfeuchten Urwaldgebiete annähernd erhalten bleibt, da dem Abgang wohl ein ungefähr gleicher Zugang durch Weiterverwitterung entsprechen dürfte, wenn der Waldschutz ihm erhalten bliebe. Das ist aber in vielen Fällen nicht so, weil der Mensch durch Abholzen große Strecken Waldes vernichtet. Freilich ist der feuchte Wald der Tropen insofern vor dem Wald der gemäßigten Gebiete sehr bevorzugt, daß er durch Grasbrände und andere ungehütete Feuer nicht in Brand gesteckt werden kann. Wenn der Mensch Stücke des Urwaldbodens bebauen will, so muß er vielmehr den Wald auf der betreffenden Fläche niederschlagen und die gefällten Bäume mehrere Wochen trocknen lassen, ehe sie abgebrannt werden können. Leider wird aber durch das Abbrennen der größte Teil des Humus und auch der Bodenbakterien zerstört und damit der Boden schwer geschädigt. Außerdem wird durch die Erhitzung die Löslichkeit wichtiger organischer und anorganischer Substanzen hervorgerufen und damit dem Auswaschen der Böden angesichts der großen fallenden Regenmengen Tür und Tor geöffnet, so daß die Düngung durch die Pflanzenasche daneben wenig ins Gewicht fällt. Dazu kommt, daß nach der Entfernung des Walddachs der Boden durch die Sonnenstrahlen erhitzt wird, womit die Löslichmachung verschiedener Substanzen fortgeht, also der Prozeß der chemischen Verschlechterung des Bodens sich fortsetzt. Außerdem wird nun dem Wind Zutritt gegeben und damit die Austrocknung begünstigt, und schließlich kann nunmehr der Regen unmittelbar auf den Boden anprallen und weit stärkere Abtragung als zuvor bewirken.

Wenn ein Stück Urwald inmitten einer größeren Waldfläche in der genannten Weise gerodet und nur ein- oder zweimal zum Anbau benützt wird, so heilt der Wald in regenreichen Gegenden rasch wieder aus. Wenn aber ein Feldstück am äußersten Rand des Waldes am Saum einer Steppe gerodet wird, so wird das Stück nach kurzer Benutzung zur Steppe. Wenn aber zwar innerhalb eines Waldes, aber in häufiger Wiederholung ein Feld angelegt worden war, so wächst kein Wald mehr nach, sondern der Boden ist dann oft schon so verdorben, daß nur mehr Farnkrautdickichte (Yucatan) oder Grasfluren (Kolombia, Alang-Alang in der Südsee) oder sonstige dürftige Formationen nachwachsen und ein Aufforsten nicht mehr möglich ist. Manchmal ist auch die Bodendecke schon bis auf einen dünnen Belag weggeschwemmt, so daß solche Flächen nur mehr als armselige Viehweiden benutzt werden können.

Da nun in den feuchten Tropenländern der Urwald neuerdings in geradezu erschreckendem Grade zurückgedrängt wird und damit weite Flächen guten Bodens verwüstet werden, so fragt es sich, ob nicht im Interesse der späteren Nahrungsversorgung der sich übervölkernden Gebiete der gemäßigten Zonen ein wirksamer Schutz für den Waldboden und ein systematisches Wiederheilen der verdorbenen Böden erreicht werden könnte? So wie diese Ländereien jetzt sind, sind sie nur mehr sehr wenig nütze, und sie wieder nutzbar in größerem Stil zu machen, läge nicht nur im eigensten Interesse der betroffenen Länder, sondern auch der ganzen Menschheit!

---

[1] Guppy: The Solomons Islands. London 1887.

6. Die Böden Deutschlands.

Von H. STREMME, Danzig.

Mit 10 Abbildungen.

a) Die Entwicklung der regionalen Bodenlehre in Deutschland.

Allgemeine Übersichtskarten.

Die regionale Bodenlehre Deutschlands hat während der sechziger Jahre des vorigen Jahrhunderts eine bedeutsame Entwicklung in Preußen gehabt. Durch das Gesetz vom 21. Mai 1861 betreffend die anderweitige Regelung der Grundsteuer, wurde eine einheitliche Bonitierung des ganzen Landes veranlaßt, die auf Grund einer bewunderungswürdigen Organisation bereits am 1. Januar 1865 „bis auf geringe Vorbehalte"[1] fertig war. Seitdem wird in Preußen nach dieser Schätzung die Grundsteuer erhoben, erst die in Arbeit befindliche neue Einheitsbewertung im ganzen Deutschen Reiche[2] soll sie ablösen.

Es wurde für die Steuerveranlagung der verhältnismäßige Reinertrag ermittelt, der nicht allein vom Boden abhängt, sondern noch von zahlreichen anderen natürlichen und wirtschaftlichen Bedingungen. „Indes kamen schon dem Grundgedanken der Reinertragsermittlung nach vorwiegende Rücksichten auf die Bodenbeschaffenheit zur Geltung, denn die Schätzung sah grundsätzlich von allen Zufälligkeiten des zeitigen Betriebes und von aller Zugehörigkeit zu anderen Grundstücken ab und sprach lediglich denjenigen Reinertrag aus, der nach der Gesamtheit der Eigenschaften des Bodens und den allgemeinen Verhältnissen der örtlichen Lage durchschnittlich und dauernd bei gewöhnlicher Bewirtschaftung erwartet werden darf[3]." Die ausschlaggebende Rolle der Bodeneigenschaften war dadurch verursacht, daß als Schätzungsbezirke die Landkreise mit ihren verhältnismäßig kleinen Grundflächen ausgewählt wurden. Innerhalb dieser kleinen Bezirke treten für die Unterschiede des Reinertragswertes alle Rücksichten auf Klima, Bevölkerung, Verkehr, Preis der Produkte und des Geldes und ähnliche Bedingungen des Ertrages gegen die örtliche Bodenbeschaffenheit wesentlich in den Hintergrund. Der Bodenbewertung zugrunde gelegt wurde eine Einteilung nach höchstens je 8 Bonitätsklassen der Kulturarten, als welche unterschieden wurden: Ackerland, Gärten, Wiesen, Weiden, Holzungen, Wasserstücke und Ödland. In jedem Kreise wurden durch eine Kommission auf Begehungen die in die einzelnen Tarifklassen einzureihenden Bodengattungen der verschiedenen Kulturarten festgestellt und darauf Musterstücke ausgewählt, welche nach ihrer Beschaffenheit und Ertragsfähigkeit mit den übrigen Liegenschaften verglichen werden konnten[4].

An Bodeneigenschaften wurde eigentlich alles ermittelt, was man nach dem damaligen Stande der Bodenerkenntnis für ermittelnswert halten konnte. In den Beispielen, die MEITZEN im 9. Kapitel „Die örtliche Beschaffenheit des Kulturbodens"[5] gibt, erscheinen als die besten Bodeneigenschaften die folgenden: milder, humusreicher Lehmboden oder Dammerde von mindestens $2\frac{1}{2}$ Fuß Tiefe, durchlassendem Untergrund von gelblichem Lehm bei fehlerfreier Lage.

---

[1] MEITZEN, A.: Der Boden und die landwirtschaftlichen Verhältnisse des preußischen Staates 1, Vorwort. Berlin 1868.

[2] ROTHKEGEL, W., u. H. HERZOG: Das Verfahren der Reichsfinanzverwaltung bei der Bewertung landwirtschaftlicher Betriebe. Ber. Landw. (Berlin), N. F. 10, Sonderheft (1928).

[3] MEITZEN, A.: a. a. O., S. 212.

[4] MEITZEN, A.: a. a. O., S. 37, 38.

[5] MEITZEN, A.: a. a. O., S. 211—300.

Je nach dem Abstande von diesem bis zu reinem trockenen Sande, schwarzem moorigen Sande, steinigem Gebirgsboden fast ohne Krume usw., wurde die Abstufung der Böden vorgenommen und die Bodenklassen durch die übrigen, den Reinertrag beeinflussenden Eigenschaften ergänzt, in die 8 Klassen der Kulturarten, also Acker-, Wiesen-, Forstklassen usw. umgewandelt. Da die einzelnen Kreise aber eine selbständige Bonitierung hatten und in jedem die achtklassige Einteilung vorgenommen wurde, so entsprechen die 8 Klassen einander nicht. Erst die Berechnung der geldlichen Reinerträge, die in den damals herrschenden Silbergroschen erfolgte, und insbesondere der Vergleich der Kreise untereinander ergab die Gesamtklassifikation. Die Ergebnisse für jedes Grundstück wurden zu Katasterkarten, meist im Maßstabe 1 : 5000, zusammengestellt, diese zu Kreiskarten und schließlich zur Übersichtskarte des ganzen Landes. A. Meitzen hat diese gemeinsam in dem Atlasbande des vorgenannten Werkes veröffentlicht.

Noch 17 weitere Karten des Preußischen Staates im Maßstabe 1 : 3 000 000 hat A. Meitzen dazu gestellt. Tafel IV zeigt die Verbreitung der Hauptbodenarten, und zwar nach folgendem Einteilungsprinzip:

Günstige Lehm- und Tonböden, besonders Höhenlage des Flachlandes	786,5	Quadratmeilen =	15,8 %
Lehm- und Tonböden der Flußniederungen	235,2	,, =	4,7 %
Ungünstige Lehm- und Tonböden, besonders Gebirgsböden	381,5	,, =	7,7 %
Lehmiger Sand- und sandiger Lehmboden	1708,6	,, =	34,4 %
Sandboden	1493,5	,, =	30,0 %
Moorboden	260,7	,, =	5,2 %
	4866,0	Quadratmeilen	
Wasserflächen:	107,5	,, =	2,2 %
Quadratmeilen:	4973,5	Quadratmeilen =	100,0 %

Ferner sind die Kalk- und Mergellager im Boden mit 116,7 Quadratmeilen angegeben.

Diese Karte ist nicht aus denen der Bonitierung direkt gewonnen, sondern die Veranlagungskommissionen der Kreise hatten nach dem Abschluß der Schätzungen die Bodenarten in Karten von mindestens 1 : 250 000 Maßstab nach folgendem Schema einzutragen[1]: Lehm auf der Höhe, Lehm in den Flußniederungen, grauer Lehm (Ton) auf der Höhe, grauer Lehm (Ton) in den Flußniederungen, sandiger Lehm und lehmiger Sand, Sand, Moor, Wasserflächen; darunter Kalklager.

Die Einteilung ist mehr praktisch als wissenschaftlich. Günstig und ungünstig sind sehr relative Begriffe. Man kam nicht auf mehr absolute Werte und bestimmtere Benennungen. Wenn man die Verbreitung der günstigen Lehm- und Tonböden mit der gegenwärtig bekannten der Bodenentstehungstypen vergleicht, so sind unter jenen zusammengefaßt, z. B. die echten Steppenschwarzerden der Provinz Sachsen mit den degradierten Schwarzerden und braunen Waldböden Niederschlesiens, der Uckermark, des Kulmer Landes usw. und mit den mehr normalen schwach podsolierten Waldböden in Hinterpommern, Ostpreußen, Posen und anderswo. Dagegen sind die gewöhnlichen sandigen Lehm- und lehmigen Sandböden im allgemeinen mehr mit den normalen podsoligen Waldböden der verschiedenen Stärkegrade, z. T. auch noch mit den stärker podsolierten braunen Waldböden in Übereinstimmung zu bringen. Die Sandböden sind im Gebiet der Jungmoränen (etwa Ostelbien) hauptsächlich die Sande und

---

[1] Meitzen, A.: a. a. O., S. 187.

z. T. die Talsande des diluvialen Inlandeises, in Westelbien, wenigstens in dessen nördlichen Bezirken, auch die sandige Bodenbildung der Altmoräne. Zumeist handelt es sich bei den Sandböden der Höhe wohl um podsolige Typen, der Talzüge mehr um Grundwassertypen. Die ungünstigen Lehm- und Tonböden Ost- und Westpreußens sind nicht eigentlich Gebirgsböden, sondern steinreiche Grund- und Endmoränenböden, in Schlesien mehr echte schuttreiche Gebirgsböden, desgleichen im Harz und in den rheinisch-westfälischen Schiefergebirgen, wenn auch hier z. B. die mehr ebenen Böden des Hunsrücks mit dazu gerechnet sind.

Die Verbreitung der Hauptbodenarten ist flächenartig und nicht nach Kreisen angegeben. Infolgedessen läßt sie sich nicht ganz zutreffend mit den übrigen wirtschaftlichen Karten des Atlasses, z. B. der des durchschnittlichen Grundsteuerreinertrages der Gesamtfläche nach Kreisen vergleichen, die hierin in verschiedenen Erträgen zu Durchschnittswerten ausgeglichen sind. Wenn man von den Stadtkreisen Köln, Münster und Berlin absieht, so sind die Kreise mit den höchsten durchschnittlichen Erträgen Magdeburg mit 191, Münster mit 179, Grevenbroich mit 170, Jülich mit 159 Silbergroschen auf dem preußischen Morgen ($^1/_4$ ha). Von diesen hat Magdeburg hauptsächlich den günstigsten Lehm- und Tonboden, Münster und Grevenbroich solchen nur etwa bis zur Hälfte und Jülich noch bedeutend weniger. Die übrigen günstigen Lehm- und Tonböden kommen bis in Kreisen vor, die nur 34—45 Silbergroschen, ja noch unter 20 Silbergroschen Reinertrag haben, wobei bisweilen ihr Anteil an den günstigen Böden nicht kleiner ist als im Kreise Jülich. Hier machen sich außer der Zusammenfassung zu Kreisdurchschnitten noch die Besiedlungsdichte, Verkehrsverhältnisse, Absatzmöglichkeiten usw. in den Zahlen bemerkbar.

Tafel XV des Kartenwerkes zeigt den Grundsteuerreinertrag der Holzungen auf den preußischen Morgen. Es ist bemerkenswert, daß hierbei die höchsten Reinerträge in den Holzungen der Städte Magdeburg mit 87 und Halle mit 111 Silbergroschen zu finden sind, die im Gebiete der Steppenschwarzerde liegen. Ganz allgemein hat die höchsten Reinerträge der Holzungen außer ihnen noch der Boden des Kreises Jülich, über welchen dem Verfasser zur Zeit nichts Näheres bekannt ist. Die Kreise des höchsten Reinertrages der Forsten haben allerdings unter 10 % an Holzungen, so daß der Mangel an Holz seinen Preis hochgetrieben haben dürfte.

Die übrigen Tafeln behandeln die politische Einteilung und Geschichte der territorialen Entwicklung, die Höhenlagen, das Verhältnis der Einwohnerzahl, die Religions- und Sprachverschiedenheit, die Prozentanteile der Früchte tragenden Fläche, die Prozentanteile der Forsten, den Pferdebestand, den Rindviehbestand, den Schafbestand. Im ganzen kann man von der Bodenkarte sagen, daß ihre Aufnahmen an sich die genausten und gleichmäßigsten sein dürften, die bisher überhaupt zu einer Übersichtskarte verwertet worden sind. Es ist nur bedauerlich, daß damals die wissenschaftliche Bodenkunde nicht weit genug war, um den kartierenden Bodenpraktikern eine den Vergleich ermöglichende, wissenschaftliche Kennzeichnung der Böden zu geben.

Die allmählich in Vergessenheit geratene Bodenkarte A. MEITZENs ist durch P. KRISCHE[1] später wieder zum Leben erweckt und für das ganze Deutsche Reich in seinem Vorkriegsumfange ergänzt worden. Seit 1907 hatte P. KRISCHE[2] in der von ihm redigierten Zeitschrift des Kalisyndikates die Karten A. MEITZENs nach Provinzen zerlegt und zum Maßstabe 1:1800000 vergrößert gebracht,

---

[1] KRISCHE, P.: Die Verteilung der landwirtschaftlichen Hauptbodenarten im Deutschen Reiche. Berlin: Paul Parey 1921.
[2] KRISCHE, P.: Ernährg. d. Pflanze, Berlin seit 1906.

ergänzt durch die genauere Angabe der Moore nach der Karte des Vereins zur
Förderung der Moorkultur im Deutschen Reiche und durch das Mithineinnehmen
der zwischen den Provinzen liegenden anderen Bundesstaaten, ferner der von
Meitzen nicht angegebenen Provinzen Schleswig-Holstein, Hannover und Hessen,
welche 1861 noch nicht zu Preußen gehörten, und der übrigen Bundesstaaten[1].
P. Krische hat damit gewissermaßen die erste Bodenkarte Deutschlands geschaffen. Er ist sich der Mängel der Meitzenschen Karteneinteilung wohl bewußt
und sieht auch klar, wo die Ergänzung und Verbesserung seiner Karte zu finden
ist. Er sagt darüber in der Einleitung seines Werkes[2]: „Die Verwaltungen verschiedener Länder, so des europäischen Rußlands, haben es sich angelegen sein
lassen, über die Verteilung der landwirtschaftlichen Hauptbodenarten Übersichtskarten zu veröffentlichen, welche sowohl für die Interessenten der Bodenkunde,
wie für alle praktischen Landwirte und diejenigen, die sich mit landwirtschaftlichen Problemen befassen, von großer Bedeutung sind. Die bisher beste Ausführung einer Bodenkartierung wurde 1900 von Rußland veröffentlicht. Diese Bodenkarte des russischen Reiches mit Ausnahme der asiatischen Besitzungen gibt
einen sehr guten allgemeinen Überblick über die Hauptbodenarten des europäischen Rußlands. Neben dieser Aufnahme besteht noch eine genaue Zusammenstellung der Böden von Kongreßpolen (Königreich Polen), d. h. der
dem ehemaligen Zarenreiche zugehörenden polnischen Gebietsteile, die von
S. Miklaszewski[3] nach eigenen Untersuchungen ausgeführt ist. Diese Karte,
welche Bodengesteinsarten und Bodenentstehungstypen z. T. vereinigt, bildet
wohl die beste einheitlich durchgeführte, ein größeres Gebiet betreffende bodenkundliche Aufnahme, welche wir überhaupt besitzen. Vom Deutschen Reiche
ist eine solche einheitliche Bodenkarte leider noch nicht hergestellt worden.
Allerdings ist für Preußen und Thüringen durch die Preußische Geologische
Landesanstalt eine sehr gründliche und vorzügliche Bodenaufnahme in Arbeit,
die in einem Maßstabe von 1 : 25000 in 2000 Blättern eine in dieser Art einzig
dastehende Darstellung des preußisch-thüringischen Bodens hinsichtlich seines
Untergrundes und der Beschaffenheit seiner Ackerkrume gibt." Die übrigen
geologischen Landesanstalten des Deutschen Reiches sind Preußen darin gefolgt.

Zu der Meitzenschen Darstellungsart sagt P. Krische, er habe sie genommen, weil keine andere bisher dagewesen sei und „ein zunächst noch un-
zulänglicher Versuch besser ist als ein leeres Nichts"[4]. Ohne Zweifel hat Krisches
Karte durch den besseren Maßstab, die Verwendung der genaueren Moorkarte und
die Ausdehnung auf das ganze Reich gegenüber der Karte A. Meitzens bereits
gewonnen. Sie gibt schon Vorstellungen von den Hauptbodenarten im Deutschen
Reiche, und gewisse „Nur-Praktiker"! wollen im Gegensatze zu P. Krische überhaupt nichts anderes haben. In einem besonders herausgegebenen Sammel-Karten-
werk[5] sind an Karten des Deutschen Reiches vorhanden außer seiner eigenen
H. Stremmes Skizze[6] der Verbreitung der Bodentypen in Deutschland, E. Scheus

---

[1] Provinz Sachsen und Anhalt 1907, Posen 1907, Schlesien 1910, Württemberg 1910,
Thüringen 1912, Ost- und Westpreußen 1913, Westfalen 1913, Schleswig-Holstein 1916,
Moorkarte 1916, Brandenburg 1916, Pommern 1917, Königreich Sachsen 1917, Württem-
berg 1917, Rheinprovinz 1918, Mecklenburg 1918, Elsaß-Lothringen 1919, Baden 1919,
Provinz und Freistaat Hessen-Lippe, Waldeck 1919, Deutsches Reich 1919.

[2] Krische, P.: a. a. O., S. 72.

[3] Miklaszewski, S.: Ernährg. d. Pflanze 1911, Nr. 23.

[4] Krische, P.: a. a. O., S. 9.

[5] Krische, P.: Bodenkarten und andere kartographische Darstellungen der Faktoren der landwirtschaftlichen Produktion verschiedener Länder. Ein Beitrag zur neu-
zeitlichen Wirtschaftsgeographie, S. 180—231. Berlin 1928.

[6] Stremme, H.: Grundzüge der praktischen Bodenkunde, Taf. 10. Berlin 1926.

Karte der Nährflächen Deutschlands[1], die Karten des phänologischen Reichsdienstes der Biologischen Reichsanstalt Berlin-Dahlem, entworfen von E. WERTH[2], welche die Klimabezirke Deutschlands, ihr Verhältnis zur Waldwirtschaft, eine Klimagliederung auf floristischer Grundlage, Temperaturverteilung und Klimagliederung zum Gegenstande haben, die Regenkarte H. HELLMANNS, R. WEGENERS Klimaprovinzen Deutschlands, W. SCHMIDTS Karte der vorherrschenden Winde in Deutschland und seine Klimaprofile, ferner P. KRISCHES Karte der verschiedenen landwirtschaftlichen Wirtschaftszonen Deutschlands 1926, Karten der Durchschnittserträge an Winterroggen und Sommergerste 1924 und an Kartoffeln und Zuckerrüben 1926. Auch mehrere Karten von Europa, die Bodenskizze E. RAMANNS, nach der Darstellung in E. RAMANNS Bodenkunde von 1911, die vom Verfasser zusammengestellte Bodenkarte der Internationalen Bodenkundlichen Gesellschaft 1927[3] und die Klimakarte Europas nach dem N-S-Quotienten A. MEYERS[4] lassen sich für die Darstellung des Deutschen Reiches mit heranziehen, alles in allem eine reichhaltige neue Materialsammlung zur regionalen Bodenlehre Deutschlands und ihrer nächsten Hilfswissenschaften.

Auf der Karte der Hauptbodenarten hat KRISCHE noch eine Änderung der Bezeichnungsweisen gegenüber derjenigen von MEITZEN vorgenommen. Die Sandböden werden als leichter, die lehmigen Sand- und sandigen Lehmböden als mittlerer, die günstigen Lehm- und Tonböden als günstiger schwerer Boden bezeichnet, die Lehm- und Tonböden der Niederungen (Marschböden) ebenfalls als günstiger schwerer Boden, aber mit etwas anderer Schraffur, die Kalk- und Mergelvorkommen im Untergrunde als schwere Böden schlechtweg (Kalkboden)[5], die ungünstigen Lehm- und Tonböden, besonders Gebirgsböden, als ungünstiger schwerer Boden (Gebirgsboden)[6] gekennzeichnet. Nur der Moorboden ist als solcher belassen worden.

Die geologischen und geologisch-agronomischen Karten der deutschen geologischen Landesanstalten werden zwar von P. KRISCHE[7] im Text erwähnt und zitiert, aber nicht weiter benutzt. In dem langen Zeitraum zwischen dem Erscheinen der Karte MEITZENS (1868) und ihrer ersten Wiederaufnahme durch KRISCHE (1907) beherrschte die regionale Bodenkunde Deutschlands durchaus die geologische und geologisch-agronomische Karte.

Die geologisch-agronomische Richtung.

Bereits bei Abfassung des 1. Bandes des MEITZENschen Werkes über den preußischen Staat war eine Anzahl von geologischen oder geognostischen Karten der verschiedenen Teile Preußens und der übrigen deutschen Staaten vorhanden. A. MEITZEN[8] gibt eine Zusammenstellung von ihnen. Fast alle zeigen aber nur die eigentlichen geologischen Schichten und sind „abgedeckt". Die auf den Schichten liegenden Deckgesteine, Schuttmassen, Bodenbildungen fehlen. Eine Ausnahme machen die Karten des „Schwemmlandes", des norddeutschen Flach-

---

[1] Wandkarte im Verlage von R. Scheu, Berlin.
[2] WERTH, E.: Klima -und Vegetationsgliederung Deutschlands. Mitt. biol. Reichsanst. Berlin **33** (1928).
[3] Im Verlage der Preuß. geol. Landesanst. 1927.
[4] MEYER, A.: Chem. Erde (Jena) **2**, 210ff. (1926).
[5] Die Kalk- und Mergelvorkommen des Untergrundes sind zumeist noch mit anderen Gesteinen bedeckt, auf denen erst der Boden entsteht, so daß sie zumeist keine „Kalkböden" haben.
[6] Die Gebirgsböden sind weit mehr durch ihre Gesteinsbrocken und -trümmer als durch Lehm- und Tongehalt ausgezeichnet.
[7] KRISCHE, P.: Hauptbodenarten usw., a. a. O., S. 7, 8, 79.
[8] MEITZEN, A.: a. a. O., S. 162, 163.

andes, von denen aber erst wenige erschienen waren. Die erste war die Karte der Berliner Gegend von R. v. Bennigsen-Förder[1], in deren Erläuterung auch bereits auf die Bedeutung solcher Karten für die Landwirtschaft hingewiesen ist. Insbesondere wurde dadurch das Aufsuchen von Kalk- und Mergellagern erleichtert. Diese Karte von Bennigsen-Förder hat in hohem Grade zu der obenerwähnten kartographischen Festlegung der Bodenarten auf den besonderen Kreisbodenkarten Veranlassung gegeben.

Während der großen Bonitierungsarbeit erschien dann die Bodenkunde F. A. Fallous[2], welche zum ersten Male systematisch die aus den verschiedenen Gebirgsarten hervorgegangenen Kulturböden betrachtete. Er unterschied zwischen Grundschutt- und Flutschuttböden, jene aus dem anstehenden Gestein entstanden und an Ort und Stelle geblieben, diese aus früheren Böden zusammengeschwemmt und selbst wieder zu Böden geworden. Über seine Beobachtung der Grundschuttböden der festen Gesteine mögen hier einige Angaben folgen. Die Granitböden[3] der eigentlichen Gebirge sind zumeist wenig fruchtbar. Die Kuppen und Abhänge sind oft mit zahllosen Blöcken überstürzt[4], so daß nur Forstkultur möglich ist. An Berglehnen findet sich dürftiger Grus von nur wenigen Zentimetern Mächtigkeit mit im ganzen nicht mehr als 30% Feinerde unter 2 mm Korngröße. In den Gesenken und Talgründen nimmt sie bis 50 bis 65% zu, doch handelt es sich auch hierbei meist um wenig zersetzten, nur zerkleinerten Granit. Wo die Granitgebirge nach der Ebene zu auslaufen und unter die Diluvialschichten untertauchen, sind sie[5] zu einem feinkörnigen gleichartigen, mehlig abfärbenden Material zersetzt (Granit-Kaolin!). Gneiß und Glimmerschiefer verhalten sich ähnlich, nur ist die Bodenkrume noch schwächer, enthält aber mehr Feinerde. Die Bruchstücke (Skeletteile) sind scharfkantiger und zackiger. Felsitporphyr bildet teils dem Granit, teils mehr dem Gneiß entsprechende Bodenbildungen, je nach der Absonderungsform derselben. Wo Moore auf den Gesteinen dieser Gruppe liegen, wird bis auf größere Tiefe ein feinkörniger, derber, ziemlich fester Lehm gebildet, der zu Ziegeln gebrannt werden kann. Die Grünsteine[6] (Diabas, Gabbro) geben auch flachgründige, aber doch ergiebige Böden. Die körnigen zerfallen leichter als die dichten. Die Farbe des Bodens ist gelb oder gräulich-braun, auch weißgefleckt. Die Krume ist bindig, die Gesteinstrümmer sind eckig. Der Serpentinboden ist feucht eine klebende, schmierige, grobkörnige Masse, ausgetrocknet schwindet er und bekommt Risse, durch den Frost wird er zu lockerem Staub. Er brennt leicht aus und enthält wenig Pflanzennährstoffe. Die kegel- und dachförmigen Berge der Melaphyr- und Basaltgesteine[7] stehen in der Regel kahl und wüst, ihre steilen Abhänge sind mit Blöcken und Säulentrümmern bedeckt, zwischen denen ein schwarzer zäher Boden eine im Verhältnis zu der geringen Masse sehr üppige Waldvegetation gestattet. In Tälern ist der zusammengeschwemmte Boden in feuchtem Zustande äußerst zäh und wirft hinter dem Pfluge schliffige, glänzende Schollen, trocken ist er steinhart. Trocken gelblich oder gräulichbraun, feucht schwarzbraun, ist er einer der ergiebigsten Ackerböden, hält sich lange feucht und ist seiner dunklen Farbe wegen warm. Die Lavaböden[8] der Eifel bilden in der

---

[1] Bennigsen-Förder, R. v.: Die geognostische Karte der Umgegend von Berlin. Mit Erläuterungen. Berlin 1843.

[2] Fallou, F. A.: Pedologie oder Bodenkunde. Dresden 1862.

[3] Fallou, F. A.: a. a. O., S. 274.

[4] Oft sind auch fester zusammenhaltende Gesteinspartien, als Felsmassen, Wollsäcke usw., ohne eigentliche Bodenbildung herausgewaschen.

[5] Unter dem Einfluß der tertiären Braunkohlenwässer!

[6] Fallou, F. A.: a. a. O., S. 336.   [7] Fallou, F. A.: a. a. O., S. 331, 342.

[8] Fallou, F. A.: a. a. O., S. 441.

Oberlage einen losen, schüttigen Sand, der viel Feuchtigkeit erfordert, aber tragfähig ist. Er besitzt bis etwa 40% Feinerde und gleicht dem Heideboden. Die Tonschiefer[1] zerfallen leicht zu losem Gesplitter und dieses zu kleinen, zarten, den Glimmersplittern ähnlichen Blättchen. Die Krume ist im allgemeinen weniger mächtig; der leichte, auch feucht nur wenig zusammenhängende Staub und Grus wird in die Täler gespült. Die steilen Abhänge sind oft nur Steinschutt. Selten ist der Boden mehr als 10 cm mächtig, anbaufähig ist er hier noch weniger. Diese anbaufähigen etwa 5 cm mächtigen Lagen enthalten auf den Höhen 40—50, in den Tälern 80—90% Feinerde. Die Farbe ist bräunlichgrau oder gelb, weiß und braungefleckt, das Gefüge meist nur in der Krume bündig, in der Sohle lose und schüttig. In den Tälern wächst der Boden bis zu 1 m an und bildet eine derbe, feinkörnige, ziemlich fest zusammenhaltende Masse. Nur hier findet sich ein fruchtbarer Ackerboden, auf den Höhen ist er zu flachgründig. Im Harz zeigt sich der Tonschiefer auf der Höhe und ist der Waldvegetation, besonders der Fichte und Buche, günstig. Der dickschiefrige Grauwackenschiefer bildet noch weniger tiefe Böden, die größtenteils aus schiefrigem, unzersetztem Gebröckel, verbunden durch die bindige lettige Feinerde, die feucht, schmierig und klebrig ist, bestehen. Die Vegetation ist überall dürftig und kümmerlich. Der wenig mächtige Boden des Muschelkalkes[2] hat auf der Höhe 40—50%, in den Tälern 80—90% Feinerde, die von hellfarbigen Gesteinstrümmern durchsetzt sind. Die Feinerde von bräunlich-gelber Farbe verkittet die Kalksplitter zu festen Klumpen. Sie ist in feuchtem Zustande zäh und klebrig, zerbröckelt in trockenem Zustande in eckige, scharfkantige Stücke, die schwer erweichen. Meist enthält sie noch über 50% Karbonate, 30—40% Ton und Eisenoxyd und ist nichts weniger als unfruchtbar. Die lichten Lagen des Buntsandsteins[3] bilden losen schüttigen und grobkörnigen Boden, die dunkleren besonders in den Tälern einen bindigen und besseren Ackerboden. Die durchschnittliche Mächtigkeit bis auf das Gestein wird mit 1—1,5 m angegeben, der Gehalt an Feinerde auf 20—30%. Der von Ton oder Mergel verkittete Liassandstein[4] gibt einen feinkörnigen besseren Boden, wogegen der des fast nur aus Quarzsand (96—98%) bestehenden Quadersandsteins[5] gehaltlos und unfruchtbar ist. Er gibt naß nur eine locker gebundene Masse, ausgetrocknet verliert er allen Zusammenhang und wird zu beweglichem Sand. Die steilen Felsen stehen kahl; eine Vegetation kann sich nur hie und da in Rissen und auf dem Grunde der Talschluchten bilden und bleibt ärmlich. Selbst Wald ist durch die vielen Trümmer und den Wechsel von flachem Fels und sandigem Schutt behindert. Auf der Höhe der Plateaus liegt weite, dürre Heide, die nur nach und nach durch die Reste der Vegetation eine gehaltreichere Krume erzeugt.

E. Ramann[6] meint, daß Fallou zu seiner Einteilung der Böden nach dem Grundgestein in der vorstehend beschriebenen Art deswegen gelangt sei, weil er seine Studien vorwiegend in Mitteldeutschland, dem Gebiet der Braunerde, machte, da in keiner anderen Bodenformation das Grundgestein einen ähnlichen Einfluß auf die Bodeneigenschaften ausübe wie im Braunerdegebiet. Tatsächlich sind die mitteldeutschen Verwitterungsböden der Gesteine fast sämtlich podsolige Böden ohne Braunerdecharakter. Lebhafte Farben können allerdings oft die Horizontbildung verdecken. Eine Ausnahme machen hauptsächlich

---

[1] Fallou, F. A.: a. a. O., S. 243.   [2] Fallou, F. A.: a. a. O., S. 304.

[3] Fallou, F. A.: a. a. O., S. 231.   [4] Fallou, F. A.: a. a. O., S. 226.

[5] Fallou, F. A.: a. a O., S. 229.

[6] Ramann, E.: Bodenbildung und Bodeneinteilung (System der Boden), S. 80, 81. Berlin 1918.

die Karbonatgesteins- und Gipsböden, welche Rendzina, degradierte Rendzina und humusarme Karbonatböden bilden, und die Basalt-, Basaltschutt-, z. T. Diabas- und Schalsteinböden, welche nach P. F. Freiherr v. Huene[1] zunächst eine Art von Schwarzerde mit A/C-Profil und Graupenstruktur bilden und ebenfalls degradieren.

Auf Grund der Arbeiten für die Steuerbonitierung und auch der neuen Bodenkunde Fallous, welche von der Wichtigkeit der geologischen Untersuchungen für die regionale Bodenkunde überzeugten, veranlaßten die landwirtschaftlichen Zentralvereine in Preußen geologisch-agronomische Kartierungen, so in Münster durch R. v. Bennigsen-Förder, der auch vom preußischen Landwirtschaftsministerium mit der Ausführung einer geognostisch-agronomischen Karte der Umgegend von Halle beauftragt wurde, in Königsberg durch G. Berendt, fortgesetzt durch A. Jentzsch, welche beiden Autoren von 1865—1888 die große geologische Karte von Ost- und Westpreußen im Maßstabe 1 : 100 000 gemeinsam schufen. Besonders bedeutsam wurde das 1863 erlassene Preisausschreiben des landwirtschaftlichen Zentralvereins für den Regierungsbezirk Potsdam, welches zu der geologisch-agronomischen Spezialkartierung des Gutes Friedrichsfelde bei Berlin durch A. Orth[2] führte.

Die historisch-geologische Zugehörigkeit der Bodengesteinsarten war den landwirtschaftlichen Zentralvereinen wichtig, weil in der geologischen Verteilung der ·Erdschichten die Gesetzmäßigkeit der Verbreitung der Bodenarten gesehen wurde. Da in der ganzen Zeit die Bodengesteinsart als der hauptsächliche Teil des Bodens angesehen wurde, so mußte, wollte man überhaupt eine Gesetzmäßigkeit der Verbreitung der Böden zugrunde legen, folgerichtig ihre Zugehörigkeit zu geologischen Schichten die Grundlage bilden. Wir haben bereits oben[3] bei der Besprechung der Karten A. Meitzens und vorstehend[4] bei der Mitteilung von F. A. Fallous Erfahrungen gesehen, wie wichtig in der Tat geologische Kenntnisse für die Erklärung der Verbreitung von Böden und ihren Werturachen sein können. Sicherlich hängt in vielen, besonders den extremen Fällen die Ausbildung der Bodenart von der Formationsschicht ab, auf welcher der Boden entstanden ist. Aber keineswegs ist dies immer der Fall. Ganz allgemein führt die Waldbedeckung zu einer gewissen Versandung der Oberkrume[5], besonders wenn eine stärkere Streu oder Rohhumus vorhanden ist, weniger dagegen, wenn der Boden von Gräsern bestanden wird. Diese führen sowohl im Walde als auch in der Grassteppe zu einer guten Durchmischung der Krume mit Humus und zur Krümelbildung. Diese Durchmischung und Krümelung verleiht auch dem Sande mehr den Charakter einer gewissen Gebundenheit, also einer gewissen Lehmbeimischung. Grundwasserabsätze sind häufig tonig. Auch Sande können dadurch einen tonartigen Charakter bekommen. Diese Besonderheiten der Bodenentstehungstypen lassen erkennen, daß die geologische Schicht nur bedingt für die Verbreitung der Bodengesteinsarten maßgebend ist. Das gilt im großen wie im kleinen. Z. B. im Gebiete der Altmoränen, westlich der Elbe, ist die Grundmoräne, der geschiebeführende Sandmergel, unter dem Einfluß der ungeheuer langen Waldbedeckung mindestens seit der letzten Zwischeneiszeit oberflächig

---

[1] Huene, P. F. Freiherr v.: Die Bodentypen Nord- und Mitteldeutschlands bis zum Rhein. Dissert., Danzig 1930.

[2] Orth, A.: Die geognostisch-agronomische Kartierung mit besonderer Berücksichtigung der geologischen Verhältnisse Norddeutschlands und der Mark Brandenburg, erläutert an den Aufnahmen von Rittergut Friedrichsfelde bei Berlin. Mit 4 Karten. Berlin 1875.

[3] Siehe S. 272.

[4] Siehe S. 276.

[5] Stremme, H.: Die moderne Bodenaufnahme im Dienste der praktischen Landwirtschaft. In: 25 Jahre Technische Hochschule Danzig, S. 138. Danzig 1929.

völlig versandet und tief hinunter entkalkt, während im Bereiche der Jungmoränen der Geschiebemergel zumeist nur in einen sandigen Lehm oder lehmigen Sand verwandelt ist. Im kleinen zeigt sich Ähnliches, so z. B. auf dem Versuchsgute Bornim bei Potsdam, das von W. TASCHENMACHER während der Jahre 1928 und 1929 im Maßstabe 1 : 3000 kartiert wurde, ist der Geschiebemergel an einer Stelle in einen nur wenig tief entkalkten Lehm vom Typus einer wenig degradierten Steppenschwarzerde verwandelt, während er nicht weit davon tiefgründig podsoliert und versandet ist. Die Ursache dieser Verschiedenheit dürfte in der Unterflora des ehemaligen Waldes zu suchen sein, nämlich dort Grasflora, hier Heide- und Beerensträucher mit Rohhumus. Diese wenigen Beispiele, die sich sehr vermehren ließen, zeigen, daß die Landwirte in den sechziger Jahren des vorigen Jahrhunderts die Bedeutung der historischen Geologie und der geologischen Kartierung für die Bodenwertschätzung überschätzt haben. P. KRISCHE[1] sagt ganz mit Recht, daß es nicht möglich sei, aus den geologischen Karten eine zutreffende Übersicht über die Verteilung der Hauptbodenarten im Sinne von A. MEITZEN und seiner eigenen Karte zu gewinnen. Nur die Bodengesteinsarten, nicht ihre eigentlich bodenkundliche oder ihre wirtschaftliche Einreihung könne man aus ihnen zusammenbringen.

Zunächst führten die Bestrebungen der landwirtschaftlichen Zentralvereine, die von 1865 an besonders durch das Königl. Landes-Ökonomie-Kollegium vertreten wurden[2], zu einem vollen Erfolge. Nachdem A. ORTH[3] seine geognostisch-agronomische Kartierung in ihrem Gesamtbilde vereinfacht hatte, wurde der Preußischen Geologischen Landesanstalt die geologisch-agronomische Kartierung des Flachlandes übertragen, die geologisch von allergrößtem Werte geworden ist, während sie agronomisch infolge des Irrtums ihrer landwirtschaftlichen Befürworter nicht das hat werden können, was man sich von ihr versprach[4]. Außer der geologischen Verknüpfung der Bodengesteinsarten besteht noch eine weitere, und zwar mindestens ebenso gewichtige der Böden als Gesamterscheinung mit den übrigen bodenbildenden Faktoren. Die agronomische Bodenkartierung blieb in Preußen auf das Flachland beschränkt, im Gebirgsland wurde sie nicht durchgeführt. Später nahmen die übrigen geologischen Landesanstalten des Deutschen Reiches die geologisch-agronomische Kartierung ebenfalls auf, wobei Württemberg unter Führung von A. SAUER sie auch auf das Gebirgsland übertrug. Verfasser wird später noch oft auf die geologisch-agronomische Kartierung zurückgreifen und die Karten auch im einzelnen bei dem speziellen Teile dieser Übersicht zitieren.

E. RAMANNs Verwitterungslehre auf klimatischer Grundlage.

In Deutschland wurde auf das Klima als bodenbildender Faktor bereits kurz nach der ersten geologisch-agronomischen Kartierung durch F. v. RICHTHOFEN[5] hingewiesen. Aber erst 20 Jahre später wurde die inzwischen in Rußland unter der Führung zunächst von A. DOKUTSCHAJEFF entwickelte Lehre von den Haupttypen der Bodenentstehung auch in Deutschland mehr beachtet, seitdem E. RAMANN[6] sie in seinem Lehrbuche der Bodenkunde z. T. umgeformt

---

[1] KRISCHE, P.: Hauptbodenarten usw., a. a. O., S. 7, 8.

[2] MEITZEN, A.: a. a. O., S. 187.

[3] ORTH, A.: Geognostisch-agronomische Karte von Rüdersdorf und Umgebung. Abh. preuß. geol. Landesanst. Berlin 1877.

[4] Vgl. E. BLANCK: Über die Bedeutung der Bodenkarten für Bodenkunde und Landwirtschaft. Fühlings Landw. Ztg 60, 121 (1911).

[5] RICHTHOFEN, F. v.: Führer für Forschungsreisende. Leipzig 1886.

[6] RAMANN, E.: Bodenkunde, 2. Aufl. Berlin 1905; 3. Aufl. Berlin 1911.

und mit deutschen Vorstellungen in Einklang gebracht hatte. Wenn wir uns an E. Ramanns letzte größere Veröffentlichung[1] über dieses Thema halten, so lassen sich seine Gedankengänge folgendermaßen wiedergeben. Er[2] sagt: „Der Boden ist das Ergebnis der Verwitterung der Gesteine wie des organisierten Lebens, und da diese beiden Kreise vom Klima abhängen, so hängt natürlich der Boden selbst vom Klima ab." Aber[3] „bei Beurteilung der Klimawirkung auf die Bodenbildung ist die Verschiedenheit von Luftklima und Bodenklima zu beachten; sie genügt, in vielen Fällen vorhandene Unterschiede des Bodens verständlich zu machen. Die Großwerte der Bodenbildung sind: „1. die Verwitterung, d. h. Zerfall und Zerkleinerung der Gesteine ohne wesentliche Änderung der Zusammensetzung (physikalische Verwitterung) und die Zersetzung der Gesteine (chemische Verwitterung); 2. die Wirkung des in den Böden umlaufenden Wassers; 3. die Wirkung der im Boden verbleibenden Reste abgestorbener Organismen, besonders der Pflanzen (Humus)". Bei der Namengebung der Böden bevorzugt Ramann[4] die Farbe. „Für die Anwendungen der Farbbezeichnungen spricht nicht nur, daß die Färbung sofort in die Augen fällt, sondern, daß auch die Bodenforscher aller Nationen sie als unterscheidendes Merkmal gebraucht haben. Mit der Bezeichnung Bleicherde z. B. wird ausgesprochen, daß es sich um eine enteisente (ausgebleichte) Bodenform handelt; Schwarzerde weist auf beträchtlichen Humusgehalt hin, Braunerde sagt aus, daß der Eisengehalt des Bodens überwiegend als braunes Eisenhydroxyd, die Form der humiden Klimate, Roterde, daß rotes Eisenhydroxyd, die Form warmer Klimate, vorliegt. Nun ist aber bereits jetzt zu erkennen, daß ähnliche Färbung bei Böden abweichender Typen vorkommen kann und vorkommt. Bleicherden gehen aus der Einwirkung elektrolytarmer, sauer reagierender und aus der Einwirkung durch Soda aufgequollener Humusstoffe hervor. Die Zahl der Roterden wird voraussichtlich beträchtlich werden, wenn die tropischen Böden besser untersucht sind."

Sein System der Böden[5] lautet bei seiner Einschätzung des Klimas als Haupterzeuger der Böden und der Farben für die Namengebung stark abgekürzt[6], wie Tabelle auf S. 281 zeigt.

Das System ist rein geographisch. Nicht Bodeneigenschaften, sondern klimatische Zonen geben in der vertikalen wie in der Horizontalen die Einteilungsprinzipien ab. Die Bezeichnung der Böden hauptsächlich nach der Farbe ist das einzige Bodenkundliche darin. Zum Bestimmen oder Erkennen der Böden ist es ungeeignet. Am meisten wird es von Geologen zum Erkennen fossiler „Böden", d. h. für fossile Böden gehaltene Gesteine verwendet. Eine praktische Bodenaufnahme wie etwa die nach dem preußischen Gesetz für die Steuerschätzung des Jahres 1861 ist damit undenkbar.

Eine Karte Europas nach E. Ramanns Vorstellungen ist zuerst in der Bodenkunde von 1905 gedruckt[7]. Die Auflage von 1911 enthält zwar die gleiche Karte, aber die Zeichenerklärung ist eine andere geworden[8]. Auf dieser stimmt mancherlei nicht zusammen. So steht die „Roterde" in der Zeichenerklärung unter den humiden Böden, ihr Vorkommen am Mittelmeer liegt aber im ariden Gebiet, „arid" steht sogar mitten im Mittelmeer. Diese Karte von 1911 ist auch

---

[1] Ramann, E.: Bodenbildung und Bodeneinteilung (System der Böden). Berlin: Julius Springer 1918.

[2] Ramann, E.: Bodenbildung, S. 2.　　[3] Ramann, E.: Bodenbildung, S. 4, 5.

[4] Ramann, E.: Bodenbildung, S. 42.　　[5] Ramann, E.: Bodenbildung, S. 110, 111.

[6] Vgl. des weiteren Bd. 3 dieses Handbuches, S. 19.

[7] Ramann, E.: Bodenkunde, S. 394. 1905.

[8] Ramann, E.: Bodenkunde, S. 561. 1911.

	Feuchtböden		Trockenböden	
		trocken-feucht (semihumid)	feucht-trocken (semiarid)	
I. Kalte Zonen u. Regionen	Fließerden Tundraböden Spaltenfrostböden usw.	?	Böden des Innern von Grönland, Spitzbergen, regionalen Wüsten und Hochl. Asiens	—
II. Kühle, gemäßigte Zone, gemäßigte Zone, warme gemäßigte Zone	nordische Grauerden mit vielen Ortsböden Braunerden mit Ortsböden nach d. Grundgestein	Randböden auf Kalkstein	Steppenschwarzerden Steppenbleicherden	—
III. Subtropisch	Gelberden (?)	—	Gelberden Roterden subtropische Schwarzerden Rindenböden	Rindenböden Wüstenböden
IV. Tropen	Laterit Roterden Rotlehme tropische Braunerden tropische Bleicherden	Savannenböden	Roterden	tropische Wüstenböden

in die Lehrbücher von G. Wiegner[1], H. Puchner[2], L. Milch[3] übergegangen und findet sich auch, wie oben erwähnt, in P. Krisches Kartenwerk[4]. Der Anteil des Deutschen Reiches liegt auf ihr im humiden Gebiet. Der Nordwesten um die Nordseeküste herum und das Gebiet zwischen Elbe und Oder, etwa Fläming und Lausitz, ist von „Heiden" bedeckt. Das ostpreußische Küstengebiet gehört zum „nordisch-germanisch-skandinavischen" Gebiet. Alles übrige, bis auf zwei kleine Inseln von Schwarzerde, wird zu den „Braunerden und veränderten Schwarzerden" gestellt. Die Schwarzerde der beiden Inseln, preußische Provinz Sachsen und Niederschlesien südlich Breslau, gehört nach der Erläuterung zum „ariden Gebiet mit kaltem Winter".

Die Bodenkartierung nach Bodenentstehungstypen und Hauptfaktoren der Bodenbildung.

Entsprechend seiner Einstellung zur physikalischen und chemischen Verwitterung legt E. Ramann größeren Wert auf die Laboratoriumsuntersuchung als auf die Beobachtung, bei welcher praktisch gar zu sehr die Farbe in den Vordergrund gerückt ist. Daher hat sein System in die Kartierung ebensowenig eindringen können wie in die Land- und Forstwirtschaft. Die Beobachtung ist bei den russischen Forschern während der letzten Jahrzehnte systematisch weitergeführt worden, wozu der Gegensatz zwischen dem Tschernosem der Grassteppe und dem Podsol der Wälder den Hauptanstoß gegeben hat. Die beiden Typen

---

[1] Wiegner, G.: Boden und Bodenbildung in kolloidchemischer Betrachtung, S. 61. Dresden u. Leipzig 1918.

[2] Puchner, H.: Bodenkunde für Landwirte, S. 529. Stuttgart 1923.

[3] Milch, L.: Die Umwandlung der Gesteine. In W. Salomon: Grundriß der Geologie, S. 286. Stuttgart 1924. — Die Zusammensetzung der festen Erdrinde als Grundlage der Bodenkunde, S. 233. Leipzig u. Wien: Fr. Deuticke 1926.

[4] Krische, P.: Bodenkarten, S. 15.

kommen in großen Zonen vor, nicht wie in Deutschland der Tschernosem in kleineren Inseln. Untersuchungen über die Verbreitung und die Ursache der beiden Typen setzten frühzeitig ein. Es blieb nicht bei der durch die populären Bezeichnungen „Schwarzerde" und „Aschenboden" angedeuteten Unterscheidung nach den so auffälligen Farben, sondern es wurde der Bodenschnitt sorgfältig untersucht und damit die Bedeutung der Horizontbildung erkannt. Der Vergleich brachte auch die Erkenntnis der Strukturen. Es ist vielfach bezweifelt worden, daß die russische Methode der Profiluntersuchung auch in anderen Ländern mit weniger ursprünglichem Boden anwendbar sei. Tatsächlich ist es durchaus der Fall. 1913 konnte Verfasser auf einer größeren Reise durch Westdeutschland feststellen[1], daß die russischen Erkenntnisse auch für Deutschland zu Recht bestehen. V. Hohenstein und K. v. See, deren Arbeiten später zitiert werden, konnten dann ebenfalls manchen Beitrag dazu liefern. Später folgten mehrere Kartenskizzen der Bodenentstehungstypen des Deutschen Reiches[2] und der Anteil Deutschlands an der Allgemeinen Bodenkarte Europas[3]. Seit 1927 ist eine Arbeitsgemeinschaft unter der geschäftlichen Leitung von W. Wolff und der wissenschaftlichen des Verfassers mit Mitteln der Notgemeinschaft der deutschen Wissenschaft bemüht, eine einheitliche Bodenkarte Deutschlands aufzunehmen. Daran sind beteiligt für Bayern rechts des Rheins F. Münichsdorfer, Bayern links des Rheins und Baden K. Schlacht, Hessen W. Schottler, Sachsen G. Krauss und F. Härtel, für das übrige und Danzig W. Wolff, H. Stremme, ferner W. Hollstein, P. F. Freiherr v. Huene, in Danzig noch M. Sellke und E. Ostendorf. Die meisten der unter Leitung von W. Wolff und H. Stremme aufgenommenen Karten sind im Maßstabe 1 : 200000 gehalten, einzelne sogar 1 : 100000, Bayern 1 : 400000, Hessen 1 : 600000, Baden 1 : 750000 Sachsen 1 : 1500000. Ferner läßt die Wirtschaftswissenschaftliche Gesellschaft zum Studium Niedersachsens in Hannover Niedersachsen im Maßstabe 1 : 200000 kartieren, woran unter der Leitung des Verfassers M. Sellke, P. F. Freiherr von Huene, F. Peters beteiligt sind.

Bei dieser Forschungsrichtung, die auch eine ganze Reihe von Arbeiten für die landwirtschaftliche Praxis gezeitigt hat, welche ihren Wert für diese erhärtet haben, steht die Beobachtung des Bodens nach Profil und Fläche im Vordergrunde. Die Laboratoriumsuntersuchung wird nicht ausgeschaltet, aber sie spielt nicht die überragende Rolle wie bei E. Ramanns auf der Verwitterungslehre aufgebauter Bodenkunde.

Von dieser war zunächst das ziemlich beträchtliche Hervorheben des Klimas als verursachender Faktor übernommen. So wurden die Typen Tschernosem, Podsol zunächst als klimatische bezeichnet. Aber der Versuch einer Zusammenfassung der auf der Bodenkarte Europas angegebenen Typen führte 1927[4] zu der Einteilung: Typen der großen Pflanzenvereine, Typen der verzögernden Gesteinseigenschaften, Typen mit Wirkung der Wasseransammlung, Typen der Gebirge, Typen des trockenen Gebirgslandes mit Entwaldung. Kurz nach dem Erscheinen der Bodenkarte Europas, die den Mitgliedern der Internationalen Bodenkundlichen Gesellschaft vor dem I. Internationalen Bodenkongreß in Washington 1927 übersandt wurde, kam die Veröffentlichung von 13 Übersichten über die russi-

---

[1] Stremme, H.: Die Verbreitung der klimatischen Bodentypen in Deutschland. Branca-Festschr., S. 16—75. Berlin 1914.

[2] Stremme, H.: Die Verbreitung der Bodentypen in Deutschland, in Frosterus: Memoires sur la nomenclature et la classification des sols, S. 8. Helsingfors 1924. — Grundzüge der praktischen Bodenkunde, Taf. 10. Berlin 1926.

[3] Allgemeine Bodenkarte Europas mit Erläuterung. Danzig u. Berlin 1927.

[4] Stremme, H.: Erläuterung zur Bodenkarte, S. 22. Danzig 1927.

schen bodenkundlichen Arbeiten in englischer Sprache durch die russische Akademie der Wissenschaften in Leningrad[1] heraus. In zwei von ihnen[2] wird erwähnt, daß W. DOKUTCHAJEFF Klima, Pflanzen, Relief, Wasser, Gestein und Zeit als Hauptfaktoren der Bodenbildung angesehen habe. Später[3] hat STREMME die Hauptfaktoren folgendermaßen zusammengefaßt:

Vegetation (einschließlich der Tiere und Kleinlebewesen) . . . .
Relief . . . .   sichtbare Faktoren von
Wasseransammlung . . . .   unmittelbarer Wirkung
Gestein bzw. Bodenart . . . .
Menschliche Arbeit. . . . .

Klima . . . .   unsichtbare Faktoren von
Dauer des Vorgangs . . . .   mittelbarer Wirkung

Damit ist ausgedrückt, daß das Klima und die Dauer des Vorganges Faktoren sind, die stets bei allen übrigen mitwirken. Aber sie werden durch die übrigen modifiziert. Von diesen spielt allein die menschliche Arbeit nicht stets und überall mit, die übrigen sind aber stets und überall miteinander verquickt. Je nachdem sie aber im Übermaß wirken können, drücken sie dem Bodentypus ihren besonderen Stempel auf, wobei das Klima zwar überall mitspricht, aber gegenüber den anderen Faktoren eine sekundäre Rolle spielt. In jedem Klima bringt die Waldbedeckung die typischen Waldböden, die Grassteppe die typischen Grassteppenböden, das Grundwasser (wie überhaupt jede tropfbar flüssige Wasseransammlung im Boden) die typischen Grundwasserabsätze oder Humusbildungen, das Relief die Abspülungen hervor, und gewisse Gesteinseigenschaften schlagen überall durch. Das Klima ist an sich nirgends direkt vom Bodenforscher zu erfassen, da dieser nur das Wetter gelegentlich seiner Untersuchung feststellen, nicht aber die überall notwendigen zahlreichen meteorologischen Messungen ausführen kann, die zudem richtig mehr vom Meteorologen als vom Bodenforscher zu beurteilen und auszuwerten sind. Die Dauer des Vorganges spielt ebenfalls überall mit und kann auch zumeist nicht direkt, sondern erst durch den Vergleich mit benachbarten Böden, aber doch zumeist auf bodenkundlichem Wege, bisweilen allerdings auch durch Zuhilfenahme geologischer oder historischer Feststellungen ermittelt werden.

In welcher Weise die so gesehenen Bodenentstehungstypen sich mit den Ackerklassen des preußischen Grundsteuerkatasters und den geologisch-agronomischen Aufnahmen der Preußischen Geologischen Landesanstalt in Beziehung bringen lassen, zeigt folgender Vergleich. Die rechte Hälfte des Blattes Käsemark[4] (jetzt Schöneberg) der geologisch-agronomischen Spezialkarte Preußens zeigt auf der linken Seite, die ganz im Kreise der Danziger Niederung liegt, also bei der Grundsteuerbonitierung einheitlich bearbeitet wurde, im Süden feinsandigen bis sandigen Ton über Sand des alluvialen Weichselschlickes, im Norden ganz das gleiche. Dazwischen liegt ein Gebiet mit anderem Profil der Bodenarten. Vergleicht man damit eine Karte, die das Achtklassensystem der Grundsteuerbonitierung enthält, so sieht man im Süden ein Überwiegen der Klassen 2 und 3, im Norden auf dem gleichen Boden ein Überwiegen der Klassen 4 und 5. Hier hat also die geologisch-agronomische Aufnahme keinen Anhalts-

---

[1] Russian Pedological Investigations, Leningrad 1927.

[2] GLINKA, K. D.: Dokutchchaievs Ideas in the development of Pedology and cognate Sciences. Russ. Pedol. Inv. 1, 2, 3. — NEUSTRUIEV, S. S.: Genesis of Soils. Russ. Pedol. Inv. 3, 4—32.

[3] STREMME, H.: Die moderne Bodenaufnahme im Dienste der praktischen Landwirtschaft. In: 25 Jahre Technische Hochschule Danzig, S. 134. Danzig 1929.

[4] Lief. 124. Berlin 1900.

punkt für den so augenfälligen Unterschied ergeben. Sobald man aber das Relief näher ansieht, findet man im Süden Höhenangaben von 1—2 m über dem Meeresspiegel, im Norden liegt das Gelände unter Normalnull. Das bedeutet, daß im Süden ein ehemaliger, aber inzwischen umgewandelter Waldboden mit geringfügigem Grundwassereinfluß vorhanden ist, der, wie die verhältnismäßig spärlichen Entwässerungsgräben zeigen, nur wenig künstliche Entwässerung nötig hat, während im Norden ein Boden vorliegt, der überhaupt erst durch künstliche Entwässerung zu fester Erde gemacht worden ist, und der auch jetzt noch stark unter dem Einfluß des Grundwassers steht. In der Mitte des Blattes ziehen sich an der Weichsel entlang die Sandüberdeckungen der Weichseldurchbrüche. Hier gehen die Ackerklassen in starkem Wechsel bis zur achten hinunter. Die Ursache dafür ist die junge, kaum zu Boden gewordene Sandablagerung, die an sich so flach liegt, daß die Höhenschichtkarte sie kaum erkennen läßt. Bei dieser extremen Bodengesteinsart trifft die geologisch-agronomische Karte zu, während bei der weniger extremen des Weichselschlicks die in engster Beziehung zum Relief stehenden Grundwasserbildungen für den landwirtschaftlichen Wert maßgebend sind. In solchen Niederungsböden, wie denen des Weichseldeltas, die unter dem Einflusse des Grundwassers stehen, sind Höhenunterschiede von wenigen Dezimetern geeignet, recht erhebliche Unterschiede im Typus und im landwirtschaftlichen Werte der Grundwasserböden hervorzurufen[1].

Im Hügellande sind die Wirkungen des Reliefs mehr in Form der Abspülungen und Aufschwemmungen zu erkennen. Bei den Waldböden wird nach dem Entwalden die Krume, der *A*-Horizont, abgespült, und es erscheint der *B*-Horizont, in Deutschland meistens rostfarbig, in den Tropen häufiger rot. Oder auch dieser ist abgespült, und es erscheint das unterliegende Gestein. Die abgespülten Massen werden in jeder Bodensenke wieder angehäuft. Vielfach sind besondere Oberflächenformen der Beweglichkeit des Bodens angepaßt. Oft liegen die abgespülten oder auch vom Winde bewegten Massen schichtenweise auf den „gewachsenen" Böden. In Bodenmassen, die sich in Senken anhäufen, kann ein besonderes Profil entstehen, das oben eine schichtenweise, gleichmäßige, humose Krume und darunter einen gleichmäßig gelbrotbraunen Rosthorizont ohne erkennbaren Humus aufweist. Im Steppenboden bringen die Niveauunterschiede solche der Mächtigkeit der *A*-Horizonte mit. Es braucht nicht immer das Abspülen durch Regenfälle die Mächtigkeitsunterschiede hervorzurufen, in vielen Fällen ist es Windwirkung, bei der man nicht immer an Abblasen denken muß, sondern ebenso kann es eine physiologische Wirkung des Windes auf die Lebewesen der Steppenböden sein, d. h. eine Entwicklungshemmung. Eine andere Wirkung des Windes im Relief ist das stärkere Anblasen gegen Bodenwellen, wodurch bisweilen eine Verstärkung des aufsteigenden Wasserstromes und stärkeres Abscheiden von kohlensaurem Kalk aus dem verdunstenden Wasser hervorgerufen wird[2]. Am stärksten ist naturgemäß die Wirkung des Reliefs im Gebirge, in welchem Abspülung, Umlagerung, Anhäufung u. dgl. so sehr alle anderen bodenbildenden Faktoren überwiegen, daß jede andere Art der Bodenbildung nur untergeordneten Platz haben kann.

Auf den Zusammenhang zwischen Relief und dem Grundwasser wurde oben schon hingewiesen. Fast jede Bodensenke zeichnet sich durch dunklere Farbe der Krume von den umgebenden Höhen ab. Fast immer ist diese dunklere Farbe durch Feuchtigkeit hervorgerufen, der Boden hat mehr oder zeitweise anmoorigen Charakter. In kleinen Senken des Waldes hat die stark saugende Wirkung der

---

[1] Ostendorf, E.: Die Grundwasserböden des Weichseldeltas. Dissert., Danzig 1930.
[2] Stremme, H.: Die moderne Bodenaufnahme im Dienste der praktischen Landwirtschaft. In: 25 Jahre Technische Hochschule Danzig, S. 130. Danzig 1929.

Wurzeln zumeist den anmoorigen Charakter verwischt, aber in stärkeren Senken, namentlich bei undurchlässigem Untergrunde oder in grundwasserführenden durchlässigen Gesteinen, herrscht er ebenfalls vor, oder er macht moorigen Bildungen Platz. Die eigentlichen Täler sind zumeist mit den verschiedenen Arten der Grundwasserböden erfüllt. Die großen flachen Deltaflächen der Flüsse, die Marschbildungen an den Flachküsten sind mehr flächenhaft verbreitete Naßböden, die nicht vom Relief abhängen. Überaus groß ist die Zahl der Arten von mineralischen Grundwasserabsätzen am Grundwasserspiegel oder im Bereich der Kapillarzone. Wahrscheinlich ist auch der merkwürdige Typus des „kalkkarbonathaltigen braunen Waldbodens", welcher ein völlig karbonathaltiges Profil hat und dabei den typischen braunen *B*-Horizont der braunen Waldböden besitzt, auf eine gewisse Wasserwirkung zurückzuführen. Unter Eichenurwäldern in Ungarn ist der Horizont olivgrün. Typisch für alle nassen Böden ist das starke Schwanken des Wassers und evtl. Wasserspiegels, womit gleichzeitig eine beständige Änderung im chemischen Verhalten verbunden ist. So wird bei Gegenwart von Humus im stagnierenden Grundwasser Schwefelwasserstoff gebildet, der beim Fallen des Wasserstandes zu Schwefelsäure oxydiert wird, wobei oft auch Schwefeleisen bzw. Eisensulfat mit vorkommen[1]. Die Schwefelsäure wird sehr leicht wieder ausgewaschen. Sie findet sich anscheinend nur bei fallendem, nicht aber bei steigendem Wasserstande. Ein regional oder sogar zonal verbreiteter Bodentypus, dessen Eigenheiten auf der Feuchtigkeit des Untergrundes beruhen, ist der der Prärieböden in Nordamerika. Diese schließen sich an die dortigen Steppenschwarzerden an, bei welchen der Feuchtigkeitseinfluß geringer ist, aber möglicherweise im Winter und Frühling so erheblich wird, daß ein Teil ihrer Eigenschaften auf diese Wasserwirkung zurückzuführen sein dürfte. Für alle Böden, besonders aber für die nassen, ist die wiederholte Beobachtung der Profile für die Erklärung ihrer Entstehung und ihrer Eigenschaften notwendig.

Die Bedeutung der Vegetationsformen bei der Bodenbildung geht schon aus der Bezeichnung der verbreitetsten Böden als Steppen-, Wald- usw. Böden hervor. Die meisten Gräser geben dem Boden gute Krümelung und vermehren wohl weniger durch ihre abgestorbenen Teile als durch die mit ihnen vergesellschafteten zahlreichen Bakterien den Humusgehalt[2]. Diese Eigenschaft der Gräser macht sich sowohl in der Grassteppe als auch im grasbewachsenen Walde, wie in der feuchten Graswiese bemerkbar, nur sind die dabei entstehenden Gesamttypen verschieden. In der Grassteppe haben wir die Steppenschwarzerde in ihren verschiedenen, z. T. auch dunkelbraunen Varietäten. Im begrasten Walde findet sich anstatt Rohhumus oder Blatt- oder Nadelstreu und des schwarzen und grauen (gebleichten) Krumenhorizontes mit Horizontstruktur ein dunkler, oft auch bräunlicher, humoser Horizont mit Krümelstruktur und höchstens schwacher Andeutung einer Bleichung. Darunter folgt, wie beim Waldboden ohne Gras, der rostige oder rostig-humose *B*-Horizont, jedoch meist mit nur schwacher Rostbildung, oft auch im Stadium der Rückwandlung des Rosthorizontes. Die feuchten Wiesenböden haben eine schwarze, in feuchtem Zustande schmierige Krume, die ziemlich humusreich ist, beim Austrocknen aber auch Krümelung annimmt und durch Drainage in einen der Steppenschwarzerde ähnlichen Boden überführt werden kann. Ganz anders ist die Wirkung der Heide- und Beer-

---

[1] STREMME, H.: Das Verhalten des Sulfatschwefels in einigen Bodentypen. Chem. Erde 5, 254 (1930).

[2] Die auch heute noch vielfach vorhandene Vorstellung, nach welcher der Humus aus den abgestorbenen Pflanzenresten besteht, stammt aus der Zeit, in der man von den Kleinlebewesen des Bodens nichts wußte. Ein großer Teil des Humus besteht in Wirklichkeit aus den lebenden Kleinorganismen, deren Einfluß als Bodenbildner groß ist.

sträucher, mit denen fast überall, wo sie vorkommen, Rohhumus, Bleichhorizont und oft auch Ortstein vergesellschaftet zu sein scheinen. Die Frage ist allerdings immer, ob der Bodentypus die Ursache oder die Wirkung der auf ihm wachsenden Pflanzenformation ist. Wenn man etwa in einem Eichenwalde eine baumlose Stelle findet, die mit Calluna vulgaris, Molinia coerulea u. dgl. bestanden ist, so wird man hier den Pflanzenbestand eher als die Wirkung der Bleicherde-Ortsteinbildung, denn als seine Ursache auffassen. Allerdings wird die Calluna-Gesellschaft späterhin sicher zu der stärkeren Ausprägung des charakteristischen Bodentypus beigetragen haben. Nach O. Tamm[1] ist in Schweden der Bleichhorizont im Myrtillustypus zumeist am besten ausgeprägt. Auch in Deutschland kann man solches oft finden. Außer diesen charakteristischen Wirkungen der Grassteppenvegetation einerseits, der Heide- und Beersträucher andererseits hat der Verfasser bisher eine typische Wirkung anderer Kräuter auf die Ausbildung des Bodentypus nicht finden können. Dagegen ist die Wirkung des Baumbestandes im allgemeinen stark und, wie es scheint, für alle Bäume gleichartig: die Wurzeln dienen als Wasserbahnen, an denen die Niederschläge leicht in den Boden eindringen können. Dadurch ist der Auslaugung und Umlagerung ein bestimmter Weg vorgezeichnet. Ferner ist auch von Bedeutung die Art der Auflockerung und vielleicht auch Pressung der Bodenteile durch das Dickenwachstum der Wurzeln. Durch die Saugwurzeln wird das Wasser angesaugt; es fließt von oben wie von unten den Saugstellen zu und trocknet dadurch bis zum Ende der Vegetationszeit der Laubhölzer, schwach und bei den Nadelhölzern auch während des Winters den Boden aus.

Die Verteilung der Kleinlebewesen in den verschiedenen Bodentypen scheint noch nicht so systematisch studiert worden zu sein, daß sich eine zutreffende Übersicht geben ließe. Pilze, insbesondere auch Schimmelpilze, kommen in den feuchten Böden zahlreich vor, in den trockneren dagegen weniger. Hier sind mehr Bakterien vorhanden, unter denen die zahlreichen stickstoffsammelnden und -verarbeitenden Bakterien eine praktisch wichtige Rolle spielen, während die stickstoffentbindenden in den feuchten Böden mehr vorzukommen scheinen. Daher kommt der meist bedeutende Gehalt der Steppenböden an Stickstoff, besonders im Verhältnis zum Humus, zustande. In den feuchten Böden spielt die Umwandlung des Schwefels aus dem Eiweiß und auch wohl aus Sulfaten in Schwefelwasserstoff durch die reduzierenden Schwefelbakterien und die ventuelle Rückwandlung in Schwefelsäure durch die oxydierenden Schwefelbakterien je nach dem anaeroben oder aeroben Medium eine bedeutende Rolle[2].

Sehr groß erweist sich die Rolle der Bodenwühler für die Entwicklung der Bodentypen. Je mehr Bodenwühler in einem Boden vorkommen, desto stärker wird er durchmischt und desto weniger deutlich können sich die Horizonte ausbilden. Da im trockenen Steppentschernosem (es gibt auch feuchte Arten) die meisten Bodenwühler leben, so ist dieser Typus geradezu als für die Bodenwühler kennzeichnend anzusehen. Den Nagern kommt unter ihnen noch eine besondere Rolle als Vernichter aufkeimender Baumvegetation zu. Fast nur die Eichen mit ihrem Gerbsäuregehalt scheinen den meisten von ihnen nicht zu behagen. In gleicher Weise verhindern den Baumwuchs die herdenweise auftretenden Weidetiere, Schafe, Ziegen, Rinder, Bisons, wie auch wahrscheinlich Pferde. Die baumlosen oder baumarmen Heideflächen auf den südeuropäischen Gebirgen und Hochflächen und in der Lüneburger Heide werden auf die Entwaldung durch den Menschen und die spätere Nutzung als Weiden zurückgeführt. Die Besonder-

---

[1] Tamm, O.: Markstudier i det nordsvenska barrskogs-området. Medd. Stat. Skogsförsöksanst. Stockholm 17, Nr. 3, 298 (1920).

[2] Vgl. hierzu die Untersuchungen E. Blancks in Bd. 2 dieses Handbuches, S. 276—290.

heit der nordamerikanischen Prärie mit ihrem feuchten unteren Horizont dürfte auf die Verhinderung des Baumwuchses durch die Bisons und evtl. auch Pferde zurückzuführen sein.

Die Rolle des Menschen als Bodenbildner schließt sich eng an die der übrigen Säugetiere an. Besonders groß ist die Wirkung der Entwaldung und die Umwandlung des Waldbodens in den der Kultursteppe, welcher sich in seinen Eigenschaften denen der Steppenschwarzerde nähert oder nähern soll. Tatsächlich läßt sich eine derartige Umwandlung in einen der Steppenschwarzerde ähnlichen Boden auch am Profil und am Pflanzenwuchs nachweisen[1]. Späteres Anforsten schafft wieder andere Bedingungen und führt ja oft zunächst zu Mißerfolgen. Bodenanschnitte von größerem Umfange, Regulierung der Wasserläufe und Drainage führten gewollt oder ungewollt zur Austrocknung, während Bewässerung trockene in zeitweise oder dauernd nasse Böden verwandelte. Überall auf der Erde erweist sich der Mensch, wenn auch in sehr verschiedener Weise, als einer der wichtigsten Hauptfaktoren der Bodenbildung.

Die Bedeutung der Gesteine, für die Bodenbildung wurde schon oben erwähnt. Allgemein ist die Ausdehnung des Bodens im Profil bei durchlässigen Gesteinen, z. B. Sanden und Löß, größer als bei weniger durchlässigen oder undurchlässigen, Lehmen, Tonen oder festen Gesteinen. Die Festigkeit ist auch ein bedeutendes Hemmnis der Bodenbildung. In chemischer Hinsicht sind die Karbonate, Gips, basische, namentlich dichte Eruptivgesteine und Tuffe von besonderer Wirkung. Auch im Walde entsteht bei ihnen ein Typus, der sich der Steppenschwarzerde ähnlich verhält und auch wie diese „degradiert".

Das obenerwähnte, der unmittelbaren Beobachtung nicht zugängliche Klima, spricht bei diesen Erscheinungen überall mit, aber im gleichen Klima kommen die durch Wasser, Relief, Pflanzenwuchs, Tiere, menschliche Arbeit, Gesteine hervorgerufenen Bodentypen nebeneinander vor. So findet sich im gleichen Kiefernwalde nebeneinander der Heide- und der Grastypus und beide treten bei lockerem Bestande und guter Durchlüftung im flachhügeligen Dünengelände auf, ohne daß eine klimatische Ursache irgendwelcher Art, auch nicht der Exposition u. dgl. erkennbar wäre. Bei Gutsaufnahmen haben wir auf flachem oder schwach welligem Gelände oft große Unterschiede im Typus gefunden, so auf dem Gute Bornim bei Potsdam an Vegetationsbodentypen auf dem Geschiebemergel alle Zwischenstufen von einem schwach degradierten Tschernosem bis zu einem starkpodsolierten Boden mit humusfreiem B-Horizont unter gleichzeitiger Versandung der Krume. Solche überall zu findenden Unterschiede im gleichen Klima zeigen, daß man gerade mit diesem Hauptfaktor sehr vorsichtig umgehen muß. Zum Aufsuchen extremerer Typen, wie etwa trockener oder kräftig ausgelaugter Böden, mögen Klimaübersichtskarten gute Dienste leisten. So hat der Verfasser selbst nach der Regenkarte Deutschlands die Steppenböden Rheinhessens (etwa 400 mm Niederschlag) und die podsolierten Schiefer bei Remscheid (1000 mm) aufgefunden[2], aber andererseits hat V. Hohenstein[3] nachgewiesen, daß viele andere Vermutungen des Vorkommens schwarzerdeartiger Steppenböden auf Grund der Regenkarte in Ostdeutschland nicht zutrafen.

---

[1] Stremme, H.: Die moderne Bodenaufnahme im Dienste der Landwirtschaft. In: 25 Jahre Technische Hochschule Danzig, S. 129—133. Danzig 1929. — Ostendorf, E.: Die Grundwasserböden des Weichseldeltas. Dissert., Danzig 1930.

[2] Stremme, H.: Die Verbreitung der klimatischen Bodentypen in Deutschland. Branca-Festschr., S. 16—75. Berlin 1914.

[3] Hohenstein, V.: Die ostdeutsche Schwarzerde. Internat. Mitt. Bodenkde., 9, 1—31, 125—177 (1919).

Die Dauer der Bodenbildung ist für die Ausdehnung und Stärke der Horizonte naturgemäß ebenfalls von Bedeutung. Die Beobachtung zeigt hier oft ein ziemlich schnelles Entwickeln der Horizonte und bei manchen Bodentypen ein schnelles Umgebildetwerden unter anderen Einflüssen. Dafür seien einige Beispiele angeführt. Die Küstendünen der Danziger Gegend bestehen aus fast reinem Quarzsande, der unter dem Kiefernwalde mit Heide- und Beerstrauchvegetation einer ziemlich starken Podsolierung und Ortsteinbildung unterliegt. Der Anfang dieser höchstens mehrere tausend Jahre alten Bodenbildung ist auf einer jungen Hochdüne zu sehen, welche 25—30 Jahre alte Kiefern mit Cladonia rangiferina als hauptsächliche Bodenpflanze trägt. Die Bodenbildung besteht aus grauen Podsol- und gelben Rostflecken, welche etwa 15—20 cm tief um Wurzeln herum zu erkennen sind. Von hier bis zu den stark podsolierten Böden der älteren Dünen ist anscheinend ein weiter Weg, der aber bei kaum verändertem Klima in der längeren Zeit erfolgt sein muß. Je älter die Dünen sind, desto stärker ist die Podsolierung unter der Heide- und Beerstrauchvegetation. Die ältesten sind vergrast und haben wesentlich andere Bodenbildung. O. Tamm[1] hat eine hundertjährige Podsolierung auf einem Sande über einem trockenen Moor mit 2 cm unregelmäßigem Bleichhorizont und 5 cm Orterde festgestellt. — Gegenüber dem Oberhof bei Danzig-Langfuhr liegt eine vor etwa 50 Jahren aufgelassene Kiesgrube. Auf dem oberen Rande, aber schon in flachem Gelände, kommt geschiebeführender Sandmergel zutage, der wie die an ihn grenzenden Sand- und Kiesschichten während des Kiesbetriebes des „Mutterbodens" beraubt war. Unter der Gras- und Krautvegetation (Plantago, Achillea u. a.) hat sich eine etwa 12 cm starke schwarzgraue humose Krume gebildet, die noch stellenweise mit Salzsäure aufbraust. Darunter setzen Streifen von kohlensaurem Kalk an, die anscheinend nach der Tiefe zu aufhören. Hier hat sich eine schwache Steppenschwarzerde von 12 cm Mächtigkeit in kaum mehr als 50 Jahren gebildet. Der Geschiebemergel mit älterer Bodenbildung zeigt sonst den Charakter des braunen Waldbodens, im benachbarten Walde z. T. sogar podsolige Typen ohne Überreste des braunen Waldbodenhorizontes. Auf den mineralischen Grundwasserböden der Montauer Spitze zwischen Weichsel und Nogat, nämlich auf einem feinsandig-staubförmigen schwach tonigen Weichselschlick mit zahlreichen Rostflecken von lebhafter Farbe, hat sich unter einem etwa achtzigjährigen Eichen- und Eschenwalde mit der Krautvegetation von Auenwäldern (Ranunculus ficaria, Humulus lupulus u. a.) ein graubrauner gutgekrümelter Boden von fast tschernosemartigem Habitus gebildet. Die Mächtigkeit beträgt etwa 1 m. Die Krümel sind etwas eckig und erinnern noch an prismatische Grundwasserabsätze. In etwa 20 cm unter der Oberfläche befindet sich ein Horizont, der mit Salzsäure schwach aufbraust. Sonst ist kohlensaurer Kalk nur in Schnecken- und Muschelschalen anzutreffen. Die Rostabsätze sind in dem grauen Horizont stark reduziert. In der Nähe, in Wernersdorf, stehen auf einer Weide mit unregelmäßig welliger Oberfläche mehrere starke mehrhundertjährige Eichen als Rest eines kleinen Haines, der vor ca. 25 Jahren abgeholzt wurde. Die unregelmäßigen Vertiefungen stammen von den Stubbenlöchern der abgehauenen und gerodeten Eichen. In einigen steht bereits im Frühjahr offenes Wasser, ebenso wie in flachen Bodensenken. Von einem Waldboden sind nur noch Spuren der Bleichung vorhanden. Schon in der Krume sind starke Grundwasserabsätze zu sehen. Die Grasvegetation hat oben die Krümelung hervorgerufen. Durch eingehendes Beobachten kann man in jeder Gegend derartige junge Bodenbildungen und Umbildungen auffinden.

---

[1] Tamm, O.: Markstudier i det Nordsvenska barrskogs-området, S. 258—260. Stockholm 1920.

Zahlreich sind daneben auch fossile Böden älterer geologischer Epochen, über die in der deutschen geologischen Literatur zahlreiche Angaben enthalten sind. Es seien nur einige Hinweise hier gegeben[1]. Im Gebiet der Altmoräne westlich der Elbe und auf den Inseln Föhr und Sylt[2] ist die Grundmoräne bis 20 m und mehr entkalkt. Darüber kommen rostfarbige und roststreifige Schichten und über diesen z. T. ein heller, kiesig-schluffiger Sand von etwa 1 m Mächtigkeit vor. Wie unter anderem von C. GAGEL[3] festgestellt wurde, liegt hier eine interglaziale oder seit der letzten oder vorletzten Interglazialzeit fortgesetzte Bodenbildung vor, die sich als Waldboden ohne weiteres erkennen läßt. Tertiäre Böden finden sich z. B. in den Basaltgebirgen des Vogelsberges und des Knüllgebirges[4]. Es sind Roterden und lateritische Typen, welche einen deutlichen Gegensatz zu den heutigen Basaltschwarzerden und ihren Degradationsstufen bilden. Diese diluvialen und tertiären Böden liegen z. T. auch heute noch an der Oberfläche, vielfach allerdings ihrer ursprünglichen oberen Horizonte durch Abschwemmungen und dergleichen beraubt. Ältere Böden oder Bodenüberreste sind ziemlich häufig zwischen älteren Schichten festgestellt worden, doch können diese hier nicht weiter behandelt werden.

B. B. POLYNOW[5] unterscheidet in seiner „Palaeopedologie" vier Arten hierhergehöriger Erscheinungen: 1. sekundäre Bodenbildung, 2. zweistufige Böden, 3. fossile Böden, 4. Produkte früherer Verwitterung. Unter der sekundären Bodenbildung wird die Erscheinung verstanden, daß Böden, welche unter bestimmten physikalisch-geographischen Bedingungen gebildet sind, mit deren Änderung ihre Eigenschaften, ihre Zusammensetzung und ihren Habitus ändern und einen ganz besonderen Charakter annehmen. Die Ursachen sind mehr lokaler Art, z. B. Sumpfigwerden, Entwässerung, Bewässerung, oder mehr geologischer Art, z. B. Wechsel des Klimas, der Erosionsbasis, tektonische Phänomene oder die Länge der Zeit. Zu den sekundären Böden mit geologischer Ursache gehört der sekundäre podsolierte Steppenwaldboden, von welchem B. B. POLYNOW[6] für erwiesen hält, daß er ursprünglich ein Steppentschernosem war, der infolge der Bewaldung degradiert sei. Nach seiner Ansicht gehören auch E. RAMANNS Braunerden in diese Gruppe. Die Zweistufenböden haben unterhalb der gegenwärtigen Bodenbildung einen Horizont, welcher einer früheren Zeit angehört. So kommen über Roterden von mehr subtropischem Gepräge podsolige Böden vor, wobei allerdings leicht Irrtümer über die fossile Natur der roten Horizonte unterlaufen können. In Steppen kommen unter Steppenschwarzerde bisweilen Torfhorizonte vor (Dongebiet, Kanada). Fossile Böden sind oft bei tiefen Bodeneinschnitten in den Lößablagerungen der Steppen gefunden worden. Bei Annahme der glazialen Entstehung des Lösses würde daraus zu folgern sein, daß die älteren, von späterer Lößablagerung überdeckten Böden jeweils einem Interglazial angehören. Ähnliche Vorkommen sind z. B. in den rheinischen Lössen mehrfach gefunden worden und seit langer Zeit bekannt. Unter den Produkten früherer Verwitterung sind die Vorkommen von Bauxit,

---

[1] Vgl. hierzu die ausführlichen Angaben von H. HARRASSOWITZ in diesem Handbuch Bd. 4.

[2] STREMME, H.: Die Verbreitung der klimatischen Bodentypen in Deutschland. BRANCA-Festschr., S. 41—44. Berlin 1914.

[3] GAGEL, C.: Über innerglaziale Verwitterungszonen in Schleswig-Holstein. Mber. Z. dtsch. geol. Ges. 1910, 322—326 u. a. a. St.

[4] STREMME, H.: Überreste tertiärer Verwitterungsrinden in Deutschland. Geol. Rdsch. 1, 337—344 (1910).

[5] POLYNOW, B. B.: Contributions of Russian Scientists to Paleopedology. Acad. of Sci. of USSR. Russ. Pedol. Inv. Leningrad 8 (1927).

[6] POLYNOW, B. B.: a. a. O., S. 2, 3.

Hydrargillit, Diaspor, von Wüstensalzen, von Kaolin und anderen zu verstehen. Auch solche sind in Deutschland von vielen Stellen beschrieben.

W. WOLFF[1] sagt über die fossilen Böden Deutschlands in kurzer Zusammenfassung: „Es hat sich herausgestellt, daß fossile Bodenbildungen in Deutschland eine recht große Verbreitung haben; dazu kann man in gewissem Sinne die Böden auf den älteren zutageliegenden Glazialbildungen Norddeutschlands rechnen, die namentlich im Bereich des Küstenklimas, z. B. in dem Gebiet zwischen Elbe- und Wesermündung, in Oldenburg und Ostfriesland, eine außerordentlich tiefgehende Auslaugung erfahren haben. Interglazial- und Glazialzeiten haben in verschiedener Weise an der Umwandlung dieser Böden mitgewirkt. Unter glazialem Klima erfolgten starke Umlagerungen, Erdfließbewegungen und Verwehungen, durch die vielfach neue Oberflächen geschaffen wurden; unter interglazialem Klima fand eine starke chemische Verwitterung statt. Infolgedessen stellen diese Ablagerungen gegenwärtig oft bis zur Tiefe von 20 und mehr Metern einen einzigen großen B-Horizont dar, auf dem sich die rezente Bodenbildung in dem Sinne fortsetzt, daß der alte B-Horizont als natürlicher Untergrund auftritt. Noch bewußter kann man von fossilen Böden bei den stellenweise in bedeutender Ausdehnung erhaltenen tertiären Landoberflächen, z. B. im Bereich des rheinischen Schiefergebirges, gewisser Gegenden von Hessen und des Frankenwaldes, sprechen. Hier begegnen wir einer alten tropischen bzw. subtropischen Bodenbildung von ganz anderem Charakter als der gegenwärtigen, der nunmehr oberflächlich umwandelnd eingreift."

b) Übersicht über die Bodenbildung in Deutschland.

Überschaut man eine Bodenkarte Europas, wie die Allgemeine Bodenkarte der Internationalen Bodenkundlichen Gesellschaft[2], so ist auf dieser die große russische Landmasse durch die Zonen der Wald- und Steppenböden ausgezeichnet, die sich in dem weiten Flachlande regelmäßig entwickeln konnten. Demgegenüber zeigt Deutschland nur im norddeutschen Flachlande die ziemlich einheitliche Zone der Waldböden, vom Norden zum Süden nach absteigender Intensität gestaffelt, jedoch wenig unterbrochen von kleineren Enklaven anderer Typen. In Mitteldeutschland werden die Unterbrechungen zahlreicher. Es kommen größere Inseln mit Steppen- und mit Gebirgsböden vor. Daran schließen sich nach Südwesten zu auf den Kalkgebirgen die von einzelnen Rendzinaflecken durchsetzten Strecken podsoliger Waldböden. Im Süden, in Süddeutschland auch im Südosten, wird Deutschland von Gebirgsböden abgeschlossen.

Im einzelnen wollen wir das Gesamtgebiet in den folgenden Teilen betrachten:

a) die nördliche Küstenzone der Ost- und Nordsee,
b) die jungdiluviale Landschaft,
c) die altdiluviale Landschaft,
d) die mittlere Lößzone,
e) das mitteldeutsche Bergland,
f) das obere Rheintal,
g) die Randgebirge des Oberrheintals,
h) das süddeutsche Zentralgebiet,
i) die südliche und südöstliche Randgebirgszone.

---

[1] WOLFF, W.: Die Bodenkartierung von Deutschland. Sitzgsber. preuß. geol. Landesanst. Berlin 1927, H. 2, 123.

[2] Maßstab 1:10000000; bearbeitet von H. STREMME, Danzig 1927.

Die Einteilung greift gewisse gemeinsame Züge der Bodenbildung Deutschlands heraus, die sich bisher aus unseren Arbeiten zur regionalen Bodenkunde Deutschlands und besonders auch aus der Bodenkartierung ergeben haben. Nach der Fertigstellung der neuen Gesamtkarte, mit der im Jahr 1931 zu rechnen ist, wird die Gesamtdarstellung erst die vollständigen Grundlagen haben.

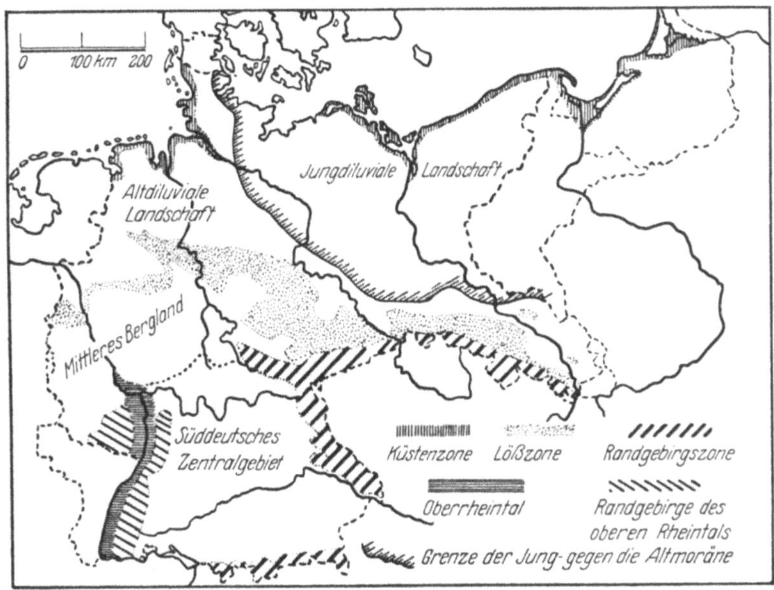

Abb. 94. Übersichtskarte der Bodengebiete Deutschlands.

Die nördliche Küstenzone der Ost- und Nordsee.

Übersicht: Die beiden durch die schleswig-holsteinische Halbinsel getrennten Küstengebiete zeigen sowohl in geologisch-morphologischer als auch in bodenkundlicher Hinsicht ganz verschiedenen Charakter.

Die Ostseeküste, im allgemeinen in Ruhe befindlich und mit ausgeglichener Küstenlinie, hat — mit Ausnahme der Küsten Mecklenburgs und Ost-Schleswig-Holsteins, denen die Küstenzone fehlt — einen Wechsel von flachen Strandwellen und steilen Klippen. Die Strandwälle haben zur Bildung von Küstendünen Veranlassung gegeben, die teils kahl als Wanderdünen, teils befestigt und bewaldet auftreten. Die Flußmündungen haben in Haffen Binnendeltas geschaffen, die in der Hauptsache aus feinen und feinsten Sand- und Schluffarten bestehen. Die Inseln sind z. T. (Usedom und Wollin) in die Küstenlinie mit einbezogen, z. T. (Rügen und Fehmarn) stellen sie außen gelegene und mehr selbständige Gebilde dar. Dazu kommt ein Klima, das im ganzen mehr kontinental als ozeanisch ist. Die Ostsee macht sich weniger durch reiche Niederschläge als durch ihren Einfluß auf die niedrige Frühlings- und die höhere Herbsttemperatur und durch erhebliche Stürme bemerkbar. Nebel tritt in geringerem Maße auf als an der Nordsee.

Ganz anders die Nordseeküste, die die Anzeichen einer gewissen Senkung zeigt. Die Flußmündungen sind in langen, tiefen Einschnitten weit ins Innere verlegt. Ein flacher Saum von Fluß -und Seemarschen ist ihr vorgelegt. Die Inselreihen bestehen in der Hauptsache aus Dünensand, der wahrscheinlich einem ehemaligen Strandwall angehört. Nur das weit vorgeschobene Helgoland und ein Teil der nordfriesischen Inseln (Sylt, Föhr) haben ältere geologische Formationen. Zwischen den Inselreihen und dem Küstensaum liegen die Watten, deren Schlick, ebenso wie der der Marschen, stark mit Ton durchsetzt ist. Das Klima ist ozeanisch. Es besitzt starke Niederschläge, häufigen und starken Nebel, starke Stürme. Die Mitteltemperaturen liegen im Winter höher, im Sommer niedriger als an der Ostsee.

Die Ostseeküste. Von geologischen Formationen tritt das Jungdiluvium mit zahlreichen Schollen älterer Formationen an die See heran, zu der es meist steil abfällt[1]. Die Bodenarten sind die auf dem Jungdiluvium überall auftretenden Sande und Lehmarten, wie sie aus den diluvialen Sanden und Geschiebemergeln überall entstehen. An Bodentypen[2] kommen darauf zumeist die verschiedenen podsoligen Waldböden vor. Stark podsolierte befinden sich bei Ückermünde, auf den Inseln Usedom und Wollin, bei Kammin und bei Stralsund. Das übrige Gebiet ist schwach bis mittel podsoliert. Braune Waldböden finden sich unmittelbar an der Küste selten, im allgemeinen sind hier podsolige Typen vorhanden, aber bisweilen schon dicht hinter der Küste, z. B. auf Rügen, in Hinterpommern zwischen Kolberg und Treptow an der Rega steht selbst nicht gebleichter brauner Waldboden, also ein noch zur degradierten Steppenschwarzerde gehöriger Typus, an. Auf der Insel Rügen kommen sogar auf der weißen Kreide, soweit sie nicht von Diluvium bedeckt ist, Rendzina, der dunkle Humuskarbonatboden, und degradierte Rendzina vor.

Dünen finden sich im allgemeinen nicht auf dem Diluvium, sondern lagern sich an die hohen Steilabstürze seitlich an und bilden bis 30 m hohe Wälle, die sich zeitweise in Bewegung befinden. Dadurch werden Vegetation und Kulturen zerstört[3] und der Landschaft wie der Landwirtschaft der Stempel aufgedrückt. K. Keilhack[4] hat zwischen Rügenwalde und Stolpmünde in Hinterpommern eine jährliche Wandergeschwindigkeit von 10—12 m festgestellt. Die Dünen kommen zum Stillstande, sobald sie Vegetation tragen. Am Ende des Mittelalters war die kurische Nehrung, heute das berühmteste Gebiet hoher Wanderdünen in Deutschland, bewaldet. An einigen Stellen begann dann neu angelandeter Sand zu wandern, der bald immer größere Flächen vegetationslos machte und dadurch immer größere Sandmengen dem Winde preisgab.

K. Keilhack unterscheidet nach dem Alter und der Verwitterung der Dünen an der Odermündung Braun-, Gelb- und Weißdünen. Die Braundünen sind die ältesten, die Weißdünen die jüngsten. Die Braundünen sind in der Bodenbildung am weitesten fortgeschritten. Eine dünne Decke von Trockentorf, nur einen bis wenige Zentimeter stark, bedeckt den Sand. Darunter folgt ein Bleichhorizont von 3—5 dm Mächtigkeit. Mit ziemlich scharfer Grenze kommt darunter eine Ortsteinschicht aus mit Eisen- und Humusverbindungen verkitteten Sandkörnern vor. Der Ortstein greift unregelmäßig in den Untergrund mit Röhren und Zapfen ein, die um Baumwurzeln gebildet sind. Nach deren Vermoderung drang Sand in die Hohlräume ein. Ist der Grundwasserstand nicht zu tief, dann ist die Vegetation üppig, die Trockentorfschicht erreicht mehr als

---

[1] Geologische Karten der Preuß. geol. Landesanst., Lief. 82, 83, 107, 123, 134, 178, 190, 196, 201, 205, 206, 207, 218, 221, 231, 238, 239.

[2] Ein Teil der Angaben über die Bodentypen in den preußischen Provinzen und Thüringen ist der Dissertation von P. F. Freiherrn v. Hoyningen, gen. v. Huene entnommen, Die Bodentypen Nord- und Mitteldeutschlands bis zum Rhein. Diss. Danzig 1930.

[3] Erläuterungen zu den geologischen Karten der Lief. 107 Blatt Kurische Nehrung, S. 39, Blatt Nimmersatt, S. 10, erl. d. H. Hess v. Wichdorf. Berlin 1919. — Ferner K. Keilhack: Beobachtungen über die Bewegungsgeschwindigkeit zweier Wanderdünen zwischen Rügenwalde und Stolpmünde. Jb. preuß. geol. Landesanst. Berlin 1896 (1897).

[4] Keilhack, K.: a. a. O., S. 194.

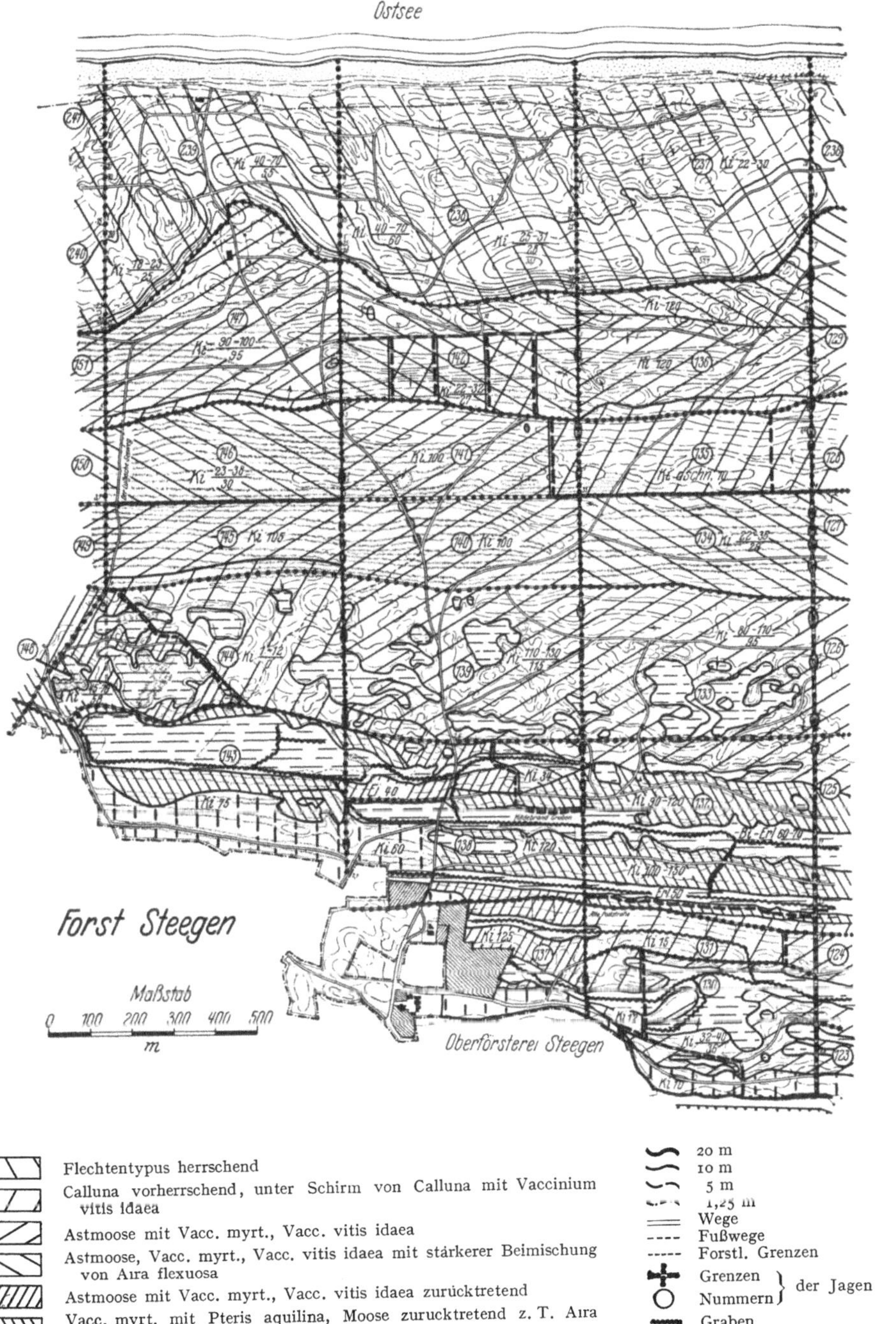

Flechtentypus herrschend

Calluna vorherrschend, unter Schirm von Calluna mit Vaccinium vitis idaea

Astmoose mit Vacc. myrt., Vacc. vitis idaea

Astmoose, Vacc. myrt., Vacc. vitis idaea mit stärkerer Beimischung von Aira flexuosa

Astmoose mit Vacc. myrt., Vacc. vitis idaea zurücktretend

Vacc. myrt. mit Pteris aquilina, Moose zurucktretend z. T. Aira flexuosa.

Aira flexuosa mit Vacc. myrt. und Krautern.

20 m
10 m
5 m
1,25 m
Wege
Fußwege
Forstl. Grenzen
Grenzen } der Jagen
Nummern }
Graben
Wiesen
Sumpf (nicht gangbar)

Abb. 95. Bestand und Bodenfloren.

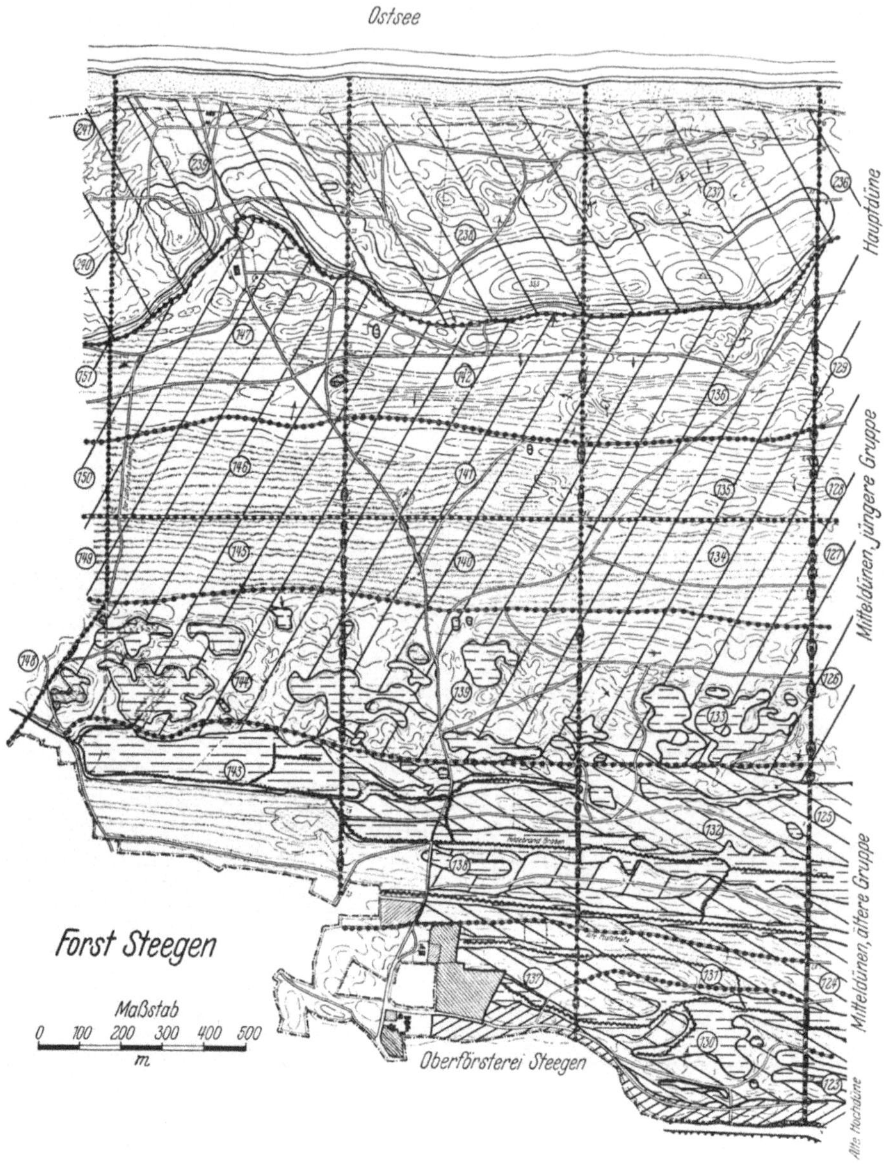

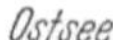

Grenzen der Bodentypen

Waldboden mit beginnender Podsolierung

Podsolierter Waldboden ohne Ortstein

Stärker podsolierter Waldboden mit Ortstein

Waldboden mit Ruckgang des podsoligen Typus infolge Vergrasung

Moorboden

20 m
10 m
5 m
1,25 m
Wege
Fußwege
Forstl. Grenzen
Grenzen } der Jagen
Nummern }
Graben
Wiesen
Sumpf (nicht gangbar)

Abb. 96. Bodenkarte.

1 dm Mächtigkeit, womit auch gleichzeitig die Podsolierung zunimmt. Die Korngröße der Dünensande ist ziemlich gleichmäßig und bewegt sich zwischen 0,5 und 0,1 mm. Aus den chemischen Analysen ist ersichtlich, daß eine Auslaugung der Tonerde, des Eisens, des Kalkes und der Magnesia im Bleichhorizont stattfindet, und daß die Ortsteinschicht an diesen Stoffen wieder angereichert wird. Wie außerordentlich kulturhindernd der Ortstein wirkt, zeigt, daß die stärksten Wurzeln der Kiefern ihn meistens nicht zu durchdringen vermögen[1].

Die Gelbdünen sind den Braundünen ähnlich, nur ist die Bodenbildung weniger weit fortgeschritten. Die Rohhumusdecke fehlt so gut wie ganz. Nur eine schwache Humifizierung der oberen 1—2 dm ist vorhanden. Darauf folgt eine humusärmere Schicht, die dem Bleichhorizont der Braundünen entspricht. Unter ihr folgt ein hellgelb gefärbter, lockerer, durch gelben Humus und etwas Eisenoxyd verkitteter Sand von durchschnittlich 5—6 dm Mächtigkeit[2]. Die Weißdünen stellen dagegen einen jungen, fast ganz unverwitterten Dünensand dar[3]. Demgemäß findet K. KEILHACK[4] noch keine Podsolierung.

Ganz ähnlich ist die Bodenbildung auf dem Danziger Dünenwall, der sich in die Frische Nehrung fortsetzt. Jene ist von F. SOLGER[5], diese von A. KLAUTZSCH[6] beschrieben worden. W. HOLLSTEIN[7] hat eine Stelle des Dünengürtels im Danziger Gebiet, an den sich jetzt landwärts die fruchtbare Weichselniederung anschließt, im Maßstabe 1 : 5000 bodenkundlich und floristisch kartiert (Abb. 95 u. 96).

F. SOLGER unterscheidet verschiedene Stadien der Dünenbildung, denen er, z. T. nach prähistorischen Funden, eine bestimmte Dauer von Jahrtausenden zuschreibt. Auf der jüngsten Dünengruppe ließ sich die Waldbedeckung aus den Forstakten zu höchstens 80 Jahren feststellen. Hier herrscht eine geringfügige podsolige Bodenbildung bei kümmerlichem Kiefernbestand und einer Bodendecke von hauptsächlich Cladonia rangiferina. Bei den älteren Dünengruppen ist die Ausbildung von Bleichsand und Orterde bzw. Ortstein gut fortgeschritten und auch ein Unterschied in den Altersstadien der Düne zu erkennen. Bei den jüngeren Mitteldünen ist der Bleichsand 10—14 cm, bei den älteren 14—25 cm mächtig, er wird bei jenen meistens aus Orterde, bei diesen meistens aus Ortstein gebildet. Die Unterflora ist hauptsächlich durch Heidesträucher bei den jungen Kulturen, durch Beersträucher bei den älteren Beständen gekennzeichnet. Am Südrande herrscht auf der ältesten Düne und den Randteilen der jüngeren ein grasreicher Typus, wo die noch erkennbare, ursprünglich starke Podsolierung abgeschwächt auftritt und auch bereits den oberen Teil des Rosthorizontes verändert hat. Eine Unterscheidung zwischen „Weiß-", „Gelb-" und „Braundünen" kann und wird man hier nicht treffen. Es handelt sich bei dieser Bodenbildung auch nicht um „Verwitterung". Denn was sollte bei dem fast reinen Quarzsande „verwittern"? Es ist die typische Waldbodenbildung verschiedenen Alters und Grades auf dem gleichen Gestein. Die nachfolgende Tabelle gibt eine Zusammenstellung der Ergebnisse F. SOLGERS und W. HOLLSTEINS.

---

[1] Lief. 96 Blatt Misdroy, S. 61. Berlin 1914.

[2] Blatt Misdroy, S. 74—82.   [3] Blatt Misdroy, S. 82—85.

[4] Erläuterung zu Blatt Misdroy, S. 84. — Ferner K. KEILHACK: Die Verlandung der Swinepforte. Jb. preuß. geol. Landesanst. 32, 209—244 (1911).

[5] SOLGER, F.: Die Dünen des Danziger Küstengebietes. Schr. naturforsch. Ges. Danzig, S. F. 16, 1, S. 42—53 (Danzig 1923).

[6] KLAUTZSCH, A.: Bericht über die wissenschaftlichen Ergebnisse der Aufnahmen auf den Blättern Schönwalde, Pröbbernau usw. Jb. preuß. geol. Landesanst. Berlin 34 (1913); 1915, 673—683. — Zur Entstehungsgeschichte der Frischen Nehrung. Ebenda 38, T. 1, 177—182 (1917).

[7] HOLLSTEIN, W.: Bodentypus und Waldtypus auf Dünensand. Danzig 1930.

Dune	Alter der Bodenbildung	Bodentyp	Waldtyp (überwiegend)
Hauptdüne, Entstehungszeit 4000 Jahre	60—80 Jahre	beginnende Podsolierung, Ausbleichung etwa 2 cm erkennbar	Flechtentypus
Mitteldünen, jüngere Gruppe	4000—6000 Jahre	Ausbleichung 10 bis 14 cm, selten ortsteinartige Verkittung. Ausbleichung in Mulden mächtiger	Kulturen: Calluna-Flechtentypus Stangenhölzer: Astmoos-Aira-Vacc. vitis idaea-Vacc. myrt. Typus Annähernd haub. Bestände: Astmoos-Vacc. vitis idaea-Vacc. myrt. Typus
Mitteldünen, ältere Gruppe	6000—8000 Jahre	Ausbleichung durchschnittlich stärker, 14 bis 25 cm, meist Ortstein	Kulturen: Calluna-Flechtentypus Stangenhölzer: Astmoos-Aira-Vacc. vitis idaea-Vacc. myrt. Typus Annähernd haub. Bestände: Astmoos-Vacc. myrt. Typus, Astmoos-Vacc. myrt.-Adlerfarntypus
Alte Hochdüne und Randteile auf jüngeren Dünen	Bis 8000 Jahre oder entsprechend weniger	Starke Podsolierung noch erkennbar, jedoch Abschwächung durch andere Flora im Gange	Mischtypus: Astmoos-Zwergsträucher-Typus mit Beimischung von Gräsern und Kräutern

Bei Nimmersatt an der Kurischen Nehrung[1] haben die Flugsandflächen der Nehrung einen tiefen Grundwasserstand. Dagegen enthalten die auf der diluvialen Steilküste liegenden Dünen flach bei $^1/_3$—2 m liegendes Grundwasser. Die Steilküste bildet mit der landwärts gelegenen Grundmoräne eine ausgedehnte, flache Mulde. Die in ihr liegenden Dünensande sind von dem darauffallenden Wasser durchtränkt worden, das in Überlaufquellen zutage tritt. Am Spiegel dieses Grundwassers ist ein mächtiger Gleihorizont mit starken Eisenrostausscheidungen ausgebildet, welche auch an den Überlaufquellen austreten.

Zwischen dem Dünengürtel und dem Diluvialplateau liegen an vielen Stellen, z. B. in Ostpreußen und Hinterpommern, Moore, die große Mächtigkeit, bis zu 4 m, erreichen[2]. Manche werden zur Beackerung übersandet. In vielen Haffbuchten sind die Moore stark mit Faulschlamm vermischt und geben dann bei genügender Entwässerung gute Weide- und Wiesenböden.

Im Danziger Gebiet[3] schließt der Dünenwall das Innendelta der Weichsel, die Weichselmarschen[4], ab. Wie H. BERTRAM[5] festgestellt hat, liegt ein erheblicher Teil der Landoberfläche unter dem Meeresspiegel und würde ohne die künstliche Entwässerung durch Schöpfwerke Röhricht mit offenem Wasser sein. E. OSTENDORF[6] hat H. BERTRAMS Karte der Darstellung des Depressionsgebietes aus der Zeit um 1300 n. Chr. durch Angaben der ehemaligen Bewaldung des Weichsel-

---

[1] Lief. 207 Blatt Nimmersatt, erl. d. H. HESS V. WICHSDORFF, S. 17, 47. Berlin 1919.

[2] Lief. 83 Blatt Saleske, S. 1, 11, 27, Lief. 206 Blatt Löwenhagen. — KEILHACK, K.: Der baltische Höhenrücken in Hinterpommern und Westpreußen. Jb. preuß. geol. Landesanst. Berlin 1889, 151 (1892).

[3] Lief. 107 Blätter Danzig, Weichselmünde, Nickelswalde, Praust, Trutenau, Käsemark. — OSTENDORF, E.: Die Grundwasserböden des Weichseldelta. Dissert., Danzig 1930.

[4] WEBER, C. A.: Wiesen und Weiden in den Weichselmarschen. Berlin 1909.

[5] BERTRAM, H., W. LA BAUME u. O. KLOEPPEL: Das Weichsel-Nogat-Delta. Danzig 1924.

[6] OSTENDORF, E.: a. a. O., Taf. 4.

deltas ergänzt (Abb. 97). Daraus ergibt sich, daß rings um die Depressionen herum wie auch am Fuße der westlichen Hochfläche und an den Flußufern entlang Erlenbruchwald gestanden hat. Auf den etwas höher gelegenen Teilen des Deltas, die weniger unter dem unmittelbaren Einfluß des Grundwassers standen, wuchs Auenhochwald. Gegenwärtig ist im eigentlichen Bereiche des

Abb. 97. Übersichtskarte der früheren Bewaldung (vor 1300) im Weichseldelta. Aufgestellt 1929 durch Eberhard Ostendorf.

Deltas nur an der äußersten Südspitze ein achtzigjähriger Eichen- und Eschenwald mit Auenwaldunterflora auf jungen Grundwasserabsätzen zwischen den Deichen vorhanden. Im Norden schließen die Dünen mit ihren Kiefernbeständen das Delta ab. Der Bodenart nach besteht das Delta aus feinsandig-schluffigem, aber zumeist tonarmem Schlick, der überall von gröberem Sande umlagert wird. Nach Art von Sandbänken ziehen sich auch langgestreckte, z. T. kiesige Sandzüge,

aus dem Schlick auftauchend, etwa radial angeordnet zum Eintritt der Weichsel
in ihr Delta gegen den Dünengürtel hin, auch treten von der Höhe her diluviale
und spätere Terrassen und Schuttkegel in das Delta ein. Eine diluviale Ge-
schiebe-, Tonmergel- und Sandinsel ragt auch aus dem Schlick heraus. Ferner
sind bei Deichbrüchen an der Weichsel wiederholt flache Sandmassen über den

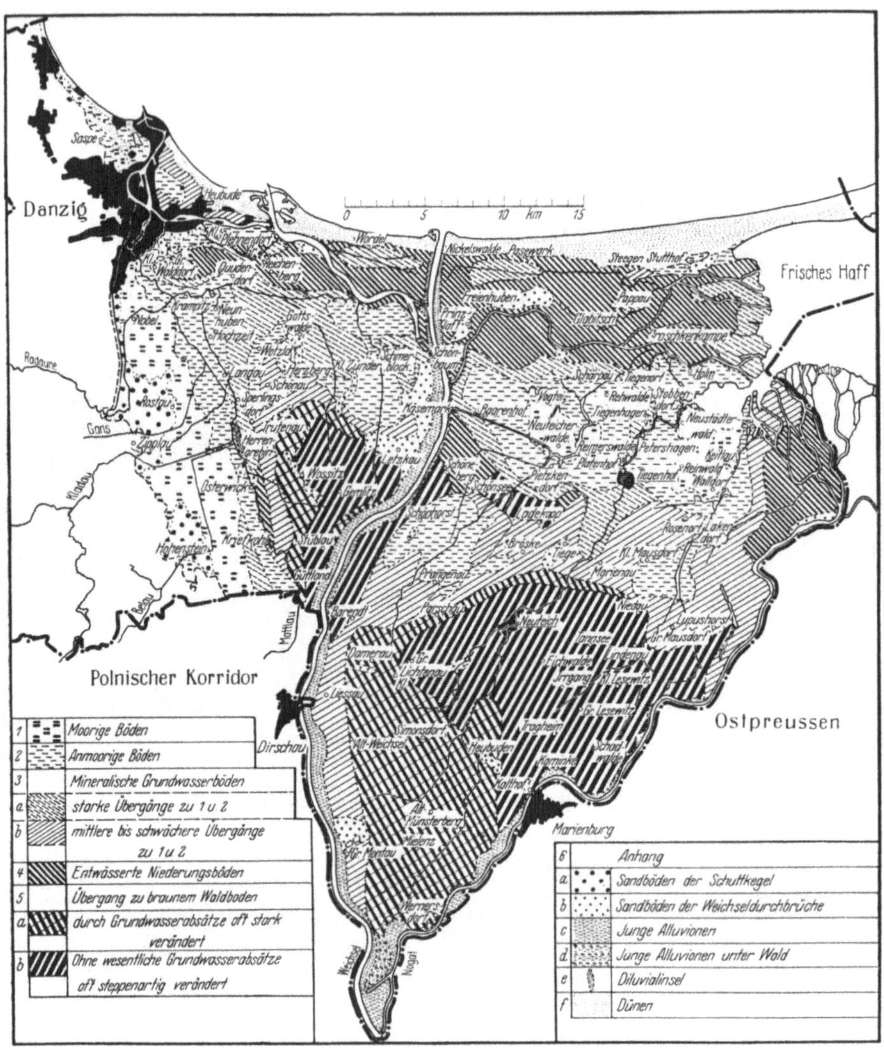

Abb. 98. Übersichtskarte der Bodentypen im Weichseldelta.
Aufgenommen 1929 durch Eberhard Ostendorf.

Schlick ausgebreitet worden. Aber im ganzen überwiegt bei weitem der Schlick
als bodenbildendes Gestein. Auf dieses haben nun Grundwasser und Vegetation
eine sehr bemerkenswerte Einwirkung gehabt und deutlich voneinander verschiedene Bodentypen erzeugt (Abb. 98)[1]. Es werden an solchen unterschieden:

---

[1] Ostendorf, E.: a. a. O., Taf. I.

Moorige Böden (1).
Anmoorige Böden (2).
Mineralische Grundwasserböden: starke Übergänge zu den vorigen (3),
    mittlere bis schwächere Übergänge zu den vorigen (4),
    entwässerte Niederungsböden ohne wesentliche Grundwasserabsätze (5).
Übergang zu braunem Waldboden: durch Grundwasserabsätze oft stark verändert (6),
    ohne wesentliche Grundwasserabsätze, oft steppenartig verändert (7).

Diese Böden verteilen sich nun so auf die früheren Vegetationen, daß sich in den Depressionen größtenteils moorige und anmoorige Böden und Übergänge der mineralischen Grundwasserböden zu ihnen befinden. Ferner sind sie nach der Entwässerung auch z. T. in die entwässerten Niederungsböden umgewandelt worden. Ähnliches gilt für die Erlenbruchwälder. Die ehemaligen Auenhochwälder haben den Übergang zu braunem Waldboden, und zwar sind die etwas, bisweilen nur um wenige Dezimeter tiefer gelegenen Böden durch die Grundwasserabsätze stark beeinflußt, während die höher gelegenen ohne die stärkeren Grundwasserabsätze oft steppenartig verändert sind. Die Landwirtschaft ist auf das engste an diese Typen angepaßt[1]. Die Übergänge zu braunen Waldböden haben über 80 % Acker, höchstens 20 % Grünland. Die Moore und anmoorigen Böden haben über 40 % Grünland, einige Moore sogar über 60 %. Die mineralischen Grundwasserböden schalten sich zwischen die beiden Extreme ein. Die Pflanzenerträge haben den folgenden Zusammenhang mit den Bodentypen in Doppelzentnern (100 kg) je Hektar:

	Weizen	Roggen	Gerste	Hafer	Meng-korn	Erbsen	Bohnen	Raps	Kar-toffeln	Zucker-ruben	Futter-ruben	Kleeheu	Wiesen-heu
Moorige Böden . . (1)	13,0	17,0	14,5	17,5	19,5	—	17,5	—	137	—	350	—	30,5
Anmoorige Böden . (2)	24,5	23,0	21,0	26,0	26,0	—	25,0	—	158	190	400	—	42,0
Mineralische Grundwasserböden: starke Übergänge zu 1 u. 2 . (3)	26,0	22,5	23,0	26,5	26,0	20,0	24,5	19,5	146	250	414	37,0	33,5
mittlere bis schwache Übergänge zu 1 u. 2 (4)	26,5	23,5	24,5	25,5	27,0	22,0	24,0	17,5	152	246	371	44,0	35,5
Entwässerte Niederungsböden ohne wesentliche Grundwasserabsätze . . . . . (5)	28,0	24,5	24,0	27,5	29,0	23,0	26,0	18,5	160	258	426	—	43,5
Übergang zu braunem Waldboden: mit starken Grundwasserabsätzen . . . . . (6)	29,5	27,0	30,0	28,5	29,0	22,0	27,5	19,5	160	255	360	47,5	36,0
ohne wesentliche Absätze, oft steppenartig verändert . . . . (7)	33,5	28,0	34,5	30,5	31,0	23,5	30,0	24,5	182	300	400	47,5	40,5
Sandböden der Schuttkegel	—	24,0	16,0	22,0	22,0	—	—	—	160	—	200	—	30,0
Sandböden der Weicheldurchbrüche	21,5	22,5	20,0	25,5	23,5	15,0	18,5	—	143	—	300	—	35,0

Diese Statistik ist insofern nicht leicht zu beschaffen gewesen, als ihre Zahlen, wie allgemein üblich, nach politischen Einheiten, Gemeinden und Kreisen, gesammelt und veröffentlicht werden. In jeder Gemeinde kommt aber eine ganze Anzahl verschiedener Typen vor. Die vom Statistischen Landesamt erhaltenen Zahlen mußten in den einzelnen Gemeinden mit den Gemeindevorstehern und z. T. mit den einzelnen Landwirten genau besprochen werden. So müßte es auch mit den Statistiken des Deutschen Reiches geschehen, um sie

---

[1] OSTENDORF, E.: a. a. O., Taf. 2, 3.

bodenkundlich auswerten zu können. Bisher ist mit dem riesigen Material bodenkundlich überaus wenig anzufangen gewesen, wenn man einige Statistiken nach
„schweren", „mittleren" und „leichten" Böden abrechnet. Die vorstehende
Statistik zeigt, daß die oft steppenartig veränderten Übergänge zu braunen
Waldböden ohne wesentliche Grundwasserabsätze für fast alle Fruchtarten die
höchsten Erträge gegeben haben, ausgenommen sind lediglich die Futterrüben
und Wiesenheu, welche am besten bei den entwässerten Niederungsböden gedeihen. Der steppenartige Boden ist durch eine tiefe, gut gekrümelte, schokoladenbraune Krume ausgezeichnet, unter der nur schwache Rostflecke mit der
typischen Vieleckstruktur der braunen Waldböden noch den früheren Wald-
charakter erkennen lassen. Auch aus dem Grundwasser stammende Rostflecke
sind nur spärlich vertreten. In klimatischer Hinsicht herrschen im Weichseldelta
kaum mehr als 500 mm Niederschlag, allerdings ziemlich viel Nebel und starke
Stürme. Aber im ganzen ist doch ein trockener Einschlag, der auch aus dem
Fehlen der Sphagnen in den Mooren zu erkennen ist, nicht zu übersehen.

Bei den meisten Früchten stehen ihnen die Übergänge zu braunen Waldböden mit starkem Grundwassereinfluß am nächsten. Diese haben in der Regel
eine schwärzliche Krume, in deren unteren Teilen oft die charakteristische
senkrechte Prismenstruktur der Grundwasserböden herrscht[1]. Rost ist bei ihnen
oft in Form von Brauneisenröhrchen um alte Wurzelgänge oder Brauneisenkonkretionen abgesetzt. Andere Grundwassercharaktere sind Vivianit, Eisensulfid, graublauer Klei, sog. Lack. Auch grüne Farbe ist nicht selten.

Der „entwässerte Niederungsboden" oder, besser und vollständiger gesagt, der
mineralische Grundwasserboden der jüngeren nördlichen Niederung, der meist entwässert und ohne wesentliche Grundwasserabsätze ist, und der an Futterrüben und
Wiesenheu die höchsten Erträge gab, ist als junge Ackerbodenbildung anzusprechen, die früher Erlenbruchwald oder Schilfröhricht war und in beiden
Fällen voller Wasser ohne eigentliche Bodenbildung stand. Krümelung ist im
jetzigen Boden selten vorhanden, meist ist die Krume locker, bisweilen auch der
Lehm in Einzelkornstruktur ausgebildet. Schon im unteren Teil der Krume,
ferner unter ihr, kommen leichte, an ihrer intensiven Färbung deutlich als Grundwasserabsätze erkennbare Rostflecken vor. Prismenstruktur ist selten und dann nur
andeutungsweise vorhanden, auch die übrigen Grundwassereinflüsse sind selten.

Die anmoorigen Böden haben in der Regel ihre charakteristische schwarze
Humusfarbe und sind als Grünland feucht, als Acker zeitweise trocken und
dann gekrümelt oder klumpig. Die Krümel oder Klumpen erhärten leicht beim
Austrocknen. Unter der Krume kommen vielerlei Grundwasserabsätze vor.

Die Moorböden sind oberflächig meist in einen Moorsand oder Moorlehm
oder in mulmige Moorerde umgewandelt, darunter steht der Torf an, unter
dem vielerlei Grundwasserabsätze vorkommen. Die Moorböden stehen bei fast
allen Früchten am schlechtesten, nur die Sandböden der Schuttkegel und der
Weichseldurchbrüche stehen bei den Futterrüben schlechter. Die Sandböden
der Schuttkegel sind podsolig, die der Weichseldurchbrüche sind meist nur einige
Jahrzehnte alte Ablagerungen, die Krume ist meist mit Einzelkornstruktur, darunter schwache Grundwasserabsätze, meist mit Rost, ausgestattet. In dieser
Eigenart steht das Weichseldelta einzig da. In der Pregeltalniederung herrschen
mehr moorige und anmoorige Böden mit hier und da eingeschwemmten Schlick-
nestern vor[2].

---

[1] Vgl. auch E. v. Meding: Die Bodenaufnahme des Niederungsgutes F. Riemann,
Wossitz, und der Versuchsfelder des Versuchsringes Danziger Niederung. Dissert., Danzig
1927/28.

[2] Lief. 190 Blatt Königsberg-West III.

In den Erläuterungen zu Blatt Palmnicken-West[1] wird eine Schwarzerdebildung im spätdiluvialen Deckton beschrieben. Bei oberflächlicher Entkalkung
zeigt letzterer nach unten größeren Kalkgehalt, ist sehr bündig und zäh und fast
völlig undurchlässig. Bei großer Trockenheit reißt er tief auf, wird ziegelhart und
setzt jeder Bearbeitung größte Schwierigkeiten entgegen. Derartige Mergel-
schwarzerden sind keine eigentliche Küstenbildung, sondern finden sich auch im
Binnenlande, z. B. bei Mewe im früheren Westpreußen, dem jetzigen Pommerellen.

Die Nordseeküste. Zu den westelbischen Küstengebieten gehören Ostfriesland, Jeverland, Butjadingen, Osterstadt, Wursten, Hadeln und Kehdingen.
Dazu kommt die diesen Ländern vorgelagerte Inselreihe Borkum, Juist, Norderney, Baltrum, Langeoog, Spiekeroog, Wangeroog, Scharhörn, Neuwerk und das
außerhalb der Reihe liegende Helgoland.

Die Böden dieser Küstenländer sind mit Ausnahme von Helgoland geologisch
einheitlich aufgebaute, schwerere und leichtere See- und Flußschlicke, Humus-
und Sandböden[2]. Im Süden werden die Küstengebiete durch die Geest und
durch zahlreiche Moore begrenzt. Die Geest ist die höchste Erhebung der Küstengebiete, ihre Höhen gehen aber in Ostfriesland selten bis 10 m. Ihre Geländeformen sind höchst einfach. Der Geestrücken erstreckt sich von der Oldenburger
Geest aus von Südosten nach Nordwesten und ist aus den Resten der vorletzten
Vereisung aufgebaut[3]. Die von den Eisschmelzwässern vorgearbeiteten Täler
verlaufen einerseits nach Südwesten, andererseits nach Nordosten, wodurch
das überall zu beobachtende zapfenförmige Eingreifen der Geestlandschaft in
die Marschlandschaft seine Erklärung findet.

Die Bodenarten der Geest sind durchweg reine und leichte Sande, entstanden
aus den Decksanden der vorletzten Vereisung[4]. Es ist ein ziemlich gleichmäßig
mittelkörniger bis feinkörniger Sand, der bis zu 2—5 dm gut humifiziert ist, sehr
arm an Nährstoffen ist und mehr oder weniger ausgeprägte Bleich- und Orterde-
horizonte aufweist[5]. Diese Böden werden landwirtschaftlich, wenn überhaupt, als
Kartoffel- und Roggenland genutzt. Wo in geringer Tiefe die Grundmoräne ansteht, wirkt sie mit ihrem Geschiebelehm (Geschiebemergel kommt westlich der
Weser an der Oberfläche nicht vor) günstig auf den hangenden Decksand ein[6].
In gleicher Weise wirkt der öfter bis unter die dünne Decksandschicht tretende
fluvioglaziale Tonmergel der drittletzten Vereisung[6]. Zutage tritt das ältere
Diluvium nur selten und dann an den Rändern[7].

Nach der Küste zu senkt sich die Geest bis tief unter den Spiegel der Nordsee und wird hier von einem stellenweise bis zu 20 km breiten Marschgürtel bedeckt[8]. Zwischen Geest und Marsch liegen meistens Randmoore. Die Marschboden
zeigen gemäß ihrer Bildung während der alluvialen Senkung ein recht wechsel-

---

[1] Lief. 206 Blatt Palmnicken-West, S. 26.

[2] Lief. 260 Blatt Emden, aufg. d. D. WILDVANG, erl. d. D. WILDVANG u. G. GÖRZ,
S. 3, 12. Berlin 1926.

[3] Lief. 199 Blatt Baltrum, aufg. d. F. SCHUCHT, erl. d. C. GAGEL u. F. SCHUCHT, S. 3.
Berlin 1919.

[4] Lief. 260 Blatt Norden, aufg. d. D. WILDVANG, erl. d. D. WILDVANG u. G. GÖRZ,
S. 12. Berlin 1926.

[5] Lief. 277 Blatt Leer, aufg. d. D. WILDVANG, mit einem landwirtschaftlichen Beitrag
von G. GÖRZ, S. 27, 33. Berlin 1929. — Lief. 199 Blatt Westerholt, aufg. d. F. SCHUCHT,
erl. d. C. GAGEL u. F. SCHUCHT, S. 6, 15, 26. Berlin 1919.

[6] Lief. 199 Blatt Westerholt, aufg. d. F. SCHUCHT, erl. d. C. GAGEL u. F. SCHUCHT,
S. 6, 15, 26. Berlin 1919.

[7] Lief. 260 Blatt Norden, aufg. d. D. WILDVANG, erl. d. D. WILDVANG u. G. GÖRZ,
S. 12. Berlin 1926.

[8] Lief. 260 Blatt Loquard, aufg. d. D. WILDVANG, erl. d. D. WILDVANG u. G. GÖRZ,
S. 3, 6, 30. Berlin 1926.

volles Profil aus Torf- und Schlickschichten[1]. Jeweils wurden die sich bildenden Moore in größeren Zeitabständen periodisch von der Nordsee überschlickt, und zwar die küstennäheren Teile häufiger als die küstenfernen. Dabei wurden diese tonreicher, jene sand- und kalkreicher. Die küstenferneren Gebiete liegen tiefer als die küstennäheren, sind bedeutend älter und stellen oft Depressionen bis zu 1,8 m unter NN. dar[1]. Sie werden wegen dieser tiefen Lage fast nur als Grünland genutzt. Im oberen Teile sind sie stark entkalkt, in der Tiefe stark eisenschüssig[2]. Dagegen liegen die jüngeren Marschböden bis über 1 m über NN., sie sind wegen ihres größeren Sandgehaltes leichter bearbeitbar und wegen ihres tieferen Grundwasserstandes nicht so der Ausscheidung von Rostabsätzen ausgesetzt und dienen deshalb vornehmlich dem Ackerbau. Dabei sind sie nicht entkalkt und nährstoffreich. Unter dem Rosthorizont der älteren Marschen hat sich der ursprüngliche Schlick unverändert und kalkhaltig erhalten. Er wird als Meliorationsmittel geschätzt und zu diesem Zwecke heraufgeholt. Dabei werden aber oft auch höhere Horizonte heraufgebracht, die wegen ihres Gehaltes an leicht oxydierbarem Doppelschwefeleisen schädlich wirken. Doch kommt dieser giftig wirkende Horizont in rein marinen Ablagerungen meist nicht vor[3].

Die schon erwähnten kalkhaltigen jungen Marschböden erreichen oft, ohne mit kalkfreien zu wechsellagern, eine große Mächtigkeit, es ist eine solche bis zu 35 m beobachtet worden. Erklärt wird diese Erscheinung durch die Annahme, daß die Nordsee beim Durchbruch der glazialen Schuttlandschaft größere Kolke in den Mooren auswühlte und diese zu anderen Zeiten vorzügliche Schlickfallen bildeten. Bei der späteren Eindeichung und künstlichen Entwässerung sanken sie meist so zusammen wie die auf Moor liegenden Schlicke[4]. Die Begrenzung der Marsch nach dem Wattenmeer ist durch Deiche bis zu 5 m Höhe künstlich[5] durchgeführt. Außendeichs finden sich im Wattenmeer hier und da ebenso mehr oder weniger umfangreiche Schlickanlandungen der jüngsten Zeit[5].

Die umfangreichen Moore dieser Gegend finden sich sowohl in den Marschen, wie namentlich am Geestrand, als auch ganz besonders in den Senken der diluvialen Geest und sind meist auf Flachmoor (Schilfrohr- und Binsentorf) entstandene Hochmoore[6]. Durch Abtorfen sind die Moore in den letzten Jahrhunderten stark verkleinert worden, besonders sind die in der Marsch gelegenen in historischer Zeit stark abgetorft, was man noch an dem Torfunterschied vieler Würten (künstlich aufgetragene Wohnhügel zum Schutz gegen Überschwemmungen) sehen kann[6, 7]. Aber auch jetzt ist der Mooranteil in der Geest noch sehr groß, so beträgt er z. B. auf Blatt·Westerholt[8] noch drei Achtel desselben. Aber auch diese Moore sind nicht in ihrer ursprünglichen Form erhalten; die verschiedenartige Nutzung hat sie z. T. stark verändert. Im 17. und 18. Jahrhundert versuchte man sie durch Brandkultur der Landwirtschaft nutzbar zu machen. Die Moore wurden oberflächig abgebrannt, wobei die organischen Stoffe verbrannten und die mineralischen Nährstoffe in Form von Asche den Pflanzen gut zugänglich

---

[1] Lief. 260 Blatt Loquard, aufg. d. D. Wildvang, erl. d. D. Wildvang u. G. Görz, S. 3, 6, 30. Berlin 1926.

[2] Lief. 199 Blatt Dornum, aufg. d. F. Schucht, erl. d. F. Schucht u. C. Gagel, S. 17. Berlin 1919.

[3] Lief. 260 Blatt Pewsum, aufg. d. D. Wildvang, erl. d. D. Wildvang u. G. Görz, S. 14, 22, 23. Berlin 1926. — Tantzen, K.: Über die Bodenverhältnisse der alten Stadtländer Marsch. Dissert., Berlin 1912.

[4] Lief. 260 Blatt Pewsum, S. 3, 6, 7, 11, 14, Blatt Emden, S. 14.

[5] Lief. 199 Blatt Dornum, S. 4.

[6] Lief. 260 Blatt Pewsum, S. 3, 6, 7, 11, 14, Blatt Emden, S. 14.

[7] Lief. 180 Blatt Karolinensiel, aufg. u. erl. d. F. Schucht, S. 19. Berlin 1912.

[8] Lief. 199 Blatt Westerholt, S. 32.

wurden. Roggen und Buchweizen wurden in die Asche gesät. Ausgangs des 18. Jahrhunderts wurde diese unvorteilhafte Nutzung durch die Fehnkultur ersetzt. Hierbei wurden die Moore mittels eines großzügigen Kanalnetzes entwässert, die untere Brenntorfschicht wurde ausgestoßen und auf den Kanälen gleich verfrachtet, während die obere Schicht auf den bloßgelegten Diluvialsand abgestürzt wurde. Durch Vermischen der beiden entstand ein ganz guter Nutzboden[1]. Neuerdings wird besonders von Staatswegen eine neue Moorkultur gegefördert. Die Moore werden durch Drainrohre, die in Heidekraut eingepackt werden, großzügig entwässert und durch Tiefkultur mit dem Dampfpflug und reichliche Düngung mit Thomasmehl, Superphosphat und Kainit in Ackerboden umgewandelt.

Östlich der Weser, bei Kuxhaven, sind die Bodenverhältnisse etwas anders. Hier streicht die Geest in fast nördlicher Richtung in die Nordsee aus[2]. Der Geestrücken, die Hohe Lieth, ist die Wasserscheide zwischen Weser und Elbe. Sie erreicht bis 38 m Meereshöhe. Der Geschiebelehm tritt an fast keiner Stelle zutage, ist fast stets mit einer, wenn auch oft nur dünnen Decksandschicht überdeckt, sehr sandig, gelblich-braun und geht nirgendwo in Geschiebemergel über. Nur selten läßt sich bei großer Mächtigkeit der Grundmoräne etwas Geschiebemergel feststellen[3]. Wie in Ostfriesland, so schieben sich auch hier zwischen Marsch und Hohe Lieth ausgedehnte Randmoore ein.

An dem Aufbau der Marschen ist hier außer der See besonders noch die Elbe beteiligt. Indem sie bei Hochwasser zuerst das grobe Material absetzte, bildete sich ein Niveauunterschied zwischen küstennäheren und küstenferneren Gebieten von etwa $1^1/_2$ m heraus. Die küstennäheren waren etwa $1^1/_2$ m höher und sandiger, die küstenferneren tiefer und toniger, genau wie in Ostfriesland. Nur kommt hier noch ein Streifen jungalluvialer Marsch am Elbufer entlang dazu, der wieder toniger ist[3, 4]. Rostiger Grundwasserabsatz tritt nicht so stark auf, als daß er hier ein großes Kulturhindernis bildet. Am stärksten ist er da, wo der Boden am längsten unter Wiese oder Weide gelegen ist. Melioriert werden auch hier die Böden, die nach langer Nutzung stark entkalkt sind, durch den heraufgeholten unverwitterten kalkhaltigen Untergrund[5].

Die Elbe- und Ostemarsch sind durch K. v. SEE[6] profilmäßig aufgenommen. Man erhält aus diesen Profilen eine Vorstellung des verwickelten Baues der Böden. Zwei seiner Profile, in Ziegeleigruben an der Oste, einem Nebenfluß der Elbe, und an der Elbe selbst, mögen hier folgen.

Ostemarsch. DOHMANNS Ziegelei bei Oberndorf an der Oste.

A 30 cm mächtig	humoses, bräunlichschwarze Krume; trocken: hellgrau. Feinsandig-tonig; stark gekrümelt.
„Knickähnlich", 8—12 cm	tonig-feinsandig; an sich dicht, aber von zahlreichen Poren durchsetzt, die oft von Wurzelfasern erfüllt sind. Frei von Rostflecken. Feucht: hellbräunlichgrau, sehr zähe; trocken: hellgrau, ziemlich hart.
„Schwarzer Knick", 14—18 cm	schwarzes, humoses, toniges Land, läuft der gewölbten Oberfläche fast parallel, ebenso im Längsschnitt; fast frei von Eisenrost;

---

[1] Lief. 199 Blatt Westerholt S. 32.

[2] Lief. 151 Blatt Kuxhaven, aufg. u. bearb. d. F. SCHUCHT, S. 3, 4, 7, 8, 9, 14. Berlin 1909.

[3] Lief. 106 Blatt Horsefeld, aufg. d. H. MONKE u. H. SCHROEDER, erl. d. H. MONKE, S. 5. Berlin 1904.

[4] Lief. 151. Blatt Altenwalde, aufg. u. bearb. d. F. SCHUCHT, S. 14. Berlin 1909.

[5] Vgl. E. BLANCK u. W. DÖRFELDT: Beiträge zur Kenntnis der Beschaffenheit der Kuhlerde sowie ihrer Wirkung auf den Marschboden. J. f. Landw. 78, 9 (1930).

[6] SEE, K. v.: Über den Profilbau der Marschböden. Internat. Mitt. Bodenkde. 10, 169—185 (1920).

	außerordentlich stark porös, Poren meist frei von lebenden Wurzeln und ohne irgendwelche Ausscheidungen. Neigung zu vertikaler Absonderung infolge des Porenverlaufs. Feucht: tiefschwarz, zähe; trocken: schwarz- bis dunkelgrau, hart, kleinstückiger Zerfall, schrumpft wenig.
„Weißer Knick", 6—12 cm	hell, sandig-tonig, stark rostfleckig, oft mit kleinen Knollen von Eisenrost, sehr porös, Poren leer. Oben und unten wenig scharf begrenzt, der scharfe Knick geht zungenförmig in Adern oder Spalten herab. Liegt zeitweise im Kapillarbereich des Grundwassers.
„Fast knickartig", etwa 20 cm	rostfleckiger bis stark eisenschüssiger, gelbgrauer, lehmiger Sand; entkalkt. Ungeschichtet. Stellenweise beim Austrocknen erhärtend und sehr porös, mit einzelnen Faserwurzeln;
30—40 cm	noch kalkhaltiger, stellenweise ziemlich rostfleckiger, lehmiger Feinsand, ungeschichtet. Keine Kalkkonkretionen und Rostklümpchen. Faserwurzeln sehr selten, untere Grenze des Wurzelhorizontes. Feucht: graugelb; trocken: gelblichweiß. Diese und die vorige Schicht liegt im dauernden unteren Kapillarbereich des Grundwassers. Auch im abgetrockneten Profil bleiben sie sehr feucht und machen den Eindruck einer Verlehmungszone;
etwa 80 cm	weißer, kalkiger Feinsand in sehr häufigem Wechsel mit dünnen, tonigen Lagen, daher feinschichtig, im trockenen Zustand sogar stellenweise fast blätterig; im oberen Teile bisweilen noch etwas rostfleckig. Feucht: blaugrau; trocken: fast weiß. Das Grundwasser begann im niederschlagsreichen Sommer 1916 etwa 60—70 cm unter der oberen Grenze dieses Horizontes;
darunter	der gleiche kalkige Feinsand. Schichtwechsel noch häufiger, daher im trockenen Zustande mehr blätterig. Die bläuliche Farbe des feuchtfrischen Zustandes bleibt auch nach dem Austrocknen jahrelang erhalten.

Elbmarsch. Oltmanns Ziegelei, Dornbusch bei Drochtersen.

A 15—20 cm	humose, feinsandig-tonige Krume, dunkelbraun;
10—15 cm	bräunlich-gelb, schwach humos, zäh, aber porös; tonig-feinsandig; wenn trocken, von A wenig abstechend, etwas rostfleckig.
„Weißer Knick", 22 cm	hellgrau, tonig, im oberen Teile schwach eisenschüssig; in den zahlreichen Poren viele lebende Faserwurzeln.
„Schwarze Schnur", 4—6—8 cm	humos, tonig, schwarz.
„Weißer Knick", 8—10 cm	hellgrau, tonig.
„Schwarzes Band", 6—8 cm	tonig humoses bis fast kohliges, schwarzes Band.
„Knick", 0—6—10 cm	hellgrau, eisenschüssig, tonig-sandig mit eiseninkrustierenden Pflanzenwurzeln.
„Knick", 10—20—30 cm	humos, tonig-sandig, dunkelgrau mit großen schwarzen Flecken und einzelnen reinsandigen Putzen. Durch die ganze Schicht viel mit Eisenrost erfüllte Pflanzenreste und eine gelblichgraue organische Masse verteilt; porös mit lebenden Pflanzenwurzeln.
„Knickartig", 3—40 cm	hellgrau, sehr sandig bis sandig-tonig, entkalkt mit viel rosterfüllten oder mulmigen Pflanzenresten (Holzteilchen, Schilfreste); porös, in den Poren noch einzelne Faserwurzeln.
„Maibolt", 50—70 cm	im Grundwasser, das bei 1,30 m von oben steht; schwach toniger Feinsand, kalkfrei; feuchtfrisch: grünlichgrau, trocken: schmutziggrau; frei von Pflanzenresten; giftig, pflanzenschädlich;
darunter	weißer kalkhaltiger Feinsand in häufigem Wechsel mit dünneren tonigen Lagen.

Bemerkenswert ist in beiden Profilen die ziemlich tiefe Entkalkung der Böden, die nicht auf eine waldbodenartige Bildung, sondern auf die für Grundwasserböden charakteristische zeitweise Schwefelsäureentwickelung zurückzuführen sein dürfte. Im giftigen Maibolt geht die Giftwirkung in der Hauptsache auf schwefelsaures Eisenoxydul zurück, wie Analysen von K. VIRCHOW[1] gezeigt haben. Darüber ist alles entkalkt. Die Poren sind röhrenrund und stehen senkrecht. Derartige Poren werden anderswo auf Frostwirkung zurückgeführt. G. ROTHE[2] hat festgestellt, daß die braunen und roten Farben mit saurer, die blauen und grauen mit neutraler oder alkalischer Reaktion zusammentreffen. Zum Unterschiede gegen Ostfriesland ist auch das häufige Auftreten des giftigen Maibolts etwas Besonderes.

Im allgemeinen werden die Marschen auch hier durch Moore gegen das innere Land abgegrenzt. In Kehdingen liegt aber das große Kehdinger Hochmoor, auf beiden Seiten von Marschboden eingefaßt, zwischen Elbe und Oste, in einer Mulde zwischen diesen Flüssen, die bei ihrer Aufschlickung entstand[3]. Der Niveauunterschied zwischen der Ufermarsch und dem Untergrund des Moores beträgt 3 m. Das Liegende des Hochmoores ist Darg, ein mit Schlick durchsetzter Flachmoortorf. Im tieferen Untergrunde finden sich jedoch auch noch bis zu $1^1/_2$ m mächtige Moorschichten. Über dem Darg liegt ein nur 1 dm mächtiger Birkenwaldtorf. Das Hochmoor besitzt eine Gesamtmächtigkeit von 4—5 m.

Die der Küste vorgelagerte Inselkette ist von der Nordsee aus den Wattenmeersanden aufgebaut[4]. Diese Sandplatten, deren Gestalt dauernd von der Nordsee verändert wird, sind erst zu eigentlichen Inseln geworden, nachdem der Wind die trocknen Sande der Platten zu Dünen auftürmte und sich an dem derartig geschützten Südrande vom Wattenmeere aus Schlick absetzen konnte. Deiche taten später das ihrige hinzu. Der größte Teil der Inseln besteht aus Meeressand und Dünensand. Diese Nordseesande haben eine hellere Farbe als die der Ostsee, sie ist bedingt durch das fast völlige Fehlen von Feldspäten und anderen Silikaten und durch den ursprünglich höheren Gehalt des westlichen Diluviums an Quarz als eine Folge seiner stärkeren Verwitterung. Baumwuchs ist nur auf Spiekeroog vorhanden, auf den anderen Inseln werden nur die Dünentäler der südlichen Teile als Gras- und Gartenland genutzt und liefern ganz gute Erträge, zumal das Grundwasser süß ist. Im Norden wehen die starken Stürme dauernd neuen Sand auf und schlagen ihren Salzgehalt nieder. Eine eigentliche, und zwar podsolige Bodenbildung ist auf den Inseln nur spärlich zu beobachten.

Die Schlickböden nehmen kaum mehr als einen schmalen Streifen im Süden ein und sind auch oft nur einige Dezimeter mächtig. Die älteren inneren Schlickböden sind meistens stark entkalkt und eisenschüssig. Die jüngeren, dem Wattenmeer am nächsten gelegenen, sind kalkreich, doch tragen sie wegen der häufigen Überflutungen mit Salzwasser nur eine geringwertige Grasnarbe. Moorige Böden sind nur an einer Stelle östlich des Dorfes Langeoog bekannt. F. SCHUCHT[5] nimmt an, daß die Inseln infolge der Nordweststürme südwärts wandern. Z. B. wurde nördlich der Insel Neuwerk im Wattenmeer Schlickboden gefunden, über den die Dünen anscheinend hinweggewandert sind. Der Schlick von Neuwerk ist auch allgemein kalkfrei und oft eisenschüssig.

---

[1] VIRCHOW, K.: Das Kehdinger Moor, eine chemisch-geologische Studie. Landw. Jb. 12, 83—128 (1883).

[2] ROTHE, G.: Beitrag zur Geologie der Hannoverschen Elbmarschen im Zusammenhang mit den Obstkulturen des niederelbischen Obstbaugebietes. Arb. biol. Reichsanst. Land- u. Forstw. Berlin 17, H. 5, 398 (1929).

[3] Lief. 130 Blatt Hamelwörden, S. 9, 10, 12, 13, 14, 15, 21. Berlin 1906.

[4] Lief. 199 Blätter Baltrum, aufg. d. F. SCHUCHT, Berlin 1919; Lief. 180 Blatt Langeoog, Spiekeroog, aufg. d. F. SCHUCHT, Berlin 1912.

[5] Lief. 151 Blatt Altenwalde, S. 23, 24. Berlin 1906.

Nördlich der Elbe liegen in Schleswig-Holstein die Küstenverhältnisse ähnlich wie im vorbeschriebenen Teile, nur daß hier für die Bildung der Marsch wegen des Fehlens größerer Flüsse hauptsächlich die See in Frage kommt. An der Nordseeküste zieht sich ein unregelmäßiger Marschstreifen hin. Ihm schließt sich nach Osten die Geest an, die bis zur Ostsee reicht und in ihrem Westteil von Süßwasseralluvium, hauptsächlich Mooren, bedeckt ist. An der Ostseeküste finden sich keine Marschen. An ihrer Stelle sind oft schmale Dünenstreifen vorhanden[1]. Das Profil der schleswig-holsteinischen Marschböden scheint ein ebenso wechselvolles zu sein, wie das der meisten westelbischen, was aus den beim Bau des Kaiser-Wilhelm-Kanals beobachteten Profilen zu ersehen ist[2].

Die der Küste vorgelagerten Inselreihen sind z. T. ähnlich wie die ostfriesischen, seewärts Dünen, landwärts Marsch. Einige, in geschützten Buchten liegende, sind auch ganz von Schlick bedeckt. Mehrere große, wie Sylt, Amrum und Föhr, haben Diluvialkerne, die in größerer Mächtigkeit, z. B. 10—16 m am Roten Kliff auf Sylt das ältere Diluvium mit seiner tiefen alten Bodenbildung zeigen, die auf dem jüngeren Diluvium fehlt. Von der Insel Föhr hat Stremme[3] eine Anzahl Bodenprofile beschrieben, die hier folgen, sie wurden im August 1912 aufgenommen:

Sandgrube östlich Ütersum, unter Heidekraut.

	Abgetrocknet:	Frisch angeschnitten
A_{0-1}	5 cm, Rohhumus mit beigemengtem weißen Sand.	18 cm, Rohhumus und weißer Humussand.
A_2	18 cm, grauweißer Geschiebesand, von Wurzeln durchsetzt.	
B	30 cm, schichtig-bröckelige, kaffeebraune Humuszone, die oberen 12 cm feine Bröckelschichtchen von etwa 1 mm Mächtigkeit. Darunter gröbere Schichtchen bis zu 1 cm Dicke.	4 cm dichter brauner Sand. 40 cm, krümelig-bröckeliger Feinsand, dunkelbraun beginnend, wird allmählich hellgelb, mit mehreren braunen, fast horizontalen Humusstreifen.

Begrabener Boden:

A	15 cm, weiße, schichtig-bröckelige Zone, die Bröckelschichtchen 1—2 mm Dicke.	4 cm strukturloser grober Sand. 3 cm Humusstreifen.
B	Eisenstreifiger Sand und Lehm.	

Es handelt sich hier um starke Podsolierung unter Heide. Am Ütersumkliff sah man auch rotbraunen Ortstein mit großen, weiten „Töpfen" In dem vorstehenden abgetrockneten Profil tritt die feinschichtige Struktur des Podsols deutlich hervor, die in dem frisch angeschnittenen noch nicht zu sehen ist. In der Grundmoräne war sowohl tiefere als auch geringere Entkalkung festzustellen.

Lehmgruben bei Borgsum, oben grasbewachsen.

A	80 cm, dunkelgrauer, in frischem Anschnitt graubrauner, humoser Sand, geschiebeführend, mit Wurzelröhren, großen bis kleinen Tierkanälen. Die oberen 10—20 cm Pflugspur.
$A—B$	35 cm, der humose Sand geht durch eine hellbraune Zone von lehmigem Sand in Lehm über; einzelne Wurzeln und Wurzelgänge; stellenweise ist die Zone auch

<hr>

[1] Geologische Übersichtskarte der Provinz Schleswig-Holstein. Berlin 1881. — Meyn, L.: Die Bodenverhältnisse der Provinz Schleswig-Holstein. Abh. geol. Spezialkarte Preußens 3, H. 3 (Berlin 1882). — Wolff, W.: Erdgeschichte und Bodenaufbau Schleswig-Holsteins, 2. Aufl. Hamburg 1922. — Über den Boden von Schleswig-Holstein. Schlesw.-Holst. Mh.. (Lübeck) 1927.

[2] Zeise, O.: Geologisches vom Kaiser-Wilhelm-Kanal. Jb. preuß. geol. Landesanst. Berlin 1902 (1905), 162—172.

[3] Stremme, H., in Branca-Festschr., S. 42—44.

auffallend hellfarbig, fast weiß, wenige Rostflecken, sehr unregelmäßig ausgebildet. Humusflecken ziehen sich trichterförmig von *A* herunter.

B 6o cm, sandiger Lehm mit gelben, roten, z. T. schwarzgesprenkelten Rostflecken, z. T. etwas horizontal oder schräg angeordnet; hart, trocken.

  Hier Frühjahrsgrundwasserstand.

G 70 cm, feuchter, plastischer Lehm, tonreich, zahlreiche Manganflecken; zu oberst Eisenflecken etwas schichtig, dann ziemlich gleichmäßige bis fleckige Färbung, dann in grauer Grundmasse zahlreiche, z. T. ringförmige Flecken, welche nach unten zu immer mehr abnehmen.
  1o cm, grausandiger Klei, wenige Rostflecken.
  5 cm, weißer, kleifreier Sand.
  25 cm, graubrauner Horizont mit rotbraunem Eisenrost und dunklen Manganflecken, schichtig bis blätterig; Dicke der z. T. undeutlichen Schichtchen 2—1o mm.
  50 cm, sehr nasser, grundwasserführender, kleifreier Sand, die oberen 5 cm rostgelb mit feinen, bis 1 mm starken, frischen Roststreifen, die folgenden 30 cm grau mit zahlreichen kleinen schwarzen Manganflecken, dann abermals Rostband, aber schwächer, darunter wieder grauer Sand.

Hier lief das Grundwasser zusammen, der Aufschluß ließ sich nicht tiefer führen. Alle Horizonte waren frei von kohlensaurem Kalk.

Die *G*-Horizonte zeigen gut die Entmischung des Lehmes unter dem Einfluß des Grundwassers und die mineralischen Grundwasserabsätze: Klei, Rost, dunkle Manganoxyde.

Mergelgrube östlich des Weges Laurentikirche—Süderende. Frisch in Betrieb genommen, der Oberboden mit Roggen bestanden.

A 19—2o cm, schwarzer Humussand, wenige Geschiebe.
  16—17 cm, kaffeebrauner, allmählich verblassender Humussand.
  19—2o cm, weißer Sand mit braunen, horizontalen, kurzen Humusstreifen.

G 40 cm, grauer bis grünlichgrauer, kleihaltiger Sand mit Rostflecken und einzelnen großen, kaffeebraunen Humusflecken. Einzelne große Geschiebe von Feuerstein, Gneis, dieser bisweilen völlig verwittert.
  26 cm, grauweißer Sand mit Rost- und schwarzen Humusflecken, feucht.
  7 cm, rostroter, schmieriger Klei.

  Bis hierher alle Horizonte frei von kohlensaurem Kalk.

C blaugrauer Geschiebemergel mit weißlichen Kalkkarbonatflecken, braust stark mit Salzsäure.

In den benachbarten aufgelassenen Gruben stand in 1,2o m Tiefe von der Oberfläche das Grundwasser.

Hier ist die Entkalkung 1,30 m tief gegangen, gegenüber mehr als 3 m im Profil bei Borgsum, das ist ein auffallender Gegensatz, der HÄBERLEIN[1] im Anschluß an C. GAGEL[2] dazu führte, zwei verschiedenaltrige Diluvialablagerungen auf Föhr anzunehmen, die tief verwitterte Altmoräne und die schwach verwitterte Jungmoräne. Was die beiden vorstehend mitgeteilten Bodenprofile anlangt, so fällt bei beiden der tiefreichende *A*-Horizont von 8o bzw. 57 cm auf. Daran schließt sich bei dem Borgsumer noch 35 cm einer zweifelhaften sandigen Zone, die z. T. sicher noch *A* ist. Wenn man in dem zweiten Profil alles über dem Geschiebemergel als eine Sandablagerung mit Grundwasserabsätzen ansehen würde, so wäre diese mit 1,30 m nicht viel mächtiger als

---

[1] HÄBERLEIN: Beiträge zur Kenntnis des Diluviums auf Föhr. Z. dtsch. geol. Ges. **63**, Mber. **12**, 587—594 (1911).

[2] GAGEL, C.: Über einen Grenzpunkt der letzten Vereisung in Schleswig-Holstein. Jb. preuß. geol. Landesanst. **38**, 581 (1907). — Über interglaziale Verwitterungszonen in Schleswig-Holstein. Z. dtsch. geol. Ges. **1910**, Mber., S. 322—326. — Das Ratzeburger Diluvialprofil und seine Bedeutung für die Gliederung des Diluviums. Jb. preuß. geol. Landesanst. **23** (1912). — Die Beweise für eine mehrfache Vereisung Norddeutschlands in diluvialer Zeit. Geol. Rdsch. **4**, 337 (1913) (Schleswig-Holstein).

$A + A$ bis B mit 115 cm. Es bleibt noch zu fragen, ob nicht der Karbonatgehalt des Geschiebemergels mit den weißen Karbonatflecken nachträglich von unten wieder aufgestiegen sein kann. Im jungen Diluvium ist z. B. in der Danziger Gegend das Wiederkalkigwerden von bereits entkalkt gewesenem Geschiebemergel infolge des Aufsteigens ziemlich harten Wassers eine sehr häufige Erscheinung. Dabei pflegt der Eisenrost des B-Horizontes zu lebhaft gefärbten Konkretionen konzentriert zu werden, z. T. wohl auch in Lösung zu gehen. Aber es bleibt dem neugekalkten Geschiebemergel doch noch immer ein Rest der gelben oder rötlichen Farbe. Soweit unsere bisherigen Beobachtungen reichen, kommt eine solche „Regeneration" des Geschiebemergels, auch von Sand, Löß usw., nur in verhältnismäßig trockenen Gebieten vor, in denen das Wasser karbonatreich ist. Das süße Wasser auf Föhr dürfte weich sein und die Verdunstung nicht so hoch, daß sich aus dem vielen Wasser die geringe Menge Karbonat als feine Verteilung im Geschiebemergel absetzen könnte, zumal das Wasser darüber steht. Auch das Karbonat der Kalkkonkretionen dürfte kaum von unten kommen. Alles in allem genommen würde vom bodenkundlichen Standpunkte wohl die Annahme von jungen Moränen, trotz der auffallenden Grundwasser- und der ebenfalls merkwürdigen A-Horizonte nicht unberechtigt sein. Doch müßten dazu auch die sonstigen glazial-geologischen Erscheinungen stimmen. Möglich sind auch irgendwelche Schutzwirkungen bei der alten Bodenbildung, so z. B. hoher Ton- und Kalkgehalt, eine andere Vegetation und noch anderes.

Eines der wichtigsten Profile, die C. Gagel zu seiner Feststellung zweier Glazialablagerungen in Schleswig-Holstein führten, ist dasjenige vom Emmerleffkliff bei Hoyer an der Westküste Schleswigs. Dieses ist in bodenkundlicher Aufnahme[1]:

Emmerleffkliff bei Hoyer (August 1913 aufgenommen). Wiese.

A 25—30 cm, graubrauner, humoser, sandiger Lehm, stark durchwurzelt, entkalkt.

B_1 30—35 cm, trockener, graubrauner, humus- und rostfleckiger, sandiger Lehm, von einzelnen Wurzeln durchzogen, vielfach bräunliche Humusflecken, entkalkt.

$B_2 G_1$ 1,70 m, feuchter, plastischer, bis sandiger Lehm mit Rostflecken von lebhaft gelbbraunroter Farbe, an seltenen Wurzelgängen noch einzelne Humusflecken, vereinzelt schwärzliche Manganflecken, entkalkt.

B_3 20 cm, einzelne Kalkbröckchen brausen mit Salzsäure.

$B_4 G$ 50—100 cm, die rostbraune Masse ist von weißen Kalkflecken durchsetzt und braust mit Salzsäure auf. An der Basis vielfach feuchte Flecke, an einzelnen Stellen Rieselwasser.

C graugrüner, plastischer, kalkreicher Geschiebemergel.

Die Entkalkung ist 2,30 m tief gegangen. Grundwasser kommt auch hier über dem Geschiebemergel vor, doch weniger als in dem Sylter Profil, da es am Kliff beständig abläuft. Wenn man daneben hält, daß das Rote Kliff auf Sylt mindestens 10 m tief entkalkt ist, und Verfasser auch bei einer Brunnengrabung in Wennigstedt auf Sylt 1913 noch in einer Tiefe von 8 m graubraunen, plastischen Geschiebelehm fand, der nicht mit Salzsäure brauste[1], so ist der Schluß C. Gagels für Schleswig und der entsprechende für Föhr wohl erklärlich, daß die so wenig entkalkten Profile dem Jung- und die stark entkalkten dem Altdiluvium angehören. Denkbar ist aber bei diesen schwach entkalkten Profilen natürlich, daß die Enklaven in den stark entkalkten Bildungen aus bisher noch unbekannten Gründen der normalen Bodenbildung entgangen waren.

---

[1] Stremme, H.: a. a. O., Branca-Festschrift, S. 40.

P. F. v. Huene[1] schreibt über die Nordseeinseln: „Auf Helgoland kommen Skelettböden auf Buntsandstein vor. Die Inseln an der schleswig-holsteinischen Küste haben Naßböden und z. T. mittel- bis schwachpodsolierte und podsolige Waldböden. Die oldenburgischen und ostfriesischen Inseln haben gelegentlich schwach bis mittel podsolierte Waldböden, nicht gebleichte Naßböden (Schlickböden) und kleine Gebiete von mineralischen Naßböden".

Die jungdiluviale Landschaft.

Übersicht: Die Böden der jungdiluvialen Landschaft sind auf den Ablagerungen der jüngsten Vereisung entstanden. Sie nimmt das nordostdeutsche Flachland ein, den Teil des Flachlandes östlich der Grenzlinie Flensburg, Rendsburg, Neumünster, Segeberg, Hamburg, Harburg, Wittingen, Magdeburg[2]. Die Landschaft zeichnet sich dadurch aus, daß die Verwitterung und Abtragung nicht weit fortgeschritten und demnach die Böden bedeutend nährstoffreicher als die des älteren Glazials sind. Die Oberfläche ist noch wenig ausgeglichen und zeigt oft gebirgsartigen Charakter.

In landwirtschaftlicher Hinsicht umfaßt dieses Gebiet auf P. Krisches[3] Karte der verschiedenen landwirtschaftlichen Wirtschaftszonen Deutschlands 1926 die Zone starker Gründlandwirtschaft in Ostpreußen, bei denen etwa 50 % und mehr der Anbaufläche auf Grünland (Wiesen, Weiden, Ackerweide, Futterpflanzen) entfallen, ferner die dortigen gemischten Gebiete mit teils starker Grünlandwirtschaft, teils starkem Brotgetreidebau. Ferner umfaßt die Zone starken Brotgetreidebaues Gebiete in Pommern (außer Stralsund), Grenzmark, Regierungsbezirk Frankfurt, Mecklenburg, bei welchen etwa $33^1/_3$ % und mehr des Ackerlandes auf den Anbau von Roggen und Weizen entfallen, dann die Zone starken Futtergetreidebaues im Bezirk Stralsund mit $33^1/_3$ % und mehr der Fläche des Ackerlandes für den Anbau von Hafer, Gerste und Menggetreide, außerdem Teile Schleswig-Holsteins, einer Zone ausgesprochener Viehzuchtgebiete (etwa 50 % und mehr entfallen auf Wiesen und Weiden), ferner den Bezirk Potsdam und die nördlichen Teile Schlesiens, welche je zur Hälfte starken Brotgetreideanbau und intensivste Wirtschaftsform (ca. 25 % und mehr der Fläche des Ackerlandes entfallen auf den Anbau von Hackfrüchten, Handelspflanzen, feldmäßig gebautem Gemüse und Gartenbau) haben.

An Holzarten treten in ihnen nach Hausrath[4] zumeist 76—99 % Nadelholz und 24—1 % Laubholz auf, und zwar weit überwiegend Kiefer; in Pommern und Mecklenburg vergrößert sich der Anteil des Laubholzes auf 25—49 %, in Schleswig-Holstein z. T. auf 51—75 %, ja auf 76—99 %. Die östliche Grenze der natürlichen Verbreitung der Rotbuche geht durch das mittlere Ostpreußen hindurch. Die Südgrenze des Gebietes in Schlesien und den Bezirken Frankfurt und Potsdam fällt ungefähr mit der Nordgrenze des natürlichen Verbreitungsgebietes der Fichte zusammen, doch gehört zum natürlichen Verbreitungsgebiet der Fichte nach E. Werth[5] auch Ostpreußen. Die Westgrenze deckt sich ungefähr mit der Westgrenze des natürlichen Verbreitungsgebietes der Kiefer. Die Verbreitung des Gagelstrauches als Vertreter atlantischer Arten ist auf die Küstenregion in Pommern und Mecklenburg und auf den schleswig-holsteinschen Anteil be-

---

[1] Huene, P. F. v.: Dissertation. Danzig 1930.

[2] Gripp, K.: Über die äußerste Grenze der letzten Vereisung in Nordwestdeutschland. Mitt. geogr. Ges. Hamburg **36**, 159—245 (1924).

[3] Krische, P.: Bodenkarten, a. a. O. S. 24.

[4] Vgl. H. Stremme: Grundzüge der praktischen Bodenkunde usw., Taf. 10. 1926.

[5] Werth, E.: Klima- und Vegetationsgliederung in Deutschland. Mitt. biol. Reichsanst. Berlin **33** (1927).

schränkt. An Hauptgebieten pontischer Flora sind das südliche Randgebiet Ostpreußens, ein großer Bezirk an der mittleren und unteren Oder und der Teil rechts des Flusses des großen Gebietes an der mittleren Elbe vorhanden. E. Werth[1] gibt noch weitere Aufschlüsse über die Waldwirtschaft. In Ostpreußen herrschen die ostbaltischen Kiefern-Fichten-Mischwälder. Sonst ist im Hauptteil der jungdiluvialen Landschaft die Kiefer mit über 60% an der Gesamtforstfläche beteiligt. Vorpommern, Mecklenburg und der schleswig-holsteinsche Anteil gehören zur westbaltischen Buchenzone, deren Ostgrenze mit der der Stechpalme im Gebiet zusammenfällt. Hinterpommern, West- und Ostpreußen gehören zum zusammenhängenden Gebiet der borealen Krähenbeere außerhalb des Areals der Stechpalme, während Vorpommern, Mecklenburg und der schleswig-holsteinsche Anteil die Krähenbeere innerhalb des Areals der Stechpalme haben. Der mittlere und südliche Teil der jungdiluvialen Landschaft gehört zum zusammenhängenden Verbreitungsgebiet des pontischen purpurblütigen Schwarzwurz.

In klimatischer Hinsicht haben wir in der jungdiluvialen Landschaft nach E. Werth das nordostdeutsche Gebiet mit einer Juliisotherme unter $17,5^0$ (Januar fast überall kälter als $-1,2^0$) vor uns. Daran schließt sich nach Süden das ostdeutsche Gebiet an mit einer Julitemperatur von $17,5^0$ und mehr, von welchem noch weiter südlich der größte Teil im Juni und Juli ein Lufttrockengebiet (mittlere relative Luftfeuchtigkeit von 70% und weniger) hat. Vorpommern, Mecklenburg und der schleswig-holsteinsche Anteil gehören zum nordwestdeutschen Gebiet mit einer Januartemperatur von $-1,2^0$ und wärmer und einer Julitemperatur unter $17,5^0$. A. Wegeners[2] Karte der Klimaprovinzen Deutschlands läßt es im Osten und Süden zur kontinentalen, im Norden zur baltischen und im Westen zur zentralen Provinz gehören. Nach H. Hellmanns[3] Regenkarte haben der mittlere und südliche Teil weniger als 600 mm Niederschlag, darin befinden sich besonders an der unteren Oder einige Enklaven, die weniger als 500 mm, der Nordwesten, mit Ausnahme eines Kranzes in der Lübecker Bucht, samt der Insel Fehmarn, das östliche Hinterpommern und das nördliche Ostpreußen zwischen 600 und 800 mm haben. Die Winde wehen nach W. Schmidts[4] Karte überwiegend aus Westen, zumeist mit einer geringen Abweichung nach Süden. Dazu kommen Zusatzwinde im Juni aus Norden, im Dezember aus Süden.

Die jungdiluviale Landschaft hat somit nur wenige Züge der landwirtschaftlichen, waldbaulichen, floristischen und klimatischen Eigenschaften in allen ihren Teilen gemeinsam. Das läßt recht verschiedene Bodentypen erwarten, und doch ist ein durchschlagender Unterschied gegenüber der altdiluvialen Landschaft vorhanden. Die jungdiluviale Landschaft zeigt die Entkalkung der Grundmoräne nur auf wenige Meter beschränkt, während sie die altdiluviale infolge der seit dem Interglazial bestehenden Bodenbildung durchweg mehr als 10 m tief aufweist. Hier ist also die Dauer der Bodenbildung bzw. die Auflage der gegenwärtigen auf fossilen Böden im Altmoränengebiet, auf Gesteinen im Jungmoränengebiet der Hauptfaktor, der die Unterscheidung treffen läßt.

Der Hauptbodentypus des Gebietes[5] ist der schwach- und mittelpodsolierte Waldboden, der überall vorkommt. Unter Wald ist die Podsolierung bzw. der Podsolhorizont deutlich erkennbar und beträgt bis ca. 18 cm. Die Farbe der hier vorkommenden Podsole ist im oberen Teile grauweißlich oder violettgrau,

---

[1] Werth, E.: Klima- und Vegetationsgliederung in Deutschland. Mitt. biol. Reichsanst. Berlin 33 (1927).

[2] Krische, P.: Bodenkarten, S. 28.   [3] Vgl. ebenda S. 26.

[4] Vgl. ebenda S. 28.   [5] Huene, P. F. v.: Diss. Danzig 1930.

im unteren graugelblich oder graubraun oder weißlichgelb. Das Hauptmerkmal dieser Horizonte sind die gebleichten Quarzkörner. Unter Acker ist die Bleichung nicht so deutlich erkennbar, jedoch sind sie bei eingehender Beobachtung stets herauszufinden. Die Bodenart ist hauptsächlich Sand und Lehm, selten Ton. Die grobsandigen Lehme und lehmigen Sande geben einen besser ausgeprägten Podsolhorizont als die feinsandigen Lehme oder Tone. Unter Wald ist er stets ausgebildet, unter dem Ackerland ist er aber durch die Kulturarbeiten mit der oberen Krume vermengt. Der stark podsolierte Waldboden befindet sich hauptsächlich im westlichen Teil des Gebietes. Er unterscheidet sich von dem ersteren durch intensive weißlich- bis grauviolette Färbung und große Mächtigkeit des Podsolhorizontes. Oft weist dieser Typus einen rostigen oder schwarzen Ortsteinhorizont auf, der sich direkt unter der Bleicherde befindet. Der schwachpodsolige Waldbodentypus, der keinen geschlossenen Podsolhorizont, sondern eine Bleichung nur in Flecken und Streifen hat, tritt in der jungdiluvialen Landschaft ebenfalls sehr stark auf. Er findet sich auf Lehm und Sand und ist durch das ganze Gebiet verbreitet. Auch die braunen Waldböden sind häufig. Sie unterscheiden sich von den podsoligen Typen durch ihren „braunen" B-Horizont, der zumeist neben rostfarbigem Eisenoxydhydrat schokoladenbraunen Humus in unregelmäßigen Flecken enthält. Die Rostfarbe kann rötlich oder gelb oder weißlichgelb und die Humusfarbe hell sein. In Lehmböden bestehen ausgesprochene Vieleckstrukturen von scharfkantigen, seltener rundlichen Strukturelementen und feine Porösität von kleinen länglichen, leergewordenen Wurzelporen. Im Sande fehlen diese Struktur und Textur. P. F. v. HUENE unterscheidet drei Gruppen von braunen Waldböden: nicht gebleichte, fleckig oder streifig gebleichte und schichtig gebleichte. Außer diesen Gruppen sind aber noch Stufen vorhanden, die sich nach der Lage des „braunen" Horizontes innerhalb des ganzen B-Horizontes richten. Der kennzeichnende Horizont, der teils als ein Überrest alten Steppenbodens, teils aber mehr als durch Kalkgehalt verursacht gedeutet wird, kann den ganzen B-Horizont erfüllen oder in dessen oberem oder mittlerem oder unterem Teil liegen. Die nicht gebleichten braunen Waldböden kommen hauptsächlich in der Ucker- und Neumark vor, in den übrigen Gebieten mehr die fleckig und die schichtig gebleichten. Die spezifischen Horizonte der nicht gebleichten Böden in der Uckermark weisen im kalkhaltigen Geschiebemergel deutlich verschiedene Grade der Entkalkung auf. In der Gegend von Prenzlau z. B. kommt es vor, daß der spezifische Horizont im Gegensatz zu den anderen Teilen des B-Horizontes entkalkt ist (durch die Salzsäureprobe), oder daß seine Reaktion mit Salzsäure viel schwächer ist als bei den übrigen Teilen. Degradierte Steppenschwarzerde bildet im Pyritzer Weizacker und bei Lohburg und Gommern östlich der mittleren Elbe größere Flächen, sie ist sonst in kleinen Flecken verstreut, z. B. westlich und nordwestlich von Stettin, westlich von Schwedt, in Bornim bei Potsdam und anderwärts. Echte Steppenschwarzerde ist bisher in dem Gebiet außer in kleineren Stellen des Pyritzer Weizackers noch nicht festgestellt.

Durch Grund-, Quell-, Sicker- und Kapillarwasser sind alle diese Vegetationstypen oft verändert. Manchmal ergreift die Veränderung in erster Linie die Rostfarbe, die beim Einfluß der Wässer besonders lebhaft ist, daneben erscheint der B-Horizont schmierig. Man spricht dann von ABG-Böden. Wenn aber die eigentlichen Kennzeichen des B-Horizontes verschwunden sind, so daß nur noch die Grundwasserabsätze und -entmischungen übrigbleiben, spricht man von AG-Böden. Diese Gruppe der mineralischen Grundwasserböden bildet mit den anmoorigen und Moorböden die Kategorie der Naßböden. Praktisch ist die Feststellung der Grundwasserhorizonte sehr wichtig, da die Pflanzen oft ihren ganzen Wasserbedarf aus ihnen beziehen. Erst die Einzelkartierung wird einmal feststellen können, welche genauere Verbreitung die Naßböden innerhalb der verschiedenen Teile Deutschlands haben. Die Übersichtskartierung berücksichtigt sie weniger als die Vegetationsböden, zwischen denen sie auf Schritt und Tritt sowohl im Hügellande als auch im Flachlande vorkommen.

Geologisch-Agronomisches. Betrachten wir nun zunächst für die einzelnen Gebiete der jungdiluvialen Landschaft die geologischen Grundlagen der Bodenbildung.

Über Ostpreußen hat K. Andrée[1] die folgende Übersicht gegeben, wobei er die älteren Karten von G. Berendt und A. Jentzsch und die neueren der Preußischen Geologischen Landesanstalt benutzt hat, an welchen sich besonders R. Klebs, C. Gagel[2], A. Kaunhowen, A. Klautzsch, P. G. Krause, E. Meyer, H. Hess v. Wichdorf[3] beteiligt haben. Eine frühere Zusammenfassung stammt von A. Tornquist[4]. Die große baltische Endmoräne zieht sich von den Elbinger Höhen über Pr. Holland, Osterode (wo sie in den Kernsdorfer Höhen bis über 300 m ansteigt) im Bogen herum, durch Masuren über Angerburg, Goldap. Es ist kein einfacher Bogen, sondern er hat weiter nördlich mehrere kleine Staffeln. Vor ihm liegen große Sandflächen, z. B. bei Mohrungen, in der Ortelsburger und Johannisburger Heide. Hinter der Endmoräne und zwischen ihren einzelnen Höhen und Staffeln dehnt sich die Grundmoränenlandschaft aus, von der nördlich bis gegen den Pregel hin die Region der Staubecken liegt. Das Pregeltal wird als Urstromtal zu einer kleineren Endmoränenstaffel gerechnet, welche im Samland beginnt und nördlich des Pregels bis zum Memelstrom zu verfolgen ist. Auch an diese Endmoränenstaffel schließt sich wieder nördlich die „flache" Grundmoränenlandschaft an, welche im Norden von dem weiten Urstromtale der Memel abgeschlossen wird.

Die Eigenschaften der Bodenarten Ostpreußens schwanken in weiten Grenzen zwischen ziemlich reinen Tonböden in den Decktongebieten der Region der Staubecken und recht sterilen Sandböden in den Sand- und Dünengebieten, ferner reinen sauren Humusböden in den Mooren. Wohl den größten Anteil hat der Geschiebemergel mit etwa 6—12% kohlensaurem Kalk. Seine Geschiebe machen sich bei der Bodenbearbeitung überall unangenehm bemerkbar. Der auf ihm entstandene Boden ist zumeist Geschiebelehm nach Art der mitteleuropäischen „Braunerden". Die Sande sind auch oft in „lehmige Braunerde" verwandelt, aber noch häufiger haben sie das charakteristische Podsolprofil, z. T. mit Ortstein. Unter sumpfigen Wiesen ist viel Raseneisenstein gebildet, der früher verhüttet wurde. Eine Art „Schwarzerde" ist in Ostpreußen ziemlich verbreitet, doch handelt es sich hier hauptsächlich um anmoorige, z. T. drainierte Böden.

Der baltische Höhenrücken in Westpreußen und Hinterpommern ist von K. Keilhack[5] eingehend auch mit Rücksicht auf seine Böden behandelt worden. Die Böden sind meist zonenweise sehr verschieden. In Westpreußen und Hinterpommern kann man 5 Zonen im Quartär feststellen, die auf die Gestaltung der Böden wesentlichen Einfluß besitzen. Die erste ist die 3—4 km breite Küstenzone, die bereits im vorigen Kapitel behandelt ist. Sie setzt sich aus

---

[1] Andrée, K.: Der geologische Aufbau Ostpreußens und seine Bedeutung für die Landwirtschaft dieser Provinz. „Georgine", land- u. forstw. Ztg. 1929, 18.

[2] Gagel, C.: Die geologischen Aufnahmearbeiten in Ostpreußen und ihre Ergebnisse. Ostpreuß. Heimat 2, H. 16, Sp. 445—455 (1916).

[3] Hess v. Wichdorf, H.: Die nutzbaren Bodenschätze der masurischen Heimat. Ortelsburg 1924.

[4] Tornquist, A.: Geologie von Ostpreußen. Berlin 1910.

[5] Keilhack, K.: Der baltische Höhenrücken in Hinterpommern und Westpreußen. Jb. preuß. geol. Landesanst. Berlin 1889 (1892), 149—157.

Stranddünen, Haffseen und Mooren zusammen, die hier und da durch diluviale Steilufer unterbrochen sind. Hieran schließt sich nach Süden eine Zone von 40 km Breite an, die fast flach ist und aus einer 10—80 m über dem Meeresspiegel liegenden Geschiebemergelfläche besteht. Ihre Böden sind von hervorragender Fruchtbarkeit. Zerschnitten wird sie nur durch unbedeutende, flache und nur schmal eingeschnittene Täler, die oft von Mooren ausgefüllt werden.

Die folgende Zone ist die Vorstufe zum eigentlichen Höhenrücken und stellt ein bergiges, ziemlich unvermittelt aus der großen Geschiebemergelebene sich erhebendes, von vielen, tief eingeschnittenen Tälern zerfurchtes Gelände dar, in dem auf den Bergen durchweg Sande herrschen. In den Tälern ist oft auf weite Strecken der widerstandsfähigere untere Geschiebemergel bloß gelegt, der mit Talsanden und Talschottern zusammen die Böden dieser talartigen Ebenen bildet.

Darauf folgt der eigentliche Höhenrücken mit Höhen von 120 bis über 300 m über NN, ein sehr bewegter, aus lauter kleinen Kuppen und kurzen Rücken zusammengesetzter Höhenzug, der eine ungeheure Zahl größerer und kleinerer, abflußloser Senken in sich einschließt, die meistens von Seen oder Mooren eingenommen werden. In petrographischer Hinsicht wird die Zone vom oberen Geschiebemergel, von Blockpackungen und Blockbestreuungen und von Decksand gebildet.

Einen überaus schroffen Gegensatz hierzu bildet die fünfte Zone. Eine flache bis wellenförmige, aus anfangs groben, nach Süden immer feiner werdenden Sanden, hier und da von einzelnen Heidesandflächen durchragte Heidesandlandschaft; viele oft tief eingeschnittene Rinnen, welche meist von Seen eingenommen werden, durchschneiden das einförmige Gelände. Im Süden, wo die Sande immer feiner werden, sind sie oft Anlaß zur Dünenbildung. Es sind die großen Sanderflächen im Abflußgebiet der Gletscherschmelzwässer.

Im Süden wird diese gewaltige Sandfläche oft von einer sechsten Zone sehr unregelmäßig begrenzt, die wieder aus oberem Geschiebemergel besteht und die Sanderebenen plateauartig überragt. Daran schließt sich dann als siebente Zone das große und z. Z. sehr breite Thorn-Eberswalder Urstromtal, welches von Talsanden und großen Flachmooren eingenommen wird.

Der pommersche jungdiluviale Geschiebemergel ist fast überall in Geschiebelehm übergegangen. Im Gegensatz zu großen Teilen Ostpreußens und der Mark Brandenburg ist er stark und bis zu 5—6 m tief entkalkt. Und zwar ist die Entkalkung im Norden am stärksten und nimmt nach Süden ab. K. KEILHACK sieht den Ursprung dieser Erscheinung in dem verschiedenen Kalk- und Tongehalt des Geschiebemergels. Der Kalkgehalt des unverwitterten Mergels beträgt in Gr. Karzenburg im Mittel 2,7% und nimmt über Bublitz, Wurchow, Gramenz, Neustettin, Persanzig nach Bärwalde bis 7,8% zu, ebenso nimmt die Menge der tonhaltigen Teile von 25,1—38,3% zu. Bis zu einer Tiefe von 6—7 m ist im Norden Eisenoxyd im Boden erkennbar.

Mecklenburg ist ebenfalls ganz mit Quartärablagerungen überdeckt[1] und liegt im Gebiet des baltischen Höhenzuges. Diese jungdiluviale Landschaft zeigt wie die anderen ebenfalls eine starke Zerrissenheit, zumal sechs Endmoränen das Land durchqueren[2]. Der größte Teil, und zwar der nördlichste, wird von Geschiebemergel (meistens zu Geschiebelehm verwittert) eingenommen (ungefähr nördlich der Linie Schwerin—Neukloster—Waren—Boitzenburg)[2]. Zwischen den beiden sich anschließenden Endmoränenzügen liegen die meisten und größten Seen. Vom ersten Hauptendmoränenzug dehnen sich nach Süden die endlosen

---

[1] Geologische Übersichtskarte von Mecklenburg 1 : 200000 von E. GEINITZ 1922.
[2] GEINITZ, E.: Die neuen Endmoränen Nordwestdeutschlands. Stuttgart 1916.

Sandergebiete aus, in denen bis zum zweiten Hauptendmoränenzug sich noch größere Geschiebelehmflächen hauptsächlich bei Röbel und Goldberg und weiter im Westen ausdehnen[1]. Der Südwesten an der Elbe wird von Urstromsanden eingenommen[1], zahlreiche abflußlose Senken und breite Talrinnen sind versumpft und vertorft, besonders die Täler der Recknitz, der Warnow, Tollense und Elde und das Gebiet der großen Wiese[1]. Die Flüsse zeigen wie in anderen Gebieten auch hier Nordwest- oder Südostrichtung[2].

Die Strelitzer Böden auf Geschiebelehm werden von E. GEINITZ zu den reichsten Kornkammern Deutschlands mitgezählt[2]. Das südwestliche Drittel des Landes ist von Sandern überlagert. Die Geschiebemergelflächen werden von Kies-, Sand- oder Geröllmassen oft durchragt, so daß sog. „Warfs" entstehen[2]. Die Geschiebelehmfläche ist flachgewellt (lange parallele Züge, die vom Eise vorgebildet zu sein scheinen), z. T. sind es torfige Rinnen[2]. Besonders oft ist die Drumlinlandschaft ausgebildet[1, 2], so daß das Gelände stark von der Neigung beeinflußt wird.

In den eigentlichen Endmoränen haben wir die verschiedensten Bodenarten, auf tertiären Wellen oft die Kies- und Blockpackungen, nach der Außenseite zerfurchte kiesige und sandige, mäßig sich abdachende Sander, z. T. vom Wind ausgeblasene Flächen, während in der Innenseite dann Sande und Kiese sich abdachend in die Geschiebelehmflächen eingreifen und z. T. abflußlose, vertorfte Senken[3] entstehen ließen.

An größeren Heidegebieten besitzt Mecklenburg drei, erstens das im Südwesten von der Elbe, Regnitz und Sude durchflossene, zweitens das zwischen dem Goldberger und Krackower See gelegene und drittens das Gebiet der Rostock-Gelbsande-Ribnitzer Heide[4] (Sandgebiet im nordöstlichsten Teil von Mecklenburg).

Der Geschiebemergel ist oberflächlich entkalkt, gelbbraun geworden und unten noch blaugrau und kalkhaltig. E. GEINITZ bezeichnet ihn als einen schweren Boden für Weizen, Rüben, Raps oder Buchenwaldungen[5]. Er ist ungeschichtet und zeigt häufig eine bankförmige Druckabsonderung. Zuweilen ist er an seiner unteren Grenze aufgeschlemmt und enthält öfter Sandbänke[6]. Die lehmig-sandig-kiesigen Endmoränenhügel (Blockpackungen) werden von Kiefern und Ginstergestrüpp eingenommen[7]. Die Sande sind meistens geschichtet. Die diluvialen Sandböden tragen Roggen, Kartoffeln, Lupinen und Kiefern[8] und bilden weite ebene Flächen an den Außenmoränen (Heideländereien), z. T. auch steil aufgeschüttete Hügel (Esker oder Kames)[8].

Die Talsande sind gelbliche „mahlende" Sande ohne Steine. Die oberste Decke ist ein sandiger, graugefärbter armer Humusboden, dem ein steinartig verhärteter eisenschüssiger, an Humus reicher, rostbrauner Ortstein folgt, oft auch Raseneisenerz, das früher zu Hausbauten verwandt oder auch verhüttet wurde[9]. Der Boden trägt meist Heide und eintönige weite Kiefernwälder[9]. Oft sind die Talsande zu Dünen aufgeweht[10]. In der Nähe von Wasseransammlungen und Flüssen gehen die Talsande in humose sandige Bildungen über[10]. Verbreitet sind auch

---

[1] Geologische Karte von Mecklenburg von E. GEINITZ 1922.

[2] GEINITZ, E.: Geologie von Mecklenburg-Strelitz. Mitt. geol. Landesanst. Mecklenburg, Rostock 1915, 3, 4.

[3] GEINITZ, E.: Die Endmoränenzüge Mecklenburgs, nebst einigen ihrer Begleiterscheinungen. Mitt. geol. Landesanst. Mecklenburg, Rostock 1916.

[4] GEINITZ, E.: Übersicht über die Geologie Mecklenburgs, S. 30. Güstrow 1885.

[5] GEINITZ, E.: Geologischer Führer durch Mecklenburg, S. 6. Berlin: Gebr. Bornträger 1899.

[6] Ebenda S. 8.   [7] Ebenda S. 9—10.   [8] Ebenda S. 11—12.

[9] Ebenda S. 14.

[10] Ebenda S. 15, 16.

überall die Wiesenkalke, die oben oft mit Pflanzenresten angereichert sind, und die Wiesenmoore (meist Niederungsmoore)[1]. Stellenweise geht dieser Talsand (anmoorig) in den Flußtälern in eine schmierige schwarze Infusorien- oder Diatomeen-Moorerde über, worin oft dünne Sandschichten liegen[2]. In der Rostocker Heide findet man gewöhnlich folgendes Profil: 0,3—0,5, auch 1 m grauer humoser Bleichsand, ihm folgt eine 0,1—0,5 m dicke, feste, harte Ortsteinschicht (rostbrauner, mit saurem Humus und wenig Eisenoxydhydrat verkitteter Sand)[3]. Nach den Niederungen hin wird der Boden oft von Humus oder Torf überlagert[3].

Ein ähnliches Bild scheint die jungdiluviale Landschaft in Schleswig-Holstein zu geben. L. MEYN[4] unterscheidet im ganzen Lande vier Zonen. Erst die östliche fruchtbare Hügellandschaft, W. WOLFFS[5] Grundmoränenlandschaft der jüngsten Vergletscherung, dann der sich anschließende Heiderücken, W. WOLFFS Endmoräne, dem nach Westen eine sich ganz allmählich und flach abdachende, aber vom Heiderücken weit überragte, mit großen Flugsandflächen bedeckte Sanderebene sich anschließt. Wo diese Ebene in die Marsch übergeht, bildet sie eine grasreiche Sandmarsch. Zwischen den im Westen schmal auslaufenden Sanderstreifen liegen vor der Marsch und im Norden, z. T. bis ans Meer herantretend, die Geestinseln des älteren Diluviums.

Der östliche Teil Schleswig-Holsteins ist wie der entsprechende Teil Pommerns von Geschiebelehm bedeckt, der aus dem verwitterten oberen Geschiebemergel entstanden ist. An kleineren Stellen tritt auch der untere Geschiebelehm und der beide trennende Korallensand (Spatsand der Mark) auf, selten der sehr sandige unterste Mergel, der von MEYN als präglazialer Tiefwasserabsatz angesehen wird. Dieser gibt fruchtbaren Boden von vorzüglicher physikalischer Beschaffenheit. In den östlichen Teilen herrscht der folgende untere Geschiebelehm, der hier als blauer Lehm bezeichnet wird und eine überaus üppige Vegetation trägt. Oft wird dieser Lehm an ungestörten Stellen vom unteren Diluvialsand (Korallensand) überlagert, der die Bestandteile des Geschiebemergels nach Auswaschen der kalkigen und tonigen Teile enthält. Nur sind die Feuersteine zu kleinen Splittern zertrümmert und die Geschiebe gerundet. Der Sand ist geschichtet. Wo er nicht zu durchlässig und zu mächtig wird, ist er ein fruchtbarer Boden. (Auf W. WOLFFS Karte ist die Grundmoränenlandschaft der jüngsten Vergletscherung einheitlich dargestellt.)

Nach dem Kamme des Heiderückens zu nimmt der obere Geschiebelehm bzw. Geschiebemergel immer größere Flächen ein. Landläufig wird er gelber Lehm genannt. Die Fruchtbarkeit dieses Lehmes ist in der Regel geringer als die des unteren Geschiebemergels. In vielen abflußlosen Senken haben sich Moore gebildet, die allmählich mit Feinerde bedeckt und als sog. „Sichten" mit in den Acker eingezogen wurden. Genutzt wird dieser Teil Schleswig-Holsteins durch Acker, Wiese und Wald, besonders Acker mit mehrjähriger Weidezeit (Ackerweide) und ist sehr graswüchsig.

Der sich nach Westen anschließende Heiderücken besteht hauptsächlich aus einem schwach lehmigen, aber stark eisenschüssigen, fast vollständig kalkfreien Geschiebesand (Decksand) mit viel Gras und Geröll, aber fast immer nur bis zu kopfgroßen Stücken. Obenauf liegen große Findlinge. Dieser durchlässige

---

[1] GEINITZ, E.: Geologischer Führer durch Mecklenburg, S. 15, 16. Berlin: Gebr. Borntränger 1899.

[2] Ebenda S. 35.   [3] Ebenda S. 51.

[4] MEYN, L.: Die Bodenverhältnisse der Provinz Schleswig-Holstein. Abh. geol. Spezialk. Preußen u. benachbarter Bundesstaaten (Berlin) 3, 3 (1882).

[5] WOLFF, W.: Erdgeschichte und Bodenaufbau Schleswig-Holsteins. Hamburg 1922. Karte der geologischen Landschaftsgliederung in 1:1000000.

Sand trägt von Natur aus nur Heide (Calluna vulgaris) und Brahm (Spartium scoparium) und als Waldbäume nur wenige verkrüppelte Eichen. Der Acker trägt nur Roggen. Stellenweise tritt aber auch die Grundmoräne (Geschiebelehm und Geschiebemergel) zutage (in größerem Umfange z. B. in Dithmarschen, Alt-Holstein und im Kreise Tondern). An solchen Stellen trifft man dann gleich wieder die Fruchtbarkeit der weiter östlichen Geschiebemergelfläche an. An den höchsten Kuppen des Heiderückens sind bedeutende Mergelgruben angelegt, aus denen große Mengen von Mergel für die kalk-, kali- und feinerdearmen Sandböden gefördert wurden.

Dem Heiderücken schließt sich das abgesetzte „Blachfeld" an, das sich mit ganz geringem, kaum merklichem Gefälle nach Westen abdacht. L. Meyn bezeichnete es als alluvial, doch ist es die diluviale Sanderebene des Heiderückens. Der Boden des Blachfeldes besteht aus grobem Sand mit höchstens wallnußgroßen Steinen. Er ist im Gegensatz zum Geschiebedecksand des Heiderückens nicht eisenschüssig, sondern humos und oft fruchtbar. Wegen der ausgesprochenen Horizontalität sind große Flächen versumpft. Es sind keine richtigen Torfmoore, sondern Moorsümpfe. In den Bachtälern, die aber fast gar nicht eingeschnitten sind, liegen größere, halb saure, halb fruchtbare Wiesen, die der an sich ziemlich ungünstig gestellten Bevölkerung doch zu bescheidenem Wohlstande verhelfen, da der fruchtbare Osten hier junge Kühe, der fruchtbare Westen junge Ochsen (wohl zur Weidemast) aufkauft. Die Sanderebene geht nach Westen in einen anderen Typ über. Der Sand wird immer feiner, bis fast mehlig und völlig steinleer. Hier trägt er nur eine kümmerliche Heidevegetation, unter der der Boden ausgelaugt ist, und in dem sich in geringerer Tiefe Ortstein mit humosem Bindemittel abgesetzt hat. Er trägt auch nicht das kleinste Gebüsch, da er für jede Wurzel undurchlässig ist. Ackerbau ist zwar möglich, leidet aber sofort unter Austrocknung und kann infolge der Ortsteinschicht nicht aufkommen. Stellenweise wird er von großen Hochmooren bedeckt, die zungenförmig in die Gabelungen des Heiderückens hineingehen. Wo der Wind den bloßen Sand erfassen kann, türmt er ihn zu Dünen auf.

Wo die von der Höhe und aus dem Blachfelde kommenden uferlosen Bäche diesen Heidesand betreten, bildet sich gleich ein anderer Bodentyp heraus. Das ganze Gefälle sorgt für einen hohen Grundwasserstand in weiter Umgebung. Der mehlige Sand nimmt unter diesen Bedingungen schon Marschcharakter an, zumal er sich hier und da mit etwas Marschschlick gemischt hat. Diese „Sandmarsch" ist dann auch von hervorragender Fruchtbarkeit und nicht mehr mit den oben erwähnten Wiesen des Blachfeldes (in denselben Tälern) zu vergleichen. Der Übergang zu den Marschen ist entweder kontinuierlich, indem Marschschlick und Heidesand allmählich ineinander übergehen, oder der Heidesand wird von einer anfangs geringen, immer mächtiger werdenden Marschschicht bedeckt. Oft schieben sich graswüchsige Grünlandmoore zwischen beide, die jedoch meistens nicht, wie in Ostfriesland, mit Hochmoorkappen versehen sind.

Die diluvialen Böden Brandenburgs[1] weisen nicht in dem Maße wie die Westpreußens, Hinterpommerns, Mecklenburgs und Schleswig-Holsteins die ausgesprochen zonenweise Anordnung auf. Vielmehr sind es ausgedehnte ebene oder

---

[1] Keilhack, K.: Geologische Karte der Provinz Brandenburg. In Geologische Übersichtskarte von Deutschland, hrsg. von der Preuß. geol. Landesanst. Berlin 1921. — Laufer, E.: Die Werderschen Weinberge, eine Studie zur Kenntnis des märkischen Bodens. Abh. geol. Spezialk. (Berlin) 5, 3 (1884). — Berendt, G., u. W. Dames: Geognostische Beschreibung der Umgebung Berlins. Abh. 3. geol. Spezialk. (Berlin) 8, 1 (1885). — Wahnschaffe, F.: Die Lagerungsverhältnisse der Tertiärs und Quartärs der Gegend von Buckow. Abh. geol. Spezialk., N. F. Heft 20. — Berendt, G.: Die Umgebung von Berlin. Abh. geol. Spezialk. (Berlin) 2 (1897). — Orth, A.: Beiträge zur Kenntnis des Bodens der Gegend von Berlin. Landw. Jb. (Berlin) 38, Erg. 5, 1—57 (1909).

hügelige Diluvialsandflächen, die durch breite Urstromtäler mit ihren Talsanden durchschnitten werden, und die von mehr oder weniger großen Geschiebemergel- bzw. Geschiebelehmplateaus unterbrochen sind. Ähnlich wie in den anderen Provinzen verhält sich auch hier der Sandboden. Auf den Höhen enthält er oft in geringer Tiefe noch Kalk und bildet einen krümeligen Boden. Wo das Grundwasser aber in 1,5—2 m Tiefe zu finden ist, ist der Boden entkalkt, und besitzt er eine starke humose Oberkrume. Diese Verteilung trifft hauptsächlich für den südlichen Teil der Provinz zu, während nördlich der sich durch den Nord- teil der Provinz hinziehenden Endmoränen hauptsächlich der Geschiebemergel mit seinen Verwitterungsprodukten vorherrscht.

Der Geschiebemergel erhält oft bei seiner Verwitterung folgendes Profil: Oben liegt je nach der Bearbeitungstiefe die humose Ackerkrume von wech- selnder Mächtigkeit. Darauf folgt eine unregelmäßige, durch Bearbeitung wenig beeinflußte Verwitterungsschicht, der eine unregelmäßige, häufig wellenförmige Verlehmungszone folgt. Das Liegende bildet der unverwitterte Mergel. Der Sand- boden stellt wegen seines oft beträchtlichen Mineralgehaltes bei genügendem Grundwasserstande und besonders, wenn ihm noch etwas Feinerde beigemischt ist, einen ganz brauchbaren Ackerboden dar. Als besonders günstig ist er zu be- zeichnen, wenn in geringer Tiefe Geschiebemergel oder Geschiebelehm folgt[1]. Doch finden in manchen Gegenden, z. B. westlich Berlins, starke Sandverwehungen statt. Wenn solche ziemlich feinkörnigen Sande über Geschiebelehm liegen, so bildet ihre scharfe Grenze für viele Tiefwurzler wie Luzerne ein oft nicht zu bewältigendes Hindernis. Die mineralarmen Talsande der Niederungen sind trotz ihres geringen Gehaltes an Humus und Feinerde oft recht gute Kartoffel- und Roggenböden, und zwar wohl hauptsächlich wegen ihrer günstigen Grundwasser- verhältnisse[2]. Wo der Grundwasserstand tief ist, geben die Talsande Veranlassung zur Dünenbildung. Die humosen Flugsande enthalten mehr Humus als die Tal- sande und werden landwirtschaftlich als Wiesen, Hafer-, Gemüse- und als Futter- pflanzenboden genutzt.

Im unteren Haveltal bis zur Elbe herrscht ein marschschlickartiger Wiesen- ton[2] vor, der im feuchten Zustande sehr zähe, im trockenen hart ist und scharf- kantig bricht. Er ist frei von Kalkkarbonat und reich an Eisenausscheidungen. Stellenweise geht er in einen anmoorigen Typus über. Große Flächen nehmen auch die Moore in Brandenburg ein, die oft mit feinem Schlickmaterial vermengt sind und deshalb kultiviert gute Wiesenböden geben[3]. Im Osten der Provinz nach Posen hin nehmen die am Südrande der Endmoräne beginnenden Sander bedeutend an Umfang zu[4]. Bei zunehmender Verwitterung des Geschiebemergels kann man stets ein Abnehmen der feinsten Teile und des Kalkes und ein Zu- nehmen des Sandes beobachten[5].

Ein weiterer, überall im Gebiete des Jungdiluviums verbreiteter Boden, der jedoch im einzelnen oft nur von geringem Umfange ist, wird durch den diluvialen Deckton erzeugt. Sein außerordentlicher Reichtum an abschlämmbaren tonigen Teilen verhindert eine intensive Verwitterung, deshalb ist er auch nur bis zu geringer Tiefe entkalkt. Bei ungenügender Entwässerung ist er vollständig ver- sumpft und trägt eine Vegetation, die sich aus Heide, Binsen, Wacholder und sauren Gräsern zusammensetzt[6]. Selbst diese Vegetation hat Mühe, auf dem

[1] Lief. 35 Blatt Rhinow, aufg. d. F. KLOCKMANN, S. 22. Berlin 1888.
[2] Lief. 11 Blatt Rohrbeck, aufg. d. G. BERENDT, S. 17. Berlin 1878.
[3] Lief. 11 Blatt Rohrbeck, S. 19. — Lief. 53 Blatt Zehdenick, aufg. d. E. LAUFER, S. 7. Berlin 1894.
[4] Lief. 203 Blatt Samter, aufg. d. B. DAMMER u. F. HERRMANN, S. 4. Berlin 1917.
[5] Lief. 20 Blatt Lichtenrade, aufg. d. G. BERENDT u. L. DULK, S. 31. Berlin 1882.
[6] Lief. 59 Blatt Bublitz, aufg. d. K. KEILHACK, S. 37. Berlin 1895.

fast toten Boden eine geschlossene Decke zu bilden. Richtig melioriert, gibt er einen guten Weizenboden ab. Dieser Deckton gewinnt besonders in Ostpreußen oft an gewaltigem Umfange und dient auch dort nach der Melioration als Weizenboden[1].

Bodenmorphologisches. Bereits 1914 hat STREMME versucht[2], Angaben über Bodentypen aus der Literatur zusammenzustellen. In Mecklenburg glaubte er wegen des Niederschlages von 600—700 mm überwiegend podsolierte Böden annehmen zu dürfen. Für Pommern hat die geologische Spezialaufnahme als Mächtigkeit der Verwitterungsrinde des Geschiebemergels durchschnittlich 1,5 m, mindestens 1 m, höchstens 2—3 m angegeben. Ausnahmen bildeten einerseits die Gegend von Greifenhagen und die anschließende Uckermark und Prenzlau, andererseits die Gegend um Köslin, Pollnow, Bublitz. Auf Blatt Greifenhagen, aufgenommen durch G. MÜLLER, zeigen die Nährstoffanalysen, daß bisweilen die Oberkrume nicht entkalkt ist. Ganz besonders wird dies von R. KLEBS in den Erläuterungen zu Blatt Prenzlau hervorgehoben. Hier ist das Kalkkarbonat häufig noch bis oben erhalten, was in besonders kalkreichen Gesteinen, auch Sanden, selbst in Auslaugungsgebieten häufig vorkommt. Aber die in den Erläuterungen zu Blatt Prenzlau mitgeteilten Vollanalysen von A. HÖLZER zeigen nur eine mittlere Karbonatmenge (etwa 10 %) im Untergrund, so daß hier lediglich eine geringe Auslaugung in Frage kommen kann. Die Regenkarte zeigt weniger als 500 mm, also die Regenmenge der deutschen Gebiete mit Steppenschwarzerde. Greifenhagen hat jedoch Auslaugung, auch mehr als 500 mm Niederschlag und bei der Nähe des breiten Odertales, des Haffes und der Ostsee zudem eine nicht unbeträchtliche Luftfeuchtigkeit.

Im Gegensatz hierzu verhält sich der Boden um Köslin und Bublitz, welcher den regenreichsten Teil der ganzen Provinz darstellt und über 700 mm Niederschlag empfängt. In den Erläuterungen zu Blatt Bublitz[3] sagt K. KEILHACK, daß hier die oberen 6—7 m oxydiert und 4—5 m entkalkt seien. Desgleichen zeigen die Nährstoffanalysen von R. GANS[4] eine starke Auslaugung der salzsäurelöslichen Basen. Während im Lehm (Ackerkrume) des Blattes Greifenhagen auf 2,2 Moleküle Al_2O_3 2,1 Mol. Basensumme (CaO, MgO, K_2O, Na_2O) und 1,6 Mol. Karbonate kommen, sind auf Blatt Bublitz in den lehmigen Böden 3,9 Al_2O_3 : 2,5 Basen, 3,8 Al_2O_3 : 1,2 Basen, 5 Al_2O_3 : 1 Base bei völliger Auslaugung der Karbonate. Allerdings ist, wie wir oben gesehen haben, der Geschiebemergel bei Bublitz von Natur arm an $CaCO_3$ und an tonhaltigen Teilen. Es sind in ihm noch nicht 3 % $CaCO_3$ enthalten.

Von der Oberförsterei Hohenbrück in Pommern hat E. RAMANN[4] Ortsteinprofile beschrieben. Es handelt sich um stark podsolierte Böden mit schwachem oder starkem Ortsteinhorizont. Die Gegend hat nach der Regenkarte nur etwa 600 mm Niederschlag. In Großmützelburg (Reg.-Bez. Stettin) hat R. ALBERT[5] Ortsteinstudien angestellt. Die jährliche Niederschlagsmenge wird hier mit 567 mm angegeben.

In Westpreußen wird gelegentlich von Ackerböden geringe, von Waldböden wesentlich stärkere Auslaugung angegeben. In Ostpreußen kommt nach P. VA-

---

[1] Lief. 150 Blatt Buddern, aufg. d. P. G. KRAUSE u. R. PICARD, S. 42. Berlin 1910. — Lief. 190 Blatt Medenau, aufg. d. F. TORNAU, erl. d. F. KAUNHOWEN. Berlin 1916.

[2] STREMME, H.: BRANCA-Festschr., 44—50.

[3] Lief. 59 Blatt Bublitz, aufg. d. K. KEILHACK, S. 37. Berlin 1895.

[4] RAMANN, E.: Der Ortstein und ähnliche Sekundärbildungen in den Diluvial- und Alluvialsanden. Jb. preuß. geol. Landesanst. Berlin 1885.

[5] ALBERT, R.: Beitrag zur Kenntnis der Ortsteinbildung. Z. Forst- u. Jagdver. 42, 327—341 (1910).

GELER[1] Ortstein auf der kurischen Nehrung vor. Die Provinz Brandenburg hat vorwiegend podsolige, nur in der Uckermark bei Schwedt und bei Prenzlau der Steppenschwarzerde ähnliche Böden. Auch die Gegend von Gommern und Loburg östlich der Elbe hat solche Bildungen. Im Grunewald bei Berlin kommen nach G. ROTHER[2] podsolige Böden vor. Stärker podsoliert sind dagegen die Böden von der Forst Schwenow bei Storkow. Nach G. BERENDT beträgt in der Umgebung Berlins die Mächtigkeit der Verwitterungshorizonte 1—2 m. Im allgemeinen findet man in den dortigen Kiefernwäldern unter einer schwachen Humuskrume von 1—2 dm entweder eine schwache ungleichmäßige Bleichsandbildung mit folgender gleichmäßig gelbbraunrot gefärbter B-Schicht oder diese gleich unter der Humuskrume. Es handelt sich also um schwache Podsolierung. Häufig ist der Boden der lichten Wälder vergrast.

Der Frage der Verbreitung der Steppenschwarzerde und der Braunerde in Ostdeutschland ist später V. HOHENSTEIN[3] nachgegangen. In der Gegend von Prenzlau konnte er Schwarzerde nicht feststellen. Den Kalkgehalt der Oberkrume führt er auf den infolge der Kreidegesteine ungewöhnlich hohen Kalkgehalt des Geschiebemergels zurück, was allerdings, wie wir oben sahen, doch nicht ganz zutrifft, ferner auch auf die geringe Niederschlagshöhe — Prenzlau empfängt bei 37 m über NN und 8—9° mittlerer Jahrestemperatur 483 mm jährlichen Niederschlag. „Die Kalkhaltigkeit der Oberkrume rührt von aufsteigenden kalkhaltigen Bodenlösungen her (Auswitterung!) oder sie kann auch durch abgespülten Geschiebemergelboden bedingt sein, denn man beobachtet Profile, wo der Oberboden kalkhaltig, der Unterboden kalkfrei und erst der Untergrund wieder stark kalkhaltig ist. Die kalkfreie Verwitterungsrinde ist häufig nur 75 cm mächtig, während sie sonst in der Provinz 100 cm und mehr mächtig ist. Im Straßeneinschnitt Schenkenberg—Dauer lagert unter 40 cm hellbraunem lehmigen Sand und 30 cm schmutzigbraunem bis schmutzigrotbraunem sandigen Lehm gelbbrauner Geschiebemergel.“ Das ist ein brauner Waldboden, der noch degradierter Steppenschwarzerde nahe steht. Selten kommt auch podsolierter Waldboden mit Ortstein vor, so in der Kämmereisandgrube westlich Prenzlau, wo V. HOHENSTEIN das folgende Profil fand:

Kämmereisandgrube westlich Prenzlau.

A_1 15 cm, dunkelgrauer, schwach humoser, schwach lehmiger, grandiger Sand.
A_2 20 cm, hellgrauer, schwach lehmiger, grandiger Sand mit hellen Partien.
B_1 30—40 cm, dunkelrostbrauner Ortstein in grandigem Sand, hart zungenförmig tiefergehend, wellenförmig verlaufend.
B_2 0—65 cm, brauner, rostfarbener Sand mit Eisenstreifen.
  Verwitterungshorizont 70—140 cm stark.
C_1 3—4 m, rostfleckiger, kiesig grandiger Sand, kreuzgeschichtet.
C_2 4 m, heller, kiesiger Sand mit Kiesläufen.

In der Provinz Pommern stellt V. HOHENSTEIN fest, daß die häufigen Angaben von Schwarzerde aus der Umgebung südwestlich und westlich Stettins sich auf Moorerde und anmoorigen Boden auf Septarienton und Diluvialmergel beziehen. Dagegen hat der „Pyritzer Weizacker“ südlich Stargard nach V. HOHENSTEIN alte Steppenschwarzerde. Das durch besondere Fruchtbarkeit ausgezeichnete Pyritzer Staubecken ist durch hervorragenden Weizen- und Rübenbau

---

[1] VAGELER, P.: Ortsteinbildungen an der Küste der kurischen Nehrung. Naturwiss. Rdsch. 1906.

[2] ROTHER, G.: Über die Bewegung des Kalkes, des Eisens, der Tonerde und der Phosphorsäure und die Bildung des Toneisenortsteines im Sandboden. Dissert., Berlin 1912.

[3] HOHENSTEIN, V.: Die ostdeutsche Schwarzerde (Tschernosem) mit kurzen Bemerkungen über die ostdeutsche Braunerde. Internat. Mitt. Bodenkde. 9, 1—31, 125—177 (1919).

bekannt. Es ist ein gewaltiges, in die flachwellige pommersche Hochfläche ein-
gesenktes Staubecken, das während der jüngsten Vereisung entstanden ist. Die
tiefsten Einsenkungen des Beckens bilden der Madüsee und der Plöner See, welche
bis in die Neuzeit hinein durch eine breite, von unpassierbaren Sümpfen und
Mooren erfüllte Senke verbunden waren. Das Pyritzer Becken hat eine mittlere
Höhenlage von 30—40 m über NN, während die umgebende pommersche Hochfläche 40—50 m, im Süden 60—80—100 m über NN liegt. Die mittlere jährliche
Niederschlagshöhe des Pyritzer Weizackers beträgt etwa 500 mm bei 7—8° C
mittlerer Jahrestemperatur. Nach H. Hellmanns Regenkarte liegt der westliche
Teil im Gebiete zwischen 450 und 500 mm, der überwiegende östliche Teil
zwischen 500 und 550 mm. In Werben, das bei 18 m über NN nur 464 mm hat,
verteilt sich dieser Regen, wie folgt auf die einzelnen Monate:

$$28/24/31/27/48/44/74/51/42/36/29/30 \; .$$

Vom Mai bis Juli fallen 62%, im Februar, dem niederschlagärmsten Monat,
nur 5%, im niederschlagreichsten, dem Juli, 16%. Am geologischen Aufbau
des Gebietes beteiligen sich Diluvium und Alluvium. Das Diluvium besteht
aus Geschiebemergel, Tonmergel, Beckenton, Mergelsand, Sand, Kies der letzten
Vereisung. Über alle diese verschiedenartigen Sedimente hinweg legt sich ein
ziemlich gleichmäßiger Mantel von Schwarzerde, welcher auf den geologischen
Spezialkarten mit besonderer Signatur als „humose Rinde der durch die betreffende Farbe bezeichnenden diluvialen Bildung" ausgeschieden wurde. Höhere
Erhebungen sind stellenweise frei von Schwarzerde. Wahrscheinlich ist diese
hier wie auch anderwärts im stark koupierten Gelände im Laufe der Zeit abgeschwemmt worden und die verlehmte Zone oder auch der unverwitterte Untergrund freigelegt worden. Schöne typische Schwarzerdeprofile sind mehrfach in
den Lehmgruben der Ziegeleien aufgeschlossen worden.

Die Schwarzerde ist 50—60 cm, vereinzelt 80—100 cm mächtig, seltener
noch darüber, wie z. B. an der steilen Berglehne zwischen Werben und Schöningen, deren 130 cm wohl z. T. als Gehängebildung aufzufassen ist. Sie ist zu
oberst (A_1 25 cm) dunkelkaffeebraun und meist gut krümelig, darunter (A_2 25 cm)
schwarzbraun, noch tiefer (A_3 10 cm) dunkelbraun gesprenkelt. Beim Betupfen
mit verdünnter Salzsäure braust sie meist nicht. Nach unten geht die Schwarzerde meist unmittelbar in den Untergrund C oder erst in schmutzigbraunen
Lehm (B 10—25—40 cm) von grobprismatischer Struktur und fester bindiger
Beschaffenheit über, dessen Haarrisse, Klüfte und Wände mit braunen bis braun-
schwarzen Häutchen von Eisenoxydhydrat und Humus überzogen sind. Danach
würde teilweise veränderte Schwarzerde vorliegen. (Das scharfe Absetzen gegen
den Untergrund und die grobprismatische Struktur des schmutzigbraunen Lehms
lassen allerdings auch an nassen Boden denken.) Das Muttergestein (Geschiebemergel, Tonmergel, Mergelsand usw.) trägt zu oberst einen meist kräftigen Karbonathorizont (Infiltrationszone) von bisweilen schichtig ausgeschiedenem Kalk.
Die Entkalkungszone ist 60—80 cm mächtig, kann aber stellenweise bis zu
100 cm anschwellen. Es braust somit die Schwarzerde, und wenn der Lehm
vorhanden ist, auch dieser beim Betupfen mit verdünnter Salzsäure nicht. Die
Schwarzerde über Beckentonmergel hat einen Humusgehalt von 3,13% bzw.
2,23% und einen Stickstoffgehalt von 0,25 bzw. 0,16%. Im ganzen sind etwa
300—400 km² der Pyritzer Gegend mit der Schwarzerde bedeckt. Schon in der
Steinzeit waren die Ränder des Weizackers auffallend dicht besiedelt, wozu
ihre Waldlosigkeit beigetragen haben dürfte. Die folgenden Bodenprofile
V. Hohensteins[1] geben Schwarzerde und veränderte Schwarzerde an.

---

[1] Hohenstein, V.: a. a. O., S. 29—31.

Schwarzerde.

Lehmgrube am Wege von Werben nach Schöningen, 31 m über NN unter Stipa capillata, Festuca ovina, Achillea millefolium.

Entkalkungszone 60 cm

A_1 40 cm, kaffeebrauner, humoser, kalkarmer, sandiger Lehm, feinkrümelig, locker.

A_2 5—8 cm, dunkelbraun gesprenkelter, schwach humoser, kalkiger, sandiger Lehm, feinkrümelig.

C 3—4 m, gelbbrauner Mergelsand, zu oberst mit 40 cm mächtigem, weißlichgelbem Karbonathorizont.

Tongrube nordnordöstlich Pyritz, 30 m über NN.

Entkalkungszone 60 cm

A_1 25 cm, kaffeebrauner, humoser, toniger Lehm, etwas bindig.

A_2 20 cm, schwarzbrauner, stark humoser, toniger Lehm, unregelmäßig prismatisch, fest.

A_3 15 cm, schwarzbrauner bis dunkelbrauner, humoser, toniger Lehm, unregelmäßig prismatisch, fest.

C_1 10 cm, schmutzigbrauner bis brauner Tonmergel, schwach humos, unregelmäßig prismatisch, bräunlicher Anflug.

C_2 5 m, gelbbrauner Tonmergel, zu oberst mit 30—40 cm mächtigem, hellem Karbonathorizont, zahlreiche kleine Kalkkonkretionen.

Veränderte Schwarzerde.

Tongrube an der Straße Pyritz—Sabow in Pyritz, 40 m über NN.

Entkalkungszone 85 cm

A_1 20—25 cm, kaffeebrauner, humoser, sandiger Lehm, krümelig.

A_2 25 cm, schwarzbrauner, humoser, sandiger Lehm, krümelig.

B_1 20 cm, dunkelschmutzigbrauner, schwach humoser, sandiger Lehm, prismatisch mit schwarzbraunen bis schwach rotbraunen Häutchen auf Klüften und Rissen.

B_2 20 cm, schmutzigbrauner, sandiger Lehm.

C_1 1 m, schmutziggrauer Geschiebemergel, oben mit weißgrauem Kalkkarbonathorizont (40 cm), viele kleine Kalkkonkretionen.

C_2 3—5 m, gelbbrauner Tonmergel.

Lehmgrube nordöstlich Klemmen, 35 m über NN.

Entkalkungszone 85 cm

A_1 25 cm, kaffeebrauner, humoser, schwach kalkhaltiger, sandiger Lehm, locker.

A_2 30 cm, schwarzbrauner, schwach humoser, schwach sandiger Lehm, schwach prismatisch, mit schwach rötlichbraunem Anflug, etwas fest.

C 4 m, gelbbrauner Mergelsand, zu oberst mit gelblichweißem Karbonathorizont.

Unter den vielen Angaben von „Schwarzerde" in Ostpreußen ist die der Umgebung von Rössel mehrfach beschrieben und untersucht worden. V. HOHENSTEIN[1] fand hier 30—50 cm, stellenweise über 100—150 cm mächtige humose Rinden an den Niederungen zweier Flüsse, die aber auch teilweise an den flachen Hängen hinaufgehen. Die aufnehmenden Geologen der dortigen Kartenblätter R. KLEBS und H. SCHRÖDER erklären sie durch einen früheren höheren Wasserstand und im Zusammenhange damit durch einen höheren Grundwasserstand.

Sandgrube südlich Freifelde, unter Weideland.

Entkalkungszone 200 cm

A_1 25 cm, dunkelgrauer, schwach humoser, schwach lehmiger Sand, ziemlich fest.

A_2 15 cm, heller Sand, mitunter unten rostbraun, mit schwach querprismatischer Struktur.

B_1 20—25 cm, rostbrauner Sand bis schwach lehmiger Sand, durchzogen von helleren Partien, z. T. sehr fest durch Eisenhumate verkittet, querprismatische Struktur.

B_2 40 cm, rostbrauner Sand bis schwach lehmiger Sand, auf Klüften mit helleren Stellen, nicht mehr so stark querprismatisch wie B_1.

B_3 60 cm, rotbrauner, lehmiger Sand, schwach geschichtet, feinkörnig, leicht zerreiblich.

B_4 40 cm, hellrötlichbrauner Sand, feinkörnig.

C 300 cm, gelbbrauner, kalkhaltiger Sand, feinkörnig.

---

[1] HOHENSTEIN, V.: a. a. O., S. 29—31.

V. Hohenstein fiel auf, wie rasch die dunkle Farbe der Böden beim Aufsteigen aus der Niederung abnahm und an ihre Stelle die fast den ganzen Teil des Blattes einnehmenden braunen, sandigen Lehmböden (Braunerden und Bleicherden) traten. Eine etwa 12 m über dem Fluß gelegene Sandgrube, knapp 1 m über der oberen Schwarzerdegrenze gelegen, hat podsoligen Boden mit etwa 2 m tiefer Entkalkung, wie vorstehendes Profil zeigt.

Geringere Auslaugung besitzt das Profil einer Lehmgrube südwestlich Rössel. Unter 30 cm schwarzgrauem, tonigem Lehm folgen 20 cm rotbrauner, toniger Lehm mit weißen Kalknestern, darunter brauner Tonmergel. Häufiger beobachtet man in der Gegend von Rössel Profile mit 30 cm mächtigem, braunem bis braungrauem Oberboden A und einem 55 cm mächtigen Unterboden B, bestehend aus 25 cm rotbraunem, sandigem Lehm (B_1) und 30 cm braunem, sandigem Lehm (B_2), darunter Geschiebemergel C mit hellem Karbonathorizont. In größerer Verbreitung kommen dunkle, humose Böden in Niederungen wie im flachen Gelände nordwestlich von Rössel vor. Der verhältnismäßig hochliegende humose Boden des Abbaues südwestlich Atkamp wurde von seinem Besitzer nicht gut beurteilt und für weniger gut befunden als die braunen, sandigen Lehmböden (Braunerden) der umliegenden Höhen, die sich durch gleichmäßigere Erträge und leichtere Bestellung auszeichnen. E. Blanck[1] hat die Böden des Rittergutes Legienen chemisch untersucht und mit der Schwarzerde der russischen Steppe und der Bördeschwarzerde verglichen. Der Humusgehalt ist im Oberboden (1—22 cm Tiefe) 5,47 %, im Unterboden (22—42 cm Tiefe) 4,58 %. Nach den Erläuterungen von Blatt Rössel[2] beträgt er 3—4,47 %. Die Niederschlagshöhe beträgt nach H. Hellmann[3] 550—600 mm bei 6—7° mittlerer Jahrestemperatur. V. Hohenstein[4] glaubt nach seinen Erfahrungen feststellen zu müssen, daß in der Gegend von Rössel wie überhaupt in Ostpreußen keine echte Steppenschwarzerde vorkommt. Insgesamt äußert sich V. Hohenstein über die ostdeutschen Schwarzerdevorkommen[5], zu welchen er auch die der jetzt polnisch gewordenen Gegenden von Mewe und der Weichselhänge bei Kulm im früheren Westpreußen und in Kujawien, frühere Provinz Posen, ferner die der Breslauer Gegend, welche erst weiter unten bei den Lößgebieten behandelt wird, folgendermaßen: Die ostdeutsche Schwarzerde ist etwa 50—60 cm, vereinzelt bis 80 cm mächtig und meist gut krümelig. Zu oberst (A_1 20—25 cm) ist sie von kaffeebrauner bis schwarzbrauner Farbe, darunter (A_2 15—25 cm) von braunschwarzer bis schwarzer und zu unterst (A_3 10—20 cm) von schwarzbrauner bis dunkelbrauner gesprenkelter Farbe. Nach unten geht sie allmählich in den mit zunehmender Tiefe mehr und mehr sich abschwächenden, schwarzbraun bis dunkelbraun gesprenkelten Horizont A_3 über, in welchem durch die Tätigkeit von Regenwürmern Schwarzerdekrümel und Muttergesteinskrümel durcheinandergemengt sind, und zwar oben überwiegend Schwarzerdekrümel (schwarzbraun gesprenkelt), unten fast nur noch Muttergesteinskrümel mit spärlichen Schwarzerdekrümeln (dunkelbraun gesprenkelt).

Die Schwarzerde wie auch der Untergrund werden von zahlreichen, fingerdicken, mit Schwarzerdekrümeln austapezierten Wurmröhren durchzogen, welche meist bis 180 cm Tiefe beobachtet wurden. Sie verlaufen annähernd senkrecht, sind gleichmäßig dick und vor allem unverzweigt, unterscheiden sich dadurch in allem von Baum- und Sträucherwurzeln. Gänge und Wohnräume von Wühlern

---

[1] Blanck, E.: Untersuchungen über die Schwarzerde des Rittergutes Legienen, Kreis Rössel, Ostpreußen. Landw. Versuchsstat. 60, 407—418 (1904).

[2] Lief. 75 Blatt Rössel, S. 18—23. Berlin 1897.

[3] Hellmann, H.: Die Regenkarten der Provinz Ostpreußen, 2. Aufl. Berlin 1911.

[4] Hohenstein, V.: a. a. O., S. 31.   [5] Hohenstein, V.: a. a. O., S. 156—178.

entweder mit Schwarzerde oder mit Muttergestein angefüllt und durch ihre meist abweichende Färbung (schwarz im Muttergestein, hell oder gesprenkelt in der Schwarzerde) von dem umgebenden Boden auffällig unterschieden, kommen in 40—80 cm Tiefe vor. Sie sind viel spärlicher vorhanden als in der mitteldeutschen Schwarzerde der Provinz Sachsen.

Der Übergang der Schwarzerde in den Untergrund vollzieht sich allmählich. Entweder folgt unmittelbar das Muttergestein *C*, oder es schiebt sich zwischen die Schwarzerde *A* und das Muttergestein *C* erst ein geringmächtiger, schmutzigbrauner Lehmhorizont (*B* 10—12 cm) von langsäuliger bis prismatischer Struktur ein. Zumeist ist dieser Lehm entkalktes Muttergestein[1]. Als Muttergestein kommen vereinzelt tertiäre Tone, zumeist aber diluviale Ablagerungen, Geschiebemergel, Tonmergel, Kies, Sand (in Schlesien Löß) in Betracht. Es trägt zu oberst in der Regel einen 30—40 cm mächtigen Karbonathorizont mit feinen Kalkausscheidungen, schichtige Kalkstreifen, sowie meist kleine Konkretionen von Kalk. Auf Klüften und Haarrissen geht die Kalkung tiefer, so daß diese häufig mit einer weißen Kalkkruste überzogen ist. Bei kalkfreien Kiesen und Sanden fehlt der Karbonathorizont, denn hier ist sämtlicher Kalk ausgewaschen. Die preußischen Landesgeologen haben diesen Karbonathorizont schon lange Infiltrationszone genannt, da er mit sehr scharfer Grenze den darüber liegenden Horizont, die Entkalkungszone, unterlagert. Hinsichtlich der Herkunft des Kalkes dieses Karbonathorizontes stehen sich zwei verschiedene Ansichten gegenüber. Entweder ist der Kalk von oben ausgewaschen und in tieferen Horizonten wieder zur Ausfällung gekommen, wie man es bisher meist annahm, oder er entstammt zumeist aufsteigenden Bodenlösungen, deren Kalk an der kohlensäureärmeren Durchlüftungsgrenze ausgefällt wurde. V. HOHENSTEIN neigt der auch von E. RAMANN[2] vertretenen letzteren Ansicht zu.

Die Entkalkungszone oder die Tiefe der Entkalkung schwankt beim ostdeutschen Schwarzerdeprofil im Mittel zwischen 50 und 70 cm, was durchaus den Verhältnissen im nördlichen Teil der russischen Schwarzerdezone entspricht, wo nach N. BOGOSLOWSKY[3] sich das Aufbrausen beim Behandeln mit Salzsäure sogar erst in einer Tiefe von 70—100 cm von der Erdoberfläche bemerkbar macht. Die Tiefe der Entkalkung ist nach P. KOSSOWITSCH[4] ein genügend zuverlässiger Maßstab für den Grad der Ausgelaugtheit der Schwarzerde. Bisweilen ist in der ostdeutschen Schwarzerde sogar ein Aufbrausen an der Oberfläche festzustellen. Zumeist braust aber die gesamte Schwarzerde nicht, ja es sind die an die Schwarzerde angrenzenden Partien des Untergrundes häufig 10—20 cm tief, seltener noch tiefer entkalkt, was nach N. BOGOSLOWSKY[3] auch für den nördlichen Teil der russischen Schwarzerdezone gilt, wo der Untergrund unter der Schwarzerde bisweilen 5—10 cm tief ausgelaugt ist. Sehr wahrscheinlich ist dies die Folge einer stärkeren Durchfeuchtung seit der Bildung der Schwarzerde.

Von besonderer Wichtigkeit ist die Frage nach der zeitlichen Entstehung des Lehmhorizontes zwischen der Schwarzerde und dem kalkreichen Muttergestein. War schon vor der Bildung der Schwarzerde eine tiefgehende Entkalkung eingetreten, wie es O. v. LINSTOW[5] für die Schwarzerde der Gegend von Köthen in

---

[1] Solche langsäuligen, prismatischen Horizonte dürften auf die Einwirkung von Grundwasser zurückgehen, für welches die Struktur bei feinkörnigen Böden charakteristisch ist.

[2] RAMANN, E.: Bodenbildung, S. 17.

[3] BOGOSLOWSKY, N.: Die Verwitterungsrinde der russischen Ebene. Verh. kais. russ. Ges. St. Petersburg, 2. Reihe **38**, Nr 1, 281—306, 285, 288.

[4] KOSSOWITSCH, P.: Die Schwarzerde (Tschernosem). Internat. Mitt. Bodenkde. **1**, 287 (1911).

[5] LINSTOW, O. v.: Löß und Schwarzerde in der Gegend von Köthen in Anhalt. Jb. preuß. geol. Landesanst. **29**, 124 (1908).

Anhalt annimmt, oder haben Schwarzerdebildungen und Entkalkung in der Hauptsache gleichzeitig stattgefunden, wie es W. Weissermel[1] für die Gegend von Halle deutet, oder endlich ist die teilweise tiefergehende Entkalkung (Verlehmung), wie sie bei der ostdeutschen Schwarzerde häufiger der Fall ist, seit der Bildung der Schwarzerde fortgeschritten, wie es nach V. Hohenstein am wahrscheinlichsten ist?

V. Hohenstein[2] ist der Ansicht, daß die ostdeutsche Schwarzerde in einem trockneren Klima als dem heutigen entstanden sei. Als Reliktboden dieses trockneren Klimas stehe sie heute unter einem feuchteren Klima. Sie erscheine deshalb nicht mehr in demselben Zustand, in dem sie früher war. Besonders die leichter löslichen Salze, wozu vor allem die Karbonate gehören, seien tiefer ausgewaschen. Größere Gebiete der ostdeutschen Schwarzerde wären sicher früher auch an der Erdoberfläche kalkhaltig, wie es z. T. bei der rheinischen und auch bei der mitteldeutschen Schwarzerde noch heute der Fall sei. Wenn auch dieser Idealfall bei der ostdeutschen Schwarzerde nicht durchweg vorherrschend gewesen sein möge, so dürfe man doch annehmen, daß sie mindestens in ihrem unteren Teil kalkhaltig war. Die tiefer gehende Entkalkung sei wahrscheinlich eine Folge des gegenwärtigen feuchteren Klimas. Ursprünglich hätten Schwarzerdebildung und Entkalkung durchaus nicht miteinander Schritt gehalten, die Schwarzerde ist in ihrem ursprünglichen Zustande kalkhaltig, wie es bei der rheinhessischen, mitteldeutschen und russischen Schwarzerde an zahlreichen Stellen noch heute der Fall ist. Ob bereits vor der Bildung der Schwarzerde eine Verlehmung des Muttergesteins eingetreten sei, sei nicht so ganz einfach zu sagen. Wenn sie tatsächlich stattgefunden hätte, was durch eine Waldvegetation begünstigt worden wäre, so müßte bei dem trockenen Klima, das bei der Schwarzerdebildung herrschte, eine Neukalkung des Bodens durch aufsteigende Bodenlösungen eingetreten sein.

Unter 14 von V. Hohenstein aufgenommenen Profilen zeigen 6 völlig normale Schwarzerde, 8 den geringmächtigen Verlehmungshorizont B zwischen der Schwarzerde A und dem Untergrund C. Hier ist stellenweise eine stärkere Entkalkung als gewöhnlich, sowie vereinzelt auch eine leichte Wanderung der Sesquioxyde eingetreten, was auf sehr leicht bis leicht veränderte Schwarzerde schließen läßt. Selten erreicht die Veränderung größere Werte. Doch fehlen auch dann noch die wesentlichen Merkmale, wie nußförmiger Untergrund, graue Farbe des Oberbodens, wie sie von russischen Forschern für die typische veränderte oder degradierte Schwarzerde angegeben werden. Diese entstehen bei der Besiedlung von Schwarzerde durch Wald unter Überführung in graue Waldböden, wobei die Schwarzerde ihren Charakter vollständig verliert (degradiert) und dann nur noch an den Tierlöchern als ursprünglicher Steppenboden zu erkennen ist. So weit ist die Veränderung der ostdeutschen Schwarzerde nicht fortgeschritten. In allen ostdeutschen Schwarzerdegebieten kommt normale und leicht veränderte Schwarzerde vor. Letztere unterscheidet sich von der ersteren nur durch den Lehmhorizont (der übrigens nach seiner Prismen- oder Säulenstruktur sehr an Wassereinfluß denken läßt). Die Schwarzerde sieht in beiden Fällen äußerlich ähnlich aus. Sie mag in letzterem Falle etwas stärker ausgelaugt sein. Berücksichtigt man noch, daß die Entkalkungszonen beim nördlichen Tschernosjem der Russen im Mittel ebenso tief liegt wie bei der ostdeutschen Schwarzerde, daß aber die russische Schwarzerde im allgemeinen mächtiger ist als die ostdeutsche (und humusreicher), so ist der Lehmhorizont unter der ostdeutschen Schwarzerde in der nordrussischen Schwarzerde enthalten.

---

[1] Siegert, L., u. W. Weissermel: Das Diluvium zwischen Halle a. d. S. und Weißenfels. Abh. preuß. geol. Landesanst. Berlin, N. F. 60, 321 (1911).
[2] Hohenstein, V.: a. a. O., S. 161.

Unter diesem Gesichtspunkt betrachtet erscheint der Lehmhorizont durchaus nicht als ein Charakteristikum, das für größere Veränderlichkeit der darüber lagernden Schwarzerde sprechen würde. Alles in allem zeigt somit die ostdeutsche Schwarzerde weitgehende Übereinstimmung mit dem nördlichen Tschernosem in Rußland[1]. Man kann nicht sagen, daß sie in ihrem Schichtenbau wesentlich vom östlichen Typus abweicht, wie E. RAMANN[2] anzunehmen geneigt ist.

Die Oberflächengestaltung hat bei der Bildung der Schwarzerde eine sehr wesentliche Rolle gespielt. Die ostdeutschen wie auch die mitteldeutschen und russischen Schwarzerdegebiete sind durch ebene bzw. flachwellige Hochflächen ausgezeichnet, in welchen der Gegensatz von Nord- und Südhängen nicht sehr ausgeprägt ist. Die ostdeutsche Schwarzerde liegt in Trockengebieten von 450—500 mm mittlerer jährlicher Niederschlagshöhe, in Schlesien auch noch etwas darüber (550 mm). H. POTONIÉ[3] hat auf diese Tatsache zum ersten Male aufmerksam gemacht. Allerdings gibt es im nordöstlichen und östlichen Deutschland weite Gebiete mit ähnlichen Niederschlagsverhältnissen, die keine Schwarzerde besitzen. Für ihre Entstehung war nicht allein das Klima, sondern vor allem auch eine entsprechende Vegetation maßgebend. Unter Wald entsteht keine Schwarzerde, ja sie wird, wenn sie vorhanden ist und Wald sich darauf ansiedelt, durch denselben vernichtet. Die ostdeutsche Schwarzerde dürfte ebenso wie die russische unter offenen Gras- und Kräuterflächen von steppenartigem Charakter entstanden sein. V. HOHENSTEIN[4] vermutet, daß früher größere zusammenhängende Länderstrecken Ostdeutschlands steppenartigen Landschaftscharakter gehabt haben, wie die russischen vor ihrer intensiveren Bewirtschaftung. Deren Flora besteht[5] aus Stipa pennata und capillata, Festuca ovina und einigen anderen Gräsern mit den Kräutern Adonis vernalis, Lavathera thuringiaca, Linum perenne und flavum, Aster amellus, Oxytropis pilosa, Centaurea marschalliana und ruthenica, Scorzonera purpurea, Hieracium virosum, Campanula sibirica, Echinus rubrum. Dazu treten vereinzelte Gebüsche in Senken und in den grundwasserreichen Schluchten auch kleine Wäldchen. In Deutschland wird die Flora als „pontisch" bezeichnet und sie ist der Gegenstand vieler floristischer Untersuchungen gewesen. Man nimmt an, daß sie während eines nacheiszeitlichen Trockenklimas von Südosten her in Deutschland eingewandert sei, als Deutschland in weiten Gebieten den Charakter einer Steppe gehabt habe. Durchmustert man heute die Flora Deutschlands, so bemerkt man große Areallücken, in denen die Steppenpflanzen fehlen. Ihre gegenwärtige Verbreitung ist keine ursprüngliche mehr. Sie kommen fast ausschließlich in Gegenden mit trockenem, wärmerem Sommerklima vor. Unter den für sie ungünstigen klimatischen Verhältnissen, die später nach ihrer Einwanderung aus dem Osten eingetreten und gegenüber den gegenwärtigen noch ungünstiger gewesen sein sollen, haben sie sich nach A. SCHULZ[6] nur durch enge Anpassung an die besonderen Bodenverhältnisse zu erhalten vermocht. Das feuchter gewordene Klima zwang sie, solche Böden und Standorte zu besiedeln, die ihnen am meisten zusagten. So treffen wir sie vorwiegend an warmen, sonnigen Süd-

---

[1] Von dieser wird aber nicht angenommen, daß sie früher unter einem trockenen Klima entstanden sei. Es ist nur gegenwärtig feuchter und kühler als das z. B. des südlichen Tschernosems.

[2] RAMANN, E.: Bodenkunde, 3. Aufl., S. 542. Berlin 1911.

[3] POTONIÉ, H.: Die rezenten Kaustobiolithe und ihre Lagerstätten, S. 58. 1911. II. Die Humusbildungen (1. Teil). Abh. preuß. geol. Landesanst. Berlin, N. F. **2**, H. 55.

[4] HOHENSTEIN, V.: a. a. O., S. 165, 166.

[5] SIBIRTZEV, N.: Étude des sols de la Russie. Congrès géol. St. Petersburg 1897, 98.

[6] SCHULZ, A.: Die Geschichte der phanerogamen Flora und Pflanzendecke Mitteldeutschlands. 1. Ber. Ver. Erforschg. heim. Pflanzenwelt, Halle **1**, 15 (1914).

hängen, die durch ihre ariden Bedingungen noch am ehesten den Verhältnissen in ihrer Heimat entsprechen. Sie wuchsen jetzt hauptsächlich oder ausschließlich in solchen Gegenden, deren Sommermonate trockener und sämtlich oder wenigstens teilweise wärmer, deren Winter trockener und kälter sind als die der niedrigen Gegenden des zentralen Mitteldeutschlands.

Ursprünglich haben diese Steppenpflanzen unter den besonderen klimatischen Verhältnissen durch ihr häufiges Auftreten an der Bildung der Schwarzerde mitgewirkt. Heute treten sie in Deutschland vielfach auch in Gebieten auf, die keine Schwarzerde besitzen, oder wenn sie in Schwarzerdegebieten vorkommen, so bevorzugen sie auffällig den „nährstoffreichen Verwitterungsboden" und meiden die Schwarzerde. Dies gilt für das mittel- und die ostdeutschen Schwarzerdegebiete, z. B. das westpreußische Weichselgelände. H. Stremme[1] habe nicht recht, wenn er schreibt: „Wenn wir die süddeutschen, nicht typischen Vorkommen ausnehmen, so sehen wir eine recht beträchtliche Übereinstimmung zwischen dem Vorkommen der Schwarzerde und dem der pontischen Flora in Deutschland. Die ostdeutschen und die mitteldeutschen Vorkommen dürften fast ganz zusammenfallen." Im Kulmerland, einem Trockengebiet von 450 bis 500 mm, kommen die Steppenpflanzen sehr reichlich vor, doch ist fast keine Schwarzerde vorhanden. Früher war das Kulmerland von Wald bedeckt und ist erst in historischer Zeit gerodet worden. (Hier dürften also die pontischen Pflanzen keine Relikte, sondern erst nach der Rodung eingewandert sein.)

Die ostdeutschen Schwarzerdegebiete sind auf Grund des Bodenprofils von jeher waldfrei gewesen. Sie gehören deshalb zu den am frühesten besiedelten. Ein Vergleich der Siedlungskarte E. Wahles[2] für das Jungneolithikum mit V. Hohensteins Karte der Verbreitung der ostdeutschen Schwarzerde zeigt, daß die größte Verdichtung der neolithischen Siedlungen mit der Verbreitung der Schwarzerde zusammenfällt.

V. Hohenstein nimmt an[3], daß die ostdeutsche Schwarzerde nicht mehr entstehe, also fossil sei. Dafür spräche auch ihre reichliche Abspülung und die Art ihres ungleichmäßigen Vorkommens. Als ihre Entstehungszeit sieht er die Wende des Diluviums zum Alluvium an. (Das wäre vor 15—30000 Jahren. Nach der von ihm beobachteten Abspülung müßte aber die Schwarzerde in dieser Zeit längst abgetragen sein, wenn sie sich nicht immer wieder erneuerte. Sie ist keine fossile Bildung, sondern gehört der Gegenwart an, wie die übrigen deutschen und die russischen Steppenschwarzerden.)

Zur ostdeutschen „Braunerde" äußert sich V. Hohenstein[4] wie folgt: Die „Braunerde" ist von der Schwarzerde durch die braune bis schwach rotbraune Farbe infolge wechselnden Gehaltes an Eisenoxydhydraten, ihren geringeren Humusgehalt, ihre größere Auswaschung und Entkalkungszone, ihre nur mäßige Krümelung — meist ist sie ziemlich bindig — verschieden. Sie ist nach Ramann ein Waldboden, besonders der Eiche und des gemischten Laubwaldes. Aber V. Hohenstein stellt fest, daß sie in Ostdeutschland auch unter Kiefern, in Süddeutschland unter Fichten vorkommt. Das gemeinsame der ostdeutschen Vorkommen sieht er in folgendem: der Oberboden A ist schwach humos, von lichtschokoladenbrauner bis brauner, in ausgetrocknetem Zustande graubrauner Farbe, 30—40 cm mächtig, bindig, schwach krümelig. Der Unterboden B schwankt je

---

[1] Stremme, H.: Die Böden der pontischen Pflanzengemeinschaften Deutschlands. Aus der Heimat 1914, Sonderdruck, S. 8.

[2] Wahle, E.: Ostdeutschland in jungneolithischer Zeit. Manusbibl. Nr. 15, Karte 2. Würzburg 1918.

[3] Hohenstein, V.: a. a. O., S. 169.

[4] Hohenstein, V.: a. a. O., Kurze Bemerkungen über die ostdeutsche Braunerde, S. 169—175.

nach der Höhenlage des Ortes und den dort fallenden Niederschlägen sehr in der Mächtigkeit. · Je höher die Niederschläge, um so stärker die Auslaugung, um so mächtiger die Entkalkungszone und somit auch der B-Horizont. Im Mittel schwankt die Mächtigkeit zwischen 40 und 60—80—100 cm. Im selben Aufschluß kann die Mächtigkeit sehr verschieden sein, je nachdem an der einen oder anderen Seite eine stärkere Wasserführung stattgefunden hat.

In allen ostdeutschen Profilen folgt unter dem Oberboden A der ausgeprägteste Horizont der Braunerde, ein 20—25 cm mächtiger Horizont B von rotbrauner Farbe, langsäuliger bis prismatischer Struktur und festem Gefüge. Die Säulen sind mit lackartig glänzenden Häutchen von rotbraunem Eisenoxydhydrat überzogen, ebenso auch Spaltrisse und Wurzelröhren. Beim Zerbrechen der einzelnen Säulen zeigt sich die Erde braun, selten ist die Durchtränkung eine vollständige und dann der Lehm durch und durch rotbraun. Der nächsttiefere Horizont B zeigt diese Eigenschaften in wesentlich abgeschwächtem Maße, also keine so intensive Durchtränkung mit Eisenoxydhydrat und keine so scharf ausgeprägte, ja zumeist fehlende prismatische Struktur. Er ist in allen Braunerdeprofilen vorhanden, 15—30—50 cm mächtig, braun und meist fest. Zumeist leitet er in den Untergrund über. Die Gesamtmächtigkeit vom Oberboden A und Unterboden B wurde in den Provinzen Brandenburg, Pommern, Westpreußen, Ostpreußen und Posen zu 75—120 cm im Mittel beobachtet. Unter dem Unterboden B folgt der Untergrund C, d. h. das Muttergestein, das zumeist aus den verschiedensten Diluvialgebilden besteht. Am häufigsten beobachtet man Geschiebemergel. Zu oberst trägt das Muttergestein einen 30—40 cm mächtigen Karbonathorizont, für welchen entsprechendes wie für den der Schwarzerde gilt. Nach alledem ist die Auswaschung der Braunerde unverkennbar. Es sind nicht nur die Karbonate, sondern auch die Sesquioxyde in Wanderung begriffen. Auch Durchschlämmungen von Ton und Feinsand sind auf Grund zahlreicher Analysen und Schlämmanalysen festgestellt, die in den Erläuterungen zu den Kartenblättern der geologischen Landesanstalten enthalten sind. Demnach liegen deutliche Anzeichen einer schwachpodsoligen Bildung vor. Es erscheint V. Hohenstein am ratsamsten, E. Ramanns Braunerdetypus beizubehalten, ihn jedoch als charakterisierten Untertypus der Podsolböden zu betrachten und ihn mit den schwach podsoligen Böden der russischen Pedologen äquivalent zu setzen. (Wir bezeichnen jetzt die Braunerden als „braune" Waldböden, deren Hauptkennzeichen der rotbraune Horizont im Unterboden B ist, wie ihn ähnlich die degradierte Steppenschwarzerde, der Steppenwaldboden, zeigt.) Die Struktur ist im allgemeinen nicht säulig oder prismatisch, sondern unregelmäßig vieleckig bis nußförmig, die einzelnen Krümel von feinen, meist leer gewordenen Wurzelporen durchsetzt. Im Sande fehlt diese Struktur, doch ist für den sandigen braunen Waldboden kennzeichnend, daß unregelmäßig schokoladenbraune oder hellere Humusflecken und rostrote bis hellgelbe Rostflecken nebeneinander vorkommen. Bisweilen sind mehr die Rostflecken auf der Außenseite der Strukturteile verteilt, bisweilen, je nach der Umlagerung, mehr die Humusflecken vorhanden. Der Oberboden ist entweder ungebleicht oder hat verschiedene Stufen der Bleichung. Von diesen braunen Waldböden sind die Waldböden mit den rostfarbigen B-Horizonten und Horizontalstruktur verschieden, die entweder primär gebildet sind oder wohl auch sekundär durch weitere Veränderung der braunen Waldböden entstanden sind.

Über das Ergebnis seiner Kartierungsarbeiten in der jungdiluvialen Landschaft sagt P. F. v. Huene[1] (Abb. 99): In Ostpreußen kommt schwach gebleichter brauner

---

[1] Huene, P. F. v.: a. a. O. Danzig 1930.

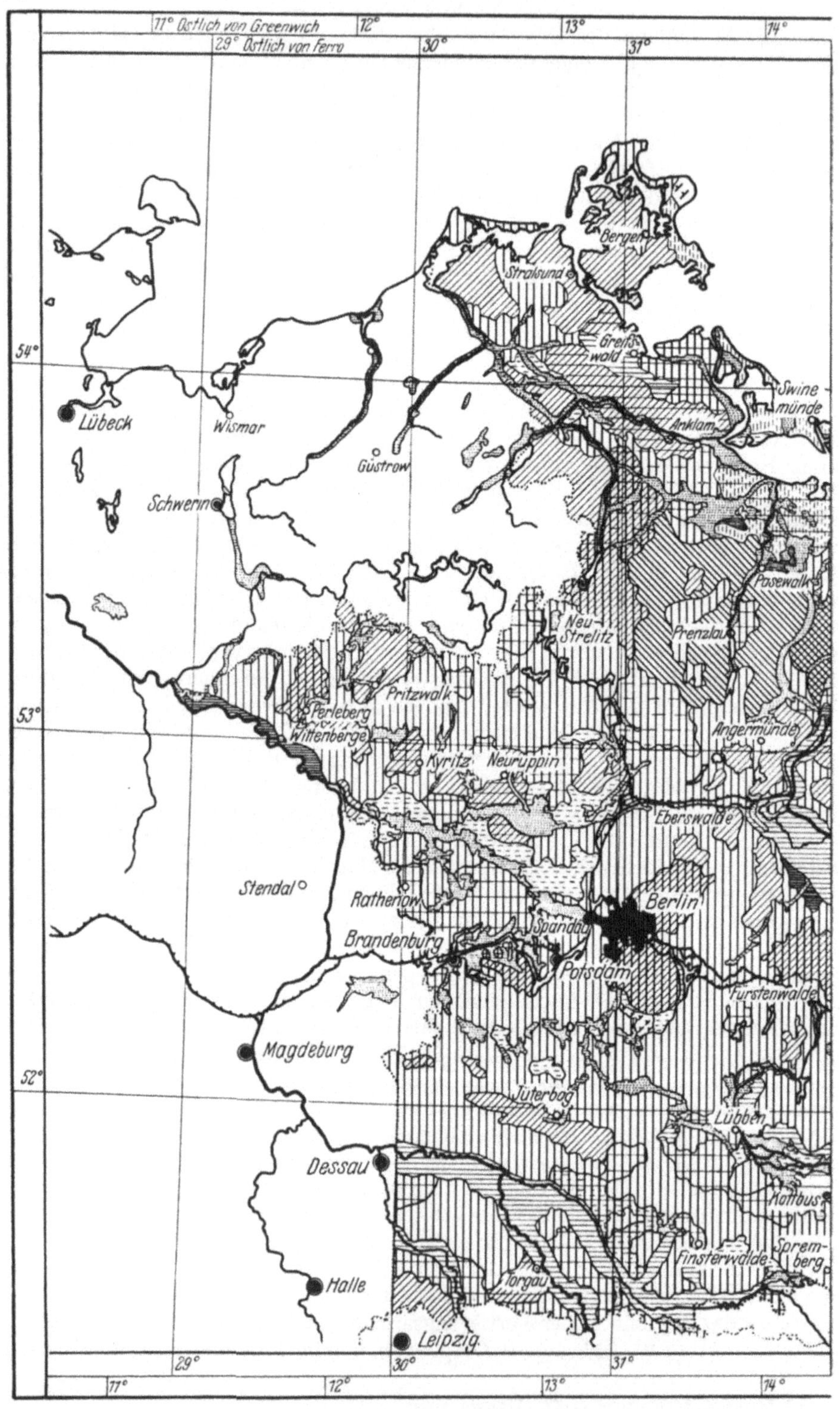

Abb. 99. Bodentypenkarte von Brandenburg, Mecklenburg-Strelitz, Pommern,
Aufgenommen im Sommer 1929 von PAUL

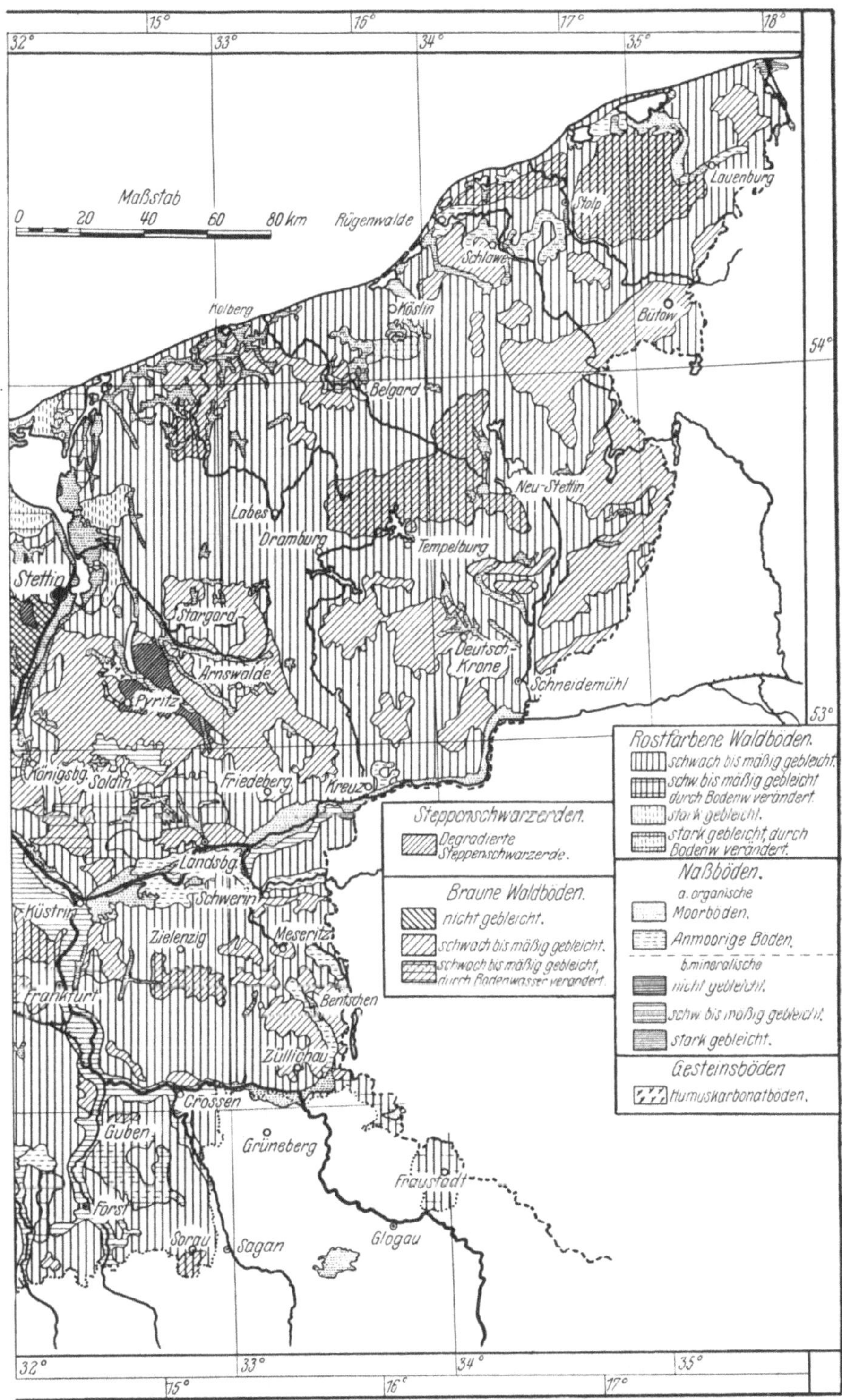
Maßstab
0 20 40 60 80 km
Rügenwalde
Lauenburg
Stolp
Schlawe
Kolberg
Köslin
Bütow
Belgard
54°
Neu-Stettin
Labes
Dramburg
Tempelburg
Stettin
Stargard
Deutsch-Krone
Arnswalde
Schneidemühl
Pyritz
53°
Königsbg. Soldin
Friedeberg
Kreuz
Rostfarbene Waldböden.
schwach bis mäßig gebleicht.
schw. bis mäßig gebleicht durch Bodenw. verändert.
stark gebleicht.
stark gebleicht durch Bodenw. verändert.
Steppenschwarzerden.
Degradierte Steppenschwarzerde.
Naßböden.
a. organische
Moorböden.
Anmoorige Böden.
b. mineralische
nicht gebleicht.
schw. bis mäßig gebleicht.
stark gebleicht.
Landsbg.
Schwerin
Braune Waldböden.
nicht gebleicht.
schwach bis mäßig gebleicht.
schwach bis mäßig gebleicht, durch Bodenwasser verändert.
Küstrin
Zielenzig
Meseritz
Gesteinsböden
Humuskarbonatböden.
Frankfurt
Bentschen
Züllichau
Crossen
Guben
Grüneberg
Fraustadt
Forst
Sorau
Sagan
Glogau

Grenzmark Posen-Westpreußen und vom ostlichen Teil der Provinz Sachsen.
Friedrich Baron Hoyningen-Huene.

Waldboden in großen zusammenhängenden Flächen vor, so im Samland, im Ermland, bei Gumbinnen, Lyck, Osterode und östlich Elbing. Nasse Böden, schwachpodsolierte *AG-* und *ABG*-Böden liegen in großer Ausdehnung bei Elbing, Marienburg, Insterburg, nordwestlich und westlich Tilsit und bei Friedrichshof. Ein Teil der Rominter und der Johannisburger Heide gehört dem Typus der ziemlich starkpodsolierten Waldböden an. Das übrige Gebiet ist schwach- bis mittelpodsolierter und podsoliger Waldboden[1].

Die Provinz Grenzmark schneidet dem Bodentypus nach am schlechtesten in der jungdiluvialen Landschaft ab. Der überwiegend größte Teil der Provinz hat mäßig podsolierten Waldboden auf mittelfeinem bis feinkörnigem Sande. Nur von Deutsch-Krone nach Schlochau und Neustettin, bei Schneidemühl, südlich Schwiebus, nördlich Züllichau und um Meseritz liegen kleine Gebiete von schwachpodsolierten und podsoligen braunen Waldböden. Die Naßböden sind ganz unbedeutend.

Die Provinz Pommern weist bessere Bodentypen auf, wenn auch podsolierter Waldboden annähernd die Hälfte des Gebietes einnimmt. Der beste ist der des Pyritzer Weizackers, den v. Huene im ganzen zur degradierten Steppenschwarzerde stellt. Der *A*-Horizont ist schwarz, mittelstark bis stark humos. Die Bodenart ist feinsandiger Lehm. Kalkgehalt ist mit Salzsäure feststellbar. Der *B*-Horizont ist kalkhaltig, gelbbraun mit dunkelbraunen Humusflecken, außerdem ist Humus im ganzen Horizont diffus verteilt, jedoch gegen *A* verändert. Der *C*-Horizont besteht hauptsächlich aus weißlichem, feinsandigem stark kalkhaltigem Tonmergel[2].

Auf Rügen, südlich Stralsund, zwischen Kolberg und Treptow an der Rega haben wir nicht gebleichten braunen Waldboden, der dem Typus nach der wertvollste nächst Schwarzerden, degradierten Schwarzerden und „braunen Waldböden auf Löß" ist. Schwachpodsolierte braune Waldböden liegen bei Köslin, Stolp, Bütow, Stargard und Polzin. Starkpodsolierte Waldböden befinden sich im Kreise Uckermünde bei Jatznick, mit 45 cm Podsol, auf der Insel Usedom, im Kreise Wollin bei Gollnow und an der Ostseeküste bei Kammin und Stralsund. Das übrige Gebiet gehört den Typen der schwach- bis mittelpodsolierten und podsoligen Waldböden an. In geringfügiger Verbreitung hat die Insel Rügen auf Kreide und die Gegend nördlich Pyritz auf Moormergel Rendzina und degradierte Rendzina.

Die Provinz Brandenburg hat in der Ucker- und Neumark größere Gebiete nicht gebleichten braunen Waldbodens, dessen Horizonte von *A* bis *C* einschließlich karbonathaltig sind. Der Bodenart nach handelt es sich um strengen bis milden sandigen Lehm. Es sind alles weizen-, rüben- und kleefähige Böden. Südlich und nördlich Berlins, westlich Frankfurts an der Oder, bei Landsberg, Bärwalde, Pritzwalk, Nauen und Neuruppin liegen größere und kleinere Gebiete von schwach gebleichten, braunen Waldböden. Die Bodenart ist milder, sandiger Lehm und lehmiger Sand. An der Grenze der Provinz Brandenburg, im Fläming, haben wir ebenfalls schwachpodsolierte und podsolige braune Waldböden auf entkalktem Löß und lehmigen, sehr feinen Sanden. Hier ist *C* mittel- bis feinkörniger Sand.

Gute Naßböden (*ABC* und *AG*) sind im Oderbruch auf Ton entstanden. Ein Teil dieser Böden östlich von Freienwalde, Wriezen und Küstrin steht mit seinem *ABG*-Profil der degradierten Steppenschwarzerde sehr nahe. Nördlich von Nauen, und Friesack sowie zerstreut in der ganzen Provinz liegen größere und kleinere

---

[1] „Schwach- bis mittelpodsoliert" heißt: die Bleicherde ist in schichtiger Anordnung von schwacher bis mittlerer Stärke vorhanden; „podsolig": die Bleicherde tritt nur in einzelnen isolierten Flecken und Streifen, nicht schichtig auf.

[2] Nach W. Wolff ist auf der Bodenkarte Europas in 1 : 10 Millionen auf der Insel Fehmarn ebenfalls degradierte Schwarzerde angegeben worden.

Gebiete von Flachmooren und anmoorigen Böden, die durch geeignete Behandlung sehr ertragreich geworden sind. Ein Teil dieser Böden liegt auf Moormergel oder Wiesenkalk und ist rendzinaartig.

Südlich Berlins befinden sich sandige, schwach- bis mittelpodsolierte und podsolige Naßböden (ABG). Ganz kleine Gebiete gehören dem ziemlich stark-podsolierten Waldbodentypus an, und alles übrige ist der schwach- bis mittel-podsolierte und podsolige Waldboden auf Sand. Dieser Typus nimmt etwa drei Fünftel des Gebietes ein, etwa zwei Fünftel gehören dem braunen Wald-bodentypus an, und der Rest verteilt sich auf die übrigen, oben besprochenen Bodentypen. Im ganzen zeigt die Provinz Brandenburg ebenfalls recht starke Mischlagen von Typen. Das gilt im großen wie im kleinen. In den Jahren 1928 und 1929 ist das 600 ha große Versuchsgut Bornim bei Potsdam im Maß-stabe 1: 3000 kartiert worden. W. TASCHENMACHER[1], der in der Hauptsache die Kartierung ausgeführt hat, berichtet über die Verteilung der Bodentypen. Nach ihm sind zwei große Gruppen von Böden vorhanden. Die einen, auf verschiedener geologischer Grundlage (Diluvialmergel, Diluvialsande, alluviale Talsande), sind unter dem Einfluß des Klimas, der Vegetation, des Reliefs und der umwandelnden Tätigkeit des Menschen entstanden. Es sind Typen von wenig veränderter Steppen-schwarzerde an bis zu stark gebleichtem Waldboden. Die zweite Gruppe enthält die in Senken liegenden nassen Böden, bei denen der Einfluß eines hochgelegenen Grundwasserspiegels die Auswirkung der übrigen Faktoren mit Ausnahme des Reliefs hemmte.

Die erstgenannte Gruppe nimmt den größten Teil der Böden, mehr als zwei Drittel des Gutes ein. Auf einer Geschiebemergelkuppe liegt der wertvollste dieser Böden, es ist ein steppenartiger Typus, der entweder ganz ohne B-Horizont ist oder doch nur mit einem solchen von geringer Mächtigkeit ausgestattet ist. Auf einer mehr ebenen Geschiebemergelfläche zeigen die Böden verschiedene Ent-kalkungstiefen und Grade einer ehemaligen Podsolierung, für deren Entstehung wahrscheinlich die Verschiedenartigkeit der ursprünglichen Vegetation ver-antwortlich zu machen ist. Nach der charakteristischen Ausbildung ihrer B-Horizonte und den Farben ihrer Oberkrumen zu schließen, sind diese Böden als „braune Waldböden" anzusprechen. Eine starke Podsolierung, die allerdings nur stellenweise und wenig vorkommt, mag auf besondere Vegetationsverhältnisse (Heide- und Beersträucher) zurückzuführen sein. Anders ist die Ausbildung des Bodentyps im sandigen Material. Es handelt sich auch hier meist um schwachpodsolige Böden, von denen ein Teil allerdings keinen klar abgegrenzten B-Horizont hat, sondern mehr eine Übergangsform des A-Horizontes zum C- bzw. G-Horizont darstellt. Dieser Übergangshorizont wird gekennzeichnet durch die allmählich stärker werdende Komponente der Eisen-rosteinmischung, welche den Farbton des Humushorizontes in seinem unteren Teil etwas aufhellt, ihm zuweilen aber auch nur eine mehr rötliche Nuance gibt. Es dürfte dies eine Bodenbildung sein, die einer gleichartigen Konstellation der bodenbildenden Faktoren entspricht, wie sie für die Ausbildung der „braunen Waldböden" auf dem Geschiebemergel bestanden hat (Graswald, evtl. auf früherer, stärkerer Podsolierung). Der landwirtschaftliche Wert dieser Gruppe von Böden ist gering. Ihre Oberkrumen sind stark versandet und humusarm. Die besten unter ihnen sind diejenigen, welche bei geringer Entkalkungstiefe einen nährkräftigen, in gutem physikalischen Zustande befindlichen B-Horizont aufweisen. Wird die saure Oberkrume in gute Kultur gebracht, so werden sie einen rentablen Anbau von Luzerne, Weizen und Rüben gestatten. Jedoch verdienen

---

[1] TASCHENMACHER, W.: Die Böden des Versuchsgutes Bornim. Danzig 1930. Manuskript.

die nassen Böden vor ihnen den Vorzug, da sie vielleicht durch die gleichen Meliorationskosten in viel rascherer Zeit zu höheren und vor allem sichereren Erträgen gebracht werden können, wenn ihre Entwässerung infolge eines Mangels an Vorflut nicht auf allzu große Schwierigkeiten stößt.

Die nassen Böden zeigen die Kennzeichen dieser Gruppe, nämlich reichliche Ansammlung von feuchtem Humus und Ausscheidung mineralischer Stoffe verschiedener Art im sandigen Urmaterial. Ihr größter Teil ist kalkhaltig und wird als Acker genutzt. Wo diese Böden keinen mit HCl nachweisbaren Kalkgehalt haben, dienen sie vorzugsweise der Grünlandnutzung. Ausschließlich geschieht dies in den am tiefsten gelegenen Teilen, welche Niederungsmoore aufweisen. Ihr landwirtschaftlicher Wert ist nahezu vollkommen von ihrer Lage im Gelände abhängig. Kleine Niveauunterschiede bedingen bereits größere Verschiedenheit in ihrem Bau. Die höher gelegenen, bei denen das Grundwasser nur vorübergehend und wenig in die Oberkrume eindringt, sind die wertvolleren. Auf ihnen ist bei den gegenwärtigen unzureichenden Entwässerungszuständen Zuckerrüben- und Weizenanbau möglich, wenn auch allerdings nicht sicher. Ein Niveauunterschied von 2 m führt bereits bis zum Niederungsmoor. —

Die Variationsbreite der Bornimer Böden, insbesondere der Vegetationsböden, ist größer, als wir sie bisher bei der Kartierung von Gütern im Weichseldelta, auf der Danziger Diluvialfläche, im pommerellischen und posenschen Diluvium gefunden haben.

Gehen wir mit P. F. v. Huenes Übersicht schrittweise weiter nach Westen, so haben wir im Norden Mecklenburgs überwiegend braune Waldböden, im Osten sind sie nicht gebleicht, im Westen ist die Podsolierung stärker. Der Bodenart nach sind zwei Drittel sandiger Lehm, ein Drittel lehmiger Sand.

In der Altmark um Stendal herum findet sich schwach gebleichter Waldboden auf sandigem Lehm. Alles übrige gehört dem podsolierten und podsoligen Waldbodentypus an, und zwar sind größere Flächen von stark podsolierter Natur dabei. Die Bleichung des A_2-Horizontes ist hier intensiver, als das bei dem stark podsolierten Waldboden von Ückermünde der Fall war, doch ist seine Mächtigkeit, die bis 45 cm geht, die gleiche wie dort. Bisweilen tritt Ortstein auf, wenngleich er auch nicht von großer Mächtigkeit ist.

Im Süden liegen bei Wittenberg, Lutz und Röbel zusammenhängende Gebiete der braunen Waldböden. Sie nehmen hier etwa ein Fünftel der Fläche ein. Die Hälfte des Gebietes gehört dem schwach- bis mittelpodsolierten Waldboden an. Die Bodenart ist lehmiger Sand und Sand. Außer diesen beiden Typen kommen hier noch Naßböden vor. Die Fläche dieser Böden ist jedoch klein. Die Naßböden im Elbtal zeigen ein AG-Profil, im östlichen Teil und vereinzelt durch das ganze Gebiet verstreut ein solches mit ABG-Profil. Humose Naßböden kommen hier und da, doch nur mit kleinen Flächen vor.

Im östlichen Teil der Provinz Schleswig-Holstein gehört ein Drittel der Bodenflächen dem schwachpodsolierten und podsoligen braunen Waldboden an. Mineralische Naßböden sind stark, die humosen Naßböden mehr vereinzelt und unbedeutend vertreten. W. Wolff[1] hat in Ostholstein bei Oldenburg, Heiligenhafen, Neustadt nicht oder schwach podsolierte braune Waldböden, sonst schwach podsolige Böden bei Burg auf der Insel Fehmarn eine veränderte Schwarzerde festgestellt. Ferner hat W. Wolff[2] die Landstelle Brookhorn kartiert. Sie

<hr>

[1] Wolff, W.: Über den Boden von Schleswig-Holstein. Schlesw.-Holst.-Hansische Mh. 2, 12, S. 3, 4. — Ferner: Die Bodenbildungen Schleswig-Holsteins und ihr Verhältnis zu den geologischen Bodenarten. Jb. preuß. geol. Landesanst. 1930.

[2] Wolff, W.: Bodenkarten für Landgüter. Jb. preuß. geol. Landesanst. Berlin 1928, 1047—1079. Mit 5 Tafeln.

befindet sich in einem hügeligen Jungmoränengebiet, das in alter Zeit offenbar Wald getragen hat. In nächster Nähe stehen noch Buchenwälder. Klimatisch liegt sie im Bereich des abgeschwächten Nordseeküstenklimas. Infolgedessen ist der Feuchtigkeitsgehalt der Luft hoch und die Niederschlagshöhe beträgt 700 mm im Jahr. Der Bodentypus ist derjenige der Podsolböden. Die junge Moräne ist, soweit sie aus Geschiebemergel besteht, durchweg bis zu 2 m Tiefe verlehmt und entkalkt. Sande und Kiese sind bis zu erheblich größerer Tiefe ausgelaugt. In landwirtschaftlicher Hinsicht bedeutet das Vorherrschen des Podsoltypus in den Ackerböden Neigung zu Bodensäure und Verarmung an mineralischen Nährstoffen, also Bedürfnis nach Kalkung in regelmäßiger Wiederholung, teils zur Lockerung des Bodens, teils zu seiner Entsäuerung und zur Verbesserung seines Nährstoffaustausches mit den Pflanzen. Nach den Profilen zu schließen, stehen die tiefer gelegenen Böden bereits stark unter Grundwassereinfluß.

Die Grenzlinie des Jungdiluviums geht von Harburg aus westlich der Elbe noch in das Gebiet der Altmoräne hinein. Der in diesem Abschnitt vorherrschende Bodentypus ist der starkpodsolierte Waldboden, der zuweilen ziemlich mächtige A_3-Horizonte mit intensiver weißlich-violetter Färbung aufweist. Sehr oft finden sich Ortsteinbänke von größerer Mächtigkeit und Härte. Die Bodenart ist mittel- bis feinkörniger Sand. Größere Teile des Gebietes liegen unter Heide und sind für die deutsche Landwirtschaft ohne Nutzen. Braune Waldböden weist die Gegend von Ülzen auf. Sie sind schwachpodsolig. Die Bodenart ist sandiger Lehm. Die Flächen sind nicht groß und liegen vereinzelt. Ziemlich groß sind dagegen die Flächen von schwach- bis mittelpodsolierten und podsoligen Waldböden auf Sand und lehmigem Sand. Naßböden von beschränkter Ausdehnung liegen in den Tälern der Elbe und der Aller.

Die altdiluviale Landschaft (Abb. 101).

Übersicht: Die altdiluviale Landschaft breitet sich westlich und z. T. auch südlich der jungdiluvialen aus und geht im Westen über die Reichsgrenze hinüber. Im Süden wird sie zumeist von der Lößlandschaft abgelöst. Ihre Böden sind hauptsächlich aus den Ablagerungen der vorletzten und älteren Vereisungen hervorgegangen. Im ganzen ist sie kleiner als die jungdiluviale Landschaft und darum in vielen Dingen auch einheitlicher.

Landwirtschaftlich umfaßt die altdiluviale Landschaft nach P. KRISCHEs[1] Bodenkarten überwiegend Gebiete mit ausgesprochener Viehzucht (etwa 50% des Ackerlandes entfallen auf Wiesen und Weiden). Dazu kommt in Hannover, außer Aurich, und in Westfalen starker Brotgetreidebau (etwa ein Drittel und mehr des Ackerlandes entfallen auf den Anbau von Roggen und Weizen). In Aurich herrscht neben der Viehzucht wie in Vorpommern starker Futtergetreidebau (ein Drittel der Fläche auf Hafer, Gerste und Menggetreide). In Oldenburg ist neben dem starken Viehzuchtanteil ein Gebiet intensivster Wirtschaftsform angegeben. In einer anderen Darstellung der landwirtschaftlichen Bodennutzung Deutschlands von E. WERTH[2] ist es das Hauptbuchweizengebiet (über 5, zumeist über 10% der Getreidefläche). Die nordwestdeutsche Haferzone (mit 30—50% der Getreidefläche) und der Anbau von Spörgel als Nachfrucht bis über 5% der Getreidefläche fallen hinein.

In E. WERTHs Karte der Klima- und Vegetationsgliederung (Abb. 100) bildet dieses Gebiet den Hauptteil des nordatlantischen Bezirks, der allerdings auch Mecklenburg und den Hauptteil Vorpommerns mitumfaßt. Die mittlere Jahres-

---

[1] KRISCHE, P.: Bodenkarten, S. 24.
[2] WERTH, E.: Klima- und Vegetationsgliederung, Taf. 8.

temperatur beträgt 7—9⁰. Der Bezirk ist im Winter milde und im Sommer kühl. Das mittlere Jahresminimum reicht von —10⁰ bis —16⁰, die mittlere Januartemperatur ist −1⁰ und wärmer; die mittlere Julitemperatur etwa 16—17,5⁰. Die Jahresschwankung der Monatsmittel der Lufttemperatur geht fast nirgends über 18⁰ hinaus. Die mittlere jährliche Niederschlagshöhe beträgt fast überall mehr als 600 mm und geht stellenweise bis über 800 mm hinaus. Die ausgiebigsten Regen fallen im Juli und August.

Abb. 108. Die Klimabezirke Deutschlands. (Nach E. Wahn...)

Der nordatlantische Bezirk bildet das Hauptareal der atlantischen Flora, wie u. a. Ilex aquifolium, Erica tetralix, Gentiana (Cicendia) filiformis, Helosciadium inundatum, Myriophyllum alterniflorum, sowie vieler borealer Typen (Cornus suecica, Sparganium affine, Myrica gale usw.). Es ist das Gebiet der norddeutschen Heiden. Der Wald tritt ziemlich zurück, die Waldbedeckung hält sich größtenteils unter 15 % der Bodenfläche. Das Heidegebiet ist das Hauptgebiet der schädlichen Wiesenschnake (Tipula) in Deutschland. Es fehlen im Durchschnitt der Jahre stärkere Feldmaus- (Arvicola arvalis) Plagen. Auf A. We-

GENERS Karte[1] der Klimaprovinzen gehört dieses Gebiet zur ozeanischen Provinz. Nach W. SCHMIDTS[1] Karte der vorherrschenden Winde hat es vorherrschend west-südwestliche Winde mit einem nördlichen Zusatzwind im Juni und einem südlichen bis südöstlichen im Dezember.

Der Hauptbodentypus der altdiluvialen Landschaft ist der starkpodsolierte Wald- und Heideboden, der den größten Teil des Gebietes einnimmt, ferner die mineralischen und humosen Naßböden. Unter den humosen Naßböden sind die Hochmoore besonders zahlreich, die im Gebiete der jungdiluvialen Böden weniger vorkommen. Auch Flachmoore sind häufig. Nicht podsolierte braune Waldböden kommen in dem Gebiet nicht vor, dagegen sind die podsolierten und podsoligen braunen Waldböden ab und zu anzutreffen. Die vorherrschende Bodenart ist Sand[2].

Geologisch-Agronomisches. Das stark bewegte Landschaftsbild des Ostens mit seinen verhältnismäßig bedeutenden Höhen ist hier durch die viel längere Wirkung der Abtragung und Einebnung verlorengegangen. Glazialseen in Form von abflußlosen Becken sind so gut wie verschwunden, sei es durch Einebnung, Vertorfung oder durch Erosion der Talriegel. Was aber bodenkundlich von größter Wichtigkeit ist, ist die intensive Verwitterung und die damit verbundene Entkalkung und Auswaschung der Ablagerungen[3].

Wie weit diese Abtragung in einer Interglazialzeit vor sich gehen kann, zeigt, daß südlich des Emsgebietes auf weite Strecken kein Glazial mehr angetroffen wird, im Niederrheingebiet aber noch zwei Vereisungen festgestellt werden können.

Das Glazial setzt sich im Emsgebiet hauptsächlich aus drei Schichten zusammen, zu unterst liegen die oft mächtigen Vorschüttungssande, oben grob, nach unten immer feiner werdend, fast immer horizontal gelagert und völlig ausgewaschen. Die oberen Schichten sind reich an Milchquarz und Lydit. Darüber liegt, wenn überhaupt erhalten, die meistens ganz entkalkte und verwitterte Grundmoräne, aus der meistens auch noch das ganze Feinmaterial ausgewaschen ist. Das hangende Glazial wird von Decksanden gebildet, die denen der jüngsten Vereisung Ostelbiens ähnlich sehen, jedoch nur stärker verwittert sind[4]. Die großen Mächtigkeiten des Diluviums im Osten sind fast nirgends mehr zu beobachten. Die Landschaftsformen sind im wesentlichen durch die tertiären Faltenzüge, wie die Lohner-Dammer Berge, das Bippen-Bersenbrücker Bergland, den Hümmling usw. vorgebildet, deren Schichten vielerorts zutage treten und so auch an der Bodenbildung, wenn auch in geringem Umfange, beteiligt sind. Das Diluvium bildet nur eine dünne Bedeckung des Tertiärs.

Hauptsächlich sind in der altdiluvialen Landschaft an der Bodenbildung Sande beteiligt, wo sie nicht von ausgedehnten Mooren bedeckt sind. Leicht zu unterscheiden und gleichzeitig für die Böden von Wichtigkeit sind die Decksande und die Vorschüttungssande. Letztere sind arm an Mineralien und Feinbestandteilen und deshalb unfruchtbar. Die Decksande sind meist etwas besser, doch oft stark eisenschüssig und stark podsoliert. Wo sie nicht einer landwirtschaftlichen Kultur nutzbar gemacht sind, tragen sie Kiefernwald und Heide, Blaubeere und Preiselbeere, die es zu einer beträchtlichen Rohhumusdecke bis zu

---

[1] KRISCHE, P.: Bodenkarten, S. 28.   [2] HUENE, P. F. v.: Diss. Danzig. 1930.
[3] TIETZE, O.: Zur Geologie des mittleren Emsgebietes. Jb. preuß. geol. Landesanst. Berlin 1912 II, 33, 140, 142, 143, (1914). — Lief. 135 Blatt Haselünne, aufg. d. F. SCHUCHT, S. 8. Berlin 1907. — Vgl. auch ED. SCHMIDT: Der altdiluviale Geschiebemergel als Bodenbildner in der Hamburger Gegend. Chem. Erde 5, 475 (1930). — Eine kurze historische Übersicht über die Entstehung und Entwicklung der Ansichten vom Unterschiede zwischen alt- und jungdiluvialer Landschaft gibt K. GRIPP: Über die äußerste Grenze der letzten Vereisung in Nordwestdeutschland. Mitt. geogr. Ges. Hamburg 36, 167—170 (1924).
[4] TIETZE, O.: a. a. O., S. 109—143.

20 cm bringen können[1]. In der Regel ist sie allerdings geringer. Unter dem Rohhumus folgt ein verschieden mächtiger, sehr feinsandiger, erst noch humoser, nach unten immer humusärmerer, hellgrauvioletter, dichter Bleichhorizont, an dessen Grunde sich ziemlich plötzlich eine oft recht mächtige Ortsteinschicht mit oft dunklen bis schwarzen, öfter aber auch hellbraunroten bis flammendroten Farbentönen abhebt. Nach unten ist die Ortsteinschicht zumeist unregelmäßig begrenzt.

Wo die Reste der Grundmoräne erhalten sind, herrschen wegen der starken Verwitterung ähnliche Verhältnisse wie beim Decksand[2]. Nur da, wo lokal durch stagnierende Grundwässer, durch undurchlässige Tonschichten oder durch starke Aufnahme von festem, undurchlässigem Kreidematerial aus dem Untergrunde die Grundmoräne geschützt war, hat sie sich frisch erhalten[3]. Die Abtragung hielt mit der Entkalkung oft gleichen Schritt. Die im Emslande zutage tretenden Mergellager sind deshalb auch stets da am häufigsten, wo ältere Formationen im nahen Untergrund anstehen. Bei weitem die meisten Vorkommen sind in der Nähe von Bippen[4]. Dort wurden sie vor etwa 50 Jahren intensiv zur Melioration der uralten, sauren, humosen, feinen Sandackerböden benutzt. Die Mergellager bestehen meistens aus einem fetten, zähen, undurchlässigen Lehm, in dem zahlreiche große Kalkblöcke eingeschlossen sind, sie dürften größtenteils aus der Aufbereitung der liegenden Schichten stammen.

Wo die tertiären Tone in geringer Tiefe unter der Grundmoräne bzw. unter den Decksanden liegen, die in ihrer Berührungszone oft stark miteinander gemischt sind, fällt sogleich eine andere Vegetation auf. Die Kiefernwälder und Heiden verschwinden und machen Buchen, Birken, Eichen und Fichten Platz. Podsolierung ist dann nicht mehr vorhanden, dagegen ist der Boden locker, gut humos, tief und gut durchwurzelt, und man kann ihn bis in die kleinsten Teile polyedrisch zerbrechen.

Außerordentlich große Flächen nehmen die Talsande der Ems und ihrer Nebenflüsse ein. Diese Talsande sind äußerst fein und gleichmäßig, bestehen aus 90—98% Quarz und haben keinen Kalk. Ihre Böden sind leicht humos[5]. Oft gehen sie auch in einen anmoorigen Typ über[6]. Unter dem *A*-Horizont sind sie mehr oder weniger eisenschüssig und eisenstreifig (wohl als Folge eines Grundwasserabsatzes). Der *C*-Horizont ist fast weiß.

Der Bedarf dieser Böden an allen Nährstoffen und an Kalk ist groß. Die früher verbreitete Plaggendüngung, bei der immer die obere Schicht des verwitterten Glazials mit ihrer Vegetationsdecke abgestochen und mit Stalldünger vermischt wurde, brachte immer wieder, wenn auch nur in bescheidenem Maße, Nährstoffe in den Talsandboden hinein, der meistens auch podsoliert war. Durch diese Plaggendüngung sind allmählich die oft schon seit tausend Jahren beackerten Flächen (Esche) aus der Umgebung herausgewachsen[7]. Die Äcker besitzen einen grauschwarzen, schwach sauren, tief humosen, feinen Sand, der oft äußerst fein ist. Bei sehr alten Äckern reicht der Sand oft bis 1 m und tiefer hinab. Darauf folgt eine 1—2 dm mächtige hellere grauviolette Sandschicht, der eine schwarzbraune, schwer zu durchbohrende, ortsteinartige Schicht folgt, die all-

---

[1] Lief. 232 Blatt Peine, aufg. d. I. Stoller, S. 51. Berlin 1921.
[2] Schucht, F.: Geologische Beobachtungen im Hümmling. Jb. preuß. geol. Landesanst. Berlin 1909, **27**, 328 (1906).
[3] Tietze, O.: a. a. O., S. 143.
[4] Müller, G.: Das Diluvium im Bereich des Kanals von Dortmund nach den Emshöhen. Jb. preuß. geol. Landesanst. Berlin **1896**, **16**, 50, 56, 57, 58 u. Taf. 5 (Karte der Mergelvorkommnisse im mittleren Emsgebiet) (1895).
[5] Tietze, O.: a. a. O., S. 161, 162.   [6] Lief. 135 Blatt Haselünne, S. 6, 7, 12, 14.
[7] Tietze, O.: a. a. O., S. 171, 172. — Geilmann, W.: Der Eschboden und seine Düngebedürftigkeit. J. Landw. **71**, 53 (1923).

mählich in graugelben Sand übergeht. Sieht man diesen Podsolboden als ältesten Kulturboden an, so wäre der humose Ackerhorizont allmählich mit der Düngung aufgetragen worden. Unter der humosen Ackerschicht sind vielfach Waffen, Holzkohle und Hausgeräte gefunden worden. Gleiches ist auch im Ostlande (Haselniederung) der Fall. Je flacher die Schichten liegen, aus dem die Funde stammen, desto moderner sind diese. Dieser Ackerbodentyp findet sich aber in der gleichen Form auch auf den diluvialen Höhen, ist dort meist noch mächtiger entwickelt, was sich durch die zuerst erfolgte Besiedlung der Höhen erklären läßt. Bei langer Trockenheit geht er in einen merkwürdigen, jeder Vegetation hinderlichen Zustand über und nimmt dann selbst bei ausgiebigem Regen lange Zeit (oft wochen- bis monatelang) kein Wasser in seine tiefere Lagen auf.

Die Talsande, die diluvialen Höhensande wie auch besonders die der Sanderebenen sind oft Anlaß ausgedehnter Dünenbildungen. Meist sind sie jetzt durch die moderne Forstwirtschaft vom Staat und von den Landwirten aufgeforstet.

Im Hasedelta bei Quakenbrück, einer mehrere hundert Quadratkilometer großen Fläche, dem Ostlande, ist statt der sonst vorhandenen Talsande ein marschschlickähnlicher Boden entstanden, der wohl aus den Erosions- und Denudationsmassen der im oberen Hasetal verbreiteten Lößdecke und der tonreichen Gebirge entstanden ist. Der Boden wird überall von dem nährstoffreichen Wasser der Hase durchtränkt und ist ein sehr guter Marschgrundwasserboden für Wiese-, Weiden- und Weizenbau.

Große Flächen nehmen die Moore ein. Westlich der Ems[1] ziehen sich ausgedehnte, ununterbrochene Hochmoore hin. Östlich der Ems und nördlich als auch südlich des Hümmlings, ferner im Haseknie und in Oldenburg sind ausgedehnte Hochmoore vorhanden, die sich bis Bremen und weit darüber hinaus erstrecken. Ihre Mächtigkeit beträgt oft 5 m und mehr. Sie werden allmählich auf verschiedene Weise urbar gemacht, sind aber meistens außerordentlich arm an allen Nährsalzen[2].

Besonders reich an Raseneisenerzausscheidungen sind die altdiluvialen Böden, die in größeren Mengen besonders in den moorigen und anmoorigen Talsanden vorkommen. Auch phosphorsaures Eisen wird mit niedergeschlagen[2]. Die großen Mengen Humussäuren und Kohlensäure ermöglichen die Lösung und setzen beim Austritt an die Atmosphäre oder beim Verdunsten die gelösten Stoffe wieder ab. Die Mengen sind so groß, daß sie technisch verwertet werden. E. Ostendorf[3] berichtet, daß auf großen Talsandflächen, die als Wiese dienen, in trockenen Sommern die Ausscheidung an der Oberfläche so groß wird, daß das Mähen der Wiesen nur im zeitigen Sommer, solange das Erz noch weich ist, vor sich gehen kann. Im Winter wird es gesammelt und verkauft.

Mit Ausnahme der marschähnlichen Böden des Ostlandes und in manchen anderen Flußtälern und mancher Diluvialböden mit günstigen Grundwasserverhältnissen, nahem Grundmoränenuntergrund oder nahem Tertiäruntergrund sind große Flächen des Emslandes, des Hümmlings, Oldenburgs und der Bremischen Gegend ein einheitlich armer Roggenboden. Die uralten Äcker haben seit Hunderten von Jahren jahraus, jahrein nur Roggen getragen[2]. Gedüngt wurden die Felder jährlich mit etwa 10—12 m³ Stalldünger, der zur Hälfte aus Plaggen und Sand bestand. Der Roggen liefert in normalen Jahren wenig Korn, aber sehr viel, ziemlich feines Stroh, das oft über 2 m lang werden kann. Die hochgelegenen Äcker leiden leicht unter Dürre, obwohl die Niederschläge im allgemeinen befriedigend, oft reichlich sind. Die Ursache ist die physikalische

---

[1] Lief. 135 Blatt Rütenbrock, aufg. d. W. Koert, S. 3, 22. Berlin 1907.
[2] Lief. 135 Blatt Haselunne, S. 10, 14.
[3] Ostendorf, E.: Die altdiluviale Landschaft. 1930. Manuskript.

Beschaffenheit. Der Boden besteht aus einem ziemlich gleichmäßigen, feinkörnigen Sand, doch sind fast gar keine feinsten Teile und Ton vorhanden, nur ein sehr geringer, gleichmäßig und tief verteilter, aschgrauer Humusgehalt ist mit dem in Einzelkornstruktur liegenden Sand vermischt. Wo das Grundwasser sehr tief liegt, kann er in 3—4 Tagen so stark austrocknen, daß die Vegetation schon stark darunter leidet. Die Wiesen der Täler werden abgeplaggt, ja im großen abgepflügt und die Pflanzen aufs Feld gefahren. Die Täler werden immer tiefer und versumpfen, die Äcker immer höher, reicher an feinen und armen Talsanden und immer weiter vom Grundwasser weggerückt. Diese Wirtschaftsweise ist jetzt noch verbreitet, wird aber mehr und mehr durch eine erfolgreiche Fruchtfolge Roggen, Hafer, Kartoffeln, Lupinen, Seradella, und durch bessere Düngungs- und Kulturmaßnahmen ersetzt.

Im Emstal sind, wie in anderen Tälern auch, Flußmarschen entstanden, aber nur in Gestalt von Schlickinseln, welche von großen Talsandflächen und Mooren unterbrochen werden. Die Schlickinseln geben einen vorzüglichen Wiesen- und Weideboden ab, sie sind aber kalkarm und eisenschüssig[1]. Ganz vorzügliche Auen[2] weist das Wesertal auf. Zu unterst grobe Kiese, auf denen feine Sande liegen, die von einem schweren, braunen, feinsandig-tonigen, 1,5 bis 3 m mächtigen, nach unten blaugrau werdenden Lehm überlagert werden. Oberflächlich leicht entkalkt, zeigt er im Untergrunde immer noch größeren Kalkgehalt. Er ist außergewöhnlich reich an tonigen Zersetzungsprodukten. Nach der Weser hin werden die Lehme sandiger. Außer in kleineren Gebieten neigt wegen des großen Gefälles der Boden nicht leicht zur Versumpfung, wie solches so oft in anderen Flußtälern der Fall ist. Wo sie eingetreten ist, wird meist moorerdige Ausbildung der Oberkrume beobachtet. Die Wesermarsch ist als vorzügliches Wiesen- und Weidegebiet, aber auch als ausgezeichnetes Weizenland bekannt[2]. Die Flußmarschen der Aller setzen sich dagegen wieder hauptsächlich aus humosen, tonigen Sanden oder tonigen Feinsanden zusammen[3]. Sie liegen meistens im Bereiche des Grundwassers und werden aus dem Grunde fast nur als Wiesen genutzt. Größere Flächen sind auch von Bruchwäldern bedeckt.

Das Gebiet der Lüneburger Heide gliedert sich in zwei Teile. Das nordöstliche Gebiet gehört noch zur jungdiluvialen Landschaft[4], während der nordöstliche Teil zur altdiluvialen rechnet, aber durch ein Fluvioglazial der letzten Eiszeit[5] sich z. T. von der westlichen Gegend unterscheidet[4]. Die Grenze wird ungefähr durch das Allertal gebildet, das von der letzten Vereisung nicht überschritten wurde. Aber auch das jungdiluviale Gebiet der Lüneburger Heide unterscheidet sich wesentlich von den ostelbischen Gebieten dadurch, daß die Grundmoräne nach Südwesten immer mehr an Mächtigkeit abnimmt und gleichzeitig bei geringer Mächtigkeit ganz zu Grand und Sand verwittert ist, so daß die Grundmoränenböden oft sehr wenig oder gar kein Feinmaterial enthalten. An Fruchtbarkeit sind sie aber dem Moränenboden der altdiluvialen Landschaft meist weit überlegen. Sie enthalten noch viele stark in Verwitterung begriffene Gesteinstrümmer, die immer wieder für Feinmaterial und Nährstoffe sorgen. Den reinen Sandböden sind meistens die kiesigen Böden überlegen[4], weil sie fast stets etwas lehmiger sind als erstere und noch viele Gesteinstrümmer, die in starker Verwitterung stehen, enthalten. Dies verhält sich in der altdiluvialen

<hr>

[1] Lief. 135 Blatt Haren, aufg. d. F. Schucht, S. 13, 16. Berlin 1907.
[2] Lief. 233 Blatt Rinteln, aufg. d. E. Naumann, S. 45, 46. Berlin 1922.
[3] Lief. 187 Blatt Winsen a. d. Aller, aufg. d. H. Monke u. I. Stoller, erl. d. E. Harbort, E. Seidl u. I. Stoller, S. 16. Berlin 1916.
[4] Lief. 156 Blatt Bienenbüttel, aufg. d. B. Damer u. H. Monke, S. 23, 24, 27, 34. Berlin 1911.
[5] Lief. 188 Blatt Wriedel, aufg. d. H. Monke u. I. Stoller, S. 4. Berlin 1912.

Landschaft oft ebenso. Selbst die jungdiluvialen Heideflächen der Lüneburger Heide sind zur Ackerkultur besser geeignet als die altdiluvialen. Die Podsolierung ist weniger fortgeschritten. Die Sande, besonders die kiesigen Sande, enthalten noch Kalkbrocken. Nach Kultivierung dieser Flächen werden oft in kurzer Zeit gute Ackerländereien geschaffen, falls die Niederschläge günstig genug sind.

In der altdiluvialen Landschaft Lüneburgs und des südöstlichen Hannovers (mit Ausnahme der Lößgebiete) herrschen ähnliche Verhältnisse wie in West-hannover. Nur ist auch hier die Podsolierung der Böden schwächer. Große Flächen werden von den schon erwähnten fluvioglazialen Sanden und Feinsanden der letzten Eiszeit gebildet[1]. Sie beginnen an den endmoränenartigen Bildungen des östlichen Allerufers mit kiesigen und gröberen Sanden, nach Süden werden sie immer feiner, oft auch tonig und kalkhaltig. Doch übersteigt ihr Tongehalt selten 10%, und meistens ist der Kalkgehalt bis zu einer Tiefe von 2—3 m durch Verwitterung verlorengegangen[1, 2]. Die Feinsande werden als Flottsande bezeichnet und geben bei mäßiger künstlicher Düngung einen guten Roggen-Hafer-Kartoffel-Boden (allgemeine Verwendung) wie auch einen guten Weizen- und Zuckerrübenboden ab. Der Flottsandboden ist am günstigsten, wo er in 1—2 m Tiefe von Kies oder grobem Sand unterlagert wird, weil er dann nicht so leicht an Kaltgründigkeit leidet[3].

Einen ungünstigen Boden gibt eine Mischung aus Kies, Sand und Ton ab, falls das Verhältnis so ist, daß das feine Material gerade von den größeren Zwischenräumen des gröberen aufgenommen werden kann, die durch Ein-schlemmung der feinen Bestandteile völlig verstopft werden, so daß die Forst-kulturen nicht darin weiterkommen. Durch Pflügen und andere Maßnahmen wird diesem Übelstande erfolgreich entgegengetreten[3].

Noch gefürchteter (schlimmer als Ortstein und Raseneisenstein) ist der sog. Dau-boden[4]. Er ist in der letzten Interglazialzeit durch intensive Verwitterung entstan-den und besteht aus festgelagertem, sehr schwach lehmigem, durch viel Eisenoxyd-hydrat stellenweise fast konglomeratisch hart verkittetem, mehr oder weniger kiesi-gem Sand. Seine Mächtigkeit schwankt zwischen wenigen Dezimetern bis zu mehr als einem Meter. Dieses wie rotbrauner Sandstein aussehende und ebenso harte Gebilde kommt auch in der westlichen diluvialen Landschaft vor, besonders an Hängen mit tiefem Grundwasserstand und groben kiesigen Sanden und Schottern.

Die Talsande sind ähnlich ausgebildet wie im Westen. Oft sind sie oben gut humifiziert, besonders in Senken, wo sie in Moorerde übergehen[5]. Wo sie nicht urbar gemacht sind, tragen sie eine mächtige Rohhumusdecke, der ein grauer A_1-Horizont mit wenig Humus folgt. Darunter ist dann ein mehr oder weniger mächtiger Bleichhorizont ausgebildet, den die Ortsteinschicht ab-schließt. Diese greift meistens zapfenförmig in den erst noch etwas eisenschüssigen Untergrund ein. Die Ortsteinbank findet sich gewöhnlich in der Nähe des Grund-wassers. Verbreiteter ist Ortstein noch auf den Heidehöhen und Weideabhängen[4]. F. Schucht[6] glaubt beobachtet zu haben, daß Ortstein da am häufigsten auf-tritt, wo das Gelände flache Erhebungen zeigt, und wo der Grundwasserstand natürlich (z. B. durch Wald) oder künstlich gesenkt ist.

Das Grenzgebiet zwischen Jung- und Altdiluvium zieht sich in südöstlicher Richtung weiter in die Provinz Sachsen hinein[7] und zeigt dort im ganzen die

---

[1] Lief. 188 Blatt Wriedel, aufg. d. H. Monke u. I. Stoller, S. 4. Berlin 1912.
[2] Lief. 191 Blatt Hermannsburg, aufg. d. I. Stoller, S. 3, 4, 5, 7, 53, 54. Berlin 1915.
[3] Lief. 188 Blatt Wriedel, S. 28, 30.   [4] Lief. 191 Blatt Hermannsburg, S. 22.
[5] Lief. 232 Blatt Peine, aufg. d. I. Stoller, S. 51. Berlin 1921.
[6] Lief. 135 Blätter Haselünne, S. 9 und Meppen.
[7] Lief. 185 Blatt Wehrlingen, aufg. d. Th. Schmierer, S. 36. Berlin 1914.

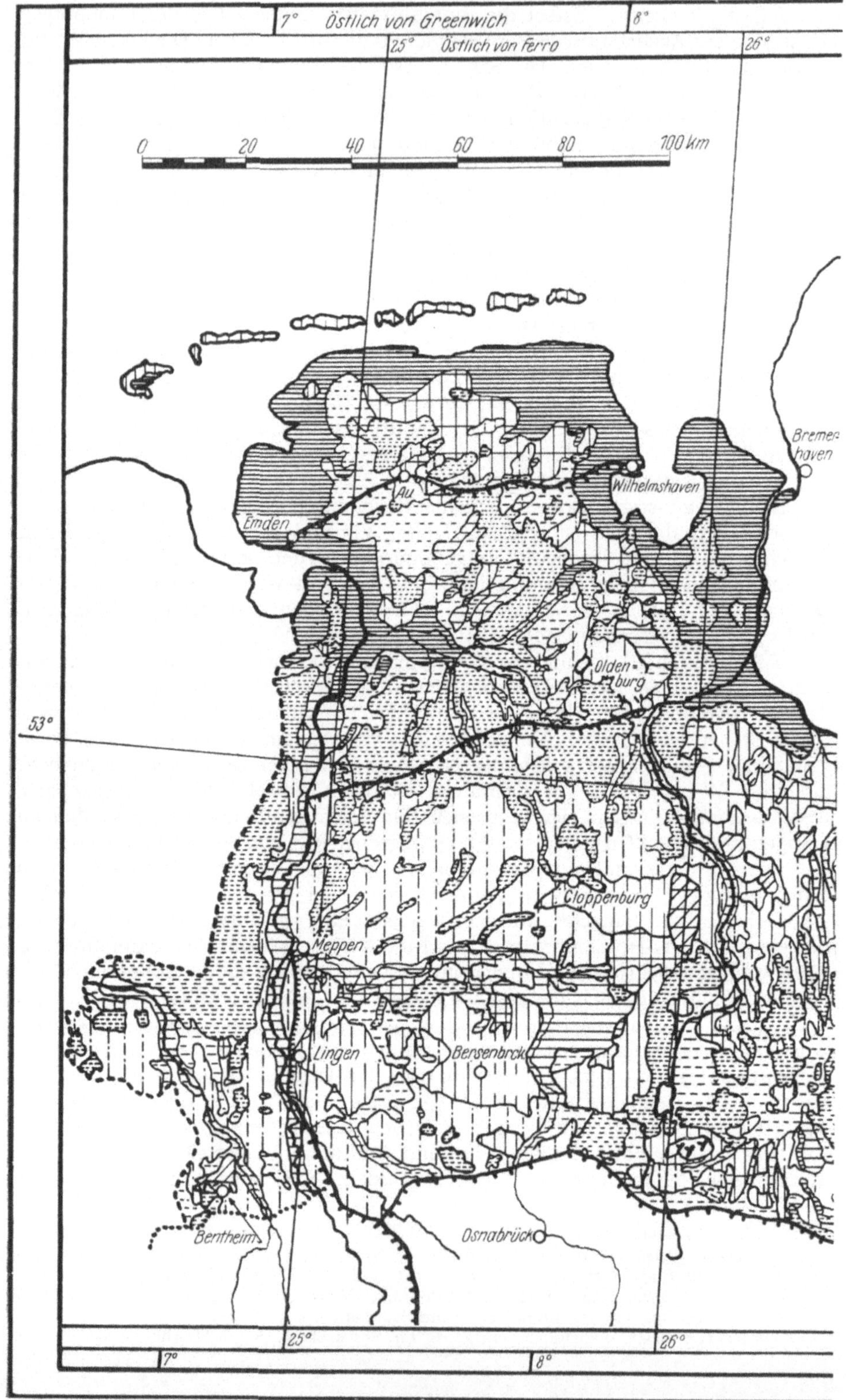
7° Östlich von Greenwich
8°
25° Östlich von Ferro
26°
0 20 40 60 80 100 km
Bremer-
haven
Au
Wilhelmshaven
Emden
Olden-
burg
53°
Cloppenburg
Meppen
Lingen
Bersenbrück
Bentheim
Osnabrück
25°
26°
7°
8°

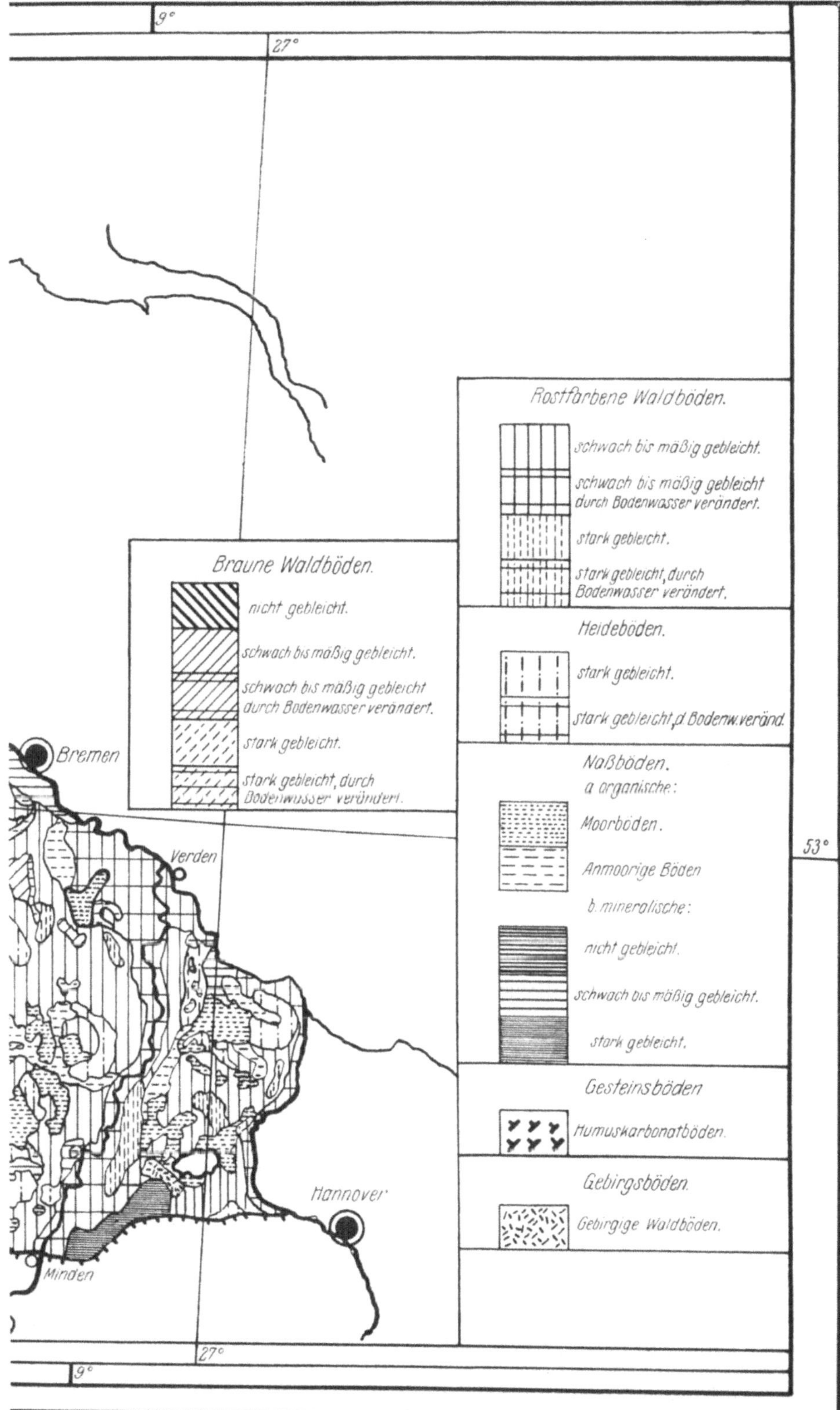
9°
27°
Rostfarbene Waldböden.
schwach bis mäßig gebleicht.
schwach bis mäßig gebleicht durch Bodenwasser verändert.
stark gebleicht.
stark gebleicht, durch Bodenwasser verändert.
Heideböden.
stark gebleicht.
stark gebleicht, d. Bodenw. veränd.
Braune Waldböden.
nicht gebleicht.
schwach bis mäßig gebleicht.
schwach bis mäßig gebleicht durch Bodenwasser verändert.
stark gebleicht.
stark gebleicht, durch Bodenwasser verändert.
Naßböden.
a. organische:
Moorböden.
Anmoorige Böden
b. mineralische:
nicht gebleicht.
schwach bis mäßig gebleicht.
stark gebleicht.
Bremen
Verden
Hannover
Minden
Gesteinsböden
Humuskarbonatböden.
Gebirgsböden.
Gebirgige Waldböden.
53°
27°
9°

gleiche Erscheinung, im nördlichen Teil Grundmoränenböden (Geschiebelehm und Spatsand), oft nicht so intensiv verwittert, aber ebenfalls nach Süden zu mit abnehmender Mächtigkeit. Auf große Erstreckungen hin ist die Diluviallandschaft hier durch ausgedehnte Urstromtalbildungen unterbrochen[1]. Die Böden dieser Talbildungen, auch hier Talsande, gehen z. T. in Flottsand und Flottlehm über. Diese sind recht fruchtbar. Die Humifizierung der Talsande ist oft erheblich, bis 0,5 m tief. Wie in Brandenburg werden auch hier große Flächen der Urstromtäler von Mooren und moorigen Böden eingenommen. Wo der Moorboden nicht brach liegt, wird er hauptsächlich als Wiesenboden genutzt. Die Moorerdeböden dienen vielfach einem erfolgreichen Hopfenanbau[2].

Flottsand und Flottlehm sind vorstehend als wäßrige Absätze oder von W. Koert als „Kryokonit" aufgefaßt worden. K. Gripp[3] weist aber darauf hin, daß sie von den höchsten Höhen (140 m) bis auf 20 m Meereshöhe hinab auftreten. Sie kleiden die älteren Trockentäler wie die jüngeren Grundwasserschluchten aus, kamen also erst zum Absatz, lange nachdem das Eis aus jener Gegend verschwunden und die Oberflächenformen der Landschaft fertig waren. Flottsand und Flottlehm können also keine Bildung des Wassers oder des Eises sein, sondern es sind äolische Absätze, die aus den Randhöhen der östlichen Lüneburger Heide ausgeblasen wurden. Es ist entkalkter Löß. Löß selbst kommt nach Gripp in zahlreichen Hochgebieten der altdiluvialen Landschaft, wie z. B. Dammer Berge, Harburger Gegend, Ebstorfer Gegend, Fläming, vor.

In sehr weiter Verbreitung der Altmoräne findet man an der Oberfläche des ehemaligen Geschiebemergels ungeschichtete Sande, welche als Geschiebesand, Geschiebedecksand, Gerölldecksand bezeichnet werden. Ihrer Entstehung nach sind sie je nach ihrer Ausbildung als Innenmoräne, als Auswaschungsrückstand der Grundmoräne, als sandige Fazies der Grundmoräne, als Fließerden gedeutet worden. F. Dewers[4] unterscheidet einen Geschiebedecksand, der durch die Bodenbildung eines humiden Klimas aus Geschiebelehm, Geschiebesand und lehmigen, steinführenden Fließerden entstanden ist, ferner einen Geschiebedecksand (Gerölldecksand), entstanden infolge mechanischer Entschichtung durch Pflanzenwurzeln oder wühlende Tiere aus Kiesen und kiesigen Sanden, und schließlich einen Geschiebedecksand (Gerölldecksand z. T.), entstanden aus geschichteten Kiesen und fluvioglazialen Blockpackungen durch Solifluktion oder Bodengekriech unter Aufnahme fluvioglazialer Sande aus dem überkrochenen Hange, ferner Steinsohlen, entstanden durch Deflation und Erosion alter steinführender glazialer Schichten.

Soweit der Geschiebedecksand als Bodenbildung der Grundmoräne in Betracht kommt, ist er aller Wahrscheinlichkeit nach als *A*-Horizont eines Waldbodens aufzufassen, unter dem in sehr großer Mächtigkeit die *B*- oder *BG*-Horizonte des entmischten und bis in große Tiefe entkalkten Geschiebemergels folgen. Sie beginnen oft mit rostfarbigem und von Rostbändern durchzogenem Sand; die Rostbänder haben, wie oben bei den „Dauböden" beschrieben ist, z. T. nicht unerhebliche Mächtigkeit. Es folgen helle, graue Geschiebelehme, die man manchmal ihrem Aussehen nach für kalkhaltig ansprechen würde. Doch sind sie völlig entkalkt. Im ganzen sind bedeutende Mächtigkeiten vorhanden. Diese intensive tiefe Bodenbildung wird wohl am ehesten als Waldbodenbildung

---

[1] Lief. 213 Blatt Rätzlingen, aufg. d. O. Barsch, S. 3. Berlin 1920.
[2] Lief. 32 Blatt Gardelegen, aufg. d. W. Scholz, S. 27—29. Berlin 1887.
[3] Gripp, K.: Über die äußerste Grenze der letzten Vereisung in Nordwestdeutschland. Mitt. geogr. Ges. Hamburg **36**, 214 (1924).
[4] Dewers, F.: Studien über die Entstehung des Geschiebedecksandes. Abh. naturwiss. Ver. Bremen **27**, 3, 299—330, 5 Taf. (1929).

anzusehen sein, die sehr lange Dauer gehabt hat. Möglicherweise haben auch Grundwassereinflüsse mitgewirkt, da die Entmischung an solche erinnert. Die Bodenbildung ist viel intensiver als alles, was uns bisher an heutiger Waldbodenbildung in Deutschland bekannt geworden ist.

Bodenmorphologisches. Wir haben oben in der Übersicht bereits gesehen, daß der Hauptbodentypus in der altdiluvialen Landschaft der stark podsolierte Wald- und Heideboden, sehr oft mit Ortstein, ist. Wegen seines auffallenden Verhaltens haben die geologisch-agronomischen Karten und ihre Erläuterungen verhältnismäßig viele bodenmorphologische Angaben. Die Bleichsand- und Ortsteinböden sind auch wiederholt in kleinen Monographien[1] und wegen ihrer viel diskutierten Bedeutung für die Waldwirtschaft sehr häufig in forstwissenschaftlichen Arbeiten behandelt worden[2]. E. RAMANN[3] hat eine Anzahl Ortsteinprofile aus der Lüneburger, der holsteinischen und der schleswigschen Heide aufgenommen und analysiert. Graf ZU LEININGEN[4] hat ebenfalls dort Studien vorgenommen. Eine Zusammenstellung, darunter auch eigene Arbeiten, hat Verfasser 1914 veröffentlicht[5].

Nach den Aufnahmen P. F. v. HUENES[6] während der letzten Jahre läßt sich im einzelnen über die Bodentypen auf der altdiluvialen Landschaft das folgende sagen: Im westlichen Teile von Schleswig-Holstein[7] schließen sich an die Seemarschen humose Naßböden, starkpodsolierte Wald- und Heideböden und schwach- bis mittel podsolierte und podsolige Waldböden an. Braune Waldböden sind kaum vertreten. Die humosen Naßböden (Hoch-, Zwischen- und Flachmoore) nehmen größere Gebiete ein; die Hochmoore sind größer als die Zwischen- und Flachmoore. Anmoorige Böden kommen überall vor, doch sind sie flächenmäßig ohne Bedeutung. Die starkpodsolierten Wald- und Heideböden sind im Westen Schleswig-Holsteins sehr verbreitet. Die Farbe des Bleichhorizontes ist intensiv violett-grau-weißlich. Die einzelnen A_2-Horizonte haben eine ansehnliche Mächtigkeit. Unter dem Bleichhorizont finden sich sehr oft rostfarbene oder schwarze Ortsteinbänke von geringerer oder größerer Mächtigkeit. Sie sind hart und undurchlässig. Rostfarbene und schwarze Ortsteine treten am häufigsten auf, doch sind auch gelbe, rote und andere nicht selten. Die Härte der Ortsteinbänke ist die Folge der Verkittung ihrer Mineralteile hauptsächlich durch Humusstoffe. Bei dem schwarzen ist dies sicher der Fall. Es kommt aber auch oft ein sehr harter heller Ortstein vor, bei dem wenigstens nicht schwarzer Humus die Ursache ihrer Verkittung sein kann. Heller Humus ist darin vorhanden. Ob dieser oder die Mineralstoffe verkitten, ist schwer festzustellen. Im ganzen sind die Ortsteinbänke stets auch mit verschiedenen Mineralstoffen angereichert. Je trockener das Gelände, desto leuchtender ist die rotbraune Farbe beim Ortstein. Auch die Härte der Ortsteinbank hängt mit der Trockenheit des Geländes zusammen. Die starkpodsolierten Böden, die in Schleswig-Holstein, wie überall in der alt-

[1] LEMCKE, O.: Über die Ortsteinbildungen in der Provinz Westfalen. Dissert. Münster 1903. — MÖLLER, G.: Über Bleicherde- und Ortsteinböden im mittleren Holstein und ihre Kulturfähigkeit. Dissert. Hamburg 1927.

[2] Z. B. C. EMEIS: Waldbauliche Forschungen und Betrachtungen, Berlin 1875 und viele andere Arbeiten von C. EMEIS, W. EMEIS, ERDMANN, HARTMANN u. a.

[3] RAMANN, E.: Ortstein und ähnliche Sekundärbildungen in den Diluvial- und Alluvialsanden. Jb. preuß. geol. Landesanst. Berlin 1885 (1886).

[4] LEININGEN, W. Graf zu: Bleichsand und Ortstein. Abh. naturhist. Ges. Nürnberg 19 (1911).

[5] STREMME, H.: BRANCA-Festschr., S. 36—40.

[6] HUENE, P. F. v.: a. a. O. Danzig 1930.

[7] Vgl. auch W. WOLFF: Über den Boden von Schleswig-Holstein. Schlesw.-Holst.-Hansische Mh. 2, 12, S. 4, 5. — Ferner W. WOLFF: Die Bodenbildungen Schleswig-Holsteins und ihr Verhältnis zu den geologischen Bodenarten. Jb. preuß. geol. Landesanst. 1930.

diluvialen Landschaft, z. T. unter Heide liegen, sind sehr arm an Nährstoffen. Vielfach hängt der Gehalt an Nährstoffen mit der Podsolierung zusammen, je stärker die Podsolierung, desto geringer der Nährstoffvorrat. Gleiches gilt für die saure Reaktion. Fast überall sind die starkpodsolierten Böden von Rohhumus bedeckt. Die mittel- bis schwachpodsolierten und podsoligen Waldböden kommen gegen die Grenze der jungdiluvialen Landschaft vor und nehmen etwa ein Viertel des Gesamtgebietes ein. Im A_2-Horizont ist die Auslaugung nicht so stark, die Färbung dunkler, aber doch noch violett grau. Diese Typen finden sich am häufigsten auf Sand, daneben sind sie auch auf lehmigem Sand anzutreffen. Sie sind ebenfalls arm an Nährstoffen. Der zur altdiluvialen Landschaft gehörende Teil der Provinz Hannover und Oldenburg ist arm an guten Bodentypen. Unter den humosen Naßböden herrschen die Hochmoore stark vor. Die Zwischen- und Flachmoore, die ebenfalls ansehnliche Flächen bedecken, geben bessere Wiesen- und Ackerflächen als jene. Die anmoorigen Böden finden sich verstreut in großer Menge und werden ebenfalls als Wiesen genutzt. Unter dem Torfhorizont der Hochmoore findet sich oft ein hellerer A_2-Horizont, wie folgendes Profil zeigt:

An der Chaussee bei Wildenloh (Oldenburg).
A_0 216 cm, Torfschichten.
A_2 115 cm, hellvioletter Sand.
G Gleysand.

Auch überdeckte Moore sind nicht selten. Durch die Überdeckung des Flachmoores mit Schlick entstehen zwei A_1-Horizonte, die voneinander stark abweichen. Der das Moor überdeckende Schlick hat A_1- und mehrere Gleyhorizonte. Das darunterliegende Moor hat ebenfalls einen A_1-Horizont, der durch das Grundwasser verändert ist, und einen Gleyhorizont. Den humosen Naßböden schließen sich nach Süden große Gebiete von stark podsolierten, schwach bis mittel podsolierten und podsoligen Wald- und Heideböden auf Sand, selten Lehm, an. Die stark podsolierten Waldböden nehmen den größten Teil dieser Fläche ein. Sie zeigen intensive weißlich-violett-graue Färbung und haben fast immer mächtige und harte Ortsteinbänke direkt unter A_2. Die Farbe des Ortsteins ist am häufigsten rotbraun, doch fehlt auch die schwarze nicht. Zuweilen kommen unter A_2 schwarze Orterden vor. Hin und wieder findet man schwarzen Ortstein ohne Bedeckung. Auf dem Wege von Neustadt am Rübenberge nach Nienburg kommen bei Eilvese auf der linken Seite der Landstraße kleine schwarze Kuppen von schwarzem Ortstein vor. Die stark podsolierten Böden sind mit Heide bedeckt und zeigen die schon bei der Beschreibung der Provinz Schleswig-Holstein angeführten Färbungen des A-Horizontes.

Fast das ganze übrige Gebiet bis zu den Lößgebieten und den Gebirgsgegenden nehmen schwach bis mäßig podsolierte und podsolige Waldböden ein. Nur im flachen Teile Westfalens haben wir größere zusammenhängende Gebiete schwach podsolierter und podsoliger brauner Waldböden. Etwa zwei Drittel der Fläche des nördlichen Westfalens ist mit stark und schwach bis mittel podsolierten Waldböden bedeckt. Die stark podsolierten Waldböden haben intensiv gefärbten A_2-Horizont, der zuweilen eine erhebliche Mächtigkeit erreicht. Unter A_2 kommen auch hier öfter rostige und schwarze Ortsteinbänke und schwarze Orterden vor.

In der Provinz Hannover sind von R. Tüxen[1] und M. Sellke[1] Studien über den Zusammenhang der Waldassoziationen mit den Bodenentstehungstypen ausgeführt worden. Daraus sei das Folgende, ergänzt durch eigene Beobachtungen, mitgeteilt. Als Klimaxwald, die vollkommenste Anpassung an das herr-

---

[1] Tüxen, R.: Über einige nordwestdeutsche Waldassoziationen von regionaler Bedeutung. Jb. geogr. Ges. Hannover 1929, 55—111.

schende Klima, sieht R. Tüxen den Eichen-Birken-Wald an. Ostgrenze ist zugleich die Westgrenze des spontanen Vorkommens der Kiefer, die ungefähr mit der Jungmoräne zusammenfällt. Die Westgrenze ist unbestimmt. Der sperrige Eichen-Birken-Wald, der den Boden nicht vollkommen beschattet, hat eine grasreiche Unterflora mit Aira flexuosa, Carex pilulifera, Holcus mollis, Festuca ovina, von welcher namentlich Aïra flexuosa den Boden beeinflußt. Daher pflegt der A_1-Horizont grau oder bräunlich und gekrümelt zu sein. Darunter kommt bisweilen ein ganz schwacher Podsolhorizont, und der folgende schwach gelbliche Horizont dürfte ein in der Umwandlung oder Entwicklung begriffener B-Horizont sein. Das folgende Profil hat M. Sellke aufgenommen.

Eichen-Birken-Wald aus der Forst östlich Schlessinghausen, Kreis Nienburg.

Oberfläche eben. Krautschicht und Bodenwuchs gut entwickelt. Bodenart: schwach anlehmiger Sand, ziemlich fein, über gröberem Sand.

A_0 2 cm (über der Bodenoberfläche), Laub über etwas Frischhumus.

A 8 cm, grau mit wenig gebleichten Körnern, ziemlich feiner Sand, humos, sehr locker, oben etwas gekrümelt, nach unten zu mehr polyedrische Struktur, schwachschichtig, sehr stark durchwurzelt.

32 cm, derselbe Sand, hellgrau, mäßig humos, ganz wenig bleiche Körner, große und deutliche dunklere und bleiche, zuweilen auch rostige Flecken. Die dunklen und rostigen Flecken besitzen etwas bessere, die bleichen etwas schlechtere Struktur und Porosität. Im ganzen ziemlich porös und von klumpiger und polyedrischer Teilstruktur, schwach dünnschichtig, mäßig locker und stark durchwurzelt.

B 30 cm, ohne deutlichen Absatz. Schwächer humos (weniger durchwurzelt), infolgedessen gelblicher (mehr rostfarbig). Derselbe Sand wie oben, ohne bleiche Körner. tonig und fest, rotbraun mit Stich ins Graue, porös, scharf ausgeprägte Polygonalstruktur, deutliche Schichtung, mäßige Durchwurzelung. Dieser Horizont erscheint fast kompakt, jedenfalls nur wenig in Streifen und Bänder aufgelöst, in deren Zwischenräumen sich die ursprüngliche Bodenart, grober Sand, befindet.

(Mutmaßliche Tiefe dieses Horizontes im allgemeinen etwa 12—20 m.)

Dieses sehr mächtige B ist nicht das B des heutigen Waldbodens, sondern das des fossilen der Altdiluviallandschaft, in dessen völlig zersetztem A die gegenwärtige Bodenbildung des Eichen-Birken-Waldes sich ausprägt. Es ist ein Graswald, infolgedessen gekrümelter A_1-Horizont und schwach angedeutete Podsolierung. Der vierte, gelbliche Horizont ist sein A, der dazwischenliegende Horizont ist der in Graswaldböden oft verwischte obere Teil des B-Horizontes.

Auf den kalkfreien Gesteinen des Weserberglandes ist nach R. Tüxen an Stelle des Eichen-Birken-Waldes der Eichen-Hülsen-Wald (mit Ilex aquifolium) der Klimaxwald. Während der Eichen Birken-Wald die trockeneren Böden des Altdiluviums besiedelt, findet sich auf den frischen Flottlehm- und Geschiebelehmböden und den Grundwasserböden der Stromtäler Eichen-Hainbuchen-Wald in besonderen Subassoziationen, während seine eigentlichen Hauptstandorte die trockeneren Böden in der Lößzone sind. Die flachgründigen, kalkreichen Böden der Kalkberge tragen den nordwestdeutschen Buchenwald. Die so sehr verbreitete Heide verdankt nach R. Tüxen ihre Entstehung dem menschlichen Eingriff der Entwaldung im Mittelalter und der folgenden Nutzung als Schafweide. Auf den nordschleswigschen Inseln und in Schleswig Holstein und Jütland wird dagegen die Heide als primär angesehen, da dort infolge der starken Stürme Wälder nicht wachsen können. Zum Unterschiede vom Waldboden hat der Heideboden, entsprechend der geringen Wurzeltiefe der Heidesträucher, einen meist sehr flach unter der Oberfläche hinziehenden B-Horizont (Ortstein oder Orterde) und in der Regel zu oberst dessen humusschwarze Ausbildung, darunter die rostfarbige. Man kann über dem harten schwarzen Ortstein eine schwarze Orterde finden, die in feuchtem Zustande deutlich nach Schwefelsäure und Eisensulfat schmeckt.

Die mittlere Lößzone.

Übersicht: Die mittlere Lößzone kann sich an Ausdehnung mit den alt- und besonders mit den jungdiluvialen Böden nicht messen. Aber sie ist eine Zone, die sich ununterbrochen vom Niederrhein durch Westfalen, Hannover, Sachsen nach Schlesien zieht, und wenn sie auch nicht sehr breit und auch nicht überall gleichmäßig breit ist, so ist sie bodenkundlich doch durch ihr Hauptgestein, den Löß, so sehr vor vielen anderen ausgezeichnet, daß ihr ein besonderes Kapitel gewidmet werden muß. Die Zone ist im ganzen breiter und ausgedehnter als die ungefähr parallellaufende der Küstengebiete, die mit ihrem Wechsel von Sand, Marsch und Moor auch ihr besonderes Gepräge haben. Bei den Lößgebieten handelt es sich in erster Linie um den Löß, das äolische Sediment, das mit dem feinen Staubkorn die hohe Luft- und Wasserdurchlässigkeit, die hohe Kapillarität, den guten Kalk- und Nährstoffzustand verbindet. Es ist die für Kleinlebewesen und die meisten Nutzpflanzen am besten geeignete, günstigste Bodenart, auf der infolgedessen besonders gut der günstigste Bodentypus, die Steppenschwarzerde und ihre Abarten, entsteht. Ein Teil der besten Böden Deutschlands, die des Niederrheins, der Soester Börde, der Hildesheimer, Wolfenbütteler, Magdeburger, Halleschen Gegend, Thüringens, des Freistaates Sachsens und Schlesiens gehören hierher. Auf E. Werths[1] Karte der Klimabezirke Deutschlands und der landwirtschaftlichen Bodennutzung umfassen sie die Hauptzuckerrübengebiete (Anbaufläche von 1 bis über 5 % der Gesamtbodenfläche). Westlich der Elbe liegen sie sonst zumeist in der Haferzone (bis 50 % der Getreidefläche), teils auch ebenso wie ein Teil des schlesischen Gebiets im großen ostdeutschen Roggenfrühdruschgebiet (Erntebeginn bis Mitte Juli). In floristisch-klimatischer Hinsicht[2] haben die westdeutschen und westlichen mitteldeutschen Abschnitte Teil an der atlantischen Flora. Auf E. Werths[3] Waldkarte heben sich die Gebiete des Niederrheins und der westfälischen Bucht als niedersächsisch-westfälisches Eichengebiet (durchschnittlich 15—22 % Waldflächen) und die mittel- und ostdeutschen Schwarzerdegebiete (durchschnittlich 4—12 % Waldfläche) heraus. Sie gehören zu den waldärmsten Teilen Deutschlands. Die östlichen mitteldeutschen und ostdeutschen Abschnitte gehören zum zusammenhängenden Verbreitungsgebiet des pontischen purpurblütigen Schwarzwurz. Hier haben wir die Steppenschwarzerde der Provinz Sachsen, von Thüringen und von Niederschlesien und dazwischen zumeist braune Waldböden. Aber auch podsolige Waldböden, selbst stark podsolierte, kommen in der Lößzone vielfach vor. Der Löß kann in solcher Typenbildung sehr ungünstig sein. Die westlichen Zonen haben meist zwischen 600 und 800 mm, die östlichen unter 600, ja z. T. auch unter 500 mm Niederschläge.

Geologisch-Agronomisches. Mehrere Autoren[4] haben auf das zusammenhängende, aber unregelmäßige Gebiet hingewiesen, das sich in ostsüdöstlicher Richtung durch ganz Deutschland hinzieht. Es bleibt zumeist südlich der letzten Vereisungsgrenze und wird als überwiegend äolische Bildung der letzten Eiszeit, z. T. auch früherer Vereisungen, aufgefaßt. Das Lößgestein selbst ist überall recht gleichartig ausgebildet. Es bedeckt ungleichmäßig sowohl das ältere Glazial wie das ältere Gebirge. In den Windschatten und Geländeformen ist es meist am mächtigsten, so daß es oberflächlich ruhige, flachwellige Formen schafft. Ursprünglich stellt der Löß meistens eine hellgelbe, kalkhaltige, feinsandig-staubige Bildung mit geringem Tongehalt dar, so daß er in nassem

---

[1] Werth, E.: a. a. O., Taf. 8.   [2] Werth, E.: a. a. O., Taf. 6.

[3] Werth, E.: a. a. O., Taf. 7.

[4] Vgl. F. Wahnschaffe u. F. Schucht: Geologie und Oberflächengestaltung des norddeutschen Flachlandes, 4. Aufl., S. 236—244. Stuttgart 1921.

Zustande einen bedeutenden Zusammenhalt besitzt, worauf seine Neigung, an Talrändern und Schluchten in steilen Wänden abzubrechen, bedingt ist. Der bei weitem überwiegende Teil hat eine Korngröße von 0,01—0,05 mm (Staub). Der Sand bleibt unter 0,1 mm. Im echten Löß ist keine Schichtung zu erkennen, eine lockere, poröse, schwammartige Struktur ist charakteristisch. Der normale Kalkkarbonatgehalt schwankt um 10 % herum, der Gehalt an plastischem Ton ist geringer. Wasser und Bodenbildung haben ihn teils verschlechtert, teils verbessert. Bei der Umlagerung durch Wasser büßt er zumeist seine vorzügliche physikalische Beschaffenheit ein und wird geschichtet. Dabei geht viel Feinstes und Kalk verloren. ,,Durch die Atmosphärilien wird er verlehmt und entkalkt. Günstig verändert ihn starke Humifizierung, wodurch er zu Schwarzerde wird.''

Der westlichste Teil der Lößzone ist das Gebiet des Niederrheins, das etwa bei Bonn seinen Anfang nimmt. Der Löß oder der aus ihm hervorgegangene dunkelbraune Lehm ist auf weiten Strecken die vorherrschende Bodenart[1, 3, 4] Er ist von hervorragender Fruchtbarkeit[1, 3, 5], auch da, wo seine Mächtigkeit weniger als 2 m beträgt, und wo er mit dieser Mächtigkeit die Rheinkiese bedeckt und vollständig entkalkt ist[1, 3, 4]. Dieser milde Lehmboden, hier ,,Mergel'' genannt[2], bildet einen Gegensatz zu den nach dem Schiefergebirge zu auftretenden schweren Verwitterungsböden, mit denen er allerdings alle Übergänge bildet[1, 3]. Er wird hauptsächlich als Ackerboden intensiv bewirtschaftet. Vor allen Dingen kommt Zuckerrübenbau, Braugerstenbau, Kartoffel- und Gemüsebau in Frage. Der braune Lößlehm wird als ,,Gerstenboden I. Klasse'' bezeichnet[6, 7]. In den Trockenrinnen erlangt er eine noch bedeutend erhöhte Fruchtbarkeit, indem ihm hier ein erheblicher Humusgehalt beigemengt ist[6, 7, 8], der eingeschwemmt sein soll[6]. Diese Böden dienen vorzugsweise dem Ackerbau aller Art, dann besonders auch dem Gemüsebau und Obstbau[6].

Wo der Löß von Wald bedeckt ist oder sonst eine dichte Pflanzendecke trägt, ist der Boden zu ,,Grauerde'' podsoliert, der evtl. eine ,,Braunerde'' vorangegangen sein soll[8]. Es sind sehr verschiedene Bodenarten zu demselben Bodentyp verwittert, wobei sie gleichzeitig in ihrer Bodenart sich nähern[9]. Nicht die Gesteinsart, sondern die Verwitterungsart ist hier das Wichtigste[9]. Die liegenden Kiese werden bei dieser Podsolierung durch Ton und Eisen derart verkittet, daß selbst Wald nicht mehr gedeiht[9]. Entwässerung, Umbruch mit Stroh- und Kalkdüngung wird als Gegenmaßnahme empfohlen[9].

Die Sandböden der Rheinniederterrasse verhalten sich dem Ackerbau gegenüber günstig. Sie sind von Haus aus kalkhaltig und reich an allen Pflanzennährstoffen. Oberflächlich sind sie verwittert und verlehmt und erlangen dadurch eine gewisse Bindigkeit. Z. T. dehnen sich auf ihnen Erdbeer- und Spargelfelder aus[9]. Die Sande der Mittelterrasse sind viel weniger ertragreich, da sie stark ausgelaugt sind und meist ziemlich tiefen Grundwasserstand aufweisen[10].

In einigen Talniederungen kommen bräunlich- bis schwarzgefärbte schwach-

---

[1] Lief. 144 Blatt Euskirchen, bearb. d. A. Fuchs u. W. Wolff, S. 38, 39. Berlin 1910.

[2] Wunstorf, O. W., u. G. Fliegel: Die Geologie des Niederrheinischen Tieflandes. Abh. preuß. geol. Landesanst. Berlin, N. F. H. 67; 1910, 153.

[3] Lief. 144 Blatt Vettweiß, bearb. d. A. Quaas, S. 104, 105, 106. Berlin 1910.

[4] Lief. 144 Blatt Sechtem, bearb. d. G. Fliegel, S. 58. Berlin 1910.

[5] Lief. 209 Blatt Hitdorf, bearb. d. G. Fliegel, P. G. Krause, A. Quaas, W. Wunstorf u. E. Zimmermann II, S. 34. Berlin 1916.

[6] Lief. 144 Blatt Vettweiß, bearb. v. A. Quaas, S. 106, 107. Berlin 1910.

[7] Lief. 209 Blatt Neuß, bearb. d. A. Quaas, S. 62. Berlin 1917.

[8] Lief. 144 Blatt Sechtem, bearb. d. G. Fliegel, S. 53, 58. Berlin 1910.

[9] Lief. 144 Blatt Sechtem, bearb. d. G. Fliegel, S. 53, 54, 59. Berlin 1910.

[10] Lief. 209 Blatt Hitdorf, bearb. v. G. Fliegel, P. G. Krause, A. Quaas, W. Wunstorf u. E. Zimmermann II, S. 34. Berlin 1916.

lehmig-feinsandige Ablagerungen vor mit etwa 3% Humus und geringem Kalkgehalt. Sie werden hier als Moorerdeböden bezeichnet und für kiesige, sandige und tonige Böden als Meliorationsmittel geschätzt[1].

Der milde Lößlehm , der außerordentlich große, zusammenhängende Flächen von Bonn bis Aachen über München-Gladbach hinaus einnimmt[2], und auf dem im wesentlichen die hochentwickelte rheinische Landwirtschaft beruht, findet ungefähr bei Düsseldorf seinen Abschluß, wo er allmählich in eine Flußlehmdecke auf der Haupt- und auf der Mittelterrasse übergeht[3]. Der Flußlehm stellt einen schweren, gelbbraunen Lehmboden, der fast dem Tonboden nähersteht[3]. Oberflächlich ist er oft durch starke Humusanreicherung dunkel gefärbt[3, 4]. Der Lehm der Niederterrasse ist an sich kalkhaltig und nährstoffreich, doch meist oberflächlich entkalkt und an Nährstoffen verarmt[4]. Die Ertragsfähigkeit hängt daher fast nur von der physikalischen Beschaffenheit ab, die man durch allerhand Maßnahmen günstig zu beeinflussen sucht[4, 5]. Er ist außerordentlich schwer zu bearbeiten. Richtig bewirtschaftet ist er ein sehr ertragsfähiger Boden, der gersten- und weizenanbaufähig und auch für alle anderen Pflanzen mehr oder weniger geeignet ist. Besonders ist er für englischen Weizen geeignet[5].

Nordöstlich des Lößgebietes am Niederrhein liegt das von Ankum-Bersenbrück und das der Lohner-Dammer Berge rechts und links der Hase zwischen Osnabrück und Quakenbrück[6]. Meist ist hier der Löß nur 1 m mächtig und ganz entkalkt. Er bedeckt die flachwelligen Höhen und liegt auf einer fast nur aus Windschliffen bestehenden Steinsohle aus nordischen Geschieben. Das liegende Diluvium und Tertiär hat vor der Lößablagerung eine weitgehende Zerstörung erfahren. Der Lößboden ist weizen- und zuckerrübenfähig (wenn auch Zuckerrüben infolge des Fehlens einer Fabrik kaum angebaut werden). In kleineren Nestern ist er auch sonst noch überall in der Gegend zu beobachten, und zwar im Bergland.

Der Löß des Ibbenbürener Gebietes zwischen Osnabrück und Rheine ist mächtiger entwickelt, besonders am Ostabhang, er ist ebenfalls entkalkt, z. T. verlehmt und wechsellagert im Liegenden mit Schottern und Sanden. Der Löß zwischen Rheine und Salzbergen ist außerordentlich sandig entwickelt. Ebensoweit westlich, aber südlicher liegt das Lößgebiet von Unna-Dortmund-Soest, die Soester Börde. P. Krusch[7] hat ihre Bodenart als lößähnlichen Lehm, absolut kalkfrei, feinsandig-tonig, meist hellbraun, beschrieben, der von unregelmäßig wolkig verlaufenden, dunkelbraunen Streifen, „Eisenkonzentrationen", durchzogen ist. Es fehlt ihm jegliche Schichtung. An der Basis stellt sich bisweilen feiner grauer Sand ein. Dieser wie auch der Lößlehm wird von der Steinsohle zerstörten Glazials überlagert. Daß hier im Nordwesten der Löß überall entkalkt ist, wird z. T. auf die stärkeren Niederschläge des Nordwestens, z. T. auf die geringere Mächtigkeit des Lößes und seine stärkere Abtragung durch Wasser und durch die rauheren Winde zurückgeführt[6].

R. Bärtling[8] beschreibt den Löß von Unna ebenfalls als einen lößähnlichen Lehm, der die Höhenunterschiede des Untergrundes ausfüllt. Auf äolischen Ursprung schließt er aus der Anwesenheit von Lößfossilien, die beim Bau der

[1] Lief. 144 Blatt Rheinbach, bearb. d. G. Fliegel, S. 48. Berlin 1910.
[2] Lief. 209 Blatt Köln, bearb. d. G. Fliegel u. F. Assmann, S. 31. Berlin 1917.
[3] Wunstorf, W., u. G. Fliegel: Die Geologie des Niederrheinischen Tieflandes. Abh. preuß. geol. Landesanst. Berlin, N. F. H. 67; 1910, 156.
[4] Lief. 209 Blatt Köln, bearb. d. G. Fliegel u. F. Assmann, S. 28. Berlin 1917.
[5] Lief. 195 Blatt Willich, bearb. d. A. Quaas, S. 63, 64, 65. Berlin 1917.
[6] Tietze, O.: Zur Geologie des mittleren Emsgebietes. Jb. preuß. geol. Landesanst. Berlin 1912 II, 154, 155, 156, 157, 160 (1914).
[7] Lief. 143 Blatt Dortmund, aufg. d. G. Müller u. P. Krusch, S. 101. Berlin 1909.
[8] Lief. 163 Blatt Unna, aufg. d. R. Bärtling, S. 138—140. Berlin 1911.

Dortmunder Hafenbahn gefunden wurden. Auch Wurzelröhrchen aus Kalk und an der Basis verschiedentlich noch kalkhaltiger Löß tauchten dabei auf. Die Bodenart ist leicht bearbeitbar, durchlässig und zeichnet sich durch hervorragende Fruchtbarkeit aus.

Von hier zieht sich die Lößdecke anfangs nach Osten weiter, biegt dann in scharfem Bogen nach Nordwesten um und verläuft über den Teutoburger Wald und das Wiehengebirge südlich der Stadt Hannover zum Harz hin. Mit Ausnahme der Gebirgskämme und der eingeschnittenen Täler ist der Löß die vorherrschende Bodenart, nur ist er in den verschiedenen Teilen verschieden verändert.

Zwischen Bielefeld und Osnabrück ist im Teutoburger Walde ein echter Löß zur Ablagerung gekommen[1]. Die niedersächsische Siedlungsart bringt es mit sich, daß nicht das ganze Lößgebiet, wie meistens weiter östlich, dem Ackerbau dient, sondern z. T. von unregelmäßigen kleinen Wäldern in der Nähe der Gehöfte bestanden ist. Unter dem Wald hat sich der Löß zu einer „Grauerde" entwickelt. Der färbende Eisenoxydgehalt ist unter Mitwirkung von Humussäuren ausgelaugt. Der Boden hat seine lockere Beschaffenheit eingebüßt, die feinen Körnchen von Glimmer und Feldspat sind gebleicht und vertont, wodurch der Boden dichter und weniger wasserdurchlässig geworden ist. Wird der Wald gerodet und damit seine „Rohhumusschicht" unterbunden, so nimmt die „Grauerde" nach einigen Jahren wieder die normale Lößfarbe an. Besonders schnell ertragfähig wird er wieder nach stärkerer Kalkung. Auch hier findet sich der Löß am häufigsten an den Abhängen, und zwar besonders mächtig an den nach Nordosten und Osten geneigten Gehängen[2]. Nach den Tälern hin nimmt er an Mächtigkeit bis 5 m zu. Bis 2 m und mehr ist er entkalkt. In der Nähe der Weser ist er oft geschichtet, oft auch im Liegenden von Sandbänkchen durchsetzt und an der Oberfläche in einen dunkelbraunen Lehm verwandelt, so daß er oberflächlich dem Terrassenlehm sehr ähnlich ist. In einigen flachen Talmulden finden sich „Grauerden" oder lößähnliche Feinsande, d. h. sehr feinkörnige, schluffartige Sande von hellgrauer, gebleichter, oft auch etwas rötlicher Farbe. An der Südgrenze seiner Verbreitung (die Senne südlich des Teutoburger Waldes, ein altes Eisstaubecken, trägt keine Lößbedeckung[3]) liegt der Löß meist auf Geschiebelehm oder auf Geschiebesand. Er ist meist verlehmt und wohl schwach podsoliert. Die oberen 3 dm sind meistens schwach humifiziert. Weiter östlich scheint er nicht so stark verwittert zu sein. Er verrät keinerlei Anzeichen einer Schichtung, sandige oder kiesiger Einlagerungen fehlen ganz, an der Basis liegt eine Steinsohle aus Gestein des liegenden Gebirges[4]. Die Mächtigkeit geht stellenweise über 5 m hinaus.

Während meistens angegeben wird, der Löß sei auf den nordöstlichen Hängen am mächtigsten ausgebildet und am weitesten verbreitet, wird stellenweise auch das Gegenteil behauptet, daß er die westlichen und südlichen Talflanken bevorzuge[5]. Auch bei Pyrmont ist er bis über 2 m Tiefe entkalkt und zu einem kompakteren dunkelfarbigen Lehm verwittert und hat Maserung und Bänderung durch hellere sandigere und dunklere tonige Lagen erhalten. Von Blatt Hameln[5] wird eine andere Ablagerungsrichtung mitgeteilt. Hier liegt er vorzugsweise auf den nordöstlich oder östlich geneigten Hängen und nimmt nach den Tälern an Mächtigkeit zu. Diese beträgt meist 2 m und steigt bis 6 m an. In der Nähe der

[1] Lief. 256 Blatt Neuenkirchen, aufg. d. W. DIENEMANN, S. 17, 21—23. Berlin 1926.
[2] Lief. 233 Blatt Vlotho, aufg. d. E. NAUMANN, S. 51. Berlin 1922.
[3] Lief. 197 Blatt Lage, aufg. d. K. KEILHACK, A. KRAIS u. O. RENNER, erl. v. HARBORT, K. KEILHACK u. J. STOLLER, S. 50. Berlin 1917.
[4] Lief. 163 Blatt Blomberg, aufg. d. A. MESTWERDT, S. 27, 28. Berlin 1911.
[5] Lief. 251 Blatt Pyrmont, aufg. d. O. GRUPE, S. 29. Berlin 1927.

Weser ist der Löß häufig bis zu 2 m Tiefe zu einem dunkelbraunen, ziemlich festen Lehm umgewandelt[1,2], der dem Terrassenlehm ähnlich ist. An bergigen Hängen ist der Löß oft umgelagert und mit Geröll vermengt. Die von Vlotho bereits beschriebenen „Grauerden" fehlen bei Hameln auch nicht. Es sind sehr feine schluffartige Sande von hellgrauer, gelblicher, oft etwas rötlicher Farbe.

Hervorragende Lößböden werden aus der Gegend nordöstlich des Deisters, zwischen diesem und der Stadt Hannover, beschrieben[3]. Sie sollen dem Ertrage nach kaum hinter den Schwarzerdeböden der Magdeburger Börde zurückstehen, bodenkundlich stellen sie aber etwas durchaus anderes dar. Es fehlt die für die Magdeburger Börde charakteristische, äußerst feine Humusverteilung. Die Magdeburger Börde hat eine durchschnittliche Regenhöhe von 480 mm, also 100 mm weniger als das vorliegende Gebiet. Die Versorgung der Kulturpflanzen vom Grundwasser her ist in den Kalenberger Rübenbaugebieten ausreichend. Ihre angeblich günstigeren Niederschlags- und Grundwasserverhältnisse sollen die günstigere Humusverteilung der Schwarzerde aufheben, d. h. beide Böden eine gleiche Ertragsfähigkeit gewährleisten, um so mehr, als die rein physikalische Beschaffenheit beider Böden keine wesentlichen Unterschiede aufweisen sollen. Wo unter schwacher Lößdecke die schweren Neokomtone im flachen Untergrunde anstehen, sind die Böden naß und kalt, haben einen zu hohen Grundwasserstand und sind zum Anbau tiefwurzelnder Pflanzen, besonders Leguminosen, nicht geeignet und zeigen häufig dicht unter der Ackerkrume eine Vermolkungszone, die hier Flottlehm genannt wird. Angebaut werden Zuckerrüben 10—30%, Weizen 9—23%, Wintergerste 4—12% (wegen der häufigen Regen in deren Erntezeit eingeschränkt), Roggen 12—30%, Gemüse bis 12%. Das Wiesenverhältnis ist im Durchschnitt 10:1. Durchschnittsernten sind vom Hektar etwa 30 dz Weizen, 270—298 dz Zuckerrüben, 163—174 dz Kartoffeln, 30 bis 34 dz Gerste, 30—37 dz Roggen. Die Intensivierung ist erheblich. Der Lößboden wird regelmäßig mit kohlensaurem Kalk und Scheideschlamm gedüngt.

Weiter südlich in der Gegend[4] von Ahrenfeld, Spiegelberg, Eine und Hoyershausen geht der Löß oft in Feinsand über, der mit Flott bezeichnet wird und alle Eigenschaften des Schwimmsandes hat. Er fließt mit Wasser wie Schlamm, und nach starken Niederschlägen erhält die Ackererde oben eine dichte, feste Kruste. Dieser Sandlöß wird, wenn er unterhalb toniger Hänge abgelagert ist, oft durch Einschwemmung recht tonig, so daß sich Huflattich auf ihm ansiedelt. Er ist in der Regel tiefgründig und leicht zu bearbeiten, trägt auch bei entsprechender Düngung reichliche Ernten. Weiter südlich geht er wieder in echten Löß über[5], der aber überall verschieden verwittert. Bei Alfeld[6] trifft man gelegentlich wieder den Flottsand oder Flottlehm an.

In der Hildesheimer Gegend[7] ist ein Löß verbreitet, der an sehr vielen Punkten dem der beschriebenen Weserlößvorkommen ähnlich ist. 2—3 m tief ist er entkalkt und zu einem bräunlichen, festeren Lehm umgewandelt, zuweilen mit Sand und Kies-

---

[1] Lief. 251 Blatt Hameln, bearb. u. erl. d. E. Naumann u. O. Burre, S. 51. Berlin 1927.
[2] Lief. 153 Blatt Holzminden, bearb. v. O. Grupe, S. 93. Berlin 1912.
[3] Lief. 271 Blatt Springe, bearb. d. O. Grupe u. A. Ebert, erl. d. O. Grupe, mit land- und forstwirtschaftlichem Anhang von G. Görz, S. 46, 47. Berlin 1929.
[4] Lief. 153 Blatt Salzhemmendorf, bearb. d. A. v. Koenen, I. Schlunk u. H. Menzel, erl. d. A. v. Koenen, S. 34—35. Berlin 1911. — Blatt Gronau, bearb. d. A. v. Koenen, H. Menzel u. I. Schlunk, erl. d. A. v. Koenen, S. 31, 32. Berlin 1911.
[5] Lief. 153 Blatt Stadtoldendorf, bearb. d. O. Grupe, S. 22. Berlin 1910.
[6] Lief. 127 Blatt Alfeld, bearb. d. A. v. Koenen, G. Müller u. O. Gruppe, S. 34. Berlin 1906.
[7] Lief. 182 Blatt Hildesheim, aufg. d. A. v. Koenen u. F. Schucht, erl. d. A. v. Koenen u. O. Grupe, S. 50. Berlin 1915.

lagern einheimischer und nordischer Gerölle wechsellagernd und gebändert. Weiter ist ihm eine starke Humifizierung eigen, an manchen Stellen bis zu 2 m Tiefe; in diesen Fällen ist der Löß als Schwarzerde auch kartographisch dargestellt worden.

Nach dem Harz zu verliert sich dieser Lößtyp und man findet wieder den gewöhnlichen lockeren, hier und da auch verlehmten Löß[1]. Weiter südlich bei Groß-Freden und Gandersheim wechselt er wieder zwischen echtem Löß und Flottlehm bis Flottsand[2, 3]. Bei starken Niederschlägen fließt er förmlich. Beim Austrocknen verhärtet und verkrustet er. Doch überwiegt der echte Löß. Steht oberhalb der Flottsande älteres toniges Gebirge an, so ist er oft tonig ausgebildet (durch Einschwemmung). Häufig sind röhrenförmige Konkretionen von etwa 1 cm Dicke[4]. Bei Braunschweig verläuft die Nordgrenze des Lösses durch die südlichen Teile der Blätter Königslutter und Süpplingen[5]. Er ist hier oft nur wenige Dezimeter mächtig und mit der liegenden Gebirgsart gemischt. An den Hängen hat er bisweilen in geringer Tiefe Kalk. Trotz seiner geringen Mächtigkeit ist er von großer landwirtschaftlicher Bedeutung, er verleiht dem Boden seine Fruchtbarkeit. Auf den Elmhöhen, wo er den Muschelkalk überdeckt, läßt er Laubwälder üppig gedeihen, die auf dem Muschelkalk allein nur ein kümmerliches Dasein fristen können.

Von hier zieht sich die Lößbedeckung in östlicher Richtung weiter über die Blätter Erxleben, Neuhaldensleben und Wolmirstedt hin[2] und geht schon häufig in Schwarzerde über. Wir können hier, wie in der ganzen, jetzt folgenden Magdeburger Börde, Schwarzerde auf Löß wie auf anderen Gesteinen finden. Die Schwarzerdebildung ist also keine Eigentümlichkeit des Lösses, sondern der Gegend.

Der Löß der Magdeburger Börde, im Regenschatten des Harzes, liegt auf älterem Gebirge, bedeutend höher als die Elbniederung, so daß er von den Elbüberschwemmungen nicht betroffen wird[6]. An seiner Basis findet man die Steinsohle, meist aus nordischen Geschieben aufgebaut. Im oberen Teile ist der Löß entkalkt und verlehmt und gleichzeitig tief humifiziert[7]. Die oberen 4—10 dm enthalten fein verteilten, völlig strukturlosen Humus, der im feuchten Zustande tiefschwarz, im trockenen hell- bis dunkelbraun ist und die feinsten Teilchen mit einer dünnen Schicht von Humus überzieht. Er unterscheidet sich von den Humusböden der Alluvialniederungen besonders dadurch, daß er nur 2 bis 3% ausmacht, während derjenige der letzteren oft mehr als 10% beträgt, ferner dadurch, daß er im Laufe der Jahrtausende eine Umänderung erfahren hat, wodurch er der Oxydation großen Widerstand entgegensetzt. Der Humusgehalt wird nicht geringer, obwohl er über 1000 Jahre in Kultur genommen ist, während bei anderen humosen Böden der Humusgehalt während der Kultur allmählich schwindet. Die Verlehmung und allmähliche Humifizierung hört gewöhnlich da auf, wo der Löß kalkhaltig wird. Auch kalkhaltige Schwarzerden kommen vor, und zwar immer in den etwas tiefer gelegenen feuchten Mulden, wo der Kalk sekundär kapillar gehoben wird, während die höher gelegenen trockneren Schwarzerden meist nicht kalkhaltig sind. Auffallend ist, daß in den Schwarzerden der Gehalt an gröberen und an tonigen Bestandteilen gegenüber dem Löß

---

[1] Lief. 182 Blatt Bockemen, aufg. d. O. GRUPE, W. HAACK u. F. SCHUCHT, erl. d. O. GRUPE u. W. HAACK, S. 77, 78. Berlin 1915.

[2] Lief. 91 Blatt Gr.-Freden, bearb. d. A. v. KOENEN u. G. MÜLLER, S. 25. Berlin 1900.

[3] Lief. 71 Blatt Gandersheim, bearb. d. A. v. KOENEN, S. 21, 22. Berlin 1895.

[4] Lief. 185 Blatt Königslutter, bearb. d. E. HARBORT, S. 77, 78. Berlin 1913. — Lief. 185 Blatt Supplingen, bearb. d. E. HARBORT, S. 76—78. Berlin 1913.

[5] Lief. 216 Blatt Wolmirstedt, bearb. d. F. WIEGERS, S. 44, 45. Berlin 1920.

[6] WAHNSCHAFFE, F.: Die Quartärbildungen der Umgegend von Magdeburg. Abh. geol. Spezialk. (Berlin) 7, 1, S. 24, 56, 79 (1885).

[7] Lief. 177 Blatt Güsten, bearb. d. K. KEILHACK, S. 66—68, 74. Berlin 1913.

zunimmt, dagegen der Gehalt an Feinsand abnimmt[1]. Ungefähr 30% tonige
Bestandteile enthält die Schwarzerde, 60% Feinsand und ungefähr 10% gröbere
Bestandteile bis zu 0,1 mm Durchmesser, während der unverwitterte Löß an
gröberen 4,6%, feinsandigen 70% und an tonigen Bestandteilen 25% enthält[1].
Gegenüber den russischen Schwarzerdeböden fällt besonders der höhere Humus-
gehalt der letzteren auf[2].

Wie schon erwähnt, ist der Schwarzerdetyp nicht nur auf dem Löß verbreitet, sondern auch alle übrigen Böden sind, soweit es keine Grundwasserböden
der Niederung sind, auf den höhergelegenen Flächen schwarzerdeartig ausgebildet[3], ohne sich von den echten Lößschwarzerden zu unterscheiden[3].
K. Keilhack nimmt an, daß auf solchen Böden die Lößbedeckung so gering
gewesen sei, daß sie allmählich mit dem Untergrund vermischt wurde[3]. Dieser
also ganz in Schwarzerde verwandelte Löß soll, wenn seine Mächtigkeit nicht
unter 0,3—0,5 m sinkt, dem Untergrund (ob diluvialer Kies, ob Geschiebemergel,
ob Muschelkalk oder Buntsandstein) gegenüber gleichgültig sein[3]. Wird die
Schwarzerdedecke jedoch zu dünn, so daß eine starke Mischung mit dem Untergrund eintritt, und andere ungünstige Momente wirken können, so macht sich
dieses gleich in der Vegetation bemerkbar[3]. Doch ist keine Gesetzmäßigkeit
in dem Einfluß des Untergrundes auf die mechanische Zusammensetzung der
Oberkrume unmittelbar zu erkennen; es müssen jedenfalls auch noch andere
Faktoren hier mitsprechen, wenn z. B. die Schwarzerde über den vorwiegend
tonigen Schichten des unteren Buntsandsteins bei Ober-Peißen 53,8% tonige
Bestandteile enthält, dagegen über den mehr kiesigen und sandigen Bildungen
55,6, 56,4 und 56% tonhaltige Teile enthalten[4]. An ganz steilen Hängen, an
denen wegen der starken Abtragung kalkhaltiger, unverwitterter Löß ansteht,
ist meistens keine Schwarzerdebildung zu beobachten[5]. In der Vegetation sind
diese Böden den Schwarzerden unterlegen[5].

Stellenweise tritt der sog. „Flößlöß" auf[5]. Er ist dadurch entstanden, daß
Löß und, wo nur Schwarzerde vorherrscht, diese abgeschwemmt und in Senken
und Tälern wieder abgelagert wurde[6]. Er zeichnet sich durch eine tiefgehende
Schwarzerdebildung, oft bis zu 2 m Tiefe[6], aus. Der Übergang der Schwarzerde
in den unverwitterten Löß ist, wenn er von weitem auch wie eine scharfe Grenze
aussieht, kontinuierlich[7]. Innerhalb des Humushorizontes ist in den meisten
Fällen, allerdings verschieden deutlich, eine Zweiteilung zu erkennen[7], und
zwar so, daß der obere Teil unterhalb der eigentlichen Oberkrume wesentlich
heller und lockerer erscheint.

Nach Osten bildet die Elbe bzw. deren Talsande die scharfe Grenze der
Löß- und Schwarzerdeverbreitung. Die Ostgrenze des Lößes zieht sich durch
die Kartengebiete Barby, Wulfen und Köthen[8] nach Leipzig zu, wo südöstlich
Leipzig das Lößgebiet über die Elbe geht und in östlicher Richtung durch Sachsen
nach Schlesien sich hinzieht. Diesseits der Elbe dehnt es sich noch einmal
westwärts, südlich vom Harz, bis über Erfurt aus[9].

Am Rande der Lößgebiete wird die Lößdecke oft so gering, nur $^1/_4$—$^1/_2$ m
und weniger, daß sie durch die wühlende Tätigkeit der Tiere mit dem unter-

---

[1] Lief. 177 Blatt Güsten, bearb. d. K. Keilhack, S. 68, 74. Berlin 1913.

[2] Wahnschaffe, F.: a. a. O., S. 26.　　　[3] Blatt Güsten, S. 76, 77.

[4] Lief. 177 Blatt Güsten, bearb. d. K. Keilhack, S. 78. Berlin 1913.　　　[5] Ebenda S. 80.

[6] Lief. 177 Blatt Staßfurt, bearb. d. K. Keilhack, S. 72. Berlin 1914.

[7] See, K. v.: Beitrag zur Kenntnis zweier Schwarzerdevorkommen in Deutschland.
Internat. Mitt. Bodenkde. (Berlin) 8, 126, 127 (1918).

[8] Lief. 164 Blatt Barby, bearb. d. F. Wiegers, S. 29, 30. 1913.

[9] Wahnschaffe, F., u. F. Schucht: Geologie und Oberflachengestaltung des norddeutschen Flachlandes, S. 237. Stuttgart 1921.

lagernden Boden stark vermengt wird[1]. Sieht auch solch ein Boden oberflächlich wie eine Lößschwarzerde aus, so zeigt sich doch bei näherer Betrachtung ein Unterschied[1]. Durch nachträgliche Zuführung von Kalk, der nach v. LINSTOW durch die Pflanzenwurzeln aus den unteren kalkigen Schichten nach oben gezogen und dort dem Boden wieder zugeführt wurde, ist stellenweise ein Schwarzmergel entstanden[2]. Stellenweise treten auch senkrechte Sandstreifen im Löß, aderweise in alten Wurzelröhren auf; sie dürften durch Regenwässer ausgewaschen und eingeschwemmt worden sein[3]. Auch weiter südlich wird die Beobachtung gemacht, daß sich die Schwarzerden des echten Lößes und die anderer Gesteine, die eine geringe Lößbedeckung allmählich mit eigenem Material gemischt haben, wenig voneinander unterscheiden[4]. Es werden häufig die Schwarzerde des Lößes allein und die Schwarzerden aller anderen Gesteine einander gegenübergestellt. Die anderen Gesteinsarten haben durch das Inlandeis so intensive Durchmischung mit nordischem Material erfahren, daß sie sich besonders als Schwarzerdetyp kaum voneinander unterscheiden[5]. Weiter westlich hört das Schwarzerdegebiet auf, und der Löß zeigt hier wieder seine normale Verwitterung zu einem etwas festeren braunen Lößlehm[6]. Während dicht bis an den Harz noch typische, überaus fruchtbare Schwarzerde auftritt[7], geht der Löß auf den steilen Harzhängen, soweit er überhaupt noch vorhanden ist, in einen schwer durchlässigen, überaus ungünstigen Lehm über[8].

Nach O. v. LINSTOW ist südlich von Köthen in Anhalt Schwarzerde zu finden. Nördlich der Stadt wird die Oberfläche von Geschiebemergel, südlich von Löß eingenommen[9]. Die Mächtigkeit des Lößes ist nicht groß, sie beträgt ziemlich konstant 8—12 cm[10]. Er ist stets und überall humifiziert, und zwar 3—11 dm tief[10], meistens aber 5—8 dm[10]. Bei geringer Mächtigkeit des Lößes greift die Humifizierung auch auf die liegenden Sande über[10]. Als etwas Eigentümliches wird hingestellt, daß meistens die obersten humifizierten Dezimeter einen schwachen, aber ziemlich gleichmäßigen, nach unten unregelmäßig begrenzten und allmählich schwindenden Kalkgehalt aufweisen[11], während die unteren humifizierten Lößschichten kalkfrei sind, denen wieder der kalkhaltige unverwitterte Löß folgt[11]. Manchmal ist auch die ganze humose Rinde kalkhaltig, bald geht die Humifizierung, bald die Entkalkung tiefer, ihre Grenzen gehen verschwommen ineinander über[11]. Eine weitere Komplizierung tritt dadurch ein, daß in einzelnen Fällen der sekundäre Kalkgehalt[11] der Oberkrume

---

[1] Lief. 164 Blatt Barby, bearb. d. F. WIEGERS, S. 30, 31. Berlin 1913.

[2] Lief. 5 Blatt Halle a. S. (Nord), 2. Aufl. bearb. d. A. KRAISS u. R. PICARD, S. 80. Berlin 1922.

[3] Lief. 52 Blatt Landsberg bei Halle, bearb. d. W. WEISSERMEL, E. PICARD, W. QUITZOW, B. KÜHN u. BR. DAMMER, S. 33, 34. Berlin 1909.

[4] Lief. 52 Blatt Halle a. S. (Süd), bearb. d. K. v. FRITSCH, L. SIEGERT u. W. WEISSERMEL, S. 72, 73. Berlin 1909. — Lief. 146 Blatt Lützen, bearb. d. L. SIEGERT, S. 72, 73. Berlin 1909.

[5] Lief. 19 Blatt Ziegelroda, bearb. d. W. DAMES, S. 14, 15. Berlin 1882. — Lief. 19 Blatt Schraplau, bearb. d. O. SPEYER, S. 28. Berlin 1882. — Lief. 1 Blatt Stolberg, 2. Ausg. bearb. d. E. BEYRICH u. K. LOSSEN, S. 24. — Lief. 18 Blatt Corbstedt, bearb. d. E. KAYSER, S. 15. Berlin 1884.

[6] Lief. 217 Blatt Aschersleben, erl. d. W. WEISSERMEL, Beitr. v. O. H. ERDMANNSDÖRFFER u. E. FULDA, S. 70. Berlin 1926. — Lief. 217 Blatt Kochstedt, erl. d. W. WEISSERMEL, mit Beitr. v. E. FULDA, S. 37, 38. Berlin 1926. — Lief. 217 Blatt Ballenstedt, erl. d. W. WEISSERMEL, mit Beitr. v. FR. DAHLGRÜN, S. 74, 75. Berlin 1926.

[7] Lief. 217 Blatt Aschersleben, erl. d. W. WEISSERMEL, mit Beitr. v. O. H. ERDMANNSDÖRFFER u. E. FULDA, S. 70. Berlin 1926.

[8] LINSTOW, O. v.: Löß und Schwarzerde in der Umgegend von Köthen (Anhalt). Jb. preuß. geol. Landesanst. Berlin 1908 I, 122 (1910).

[9] Ebenda S. 123. [10] Ebenda S. 124, 125, 126. [11] Ebenda S. 128.

in seinen obersten Partien durch Atmosphärilien fortgeführt ist[1], so daß humoser Löß über humosem, kalkhaltigem Löß liegt[1]. Die Humifizierung ist nun keineswegs auf Löß beschränkt, sondern erfaßt gleichzeitig den Geschiebelehm[2] und den ebenfalls zutage tretenden mitteloligozänen Septarienton[3]. Hierbei waren genau dieselben Erscheinungen festzustellen wie bei der Lößschwarzerde[3]. O. v. Linstow nimmt an[4], daß dieses ganze Gebiet, das wahrscheinlich[4] vor etwa 80 Jahren teils aus sumpfigen Wiesen bestand, teils von einem üppigen Weiden-Eichen-Erlen-Wald eingenommen wurde, durch diese feuchten Verhältnisse unterstützt, zu Schwarzerde geworden sei[4]. Also nach Ablagerung des Lößes trat Verwitterung und Entkalkung desselben im oberen Teile ein, gleichzeitig Humifizierung durch üppige Vegetation, mit deren Abfall dieser „sekundäre" Kalkgehalt in den oberen Boden wieder gelangt sei, der von den Pflanzen aus dem tiefen Untergrund heraufgeholt wurde[5]. An Hand von zahlreichen Pflanzenbeispielen wird gezeigt, daß viele Pflanzen auf kalkarmen Böden durch ihre Abfallprodukte die Oberkrume kalkhaltig machen können[5]. Nach Kultivierung dieses Gebietes fiel diese Pflanzentätigkeit fort, und an geeigneten Stellen ist schon wieder eine Entkalkung dieser sekundären Kalkanreicherung festzustellen. Eine Infiltration von Höhen kommt hier wegen des ebenen Geländes nicht in Frage[6], ebenso keine künstliche Kalkung, da der Kalkgehalt zu tief geht, zu fein verteilt, zu regelmäßig und zu gesetzmäßig ist[6]. Eine Erklärung durch eine zweite Lößbedeckung kommt nicht in Frage, da auch Geschiebemergel und andere Gesteine gleichmäßig von dieser Bodenbildung betroffen sind und bei einer erneuten Lößperiode ja auch hätten überdeckt werden müssen[6].

Vielerorts in Sachsen, besonders im nördlichen Teile, ist die Lößdecke von geringer Mächtigkeit und von den sächsischen Geologen nicht kartiert worden, wenn sie nur 3 dm mächtig war, da sie dann mit dem Liegenden sehr vermischt worden ist[7, 8]. Es ist hier im nördlichen Teil auch meist kein lehmiger, sondern ein sandiger Löß[7], hat aber sämtliche Kennzeichen des echten Lößes. Im Gegensatz zu anderen Bildungen gibt er sich in der Beschaffenheit der Feldwege zu erkennen. Während Geschiebelehm bei nasser Witterung die Räder tief einsinken läßt und den Fuß rutschen macht, bei trockenem wie bei Frostwetter aber die Geleisspuren steinhart und holprig werden, hält sich der Lößsand bei Regen wesentlich trockener, der Weg bleibt ziemlich eben, trocknet später rasch ab und wird oberflächlich bald zu einem licht gelbbraunen Pulver zerdrückt[7]. Weiter fehlt ihm jedes gröbere Material[7], er ist völlig ungeschichtet, bricht in senkrechten Wänden, ist mehlig zerreiblich[7]. Unterlagert wird er oft von stark verwittertem Geschiebelehm, die Grenze ist ohne nähere Prüfung nicht sehr auffällig, da der sandige Löß in seinen unteren Partien gewöhnlich durch Eisenhydroxyd wolkig verlaufende, bräunliche Färbung angenommen hat[9]. Als Ackerboden zeichnet er sich ebenfalls vor allen anderen Bildungen aus[9]. Westlich von Leipzig liegt Lößlehm auf Elsterschottern[10]. Er gibt dem sonst so ungünstigen Boden ziemliche Fruchtbarkeit. Wo er aber nur wenige Dezimeter mächtig

---

[1] Linstow, O. V.: Löß und Schwarzerde in der Umgegend von Köthen (Anhalt). Jb. preuß. geol. Landesanst. Berlin 1908 *I*, 124, 125, 126 (1909).

[2] Ebenda S. 128.   [3] Ebenda S. 128, 129.   [4] Ebenda S. 130, 131.

[5] Linstow, O. v.: a. a. O., S. 131, 132, 133.   [6] Ebenda S. 128, 129.

[7] Geologische Spezialkarte von Sachsen, Sektion Seehausen-Zschortau, Blatt 2 v. F. Etzold, S. 25, 26, 27, 29, 38. Leipzig 1908.

[8] Sektion Meerane-Crimmitschau, Blatt 93 v. Th. Siegert, 2. Aufl., S. 22. Leipzig 1905. — Sektion Zittau-Oderwitz, Blatt 88 v. Th. Siegert, S. 34. Leipzig 1895.

[9] Sektion Seehausen-Zschortau, Blatt 2 v. F. Etzold, S. 25, 26, 27, 28, 29. Leipzig 1908.

[10] Sektion Leipzig-Markranstädt, Blatt 10 v. A. Sauer, S. 70, 71. Leipzig 1907.

ist, gibt er nur noch für Roggen und Kartoffeln günstigen Boden ab[6]. Er erwärmt sich rasch im Frühjahr, trocknet schnell ab und läßt sich leicht bearbeiten, ist tätiger als der Geschiebelehmboden[1]. Sehr günstig ist ein Vorkommen von etwas Geschiebelehm zwischen Löß und Schotter[1]. Im Westen längs der flachen Talsenken liegt ein ebenso oder noch geringer mächtiger Lößlehm, der aber durch Humusbeimengung schwarz gefärbt ist[1] (anmoorig). Dieser Boden zeichnet sich trotz seiner geringen Mächtigkeit vor allen anderen aus, was er wohl dieser Humusbeimengung verdankt[1]. Während dem nördlichen Sandlöß eine Steinsohle zu fehlen scheint[2], ist der sich südlich anschließende, erst auch nur wenig mächtige[3] Lehmlöß gegen sein Liegendes meist durch eine solche (Windschliffsohle mit „Dreikantern") getrennt[3].

Südlich von Leipzig wird der Löß mächtiger, er schwankt an verschiedenen Orten zwischen 4 dm und 2 m[4]. Im letzteren Falle wird er als sehr günstiger Ackerboden angesehen[4]. Dagegen gilt Löß von geringer Mächtigkeit (5 dm) mit mächtigem, unterlagerndem Geschiebelehm (über 5 dm) als ungünstig (naß und kalt)[4]. Wo der Geschiebelehm dünner wird, die starke Durchlässigkeit des folgenden Kieses nicht aufhebt, sondern nur mildert, entsteht ein ziemlich guter Boden[4].

Bei Borna-Lobstädt, noch weiter südlich Leipzigs, nimmt der Löß fast die ganze Oberfläche mit Ausnahme einiger steiler Hänge ein, doch ist er hier meist nicht mächtiger als 1 m. Es ist ein günstiger Ackerboden[5]. Seine Zusammensetzung weicht etwas von der üblichen ab, nämlich mit 3—5 % Sand von einer Korngröße 2—0,2 mm und feiner Sand (Korngröße 0,2—0,05 mm) 13,3—15 %. Der weitaus größte Teil ist hier aber auch Staub von der Korngröße unter 0,5 mm (81,3—78,8 % kleiner als 0,05 mm)[5]. Davon sind 63,5—56,6 % staubartig (von 0,05—0,01 mm)[5]. In flachen Senken, insbesondere mit undurchlässigem Geschiebelehmuntergrund, hat wegen der stets feuchten Beschaffenheit oft eine Ansammlung humoser Stoffe stattgefunden, sie beträgt selten bis zu 4 % Humus, meistens geht sie 3—4 dm tief[5]. Stellenweise sammelt sich an der Basis des überall entkalkten Lößes Eisenocker in Gestalt kleinerer Konkretionen an[5].

Wenn die Lößdecke auch nur geringe Mächtigkeit hat, so ist ihr doch ein großer landwirtschaftlicher Wert beizumessen, der sich sofort in der Vegetation ausdrückt[6]. Der Lößboden über Sand bei Eula und nordwestlich bei Thierbach ist in der Vegetation dem über Geschiebelehm 2—3 Wochen voraus[7]. Wie auch schon vorher, so wird auch hier der Lößboden gerühmt, der bei 7 bis 12 dm Mächtigkeit noch über dem Sand eine Geschiebelehmlage hat, die die günstigen Eigenschaften des Sandes aber nicht aufhebt, also nicht zu mächtig sein darf[7]. Die Mächtigkeit des Lösses wechselt hier fast überall im Gegensatz zu der Magdeburger Börde stark; es treten Unterschiede von 0,1 m bis weit über 10 m auf[8, 9]. In ihnen wechseln oft kalkhaltige mit kalkfreien Zonen ab, ohne daß eine Veränderung seiner sonstigen physikalischen Eigenschaften

---

[1] Sektion Leipzig-Markranstädt, Blatt 10 v. A. Sauer, S. 70, 71. Leipzig 1907.
[2] Sektion Seehausen-Zschortau, Blatt 2 v. F. Etzold, S. 28. Leipzig 1908.
[3] Sektion Wurzen-Altenbach, Blatt 13 v. F. Schalch, S. 24, 25. Leipzig 1903.
[4] Sektion Liebertwolkwitz-Rötha, Blatt 26 v. A. Sauer, 2. Aufl., S. 30. 1905.
[5] Sektion Borna-Lobstädt, Blatt 42 v. K. Dalmer (2. Aufl. v. C. Gäbert), S. 30—33. Leipzig 1904.
[6] Sektion Lausick-Borna, Blatt 43 v. J. Hazard (2. Aufl. v. C. Gäbert), S. 49, 50. Leipzig 1902.
[7] Sektion Lausick-Borna, Blatt 43 v. J. Hazard (2. Aufl. v. C. Gäbert), S. 50.
[8] Sektion Colditz-Großbothen, Blatt 44 v. A. Penck (2. Aufl. v. Th. Siegert), S. 33. Leipzig 1901.
[9] Sektion Leisnig-Hartha, Blatt 45 v. R. Credner u. E. Dathe (2. Aufl. v. Th. Siegert), S. 30. Leipzig 1899. — Sektion Frohburg-Kohren, Blatt 59 v. A. Rothplez (2. Aufl. v. Th. Siegert), S. 38. Leipzig 1902.

zu bemerken sein soll[1,2]. In der Tiefe sind Lößkonkretionen häufig[1]. Der nur wenige Dezimeter mächtige Löß zeigt ganz andere Eigenschaften, er ist verlehmt, oft mit dem Liegenden vermengt und reich an Eisenschuß, der oft zu förmlichem Raseneisenerz konzentriert ist[1].

Im Gebiete von Oschatz-Mügeln steigt der Kalkgehalt bis zu 14,3% und beträgt im Durchschnitt etwa 10%. Die Entkalkung ist meistens nicht sehr weit fortgeschritten, oft weniger als 1 m tief[3]. Oft findet man innerhalb der Lößmasse kleine weiße Punkte und „Schnickchen" von kreideähnlichem Kalk, der bei Säurebehandlung einen gallertartigen Rückstand hinterläßt, der beim Erhitzen verkohlt und deshalb organischen Ursprungs ist[3]. Folgt unter dem entkalkten Löß unmittelbar Kies oder Sand, so können letztere oft durch Kalk konglomeratartig verkittet sein. Neben Lößmännchen kommen häufig zylindrische Toneisensteinkonkretionen vor[4].

Im Zellwalde bei Roßwein, westlich von Dresden, geht der Lößlehm öfter in ein lichtgraues oder graufleckiges Gebilde von tonartigem Aussehen über[5], welches jedoch lediglich als ein nachträglich veränderter Lößlehm aufzufassen ist[3]. Humose Lösungen, wie sie im Waldboden zirkulieren, sollen hier im Verein mit Luftabschluß hervorrufenden Rissen eine Reduktion der Eisenoxydverbindungen zu solchen von Eisenoxydul bewirken[5].

Nördlich von Tharandt, südwestlich von Dresden, werden plateauartige Höhen von Lößlehm bedeckt[6], der aber wegen seiner vollständigen Verwitterung bei nur 1 m durchschnittlicher Mächtigkeit in ebener Terrainlage einen schwer durchlässigen Boden darstellt und besonders durch Brauneisenkonkretionen, kleinere und größere Graupen, charakteristisch ist[6].

Wie in Preußen, so hört auch in Sachsen mit dem Elbtal das eigentliche Lößgebiet auf[7]. Nur noch kleinere, meistens geringmächtige und stark veränderte Vorkommen sind verbreitet, die aber in Schlesien wieder mehr Zusammenhang gewinnen und besser ausgebildet sind.

Der Löß vom Kloster St. Marienstern ist auch uneinheitlich in seiner physikalischen wie chemischen Zusammensetzung[8]. Kalk fehlt fast ganz[8]. Ebenso zerrissen und geringmächtig ist der Löß von Moritzburg-Klotzsche[9], den vielerorts die älteren Bildungen durchragen. In der Gegend von Bautzen-Wilthen wird der nördliche Teil vom Löß und seinen Verwitterungsprodukten eingenommen, während der Süden durch grusige Verwitterungsprodukte des anstehenden Gesteins und durch altdiluviale Schottern gekennzeichnet ist[10]. Die unfruchtbare Südhälfte ist allgemein mit Wald bedeckt, während die Nordhälfte

---

[1] Sektion Colditz-Großbothen, Blatt 44 v. A. Penck (2. Aufl. v. Th. Siegert), S. 33. Leipzig 1901.

[2] Sektion Döbeln-Schergrund, Blatt 46 v. E. Dathe (2. Aufl. v. Th. Siegert), S. 24. Leipzig 1899.

[3] Sektion Oschatz-Mügeln, Blatt 30 v. Th. Siegert, 2. Aufl., S. 36, 37. Leipzig 1908.

[4] Sektion Döbeln-Schergrund, Blatt 46 v. E. Dathe (2. Aufl. v. Th. Siegert), S. 24. Leipzig 1899. — Sektion Geringswalde-Ringetal, Blatt 61 v. E. Dathe (2. Aufl. v. E. Danzig), S. 42. Leipzig 1903. — Vgl. u. a. auch E. Blanck: Über Kalkkonkretionen. Landw. Versuchsstat. 65. 471. 1907.

[5] Sektion Roßwein-Nossen, Blatt 63 v. K. Dalmer u. E. Dathe (2. Aufl. v. E. Danzig u. C. Gäbert), S. 68, 69. Leipzig 1909.

[6] Sektion Tharandt, Blatt 81 v. A. Sauer u. R. Beck (2. Aufl. v. K. Pietzig), S. 113. Leipzig 1914.

[7] Geologische Übersichtskarte des Königreichs Sachsen. Leipzig 1908.

[8] Sektion Kloster St. Marienstern v. O. Herrmann, S. 31. Leipzig 1892.

[9] Sektion Moritzburg-Klotzsche, Blatt 50 v. J. Hazard (2. Aufl. v. Th. Siegert), S. 39. Leipzig 1910.

[10] Sektion Bautzen, Blatt 54 v. O. Herrmann (2. Aufl. v. E. Danzig), S. 39. Leipzig 1907.

fast ausschließlich dem Ackerbau dient[1]. Der Landmann unterscheidet hier allgemein nur schlechtweg Lehmboden außer Sand- bzw. Kiesboden[1], da der Lehm meist Löß ist und dieser stets einen gewissen Vorteil, in welchem Verwitterungsstadium er sich auch befindet, wegen seiner physikalischen Eigenschaften vor allen anderen Böden hat. Ein großer Unterschied zeigt sich hier in schon beträchtlicher Meereshöhe (z. B. Sora 400 m hoch) in dem gebirgigen Gebiet bei den Böden des Nord- und Südabhangs[2]. Die Nordabhänge sind gewöhnlich bis zu großer Tiefe bewaldet, ihre Böden kalt und naß, besonders im Frühjahr infolge langanhaltender Sickerwässer[2], die Südabhänge werden dagegen bis zu beträchtlichen Höhen beackert[2]. Vereinzelt tritt auch wieder Sandlöß mit seinen schon geschilderten Eigenschaften auf[3]. Auch führt er oft Sandlagen und Sandschnüre an Gehängen, die bei seiner Bildung von höheren Hängen eingeschwemmt sein werden[4, 5]. Sie sind dann oft als Gehängelöß bezeichnet[5].

Verschiedentlich wurden schon lößartige Feinsande beschrieben, die in allen Punkten mit dem echten Löß übereinstimmten. Nur fehlte ihnen meistens der Kalkgehalt, sodann fielen sie durch noch geringeren Tongehalt als ihn der echte Löß besitzt, auf. Als lößartige Feinsande werden auch die jungglazialen Feinsande des Flämings angesehen[6]. Sie erstrecken sich in einer Länge von über 55 km in WNW-OSO-Richtung, die Breite beträgt in der Mitte nicht ganz 5 km[7]. Mit Ausnahme des äußersten Westens und Ostens beträgt die überall ziemlich konstante Mächtigkeit etwa 6—10 dm[7]. Nach Osten verschmälert sich das Band, indem gleichzeitig dessen Mächtigkeit auf 1—2 dm sinkt[7]. Die grau bis hellbraun gefärbten Feinsande selbst bestehen vorwiegend aus mehl- und staubartigen, schwach glimmerführenden Sandkörnern[8]. Durchweg sind sie kalkfrei, nur im äußersten Westen, wo die größeren Mächtigkeiten liegen, kommt in tieferen Lagen Kalkgehalt vor[8]. Es ist also auch in dieser Beziehung primär kein Unterschied zwischen dem lößartigen Feinsand und dem echten Löß vorhanden. Schichtung ist nicht zu erkennen, vielmehr eine lockere Struktur[8], die die Neigung hat, im trokkenen Zustand in senkrechten Wänden abzustürzen[8]. Im feuchten Zustand sieht er wie Lehm aus, unterscheidet sich aber vom Geschiebelehm durch die vollständige Geschiebefreiheit, ferner durch die Form der Schollen, die im Gegensatz zu dem Geschiebelehm abgerundete Formen und hellere Farbe aufweist[8]. In ihrer Verbreitung sind sie an keine Höhenlage, in ihren Grenzen auch nicht an Geländeformen gebunden[9]. Der Übergang zu anderen Bodenarten ist kontinuierlich[9]. Besonders schwierig ist der vertikale Übergang dann festzustellen, wenn dem Löß Geschiebelehm unterlagert, da dieser ersterem sehr ähnlich ist[9]. Landwirtschaftlich ist der Feinsand wegen seiner hervorragenden physikalischen Eigenschaften von großer Fruchtbarkeit[9], weswegen fast die ganze Fläche in Kultur genommen ist[9]. Es gedeihen Weizen, Gerste, Klee und Rüben[8], südlich Jüterbog wird auch vielfach Mais angebaut, während Weizen mehr zurücktritt. Alles gedeiht vorzüg-

---

[1] Sektion Bautzen, Blatt 54 v. O. HERRMANN (2. Aufl. v. E. DANZIG), S. 39. Leipzig 1907.

[2] Sektion Bautzen-Wilthen, Blatt 54 v. O. HERRMANN (2. Aufl. v. E. DANZIG), S. 39. Leipzig 1910.

[3] Sektion Pillnitz-Weißig, Blatt 67 v. G. KLEMM (2. Aufl. v. F. ETZOLD), S. 79. Leipzig 1909.

[4] Sektion Hirschfeld-Reichenau, Blatt 89 v. O. HERRMANN, S. 33. Leipzig 1896.

[5] Sektion Großer Winterberg-Tetschen, Blatt 104 v. R. BECK u. J. HIBSCH, S. 79. Leipzig 1895.

[6] LINSTOW, O. v.: Über jungglaziale Feinsande des Flämings. Jb. preuß. geol. Landesanst. 1905, 278, 279.

[7] LINSTOW, O. v.: a. a. O., S. 280.   [8] LINSTOW, O. v.: a. a. O., S. 281.

[9] LINSTOW, O. v.: a. a. O., S. 282.

lich[1]. Besonders günstig ist der Boden, wenn er im Untergrund Geschiebelehm führt[1]. Die zahlreichen, aber räumlich beschränkten Kuppen aus oberem Sand sind meist steil und tragen Kiefern[1]. Diese Bodengrenzen sind bei der Bodennutzung mit dem Anbau nicht eingehalten worden. Einmal greift der Wald auf das Gebiet der Feinsande über, einmal umgekehrt der Acker auf das der oberen Sande[1]. Es ist nun zu beobachten, daß in ersterem Fall der arme Kiefernbestand von einem üppigen Laubwald, wie Buchen und Eichen, gürtelartig umgeben wird[1]. Kommen die Laubbäume mit zunehmendem Alter in den unterlagernden sterilen Sand, so verkümmern sie[1]. Im Westen sind große Flächen wegen der oft flächenhaften Durchragungen von oberem Sand aufgeforstet. Zugleich ist das Gelände viel belebter, wie schon erwähnt, die Mächtigkeit der Feinsande größer, und diese sind oft kalkhaltig. Hier gedeihen dann in buntem Gemisch nebeneinander Hainbuchen, Birken, Platanen und Akazien, vor allem aber mächtige Eichen und schlanke Fichten und Edeltannen[2].

In den schlesischen Lößgebieten ist die Verwitterung und Abtragung wegen des oft gebirgigen Terrains, dem der Löß aufliegt, tiefgehend und weit fortgeschritten. Oberflächlich sehr verbreitet, bildet er z. T. nur noch einen dünnen Schleier, der die Diluvialgesteine und die älteren Gebirge überdeckt[3]. In seiner Verbreitung ist die Westseite der nach Norden gerichteten Täler allgemein bevorzugt, indem er diese mit nach unten zunehmender Mächtigkeit überkleidet und hier so eine mäßig steile Böschung bildet, während die entgegengesetzte Seite steil abfällt[4, 5]. Die an der Basis des Lößes meistens gefundene Steinsohle ist gewöhnlich als Windschliffpflaster ausgebildet[6, 7]. An Gehängen ist der Löß meist so stark verlehmt und mit fremden Gesteinen vermischt, daß man ihn oft nicht vom Geschiebe- und echten Gehängelehm unterscheiden kann[4]. Kalkgehalt findet sich meistens nesterweise[4] nur in großer Tiefe. In dem ebenen Flachlande ist die Lößdecke naturgemäß gleichmäßiger und meist mächtiger, doch auch bis über 2 m tief verwittert[8, 6]. Stellenweise (nicht häufig) hat sich im verwitterten Löß ein gewisser Humusgehalt angesammelt, und es hat sich Schwarzerde entwickelt[8, 9].

In vielen Tälern und Niederungen liegen Feinsande, die durch Regen und Flußwasser umgelagerten Löß darstellen[10, 11]. Unterscheiden sie sich auch kaum in ihrer Korngröße, so sind sie in ihrer Struktur durchaus vom Löß verschieden[10, 11]. Sie sind geschichtet und nach Korngröße oft in einzelne Bänkchen zerlegt und dichter gelagert[10]. Wegen weitgehender Verwitterung der Silikate sind sie meist toniger[12, 11] und bilden den Auenlehm[11, 12]. Ihre Fruchtbarkeit

---

[1] Linstow, O. v.: a. a. O., S. 281.

[2] Linstow, O. v.: a. a. O., S. 285.

[3] Lief. 202, Blatt Gröditzberg, bearb. d. B. Kühn, mit Beitr v. E. Zimmermann, S. 56, 57. Berlin 1918. — Lief. 202, Blatt Lähn, bearb. d. B. Kühn u. E. Zimmermann, S. 52, 53. Berlin 1918. — Lief. 262, Blatt Friedeberg a. Qu. bearb. v. G. Berg u. W. Ahrens, erl. v. G. Berg, S. 27, 28. Berlin 1926.

[4] Lief. 202, Blatt Lähn, bearb. d. B. Kühn u. E. Zimmermann, S. 52, 53. Berlin 1918.

[5] Lief. 262, Blatt Friedeberg a. Qu., bearb. v. G. Berg u. W. Ahrens, erl. v. G. Berg, S. 27, 28. Berlin 1926.

[6] Lief. 222, Blatt Wahlstatt, aufg. d. O. Tietze, S. 14. Berlin 1925.

[7] Lief. 222, Blatt Striegau, aufg. d. L. v. zur Mühlen, S. 35. Berlin 1925.

[8] Lief. 222, Blatt Goldberg, aufg. d. E. Zimmermann u. B. Kühn, S. 73. Berlin.

[9] Lief. 222, Blatt Striegau, aufg. d. L. v. zur Mühlen, S. 35. Berlin 1925. — Lief. 210, Blatt Strehlen, aufg. d. J. Behr, S. 43. Berlin 1921.

[10] Wahlstatt, bearb. d. O. Tietze, S. 21, 24. Berlin 1925.

[11] Lief. 210, Blatt Strehlen, bearb. d. J. Behr, S. 45. Berlin 1921. — Lief. 189, Blatt Jordansmühl, bearb. d. O. Tietze, S. 39. Berlin 1914.

[12] Lief. 222, Blatt Wahlstatt, bearb. d. O. Tietze, S. 21, 24. Berlin 1925.

ist, wenn die Wasserverhältnisse geregelt sind, groß, doch sind sie meist bindiger[1] und schwerer zu bearbeiten als der Löß. Die Abtragung des Lößes ist so groß, daß bei starken Regengüssen die Fluten der Neiße und Katzbach und zugleich der Oder intensiv gelb gefärbt werden[2]. In den Erläuterungen zu Blatt Wahlstatt wird von O. Tietze betont, daß jede Art von chemischer Analyse heute noch nicht imstande sei, die Fruchtbarkeit oder Unfruchtbarkeit eines Bodens zu beweisen, da ohne Rücksicht auf die Physiologie der Pflanze das gesamte Nährstoffkapital[3], in welcher Form es auch vorliege, Berücksichtigung fände[3]. Ferner nütze die Pflanze mit ihrem jeweiligen Wurzelsystem den Boden nur lokal aus, während die Analyse ein Gesamtbild der Stoffe gebe[3]. Hinzu komme noch die durch die Probeentnahme bedingte Ungenauigkeit[3].

Die Schwarzerdeflächen zeichnen sich durch tiefgehende Humifizierung aus und enthalten meistens 2—3% Humus[4, 5]. Mit Ausnahme der Gegend von Rauschke[4] (Blatt Striegau) besitzt sie aber wegen zu geringer Ausdehnung nur wenig Bedeutung. Der Übergang der Lößböden zu den Schwarzerdeböden ist allmählich und besteht nur in der stärkeren oder schwächeren Humifizierung[4]. Die in alluvialer Zeit humifizierten Lösse können wesentlich humusreicher sein. Diese Humifizierung ist dann aber auf die obersten Dezimeter[6] beschränkt. Im Gegensatz zu dem Humus der Schwarzerdeböden ist der der rezenten Humusböden sehr leicht der Verwitterung ausgesetzt[7].

Die früher auf die Hochflächen beschränkte Ackerkultur wurde in letzter Zeit auch auf die guten Böden der höheren und steilen Kuppen und Hänge ausgedehnt, wo die Wälder gerodet wurden[4, 5]. Nachdem die steilen Hänge der Pflanzendecke beraubt waren, wurde die dünne Lößdecke von den starken Niederschlägen abgetragen, wodurch das Liegende, Sand, Geröll, Schotter oder andere unfruchtbare Gesteine zutage traten[4, 5]. Es folgten darauf niedrige Ernteerträge und besonders in trockenen Zeiten teilweise oder vollständige Mißernten[4].

Bei Freiburg kommen eigenartige Feinsande vor, die die vom Geschiebelehm und Geschiebesand gebildete erodierte Landschaft gleichmäßig auskleiden und bedecken[8]. Diese Bildungen sind äußerst feinsandig bis tonig, steinfrei, nicht humos, sondern hellgelblich gefärbt[8]. Die West- und Nordwestseite ist am dünnsten, die Kuppen oft gar nicht, die Ostseite am stärksten bedeckt[5]. Die Geschiebe zeigen in diesen Gebieten häufig Glättung und Dreikanterform[5]. Nähert man sich, aus dem Lößgebiete kommend, seiner Nordgrenze, so wird die Lößschicht immer dünner, bis sie ausbleibt[9, 10].

In dem gebirgigen Bereich des Blattes 115 der geologischen Spezialkarte ist der Löß wieder sehr ungleichmäßig ausgebildet, oft nur in Fetzen vorhanden, er ist meist in Gehängelehm verwandelt[11, 12]. Wo die Gehängelehmdecke mächtig genug ist und im Liegenden noch echten Löß besitzt, wie es in größerer Aus-

---

[1] Lief. 222, Blatt Wahlstatt, bearb. d. O. Tietze, S. 21, 24. Berlin 1924.

[2] Lief. 222, Blatt Wahlstatt, bearb. d. O. Tietze, S. 17, 21. Berlin 1925.

[3] Lief. 222, Blatt Wahlstatt, bearb. d. O. Tietze, S. 20, 21. Berlin 1925.

[4] Lief. 222, Blatt Striegau, aufg. d. L. von zur Mühlen, S. 35, 36, 39. Berlin 1925.

[5] Lief. 210, Blatt Strehlen, aufg. d. J. Behr, S. 43, 44. Berlin 1921.

[6] Lief. 189, Blatt Jordansmühl, aufg. d. O. Tietze, S. 37, 38. Berlin 1914.

[7] Lief. 210, Blatt Strehlen, aufg. d. J. Behr, S. 43. Berlin 1921.

[8] Lief. 145, Blatt Freiburg, aufg. d. G. Berg, E. Dathe u. E. Zimmermann, erl. d. E. Dathe u. E. Zimmermann, S. 131, 132. Berlin 1912.

[9] Lief. 210, Blatt Strehlen, aufg. d. J. Behr, S. 34. Berlin 1921. — Lief. 222, Blatt Wahlstatt, aufg. d. O. Tietze, S. 16. Berlin 1925.

[10] Lief. 189, Blatt Jordansmühl, aufg. d. E. Dathe, S. 30. Berlin 1914.

[11] Lief. 115, Blatt Wünschelburg, aufg. d. E. Dathe, S. 47. Berlin 1904.

[12] Lief. 115, Blatt Neurode, aufg. d. E. Dathe, S. 134, 135. Berlin 1904.

dehnung von 3 km² am rechten Gehänge des Eckersdorfer Baches vorkommt, ist der Boden fruchtbar und trägt alle Fruchtarten[1].

Wie auch schon in anderen Lößgebieten, so zeigt meist der Löß in seinen unteren Schichten in Schlesien eine Wechsellagerung und Bänderung, oft auch Einschwemmungen während seiner Bildung[2]. Große zusammenhängende Lößdecken breiten sich südlich von Breslau aus; sie sind meistens immer nur 2 m mächtig, in den ebeneren Flächen mit Windschliffsohle ausgebildet und fast stets entkalkt[3]. Inselartig sind über das ganze Gebiet Schwarzerden verbreitet mit oft 1 m tiefem Humushorizont, der sich während der Steppen- oder Waldperiode gebildet haben soll[4].

Die vorstehende Zusammenstellung der geologisch-agronomischen Angaben über das Verhalten des Lösses in der Lößzone zeigt ein außerordentlich verschiedenes Verhalten dieses an sich gleichmäßigen Gesteins bei der Bodenbildung. Außer den hochwertigen Schwarzerden sind daraus auch braune Böden, „Grauerden", Flottlehme, Flottsande entstanden, so daß die geologischen Bearbeiter vielfach an der Zugehörigkeit zum Löß gezweifelt haben. Dabei wird gelegentlich die Bedeutung des Waldes hervorgehoben. Auch die Wirkungen des Reliefs, wie Verschwemmungen, Einschwemmungen, Vernässung, gehen aus den Beschreibungen hervor.

Bodenmorphologisches. Unter den Bodentypen des Lösses ist in Deutschland am längsten die „Schwarzerde" aufgefallen, die allerdings, wenn O. v. Linstow mit seiner Deutung der Köthener Schwarzerde recht hat, verschiedener Entstehung sein kann. Teils haben sie steppenartigen, teils anmoorigen Charakter, wobei nicht zu leugnen ist, daß gewisse Beziehungen zwischen diesen bestehen. Einer der ersten, der in der älteren wissenschaftlichen Literatur auf die Schwarzerde aufmerksam machte, war A. Orth[5]. Bekannt waren ihm Schwarzerdegebiete in Niederschlesien südlich und nördlich der Oder, in Westpreußen bei Mewe und in der Provinz Sachsen. Von der Zobtener Gegend bis zur Oderniederung bei Breslau ist die Schwarzerde in Schlesien verbreitet. Man findet sie auf Sand, Lehm, Mergel und Ton, auf Anhöhen wie an den Abfällen der Hügel und in den muldeartigen Vertiefungen. Am dunkelsten ist die Farbe in der Tiefe der flachen Mulden. Häufig ist auch die Oberkrume kalkhaltig. Der Diluvialmergel des Untergrundes zeigt bisweilen niedergeschlagenen Kalk und hat dunkelgrau bis braune Farbe. A. Orths Profile des niederschlesischen Vorkommens zeigen z. T. bereits eine erhebliche Veränderung der Schwarzerde. Später hat Stremme eine Anzahl von Schwarzerdevorkommen teils untersucht, teils aus der Literatur zusammengestellt[6], wobei er auf die vielen unsicheren Angaben in den Erläuterungen der geologisch-agronomischen Karten hinwies. 1918 und 1919 sind dann die Arbeiten von K. v. See[7] und V. Hohen-

---

[1] Lief. 115, Blatt Wünschelburg, aufg, d. E. Dathe, S. 47. Berlin 1904.

[2] Lief. 180, Blatt Jordansmühl, aufg. d. E. Dathe, S. 30. Berlin 1914.

[3] Lief. 179, Blatt Schmolz, aufg. d. O. Barsch u. O. Tietze, S. 13, 14, 15 Berlin 1911. — Lief. 179, Blatt Kattern, aufg. d. O. Barsch u. O. Tietze, S. 15, 16, 17. Berlin 1911. — Lief. 179, Blatt Gr.-Nädlitz, aufg. d. O. Barsch u. O. Tietze, S. 19. Berlin 1911. — Tietze, O.: Die geologischen Verhältnisse der Umgegend von Breslau. Jb. kgl. preuß. geol. Landesanst. 31, 1, S. 258 (1910). — Dittrich, G.: Neue geologische Beobachtungen aus der Breslauer Gegend. Ebenda 35 II, 104 (1904).

[4] Lief. 179, Blatt Schmolz, bearb. d. O. Barsch u. O. Tietze, S. 13, 14, 15. Berlin 1911. — Lief. 179, Blatt Kattern, bearb. d. O. Barsch u. O. Tietze, S. 15, 16, 17. Berlin 1911.

[5] Orth, A.: Geognostische Durchforschung des schlesischen Schwemmlandes, S. X, 71. Berlin 1872.

[6] Stremme, H.: Geol. Rdsch. (Branca-Festschr.) 1914, 53—63.

[7] See, K. v.: Beitrag zur Kenntnis zweier Schwarzerdevorkommen in Deutschland. Internat. Mitt. Bodenkde. 8, 123—152 (1918).

STEIN[1] erschienen, welche weiteres Material zur Untersuchung der Schwarzerde-vorkommen brachten. Von den Schwarzerden der Lößzone hat ersterer die der Magdeburger Börde, letzterer die niederschlesische untersucht. Aus der Börde möge hier ein Profil v. SEEs folgen.

Grauwackensteinbruch von Olvenstedt bei Magdeburg.

A 0,55 cm, humoser, entkalkter Boden, durchweg locker und porös, bei starker Trocken-heit Neigung zu staubigem Zerfall. Unter dem z. T. feinfilzigen Wurzelhorizont (bis 6 cm) folgt bis 30 cm eine graubraune Zone mit stellenweise gut ausgeprägter Krümel-struktur, darunter mit deutlicher Grenze bis 55 cm eine in feuchtem Zustande fast schwarze, humose Schicht, mit Neigung zu unregelmäßig polyedrischer Absonderung. Maximum der Dunkelfärbung etwa in der Mitte; weiße Anflüge von entkalktem, grau-gelbem Löß, die mit einer gelblichweißen, plötzlich sehr karbonatreichen Zone den Übergang zum Löß bilden.

C etwa 120 cm, gelber bis graugelber, im trockenen Zustande weißlicher, poröser Löß von äußerlich völlig homogener Beschaffenheit und Farbe, ohne Andeutung einer Schichtung. An seiner Basis kleinere Gerölle, jedoch keine eigentliche Steinsohle in Gestalt einer zusammenhängenden Schicht. Dann folgen die mit rötlicher Farbe ver-witternden, blaugrauen und feinkörnigen Grauwacken bzw. Sandsteine des Culm von unbekannter Mächtigkeit.

Aus der Gesamtheit der Merkmale dieser und anderer von ihm mitgeteilten Profile schließt K. v. SEE, daß sich die Entstehung dieses Bodens von Anfang an wesentlich und in einer Richtung vollzog, was hinsichtlich der klimatischen Faktoren insofern einen Rückschluß gestattet, als sich diese für das Gebiet der Börde seit jungdiluvialer Zeit in stärkerem Maße, wenigstens in einseitiger Richtung, nicht geändert haben dürften. Unzweifelhafte Merkmale dafür, daß der Bördeboden einst stärker durchfeuchtet war oder dafür, daß er gegenwärtig unter dem Einfluß größerer Durchfeuchtung steht als in jüngster geologischer Vergangenheit, fehlen; in keinem der beobachteten Aufschlüsse waren eindeutige Beweise für eine früher andersgeartete Bodenbildung oder für eine gegenwärtige Veränderung (Degradation) des Bodens zu finden, und wenn bezüglich des letzteren Punktes ein Schluß gerechtfertigt wäre aus einem Profil, bei welchem Grundwasser sehr nahe an den unveränderten Humushorizont herankommt, so wäre überhaupt der heutige Bördeboden solchen Vorgängen, die auf eine „Ent-artung" hinauslaufen, nur unter intensiver Umgestaltung der jetzigen klima-tischen Faktoren zugänglich.

V. HOHENSTEIN hat der niederschlesischen Schwarzerde südlich Breslau eine eingehende Untersuchung zuteil werden lassen. Von seinen zahlreichen Profilen möge das folgende wiedergegeben sein.

Lehmgrube bei Trebnig (Blatt Jordansmühl), 170 m über NN. Unter Festuca ovina, Achillea millefolium usw.

*A*₁ 25 cm, kaffeebrauner, humoser Lehm, krümelig.

*A*₂ 20 cm, schwarzbrauner, stark humoser Lehm mit reichlichen Wurmkrümeln und Wurmgängen.

*A*₃ 12—15 cm, dunkelbraun gesprenkelter, humoser Lehm, feinporig, nicht besonders fest, häufig senkrechte Wurmgänge.

B 20 cm, brauner bis gelbbrauner Lehm, feinporig, nicht besonders fest, häufig senk-rechte Wurmgänge.

C 280 cm, gelber, sehr feinkörniger, typischer Löß mit reichlichen Lößkrümeln, untere 50 cm rostfarbig geflammt und fest, zu unterst schwach sandig werdend und dadurch gebändert.

Darunter: 55 cm, brauner, sandiger, kalkhaltiger Lehm, geschichtet.

Darunter: 150 cm, helle, diluviale, kalkarme Sande und sandige Kiese, obere 30 cm rostbraun, die folgenden 20 cm schwach rostbraun.

---

[1] HOHENSTEIN, V.: Die ostdeutsche Schwarzerde. Internat. Mitt. Bodenkde. **9**, 1—31, 125—177 (1919).

Durchschnittlich ist die Schwarzerde Niederschlesiens nach V. Hohenstein 50—60 cm mächtig, doch kann sie zumeist infolge Auflagerung auf 80—100 cm anwachsen. Häufig sind Tierlöcher von Wühlern vorhanden. Viele Profile zeigen Veränderung der Schwarzerde infolge Auftretens schmutzig-rotbrauner Häutchen von Eisenoxyd in einem Horizont zwischen A und C. Sie bedeckt gleichmäßig die verschiedenartigsten Gesteine, doch ist ihr petrographischer Charakter jeweils vom Untergrunde abhängig. Der Humusgehalt schwankt in vier Analysen von 2,29—3,76%, der Stickstoffgehalt von 0,05—0,18%. Über 1000—1200 km² der Breslauer Gegend sind mit der Schwarzerde bedeckt. Sie dürfte unter dem Einflusse einer reichen Steppenvegetation entstanden sein. Nach E. Schalow[1] besteht die gegenwärtige Flora aus einem bunten Gemisch von Steppenpflanzen, anspruchsvollen Sumpf- und Moorpflanzen und etlichen Halophyten. Es mögen noch zwei Profile folgen, die P. F. v. Huene[2] gelegentlich seiner Kartierungsarbeiten 1929 in Thüringen aufgenommen hat (Abb. 102).

Weißensee, nördlich Erfurt.

A 34 cm, schwarzer, stark humoser, kalkhaltiger Löß, ausgezeichnete Krümelung (Vielkantigkeit und Porosität der Krümel), sehr locker, Wurzel-, Tier- und Wurmlöcher, senkrechte Risse, die mit Kalkanflug bedeckt waren.

C 17 cm, gelber, kalkhaltiger Löß, unverändert.
Kalkhaltiger Flußschotter.

Westlich Andisleben bei Erfurt.

A 69 cm, schwarzer, stark humoser, kalkhaltiger Löß, gute Krümelung, vielkantig, z. T. rundliche Krümel, stark durchwurzelt, gut porös, zahlreiche Wurm- und Tierröhren.

G grauschwarzer Lößlehm mit helleuchtenden Rostflecken, gut humos mit Wurzeln und Poren. Mit HCl nicht brausend.

Die Degradation der Schwarzerde[3] geht nach v. Huenes Beobachtungen in folgenden Stufen vor sich. Die erste Stufe ist nur bei genauer Untersuchung feststellbar. Der untere Teil des A-Horizontes weist hellere Flecken und Streifen auf. Dies ist das erste Merkmal der beginnenden Podsolierung. Die gute Krümelung (vielkantig oder nußartig) verliert sich allmählich. Es sind neben vielkantigen Krümeln scharfkantige, querprismatische vorhanden. Die ausgezeichnete Struktur zeigt Merkmale der Verschlechterung, sie wird schwach plattig. Der Kalkgehalt wird geringer. Doch zeigt diese Stufe noch die meisten Vorzüge der echten Steppenschwarzerde, so daß sie bei einer Übersichtskartierung zu dieser gerechnet werden kann. Ein Beispiel ist das folgende:

Südlich des Kyffhäusers unter Acker.

A_1 61 cm, schwarzer, gut humoser, meist entkalkter Löß, nur stellenweise mit Salzsäure aufbrausend. Die Krümelung ist noch gut, stellenweise jedoch querprismatisch. Zahlreiche Poren, Wurzel-, Tier- und Wurmgänge, Tierhöhlen.

A_2 2 cm, wie A_1, jedoch mit dunkelgraubraunen Flecken, die zuweilen in Streifen übergehen. Der Übergang zu C ist allmählich und wellig.

C unveränderter kalkhaltiger Löß.

Die zweite Stufe der Degradation weicht schon wesentlich von der echten Steppenschwarzerde ab. Der untere Teil des A-Horizontes zeigt deutlich hellbraune Flecken und Streifen. Die Flächen der Krümel zeigen Staub von Kieselsäure, und auch die übrigen Degradationserscheinungen sind viel stärker ausgeprägt. In der oberen Schicht des C-Horizontes treten braune Humus- und

---

[1] Schalow, E.: Die ostdeutschen Schwarzerdegebiete. Ostdtsch. Naturwart 1924, 172.
[2] Huene, P. F. v.: a. a. O., S. 45. Danzig 1930.
[3] Vgl. darüber die Profile M. Sellkes in H. Stremme: Degradierte Böden, Handbuch III, 514—515, aus den mitteldeutschen Lößgebieten südlich Hannover und in Braunschweig.

rötliche Rostflecken auf. Man bemerkt hier Spuren von eingeschwemmtem, diffus verteiltem Humus in der ganzen oberen Schicht des Muttergesteins. Demnach ist der B-Horizont in der Bildung begriffen, aber noch nicht gut ausgeprägt. Z. B.:

10 km nordwestlich Mühlhausen in Thüringen. Kuppe; Ackerland.

A_1 36 cm, schokoladenbrauner Lößlehm, gut humos, mild, zahlreiche Wurm- und Wurzelporen, Tierlöcher, scharf- und vielkantige Krümel. Die vielkantigen Krümel sind jedoch vorherrschend. Kalkgehalt ist mit HCl nicht festzustellen.

A_2 17 cm, brauner Lößlehm, scharfeckig, bröckelig. Die scharfeckigen Krümel zeigen auf den Flächen weißen Staub von SiO_2 (durch die Lupe deutlich zu erkennen). Hellbraune Humus- und helle Rostflecke kommen im ganzen Horizont vor. Zahlreiche Nadelstichporen. Auf den senkrechten Spalten ist schwarzbrauner Humus reichlich abgelagert. Mit HCl nicht aufbrausend.

B 60 cm, gelber Lößlehm, scharfkantige Krümel. Dunkelbraun und helle Rostflecken. Hellbräunlicher Humus ist im ganzen Horizont diffus verteilt.

C gelber Lößlehm.

Die dritte Stufe ist der zweiten ähnlich. Sie hat jedoch einen gut ausgeprägten B-Horizont, der von A und C deutlich abgegrenzt ist. Nachstehend ein Profil dieser Stufe.

Südlich Bad Nauheim in Hessen.

A 39 cm, schwarzbrauner, stark humoser, entkalkter Löß, Kalkgehalt mit HCl nicht feststellbar. Gute Krümelung. Prismatische Krümelchen vorherrschend. Zahlreiche Wurm-, Tier- und Wurzelröhrchen, Tierlöcher. Stark durchwurzelt.

B 43 cm, brauner, entkalkter Lößlehm mit hellbraunen Flecken und Streifen, gute Krümelung (prismatisch und porös). Kalkgehalt mit HCl nicht feststellbar. Zahlreiche Röhren, gut durchwurzelt.

C gelber Löß, kalkhaltig, porös.

Die vierte Stufe zeigt in der unteren Schicht des A-Horizontes deutlich Merkmale der Bleichung. Der Typus wird podsolig. Beispiel:

Östlich Ossenhein, Kreis Friedberg in Hessen.

A 18 cm, schwarzer, stark humoser, entkalkter Löß, mit HCl nicht aufbrausend, querprismatisch, poröse Krümel. Stark durchwurzelt, Tier- und Wurmröhren. In 15—18 cm Tiefe treten hellgraue Flecken mit schwach gebleichten Quarzkörnern auf.

B_1 55 cm, hellbrauner, gut humoser, entkalkter Löß, mit HCl nicht aufbrausend, die Krümel sind prismatisch und porös, zahlreiche Wurm- und Tierröhren. Hier kommen schwarze, humose Flecken vor.

B_2 68 cm, dunkelbrauner, gut humoser, entkalkter Löß, mit HCl nicht aufbrausend, dunkler, humoser Anflug auf den Spaltflächen. Gute Krümelung.

C bunter, tertiärer Ton, davon nur weißgraue Schichten mit HCl aufbrausend.

Die fünfte Stufe hat bereits deutlich ausgeprägten Podsolhorizont. Beispiel:

Zwischen Nieder- und Oberkaufungen bei Kassel.

A_1 54 cm, schwarzer, entkalkter Löß mit bräunlichem Schimmer, stark humos, mit HCl nicht aufbrausend, vielkantige Krümel kommen einzeln vor. Senkrechte Risse. Tier- und Wurmröhren.

A_2 2 cm, graubrauner, entkalkter Lößlehm mit gebleichten Quarzkörnern, hellgraubraune Flecken und Streifen, gut humos.

B 19 cm, kaffeebrauner Löß, mit HCl nicht aufbrausend. Gut humose Wurmröhren, schwache Rostflecken, querprismatische Krümel.

C graugelber, sandiger Lößlehm.

Zum Vergleich mit diesen degradierten Steppenschwarzerden mögen einige Profile brauner Waldböden dienen. Es werden ungebleichte, fleckig oder streifig gebleichte und schichtig gebleichte unterschieden. Je nachdem, ob der typische Horizont oben, in der Mitte oder unten im gesamten B-Horizont sitzt, unterscheidet P. F. v. HUENE verschiedene Stufen, die er mit I, II, III bezeichnet.

Nicht gebleichter, brauner Waldboden, Stufe I.

Südlich Wendeberg, Grafschaft Hohenstein, unter Acker.

A 31 cm, braungelber, gut humoser, kalkhaltiger Löß, krümelig, locker.

B 81 cm, braungelber Löß, mit HCl sehr schwach aufbrausend. Braune Humus- und hellgelbe Rostflecken. Nach der Tiefe zu finden sich einzelne Kalkhumustrümmer. Zahlreiche Wurm- und Wurzelröhren. Polygonalstruktur.

C Trochitenkalkstein mit plattigen Tonbänken.

Nichtgebleichter, brauner Waldboden, Stufe II.

Blankenburg, Kreis Langensalza, unter Acker.

A 25 cm, graugelber, humoser, kalkhaltiger Löß mit guter Krümelstruktur.

B_1 107 cm, gelber, kalkhaltiger Löß mit schwachen Humusspuren, die diffus verteilt sind, porös und gut durchwurzelt.

B_2 50 cm, gelber, kalkhaltiger Löß, schwach verlehmt mit braunen Humus- und schwachen Rostflecken, Polygonalstruktur. Zahlreiche Poren und Wurmröhren, mit HCl nicht aufbrausend.

C gelber, unveränderter, kalkhaltiger Löß.

Diese nicht gebleichten braunen Waldböden unterscheiden sich grundlegend von den degradierten Schwarzerden durch die wesentlich hellere Farbe ihrer humosen Horizonte. Auch wenn sie kalkhaltig sind und unter Acker liegen, ist ihre Oberkrume dennoch hell und nicht schwarz, ohne aber Merkmale der Podsolierung aufzuweisen. Der Kalkgehalt ist auf späteres Wiederaufsteigen zurückzuführen, was man in hochkapillaren Gesteinen wie dem Löß sehr häufig findet und was während des Jahres beständig wechseln dürfte. Wenn diese Böden sich aus degradierter Schwarzerde entwickelt haben, so würde hier eine sehr viel weitergehende Degradation vorliegen, die die Richtung auf den Humuszerfall der Krume genommen hat. Das nachstehende Profil eines podsolierten braunen Waldbodens der Stufe I mit dunklen Humusflecken im A_2-Horizont läßt diese Richtung vermuten.

Ebeleben in Thüringen, unter 40jährigem Buchen-Eichen-Wald.

A_1 5 cm, schwarzgrauer, entkalkter Löß, mit HCl nicht aufbrausend, gut humos, zahlreiche Krümel. Gut durchwurzelt.

A_2 22 cm, hellgelblichbraun, sehr schwach podsolierter, entkalkter Löß, mit HCl nicht aufbrausend, gute Krümelstruktur, zahlreiche Tier- nnd Wurmröhren, stark durchwurzelt, dunkle Humusflecken.

B 58 cm, gelbbrauner, entkalkter Löß mit dunkelbraunen Humusflecken, Polygonalstruktur, stark durchwurzelt, Wurmröhren und Poren, mit HCl nicht aufbrausend. Darunter: graue Kalkplatten der Nodosenschicht des oberen Muschelkalks mit grünlichem Tonmergel.

Ein Profil eines podsolierten braunen Waldbodens der Stufe III ist das folgende:

Sondershausen, unter 30jährigem Fichtenwald.

A_0 1 cm, schwach ausgebildete Rohhumusschicht.

A_2 7 cm, grauer, entkalkter Löß, gut humos, podsoliert.

B_1 31 cm, gelber, entkalkter Löß mit zahlreichen Poren und Wurzeln, mit HCl nicht aufbrausend.

B_2 22 cm, hellgelber, schwach kalkhaltiger Löß mit starkem Wurzelnetz, Krümelstruktur, mit HCl schwach aufbrausend.

B_3 27 cm, hellbrauner Lößlehm mit dunkelbraunen Humusflecken, Polygonalstruktur, zahlreiche Poren, Wurzeln und Wurmröhren.

C_1 19 cm, gelber, kalkhaltiger Löß. Darunter: stark verwitterter, rotbrauner, sandiger Lehm des mittleren Buntsandsteins.

In den Randgegenden der Magdeburger Börde hat v. Huene außer den Schwarzerden einen langsamen Übergang in degradierte Steppenschwarzerde aller fünf Stufen gesehen, aus denen sich wiederum die braunen Waldböden, ungebleicht und gebleicht, entwickeln.

Im Thüringer Lößgebiet nehmen die braunen Waldböden ebenfalls größere Randgebiete der Steppenschwarzerden ein.

Auf dem entkalkten, verlehmten Löß des Flämings liegen schwachpodsolierte braune Waldböden erster und zweiter Stufe. Der spezifische Horizont war in beiden Fällen gut ausgeprägt. Die humose Krume ist unter Acker 18 bis 20 cm mächtig und zeigt deutliche Spuren der Podsolierung. Unter Wald ist der Podsolhorizont gut ausgeprägt.

Die Lößböden des Freistaates Sachsen sind von G. KRAUSS und F. HÄRTEL[1] morphologisch und nach Bodenarten kartiert worden. Der größte Teil der Lößzone wird als schwach podsolierte Waldböden bezeichnet und hat die Signatur, welche auf der Europakarte für braune Waldböden, schwach podsoliert, verwandt wurde. Bei Pirna sind sie mäßig podsoliert. In der oberen Lausitz ist keine dieser Typen angegeben, sondern es heißt nur: Wesentlich durchsetzt von unentwickelten Böden der steilen Hänge. Doch erinnert die Signatur (senkrechte Strichellinien) an die mäßig podsolierten Waldböden (senkrechte Volllinien).

Das schlesische Lößgebiet zeigt nach der Kartierung von W. WOLFF nur z. T. Schwarzerde, der weitaus größte Teil hat braune Waldböden, nach dem Gebirge zu und in Oberschlesien auch podsolige Waldböden.

In der Lößregion des Niederrheins hat K. SCHLACHT[2] Profile aufgenommen, die teils mehr den Charakter ziemlich heller, grauer Steppenschwarzerden mit 60—70 cm A-Horizont einschließlich Übergang zu C, teils mehr den von degradierter Schwarzerde oder braunen Waldböden haben. Die Örtlichkeiten sind die Umgebung von Bonn und die Gegend von Sechtem nordwestlich Bonns mit dem akademischen Gute Dikopshof[3].

Das mitteldeutsche Bergland (Abb. 102).

Übersicht: Das mitteldeutsche Bergland schließt sich südlich an die westdeutsche Lößzone an, während die der Provinz Sachsen und von Thüringen es im Osten und Südosten umfassen. Es sind zum großen Teile die alten, stark abgetragenen Rumpfgebirge, an die sich im Nordosten das subherzynisch-nordwestfälische Berg- und Hügelland und im Südosten das hessische Bergland anschließen. Von den Bergländern wird das Eger-Fulda-Becken umschlossen.

In klimatisch-floristischer Hinsicht sind es die nördlichen Kreise von E. WERTHS[4] Bezirk des Berg- und Hügellandes (Abb. 100). Es sind Eifelkreis, Hunsrückkreis, Sauerland Westerwald-Kreis, Taunus-Kreis, subherzynisch-nordwestfälischer (Weser-) Berg- und Hügellandkreis, der Kreis des Eder-Fulda-Beckens und der hessische Berglandkreis. Die Wetterau rechnet E. WERTH zu den west- und süddeutschen Ebenen. Landwirtschaftlich ist es durch die Haferregion des mitteldeutschen Berglandes gekennzeichnet (30—50% der Gesamtgetreidefläche). In waldlicher Hinsicht hat es Anteil am westdeutschen Buchengebiet, und zwar an den Untergebieten mit vorwiegend Mittel- und Niederwald (durchschnittlich 30—40% der Waldfläche) und mit vorwiegend Hochwald (durchschnittlich 29—37%). Im Eifelkreis schwankt die jährliche Regenmenge,

[1] KRAUSS, G., u. F. HÄRTEL: Schematische Übersichtskarte der Verbreitung der natürlichen Bodentypen Sachsens. Tharandt u. Leipzig 1929. — Vereinfachte Übersichtskarte der Hauptbodenarten Sachsens. Leipzig 1929. In G. KRAUSS u. F. HÄRTEL: Bodenarten und Bodentypen in Sachsen. Tharandter Forstl. Jb. **81**, 131—147 (1930).

[2] STREMME, H., u. K. SCHLACHT: Über Steppenböden des Rheinlandes. Chem. Erde **3**, 40—43 (1927).

[3] KAISER, E.: Das akademische Gut Dikopshof. Preuß. geol. Landesanst. Berlin 1906.

[4] WERTH, E.: Klima- und Vegetationsgliederung in Deutschland. Mitt. biol. Reichsanst. Berlin **33**, Hauptkarte, Taf. 7, 8, S. 19—21 (1927).

von Nordwest nach Südost abnehmend, zwischen 1000 und 600 mm. Das mittlere Jahresminimum liegt unter —12⁰, die mittlere Januartemperatur etwa zwischen 0 und —2⁰. Die mittlere Julitemperatur schwankt je nach der Höhenlage zwischen rund 13 und 17⁰. Trotz der verhältnismäßig geringen, im Maximum nicht ganz 700 m erreichenden Erhebung über dem Meeresspiegel ist der nordwestliche, in ozeanische Lage vorgerückte Teil (Hohes Venn) sehr waldarm und von Mooren bedeckt. Im Osten und namentlich Südosten ist der Bezirk waldreicher und der Waldwuchs beträgt hier verschiedentlich durchschnittlich bis an 45 % der Bodenfläche. In den waldarmen Teilen treten Wiesen- und Weidewirtschaft und ein bescheidener Ackerbau (Hafer) an Stelle der Forstwirtschaft. Der Hunsrückkreis umfaßt den Hunsrück und das Pfälzer Bergland, so daß seine Südgrenze mit der Grenze zwischen älterem Gebirge und der Triasformation zusammenfällt. Er ist waldreicher als der vorige Kreis. Die Waldbedeckung erreicht mehrfach gegen 50 % der Bodenfläche und mehr. Die durchschnittliche jährliche Regenmenge erreicht nur an den höchsten Stellen 1000 mm, ist sonst aber bedeutend geringer. Das mittlere Jahresminimum beträgt ungefähr —16⁰, die Mitteltemperatur des Januars liegt zwischen —0,5 und —1,5⁰, die mittlere Julitemperatur im allgemeinen zwischen 16 und 18⁰. Der Sauerland-Westerwald-Kreis ist regenreicher als die vorigen. Die jährliche Regenmenge beträgt in großen Gebieten über 1000 mm, vielfach über 1200 mm. Die mittlere jährliche Zahl der trüben Tage geht bis über 200, die sonst nur noch im Harz erreicht wird. Der Bezirk ist sehr waldreich. In großem Umfange erreicht der Wald durchschnittlich über 45 % der Landoberfläche. Das mittlere Jahresminimum liegt ungefähr zwischen —12 und —16⁰. Die mittleren Jahrestemperaturen liegen je nach der Höhenlage etwa zwischen 0 und —3⁰, die Julitemperaturen etwa zwischen 17 und 13⁰. Der Taunuskreis ist wesentlich regenärmer. Die jährliche Regenmenge erreicht nirgends 1000 mm. Er ist aber gleichfalls sehr waldreich und gehört schon ganz zu dem westdeutschen Buchenhochwaldgebiet mit durchschnittlich 29—37 % Waldfläche. Das mittlere Jahresminimum liegt etwa zwischen —13⁰ und —16⁰. Die mittlere Januartemperatur beträgt im Taunuskreis 0 bis —2⁰, die Julitemperatur nicht viel unter 17⁰. Die vorherrschenden Ackerbaupflanzen sind Hafer und Gerste. Der Kreis des subherzynisch-nordwestfälischen Berg- und Hügellandes wird vom Harzbezirk überragt. Der Klimacharakter weicht nicht unerheblich von dem des übrigen Berglandes ab. Die mittleren Januartemperaturen sind vielfach wärmer als —1⁰ und gehen bis —2⁰ herunter. Die mittlere Julitemperatur liegt nahe an 17⁰ und fällt im Minimum an der Unstrutquelle auf 15,8⁰. Die jährliche Regenmenge sinkt stellenweise unter 600 mm und erreicht nur ausnahmsweise 900 mm. Die Waldbedeckung ist nirgends mehr als 40 %. Auf den Höhen herrscht Buchenhochwald, in den Tälern fruchtbarer Ackerboden. Die Nadelwaldregion des Harzes ist schon infolge ihres Waldbestandes ein Fremdkörper im subherzynischen Berglande, auch infolge des hohen Niederschlages, der bis über 1600 mm hinaufgeht. Die gleichen Charaktere treten in den südlichen Randgebirgen und im Schwarzwald auf, mit denen klimatisch-floristisch engere Beziehungen bestehen als mit dem umgebenden Berglande. Boreale Florenelemente, wie Empetrum nigrum, Betula nana, Linnaea borealis, Polygonum viviparum, kennzeichnen den Oberharz. Der Ackerbau tritt stark zurück, an seiner Stelle erscheinen Viehzucht und Weidewirtschaft. Große geschlossene Waldbestände sind vorhanden. Das Eder- und Fuldabecken ist ein ausgesprochenes Trockengebiet mit unter 600 mm herabgehender jährlicher Regenhöhe. Das mittlere Jahresminimum liegt um —16⁰, das Januartemperaturmittel zwischen —1 und etwa —2¼⁰. Die Julitemperaturen liegen ungefähr zwischen 15 und nahezu 17⁰.

Der Ackerboden überwiegt, doch ist die Waldbedeckung (vorwiegend Buche) nicht gering. Das hessische Bergland umschließt im Norden, Osten und Süden das Eder-Fulda-Becken. Es trägt auf den Höhen ausgedehnte Wälder, es ist das eigentliche Buchenwaldgebiet des Berg- und Hügellandes Deutschlands. In den Tälern findet sich reich entwickelter Ackerbau mit Hafer als Hauptgetreideart. Gemäß seiner Lage im Regenschatten des mitteldeutschen Berglandes ist dieser Kreis nicht sehr niederschlagsreich. Die durchschnittliche jährliche Regenmenge steigt nur an wenigen Stellen bis auf 800 mm und erreicht nur auf dem Vogelsberg und in der Rhön 1000 mm. Die Januartemperaturen gehen bis auf -4^0 herab, die Julitemperaturen schwanken etwa zwischen 13 und nahezu 17^0.

Die Bodentypen sind außerordentlich mannigfaltig entwickelt. In den Becken finden sich Steppenschwarzerden, degradierte Schwarzerden und braune Waldböden. Soweit Kalkstein, Dolomit und Gips an der Oberfläche liegen, haben wir Rendzina und degradierte Rendzina, dazu aber in einigen Wäldern der Thüringer Randgebirge einen humusarmen Karbonatboden. Die bunten Mergel des mittleren Keupers haben einen humusarmen AC-Typus, Basalte, Diabase und ihre Tuffe eine Art Schwarzerde auch in manchen Wäldern, dazu Degradationsstufen. Bleiche Waldböden sind sehr häufig, als besonderer Typus ist ein vernäßter Waldboden, Molkenboden, beschrieben worden. Auch andere nasse Böden sind häufig.

Geologisch-Agronomisches. Der nordwestliche Teil des mitteldeutschen Berglandes besteht aus den stark abgetragenen varistischen Rumpfgebirgen, deren Schichten hauptsächlich der Devonformation angehören. Die linksrheinischen Teile des Schiefergebirges sind der Hunsrück und die Eifel.

Der Hunsrückschiefer und die bunten Schiefer des Oberdevons verwittern meist zu einem genügend tiefen, lehmigen Boden mit größeren Gesteinsbrocken, der sich, wo er nicht zu stark geneigt ist, zum Ackerbau eignet[1, 2, 3]. Taunusquarzit gibt nur einen wenig tiefgründigen und leichten Boden ab[1, 2, 4], der meist mit Wald bestanden ist. Der aus letzterem entstandene Quarzitschutt, der einen schweren, tiefgründigen, aber wegen der großen Blöcke schwer zu bearbeitenden Boden abgibt, trägt ebenfalls Wald[1]. Das Unterliegende besitzt auch tiefgründige gute Ackerböden mit guten Erträgen, die mäßig bis sehr schwer sind, je nachdem sie aus Sandsteinen und Konglomeraten oder aus Schiefertonen entstanden[1, 2, 3] sind. Die Eruptivgesteine mit an und für sich recht ertragsfähiger Oberkrume bilden meist nur Waldgebiete oder Ödungen, da sie sehr schwer und sehr wenig tief verwittern[1, 2]. Kalk fehlt fast allen Böden, sowohl den Quarzit- als auch den Hunsrückschieferböden[2, 3]. Den meisten fehlt auch Phosphorsäure. Dagegen sind sie wegen der Glimmerverwitterung meist kalireich[3]. Wo die Neigung des Geländes zu groß wird, ist auf keinem Verwitterungsboden Ackerbau zu betreiben, da allein die Abwaschung durch Regengüsse schon zu groß ist. Diese Böden tragen meist Wald[5] (entweder Eichenschälwald oder Hochwald[3, 6]). Die Grenzneigung beträgt etwa 15 %[7]. Stellenweise ist der Hunsrückschiefer nicht vollständig verwittert. Er zeigt dann einen blättrigen Zerfall, ist locker, wenn auch tonig, kalkarm, aber kalireich[8, 3]. Die nach Süden,

[1] Lief. 63 Blatt Buhlenberg, bearb. d. H. Grebe u. A. Leppla, S. 36. Berlin 1898.
[2] Lief. 63 Blatt Oberstein, bearb. d. A. Leppla, S. 51. Berlin 1898.
[3] Lief. 79 Blatt Sohren, bearb. d. H. Grebe u. A. Leppla, S. 12. Berlin 1901.
[4] Lief. 63 Blatt Schönberg, bearb. d. H. Grebe u. A. Leppla, S. 16. Berlin 1901.
[5] Lief. 63 Blatt Morscheid, bearb. d. H. Grebe u. A. Leppla, S. 17. Berlin 1898.
[6] Lief. 79 Blatt Neumagen, bearb. d. A. Leppla, S. 22. Berlin 1901.
[7] Lief. 78 Blatt Waxweiler, bearb. d. A. Leppla, S. 34, 35. Berlin 1908.
[8] Lief. 79 Blatt Bernkastel, bearb. d. A. Leppla, S. 24, 25. Berlin 1901.

Südosten, Südwesten, Osten und Westen gewendeten steilen Abhänge des Moseltales und der angrenzenden Nebentäler dienen mit ihren sehr lockeren, leicht bearbeitbaren, kalireichen Schieferschuttböden dem Weinbau[1,2]. Einen wertvollen Ackerboden gibt der Terrassenlehm ab[2]. Dagegen sind die Terrassen schotter wegen zu großer Lockerheit und Trockenheit für Ackerbau ungeeignet[2].

Der westliche Teil, wo im Muschelkalk die großen blockigen Dolomite oft ohne eine eigentliche Verwitterungsrinde zutage treten und auch manche schweren tonigen Keuperböden vorhanden sind, wurde im vorigen Jahrhundert mit Nadelholz aufgeforstet[3]. Nur da, wo die kalkigen Böden nicht zu stark geneigt sind (weniger als 15%[3]), geben sie einen ganz guten Acker- oder Wiesenboden ab[4].

In der Arzfelder Gegend reicht die Verwitterung stellenweise bis 1,5 m und tiefer hinab[5]. Wo toniger Verwitterungsboden unter mooriger Bedeckung liegt, wie z. B. in der breiten Wanne südöstlich von Arzfeld, ist er durch Humussäuren enteisent und grau bis hellgrau entfärbt[5].

In den Tälern sind neben den unfruchtbaren Schottern und dem fruchtbaren Terrassenlehm oft Torflager entstanden, und in den Tälern der kalkhaltigen, westlicheren Sedimente oft mächtige Kalktufflager[6].

In der nördlichen Ausdehnung der Eifel kommen außer den schon genannten Tonböden, die aus dem Verwitterungsschutt des Devons, der Grauwacke, hervorgegangen sind, und außer den schweren, steinigen Gehängelehmböden, noch milde Lehmböden vor[7]. Diese sind aus Löß hervorgegangen und stellen einen vorzüglichen Ackerboden dar, der nach Norden hin in der niederrheinischen Tiefebene große Verbreitung gewinnt und nach dem Gebirge zu mit dem Verwitterungsprodukt des Devons Übergänge bildet[7].

Die grauen Mergelschiefer des mittleren Muschelkalkes geben bei der Verwitterung einen trägen, schwerdurchlässigen, naßkalten Boden, der meist mit Wald bestanden ist, meist nur krüppelhafte Bestände, oft auch Ödland bildet. Nach Entwässerung, Kalkung und starker Strohdüngung entsteht daraus ein tätiger, brauchbarer Ackerboden[8].

Stellenweise geht der Löß auch hier in Grauerde über, und zwar besonders dort, wo die Böden lange unter einer dichten Pflanzendecke gelegen haben. Hierbei ist zu beobachten, daß dieselbe Grauerde aus ganz verschiedenen Gesteinen entstanden ist[9,10]. Nicht das Gestein, sondern die Verwitterung ist das Wesentliche bei dieser Bodenbildung[9].

Die Verlehmung und Auswaschung des Lößes geht stellenweise so weit, daß der unterlagernde Kies durch die ausgewaschenen Eisenlösungen ortsteinartig verkittet ist und dadurch seine Undurchlässigkeit und Versumpfung noch unterstützt wird[11,10]. Nach Rodung des Waldes und richtiger Behandlung geht die Grauerde wieder allmählich in normalen Lehm über[11]. In tiefen Rinnen der

[1] Lief. 79 Blatt Bernkastel, bearb. d. A. Leppla, S. 24, 25. Berlin 1901.
[2] Lief. 79 Blatt Neumagen, bearb. d. A. Leppla, S. 22. Berlin 1901.
[3] Lief. 78 Blatt Waxweiler, bearb. d. A. Leppla, S. 34, 35. Berlin 1908.
[4] Lief. 78 Blatt Kilburg, bearb. d. A. Leppla, S. 30. Berlin 1908.
[5] Lief. 78 Blatt Dasburg-Neuerburg, bearb. d. A. Leppla, S. 27. Berlin 1908.
[6] Lief. 51 Blatt Oberweis, bearb. d. H. Grebe, S. 17. Berlin 1892. — Lief. 10 Blatt Beuren, bearb. d. H. Grebe, S. 11. Berlin 1880. — Lief. 33 Blatt Losheim, bearb. d. H. Grebe, S. 21. Berlin 1889.
[7] Lief. 144 Blatt Euskirchen, bearb. d. A. Fuchs u. W. Wolff, S. 37, 38, 39. Berlin 1910.
[8] Lief. 144 Blatt Vettweiß, bearb. d. A. Quaas, S. 102. Berlin 1910.
[9] Lief. 144 Blatt Sechtem, bearb. d. G. Fliegel, S. 53, 54. Berlin 1910.
[10] Lief. 141 Blatt Stolberg, bearb. d. E. Holzapfel, S. 39. Berlin 1911.
[11] Lief. 144 Blatt Sechtem, bearb. d. G. Fliegel, S. 54. Berlin 1910.

Täler nimmt die Grauerde oft eine so dunkle, sogar schwarze Farbe an, daß sie einen tertiären Ton vortäuscht[1].

In den entsprechenden rechtsrheinischen Gebirgen herrschen ganz ähnliche Bodenverhältnisse allgemein vor. Doch sind sie in der einschlägigen Literatur wenig berücksichtigt.

Im Taunus, der rechtsseitigen Fortsetzung des Hunsrücks, gibt der Quarzit einen leichten, lockeren, nährstoffarmen Boden, der im allgemeinen nur dem Waldbau dient[2]. Der aus dem Hunsrückschiefer entstandene schwere, kalireiche Boden dient wenn auch nur an flachen Hängen und in den Tälern[2]. dem Ackerbau. An den steilen Hängen ist er ebenfalls mit Wald bestanden. Selbst auf der Hochfläche, wo die Verwitterung wegen geringer Fortspülung oft bis 1,5 m Tiefe erreicht, ist wegen des rauhen Klimas Wald verbreitet[3]. Die größere Bedeutung kommt hier den weinbaufähigen Böden zu. Die nach Süden, Südosten und Südwesten, selbst nach Nordosten gewendeten Steilhänge des Schiefergebirges, stellen unter den dem Rheingau genäherten, klimatisch günstigen Bedingungen, besonders einer starken Sonnenbestrahlung, mit ihrem lockeren, durchlässigen, kalireichen Schutt, einen guten Weinbauboden dar[3]. Wenn Lage und Klimabedingungen günstig sind, wird öfter auch Weinbau ohne Berücksichtigung der Bodenverhältnisse betrieben[4]. Der Löß dient meist nicht dem Rebenbau, sondern Obst- und Gemüsebau, ferner dient er zur Futtergewinnung[4].

In den Tälern sind Bildungen aus Taunusschottern und Geschieben, ferner aus Quarziten verbreitet[5]. Begleitet werden die Taunusschotter von dem aus diesen entstandenen Geschiebelehm[5], der jedoch mit dem nordischen Geschiebelehm nichts zu tun hat. Er besteht aus den Verwitterungsprodukten und dem fein zerriebenen Material nebst eingelagerten scharfkantigen Geschieben[5]. Der Diluviallehm ist an geeigneten Orten oft 5—6 m mächtig, an ungeeigneten ist aber die Schotterbasis oft nur übriggeblieben[6]. Stellenweise tritt Auenlehm auf[5]. In alten Flußläufen und Flußrinnen hat sich oft ein sog. Riedboden entwickelt[5], der einer lettigen schwarzen Erde mit organischen Einschlüssen gleicht und gefürchtet ist[5]. Man erkennt in ihm einen Niederschlag in stagnierendem Wasser[5, 6]. An den Rändern geht der Riedboden in Partien über, die mit ihrem Gehalt an verwesten Pflanzenstoffen an Torfbildung erinnern[7], ohne daß die Bezeichnung völlig paßt[7], weil zu wenig Pflanzenstoffe darin enthalten sind und infolgedessen der Boden nicht brennbar ist[7]. Am häufigsten tritt dort torfartige Bildung, wo Flugsande angrenzen[7], auf.

Die Böden, die aus tertiären Letten und Sanden entstehen, sind meist leichte Böden mittlerer Güte[8]. Wiegt der Letten vor, so ist der Kulturboden naßkalt, kalkfrei und schlecht („leichte Bucherde")[8]. „Schwarze Bucherde" ergibt der verwitterte Basalt, er ist sand- und kalkfrei und der ungünstigste Boden[8], der bei anhaltender Trockenheit und Mangel an Schneebedeckung das Auswintern des Getreides bewirkt, indem der zu einem feinen weißen Staub zerfallende Boden vom Wind fortgeblasen wird[8].

---

[1] HOLZAPFEL, E.: Die Geologie des Nordabfalles der Eifel mit besonderer Berücksichtigung von Aachen. Abh. preuß. geol. Landesanst. Berlin, N. F. 1910, H. 66, S. 144.

[2] Lief. 111 Blatt Caub, bearb. d. E. HOLZAPFEL u. A. LEPPLA, S. 32, 33. Berlin 1904.

[3] Lief. 111 Blatt Caub, bearb. d. E. HOLZAPFEL u. A. LEPPLA, S. 33. Berlin 1904.

[4] Lief. 111 Blatt Preßberg-Rüdesheim, bearb. d. E. HOLZAPFEL u. A. LEPPLA, S. 66. Berlin 1904.

[5] Lief. 15 Blatt Eltville, bearb. d. CARL KOCH, S. 38, 39. Berlin 1880.

[6] Lief. 15 Blatt Wiesbaden, bearb. d. CARL KOCH, S. 58. Berlin 1880.

[7] Lief. 15 Blatt Eltville, bearb. d. CARL KOCH, S. 46. Berlin 1880.

[8] Lief. 77 Blatt Windecken, bearb. d. A. v. REINACH, S. 39, 40. Berlin 1899.

Das Rotliegende ergibt bei der Verwitterung einen kalkfreien sandig-lehmigen Boden[1].

Der beste Kulturboden ist, wenn er überhaupt vorhanden ist, immer der Löß. Nach den Berghängen zu ist er stets mehr oder weniger mit dem Liegenden gemischt. In seinen unteren Teilen ist er oft umgelagert und sandig[2].

Die Grauwacken und Tonschiefer der Koblenzstufe liefern einen lehmigen, steinigen Boden, der leicht vom Wasser hartgespült wird, sehr kalk- und nährstoffarm ist und an Gehängen oft nur aus etwas lehmigem Schutt besteht[3]. Meist ist er bewaldet. Doch ist hier der Ackerbau trotz des sehr rauhen Klimas durch künstliche Düngung und besonders durch Kalkung außerordentlich gehoben worden[3] und kann weiter verbessert werden[4]. Wo die Koblenzschichten von Eruptivgesteinen durchsetzt sind, sind die Böden etwas nährstoffreicher[3]. Für Wald ist der Boden jedenfalls geeignet, sowohl für Laub- als auch für Nadelwald; der lockere, zerklüftete Boden bietet den Wurzeln leichtes Eindringen[3]. Auch das Regenwasser dringt leicht ein und wird verhältnismäßig gut festgehalten.

Ähnlich ist es[4] in der Gegend von Erndtebrück, östlich von Siegen (Rothaargebirge). Das stark zertalte Gelände wird von einer mehr oder weniger mächtigen grau-grün-braunen Lehmdecke überkleidet, die mit scharfeckigen größeren und kleineren Grauwackebrocken durchsetzt ist. Der Lehm ist glimmerreich, woraus sich wohl sein Kalireichtum erklärt, er hat oft noch schiefrige Struktur beibehalten. Er fällt blätterig auseinander und ist somit, wenn er nicht durch Verlehmung zu stark verschlämmt ist, ein ziemlich lockerer Boden mit genügender Durchlässigkeit. Wald, besonders Fichte, wächst ganz gut. Wannenförmige Täler werden oft als Wiesen genutzt. Doch leiden diese infolge des großen Wasserzuflusses von allen Seiten stark unter stauender Nässe, wenn sie nicht künstlich entwässert werden. Für Ackerbau ist das Klima außerordentlich ungünstig (im Volksmunde heißt diese Gegend „Klein-Sibirien"). Die längste regenfreie Zeit soll nach Angabe der Bewohner durchschnittlich nur vier Tage betragen. Die Vegetation setzt im Frühjahr sehr spät ein, und die Hauptgetreideart, der Hafer, wird im September oft vom Schneefall überrascht, so daß er gar nicht geerntet wird. Jedoch, wie schon anfangs gesagt, überdeckt der Löß besonders an Hängen und Tälern und nach dem Rhein zu große Flächen des Rheinischen Schiefergebirges. Er bildet mit dem Liegenden alle Übergänge, ist aber stets für die Fruchtbarkeit des betreffenden Bodens ausschlaggebend[5].

Im hessischen Teil, weiter nach dem Vogelsberg zu, herrschen ähnliche Verhältnisse, nur daß hier immer mehr Eruptivgesteine an der Bodenbildung teilnehmen.

Die Grauwacken sind meist bewaldet[6, 7]; ihre Verwitterungsprodukte bestehen aus einem sandigen, mageren Lehm, der chemisch kalireich ist, dessen Kalireichtum aber an den nahezu unvergänglichen Muskovit gebunden ist[6]. Die sedimentären tertiären Gesteine ergeben meist recht unfruchtbare und

---

[1] Lief. 77 Blatt Windecken, bearb. d. A. v. Reinach, S. 39, 40. Berlin 1899.
[2] Lief. 15 Blatt Wiesbaden, bearb. d. Carl Koch, S. 55. Berlin 1880.
[3] Lief. 253 Blatt Grävenwiesbach, bearb. d. Karl Schlossmacher u. A. Fuchs, mit Beitr. v. F. Michels, S. 44, 45. Berlin 1928.
[4] Ostendorf, E.: Die mitteldeutsche Gebirgsschwelle. Danzig 1930. (Manuskript.)
[5] Lief. 41 Blatt Hadamar, bearb. d. Gust. Angelbis, S. 19. Berlin 1891.
[6] Erläuterungen zu der geologischen Karte des Großherzogtums Hessen, Blatt Gießen, v. W. Schottler. Darmstadt 1913.
[7] Blatt Allendorf, v. W. Schottler, S. 89, 99, 100, 101. Darmstadt 1913.

physikalisch durch stauende Nässe oder zu große Trockenheit ungünstige Ton- oder Quarzsandböden[1]. Sie dienen hauptsächlich dem Wiesenbau, von Bäumen kommt die Fichte am besten, die Eiche nur schlecht vorwärts[1,2].

Die Basalttuffe und Basalte liefern zähe tonige Böden, die allerdings ziemlich nährstoffreich sind[1]. Doch wird dieser Vorteil durch die physikalisch schlechten Eigenschaften wieder aufgehoben. Sie sind meist bewaldet und tragen trotz des geringen Kalziumkarbonatgehaltes die üppigsten Buchenwälder[1,2].

Die Bauxit- und Eisensteinböden, fossile Laterite, sind meist in Ackerkultur genommen, trotzdem sie arm an Nährstoffen, besonders an Alkalien und Erd- alkalien, sind. Nur die Phosphorsäure scheint die gleiche wie in den Basalten[1] geblieben zu sein. Unter Wald zeigt dieser Boden günstigere Eigenschaften; es gedeihen die besten Fichten auf ihm[3]. Als Ackerboden ist er geringwertig, als Waldboden hochwertig. Der beste Boden ist auch hier der Löß, der stellen- weise zusammenhängende Flächen bildet und eine intensive Landwirtschaft mit Obstbau möglich macht[4]. Die Täler sind teils mit unfruchtbaren Schottern, teils mit fruchtbarem Auenlehm ausgekleidet[5,6].

Neben den Tertiärböden bilden die des oberen und noch mehr die des mitt- leren Buntsandsteines die ärmsten und physikalisch schlechtesten Böden[6]. Sie sind durchweg bewaldet; die Kiefer ist der passendste Baum dafür[6]. Auf dem unteren Buntsandstein steht dagegen nur wenig Wald an, seine größte Fläche wird beackert[6].

In der Wetterau hat der Löß, der dort tiefgründig und im Untergrund kalkhaltig ist, eine schwarzerdeartige Ausbildung erfahren, die ihn zu gutem Weizenboden macht[7].

Die Böden im Rhöngebirge werden aus den Sedimenten des Gebirges und aus den stark verbreiteten Eruptivgesteinen (hauptsächlich Basalt) gebildet und sind meist mehr oder weniger steinige Gehänge, in denen der Wald einen zur Vegetation genügenden Standort findet[8,9]. Öfter sind Schutt und Blöcke zu Felsenmeeren angehäuft[8]. An geeigneten Orten mit nicht zu starker Nei- gung ist auf der Basaltdecke ein mehr oder weniger mächtiger gelbbrauner Lehm entstanden, der bei der Abwärtsbewegung allerlei anderes Material und Tone in sich aufnahm und an und für sich recht fruchtbar ist, doch wegen der in ihm eingeschlossenen Blöcke selten dem Ackerbau dient[10]. Ist er nicht von Wald bestanden, so dient er gewöhnlich als Viehhutung[10].

Der Diluviallehm nimmt öfter zusammenhängende Flächen ein, wie bei Mellrichstadt, wo dann der Ackerbau an Umfang gewinnt und erfolgreich be- trieben wird[11].

Im Knüllgebirge und im Habichtswalde bei Kassel herrschen in den ge- birgigen Teilen Schotter und Schotterlehm vor, die aus verschiedenen Sedimen-

---

[1] Blatt Gießen, v. W. Schottler. Darmstadt 1913.

[2] Blatt Allendorf, v. W. Schottler, S. 98, 99, 100, 101. Darmstadt 1913.

[3] Blatt Laubach, v. W. Schottler, S. 89. Darmstadt 1918.

[4] Blatt Gießen bearb. d. W. Schottler S. 108. Darmstadt 1913. — Blatt Allen- dorf, v. W. Schottler S. 98, 99, 100. Darmstadt 1913.

[5] Blatt Gießen bearb. v. W. Schottler S. 108, 109. Darmstadt 1913.

[6] Blatt Allendorf, v. W. Schottler S. 98, 99, 100. Darmstadt 1913.

[7] Blatt Hungen, v. W. Schottler S. 84, 85. Darmstadt 1921.

[8] Preuß. geol. Land. Lief. 184 Blatt Tann, aufg. d. W. Haack, S. 42, 43, 44. Berlin 1912.

[9] Lief. 171 Blatt Gersfeld, aufg. d. H. Bücking, S. 37, 38, 39. Berlin 1909. — Lief. 171 Blatt Kleinsassen, aufg. d. H. Bücking, S. 39, 40. Berlin 1909.

[10] Lief. 184 Blatt Tann, aufg. d. W. Haack, S. 44. Berlin 1912.

[11] Lief. 171 Blatt Ostheim, aufg. d. M. Blanckenhorn, S. 46. Berlin 1910.

ten und aus Eruptivgesteinen hervorgegangen sind[1,2]. Die steinigen Basalt- und Basalttuffflächen sowie die Böden des mittleren Buntsandsteins sind vom Wald bedeckt[1,2], so daß oft mehr als die Hälfte der Kartengebiete bewaldet ist[1]. Die Basaltböden tragen herrliche Laub- und Nadelwälder, die Buntsandsteinböden nur dürftige Nadelwälder mit Heidelbeergestrüpp, das sehr üppig gedeiht[3]. Der an und für sich fruchtbare Basaltboden wird, wenn er nicht bewaldet ist, wegen seiner ungünstigen physikalischen Eigenschaften als Hutung genutzt[4]. Dabei haben die Basalte sehr zur Fruchtbarkeit der tiefergelegenen Gehänge beigetragen, da sie deren undurchlässige Lehme mit Schutt durchsetzten und auflockerten, andererseits mit Nährstoffen anreicherten[4,5]. Dieser Lehmdecke, die im feuchten Zustande meist eine dunkle Färbung annimmt, welche auf die vorhandene Beteiligung feinerdigen, basaltischen Materials hindeutet, verdankt die Gegend den Ruf der „hessischen Kornkammer"[5]. An der Bildung des Lehmes ist recht erheblich Löß beteiligt, der auch als solcher große Flächen einnimmt. Der Löß wird hier aber im Gegensatz zu anderen Gegenden als Ackerboden nicht geschätzt, selbst da nicht, wo er kalkhaltig ist[5]. Er ist sandig und zerstört leicht die Saaten, indem er vom Wind bewegt wird[5].

An die Lehmarten, die teils dem Tertiär, teils dem Diluvium und Alluvium angehören[5], schließt sich noch der vereinzelt beobachtete Molkenboden an. Er ist ein toniger Feinsand, in dem die Hälfte aus farblosen Quarzkörnern und Körnersplittern von 0,005—0,02 mm Größe besteht[5]. Dazu kommen Körner bis 0,05 mm noch reichlich, solche von 0,05 bis höchstens 0,1 mm vereinzelter hinzu[5], wogegen trübbräunliche faserig-schuppige Tonsubstanz, die das Zusammenballen der Körner im Wasser bewirkt, in nur geringer Menge vorkommt[6]. Die gleichen Bestandteile finden sich in den zähen, plastischen Tonen, nur in anderem Verhältnis, indem die tonigen Bestandteile vorherrschen[7]. Auch bildet der Molkenboden mit dem Tonboden[7] Übergänge. Der Molkenboden kann eluvial aus dem Tonboden hervorgegangen sein, was auch die für beide gleiche Geröllführung und das häufige Überlagern des Tones durch Molkenboden beweisen (im Molkenboden Auswaschung des Tones und Anreicherung des Sandes)[7,8]. Diese Art der Podsolierung erstreckt sich auch auf die Eisenverbindungen, die in den oberen 25—26 cm der Krume ausgelaugt und in der Tiefe oft als Knollen wieder abgesetzt sind[8]. Doch scheint stellenweise ein molkenähnlicher Boden unmittelbar zur Ablagerung gelangt zu sein[7]. Der Ton unter Molkenboden ist braun gefärbt, während der Ton unter gelegentlicher Moorbedeckung graublau gefärbt ist[7].

---

[1] Lief. 198 Blatt Schwarzenborn, aufg. d. O. Lang u. M. Blanckenhorn, S. 106, 107. Berlin 1919.

[2] Lief. 92 Blatt Wilhelmshöhe, aufg. d. F. Beyschlag u. M. Blanckenhorn, S. 49, 50. Berlin 1908. — Lief. 261 Blatt Ziegenhain, aufg. d. M. Blanckenhorn, S. 72. Berlin 1926.

[3] Lief. 198 Blatt Homberg, aufg. d. O. Lang u. M. Blanckenhorn, S. 97. Berlin 1920.

[4] Lief. 198 Blatt Homberg, bearb. d. O. Lang u. M. Blanckenhorn, S. 96, 97. Berlin 1920.

[5] Lief. 198 Blatt Gudensberg, aufg. d. O. Lang u. M. Blanckenhorn, S. 88, 89, 90, 91. Berlin 1919.

[6] Lief. 198 Blatt Gudensberg, aufg. d. O. Lang u. M. Blanckenhorn, S. 89, 90. Berlin 1919. — Lief. 198 Blatt Homberg, aufg. d. O. Lang u. M. Blanckenhorn, S. 97, 98. Berlin 1920. — Lief. 261 Blatt Ziegenhain, aufg. d. M. Blanckenhorn, S. 72, 73. Berlin 1926.

[7] Lief. 198 Blatt Gudensberg, aufg. d. O. Lang u. M. Blanckenhorn, S. 89, 90. Berlin 1919.

[8] Lief. 198 Blatt Homberg, aufg. d. O. Lang u. M. Blanckenhorn, S. 97, 98. Berlin 1920.

Im Muschelkalkgebiet sind die Böden feinkörnig, in tieferen Lagen kaltgründig, an Abhängen aber, wo die feinere Verwitterungsdecke abgespült ist, sehr steinig und trocken und deshalb trotz ihrer Mineralkraft schlecht[1]. Die Tertiärböden sind auch hier sandig oder tonig und in beiden Fällen kalkarm[1], sowie meist auch physikalisch ungünstig[2]. Sie sind oft naß, kalt und untätig und mit viel Eisenoxydhydrat durchsetzt[3].

Den ungünstigsten Boden ergeben die nicht weit verbreiteten silurischen Wüstengartenquarzite[3] und die Kulmgrauwacken und -schiefer, in denen der Kaligehalt an den fast unvergänglichen Muskovit gebunden ist[3]. Schließlich dienen die alluvialen Talböden teils als Wiese, teils, wo es möglich ist, auch als Ackerland[3].

Die Böden des Teutoburger Waldes und des Weserberglandes sind, soweit sie nicht von Löß bedeckt werden, meist aus den Sedimenten des Mesozoikums entstanden.

Die Röthschichten verwittern zu einem schweren tonigen Boden, der meist nur auf dem zum Muschelkalk ansteigenden Gelände zutage tritt und hier vorteilhaft mit Klee und anderen Futterpflanzen bebaut wird, die ihre Wurzeln in den kalkhaltigen Untergrund hinabschicken[4, 5, 6, 7]. Zum größten Teil wird der Röthboden aber von jüngerem, besonders Diluviallehm, bedeckt, der den schweren Tonboden wesentlich mildert[4, 5]. An den steilen Hängen des Wellenkalkes hören diese Überdeckungen meistens auf[3]. Der Boden wird hier dürr und steinig („Klappersteine")[4] und eignet sich am besten für Wald. Nach der Abholzung wird die spärliche Feinerde durch Wind und Regen vollends weggetragen[4, 6, 7]. Auf dem oberen Muschelkalk ist der Boden noch grobsteiniger, besonders auf dem Trochitenkalk[4, 8], während er auf Ceratitenschichten außerdem zähtonig[4] wird und nur auf flacheren Hängen Ackerboden trägt[9]. Zwischen den bewaldeten Rücken des unteren und des oberen Muschelkalkes liegt der stärker erodierte mittlere Muschelkalk in Form eines mehr oder weniger breiten Längstales, dessen mürbe Mergel zu einer ziemlich fruchtbaren, lehmigen Dammerde verwittert sind und fast durchweg dem Ackerbau dienen[9, 10, 11, 12, 13]. Die Keuperböden haben wegen weitgehender Bedeckung durch diluviale Schichten keine größere Bedeutung[9]. Wo sie flächenhaft auftreten, liefert der Kohlenkeuper mit seinen schwer verwitternden Tonquarzen und Sandsteinen einen recht steinigen und sterilen Boden, während der Gipskeuper mehr mergelige Tone, die einen tiefgründigen, kalkhaltigen Boden liefern, besitzt[14, 15].

---

[1] Lief. 198 Blatt Homberg, aufg. d. O. Lang u. M. Blanckenhorn, S. 97, 98. Berlin 1920.

[2] Lief. 261 Blatt Ziegenhain, aufg. d. M. Blanckenhorn, S. 72, 73. Berlin 1926.

[3] Lief. 261 Blatt Borken, aufg. d. M. Blanckenhorn, S. 70, 71. Berlin 1926.

[4] Lief. 256 Blatt Brackwede, aufg. d. A. Mestwerdt, S. 19, 20, 21, 22. Berlin 1926.

[5] Lief. 256 Blatt Bielefeld, aufg. d. A. Mestwerdt u. O. Burre, S. 22, 23, 24. Berlin 1926.

[6] Lief. 251 Blatt Ärzen, aufg. d. O. Grupe, S. 31. Berlin 1927.

[7] Lief. 251 Blatt Pyrmont, aufg. d. O. Grupe, S. 45. Berlin 1927.

[8] Lief. 153 Blatt Höxter, aufg. d. O. Grupe, S. 46. Berlin 1912. — Lief. 153 Blatt Ottenstein, aufg. d. O. Grupe, S. 81, 82. Berlin 1912.

[9] Lief. 256 Blatt Brackwede, bearb. d. A. Mestwerdt, S. 19, 20, 21, 22. Berlin 1926.

[10] Lief. 256 Blatt Bielefeld, bearb. d. A. Mestwerdt, S. 22—24. Berlin 1926.

[11] Lief. 251 Blatt Ärzen, bearb. d. O. Grupe, S. 32, 33. Berlin 1927. — Lief. 251 Blatt Pyrmont, bearb. d. O. Grupe, S. 46. Berlin 1927.

[12] Lief. 251 Blatt Hameln, bearb. d. E. Naumann u. O. Burre, S. 63, 64. Berlin 1927.

[13] Lief. 153 Blatt Höxter, bearb. d. O. Grupe, S. 46. Berlin 1912.

[14] Lief. 153 Blatt Ottenstein, bearb. d. O. Grupe, S. 81. Berlin 1912.

[15] Lief. 153 Blatt Holzminden, bearb. d. O. Grupe, S. 88, 89. Berlin 1912.

Die Juratone und Juramergel bilden wie die Schiefertone des Rhätkeupers einen schweren Boden, der jedoch meistens von Diluviallehm und Sand bedeckt ist. Nördlich des Teutoburger Waldes gewinnen diese Böden sehr an Ausdehnung, sind als Ackerböden aber meist nur dräniert zu verwenden[1,2]. Die harten Gesteine des Oberen Jura und die tonigen des Wealden, die sich zum Hauptrücken des Osnings hinaufziehen, sind meist bewaldet[1,2,3]. Der aus Osningsandstein bestehende Bergrücken ist mit Kiefern aufgeforstet[1], die aber nur bei sachkundiger Pflege hochkommen. An früher rücksichtslos abgeholzten Flächen der Hänge ist der Verwitterungsboden vom Regen und Wind oft fortgetragen worden, so daß an solchen Stellen nur Heide, krüppelige Birken, Kiefern und Wacholdersträucher wachsen[4]. Besonders trifft dies für die Südwestabhänge zu. Die den ständigen Südwestwinden ausgesetzten Hänge wurden vom Winde der feinen Bodenteilchen beraubt, die über den Kamm hinweggeblasen und im Windschatten, auf dem Nordosthang, wieder abgesetzt wurden[5], wodurch hier aber keineswegs die Vegetation gefördert wird[4,5]. Auf dem tonigen Grünsand und Flammenmergel wird der Waldboden sofort besser. Wo jedoch das Gestein hart und kiesig ist, wird der Boden auch wieder ungünstiger[4]. Zwischen dem Flammenmergel und dem Cenomanpläner liegt das breite, vom Cenomanmergel eingenommene Tal, das größtenteils dem Ackerbau dient[4]. Der tonige Verwitterungsboden ist meistens übersandet oder verlehmt. Ganz entsprechend verhält sich das viel schmalere, vom Mergel des Unter-Turons gebildete Tal, über das jedoch wegen der Schmalheit die Waldbedeckung oft übergreift[4,5]. Die Plänerberge der Oberen Kreide tragen durchweg Buchenwald[4]. Als Acker ist der Boden zu steinig und zu geneigt. Am besten eignet er sich noch zum Futterbau[4,5].

Südlich des Teutoburger Waldes, in der Münsterschen Bucht, dehnt sich die flache, armselige Senne (auch Sendeland genannt) aus[4]. Man kann in diesem diluvialen Sandgebiet zwei Bodenarten unterscheiden: die hochgelegenen Heide- oder Kiefernwaldböden mit sehr tiefem Grundwasserspiegel, deren Sande oft als Dünensande zusammengeweht sind und zu 90% aus Quarzsand bestehen[4,6], und die Talsande der Einebnungsflächen mit genügend hohem Grundwasserstand. Dieser Boden wird als Acker genutzt, und seine Fruchtbarkeit wird in großem Umfange durch Gründüngung gesteigert (Serradella und Lupinen)[4]. In nordwestlicher Richtung wird der Ackerboden des Sandergebietes bindiger, da hier die Verwitterung der Silikate intensiver vor sich gegangen ist und eine Auswaschung in gleichem Maß nicht stattgefunden hat[4,6]. In etwa 1 m Tiefe geht der bindige Boden in den unverwitterten Sand über[4,6]. Wo der aus Tonschichten und Quarziten sich zusammensetzende, undurchlässige Rhätkeuper in größerer flacher Erstreckung auftritt, sind oft moorige Bildungen auf den Hochflächen entstanden[7].

Im Süden des Sollings liefert ebenfalls der Röth schwere Böden, oft Wiesenböden. Dagegen verwittern die hier in größerer Verbreitung auftretenden, den Röth unterlagernden, tonigen Grenzschichten des Bausandsteins oft zu einem

---

[1] Lief. 256 Blatt Brackwede, bearb. d. A. Mestwerdt, S. 19, 20, 21, 22. Berlin 1926.

[2] Lief. 256 Blatt Bielefeld, bearb. d. A. Mestwerdt. S. 22—24. Berlin 1926.

[3] Lief. 251 Blatt Hameln, bearb. d. E. Naumann u. O. Burre, S. 63, 64. Berlin 1927.

[4] Lief. 256 Blatt Brackwede, bearb. d. A. Mestwerdt, S. 19—22. Berlin 1926.

[5] Lief. 256 Blatt Bielefeld, bearb. d. A. Mestwerdt u. O. Burre, S. 22, 23, 24. Berlin 1926.

[6] Lief. 256 Blatt Bielefeld, bearb. d. O. Burre u. A. Mestwerdt, S. 22—24. Berlin 1926.

[7] Lief. 151. Blatt Pyrmont, bearb. d. O. Grupe, S. 46. Berlin 1927.

lstark lehmigen und tiefgründigen Ackerboden[1]. Bei zu großem Tongehalt
eidet er jedoch unter zu starker Feuchtigkeit[2, 3, 4], so daß solche Böden als
Bruch liegen bleiben. Die starken Humusansammlungen, die sich nicht genügend zersetzen, bilden mit den mineralischen Bestandteilen zusammen die
Moorerde[2]. Oft bilden sich auch richtiger Torf und Rohhumus[2, 3, 4]. Die Humussäuren bewirken eine starke Auslaugung des unterlagernden Mineralbodens[1, 2, 3].
Eine nachträgliche Ausfällung der so gelösten Stoffe in Form von Ortstein
oder ortsteinähnlicher Gebilde findet nicht statt[2, 3], sondern die gelösten Stoffe
werden mit den abfließenden Wässern fortgeführt[2, 3]. Ein derartiger Boden ist
der Molkenboden[2, 3, 4], ein grünlichgrauer toniger Sandboden, der durch Podsolierung eines sandhaltigen Tones, in diesem Fall des tonigen Buntsandsteins,
entstanden ist. Unentnäßt und unaufgeforstet bilden solche Böden die Ansiedlungs-
stätte für eine große Anzahl von Sauergräsern (Carex, Scirpus) bzw. saure Böden
liebende Gräser (Juncus, Molinia)[2]. Bei stärkerer Versumpfung treten echte
Hochmoorpflanzen, wie Sphagnum, Eriophorum vaginatum, auf[2, 4]. Die ausgedehnte Verbreitung dieser Molkenböden zeigen die hiervon eingenommenen
Brüche[2, 3, 4]. Der Molkenboden grenzt sich sowohl nach unten gegen die roten Tonschichten hin als auch nach oben gegen die Humusdecke nie scharf ab[5]. Durch
nachträgliche Infiltration herabgeschlämmter Humusmassen ist er in seinen
oberen Partien oft, zuweilen sogar in seiner ganzen Mächtigkeit, humifiziert
und zeigt dann eine schmutziggraue bis schwärzlichgraue Färbung[5]. Die in
ihrer Mächtigkeit sehr schwankenden Horizonte des Molkenbodens besitzen
gewöhnlich im Höchstfalle eine Gesamtmächtigkeit von 1 m[5].

In den breiten Tälern dieser Gebirge und in den Ebenen zwischen den
einzelnen Gebirgen treten ausgedehnte Diluviallehme und Lößflächen auf, die
die hochintensive Ackerkultur dieses Landteiles ermöglichen[5]. Das Diluvium
besteht aus Gehängeschutt, der nach unten hin kleinsteiniger wird und stärker
verwittert ist, so daß er allmählich in einen steinigen, braunen, schweren Lehm
übergeht, der mehr oder weniger stark mit seinem Liegenden gemischt ist und
so einen mehr oder weniger guten Boden gibt[6].

Die Vorgebirge des Harzes bilden mit ihren meist mesozoischen Gesteinen
ähnliche Böden wie die zuletzt beschriebenen, während der Harz selbst viel paläozoische Gesteine (besonders devonische Schiefer) aufweist und sich deshalb seine
Böden abweichend von denen der Vorgebirge verhalten. Auch Tiefengesteine sind
an der Bodenbildung beteiligt[7].

Der Buntsandstein des subherzynen Berglandes bildet je nach seiner
physikalischen Zusammensetzung schwere oder leichte Böden[8, 9]. Unterer
Buntsandstein, der aus Tonen mit abwechselnden dünnschichtigen Sandsteinen
besteht, oft sogar ganz tonig ist, liefert einen tonigen Boden, der dadurch sehr
in seiner Ertragsfähigkeit gesteigert wird, daß die Pflanzenwurzeln ihn intensiv

---

[1] Lief. 152 Blatt Sievershausen, bearb. d. O. GRUPE, S. 17—19. Berlin 1910. —
Lief. 152 Blatt Stadtoldendorf, bearb. d. O. GRUPE, S. 22—24. Berlin 1910.
[2] Lief. 152 Blatt Sievershausen, bearb. d. O. GRUPE, S. 17, 18, 19. Berlin 1910.
[3] Lief. 152 Blatt Stadtoldendorf, bearb. d. O. GRUPE, S. 22, 23, 24. Berlin 1910.
[4] Lief. 153 Blatt Höxter, bearb. d. O. GRUPE, S. 42, 43, 44, 45, 46. Berlin 1912.
[5] Lief. 153 Blatt Höxter, bearb. d. O. GRUPE, S. 44—47. Berlin 1912.
[6] Lief. 127 Blatt Hardegsen, bearb. d. O. v. KOENEN u. O. GRUPE, S. 13. Berlin 1906.
[7] Lief. 100 Blatt Zellerfeld, bearb. d. A. BODE, S. 31, 32. Berlin 1907.
[8] Lief. 182 Blatt Bockenem, aufg. d. O. GRUPE, W. HAACK u. F. SCHUCHT, S. 74, 75.
Berlin 1915. — Lief. 182 Blatt Lamspringe, aufg. d. O. GRUPE, W. HAACK u. F. SCHUCHT,
S. 60, 62, 81. Berlin 1915.
[9] Lief. 245 Blatt Homburg, bearb. d. F. BEHREND, S. 35, 36, 37. Berlin 1927. —
Lief. 245 Blatt Hessen, bearb. d. F. BEHREND, S. 38—40. Berlin 1927. — Lief. 245 Blatt
Jerxheim, bearb. d. F. BEHREND, S. 38—40. Berlin 1927.

und tief durchdringen, um den Kalkgehalt der in der Tiefe unzersetzten Kalksandsteine des unteren Buntsandsteins zu erreichen[1]. Der mittlere Buntsandstein liefert dagegen einen sandigeren und trockneren Boden, da hier die Tone mehr zurücktreten. Die Tone und Mergel des Röths bilden wieder einen recht undurchlässigen, schwer bestellbaren Boden, der da am fruchtbarsten ist, wo ihm Gehängeschutt des Wellenkalks beigemengt ist[2,3].

Der Wellenkalk selbst bildet an den Hängen meistens einen steinigen Schuttboden (oft tritt auch der nackte Fels zutage), der nur als Waldboden in Frage kommt; nur an sehr flachen Hängen, wo die Feinerde nicht so der Abschlämmung ausgesetzt ist, entsteht ein tiefgründiger, toniger Boden[2,4]. Der mittlere Muschelkalk mit seinen mürben, dolomitisch-mergeligen Schichten bildet einen leidlich fruchtbaren, mergelig-tonigen Boden[2—5]. Der Trochitenkalk mit seinen massigen Bänken liefert wieder den unfruchtbarsten Boden, der entweder bewaldet oder als Hutung liegen geblieben ist[2].

Die Keuper- und Liasböden sind den Buntsandsteinböden (je nach ihrer petrographischen Zusammensetzung) ähnlich, die sandigen Mergel des Oberoligozäns geben einen recht fruchtbaren Ackerboden ab[2], ebenso die tiefgründigen sandig-lehmigen Diluvialböden[2,3].

Wo Kreide ansteht, entstehen wegen der sehr wechselnden Ausbildung sehr verschiedene Böden. Die untere Kreide liefert im allgemeinen tonige, undurchlässige Böden, die zur Versumpfung, in trockenen Zeiten zur Verkrustung und zur Rissigkeit neigen. Die tonigen Sande des Hilssandsteins liefern ebenfalls einen ungünstigen Boden[4,5], während vom Flammenmergel an aufwärts meist kalkige, schiefrige Gesteine vorherrschen, die bei der Verwitterung scherbig zerfallen und einen tiefgründigen, sehr steinigen, kalkigen Lehmboden liefern, der selbst auf den Höhenrücken gute Erträge gibt und Weizen- und Rübenbau zuläßt[5,7]. Vorzügliche Laubwälder trägt er in bewaldeten Gebieten[4,5].

Die Grauwacken und Schiefer des eigentlichen Harzgebirges sind meist mit einer Schotterdecke ihrer eigenen Gesteine bedeckt, die je nach Neigung der Hänge mehr oder weniger stark verwittert ist, und so einen steinigen, schiefrigblättrigen Lehm ergibt, der einen vorzüglichen Fichtenboden darstellt[6,7].

Die Granite des Oberharzes verwittern zu einem recht steinigen, oft grusigen Boden, der je nach Neigung und Abschlämmung mehr tonig-lehmig oder sandig, jedoch meist undurchlässig ist und deshalb oft Anlaß zu ausgedehnten Moorbildungen gibt[7]. Es sind Hochmoore, doch von sehr verschiedenem Typ. Und zwar erstens echte Torfmoosmoore (Sphagneta) mit Zwergsträuchern, die als Haupt- und zentrale Fazies der Harzmoore angesehen werden können[7]. Als zweiter Typ kommen die quellig-sumpfigen Simsenmoore (Scirpeta) mit Seggen hinzu[7]. Der dritte Typ ist die Region der „Fichtenauwälder", versumpfende Fichtenwälder mit üppig wuchernden Torfmoospolstern[7]. Während die Sphagneta

---

[1] Lief. 182 Blatt Bockenem, aufg. d. O. Grupe, W. Haack u. F. Schucht. S. 74, 75. Berlin 1915. — Lief. 182 Blatt Lamspringe, aufg. d. O. Grupe, W. Haack u. F. Schucht, S. 60, 62, 81. Berlin 1915.

[2] Lief. 182 Blatt Bockenem, aufg. d. O. Grupe, W. Haack u. F. Schucht, S. 74—77. Berlin 1915.

[3] Lief. 182 Blatt Lamspringe, aufg. d. O. Grupe, W. Haack u. F. Schucht, S. 60—63. Berlin 1915.

[4] Lief. 245 Blatt Hamersleben, aufg. d. F. Behrend, S. 23—25. Berlin 1927.

[5] Lief. 245 Blatt Homburg, aufg. d. F. Behrend, S. 35—37. Berlin 1927.

[6] Lief. 100 Blatt Zellerfeld, aufg. d. Arnold Bode, S. 6. Berlin 1907. — Lief. 174 Blatt Salzgitter, aufg. d. H. Schroeder, S. 11. Berlin 1912. — Lief. 174 Blatt Goslar, aufg. d. A. Bode u. H. Schroeder. Berlin 1913.

[7] Lief. 100 Blatt Riefensbeck, aufg. d. A. Bode u. O. Erdmannsdörffer, S. 34, 35, 36, 37.

mit Sphagnaceen, Wollgras, Heide, Heidelbeere, Zwergbirke und Krüppelfichten bestanden sind, tragen die Scirpeta einen reichen, fast reinen Cyperaceenbestand[1]. Diese sind auf Rillen beschränkt, an deren Ende meist ein größerer Gebirgsbach entquillt[1]. Die Mächtigkeit der Fichtensumpfmoordecke beträgt meistens nur 0,2—0,5 m und besteht aus Sphagnummoospolstern; die Mächtigkeit der Sphagneta beträgt 3—5 m durchschnittlich[2]. Die größte bekannte Mächtigkeit beträgt 5,8 m[2]. Die Untersuchung des Untergrundes dieser Moore zeigt, daß früher ein Mischwald an Eichen, Birken, Linden, Kiefern und Fichten an Stelle dieser Moore gestanden ist[2].

Bodenmorphologisches. Das mitteldeutsche Bergland ist durch eine sehr große Zahl von geologischen Formationen und Gesteinen ausgezeichnet. In vielen Diskussionen ist immer darauf hingewiesen worden, daß zwar die Lehre von den Bodenentstehungstypen im Flachlande Geltung haben könnte, nicht aber in Gebirgsländern, wo der Gesteinscharakter den Boden bedinge. Sicherlich hat der Gesteinscharakter dabei eine große Bedeutung, aber nicht nur im Gebirge, sondern auch im Flachlande. Im Gebirge ist das Relief von ausschlaggebender Bedeutung. E. Wollny[3] gibt die folgenden Zahlen der Abspülung für je 1 m² nackten und grasbedeckten humosen Kalksandes in den Monaten April bis Oktober an:

		grasbedeckt			nackt		
Neigung . . . . . . Grad		10	20	30	10	20	30
Abgespulter Boden . . . g		14	42	51	834	1368	3104

Bei 15 % Neigung hört, wie wir oben gesehen haben, im linksrheinischen Schiefergebirge wegen des zu starken Fortbewegtwerdens der Krume der Ackerbau auf, das ist bei einer Neigung von 15 m auf 100 m Entfernung. J. Hazard[4] hat auf Grund seiner Beobachtungen in Sachsen vorgeschlagen, durch Stehenlassen eines Raines möglichst horizontal verlaufende, beraste Böschungen im Gebirgslande anzulegen, eine uralte Schutzmethode der praktischen Landwirtschaft. Derartige Raine gewähren nach J. Hazard Schutz

bei einer Neigung des Bodens von 1 m auf 50 m (2 %) bis 1 : 35 auf 150 m Entfernung
,, ,, ,, ,, ,, ,, 1 ,, ,, 15 ,, ,, 1 : 14 ,, 70 ,, ,,
,, ,, ,, ,, ,, ,, 1 ,, ,, 10 ,, ,, 1 : 9 ,, 45 ,, ,,
,, ,, ,, ,, ,, ,, 1 ,, ,, 5 ,, ,, 1 : 4 ,, 12 ,, ,,
,, ,, ,, ,, ,, ,, 1 ,, ,, 4 ,, ,, 1 : 2,5 ,, 6 ,, ,,

Auch im Walde ist der Boden im hängigen Gelände trotz des langjährigen, festhaltenden Baumbestandes nicht in Ruhe, sondern, wie man an Baumformen erkennen kann, in Bewegung. Infolgedessen kommen im Gebirgslande Vegetationsbodentypen wie braune und podsolige Waldböden und Steppenschwarzerde nur auf ebenen Flächen voll zur Entwicklung. Auf deren Ausbildung im einzelnen ist selbst im flachwelligen Hügellande das Mikrorelief von großer Bedeutung[5]. Die Gesteinsbeschaffenheit spielt bei jedem Typus eine mehr oder weniger große Rolle. Z. B. sieht man in der Magdeburger Börde mitten in der Schwarzerde Stellen mit grobem Sand und Kies, auf welchen Schwarzerde nicht entwickelt

---

[1] Lief. 100 Blatt Riefensbeck, aufg. d. A. Bode u. O. Erdmannsdörffer, S. 34, 35, 36, 37.

[2] Lief. 100 Blatt Riefensbeck, aufg. d. A. Bode u. O. H. Erdmannsdörffer, S. 34 bis 36. Berlin 1907.

[3] Wollny, E.: Forschungen der Agrikulturphysik 18, 196. Zit. nach E. Ramann: Bodenkunde 3, 112, 113. 1911.

[4] Hazard, J.: Die geologisch-agronomische Kartierung als Grundlage einer allgemeinen Bonitierung des Bodens. Landw. Jb. 39, 805—911 (1900).

[5] Stremme, H.: Grundzüge der praktischen Bodenkunde, S. 149—161. Berlin 1926.

ist. Den Ausschlag gibt das Gestein auch bei Karbonatgesteinen und Gips, bei welchen im Walde selbst auf ebenen Flächen zunächst nicht eine podsolige Form gebildet wird, sondern schwarzer Humuskarbonatboden (Rendzina), der der Steppenschwarzerde auch in der Struktur nicht unähnlich ist und wie diese degradiert[1].

Das Bergland ist bisher bodenmorphologisch erst zu einem kleinen Teile kartiert worden. Von früher sind nur wenige Einzelfeststellungen vorhanden, von welchen der Verfasser die erreichbaren im Jahre 1914 zusammengestellt hat[2].

In den devonischen Quarzitsanden des Regierungsbezirkes Trier kommt nach E. Ramann[3] Ortstein vor. Bei Remscheid mit mehr als 1000 mm Niederschlag hat H. Stremme die im Abschnitt „Bleicherdewaldböden"[4] dieses Handbuches mitgeteilten zwei Profile auf blauem devonischen Schiefer, stellenweise Graphit und Pyrit führend und von Quarzadern durchsetzt, angegeben. Im gemischten Laubwald mit Hülse (Ilex aquifolium) war ein Bodenprofil von 6—7 m aufgeschlossen, das unter 38 cm A-Horizonten die starke, allmählich schwächer werdende Infiltrations- und Zersetzungszone der B-Horizonte hat. Die A-Horizonte zeigen starke Podsolierung von 18 cm. Am Hange sind die oberen B-Horizonte von 2,66 m auf 1,15 m und weniger zusammengeschrumpft. Die steilstehenden Schiefer zeigen Hakenwerfen. Auch die A-Horizonte sind jetzt steinig und auf zusammen 20 cm ohne Bleichhorizont zusammengeschrumpft.

Auf den Schiefern und Grauwackenschiefern des Sauerlandes fanden W. Wolff und H. Stremme 1927 im hängenden Gelände auch unter Heide einen ziemlich lockeren steinreichen A-Horizont ohne Bleichung, darunter die rostigen und tief zersetzten B-Horizonte. Sie haben danach auf der Europakarte von 1927 (1 : 10 Millionen) diesen Teil des Schiefergebirges als podsolige Waldböden, stark zersetzt, Bleichhorizonte selten, angegeben. Im Harz hat E. Blanck[5] rote Verwitterungsprodukte der Kulmgrauwacke gefunden und eindringlich darauf hingewiesen, daß man vorsichtiger in der Bewertung rotgefärbter Bodenarten als Repräsentanten besonderer Klimate und Verwitterungserscheinungen sein möge.

Die bereits erwähnten Molkenböden haben eine reiche Literatur hervorgerufen. O. Grupe[6] beschreibt sie folgendermaßen: Oben Moorerde, vielfach von reinem Trockentorf bedeckt, darunter humifizierter Molkenboden, darunter reine Molkenböden, darunter unzersetzter Buntsandsteinton. Die reinen Molkenböden, so genannt, weil das Wasser durch sie molkig getrübt wird, sind weißliche bis grünlichgraue, sehr feine Schluffsande, in denen auch rostbraune Flecken und Adern in Gestalt von Wurzelröhren auftreten. Das Gesamtprofil übersteigt selten 1 m Mächtigkeit. Es handelt sich um „Gleypodsole", Bleicherdebildungen, welche unter dem Einflusse stehenden Wassers entstanden sind.

Die Rendzina und die degradierte Rendzina im mitteldeutschen Berglande ist durch K. v. See[7] untersucht worden. Auf den Kalktuffen des Wippertales

---

[1] Stremme, H.: a. a. O., S. 95—101.

[2] Stremme, H., in der Branca-Festschr., S. 34—36.

[3] Ramann, E.: a. a. O., Jb. preuß. geol. Landesanst. 1885.

[4] Stremme, H.: Bleicherdewaldböden. Dieses Handbuch 3, 128 (Remscheid).

[5] Blanck, E., F. Alten u. F. Heide: Über rotgefärbte Bodenbildungen und Verwitterungsprodukte im Gebiete des Harzes, ein Beitrag zur Verwitterung der Kulmgrauwacke. Chem. d. Erde 2, 115—133, 1925.

[6] Grupe, O.: Die Brücher des Sollings, ihre geologische Beschaffenheit und Entstehung. Z. Forst- u. Jagdwes. (Berlin) 1909, 1—14. — Zur Entstehung des Molkenbodens. Internat. Mitt. Bodenkde. 13, 99—106 (1923).

[7] See, K. v.: Beobachtungen an Verwitterungsböden auf Kalkstein, ein Beitrag zur Frage der Rendzinaböden. Internat. Mitt. Bodenkde. 11, 85—104, 1921.

bei Kirchworbis fand er sie rein und nicht degradiert, auf dem Wellenkalk und Trochitenkalk des benachbarten Ohmgebirges in verschiedenen Graden der Degradation. Nicht veränderten Humuskarbonatboden auf Dolomit und Gips hat H. HOFFMANN in den thüringischen Gebieten südlich des Harzes angetroffen[1].

Bei seiner Kartierungsarbeit im Jahre 1929 hat P. F. v. HUENE[2] im südlichen Teile des mitteldeutschen Berglandes Steppenschwarzerde in der Wetterau, degradierte Schwarzerde ebenfalls in der Wetterau und im Eder-Fulda-Becken angetroffen. Rendzina und ihre Degradationsstufen kommen auf Kalkstein und Gips der verschiedenen Formationen vor, auch auf Kalktuff, Wiesenkalk und Moormergel. Die Rendzina hat meist plattige oder plattig-würflige Krümel, die den Krümeln der Steppenschwarzerde an Porosität nachstehen. Nachstehend sei ein Profil der Rendzina auf Kalkstein des unteren Zechsteins wiedergegeben:

Auf dem Kyffhäuser, 2 km südlich der Chausseekreuzung. 20jähriger Buchenwald mit einzelnen 60—80jährigen Stämmen.

A_0 2 cm, Blätterauflage.

A_1 25 cm, tiefschwarzer, humoser Lehm mit plattigen Krümeln, sehr stark dnrchwurzelt, sehr locker, Wurm- und Tiergänge. Mit HCl nicht aufbrausend.

A—C weißlichgrünlicher, mergeliger Kalkstein des unteren Zechsteins, stark verwittert. Die obere Schicht, stark durchwurzelt, zeigt viel eingeschwemmten, diffus verteilten Humus.

Die Degradation beginnt mit der Auslaugung der Humuskrume und der Bildung heller Flecken und Streifen in ihrem unteren Teil. Der Humus wird aus dem A-Horizont in C eingeschwemmt und wohl auch chemisch verändert. Aus dem oberen Teil des C- und dem unteren des A-Horizontes bildet sich allmählich der B-Horizont. Beispiel:

Südlich des Gutes Bernterode, Kreis Heiligenstadt. Wiese.

A_1 17 cm, schwarzbrauner, sehr lockerer, stark humoser Lehm mit plattig würfliger Struktur, stark durchwurzelt. Mit HCl nicht aufbrausend.

B_1 12 cm, brauner, stark humoser Lehm, mit HCl nicht aufbrausend, stark durchwurzelt, plattige Krümel.

C nasser, kalkhaltiger, weißlichgrauer Talmergel.

Auf den bunten Keupermergeln Thüringens kommt eine Abart der Steppenschwarzerde vor. Ihre Bodenart ist sandiger Ton. Sie zeigt vielkantige oder zuweilen graupenähnliche, rundliche Krümel. Die Farbe der Krume ist grau, braun, grünlich, schwärzlich und schwarzgelb. Der A-Horizont hat zuweilen eine ziemliche Mächtigkeit.

Bunter Mergelboden südwestlich Clingen unter Acker.

A_1 39 cm, violettbrauner, kalkhaltiger Ton, vielkantige Krümel, gut durchwurzelt, ziemlich schwer.

C violettgrüner Tonmergel des mittleren Keupers.

Die Degradierungserscheinungen sind denen der Steppenschwarzerde ähnlich.

Auf den Basalten und ihren Tuffen, Diabasen und ihren Tuffen und Schalsteinen entwickeln sich Böden, die zunächst auch im Walde ebenfalls aus A- und C-Horizonten bestehen, aber ebenfalls degradieren. Der A-Horizont, der bis etwa 45 cm stark sein kann, ist sehr locker und stark durchwurzelt. Die Krümel sind in der Regel graupenähnlich (rundlich), zuweilen auch vielkantig, jedoch nicht prismatisch. P. F. v. HUENE nennt sie Erubasböden.

Erubasboden bei Lauterbach in Hessen.

A_1 43 cm, graubrauner, sandiger Lehm, gut humos, mit graupenähnlichen Krümeln, stark durchwurzelt, mit Tiergängen. In den tieferen Teilen einzelne Basalttrümmer.

C dunkelgrauer Basalt.

---

[1] STREMME, H.: Grundzüge der praktischen Bodenkunde. S. 97—100.
[2] HUENE, P. F. v.: a. a. O. Danzig 1930.

Bei der Degradation erfolgt die Ausbildung eines B-Horizontes, der eine hellere Färbung hat. Die Form der graupenähnlichen Krümel geht in eine prismatische über. Der untere Teil des A-Horizontes zeigt Merkmale einer schwachen Bleichung, die in kleinen Flecken auftritt.

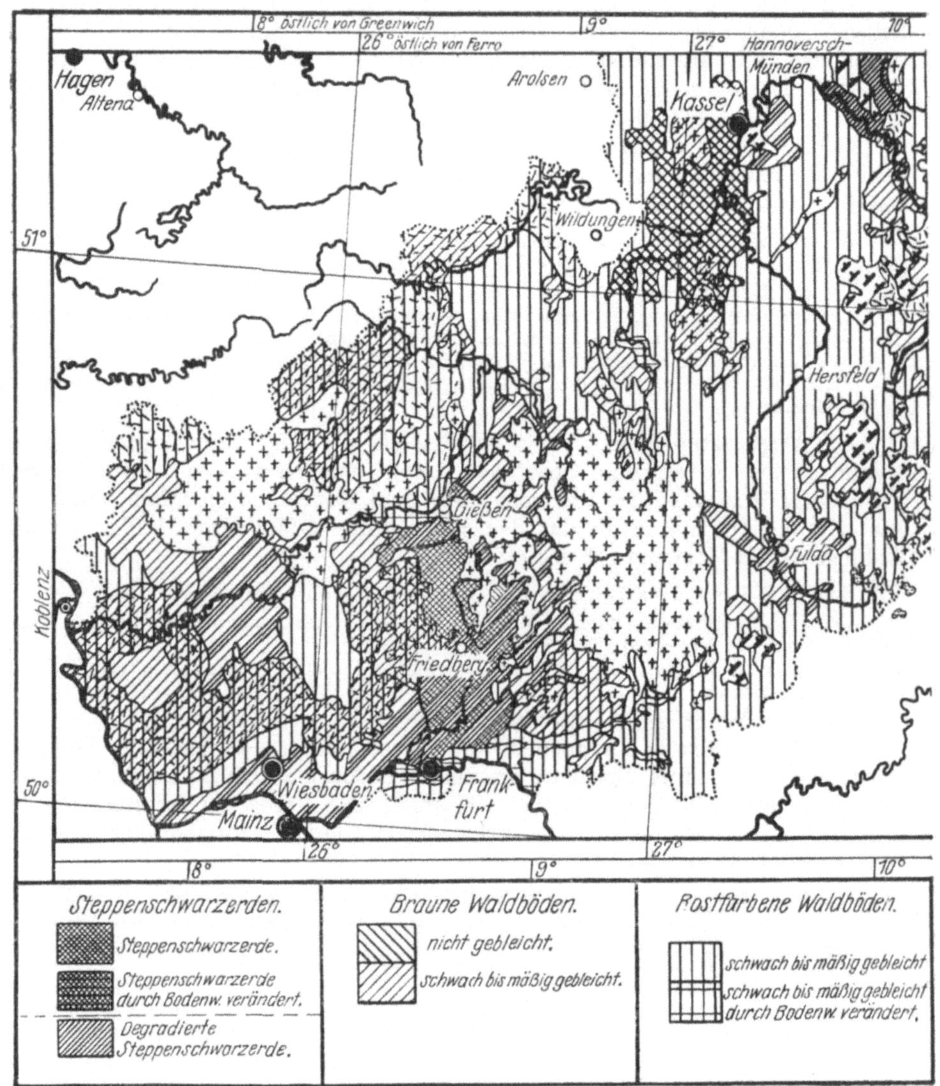

Abb. 102. Bodentypenkarte von Hessen-Nassau, Thüringen, Provinz
Aufgenommen im Sommer 1929 von Paul

Degradierter Erubasboden südlich Stein-Neukirch, Kreis Oberwesterwald, unter Acker.

A_1 22 cm, schwarzbrauner, stark humoser, sandiger Lehm, ausgezeichnete Krümelung. Graupenähnliche, neben querprismatischen Krümeln. Stark durchwurzelt, zahlreiche Poren und Tierlöcher. Sehr milde.

B_1 55 cm, gelbbrauner, schwach sandiger Lehm mit schwarzen Humusflecken, querprismatisch-krümelig, gut durchwurzelt. Einzelne Basalttrümmer.

C Basalt.

Die braunen Waldböden des Gebietes haben sehr verschieden gefärbten *B*-Horizont. Die sandigen Lehme und Tone des unteren und oberen Muschelkalks zeigen rotbraune Färbung des *B*-Horizontes, in welchem die humosen Flecken schwarze oder dunkelbraune Färbung haben. Doch sind auf diesen Formationen

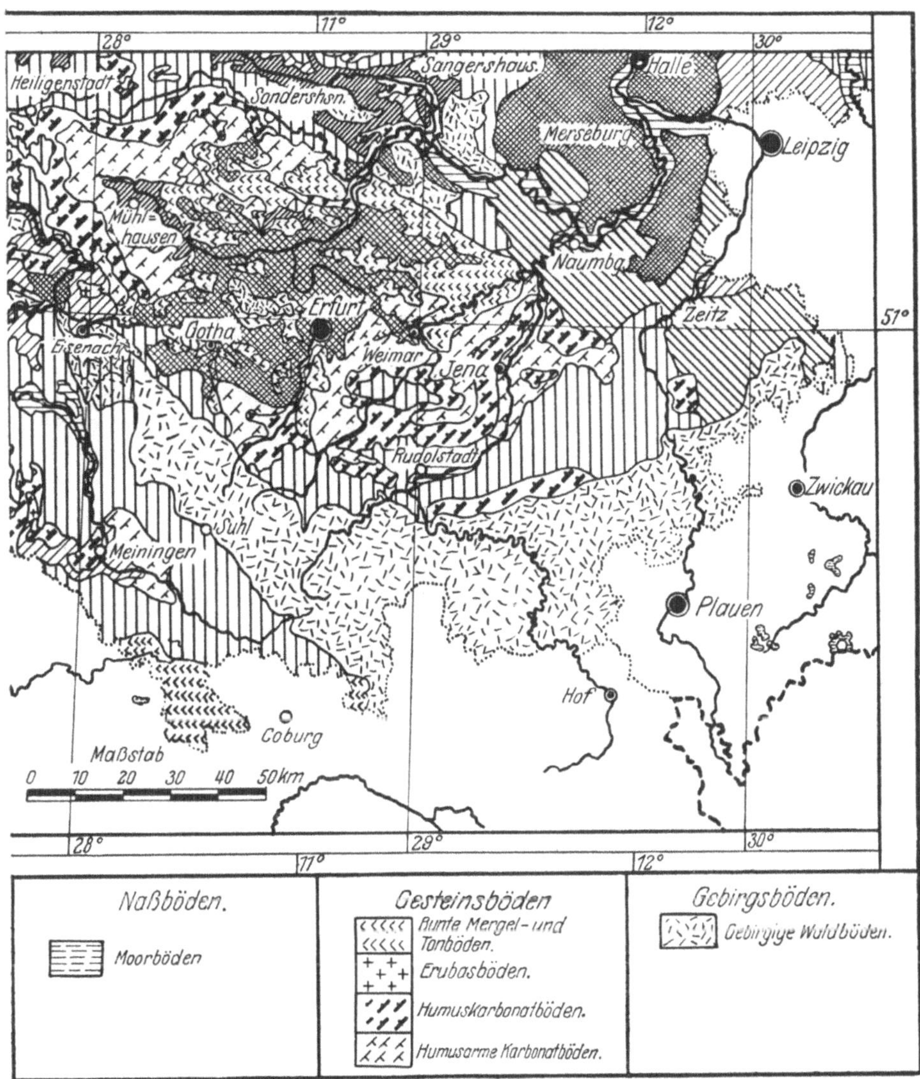

Sachsen südlich der Linie: Hannoversch Munden-Sangerhausen-Halle.
FRIEDRICH Baron HOYNINGEN-HUENE.

braune Waldböden sehr selten. Auf dem oberen Buntsandstein kommen sie häufiger vor als auf dem unteren. Der mittlere Buntsandstein hat grobes Material, das für die Bildung brauner Waldböden ungeeignet ist. Auf den Devon- und Silurgesteinen des rheinischen Schiefergebirges ist der braune Waldboden oft anzutreffen. Gebleichte Waldböden mit rostfarbenem *B*-Horizont sind am besten auf dem mittleren Buntsandstein ausgeprägt, der grobsandig ist. Auf quarzitischen Devongesteinen sind sie ebenfalls verbreitet.

Die humusarmen Karbonatböden sind ein Waldbodentypus auf karbonat-
reichem oder Karbonatgestein. Die Farbe der *A*- und *B*-Horizonte ist meistens
grünlich trotz guter Durchwurzelung. Die Krümel sind scharfkantig, seltener,
wie bei der Rendzina, würfelartig. Wenn sie würfelartig sind, ist an eine Umbildung oder ein Anfangsstadium der schwarzen Rendzina zu denken. Der
Typus ist besonders auf dem Wellenkalk und dem Trochitenkalk in Thüringen,
Westfalen und anderwärts verbreitet. Beispiel:

Südwestlich Ufhoven, Kreis Langensalza in Thüringen. Weideland auf
einer Kuppe.

A 13 cm, graugrüner, kalkhaltiger, mittel- bis schwachhumoser, sandiger Ton mit Kalk-
  steintrümmern. Vielkantige Krümel. Gut durchwurzelt. Einzelne Poren.
B 24 cm, graugrünlicher, schwach sandiger Ton, gut durchwurzelt, einzelne schwärzliche
  Streifen in senkrechter Richtung. Vielkantige Krümel, Kalksteintrümmer.
C Trochitenkalk im Wechsel mit grünen Tonbänken.

Häufig sind in den Gebirgen skelettreiche Bergwaldböden, die keine gut
ausgebildeten Horizonte haben. Das verwitterte Gestein ist mit dem unverwitterten vermengt, so daß man hier von einem Horizont nicht sprechen kann.
Dieser Bodentyp ist der typische Gebirgsboden, bei welchem die Abschwemmung infolge der Bodenneigung alle anderen Faktoren überwiegt.

Die mineralischen Naßböden sind in der Gebirgslandschaft überall ver-
breitet, nehmen aber stets nur kleinere Teile ein, die für das Gesamtbild ohne
Bedeutung sind. Humose Naßböden kommen im allgemeinen spärlich vor.
Nur auf der Rhön lagern zusammenhängende Flächen von Mooren.

Auf der Bodenkarte des südwestlichen Teils der Provinz Sachsen (Bezirke
Merseburg und Erfurt), des Landes Thüringen und der preußischen Provinz
Hessen (Abb. 102), also im südöstlichen Teile des mitteldeutschen Berglandes,
sind die schwach- bis mäßig gebleichten Waldböden am stärksten vertreten.
Sie kommen hauptsächlich auf mittlerem und unterem Buntsandstein vor.
Die skelettreichen Bergwaldböden stehen an zweiter Stelle. Sie finden sich
hauptsächlich im Thüringer Wald, dem thüringischen Schiefergebirge und im
Taunus.

Steppenschwarzerden liegen um Merseburg und Erfurt, nördlich Bad Nauheim und in der Wetterau. Die degradierten Steppenschwarzerden spielen eine
wichtige Rolle bei Sangerhausen, Mühlhausen, Gotha, im Eder-Fulda-Becken,
bei Limburg an der Lahn und in der Wetterau.

Die humusarmen Karbonatböden bilden auf Muschelkalk und Zechstein
größere geschlossene Gebiete im östlichen Teil, und zwar bei Jena, nördlich
Ilmenau, nördlich, westlich und südlich Mühlhausen und südlich Sondershausen.

Erubasböden haben der Vogelsberg, der hohe Westerwald und die Rhön
aufzuweisen.

Braune Waldböden sind recht verbreitet, und zwar die nicht gebleichten
hauptsächlich auf Löß südöstlich und nordwestlich von Naumburg, bei Mühlhausen, Kassel, Limburg und Frankfurt, die gebleichten im ganzen Gebiet verstreut, größere zusammenhängende Gebiete finden sich nordwestlich von Bad
Nauheim.

Die bunten Mergelböden sind nur auf Keuper und oberem Buntsandstein
zu finden. Auf Keuper sind sie kalkhaltig. Dieser Bodentypus kommt hauptsächlich nordöstlich der Linie Mühlhausen, Weimar, südlich Erfurt und bei
Koburg vor.

Rendzina nimmt in diesem Gebiet die kleinsten zusammenliegenden Flächen,
die in dem Maßstabe der Karte noch eine Rolle spielen, ein. Sie kommt hauptsächlich auf Muschelkalk und Zechstein vor. Größere Flecken von Rendzina

befinden sich bei Meiningen, Tann (überhaupt nördlich der Rhön), südlich Eschwege und bei Heiligenstadt. Sonst kommt Rendzina im ganzen Gebiet vereinzelt auf sämtlichen Kalksteinarten vor. Degradierte Rendzina ist hier ebenfalls anzutreffen, die Flächen sind jedoch sehr klein. Auch Naßböden und verschiedene andere Bodentypen kommen mit sehr kleinen Flächen vor und sind
daher für das Gesamtbild ohne Bedeutung.

Das obere Rheintal.

Übersicht: Dem Rheinischen Schiefergebirge ist südlich, fast in seiner
Mitte, der tiefe Grabenbruch des Rheintals, etwa 300 km lang und etwa 30
(vorübergehend über 50) km breit, vorgelagert. Es bildet mit den Gebieten seiner
Nebenflüsse Neckar, Main und Mosel und dem Taleinschnitt bis Bonn E. WERTHS[1]
Rheinischen Kreis (vgl. Abb. 100), der der wärmste und mildeste Teil Deutschlands mit französischem und submediterranem Klima ist. Der Bezirk wird
durch die 9⁰ Jahresisothermen umgrenzt, am Main und Neckar geht die Grenze
flußaufwärts etwas darüber, während der Bodenseekreis durch die 8⁰ Isothermen
umfangen wird. Auch die Linie, welche die Orte mit 6 Monate währender Durchschnittstemperatur von 10⁰ und darüber verbindet, umgrenzt einigermaßen
diesen Bezirk. Die mittlere Januartemperatur liegt größtenteils über 0⁰. Das
mittlere Jahresminimum geht bis —14,5⁰. Die mittlere Julitemperatur beträgt
18⁰ bis über 19⁰. Der Bezirk hat ein zeitiges Frühjahr: Der Beginn der Apfelblüte fällt in das letzte Aprildrittel (in den Ostseeländern in das zweite Maidrittel, in Teilen des Mittelgebirges der rheinischen Randgebirge, der Schwäbischen Alb und der südlichen Randgebirge sogar noch später). Der Frühsommer
mit der Roggenblüte fällt in das letzte Maidrittel, der Hochsommer (Beginn der
Getreideernte) Mitte Juli oder wenig später.

Für die Flora sind südeuropäische Florenelemente, wie Wälder echter
Kastanie, wilder Buchsbaum, Acer monspessulanum, Colutea arborescens und
andere, charakteristisch. Auch mediterrane Tierformen sind vorhanden, wie die
südlichen Eidechsen, Lacerta viridis und muralis, die Geburtshelferkröte (Alytes),
die Holzbiene (Xylocopa), die Gottesanbeterin (Mantis), die südliche Turmschnecke (Buliminus detritus) und andere. Der Maikäfer hat eine dreijährige,
im übrigen Deutschland vierjährige Entwicklung. Es ist das Hauptwein- und
das Hauptweizengebiet Deutschlands. Der Weizen nimmt 40—60 % der Getreidefläche ein, Mais vielfach bis 10 %. Der Waldkarte nach gehört es zum westdeutschen Buchengebiet mit Mittel- und Niederwald. Die Rheinpfalz, ein Streifen
in Nordbaden und der Winkel zwischen Rhein und Main bilden das oberrheinische
Kieferngebiet mit 32—43 % der Waldfläche.

Die hier wichtigsten Kreise des Rheintales sind der Oberrheinkreis, der
Mainzer-Becken-Kreis und der Mittelrhein-Mosel-Kreis. Der Oberrheinkreis
umfaßt das Rheintal zwischen Basel und Rastatt. Er ist wesentlich regenreicher
als der nördlich angrenzende Mainzer-Becken-Kreis und nur lokal, im Regenschatten der Vogesen sinken die Regenmengen unter 600 mm hinab. Die mittlere
Januartemperatur hält sich zumeist über 0⁰, die mittlere Julitemperatur liegt
zwischen 18,5 und 20⁰. Die ganze oberrheinische Tiefebene hat eine Vegetationsperiode von 170—175 Tagen. Auenwälder mit Eiche und Weichhölzern
spielen eine ziemliche Rolle. Hier sowohl wie im Mainzer-Becken-Kreis sind
die Buschwälder der wilden Edelkastanie verbreitet und ist auch der Haupttabakbau in Deutschland. Der Mainzer-Becken-Kreis ist sehr trocken. Die
durchschnittlichen jährlichen Regenmengen gehen vielerorts unter 500 mm

---

[1] WERTH, E.: a. a. O., S. 26—29.

hinab. Die relative Luftfeuchtigkeit der drei Sommermonate hält sich unter 72%. Der Kreis umfaßt das südwestdeutsche Kieferngebiet. Die Kiefer stockt hauptsächlich auf den durchlässigen Böden der jungglazialen Terrassenflächen, der Bezirk ist eines der ersten Obstbaugebiete Deutschlands. Der Mittelrhein-Mosel-Kreis umfaßt das Rheintal von Bingen bis Bonn und den deutschen Anteil des Mosel- und Saartales. Er ist arm an Niederschlägen, die im vieljährigen Jahresdurchschnitt kaum irgendwo 700 mm erreichen und vielfach unter 600 mm heruntergehen. Der Bezirk ist das Hauptgebiet des wilden Buchsbaumes.

Entsprechend dem geringen Niederschlage haben wir im Rheintal ein Gebiet, das von Steppenbodeninseln, rings umgeben von braunen Waldböden, durchsetzt ist. Schon rein äußerlich bieten gewisse Teile, z. B. die mittleren Teile Rheinhessens und der angrenzenden bayrischen Pfalz, den Anblick einer fast baumlosen Steppe. Die Steppenböden sind nicht so dunkel wie die der Magdeburger Börde und der übrigen östlichen Vorkommen der Steppenschwarzerde, sondern mehr kaffee- oder schokoladenbraun, wie der südliche Tschernosem der Krim und Teile des rumänischen Steppengebietes. Die braunen Waldböden sind in der Rheinpfalz und im Mainzer Becken zu einem großen Teile im vollen Profil kalkhaltig und scheinen z. T. irgendwelchen Grundwassereinflüssen diese Besonderheit zu verdanken. Im südlichen Teile der Rheinpfalz sind auch podsolige Waldböden vorhanden. Auf den kalkhaltigen Rheinsanden der Rheinniederung liegen Grundwasserböden, die z. T. einen steppenartigen Charakter tragen. Diese sowohl als auch die höheren Terrassen sind von kleinen und einigen größeren Flachmooren durchsetzt. Die Kiefernwälder des südwestdeutschen Kieferngebietes haben auch in den Sanden z. T. braunen Waldboden, z. T. podsolige Typen mit rostfarbenem B-Horizont.

Geologisch-Morphologisches. Die oberrheinische Tiefebene kann man nach ihren Bodenarten in zwei Hauptgebiete einteilen[1, 2], in die mittlere Rheinebene mit ihren Kiefern, Sanden, Lehm, z. T. auch Schlick, und in das sich seitlich anschließende Hügelland (Vorgebirge des Schwarzwaldes und Odenwaldes und des Pfälzer Waldes), das sich aus mesozoischen und tertiären Gesteinen, im Kaiserstuhl aus vulkanischen, aufbaut und von einer dicken Lößschicht bedeckt ist[2].

Im südlichen Baden trägt der am Ostrande auftretende Keuper gewöhnlich eine mächtige kiesige Schuttdecke, die allgemein bewaldet ist. Tiefwurzelnde Bäume kommen hier noch am ehesten vorwärts, da sie den nährstoffreichen Untergrund erreichen können[3, 4]. Besonders der Gipsmergel enthält bis zu 7% K_2O und beträchtlichen Kalkgehalt. Wenn er nicht zu stark verlehmt ist, eignet er sich ganz gut für Obst- und Weinbau[4]. Lias und Opalinuston bilden mergelartige, kali- und phosphorsäurehaltige, dunkelfarbige Böden von hoher Fruchtbarkeit[5, 6]. Bei Südlage tragen sie Weinberge, bei Nordlage Wiese und Acker. Hier sind sie etwas naß und schwer[5, 6]. Die Überschüttung mit

---

[1] Schumacher, E.: Die Bildung und der Aufbau des oberrheinischen Tieflandes. Mitt. komm. geol. Landesunters. Elsaß-Lothr. (Straßburg) 2, 3, 184 (1890).

[2] Geologische Spezialkarte von Baden, hrsg. von der bad. geol. Landesanst., Blatt Kandern v. K. Schnarrenberger, S. 3. Heidelberg 1915. — Geologische Karte von Hessen, hrsg. von der hess. geol. Landesanst., Blatt Viernheim v. W. Schottler, S. 69. Darmstadt 1916.

[3] Geologische Spezialkarte von Baden, hrsg. von der bad. geol. Landesanst., Blatt Kandern v. K. Schnarrenberger, S. 3. Heidelberg 1915.

[4] Blatt Bruchsal v. H. Thürach, S. 34. Heidelberg 1907.

[5] Blatt Kandern (Nr. 139) v. K. Schnarrenberger, S. 123. Heidelberg 1915.

[6] Blatt Karlsruhe und Daxlanden (Nr. 50, 51) v. H. Thürach, S. 90—101. Heidelberg 1912.

steinigem Material, die stellenweise vorkommt, erhöht nur die Weinbaufähig-
keit[1], während die steinigen Böden selbst, wie der Korallenkalk und der
Hauptrogenstein, bewaldet sind[1, 2], und zwar oft mit gutem Buchenwald. Die
mergeligen und lehmig zerfallenden Wellenkalk- und Trochitenkalkgesteine
dienen meist dem Obst- und Weinbau[3]. Die Tertiärböden nehmen den westlichen Teil der rechtsrheinischen Vorbergzone ein und sind ganz ausgezeichnete
Weinbergböden[1—3].

Die vorherrschende Bodenart ist aber der Löß, der fast alle anderen Gesteine
überdeckt[4, 5]. Der echte Löß besitzt hier ungefähr 15—20% kohlensauren Kalk,
2—5% kohlensaure Magnesia, 1—2% Kali, 8—10% Tonerde und über 50%
Kieselsäure (meist Quarz); außerdem besitzt er noch geringe Mengen Apatit[4, 5].
Dieser unverwitterte, äußerst poröse, kalkreiche Löß gibt einen vorzüglichen
Ackerboden ab, der jedoch ziemlich leicht austrocknet, besonders wo ihm eine
wasserhaltende Unterlage fehlt[4—6]. Er ist ein vorzüglicher Kartoffel- und
Spargelboden[4, 6]. Bedeutend günstiger ist der oberflächlich schwach entkalkte
und verlehmte braune Löß[4—6], der zu stark verlehmte Löß ist dagegen physikalisch wieder ungünstiger. Er bildet beim Pflügen speckig glänzende Schollen,
die schwer zerfallen[11]. Undräniert ist er oft naß und sauer[6—8]. Die aus Löß
und Lehm gebildeten Abschlämmassen, der Schwemmlöß, ähneln dem braunen
Löß und stehen ihm auch in der Fruchtbarkeit nicht nach[6—8]. Von Bedeutung,
sind noch die Böden des Gehängeschuttes, ein Gemisch aus Gesteinstrümmern
aller anstehenden Gesteine mit Löß und Lehm vermengt. Nach dem Tale zu,
an den Schutträndern, geben sie einen überaus günstigen Standort für Wald,
Weinbau und andere Kulturen ab[7]. Sind sie dazu noch tiefgründig und kalkhaltig, so müssen sie zu den besten Böden der Gegend gestellt werden[7].

Die Böden der Rheinniederung werden nochmals in zwei Gebiete getrennt,
in die des Hochgestades (Niederterrasse) und in die der eigentlichen Rheinniederung[7, 9, 10]. Die Böden des Hochgestades sind 50 cm—2 m tief oxydiert
und verlehmt[7, 10]. Diese Verlehmung wird z. T. auf Wald (Eichenwald), z. T.
nur auf frühere Bewaldung zurückgeführt[7]. Unterlagert wird diese Schicht
meist von zu stark durchlässigen oder auch zu stark wasserführenden groben
Rheinkiesen, die auch öfter zutage treten[9, 11, 12]. Diese beeinflussen den Boden ungünstig, machen ihn flachgründig, oft entstehen rostige, verbackene, undurchlässige Stellen[11, 12], und beim Pflügen wird der rostige Kies mit nach oben gebracht[12].
Die Lehmböden des Hochgestades sind in sehr hoher landwirtschaftlicher Kultur,

<hr>

[1] Blatt Kandern (Nr. 139) v. K. Schnarrenberger, S. 123. Heidelberg 1915.
[2] Blatt Karlsruhe und Daxlanden (Nr. 50, 51) v. H. Thürach, S. 90—101. Heidelberg 1912.
[3] Blatt Müllheim (Nr. 127) v. G. Steinmann u. C. Regelmann, S. 23—25. Heidelberg 1903.
[4] Blatt Kandern (Nr. 139) v. K. Schnarrenberger, S. 123. Heidelberg 1915.
[5] Blatt Bruchsal (Nr. 46) v. H. Thürach, S. 40, 41. Heidelberg 1907.
[6] Blatt Müllheim (Nr. 127) v. G. Steinmann u. C. Regelmann, S. 23—25. Heidelberg 1903. Blatt Karlsruhe und Daxlanden (Nr. 50, 51) v. H. Thürach, S. 90—101.
Heidelberg 1912.
[7] Blatt Kandern (Nr. 139) v. K. Schnarrenberger, S. 124—126. Heidelberg 1915.
[8] Blatt Bruchsal v. H. Thürach, S. 42, 43. Heidelberg 1907.
[9] Blatt Müllheim (Nr. 127) v. G. Steinmann u. C. Regelmann, S. 23—25. Heidelberg 1903.
[10] Blatt Karlsruhe und Daxlanden (Nr. 50, 51) v. H. Thürach, S. 90—101. Heidelberg 1912.
[11] Blatt Kandern (Nr. 139) v. K. Schnarrenberger, S. 125—132. Heidelberg 1915.
[12] Blatt Karlsruhe (Nr. 50, 51) und Daxlanden v. H. Thürach, S. 90—101. Heidelberg 1912.

sie sind meist kalkhaltig, dagegen muß Kali und Phosphorsäure zugeführt werden[1, 2]. Nach dem Rhein zu nimmt die Mächtigkeit der Lehmdecke ab und mit ihr meistens der Kalkgehalt, bis wir in der eigentlichen Niederung zu den jüngsten, wieder kalkhaltigen Alluvionen kommen[1—3]. Diese sind z. T. Rheinkiesrücken, noch unfruchtbarer als die des Hochgestades und oft völlig vegetationslos. Kiefernanbauversuche der Forstverwaltung zeitigten wenig Erfolg[1]. Teils werden sie als öde Schafweiden genutzt[2], teils sind es Sande, die jedoch meist mit Schlick vermengt sind. Die Schlickböden, der sog. Rheinlehm, sind in jeder Beziehung die wichtigste Bodenart der Rheinniederung[1, 4]. Sie ist fast ausschließlich als vorzüglicher Ackerboden in Kultur[1, 4] und besitzt meist lößähnliche Zusammensetzung, hohen Kalkgehalt, doch wesentlich höheren Tongehalt als der echte Löß[1]. Stellenweise werden die reinen Rheinsande als Dünensande vom Winde bewegt[3]. Besonders unter Wald findet sich im Rheinsand des Hochgestades folgendes Profil[5]:

1. Kulturschicht, 2—3 dm, brauner, schwachlehmiger Sand oder Kies, kalkarm, schwachhumos.

2. Oxydationsschicht, 3 dm bis fast 2 m mächtig, rötlichbrauner, loser, kalkarmer Sand oder Kies.

3. Lehmige Schicht, o—5 dm, stark braungefärbter, fester, lehmiger Sand oder Kies, kalkarm, reich an Eisenhydroxyd; eine meist unregelmäßig wellenförmig zur Schichtung verlaufende Bildung, die oft in Formen auftritt, welche an geologische Orgeln erinnert.

4. Schicht der Kalkanreicherung, o—5 dm, hellfarbiger, kalkreicher Sand oder Knollen und bis 10 cm dicke Lagen von erdigem und sandigem, kohlensaurem Kalk, Rheinweiß genannt, oft mehrere durch Sandschichten getrennte Lagen.

5. Unveränderte, kalkhaltige Rheinsande und sandige Kiese im Untergrund.

In der Oberkrume findet eine Auslaugung der lehmigen Bestandteile und des Eisenhydroxyds statt[6, 7]. Entlang den Niederungen dienen die feinsandigen, kalkhaltigen Rheinsand- und Flugsandböden oft in größerer Ausdehnung dem Ackerbau mit Erfolg, da sie durch hohen Gehalt an zersetzbarem Kalkspat[8], Feldspat und Glimmer und durch tonige Beimengungen sehr günstig wirken[6, 8]. Gebaut wird auf ihnen mit Erfolg Getreide, Kartoffeln, Rüben, Tabak sowie Spargel und Hopfen, Rotklee gedeiht noch, dagegen Luzerne auf den kalkarmen, durchlässigen Böden nur noch schlecht[9].

Viel besser sind die obenerwähnten Schlickböden. Wo sie aber entkalkt sind, sind sie oft stark mit Humus angereichert, undurchlässig und tonig geworden, sie sind naß, schwer, kalt und sauer[9, 10] und neigen zur Moorbildung[9, 10]. Die Böden der Rheinniederung liegen fast alle im Hochwasserbereich, und eine intensive Landwirtschaft ist nur durch den Schutz der Deiche möglich[9]. Auf den Außendeichen befinden sich gewöhnlich Wiesen, aber auch oft sehr gute Auen-

---

[1] Blatt Kandern (Nr. 139) v. K. Schnarrenberger, S. 125—132. Heidelberg 1915.

[2] Blatt Müllheim (Nr. 127) v. G. Steinmann u. C. Regelmann, S. 23—25. Heidelberg 1903.

[3] Blatt Karlsruhe und Daxlanden v. H. Thürach, S. 90—101. Heidelberg 1912.

[4] Blatt Graben (Nr. 45) v. H. Thürach, S. 30, 31. Heidelberg 1904.

[5] Blatt Karlsruhe und Daxlanden v. H. Thürach, S. 96, 97. Heidelberg 1912. — Blatt Bruchsal (Nr. 46) v. H. Thürach, S. 46. Heidelberg 1907. — Blatt Graben (Nr. 45) v. H. Thürach, S. 28, 29. Heidelberg 1904.

[6] Blatt Karlsruhe und Daxlanden v. H. Thürach, S. 96. Heidelberg 1912.

[7] Blatt Weingarten (Nr. 52) v. K. Schnarrenberger, S. 25. Heidelberg 1907.

[8] Blatt Graben (Nr. 45) v. H. Thürach, S. 28, 29. Heidelberg 1904.

[9] Blatt Karlsruhe und Daxlanden (Nr. 50, 51) v. H. Thürach, S. 97—99. Heidelberg 1912.

[10] Blatt Weingarten (Nr. 52) v. K. Schnarrenberger, S. 24, 25. Heidelberg 1907. — Blatt Bruchsal (Nr. 46) v. H. Thürach, S. 47. Heidelberg 1907.

wälder aus Eichen, Eschen, Weiden und Pappeln[1, 2, 3]. Im Neckarmündungsgebiet sind ganz ähnliche Bodenbildungen vorhanden, es sind von Decklehm bedeckte[4] Schotter. Sie sind ebenfalls kalkhaltig wie der Rheinschutt, während die Odenwaldbäche zumeist einen kalkarmen Lehm führen[8]. Oberflächlich ist auch er entkalkt und gleichzeitig verlehmt[3], so daß sich dann folgendes Profil einstellt[4]:

1. Kulturschicht, 2—3 dm, brauner, sandiger bis tonig-feinsandiger Lehm.
2. Rotbrauner, zäher, toniger bis tonig-feinsandiger Lehm, 2—8 dm.
3. Hellgrauer bis weißgrauer, sehr kalkreicher, fester, oft sandig anzufühlender Lehm, Zone der Kalkanreicherung, 2—6 dm mächtig.
4. Normaler, kalkhaltiger, hellbrauner, toniger bis tonig-feinsandiger Lehm, sofern der Decklehm eine solche Mächtigkeit erreicht hat.

In dem linksrheinischen Teil wird zwischen echtem Löß und Sandlöß unterschieden[5]. Der Sandlöß bildet mit den Vogesensanden und Kiesen zusammen eine breite Terrasse westlich von Straßburg, die nach den Vogesen von echtem Löß bedeckt ist[5]. Der Vogesensand und -kies wird hauptsächlich von einem braunroten feldspathaltigen Sand und von einem rötlichen Kies gebildet[5]. Der daraufliegende Sandlöß unterscheidet sich vom echten Löß erstens dadurch, daß er in ausgesprochenen Terrassen liegt, während letzterer mehr deckenartig auftritt[5], zweitens dadurch, daß ihm manchmal etwas Sand und feines Geröll beigemengt ist[5]. Jedoch fehlen meistens diese Beimengungen, und er besitzt dann im wesentlichen alle Eigenschaften eines echten Lößes[5]. Er stellt eine gleichförmige, durch Eisenoxyd öfter rotbraun getupfte Masse von gelblicher Farbe dar, welche im Elsaß gemeiniglich als „Lehm", oder auch als „gelber Lehm", bezeichnet wird[6]. Im trockenen Zustand besitzt er einen sehr lockeren Zusammenhalt und zerfällt leicht zu feinem Staub, während er angefeuchtet unvollkommen plastisch wird[6]. Der Sandlöß wie auch der echte Löß werden hauptsächlich, obwohl sie sich für jede Kultur eignen, als Getreideboden genutzt[6].

Der linksrheinische Teil der oberrheinischen Tiefebene zerfällt ebenso wie der rechtsrheinische in drei Gebiete, in die Vorbergzone der Vogesen und der Haardt, in die Rheinebene und die Rheinniederung[7]. Die Vorbergzone hebt sich scharf von dem eigentlichen steilansteigenden Haardtgebirge, besonders auch durch ihre Vegetation und Kultur ab[7]. Das eigentliche Gebirge ist bewaldet, die Vorberge werden zum größten Teil vom Weinbau eingenommen[7], während die sich einige Meter (3—15) mauerartig abhebende eigentliche Rheinebene mit ihrer Lößdecke ein ununterbrochenes Saatenfeld zu sein scheint[8] und deshalb auch oft den Namen einer Kornkammer erhalten hat[8]. Die dem Hochwasser ausgesetzte Rheinniederung dient mit ihren Kiesen, Sanden, Schlicken, Mooren als Acker-, Wiesen- und Waldboden, teils liegt sie nur ungenutzt als Ödland da.

Die Vorbergböden des Haardtgebirges, hervorgegangen aus sandigen, mergeligen, tonigen oder kalkigen Gesteinen, sind meist noch von sandigen oder lehmigen Ablagerungen bedeckt, zu denen noch große Mengen Sand von den benachbarten Gebirgshängen hinzugekommen sind, so daß die Krume dieser

---

[1] Blatt Karlsruhe und Daxlanden (Nr. 50, 51) v. H. THÜRACH, S. 97—99. Heidelberg 1912.
[2] Blatt Graben (Nr. 45) v. H. THÜRACH, S. 32. Heidelberg 1904.
[3] Blatt Philippsburg (Nr. 39) v. H. THÜRACH, S. 41. Heidelberg 1899.
[4] Blatt Ladenburg (Nr. 22) v. H. THÜRACH, S. 53. Heidelberg 1905.
[5] SCHUMACHER, E.: a. a. O., S. 237—271.
[6] SCHUMACHER, E.: a. a. O., S. 247.
[7] Kurze Erl. z. d. Blatte Speyer (Nr. 18) d. geol. Karte v. Bayern, ausgearb. v. C. W. v. GÜMBEL, S. 7, 8. München 1897.
[8] SCHUMACHER, E.: a. a. O., S. 242.

Weinbergzone sehr verschieden, jedoch meist sandig ausgebildet ist[1]. Diese Sandbeimengung wird für den Weinbau als günstig angesehen[1]. Die Bodenart spielt jedoch nicht die größere Rolle, sondern ausschlaggebend für den günstigen Weinbau ist hier die nach Osten und Südosten offene Lage, die von Sonnenaufgang an den Sonnenstrahlen Zutritt in die Weinberge verschafft, während nach Westen und Nordwesten die hohen Gebirge die rauhen und kalten Winde abhalten[1].

In Hessen werden die Böden der Rheinebene in zwei Hauptgruppen geteilt[2]: in die hochgelegenen, klimatisch sehr begünstigten der Bergsträßer Diluvialterrasse und des Gebirges und in die tiefliegenden der Ebene, die z. T. dem Einfluß des Grundwassers ausgesetzt sind[3].

Die hauptsächlich am Steilrand der Bergsträßer Terrasse auftretenden diluvialen Sand- und kiesigen Böden sind vorzugsweise feinkörnige, oft schwachlehmige Sande, denen wechselnd Gerölle beigemengt sind[2]. Sie sind meist noch recht reich an kohlensaurem Kalk, ihr Untergrund ist stets kalkreich, der reiche Orthoklasgehalt sorgt für genügenden Kalivorrat[2]. Der Boden ist stark durchlässig, doch der geringe Lehmgehalt macht ihn kapillar etwas günstiger. Oft beigemengter Löß macht ihn fruchtbar[2]. Er wird vorzugsweise mit Wein bebaut, weil dieser mit seiner tiefgehenden Bewurzelung der oberflächlichen Austrocknung gut widersteht[4]. Der primäre Löß wird nicht sehr geschätzt. Er ist zu porös, zu kalkhaltig und zu tätig, so daß der Dünger zu rasch zersetzt wird[4]. Er wirkt oft brennerartig[4]. Ungleich günstiger verhält sich der aus ihm hervorgegangene umgelagerte Löß, der die ausgedehnten Lehmböden bildet[4]. Während sich seine Körnung wenig verändert hat, ist die übermäßige Porosität verschwunden, die Kapillarität und Wasserkapazität sind dagegen hoch geblieben[4]. Der Kalkgehalt ist etwas zurückgegangen. Er ist also ein milder Lehm, der große Wassermassen rasch aufnehmen und festhalten kann, und da er hier auf durchlässiger Unterlage ruht, kann er von seinem Wasserüberschuß genügend abgeben[4]. Er eignet sich für alle landwirtschaftlichen Kulturen, auch für feinere Obstsorten, mit bestem Erfolg[4].

In der Rheinebene werden wieder Kies- und Sandböden, Schlickböden, Lehmböden der Odenwaldbäche und des umgelagerten Lösses sowie Mischböden unterschieden[4—6], auf Blatt Viernheim außerdem noch Böden des Neckarschuttkegels[4]. Die Schlickböden des Neckarüberschwemmungsgebietes, die den Neckarschuttkegel und die alte Neckarau überdecken, sind meist nicht mächtiger als 2 m[4]. Bei 5—6 dm Mächtigkeit kommt der Einfluß des Untergrundes jedoch schon nicht mehr zum Ausdruck[4]. Es handelt sich hier um schwere Marschböden mit hohem Gehalt an feinsten Teilen, die man als tonigen Lehm bezeichnet. Oberflächlich ist er meistens entkalkt, im Untergrund hat sich dagegen oft stark Kalk angereichert, so daß es zur Bildung richtiger Mergelschichten[7] kommt. In den tiefgelegenen alten Neckarschlingen und in tieferen Lagen hat sich infolge des hohen Grundwasserstandes ein schwarzer, mooriger Boden gebildet[7], der als Wiese genutzt wird (oft mit Sauergräsern und Schilf)[7]. Die Beackerung ist sehr schwierig. Beim Austrocknen werden die Schollen leicht steinhart. Bricht man

---

[1] Kurze Erl. z. d. Blatte Speyer (Nr. 18) d. geol. Karte v. Bayern, ausgearb. v. C. W. v. Gümbel, S. 74, 75, 76, 77. München 1897.

[2] Blatt Viernheim v. W. Schottler, S. 69, 70. Darmstadt 1906.

[3] Vgl. C. Luedecke: Die Boden- und Wasserverhältnisse der Provinz Rheinhessen, des Rheingaus und Taunus. Abh. großherzogl. hess. geol. Landesanst. Darmstadt 3, 151 (1899).

[4] Blatt Viernheim v. W. Schottler, S. 70—74, 75. Darmstadt 1906.

[5] Blatt Oppenheim v. A. Steuer, S. 26, 27. Darmstadt 1911.

[6] Blatt Groß-Gerau v. A. Steuer, S. 18, 19, 20. Darmstadt 1905.

[7] Blatt Viernheim v. W. Schottler, S. 74, 75—77. Darmstadt 1906.

ihn in nassem Zustande um, in dem er sehr zäh ist, so entstehen große Schollen, die erst in der Winterkälte wieder zerfallen. Bei geeigneter Bearbeitung zerfällt er zu lauter Krümeln und macht dann den Eindruck eines ziemlich leichten Bodens. Getreide wintert auf ihm aus[1]. Der normale Schlickboden dient hier hauptsächlich dem Rüben- und Gerstenbau. Luzerne gedeiht oft besser als Rotklee, weil sie mit ihren kräftigen tiefgehenden Wurzeln den Kalkgehalt des Untergrundes heraufholen kann. Für den Obstbau ist der Boden zu fest. Am besten kommen noch Birnbäume mit ihren starken Pfahlwurzeln fort[1].

Die Sandböden, die nach dem Rhein zu an Ausdehnung zunehmen, sind, wenn Grundwasser und Kies tief genug liegen, meist tiefgründig. Sie enthalten etwa 7% Feldspat, Glimmer, Apatit und andere Mineralien, die bei der Verwitterung den Sand gemeinsam verlehmen[1]. Oft sind die Sandböden bewaldet oder im letzten Jahrhundert, besonders die Flugsande, die meist mit Kiefern bestockt sind, aufgeforstet[2]. Wo jedoch das Grundwasser hoch genug steht, kommen auch anspruchsvollere Arten, besonders die Eiche, gut vorwärts[2]. Auf trockenem Flugsand gedeiht hier der Kirschbaum sehr gut, da seine Hauptvegetationszeit vorbei ist, wenn die Trockenheit für andere Obstbäume anfängt, schädlich zu wirken. Die trockenen und entkalkten Sandböden sind stark mit Rumex acetosella verunkrautet[2]. Manche Flugsande sind in tieferen Lagen auch mit Schlick vermengt und durch hohen Grundwasserstand humos, d. h. anmoorig[2], geworden.

Die Lehmböden der Schuttkegel der Odenwaldbäche bestehen aus den Verwitterungsprodukten des Gebirges und aus mehrfach umgelagertem Löß und sind deshalb physikalisch bedeutend günstiger als die Schlickböden, besonders eignen sie sich für den Obstbau, was die Schlickböden nicht tun. Das Grundwasser ist in ihnen meist tief genug, um keinen schädlichen Einfluß auszuüben. Der Boden ist deshalb locker, tiefgründig und tätig[2].

Die sandigen Böden der Rheinebene sind oft in gewisser Tiefe mit tonigem Material verkittet, so daß sie für Wasser undurchlässig werden und die Schicht, wenn sie tief genug liegt, in trockenen Jahren günstig wirkt[2]. Meist liegt diese aber so hoch, daß sie ungünstig wirkt, besonders versagen bald die Obstbäume[3], von denen der Birnbaum mit einer starken Pfahlwurzel noch am besten vorankommt[3]. Die dem Weinbau günstigsten Gebiete sind auch hier die Berglehnen des Gebirgslandes, besonders günstig verhalten sich da die dunkelgefärbten Abhänge des Rotliegenden, die aus leicht zerfallenden sandigen Letten und mürben Sandsteinen bestehen und einen lockeren, warmen, guten Boden ergeben[4, 5], so daß die Trauben einen hohen Zuckergehalt aufweisen[3]. Die Löß- und Lehmböden sind dem Weinbau nicht so günstig. Man sucht letztere durch sandige Letten des Rotliegenden zu meliorieren[4].

Eine große Rolle spielt in der Rheinniederung der mächtige Grundwasserstrom, der wegen des auftauchenden Tertiärs noch vor der Mainlinie sein Ende erreicht[5]. Von der Spiegelhöhe dieses Grundwasserstromes ist die Fruchtbarkeit des „Rieds" abhängig[5]. Er ist in mehrjährigen Perioden (meist nach der Winterfeuchtigkeit der Gebirge) um mehr als 1 m verschieden und daher ausschlaggebend für die Bewirtschaftung des „Rieds"[5], das nur bei tiefem Grundwasserstand bewirtschaftet werden kann.

<hr>

[1] Blatt Viernheim v. W. Schottler, S. 74, 75—77. Darmstadt 1906.
[2] Blatt Viernheim v. W. Schottler, S. 75—77. Darmstadt 1906.
[3] Blatt Viernheim v. W. Schottler, S. 73, 77. Darmstadt 1906.
[4] Blatt Oppenheim v. A. Steuer, S. 26, 27. Darmstadt 1911.
[5] Blatt Groß-Gerau v. A. Steuer, S. 1909. Darmstadt 1905.

Im Mainmündungsgebiet und Maintal wird der Löß auch als günstiger Boden angesehen[1]. Innerhalb der Lößgebiete hat die Reliefausbildung auf die Fruchtbarkeit der Böden, besonders infolge der Abschlämmerscheinungen[1], großen Einfluß.

In der Ebene treten tertiäre Tone, besonders des Pliozäns, auf. Wo sie in etwa 2 m Tiefe unter den Schottern und Sanden liegen, wirken sie auf den Boden günstig[1], was man besonders in trockenen Sommern an der frischen Vegetation sieht[1]. Die sandigen und kiesigen Mainterrassen sind für den Ackerbau ungünstig, was besonders bei sehr tiefem Grundwasserstand der Fall ist. Sie sind deshalb z. T. bewaldet[1]. In den tieferen Rinnen und Niederungen eignen sich die Sandböden zu Wiesen. Jedoch reißt man vielfach die Vegetation um und betreibt Ackerbau[2]. Nach einigen Jahren sind aber sämtliche Humusmassen und Nährstoffanreicherungen verbraucht, der Wind bewegt den losen Sand, und es gelingt nur schwer, den ertraglosen Acker wieder mit Grasnarbe oder Wald zu bestellen[2]. An einigen Stellen, wo man sorgfältig den Acker bebaut, ihm regelmäßig Lupinengründüngung und andere zuführt, werden gute Erträge und gute Einnahmen aus Frühkartoffeln, Gemüse usw. erzielt[2]. Wo der ursprünglich kalkhaltige Flugsand entkalkt ist, wobei gleichzeitig die Oxydation der Eisenverbindungen und die Verwitterung der Silikate bei leichter Verlehmung eintritt, ist der Boden brauchbar für Lupinenbau, er ist bindiger und absorptionsfähiger geworden, jedoch muß Kalk in kleinen Mengen zugeführt werden[2]. Steht in geringer Tiefe Tertiärton an, so sind die Sande infolge der Wasserstauung oft stark humifiziert[3]. Für die Waldungen erweist es sich als nachteilig, daß die Waldstreu alljährlich abgekratzt wird[2]. Wo dies nicht geschieht, sind die Waldbestände besser. Wo die Mainschotter von einer dünnen Flugsanddecke, die oft verlehmt ist, bedeckt sind, werden diese kiesigen Böden für den Ackerbau sofort günstiger, aber ungünstiger für den Wald, da unter der Flugsanddecke meist eine vom Wind ausgeblasene Schotterschicht liegt, die für die Pfahlwurzel der Kiefer undurchdringlich ist[3].

Einen starken Gegensatz zu der linksmainischen Hochfläche bildet das Lößgebiet und das Mainschlickgebiet rechts des Mains, sie stehen der Rheinebene in keiner Weise nach[4].

Im linksrheinischen Hessen sind große Lößgebiete in Schwarzerde umgewandelt. Der Löß ist meistens 25—30 cm, oft auch mehr, wenn keine Abschwemmung stattgefunden hat, verlehmt[5]. Auf den Äckern ist diese Verlehmungszone von dem unveränderten Löß scharf geschieden[5].

Die hessischen Weinbaugebiete hat W. Wagner[6] einer geologisch-agronomischen Spezialuntersuchung unterzogen, es sind Rheinhessen und der hessische Anteil an der Bergstraße. Besonders mannigfaltig ist das Weingebiet von Rheinhessen aufgebaut. Am Rochusberge bei Bingen tritt uns der berühmte Weinboden des Rheinischen Schiefergebirges entgegen. Tonschiefer, die leicht mit devonischen Quarziten durchmengt sind, bilden hier die Weinlagen des Scharlachberges. Die Schiefer zerfallen leicht und liefern einen humusreichen Lehmboden, der durch die großen dunklen Schieferstücke und den Quarzit günstig gelockert wird. Gute Durchlüftung, leichte Wasserzirkulationen und schnelle Wärme-

---

[1] Blatt Babenhausen v. G. Klemm u. Ch. Vogel, S. 28, 29. Darmstadt 1894.

[2] Blatt Mörfelden, S. 23, 24, 25. Darmstadt 1891.

[3] Blatt Kelsterbach u. Neu-Isenbruch v. G. Klemm, S. 42.

[4] Blätter Kelsterbach u. Neu-Isenbruch v. G. Klemm, S. 40—43. Darmstadt 1901.

[5] Blatt Wöllstein-Kreuznach v. W. Wagner, S. 78—81. Darmstadt 1926.

[6] Wagner, W.: Die Bodenarten der hessischen Weinbaugebiete (mit Karte im Maßstab 1 : 80000). Darmstadt 1927.

ansammlung sind für die Oberschicht der Weinbergböden bezeichnend. Zwischen Kreuznach und Siefersheim liegen die Böden des Quarzporphyrs, wo Weinberge in den wind- und kältegeschützten Hängen angelegt sind und zwar eine mühsame Bebauung erfahren, dafür aber in den wärmeansammelnden Felsen einen trefflichen Wein gedeihen lassen. Ihnen stehen die Weine nicht nach, die auf den dunklen Melaphyrböden zwischen Fürfeld und Wonsheim gebaut werden. Besonders günstig für das Wachstum von Qualitätsweinen sind die Böden aus Rotliegendgesteinen. Zwischen Langenlonsheim und Sarmsheim an der Nahe sind es mit Schiefertonen durchmengte dunkelrote, warme Kiessandböden, welche infolge Beimengung devonischer Kalkgerölle kalkhaltig sind. Violettrote tonige Sandböden und sandige Tonböden kommen z. B. bis Nierstein vor. Die Steilheit des Gehänges nach dem Rheinstrom hin, die dunkle Farbe und die günstige Durchsetzung des Schieferbodens mit Sandsteinbrocken rufen eine starke Durchwärmung des Bodens durch die Sonnenstrahlen hervor. Eine gewisse Mischung mit Löß gibt einigen Kalkgehalt. Die meisten rheinischen Weine gedeihen auf tonigen oder feinsandigen Mergeln und auf Kalkböden. Am wenigsten geeignet sind die Septarientone, die zu schwere Böden geben. Nur bei günstigen klimatischen Bedingungen sind sie für den Weinbau brauchbar. Geeigneter sind die Schleifsande und Cyrenenmergel, während die über dem Cyrenenmergel liegenden Süßwassermergel und die Corbiculaschichten in toniger Ausbildung nur in normalen und trockenen Jahren einen guten Wein hervorbringen, wogegen in feuchte die Gelbsucht auftritt. In der darüber folgenden klüftigeren Kalkstufe gedeihen die Weine von Ockenheim und Ingelheim. Die kalkfreien Kiessande des Pliozäns zwischen Kreuznach und Bingen haben üppige Weingärten, selbst die kalkhaltigen Kiesböden der Talstufen der Bäche und des Rheins lassen guten Wein gedeihen. Vorzüglich ist er auf dem Löß und kalkhaltigen Flugsand, z. B. von Oppenheim und Ingelheim. An der Bergstraße liegen die Weingärten besonders auf Löß und Flugsand, die höheren Lagen auch auf Verwitterungsböden granitischer und dioritischer Gesteine, die tiefer zersetzt sind als die Quarzporphyrböden. Zwischen Hambach und Heppenheim ist eine Rebfläche auf Buntsandstein angelegt, der infolge seines Schiefertongehaltes den rotliegenden Böden Rheinhessens nahe kommt.

Vom Maintal aus nordostwärts zieht sich die bodenkundlich und klimatisch begünstigte Wetterau (siehe auch Abschnitt Mitteldeutsches Bergland; Profil der degradierten Schwarzerde bei der Lößzone). Nach Westen, Norden und Osten durch Gebirge geschützt, ist sie nach Südosten geöffnet. Der Boden wird größtenteils von einer mächtigen Lößdecke gebildet[1], während auf der linken Seite des unteren Mainlaufes, wie vorher erwähnt, der Löß fast vollständig fehlt[1]. Vielfach ist der Löß in seinen unteren Partien fluviatil umgelagert, als Sandlöß mit wechselnden Sandbänken und Geröllschichten versehen[2]. Er erreicht stellenweise Mächtigkeiten über 16 m und hat häufig folgendes Profil: 3 m typischer Löß, 4—5 m von parallelen sandigen Streifen durchsetzter Löß, der nach unten rotbraun wird und wohl auch gelbe tonige Partien führt[2]. Die fruchtbare Ackerkrume ist zu einem dunkelbraunen verlehmten Löß verwittert[3]. Z. T. ist sie schwarzerdeartig und tiefgründig[4]. Die Schwarzerdebildung ist auf die regenärmeren Gebiete der Wetterau beschränkt und geht nicht in ihre regenreicheren gebirgigen Teile hinüber[4]. Sie ist auch an die kalkhaltigen Lösse

---

[1] KINKELIN, F.: Die Tertiär- und Diluvialbildung des Untermaintals, der Wetterau und des Südabhanges des Taunus. Abh. geol. Spezialk. Preußens 9. IV. S. 266, 267. Berlin 1892.
[2] Ebenda S. 268, 273, 274.   [3] Ebenda S. 271, 273.
[4] Blatt Hungen v. W. SCHOTTLER, S. 75, 76, 84. Darmstadt 1921.

gebunden, die im oberen Teil entkalkt, aber in der Tiefe noch kalkhaltig sind[1]. Die Mächtigkeit der Schwarzerde wechselt sehr, sie beträgt z. T. über 1 m, z. T. zwischen 50—60 cm[1]. Durch die Ackerkultur ist die Schwarzerde oft verändert und der Humusgehalt in der oberen Krume vermindert worden, so daß man oberflächlich oft nicht den Schwarzerdetyp erkennt[1]. In dem Löß der Wetterau sind außer vielen anderen Tieren auch Reste von Steppennagern gefunden worden [2].

Im Schiefergebirgsabschnitt des Rheintals konnten wegen des tiefen, steilen, jungen Rheineinschnittes Nutzböden nur in sehr beschränktem Maße entstehen. Die nach Süden, Südosten, Südwesten und nach Osten gewendeten Gehänge sind dem Weinbau nutzbar gemacht, besonders aber ist dieses im Stufenland des Rheingaues (nördlicher Abschluß der Oberrheinebene), und zwar im wesentlichen ohne Rücksicht auf die Bodenarten [3, 4], geschehen. Mit mineralischen, animalischen und künstlichen Düngemitteln, ferner durch Zuführung von zersetzten und frischen Tonschiefern, Phylliten, Löß, selbst Sanden und Mergeln verbessert man die ärmsten und durchlässigsten Kiese und Quarzitschuttböden und erzielt auf ihnen große Erfolge [3].

Die Lößböden sind hier dem Weinbau nicht sehr günstig, sie dienen dem Garten- und Obstbau [3, 5]. Der Obstbau ist dem Löß am dankbarsten und steht auf ihm in höchster Blüte. Ferner dient der Löß dem Futterbau mit Erfolg, ebenso die sandigen tertiären Tone, während die tonigeren Tertiärtone ausschließlich dem Futterbau dienen [3].

Die im Hochwasserbereich liegenden Kies-, Sand- und Mergelböden werden zum Obst- und Gartenbau, ferner zum Feldbau und in sehr tiefen Lagen zum Wiesenbau herangezogen [3].

Im Schiefergebirgsrheintal sind die wichtigsten Böden die Verwitterungsböden der Steilhänge des alten Gebirges, die durch Mauern gegen zu starke Abschlämmung geschützt sind, wo die Neigung nicht zu steil ist und der bloße Fels zutage tritt. Sie dienen an den Sonnenhängen dem Weinbau, und an den entgegengesetzten Hängen sind sie bewaldet (oft Eichenknüppelwälder; auf dem Schiefergebirgsplateau tragen sie gute Fichtenwälder)[3]. Gleiches gilt für den Lößboden, der fast alle Rheinterrassen bedeckt und daher die Rheinkiese sich nicht sehr an der Bodenbildung beteiligen läßt[6]. Er ist meistens mit ausgedehnten üppigen Obstwäldern bedeckt, oft auch von Gemüse- und Gartenbau eingenommen.

Bodenmorphologisches. Die bodenmorphologische Untersuchung des Rheintales begann mit der Feststellung des Vorkommens von Steppenschwarzerde in Rheinhessen[7]. Es ist einer der wenigen Fälle, in welchen die Vermutung der Anwesenheit von Steppenböden auf Grund der klimatischen Daten das Richtige getroffen hat, denn in vielen anderen hat sie sich als irrig erwiesen. Der Steppenboden ist nicht so schwarz wie etwa der von Halle, sondern deutlich kaffeebraun oder schokoladenbraun, was für einen trockneren Typus als bei Halle, Magdeburg usw. spricht. Auch diese haben in trocknem Zustande

---

[1] Blatt Hungen v. W. Schottler, S. 75, 76, 84. Darmstadt 1921.
[2] Kinkelin, F.: a. a. O., S. 271.
[3] Lief. III Blatt Preßberg-Rüdesheim, bearb. d. A. Leppla, S. 66, 67. Berlin 1904.
[4] Lief. III Blatt Caub, bearb. v. E. Holzapfel u. A. Leppla, S. 33. Berlin 1904.
[5] Leppla, A., u. F. Wahnschaffe: Geologisch-agronomische Darstellung der Umgebung von Geisenheim am Rhein. Abh. preuß. geol. Landesanst. Berlin, N. F. 1901, 36.
[6] Lief. III Blatt Goarshausen, bearb. d. E. Holzapfel, S. 20, 21. Berlin 1904. — Holzapfel, E.: Das Rheintal von Bingerbrück bis Lahnstein. Abh. preuß. geol. Landesanst. Berlin, N. F. 1893, 114.
[7] Stremme, H., in der Branca-Festschr., S. 60—63.

deutlich einen braunen Farbton, aber sie sind im ganzen mehr schwarzbraun, haben nicht diesen etwas mehr ins Rötliche hineingehenden Ton. Es liegt schon ein Übergang zum kastanienfarbigen Typus der Krautsteppe vor. In einer anderen Veröffentlichung[1] konnte H. STREMME auf Grund der Literatur zeigen, daß in Rheinhessen Steppenflora vorkommt. Dies war um so bemerkenswerter, als in einer vorhergehenden Zusammenstellung eines Botanikers über die Verbreitung der Steppenflora in Deutschland Rheinhessen nicht erwähnt war. V. HOHENSTEIN[2] hat später STREMMES Beobachtungen bestätigt und auch hellere Farben des Steppenbodens festgestellt, wie nachstehende Profile zeigen:

Lehmgrube an der Straße Pfeddersheim—Niederflörsheim.

A_1 25 cm, lichtbräunlicher, schwach humoser, kalkhaltiger Löß, gut krümelig.
A_2 7 cm, lichtbräunlich gesprenkelter, schwach humoser, kalkhaltiger Löß bis humusfreier, kalkhaltiger Löß, krümelig, reichlich Wurmkrümel aus A_1 und C_1.
C_1 100 cm, gelber Löß, zu oberst (20 cm) gelblichweiß und stark kalkhaltig (Karbonathorizont), unten mit kleinen Lößkindeln, fest.
C_2 25 cm, gelber, sandiger Löß mit spärlichen Kiesen.

Lehmgrube an der Straße Mainz—Hechtsheim.

A_1 30 cm, brauner bis lichtbrauner, schwach humoser, kalkhaltiger Löß, gut krümelig.
A_2 10 cm, hellbraun gesprenkelter, schwach humoser, kalkhaltiger Löß bis humusfreier Löß, gut krümelig.
C_1 3 m, gelber Löß mit Lößschnecken, fest.

Diese helleren Varietäten sind zugleich weniger mächtig. Das an der Straße Mainz—Hechtsheim aufgenommene Profil scheint auch keine Karbonatanreicherung zu haben. Die Aufnahme ist im April 1917 erfolgt. Die von H. STREMME im August 1913 aufgenommenen dunkleren Profile von anderen Orten hatten 40—50 bzw. 60—65 bzw. 33 bzw. 50—100 bzw. 40—50 cm kaffee- oder schokoladenbraune, also dunklere Krume. Ein lichtbräunliches Profil mit 75 cm Krume und z. T. Prismenstruktur könnte evtl. etwas degradiert sein. V. HOHENSTEIN hat weitere Profile mit 30 cm brauner, darunter hellbrauner, 32 cm dunkelbrauner, nicht kaffeebrauner Farbe mitgeteilt. Diese durchweg kalkhaltigen Böden von geringer Mächtigkeit nennt V. HOHENSTEIN Lößböden schlechthin. Er hält es für wahrscheinlich, daß es sehr alte Schwarzerdeböden seien, die sich in einem Zustande der Abtragung befänden. Dafür spräche die geringe Mächtigkeit. Im Laufe der Zeit sei durch äolische Zufuhr von Staub die dunkle Farbe lichter geworden, ebenso wie auch durch die Zufuhr von allerlei Meliorationsmitteln durch den Menschen. Auch Wärme und Kalkgehalt sollen nach E. W. HILGARD humuszerstörend wirken (was aber bei den Steppenböden, deren Humus in der Hauptsache aus der lebenden organischen Substanz der Kleinlebewesen bestehen dürfte, kaum zutreffen wird). Eine Humusbestimmung durch C. LUEDECKE[3] eines solchen Lößbodens hatte nur 0,84% ergeben, dazu Stickstoff 0,17%. Man kann auch die helle Farbe, die meist noch nicht erfolgte Entkalkung umgekehrt als Merkmale einer jüngeren, noch nicht zur vollen Entwicklung gelangten Bodenbildung ansehen. Außer diesen hellen, schwachen Profilen hat V. HOHENSTEIN aber auch eine Reihe dunklerer, tieferer mitgeteilt. Diese echte Schwarzerde ist etwa 50—60 cm mächtig, zu oberst von kaffeebrauner, darunter von schwarzbrauner Farbe, durchweg kalkhaltig, sie geht nach unten in einen dunkelbraun bis hellbraun gesprenkelten Horizont über

---

[1] STREMME, H.: Die Böden der pontischen Pflanzengemeinschaften. Aus der Heimat 1914.
[2] HOHENSTEIN, V.: Die Löß- und Schwarzerdeböden Rheinhessens. Jber. u. Mitt. oberrhein. geol. Ver., N. F. 9, 74—97.
[3] LUEDECKE: Abh. großherzogl. hess. geol. Landesanstalt Darmstadt. 3 (1899).

und dieser allmählich in den Löß. (Außer auf Löß hatten weder HOHENSTEIN noch der Verfasser Schwarzerde in Rheinhessen beobachtet.) Rundliche oder ovale Tierlöcher, welche mit schwarzbrauner oder gesprenkelter Schwarzerde erfüllt sind, kommen in 50—70 cm Tiefe allgemein vor. Ihre Dimensionen betragen 10 × 12, 10 × 15, 12 × 15 cm. Mit Schwarzerde erfüllte, dicke senkrechte Wurmgänge wurden bis 2 m Tiefe in jedem Profil häufig gefunden. Die Wurmgänge waren stets mit Wurmkrümeln fest austapeziert. Sie führen nicht selten einen weißen, feinschimmeligen Kalkanflug, der aus Bodenlösungen abgesetzt ist. Auch begrabene alte Schwarzerdehorizonte unter der Oberflächenschwarzerde wurden mehrfach angetroffen.

Die rheinhessische Schwarzerde hält der Genannte ebenso wie die übrige deutsche Schwarzerde für ein Relikt aus einer früheren allgemeinen Trockenperiode, glaubt aber, daß sich in Rheinhessen die klimatischen Verhältnisse seit der jüngsten Diluvialzeit bzw. seit Bildung der Schwarzerde nicht wesentlich verändert haben. Es ist nicht leicht, beide Ansichten in Einklang zu bringen. Später hat W. WAGNER[1] die Beobachtungen V. HOHENSTEINS und H. STREMMES bestätigt, ohne jedoch ganz von der Schwarzerdenatur überzeugt zu sein.

Im Jahre 1926 veranlaßte der Verfasser K. SCHLACHT, zu prüfen, ob auch am Kaiserstuhl im Breisgau Schwarzerde vorhanden sei, denn die chemischen Untersuchungen über Löß und Lehm, welche G. H. SCHERING[2] an dortigen Böden ausgeführt hatte, erschienen z. T. für das Vorhandensein von Schwarzerde zu sprechen. In der Tat konnte SCHLACHT[3] hellbräunlichgraue Böden feststellen, welche ganz den Charakter der Steppenböden haben. Hierfür spricht z. B. nachstehend wiedergegebenes Profil (aufgenommen August 1926):

Dauerwiese mit Obstbäumen des Gutes Lilienhof; dichte kurze Vegetationsdecke, überwiegend Gramineen.

A 50 cm, hellbräunlichgrau, humos, erbsenkörnig, krümelig, porös, viele Tiergänge, z. T. mit dunklerem Material aus A_2 angefüllt, zahlreiche Wurmkrümel; mit HCl mäßig aufbrausend.

A_1 20 cm, wie A.

A_2 10 cm, dunkler als A_1, mehr graubräunlich, sonst wie A_1.

A_3 10 cm, grau, humos, krümelig, porös. Auf Bruchflächen dunklere Schattierung; mit HCl sehr kräftig und andauernd aufbrausend. Im Übergang zu A_4 deutliche Kalkausscheidung in $1/_2$ mm dicken Schichten und stärkere Auskleidung von Röhren.

A_4 10 cm, überwiegend hellgelber Löß, durch Bodenwühler ist Material aus den oberen Schichten heruntergewühlt, schichtigporös, von Wurzeln und Tierröhren durchbrochen, sichtbar kalkig.

C Feinröhrig poröser Löß, die oberen 5 cm sichtbar kalkig, weiterhin gewöhnlicher Löß, auf großer Fläche vereinzelt kleine rotbraune Flöckchen.

Die helle Farbe ist so auffallend, daß man sich fragen muß, ob nicht hier lediglich eine junge Bodenbildung vorliegt, die etwa nach dem Abtragen einer früheren neu entstanden sei. Aber der gleiche Baumgarten hatte an einer anderen Stelle das gleiche, nur infolge des hängigen Geländes vielleicht etwas schwächer ausgebildete Profil. Auch alle übrigen Baumgärten zeigten, soweit K. SCHLACHT sie untersuchte, ganz ähnliche Profile, auch eine Anzahl Weingarten- und Ackerprofile waren von gleichem Typus. Dagegen waren mehrere Wald- und Ackerprofile vom Typus des kalkhaltigen braunen Waldbodens mit dem für die braunen Waldböden kennzeichnenden rotbraunen B-Horizont. Hierfür diene als Beispiel:

---

[1] WAGNER, W.: Erl. zu Blatt Wöllstein-Kreuznach, S. 78—81. Darmstadt 1926.

[2] SCHERING, H.: Chemische Untersuchungen über Löß und Lehm. Dissert. Freiburg 1909.

[3] STREMME, H., u. K. SCHLACHT: Über Steppenböden des Rheinlandes. Chem. d. Erde 2, 28—43 (1927).

Laubwäldchen mit Eiche, Buche, Birke und Hasel, 30—40 Jahre alter Bestand, am Lilienhof, aufgenommen August 1926.

A 30 cm, mehr oder weniger zersetzt humose Waldstreu, vom letzten Regen noch feucht, auf der Unterseite speckig glänzend, im Vertikalschnitt von braunem, humosem Aussehen.

A_0 5 cm, wie A.

A_1 15 cm, graubraun, humos, lehmig, von Bodenwühlern stark bearbeitet, so daß die Absonderung schwammig ist, mit vielen Hohlräumen. Wurmexkremente. Mit HCl wenig aufbrausend.

A_2 10 cm, heller, graubrauner, mit HCl aufbrausend, auf Bruchflächen öfter dunklere Stellen von humosem Material. Beim Graben noch krümelnd.

B_2 20 cm, rötlichbrauner Lehmlöß mit Humus und Rostflecken, wenig porös, beim Graben widerstehend, in klumpige Stücke zerfallend. Mit HCl aufbrausend.

Ca 20 cm, gelber Horizont, blätterig porös infolge horizontaler Karbonatanreicherung, beim Graben widerstehend und mit HCl stark und anhaltend aufbrausend.

C Gelber, feinröhrig-poröser, kalkhaltiger Löß.

Der kohlensaure Kalk, welcher das ganze Profil durchzieht, könnte ursprünglich sein und dann der Typus der Bodenbildung vorliegen, welchen P. Treitz in den Eichenwäldern von Zala-St.-Mihaly in Ungarn festgestellt hat. Oder der Kalk mag von unten her mit Bodenlösungen nachträglich aufgestiegen sein. Es kommt bei solchem Profil immer darauf an, in welcher Jahreszeit man es aufnimmt. In der feuchten zeigt sie oft kein Karbonat, dagegen wohl in der trockenen. Der starke Karbonathorizont dürfte auf Wasserabsatz zurückgehen.

In klimatischer Hinsicht ist der Kaiserstuhl weniger trocken als Rheinhessen. Zwei 35 jährige Regenmessungen haben 656 bzw. 710 mm bei $10,1^0$ Mitteltemperatur ergeben. Die niederschlagsärmsten sind die kältesten Monate Dezember bis Februar, die niederschlagsreichsten die heißesten Juli bis August.

Im Jahre 1928 hat K. Schlacht den größten Teil des reichsdeutschen Rheintales mit Ausnahme von Rheinhessen kartiert[1]. Danach kommen inselweise solche steppenartigen Böden fast im ganzen badischen Rheintal von Basel bis in die Gegend von Karlsruhe vor. Besonders in der Nähe des Schwarzwaldrandes werden sie angegeben. Ausgedehnter sind ihre Vorkommen in der nördlichen Rheinpfalz. Sowohl in Baden als auch in der Rheinpfalz sind sie zumeist von braunen Waldböden, die z. T. kalkhaltig, z. T. schwach podsoliert sind, umgeben.

Im ganzen sind die Haupttypen des Rheintales die braunen Waldböden verschiedener Art. Aber zwischen den braunen Steppenböden und den braunen Waldböden stehen die Degradationsstufen des ersteren, die von K. Schlacht wie folgt beschrieben werden. Die erste Stufe unterscheidet sich vom Steppentypus durch eine ausgedehntere mäßig humose Übergangszone vom Steppenhorizont A zum Löß C. In der nächsten Stufe befindet sich unter der graubraunen Ackerkrume ein reh- bis umbrabrauner humoser Horizont mit Flöckchen von Eisenrost und reichlichen Kalkanflügen, worin K. Schlacht den Anfang des rotbraunen B-Horizontes der braunen Waldböden sieht. Bei der nächstfolgenden Stufe dehnt sich dieser Horizont mehr aus und erfährt eine Untergliederung. Schließlich ist daraus der typische B-Horizont entstanden.

Die Flächen kalkhaltigen braunen Waldbodens, welche sich in der Pfalz vom Gebirge her bis zum Rhein hinziehen, denkt sich K. Schlacht unter dem Einfluß von Grundwasser entstanden. Der Untergrund besteht aus Sand, schluffigem Sand- und Schluffmergel. Darauf haben sich in der Rheinniederung steppenschwarzerdeartige Böden mit schwärzlichgrauem, humosem Horizont,

---

[1] Vgl. das Kärtchen in diesem Handbuch Bd. **3**, 176.

bis 50 cm mächtig, entwickelt. Aus der Art und Weise, wie sich im kalkhaltigen braunen Waldboden das Grundwasser dem Boden nähert, schließt dann Schlacht auf ein Kalkigwerden unter dessen Einfluß.

Auf der Bodenkarte Bayerns, welche F. Münichsdorfer[1] herausgegeben hat, ist die Pfalz, dem größeren Maßstabe entsprechend, von K. Schlacht genauer dargestellt. Danach ist das Rheintal zwar zu einem großen Teile mit braunen Waldböden bedeckt, die teils lehmig sind, teils auf Löß liegen, aber im Süden der Pfalz, südlich Kandel, befindet sich ein größeres Gebiet mit schwach bis stark podsolierten Waldböden, in dessen Mitte ein kleiner Fleck von Rendzina (Humuskarbonatboden) und degradierter Rendzina angegeben ist. Rendzina kommt auch in ziemlicher Ausdehnung am Rande des Pfälzer Waldes auf den langgestreckten tertiären Kalkbergen vor. Eine ziemlich große Zahl langgestreckter Flachmoore in alten Rheinarmen ist sowohl auf dem lößbedeckten Hochgestade als auch in der lößfreien Rheinniederung angegeben. Der Boden der Niederung wird als Auenlehm von kalkhaltiger, meist sandig-kiesiger Beschaffenheit, bezeichnet.

Der Boden des nördlichen Teiles des Oberrheintales ist auf W. Schottlers[2] Bodenkarte von Hessen kartiert. Am Rande des Odenwaldes zieht sich auf Löß (staubsandig) eine lange Strecke kalkhaltigen braunen Waldbodens hin, es ist der Weinberglöß an der Bergstraße. Dieser Boden hat den intensiv rotbraun gefärbten, typischen Horizont der braunen Waldböden und einen Kalkgehalt bis zu oberst. Vor ihm, dem Rheine zu, dehnen sich tonige braune Waldböden, reich an Kalkkarbonat im Untergrunde aus, die sich bis nach Mainz hinziehen. Zwischen ihnen und dem Odenwald bei Darmstadt einerseits und den Grundwasserböden des Rheinalluviums andererseits breiten sich die sandigen Flugsandflächen aus, bei denen die jungen Flugsande reich an kohlensaurem Kalk sind. Podsolige Böden auf Sand ohne Kalkgehalt nehmen weiter gegen den Main hin die ganze Fläche ein. Einige langgestreckte Flachmoore ziehen sich durch den tonigen braunen Waldboden in alten Rheinarmen parallel zum Strome hin. In den Steppengebieten Rheinhessens ist nur an zwei Stellen Schwarzerde festgestellt, alles andere ist als kalkhaltiger brauner Waldboden bezeichnet. Mit den Beobachtungen V. Hohensteins und H. Stremmes stimmt diese Angabe nicht überein. Der kalkhaltige braune Waldboden der Bergstraße und der Pfalz ist etwas anderes. Gegen den Rhein hin nehmen wieder die sandigen braunen Waldböden der Flugsande, die reich an kohlensaurem Kalk sind, die Hauptfläche ein.

Mit den so häufigen und merkwürdigen Bodenverkittungen durch Mangan, Kalkkarbonat und anderen Grundwasserabsätzen im Rheintal hat sich wiederholt M. Helbig beschäftigt[3]. Beide Arten der Absätze können steinhart werden, so daß sie nur schwierig zu durchbrechen sind. Es sind Absätze des den Rhein begleitenden Grundwassers, die im ganzen Oberrheintal verbreitet sind.

Die Randgebirge des Oberrheintals.

Übersicht: Auf den beiden Längsseiten wird das Oberrheintal von hohen, steil aus dem Tale aufsteigenden Bergketten eingenommen, deren höchste Erhebungen im Süden (Schwarzwald, Vogesen) liegen, während durch tiefere

---

[1] Münichsdorfer, F.: Bodenkarte Bayerns, 1 : 400000. Mit Erl. München 1929.

[2] Schottler, W., mit Beiträgen von W. Wagner u. O. Diehl: Bodenkarte von Hessen, 1 : 600000. Darmstadt 1929.

[3] Helbig, M.: Neue Untersuchungen über Bodenverkittung durch Mangan bzw. Kalk. Verh. Ges. dtsch. Naturforsch. u. Ärzte 1913 (Leipzig 1914). Sonderdruck, S. 1—6. — Gleissner, M. J.: Über rezente Bodenverkittungen durch Mangan bzw. Kalk. Dissert., Freiburg 1913. — Helbig, M.: Weitere Untersuchungen über Bodenverkittungen durch Eisen und Mangan bzw. Tonerde und Kalk. Chem. d. Erde 4, 12—22 (1928).

Senken (Kraichgau, Hagenauer Senke) von ihnen getrennt, die nördlichen Ketten (Odenwald, Pfälzer Wald) mehr den Charakter der Mittelgebirge annehmen. Links des Rheins schließt sich an den Pfälzer Wald (Haardt) nördlich das Pfälzer Bergland an.

In klimatischer und floristischer Hinsicht gehören ihre reichsdeutschen Anteile überwiegend zu E. WERTHS[1] Bezirk des Berg- und Hügellandes (Abb. 100), nur der höhere Teil des Schwarzwaldes bildet einen eigenen Kreis der Nadelwaldregion des mittel- und süddeutschen Gebirgslandes. Den Pfälzer Wald rechnet E. WERTH anscheinend noch zu seinem Kreis des lothringischen Stufenlandes und der Untervogesen mit 600—1000 mm jährlicher Regenmenge, 0 bis —1° mittlerer Januar- und 17° mittlerer Julitemperatur. Der Odenwald bietet mit dem durch den Main von ihm getrennten Spessart einen Kreis, dessen durchschnittliche jährliche Regenmenge ebenfalls zwischen 700 und 1000 mm liegt. Das Januarmittel liegt bei —1 bis —2°, und die mittlere Julitemperatur allgemein unter 17°. Die Waldbedeckung geht im Durchschnitt nirgends unter 45 % der Bodenfläche hinunter. Sie besteht aus Laub- und Nadelwald, jedoch ist ersterer überwiegend vorhanden. Der Ackerbau (Weizen, Gerste) tritt sehr zurück. E. WERTHS Schwarzwaldkreis der Nadelwaldregion ist sehr regenreich (bis über 2000 mm). Seine untere Grenze, das ist die obere Grenze der Laub- oder Mischwälder, dürfte mit der Januarisotherme —3° zusammenfallen. Die obere Grenze entspricht einer mittleren Julitemperatur von 11° und einer Maitemperatur von 6°.

An Bodentypen hat das Pfälzer Bergland überwiegend lehmige braune Waldböden, die z. T. in der Nahegegend der degradierten Steppenschwarzerde nahestehen. Gegen den Rand des Pfälzer Waldes werden sie mehr sandig und podsoliert. Der Pfälzer Wald selbst hat verschiedene Typen der podsoligen Waldböden, die zumeist mäßig podsoliert sind, dazu treten auch in einigen Teilen flach- und langgestreckte Hochmoore. Die Schuttbildungen sind mäßig entwickelt, man kann also nicht von eigentlichen Bergböden sprechen. Der Odenwald hat braune Waldböden in verschiedenen Stadien der Podsolierung und podsolige Böden mit rostfarbenem *B*-Horizont, z. T. auch auf Löß. Im Schwarzwald haben wir bodenkundlich ein ausgesprochenes Bergland, in welchem die Skelettbildungen überwiegen. Wo aber Vegetationstypen möglich sind, treten die verschiedenen Stadien der Podsolierung auf bis zu stark podsoliertem Gestein, ja z. T. mit starkem Ortstein. Dabei ist auffallend häufig ein roter *B*-Horizont zu bemerken, der durch das ganze Gebiet verstreut zu sein scheint. Humuspodsolböden, Moore, auch Hochmoore, Gleibildungen sind vorhanden, die Moore und anmoorigen Böden ziemlich verbreitet.

Geologisch-Agronomisches. In der westlichen Hochfläche der Haardt (Pfälzer Wald), der Zweibrücker Gegend, ist der vorherrschende Bodentypus die Braunerde[2], die bei einem Klima, in dem die Niederschläge den Betrag der Verdunstung übersteigen, sich gebildet hat[1]. Es findet dabei eine Auswaschung der Verwitterungsprodukte statt, der in der Hauptsache bei der Braunerde nur das Eisenoxyd und die Phosphorsäure widerstehen sollen[1]. Die Bodenbildung im Sinne dieses Bodentypus ergreift alle Gesteine mehr oder weniger ohne Rücksicht auf ihre petrographische Zusammensetzung[1]. Bei den intensiv rot gefärbten Schiefern des Rotliegenden ist die durch diesen Verwitterungstypus bedingte braune Farbe durch die rote Eigenfarbe des Gesteins mehr oder weniger verdeckt[1]. Auf manchen sandigen Böden unter Wald hat sich eine Rohhumusdecke gebildet, unter der die Auswaschung intensiver und auf alle Stoffe bis auf Quarz

---

[1] WERTH, E.: a. a. O., S. 20—25.
[2] AMMON, L. v.: Erl. z. d. Blatte Kusel (Nr. 20) d. geognost. Karte d. Königreichs Bayern, S. 123. München 1910.

und andere chemisch schwer angreifbare Mineralien ausgedehnt wurde, wobei in gewisser Tiefe ein Anflug von Ortstein, der aber nur sehr wenig ausgeprägt ist, zu bemerken ist. Diese Böden neigen nach dem Typus der Bleichsandböden hinüber[1]. Doch treten sie in ihrer Ausdehnung und Bedeutung weit hinter dem Braunerdetyp zurück[1]. In den Tälern hat zuweilen eine Anreicherung von Humus stattgefunden, so daß hier noch der Typus der Moorböden hinzukommt, der jedoch ebenfalls nur sehr beschränkte Ausdehnung erlangt, nur im Buntsandsteingebiet hat er etwas mehr Bedeutung[1].

Die Bodenart ist, obwohl das anstehende Gebirge lokal sehr verschieden ist, meist die durch die Abtragungs- und Gekriechserscheinungen bedingte intensive sandig-lehmige Mischung, die manchmal mehr oder weniger Gesteinsbrocken führt[1]. Von größerer Bedeutung ist die Neigung und das Relief, die durch die Abtragungs- und Aufschwemmungserscheinungen einen flachgründigeren oder tiefgründigeren Boden erzeugen[1]. Der Boden ist fähig für Roggen-, Kartoffel-, Hafer-, Gersten-, Luzerne- und Kleebau, auch für Rüben und Weizen[1]. Künstliche Düngung wird unbedingt für erforderlich gehalten, doch liegen die als ausreichend angegebenen Mengen niedrig, z. B. etwa 0,72 dz Thomasschlacke pro Hektar[1]. Die für den Ackerbau zu steilen Hänge werden je nach der Lage durch Wald- oder Weinbau genutzt[2]. Für den Weinbau gilt als Vorbedingung außer der Lage noch die Schutt-, Grus- oder Kiesbeschaffenheit der Böden[1]. Dagegen hat auch hier, wie man es in anderen Weinbaugebieten findet, die petrographische Beschaffenheit des Gesteins keine Bedeutung, denn man findet ebensogut Weinberge auf Porphyrschutt wie auf Konglomeratschutt, auf dem Schutt der Schiefer wie auf Kalkstein[2].

Besondere Beachtung ist auf das Profil zu legen, denn es zeigt sich, daß, wenn die Schicht von 25—50 cm Tiefe, in der die Weinstockwurzeln sich hauptsächlich ausbreiten, kalkreich war, Anbauversuche mit amerikanischen Rebarten nicht oder schlecht, einheimische dagegen gut gediehen[2]. Will man Vitis vinifera in Verbindung mit dem Kulturverfahren mittels Schwefelkohlenstoff anpflanzen, so muß man Böden von mittleren physikalischen Eigenschaften aussuchen, während ein Kalkgehalt in diesem Fall nicht schadet[2].

Die Böden des Schwarzwaldes sind hauptsächlich aus den alten kristallinen Gesteinen und den auf diesen erhaltenen Sedimenten entstanden. Nach Osten senkt sich das altkristalline Gebirge allmählich ab, indem gleichzeitig die Sedimente des schwäbischen Stufenlandes hochplateauartig bis flachkuppig jenes bedecken. Das steilkuppige, gebirgige Gelände des Schwarzwaldes ist fast durchweg meist mit Fichtenhochwald bewaldet. Nur die Täler dienen als Wiesen, auch einige Hänge als Weiden (meist Hutungen) mit mittleren bis spärlichen Futterflächen, aus denen zahlreiche Granitblöcke herausragen, und die stellenweise sumpfig und quellig sind.

Die Gneise geben hier, wie auch in anderen Gebirgen, meistens die besseren Böden, Ausnahmen bilden Paragneise mit sehr starkem Quarzgehalt. Die Renchgneise mit ihrer schuppig-schiefrigen Struktur zerfallen sehr rasch unter dem Einfluß des Wassers, des Frostes, der Hitze und der Organismen[3, 4, 5]. Bei der Verwitterung werden Nährstoffe wie Kali, Kalk und etwas Phosphorsäure

---

[1] Ammon, L. v.: a. a. O., S. 173, 174, 175, 181.

[2] Ammon, L. v.: a. a. O., S. 183, 184.

[3] Geol. Spezialk. v. Baden, Blatt St. Peter (Nr. 108) v. K. Schnarrenberger, S. 23. Heidelberg 1906.

[4] Blatt Neustadt (Nr. 119) v. F. Schalch, S. 32, 33. Heidelberg 1903.

[5] Württ. Statist. Landesamt, geol. Karte u. Erl. Blatt Baiersbronn (Nr. 92) v. K. Regelmann, S. 79. Stuttgart 1908.

frei[1,2]. Der Kalkgehalt stammt aus den leicht verwitternden Kalkfeldspäten[1,2]. Die dichtschuppige Struktur der Glimmerblättchen verhindert die Durchschwemmung, Austrocknung und Fortführung der Feinerde, erhöht die Wasserkapazität und Absorption. Das alles macht den Gneisboden zu einem guten Boden[5].

Der Granit verwittert zu einem tiefen, grobsandigen, grusigen Boden[1—4]. Porphyrische Gesteine verwittern ebenfalls sehr tief und stark, so daß sich in den 'oberen Teilen kaum noch unverwitterte Feldspäte erhalten haben, weshalb die Porphyrböden stark düngerbedürftig sind[1—4]. Die Böden des Rotliegenden sollen sich ganz ähnlich verhalten[2].

Die Böden sind in erster Linie Hochwaldböden, d. h. steinige, arme, stark geneigte Verwitterungsböden unter oft zu trockenen, oft zu feuchten Verhältnissen. Nur wo die Neigung und die Meereshöhe nicht zu groß ist, dient der Gneisboden im beschränkten Maße dem Getreide- und Kartoffelbau[2].

Der Buntsandstein bildet an den steilen Hängen einen fast sterilen reinen Quarzsandboden unter Wald, nur in flachen Lagen ist seine Sterilität etwas gemildert; er dient dann teilweise dem Ackerbau[2,5]. Während sonst der Schwarzwald vorherrschend mit Rottannen bestanden ist, rückt auf dem Buntsandstein die Kiefer mehr in den Vordergrund, die hier sehr stark und langschäftig wird[5].

Im württembergischen Anteil des Schwarzwaldes werden die Kinzigitgneisböden als tiefgründige, schuppig-schiefrige, mittelmäßig lockere, nährstoffreiche und absorptionskräftige, milde, schuttführende Lehmböden geschildert[7], deren Schuttführung mit der Neigung steigt[6]. Demgegenüber treten die Granitböden als grusige, zu trockene oder zu nasse Schuttböden auf, die jedoch unter Wald wegen ihres stets in der Tiefe ergänzten Nährstoffgehaltes brauchbar sind[6]. Syenite liefern in physikalischer und chemischer Hinsicht (mit Ausnahme einiger saurer Schlieren) bedeutend günstigere Böden als Granite und Gneise[6].

Während die Böden des etwas Nährstoff führenden und tonigen Buntsandsteinsandes weniger podsoliert sind und häufiger dem Ackerbau dienen, sind die des Hauptbuntsandsteines (mittlerer Buntsandstein) oft stark podsoliert[6,7]. Oben sind sie mit Humus angereichert, der folgende, fast reine, ausgewaschene Quarzsand neigt in den unteren Partien zur Ortsteinbildung, die oft stark ausgeprägt ist. Durch lange und umsichtige Forstwirtschaft ist es dennoch gelungen, hier einen guten Hochwald aufzuziehen[6]. Zu anderen Zwecken als zu Wald ist der Boden ungeeignet und wird auch nicht dazu genutzt[6,7]. Die Böden des oberen Buntsandsteins sind dagegen wieder milde, leichte, lockere, feinsandige Böden, die bei intensiver Kultur zu guten Erträgen kommen[8]. Wie überhaupt sämtliche Buntsandsteinböden trotz ihrer Armut bei umsichtiger forstlicher Pflege, solange die Durchlüftung nicht gestört ist und die Niederschläge hoch genug sind (1500—900 mm), die schönsten Rotbuchen-, Fichten- und Tannenwälder tragen, selbst der ärmste mittlere Buntsandstein, in dem die

---

[1] Geol. Spezialk. v. Baden, Blatt St. Peter (Nr. 108) v. K. Scharrenberger, S. 23. Heidelberg 1906.

[2] Blatt Neustadt (Nr. 119) v. F. Schalch, S. 32, 33. Heidelberg 1903.

[3] Blatt Furtwangen (Nr. 109) v. F. Schalch, S. 33. Heidelberg 1913.

[4] Württ. Statist. Landesamt, Erl. z. geol. Karte Blatt Enzklösterle (Nr. 78) v. K. Regelmann, S. 10, 105. Stuttgart 1911.

[5] Blatt Furtwangen (Nr. 109) v. F. Schalch u. A. Sauer, S. 33, 34. Heidelberg 1903.

[6] Blatt Alpirsbach (Nr. 117) v. M. Bräuhäuser u. A. Sauer, S. 89—94. Stuttgart 1913.

[7] Blatt Baiersbronn (Nr. 92) v. K. Regelmann, S. 84. Stuttgart 1908. — Blatt Freudenstadt (Nr. 105) v. M. Schmidt u. M. Rau, S. 73. Stuttgart 1910. — Blatt Enzklösterle (Nr. 78) v. K. Regelmann, S. 107. Stuttgart 1911. — Blatt Wildbad (Nr. 66) v. K. Regelmann, S. 110. Stuttgart 1913.

[8] Blatt Alpirsbach (Nr. 117) v. M. Bräuhäuser u. A. Sauer, S. 94. Stuttgart 1913.

Pflanzen unter günstigen Bedingungen die spärlichen Nährstoffe sich zusammensuchen[1], verhält sich derartig. Nicht die Gesteinsart, sondern die bodenbildenden Faktoren und die Behandlung durch den Menschen sind hier das Wichtigste. Allerdings tritt auf den Buntsandsteinböden des mittleren Buntsandsteins häufig Rohhumusbildung auf[1], während sie auf den Gneisböden fehlt; Granit nimmt eine Mittelstellung ein. Man erkennt diesen Unterschied ohne Bodenuntersuchung schon an dem besseren Wuchs und dem starken natürlichen Nachwuchs und Anflug auf dem Gneis[1]. Rohhumus verhindert den natürlichen Samenauflauf, der aufgegangene zeigt im feuchten Rohhumus zunächst eine günstige Entwicklung, stirbt aber im Hochsommer bei Austrocknung des Rohhumus ab, da er seine Wurzeln wegen der anfangs günstigen Bedingungen und des folgenden sterilen Bleichsandes nur in ersterem ausbreitet. Hand in Hand damit gehen Podsolierung und Ortsteinbildung vor sich. Zur Ortsteinbildung neigen besonders die Böden des Hauptbuntsandsteins, wogegen die des unteren und oberen Buntsandsteins wohl eine Bleichzone, aber keinen eigentlichen Ortstein haben. Ebenfalls neigen manchmal Granitböden zur Ortsteinbildung, während Gneisböden ganz verschont bleiben[2]. Es scheint, daß im allgemeinen der Ortstein in Süd- und Südwestlage am stärksten, auf den nördlichen und nordöstlichen Hängen weniger auftritt, doch entzieht er sich hier wohl auch der Beobachtung wegen des besseren Wachstums des Waldes. Auf den Hochflächen tritt in feinsandigen oder auch tonigen Böden, die muldenartig liegen oder sonst selbst in trockensten Jahren bis oben hin sehr naß sind, Rohhumusbildung mit sog. „Speckortstein" auf[3]. In den stets feuchten, feinsandig-tonigen Böden kommt es zur starken Anreicherung von Humaten und Humusstoffen, die, weil die Böden kaum austrocknen, keinen eigentlichen Ortstein bilden können[3]. Durch die lange Durchfeuchtung sacken und kleben diese Sande zusammen (Klebsande)[4], so daß sie beim Austrocknen eine verhärtete, meist rissige Sandschicht bilden, die wegen Porenverminderung und Verlust der Krümelstruktur weder durchlüftungs- noch absorptionsfähig ist[3]. Auf den Karten sind diese Flächen mit Symbolen anmooriger bzw. Hochmoorflächen ausgeschieden.

Der Odenwald wird z. T. aus Tiefengesteinen und altkristallinen Schiefern, z. T. aus jüngeren mesozoischen Sedimenten, besonders Buntsandstein, aufgebaut. Im Westodenwald überwiegen Granit, Porphyr und kristalline Schiefer[5], im Ostodenwald dagegen Buntsandstein[6]. Die daraus entstandenen Böden sind hauptsächlich waldbaufähig. Der Granit ist an den Hängen durch starke Abschlämmung der Feinteile oft steinig und flachgründig. Ähnliche Böden liefern die kristallinen Schiefer; wenn sie auch in Verebnungen tiefgründiger sind, dienen sie doch hauptsächlich dem Waldbau[7]. Fast ebenso verhält sich der Boden des Rotliegenden. An günstigen Hängen dient er öfter dem Weinbau.

Von den Buntsandsteinböden ist der des unteren Buntsandsteins auch hier der günstigere, er ist oft lockersandig-tonsandig-lettig. Wo er nicht bewaldet ist, dient er mit gutem Erfolg Roggen-, Hafer-, Kartoffel- und Rübenanbau. Der Hauptbuntsandstein liefert allgemein einen sandigen, steinigen, leicht austrocknenden Boden, der fast nur für Wald geeignet ist. Der obere Buntsandstein

---

[1] Blatt Baiersbronn (Nr. 92) v. K. Regelmann, S. 84—90. Stuttgart 1908.
[2] Blatt Baiersbronn (Nr. 92) v. K. Regelmann, S. 96—106. Stuttgart 1908.
[3] Blatt Baiersbronn (Nr. 92) v. K. Regelmann, S. 93. Stuttgart 1908.
[4] Blatt Wildbad (Nr. 66) v. K. Regelmann, S. 123, 124. Stuttgart 1913.
[5] Blatt Heidelberg v. H. Andreae u. A. Osann, bearb. d. H. Thürach, S. 137, 138. Heidelberg 1918.
[6] Blätter Erbach u. Michelstadt v. G. Klemm, S. 1. Darmstadt 1897.
[7] Blatt Heidelberg v. H. Andreae u. A. Osann, bearb. d. H. Thürach, S. 137, 138. Heidelberg 1918.

und der von Diluviallehm bedeckte Hauptbuntsandstein ergeben wieder einen fruchtbaren und besser wasserhaltigen Boden, der auf den Höhen aber auch hauptsächlich dem Waldbau dient.

Der Hochwald ist die rentabelste Wirtschaftsweise. Doch wird auch noch Eichenschälwald gebaut, auf dem zwei Jahre Getreide der Abschälung folgen[1]. Wo die Buntsandsteinböden mit Löß vermengt sind, wachsen Buche und Fichte[1]. An den sonnigen Hängen der Bergstraße wird Weinbau *mit* gutem Erfolge betrieben[2]. Die für Ackerbau in Frage kommenden Sandsteine müssen mürbe zerfallende, etwas lettige Beschaffenheit aufweisen, wenn sie erfolgreich bebaut werden sollen[3].

Aus den vielen Kalkbestimmungen, die im nördlichen Odenwald vorgenommen wurden, geht hervor, daß besonders die Böden des Buntsandsteins, des Pliozäns, des Alluviums und des Rotliegenden allgemein sehr kalkbedürftig sind, etwas weniger die des Diabases, des Diorits und des Granits und noch weniger die des Hornblendegranits und des extrem-basischen Gabbros[4].

Nach dem Maintal zu nimmt der Ackerbau und Wiesenbau ungefähr die Hälfte des Gebietes ein[5]. Oft eignen sich die Böden in Tälern und an Hängen zum Obstbau, der einen wirtschaftlichen Aufschwung des Landes mit sich bringt[5]. Die sandigen Waldböden werden mit Kiefern, die lehmigen meist mit Eichen, Buchen und anderen Bäumen aufgeforstet[5]. Von den Lößresten, die sich vielerorts noch in kleinsten Nestern erhalten haben, sind auch hier die umgelagerten braunen Lößlehme die günstigsten[5].

Bodenmorphologisches. Das Pfälzer Bergland und die Haardt wurden von K. SCHLACHT für F. MÜNICHSDORFERS[6] Bodenkarte Bayerns bearbeitet, der Odenwald auf W. SCHOTTLERs[7] Bodenkarte von Hessen, und für den Schwarzwald liegt die Skizze des badischen Anteils von K. SCHLACHT[8] vor, daneben sind Arbeiten von M. HELBIG[9], M. MÜNST[10], H. HARRASSOWITZ[11] und E. BLANCK[12] zu nennen.

Für die Gegend von Zweibrücken hatte L. v. AMMON „Braunerde" angegeben bei lehmig-sandigen Bodenarten, untermischt mit Gesteinsbrocken, auf allen Gesteinen. Auf den Sanden des Buntsandsteins hat L. v. AMMON unter Rohhumus Bleichsand und Orterde festgestellt. Die beiden Beobachtungen werden durch K. SCHLACHTS Bodenkartierung bestätigt. Zwischen Zweibrücken und Pirmasens ist in einem einspringenden Winkel lehmiger brauner

---

[1] Blatt Beerfelden v. G. KLEMM, S. 22. Darmstadt 1900. — Blatt Sensbach v. W. SCHOTTLER, S. 40—43. Darmstadt 1908.

[2] Blatt Birkenau (Weinheim) v. G. KLEMM, S. 73. Darmstadt 1905.

[3] Blatt König v. CHR. VOGEL, S. 26. Darmstadt 1898.

[4] LÜDECKE, C.: Beiträge zur Kenntnis der Böden des nördlichen Odenwaldes. In Erl. z. Blatt König, S. 26.

[5] Blatt Neustadt-Obernburg, S. 35. Darmstadt 1894.

[6] MÜNICHSDORFER, F.: Bodenkarte Bayerns 1 : 400000. Mit Erl. München 1929.

[7] SCHOTTLER, W., mit Beiträgen v. O. DIEHL u. W. WAGNER: Bodenkarte von Hessen 1 : 600000. Darmstadt 1929.

[8] SCHLACHT, K., in H. STREMME: dieses Handbuch Band 3, 176.

[9] HELBIG, M.: Ortstein im Gebiete des Buntsandsteins. Z. Forst- u. Landw. 1903, 1; Landw. 1909, 81. — Zur Entstehung des Ortsteins. Naturwiss. Z. Forst- u. Landw. 1909, 1. — Ortstein im Gebiete des Granits. Ebenda. — Ortstein und ortsteinähnliche Ablagerungen. Verh. Ges. dtsch. Naturforsch. u. Ärzte 1911, 287.

[10] MÜNST, M.: Ortsteinstudien im oberen Murgtal. Mitt. württ. geol. Landesanst. 1911.

[11] HARRASSOWITZ, H.: Studien über mittel- und südeuropäische Verwitterung. Geol. Rdsch. 17a, 122—210 (1926).

[12] BLANCK, E.: Der Boden der Rheinpfalz in seiner Beziehung zum geologischen Aufbau derselben. Vjh. bayer. Landwirtschaftsrates, München. 1905. — Zur Kenntnis der Böden des mittleren Buntsandsteins. Landw. Versuchsstat. 65, 161 (1907).

Waldboden, z. T. degradiert (schwach podsoliert), angegeben, rings umfaßt von den schwach bis stark podsolierten Waldböden der Buntsandsteinwälder. In diesen sind nördlich von Zweibrücken langgestreckte Hoch- und Flachmoore vorhanden, spärlicher auch östlich und südöstlich Pirmasens. Am östlichen Rande des Pfälzer Waldes, südlich von Neustadt und nördlich von Dürkheim, tritt auf den tertiären Kalksteinen Rendzina mit Degradationsformen auf, desgleichen weiter nördlich im Berglande bei Kirchheimbolanden am Rande größerer Steppenbodeninseln. Das vielfach mit Löß bedeckte und waldarme Pfälzer Bergland zwischen Kirchheimbolanden und Kusel, das von dem Gestein des Rotliegenden mit Melaphyr- und Porphyrergüssen gebildet wird, hat braune Waldböden, die in der Gegend von Obermoschel und unweit der Nahe stark den Charakter des degradierten Steppenbodens annehmen, wie sich der Verfasser 1929 auf einer Bereisung in Gemeinschaft mit K. Schlacht überzeugen konnte.

W. Schottler[1] hat auf dem Buntsandstein des östlichen Odenwaldes stark podsolige Böden mit sandig-festem Gestein im Untergrunde angegeben, dagegen auf dem kristallinen Odenwald braune Waldböden von teils lehmigsandiger Beschaffenheit, mit festem Gestein im Untergrund und einzelne Flächen östlich und südöstlich Darmstadts „reich an Austauschkalzium", teils auf dem Löß „staubig-sandig, reich an kohlensaurem Kalk". 1913 studierte H. Stremme bei Reinheim im westlichen Odenwald mehrere Lößprofile, von denen das nachstehende aus einer Lehmgrube wiedergegeben[2] sei:

Lehmgrube an der Bahn Reinheim—Darmstadt. Frischgepflügtes Getreidefeld mit Grasrain und Gebüsch.

A 70—80 cm, durch Humus lichtbraun gefärbter Lößlehm, von Schwalbenlöchern durchzogen, der bearbeitete Boden (20—30 cm) krümelig und etwas mehr grau. Auf der Oberfläche häufig rezente Schneckenschalen, Bruchstücke auch im Boden selbst.

B_1 etwa 3 m, gelber, trockener Lehm mit braunen Eisenstreifen und Flecken, Schalen von Lößschnecken.

$B_2 G$ etwa 2,70 m, eisenbrauner, feuchter Lehm mit schwarzbraunen Eisenmanganflecken, an frischem Anschnitt weiße Karbonatflecken und weißer Anflug in senkrechten Röhren. An der äußerlich abgetrockneten Grubenwand waren oben weiße Flecken von Kalkstaub, unten eine ziemlich allgemeine Bestäubung mit weißem Mehl zu erkennen.

C Nicht erreicht.

Auch im Odenwald kommen „Molkenböden" (nasse Podsole) vor, die von W. Hoppe[3] untersucht sind. Sie wurden auf der Hochfläche von Mudau (Blatt Sensbach) und bei Weitengefäß (Blatt König) angetroffen und früher als Pliozän kartiert. Schon aus den Erläuterungen zu Blatt Sensbach[4] geht hervor, daß die grauen, gelblichen, sandigen Tone mit Übergängen zu Klebsanden im Liegenden die rötliche Färbung des liegenden oberen Buntsandsteins annehmen. Im Anmarsch gegen die Molkenböden von Mudau werden noch dichtes Buschholz, Weide, Zitterpappel, Birke und Kiefer angetroffen. Weiter nach dem Molkengebiet zu lichtet sich der Wald, die Birken treten zurück, am ehesten halten sich noch Zitterpappel, einige Weiden, Kiefern. Der Boden wird immer feuchter und sumpfiger. Bei jedem Schritt sinkt man zentimetertief ein. In weiten Mulden ist die sumpfige Fläche mit Sphagnum überzogen, Carexarten mischen sich

---

[1] Schottler, W., mit Beiträgen v. O. Diehl u. W. Wagner: Bodenkarte von Hessen 1:600000. Darmstadt 1929.

[2] Stremme, H.: Branca-Festschr. 34.

[3] Hoppe, W.: Molkenböden im oberen Buntsandstein des Odenwaldes. Cbl. Min., Geol. u. Paläontol. B 1925, 384—392.

[4] Schottler, W.: Erl. zu Blatt Sensbach, S. 32. Darmstadt 1908.

ein, Eriophorum tritt reichlich auf. Weniger nasse Rücken ziehen sich durch die Mulden. Auf ihnen verschwinden Sphagnum und Carex, es erscheinen Polytrichum und Myrtillus und kleinere Büsche oder Bäume von Zitterpappel, Kiefer, Birke, Weide, Faulbaum (Sorbus). Die Kiefern sehen besser aus als auf den Molkenböden, auf denen sie nur in der oberflächlichen Humusdecke und den mit Humus vermengten Schichten wurzeln. In der gebleichten sandig-tonigen Schicht verkümmern sie rasch. Als Beispiel sei hierfür angeführt:

Molkenboden an der Straße Schloßau—Waldauerbach.

A_0 5—10 cm, humoser Waldboden.
A_1 5—10 cm, erst schwarzer, dann grauer, sandig-toniger Boden, mehr oder weniger stark mit Humusstoffen vermengt. Die Pflanzenwurzeln dringen noch zahlreich in diese Zone, nicht mehr oder selten in die folgende ein.
$A_2 G$ 15—20 cm, magerer Ton, lichtstrohgelb bis graugelb, mit zahlreichen, wenige Zentimeter großen Sandsteinbrocken, besonders nach dem Liegenden zu. Beim Anschlag zeigt der Sandstein $^1/_2$ cm breiten Saum in Flecken, Wolken oder ringsherum von blauschwarzer Farbe, während er sonst tiefbraunrot erscheint. Auch nach dem Innern zu durchziehen blauschwarze Flecken die Brocken.
$B_1 G$ 25—30 cm, etwas sandiger Ton. Der Sandgehalt nimmt nach dem Hangenden zu. An manchen Stellen wieder herrschen gelbliche Töne, graue oder ockerfarbene Streifen machen das Aussehen uneinheitlich. Vereinzelt finden sich wenige große Sandsteinbrocken, die beim Durchschlagen unter dünner, grauweißer Rinde eine bis 1 cm breite, braune Verfärbungszone zeigen, während der Kern noch die braunrote Farbe des oberen Buntsandsteins behalten hat.
$B_2 G$ 20—30 cm, graue, gelblich-ockerfarbene, gefleckte, sandig-tonige Masse, in der nach unten zu sich immer mehr der rote Farbton einstellt. Nur noch ganz vereinzelt entlang verwesten Baumwurzeln dringen weißgrüne Adern ein.
Weiter nicht aufgeschlossen.

Die blauschwarze Farbe des Saumes der Sandsteinbrocken wird in einem anderen Profile als graugelb angegeben. Es dürfte sich bei der blauschwarzen Farbe um Eisensulfid handeln, das in solchen nassen Böden häufig ist. Die Profile W. HOPPES sind in Tongruben von etwa 1 m Tiefe aufgenommen worden, daher unter dem Einflusse der Luft oxydiert. Wahrscheinlich sind die Farben in frischen Aufgrabungen z. T. anders.

Für den badischen Schwarzwald gibt K. SCHLACHT[1] allgemein „schwach-podsolierte Waldböden, z. T. stärker podsoliert bis zu loser Ortsteinbildung", an. Überall sind die Böden infolge der starken Neigung verschuttet und skelettreich. Die höchsten Teile tragen vielfach in spärlicher Auflage trockene und nasse Bergwiesenböden auf dem harten Gestein. Auch Blockhalden und nackte Felsen treten in den höheren Gebieten auf. Bisweilen hat die spärliche Krume der trockenen Bergwiesenböden mehr einen steppenbodenartigen Habitus, sie ist schwarz oder schwarzbraun, gut humos und gekrümelt, aber es tritt auch ein rostfarbiger B-Horizont auf. Die Flächen mit Heide- und Beersträuchern zeigen Podsolierung. Die Täler sind meist mit nassen Wiesenböden versehen und vielfach moorig. H. HARRASSOWITZ[2] hat die Böden der Gneise des südlichen Schwarzwaldes untersucht und nennt sie „Gelb- und Kreßlehme". Er gibt als Durchschnittsprofil das folgende an:

A 10 cm, Humusboden, oft noch schwach gelb oder kreß gefärbt, in höheren Lagen vielfach Rohhumus.
B 50 cm, gelber oder kreßfarbener Lehm, mehr oder weniger steindurchsetzt.
C Frischer Gneis.

Die Bleichzone ist in der Regel nur schwach entwickelt (das ganze Profil auch angesichts der hohen Niederschläge schwach). Als kreß (orange) bezeichnet

____

[1] Siehe dieses Handbuch Band. 3, 176.
[2] HARRASSOWITZ, H.: a. a. O., S. 131—144.

H. Harrassowitz die anscheinend rote Farbe des B-Horizontes infolge eines Vergleiches mit der Ostwaldschen Farbenskala.

Die Ortsteinstudien im württembergischen Schwarzwalde haben zahlreiche eingehende Profiluntersuchungen gebracht, von welchen die folgenden Aufnahmen M. Münsts[1] mitgeteilt seien:

	Hummelberg.	Moolbronn.
A_0	20 cm, Faserhumus.	5 cm, Rohhumus.
A_0—A_1	15 cm, Moderhumus.	—
A_3	35 cm, Bleichsand.	35 cm Bleichsand.
B_1	35 cm, sehr harter, oben dunkelschwarzbrauner Ortstein.	20 cm, braunroter, sehr fester Ortstein.
B_2	40—45 cm, gelbbraun gefärbte, schwach verfestigte Sandschicht.	15 cm, gelber, wenig fester Teil der Ortsteinzone.
$B\,C$	mehr als 50 cm, Gehängeschutt des mittleren Buntsandsteins.	— Verwitterungsschicht des Hauptgranits.

Das süddeutsche Zentralgebiet.

Übersicht: Das süddeutsche Zentralgebiet wird begrenzt vom Odenwald und Schwarzwald im Westen, vom Vogelsberg, der Rhön und dem Thüringer Wald im Norden, vom Frankenwald, Fichtelgebirge, Böhmer Wald und Bayrischen Wald im Osten und von den Alpen im Süden. Es ist kein einheitliches Gebilde, sondern durch den Jurazug der Schwäbischen und Fränkischen Alb in die oberdeutsche Hochfläche im Süden und die schwäbisch-fränkische Stufenlandschaft im Norden zerlegt.

In E. Werths[2] Klima- und Vegetationsgliederung Deutschlands (Abb. 100) umfaßt es Teile des Berg- und Hügellandes, den Main- und Neckarkreis des rheinischen Bezirks, die sich zwischen den Teilen des Berg- und Hügellandes erstrecken, und den Bezirk der schwäbisch-bayrischen Hochebene. Zu den Teilen des Berg- und Hügellandes gehört im Norden der Spessart, den E. Werth mit dem Odenwald zum Spessart-Odenwald-Kreis zusammenfaßt. Die durchschnittliche Regenmenge liegt zwischen 700 und 1000 mm, das Januarmittel zwischen —1 und —2⁰, das Julimittel unter 17⁰. Der Spessart gehört zu den waldreichsten Teilen Deutschlands. Die Waldbedeckung geht mit dem Odenwald zusammen nirgends unter 45 % der Bodenfläche hinunter, es ist Laub- und Nadelwald, doch überwiegt ersterer. Der Ackerbau, besonders Weizen und Gerste, tritt sehr zurück. Im Süden schließt sich der Neckarkreis des Rheingebietes an. Er hat nur mäßigen Deckencharakter. Die mittlere jährliche Regenmenge liegt überall nahe an 700 mm und geht nirgends unter 600 mm herunter. Der Winter ist wärmer als der des Mainkreises. Das Januarmittel bewegt sich etwa zwischen 0 und —1,5⁰, das Julimittel zwischen 17,5 und 19⁰. Der Neckarkreis ist Buchenwaldgebiet; gebaut werden vorwiegend Wein, Weizen, Gerste und Hopfen. Mehr Beckencharakter hat der östlich an den Spessart sich anschließende obere Teil des Mainkreises. Er ist ziemlich trocken. Bei Würzburg geht die jährliche Regenmenge meist nicht über 600 mm, bei Schweinfurt sinkt sie bis 500. Der Kreis ist winterkälter als der Mainzer-Becken-Kreis. Die mittlere Januartemperatur geht bis an —1⁰ herab, die mittlere Julitemperatur liegt zwischen 18 und 18,5⁰. Der Kreis ist weniger reich an mediterranen Florenelementen. Die wichtigsten Landbaukulturen sind Wein, Gerste und Weizen. Der schwäbisch-fränkische Stufenkreis umfaßt das Keuperbergland zwischen Odenwald und Alb. Die Regenmengen sind nicht groß. Nur zwischen Neckar und Kocher erreichen sie 1000 mm, sonst sinken

---

[1] Münst, M.: a. a. O., S. 5.   [2] Werth, E.: a. a. O., S. 21—24, 27—31.

sie bis auf 600 und weniger hinab. Die mittlere Januartemperatur bewegt sich zwischen —1 und —2,5⁰, die mittlere Julitemperatur zwischen 17 und 17,5⁰. Der vorherrschende Waldbaum ist, gemäß den niedrigen Wintertemperaturen, die Fichte.

Östlich schließt sich das Obermain-Regnitz-Becken, ein Trockengebiet, an; der Kreis ist ungefähr durch die 650-mm-Niederschlagslinie umgrenzt und hat vielfach weniger als 600 mm. In den Sommermonaten beträgt die relative Feuchtigkeit weniger als 72%. Der Kreis ist zwar im ganzen warm und mild, hat aber Spätfrostgefahr. Die mittlere Januartemperatur liegt zwischen —1,5 und —2,5⁰, die mittlere Julitemperatur zwischen 17 und 18⁰. Der Kreis umfaßt das mittelfränkische Kieferngebiet mit durchschnittlich 30—40% Waldfläche. Die Kiefer wächst auf den aus dem Keupersandstein gebildeten Dünen und Sandflächen. Das Becken ist Frühdruschgebiet. Der Schnitt des Winterroggens beginnt im Durchschnitt der Jahre bis Mitte Juli. Sonst wird viel Weizen angebaut. Der Kreis ist das größte Hopfenanbaugebiet Deutschlands.

Im Süden und Osten wird das fränkische Becken vom Fränkischen Jura-Kreis umfaßt, an den sich südwestlich der Schwäbische Jura-Kreis anschließt. Beide sind ausgesprochene Bergländer. Der jährliche Niederschlag liegt auf der Fränkischen Alb zwischen 650 und 800 mm, auf der Schwäbischen zwischen 700 und 1000 mm. Der Winter ist rauh. Das mittlere Jahresminimum geht bis —20⁰ hinunter, die mittleren Januartemperaturen liegen zwischen —2 und —4⁰, die mittleren Julitemperaturen auf der Frankenalb zwischen 17 und 17,5⁰, auf der Schwabenalb zwischen 15,5 und 16,5⁰. Erstere ist mit über 40% der Bodenfläche ziemlich dicht bewaldet, der Hauptwaldbaum ist die Fichte, letztere ist weit weniger dicht und hat vielfach Wiesen- und Weidewirtschaft und einen bescheidenen Ackerbau mit Hafer und Gerste. Der vorwiegende Waldbaum ist die Buche. Zwischen Schwäbischer Alb, Schwarzwald und Neckartal liegt der Neckarbergland-Unterschwarzwald-Kreis, dessen jährliche Regenmenge zwischen 700 und 1000 mm schwankt. Die mittlere Januartemperatur liegt zwischen —1 und —2⁰, die mittlere Julitemperatur um 16⁰. Der Bezirk ist waldreich: der Wald bedeckt vielfach mehr als 45% der Bodenfläche, im nördlichen Teil ist die Buche, im südlichen die Edeltanne Hauptbaum.

Im Osten der Frankenalb, zwischen dieser und dem Bayrischen und Böhmer Wald und Fichtelgebirge, liegt der Oberpfälzische Kreis, ein nach Süden offenes Becken. Die Niederschläge liegen zwischen 600 und 700 mm, trotzdem ist der Kreis rauh und unfruchtbar. Die mittlere Januartemperatur liegt unter —3⁰, die Julitemperatur dürfte um 17⁰ liegen. Das Gebiet ist mit durchschnittlich 37—45% Waldfläche ziemlich waldreich und mit Kiefer und Fichte bestanden. Das vorwiegende Getreide ist der Hafer.

Der Bezirk der schwäbisch-bayrischen Hochebene umfaßt das Gebiet zwischen der Donau und dem Fuß der Alpen und reicht vom Bodensee bis zum Bayrischen Wald. Es ist eine Hochebene mit einer von Süden und Südosten nach Norden und Nordosten geneigten Fläche, deren Ränder am Alpenrande in etwa 700, an der Donau zwischen 300 und 600 m Meereshöhe liegen. Die jährliche Regenmenge schwankt zwischen 600 und 1600 mm, die mittlere Jahrestemperatur beträgt 7—8,5⁰. Das mittlere Jahresminimum schwankt zwischen —16 und —20⁰, die mittlere Januartemperatur zwischen —1,5 und —3⁰ oder tiefer. Die mittlere Julitemperatur liegt zwischen 15 und 18⁰. Die Länge der Vegetationsperiode dürfte zwischen 160 und 165 Tagen liegen. Der Ackerbau basiert vornehmlich auf der Getreidekultur. Die Wiesenwirtschaft spielt in dem von den wasserreichen Alpenflüssen und großen Moorgebieten durchzogenen Bezirk eine größere Rolle als in irgendeinem anderen

Teile Deutschlands. Die Wiesen nehmen zumeist mehr als 20 % der Gesamtfläche und mehr als 100 % der Getreidefläche ein. Der Bezirk ist Nadelholzgebiet mit vorherrschender Fichte, dann folgt Tanne. Der Donaukreis ist der trockenere und wärmere Teil des Bezirks, der alpine Vorlandkreis der regen- und schneereichere und kältere. Ersterer hat in floristischer Hinsicht Steppenheideformation, eine Mischung von pontischen und anderen Elementen. An der Donau und ihren Nebenflüssen spielen Auenwälder eine große Rolle. Das Hauptbrotgetreide ist westlich des Lechs der Dinkel, östlich der Roggen. Daneben spielt der Gerstenbau eine große Rolle. Der größere östliche Teil ist Frühdruschgebiet. Das alpine Vorland ist ein Land der Hochmoore mit Legföhrenbeständen. Hauptgetreidearten sind Gerste und Hafer, doch haben Viehzucht und Weidewirtschaft größere Bedeutung als der Ackerbau.

Trotz dieser großen Verschiedenheit im Aufbau, Klima und Anbau überwiegt nach F. Münichsdorfers Bodenkarte Bayerns im süddeutschen Zentralgebiete der braune Waldboden in seinen verschiedenen Abarten in der wasserreichen und niederschlagsreichen oberdeutschen Hochebene die von großen Flach- und Hochmooren durchzogen sind, welche in der weniger wasserreichen schwäbisch-fränkischen Stufenlandschaft nur spärlich vertreten sind. Die Schwäbisch-Fränkische Alb in der Mitte hat ein noch nicht entwirrtes Nebeneinander von Rendzina mit Degradationsstufen, braunen Waldböden und podsolierten Waldböden. In allen drei Teilen kommen Steppengebiete vor, im Südosten auf dem trockensten Gebiete der oberdeutschen Hochebene zwischen Regensburg und Vilshofen, an der Grenze zwischen Schwaben- und Frankenalb, im Nördlinger Riesbecken und im Würzburger Obermainbecken auf einer ganzen Reihe von größeren oder kleineren Einzelflächen. Der Obermain-Pegnitz-Kreis, der nach E. Werth verhältnismäßig trocken und mild ist, hat gleichwohl auf den Sandflächen im Kiefernwalde podsolierte Waldböden, er stellt das einzige größere, zusammenhängende Podsolgebiet des flacheren Teiles in Süddeutschland dar.

Geologisch-Agronomisches. Das badische Bodenseegebiet hat seine Böden der Verwitterung hauptsächlich der alpinen Glazialablagerungen, der Molasse und einiger mesozoischer Sedimente zu verdanken. Außerdem kommen noch Geröll- und Terrassenablagerungen für die Bodenbildung in Frage.

Die Bedeutung der Gesteine für die Bodenbildung kommt hier oft scharf zum Ausdruck. Z. B. weist die Juranagelfluh meist nur recht unfruchtbare Wald- und Weideböden auf, während mit der Grenze gegen die marine Molasse sprunghaft ergiebige, saftige Wiesen mit frischen Quellen auftreten[1]. Auch wird die marine Molasse erfolgreich beackert. Soweit die Terrassen- und Geröllablagerungen nicht bewaldet sind, tragen sie gute Getreidefelder, deren Ernten wegen des durchlässigen Untergrundes allerdings sehr von den Sommerniederschlägen abhängen[1]. Die Doggerböden sind wasserhaltend und mineralkräftig und werden durchweg als Wiesen genutzt[2]. Der Weißjura liefert fruchtbare, allerdings oft schwer zu bearbeitende Böden, die, mit Kalkschutt durchsetzt, physikalisch günstig werden und dann hohe Erträge sichern[2]. Wo die Molasse sandig wird, ergibt sie meist einen unfruchtbaren Boden, der in der Regel bewaldet ist[3] (oft nur Dornengestrüpp). Stellenweise tragen die sonnigen Abhänge der Molasse Reben[3]. Diese Abhänge sind dann jedoch mit Moränen- oder Molasseschutt überstreut[3]. Der tiefgründige, fruchtbare Grundmoränenboden ist auf der

---

[1] Geol. Spezialkarte v. Baden, Erl. zu Blatt Lienheim (Nr. 169) v. August Gohringer, S. 4, 26. Heidelberg 1915.

[2] Blatt Lienheim, S. 26.

[3] Blatt Konstanz (Nr. 162) v. W. Schmidle, S. 7, 47. Heidelberg 1916.

Sonnenseite mit Ackerland und auf der Nordseite mit Wiesen bedeckt[1]. Auch wird die Drumlinlandschaft beackert, am Meersburger Berge trägt sie auf der Seeseite Reben, in höheren Lagen Wald[2]. In den Senken zwischen den Drumlins sind meistens Flachmoore oder saure Wiesen[2] vorhanden.

Im Grenzgebiet des Schwarzwaldes und des oberschwäbischen Stufenlandes liefern die Muschelkalkschichten meistens nur dürftige Waldböden[1,3]. Der mittlere Keuper (bunte Mergel) zerfällt oft zu einem tiefgründigen, lehmigen, kalkreichen Boden, der sich besonders für Klee-, Hülsenfrucht- und Futterbau eignet[1]. Teilweise wird der Keuperausstrich vom Weinbau eingenommen[1]. Von den Juragesteinen stellen die des Lias auch hier besonders in chemischer Hinsicht die günstigsten Böden[1,3,4]. Die Böden des oberen Juras sind ebenfalls gut kulturfähig, doch sind sie wegen zu großen Wassermangels, denn das Gestein ist sehr zerklüftet, bewaldet[1,3,4]. Wo noch Buntsandstein bodenbildend auftritt, verhält dieser sich ähnlich wie im benachbarten Schwarzwald. Zum allergrößten Teil sind seine Böden mit Nadelwald bestanden, mit Rottannen, Weißtannen, die es oft zu einer ungewöhnlichen Stärke und Großschaftigkeit bringen, und mit Kiefern[5]. Stellenweise häufen sich auf dem Trigonodusdolomit wegen seiner außerordentlichen Durchlässigkeit und Trockenheit „terra-rossa-artige"[6], lehmige Verwitterungsprodukte[6] an. Dieser rotbraune Lehm liefert einen für die meisten Kulturarten günstigen Standort[6,7]. Öfter kommen ausgedehntere Lößdecken vor, die in dieser Höhenlage stets von sehr feinem Korn sind und deshalb oft tonig wirken[6,8].

In den Buntsandsteinböden unter Wald läßt sich eine Andeutung von Podsolierung erkennen. Doch fehlt der typische Rohhumus, Bleichsand und Ortstein, wie sie im Schwarzwald zu finden sind. Es scheinen hier im Schwarzwaldregenschatten die klimatischen Verhältnisse für die stärkere Podsolierung ungeeignet zu sein[9]. Bei Stammheim sind die Böden des oberen Buntsandsteins (Plattensandstein) in ausgedehnterem Maß dem Ackerbau nutzbar gemacht. Seine schwachtonige Beschaffenheit und seine Feinkörnigkeit, ferner die durch seine plattig-schiefrige Absonderung bedingte Krümelstruktur und seine Tiefgründigkeit verbürgen ihm bei genügender Kalkung, Düngung und Pflege gute Erfolge[10].

Auf der Ostseite des Bodensees, auf schwäbischem Gebiet, wird die Molasse zum größten Teil von der Grundmoränenlandschaft bedeckt, die oft als Drumlinlandschaft ausgebildet ist. Dementsprechend zeigen auch die Böden ein außerordentlich abwechselndes Bild von Grundmoränenhügeln, Abschwemmassen, Talböden, größeren und kleineren Torflagern, Bändertonen und Endmoränenrücken[11].

In der Absenkung zwischen Schwarzwald und Odenwald gewinnt der Keuper und besonders der mittlere Keuper an Ausdehnung. Die bunten Mergel zerfallen

---

[1] Blatt Stühlingen (Nr. 144) v. F. SCHALCH, S. 85. Heidelberg 1912.
[2] Blatt Konstanz (Nr. 162) v. W. SCHMIDLE, S. 7, 47. Heidelberg 1916.
[3] Blatt Blumberg (Nr. 133) v. F. SCHALCH, S. 73. Heidelberg 1908. — Blatt Bonndorf (Nr 132) v. F. SCHALCH, S. 45. Heidelberg 1906.
[4] Blatt Geisingen (Nr. 121) v. F. SCHALCH, S. 71. Heidelberg 1909.
[5] Blatt Donaueschingen (Nr. 12) v. F. SCHALCH, S. 33. Heidelberg 1904.
[6] Blatt Dürrheim (Nr. 111) v. A. SAUER, S. 7, 35. Heidelberg 1901.
[7] Blatt Rottweil (Nr. 141) v. M. SCHMIDT, S. 84. Stuttgart 1912.
[8] Blatt Sülz-Glatt (Nr. 118) v. A. SAUER, S. 48. Stuttgart 1914.
[9] Blatt Dornstetten v. A. SAUER, S. 58. Stuttgart 1911.
[10] Blatt Stammheim (Nr. 80) v. A. SAUER, S. 41. Stuttgart 1909.
[11] Blatt Friedrichshafen (Nr. 173/174) v. M. BRÄUHÄUSER, S. 99. Stuttgart 1915. — Blatt Langenargen (Nr. 184) v. M. SCHMIDT, S. 36. Stuttgart 1913. — Blatt Neukirch (Nr. 181) v. M. SCHMIDT u. M. BRÄUHÄUSER, S. 64. 1913. — Blatt Tetnang (Nr. 180) v. M. MÜNST u. M. SCHMIDT, S. 57. 1913.

bei der Verwitterung bröckelig-schuppig. Er eignet sich in klimatisch günstigen Gebieten gut zum Weinbau[1].

Der Spessart, der geologisch die nordöstliche Fortsetzung des Odenwaldes bildet und nur durch das Erosionstal des Mains von letzterem getrennt ist, setzt sich zum größten Teil aus altkristallinen Gesteinen, besonders Gneisen, zusammen. Wie überall, so ist auch hier der Gneis den meisten anderen kristallinen Tiefengesteinen, besonders durch seine schuppig-schiefrige Struktur, überlegen, die einen tiefgründigen, blätterig-schuppigen, absorptionsfähigen Feinbestandteile enthaltenden, genügend lockeren Verwitterungsboden mit genügender Wasserkapazität sichert. Dieser Boden ist der gegebene Eichenboden. Die Eiche findet hier ihre günstigsten Bedingungen[2]. Aus dem Plagioklas-Hornblende-Gneis entsteht ein braungrauer, grobsandiger Schutt, der bei weiterer Verwitterung in einen braungrauen, sandigen Lehm von hoher Fruchtbarkeit übergeht. Dieser Boden dient deshalb hauptsächlich dem Ackerbau[2]. Der körnig-streifige Gneis verwittert zu einem tiefgründigen, dunkelfarbigen, lehmig-sandigen, fruchtbaren Boden, der fast ausschließlich dem Ackerbau dient[3]. Dagegen liefert der dunkelglimmerige Körnelgneis einen sandig-lehmigen bis kiesigen, auch steinigen, hellrötlichgrauen Boden, der nicht günstig als Ackerboden ist und deshalb meist unter Wald liegt[4]. Fast ebenso bildet der zweiglimmerige Körnelgneis einen hellrötlichen bis hellbraunen sandigen oder lehmig-sandigen Boden, der dem Ackerbau ungünstig ist und unter Wald liegt[5].

Die Schwäbische Alb hat nach F. Plieninger[6] meist graubraune bis lebhaft braune, seltener schwarze Böden, die aus den Malmkalken der verschiedenen Stufen hervorgehen. 1 m Gestein liefert nur einen Verwitterungsrückstand von 0,27—1 cm Höhe, und zwar ist dieser Verwitterungsrückstand kalkarm. Die aus dolomitischen Gesteinen entstandenen Böden enthalten mehr oder minder Dolomitsand, dagegen diejenigen aus kieselhaltigen Gesteinen auch Quarzsand oder Kieselknauern.

In der Fränkischen Alb werden heute etwa 30% der Böden vom Waldbau eingenommen[7]. Die steinigen, steilen Gehänge und die sandigen und sumpfigen Gebiete, ferner auch die sandigen im anschließenden Keupergebiet, werden vom Wald bedeckt, während die fruchtbaren lehmigen Böden dem Ackerbau dienen[7]. Im Boden wird, wie in der Schwäbischen Alb, die Hochfläche vom Acker, die Talgehänge vom Wald eingenommen (im Süden verhält es sich teils anders). Auf der Hochfläche wird der Boden durch Roggen, Hafer, Lein und Kartoffeln genutzt, und in der Schwäbischen Alb kommt als wichtige Frucht noch der Dinkel hinzu. Zahlreiche Siedlungen auf der Höhe scheinen für frühe Inkulturnahme des Höhenbodens zu sprechen[7]. Starke Gegensätze sind auf kleinem Raum oft vorhanden. Neben steinigen, felsigen Jurabergen treten in windgeschützter, warmer Lage, in muldenförmigen Buchten, in tieferen Talgehängen und im

---

[1] Blatt Odenheim (Nr. 47) v. H. Thürach, S. 33. Heidelberg 1902. — Blatt Eppingen (Nr. 48) v. Schnarrenberger, S. 25. Heidelberg 1903. — Blatt Schluchten (Nr. 49) v. Schnarrenberger, S. 10. Heidelberg 1904. — Blatt Bretten (Nr. 53) v. Schnarrenberger, S. 23. Heidelberg 1904. — Blatt Kürnbach (Nr. 54) v. Schnarrenberger, S. 12. Heidelberg 1905. — Blatt Königsbach (Nr. 58) v. Schnarrenberger, S. 53. Heidelberg 1914.

[2] Thürach, H.: Über die Gliederung des Urgebirges im Spessart. Geognost. Jh. 1892 VI, 71, 72 (1893).

[3] Thürach, H.: a. a. O., S. 98.   [4] Thürach, H.: a. a. O., S. 113.

[5] Thürach, H.: a. a. O., S. 122.

[6] Plieninger, F.: Überblick über die wichtigsten Bodenarten Württembergs. Festschr. z. Feier d. 100jähr. Bestehens d. Landw. Hochsch. Hohenheim.

[7] Gümbel, C. W. v.: Geognostische Beschreibung der Fränkischen Alb mit dem anstoßenden fränkischen Keupergebiet, S. 669. Kassel 1891.

sanftgewellten Vorlande dunkler Opalinuston oder Liasgesteine auf, die zu einem schweren, fruchtbaren Ackerboden verwittern[1]. Ebenso entsteht aus wechselnd tonigen und sandigen Keuperschichten durch fleißige Bearbeitung eine ergiebige Ackerkrume[1]. Auf der westlichen Seite der Alb gedeihen Hopfen, Weizen und mannigfache Küchen- und Arzneipflanzen, im Gegensatz zu dem Ostabfall des Gebirges in der Oberpfalz, wo bei nahezu gleicher Bodenbeschaffenheit wegen ungünstigeren Klimas gleich günstige Verhältnisse fehlen und sich deshalb der Wald mehr ausdehnt[1]. Auch im Süden dehnen sich gewaltige Wälder, oft 20 km weit ohne Unterbrechung, aus[1]. Im nordwestlichen Vorlande des Juras treten hauptsächlich die Verwitterungsböden der Trias und Lößlehmböden auf.

Die Böden des Hauptbuntsandsteins sind sandig-steinige, trockene, ziemlich magere, meist gelblichgraue Böden, die meistens mit Wald bestanden sind; Ackerbau wird auf ihnen vermieden[2]. Dagegen sind auch hier wieder die Böden des Plattensandsteins meist feinkörnig, z. T. tonig, z. T. lehmig-reinsandig in den oberen, schwerer in den unteren Höhenlagen der Formation, sie werden mehr vom Ackerbau als vom Waldbau eingenommen[2]. Die Böden des Röths sind meist nach oben kalkhaltige, schwere, kalte, dunkelbraunrote Tonböden. Sie sind zäh, bei Austrocknung hartbröckelig und rissig. Durch Überschüttung mit Material des hangenden Muschelkalkes (grusiger Schutt des Wellenkalkes) sind sie physikalisch günstiger geworden. Ihre Tiefgründigkeit macht sie für den Obstbau geeignet[3]. Der Wellenkalk und der ganze untere Muschelkalk verwittert zu einem steinigen, losen, an Feinmaterial armen Schuttboden, der sich gar nicht für Ackerbau eignet und nur wenig für Waldbau. Wird die geringe Krume bei der Abholzung nicht gegen Abschwemmung geschützt, so ist Waldbau für die nächste Zeit ausgeschlossen. Erst nach jahrzehntelangem Liegen als Ödweide mit Bestand von Heide, Ginster, Wacholder und dürren Gräsern wird der Boden für Waldbau wieder geeignet gemacht[3]. Der mittlere Muschelkalk verwittert zu einem graubraunen, meist steinarmen, mergeligen Lehmboden, der hohe Wasserkapazität und Absorption besitzt. Er bildet meist nur flache Hänge und dient durchweg zum größten Teil dem Ackerbau[1]. Die Schichten des oberen Muschelkalkes liefern entsprechend ihrer petrographischen Reihenfolge kalkige, mergelige, tonige Bodenarten. Manche Kalke haben steinige Böden, die hauptsächlich, wenn sie auch manchmal etwas schwerer sind, als Ackerböden genutzt werden[4].

Die Lettenkohle des Keupers mit ihren Lettenkohlenschichten, Sandsteinen, Dolomiten und Kalkbänken ist leicht verwitterbar und ergibt einen gelbbraunen, nicht zu schweren, mergeligen, durch Phosphoritknollen phosphorreichen Lehm, der meist als Acker oder unter Wald nur durch Laubwald genutzt wird[4].

Bei weitem den günstigsten Boden gibt der Lößlehm ab. Weißlichgelb bis dunkelbraun ist seine Farbe. Durch Entkalkung ist er allerdings oft kalt, undurchlässig geworden und zusammengesunken[1].

---

[1] GÜMBEL, C. W. v.: a. a. O., S. 669, 670.

[2] Erl. z. geol. Karte v. Bayern, Blatt Mellrichstadt (Nr. 13) v. F. W. PFAFF u. OTTO M. REIS, mit bodenkundlichen Beiträgen v. H. NIKLAS, S. 57, 58. München 1917. — Erl. z. geol. Karte v. Bayern, Blatt Kissingen (Nr. 41) v. O. M. REIS, S. 58, 59, 60. München 1914. — Erl. z. geol. Karte v. Bayern, Blatt Ebenhausen (Nr. 67) v. O. M. REIS u. M. SCHUSTER, S. 51, 52. München 1914.

[3] Erl. z. geol. Karte v. Bayern, Blatt Mellrichstadt (Nr. 13) v. F. W. PFAFF u. OTTO M. REIS, mit bodenkundlichen Beiträgen v. H. NIKLAS, S. 57, 58. München 1917. — Erl. z. geol. Karte v. Bayern, Blatt Kissingen (Nr. 41) v. O. M. REIS, S. 58, 59, 60. München 1914. — Erl. z. geol. Karte v. Bayern, Blatt Ebenhausen (Nr. 67) v. O. M. REIS u. M. SCHUSTER, S. 51, 52. München 1914.

[4] Blatt Mellrichstadt, S. 58—61. — Blatt Kissingen, S. 60—62. — Blatt Ebenhausen, S. 52—55.

Die oberdeutsche Hochebene wird hauptsächlich von tertiären Beckensedimenten oder Ablagerungen der alpinen Vereisungen und denen der Gebirgsflüsse bedeckt. Die allmähliche Abdachung der Hochebene nach Norden, der jähe Aufstieg des Juragebirges nördlich der Donau und die senkrecht dazu verlaufenden Schuttkegel der Alpenflüsse sind die Vorbedingungen für die großen Ried- und Moosflächen an der Donau, indem dadurch Einengungen des weiten Tales hervorgerufen werden[1]. Auf der Hochebene kommen vor allen Dingen leichte und schwere Lehme, Sande, manchmal auch Kiese vor. Die Güte der Lehmböden hängt oft von dem in mehr oder weniger geringer Tiefe auftretenden durchlässigen Kieshorizont ab[2]. Häufig sind mehrere Verwitterungshorizonte im Boden durch mehrere Eiszeiten hervorgerufen[2]. Je nach Lage, Bodenprofil und Pflege des Bodens sind die Böden unter Wald normal entwickelt oder podsoliert[2]. Unter Acker ist in der Regel keine Podsolierung erkennbar. Eigenartig ist auch hier, daß ein nach Westen geneigter Hang aus sandigem, etwas steinigem Lehmboden (hell bis gelbbraun) nicht bedeutend podsoliert, während ein nach Osten geneigter Hang aus porösem, lockerem, trockenem, lehmigem Sand stark podsoliert ist[3].

Südwestlich von München wird das Gebiet hauptsächlich von kalkreichen Quartärgesteinen eingenommen, die nicht unbeträchtlich verlehmt sind[4]. Außerdem liegt auf den Gesteinen der äußeren Moräne ein gelber, kalkfreier Lehm[5]. Wo dieser Lehm fehlt, ist die äußere Moräne von einer ziemlich schnell wechselnden Verwitterungsdecke überlagert. An steilen Abhängen, und zwar besonders an der oberen Kante derselben, findet man nicht nur eine sehr geringe Decke von 1—2 dm auf dem frischen Gestein. Die Decke ist lehmig-sandig, mit Kies gemischt und durch reichliche Humusstoffe dunkel gefärbt. Sie zeigt häufig, besonders wo der Pflug den Untergrund geritzt hat, beim Befeuchten mit Salzsäure einen höheren Kalkgehalt durch Aufbrausen an. In der Regel ist die Verwitterungsdecke mächtiger und dann so gut wie ganz entkalkt. Es ist ein brauner bis roter, zäher, toniger Lehm entstanden, der als Rückstand der aufgelösten Sandsteine ziemlich reichlich Sandkörner und Gerölle eingeschlossen enthält. Über dem Lehm folgt eine hellere, mehr gelbliche Schicht, die zuweilen dem gelben Decklehm ähnlich sieht und zu oberst in der Regel eine durch Humusstoffe graubraungefärbte Schicht führt. Nur bei Waldböden kann diese fehlen und eine Humusdecke von einigen Zentimetern Stärke über einer hellgefärbten Schicht liegen. Das Profil macht den Eindruck von podsoliertem, braunem Waldboden mit dem typischen Horizont als B_2. Ähnlich ist die Bodenbildung auf den Urstromtalkiesen (etwa 35 cm) und den inneren Moränen. Auf dem mehr lettigen Geschiebemergel entwickelt sich ein zäher, toniger Lehm, dessen Krume meist durch Humussubstanzen ziemlich dunkel gefärbt ist. Aus den kalkreichen Beckensanden entsteht ein sehr sandiger Lehmboden von größerer oder geringerer Stärke. Die Beckentonmergel liefern als Verwitterungsprodukte mehr oder minder tonige Lehme. Die Verwitterungsdecke der Würmflußkiese ist sandiger und steiniger und meist nur 20 cm mächtig. In ihr treten auch anmoorige Böden auf. Abschlämm- und Abrutschmassen sind häufig.

---

[1] Gümbel, C. W. v.: Kurze Erl. zu Blatt Nördlingen (Nr. 16) d. geognost. Karte v. Bayern, S. 3—5. Kassel 1889.

[2] Erl. z. geol. Karte v. Bayern, Blatt Ampfing (Nr. 675) v. W. Koehne u. H. Niklas, mit forstw. Beitr. v. Binder, S. 73—94. München 1916.

[3] Gümbel, C. W. v.: Kurze Erl. d. Blattes Nördlingen (Nr. 16) d. geognost. Karte v. Bayern, S. 3—5. Kassel 1889.

[4] Erl. z. Blatt Baierbrunn v. W. Köhne u. H. Niklas, S. 6, 9, 12. München 1914.

[5] Blatt Gauting v. W. Köhne u. H. Niklas, S. 7—10, 15, 16. München 1915.

In den forstwirtschaftlichen Erläuterungen des Blattes Gauting[1] werden die Böden der Niederterrasse (Urstromtalkiese) als eine 15—45 cm tiefe Verwitterungsdecke beschrieben, welche oben einen ziemlich steinreichen, wenig humushaltigen, oben kalkarmen, unten mehr kalkhaltigen sandigen Lehmboden hat. Der rotbraune Verwitterungslehm der Hochterrasse ist ein mit Steinen durchsetzter, humushaltiger, kalkarmer, toniger Lehm, der nach der Tiefe noch frischer und schwerer wird. Er ist ziemlich dicht, kalt, arm an Kali und Phosphorsäure und von oft rasch wechselnder Tiefe von 40—100 cm. Der gelbe Decklehm ist ein an Kalk, Kali und Phosphorsäure nicht allzu reicher, ziemlich schwerer, tiefgründiger Lehmboden, bei dem öfters Nässe auftritt. Der flachgründige, durchlässige Boden, der ursprünglich von Eichen und Buchen bestockt ist, versagte für die Laubholzverjüngung, so daß die Fichte sich selbst ansiedelte. Auch auf den frischeren Böden der Außenmoräne ist die Fichte als Beimischung zum Laubholz eingezogen oder allein angepflanzt worden. Die Böden des Würmtalalluviums sind mit Buchen, Eschen, Erlen, Ulmen, Eichen, Fichten bestockt, während die noch schwächere Verwitterungsdecke (10 cm) nur mit Fichten, Erlen und Wacholder gering bestockt oder unbestockt ist.

E. BLANCK[2] hat chemische Untersuchungen an Profilen ausgeführt, welche W. KÖHNE in der Gegend südlich München gesammelt hat. In einem Übergangskegel der Würmendmoräne zur Niederterrasse wurde in 30—40 cm ein roter Verwitterungslehm, an einer anderen Stelle eine gelbe Zone in 27—37 cm und eine rote in 55—63 cm angetroffen. Von der Hochterrasse wird der gelbe Verwitterungslehm aus 40—50 cm, der rote aus 50—60 cm beschrieben. Den roten Lehm bezeichnet E. KRAUS[3] als Blutlehm und vergleicht ihn seiner roten Farbe wegen mit der Mediterranroterde, wogegen H. HARRASSOWITZ[4] Einspruch erhebt.

H. NIKLAS versucht zu zeigen, daß manche Böden Bayerns nicht genügend ausgenutzt werden[5]. Er geht dabei auf die geologischen Verhältnisse, die petrographische Zusammensetzung und auf das Klima ein. Die unterfränkischen Löß-, Muschelkalk- und Gipskeuperböden weisen die höchsten Erträge auf[5]. Gute Erträge zeigen auch die Böden des Buntsandsteins und des Blasensandsteins, während das Lößgebiet Niederbayerns höhere Erträge bringen müßte[5]. Die Böden des Frankendolomites und des weißen Juras liefern durchschnittlich geringe Ernten, die als steigerungsfähig angesehen werden[5]. Auf dem weißen Jura spielt Dürre wegen des überaus klüftigen Untergrundgesteins eine große Rolle, ferner oft die ungünstige rauhe, hohe Lage. Ebenso müßte das sich östlich anschließende Triasgebiet (klimatisch ungünstig) leistungsfähiger werden[1]. Daß im Fichtelgebirge, Teilen der Rhön und im voralpinen Wiesengürtel die Ernten hinter denen anderer Gebiete zurückstehen, wird auf die Klima- und Bodenverhältnisse zurückgeführt[5]. Dagegen sollen die Ernteverhältnisse des viel geschmähten Bayrischen Waldes besser sein als vielfach angenommen wird. Die Ernten einzelner Fruchtarten zeigen, daß im schwäbischen Diluvialgebiet mit seinen vorzüglichen Standorten die Erträge ziemlich gering sind. Auch weist der für Gerstenbau sich vorzüglich eignende nördliche, fränkische Jura

---

[1] Blatt Gauting, S. 87, 89.

[2] BLANCK, E.: Beiträge zur regionalen Verwitterung der Vorzeit. Mitt. landw. Inst. Breslau 6, 652—676 (1913).

[3] KRAUS, E.: Der Blutlehm auf der süddeutschen Niederterrasse als Rest des postglazialen Klimaoptimums. Geognost. Jh. 34, 169—222 (1921).

[4] HARRASSOWITZ, H.: a. a. O., S. 181.

[5] NIKLAS, H.: Übersicht über Bayerns Bodenverhältnisse. Forstwiss. Zbl. 1920, H. 4, Sonderabdruck.

auffallend geringe Gerstenerträge auf. Weit besser schneiden im Gerstenbau die viel ungünstigeren Böden des Buntsandsteins und des Bayrischen Waldes ab[1]. Auch müßte das Lößgebiet Niederbayerns seine Gerstenerträge noch erhöhen. Von H. Niklas ist ferner noch für Bayern eine Anbaukarte herausgegeben, nach der die Böden Bayerns in sieben Erhebungsbezirke eingeteilt werden, und zwar nach ihrem vorwiegenden Anbauverhältnis und nach ihrer Schwere (schwere Weizenböden, mittlere Weizenböden usw.)[2].

Bodenmorphologisches. Der große bayrische Anteil des Gebietes ist jetzt durch F. Münichsdorfers Bodenkarte von Bayern in morphologischer Hinsicht recht gut bekanntgeworden, wenn auch vorläufig die Zahl der in der Literatur zu findenden Profile noch gering ist.

In H. Stremmes erster Zusammenstellung der Verbreitung der Bodentypen in Deutschland[3] hat derselbe aus dem süddeutschen Zentralgebiet die nach W. Köhnes Aufsammlungen von E. Blanck analysierten Profile aus der Münchener Gegend, die oben zitiert sind, und die von O. Fraas gesammelten, von E. Wolff[4] analysierten Profile des Buntsandsteinbodens von Neuenbürg, sowie die des Hauptmuschelkalkbodens vom Strohgäu und des Liaskalkbodens von Ellwangen zitiert. Aber diese Profile unterscheiden die Horizonte nur nach allgemeinen petrographisch-geologischen Kennzeichen. Wirkliche morphologische Aufnahmen sind sie nicht. Die ersten solcher Art waren die beiden Profile von Schweinfurt und von Ebenhausen bei Kissingen, die Verfasser im Frühjahr 1914 aufnahm[5]. Das Profil von Schweinfurt war ein solches degradierter Steppenschwarzerde und das von Ebenhausen ein durch Grundwasser verändertes Waldbodenprofil mit starken Grundwasserabsätzen.

Bleisand und Ortstein hat W. Graf zu Leiningen[6] vom Peißenberg (Bezirksamt Schongau, Oberbayern) beschrieben. Der Hügel trägt einen etwa 80jährigen mit Tanne, Kiefer und Buche gemischten Fichtenbestand. Der Waldboden ist mit Rohhumus bis zu 30 cm Mächtigkeit bedeckt, welcher an einzelnen Stellen reichlich mit Moosen überzogen ist (Hypnum, Dicranum, Dicranella und Leucobryum). Unter dem Rohhumus ist ein Bleichsand von durchschnittlich 50 cm Dicke entstanden. Darunter folgt Ortstein von 10—20 cm Mächtigkeit. Er ist bald dicker, bald dünner und verläuft in Wellenlinien unter dem Bleisand. Durch den kaffeesatzbraunen Ortstein ziehen sich parallel zueinander schwarzbraune Adern, welche man ihrem Aussehen nach für Eisenkonkretionen halten möchte, doch sind es Humusabsätze, wie die Prüfung mit Ammoniak ergab. Unter einem angrenzenden Wiesenmoor auf der Halde des Peißenberges geht die Bleichung sogar 2 m, vielleicht sogar noch tiefer, hinunter. Hier ist der weiße Sandstein kaolinhaltig geworden. Unter dem Ortstein folgt der gelbbraune, eisenschüssige Sand, der den Peißenberg aufbaut.

Ähnliche rote Bodenhorizonte, wie die auf den Moränen- und Terrassen-

---

[1] Niklas, H.: Bodenverhältnisse und Ernte. Inwiefern hängen die Ernteerträge Bayerns von den Standortsverhältnissen ab? Bayer. Staatsztg. 1920, Nr. 180 (5. August), Sonderabdruck.

[2] Niklas, H.: Übersicht über Bayerns Bodenverhältnisse. Forstwiss. Zbl. 1920, H. 4, Sonderabdruck.

[3] Stremme, H., in der Branca-Festschr., S. 16, 75.

[4] Wolff, E.: Der bunte Sandstein, nebst dem Verwitterungsboden der oberen plattenförmigen Absonderungen, chemisch untersucht. Jh. Ver. vaterl. Naturkde. Württ. 1873, 78. — Der Hauptmuschelkalk usw. Landw. Versuchsstat. 7, 272—302 (1865). — Wolff, E., u. R. Wagner: Der grobsandige Liaskalkstein usw. Jh. Ver. vaterl. Naturkde. Württ. 1871.

[5] Mitgeteilt in H. Stremme: Laterit und Terra rossa als illuviale Horizonte humoser Waldböden. Geol. Rdsch. 5 (1915). — Ferner dieses Handbuch Band. 3, 133, 513.

[6] Leiningen, W. Graf zu: Bleisand und Ortstein am Peißenberg. Naturwiss. Z. Land- u. Forstw. 4, 214—217 (1906).

schottern bei München haben A. SAUER[1] und W. O. DIETRICH[2] aus der Gegend von Ulm beschrieben. „Es handelt sich um einen intensiv rotgelb bis gelb gefärbten, hochgradig verwitterten, an Nährstoffen scheinbar verarmten Flußschotter, der an der Oberfläche einer raschen Entfärbung bzw. Bleichung von Gelb über Braun zu Grauweiß unterliegt. In der Tiefe ist die meist nicht einheitliche Farbe bald Rotgelb, bald Rot mit gelber oder grauer Flammung. Dies Rot ist weniger hochrot als das des Laterits, die Eisenoxydhydrate sind hier also wasserreicher als dort (STREMME). Die rote Masse ist ferner etwas plastischer als Laterit gemeinhin zu sein pflegt, dabei aber eher etwas sandiger als dieser (kratzig bei A. SAUER). Nirgends enthält sie auch nur ein Bohnerzkügelchen oder gar Eisenkrusten; dadurch unterscheidet sie sich auch von den (am Eselsberg gleichfalls vorhandenen) aus Weißjurakalk hervorgegangenen Roterden." Kohlensaurer Kalk fehlt. A. SAUER hält die rote Masse für ein laterisiertes, glaziales Zerreibungsprodukt. Nach W. O. DIETRICH ist sie dagegen das an Ort und Stelle entstandene Verwitterungsprodukt weitgehend aufgezehrter alter Flußschotter.

Über die Rendzina der Schwäbischen Alb hat P. KESSLER[3] Studien angestellt, über welche er folgendes mitteilt: Schwarzer, trockener Boden findet sich vor allem an Steilabhängen der Alb unter Wald, wo der von Laubabfall stammende Humus in innige Berührung mit dem Kalk kommt. Es bildet sich eine dünne Bodenschicht, die ständiger Abspülung unterliegt. Auch da, wo eine dünne Rasenschicht dem Kalkfelsen aufliegt, bildet sich aus dem Humus des Wurzelwerks einerseits, dem Kalk andererseits die schwarze Rendzina. Als Ackerboden hat sie KESSLER nur dort beobachtet, wo die gut gedüngte Ackerkrume unmittelbar über Kalkfels lag und mit Kalkstein durchspickt war, oder wo die Lage so war, daß man Herabspülung von den benachbarten Hängen annehmen muß. Überall war tiefgründiger Boden zu Braunerden degradiert. Ein schönes Profil tiefer, nicht degradierter Rendzina hat V. HOHENSTEIN[4] vom Plettenberg auf dem Heuberg in der Schwäbischen Alb beschrieben.

Humuskarbonatboden (Rendzina) vom Plettenberg, etwa 1000 m über NN, 900—1000 mm Jahresniederschlag, 6⁰ mittlere Jahrestemperatur, westliche Exposition.

Steinbruch im Weißjura-β-Kalkstein; aufgenommen 11. September 1918. Unter Flurmatte mit Briza media, Festuca ovina, Brachypodium pinnatum, Juniperus communis, Picea excelsa, Pinus Silvestris.

A_1 30—35 cm, schwarzbrauner bis schwarzer humoser Lehm, krümelig.

A_2 20 cm, Weißjuraschutt mit vielen kleinen Kalkbrocken, dazwischen schwarzer, humoser Lehm.

C 20 cm und mehr, wohlgeschichtete Weißjura-β-Kalke mit gelbbrauner bis bräunlicher Lehmfullung.

Trotz der hohen Lage stand das Getreide auf der 1000 m hohen Hochfläche sehr schön; an den Gehängen befindet sich ein schöner, alter Weißtannenbestand und am Waldhaushof Obstbäume. Über die Rendzinaböden der Rauhen Alb teilt E. OSTENDORF dem Verfasser folgendes mit: Die südwest-nordost-streichenden, fast horizontalliegenden Juratafeln, die nach Nordwesten im Steilabfall jäh

---

[1] SAUER, A.: Über die pliozänen Donauschotter des Eselsberges bei Ulm. Jh. Ver. vaterl. Naturkde Württ. **38**, 72 (1916).

[2] DIETRICH, W. O.: Über einen ferrettisierten Neogenschotter bei Ulm a. D. Cbl. Min. usw. **1910**, 324—329.

[3] KESSLER, P.: Das Schopflocher Ried und seine Bedeutung für die wissenschaftliche Klassifikation der Böden. Jh. Ver. vaterl. Naturkde. Württ. **78** (1922); **80** (1924).

[4] HOHENSTEIN, V., in H. STREMME: Grundzüge der praktischen Bodenkunde, Taf. 1. Berlin 1926.

abbrechen, bedingen die hier charakteristischen Bodentypen. Rechtwinklig zum Steilabfall sind durch rückschreitende Erosion tiefe Täler in die Juraschichten eingeschnitten, die auf diese Weise den rauhen, regenreichen Nordwestwinden schutzlos preisgegeben sind, während die Sonne aus diesen tiefen, steilen Tälern selbst im Sommer früh verschwindet. Die klüftigen, blauweißen, manchmal an Klüften rotweißen Kalke und Dolomite des Weißen Juras zerfallen bei der Verwitterung zu einem losen, steinigen Schutt, der durch intensive Oxydation bald hochgelb bis rötlich und etwas tonig wird. Die darauf liegenden Böden sind stark humos, schwarz, schwarzgrau oder tiefbraun und sehr fein gekrümelt. Die einzelnen Krümelchen sind meist kleine, scharfkantige Würfelchen von oft abgerundeter Gestalt und 1—2 mm, selten mehr Stärke. Die Profile sind im einzelnen:

Rendzina am Nordwestabhang des Nottetales, unter mittelalten Buchen, sehr abschüssige Lage.

A_1 18 cm, stark humoser, gut krümelnder Lehm mit starker Durchwurzelung und Durchlüftung.

A_2 sehr trümmerreicher, fast steiniger Schutt, mit trümmerreicher, stark humoser Erde vermengt.

C klüftiges Kalkdolomitgestein mit blaugrauen Streifen auf den Klüften.

Die Krume ist für die Ackerung zu schwach und würde zudem beim Kahlschlag infolge der Bodenneigung völlig abgeschwemmt werden. Zwischen dem Rutschefelsen und St. Johann wurde ein ähnlicher Boden in einer flachen Senke bei 700—800 m Meereshöhe gefunden, der eine Krume (A_1) von 35 cm aufwies und beackert wurde.

Degradierte Rendzina am Nordwestabhange des Rutschefelsens, unter etwa 60jährigem Buchenwald, 700—800 m über NN, Lage fast eben.

A_0 2 cm, stark humifizierte, organische Reste mit Wurzelgeflecht durchzogen.

A_1 13 cm, tiefschwarzgrauer, normalfeuchter, ziemlich stark humoser, lockerer, krümeliger Lehm, stark durchwurzelt.

B_1 37 cm, sehr lockerer, feinkrümeliger, eckig bis rundlich feinwürfeliger, rotbrauner bis schokoladenbrauner Lehm, stark humos, beim Zerdrücken klebrig und schmierig, stark mit Wurzeln durchsetzt. Die Farbe ist im allgemeinen keine eigentliche Eisen-, sondern mehr Humusfarbe.

B_2 unregelmäßig in den Untergrund aus lockerem Trümmerwerk übergehend.

C klüftiges Kalk- und Dolomitgestein, mit sehr oft roten Eisenhydroxydstreifen auf den Klüften.

Rendzina mit Wassereinflüssen am Steilhang der Rauhen Alb, südöstlich Urach, etwa 10 m über der Erosionsbasis des Ermstales.

A_1 20 cm, stark humoser, schwarzer Lehm unter jungem Buchenwald, stark durchwurzelt.

A_2 20 cm, dunkelbrauner, krümeliger, humoser Lehm mit starken Eisenhydroxydflecken, gleichmäßig verteilt, stark durchwurzelt.

$A\,G$ 80 cm, blaugrauer, etwas steiniger Lehm, unter Quellwasser leidend.

G 60 cm, derselbe steinige Lehm mit starken Brauneisenausscheidungen.

C blaugrauer Kalk des weißen Jura.

Anmooriger Kalkhumatboden auf Kalktuff einer Wiese im Ermstal östlich Urach.

A_1 15 cm, dunkelschwarze, stark humose, krümelige, etwas klebrige, weiche, kalkhaltige Lehmerde, stark durchwurzelt und sehr feucht.

$A\,G$ 20 cm, allmählich heller und humusärmer werdend, kalkhaltig, homogen, großprismatisch, naß und wenig durchwurzelt.

C Grauweißer, weicher, grob abgesonderter Kalktuff, sehr naß, schwammartig.

F. Münichsdorfers Bodenkarte Bayerns gibt für die Fränkische Alb an: Rendzina und degradierte Rendzina, braune Waldböden, podsolierte Waldböden.

In den Erläuterungen[1] heißt es zur Kennzeichnung der Rendzina: In Bayern wurde dieser Bodentypus zuerst durch I. Höfle im Jura von Kipfenberg beschrieben; in der Schwäbischen Alb heißt er Fleinserde. Der Oberboden im außeralpinen Gebiet ist meist flachgründig, jedenfalls weniger tief als bei der Steppenschwarzerde, und gewöhnlich mit Bruchstücken des Kalkgesteins, die bis zur Sandkorngröße herabgehen können, durchsetzt. Hat er staubig-sandige Beschaffenheit, so kann er leicht verweht werden. Der Humushorizont ist aber oft auch krümelig bis prismatisch-körnig und der Kalkgehalt auf die beigemengten Gesteinskörner beschränkt. Auch Ausscheidungen von Gips in myzelförmigen Knöllchen kommen im Oberboden vor. Bei der Degradation wird der Humus allmählich kalkarm und sauer, damit tritt eine Enteisenung des Oberbodens und die Ausbildung eines rostfarbigen Unterbodens ein. Während die normale Rendzina hauptsächlich die oberen Teile von Kalkschutthängen (oft ohne Rücksicht auf die Auslage) und im Jura nur die benachbarten randlichen Teile der Albhochflächen einnimmt, geht sie in den Schutthängen nach unten zu gern in die degradierte Form über und wird dabei brauner. Auch Abschlämmassen, z. B. von der Albüberdeckung herab, führen zur Entartung oder drängen die Rendzinabildung zurück, die auf Kalk- oder Dolomitschutt leichter vor sich geht als auf festem Gestein. Die hauptsächlichste Verbreitung der Rendzina ist gebunden an die Gesteine des Weißjura (Malm) in Nordbayern, an tertiäre Mergel und Kalke in der Rheinpfalz und an verschiedene Gesteine der Alpen.

Der verbreitetste Bodentypus in Bayern ist der braune Waldboden, der z. T. degradiert (schwach podsoliert) ist. Sein Oberboden von schmutzig graubrauner bis braungrauer Farbe hat einen geringen bis mächtigen Gehalt an gesättigtem Humus und Ton und zeigt gewöhnlich nach unten zu hellere Färbung. Diese Aufhellung hängt nicht ohne weiteres mit einer Enteisenung, mit einer Degradierung zusammen. Auch im Unterboden, dem Illuvial- oder Anreicherungshorizont, läßt sich stets noch Humusbeimengung in Flecken nachweisen, neben Eisenrost und schwärzlichem Manganoxyd in Körnchen, Knöllchen oder Häutchen. Der Unterboden kann sehr mächtig, über 1 m werden. Er ist bindiger, in trockenem Zustande oft steinhart. Meist ist der Ober- und Unterboden entkalkt, beide kommen aber auch mit erheblichem Kalkgehalt vor (Löß, Liasmergel). Ohne daß spätere Infiltration angenommen werden muß, kann die Kalkführung ursprünglich sein, wenn die Wanderung des Eisens in Oxydulform, statt wie sonst bei den podsolierten Böden in Oxydform erfolgt[2]. In forstlicher Hinsicht ist es von Bedeutung, daß der braune Waldboden sich rasch ändert, entartet, wenn das Laubholz durch Nadelholz verdrängt wird. Es entstehen dann die Typen verschieden starker Podsolierung, der sekundären Podsolierung K. Glinkas.

Im Anschlusse an A. v. Krüdener unterscheidet F. Münichsdorfer Übergänge von der Braunerde über degradierte Braunerde, dann degradierte Podsolbandbraunerde bis zum Podsol, was durchaus mit unseren Erfahrungen in Mittel- und Ostdeutschland übereinstimmt. Durch Bodenlockerung kann die Podsolbandbraunerde noch in die degradierte Braunerde zurückgeführt werden, was beim typischen Podsol nicht mehr möglich ist.

---

[1] Münichsdorfer, F:. Bodenkarte Bayerns, S. 14. München 1929.

[2] Vgl. auch H. Stremme u. K. Schlacht: Über Steppenböden des Rheinlands. Chem. d. Erde 3, 35 (1927). — Man muß, um die Art der Wanderung festzustellen, frische Aufschlüsse in alten Wäldern ausführen. Die Ackerböden sind braun und evtl. durch aufgestiegenes Kalkkarbonat infiltriert. In den alten Wäldern von Zala St. Mihaly in Ungarn war der Horizont, dessen braune Färbung das charakteristische Merkmal der „Braunerden" ist, olivgrün.

Podsolböden treten in Bayern hauptsächlich in Sanden auf. Im Oberboden lassen sich unterscheiden ein humusreicher schwarzer, grauer oder brauner oberer Teil (A_1) mit saurem, ungesättigtem Auflagehumus, und ein unterer Horizont A_2 mit weißlicher bis hellgrauer, holzaschenähnlicher Färbung. Nach unten ist der Ackerboden scharf abgegrenzt gegen den Unterboden (B-Horizont), in dem die ausgewaschenen Basen z. T. mit Humus angereichert werden und Orterde oder Ortstein bilden. Geschlossene Podsolgebiete sind im rechtsrheinischen Bayern die der Kiefernwälder in sandigem Keuper; an diese schließen sich in großer Verbreitung sandige braune Waldböden an.

Die im Würzburger Becken, im Nördlinger Ries und bei Regensburg-Vilshofen vorkommenden tschernosemartigen Böden haben schwärzlichen oder dunkelbraunen bis graubraunen bis grauen Oberboden, je nach dem Gehalt an Humus oder anderen Stoffen, evtl. auch an Feuchtigkeit. Durch die meist sehr alte landwirtschaftliche Kultur ist die Oberkrume an Humus oft verarmt und heller geworden, so daß der höchste Humusgehalt tiefer folgt. Die Mächtigkeit schwankt zwischen wenigen Dezimetern und mehr als einem Meter, $^3/_4$ m wird häufig erreicht. Als Muttergestein kommen vor Löß, Miozänmergel (Flinz) und Keupermergel (unterer Gipskeuper, hier mit Anklängen an Rendzina).

Von den 206000 ha Moorfläche in Bayern kommen 189000 auf die oberdeutsche Hochebene südlich der Donau. Von dieser sind bisher 50—60000 ha kultiviert. Nur in seltenen Fällen haben die Moore als Verlandungsmoore begonnen, im allgemeinen hat die Moorbildung nach dem Abfluß der Seen auf deren schwer durchlässigen Tonböden eingesetzt, die regionale Hochmoorbildung außerdem durch Versumpfung von Wäldern. Die Hochmoore sind im allgemeinen Latschenhochmoore mit geringer Aufwölbung.

Die Auenböden sind meist hellgraugefärbte, kiesig-sandige bis schluffig-tonige Böden, welche im Hochwasserbereich der Flüsse liegen und eine ständige oder doch häufig wiederkehrende Zufuhr von Mineralstoffen erhalten, und zwar nicht bloß durch Aufschlickung von oben, sondern auch von unten durch Ausscheidungen aus dem Grundwasser. Von humusfreien Kies- und Sandablagerungen der reißenden Flüsse bis zu den Ansammlungen von Faulschlamm und Torf in den Altwasserrinnen finden sich alle Übergänge. Den Ansammlungen ortsfremder, meist unverwitterter Mineralstoffe stehen die Absätze gegenüber, die sich aus dem basenreichen Grundwasser im Bereiche seiner Spiegelschwankungen niederschlagen. Es sind hauptsächlich schwarze, rostigbraune, auch weiße und fleckige, oft großporige Ausscheidungen von Mangan- und Eisenverbindungen und von Kalk, welche in Form von Konkretionen oder Schlieren vorliegen. Wo sie zu einer streifenweisen oder flachlinsenförmigen Verfestigung der Flußanschwemmungen führen, können sie für die Entwicklung der Pflanzenwurzeln recht hinderlich sein. Auch die Einwirkung örtlicher Verwitterung kann sich besonders bei Regulierungen und Einbauten bemerkbar machen. Die natürliche Pflanzendecke ist Wiese oder urwaldartiger Wald.

Die Molken- oder Misseböden im Buntsandsteingebiet des Spessarts und der Rhön sind nach F. Münichsdorfer tiefgründig verwitterte Lösse, ehemalige podsolierte Waldböden, die in Grasland, Wiesen, Hutung umgewandelt wurden. Unter den Wiesenböden unterscheidet er mit A. v. Krüdener Trocken- und Naßgleiböden. In den Trockengleiböden vermag das Gras die Niederschläge, welche sich im unteren, meist untief anliegenden wasserhaltenden Horizont als Bodenwasser stauen, nicht so schnell zu verdunsten, daß die Reduktionsprozesse ausbleiben. In den Naßgleiböden ruft das Grundwasser im Boden selbst die erwähnten Gleibildungen, unabhängig von der Verdunstung durch die Grasnarbe hervor. Die Bleichung bei den Gleiböden beruht auf ungenügender

Durchlüftung des Bodens. Durch Ausscheidung von Eisenrost an Wurzelröhren, Rissen und Spalten neben den gebleichten Teilen des Bodens erhalten sie ein fleckiges Aussehen.

Die südliche und südöstliche Randgebirgszone.

Übersicht: Wie gegen die Nord- und Ostsee der schmale Küstenstreifen mit Sanden, Marschen und Mooren die Grenze bildet, und ein ähnlich schmaler Streifen sich als Lößzone fast durch die Mitte Deutschlands der Länge nach zieht, so haben wir einen dritten, fast einheitlichen Streifen in den südlichen Randgebieten der Alpen und in A. PENCKs[1] nördlicher Umwaldung Böhmens, vom Bayrischen Wald an über Böhmer Wald, Fichtelgebirge, Frankenwald, Thüringer Wald, das Thüringische Schiefergebirge, Erzgebirge, Lausitzer Gebirge bis zu den Sudeten mit ihren Vorstaffeln. Ein großer Teil dieser Randgebiete hat noch den Charakter des mitteldeutschen Berg- und Hügellandes, ein anderer Teil gehört zu E. WERTHS[2] Nadelwaldregion des mittel- und süddeutschen Gebirgslandes (Abb. 100), der sich die alpinen Bezirke in den Bayrischen Alpen, dem Böhmer Wald und den Sudeten anschließen. Die Grenze der Nadelwaldregion gegen das Berg- und Hügelland liegt am Thüringer Wald und Erzgebirge bei 600 m, an den Sudeten bei 700, am Böhmer Wald nicht unter 700, am Bayrischen Wald bei etwa 600—500 m Meereshöhe, am Alpenfuß als Grenze gegen das Vorland bei etwa 700 m Meereshöhe. Es sind sehr regenreiche Gebiete, deren Niederschlagsmengen im Alpengebiet über 2000 mm, im Böhmer Wald und in den Sudeten über 1400 mm hinausgehen. Die untere Grenze der Region dürfte mit der Januarisotherme von —3⁰ zusammenfallen. Die obere Grenze gegen den alpinen Bezirk der Mittelgebirge entspricht einer mittleren Julitemperatur von 11⁰ und einer Maitemperatur von 6⁰, während die Waldgrenze in den Alpen noch erheblich darüber hinausgehen kann, also auch bei niedrigen Temperaturen zu gedeihen scheint. Floristisch ist die Nadelwaldregion durch das Auftreten borealer Elemente, wie Empetrum nigrum, Betula nana, Linnaea borealis, Polygonum viviparum, gekennzeichnet. Ihre untere Grenze dürfte nicht weit von der Getreidegrenze liegen. Jedenfalls spielt der Ackerbau keine wesentliche Rolle mehr. An seine Stelle tritt mehr und mehr die Viehzucht mit der Weidewirtschaft. Erheblich ist die Bedeutung für die Forstwirtschaft, infolge der riesigen zusammenhängenden Waldungen, die über 45% der Bodenfläche einnehmen. Die Nadelwaldregion der Bayrischen Alpen erhält in ihrem östlichen Teil einen besonderen Charakter durch Lärche und Zirbelkiefer, von welchen erstere auch in den Sudeten auftritt. Auf dem Flysch der Allgäuer Alpen ist die Region weidereich, Rinderzucht und Milchwirtschaft spielen eine große Rolle.

Die alpinen Bezirke der Randgebirge werden durch die baumfreie Region oberhalb der Waldgrenze gebildet. Ihre untere Grenze liegt im Norden und Westen tiefer als im Süden und Osten; in den Sudeten bei 1230—1320 m, im Böhmer Wald bei 1400 m, in den Bayrischen Alpen bei 1900—2000 m. Es ist die Region der Zwergsträucher, der Matten der Alpenweiden. In den Sudeten und den Bayrischen Alpen kommen Knieholzbestände vor. Eine ähnliche Rolle spielen in den Alpen daneben Gebüsche der Grünerle, verschiedener Weidearten und der Alpenrose. Alpine und arktisch-alpine Florenelemente, wie Pulsatilla alpina, Hieracium alpinum, Gentiana pannonica, Saxifraga stellaris, Campanula Scheuchzerii, kommen auch in entsprechenden Regionen der Mittelgebirge (ein-

---

[1] PENCK, A.: Das Deutsche Reich. Leipzig 1887.
[2] WERTH, E.: a. a. O., S. 26, 28.

schließlich Harz, Schwarzwald, Schwäbischer Jura) vor. Die praktische Bedeutung des Bezirks liegt in der Weidewirtschaft.

In bodenkundlicher Hinsicht steht allen Faktoren der Bodenbildung die
Bodenneigung, das Relief voran. Es bewirkt den Skelettreichtum der Vegetations-
und der nassen Böden, die Entstehung von Blockhalden und Felsenmeeren und
das bei größter Steilheit des Geländes auftretende Überwiegen nackten Felsens.
Auch in den Mittelgebirgen spielte dieser Faktor bereits eine bedeutende Rolle.
Die Vegetationsböden sind die trockenen Bergwiesenböden und die Bergwaldböden. Die trockenen Bergwiesenböden haben einen humusreichen, gut ge-
krümelten Boden von schwarzer oder brauner Farbe. Sie sind den Steppenböden
nicht unähnlich, doch meist so skelettreich, daß die feine Bodenerde nur zwischen
den Skeletttrümmern sitzt. Bei den helleren Varietäten findet man manchmal
auch Rostflecken unter der Krume, die auf Wassereinflüsse zurückgehen können.
Es ist bisweilen auch möglich, daß die Rostflecken auf Böden entstanden, die
aus ehemaligen Waldböden zusammengeschwemmt sind. Man macht auch im
Flachlande die Erfahrung, daß Abschlämmassen aus ehemaligen Waldböden
sich wieder ähnlich, wenn auch ohne Bleichung, entmischen (Krume, darunter
rostiger B-Horizont), wie ursprünglich in den Waldböden, selbst wenn kein
Wald mehr darauf steht. Die Waldböden sind ebenfalls sehr skelettreich, auch
bei ihnen liegt oft der größte Teil der Feinerde in den Zwickeln zwischen den
Steinen. Podsolige Typen sind an flachen Böschungen gut erkennbar, weniger
dagegen im steileren Gehänge. Die schwarze Rendzina, z. T. mit winzigem
Profil, ist auf den Karbonatgesteinen sehr häufig. Bei den übrigen Gesteinen
sind auch Unterschiede vorhanden, aber sie treten hinter dem Typischen zurück.
Die nassen Bergböden sind skelettreiche Gleipodsole, anmoorige Böden (die
Böden nasser Wiesen, die sich auch aus trockenen Bergwiesen entwickeln können,
daher auch hier ein enges Nebeneinander von Böden mit mehr trockenem Steppen-
und mehr anmoorigem Charakter) und Moorböden, auch Rohhumus und Alpenhumus sind häufig auf Kalkgestein.

Geologisch-Agronomisches. Die geologisch-agronomische Literatur der
Randgebirge ist ziemlich dürftig. Das Fichtelgebirge mit seinen überaus mannigfaltigen Gesteinen[1] weist ebenso mannigfaltige, zumeist wenig günstige Bodenbildungen auf. Die leichte Verwitterbarkeit und die damit zusammenhängende
starke Zerstörung der Wunsiedeler glimmerreichen Gneisgruppe bewirken eine
starke, fast ebene Einbuchtung des Geländes und die Bildung einer tiefgründigen
lehmigen Ackerkrume[1]. In den Mulden sind die lehmigen Verwitterungsprodukte
zusammengeschwemmt[1]. Diese durch intensive Verwitterung entstandenen Ein-
buchtungen sind z. T. versumpft oder vertorft[1]. In den Torfmooren ist oft erdiges
Eisenblau ausgeschieden. In viel geringerem Maße bilden sich auf der Münchberger
Gneisgruppe kleinere Moore, in Verbindung damit stehen stets Lehmablagerungen
unterhalb der Moore[1]. Auffallend sind im Gegensatz zu den Nachbargebirgen
weniger höhere Pflanzenarten, dafür mehr niedere mit größerer Individuenzahl[1].
Kalkliebende Pflanzen treten in ihrer Individuenzahl außerordentlich zurück[1].

Die Böden des Thüringer Waldes sind im allgemeinen von denen des Harzes
wenig unterschieden. Beide Gebiete sind auch hauptsächlich mit gutwüchsigen
Fichtenbeständen bewaldet. Der Gehängeschutt, der durch Verwitterung in
steinigen Gehängelehm übergeht, ist der verbreitetste Boden[2].

---

[1] Gümbel, C. W. von: Geognostische Beschreibung des Fichtelgebirges mit dem Frankenwald und dem westlichen Vorlande, S. 311, 328, 651. Gotha 1879.

[2] Lief. 64 Blatt Wasserberg, aufg. d. H. Loretz. Berlin 1906. — Lief. 64 Blatt Ilmenau,
aufg. d. H. Loretz, R. Scheibe u. E. Zimmermann. Berlin 1908. — Lief. 39 Blatt Ohrdruff,
aufg. d. M. Bauer. Berlin 1889.

Das Vogtländische Terrassenland, das auch aus hauptsächlich alten Gesteinen aufgebaut ist, hat wegen der hochplateauartigen Lagerung oft eine bedeutend tiefere Verwitterungsdecke behalten. Die devonischen Kalkknotenschiefer bilden wegen ihrer leichteren Zerstörbarkeit leichte Einmuldungen[1]. Der Boden, der daraus hervorgeht, ist vorzüglich und wegen der in dieser Höhe schon vorherrschenden rauhen Witterung von hohem Wert[1,2]; er ist locker, warm und durch seinen Gehalt an kohlensaurem Kalk und an Kali mineralkräftig[1,2]. Der frische Schiefer enthält (außerhalb der Kalkknoten) bis 5% kohlensauren Kalk, bis 6% an Kieselsäure gebundenen Kalk, bis 2% Magnesia und $2^{1}/_{2}$—$3^{1}/_{2}\%$ Kali[1]. Diesen Schiefern sind dunkelblutrote bis violettrote Schichten von größerer Härte eingeschaltet. Sie sind nur durch ihre Färbung, Härte und etwas höheren Kalkgehalt von den dunklen Schiefern verschieden; letztere verloren ihre rote Farbe durch Reduktionsprozesse, die von den vielen in ihnen eingeschlossenen organischen Substanzen ausgingen[1]. Der Boden der roten Schiefer ist deshalb trotz der größeren Härte ebenso gut wie der der dunkleren Schiefer, eher noch etwas lockerer und wärmer[3]. Die oberdevonischen Kalkbänke sind oft stark verbogen und verschoben[3], so daß sie, je nach den Lagerungsverhältnissen, kurze und langgestreckte kahle Felskuppen, sumpfige Niederungen, in denen einzelne kahle Felskuppen aus dem Ried emporragen oder reichlich mit Dammerde überschüttete Einsenkungen bilden[3]. Die nicht versumpften, dammerdereichen Einsenkungen und Hänge geben einen braunen, warmen, tiefgründigen, tätigen Boden ab[3], der sich auch für den sonst hier nicht möglichen Obstbau eignet[3]. Die oberdevonischen Diabasbreccien verwittern zu einem dunklen, braunen, meist tiefgründigen Boden bester Qualität[3,4]. Er zeichnet sich durch die in seiner Entstehung aus tuffartigem Material bedingte, ihm eigene Lockerheit aus, ebenso wie durch seine Wärme und durch reichen Gehalt an allen wichtigen Pflanzennährstoffen[3,4]. Er eignet sich deshalb für alle Kulturgewächse mit Ausnahme von Obstbäumen, die auf ihm leicht „brandig" werden, und von Kartoffeln, die hier weit mehr der Fäule ausgesetzt sind als auf dem Schieferboden[3].

Aus der Verwitterung der Unterkulmsandsteine und -grauwacken entsteht ein weißgrauer, toniger, kalter Boden, der nicht einmal als Waldboden eine Rolle spielt[5]. Nur da, wo devonisches Material mit ihm vermengt ist, gibt er oft einen guten Boden ab[5]. Die Schiefer des oberen Kulms zerfallen dagegen polyedrisch und zeigen bei der Verwitterung nicht die firnisartigen braunen Flecke der Unterkulmbröckelchen[5]. Sie geben an Hängen und bei höherer Lage ganz gute Mittelböden (bessere als die Unterkulmschichten), die sich für Kartoffel-, Roggen-, Futterbau eignen, ja selbst bei guter Bewirtschaftung kleefähig sind[5,6] und auch einen vorzüglichen Waldboden abgeben[5,6]. In tieferen Senken häuft sich ein toniges, walkerdeähnliches, grau- und gelbfleckiges Verwitterungs- und Abschwemmungsprodukt an, das den Boden kalt und untätig macht. Nach richtiger Drainage entstehen gute Wiesen daraus[1]. Die braunen Dolomite des unteren Zechsteins ergeben einen braunen, lockeren, warmen Kalkboden, der meist tiefgründig genug und dann von vorzüglicher Qualität ist (guter Kleeboden)[5,6]. Selbst wo auf Kulm nur eine dünne Decke Zechstein liegt, gedeiht die Esparsette wie ebenfalls die Luzerne gut[5].

---

[1] Lief. 17 Blatt Pörmitz, aufg. d. K. Th. Liebe, S. 4, 5. Berlin 1881.
[2] Lief. 17 Blatt Triptis, aufg. d. K. Th. Liebe, S. 3. Berlin 1881.
[3] Lief. 17 Blatt Pörmitz, aufg. d. Th. Liebe, S. 4, 5, 6, 7, 8. Berlin 1881.
[4] Blatt Triptis, S. 4.
[5] Blatt Pörmitz, S. 14, 16, 20, 21, 23, 25.
[6] Blatt Pörmitz, S. 6, 8, 10, 12.

Während die unterste Abteilung des unteren Buntsandsteins sehr tonig und „naßgallig“ ist, ist der übrige untere Buntsandstein verwittert, bei günstiger Mischung von Sand, Letten und Kalk in den tieferen Gebieten ein günstiger Wiesenboden, und wo die Hänge nicht zu steil werden, ein guter Acker- und ein vorzüglicher Waldboden[1]. Der mittlere Buntsandstein verwittert zu einem sandigen dürren Kiefernboden[2].

Wo kambrische Schiefer anstehen, wie bei Zeulenroda, entsteht aus seinen grüngrauen Schiefern ein meist schwerer, wenig durchlässiger Boden, der oft mit Moor bedeckt ist, doch stellenweise gibt er einen ganz guten Futterboden und Boden für gute Fichten-, Tannen-, Erlen- und Buchenbestände ab[3]. Die silurischen Schichten verwittern zu ähnlichen Böden[3].

Die Phyllitformation (unteres Kambrium) von Bobenneukirchen-Gattendorf[5] gibt einen allgemein guten, bis zu beträchtlicher Tiefe verwitterten Nadelwaldboden (Fichtenwälder)[4] ab. Als Acker ist dieser schwere Phyllitboden sehr ungünstig, zumal in der rauhen Lage[4]. Die Bäche haben hier in diesem ebenen Hochplateau breite flache Wannen eingeschnitten, die von stark tonigem Lehm ausgekleidet sind. Diese nassen, undurchlässigen Wiesen stehen in sehr schlechter Kultur und neigen zur Moorbildung[4]. Die Schiefer des oberen Kambriums sind günstiger, etwas sandiger, reicher an Alkalien; aber auch auf ihnen herrscht der Wald vor[4]. Die silurischen Böden gleichen sehr den kambrischen, die devonischen sind von größerer Fruchtbarkeit, die besonders noch durch viele Diabasbrocken gefördert wird[5]. Die Grenze zwischen Silur und Devon ist gleichzeitig eine scharfe Grenze des Waldes und des erfolgreichen Ackerbaus[5].

Das Erzgebirge weist wieder sehr mannigfaltige Böden auf. Die älteren Gesteine zeigen ähnliche Verwitterung wie die im vorhergehenden beschriebenen[6], nur daß das gebirgigere Gelände größeren Einfluß auf die Bodenbildung erlangt. Ferner kommen die vielen Tiefengesteine, besonders Granite, hinzu. Die Granite zerfallen je nach ihrer Körnigkeit in scharfkantige, kubische bis dünnplattige Blöcke, die auf ihrem eigenen schlüpfrigen Verwitterungsprodukt als Gekriech zu Tal gehen, die Hänge mit Schutt und Blockmassen bekleiden und schließlich sich in lockeren Grus und in mit Grus und lehmigem Sand vermengtes Blockwerk auflösen[6—8]. Der Verwitterungsboden des grobkörnigen Granits ist in der Regel tiefgründiger und durchlässiger als der des feinkörnigen und mittelkörnigen Granits. Oft ist der Granitboden von Moor bedeckt, das die Zersetzung der Silikate wesentlich fördert; der Glimmer wird hierbei gebleicht, indem er an Eisen und Lithium verliert[6]. Die Granitböden sind meist bewaldet (hauptsächlich Fichtenwald mittlerer Qualität)[7]. Zu Ackerboden eignet er sich weniger. Die meist nur geringmächtige, lehmig-sandige Krume wird gewöhnlich von grusig-sandigem Material unterlagert, so daß sie leicht austrock-

---

[1] Blatt Pörmitz, S. 6, 8, 10, 12.   [2] Blatt Triptis, S. 12, 13.

[3] Lief. 17 Blatt Zeulenroda, aufg. d. K. TH. LIEBE, S. 5, 6. Berlin 1881.

[4] Erl. z. geol. Spezialkarte d. Königreichs Sachsen, Sektion Bobenneukirchen-Gattendorf, Blatt 150 v. E. WEISS, S. 5, 6, 35, 39. Berlin 1898.

[5] Sektion Bobenneukirchen-Gattendorf, Blatt 150 v. E. WEISS, S. 5, 6, 38, 39. Leipzig 1898.

[6] Sektion Eibenstock, Blatt 145 v. M. SCHROEDER (2. Aufl. v. C. GÄBERT), S. 23, 24. Leipzig 1900.

[7] Sektion Schneeberg-Schönheide, Blatt 136 v. K. DALMER (2. Aufl. bearb. v. E. WEISS u. A. UHLEMANN), S. 54—56. Leipzig 1915. — Sektion Treuen-Herlasgrün, Blatt 134 v. K. DALMER, S. 53. Leipzig 1915.

[8] Sektion Kirchberg-Wildenfels, Blatt 125 v. K. DALMER, S. 74, 75. Leipzig 1901.

net[1—3]. Zudem ist sie arm an Kalk und Magnesia, teils auch an Phosphorsäure und reich an Kali[1, 2]. Der Boden zeigt geringes Aufsaugungsvermögen für Wasser und Düngestoffe. Kalkungen, auch besonders mit Knochenmehl, haben gute Erfolge erzielt[1—3], ferner die Zufuhr von Moorerde wegen ihres Aufsaugungsvermögens und Stickstoffgehaltes[1]. Gebaut werden Roggen, Hafer, Klee und Kartoffeln[1, 2. 4, 5]. Als ungünstiges Moment kommt die rauhe Witterung für den Ackerbau hinzu[1]. Für Weizen und Gerste ist dieser Boden meist ungeeignet[2]. Die Wiesen der Alluvionen des Granitgebietes sind oft gut[1]. Doch in den oberen, muldenförmigen Talenden, die recht tonig sein können, sammelt sich bisweilen so viel Wasser, daß die Wiesen naß und sauer werden[1, 2]. Der hier mehrere Meter mächtige Tonlehm ist zäh und graufleckig[2].

Die Böden der Schiefergebiete sind denen anderer Gebirge ähnlich. Je nach Härte, Verwitterbarkeit und Neigung entstehen steinige, flache oder tonigere, tiefgründigere oder kompakte, undurchlässige oder warme, lockere, blätterige Böden[2. 4, 5]. Die vielen verschiedenen Schiefer sind chemisch in ihrer Zusammensetzung einander ziemlich gleich[6, 7]. Alle sind arm an Kalk, sehr arm an Phosphorsäure, enthalten mäßige Magnesiamengen und sind reich an Kali[6, 7]. Daher wirken auch stets Düngungen mit Kalk, Knochenmehl und Superphosphat günstig, während Kalidüngungen, wie zahlreiche Versuche gelehrt haben[6], keinen erheblichen Einfluß ausüben.

Die Gneisgebiete zeichnen sich durch meist günstigere Bodenverhältnisse aus als die Granitgebiete[8]. Die Verwitterung ist viel tiefgehender und intensiver, da das Wasser in das blätterige Gestein leicht eindringt[8]. Durch diese Struktur sind gleichzeitig günstige physikalische Eigenschaften dem Boden gegeben[8]. Wegen der Tiefgründigkeit und weniger sandig-grusigen Ausbildung ist er der Austrocknung nicht so ausgesetzt und gleichzeitig absorptionsfähiger. Ferner ist er kali- und kalkreich und enthält zur Genüge Phosphorsäure[8], da er viel Orthoklas, Oligoklas, Biotit und Apatit enthält[8]. Manche Gneisböden, in denen der Kalk-Natronfeldspat durch einen Natronfeldspat ersetzt ist, sind kalkarm[8]. Die Struktur des Gneises erlaubt wegen seiner großen Angriffsfläche stets einen genügenden Ersatz dieser Stoffe durch Verwitterung[8]. Der Boden gestattet selbst in 600 m Meereshöhe noch Weizenbau mit gutem Erfolg.

Die Quadersandsteinböden des Elbsandsteingebirges liefern meist ungünstige, nährstoffarme Böden. Physikalisch sind sie je nach ihrem Bindemittel sehr verschieden. Die mit tonigem Bindemittel verhalten sich undurchlässig, sie sind zäh, naß, kalt und untätig, die mit weniger tonigem Bindemittel dagegen zu locker, trocken und strukturlos; letztere sind fast ausschließlich mit Kiefern

---

[1] Sektion Schneeberg-Schönheide, Blatt 136 v. K. DALMER (2. Aufl. revidiert v. E. WEISS), S. 31—34. Leipzig 1878.

[2] Sektion Auerbach-Lengenfeld, Blatt 135 v. K. DALMER (2. Aufl. bearb. v. E. WEISS u. A. UHLEMANN), S. 54—56. Leipzig 1915.

[3] Sektion Treuen-Herlasgrün, Blatt 134 v. K. DALMER (2. Aufl. v. E. WEISS u. A. UHLEMANN), S. 53. Leipzig 1914. — Sektion Kirchberg-Wildenfels, Blatt 125 v. K. DALMER (2. Aufl. v. C. GÄBERT), S. 74, 75. Leipzig 1901.

[4] Sektion Treuen-Herlasgrün, Blatt 134 v. K. DALMER, S. 53—58. Leipzig 1913.

[5] Sektion Kirchberg-Wildenfels, Blatt 125 v. K. DALMER, S. 74—77. Leipzig 1901.

[6] Sektion Auerbach-Lengenfeld, Blatt 135 v. K. DALMER (2. Aufl. bearb. d. E. WEISS u. A UHLEMANN), S. 54, 55. Leipzig 1915.

[7] Sektion Treuen-Herlasgrün, Blatt 134 v. K. DALMER (2. Aufl. v. E. WEISS u. A. UHLEMANN), S. 53—58. Leipzig 1913. — Sektion Kirchberg-Wildenfels, Blatt 125 v. K. DALMER (2. Aufl. v. C. GÄBERT), S. 74—77. Leipzig 1901.

[8] Sektion Berggießhubel, Blatt 102 v. R. BECK (2. Aufl. v. K. PIETZSCH), S. 108, 109, 110, 114. Leipzig 1919.

aufgeforstet[1]. Günstigere Verhältnisse liegen da vor, wo in geringer Tiefe Granit ansteht[1]. Hier gedeihen üppige Fichtenwälder[1].

Die Bodenverhältnisse des Riesengebirges sind wegen ähnlicher Lage und Ausbildung, wie es das Erzgebirge besitzt, einander ähnlich. Große Flächen nehmen auch hier wieder die Gneis-, Glimmerschiefer- und Granitböden ein. Die Gneis- und Glimmerschieferböden geben einen recht guten, je nach Neigung mehr oder weniger tiefgründigen und ertragsicheren Boden. Die steinigen Böden sind wegen ihrer Lockerheit und Mineralkraft die besseren[2]. Die stärker verlehmten Böden sind dagegen kompakt, undurchlässig, naß, kalt, untätig und an Nährstoffen oft verarmt[2]. Der Granit liefert dagegen auch hier eine oft mehrere Meter tief reichende, grusige Verwitterungsdecke, die allmählich verlehmt oder durch starke Abschlämmung sandig wird und an den Hängen allmählich zu Tale kriecht[3].

Die hier auftretenden Tertiärböden sind in der Regel die ungünstigsten[2]. Sie sind naßkalt, schwer, klebrig-tonig, so daß sie bei feuchtem Wetter schlammig werden, bei trockenem zu steinharten Schollen zusammentrocknen[4]. Dazu sind sie außerordentlich arm an mineralischen Nährstoffen; Kali- und Phosphorsäure sind fast vollkommen ausgelaugt[2].

In Sachsen haben H. Vater und G. Krauss[4] mit Übersichtskarten der natürlichen Wachstumsgebiete von Sachsen und Thüringen, einer solchen der Bodenarten von F. Härtel und einer vereinfachten geologischen Karte eine kurze Gesamtkennzeichnung der Böden und ihrer Bestockung gegeben, darin sind auch die vorstehend behandelten sächsichen Gebirgsteile vertreten.

Bodenmorphologisches. Die ganze Zone der südlichen und südöstlichen Randgebirge Deutschlands ist bereits gegenwärtig bodenmorphologisch kartiert, obwohl noch keine Einzelveröffentlichungen[5] darüber vorliegen. Die bisherigen bodenmorphologischen Einzeluntersuchungen in Deutschland haben sich fast vollständig auf die „klimatischen" Bodentypen beschränkt.

F. Münichsdorfer[6] gibt auf seiner Karte die Alpenböden und die Böden des Zuges Bayrischer Wald, Böhmer Wald, Fichtelgebirge verschieden an. Die Böden der Alpen werden bezeichnet als Kalkgebirgsschuttböden, skelettreiche Böden, Rendzina, degradierte Rendzina, Alpenhumus, brauner Waldboden, podsolierte Waldböden, Wiesenböden (Gleyböden). Dieses alles liegt in solcher Gemengelage, daß es noch nicht gelungen ist, die Verteilung der Typen auf eine Übersichtskarte wie die gegenwärtige bayrische zu bringen. Nicht genannt sind bei dieser Gemengebezeichnung die Moorböden, von welchen besonders die Moorböden über Hochmoor auf der Karte angegeben sind. Sehr verschieden sind die Böden der Täler, welche sich in das Alpengebiet hineinziehen. Im Illertal zieht sich kalkhaltiger, meist sandig-kiesiger Auenboden hoch in das Gebirge hinauf, er ist von Hochmoorböden flankiert. Auch die braunen Waldböden gehen ziemlich hoch hinauf. Die Täler des Lech und des Inn hören mit Aue- und braunen Waldböden an der Reichsgrenze auf. Dagegen bleiben die ent-

---

[1] Sektion Berggießhubel, Blatt 102 v. R. Beck (2. Aufl. v. K. Pietzsch), S. 108, 109, 101, 114. Leipzig 1919.

[2] Lief. 262 Blatt Friedeberg a. Qu., aufg. d. G. Berg u. W. Ahrens, S. 32, 33, 36. Berlin 1926.

[3] Lief. 193 Blatt Schmiedeberg, bearb. d. G. Berg u. E. Dathe, S. 14. Berlin 1912.

[4] Vater, H., u. G. Krauss: Vorschläge zu einer kartographischen Abgrenzung der Wuchsgebiete Sachsens. Tharandter Forstl. Jb. 79, 314—324 (1928).

[5] Man könnte hierhin Graf zu Leiningens Arbeiten über Humusablagerungen in den Kalkalpen (Naturwiss. Z. Forst- u. Landw. 6, 529—538 (1908); 7, 8—32, 160—173, 249—273 (1909)) rechnen. Allerdings fehlen die Profile.

[6] Münichsdorfer, F.: Bodenkarte Bayerns. München 1929.

sprechenden Böden des Isartales vor dem Eintritt in das Gebirge zurück. Von Tölz an aufwärts scheint die Isar keine eigenen Talböden mehr zu haben.

Die Rendzina in den Alpen ist etwas anders als im Fränkischen Jura. Während hier die Lage (Exposition) keine Rolle zu spielen scheint, ist sie im niederschlagsreichen Alpengebiet von Bedeutung. Mit G. WIEGNER und H. JENNY sieht F. MÜNICHSDORFER als Endergebnis der Kalkverwitterung den Alpenhumus an: Kalkrohboden — Rendzina — degradierte Rendzina — Rendzina-Podsol, Alpenhumus. Dieser erreicht Metertiefe und gehört zu den mächtigsten Bodenbildungen. Er besteht aus dunkelbraunen bis schwarzen, gut zersetzten Humusablagerungen, die zwar noch vorherrschend sauren Charakter haben, dem Waldwuchs aber nicht schädlich sind wie Rohhumus im außeralpinen Gebiet. Im Gegenteil halten sie mit ihren Erträgen den Vergleich mit den Mineralböden der Kalkgesteine aus. Daß dabei ein äolischer Zuwachs durch Flugstaub, welcher der Auswaschung entgegenwirkt, von großer Bedeutung für die Bodenbildung wie für die Pflanzenernährung sein muß, ist im Gebiet sehr hoher Niederschlagsmengen leicht verständlich.

Der langgestreckte, breite Zug des Bayrischen, Böhmer Waldes und des Fichtelgebirges hat eine andere Signatur: Gebirgsschuttböden, skelettreiche Böden, brauner Waldboden, podsolierte Böden, Wiesenböden (Gleyböden). Der Unterschied liegt darin, daß Kalksteine mit ihren Rendzinen, degradierten Rendzinen und Alpenhumus fehlen. An Mooren sind Hoch- und Niedermoore angegeben, von welchen jene überwiegen. Ihre Hauptverbreitung haben sie im Fichtelgebirge. Die Täler des Regens und der Naab sind nicht mit besonderen Bezeichnungen versehen, ebenso nicht das Saaletal im Fichtelgebirge. Die Gleyböden, die F. MÜNICHSDORFER in beiden Abschnitten gibt, sind durch zäh hellgraue, rostfleckige Tone ausgezeichnet, die selbst für den undrainierten Wiesenbau zu naß und kalt sind.

Auf seiner Kartenskizze der Mittelgebirge gibt P. F. v. HUENE (Abb. 102) die Böden des Thüringer Waldes und des thüringischen Schiefergebirges (thüringischen Vogtlandes) als Gebirgswaldböden an.

Die Bodentypenkarte Sachsens von G. KRAUSS und F. HÄRTEL[1] geht mehr ins einzelne. Sie verzeichnet in langem Zuge unentwickelte Böden der steileren Hänge, stark podsolierte Waldböden, Gleypodsole, extreme Podsolböden, stark podsolierte Böden, dann auf einem kleinen Teile des Eibenstocker Granitmassivs und östlich davon auf Glimmerschiefer und Gneis wieder die unentwickelten Böden der steileren Hänge, jedoch um Annaberg herum diese mit einer anderen Signatur als bisher, die auch in die Täler weit bis ins Lößgebiet hineingeht. Die Signatur hat senkrechte Strichlinierung und steht im Verhältnis zur senkrechten Schraffur, die mäßig podsolierte Waldböden bedeutet, während die andere, mit Kreuzchen versehene, zu der der stark podsolierten Waldböden neigt. In beiden Fällen sind diese verschiedenen Typen wesentlich durchsetzt mit unentwickelten Böden der steilen Hänge. Die Bodenartenkarte gibt im ganzen Gebiet steinhaltige Böden (grusig-lehmige Böden mit Steinen) und weniger ausgedehnte Steinböden (Skelettböden) an. Es folgen wieder stark podsolierte Waldböden, Gleypodsole und die unentwickelten Waldböden der steileren Hänge mit der Kreuzchensignatur. Später, südlich von Dippoldiswalde kommen wieder stark podsolierte Böden mit Gleypodsolen und die unentwickelten Böden der steileren Hänge sowohl den stark als auch den mäßig podsolierten Waldböden wesentlich

---

[1] KRAUSS, G., u. F. HÄRTEL: Bodenarten und Bodentypen in Sachsen. Tharandter Forstl. Jb. 81, 130—147 (1930). Die darin enthaltenen Karten konnten, dank freundlicher Zusendung durch die Verfasser, noch für die vorstehende Arbeit benutzt werden, während der Text erst während der Drucklegung eintraf und nicht mehr verwendet wurde.

beigemischt vor. Die mit stark podsolierten untermischten Hangböden sind auch auf den Sandsteinfelsen des Elbsandsteingebirges und der oberen Lausitz zu finden. Der größte Teil der übrigen Oberlausitz ist wieder mit den unentwickelten Böden der mäßigpodsolierten Stufe durchsetzt. Es ist ein von steinhaltigen Böden durchsetztes Lößgebiet, über welches schon oben bei den Böden der Lößzone gesprochen war. Anmoorige und Moorböden sind besonders im Gebiete von Eibenstock sehr zahlreich und nehmen nach Osten zu allmählich ab.

Die Böden der schlesischen Gebirge bezeichnet W. Wolff als Gebirgsböden mit unvollkommen entwickeltem, mehr oder minder podsoligem Profil und als schwach podsolige Gebirgsböden, von welchen die letzteren überwiegen. An vielen Stellen, besonders in dem Gebiet der Gebirgsböden mit unvollkommen entwickeltem Podsolprofil, wird 50% Skelettboden, d. h. nur aus Trümmern oder Felsen bestehende Bodenbildung, angegeben. Es sind z. T. die höheren Regionen des Riesengebirges mit ihren Blockhalden und Felsen. Alles übrige heißt sandig-lehmig-toniger Schuttboden auf kristallinem oder auf sedimentärem Gestein.

Zusammenfassung (Abb. 103).

In den vorstehenden Abschnitten wurde versucht, aus der geologisch-agronomischen und der bodenmorphologischen Literatur Deutschlands zusammenzustellen, was für eine knappe Übersicht ohne allzu viele Wiederholungen brauchbar war. Zusammenfassende Arbeiten über diesen Gegenstand liegen von E. Blanck, C. Luedecke u. a. vor, die ein mehr oder weniger umfangreiches Gebiet behandeln[1].

Bei der geologisch-agronomischen Literatur sieht man deutlich das Bemühen der ersten Zeit, lokal beobachtetes Material zu sammeln, später mehr, das Beobachtete auch mit den allgemeinen Grundbegriffen der Verwitterungslehre (Schwarzerde, Braunerde, Grauerde, Ortstein usw.) in Einklang zu bringen. Gegenwärtig ist durch die Übersichtskartierungen W.Wolffs, F. Münichsdorfers, W. Schottlers, F. Härtels der Anschluß der geologisch-agronomischen Kartierung an die bodenmorphologisch-genetische vollzogen. Die Aufnahme ist die der sorgsamen, alle Eigenschaften berücksichtigenden Profilbeschreibung, die Benennung und die Zusammenfassung nach morphologischgenetischen Grundsätzen geworden.

Die bodenmorphologische Betrachtung läßt sich bereits jetzt auf einen nicht viel kleineren Teil Deutschlands erstrecken als die geologisch-agronomische, dank der von der Notgemeinschaft der deutschen Wissenschaft gegebenen Möglichkeit, eine Übersichtskartierung vorzunehmen. Sie zeigt immer wieder, daß die gleichen Vegetationsbodentypen in allen Teilen Deutschlands wiederkehren und, bis auf einige Ausnahmen, vom Gestein, auf dem sie sich bilden, unabhängig, wenn auch stets dadurch besonders modifiziert sind. Die Ausnahmen betreffen in der Hauptsache Karbonat-, Mergel-, Gipsgestein und basische Eruptivgesteine mit ihren Tuffen. Aber auch diese können degradieren und wandeln sich dann allmählich in normale Vegetationstypen um. Die Bergböden, bei welchen alle Gesteinseigenschaften zur Geltung kommen, da die Abschwemmung

---

[1] Blanck, E.: Über die petrographischen und Bodenverhältnisse der Buntsandsteinformation Deutschlands. Jh. Ver. vaterl. Naturkde. Württ. **1910**, 408—506; **1911**, 1—77. — Luedecke, C.: Die Boden- und Wasserverhältnisse der Provinz Rheinhessen, des Rheingaus und Taunus. Abh. hess. geol. Landesanst. Darmstadt **3** (1899). — Die Boden- und Wasserverhältnisse des Odenwaldes und seine Umgebung. Ebenda **1901**. — Beiträge zur Kenntnis der Böden des nördlichen Odenwaldes. Darmstadt 1897. — Oswald, A.: Chemische Untersuchungen von Gesteinen und Bodenarten Niederhessens. Saalfeld a. d. S. 1902. — Laufer, E., u. F. Wahnschaffe: Untersuchungen der Böden der Umgegend von Berlin. Berlin 1881.

infolge der Bodenneigung keine stärkere Bodenbildung aufkommen läßt, müssen als besonderer Typus angesehen werden, der überall im geneigten Gelände, auch des sog. Flachlandes, auftritt. Das Klima spielt bei allen Bodentypen stets mit, dasselbe jedoch zur Grundlage der Einteilung machen zu wollen, wäre falsch. Es entzieht sich der direkten bodenkundlichen Beobachtung, und die Einteilung der Böden durch die Meteorologen bestimmen zu lassen, wäre erst recht falsch. Wenn der Bodenforscher aber als Nichtfachmann sich aus der Meteorologie seine Einteilungsprinzipien holen würde, so würde er leicht, wie es noch gegenwärtig z. T. der Fall ist, in überwundenen Klimaauffassungen stecken bleiben. Zudem würde die klimatische Bodenauffassung zu einem unangebrachten Dogmatismus führen. Wir sehen bereits in E. RAMANNs System der Böden, daß alles das, was nicht in das klimatische Schema hineinpaßt, als Ortsböden aufgefaßt wird. Aus unseren Betrachtungen können wir aber auch entnehmen, daß bei der Ausbildung und regionalen Verbreitung der früher als „klimatische" bezeichneten Bodentypen oft andere Faktoren als das Klima den Ausschlag geben. Das fränkische Obermain-Regnitz-Becken ist nach E. WERTH ein Trockengebiet, jedenfalls wesentlich trockener und wärmer als die schwäbisch-bayrische Hochebene; und doch ist es das einzige Gebiet Bayerns, in welchem regional die rostfarbenen Böden verbreitet sind, während auf der Hochebene die braunen Waldböden, also ein zwischen den rostfarbenen Waldböden und den Steppenschwarzerden stehender Typus, die größte Verbreitung haben und rostfarbene Waldböden nur lokal auftreten. Im fränkischen Becken kommen sie auf karbonatfreiem Keupersand und seinen Dünen und Zusammenschwemmungen vor, während der Karbonatgehalt der Moränen und Flußablagerungen auf der Hochebene der Podsolierung widersteht. Eine ähnliche Erscheinung sehen wir im Gegensatz zwischen jungdiluvialer und altdiluvialer Landschaft. Das Klima in beiden ist etwas verschieden, in jener trockener, in dieser feuchter. Aber die Unterschiede sind nicht so groß, daß das Überwiegen der stark podsolierten Typen hier und der schwach podsolierten dort allein auf den Feuchtigkeitsunterschied zurückzuführen wäre, der auch nicht in den ganzen Gebieten durchweg besteht. Im Gebiet der Altmoräne ist es die alte, tief hinunter reichende, entkalkte Bodenbildung mit ihrer starken Versandung der Oberkrume, welche die Grundlage für die starke Podsolierung ergeben hat. Diese beiden Feststellungen zeigen die große, man möchte sagen, überragende Bedeutung des kohlensauren Kalkes für die Bodenbildung.

Insgesamt lassen sich die bis jetzt in Deutschland erkennbaren Bodenentstehungstypen zu folgender Übersicht zusammenstellen.

Übersicht über die bisher in Deutschland festgestellten Bodenentstehungstypen.

Vegetationsbodentypen.

Steppenböden (*A C*-Profil): mehr braun oder mehr schwarz (Tschernosem), mit Veränderung durch menschliche Arbeit, Grundwasser und Bodenneigung.

Degradierte Steppenböden (*A B C*) kommen unter Acker und Grünland und unter Wald vor, mit Veränderungen durch menschliche Arbeit, Grundwasser und Bodenneigung.

Waldböden (*A B C*) mit Veränderungen durch menschliche Arbeit, Grundwasser und Bodenneigung und durch Verschiedenheiten der Niedervegetation (Gras, Heide).

Braune Waldböden mit mehr oder weniger braunem bis rotbraunem, humus- und rostfleckigem *B*-Horizont:

nicht gebleicht $\begin{cases} \text{karbonathaltig} \\ \text{karbonatfrei} \end{cases}$ weitere Einteilung in Stufen nach Lage des typischen *B*-Horizontes,

schwach bis mäßig gebleicht.

Rostfarbene Waldböden (podsolige Waldböden) mit rostfarbenem, d. h. von gelb
bis rot schwankendem, z. T. bisweilen humusdunklem B-Horizont: schwach bis
mäßig gebleicht; stark gebleicht.
Heideböden.

Nasse Bodentypen (AG).

Organische Naßböden (A_0G bis AG):
Moorböden auf Hochmoor, Flachmoor; Moorerden.
Anmoorige Böden.
Halbnasse Bodenauflagen: Alpenhumus auf Kalkstein im Hochgebirge, Roh-
humusarten auf Silikatböden.
Mineralische Naßböden (AG): ungebleicht; gebleicht.
Marschböden, Flußmarschen, Auenböden, Seemarschen.

Gesteinsbodentypen auf Gestein, das die Ausbildung der Vegetationstypen hemmt, AC, ABC.

Erubasböden auf basischen Eruptivgesteinen und ihren Tuffen mit Degradationen.
Bunte Mergel- und Tonböden.
Karbonatböden mit Degradationen:
Humusarme Karbonatböden,
Humuskarbonatböden (Rendzina),
Humusgipskarbonatböden (Gipsrendzina)

Bergbodentypen $(A)C$, $(A)BC$, $(AB)C$, $(A)GC$, $(AG)C$.

Trockene Bergwiesenböden: steppenbodenartig, skelettreich
Waldige Bergböden: skelettreich.
Nasse Bergböden: skelettreich.
Skelettböden.
Felsen.

Fossile Böden als Muttergestein.

Es ist keine große Zahl, und die einzelnen Typen sind fast alle leicht zu finden.
Am schwierigsten sind noch die braunen Waldböden festzulegen, weil zu ihrer
Bestimmung die genaue Kenntnis des B-Horizontes bis tief hinunter erforderlich ist, um den typischen, zumeist rotbraunen, humusrostfleckigen, bei Lehmboden vieleckig, nuß- oder erbsenkörnig ausgebildeten, feinporigen B-Horizont
festzustellen. Man kann im Zweifel sein, ob man die podsolierten und z. T.
mit degradiertem B-Horizont versehenen braunen Waldböden noch zu ihnen
oder schon zu denen mit rostfarbigem B-Horizont rechnen soll, wie überhaupt
an sich zwischen allen Typen Übergänge der verschiedenen Art bestehen. In
Zweifelsfällen wird man gut tun, sich nicht mit einer Aufnahme zu begnügen,
sondern die Nachbarschaft oder einen größeren Kreis anzusehen und evtl. zu
kartieren.

Noch nicht systematisch berücksichtigt sind in der Übersicht die Regrada-
tionen, die Rückbildungen oder gewissermaßen Aufwertungen. Menschliche
Arbeit, aufsteigendes Wasser, Vegetationswechsel sind die häufigsten Ursachen
dieser Erscheinungen. Oft hängen alle drei Ursachen eng zusammen, aber oft
ist nur die eine oder auch zwei beteiligt. Die menschliche Arbeit kann einen
Waldboden zu einem Steppenboden umbilden, dieses gilt besonders leicht für
den braunen Waldboden, schwieriger für den rostfarbigen. Naßböden, z. T. nasse
Wiesenböden, werden in trockene, steppenbodenartige verwandelt. Durch aufsteigendes Wasser, z. B. nach dem Entwalden, wird der rostfarbige B-Horizont
zum Verschwinden gebracht, und es kann eine humose Waldkrume kalkig und
steppenartig werden. Das Einwandern von Heide- und Beerstrauchflora fördert die Podsolierung, das von Gräsern (besonders Aira flexuosa) bringt eine
mehr braune, krümelige Krume hervor und den Bleichhorizont, evtl. sogar teilweise den B-Horizont, zum Verschwinden. Wenn man dies alles weiß, wird
man solche Vorgänge unschwer finden und auch auf die richtigen Ursachen

zurückführen. Grundlage aller Beobachtungen muß die sorgsame Feststellung aller erkennbaren Eigenschaften sein[1]. Mit der Feststellung der Horizonte und ihrer Farben ist erst der Anfang gemacht.

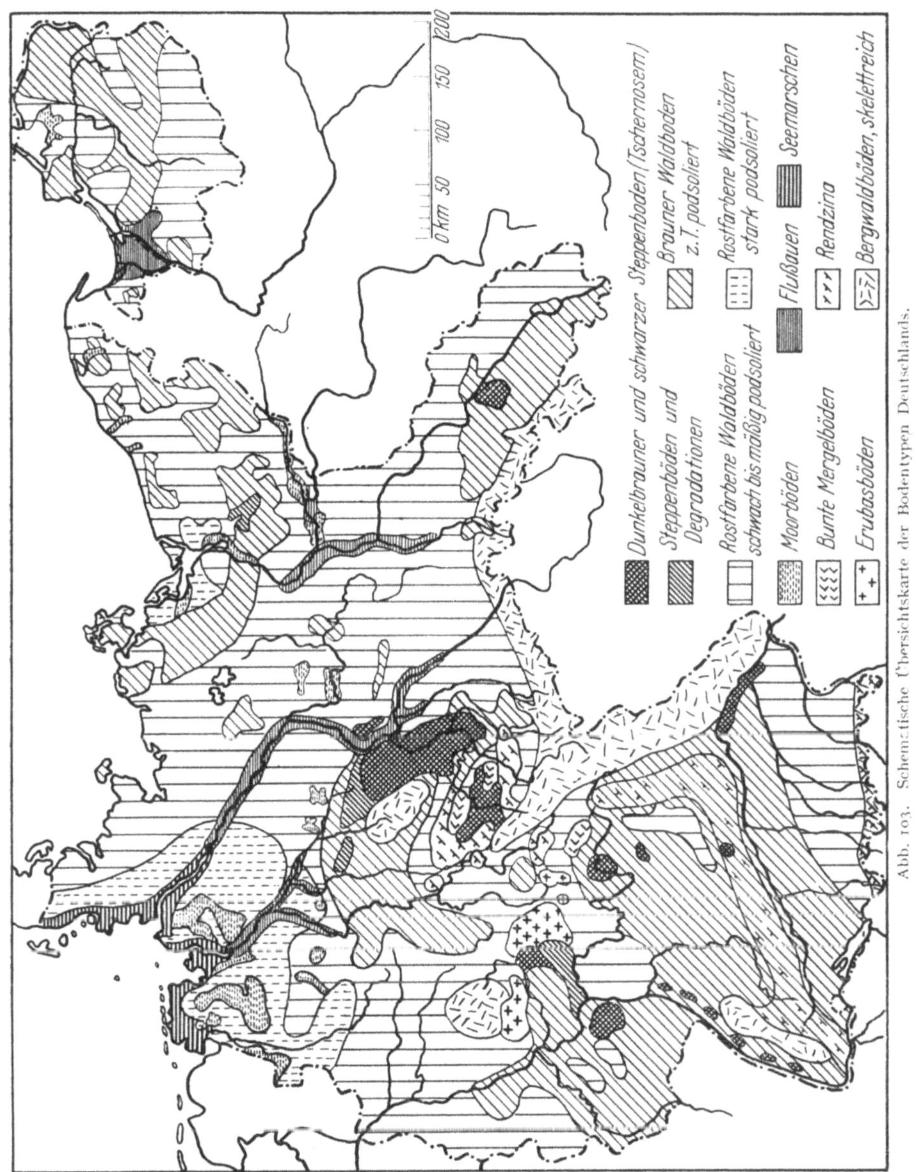

Abb. 103. Schematische Übersichtskarte der Bodentypen Deutschlands.

Soweit die historischen und klassifizierenden Ergebnisse unserer Betrachtungen! In regionaler Hinsicht haben wir gesehen, daß Deutschland der Länge nach durch drei Zonen eingefaßt und gegliedert wird, erstens der nördlichen Küstenzone mit ihren Sanden, Heidewaldböden, Mooren und

---

[1] Vgl. H. STREMME: Grundzüge der praktischen Bodenkunde. Berlin 1926.

Marschen, zweitens der mittleren Lößzone mit ihren sehr verschiedenartigen Vegetationsböden, vom stark gebleichten rostfarbenen Waldboden bis zur Steppenschwarzerde und vielfach verändert infolge von Grundwasser und Bodenneigung, und drittens der südlichen und südöstlichen Randgebirgszone mit ihren Bergböden der verschiedenen Arten und dem Hauptfaktor der Bodenbildung, dem Relief. Daneben sind die Vegetations-, nassen Gesteinstypen seltener voll, zumeist rudimentär ausgebildet, alle Böden erneuern sich ständig und sind immer jung.

Zwischen der Küsten- und der Lößzone breiten sich die großen Gebiete auf Diluvialablagerungen aus, im Osten die bei weitem ausgedehnteste und sich auch weit nach Süden erstreckende jungdiluviale Landschaft, im Westen die viel kleinere des Altdiluviums. Die jungdiluviale Landschaft mit weit überwiegenden schwach bis mäßig podsolierten und dann braunen Waldböden mit den verschiedenen Bleichungs- und Degradationsstufen. Auch nicht gebleichte, braune Waldböden und degradierte Steppenböden mit einzelnen Steppenbodenvorkommen nehmen einen gewissen Raum ein, stark podsolierte Böden sind in geringem Maße vertreten. Die Naßböden spielen hauptsächlich in den großen Talzügen eine Rolle. Hochmoore kommen untergeordnet vor. Ganz anders die altdiluviale Landschaft; hier treten als überwiegende Typen der starkgebleichte Boden mit der rostfarbenen *B*-Schicht, die oft durch Humus geschwärzt ist, wozu sich die Verhärtung als Ortstein und Rohhumus als Decke gesellen, dann die anderen Typen der rostfarbigen Waldböden und die der Naßböden, unter denen die Hochmoore eine bedeutende Rolle spielen. Braune Waldböden sind dagegen nur sehr spärlich. Alle Bodenausbildungen entwickeln sich auf der Grundlage der altdiluvialen Moräne, die seit der vorletzten Interglazialzeit wahrscheinlich als Waldboden tiefgründig verändert ist. Sie ist tief entkalkt und tief versandet, so daß gegenwärtig in weitem Umfange die primäre Podsolierung vorhanden ist, die nicht den Weg über den braunen Waldboden nimmt, wiewohl sie meistens oder häufig auf der kalkhaltigen Moräne zur Entwicklung gelangt.

Südlich der Lößzone folgen im Osten gleich die südlichen Randgebirge, dagegen im Westen das mitteldeutsche Bergland, an das sich westlich im Süden die drei Gebiete der süddeutschen Zentrallandschaft, der Randgebirge des Oberrheintals und dieses selbst anschließen.

Das mitteldeutsche Bergland hat in vielen Teilen bereits nicht unerheblichen Einfluß des Reliefs auf die Bodenbildung mit skelettreichen, oft stark abgespülten Böden aufzuweisen, ohne aber im ganzen das Überwiegen der rostfarbenen Böden zu verleugnen. Auch die braunen Waldböden sind nicht unerheblich, besonders im Südosten, beteiligt. Dazu tritt die große Zahl der Böden auf den die Bodenbildung stark zurückhaltenden Gesteinen auf, es sind die Karbonatböden, die Böden auf den bunten Mergeln und Tonen und die Böden auf Basalten, Diabasen und ihren Tuffen.

Im süddeutschen Zentralgebiet haben wir die ausgesprochene Dreiteilung durch die schwäbisch-fränkische Alb, die z. T. selbst, namentlich im Schwäbischen Jura, ausgesprochenen Gebirgscharakter hat, und die Kalkgesteinsbodentypen in einzelnen Flecken verstreut enthält. Im ganzen überwiegen in Süddeutschland die braunen Waldböden, die teils im Würzburger Becken, im Nördlinger Ries, zwischen Regensburg und Passau in Steppenschwarzerde übergehen und teils auf dem fränkischen Keupersandgebiet durch gebleichte Typen mit rostfarbenem Unterboden abgelöst werden. Vereinzelt kommen diese auch sonst im Gebiete vor, so z. B. im Norden im Spessart wahrscheinlich ziemlich verbreitet. An Moorböden ist der Süden reich, sowohl an solchen der Flach- wie der Hochmoore.

Die Randgebirge des Oberrheintals haben in ihren höheren Teilen (besonders im Schwarzwald) die Bergbodentypen, daneben die podsoligen mit rostfarbenem Untergrund, desgleichen oft auch starke Ortsteinbildungen. Im Odenwald und in den Bergen der Haardt und des Pfälzer Berglandes sind auch braune Waldböden verbreitet, in der Pfalz am Rande gegen das Rheintal hin die Karbonatböden.

Das Oberrheintal selbst ist ein stark mit Steppenböden durchsetztes Gebiet, hauptsächlich der braunen Waldböden verschiedener Stadien, daneben sind schwächer die rostfarbenen Waldböden vertreten. In den Auen der Niederterrasse ist ein steppenartiger Typus ebenfalls verbreitet. Starke Grundwassereinflüsse durch Ablagerungen von kohlensaurem Kalk und Eisenmanganerzknollen sind häufig.

Die Bodenübersichtskarte Abb. 103 ist „schematisch" genannt worden, weil sie die tatsächlichen Verhältnisse vereinfacht, schematisiert. Die Kleinheit des Formates zwingt, viele kleine und verstreute Vorkommen zu unterdrücken und nur wenige der vielen tatsächlich vorhandenen Typen darzustellen. Der bisherigen Gewohnheit folgend sind dabei die Vegetationsbodentypen stärker hervorgehoben worden, als ihrem eigentlichen Deckungsverhältnis entspricht. Ein Fleck „brauner Waldboden" soll nicht heißen, daß nur dieser auf der angegebenen Stelle vorkommt, sondern außer ihm eine Reihe benachbarter Typen, ferner in allen Senken nasse Böden, an allen Hängen Ab- und Aufschlämmerscheinungen und Besonderheiten je nach der Gesteinseigenschaft. Es soll nur heißen: bisher ist ein gewisses Vorwiegen des braunen Waldbodens dort beobachtet worden.

Mit dieser Einschränkung läßt sich dann wohl sagen, daß Norddeutschland mehr das Gebiet der rostfarbenen Waldböden, Süddeutschland mehr das der braunen Waldböden ist. Die hauptsächlichen Steppeninseln liegen im flachen Teile Mitteldeutschlands.

7. Der geographische Wert des Bodens (Boden und Kulturentwicklung).

Von S. PASSARGE, Hamburg.

Es ist mir nicht bekannt, ob eine wirklich umfassende Darstellung von der Abhängigkeit der Kulturentwicklung vom Boden bereits vorhanden ist. E. RAMANN[1] und ihm sich fast völlig anschließend R. ALBERT[2] versuchen entsprechend der großen Dreiteilung in Trockengebiete, Wald- und Steppenländer die Entstehung der Oasenkultur, Ackerbaukultur und Hirtenkultur, und gleichzeitig gewisse politische und charakteriologische Verhältnisse zu erklären. Dabei sind neben wichtigen richtigen Gesichtspunkten mancherlei Irrtümer zu verzeichnen. So hält ALBERT an der alten Auffassung fest, daß die Hirtenkultur von den Jägern ausgegangen sei, und der Despotismus rührt nicht von den Oasen an sich, sondern von der Unterdrückung dieser durch die Nomaden ab. RAMANN und ALBERT führen überhaupt mehr landschaftskundliche als bodenkundliche Gesichtspunkte ins Feld. Auch wenn, wie das wiederholt von anderen geschehen ist, so charakteristische Landschaftstypen wie Steppen, Tundren, Wüsten, Lößländer, Marschen u. a. m. behandelt worden sind, vermißt man eine scharfe Trennung der allgemeinen landschaftlichen und der speziell edaphischen Einflüsse.

---

[1] RAMANN, E.: Der Boden und sein geographischer Wert. Mitt. geogr. Ges. München 1919.
[2] ALBERT, R.: Boden, Klima und Mensch. Eberswalde 1926.

Im nachfolgenden wird die eingehende landschaftskundliche Gliederung angewandt, die über die allgemeinen Begriffe von arid, humid, semiarid weit hinausgeht, die Ramann und Albert ihrer Darstellung zugrunde legen. Obendrein soll hier nicht die Abhängigkeit der Kulturentwicklung im allgemeinen, sondern die vieler Einzelheiten, wie der Siedlungen, der Wirtschaft, des Verkehrs und mancherlei Folgeerscheinungen untersucht werden. Dabei wird es sich freilich nicht vermeiden lassen, allgemeine landschaftliche Einflüsse zu behandeln. Die weit umfassendere Abhängigkeit der Kultur von der Landschaft ist vom Verfasser wiederholt behandelt worden[1].

Die sonstige Literatur ist sehr zerstreut. Daß die wichtigsten Handbücher über Bodenkunde, wie die von Ramann, Glinka, Hilgard, benutzt wurden, ist selbstverständlich. Nur ein sehr kleiner Teil der wirklich benutzten Literatur ist in den Literaturnachweisen der Anmerkungen enthalten, und da ein ausführliches Verzeichnis, dem ganzen Anlageplan des Werkes entsprechend, nicht am Platz war, so mußte eine scharfe Auswahl getroffen werden.

Nach dieser allgemeinen Betrachtung soll zu der Darstellung selbst übergegangen werden.

Die ausschlaggebende Bedeutung des Bodens für die Kultur des Menschen liegt, soweit sie von der landwirtschaftlichen Produktion abhängt, klar auf der Hand. Allein auch sonst bestehen mancherlei, nicht immer ohne weiteres erkennbare Beziehungen, die sich summierend für die gesamte Kulturentwicklung großer Länder ausschlaggebend sein können. Um diese Beziehungen festzustellen, gibt es verschiedene Wege. Zum Beispiel man untersucht, inwieweit die einzelnen Elemente der Kultur — Wirtschaft, Siedlungen, Verkehr, materieller und geistiger Kulturbesitz — von dem Boden beeinflußt werden. Diese Einflüsse wirken nur ausnahmsweise unmittelbar — z. B. als Baugrund für Häuser, als Baumaterial, als Untergrund für die Verkehrswege, — überwiegend sind sie mittelbar, indem unter dem Einfluß des Bodens die natürliche Pflanzendecke, die Fruchtbarkeit der Felder, die Beschaffenheit von Baugrund und Wegen sich kulturfreundlich oder -feindlich zeigen, oder indem Wasser, Winde, Bodenversetzungen und andere Faktoren günstige oder ungünstige Wirkung ausüben. Man könnte die Einzelerscheinungen für sich behandeln, allein diese sind an sich so einfach zu verstehen und enthalten meist so banale Tatsachen, daß man wohl besser tut, sofort zu der Darstellung der verwickelteren Beziehungen zwischen Boden und Kultur überzugehen, d. h. zu zeigen, welchen Einfluß der Boden in den verschiedenen Landschaftsgürteln auf die Kulturentwicklung ausübt. Die Untersuchung soll sich auf folgende Landschaftsgürtel erstrecken: Polarsteppen und kalte Höhensteppen, Waldländer und Steppenländer der Mittelgürtel, die sommerdürren Subtropen, die Trockengebiete, die tropisch-subtropischen Steppen- und Waldländer.

Polarsteppen und kalte Höhensteppen.

Diese Gebiete sind keineswegs einheitlich gestaltet. Die Tundren haben dauernd gefrorenen Boden, die subpolaren Wiesen- und Gebüschländer nicht. In den kalten Höhensteppen dagegen kommt er vor — Pamir und Tibet, vielleicht auch in der Punabrava des Andenhochlandes. Allen diesen kalten Steppen sind umfangreiche Moorbildungen eigen.

---

[1] Passarge, S.: Vergleichende Landschaftskunde. Berlin 1921—30. — Landschaft und Kulturentwicklung in unseren Klimabreiten. Hamburg 1922. — Die Erde und ihr Wirtschaftsleben. Hamburg 1927. — Das Judentum als landschaftskundlich-ethnologisches Problem. München 1929.

Die klimatisch bedingten **Kulturverhältnisse** sind dadurch charakterisiert, daß der Mensch — z. T. nur im Sommer, z. T. dauernd — als Jäger bzw. Viehzüchter auftritt, und zwar wird in der Tundra Nordeuropa-Sibiriens Renntierzucht, auf den kalten Höhensteppen sowie in den subpolaren Wiesenländern dagegen Schafzucht, weniger Rinderzucht getrieben, so auf Island, den Faröern, Falklandinseln, Aleuten. Auf letzteren gibt es auch Fuchsfarmen. Tundren und kalte Höhensteppen sind überwiegend nur periodisch bewohnt, nämlich im Sommer, z. T. sind sie Durchgangsländer für den **Verkehr**. Daher beeinflußt der Boden hauptsächlich diesen. Die **Hochmoore** sind im Sommer zum großen Teil unpassierbar, der **Bodenfluß** läßt Schlammströme entstehen, der über den Eisboden stattfindende langsame **Bodenschub** verschiebt die Schienen der Schmalspurbahnen an den Bergwerken, in Tibet aber stellt er die scharfen Schieferplatten senkrecht, die in empfindlicher Weise die Füße der Lasttiere und Menschen verletzen. Die **Siedlungen** müssen den nassen Moorboden meiden und suchen in ehemals vereisten Ländern mit moorigen Felsbecken und Rundhöckern letztere auf. Auch die Pflanzendecke wird mittelbar z. T. durch den Boden bedingt. In der Nähe der Vogelfelsen[1], an Küsten, wird der Boden von dem Vogelmist gedüngt. Deshalb entwickeln sich dort üppige „**Blumengärtchen**" aus Gräsern und Kräutern. Diese locken das Renntier und den Polarhasen an, letzterem folgen die Polarfüchse, und so wird dann hinsichtlich der Jagd auf Pelztiere und das Ren sowie hinsichtlich der Renntierzucht die Bodenbeschaffenheit wichtig.

In Gebirgsländern mit Tundren und kalten Höhensteppen läßt der Spaltenfrost groben **Blockschutt** entstehen, und dieser steigt in der Form der Blockströme herab. Überall, wo dieser Blockschutt vorkommt, stellt er ein böses Verkehrshindernis vor. Andererseits begünstigt der Blockschutt die Jagd auf Moschusochsen. Da diese Tiere auf ihm schlecht laufen können, treibt man die Herden in dieses hinein, um sie dann zu speeren. Der **Eisboden** aber ermöglicht das Konservieren von Fleisch in Gruben und beeinflußt selbst die Sitten und Gebräuche dadurch, daß er z. B. die Beerdigung der Leichen verhindert und zu anderer Bestattungsart, z. B. unter Steinhaufen, in Holzkästen, auf Pfählen, zwingt, wie solches bei den Lappen und Samojeden erfolgt.

Die Waldländer der Mittelgürtel.

Die Waldländer der Mittelgürtel sind keineswegs einheitlich gestaltet. Die Regenwaldländer mit übermäßig hohem Niederschlag und verhältnismäßig mildem Winter, die Mischwaldländer, die binnenländischen Nadelwaldländer und die winterkalten Monsunwaldländer Ostasiens zeigen auch hinsichtlich der Bodenbildung mancherlei Eigenarten. Einfluß hat auch die Nord-Süd-Gliederung in den subpolaren, gemäßigten und subtropisch-gemäßigten Gürteln.

In den Mittelgürteln gibt es zwei ausgesprochene **Klimaböden**, die **Braunerden** der gemäßigten Laub- und Mischwaldländer und die **Bleicherden** der binnenländischen Nadelwaldländer. Dazu kommen aber edaphische Böden in großer Zahl, die man entsprechend den Bedürfnissen der Kulturgeographie wohl am besten in räumlich ausgedehnte Regionalböden und in räumlich engbegrenzte Ortsböden einteilt. Für unsere Zwecke — Abhängigkeit des Kulturlebens vom Boden — kommen hauptsächlich erstere in Frage, allein auch die Ortsböden sind z. T. bemerkenswert.

Die Böden der nassen Regenwaldländer sind wenig bekannt. Vermutlich nehmen humose Sumpfböden und Moorböden in Niederungen weite Räume ein,

---

[1] STEENSBY, H. P.: Contribution to the Ethnology and Anthrolopogy of the Polar Eskimo. Medd. om Grönland 1910.

die Böden der höher gelegenen Gebiete aber sind wahrscheinlich z. T. Braunerden, z. T. Bleicherden. Gehen letztere doch auf Sand bis in das subtropisch-
gemäßigte Übergangsgebiet hinein, z. B. in den Landes an der Garonnebucht.

Beginnen wir nunmehr mit den Klimaböden der besser bekannten Gebiete.

Bleicherden = Podsol. Einen großen, ja entscheidenden Einfluß des
Bodens auf die Kulturentwicklung lassen gerade die Podsolländer erkennen.
Ohne Übertreibung kann man sagen, daß die Armut des Podsols an Nährsalzen
die Geschicke des osteuropäischen Tieflandes — vor allem in Weiß-, Groß- und
Nordrußland — in hohem Maße bedingt hat[1]. Einmal ist die Ablagerung der
Ortsteinsohle in der Naturlandschaft oft genug verhängnisvoll geworden.
Wegen des behinderten Abflusses tritt ja nicht nur Ablagerung von Rohhumus
und Ansiedlung der Torfmoose auf, sondern es stirbt auch ohne Moorbildung
der Wald ab, weil die Wurzeln der Bäume nicht in die Tiefe dringen können.
So verdrängen schließlich Hochmoore die Wälder, die Waldwirtschaft wird also
in hohem Grade geschädigt (Finnland, Nordrußland). Weit wichtiger ist aber
die Rolle, die der Podsol als Ackererde spielt, und ferner die Folgeerscheinungen,
die das soziale und politische Leben empfindlich beeinflußt haben. Den Ausgangspunkt der Betrachtung muß die Unfruchtbarkeit bilden, die Armut
an Pflanzennährsalzen in dem ausgelaugten Boden. Dazu kommt, daß der
Humus oft genug die Beschaffenheit von saurem Rohhumus hat. Die Unfruchtbarkeit bedingt geringe Ernteerträge und ehemals — d. h. zur Zeit der
primitiven Brandkultur der Hackbauzeit mit Hirse und der primitiven Pflugkultur, in der allmählich der Roggen in den Vordergrund trat — eine ausgedehnte
Waldverwüstung. Auch nach Einführung der Brachewirtschaft blieb die
Bevölkerungsdichte gering. Das hatte nun aber zur Folge, daß für umfassende Kulturarbeiten — namentlich für Eindeichung der Ströme und Umwandlung der Waldsümpfe und Auenwälder in Wiesen — weder die notwendigen
Menschenkräfte noch die Geldmittel zur Verfügung standen. Daher wurde
der natürliche Mangel an Futter für das Vieh nicht behoben. Es fehlte also
an Dünger für eine rationelle Bewirtschaftung der Felder unter Steigerung der
Ernten und damit der Bevölkerungsdichte.

Bezeichnend für die Podsolländer und ihren Mangel an Lebensmitteln ist
der Gebrauch von Rindenbrot. $^2/_3$ des „Mehles", das verbacken wurde,
bestand aus gemahlener Rinde von Birken und anderen Bäumen. Später wurde
gesetzlich bestimmt, „nur" $^1/_3$ Rindenmehl zu nehmen. Von dem Rindenbrot
rechnete man für Erntearbeiter 7—8 Pfund Brot täglich. Welche Zumutung für
die Verdauungsorgane! Die geringe Bevölkerungsdichte und die Unfruchtbarkeit des Bodens hatten noch eine andere schwerwiegende Folge: es entstanden
keine Städte mit Handwerk und Handel. Städte müssen, wenn sie sich
frei entwickeln sollen, das Gebiet, von dessen Erträgen sie leben müssen, selbst
beherrschen. Auf schlechtem Boden wird das hierfür erforderliche Gebiet so
umfangreich sein, daß es von der Stadt, deren Bevölkerungszahl anfangs doch
nur klein sein kann, nicht beherrscht werden kann. Dazu kam die Einförmigkeit der in den Waldländern Rußlands zur Verfügung stehenden Rohstoffe.
So ist es zu keiner Stadtentwicklung gekommen trotz des uralten Einflusses

---

[1] Haxthausen, A. v.: Studien über die inneren Zustände des Volkslebens und insbesondere
der ländlichen Einrichtungen Rußlands. 3 Bde. Hannover 1847. — Georgi, J. G.: Nebenbeschäftigungen des russischen Landvolkes. Pallas Nord-Beiträge 4. St. Petersburg, Leipzig
1783. — C. Meiners: Vergleichung des älteren und neueren Rußland mit Rücksicht auf die
natürlichen Beschaffenheiten der Einwohner, ihrer Kultur, Sitten, Lebensart und Gebräuche,
sowie auch die Verfassung und Verwaltung des Reiches 2. Leipzig 1798. — H. F. Storch:
Historisch-statistisches Gemälde des russischen Reiches am Ende des 18. Jahrhunderts 2.
Riga 1797. — P. Milukow: Skizzen russischer Kulturgeschichte. Leipzig 1898.

der Griechen, Byzantiner und später der Deutschen und Skandinavier. Trotzdem verwandelte sich Rußland frühzeitig in einen übervölkerten Handwerkskulturstaat. Dieser Zustand wurde bereits in der zweiten Hälfte des 18. Jahrhunderts erreicht. Das Handwerk lag aber nicht in der Hand von Städtern, sondern von Bauern. Die Dörfer betrieben neben der Landwirtschaft Handwerke unter Bearbeitung der inländischen Rohstoffe — vor allem von Holz. Diese Entwicklung war eine Folge der Übervölkerung. Um leben zu können, mußte man Lebensmittel kaufen. So suchte man sich Nebenverdienste zu schaffen durch Holzfällerei, Holzflößerei, Kohlenmeilerei, Holz- und Knochenschnitzerei, Wagentransporte, Bast- und Binsenindustrie u. a. m. Die Beschaffenheit des Podsols — nämlich seine leichte Bearbeitbarkeit mit dem einfachen Holzhakenpflug — begünstigte diese Entwicklung; denn alte Männer, Frauen und selbst Kinder konnten diesen Pflug handhaben; die Männer aber arbeiteten in dem Dorf ihre Waren für den Handel. Da nun aber die Rohstoffe so einförmig sind, griff man zu dem Mittel der Arbeitsteilung, d. h. jedes Dorf stellte als Massenartikel einen bestimmten Gegenstand her, z. B. das eine Dorf Tische, das andere Stühle, das dritte Wagen usw. Die Folge solcher Arbeitsteilung war die Notwendigkeit von Wochen- und Jahrmärkten sowie großen Messen, die in die Zeit des Frühjahrshochwassers fielen, z. B. in Nishnij Nowgorod. Damit war aber ein Hausier- und Wanderleben eines erheblichen Teiles der „Bauern" verbunden; dieses aber hatte weitere verhängnisvolle Folgen. Statt des herumreisenden Hausherrn kam oftmals ein Knecht von auswärts, und damit sank die Moral des Familienlebens. Der Staat besteuerte die ganzen Dörfer, die ihrerseits für die auswärtigen Hausierer aufkommen mußten, die Unfruchtbarkeit des Bodens aber begünstigte die Entwicklung des Großbetriebes; dem Großgrundbesitz wurde nun der Bauer zinspflichtig, und aus solchen sozialen und staatlichen Kalamitäten heraus entstanden der Mir — d. h. der Gemeindebesitz des Bodens — und die Leibeigenschaft. Wenn auch die letztere im vorigen Jahrhundert aufgehoben wurde, der Großbesitz blieb, es blieb die Verschuldung der Bauern, und aus solcher Misere heraus entstand die Bewegung unter den Bauern, die dem vom Stadtproletariat ausgehenden Bolschewismus erst zum Siege verhalf. Podsol und Bolschewismus sind also durch eine Kette von Folgeerscheinungen untereinander verknüpft. Gewiß sind die hier angeführten Ursachen nicht vollständig — es kommen noch manche andere Gründe hinzu —, allein die von dem Klimaboden des Podsols ausgehenden Einflüsse sind wichtig genug.

Podsol beherrscht auch unsere Mittelgebirge von ca 500—600 m ab. Auch dort haben die Armut des Bodens im Verein mit sonstigen klimatischen und landschaftlichen Einflüssen Vielseitigkeit des Erwerbslebens erzwungen. Genau so wie in den Podsolländern von Rußland, Finnland, Skandinavien hatte man einst das Rindenbrot, ging man zur Hausindustrie über mit Glas- und Uhrenindustrie, mit Spinnerei, Weberei, Spitzenklöppeln. Als noch Deutschland ganz agrarisch eingestellt war, war die Podsolstufe der Mittelgebirge bereits Industrieland, und noch im Jahre 1870 war sie es so gut wie allein.

Die Braunerden. Der grundsätzliche Unterschied zu dem Podsol besteht darin, daß der letztere fast alle Gesteine — mit Ausnahme des Kalkes, auf dem der gute Rendzinaboden entsteht — gleichmäßig überzieht, während die Braunerden auf fast jedem Gestein ihren besonderen Charakter besitzen, so daß man aus ihrer Beschaffenheit das Gestein erkennen kann (Gesteinsböden[1]). Mit diesem Umstand hängt die Tatsache zusammen, daß die Braunerden hinsichtlich ihrer Fruchtbarkeit und physikalischen Beschaffenheit ganz verschieden-

---

[1] PASSARGE, S.: Grundlagen der Landschaftskunde 3.

artig sind. Meist haben sie einen mäßigen Gehalt an Nährstoffen, sind aber auch z. T. an ihnen reich oder arm. Bald sind sie leicht, bald schwer, bald feinkörnig, bald steinig. Auch der Gehalt an Humus wechselt sehr. Daher sind sie bald für diese, bald für jene Feld- und Gartenfrüchte geeignet. Es besteht also Vielseitigkeit der Böden und der Erzeugnisse, die zum Handel anregt. Die größere Fruchtbarkeit hat eine größere Bevölkerungsdichte zur Folge, und diese wiederum gestattet, ausreichende Entwässerungsarbeiten in Angriff zu nehmen, die Sumpf- und Auenwälder der Flüsse in Wiesen zu verwandeln und damit die Viehzucht zu steigern. Obendrein boten die ursprünglichen Laub- und Mischwaldländer wegen des am Boden wachsenden Grases weit bessere Weidebedingungen als die mit Nadelstreu bedeckten Nadelwälder. So waren erstere von vornherein für die Kulturentwicklung günstiger, weil sie vielseitiger waren — vielseitiger hinsichtlich der landwirtschaftlichen Möglichkeiten und der Holzverwertung — größerer Reichtum an Baumarten.

Entsprechend der größeren Fruchtbarkeit des Bodens entstanden ohne Schwierigkeiten im Mittelalter Städte im Anschluß an Städtegründungen, während in Rußland noch zu Peters des Großen Zeiten Moskau dörflichen Charakter aufwies und erst unter Katharina II. richtige Städte entstanden, aber auch diese meist nicht auf Podsolboden. In Mitteleuropa genügte die Fruchtbarkeit des Bodens, um die Städte aus einem Umkreis heraus zu ernähren, den sie beherrschen konnten; erst später änderten sich die Lebensbedingungen. Als nämlich die Städte Welthandelsstädte wurden und auf die Zufuhr von Rohstoffen und den Vertrieb ihrer Industrieprodukte angewiesen waren, gerieten sie in Abhängigkeit von den Fürsten. Allein auch in Mitteleuropa läßt sich der Einfluß der Bodengüte auf die Entwicklung der Städte leicht erkennen. Je ärmer der Boden, um so geringer die Zahl der Städte, und umgekehrt — Sandboden und diluviale Geschiebelehmplatten in Norddeutschland, die mergeligen Böden Mitteldeutschlands oder gar der Löß. Gewiß gibt es Ausnahmen, weil auch andere Einflüsse die Stadtbildung begünstigen, z. B. günstige Verkehrs- und Schutzlage, wertvolle Mineralien u. a. m. Auch Unfruchtbarkeit und Fruchtbarkeit bedingen z. T. den Charakter der Wirtschaft. So neigt diese auf armem Boden zu landwirtschaftlichem Großbetrieb, auf fruchtbarem zu Kleinbetrieb. Unfruchtbarkeit begünstigt ferner die Entwicklung von Industrie — wegen der niedrigen Bodenpreise. Dieser Faktor macht sich besonders dort bemerkbar, wo günstige Verkehrslage mit Wasserwegen hinzukommt — Sandschwemmland der Campine östlich von Antwerpen, das Urstromtal bei Berlin u. a. m.

Regional- und Ortsböden. Innerhalb der Waldländer der Mittelgürtel gibt es eine ganze Anzahl von Regionalböden, die z. T. eine große Ausdehnung besitzen und auf die Kulturentwicklung nach gewissen Richtungen hin sogar maßgebenden Einfluß ausgeübt haben. Manche freilich haben nur geringen Umfang, sind aber doch nicht ohne Interesse.

Der Löß und die zuweilen auf ihm auftretende Schwarzerde waren in vorgeschichtlicher Zeit, als sich mit den Neolithikern der Ackerbau in Ost- und Mitteleuropa ausbreitete, von entscheidender Wichtigkeit, denn auf ihnen boten Steppen und Waldsteppen die besten Daseinsmöglichkeiten. Dort konnte sich, ohne daß ausgedehnte Rodungen notwendig waren, der Feldbau entwickeln. Dazu kamen Fruchtbarkeit und günstige physikalische Eigenschaften. Bis heute sind die Lößgebiete, die sich im Anschluß an die Waldsteppen Osteuropas und der unteren Donauländer durch Mitteleuropa bis nach Flandern hinziehen, auf einer Volksdichtekarte als gut besiedelt erkennbar. Dort gerade sind besonders viele Städte entstanden, und geschichtliche Vorgänge von Bedeutung gerade an jene Gebiete geknüpft.

Mit dem Podsol nahe verwandt — Rohhumus, Ortstein — sind die Heide-böden Nordwestdeutschlands. Nasses Klima und Sandboden haben sie ent-stehen lassen. Trotz der Armut an Nährstoffen haben sie in vorgeschichtlicher Zeit eine ausschlaggebende Rolle in der Entwicklung der nordischen Megalith-kultur gespielt, denn dort war das Gehölz leichter zu beseitigen als auf den guten Böden, und obendrein war der Sand leicht zu pflügen. Nicht ohne Grund endet in Nordwestdeutschland das alte niedersächsische Bauernhaus mit dem Heide-sand, während auf den besseren Lehmböden das jüngere fränkische Gehöft be-ginnt, das die Rodungszeit kennzeichnet. Während dieser treten die Heide-sandgebiete wegen ihrer Nährstoffarmut zurück, und erst die Gegenwart mit wissenschaftlichen Betrieben und Kunstdünger haben dort einen Aufschwung gebracht und sie wertvoller gemacht.

Unmittelbar an die armen Heidesandböden der Geest stoßen die überaus fruchtbaren, an Kalk und Humus reichen Schlammböden der Marschgebilde, d. h. die Marschböden, die ursprünglich einer unfruchtbaren Schilf- und Sumpfwild-nis angehörten und nur menschlichem Fleiß ihre Nutzbarkeit verdanken. Die Marschländer — einst übelste Rückzugsgebiete für verdrängte Viehzüchter — überflügelten bald die Heidesandgebiete, in denen die Kultur zuerst erblühte. Ursprünglich Getreide- und Ölsaatländer ersten Ranges, hat sich jetzt die Vieh-zucht mit erstklassigen Zuchttieren in den Vordergrund gedrängt. Auch an die große Bedeutung der Ziegeleien sei erinnert. Ursprünglich veranlaßte der aufgeweichte Marschboden im Winter die größten Verkehrsschwierigkeiten; der Bau der Klinkerziegelwege hat das Problem zur Zufriedenheit gelöst.

Neben Heidesanden und Marschschlick nehmen Moore in Nordwest-deutschland weite Räume ein. Sie erstrecken sich aber über große Teile der Waldländer in den Mittelgürteln und gewinnen in subpolaren Breiten sogar riesige Ausdehnung. Ursprünglich waren sie lediglich Jagdgebiete, die man indes zum großen Teil nur während des Winters, wenn der Boden gefroren war, be-treten konnte. Neben dem der Fleischversorgung dienenden Wild haben die Moorländer als Pelzlieferanten jahrhundertelang eine große Rolle gespielt. Später begann man in den gemäßigten Breiten mit der Moorkultur — zunächst auf den von selbst ausgetrockneten Mooren, wo die Brandkultur ärmliche Ernten hervorbrachte. Später folgten Entwässerung, Kalkdüngung und die ganz mo-dernen Moorkulturen. Daß die Moorländer ursprünglich dem Verkehr die größten Schwierigkeiten entgegenstellten, ja im Sommer einfach unpassierbar waren, daß die Torfgewinnung für Heizzwecke in alte Zeiten zurückgeht, und daß ferner heutzutage Torf und Moor für mancherlei Zwecke benutzt werden, wie z. B. für Moorbäder, Torfstreu, Düngemittel, isolierendes Baumaterial usw., sei nur nebenbei erwähnt.

Die Kulturarbeit in den Waldländern der Mittelgürtel hat zu einem erheb-lichen Teil darin bestanden, daß die ursprünglichen Schilf- und Waldsümpfe trocken gelegt wurden. Auf den durch die Eindeichung und Geradlegung der Flüsse geschützten Überschwemmungsflächen, sowie auf den einst die kleinen Täler erfüllenden sumpfigen Sohlen, deren Bäche man vielfach zuschüttete, und deren Wasser man in die Weggräben leitete, entstanden Wiesen als wichtige Er-gänzungsformen für die Getreidefelder. In manchen Gebieten, so z. B. in den Ost-seeprovinzen, hat man geradezu Teichschlammkulturen[1] angelegt. Das Wasser kleiner Teiche und Stauteiche wird abgelassen, der Teichschlamm 1—2 Jahre bebaut, dann wieder für einige Jahre überflutet. Gerade in den nährstoffarmen Podsolländern hat man so die natürlichen Bedingungen zu verbessern gesucht.

---

[1] Kohl, I. G.: Die deutschen Ostseeprovinzen. Dresden u. Leipzig 1841.

Verwandt mit den Sumpfböden sind die Auelehme insofern, als auch sie einst periodisch überflutet waren; sind sie doch ein Absatz feiner Hochwassersedimente. Jetzt aber liegen sie auf einer vor Überschwemmungen geschützten Platte und sind wegen günstiger physikalischer Beschaffenheit und gutem Nährsalzgehalt ausgezeichnete Ackerböden. Die Kultur der Oberrheinischen Tiefebene ist — abgesehen von den hügeligen tertiären Randgebieten — in erster Linie ein Geschenk der oft nur $1/_2$ m mächtigen Auelehmdecke über unfruchtbaren, aber gut wasserdurchlässigen Schottern und Sanden.

Die Rendzina ist ein brauner Ton, der auf Kalk liegt, und der der alles nivellierenden Arbeit der Podsolverwitterung noch nicht erlegen ist. Als relativ fruchtbarer Boden ist er gerade in Podsolländern wichtig. Er ist oft nur Ortsboden. Es wäre interessant zu untersuchen, ob nicht dieser die Erträgnisse steigernde Rendzinaboden bei der Überflügelung, die das Großfürstentum Moskau an die Spitze Großrußlands brachte, eine Rolle gespielt hat. In der Moskauer Gegend sind ja Jurakalke verbreitet.

Die graue Walderde — nach der Ansicht der Russen ein durch die Bewaldung umgewandelter Schwarzerdesteppenboden — trennt auf der Grenze zwischen Großrußland und der Ukraine das Podsol- und Schwarzerdegebiet. Noch im Mittelalter war sie mit nahezu undurchdringlichem Urwald bedeckt, den man nur auf den Auesohlen der Täler oder im Winter auf dem Eis der Flüsse passieren konnte. Dort ritten z. B. die Heere der Tataren, gegen die man sich durch Verhaue, die das Tal überquerten, zu schützen suchte. Es begann erst unter Katharina II. ihre Umwandlung in eine Kulturlandschaft. In dieser entstanden wegen der Fruchtbarkeit des Bodens ohne Schwierigkeit Städte, und diese wurden später die Mittelpunkte der russischen Fabrikindustrie. Vor dem Kriege stellte das Gebiet der grauen Walderde den Westen der russischen Roggenkammer vor; deren Osten lag bereits in den Schwarzerdesteppen von Kasan.

Die Steppenböden der Mittelgürtel.

In Gebieten, in denen das Klima so scharfe Züge aufweist wie in den Steppenländern, tritt die Abhängigkeit der Kulturverhältnisse von der Gesamtheit der Folgeerscheinungen des Klimas deutlich in Erscheinung, und nur ein Teil dieser Folgeerscheinungen hat etwas mit der Bodenbeschaffenheit zu tun. Auf jene muß man sich hier beschränken.

Im Vordergrunde des Interesses stehen die Schwarzerden und die aus ihnen sich allmählich entwickelnden Braunerden bis Grauerden. Die Abnahme des Humusgehalts und umgekehrt die Steigerung der Bodensalze — besonders der Soda — erfolgen in strengster Abhängigkeit von den Klimafaktoren. Die Brauchbarkeit für den Ackerbau nimmt von den Schwarzerden bis zu den Grauerden ab, während umgekehrt — aber nicht wegen der Bodenbeschaffenheit, sondern aus anderen Gründen — die Viehzucht an Bedeutung gewinnt.

Der Boden wirkt heutzutage in erster Linie durch seine Geeignetheit für den Feldbau, in früheren Zeiten war dagegen der Mangel an Wald entscheidend. So wurden denn Steppen und namentlich Waldsteppen frühzeitig Ackerbauländer ersten Ranges, und es ist nicht unmöglich, daß die Steppenländer an der Donau — im Anschluß an die neolithische Donaukultur — die Heimat der Pflugkultur mit Pflug, Wagen und Rinderzucht wurden. Aber Bestimmtes weiß man nicht. Wohl aber ist es sicher, daß in den Schwarzerdeländern Pannoniens der Räderpflug erfunden wurde (Plinius).

Die Schwarzerdesteppen der Donauländer und Südrußlands sind wegen ihrer Fruchtbarkeit erstklassige Lieferanten von Ackerbauprodukten — Mais und Weizen in den Donaugebieten, Weizen und Zuckerrübe in der Ukraine,

Roggen in dem östlichen Schwarzerdegebiet (Kasan, Westsibirien). Allein selbst Sibirien erzeugt noch erhebliche Mengen von Hartweizen. Das zweite wichtige Schwarzerdegebiet liegt in Nordamerika in der Mitte der Union und von Kanada. Es genügt hier wohl der Hinweis auf die riesenhafte Entwicklung der Landwirtschaft sowohl in der Union als auch in Kanada im Anschluß an den Anbau von Mais und Weizen in den subtropisch-gemäßigten Übergangsgebieten und von Weizen nebst Roggen und Hafer in den gemäßigten Schwarzerde- bis Braunerdesteppen, das Aufblühen der Rinderzucht und Schweinezucht (Maismast), die Entwicklung Chicagos als die landwirtschaftliche Industriezentrale. Alles das und noch manches andere knüpft sich an die Steppenländer und ihre fruchtbaren Böden.

Die Böden der sommerdürren subtropischen Hartlaubgehölzländer.

Den Klimaboden sollen, so heißt es, Gelb- und Roterden bilden. Allein jedem Reisenden wird es auffallen, daß oft genug, ohne daß man einen Grund erkennen könnte, die Farben schnell wechseln, ja daß mit scharfer Grenze nebeneinander hellgraue, rotbraune, brennendrote, violette, braune, gelbbraune, gelbe Böden liegen. Im allgemeinen darf man wohl allen eine mittlere bis gute Fruchtbarkeit zubilligen; denn überall dort, wo genügend Boden und Wasser vorhanden ist, sind die Ernteerträge gut.

„Wo genügend Boden vorhanden ist", aber daran mangelt es gerade nicht selten. Einmal sind die brauchbaren Böden häufig nur örtlich entwickelt, und zweitens ist der Einfluß der Gesteine oft genug so groß, daß in den verschiedenen Gesteinsgebieten die Kulturbedingungen ganz verschiedene sind. Demgemäß sei hier folgende Gliederung gewählt:

Alluviale Schwemmländer. Sie gehören zu den wichtigsten Kulturgebieten der sommerdürren Hartlaubgehölzländer. Denn der Boden — oft humose Grau- bis Roterden — ist so fruchtbar, daß er intensiven Gartenbau gestattet, namentlich wenn noch künstliche Bewässerung hinzukommt, so z. B. Conca d'Oro von Palermo; ein nicht unerheblicher Teil der antiken Kulturzentren, z. B. Athen, Argos, Sparta, Messenien, Elis in Griechenland, die Schwemmlandebenen von Ephesus und Milet, die von Kroton und Sybaris usw. Die Talsohlen und Überschwemmungsflächen der Flüsse bestehen z. T. auch aus fruchtbaren Feinböden, z. T. aber sind sie ganz kulturfeindliche Geröllflächen, die in dem trockenen Sommer kahl daliegen. Bemerkenswert ist noch folgendes. Während wir nämlich gewohnt sind, auf der Sohle der Täler Wiesen zu sehen, sind gerade die relativ feuchten Niederungen mit Feldern bzw. Baumgärten bestanden, Wiesenkulturen aber an künstliche Bewässerung gebunden.

Hügel- und Bergländer mit tiefgründigem Boden. Es handelt sich besonders um weiche, z. T. um leicht verwitternde Gesteine, wie Letten, Mergel, Tone, Schiefertone, weiche Sandsteine, Tonschiefer und manche kristalline Schiefer. Diese Gesteine sind entweder mit tieferem Verwitterungsboden bedeckt oder an sich weich. So stellen sie denn Gebiete mit zusammenhängenden Kulturen vor, mit Feldern und Baumpflanzungen. Zu solchen Hügel- und Bergländern gehören die wertvollsten Provinzen Italiens und Spaniens, der Atlasländer und der Balkanhalbinsel. Allein gerade diese Kulturländereien mit tiefgründigem weichen Boden werden von den intensivsten Bodenversetzungen heimgesucht, von Bergstürzen, Erdrutschen, Schlammströmen, Franen[1]. Im Sommer zerplatzt der ausdörrende Boden mit tiefgreifenden breiten Spalten,

---

[1] BRAUN, G.: Zur Morphologie des Volterrano. Z. Ges. Erdkde. S. 771, 1905. — KANTER, H.: Junge Abtragungserscheinungen in den Tertiärgebieten des östlichen Kalabriens und eines Teiles der südlichen Basilikata. Z. Geomorphol. 4, 161, 1928/1929.

die Regen dringen tief in den Boden ein und verwandeln die sich vollsaugenden Massen in einen halbflüssigen Brei. So entstehen Rutschungen und Schlammfließen. Dadurch werden aber nicht nur den Feldern schwere Schäden zugefügt, auch das Wegenetz ist dauernden Veränderungen ausgesetzt, und durch die sich nach rückwärts einschneidenden Schluchten und Zirkustäler (balze) werden Ortschaften zerstört und zur Verlegung gezwungen. Bergrutsche aber haben so manches Dorf überschüttet, wie z. B. in Toskana, Kalabrien, Sizilien. Trotz alledem sind gerade die Berg- und Hügelländer mit tiefgründigem Boden Hauptkulturgebiete seit dem frühesten Altertum, so die Kretakultur bei Knosos[1].

Vulkanische Länder. Die jungvulkanischen Böden sind durch besonders reichen Nährstoffgehalt ausgezeichnet, und namentlich dort, wo infolge neuer Ausbrüche der Boden mit feinen Aschen gedüngt wird, werden die höchsten Erträge erzielt und auch nach etwaigen Katastrophen das verheerte Land wieder bebaut. Da solche reiche Kulturgebiete gerade in den sommerdürren Mittelmeerländern eine Rolle spielen, sei auf sie besonders hingewiesen — Kampanien, Phlegräische Felder und der Vesuv, das Ätnagebiet, die römische Campagna mit dem Albanergebirge, Toskana. Wegen der enormen Fruchtbarkeit sind diese Inseln jungvulkanischer Böden die Hauptzentrale des Wohlstandes, andererseits aber auch solche der Verweichlichung und des moralischen Verfalls, man denke an Capua!

Granitländer. Genau das Gegenteil gilt von den Granitländern. Infolge der starken mechanischen Verwitterung entsteht ein grober bis feiner halbverwitterter Kristallgrus von sehr geringer Fruchtbarkeit. Die Granitberge selbst sind dort mit Blockschutt bedeckt, unter dem die chemische Verwitterung arbeitet. Feinerde und jener Grus werden von den Blockschutthängen geschwemmt und sammeln sich als Flachböschung am Bergfuß an. Auf diesen Bergfußflachhängen ist noch der beste Boden zu finden. Die steilen Gehänge aber und die Ebenen und Flachländer stellen sehr unfruchtbare, an Kulturland arme, dünn bevölkerte Gebiete dar, die zum größten Teil von Hartlaubgestrüpp, Ginster, Zistus und anderen Halbsträuchern bestanden sind; wie z. B. in Estremadura[2]. So arm das Land auch sein mag, eine abgehärtete, leistungsfähige Bevölkerung wächst dort heran, und als in den heldenhaften Befreiungskämpfen der Christen gegen die Araber ein ganz besonders starkes Geschlecht herangewachsen war, hat gerade Estremadura einen erheblichen Teil jener Männer gestellt, die der spanischen bzw. portugiesischen Krone die halbe Welt eroberten.

Kalksteinländer. Entsprechend der großen Ausdehnung der Kalksteingebirge ist die Rolle gerade der Kalklandschaften überaus wichtig. Roterde ist der Klimaboden, dieser bedeckt aber die Hänge und Hochflächen nicht flächenhaft, sondern er ist nach der Entwaldung stark abgeschwemmt worden. So hat man denn innerhalb der Kalksteinländer drei Haupttypen des Bodens zu unterscheiden. Die abgespülten Felsenlandschaften — meist Kalksteingebiete — steigen mit hellgrauen bis weißen Farben empor. Von Klüften zerspaltene Felsen überwiegen. In den Spalten findet sich Erde und feiner Schutt. Allein unbenutzt läßt der Mensch selbst diese öden Felsenländer nicht liegen. Feigenbaum und Johannesbrotbaum wurzeln in den Klüften; ihnen genügt der Boden, den sie dort finden. Auch der Ölbaum ist mit einer ganz geringen Menge von Verwitterungsboden zufrieden. Mit einer Verwitterungsschicht bedeckte Hänge und Flächen sind gewöhnlich üppige Baumkulturländer,

---

[1] Taubert, D.: Landschaftskunde von Kreta. Mitt. geogr. Ges. Hamburg **34**, 21 (1922).

[2] Link, H. F.: Bemerkungen auf einer Reise durch Frankreich, Spanien und vorzüglich Portugal. Kiel 1801/04. — Willkomm: Zwei Jahre in Spanien und Portugal. Dresden u. Leipzig 1847.

in denen Ölbaum, Weinstock, Mandel- und Pfirsichbaum gut fortkommen.
Dort hat man Terrassen angelegt, oft unterstützt von der natürlichen Anordnung
der Kalksteinbänke.   In manchen Gebieten — Syrien, Palästina[1] — ist das
anstehende Gestein mit einer Kalkkruste überzogen, die z. T. ein feiner Kalk,
z. T. ein eingekalkter Gehängeschutt ist.   Wo über dieser Kalkkruste eine mehr
oder weniger steinige Erde liegt, hat man, genau so wie bei Fehlen der Kruste,
Baumkulturen — ohne oder mit Terrassierung — angelegt, aber bei besonders
intensivem Anbau hat man sogar die Kalkkruste zerbrochen, zerstampft, zer-
pulvert und so einen tieferen Boden geschaffen, wie in Tarragona und auf den
Balearen[2]. Solche intensive Arbeit, solch ein Kampf mit der Ungunst der Natur
fördert aber nicht nur die materielle Kultur, sie begünstigt auch die Entwicklung von Geist und Charakter der Bewohner.   Die zusammengeschwemmten
Roterden, die auf den Boden der Dolinen, Poljen, Täler liegen oder als Flach-
hang den Fuß der Berge umkränzen — Jaca nennt man solche Flachhänge in
Makedonien[3] — stellen den dritten Typus vor.   Sie sind das eigentliche, mindestens das beste Kulturland in Kalkstein- und namentlich in Karstländern.
Insel- und streifenförmig ist dort in den von Viehzuchtnomaden ausgenutzten
Felsenöden das fruchtbare Land zu finden, und daß eine solche oasenartige Anordnung des Kulturlandes inmitten der von Nomaden durchzogenen Wüstenei für
die gesamte Entwicklung des Landes, der Völker, ihrer Geschichte und Leistungs-
fähigkeit von entscheidender Bedeutung sein muß, liegt auf der Hand, sie begünstigte kleinstaatliche Zersplitterung, innere Kämpfe, Eroberung durch Fremde.

Schwarzerdegebiete.   Ganz kurz sei wenigstens auf die Schwarzerde
Marokkos[4] hingewiesen, deren Entstehungsart noch umstritten ist, deren
märchenhafte Fruchtbarkeit aber bereits den Römern bekannt war.   Sie bildet
das kulturfreundlichste und leistungsfähigste Gebiet des marokkanischen Atlas-
vorlandes und wird der Kern der von den Franzosen erschlossenen und entwickelten Länder Marokkos werden.

Zusammenfassung.   Weniger wegen der Bodenbeschaffenheit als wegen
der Verteilung und Ausdehnung der fruchtbaren und unfruchtbaren Böden
hat die Geschichte der Mittelmeerländer einen bestimmten Verlauf genommen,
der namentlich in Griechenland klar erkennbar ist.   Wie Oasen liegen dort die
Kulturgebiete in felsigen Einöden.   Die räumliche Beengtheit und der Umstand,
daß für das Land die Baumkulturen am geeignetsten sind, hatten eine niedrige
Übervölkerungsgrenze zur Folge.   Feigen, Oliven, Trauben, Rosinen, Wein,
Mandeln u. a. m. sind wohl wertvolle Handelsgüter, aber man kann davon nicht
leben.   So entwickelte sich frühzeitig ein durch Boden und Landschaft bedingter
Handelszwang.   So kam es zur Auswanderung und Gründung von Kolonien,
so zu der Ausbreitung des Handels unter Einfuhr von Getreide und industriellen
Rohstoffen.   Obendrein führt der geringe Umfang der Kulturländereien, die
inmitten ausgedehnter Felseinöden liegen, zur politischen Zersplitterung.   Italien
aber, das weit ausgedehntere zusammenhängende Kulturflächen und damit eine
dichtere geschlossene Bevölkerung als Hellas und daher bessere Möglichkeiten
für die Entstehung eines geschlossenen Staatswesens besaß, war das Land,
dem, vom bodenkundlichen Gesichtspunkt aus betrachtet, die Führerrolle innerhalb der Mittelmeerländer zukam, und dem sie ja auch tatsächlich zufiel.

---

[1] BLANCK, E., S. PASSARGE u. A. RIESER: Über Krustenböden und Krustenbildungen.
Chem. d. Erde 2, 348, 1926.
[2] FISCHER, TH.: Mittelmeerbilder.   Berlin u. Leipzig 1913.
[3] SCHULTZE-Jena, L.: Makedonien.   Jena 1927.
[4] FISCHER, TH.: Wissenschaftliche Ergebnisse einer Reise im Atlasvorland.   Pet. Mitt.
(Gotha) 1900, Erg.-H. 133.

Die Böden der Trockengebiete.

Wüsten. Wegen der geringen Auswaschung des Bodens ist der Gehalt an Nährsalzen im allgemeinen groß und der an leichtlöslichen Salzen — Kochsalz, Soda, Glaubersalz, Bittersalz — oft genug viel zu groß, als daß Feldbau möglich wäre. Die Hauptsache ist in jenen Gegenden jedenfalls das Vorhandensein von Wasser. Dieses ist wichtiger als der Boden, der, sobald er feinkörnig und nicht gar zu salzhaltig ist, Oasenkultur gestattet. Am wichtigsten sind die Wüstenböden hinsichtlich der Einwirkung auf den Verkehr. Blockschutt auf Ebenen und Bergen ist für Reisende praktisch unpassierbar. Hindernisse von größtem Ausmaß sind Dünengebiete, während umgekehrt Lehm- und Kieswüsten leicht zu queren sind. Auch auf die Wirtschaft des Menschen wirkt der unbewässerte Boden ein. Sande sind nämlich wegen des in geringer Tiefe befindlichen Wassers verhältnismäßig gut bewachsen, also als Weideland zu benutzen. Das gilt namentlich für die „Nebka" genannte Sandwüste[1], in der eine lückenhafte, nur wenige Meter mächtige Sandschicht auf festem Boden liegt. Vor allem sei aber der Wanderdünen gedacht, die die Oasen überfluten. Im Targon- und Igharghanboden (Algerien) sind so seit dem Altertum ausgedehnte Kulturländer vernichtet worden.

Salzsteppen. Wesentlich wichtiger als in den Wüsten, ist die Bedeutung der Bodenbeschaffenheit in Salzsteppen, in denen ja nicht nur eine jährliche Regenzeit eine — zuweilen sogar üppige — Pflanzendecke entstehen läßt, sondern in denen unter günstigen Verhältnissen sogar Regenfeldbau möglich ist. Nach den wichtigsten Böden kann man folgende Arten von Salzsteppen unterscheiden.

Salzsteppen mit feinen Ton-, Lehm-, Mergelböden sind durch eine Bewachsung mit meist kniehohen Zwergsträuchern ausgezeichnet. In Amerika sind namentlich Saftgehölze zu finden, sogar hohe Wälder aus Kakteen, wie u. a. in Arizona und Mexiko. In der Regenzeit entwickeln sich reichlich Zwiebelgewächse, Stauden, Kräuter, Gräser. Diese Zwergstrauch- und Saftgehölzsteppen sind gute Weideländer für Schafe, Ziegen und Kamele. Wichtig ist der Salzgehalt des Bodens, namentlich in Salzpfannen und Niederungen, auf denen die Salze als weißer Reif ausblühen. Dort liegen die „Brackplätze" oder „Leckstellen" für Wild und Kulturtiere. Dem Verkehr stellt der Boden in diesen Tonsteppen kein Hindernis entgegen, dem Hausbau aber steht Lehm zur Herstellung der Wände und Fußböden zur Verfügung.

Ist der Boden im Gebiet der Salzsteppen mit Tonboden über Kalkkrusten fester Ton, so ist der Einfluß auf die Kultur der gleiche, wie soeben beschrieben. Wenn der Boden aber mehr locker und mehr staubartig ist, eignet er sich für Kartoffelanbau, der — z. B. in Algerien — in regenreichen Jahren ausgezeichnete Ernten, in regenarmen aber völlige Mißernten bringt. Die Kalkkrusten beeinflussen in manchen Gegenden den Bau der Siedlungen, dort nämlich, wo unter einer festen Kalkdecke weicher trockener Kalktuff liegt. Dann werden in diesem Höhlenwohnungen wie auch Ziegenställe angelegt, wie solches in den Atlasländern und Palästina der Fall ist. Ferner sind in Kalkkrustensalzsteppen die wegen der Undurchdringlichkeit der Krusten entstehenden Schichtfluten wichtig. Auf sie muß der Straßenbau Rücksicht nehmen, z. B. mit Ableitungsgräben, Dammbauten mit Durchlässen, Brücken, Asphaltierung des Bodens der Wadis und Überziehen mit Drahtnetzen, dauernde Beseitigung der von dem Hochwasser herabgebrachten Schuttmassen u. a. m.

---

[1] Gautier, A.: Sahara Algérien. Paris 1908.

In der Kalahari gibt es ausgedehnte Ebenen aus grauem Sand, unter dem in einer Tiefe von einigen Dezimetern ein dichter Kalktuff liegt, den die Baumwurzeln nicht zu durchbrechen vermögen. Infolgedessen fehlen Gehölze, und eine Decke von Knäuelgras — Aristida — ist allein entwickelt. Diese Aristidaflächen, die in rotem, mit Busch bedecktem Kalaharisand eingesenkt sind, bilden eine ausgezeichnete Weide für Rinder und Kleinvieh.

In den Salzsteppen mit sandig-kiesigen Verwitterungsböden steht das Gestein in einer Tiefe von einigen Zentimetern bis Dezimetern an, ist also für die Baumwurzeln erreichbar. Infolgedessen besteht die Pflanzendecke gewöhnlich aus Baumsteppe bis grasigem Buschwald. In der Regenzeit kommt eine Fülle von Zwiebelgewächsen, Stauden und Kräutern hinzu, aber während der Trockenzeit verdorrt das Gras, und nach dem Abbrennen entwickelt sich frischer grüner Aufschlag, der eine gute Weide für die Herden abgibt. Die Baum- und Buschwaldsteppen sind für Rinderzucht gut geeignet, ebenso auch für Ziegen und Kamele, die beide die Blätter abweiden. Dem Verkehr setzt der Boden keine Hindernisse entgegen. Ausgedehnte tropische Salzsteppen in den drei Südkontinenten gehören zu dieser Abteilung, z. B. Damaraland.

Riesige Ausdehnung erreichen mit Gestrüpp, Busch und Buschwald, in Australien auch mit lichtem, hohem Wald bestandene Sandfelder im Bereich der Salzsteppen (Kalaharilandschaften). Die südliche und mittlere Kalahari, die beiden Nefud in Arabien, die sog. „Wüste" Tharr in Nordwestindien, der größte Teil des Innern von Westaustralien, kleinere Gebiete in Argentinien gehören hierher. In dem Sand finden die Wurzeln der Bäume und Sträucher ausreichende Feuchtigkeit, nicht aber die niedrigen Bodenpflanzen. Daher sind Gräser spärlich, und es ist nur während der Regenzeit eine üppige Weide zu finden. So sind denn diese Sandfelder während der Regenzeit gute Weideländer. In den beiden Nefuds Arabiens z. B. liegt die Wiege der arabischen Pferdezucht; während der Trockenzeit freilich mangelt es an Nahrung, da die Gehölze wenigstens in der Mehrzahl blattlos werden. Dem Verkehr setzt der Sandboden, wenn er durch Füße und Räder gelockert worden ist, einen erheblichen Widerstand entgegen. Hinsichtlich des Hausbaus ist der Mangel an Lehm für den Bau von Wänden und Estrichen bezeichnend; man nimmt Zweige und Gras, um die Wände abzudichten.

Die Löß- und Feinsandböden[1] seien zusammen besprochen, da sie auf die Kultur ähnlich wirken. Wichtig ist einmal der Reichtum an Pflanzennährsalzen und das kapillare Aufsteigen der Lösungen nach Regen. Zusammen mit dem Staubfall, der entweder aus umgelagertem oder aus von auswärts zugeführtem Staub besteht, wird eine lange anhaltende Fruchtbarkeit des Bodens gewährleistet. Infolge der günstigen physikalischen Verhältnisse ist auf Löß und Feinsand trotz der Regenarmut ein Regenfeldbau möglich, so z. B. in den Salzsteppen südlich von Palästina, zwischen Aleppo und dem Euphrat, in Assyrien, in Turkestan, vor allem aber in den Lößländern von Nordwestchina — Kansu, Schensi, Schansi. Weizen, Bohnen und Melonen sind die Hauptfrüchte. In guten Regenjahren sind die Ernten großartig, Dürren aber veranlassen Hungersnöte und das Fortsterben von Hunderttausenden. Trotz der Durchlässigkeit läßt sich der Lößboden doch künstlich bewässern. Infolge der dauernden Bewässerung backt er nämlich in den Kanälen zusammen, wird — vermutlich unter Ver-

---

[1] RICHTHOFEN, F. v.: China 1—3. Berlin 1877—1905. — K. FUTTERER: Durch Asien. Berlin 1901. — BAILEY, WILLIS: Research in China 1, 2. Carnegie Inst. Washington 1907. — A. TAFEL: Meine Tibetreise. Berlin 1914. — H. SCHMITTHENNER: Die chinesische Lößlandschaft. Geogr. Z. 1919.

lehmung — fest und undurchlässig, so daß der Verlust durch Einsickern in den Kanälen nicht gar so groß ist. So berichtet jedenfalls Busse[1] aus Turkestan. In den Lößgegenden Nordwestchinas gibt es natürliche Terrassen, die z. T. wohl auf Bänke von Lößkindeln, z. T. aber auf Rutschungen zurückgehen. Letztere sind eine Folge der am Fuß der Schluchten eintretenden Grundwasserunterspülung. Das Vorhandensein solcher Naturterrassen hat vermutlich dazu angeregt, in größtem Umfang auch künstliche Terrassenanlagen zu schaffen. Die Siedlungen werden in Löß- und Feinsandlandschaften in großem Umfang durch die Natur des Bodens beeinflußt. Da gibt es ganz große Höhlendörfer; die Eingänge zu den Wohnungen liegen an einer Steilwand, oder man hat Gruben gebaut, in die die Türen einmünden. Daher kann es kommen, daß man in ausgedehnten, wohlgepflegten Felderlandschaften keine Menschen und keine Siedlungen sieht, bis man, um eine Ecke biegend oder an den Rand einer Dorfgrube gelangend, ein Gewimmel von Menschen und Tieren erblickt, die sich wie Bienen an der Tür des Bienenstockes, so an den Eingängen der Höhlenwohnungen lärmend herumtummeln.

Nicht weniger energisch ist die Einwirkung des Bodens auf den Verkehr. Die feine lose Erde läßt sich wohl leicht zerstäuben, ist aber doch standfest. So haben denn im Laufe der Jahrtausende Füße und Wagenräder, unterstützt von spülendem Regen und ausblasenden Winden, enge Hohlwege und tiefe Schluchten geschaffen, die netzförmig die Lößbecken Chinas durchziehen, und, von ihnen ausgehend, haben Wasserrisse ein verästeltes Gewirr von Schluchten eingeschnitten. Dieses Einschneiden beginnt nicht wie bei uns mit oberirdischen Rinnen, sondern unterirdisch — subterran — unter dem Einfluß austretenden Grundwassers. Höhlen entstehen, deren Dach einstürzt, und so frißt sich die Schlucht von unten nach oben empor. Dabei können infolge von Nachrutschen unterspülter Partien die oben geschilderten Lößterrassen entstehen. Anschaulich schildert von Richthofen den ersten Anblick eines Lößbeckens von dem erhöhten Rande aus. Glatt wie ein Tisch liegt die Ebene da. Man sollte meinen, daß ein Reiterregiment im Galopp darüber hinjagen könnte. Und doch handelt es sich um eines der am schwersten zugänglichen Gebiete der Erde. Denn alles wird von dem verästelten und netzförmigen System der Schluchten und Hohlwege durchzogen, es ist ein Labyrinth, in dem man sich ohne kundige Führung hoffnungslos verirrt.

Der Löß hat in gewissen Gebieten die Grundlage für die Entwicklung selbständiger Kulturen geboten, so besonders im Iran, in West- und Ostturkestan und namentlich in Nordwestchina. Die Sinologen nehmen wohl heutzutage überwiegend an, daß die Wiege der chinesischen Kultur — gleichgültig, ob aus Westen gekommene, indogermanische (sakisch-tocharische) Einflüsse maßgebend waren oder nicht — in Nordwestchina, besonders Kansu, gelegen habe. Der Löß und die Eigenarten der Lößländer haben der chinesischen Kultur ganz wesentlich den Stempel aufgedrückt. So hängt ihr Charakter als reine Ackerbaukultur, ohne wesentliche Beteiligung der Viehzucht, z. T. mindestens, von den Lößlandschaften ab. Gelb ist ferner die heilige Farbe Chinas. Der alles durchdringende Lößstaub läßt das Bemühen um Sauberkeit als eitel erscheinen; daher vielleicht die Unempfindlichkeit des Chinesen gegen Schmutz und Gerüche. Sicher erkennbar sind folgende Erscheinungen: kein Bissen, kein Schluck, ohne daß gleichzeitig Lößstaub mitgeht, daher Abnutzung der Zähne durch den Staub, ferner Augenentzündungen und dann der Einfluß der Dürren und Hungersnöte

---

[1] Busse, W.: Bewässerungskultur in Turan. Veröff. Reichskolonialamt (Jena) 1915, Nr. 8.

auf Charakterentwicklung, Zähigkeit und gesundheitliche Widerstandsfähigkeit, das enge Zusammenwohnen in den Höhlendörfern, zusammen mit dem Vieh. Also eine Fülle von Erscheinungen in dem Kulturleben Chinas, und zwar nicht nur von Nordwestchina, sondern später auf das übrige China übertragen, dürfte seinen Ursprung in der Lößheimat haben.

Trockenfarmen in den Plains U. S. A. Auf den westlich des Schwarzerdegürtels der Prärien gelegenen „Plains", wo braune bis graue Böden von feinerdiger, lehmiger Beschaffenheit überwiegen, hat sich seit einigen Jahrzehnten das Trockenfarmen[1] entwickelt. Ähnlich wie auf dem Löß von Turkestan und Nordwestchina ein Regenfeldbau getrieben wird, erfolgt der Anbau in den Plains ohne künstliche Bewässerung, in denen man einerseits durch Tiefpflügen die Aufnahme des fallenden Regens befördert, andererseits durch sorgfältiges Lockerhalten der staubigen Oberflächenschicht das Verdunsten herabsetzt. Ein solches Trockenfarmen hängt wesentlich von der Bodenbeschaffenheit ab, ist also hier zu erwähnen.

Östlich von Transjordanien liegt das Gebirge des Haurans[2] und zwischen diesem und dem transjordanischen Bergland eine Ebene, die im Altertum — namentlich in der römischen Kaiserzeit — eine wichtige Kornkammer gewesen ist. Jetzt ist es wüste Zwergstrauchsalzsteppe, durchzogen von flüchtigen, räuberischen Nomaden, und nur am Fuß des Haurangebirges und in dessen Tälern betreiben die in Dörfern wohnenden Drusen Feldbau. Eine wissenschaftliche Untersuchung der Bodenverhältnisse dieses Gebietes fehlt noch, allein gewisse Vorstellungen kann man sich nach den vorliegenden Schilderungen doch wohl machen.

Unter einem Pflaster von Basaltgeröll liegt ein gelbbrauner staubiger Boden, der augenscheinlich von großer Fruchtbarkeit ist. Sorgfältig hat man das Steinpflaster abgelesen, und ohne daß eine besondere Pflege nötig wäre — statt des Pfluges benutzt man z. B. zum Lockern des Bodens einen Dornbusch — werden großartige Ernten erzielt. Heutzutage liegt die Kultur darnieder, aber in der römischen Zeit haben die aus Südarabien eingewanderten Nabatäer daselbst ein großartiges Kulturgebiet geschaffen — eine Kornkammer des römischen Reiches. Die islamischen Beduinenhorden haben alles verwüstet, und seit der Zeit ist das Land öde Salzsteppe.

Über die Entstehungsweise des Hauraner Getreidebodens kann man sich nur gewisse hypothetische Vorstellungen machen. Nach den vorliegenden Darstellungen ähnelt er dem Salzstaubboden der ägyptischen Wüsten, der ebenfalls unter einer Decke von Hamadaschutt liegt. Es wäre möglich, daß er aus einer früheren Wüstenperiode stammt, also ein Vorzeitboden ist, der unter dem Einfluß der höheren Niederschläge salzärmer geworden ist und sich daher für Weizenkulturen eignet. Wohlverstanden, es handelt sich aber nur um Vermutungen, die zu einer wissenschaftlichen Durchforschung des Gebietes anregen könnten.

Unmittelbar neben den eben geschilderten fruchtbaren Böden des Haurans liegen die entsetzlichsten Felswüsten, die die syrisch-arabischen Salzsteppen überhaupt aufzuweisen haben, die Harras. Die des Haurans führte im Altertum den Namen Tracheonitis[3]. Diese Harras sind aus Basaltlaven bestehende,

---

[1] PLEHN, G.: Die Wasserverwendung und -verteilung im ariden Westen von Nordamerika. Hamburg, Abh. Hamb. Kolonialinst. 4. Bd., Reihe E. 1911.

[2] BLANCK, E., u. S. PASSARGE: Die chemische Verwitterung in der ägyptischen Wuste. Hamburg 1925. — PASSARGE, S.: Das Rätsel der römischen Kornkammer im Ostjordanland. Naturwiss. 1925.

[3] WETZSTEIN, J. G.: Reise in die beiden Trachonen und um das Haurangebirge. Z. Ges. Erdkde. 7, 109f. 1859.

ebene bis hügelige Flächen, deren Oberfläche in ein Haufwerk von Blöcken aufgelöst ist. So stellen diese pflanzenlosen, im Sommer von den ausstrahlenden schwarzen, glänzenden Felsen in einen Glutofen verwandelten Felswüsten die denkbar kulturfeindlichsten Gebiete vor. Und doch haben sie in der Kulturentwicklung jener Gegenden eine nicht unwesentliche Rolle gespielt. Die Verkehrsstraßen umgehen sie sorgfältig; nur kundige Beduinen dürfen es wagen, in sie einzudringen. Im Innern aber gibt es Niederungen mit Pflanzen, wo die Herden Weide finden, und in natürlichen Felszisternen hält sich das Regenwasser. Selbst Felder hat man anlegen können, da sich unter einer Hamadadecke jener Salzstaubboden findet. So waren denn die Harras Rückzugsgebiete verdrängter Beduinen und der Hort von Wegelagerern. Verbrecher aus den Oasen und Städten, aber auch aufrechte, charaktervolle Männer, die der Willkür und Unterdrückung in den verlotterten Kulturgebieten entgehen wollten, fanden sich dort zusammen. Gerade die Tracheonitis war das Rückzugsgebiet für die Flüchtlinge aus Damaskus. Niemals haben die Römer diese durch den Boden bedingte Schutzwehr siegreich bezwungen, auch nicht die Khalifen, nicht die Türken. Erst in neuester Zeit hat man in den Flugzeugen, von denen aus man die Horden bombardiert, ein wirksames, Unterwerfung erzwingendes Kampfmittel gefunden.

Die Böden der tropischen und subtropischen Wald- und Steppenländer mit Sommerregen und Jahresregen.

Die Subtropen und Tropen, in denen entweder in allen Monaten genügend Regen (Jahresregen) fallen oder eine winterliche Trockenzeit vorhanden ist, haben trotz mancher Gegensätze auch mancherlei Übereinstimmendes. Verwickelt werden dort die Verhältnisse durch zwei Vorgänge. Einmal hat das Klima während und seit der Tertiärzeit wiederholt gewechselt — die Klimaprovinzen haben sich verschoben. Infolgedessen sind Vorzeitböden keineswegs selten, d. h. Böden, die dem Klima A entsprechen, liegen jetzt in dem Klimagebiet B oder gar C. Nun gibt es auf den flachen Tafelländern der drei Süderdteile Böden, deren Entstehung augenscheinlich weit in die Tertiärzeit zurückreicht, und die jetzt einem ganz anderen Klima ausgesetzt sind, wie z. B. der Laterit in Südtransvaal.

Der zweite Faktor, der beachtet werden muß, ist die Entwaldung durch den Menschen und die damit eingetretene Umwandlung des Bodens: Austrocknung, Umwandlung der Kolloide und Eisenverbindungen, Zerstörung der Humusstoffe, Aufsteigen von Eisen- und Kalklösungen u. a. m. Infolge solcher, die geradlinige und natürliche Ausbildung der Klimaböden störenden Ereignisse sind Disharmonien zwischen Klima und Boden entstanden[1]. Ein bestimmter Boden, z. B. harte, zellige Lateritkrusten, finden sich vom tropischen Regenwald bis zu den subtropischen Steppen. Unter solchen Umständen wird es zweckmäßig sein, zuerst die Böden an sich, ohne Rücksicht auf ihre heutige geographische Anordnung, und dann erst ihre Verbreitung in den Landschaftsgürteln der Tropen und Subtropen zu betrachten.

A. Die Bodenarten der tropisch-subtropischen Wald- und Steppenländer mit Jahresregen und Sommerregen und ihre Wirkung auf die Kultur.

Lateritböden. Hierunter seien die Verwitterungsböden verstanden, die einen zelligen Bau besitzen; die Wände der Zellen sind reich an Eisenverbindungen, das Zelleninnere arm an ihnen. Demnach sind die Farbentöne der Wandungen

---

[1] Passarge, S.: Landschaft und Klima. Naturwiss. **1929**.

hell bis dunkelrot oder mehr braun oder violett, das Zelleninnere heller: rötlich, gelblich bis weiß. Diese Laterite zerfallen in drei Unterabteilungen.

Die weichen, zelligen Laterite finden sich in tropischen Regenwald- und Trockenhochwaldländern. Je nach dem Alter der Böden ist der Nährstoffgehalt verschieden. Im allgemeinen ist das Alter dieser Laterit-Waldböden hoch, sehr hoch sogar, und demgemäß der Nährstoffgehalt gering. Sie sind schnell erschöpft; infolgedessen muß entweder stark gedüngt werden oder — auf niedriger Kulturstufe, wie bei Pflanzbau mit Hacke, Grabstock, Brechstange — wird der Boden mit der Asche des abgebrannten Waldes gedüngt — Brandkultur — und das Feld nach 2—3 Jahren verlassen. Infolgedessen sind die ursprünglichen Regenwälder zum großen Teil vernichtet und in Sekundärwälder verwandelt worden. Aus diesen kann sich wieder ein richtiger Urwald entwickeln, allein eine solche Regeneration wird oft genug durch neue Brandkulturen verhindert. Die weichen, erdigen Lateritböden unter einer Walddecke sind trotz ihrer Armut an Nährstoffen für die Entwicklung der Kultur von der größten Bedeutung gewesen, vor allem in den Trockenhochwäldern, weniger in den Regenwaldländern. Vor allem sei auf folgende wichtige Erscheinung hingewiesen, die man die „landschaftsbildende Kraft des weichen, zelligen Laterites" nennen könnte. Der weiche, zellige Laterit saugt den Regen wie ein Schwamm auf. Infolgedessen enthält er einen reichen Vorrat an Grundwasser und ist imstande, den Wald und die Bäche mit solchen Mengen mit Wasser zu versorgen, daß sich trotz einer Regenlosigkeit von vielen Monaten ein Wald von den Merkmalen des immergrünen Regenwaldes oder doch wenigstens ein das Laub nur teilweise abwerfender Trockenhochwald behauptet. Die Bäche aber führen während der ganzen Trockenzeit Wasser. Der in bergfeuchtem Zustand weiche, leicht zu grabende Laterit verwandelt sich — mindestens gilt das für den indischen — beim Austrocknen in einen harten, glänzenden, schwarzbraunen Brauneisenstein und wird dort deshalb als Baustein verwandt. Die Lateriterde wird in der Form großer Ziegel ausgestochen, in die Sonne zum Trocknen gelegt, und nach einigen Monaten ist ein löcheriger, unverwüstlicher Brauneisensteinziegel fertig. Die südindischen Tempel sind zum größten Teil aus solchen „Lateritziegeln" erbaut[1].

Derselbe Vorgang der Umwandlung in harten, zelligen Brauneisenstein, den man bei der Herstellung von Ziegeln benutzt, vollzieht sich ganz natürlich nach der Entwaldung. Er führt zur Ausbildung eines harten, zelligen Krustenlaterits. Die Sonnenglut dörrt während der langen Trockenzeit den Boden aus. Die kolloidalen Eisen- und Kieselsäureverbindungen wandeln sich in Kristalloide um. Es erfolgt ein Aufsteigen von Eisensalzlösungen, und deren Abscheidung nahe der Oberfläche — Eisenkrustenbildung — hat diese Umwandlung vollbracht. Der Kulturwert dieser Lateritkrustenböden ist gering. Für den Feldbau kommen sie gar nicht in Frage, ebensowenig als Weideland, wohl aber liefern sie auf der Kulturstufe des Pflanzbaues und auch noch der Handwerkskultur das Rohmaterial für die Eisenschmelzöfen, wie z. B. in Indien, Afrika. Mangel an Wasser wegen der Durchlässigkeit des zelligen Gesteins beeinflussen Siedlungen und Verkehr ungünstig, die in die Laterittafelländer eingeschnittenen Täler aber können an Quellen reich sein und starke Flüsse besitzen, die sogar künstliche Bewässerung gestatten.

Die sekundären Laterite, obwohl keine eigentlichen Klimaböden, seien aus praktischen Gründen hier bereits behandelt. Sie entstehen aus den

---

[1] BUCHANAN, H.: A Journey from Madras through de country of Mysore, Canare and Malabar. London 1807. — RICHTHOFEN, F. v.: Führer für Forschungsreisende. Berlin 1886. — WOHLTMANN, F.: Tropische Agrikultur. Leipzig 1892. — PASSARGE, S.: Adamaue. Berlin 1895. — Laterite und Roterden in Afrika und Indien. — HARRASSOWITZ, H. Laterit. Fortschr. Geolog. und Paläontol. Berlin 1926.

Lateriten, die als Verwitterungsboden auf primärer Lagerstätte liegen, und zwar als Folge von Abspülung oder Zerschneidung nebst nachträglicher Ablagerung in Tälern oder auf Flachhängen. Auch dieser sekundäre Laterit besitzt zuweilen zelligen Bau, aber es ist fraglich, ob er sich in harten, zelligen Brauneisenstein umwandeln kann. Die Sekundärlaterite bilden in Indien-Ceylon brauchbare und für die Felder der Eingeborenen wichtige Böden.

Gelb-, Rot- und Bunterden ohne zelligen Bau auf primärer Lagerstätte. Die tropischen Rot-, Gelb- und Bunterden stellen wahrscheinlich eine Vorstufe vor, aus der sich in Jahrtausenden Laterit bilden könnte. In den Subtropen kommt diese Umwandlung wohl nicht vor. Diese Böden sind, wenn sie alt sind, nährstoffarm, ihre physikalischen Eigenschaften aber günstig, und so stellen sie namentlich für die anspruchslosen Gewächse der Eingeborenen — Hirse, Bohnen, Melonen, Erdnüsse, Sesam u. a. m. — günstige Böden vor. Die der Subtropen scheinen erheblich fruchtbarer zu sein. Es kommt aber sowohl in den Tropen als in den Subtropen wesentlich darauf an, ob es sich um Waldböden handelt, die oberflächlich durch Humus braun gefärbt sind, oder ob es rote, humusarme Steppenböden sind.

Rote, gelbbraune und graue Steppenböden[1]. Mit der Abnahme der Regenhöhe und der Zunahme der regenarmen Zeiten hört die Fähigkeit des Klimas, über alle Gesteine hinweg eine geschlossene Decke von Rot- und Bunterden zu schaffen, auf. Jede Gesteinsart hat ihren eigenen „Gesteinsboden". Nur insofern macht sich eine einheitliche Ausbildung bemerkbar, als die Böden meist feinsandig sind als eine Folge der gründlichen Austrocknung und der Umwandlung der Kolloide. In den trockensten Gebieten treten Grauerden stärker hervor, jedoch gibt es daneben immer noch braune und rote Farben. Charakteristisch wird aber besonders die Abscheidung von Kalkknollen und Kalkkrusten. Mit dieser Umwandlung geht Hand in Hand ein Anwachsen der Salze, die die Fruchtbarkeit erhöhen, während andererseits die Feinsandigkeit weniger günstig wirken dürfte. Vor allem kommt es wegen der langen Trockenheit auf das Vorhandensein von Wasser an; nur künstliche Bewässerung führt zur völligen Ausnutzung einer an sich vorhandenen Fruchtbarkeit.

Innerhalb der Klimaböden gibt es nun in reicher Fülle regional oder ganz örtlich entwickelte Böden, die für die Kultur von ausschlaggebender Bedeutung sein können. Vielleicht gliedert man sie zwecks klarer Übersicht am besten in folgende vier Abteilungen: Böden besonderer Gesteinsarten, Schwemmlandböden, Humusböden, äolische Böden.

Gesteinsböden. Es kann sich hier natürlich lediglich um das Herausheben von besonders charakteristischen Böden handeln, die ihre Eigenarten der Besonderheit des Gesteins verdanken, aus dem sie entstanden sind: Jungvulkanische Gesteine sind bekanntlich im allgemeinen besonders reich an Nährstoffen und bilden infolgedessen, falls die Niederschläge und die sonstigen Bedingungen günstig sind, bevorzugte Plantagenböden für anspruchsvolle Gewächse, wie Kakao und Kaffee. Im Gegensatz dazu sind durchlässige Böden, wie Kalksteine, Korallenkalke, Sandböden, Schotterböden, weit weniger fruchtbar, haben aber in der Entwicklung der Kultur vielleicht eine wichtigere Rolle gespielt als die fruchtbaren Böden, und zwar deshalb, weil sie leichter zu besiedeln sind. Es wächst auf solchen Böden ein weit lichterer Wald, der auch trockener ist. Demgemäß kann der Mensch auf niederer Kulturstufe

---

[1] Genaue Studien über solche Böden hat angestellt in Ostafrika: Vageler, P.: Die Mkattaebene, Beihefte, Tropenpflanzer 1910, und Ugogo, Beihefte, Tropenpflanzer 1912.

ihn leichter abholzen und abbrennen. Karstlandschaften zeigen ganz ähnliche Bodenverhältnisse wie in den sommerdürren Subtropen, wenigstens dort, wo lichte Steppenvegetation ein Abschwemmen des Verwitterungsbodens in die Dolinen und Poljen gestattet. Die Einwirkung auf die Kultur ist demnach ähnlich wie dort. Granitgrus hat eine ungünstige Wirkung. In heißem trockenen Steppenklima zerfällt der Granit unter dem Einfluß physikalischer und chemischer Verwitterung in einen Grus aus angewitterten und zerplatzten Kristallen. Damit entsteht ein überaus unfruchtbarer Boden, der für Kulturzwecke nicht in Frage kommt. Und dasselbe gilt für den Blockschuttboden der Berghänge. Granite, Syenite, Gabbros, aber auch Diabase, Gneise und namentlich dickbankige Sandsteine neigen nicht selten dazu, in groben Blockschutt zu zerfallen. Dieser ist für Kultivierungszwecke nicht zu gebrauchen und als Verkehrshindernis schlimm genug, begünstigt deshalb aber Flüchtlinge, die die Hohlräume zwischen den Blöcken als Wohnungen benutzen oder zwischen den unzugänglichen Blöcken ihre Hütten bauen. Indirekt üben aber diese Blockhänge in landwirtschaftlicher Hinsicht doch eine günstige Wirkung aus, wie wir noch sehen werden.

Ganz eigenartig ist die Bedeutung der Steinsalzmassen[1], die zwischen dem Huallaga und Ucayali nicht nur ausgedehnte Räume einnehmen, sondern auch 2000—3000 m hohe Gebirge bilden. Wegen des Salzbodens ist das Land trotz des Regenwaldklimas mit einem immergrünen Gestrüpp bedeckt und für Bodenkultur ganz ungeeignet. Aber nicht diese Kulturfeindlichkeit ist das Schlimmste, sondern die furchtbaren Bergstürze, die infolge der Unterschneidung der Talhänge durch die Flüsse und infolge der Auflösung der Salzmassen durch das Regenwasser eintreten. Die Bergsturztrümmer erfüllen die Täler, stauen das Wasser zu Seen auf; Durchbrüche und verheerende Überschwemmungen folgen.

Schwemmlandböden. Die Schwemmlandböden besitzen die größte Bedeutung für das Kulturleben und sind in weiten Gebieten der Tropen und Subtropen die einzigen, auf denen man Feldbau treiben kann. Allerdings gilt das lediglich für die feinkörnigen Schwemmlandböden, so u. a. Lehme, Tone, umgelagerte Lößlehme — in den Überschwemmungsgebieten der Flüsse und Seen. Dort sind Kulturländer ersten Ranges entstanden — die große Ebene in Nordchina[2], die Schwemmlandflächen des Yangtsegebietes u. a. m. In manchen Gegenden ist die Kulturentwicklung an die Feinerdeflachböschungen geknüpft, die den Fuß der Blockschuttberge umkränzen. Unter dem Blockschutt arbeitet nämlich die chemische Verwitterung, und der zwischen den Blöcken einströmende Regen spült die feinerdigen Verwitterungsstoffe fort und lagert sie am Bergfuß ab. Diese Feinerdeböschungen sind verhältnismäßig fruchtbar, leicht zu bearbeiten und daher gerade für den Hackbauern geeignet[3]. Ganz anders ist die Wirkung der Sand- und Schotterböden. Nährstoffmangel und Durchlässigkeit sind der Grund dafür, daß bereits in der Naturlandschaft Sand- und Schottergebiete durch ihre reduzierte Pflanzendecke auffallen. So sind sie trotz des Regenwaldklimas nicht mit Urwald, sondern mit lichtem Wald — z. B. die Kiefernwälder = Pine barrens auf den Sand-Küstenebenen am Mexikanischen Golf — bestanden und von geringem Kulturwert[4].

---

[1] POEPPIG, ED.: Reise in Chile, Peru und auf dem Amazonenstrom. Leipzig 1835. — S. PASSARGE: Das Salzgebirge in Peru. Naturwiss. 1925.

[2] Die Bodenverhältnisse in der großen Ebene behandelt W. WAGNER: Die chinesische Landwirtschaft. Berlin 1926.

[3] VAGELER, P.: Ugogo. Beih. Tropenpflanzer 1912. — L. SCHULTZE-Jena: Makedonien. Jena 1929.

[4] RATZEL, FR.: Städte und Kulturbilder aus Nordamerika. Leipzig 1876. — Vereinigte Staaten von Nordamerika. 1878.

Humusböden. Humusböden sind auch in dem heißen Gürtel zu finden, wo im dauernd feuchten Boden Pflanzenreste unter Luftabschluß verwesen. Sie kommen einmal in der Form der Waldsumpfböden vor. Diese haben für sich im allgemeinen keine Bedeutung, höchstens als Verkehrshindernisse zusammen mit dem Waldsumpf. Entwässerte und kultivierte Waldsumpfböden könnten theoretisch fruchtbare Böden abgeben, ebenso die Wiesenmoorböden, die seichte Senken erfüllen. Allein solche Entwässerungsarbeiten sind bisher wohl selten nur vorgenommen worden. Zusammen mit dem Wiesenrasen bilden die Wiesen gerade in der Trockenzeit ausgezeichnete Weiden, während sie in der Regenzeit unter Wasser zu stehen pflegen[1]. Eigenartig sind in manchen Steppengebieten der Tropen Schwarzerden, so vor allem die Cotton Soils des Dekhan mit ihren Kalkknollen (Kunkur), die zu der großartigen Baumwollkultur Indiens Veranlassung gegeben haben. Daß der Dekhan Trapp bei der Entstehung der Schwarzerde eine Rolle gespielt hat, ist sicher, allein im einzelnen ist deren Entstehung umstritten. Ganz ähnliche Schwarzerden sind am Fuß des Bamangwatoplateaus im Betschuanenland im Anschluß an dunkle Melaphyre entstanden — vielleicht als Sumpfboden[2]. In den subtropischen Waldsteppen und Steppen sind auch Schwarzerden zu finden, die dem Tschernosjem entsprechen.

Äolische Böden. Sie treten in den tropisch-subtropischen Sommer- und Jahresregenländern zurück. Immerhin gibt es örtlich rote bis gelbbraune Staubböden, die äolischen Ursprungs sein dürften — Südadamaua und nördliches Betschuanenland. Ob sie aber die Kulturentwicklung besonders beeinflußt haben, ist nicht bekannt und wegen ihres nur örtlichen Vorkommens nicht gerade wahrscheinlich. Auch Flugsande sind zuweilen zu finden, so z. B. an der Passatküste Ostmexikos, wo ein breiter, für Anbau und Verkehr ungünstiger Dünengürtel entwickelt ist.

B. Die Böden in den Landschaftsgürteln der tropischen und subtropischen Sommer- und Jahresregenklimate.

Nachdem wir so einen kurzen Überblick über die wichtigsten Bodenarten und deren allgemeinen Bedeutung für die Kultur des Menschen gewonnen haben, wird die landschaftskundliche Betrachtung erst eine richtige Vorstellung von der Bedeutung des Bodens in den tropisch-subtropischen Sommer- und Jahresregenländern bringen. Denn der Einfluß der Böden auf die Kulturentwicklung hängt nicht nur von dem Vorhandensein bestimmter Bodenarten allein, sondern auch von deren Areal und gegenseitiger Anordnung ab. Ohne die landschaftliche Betrachtung wird man kein klares Bild erhalten.

Die tropischen Regenwald- und Trockenhochwaldländer. Die tropischen Waldländer haben der Besiedlung und Erschließung durch den Menschen die größten Hindernisse entgegengestellt. Interessanterweise waren es — gerade so wie in den Waldländern der Mittelgürtel — in erster Linie ungünstige Böden, auf denen der Wald lichter und weniger widerstandsfähig war, auf denen dem Menschen der Kampf gegen den Urwald gelang. Solche ungünstigen Böden sind einmal Sande und Schotter, sodann Korallenkalke[3] und vermutlich auch andere durchlässige Kalke nebst Blocklava, Tafeln von

---

[1] Passarge, S.: Bericht über eine Reise im venezuelanischen Guayana. Z. Ges. Erdkde. 1903.

[2] Passarge, S.: Beiträge zur Kenntnis von Britisch-Betschuanaland. Z. Ges. Erdkde. 1901.

[3] Nach K. Sapper z. B. im Bismarckarchipel. Mitt. dtsch. Schutzgeb. 1908.

vorzeitlichen Lateritkrusten, wie sie z. B. in Südkamerun[1] vorkommen, u. a. m.
Solche durchlässigen Böden mit lichtem Wald üben auf letzteren noch eine andere
Wirkung aus. Während der Trockenzeit verliert der Wald das Laub; Gräser
sind am Boden stärker verbreitet, und in dieser Zeit kann man mit Bränden
vorgehen und sich Felder und Weideland schaffen. Als Beispiele der Wirkung
solcher trockener Böden sei an die Sandflachländer an der Ostküste Mittelamerikas, besonders in Nicaragua erinnert, wo lichte Nadelwälder entwickelt
sind, und die Kultur leicht Fuß fassen konnte. Auf den Hochländern Sumatras[2]
sind vor allem die Tuffhochflächen besiedelt worden, weil deren Boden überaus
durchlässig ist und bei verhältnismäßiger Unfruchtbarkeit — es sind Quarz-
tuffe — nur einen lichten Nadelwald hervorbrachte, der jetzt Baumsteppen
und Grasfluren Platz gemacht hat. Trotzdem sind diese Tuffländer, neben dem
Schwemmland der Täler, das Hauptsiedlungsgebiet der Battaker, Gajo und
anderer Völker. Noch interessanter und instruktiver ist folgendes Beispiel:
An der Ostküste Brasiliens, etwa zwischen Bahia und Rio, liegt ein einige Kilometer breiter Streifen von alluvialen und äolischen Sanden — Passatdünen —
nebst Grassümpfen zwischen dem Meer und dem unzugänglichen Regenwaldberg-
land des Innern[3]. Dieser schmale, von lichten Wäldern und Grasfluren bestandene Flachlandstreifen war die Wanderstraße der Indianer und das Sied-
lungsgebiet des verhältnismäßig hochstehenden Tupivolkes. Dort gelang es
den Portugiesen zuerst festen Fuß zu fassen, Plantagen anzulegen und Viehzucht zu treiben, während der Urwald dem Vordringen noch lange Zeit eine
unerbittliche Schranke entgegenstellte. Allein mit Verbesserung der Kultur-
geräte, mit der Zunahme der Bevölkerung und der besseren Organisation der
Arbeitskräfte lockten die besseren Waldböden an, und so entstand eine Periode,
in der die Pflanzbauvölker zunächst den Trockenhochwald mit Hilfe der Brandkultur bezwangen. Die sehr viel besseren, humosen Waldböden gestatteten
die Kultur von Bananen, Maniok, Yams — Kulturpflanzen, die alle dazu bei-
trugen, die Seßhaftigkeit zu fördern. In Südasien, Afrika und Mittelamerika
liegen die großen einheimischen Kulturländer und Staatenbildungen gerade
in den Rodungsgebieten, die einst der Trockenhochwald einnahm, den jetzt
aber Feuchtsteppen bedecken. Die Regenwaldländer dagegen wurden nur in
geringem Maße überwältigt; erst die Erfindung der Eisengeräte hat Wandel
geschaffen, und namentlich in Südasien drangen die Pflugbauvölker in die
Regenwälder ein. In ihnen lockten in erster Linie die Schwemmlandböden
auf den Längsstufen der Täler, die trockenen Platten in Deltas und an derem
Rande. Sie wurden die Hauptanbaugebiete von Wasserreis, während die
trockenen Gehänge der Kultur des Bergreises vorbehalten blieben. Die Sumpf-
waldböden blieben auch nicht ungenutzt, indem sie dem Anbau gewisser,
einen nassen Boden liebende Gewächse dienten, so von Bambus, Sagopalme und
Pandanus in Südasien, von Raphia in Afrika. Wiesenmoorböden blieben
vermutlich unbeachtet, und nur die Wiesen selbst wurden als Weide benutzt.

Die kolonisierenden Europäer nehmen auf die Bodenarten in hohem Maße
Rücksicht[4]. Für die hochwertigen Plantagenprodukte können sie nur die besten
Böden gebrauchen, also jungvulkanische Böden, womöglich noch mit jetzt

---

[1] SCHULTZE, ARN.: Deutsch-Kongo und Südkamerun. In ADOLF FRIEDRICH, Herzog
zu Mecklenburg: Vom Kongo zum Niger und Nil. Leipzig 1912.
[2] VOLZ, W.: Nordsumatra. Berlin 1909/12.
[3] WIED, MAXIMILIAN, Prinz v.: Reise nach Brasilien. Frankfurt a. M. 1820. — PAS-
SARGE, S.: Vergleichende Landschaftskunde, H. 5.
[4] Auf die Bedeutung der Bodenkunde für die koloniale Landwirtschaft hat besonders
P. VAGELER hingewiesen im Tropenpflanzer 14 (1910).

stattfindender Düngung durch frisch ausgeworfene Aschen z. B. auf Java und in Mittelamerika. Sodann sind es die Alluvialböden, die man bevorzugt. Mancherlei Schädigungen erschweren aber die Kultivierung tropischer Waldländer, so vor allem die Rutschungen, die auf steileren Hängen mitsamt dem Wald erfolgen, auf sanfteren aber unweigerlich nach Entwaldung eintreten. Diese Rutschungen verursachen die Ausbildung von zurückweichenden Zirkusnischen und scharfen Graten, die trotz ihrer scharfkantigen Beschaffenheit als Wege benutzt werden müssen. Oft bleibt nichts weiter übrig, als auf den überragenden Wurzeln der Bäume, die auf dem schmalen Grat stehen, entlangzuklettern[1].

Bei der Anlage der Siedlungen hat der Mensch in den tropischen Waldländern auf die Gleitfähigkeit des durchtränkten nassen Bodens gebührend Rücksicht genommen. Er läßt nämlich die Berghänge möglichst unberührt und baut die Städte in die Ebenen. Als Beispiel kann nach Brandt[2] Rio de Janeiro dienen.

Die tropischen Feuchtsteppenländer. Die roten Lehmböden, die als Verwitterungsdecke sich ziemlich einheitlich ausdehnen, sind zwar nicht die besten Böden, allein für verhältnismäßig anspruchslose Gewächse, wie Hirse, Bohnen, Erdnuß, Erderbse, Melonen, Bataten, recht gut zu benutzen. Sie haben den großen Vorzug, daß Grasflur und Steppenbäume verhältnismäßig leicht zu entfernen sind. Dagegen sind die Sandböden arm und wenig benutzt, waren früher aber vielleicht geradezu bevorzugt. Die leichte Bearbeitbarkeit bei lichter Pflanzendecke lockten den primitiven Menschen an. Weit höher im Wert stehen die Schwemmlandböden. Sie haben im allgemeinen rote Farben, allein wegen des reduzierenden Einflusses der faulenden Pflanzensubstanzen tritt leicht eine Umwandlung der Farbe in Braun, Gelbbraun bis Gelbgrau ein. Diese Schwemmlandböden sind wegen ihres relativ hohen Gehaltes an Nährstoffen und Feinheit des Korns gute Ackerböden. Allein am besten sind doch die braunen Waldböden, die unten rot bis gelblich, oben braun wegen ihres Humusgehaltes gefärbt sind. Diese finden sich in den noch erhaltenen Wäldern und Galeriewaldstreifen. Nicht nur der Europäer wird in ihnen seine hochwertigen Plantagen anlegen, auch der Eingeborene findet dort für Maniok, Yams, Bananen die besten Bedingungen[3]. In manchen Feuchtsteppen sind die Berge mit Regenwald bedeckt, und auch in diesen gestatten die Waldböden Plantagenbau. Dagegen sind die Steppenberge wegen des abgespülten Blockschuttes kaum zu benutzen. Höchstens finden verdrängte Völker in den Hohlräumen zwischen den Blöcken Schutz und Unterschlupf. Ganz übel sind auch die harten Schlackenkrusten des Laterites. Während die gewöhnlichen lehmigen Steppenböden doch wenigstens während der Regenzeit eine gute Weide darbieten, sind die Krustenböden nur von spärlichem Busch und Gras bestanden. Das Tafelland von Dekhan ist zu einem erheblichen Teil ein Beispiel für die ungünstige Wirkung des Krustenlaterites. Die Wiesenmoorböden in den Niederungen, die während der Regenzeit unter Wasser stehen, trocknen während der Trockenzeit so weit aus, daß ihr frischgrünes Wiesengras eine ausgezeichnete Weide bildet. Diese ist um so wertvoller, als die Steppengräser dann trocken, hart und nährstoffarm sind. Um diese Humusböden aber für Felder benutzen zu können, wären Entwässerungsarbeiten erforderlich. Demgemäß begnügt

---

[1] Als Beispiele: L. Schultze-Jena: Forschungen im Innern der Insel Neuguinea. Mitt. dtsch. Schutzgeb. (Berlin) 1914, Erg.-H. 11. — Behrmann: Der Sepik. Ebenda 1917, Erg.-H. 12. — Ed. Poeppig: Reisen in Chile usw. Leipzig 1835. 2.

[2] Brandt, W.: Die tallosen Berge von Rio. Mitt. geogr. Ges. Hamburg 1917.

[3] Von der Literatur sei als Beispiel genannt: Th. Thorbecke: Im Hochland von Mittelkamerun. Abh. Kolonialinst. Hamburg 1914.

man sich in den doch bisher wenig besiedelten und von der Kultur wenig
ausgenutzten Feuchtsteppen damit, die Naturwiesen auf den schwarzen
Humusböden der Niederungen als Weide zu verwenden.

Die tropischen Trockensteppen. Infolge des erheblich geringeren
Niederschlages und der längeren Trockenzeit sind die Böden z. T. wesentlich
anders als die der Feuchtsteppen. Wegen der intensiven Ausdörrung sind die
Böden gewöhnlich feinsandig ausgebildet. Diese rötlichen, sandigen Steppenböden sind leicht zu bearbeiten und für anspruchslose Kulturgewächse geeignet.
Die Trockensteppen sind die Heimat der „Gesteinsböden", d. h. wie in unserem
Braunerdegebiet hat jedes Gestein seinen eigenen Boden, der bald sandig, bald
tonig, rot oder braun, gelb oder grau gefärbt ist[1]. Hier kommen in Granitländern die unfruchtbaren Kristallgrusböden vor, namentlich am Rande
von Granitbergen, deren Blockschutt auch nicht gerade kulturfördernd
wirkt. Umgekehrt tragen Feinerdeböschungen, die sich an solche Block-
schutthänge anlehnen, die Felder. Sandböden wirken ungünstig, und Sandfelder mit Trockensteppenklima können trotz des reichlichen Regenfalls geradezu
Salzsteppencharakter annehmen. Denn das Regenwasser sinkt in den Boden
ein und ernährt wohl eine gute Waldvegetation, aber es fehlt an Bächen und
sonstigen Wasserstellen, und Brackpfannen nehmen zuweilen die in der Regenzeit periodisch fließenden Wasserläufe auf (Kalahari). Als Ackerland kommt
der Sand wenig in Frage.

Die weitaus wichtigsten Böden sind die Schwemmlandböden. Teils
handelt es sich um Fluß- und Seeablagerungen, teils aber auch um Böden,
die während der Regenzeit gelegentlich oder dauernd unter Wasser stehen.
In den Ebenen der Inselberglandschaften sind solche Überschwemmungsböden
nicht selten. Alle diese Schwemmlandböden sind sandig, lehmig, tonig und
hellgrau bis braun gefärbt. Sie sind recht fruchtbar, und ihre Fruchtbarkeit
wird noch gesteigert durch die in Millionen auftretenden Regenwürmer. Die
zolldicke und fingerlange Säulen bildenden Exkremente bedecken in manchen
Gegenden des Sudan (Adamaua[1]), dicht nebeneinanderstehend, den Boden
und erschweren das Gehen in hohem Grade. Die Fruchtbarkeit wird aber durch
die Regenwürmer wesentlich gesteigert. Während die dauernd nassen Humusböden der Wiesensenken in den Feuchtsteppen ohne kostspielige Drainierungs-
arbeiten für den Feldbau nicht nutzbar gemacht werden können, liegt die Sache
in den Trockensteppen anders. Dort trocknet der Boden genügend aus, so daß
man mit dem Sinken des Hochwassers sofort mit einem Überschwemmungsfeldbau beginnen kann. Hirse, Melonen, Kürbisse werden in erster Linie angebaut. Im Sudan hat man eine besondere Hirseart gezüchtet, die in sechs
Wochen reif wird und von den Haussa Mussucua genannt wird[2]. Auf diesen
Überschwemmungsfeldbau sind in erster Linie die Kultur und Staatenbildungen
in Bornu, Damergu, in den Überschwemmungsgebieten des Senegal, Niger
und Nil — also südlich der Sahara — aufgebaut. Überall sind dort also die
humosen, dunklen Schlammböden der Überschwemmungsflächen maßgebend
für den Menschen. Firki nennt man diesen schwarzen Boden in Bornu.

Wir hatten gesehen, daß in den Trockensteppen die Sandböden für den
Feldbau keine wesentliche Rolle spielen. Es ist aber sehr wohl möglich —
Sicheres ist indessen nicht bekannt —, daß feine äolische Staub- und Feinsand-
böden in den Randlandschaften zwischen Salzsteppen und tropischen Trocken-

---

[1] PASSARGE, S.: Adamaua. Berlin 1895.

[2] BARTH, H.: Reisen und Entdeckungen in Nord- und Zentralafrika. Gotha 1857/59. —
G. NACHTIGAL: Sahara und Sudan. Berlin 1879/89. — PASSARGE, S.: Adamaua. Berlin 1895.

steppen in letzteren als Ackerboden beliebt sind, so z. B. südlich der Sahara. Ob auch in Australien, ist fraglich. Wie dem auch sei, in den subtropischen Steppenländern ist die Rolle dieser äolischen feinen Böden von größter Wichtigkeit.

Die subtropischen Steppenländer mit Sommerregen. Während es in den Tropen im allgemeinen wegen der verhältnismäßig geringen Temperaturunterschiede und der für die Pflanzen immer genügenden Wärme ziemlich gleichgültig ist, ob die Regen und damit die Vegetationszeit der Kulturpflanzen in den Sommer oder in den Winter fällt, liegt die Sache in den Subtropen anders. Hier ist die Winterkälte nicht selten so groß, daß an winterlichen Ackerbau nicht zu denken ist. Die Sommer aber sind heißer als in den Tropen, und demgemäß müssen die Böden, die für Feldbau benutzt werden, ganz bestimmte Eigenschaften aufweisen. Sie müssen einerseits die Feuchtigkeit mit den Niederschlägen schnell aufnehmen und andererseits sowohl halten als auch an die Pflanzen bereitwillig abgeben. Diese notwendigen Eigenschaften besitzen in erster Linie sehr feinkörnige Böden — Feinsande und Staubböden. Löß, lößähnliche Lehme und Feinsande sind daher die wichtigsten Ackerböden der subtropischen Steppen, und sie sind auch in manchen Gegenden gut entwickelt, die an Salzsteppen und Wüsten grenzen und äolisches Material entsenden, so in den Pampas Südamerikas, in den Prärien der Union, in den Lößsteppen von Schansi, das man wohl noch zu den Steppen zählen wird, und namentlich in der großen Ebene Nordchinas, wo der Hoangho und andere Flüsse Lößschlamm ausgebreitet haben. Nach v. Richthofen war dieses erstklassige Kulturland ursprünglich eine Wald- und Baumsteppe — eine Auffassung, der die klimatischen und edaphischen Eigenarten des Landes nicht widersprechen. In dem östlichen Südafrika — Südtransvaal, Nordost-Oranje-Freistaat, Kaffraria — sind die Böden auch feinsandig und mindestens z. T. aus äolischem Material zusammengesetzt, dienen aber mehr der Viehzucht als dem Feldbau. Ähnlich beschaffen sind vermutlich die Böden der Weizenländer des südlichen und südöstlichen Australiens im Bereich der subtropischen Jahres- und Sommerregensteppen.

Eine andere Bodenart, die im Bereich der subtropischen Sommer- und Jahresregensteppen eine überaus wichtige Rolle spielt, ist die humusreiche Schwarzerde der Täler und Niederungen. Sie ist es, die in Texas und anderen Südstaaten den Hauptbaumwollboden und damit das wirtschaftliche Rückgrat bildet. Daneben sind die grauen, feinerdigen Schwemmlandböden gleichfalls zu nennen, die heutzutage außerhalb der Überschwemmungen liegen — Mississippital und andere Gebiete der Südstaaten.

Die subtropischen Regenwaldländer. Die Böden der subtropischen Regenwaldländer ähneln in mancher Hinsicht denen der tropischen, weisen aber auch Unterschiede auf. So kommen Laterite mit zelligem Bau und vor allem Schlackenkrusten normalerweise nicht vor. Dagegen sind rote und gelbe Farben, Tiefgründigkeit von 10—20—30 m, ferner die Neigung zu Rutschungen auch den Böden der subtropischen Regenwaldländer eigen. Deshalb stößt der Wegebau auf große Schwierigkeiten, deshalb vermeiden Kulturland und Siedlungen die steileren Hänge, und wo diese für Felder und Gärten benutzt werden, hat man zu Terrassenbau greifen müssen, um den Boden gegen Abspülung zu schützen. Die Fruchtbarkeit des durch Humus braungefärbten Bodens dürfte größer sein als die der tropischen Waldböden, weil wegen der niedrigeren Temperatur im Winter die Zerstörung der Pflanzenreste weniger schnell vor sich geht und Humus leichter entstehen kann, und weil das Alter der Böden vielleicht nicht so hoch ist als dort. Wenigstens dürfte das für die alten tropischen Tafelländer wie Brasilien, Afrika, Südindien, Australien (z. T.) gelten.

Der Einfluß der Gesteine und die physikalische Beschaffenheit der Böden macht sich ebenso wie bei den tropischen Waldböden geltend. Lichte Nadelwälder — Pine barrens — bedecken die Sandflachländer der Südstaaten am Mexikanischen Golf, lichter sind Wälder auf den durchlässigen Kalksteinen und Korallenkalken von Florida und Bermuda, jungvulkanische Gesteine aber lassen ganz besonders fruchtbare Böden und üppige Wälder (Japan) entstehen, und auch das Schwemmland der Täler wird mit Vorliebe aufgesucht, so z. B. Reisbau, Baumwollbau und Tabaksbau der östlichen Südstaaten. In Mittel- und Südchina sind es fast ausschließlich die Ebenen der Becken und Talungen, die das Kulturland enthalten, und nur auf Flachhängen oder auf den Sockeln der Berge sind Baumkulturen auf Terrassenbauten zu finden[1]. Wo seit Jahrhunderten sinnlose Entwaldung betrieben worden ist und die Verwitterungsböden von den Bergen herabgespült wurden, besitzen letztere nackten Fels oder Steinschutt, wie in Mittelchina, oder ein dichtes, immergrünes Gebüsch, dessen Blütenpracht sogar von größter Schönheit sein kann, ist an die Stelle des früheren Hochwaldes getreten, so z. B. in Südchina.

Die Bedeutung der Böden in den subtropischen Waldländern tritt uns vor allem in Ostasien entgegen. Wohl entstand die chinesische Kultur als eine reine Ackerbaukultur in den Lößsteppen Nordwestchinas und breitete sich von dort nach Osten und Südosten über das heutige China aus, allein wenn sie auch in der großen Ebene bereits eine Umstellung erfuhr — starkes Hervortreten von Baumwollbau und Baumkulturen statt Getreide —, so kommt der Gartenbau mit Reis, Tee, Seide, Zuckerrohr und mancherlei Obst- und anderen Baumkulturen erst so recht in Mittel- und Südchina zur Entwicklung — Schantung ist gleichsam eine vorgeschobene Bastion des mittelchinesischen Berglandes! Japan hat seine Kultur von China erhalten und mit gewisser Eigenart weiter entwickelt, deren Grundlage bilden aber neben Klima und Pflanzendecke die Böden.

Anders gestaltete sich der Verlauf der Kulturentwicklung in der Union. Eine mit dem Lande gar nicht verwachsene Fremdkultur drang hier ein. Die Waldländer des Ostens waren zuerst der Kern der Staaten- und Kulturentwicklung, aber nicht sowohl die heißen Subtropen als vielmehr die gemäßigteren Länder des Nordens. Allein dort entstand niemals eine mit dem Boden verwachsene Bauernbevölkerung. Infolgedessen wirkte das Aufblühen der Landwirtschaft in den Waldsteppenländern des Mississippigebietes geradezu ruinös auf die Besiedlung der Oststaaten. So blieben denn — abgesehen von den Landstrichen mit Plantagenbau (Tabak, Reis, Baumwolle) — die Waldländer nur wenig benutzt liegen. In China und Japan dagegen hat die Kulturgeschichte einen ganz anderen Verlauf genommen. Japan hat sich den Wald erhalten oder doch wenigstens die schweren Schädigungen, die eine rücksichtslose Entwaldung bedingt, vermieden. China leidet zum großen Teil unter solchen Schäden, in beiden Ländern aber hat die seit Jahrtausenden während Kultur — am stärksten wohl in China — die Nährsalze der Pflanze so ausgesogen, daß der Boden an sich ganz unfruchtbar sein würde, wenn nicht durch die Zufuhr von Dünger verschiedenster Art — namentlich von menschlichen Fäkalien — die Brauchbarkeit dauernd aufrechterhalten würde. Brache würde gar nichts helfen, höchstens Tiefpflügen, jetzt erfolgt ja nur oberflächliche Bearbeitung mit Hakenpflug und Hacke. In den Reisfeldern tritt als bedenkliches Hindernis Ortsteinbildung auf, und gegen diese muß angegangen werden.

Die Zubereitung des Düngers, dessen Kompostierung und Zusammensetzung sowie Verteilung auf die Einzelpflanzen — alles ist dort auf das sorg-

---

[1] Eine ausführliche Darstellung über diese Verhältnisse bringt W. WAGNER: Die chinesische Landwirtschaft. Berlin 1926.

fältigste gebildet, und zwar aus der Erfahrung heraus, als Anpassung an den gänzlich erschöpften Boden[1].

Schlußbetrachtung. Gewiß darf man die Kultur eines Landes nicht einseitig, nur von einem einzigen Gesichtspunkt aus, erklären wollen. Nicht nur Einzelfaktoren in der ganzen großen Landschaft, sondern diese selbst muß Berücksichtigung finden, und dazu kommen Einflüsse, die von dem Menschen selbst, von Sitten und Gebräuchen sowie von geschichtlichen Verhältnissen und von dem Landschaftsverband, d. h. der Lage innerhalb anderer Landschaften ausgehen. Will man aber das Ganze richtig beurteilen, so muß man auch die Bedeutung der Einzelfaktoren kennen. Die Kenntnis der letzteren muß die Grundlage für die Beurteilung des Ganzen bilden. Zu den Einzelfaktoren, die das Kulturleben des Menschen beeinflussen, gehört unzweifelhaft auch der Boden, von dessen Wert die gesamte Landwirtschaft abhängt, der aber auch — teils mittelbar, teils unmittelbar — die sonstigen Kulturerscheinungen, wie Siedlungen, Verkehrswege, das gesamte Wirtschaftsleben und selbst soziale und staatliche Einrichtungen, geistige und religiöse Vorstellungen mehr oder weniger beeinflussen kann.

---

[1] Wagner, W.: Die chinesische Landwirtschaft. Berlin 1926.

<h1 style="text-align:center">Namenverzeichnis.</h1>

Sachverzeichnis.

Druck von C. G. Röder G. m. b. H., Leipzig.